全国环境影响评价工程师职业资格考试系列参考资料

U0650973

全国环境影响评价工程师职业资格考试考点要点分析

（2024 年版）

生态环境部环境工程评估中心　编

中国环境出版集团·北京

图书在版编目（CIP）数据

全国环境影响评价工程师职业资格考试考点要点分析：
2024 年版 / 生态环境部环境工程评估中心编. -- 16 版.
-- 北京：中国环境出版集团, 2024.4
全国环境影响评价工程师职业资格考试系列参考资料
ISBN 978-7-5111-5797-3

Ⅰ. ①全… Ⅱ. ①生… Ⅲ. ①环境影响－评价－资格
考试－自学参考资料 Ⅳ. ①X820.3

中国国家版本馆 CIP 数据核字 (2024) 第 039718 号

出 版 人　武德凯
策划编辑　黄晓燕
责任编辑　孔 　锦
封面设计　宋 　瑞

出版发行　中国环境出版集团
　　　　　（100062　北京市东城区广渠门内大街 16 号）
　　　　　网　　　址：http://www.cesp.com.cn
　　　　　电子邮箱：bjgl@cesp.com.cn
　　　　　联系电话：010-67112765（编辑管理部）
　　　　　　　　　　010-67112735（第一分社）
　　　　　发行热线：010-67125803，010-67113405（传真）
印　　刷　玖龙（天津）印刷有限公司
经　　销　各地新华书店
版　　次　2008 年 3 月第 1 版　2024 年 4 月第 16 版
印　　次　2024 年 4 月第 1 次印刷
开　　本　787×960　1/16
印　　张　52
字　　数　860 千字
定　　价　193.00 元

编写委员会

主　编　谭民强

副主编　王文娟　叶　斌

编　委　梁　鹏　郭二民　李忠华　周　鹏　李宁宁

　　　　杜啸岩　郑洪波　张　乾　朱　美　何　浩

　　　　步青云　李　峰　孙优娜　黎　明　肖文帅

　　　　赵瑞霞　刘海龙　王　林

前　言

为帮助环境影响评价工程师职业资格考试的应试人员在短时间内系统地学习和掌握知识点，提高考场实战能力，生态环境部环境工程评估中心于 2007 年组织国内环境影响评价领域的多位知名专家和管理工作者，结合多年的环境影响评价实践经验，依据《环境影响评价工程师职业资格考试大纲》，首次编辑出版了《全国环境影响评价工程师职业资格考试考点要点分析》这本参考用书，此后逐年进行修编。本书对考试大纲剖析详尽，知识点阐述透彻，架构清晰，重点突出，可作为技术人员的应试复习用书。

本书根据考试实践和《环境影响评价工程师职业资格考试大纲（2024年版）》修编，主要修编人员为：第一科目：郭二民、李忠华、李峰、郑洪波、王林；第二科目：叶斌、孙优娜、赵瑞霞、何浩；第三科目：王文娟、梁鹏、张乾、朱美、刘海龙；第四科目：李宁宁、杜啸岩、周鹏、黎明、步青云、肖文帅。

本书各版编写、修订和统稿人员同为本书作者。书中纰漏之处，恳请读者不吝指正。

编　者

2024 年 4 月

目　录

第一科目　环境影响评价相关法律法规

考试目的：通过本科目考试，检验具有一定实践经验的环境影响评价专业技术人员对从事环境影响评价所必需的法律法规、政策等相关知识了解、熟悉、掌握的程度和在环境影响评价及相关业务工作中正确理解、执行国家相关法律法规和政策的能力。

一、《中华人民共和国环境保护法》

（1）**了解环境的含义**

"第二条　本法所称环境，是指影响人类生存和发展的各种天然的和经过人工改造的自然因素的总体，包括大气、水、海洋、土地、矿藏、森林、草原、湿地、野生生物、自然遗迹、人文遗迹、自然保护区、风景名胜区、城市和乡村等。"

（2）**掌握环境保护坚持的原则**

"第五条　环境保护坚持保护优先、预防为主、综合治理、公众参与、损害担责的原则。"

（3）**掌握依法进行环境影响评价的有关规定**

"第十九条　编制有关开发利用规划，建设对环境有影响的项目，应当依法进行环境影响评价。

未依法进行环境影响评价的开发利用规划，不得组织实施；未依法进行环境影响评价的建设项目，不得开工建设。"

（4）**掌握生态保护红线的有关规定**

"第二十九条　国家在重点生态功能区、生态环境敏感区和脆弱区等区域划定生态保护红线，实行严格保护。

各级人民政府对具有代表性的各种类型的自然生态系统区域，珍稀、濒危的野生动植物自然分布区域，重要的水源涵养区域，具有重大科学文化价值的地质构造、著名溶洞和化石分布区、冰川、火山、温泉等自然遗迹，以及人文遗迹、古树名木，应当采取措施予以保护，严禁破坏。"

（5）熟悉开发利用自然资源的有关规定

"第三十条　开发利用自然资源，应当合理开发，保护生物多样性，保障生态安全，依法制定有关生态保护和恢复治理方案并予以实施。

引进外来物种以及研究、开发和利用生物技术，应当采取措施，防止对生物多样性的破坏。"

（6）熟悉加强农业环境保护和防止农业生产污染环境的有关规定

"第三十三条　各级人民政府应当加强对农业环境的保护，促进农业环境保护新技术的使用，加强对农业污染源的监测预警，统筹有关部门采取措施，防治土壤污染和土地沙化、盐渍化、贫瘠化、石漠化、地面沉降以及防治植被破坏、水土流失、水体富营养化、水源枯竭、种源灭绝等生态失调现象，推广植物病虫害的综合防治。

县级、乡级人民政府应当提高农村环境保护公共服务水平，推动农村环境综合整治。"

（7）掌握建设项目防治污染设施与主体工程"三同时"的有关规定

"第四十一条　建设项目中防治污染的设施，应当与主体工程同时设计、同时施工、同时投产使用。防治污染的设施应当符合经批准的环境影响评价文件的要求，不得擅自拆除或者闲置。"

（8）掌握排放污染物的企业事业单位和其他生产经营者防治环境污染和危害责任的有关规定

"第四十二条　排放污染物的企业事业单位和其他生产经营者，应当采取措施，防治在生产建设或者其他活动中产生的废气、废水、废渣、医疗废物、粉尘、恶臭气体、放射性物质以及噪声、振动、光辐射、电磁辐射等对环境的污染和危害。

排放污染物的企业事业单位，应当建立环境保护责任制度，明确单位负责人和相关人员的责任。

重点排污单位应当按照国家有关规定和监测规范安装使用监测设备，保证监测设备正常运行，保存原始监测记录。

严禁通过暗管、渗井、渗坑、灌注或者篡改、伪造监测数据，或者不正常运行防治污染设施等逃避监管的方式违法排放污染物。

第四十三条　排放污染物的企业事业单位和其他生产经营者，应当按照国家有关规定缴纳排污费。排污费应当全部专项用于环境污染防治，任何单位和个人不得截留、挤占或者挪作他用。

依照法律规定征收环境保护税的，不再征收排污费。"

（9）**熟悉重点污染物排放总量控制制度、排污许可管理制度的有关规定**

　　"第四十四条　国家实行重点污染物排放总量控制制度。重点污染物排放总量控制指标由国务院下达，省、自治区、直辖市人民政府分解落实。企业事业单位在执行国家和地方污染物排放标准的同时，应当遵守分解落实到本单位的重点污染物排放总量控制指标。

　　对超过国家重点污染物排放总量控制指标或者未完成国家确定的环境质量目标的地区，省级以上人民政府环境保护主管部门应当暂停审批其新增重点污染物排放总量的建设项目环境影响评价文件。"

　　"第四十五条　国家依照法律规定实行排污许可管理制度。

　　实行排污许可管理的企业事业单位和其他生产经营者应当按照排污许可证的要求排放污染物；未取得排污许可证的，不得排放污染物。"

（10）**熟悉严重污染环境的工艺、设备和产品淘汰制度的有关规定**

　　"第四十六条　国家对严重污染环境的工艺、设备和产品实行淘汰制度。任何单位和个人不得生产、销售或者转移、使用严重污染环境的工艺、设备和产品。

　　禁止引进不符合我国环境保护规定的技术、设备、材料和产品。"

（11）**了解突发环境事件的风险控制、应急准备、应急处置和事后恢复的有关规定**

　　"第四十七条　各级人民政府及其有关部门和企业事业单位，应当依照《中华人民共和国突发事件应对法》的规定，做好突发环境事件的风险控制、应急准备、应急处置和事后恢复等工作。

　　县级以上人民政府应当建立环境污染公共监测预警机制，组织制定预警方案；环境受到污染，可能影响公众健康和环境安全时，依法及时公布预警信息，启动应急措施。

　　企业事业单位应当按照国家有关规定制定突发环境事件应急预案，报环境保护主管部门和有关部门备案。在发生或者可能发生突发环境事件时，企业事业单位应当立即采取措施处理，及时通报可能受到危害的单位和居民，并向环境保护主管部门和有关部门报告。

　　突发环境事件应急处置工作结束后，有关人民政府应当立即组织评估事件造成的环境影响和损失，并及时将评估结果向社会公布。"

（12）**了解农业和农村环境污染防治的有关规定**

　　"第四十九条　各级人民政府及其农业等有关部门和机构应当指导农业生产经营者科学种植和养殖，科学合理施用农药、化肥等农业投入品，科学处置农用薄膜、农作物秸秆等农业废弃物，防止农业面源污染。

　　禁止将不符合农用标准和环境保护标准的固体废物、废水施入农田。施用农药、化肥等农业投入品及进行灌溉，应当采取措施，防止重金属和其他有毒有害物质污染环境。

畜禽养殖场、养殖小区、定点屠宰企业等的选址、建设和管理应当符合有关法律法规规定。从事畜禽养殖和屠宰的单位和个人应当采取措施，对畜禽粪便、尸体和污水等废弃物进行科学处置，防止污染环境。

县级人民政府负责组织农村生活废弃物的处置工作。"

（13）了解环境影响报告书信息公开和公众参与的有关规定

"第五十六条　对依法应当编制环境影响报告书的建设项目，建设单位应当在编制时向可能受影响的公众说明情况，充分征求意见。

负责审批建设项目环境影响评价文件的部门在收到建设项目环境影响报告书后，除涉及国家秘密和商业秘密的事项外，应当全文公开；发现建设项目未充分征求公众意见的，应当责成建设单位征求公众意见。"

（14）了解违反环境影响评价相关规定应承担的法律责任

"第六十一条　建设单位未依法提交建设项目环境影响评价文件或者环境影响评价文件未经批准，擅自开工建设的，由负有环境保护监督管理职责的部门责令停止建设，处以罚款，并可以责令恢复原状。"

"第六十三条　企业事业单位和其他生产经营者有下列行为之一，尚不构成犯罪的，除依照有关法律法规规定予以处罚外，由县级以上人民政府环境保护主管部门或者其他有关部门将案件移送公安机关，对其直接负责的主管人员和其他直接责任人员，处十日以上十五日以下拘留；情节较轻的，处五日以上十日以下拘留：

（一）建设项目未依法进行环境影响评价，被责令停止建设，拒不执行的；

（二）违反法律规定，未取得排污许可证排放污染物，被责令停止排污，拒不执行的；

（三）通过暗管、渗井、渗坑、灌注或者篡改、伪造监测数据，或者不正常运行防治污染设施等逃避监管的方式违法排放污染物的；

（四）生产、使用国家明令禁止生产、使用的农药，被责令改正，拒不改正的。"

"第六十五条　环境影响评价机构、环境监测机构以及从事环境监测设备和防治污染设施维护、运营的机构，在有关环境服务活动中弄虚作假，对造成的环境污染和生态破坏负有责任的，除依照有关法律法规规定予以处罚外，还应当与造成环境污染和生态破坏的其他责任者承担连带责任。"

二、《中华人民共和国环境影响评价法》《规划环境影响评价条例》《建设项目环境保护管理条例》及配套的部门规章、规范性文件

（一）规划环境影响评价

（1）了解需进行环境影响评价的规划的范围

《中华人民共和国环境影响评价法》

"第七条　国务院有关部门、设区的市级以上地方人民政府及其有关部门，对其组织编制的土地利用的有关规划，区域、流域、海域的建设、开发利用规划，应当在规划编制过程中组织进行环境影响评价，编写该规划有关环境影响的篇章或者说明。

规划有关环境影响的篇章或者说明，应当对规划实施后可能造成的环境影响作出分析、预测和评估，提出预防或者减轻不良环境影响的对策和措施，作为规划草案的组成部分一并报送规划审批机关。

未编写有关环境影响的篇章或者说明的规划草案，审批机关不予审批。"

"第八条　国务院有关部门、设区的市级以上地方人民政府及其有关部门，对其组织编制的工业、农业、畜牧业、林业、能源、水利、交通、城市建设、旅游、自然资源开发的有关专项规划（以下简称专项规划），应当在该专项规划草案上报审批前，组织进行环境影响评价，并向审批该专项规划的机关提出环境影响报告书。

前款所列专项规划中的指导性规划，按照本法第七条的规定进行环境影响评价。"

"第九条　依照本法第七条、第八条的规定进行环境影响评价的规划的具体范围，由国务院生态环境主管部门会同国务院有关部门规定，报国务院批准。"

《关于印发〈编制环境影响报告书的规划的具体范围（试行）〉和〈编制环境影响篇章或说明的规划的具体范围（试行）〉的通知》（环发〔2004〕98号）

"《编制环境影响报告书的规划的具体范围（试行）》

一、工业的有关专项规划

省级及设区的市级工业各行业规划

二、农业的有关专项规划

1. 设区的市级以上种植业发展规划

2. 省级及设区的市级渔业发展规划

3．省级及设区的市级乡镇企业发展规划

三、畜牧业的有关专项规划

1．省级及设区的市级畜牧业发展规划

2．省级及设区的市级草原建设、利用规划

四、能源的有关专项规划

1．油（气）田总体开发方案

2．设区的市级以上流域水电规划

五、水利的有关专项规划

1．流域、区域涉及江河、湖泊开发利用的水资源开发利用综合规划和供水、水力发电等专业规划

2．设区的市级以上跨流域调水规划

3．设区的市级以上地下水资源开发利用规划

六、交通的有关专项规划

1．流域（区域）、省级内河航运规划

2．国道网、省道网及设区的市级交通规划

3．主要港口和地区性重要港口总体规划

4．城际铁路网建设规划

5．集装箱中心站布点规划

6．地方铁路建设规划

七、城市建设的有关专项规划

直辖市及设区的市级城市专项规划

八、旅游的有关专项规划

省及设区的市级旅游区的发展总体规划

九、自然资源开发的有关专项规划

1．矿产资源：设区的市级以上矿产资源开发利用规划

2．土地资源：设区市级以上土地开发整理规划

3．海洋资源：设区的市级以上海洋自然资源开发利用规划

4．气候资源：气候资源开发利用规划”

"《编制环境影响篇章或说明的规划的具体范围（试行）》

一、土地利用的有关规划

设区的市级以上土地利用总体规划

二、区域的建设、开发利用规划

国家经济区规划

三、流域的建设、开发利用规划

1．全国水资源战略规划

2．全国防洪规划

3．设区的市级以上防洪、治涝、灌溉规划

四、海域的建设、开发利用规划

设区的市级以上海域建设、开发利用规划

五、工业指导性专项规划

全国工业有关行业发展规划

六、农业指导性专项规划

1．设区的市级以上农业发展规划

2．全国乡镇企业发展规划

3．全国渔业发展规划

七、畜牧业指导性专项规划

1．全国畜牧业发展规划

2．全国草原建设、利用规划

八、林业指导性专项规划

1．设区的市级以上商品林造林规划（暂行）

2．设区的市级以上森林公园开发建设规划

九、能源指导性专项规划

1．设区的市级以上能源重点专项规划

2．设区的市级以上电力发展规划（流域水电规划除外）

3．设区的市级以上煤炭发展规划

4．油（气）发展规划

十、交通指导性专项规划

1．全国铁路建设规划

2．港口布局规划

3．民用机场总体规划

十一、城市建设指导性专项规划

1．直辖市及设区的市级城市总体规划（暂行）

2．设区的市级以上城镇体系规划

3．设区的市级以上风景名胜区总体规划

十二、旅游指导性专项规划

全国旅游区的总体发展规划

十三、自然资源开发指导性专项规划

设区的市级以上矿产资源勘察规划"

（2）掌握对规划进行环境影响评价应当分析、预测和评估的内容

《规划环境影响评价条例》

"第八条　对规划进行环境影响评价，应当分析、预测和评估以下内容：

（一）规划实施可能对相关区域、流域、海域生态系统产生的整体影响；

（二）规划实施可能对环境和人群健康产生的长远影响；

（三）规划实施的经济效益、社会效益与环境效益之间以及当前利益与长远利益之间的关系。"

（3）掌握规划有关环境影响篇章或者说明及专项规划环境影响报告书的内容

《中华人民共和国环境影响评价法》

第七条第二款

"规划有关环境影响的篇章或者说明，应当对规划实施后可能造成的环境影响作出分析、预测和评估，提出预防或者减轻不良环境影响的对策和措施，作为规划草案的组成部分一并报送规划审批机关。"

"第十条　专项规划的环境影响报告书应当包括下列内容：

（一）实施该规划对环境可能造成影响的分析、预测和评估；

（二）预防或者减轻不良环境影响的对策和措施；

（三）环境影响评价的结论。"

《规划环境影响评价条例》

"第十一条　环境影响篇章或者说明应当包括下列内容：

（一）规划实施对环境可能造成影响的分析、预测和评估。主要包括资源环境承载能力分析、不良环境影响的分析和预测以及与相关规划的环境协调性分析。

（二）预防或者减轻不良环境影响的对策和措施。主要包括预防或者减轻不良环境影响的政策、管理或者技术等措施。

环境影响报告书除包括上述内容外，还应当包括环境影响评价结论。主要包括规划草案的环境合理性和可行性，预防或者减轻不良环境影响的对策和措施的合理性和有效性，以及规划草案的调整建议。"

（4）了解规划环境影响评价公众参与的有关规定

《中华人民共和国环境影响评价法》

"第十一条　专项规划的编制机关对可能造成不良环境影响并直接涉及公众环境权益的规划，应当在该规划草案报送审批前，举行论证会、听证会，或者采取其他形式，征求有关单位、专家和公众对环境影响报告书草案的意见。但是，国家规定需要保密的情形除外。

编制机关应当认真考虑有关单位、专家和公众对环境影响报告书草案的意见，并应当在报送审查的环境影响报告书中附具对意见采纳或者不采纳的说明。"

《规划环境影响评价条例》

"第十三条　规划编制机关对可能造成不良环境影响并直接涉及公众环境权益的专项规划，应当在规划草案报送审批前，采取调查问卷、座谈会、论证会、听证会等形式，公开征求有关单位、专家和公众对环境影响报告书的意见。但是，依法需要保密的除外。

有关单位、专家和公众的意见与环境影响评价结论有重大分歧的，规划编制机关应当采取论证会、听证会等形式进一步论证。

规划编制机关应当在报送审查的环境影响报告书中附具对公众意见采纳与不采纳情况及其理由的说明。"

（5）熟悉专项规划环境影响报告书审查意见应当包括的内容

《规划环境影响评价条例》

"第十九条　审查小组的成员应当客观、公正、独立地对环境影响报告书提出书面审查意见，规划审批机关、规划编制机关、审查小组的召集部门不得干预。

审查意见应当包括下列内容：

（一）基础资料、数据的真实性；

（二）评价方法的适当性；

（三）环境影响分析、预测和评估的可靠性；

（四）预防或者减轻不良环境影响的对策和措施的合理性和有效性；

（五）公众意见采纳与不采纳情况及其理由的说明的合理性；

（六）环境影响评价结论的科学性。

审查意见应当经审查小组四分之三以上成员签字同意。审查小组成员有不同意见的，应当如实记录和反映。"

（6）了解审查小组应当提出对专项规划环境影响报告书进行修改并重新审查或者不予通过环境影响报告书意见的情形

《规划环境影响评价条例》

"第二十条　有下列情形之一的，审查小组应当提出对环境影响报告书进行修改并重新审查的意见：

（一）基础资料、数据失实的；

（二）评价方法选择不当的；

（三）对不良环境影响的分析、预测和评估不准确、不深入，需要进一步论证的；

（四）预防或者减轻不良环境影响的对策和措施存在严重缺陷的；

（五）环境影响评价结论不明确、不合理或者错误的；

（六）未附具对公众意见采纳与不采纳情况及其理由的说明，或者不采纳公众意见的理由明显不合理的；

（七）内容存在其他重大缺陷或者遗漏的。

第二十一条　有下列情形之一的，审查小组应当提出不予通过环境影响报告书的意见：

（一）依据现有知识水平和技术条件，对规划实施可能产生的不良环境影响的程度或者范围不能作出科学判断的；

（二）规划实施可能造成重大不良环境影响，并且无法提出切实可行的预防或者减轻对策和措施的。"

（7）熟悉规划环境影响跟踪评价的有关规定

《中华人民共和国环境影响评价法》

"第十五条　对环境有重大影响的规划实施后，编制机关应当及时组织环境影响的跟踪评价，并将评价结果报告审批机关；发现有明显不良环境影响的，应当及时提出改进措施。"

《规划环境影响评价条例》

"第二十四条　对环境有重大影响的规划实施后，规划编制机关应当及时组织规划环境影响的跟踪评价，将评价结果报告规划审批机关，并通报环境保护等有关部门。

第二十五条　规划环境影响的跟踪评价应当包括下列内容：

（一）规划实施后实际产生的环境影响与环境影响评价文件预测可能产生的环境影响之间的比较分析和评估；

（二）规划实施中所采取的预防或者减轻不良环境影响的对策和措施有效性的分析和评估；

（三）公众对规划实施所产生的环境影响的意见；

（四）跟踪评价的结论。

第二十六条　规划编制机关对规划环境影响进行跟踪评价，应当采取调查问卷、现场走访、座谈会等形式征求有关单位、专家和公众的意见。

第二十七条　规划实施过程中产生重大不良环境影响的，规划编制机关应当及时提出改进措施，向规划审批机关报告，并通报环境保护等有关部门。

第二十八条　环境保护主管部门发现规划实施过程中产生重大不良环境影响的，应当及时进行核查。经核查属实的，向规划审批机关提出采取改进措施或者修订规划的建议。

第二十九条　规划审批机关在接到规划编制机关的报告或者环境保护主管部门的建议后，应当及时组织论证，并根据论证结果采取改进措施或者对规划进行修订。

第三十条　规划实施区域的重点污染物排放总量超过国家或者地方规定的总量控制指标的，应当暂停审批该规划实施区域内新增该重点污染物排放总量的建设项目的环境影响评价文件。"

（8）了解规划环境影响评价技术机构在规划环境影响评价中应承担的法律责任

《规划环境影响评价条例》

"第三十四条　规划环境影响评价技术机构弄虚作假或者有失职行为，造成环境影响评价文件严重失实的，由国务院环境保护主管部门予以通报，处所收费用1倍以上3倍以下的罚款；构成犯罪的，依法追究刑事责任。"

（9）掌握规划环境影响评价与建设项目环境影响评价联动的有关规定

《规划环境影响评价条例》

"第二十三条　已经进行环境影响评价的规划包含具体建设项目的，规划的环境影响评价结论应当作为建设项目环境影响评价的重要依据，建设项目环境影响评价的内容可以根据规划环境影响评价的分析论证情况予以简化。"

《中华人民共和国环境影响评价法》

"第十八条　建设项目的环境影响评价，应当避免与规划的环境影响评价相重复。

作为一项整体建设项目的规划，按照建设项目进行环境影响评价，不进行规划的环境影响评价。

已经进行了环境影响评价的规划包含具体建设项目的，规划的环境影响评价结论应当作为建设项目环境影响评价的重要依据，建设项目环境影响评价的内容应当根据规划的环境影响评价审查意见予以简化。"

《关于加强规划环境影响评价与建设项目环境影响评价联动工作的意见》（环发〔2015〕178号）

"一、开展联动工作的总体要求

（一）切实加强规划环评工作，从决策源头预防环境污染，是创新管理方式，做好项目环评审批简政放权、加强事中事后监管的有效手段。加强规划环评与项目环评联动，是指进一步强化规划环评对项目环评的指导和约束作用，并在建设项目环境保护管理中落实规划环评的成果，切实发挥规划和项目环评预防环境污染和生态破坏的作用。

（二）加强规划环评与项目环评联动，必须以提高规划环评工作的质量为前提。各级环保部门在召集审查小组对规划环境影响报告书进行审查时，应将规划环评工作任务完成情况及规划环评结论的科学性作为审查的重点，充分关注规划环评结论对于建设项目环评的指导和约束作用。

（三）对于已经完成规划环评主要工作任务的重点领域规划，可以实施规划环评与规划所包含的项目环评的联动工作。经审查小组审查发现规划环评没有完成主要工作任务的，应采用适当方式建议有关部门对规划环评进行完善并经审查小组审查后方能开展联动工作。

（四）本意见所指重点领域的规划环评是指包含重大项目布局、结构、规模等的规划环评，暂限定于本意见（五）至（九）中所列的相关领域规划环评。对于具有指导意义的综合性规划，其规划环评原则上不作为与项目环评联动的依据。

二、重点领域规划环评的主要工作任务

（五）产业园区规划环评。应以推进区域环境质量改善以及做好园区环境风险防控为目标，在判别园区现有资源、环境重大问题的基础上，基于区域资源环境承载能力，针对园区规划方案，在主体功能区规划、城市总体规划尺度上判定园区选址、布局和主导产业选择的环境合理性，提出优化产业定位、布局、结构、规模以及重大环境基础设施建设方案的建议；提出园区污染物排放总量上限要求和环境准入条件，并结合城市或区域环境目标提出园区产业发展的负面清单。

（六）公路、铁路及轨道交通规划环评。目前主要包括城市轨道交通建设规划、区域城际铁路建设规划及国家和省级公路网规划等，其环评应结合线路走向及规模，从维护区域生态系统完整性和稳定性、协调与城镇生活空间布局关系的角度，论证线网规模、布局、敷设方式和重要站场的环境合理性，提出选址、选线及避让生态环境敏感目标和重要生态环境功能区等要求，明确生态环境保护的对策措施。

（七）港口、航道规划环评。应结合流域、海域资源环境承载能力，从维护生态系统安全、促进区域岸线资源可持续利用、严守生态保护红线等角度，明确提出优化港口和航道功能与作业区布局方案，对规划所含或所涉及项目的布局、规模、结构、货种及建设时序等提出优化调整建议，明确预防和减缓不利环境影响的对策措施。

（八）矿产资源开发规划环评。应结合区域资源环境特征，主体功能区规划和生态保护红线管理等要求，从维护生态系统完整性和稳定性的角度，明确禁止开发的红线区域和规划实施的关键性制约因素，提出优化矿产资源开发的布局、规模、开发方式、建设时序等建议，合理确定开发方案，明确预防和减缓不利环境影响的对策措施。

（九）水利水电开发规划环评。应加强规划实施对区域、流域生态系统及生态环境敏感目标造成的长期累积性影响评价，提出区域资源环境要素的优化配置方案，结合生态保护红线和生态系统整体性保护要求，划定禁止或限制开发的红线区域、流域范围，控制开发强度，优化开发方案。

（十）重点领域的规划环境影响报告书，应结合具体规划特征和环评工作成果，在环评结论中提出对规划所包含的项目环评的指导意见。对于项目环评可以简化的内容，应提出合理的简化清单；对于需在项目环评阶段深入论证的，应提出论证的重点内容。

（十一）各级环保部门在召集审查重点领域规划环境影响报告书时，应将对项目环评的指导意见作为审查的重要内容，并在审查意见中给予明确。经审查小组认可的对项目环评的指导意见，可以作为开展规划环评与项目环评联动的依据。

三、加强项目环评对规划环评落实情况的联动反馈

（十二）各级环保部门在审批项目环评文件前，应认真分析项目涉及的规划及其环评情况，并将与规划环评结论及审查意见的符合性作为项目环评文件审批的重要依据。

（十三）对符合规划环评结论及审查意见要求的建设项目，其环评文件应按照规划环评的意见进行简化；对于明显不符合相关规划环评结论及审查意见的项目环评文件，各级环保部门应将与规划环评结论的符合性作为项目审批的依据之一；对于要求项目环评中深入论证的内容，应强化论证。

（十四）按照规划环评结论和审查意见，对于相关项目环评应简化的内容，可采用在项目环评文件中引用规划环评结论、减少环评文件内容或章节等方式实现。

（十五）对于在项目环评审查中，发现规划环境影响报告书经审查没有完成相应工作任务、不能为项目环评提供指导和约束的，或是发现相关规划在实施过程中产生重大不良影响的，或是规划环评结论与审查意见未得到有效落实的，有关单位和各级环保部门不得以规划已开展环评为理由，随意简化规划所包含项目环评的工作内容，甚至降低评价类别。环保部门可以向有关规划审批机关提出相关改进措施或建议。

（十六）关于重点产业园区项目环评的管理方式，我部将组织推动开展产业园区规划环评"清单管理"和与项目环评联动的试点工作，鼓励地方环保部门向我部申请组织开展试点，针对试点园区，稳步推进园区项目环评审批改革。"

（10）掌握重点领域规划环境影响评价的有关要求

《关于做好国土空间总体规划环境影响评价工作的通知》（环办环评函〔2023〕34 号）

"一、各地在组织编制省级、市级（包括副省级和地级城市）国土空间总体规划过程中，应依法开展规划环评，编写环境影响说明，作为国土空间总体规划成果的组成部分一并报送规划审批机关，缺少环境影响说明的，不得报批。环境影响说明内容应当包括规划实施对环境可能造成影响的分析、预测和评估，预防或减轻不良环境影响的对策和措施等，具体技术要求可参考《市级国土空间总体规划环境影响评价技术要点（试行）》。市级以下国土空间总体规划的环境影响评价，可由省级人民政府根据需要规定。

二、加强国土空间总体规划编制与规划环评的衔接互动。规划编制机关应及时启动规划环评工作，建立规划编制与规划环评的对接机制。在规划编制过程中，协同推动规划编制和规划环评，充分利用"双评价"（资源环境承载能力和国土空间开发适宜性评价）、生态环境分区管控方案等现有成果作为规划编制的基础，及时交流各阶段工作进展和相关信息，避免规划编制和规划环评工作相脱节。

三、国家和省级生态环境主管部门在配合同级自然资源部门审查下级政府报送的国土空间总体规划时，应重点对规划环评的开展情况、内容、方法、对策措施等进行审查。

四、生态环境部、自然资源部依法做好对国土空间总体规划环境影响评价的技术指导，不断完善相关技术要求，加强监督管理，适时组织对国土空间总体规划环境影响评价的开展情况进行跟踪和检查。

五、地方各级生态环境主管部门和自然资源主管部门要加强沟通和协调，各司其职、各负其责，建立畅通的部门协作机制，做好数据共享，加强队伍建设和培训交流，制定本地区的具体规定或实施细则，共同推动国土空间格局持续优化和生态环境质量持续改善。"

《关于在产业园区规划环评中开展碳排放评价试点的通知》（环办环评函〔2021〕471 号）

"一、工作目标

坚持以生态环境质量改善为核心，落实减污降碳协同增效目标要求，按照《规划环境影响评价技术导则　产业园区》，探索在产业园区规划环评中开展碳排放评价的技术方法和工作路径，推动形成将气候变化因素纳入环境管理的机制，助力区域产业绿色转型和高质量发展。通过试点工作形成一批可复制、可推广的案例经验，为碳排放评价纳入环评体系提供工作基础。

二、试点对象

具备碳排放评价工作基础的国家级和省级产业园区，优先选择涉及碳排放重点行业或正在开展规划环评工作的产业园区。

三、工作任务

（一）探索规划环评中开展碳排放评价的技术方法

以生态环境质量改善为核心，推进减污降碳协同增效，在《规划环境影响评价技术导则　产业园区》的基础上，结合产业园区规划环评中开展碳排放评价试点工作要点，采取定性与定量相结合的方式，探索开展不同行业、区域尺度上碳排放评价的技术方法，包括碳排放现状核算方法研究、碳排放评价指标体系构建、碳排放源识别与监控方法、低碳排放与污染物排放协同控制方法等方面。

（二）完善将碳排放评价纳入规划环评的环境管理机制

结合碳排放评价结果，进一步衔接区域"三线一单"生态环境分区管控要求、国土空间规划和行业发展规划内容，细化考虑气候变化因素的生态环境准入清单，为区域建设项目准入、企业排污许可证申领、执法检查等环境管理提供基础。

（三）形成一批可复制、可推广的案例经验

通过试点工作，重点从碳排放评价技术方法、减污降碳协同治理、考虑气候变化因素的规划优化调整方式和环境管理机制等方面总结经验，形成一批可复制、可推广的案例，为碳排放评价纳入环评体系提供工作基础。

四、保障措施

（一）做好组织实施

产业园区管理机构应按照报送我部的试点工作方案推进工作，做好人员保障和经费支持，及时总结经验，沟通解决发现的问题，按月报送工作进展，完成试点工作后编写试点工作报告，梳理提炼工作亮点和创新点。产业园区所属省、市生态环境部门应及时跟踪试点工作进展，在规划环评审查中充分考虑试点工作提出的意见建议，将减污降碳协同增效的具体要求落实到规划优化调整中。试点工作应结合规划环评工作统筹推进，完成一个报送一个，整体在 2022 年 11 月底前完成。

（二）强化能力建设

生态环境部组织碳排放评价试点工作专家团队，对试点工作进行指导，并适时组织专题研讨和培训，加强能力建设。鼓励各省级生态环境部门在我部产业园区规划环评碳排放评价试点经验的基础上，进一步拓展试点范围，探索针对不同行业、区域、园区特征的碳排放评价技术方法。有意向开展相关试点工作的省级生态环境部门应商我部环评司确定试点范围和工作方案后，组织实施。

（三）加强宣传引导

我部将组织对试点成果进一步总结和筛选，形成不同类型的产业园区碳排放评价案例。广泛宣传推广试点好经验、好做法，对成效突出的给予表扬，充分发挥试点示范效应，并不断完善其他类型规划的碳排放评价案例库、方法库，适时予以宣传指导。"

《关于进一步加强产业园区规划环境影响评价工作的意见》（环环评〔2020〕65号）

"一、总体要求

（一）编制产业园区开发建设规划时应依法开展规划环评。国务院及其有关部门、省级人民政府批准设立的经济技术开发区、高新技术产业开发区、旅游度假区等产业园区以及设区的市级人民政府批准设立的各类产业园区，在编制开发建设有关规划时，应依法开展规划环评工作，编制环境影响报告书。在规划审批前，报送相应生态环境主管部门召集审查。产业园区开发建设规划应符合国家政策和相关法律法规要求，规划发生重大调整或修订的，应当依法重新或补充开展规划环评工作。省级生态环境主管部门可根据本省人民政府有关规定，研究确定本行政区域开展规划环评的产业园区范围。

（二）产业园区规划环评结论及审查意见应依法作为规划审批决策的依据。规划环评应重点围绕产业园区产业定位、布局、结构、规模、实施时序以及产业园区重大基础设施建设等内容，从生态环境保护角度提出优化调整建议和减缓不良环境影响的对策措施。规划审批机关在审批规划时，应将规划环评结论及审查意见作为决策的重要依据，在审批中未采纳环境影响报告书结论及审查意见的，应当作出说明并存档备查。

（三）产业园区规划环评是入园建设项目环评工作的重要依据。入园建设项目开展环评工作时，应以产业园区规划环评为依据，重点分析项目环评与规划环评结论及审查意见的符合性；产业园区招商引资、入园建设项目环评审批等应将规划环评结论及审查意见作为重要依据。

二、落实产业园区管理机构主体责任

（四）对环境影响报告书的质量和结论负责。产业园区管理机构应按照环境影响评价法和《规划环境影响评价条例》要求，在编制（修编）产业园区开发建设规划时，同步组织开展环评工作。工作过程中，如实提供基础资料，重视规划实施面临的生态环境制约，认真研究规划环评技术机构提出的优化调整建议，依法征求相关部门、专家和公众的意见，涉及重点区域、重点行业且跨区域环境影响的规划，还应依照相关规定组织开展环评会商。切实担负起规划环评的主体责任，对规划环评的质量和结论负责，并接受所属人民政府的监督。

（五）落实规划环评及相关环保要求。产业园区管理机构应将规划环评结论及审查意见落实到规划中。负责统筹区域内生态环境基础设施建设，不得引入不符合规划环评结论及审查意见的入园建设项目；对现有生态环境问题组织整改，落实污染物总量控制和减排任务，督促污染企业做好退出地块的土壤、地下水等风险防控工作；加强产业园区环境风险防控体系建设并编制应急预案，细化明确产业园区及区内企业环境风险防范责任，与地方政府应急预案做好衔接联动，切实做好环境风险防范工作。

（六）组织开展规划环境影响跟踪评价。对可能导致区域环境质量下降、生态功能退化，实施五年以上且未发生重大调整的规划，产业园区管理机构应及时开展环境影响跟踪评价工作，编制规划环境影响跟踪评价报告。环境影响跟踪评价报告应包括对已实施规划内容的评估和后续规划内容的优化调整建议，评价结论应报告相关生态环境主管部门。生态环境主管部门可结合实际情况对评价结果作出反馈。

（七）共享产业园区环境质量和规划环评信息。统筹安排产业园区环境监测监控网络建设，大气、水等环境质量和污染源在线监测结果与当地生态环境主管部门联网，非在线数据存档备查，督促排污企业落实自行监测责任，建立产业园区规划环评文件、环境质量监测数据等信息共享工作机制并与入园建设项目及时共享。

（八）规划环评技术机构应提供客观科学的技术服务。受产业园区管理机构委托承担规划环评工作的技术机构，应恪守职业道德，提高技术能力，加强规划环评质量管理，按照相关技术导则和规范开展工作。如实向产业园区管理机构反映区域存在的生态环境问题和规划实施面临的生态环境制约因素，在规划环评阶段与园区管理机构保持充分互动，客观、科学地提出规划方案优化调整建议、污染物减排建议和减缓不良环境影响的对策措施，切实发挥技术支撑作用。

三、严格审查把关

（九）依法依规召集审查。产业园区规划环境影响报告书原则上由批准设立该产业园区的人民政府所属生态环境主管部门召集审查。各省（区、市）对于省级以下产业园区规划环境影响报告书审查另有规定的，按照地方有关法规执行。

（十）探索审查与生态环境分区管控衔接。已经发布"三线一单"（生态保护红线、环境质量底线、资源利用上线和生态环境准入清单）生态环境分区管控方案并组织实施的省份，其行政区域内国家级产业园区规划环境影响报告书可由生态环境部委托其所在省级生态环境主管部门召集审查，审查意见抄报生态环境部；具体委托工作由各省（区、市）结合实际需求向生态环境部提出申请。省级以下产业园区规划环境影响报告书审查与生态环境分区管控的衔接，可按照省级人民政府规定统筹安排。

（十一）突出审查重点。各级生态环境主管部门依法召集有关部门代表和专家组成审查小组，对环境影响报告书基础资料和数据的真实性，评价方法的适当性，环境影响分析、预测和评估的可靠性，以及衔接落实区域生态环境分区管控要求的情况，规划方案及优化调整建议的可行性，预防或者减轻不良环境影响的对策和措施的合理性和有效性，公众意见采纳与不采纳情况及其理由说明的合理性，环境影响评价结论的科学性等进行审查，重点关注产业园区存在的主要生态环境问题，形成客观、公正、独立的审查意见。

四、切实发挥效力

（十二）聚焦产业园区生态环境质量改善。坚持以生态环境质量改善、防范环境风险为核心，系统梳理区域存在的环境问题，明确制约产业园区环境质量改善的主要因素，落实排污许可证全覆盖工作部署，调查产业园区主要污染行业、污染源和污染物，分析主要污染物排放情况和减排潜力，预测规划实施可能产生的不良环境影响，从生态环境保护角度对规划的产业定位、布局、结构、发展规模、建设时序、运输方式及产业园区循环化和生态化建设等方面提出优化调整建议，推进区域生态环境质量改善。

（十三）优化产业园区基础设施建设。深入论证园区所涉及的集中供水、供热、污水处理、中水回用及配套管网、一般固体废物和危险废物集中贮存和处理处置、交通运输等基础设施建设方案的环境合理性和可行性。从产业园区基础设施选址、规模、工艺、建设时序或区域基础设施共建共享等方面提出优化调整建议。

（十四）推动建立健全环境风险防控体系。涉及易燃易爆、有毒有害危险物质生产、使用、贮存等的产业园区，应强化环境风险评价。重点关注对周边生态环境敏感目标的影响，强化产业园区环境监测与预警能力建设、环境风险应急与防范措施，从产业园区风险防控体系建设、突发环境事件响应与管理等方面提出对策建议。推动建立责任明确、联动有序、涵盖企业、产业园区、地方政府的环境风险防控体系，强化对入园建设项目环境风险评价的指导。

五、做好规划环评与项目环评联动

（十五）强化入园建设项目环评指导。产业园区规划环评结论及审查意见被产业园区管理机构和规划审批机关采纳的，其入园建设项目的环评内容可以适当简化。简化内容包括：符合产业园区规划环评结论及审查意见的入园建设项目政策规划符合性分析、选址的环境合理性和可行性论证；符合时效性要求的区域生态环境现状调查评价（区域环境质量呈下降趋势或项目新增特征污染物的除外）；入园建设项目依托的集中供热、污水处理、固体废物处理处置、交通运输等基础设施已按产业园区规划环评要求建设并运行的相关评价内容。

（十六）探索入园建设项目环评改革试点。鼓励满足如下条件的地方开展国家级和省级产业园区试点改革工作：产业园区已依法完成规划环评工作，且采纳落实了规划环评结论及审查意见；省级人民政府已经制定发布或授权制定区域环评审批负面清单、严格环评管理重点行业名录等，对入园建设项目污染和环境风险能有效防控；产业园区环境质量稳定达标且持续改善；产业园区环境基础设施完善、运行稳定，环境管理和风险防控体系健全且近 5 年内未发生重大环境事件。

开展试点的省级生态环境主管部门，要依照省级政府规定，明确上述试点工作的具体范围、任务及要求，及时总结试点工作进展成效、存在问题，不断完善相关工作，并将试点工作情况报送生态环境部，试点期限不超过 2 年。产业园区内共用污染治理设施或废水排放口的排污单位，要进一步优化排污许可管理，明确责任。

六、切实加强监管

（十七）加强对规划环评质量的监管。各级生态环境主管部门发现规划环境影响报告书质量存在基础资料严重失实、不符合法律法规要求、不能为规划优化调整提供技术支撑，甚至出现弄虚作假等情形的，可依法依规对产业园区管理机构及其委托的规划环评技术机构予以处理。产业园区管理机构未开展规划环评、未落实相关要求，或在组织开展环评时存在弄虚作假等失职行为的，各级生态环境主管部门可通过约谈、通报等方式督促整改，并将有关信息及时反馈生态环境保护督察。规范规划环评审查专家库管理，对审查中存在弄虚作假或失职行为的，依法取消其资格并予以公告，审查小组的部门代表有上述行为的，应通报其所在部门，依法给予处分。

生态环境部将建立健全规划环评跟踪监管长效机制，定期调度产业园区规划环评及跟踪评价开展、落实情况，采取"定期检查+不定期抽查"相结合的方式加大规划环境影响报告书质量监管。重点检查编制质量及规划环评落实情况，对编制质量差、规划环评落实不力的相关责任主体公开曝光并依法依规处理。

（十八）强化对规划环评效力的监管。各级生态环境主管部门应加强规划实施跟踪监管，依法对已发生重大不良影响的规划及时组织核查，评估规划环评实施效果及产生重大不良环境影响的主要原因，根据核查情况向规划审批机关和产业园区管理机构提出修订规划或者采取改进措施的建议。地方各级生态环境主管部门要加强对产业园区环境质量变化情况以及污染物排放情况的监管，强化对重污染或涉有毒有害污染物排放产业园区的环境质量例行监测，依法开展执法监测，落实监管责任。

（十九）加快推动信息化建设和成果共享。省级生态环境主管部门每年组织对省级及以下产业园区的规划环评和跟踪评价开展、落实情况进行调度，及时理清行政区域内产业园区底数，加快推动规划环评报送、规划环评审查及落实情况、公开与通报等信息化建设，推进规划环评、项目环评成果的共享共用。

（二十）严格落实规划环评要求。各级生态环境主管部门和行政审批部门应把规划环评结论及审查意见的符合性作为入园建设项目环评审批的重要依据。落实好产业园区规划环评对项目环评的指导要求，按要求可以简化内容的项目环评，不再增加相关环评内容要求。规划环评提出需要深入论证的，在项目环评审批阶段应重点把关。

（二十一）县级人民政府批准设立的各类产业园区规划环评工作可参照本意见执行。"

《关于进一步加强煤炭资源开发环境影响评价管理的通知》（环环评〔2020〕63号）

"一、规范规划环评管理

（一）经批准的煤炭矿区总体规划，是煤矿项目核准、建设、生产的基本依据。发展改革（能源主管）部门在组织编制煤炭矿区总体规划时，应坚持'生态优先、绿色发展'的理念，根据法律法规要求，同步组织开展规划环评工作，编制环境影响报告书。

（二）在编制煤炭矿区总体规划环境影响报告书时，应依据国土空间规划和生态保护红线、自然保护地管理要求等，结合所在省（自治区、直辖市）'三线一单'成果，在报告书中明确禁止开发的区域。结合区域生态环境现状、地表水及地下水资源分布等因素，以及规划实施与空间管控要求、资源利用总量和效率、生态环境质量改善目标的关系，科学预测、分析和评估规划实施的生态环境影响，提出预防或减轻不良影响的对策和措施，形成包括规划草案的环境合理性和可行性，预防或者减轻不良环境影响的对策和措施的合理性和有效性，以及关于规划草案布局、规模、开发方式等方面调整建议的环评结论。

（三）负责编制规划的发展改革（能源主管）部门在报批煤炭矿区总体规划草案前，应将规划环评文件报送与规划审批部门同级的生态环境主管部门，并抄送负责审批规划的发展改革（能源主管）部门。生态环境主管部门会同负责审批规划的发展改革（能源主管）部门召集有关部门代表和专家组成审查小组，对环境影响报告书进行审查。审查小组应当提出书面审查意见，生态环境主管部门应及时将意见印送给相关部门。

（四）审查小组提出修改意见的，负责编制规划的发展改革（能源主管）部门应当根据环境影响报告书结论和审查意见对规划草案进行修改完善，并对环境影响报告书结论和审查意见的采纳情况作出说明；不采纳的，应当说明理由。

负责编制规划的发展改革（能源主管）部门，应当将修改完善后的规划环境影响报告书、审查意见及采纳落实情况，与矿区总体规划草案一并报送负责审批规划的发展改革（能源主管）部门。未附送的，规划审批机关应当要求其补充；未补充的，不予审批。

负责审批规划的发展改革（能源主管）部门在审批规划草案时，应将规划环境影响报告书结论和审查意见作为矿区总体规划批准的重要依据，在审批中未采纳规划环境影响报告书结论和审查意见的，应当作出说明，并存档备查。

（五）对已批准的煤炭矿区总体规划，发生下列情形之一的，属于规划的重大调整，应编制煤炭矿区总体规划（修改版），同步开展规划环评，并按程序报批（审）：

1．矿区主要边界调整导致规划面积扩大的；

2．新增井（矿）田的；

3．原规划井（矿）田合并或分立时，增加涉及的井（矿）田总规模的；

4．矿区内已有生产建设煤矿总规模（已建成煤矿和已核准建设煤矿产能之和）超过原矿区规划总规模的；

5．单个煤矿建设规模（生产能力）增加幅度超过规划确定规模30%及以上的；

6．涉及的自然保护地或生态保护红线增多且影响明显的；

7．开采方式（露天或井工）变化的；

8．其他规定的情形。

属于矿区边界范围缩小、矿区内井（矿）田合并或分立且不增加涉及的井（矿）田总规模等规划非重大调整情形的，应编制煤炭矿区总体规划局部调整方案报原规划审批机关同意，原规划审批机关应将同意后的调整方案，抄送原出具规划环评审查意见的生态环境主管部门。

（六）对于有重大生态环境影响的煤炭矿区总体规划，负责编制规划的发展改革（能源主管）部门应及时组织规划环境影响的跟踪评价，将评价结果报告规划审批机关，并通报出具规划环评审查意见的生态环境主管部门。矿区总体规划实施过程中产生重大不良环境影响的，负责编制规划的发展改革（能源主管）部门应当及时提出并落实改进措施，向有关部门报告。

发展改革（能源主管）部门开展煤炭矿区总体规划实施评估时，应当将规划环评落实情况和效果等纳入其中。

（七）未依法进行环评的煤炭矿区总体规划，不得组织实施；对不符合煤炭矿区总体规划要求的项目，发展改革（能源主管）部门不予核准。生态环境主管部门应将与矿区总体规划及其环评的符合性作为规划所包含项目环评文件审批的重要依据，对不符合要求的，不予审批其项目环评文件。对符合规划环评结论和审查意见的建设项目，其建设项目环评文件可依据规划环评审查意见对区域环境质量现状、规划协调性分析等内容适当简化。"

《关于进一步加强公路水路交通运输规划环境影响评价工作的通知》（环发〔2012〕49号）

"一、严格执行规划环境影响评价制度

（一）交通运输行政主管部门在组织编制公路水路交通运输规划时，应根据《规划环境影响评价条例》和《国务院关于加强环境保护重点工作的意见》的要求，严格执行规划环境影响评价制度，同步组织开展规划环境影响评价工作。已批准的规划在实施范围、适用期限、规模、结构和布局等方面进行重大调整或修订的，应当重新或补充进行环境影响评价。

（二）交通运输部门在报送公路水路交通运输规划草案时，应将环境影响篇章或说明、环境影响报告书连同规划草案一并报送规划审批机关。未依法编写环境影响篇章或说明、环境影响报告书的，规划审批机关应当要求其补充；未补充的，规划审批机关不予审批。

二、公路水路交通运输规划环境影响评价的范围规定

（三）公路水路交通运输规划开展环境影响评价的具体范围，原则上按原国家环保总局《关于印发〈编制环境影响报告书的规划的具体范围（试行）〉和〈编制环境影响篇章或说明的规划的具体范围（试行）〉的通知》（环发〔2004〕98号）执行。

（四）需编写环境影响篇章或说明的公路水路交通运输规划主要包括港口布局规划、航道布局规划、公路运输枢纽总体布局规划以及其他指导性的交通运输规划（即以发展战略为主要内容，提出预测性、参考性指标的一类规划）。

（五）需编制环境影响报告书的公路水路交通运输规划主要包括：综合交通运输体系规划、流域（区域）和省级内河航道建设规划、主要港口和地区性重要港口总体规划、公路运输枢纽总体规划、国（省）道公路网规划以及设区的城市综合交通体系规划等交通运输规划。

三、公路水路交通运输规划环境影响评价的基本要求

（六）综合交通运输体系规划环境影响评价，应立足当地资源环境特点，重点分析综合交通运输体系规划实施的环境制约因素，预测分析综合交通运输体

系规划实施对区域资源环境的直接、间接和累积影响，并提出规划优化调整建议和减轻环境影响的针对性措施。

（七）国（省）道公路网规划、公路运输枢纽总体规划环境影响评价，应对规划实施后可能造成的环境影响进行分析、预测和评估、并结合生态功能区划、土地利用总体规划、声环境功能区划及其他相关规划，按照"统筹规划、合理布局、保护生态、有序发展"的原则，科学合理地确定公路网、公路运输枢纽布局、规模和技术标准，优化交通运输资源配置，完善公路网络结构，从源头预防或减轻公路建设的生态环境影响。

（八）港口总体规划环境影响评价，应重点分析港口开发与海洋功能区划、环境功能区划、自然保护区等的协调性，综合判断港口开发对区域资源环境可能带来的不良影响，提出预防或减轻环境影响的对策措施，从源头避免港口开发建设的生态环境影响，促进港口发展与环境保护的全面协调可持续发展。

（九）航道建设规划环境影响评价，要坚持合理利用资源，维护生态平衡；涉及航电枢纽建设的，要贯彻落实"生态优先、统筹考虑、适度开发、确保底线"基本原则，重点关注规划实施可能产生的重大生态环境影响，促进内河航运的健康可持续发展。"

《关于进一步加强水生生物资源保护　严格环境影响评价管理的通知》（环发〔2013〕86号）

"一、编制区域、流域、海域的建设、开发利用规划等综合性规划，以及工业、农业、畜牧业、林业、能源、水利、交通、城市建设、旅游、自然资源开发等专项规划，应依法开展环境影响评价。其中，对水生生物产卵场、索饵场、越冬场以及洄游通道可能造成不良影响的开发建设规划，在环境影响评价中应进一步强化以下内容：

（一）将重要水生物种资源及其关键栖息场所列为敏感目标，开展重要水生物种资源及其关键栖息场所等调查监测，科学客观地评价规划实施可能带来的长期影响，并按照避让、减缓、恢复的顺序提出切实可行的建议和对策措施。

（二）规划涉及港口、码头、桥梁、航道整治疏浚等涉水工程以及围填海等海岸工程的，应综合评估规划实施可能造成的底栖生物、鱼卵、仔稚鱼等水生生物资源的损失和长期影响。

（三）规划涉及水利、水电、航电等筑坝工程的，应调查洄游性水生生物情况，调查影响区域内漂流性鱼卵的生产和生长习性、调查影响区域内水生生物产卵场等关键栖息场所分布状况，全面评估规划实施对洄游性水生生物和生物种群结构的影响。

二、各级环境保护部门在召集港口、码头、桥梁、航道、水电、航电、水利等开发建设规划环境影响报告书审查时，涉及可能对水生生物资源及其生境造成不良影响的，应严格执行以下要求：

（一）将渔业部门以及水生生态、水生生物资源、渔业资源（重点是鱼类）保护等方面的专家纳入审查小组。

（二）审查小组应将水生生物影响评价内容和有关结论作为审查重点之一，对可能造成重大不良环境影响的规划方案，应在书面审查意见中给出明确结论。

（三）审查小组成员应当客观、公正、独立地对环境影响报告书提出书面审查意见，规划审批机关、规划编制机关、审查小组的召集部门不得干预。"

《关于进一步加强水利规划环境影响评价工作的通知》（环发〔2014〕43号）

"一、严格执行规划环境影响评价制度

（一）水行政主管部门在组织编制有关水利规划时，应根据法律法规的要求，严格执行规划环境影响评价制度，同步组织开展规划环境影响评价工作。对已经批准的规划在实施范围、适用期限、规模、结构和布局等方面进行重大调整或修订的，应当依法重新或补充进行环境影响评价。

（二）规划编制单位在报送水利规划草案时，应将环境影响篇章或说明（作为规划草案的组成部分）、环境影响报告书一并报送规划审批机关。未依法编写环境影响篇章或说明、环境影响报告书的，规划审批机关应当要求其补充；未补充的，规划审批机关不予审批。

二、水利规划环境影响评价的范围规定

（三）需编写环境影响篇章或说明的水利规划包括：水资源战略（综合）规划及水中长期供求规划等涉及水利可持续发展的战略规划；水利发展规划；防洪、治涝、抗旱、灌溉、采砂管理等专业规划或专项规划。

（四）需编制环境影响报告书的水利规划包括：流域综合规划；水力发电、水资源开发利用（含供水）等专业规划；河口整治、水库建设、跨流域调水等专项规划。作为一项整体建设项目的水利规划，按照建设项目进行环境影响评价，不进行规划的环境影响评价，其具体范围的界定标准由水利部会同环境保护部制定发布后实施。

三、水利规划环境影响评价的基本要求

（五）水利规划环境影响评价，应当树立尊重自然、顺应自然、保护自然的生态文明理念，坚持节约优先、保护优先、自然恢复为主的方针，落实流域统筹、综合规划要求，促进干支流、上下游科学有序开发。

（六）水利规划环境影响评价，应当从经济、社会可持续发展、水资源可持续利用和维护流域生态安全的角度，全面评价规划实施可能对流域生态系统产生的整体影响、对环境及人群健康产生的长远影响，评价规划实施的经济效益、社会效益与环境效益之间以及当前利益与长远利益之间的关系。

（七）水利规划环境影响评价，应当依据国家有关法律法规，按照有关技术导则和规范的要求，结合自然环境特征和水利规划特点，重点分析与相关政策法规、全国主体功能区规划及其他相关功能区划等的符合性；识别规划实施可能影响的自然保护区、风景名胜区、饮用水水源保护区、珍稀动植物生境、历史文化遗迹等重要环境敏感区及其他资源环境制约因素；预测规划实施可能对生态环境造成的直接、间接和累积性影响；提出预防或减轻不良环境影响的对策措施。编制环境影响报告书的，还应包括规划草案的环境合理性和可行性、预防或减轻不良环境影响的对策和措施的合理性和有效性，以及规划草案的调整建议等环境影响评价结论。"

《关于做好煤电基地规划环境影响评价工作的通知》（环办〔2014〕60号）

"一、强化煤电基地规划环境影响评价管理

（一）编制煤电基地规划，应严格依法做好环境影响评价，在规划草案报送前编制完成规划环境影响报告书，并报送负责召集审查的环境保护部门。煤电基地规划范围、布局、结构、规模等发生重大调整或修订的，应依法重新或补充进行规划环境影响评价。

（二）煤电基地规划环境影响评价应尽早介入，贯穿规划编制的全过程。环境影响报告书编制单位应及时将规划草案的资源环境制约、可能产生的环境问题和优化调整建议，反馈规划编制机关，在规划方案的制定完善中予以充分体现。

（三）煤电基地规划环境影响报告书和审查意见应与规划草案一并报送规划审批机关，作为规划决策和实施的重要依据。

（四）规划的环境影响评价结论应作为建设项目环境影响评价的重要依据，建设项目环境影响评价内容可以根据规划环境影响评价的分析论证情况予以简化。对未完成环境影响评价工作的规划，环境保护部门不予受理规划中建设项目的环境影响评价文件。

二、煤电基地规划环境影响评价的总体要求

（五）科学调控发展规模。坚持保护优先，依据区域资源环境承载能力，以确保生态环境质量不降低和大气污染防治目标实现为前提，深入论证煤电基地发展规模的环境合理性，推动煤电基地适度、有序发展。

（六）优化煤电基地发展布局。严格落实大气污染防治重点区域和重点控制区煤电准入要求，依据区域大气环境容量和地形、气象条件，避让、减缓对环境敏感目标的不利影响，优化电源点布局。

（七）统筹区域内相关产业结构。推进科学配置区域资源环境要素，有保有压，优化煤电上下游产业链条，提升相关产业资源环境效率，推动循环绿色发展。

三、煤电基地规划环境影响评价应重点做好的工作

（八）与相关规划等的协调性分析。应重点分析煤电基地规划与主体功能区规划、生态功能区划、环保政策和规划等在功能定位、开发原则和环境准入等方面的符合性。分析规划方案与其他相关规划在资源保护与利用、生态环境要求等方面的冲突与矛盾。论证规划方案规模、布局、结构、建设时序与区域发展目标、定位的协调性，以外送为主的煤电基地还应重点分析与相关输电通道规划的协调性。

（九）区域生态环境现状分析和回顾性评价。应结合自然保护区、饮用水水源保护区等重要环境保护目标，重点说明近年来大气环境、地表水、地下水、土壤环境等区域生态环境现状与变化。通过分析区域内煤电和相关煤炭、有色、煤化工行业规划实施引发的生态环境演变趋势，准确识别区域突出的生态环境问题及其成因。说明相关战略环评成果、规划环评审查意见及有关项目环评批复的落实情况。

（十）资源环境承载力分析。应重点分析大气环境及水环境容量，深入开展生态承载力分析。立足煤电基地内主要用水行业现有和规划的各项水资源需求，依据水资源调配引发的生态环境影响分析水资源承载能力。根据所依托矿区的煤炭产能、产量与流向，核实煤炭资源承载能力。

（十一）环境影响预测和分析。应重点开展大气环境影响预测，综合考虑煤矿、煤电及区域相关产业排放的二氧化硫（SO_2）、氮氧化物（NO_x）、可吸入颗粒物（PM_{10}）、细颗粒物（$PM_{2.5}$）和汞等重金属及有毒有害化学物质对煤电基地大气环境的影响，分析其对周边重点城市的跨界影响。分析煤电及相关产业发展对区域防风固沙、水土保持、水源涵养、生物多样性保护等重要生态功能的影响，明确煤电基地开发是否会导致生态系统主导功能发生显著不良变化或丧失，是否会加剧现有生态环境问题。

（十二）规划优化调整建议。应以资源环境可承载为前提，从煤电基地规划规模和空间布局、外送电和自用电比例、下游产业发展方向及区域产业结构调整等方面提出规划草案的优化调整建议。对与环保政策要求存在明显冲突、将显著加剧或引发严重生态环境问题、建设规模缺乏必要性或无输电通道支撑、现状环境容量不足且区域削减措施滞后或效果不佳、现状水资源难以承载且供水存在较大不确定性等情况，均应明确提出规划规模调减和布局优化等建议。

（十三）预防或减缓不良环境影响的对策措施。应立足大气环境质量改善，提出煤电基地所在区域大气污染物削减方案、大气污染防控对策，以及受电区

域控制煤电行业发展的政策建议。统筹制定煤电基地环境保护和生态修复方案，细化水资源循环利用方案，分类明确固体废物综合利用、处理处置的有效途径和方式。制定有针对性的跟踪评价方案，对煤电基地开发产生的实际环境影响、环境质量变化趋势、环境保护措施落实情况和有效性做好监测和评价。"

《关于做好矿产资源规划环境影响评价工作的通知》（环发〔2015〕158号）

"一、切实加强矿产资源规划环境影响评价工作"

"（二）分类开展矿产资源规划环评工作。需编写环境影响篇章或说明的矿产资源规划包括：全国矿产资源规划，全国及省级地质勘查规划，设区的市级矿产资源总体规划，重点矿种等专项规划。需编制环境影响报告书的矿产资源规划包括：省级矿产资源总体规划，设区的市级以上矿产资源开发利用专项规划，国家规划矿区、大型规模以上矿产地开发利用规划。县级矿产资源规划原则上不开展规划环境影响评价，各省级人民政府有规定的按照其规定执行。"

"二、准确把握矿产资源规划环境影响评价的基本要求

（四）总体要求。矿产资源规划环境影响评价，应符合《规划环境影响评价技术导则　总纲》（HJ 130—2014）和有关技术规范。"

"（五）全国矿产资源规划环境影响评价。应结合相关主体功能区规划、环境功能区划、生态功能区划、土地利用总体规划及其他相关规划，综合评判矿产资源开发布局与经济社会、生态环境功能格局的协调性、一致性；预测规划实施和资源开发对区域生态系统、环境质量等造成的重大影响，提出预防或减轻不良环境影响的对策措施；论证资源差别化管理政策和开发负面清单的合理性与有效性，从源头预防资源开发带来的不利环境影响。"

"（六）省级矿产资源规划环境影响评价。应以资源环境承载能力为基础，科学评价矿产资源勘查开发总体布局与区域经济社会发展、生态安全格局的协调性、一致性；从经济社会可持续发展、矿产资源可持续利用和维护区域生态安全的角度，评价规划定位、目标、任务的环境合理性；重点识别规划实施可能影响的自然保护区、风景名胜区、饮用水水源保护区、地质公园、历史文化遗迹等重要环境敏感区及其他资源环境制约因素；结合本行政区重要环境保护目标，预测规划实施可能对区域生态系统产生的整体影响、对环境产生的长远影响；提出规划优化调整建议和减轻不良环境影响的对策措施。省级矿产资源总体规划环境影响评价技术要点由环境保护部会同国土资源部联合制定，另行印发。"

"（七）设区的市级矿产资源规划环境影响评价。主要是围绕沙石黏土及小型非金属矿等资源的开发利用与保护活动，评价规划部署与区域经济发展、民生改善和生态保护的协调性；预测规划实施和资源开发可能对生态环境造成的

直接和间接影响；评价矿山地质环境治理恢复与矿区土地复垦重点项目安排的合理性，以及开采规划准入条件的有效性。"

（11）熟悉规划环境影响评价加强空间管制、总量管控和环境准入的有关规定

《关于规划环境影响评价加强空间管制、总量管控和环境准入的指导意见》（环办环评〔2016〕14 号）

"一、总体要求和适用范围

（一）规划环评应充分发挥优化空间开发布局、推进区域（流域）环境质量改善以及推动产业转型升级的作用，并在执行相关技术导则和技术规范的基础上，将空间管制、总量管控和环境准入作为评价成果的重要内容。

（二）加强空间管制，是指在明确并保护生态空间的前提下，提出优化生产空间和生活空间的意见和要求，推进构建有利于环境保护的国土空间开发格局。加强总量管控，是指应以推进环境质量改善为目标，明确区域（流域）及重点行业污染物排放总量上限，作为调控区域内产业规模和开发强度的依据。加强环境准入，是指在符合空间管制和总量管控要求的基础上，提出区域（流域）产业发展的环境准入条件，推动产业转型升级和绿色发展。

（三）规划环评工作要尽早介入规划编制，并将空间管制、总量管控和环境准入成果充分融入规划编制、决策和实施的全过程，切实发挥优化规划目标定位、功能分区、产业布局、开发规模和结构的作用，推进区域（流域）环境质量改善，维护生态安全。

（四）本指导意见适用于具有明确空间范围并涉及具体开发建设行为的规划环评。其他规划环评可根据规划特点有针对性地执行本指导意见的有关规定；区域战略环境评价可参照执行。

二、强化空间管制，优化空间开发格局

（五）规划环评应结合区域特征，从维护生态系统完整性的角度，识别并确定需要严格保护的生态空间，作为区域空间开发的底线，并据此优化相关生产空间和生活空间布局，强化开发边界管制。当生产、生活空间与生态空间发生冲突时，按照'优先保障生态空间，合理安排生活空间，集约利用生产空间'的原则，对规划空间布局提出优化调整意见，以保障生态空间性质不转换、面积不减少、功能不降低。

（六）应在生态空间明确的基础上，结合环境质量目标及环境风险防范要求，对规划提出的生产空间、生活空间布局的环境合理性进行论证，基于环境影响的范围和程度，对生产空间和生活空间布局提出优化调整建议，避免或减缓生产活动对人居环境和人群健康的不利影响。

（七）应在全面分析区域生态重要性和生态敏感性空间分布规律的基础上，

结合区域经济发展规划、土地利用规划、城乡规划、生态环境保护规划等综合确定生态空间，并与全国和省级主体功能区规划、生态功能区划、水生态环境功能区划、生物多样性保护优先区域保护规划、自然保护区发展规划等相协调。生态空间应包括重点生态功能区、生态敏感区、生态脆弱区、生物多样性保护优先区和自然保护区等法定禁止开发区域，以及其他对于维持生态系统结构和功能具有重要意义的区域。

（八）规划区域已经划定生态保护红线的，应将生态保护红线区作为生态空间的核心部分。同时，应根据规划特点、区域生态敏感性和环境保护要求，将其他需要重点保护的区域一并纳入生态空间。规划区域尚未划定生态保护红线的，要提出禁止开发和重点保护的生态空间，为划定生态保护红线提供参考依据。

（九）规划环评的空间管制成果，应包括生态空间分布图和优化后的生活空间、生产空间分布图，生产、生活、生态空间及其组成区块开发管制总图，以及其他必要的支撑性图件。有关图件应配套编制空间区块说明表，详细说明各空间区块的地理位置、面积、现状、保护对象、准入要求和管制措施等。

三、严格总量管控，推进环境质量改善

（十）根据规划区域及上下游、下风向等周边地区环境质量现状和目标，考虑气象条件、水文条件等相关因素，按照最不利条件分析并预留一定的安全余量，提出区域（流域）污染物排放总量控制上限的建议，作为区域（流域）污染物排放总量管控限值。综合分析环境质量改善目标、排放现状、减排成本和技术可行性，确定区域污染物排放总量削减的阶段性目标。

（十一）根据国家、地方环境质量改善目标及相关行业污染控制要求，结合现状环境污染特征和突出环境问题，确定纳入排放总量管控的主要污染物。一般应包括化学需氧量、氨氮、总磷/磷酸盐等水污染因子，二氧化硫、氮氧化物、挥发性有机物、烟粉尘等大气污染因子，以及其他与区域突出环境问题密切相关的主要特征污染因子。

（十二）针对重点控制污染物，逐一估算每个区域（流域）控制单元内各项污染物的总量管控限值。根据流域特征、水文情势、水质监测和断面设置等划定适当的水体控制单元；水体控制单元应与已有水（环境）功能区、水生态环境功能区相衔接。根据区域大气传输扩散条件、自然地形、土地利用和地表覆盖等划定适当的大气污染控制单元。估算污染物排放总量管控限值，应综合考虑污染源排放强度和特征、最不利排放位置、污染治理设施运行状况，以及环境监测水平、污染物排放监管能力等；还应选择较小的时间尺度开展估算，有条件的可采用以天为单位提出污染物排放总量管控限值。

（十三）综合考虑污染排放量、排放强度、特征污染物以及规划主导产业等，确定区域内纳入总量管控的重点行业。基于行业生产工艺水平、污染控制技术水平以及技术进步、污染控制成本等，筛选最佳适用技术（BAT），分析和测算重点行业的减排潜力。根据重点行业污染排放基数、减排潜力和技术经济等因素，提出该行业的污染物排放总量管控要求。

（十四）当区域环境质量现状超标或重点行业污染物排放已超出总量管控要求时，应根据环境质量改善目标，提出区域或者行业污染物减排任务，推动制定污染物减排方案以及加快淘汰落后产能、促进产业结构调整、提升技术工艺、加强节能节水控污等措施。必要时，可提出暂缓区域内新增相关污染物排放项目建设等建议，控制行业发展规模，推动环境质量改善。

（十五）对于区域（流域）内的产业发展，在满足环境质量目标的前提下，可以赋予地方在具体建设项目污染物排放总量分配上的主动权。在产业技术水平提高、清洁生产水平提高、区域污染治理水平提高的情况下，产业发展规模可以在污染物排放总量不突破上限的情况下适当扩大。

（十六）当规划区域环境目标、产业结构和生产力布局以及水文、气象条件等发生重大变化时，应动态调整区域行业污染物总量管控要求，结合规划和规划环评的修编或者跟踪评价对区域能够承载的污染物排放总量重新进行估算，不断完善相关总量管控要求。

四、明确环境准入，推动产业转型升级

（十七）在综合考虑规划空间管制要求、环境质量现状和目标等因素的基础上，论证区域产业发展定位的环境合理性，提出环境准入负面清单和差别化环境准入条件，发挥对规划编制、产业发展和建设项目环境准入的指导作用。

（十八）根据区域资源禀赋和生态环境保护要求，选取单位面积（单位产值）的水耗、能耗、污染物排放量、环境风险等一项或多项指标，作为制定规划区域行业环境准入负面清单的否定性指标并确定其限值。如果规划拟发展的行业不满足上述指标的要求，应将其直接列入环境准入负面清单，禁止规划建设。

（十九）建立包括环境影响、资源消耗强度、土地利用效率、经济社会贡献等指标在内的评价指标体系，对重点行业进行综合评价。对规划区域资源环境影响突出、经济社会贡献偏小的行业原则上应列入禁止准入类。限制准入类行业应进一步结合区域环境保护目标和要求、资源环境承载能力、产业现状等确定。

（二十）根据环境保护政策规划、总量管控要求、清洁生产标准等，明确应限制或禁止的生产工艺或产品清单。通过列表的方式，提出规划范围内禁止准入及限制准入的行业清单、工艺清单、产品清单等环境负面清单，并说明清单制定的主要依据、标准和参考指标。

（二十一）当区域（流域）环境质量现状超标时，应在推动落实污染物减排方案的同时，根据环境质量改善目标，针对超标因子涉及的行业、工艺、产品等，提出更加严格的环境准入要求。"

《关于以改善环境质量为核心加强环境影响评价管理的通知》（环环评〔2016〕150号）

"（一）生态保护红线是生态空间范围内具有特殊重要生态功能必须实行强制性严格保护的区域。相关规划环评应将生态空间管控作为重要内容，规划区域涉及生态保护红线的，在规划环评结论和审查意见中应落实生态保护红线的管理要求，提出相应对策措施。除受自然条件限制、确实无法避让的铁路、公路、航道、防洪、管道、干渠、通讯、输变电等重要基础设施项目外，在生态保护红线范围内，严控各类开发建设活动，依法不予审批新建工业项目和矿产开发项目的环评文件。

（二）环境质量底线是国家和地方设置的大气、水和土壤环境质量目标，也是改善环境质量的基准线。有关规划环评应落实区域环境质量目标管理要求，提出区域或者行业污染物排放总量管控建议以及优化区域或行业发展布局、结构和规模的对策措施。项目环评应对照区域环境质量目标，深入分析预测项目建设对环境质量的影响，强化污染防治措施和污染物排放控制要求。

（三）资源是环境的载体，资源利用上线是各地区能源、水、土地等资源消耗不得突破的'天花板'。相关规划环评应依据有关资源利用上线，对规划实施以及规划内项目的资源开发利用，区分不同行业，从能源资源开发等量或减量替代、开采方式和规模控制、利用效率和保护措施等方面提出建议，为规划编制和审批决策提供重要依据。

（四）环境准入负面清单是基于生态保护红线、环境质量底线和资源利用上线，以清单方式列出的禁止、限制等差别化环境准入条件和要求。要在规划环评清单式管理试点的基础上，从布局选址、资源利用效率、资源配置方式等方面入手，制定环境准入负面清单，充分发挥负面清单对产业发展和项目准入的指导和约束作用。

（五）加强规划环评与建设项目环评联动。规划环评要探索清单式管理，在结论和审查意见中明确'三线一单'相关管控要求，并推动将管控要求纳入规划。规划环评要作为规划所包含项目环评的重要依据，对于不符合规划环评结论及审查意见的项目环评，依法不予审批。规划所包含项目的环评内容，应当根据规划环评结论和审查意见予以简化。"

（12）熟悉产业园区规划环评中碳排放评价的有关要求

《关于在产业园区规划环评中开展碳排放评价试点的通知》（环办环评函〔2021〕471号）

"三、工作任务

（一）探索规划环评中开展碳排放评价的技术方法

以生态环境质量改善为核心，推进减污降碳协同增效，在《规划环境影响评价技术导则 产业园区》的基础上，结合产业园区规划环评中开展碳排放评价试点工作要点，采取定性与定量相结合的方式，探索开展不同行业、区域尺度上碳排放评价的技术方法，包括碳排放现状核算方法研究、碳排放评价指标体系构建、碳排放源识别与监控方法、低碳排放与污染物排放协同控制方法等方面。

（二）完善将碳排放评价纳入规划环评的环境管理机制

结合碳排放评价结果，进一步衔接区域'三线一单'生态环境分区管控要求、国土空间规划和行业发展规划内容，细化考虑气候变化因素的生态环境准入清单，为区域建设项目准入、企业排污许可证申领、执法检查等环境管理提供基础。

（三）形成一批可复制、可推广的案例经验

通过试点工作，重点从碳排放评价技术方法、减污降碳协同治理、考虑气候变化因素的规划优化调整方式和环境管理机制等方面总结经验，形成一批可复制、可推广的案例，为碳排放评价纳入环评体系提供工作基础。

《产业园区规划环评中开展碳排放评价试点工作要点》

一、总体思路和定位

坚持以现有规划环境影响评价制度为基础，将碳排放评价纳入评价工作全流程，鼓励在碳排放评价内容、指标、方法等方面大胆创新，探索形成产业园区减污降碳协同增效的技术方法和工作路径，促进产业园区低碳绿色发展。

二、评价重点

（一）应结合园区产业特点和类型确定碳排放评价范围和评价因子。涉及电力、钢铁、建材、有色、石化和化工等"两高"行业项目的园区可重点关注能源消耗、企业生产和废弃物处理等与污染物排放相关的碳排放；涉及大数据、云计算等高耗电的园区可重点关注调入电力的碳排放。重点以二氧化碳（CO_2）为主，根据园区主导产业能源消耗和工艺过程，可纳入甲烷（CH_4）、氧化亚氮（N_2O）、氢氟碳化物（HFCs）、全氟碳化物（PFCs）、六氟化硫（SF_6）与三氟化氮（NF_3）等其他温室气体评价。

（二）在充分利用已有碳排放统计资料的基础上摸清园区碳排放底数并开展

规划分析。园区可根据碳排放清单、重点企业碳排放核查报告等现有资料分析碳排放现状；园区自行测算的，应按照国家有关指南，重点测算评价范围内的碳排放量。涉及电力、钢铁、建材、有色、石化和化工等'两高'行业项目的园区应重点评价主导产业碳排放水平，分析降碳潜力。分析规划实施后园区碳排放强度、结构等方面的变化，重点关注规划方案中产业发展、重点项目和涉及碳排放的配套基础设施等内容，分析与碳排放政策的符合性。

（三）根据区域和行业'双碳'目标，设定合理且符合区域特点的碳排放评价指标。立足园区现状碳排放水平和产业发展水平，从碳排放强度优化、资源利用效率提升等方面提出指标要求。

（四）以减污降碳协同增效为出发点提出规划优化调整建议和管控措施。重点关注园区内具有减污降碳协同效应的领域和环节，从规划产业结构、能源结构、运输结构、基础设施建设要求等方面对规划方案提出具有可操作性的优化调整建议和减污降碳协同管控措施建议。"

（二）建设项目环境影响评价

1．建设项目环境影响评价分类管理

（1）掌握建设项目环境影响评价分类管理的有关法律规定

《中华人民共和国环境影响评价法》

"第十六条　国家根据建设项目对环境的影响程度，对建设项目的环境影响评价实行分类管理。

建设单位应当按照下列规定组织编制环境影响报告书、环境影响报告表或者填报环境影响登记表（以下统称环境影响评价文件）：

（一）可能造成重大环境影响的，应当编制环境影响报告书，对产生的环境影响进行全面评价；

（二）可能造成轻度环境影响的，应当编制环境影响报告表，对产生的环境影响进行分析或者专项评价；

（三）对环境影响很小、不需要进行环境影响评价的，应当填报环境影响登记表。

建设项目的环境影响评价分类管理名录，由国务院生态环境部门主管制定并公布。"

《建设项目环境保护管理条例》

"第七条　国家根据建设项目对环境的影响程度，按照下列规定对建设项目的环境保护实行分类管理：

（一）建设项目对环境可能造成重大影响的，应当编制环境影响报告书，对建设项目产生的污染和对环境的影响进行全面、详细的评价；

（二）建设项目对环境可能造成轻度影响的，应当编制环境影响报告表，对建设项目产生的污染和对环境的影响进行分析或者专项评价；

（三）建设项目对环境影响很小，不需要进行环境影响评价的，应当填报环境影响登记表。

建设项目环境影响评价分类管理名录，由国务院环境保护行政主管部门在组织专家进行论证和征求有关部门、行业协会、企事业单位、公众等意见的基础上制定并公布。"

（2）掌握建设项目环境影响评价分类管理中类别确定的原则规定

《建设项目环境影响评价分类管理名录》（生态环境部令　第16号）

"第四条　建设单位应当严格按照本名录确定建设项目环境影响评价类别，不得擅自改变环境影响评价类别。

建设内容涉及本名录中两个及以上项目类别的建设项目，其环境影响评价类别按照其中单项等级最高的确定。

建设内容不涉及主体工程的改建、扩建项目，其环境影响评价类别按照改建、扩建的工程内容确定。

第五条　本名录未作规定的建设项目，不纳入建设项目环境影响评价管理；省级生态环境主管部门对本名录未作规定的建设项目，认为确有必要纳入建设项目环境影响评价管理的，可以根据建设项目的污染因子、生态影响因子特征及其所处环境的敏感性质和敏感程度等，提出环境影响评价分类管理的建议，报生态环境部认定后实施。"

（3）熟悉建设项目环境影响评价分类管理中环境敏感区的规定

《建设项目环境影响评价分类管理名录》（生态环境部令　第16号）

"第三条　本名录所称环境敏感区是指依法设立的各级各类保护区域和对建设项目产生的环境影响特别敏感的区域，主要包括下列区域：

（一）国家公园、自然保护区、风景名胜区、世界文化和自然遗产地、海洋特别保护区、饮用水水源保护区；

（二）除（一）外的生态保护红线管控范围，永久基本农田、基本草原、自然公园（森林公园、地质公园、海洋公园等）、重要湿地、天然林，重点保护野生动物栖息地，重点保护野生植物生长繁殖地，重要水生生物的自然产卵场、索饵场、越冬场和洄游通道，天然渔场，水土流失重点预防区和重点治理区、沙化土地封禁保护区、封闭及半封闭海域；

（三）以居住、医疗卫生、文化教育、科研、行政办公为主要功能的区域，以及文物保护单位。

　　　环境影响报告书、环境影响报告表应当就建设项目对环境敏感区的影响做重点分析。"

2．建设项目环境影响评价文件的编制（填报）与报批（备案）

（1）掌握建设项目环境影响报告书内容的有关法律规定

《中华人民共和国环境影响评价法》

　　　"第十七条　建设项目的环境影响报告书应当包括下列内容：

（一）建设项目概况；

（二）建设项目周围环境现状；

（三）建设项目对环境可能造成影响的分析、预测和评估；

（四）建设项目环境保护措施及其技术、经济论证；

（五）建设项目对环境影响的经济损益分析；

（六）对建设项目实施环境监测的建议；

（七）环境影响评价的结论。

　　　环境影响报告表和环境影响登记表的内容和格式，由国务院生态环境主管部门制定。"

（2）掌握建设项目环境影响报告表的内容和编制要求

关于印发《建设项目环境影响报告表》内容、格式及编制技术指南的通知（环办环评〔2020〕33 号）

　　　《建设项目环境影响报告表》分为污染影响类和生态影响类两种格式，根据两类项目不同环境影响特点设置有针对性的编制内容和格式。污染影响类报告表适用《建设项目环境影响评价分类管理名录》中以污染影响为主要特征的建设项目环境影响报告表编制，包括制造业，电力、热力生产和供应业的火力发电、热电联产、生物质能发电、热力生产项目，燃气生产和供应业，水的生产和供应业，研究和试验发展，生态保护和环境治理业（不包括泥石流等地质灾害治理工程），公共设施管理业，卫生，社会事业与服务业的有化学或生物实验室的学校、胶片洗印厂、加油加气站、汽车或摩托车维修场所、殡仪馆和动物医院，交通运输业中的导航台站、供油工程、维修保障等配套工程，装卸搬运和仓储业，海洋工程中的排海工程，核与辐射（不包括已单独制定建设项目环境影响报告表格式的核与辐射类建设项目），以及其他以污染影响为主的建设项目。生态影响类报告表适用《建设项目环境影响评价分类管理名录》中以生态影响为主要特征的建设项目环境影响报告表编制，包括农业，林业，渔业，采矿业，电力、热力生产和供应业的水电、风电、光伏发电、地热等其他能源发电，房地产业，专业技术服务业，生态保护和环境治理业的泥石流等地质灾害治理工程，社会事业与服务业（不包括有化学或生物实验室的学校、胶片洗印厂、加油加气站、洗车场、汽车或摩托车维修场所、殡仪馆、动物医院），水利，交通运输业（不包括导航台站、供油工程、维修保障等配套工程）、管道运输业、海洋工程（不包括排海工程），以及其他以生态影响为主要特征的建设项目（不包括已单独制定建设项目环境影响报告表格式的核与辐射类建设项目）。报告表内容、编制要求分别参照《建设项目环境影响报告表编制技术指南（污染影响类）（试行）》和《建设项目环境影响报告表编制技术指南（生态影响类）（试行）》执行。

（3）了解建设项目环境影响登记表备案管理的有关规定

《建设项目环境影响登记表备案管理办法》（环境保护部令　第 41 号）

"第一条　为规范建设项目环境影响登记表备案，依据《环境影响评价法》和《建设项目环境保护管理条例》，制定本办法。

第二条　本办法适用于按照《建设项目环境影响评价分类管理名录》规定应当填报环境影响登记表的建设项目。

第三条　填报环境影响登记表的建设项目，建设单位应当依照本办法规定，办理环境影响登记表备案手续。

第四条　填报环境影响登记表的建设项目应当符合法律法规、政策、标准等要求。

建设单位对其填报的建设项目环境影响登记表内容的真实性、准确性和完整性负责。

第五条　县级环境保护主管部门负责本行政区域内的建设项目环境影响登记表备案管理。

按照国家有关规定，县级环境保护主管部门被调整为市级环境保护主管部门派出分局的，由市级环境保护主管部门组织所属派出分局开展备案管理。

第六条　建设项目的建设地点涉及多个县级行政区域的，建设单位应当分别向各建设地点所在地的县级环境保护主管部门备案。

第七条　建设项目环境影响登记表备案采用网上备案方式。

对国家规定需要保密的建设项目，建设项目环境影响登记表备案采用纸质备案方式。

第八条　环境保护部统一布设建设项目环境影响登记表网上备案系统（以下简称网上备案系统）。

省级环境保护主管部门在本行政区域内组织应用网上备案系统，通过提供地址链接方式，向县级环境保护主管部门分配网上备案系统使用权限。

县级环境保护主管部门应当向社会公告网上备案系统地址链接信息。

各级环境保护主管部门应当将环境保护法律、法规、规章以及规范性文件中与建设项目环境影响登记表备案相关的管理要求，及时在其网站的网上备案系统中公开，为建设单位办理备案手续提供便利。

第九条　建设单位应当在建设项目建成并投入生产运营前，登录网上备案系统，在网上备案系统注册真实信息，在线填报并提交建设项目环境影响登记表。

第十条　建设单位在办理建设项目环境影响登记表备案手续时，应当认真查阅、核对《建设项目环境影响评价分类管理名录》，确认其备案的建设项目属于按照《建设项目环境影响评价分类管理名录》规定应当填报环境影响登记表的建设项目。

对按照《建设项目环境影响评价分类管理名录》规定应当编制环境影响报告书或者报告表的建设项目，建设单位不得擅自降低环境影响评价等级，填报环境影响登记表并办理备案手续。

第十一条　建设单位填报建设项目环境影响登记表时，应当同时就其填报的环境影响登记表内容的真实、准确、完整作出承诺，并在登记表中的相应栏目由该建设单位的法定代表人或者主要负责人签署姓名。

第十二条　建设单位在线提交环境影响登记表后，网上备案系统自动生成备案编号和回执，该建设项目环境影响登记表备案即为完成。

建设单位可以自行打印留存其填报的建设项目环境影响登记表及建设项目环境影响登记表备案回执。

建设项目环境影响登记表备案回执是环境保护主管部门确认收到建设单位环境影响登记表的证明。

第十三条　建设项目环境影响登记表备案完成后，建设单位或者其法定代表人或者主要负责人在建设项目建成并投入生产运营前发生变更的，建设单位应当依照本办法规定再次办理备案手续。

第十四条　建设项目环境影响登记表备案完成后，建设单位应当严格执行相应污染物排放标准及相关环境管理规定，落实建设项目环境影响登记表中填报的环境保护措施，有效防治环境污染和生态破坏。

第十五条　建设项目环境影响登记表备案完成后，县级环境保护主管部门通过其网站的网上备案系统同步向社会公开备案信息，接受公众监督。对国家规定需要保密的建设项目，县级环境保护主管部门严格执行国家有关保密规定，备案信息不公开。

县级环境保护主管部门应当根据国务院关于加强环境监管执法的有关规

定，将其完成备案的建设项目纳入有关环境监管网格管理范围。

第十六条　公民、法人和其他组织发现建设单位有以下行为的，有权向环境保护主管部门或者其他负有环境保护监督管理职责的部门举报：

（一）环境影响登记表存在弄虚作假的；

（二）有污染环境和破坏生态行为的；

（三）对按照《建设项目环境影响评价分类管理名录》规定应当编制环境影响报告书或者报告表的建设项目，建设单位擅自降低环境影响评价等级，填报环境影响登记表并办理备案手续的。

举报应当采取书面形式，有明确的被举报人，并提供相关事实和证据。

第十七条　环境保护主管部门或者其他负有环境保护监督管理职责的部门可以采取抽查、根据举报进行检查等方式，对建设单位遵守本办法规定的情况开展监督检查，并根据监督检查认定的事实，按照以下情形处理：

（一）构成行政违法的，依照有关环境保护法律法规和规定，予以行政处罚；

（二）构成环境侵权的，依法承担环境侵权责任；

（三）涉嫌构成犯罪的，依法移送司法机关。

第十八条　建设单位未依法备案建设项目环境影响登记表的，由县级环境保护主管部门根据《环境影响评价法》第三十一条第三款的规定，责令备案，处五万元以下的罚款。

第十九条　违反本办法规定，建设单位违反承诺，在填报建设项目环境影响登记表时弄虚作假，致使备案内容失实的，由县级环境保护主管部门将该建设单位违反承诺情况记入其环境信用记录，向社会公布。

第二十条　违反本办法规定，对按照《建设项目环境影响评价分类管理名录》应当编制环境影响报告书或者报告表的建设项目，建设单位擅自降低环境影响评价等级，填报环境影响登记表并办理备案手续，经查证属实的，县级环境保护主管部门认定建设单位已经取得的备案无效，向社会公布，并按照以下规定处理：

（一）未依法报批环境影响报告书或者报告表，擅自开工建设的，依照《环境保护法》第六十一条和《环境影响评价法》第三十一条第一款的规定予以处罚、处分。

（二）未依法报批环境影响报告书或者报告表，擅自投入生产或者经营的，分别依照《环境影响评价法》第三十一条第一款和《建设项目环境保护管理条例》的有关规定作出相应处罚。

第二十一条　对依照本办法第十八条、第二十条规定处理的建设单位，由县级环境保护主管部门将该建设单位违法失信信息记入其环境信用记录，向社会公布。"

（4）熟悉建设项目环境影响评价文件报批时间的有关规定

《建设项目环境保护管理条例》

"第九条 依法应当编制环境影响报告书、环境影响报告表的建设项目，建设单位应当在开工建设前将环境影响报告书、环境影响报告表报有审批权的环境保护行政主管部门审批；建设项目的环境影响评价文件未依法经审批部门审查或者审查后未予批准的，建设单位不得开工建设。

环境保护行政主管部门审批环境影响报告书、环境影响报告表，应当重点审查建设项目的环境可行性、环境影响分析预测评估的可靠性、环境保护措施的有效性、环境影响评价结论的科学性等，并分别自收到环境影响报告书之日起 60 日内、收到环境影响报告表之日起 30 日内，作出审批决定并书面通知建设单位。

环境保护行政主管部门可以组织技术机构对建设项目环境影响报告书、环境影响报告表进行技术评估，并承担相应费用；技术机构应当对其提出的技术评估意见负责，不得向建设单位、从事环境影响评价工作的单位收取任何费用。

依法应当填报环境影响登记表的建设项目，建设单位应当按照国务院环境保护行政主管部门的规定将环境影响登记表报建设项目所在地县级环境保护行政主管部门备案。

环境保护行政主管部门应当开展环境影响评价文件网上审批、备案和信息公开。"

《中华人民共和国环境影响评价法》

"第二十五条 建设项目的环境影响评价文件未依法经审批部门审查或者审查后未予批准的，建设单位不得开工建设。"

（5）熟悉建设项目环境影响评价文件重新报批和重新审核的有关规定

《中华人民共和国环境影响评价法》

"第二十四条 建设项目的环境影响评价文件经批准后，建设项目的性质、规模、地点、采用的生产工艺或者防治污染、防止生态破坏的措施发生重大变动的，建设单位应当重新报批建设项目的环境影响评价文件。

建设项目的环境影响评价文件自批准之日起超过五年，方决定该项目开工建设的，其环境影响评价文件应当报原审批部门重新审核；原审批部门应当自收到建设项目环境影响评价文件之日起十日内，将审核意见书面通知建设单位。"

《建设项目环境保护管理条例》

"第十二条 建设项目环境影响报告书、环境影响报告表经批准后，建设项目的性质、规模、地点、采用的生产工艺或者防治污染、防止生态破坏的措施发生重大变动的，建设单位应当重新报批建设项目环境影响报告书、环境影响报告表。

建设项目环境影响报告书、环境影响报告表自批准之日起满 5 年，建设项目方开工建设的，其环境影响报告书、环境影响报告表应当报原审批部门重新审核。原审批部门应当自收到建设项目环境影响报告书、环境影响报告表之日起 10 日内，将审核意见书面通知建设单位；逾期未通知的，视为审核同意。

审核、审批建设项目环境影响报告书、环境影响报告表及备案环境影响登记表，不得收取任何费用。"

（6）**熟悉环境影响评价管理中建设项目重大变动界定的有关规定**

《关于印发环评管理中部分行业建设项目重大变动清单的通知》（环办〔2015〕52 号）

通知制定了水电、水利、火电、煤炭、油气管道、铁路、高速公路、港口、石油炼制与石油化工建设项目重大变动清单（试行），并提出将根据情况进一步补充、调整、完善；通知同时指出，省级环保部门可结合本地区实际，制定本行政区特殊行业重大变动清单，报环境保护部备案。

《关于印发〈输变电建设项目重大变动清单（试行）〉的通知》（环办辐射〔2016〕84 号）

通知制定了输变电建设项目重大变动清单（试行）。输变电建设项目发生清单中一项或一项以上，且可能导致不利环境影响显著加重的，界定为重大变动，其他变更界定为一般变动。

《关于印发制浆造纸等十四个行业建设项目重大变动清单的通知》（环办环评〔2018〕6 号）

通知制定了 14 个行业建设项目重大变动清单（试行），14 个行业包括制浆造纸建设项目、制药建设项目、农药建设项目、化肥（氮肥）建设项目、纺织印染建设项目、制革建设项目、制糖建设项目、电镀建设项目、钢铁建设项目、炼焦化学建设项目、平板玻璃建设项目、水泥建设项目、铜铅锌冶炼建设项目、铝冶炼建设项目。

《关于印发淀粉等五个行业建设项目重大变动清单的通知》（环办环评函〔2019〕934 号）

通知制定了 5 个行业建设项目重大变动清单（试行），5 个行业包括：水处理建设项目，淀粉建设项目，肥料制造项目，镁、钛冶炼建设项目，镍、钴、锡、锑、汞冶炼建设项目。

《关于印发〈污染影响类建设建设项目重大变动清单（试行）〉的通知》（环办环评函〔2020〕688 号）

"适用于污染影响类建设项目环境影响评价管理，其中我部已发布行业建设项目重大变动清单的，按行业建设项目重大变动清单执行。

性质：

1. 建设项目开发、使用功能发生变化的。

规模：

2. 生产、处置或储存能力增大 30%及以上的。

3. 生产、处置或储存能力增大，导致废水第一类污染物排放量增加的。

4. 位于环境质量不达标区的建设项目生产、处置或储存能力增大，导致相应污染物排放量增加的（细颗粒物不达标区，相应污染物为二氧化硫、氮氧化物、可吸入颗粒物、挥发性有机物；臭氧不达标区，相应污染物为氮氧化物、挥发性有机物；其他大气、水污染物因子不达标区，相应污染物为超标污染因子）；位于达标区的建设项目生产、处置或储存能力增大，导致污染物排放量增加 10%及以上的。

地点：

5. 重新选址；在原厂址附近调整（包括总平面布置变化）导致环境防护距离范围变化且新增敏感点的。

生产工艺：

6. 新增产品品种或生产工艺（含主要生产装置、设备及配套设施）、主要原辅材料、燃料变化，导致以下情形之一：

（1）新增排放污染物种类的（毒性、挥发性降低的除外）；

（2）位于环境质量不达标区的建设项目相应污染物排放量增加的；

（3）废水第一类污染物排放量增加的；

（4）其他污染物排放量增加 10%及以上的。

7. 物料运输、装卸、贮存方式变化，导致大气污染物无组织排放量增加 10%及以上的。

环境保护措施：

8. 废气、废水污染防治措施变化，导致第 6 条中所列情形之一（废气无组织排放改为有组织排放、污染防治措施强化或改进的除外）或大气污染物无组织排放量增加 10%及以上的。

9. 新增废水直接排放口；废水由间接排放改为直接排放；废水直接排放口位置变化，导致不利环境影响加重的。

10. 新增废气主要排放口（废气无组织排放改为有组织排放的除外）；主要

排放口排气筒高度降低 10% 及以上的。

11．噪声、土壤或地下水污染防治措施变化，导致不利环境影响加重的。

12．固体废物利用处置方式由委托外单位利用处置改为自行利用处置的（自行利用处置设施单独开展环境影响评价的除外）；固体废物自行处置方式变化，导致不利环境影响加重的。

13．事故废水暂存能力或拦截设施变化，导致环境风险防范能力弱化或降低的。"

《关于印发〈铀矿冶建设建设项目重大变动清单（试行）〉的通知》（环办辐射函〔2020〕717 号）

通知制定了铀矿冶（铀矿冶和铀矿冶退役）建设项目重大变动清单（试行）。

（7）了解建设项目环境影响评价公众参与的有关规定

《中华人民共和国环境影响评价法》

"第二十一条　除国家规定需要保密的情形外，对环境可能造成重大影响、应当编制环境影响报告书的建设项目，建设单位应当在报批建设项目环境影响报告书前，举行论证会、听证会，或者采取其他形式，征求有关单位、专家和公众的意见。

建设单位报批的环境影响报告书应当附具对有关单位、专家和公众的意见采纳或者不采纳的说明。"

《建设项目环境保护管理条例》

"第十四条　建设单位编制环境影响报告书，应当依照有关法律规定，征求建设项目所在地有关单位和居民的意见。"

《环境影响评价公众参与办法》（生态环境部令　第 4 号）

"第八条　建设项目环境影响评价公众参与相关信息应当依法公开，涉及国家秘密、商业秘密、个人隐私的，依法不得公开。法律法规另有规定的，从其规定。

生态环境主管部门公开建设项目环境影响评价公众参与相关信息，不得危及国家安全、公共安全、经济安全和社会稳定。

第九条　建设单位应当在确定环境影响报告书编制单位后 7 个工作日内，通过其网站、建设项目所在地公共媒体网站或者建设项目所在地相关政府网站（以下统称网络平台），公开下列信息：

（一）建设项目名称、选址选线、建设内容等基本情况，改建、扩建、迁建项目应当说明现有工程及其环境保护情况；

（二）建设单位名称和联系方式；

（三）环境影响报告书编制单位的名称；

（四）公众意见表的网络链接；

（五）提交公众意见表的方式和途径。

在环境影响报告书征求意见稿编制过程中，公众均可向建设单位提出与环境影响评价相关的意见。

公众意见表的内容和格式，由生态环境部制定。

第十条　建设项目环境影响报告书征求意见稿形成后，建设单位应当公开下列信息，征求与该建设项目环境影响有关的意见：

（一）环境影响报告书征求意见稿全文的网络链接及查阅纸质报告书的方式和途径；

（二）征求意见的公众范围；

（三）公众意见表的网络链接；

（四）公众提出意见的方式和途径；

（五）公众提出意见的起止时间。

建设单位征求公众意见的期限不得少于 10 个工作日。

第十一条　依照本办法第十条规定应当公开的信息，建设单位应当通过下列三种方式同步公开：

（一）通过网络平台公开，且持续公开期限不得少于 10 个工作日；

（二）通过建设项目所在地公众易于接触的报纸公开，且在征求意见的 10 个工作日内公开信息不得少于 2 次；

（三）通过在建设项目所在地公众易于知悉的场所张贴公告的方式公开，且持续公开期限不得少于 10 个工作日。

鼓励建设单位通过广播、电视、微信、微博及其他新媒体等多种形式发布本办法第十条规定的信息。

第十二条　建设单位可以通过发放科普资料、张贴科普海报、举办科普讲座或者通过学校、社区、大众传播媒介等途径，向公众宣传与建设项目环境影响有关的科学知识，加强与公众互动。

第十三条　公众可以通过信函、传真、电子邮件或者建设单位提供的其他方式，在规定时间内将填写的公众意见表等提交建设单位，反映与建设项目环境影响有关的意见和建议。

公众提交意见时，应当提供有效的联系方式。鼓励公众采用实名方式提交意见并提供常住地址。

对公众提交的相关个人信息，建设单位不得用于环境影响评价公众参与之外的用途，未经个人信息相关权利人允许不得公开。法律法规另有规定的除外。

第十四条　对环境影响方面公众质疑性意见多的建设项目，建设单位应当按照下列方式组织开展深度公众参与：

（一）公众质疑性意见主要集中在环境影响预测结论、环境保护措施或者环境风险防范措施等方面的，建设单位应当组织召开公众座谈会或者听证会。座谈会或者听证会应当邀请在环境方面可能受建设项目影响的公众代表参加。

（二）公众质疑性意见主要集中在环境影响评价相关专业技术方法、导则、理论等方面的，建设单位应当组织召开专家论证会。专家论证会应当邀请相关领域专家参加，并邀请在环境方面可能受建设项目影响的公众代表列席。

建设单位可以根据实际需要，向建设项目所在地县级以上地方人民政府报告，并请求县级以上地方人民政府加强对公众参与的协调指导。县级以上生态环境主管部门应当在同级人民政府指导下配合做好相关工作。

第十五条　建设单位决定组织召开公众座谈会、专家论证会的，应当在会议召开的 10 个工作日前，将会议的时间、地点、主题和可以报名的公众范围、报名办法，通过网络平台和在建设项目所在地公众易于知悉的场所张贴公告等方式向社会公告。

建设单位应当综合考虑地域、职业、受教育水平、受建设项目环境影响程度等因素，从报名的公众中选择参加会议或者列席会议的公众代表，并在会议召开的 5 个工作日前通知拟邀请的相关专家，并书面通知被选定的代表。

第十六条　建设单位应当在公众座谈会、专家论证会结束后 5 个工作日内，根据现场记录，整理座谈会纪要或者专家论证结论，并通过网络平台向社会公开座谈会纪要或者专家论证结论。座谈会纪要和专家论证结论应当如实记载各种意见。

第十七条　建设单位组织召开听证会的，可以参考环境保护行政许可听证的有关规定执行。

第十八条　建设单位应当对收到的公众意见进行整理，组织环境影响报告书编制单位或者其他有能力的单位进行专业分析后提出采纳或者不采纳的建议。

建设单位应当综合考虑建设项目情况、环境影响报告书编制单位或者其他有能力的单位的建议、技术经济可行性等因素，采纳与建设项目环境影响有关的合理意见，并组织环境影响报告书编制单位根据采纳的意见修改完善环境影响报告书。

对未采纳的意见，建设单位应当说明理由。未采纳的意见由提供有效联系方式的公众提出的，建设单位应当通过该联系方式，向其说明未采纳的理由。

第十九条　建设单位向生态环境主管部门报批环境影响报告书前，应当组织编写建设项目环境影响评价公众参与说明。公众参与说明应当包括下列主要内容：

（一）公众参与的过程、范围和内容；

（二）公众意见收集整理和归纳分析情况；

（三）公众意见采纳情况，或者未采纳情况、理由及向公众反馈的情况等。

公众参与说明的内容和格式，由生态环境部制定。

第二十条　建设单位向生态环境主管部门报批环境影响报告书前，应当通过网络平台，公开拟报批的环境影响报告书全文和公众参与说明。

第二十一条　建设单位向生态环境主管部门报批环境影响报告书时，应当附具公众参与说明。

第二十二条　生态环境主管部门受理建设项目环境影响报告书后，应当通过其网站或者其他方式向社会公开下列信息：

（一）环境影响报告书全文；

（二）公众参与说明；

（三）公众提出意见的方式和途径。

公开期限不得少于 10 个工作日。

第二十三条　生态环境主管部门对环境影响报告书作出审批决定前，应当通过其网站或者其他方式向社会公开下列信息：

（一）建设项目名称、建设地点；

（二）建设单位名称；

（三）环境影响报告书编制单位名称；

（四）建设项目概况、主要环境影响和环境保护对策与措施；

（五）建设单位开展的公众参与情况；

（六）公众提出意见的方式和途径。

公开期限不得少于 5 个工作日。

生态环境主管部门依照第一款规定公开信息时，应当通过其网站或者其他方式同步告知建设单位和利害关系人享有要求听证的权利。

生态环境主管部门召开听证会的，依照环境保护行政许可听证的有关规定执行。

第二十四条　在生态环境主管部门受理环境影响报告书后和作出审批决定前的信息公开期间，公民、法人和其他组织可以依照规定的方式、途径和期限，提出对建设项目环境影响报告书审批的意见和建议，举报相关违法行为。

生态环境主管部门对收到的举报，应当依照国家有关规定处理。必要时，生态环境主管部门可以通过适当方式向公众反馈意见采纳情况。

第二十五条　生态环境主管部门应当对公众参与说明内容和格式是否符合要求、公众参与程序是否符合本办法的规定进行审查。

经综合考虑收到的公众意见、相关举报及处理情况、公众参与审查结论等，生态环境主管部门发现建设项目未充分征求公众意见的，应当责成建设单位重新征求公众意见，退回环境影响报告书。

第二十六条　生态环境主管部门参考收到的公众意见，依照相关法律法规、标准和技术规范等审批建设项目环境影响报告书。

第二十七条　生态环境主管部门应当自作出建设项目环境影响报告书审批决定之日起 7 个工作日内，通过其网站或者其他方式向社会公告审批决定全文，并依法告知提起行政复议和行政诉讼的权利及期限。

第二十八条　建设单位应当将环境影响报告书编制过程中公众参与的相关原始资料，存档备查。

第二十九条　建设单位违反本办法规定，在组织环境影响报告书编制过程的公众参与时弄虚作假，致使公众参与说明内容严重失实的，由负责审批环境影响报告书的生态环境主管部门将该建设单位及其法定代表人或主要负责人失信信息记入环境信用记录，向社会公开。

第三十条　公众提出的涉及征地拆迁、财产、就业等与建设项目环境影响评价无关的意见或者诉求，不属于建设项目环境影响评价公众参与的内容。公众可以依法另行向其他有关主管部门反映。

第三十一条　对依法批准设立的产业园区内的建设项目，若该产业园区已依法开展了规划环境影响评价公众参与且该建设项目性质、规模等符合经生态环境主管部门组织审查通过的规划环境影响报告书和审查意见，建设单位开展建设项目环境影响评价公众参与时，可以按照以下方式予以简化：

（一）免予开展本办法第九条规定的公开程序，相关应当公开的内容纳入本办法第十条规定的公开内容一并公开；

（二）本办法第十条第二款和第十一条第一款规定的 10 个工作日的期限减为 5 个工作日；

（三）免予采用本办法第十一条第一款第三项规定的张贴公告的方式。

第三十二条　核设施建设项目建造前的环境影响评价公众参与依照本办法有关规定执行。

堆芯热功率 300 兆瓦以上的反应堆设施和商用乏燃料后处理厂的建设单位应当听取该设施或者后处理厂半径 15 公里范围内公民、法人和其他组织的意见；其他核设施和铀矿冶设施的建设单位应当根据环境影响评价的具体情况，在一定范围内听取公民、法人和其他组织的意见。

大型核动力厂建设项目的建设单位应当协调相关省级人民政府制定项目建设公众沟通方案，以指导与公众的沟通工作。"

《关于发布〈环境影响评价公众参与办法〉配套文件的公告》（公告 2018 年 第 48 号）

"公告对建设项目环境影响评价公众参与意见表和建设项目环境影响评价公众参与说明格式作出了规定。"

（8）熟悉加强涉及自然保护区建设项目监督管理的有关规定

《关于进一步加强涉及自然保护区开发建设活动监督管理的通知》（环发〔2015〕57 号）

"五、加强对涉及自然保护区建设项目的监督管理

地方各有关部门依据各自职责，切实加强涉及自然保护区建设项目的准入审查。建设项目选址（线）应尽可能避让自然保护区，确因重大基础设施建设和自然条件等因素限制无法避让的，要严格执行环境影响评价等制度，涉及国家级自然保护区的，建设前须征得省级以上自然保护区主管部门同意，并接受监督。对经批准同意在自然保护区内开展的建设项目，要加强对项目施工期和运营期的监督管理，确保各项生态保护措施落实到位。保护区管理机构要对项目建设进行全过程跟踪，开展生态监测，发现问题应当及时处理和报告。"

（9）熟悉环境影响评价制度与排污许可制衔接工作中环境影响评价的有关要求

《关于做好环境影响评价制度与排污许可制衔接相关工作的通知》（环办环评〔2017〕84 号）

"一、环境影响评价制度是建设项目的环境准入门槛，是申请排污许可证的前提和重要依据。排污许可制是企事业单位生产运营期排污的法律依据，是确保环境影响评价提出的污染防治设施和措施落实落地的重要保障。各级环保部门要切实做好两项制度的衔接，在环境影响评价管理中，不断完善管理内容，推动环境影响评价更加科学，严格污染物排放要求；在排污许可管理中，严格按照环境影响报告书（表）以及审批文件要求核发排污许可证，维护环境影响评价的有效性。

二、做好《建设项目环境影响评价分类管理名录》和《固定污染源排污许可分类管理名录》的衔接，按照建设项目对环境的影响程度、污染物产生量和排放量，实行统一分类管理。纳入排污许可管理的建设项目，可能造成重大环境影响、应当编制环境影响报告书的，原则上实行排污许可重点管理；可能造成轻度环境影响、应当编制环境影响报告表的，原则上实行排污许可简化管理。

三、环境影响评价审批部门要做好建设项目环境影响报告书（表）的审查，结合排污许可证申请与核发技术规范，核定建设项目的产排污环节、污染物种类及污染防治设施和措施等基本信息；依据国家或地方污染物排放标准、环境质量标准和总量控制要求等管理规定，按照污染源源强核算技术指南、环境影

响评价要素导则等技术文件，严格核定排放口数量、位置以及每个排放口的污染物种类、允许排放浓度和允许排放量、排放方式、排放去向、自行监测计划等与污染物排放相关的主要内容。

四、分期建设的项目，环境影响报告书（表）以及审批文件应当列明分期建设内容，明确分期实施后排放口数量、位置以及每个排放口的污染物种类、允许排放浓度和允许排放量、排放方式、排放去向、自行监测计划等与污染物排放相关的主要内容，建设单位应据此分期申请排污许可证。分期实施的允许排放量之和不得高于建设项目的总允许排放量。

五、改扩建项目的环境影响评价，应当将排污许可证执行情况作为现有工程回顾评价的主要依据。现有工程应按照相关法律、法规、规章关于排污许可实施范围和步骤的规定，按时申请并获取排污许可证，并在申请改扩建项目环境影响报告书（表）时，依法提交相关排污许可证执行报告。

六、建设项目发生实际排污行为之前，排污单位应当按照国家环境保护相关法律法规以及排污许可证申请与核发技术规范要求申请排污许可证，不得无证排污或不按证排污。环境影响报告书（表）2015 年 1 月 1 日（含）后获得批准的建设项目，其环境影响报告书（表）以及审批文件中与污染物排放相关的主要内容应当纳入排污许可证。建设项目无证排污或不按证排污的，建设单位不得出具该项目验收合格的意见，验收报告中与污染物排放相关的主要内容应当纳入该项目验收完成当年排污许可证执行年报。排污许可证执行报告、台账记录以及自行监测执行情况等应作为开展建设项目环境影响后评价的重要依据。

七、国家将分行业制定建设项目重大变动清单。建设项目的环境影响报告书（表）经批准后，建设项目的性质、规模、地点、采用的生产工艺或者防治污染、防止生态破坏的措施发生重大变动的，建设单位应当依法重新报批环境影响评价文件，并在申请排污许可时提交重新报批的环评批复（文号）。发生变动但不属于重大变动情形的建设项目，环境影响报告书（表）2015 年 1 月 1 日（含）后获得批准的，排污许可证核发部门按照污染物排放标准、总量控制要求、环境影响报告书（表）以及审批文件从严核发，其他建设项目由排污许可证核发部门按照排污许可证申请与核发技术规范要求核发。

八、建设项目涉及'上大压小''区域（总量）替代'等措施的，环境影响评价审批部门应当审查总量指标来源，依法依规应当取得排污许可证的被替代或关停企业，须明确其排污许可证编码及污染物替代量。排污许可证核发部门应按照环境影响报告书（表）审批文件要求，变更或注销被替代或关停企业的排污许可证。应当取得排污许可证但未取得的企业，不予计算其污染物替代量。

九、环境保护部负责统一建设建设项目环评审批信息申报系统，并与全国排污许可证管理信息平台充分衔接。建设单位在报批建设项目环境影响报告书（表）时，应当登陆建设项目环评审批信息申报系统，在线填报相关信息并对信息的真实性、准确性和完整性负责。"

（10）了解加强生物多样性保护优先区域监管的有关规定

《关于做好生物多样性保护优先区域有关工作的通知》（环发〔2015〕177号）

"三、加强优先区域监管。严格按照有关法律法规和规划的要求开展优先区域保护和管理，根据优先区域生物多样性特点和社会经济发展状况，研究制定保护和管理措施，形成'一区一策'，努力做到区域内自然生态系统功能不下降，生物资源不减少。

优先区域内新增规划和项目的环境影响评价要将生物多样性影响评价作为重要内容。新增各类开发建设利用规划应与优先区域保护规划相协调。新增项目选址要尽可能避开生态敏感区及重要物种栖息地，针对可能对生物多样性造成的不利影响，提出相关保护与恢复措施。加强涉及优先区域建设项目环境保护事中事后监管以及环境影响后评价管理，对实际产生的不利影响以及生态保护和风险防范措施的有效性进行跟踪监测和验证评价，并提出补救方案或者改进措施。

优先区域内要优化城镇开发建设活动的规模、结构和布局，严格控制高耗能、高排放行业发展，新引入的行业、企业不得对优先区域生物多样性造成影响。城镇开发建设活动要避免占用重要物种原生境，不得破坏古树名木，保护城市生物多样性。城镇绿化应优先选用本地物种资源，科学规范外来物种引进，防止外来物种入侵。

定期组织开展优先区域管理评估和监督检查，将管理评估和监督检查的结果向社会公开，并按照《党政领导干部生态环境损害责任追究办法（试行）》等有关规定，对造成生物多样性破坏，并涉及上述办法规定追责情形的相关党政领导干部进行责任追究。"

（11）了解生产和使用消耗臭氧层物质建设项目管理的有关规定

《关于生产和使用消耗臭氧层物质建设项目管理有关工作的通知》（环大气〔2018〕5号）

"一、禁止新建、扩建生产和使用作为制冷剂、发泡剂、灭火剂、溶剂、清洗剂、加工助剂、气雾剂、土壤熏蒸剂等受控用途的消耗臭氧层物质的建设项目。

二、改建、异址建设生产受控用途的消耗臭氧层物质的建设项目，禁止增加消耗臭氧层物质生产能力。

三、新建、改建、扩建生产化工原料用途的消耗臭氧层物质的建设项目，生产的消耗臭氧层物质仅用于企业自身下游化工产品的专用原料用途，不得对外销售。

四、新建、改建、扩建副产四氯化碳的建设项目，应当配套建设四氯化碳处置设施。

五、本通知所指消耗臭氧层物质具体见《中国受控消耗臭氧层物质清单》（环境保护部、发展改革委、工业和信息化部公告　2010年　第72号）。"

（12）了解生产和使用含汞产品建设项目管理的有关规定

《关于汞的水俣公约》生效公告（公告2017年　第38号）

"一、自2017年8月16日起，禁止开采新的原生汞矿，各地国土资源主管部门停止颁发新的汞矿勘查许可证和采矿许可证。2032年8月16日起，全面禁止原生汞矿开采。

二、自2017年8月16日起，禁止新建的乙醛、氯乙烯单体、聚氨酯的生产工艺使用汞、汞化合物作为催化剂或使用含汞催化剂；禁止新建的甲醇钠、甲醇钾、乙醇钠、乙醇钾的生产工艺使用汞或汞化合物。2020年氯乙烯单体生产工艺单位产品用汞量较2010年减少50%。

三、禁止使用汞或汞化合物生产氯碱（特指烧碱）。自2019年1月1日起，禁止使用汞或汞化合物作为催化剂生产乙醛。自2027年8月16日起，禁止使用含汞催化剂生产聚氨酯，禁止使用汞或汞化合物生产甲醇钠、甲醇钾、乙醇钠、乙醇钾。

四、禁止生产含汞开关和继电器。自2021年1月1日起，禁止进出口含汞开关和继电器（不包括每个电桥、开关或继电器的最高含汞量为20毫克的极高精确度电容和损耗测量电桥及用于监控仪器的高频射频开关和继电器）。

五、禁止生产汞制剂（高毒农药产品），含汞电池（氧化汞原电池及电池组、锌汞电池、含汞量高于0.000 1%的圆柱型碱锰电池、含汞量高于0.000 5%的扣式碱锰电池）。自2021年1月1日起，禁止生产和进出口附件中所列含汞产品（含汞体温计和含汞血压计的生产除外）。自2026年1月1日起，禁止生产含汞体温计和含汞血压计。"

（13）熟悉加强水生生物资源保护的有关要求

《关于进一步加强水生生物资源保护严格环境影响评价管理的通知》（环发〔2013〕86号）

"三、涉及水生生物自然保护区或水产种质资源保护区的建设项目，应严格执行下列要求：

（一）水利工程、航道、闸坝、港口建设及矿产资源勘探和开采等建设项目涉及水生生物自然保护区或种质资源保护区的，或者在保护区外从事有关工程建设活动可能损害保护区功能的，应当按照国家有关规定进行专题评价或论证，并将有关报告作为建设项目环境影响报告书的重要内容。

（二）国家级水生生物自然保护区影响专题评价应当按照农业部《建设项目对水生生物国家级自然保护区影响专题评价管理规范》（农渔发〔2009〕4号）执行。地方级水生生物自然保护区影响专题评价可参照上述管理规范执行。

（三）水产种质资源保护区影响专题论证的重点是种质资源保护区主要物种资源和功能分区等情况，建设项目对保护区功能影响及建设项目优化布局方案，拟采取的避让、减缓、补救和生态补偿措施等。

（四）涉及水生生物自然保护区的建设项目环境影响报告书在报送环境保护部门审批前，应征求渔业部门意见。涉及水产种质资源保护区的建设项目，应按照《渔业法》和《水产种质资源保护区管理暂行办法》（农业部令2011年第1号）等相关规定执行。

四、已经开展环境影响评价的规划中包含的具体建设项目，其环境影响评价内容可根据规划环境影响评价的分析论证情况适当调整，具体简化和重点评价等内容应在审查意见中予以明确。规划环境影响评价结论和审查小组意见应作为规划中包含的具体建设项目环境影响报告书审批的重要依据。"

（14）熟悉重点行业建设项目环境影响评价管理的有关要求

《关于做好畜禽规模养殖项目环境影响评价管理工作的通知》（环办环评〔2018〕31号）

"一、优化项目选址，合理布置养殖场区

项目环评应充分论证选址的环境合理性，选址应避开当地划定的禁止养殖区域，并与区域主体功能区规划、环境功能区划、土地利用规划、城乡规划、畜牧业发展规划、畜禽养殖污染防治规划等规划相协调。当地未划定禁止养殖区域的，应避开饮用水水源保护区、风景名胜区、自然保护区的核心区和缓冲区、村镇人口集中区域，以及法律、法规规定的禁止养殖区域。

项目环评应结合环境保护要求优化养殖场区内部布置。畜禽养殖区及畜禽粪污贮存、处理和畜禽尸体无害化处理等产生恶臭影响的设施，应位于养殖场区主导风向的下风向位置，并尽量远离周边环境保护目标。参照《畜禽养殖业污染防治技术规范》，并根据恶臭污染物无组织排放源强，以及当地的环境及气象等因素，按照《环境影响评价技术导则　大气环境》要求计算大气环境防护距离，作为养殖场选址以及周边规划控制的依据，减轻对周围环境保护目标的不利影响。

二、加强粪污减量控制，促进畜禽养殖粪污资源化利用

项目环评应以农业绿色发展为导向，优化工艺，通过采取优化饲料配方、提高饲养技术等措施，从源头减少粪污的产生量。鼓励采取干清粪方式，采取水泡粪工艺的应最大限度降低用水量。场区应采取雨污分离措施，防止雨水进入粪污收集系统。

项目环评应结合地域、畜种、规模等特点以及地方相关部门制定的畜禽粪污综合利用目标等要求，加强畜禽养殖粪污资源化利用，因地制宜选择经济高效适用的处理利用模式，采取粪污全量收集还田利用、污水肥料化利用、粪便垫料回用、异位发酵床、粪污专业化能源利用等模式处理利用畜禽粪污，促进畜禽规模养殖项目'种养结合'绿色发展。

鼓励根据土地承载能力确定畜禽养殖场的适宜养殖规模，土地承载能力可采用农业农村主管部门发布的测算技术方法确定。耕地面积大、土地消纳能力相对较高的区域，畜禽养殖场产生的粪污应力争实现全部就地就近资源化利用或委托第三方处理；当土地消纳能力不足时，应进一步提高资源化利用能力或适当减少养殖规模。鼓励依托符合环保要求的专业化粪污处理利用企业，提高畜禽养殖粪污集中收集利用能力。环评应明确畜禽养殖粪污资源化利用的主体，严格落实利用渠道或途径，确保资源化利用有效实施。

三、强化粪污治理措施，做好污染防治

项目环评应强化对粪污的治理措施，加强畜禽养殖粪污资源化利用过程中的污染控制，推进粪污资源的良性利用，应对无法资源化利用的粪污采取治理措施确保达标排放。畜禽规模养殖项目应配套建设与养殖规模相匹配的雨污分离设施，以及粪污贮存、处理和利用设施等，委托满足相关环保要求的第三方代为利用或者处理的，可不自行建设粪污处理或利用设施。

项目环评应明确畜禽粪污贮存、处理和利用措施。贮存池应采取有效的防雨、防渗和防溢流措施，防止畜禽粪污污染地下水。贮存池总有效容积应根据贮存期确定。进行资源化利用的畜禽粪污须处理并达到畜禽粪便还田、无害化处理等技术规范要求。畜禽规模养殖项目配套建设沼气工程的，应充分考虑沼气制备及贮存过程中的环境风险，制定环境风险防范措施及应急预案。

畜禽养殖粪污作为肥料还田利用的，应明确畜禽养殖场与还田利用的林地、农田之间的输送系统及环境管理措施，严格控制肥水输送沿途的弃、撒和跑冒滴漏，防止进入外部水体。对无法采取资源化利用的畜禽养殖废水应明确处理措施及工艺，确保达标排放或消毒回用，排放去向应符合国家和地方的有关规定，不得排入敏感水域和有特殊功能的水域。

依据相关法律法规和技术规范，制定明确的病死畜禽处理、处置方案，及

时处理病死畜禽。针对畜禽规模养殖项目的恶臭影响，可采取控制饲养密度、改善舍内通风、及时清粪、采用除臭剂、集中收集处理等措施，确保项目恶臭污染物达标排放。

四、落实环评信息公开要求，发挥公众参与的监督作用

建设单位在项目环评报告书报送审批前，应采取适当形式，遵循依法、有序、公开、便利的原则，公开征求意见并对真实性和结果负责。

地方生态环境部门应按照相关要求，主动公开项目环评报告书受理情况、拟作出的审批意见和审批情况，保障公众环境保护知情权、参与权和监督权。强化对建设单位的监督约束，落实建设项目环评信息的全过程、全覆盖公开，确保公众能够方便获取建设项目环评信息。

五、强化事中事后监管，形成长效管理机制

地方生态环境部门应加强畜禽规模养殖项目的全过程管理。建设单位必须严格执行环境保护"三同时"制度，落实各项生态环境保护措施，在项目建成后按照国家规定的程序和技术规范，开展建设项目竣工环境保护验收。各级生态环境部门通过随机抽查项目环评报告书等方式，掌握环境影响报告书的编制及审批、环境影响登记表备案及承诺落实、环境保护'三同时'落实、环境保护验收情况及相关主体责任落实等情况，及时查处违法违规行为。"

《关于进一步加强石油天然气行业环境影响评价管理的通知》（环办环评函〔2019〕910号）

"一、推进规划环境影响评价

（一）各有关单位编制油气发展规划等综合规划或指导性专项规划，应当依法同步编制环境影响篇章或说明；编制油气开发相关专项规划，应当依法同步编制规划环境影响报告书，报送生态环境主管部门依法召集审查。规划环评结论和审查意见，应当作为规划审批决策和相关项目环评的重要依据，规划环评资料和成果可与项目环评共享，项目环评可结合实际简化。

（二）油气企业在编制内部相关油气开发专项规划时，鼓励同步编制规划环境影响报告书，重点就规划实施的累积性、长期性环境影响进行分析，提出预防和减轻不良环境影响的对策措施，自行组织专家论证，相关成果向省级生态环境主管部门通报。涉及海洋油气开发的，应当通报生态环境部及其相应流域海域生态环境监督管理局。

（三）规划环评应当结合油气开发区域的资源环境特征、主体功能区规划、自然保护地、生态保护红线管控等要求，切实维护生态系统完整性和稳定性，明确禁止开发区域和规划实施的资源环境制约因素，提出油气资源开发布局、规模、开发方式、建设时序等优化建议，合理确定开发方案，明确预防和减轻

不良环境影响的对策措施。严格落实'三线一单'（生态保护红线，环境质量底线，资源利用上线，生态环境准入清单）管控要求，页岩气等开采应当明确规划实施的水资源利用上限。涉及自然保护地、生态保护红线的，还应当符合其管控要求。在重点污染物排放总量超过国家或者地方规定的总量控制指标区域内，应当暂停规划新增排放该重点污染物的油气开发项目。在具有重大地下水污染风险的地质构造区域布局开发项目应当慎重，确需开发的，应当深入论证规划实施的环境可行性，采取严格的环境风险防范措施。

二、深化项目环评'放管服'改革

（四）油气开采项目（含新开发和滚动开发项目）原则上应当以区块为单位开展环评（以下简称区块环评），一般包括区块内拟建的新井、加密井、调整井、站场、设备、管道和电缆及其更换工程、弃置工程及配套工程等。项目环评应当深入评价项目建设、运营带来的环境影响和环境风险，提出有效的生态环境保护和环境风险防范措施。滚动开发区块产能建设项目环评文件中还应对现有工程环境影响进行回顾性评价，对存在的生态环境问题和环境风险隐患提出有效防治措施。依托其他防治设施的或者委托第三方处置的，应当论证其可行性和有效性。

（五）未确定产能建设规模的陆地油气开采新区块，建设勘探井应当依法编制环境影响报告表。海洋油气勘探工程应当填报环境影响登记表并进行备案。确定产能建设规模后，原则上不得以勘探名义继续开展单井环评。勘探井转为生产井的，可以纳入区块环评。自 2021 年 1 月 1 日起，原则上不以单井形式开展环评。过渡期间，项目建设单位可以根据实际情况，报批区块环评或单井环评。在本通知印发前已经取得环评批复、不在海洋生态环境敏感区内、未纳入油气开采区块产能建设项目环评且排污量未超出原环评批复排放总量的海洋油气开发工程调整井项目，实施环境影响登记表备案管理。

（六）各级生态环境主管部门在审批区块环评时，不得违规设置或保留水土保持、规划选址用地（用海）预审、行业或下级生态环境主管部门预审等前置条件。涉及自然保护地、饮用水水源保护区、生态保护红线等法定保护区域的，在符合法律法规的前提下，主管部门意见不作为环评审批的前置条件。对于已纳入区块环评且未产生重大变动情形的单项工程，各级生态环境主管部门不得要求重复开展建设项目环评。

三、强化生态环境保护措施

（七）涉及向地表水体排放污染物的陆地油气开采项目，应当符合国家和地方污染物排放标准，满足重点污染物排放总量控制要求。涉及污染物排放的海洋油气开发项目，应当符合《海洋石油勘探开发污染物排放浓度限值》（GB 4914）

等排放标准要求。

（八）涉及废水回注的，应当论证回注的环境可行性，采取切实可行的地下水污染防治和监控措施，不得回注与油气开采无关的废水，严禁造成地下水污染。在相关行业污染控制标准发布前，回注的开采废水应当经处理并符合《碎屑岩油藏注水水质推荐指标及分析方法》（SY/T 5329）等相关标准要求后回注，同步采取切实可行措施防治污染。回注目的层应当为地质构造封闭地层，一般应当回注到现役油气藏或枯竭废弃油气藏。相关部门及油气企业应当加强采出水等污水回注的研究，重点关注回注井井位合理性、过程控制有效性、风险防控系统性等，提出从源头到末端的全过程生态环境保护及风险防控措施、监控要求。建设项目环评文件中应当包含钻井液、压裂液中重金属等有毒有害物质的相关信息，涉及商业秘密、技术秘密等情形的除外。

（九）油气开采产生的废弃油基泥浆、含油钻屑及其他固体废物，应当遵循减量化、资源化、无害化原则，按照国家和地方有关固体废物的管理规定进行处置。鼓励企业自建含油污泥集中式处理和综合利用设施，提高废弃油基泥浆和含油钻屑及其处理产物的综合利用率。油气开采项目产生的危险废物，应当按照《建设项目危险废物环境影响评价指南》要求评价。相关部门及油气企业应当加强固体废物处置的研究，重点关注固体废物产生类型、主要污染因子及潜在环境影响，分别提出减量化的源头控制措施、资源化的利用路径、无害化的处理要求，促进固体废物合理利用和妥善处置。

（十）陆地油气开采项目的建设单位应当对挥发性有机物液体储存和装载损失、废水液面逸散、设备与管线组件泄漏、非正常工况等挥发性有机物无组织排放源进行有效管控，通过采取设备密闭、废气有效收集及配套高效末端处理设施等措施，有效控制挥发性有机物和恶臭气体无组织排放。涉及高含硫天然气开采的，应当强化钻井、输送、净化等环节环境风险防范措施。含硫气田回注采出水，应当采取有效措施减少废水处理站和回注井场硫化氢的无组织排放。高含硫天然气净化厂应当采用先进高效硫黄回收工艺，减少二氧化硫排放。井场加热炉、锅炉、压缩机等排放大气污染物的设备，应当优先使用清洁燃料，废气排放应当满足国家和地方大气污染物排放标准要求。

（十一）施工期应当尽量减少施工占地、缩短施工时间、选择合理施工方式、落实环境敏感区管控要求以及其他生态环境保护措施，降低生态环境影响。钻井和压裂设备应当优先使用网电、高标准清洁燃油，减少废气排放。选用低噪声设备，避免噪声扰民。施工结束后，应当及时落实环评提出的生态保护措施。

（十二）陆地油气长输管道项目，原则上应当单独编制环评文件。油气长输管道及油气田内部集输管道应当优先避让环境敏感区，并从穿越位置、穿越方式、施工场地设置、管线工艺设计、环境风险防范等方面进行深入论证。高度关注项目安全事故带来的环境风险，尽量远离沿线居民。

（十三）油气储存项目，选址尽量远离环境敏感区。加强甲烷及挥发性有机物的泄漏检测，落实地下水污染防治和跟踪监测要求，采取有效措施做好环境风险防范与环境应急管理；盐穴储气库项目还应当严格落实采卤造腔期和管道施工期的生态环境保护措施，妥善处理采出水。

（十四）油气企业应当加强风险防控，按规定编制突发环境事件应急预案，报所在地生态环境主管部门备案。海洋油气勘探开发溢油应急计划报相关海域生态环境监督管理局备案。

四、加强事中事后监管

（十五）油气企业应当切实落实生态环境保护主体责任，进一步健全生态环境保护管理体系和制度，充分发挥企业内部生态环境保护部门作用，健全健康、安全与环境（HSE）管理体系，加强督促检查，推动所属油气田落实规划、建设、运营、退役等环节生态环境保护措施。项目正式开工后，油气开采企业应当每年向具有管辖权的生态环境主管部门书面报告工程实施或变动情况、生态环境保护工作情况，涉及自然保护地和生态保护红线的，应当说明工程实施的合法合规性和对自然生态系统、主要保护对象等的实际影响，接受生态环境主管部门依法监管。

（十六）各级生态环境主管部门应当加强油气开采项目施工期和运行期监督检查，在建设单位主动报告的基础上，推行'双随机、一公开'监管，严格依法纠正和查处违法违规行为。在环境影响报告书（表）复核中，加强废水处理及回用（含回注）、地下水污染防治、危险废物产生及处置等污染防治措施的技术校核，发现问题依法依规查处，并督促相关责任方整改。

（十七）陆地油气开采区块项目环评批复后，产能总规模、新钻井总数量增加30%及以上，回注井增加，占地面积范围内新增环境敏感区，井位或站场位置变化导致评价范围内环境敏感目标数量增加，开发方式、生产工艺、井类别变化导致新增污染物种类或污染物排放量增加，与经批复的环境影响评价文件相比危险废物实际产生种类增加或数量增加、危险废物处置方式由外委改为自行处置或处置方式变化导致不利环境影响加重，主要生态环境保护措施或环境风险防范措施弱化或降低等情形，依法应当重新报批环评文件。海洋油气开发项目重大变动清单另行制定。

（十八）建设单位或生产经营单位按规定开展建设项目竣工环境保护验收，并录入全国建设项目竣工环境保护验收信息平台。分期建设、分期投入生产或者使用的建设项目，其相应的环境保护设施应当分期验收。

（十九）陆地区块产能建设项目实施后，建设单位或生产经营单位应对地下水、生态、土壤等开展长期跟踪监测，发现问题应及时整改。项目正式投入生产或运营后，每3~5年开展一次环境影响后评价，依法报生态环境主管部门备案。按要求开展环评的现有滚动开发区块，可以不单独开展环境影响后评价，法律法规另有规定的除外。海洋油气开发项目环境影响后评价的具体要求另行规定。

（二十）工程设施退役，建设单位或生产经营单位应当按照相关要求，采取有效生态环境保护措施。同时，按照《中华人民共和国土壤污染防治法》《土壤环境质量　建设用地土壤污染风险管控标准（试行）》（GB 36600）的要求，对永久停用、拆除或弃置的各类井、管道等工程设施落实封堵、土壤及地下水修复、生态修复等措施。海洋油气勘探开发活动终止后，相关设施需要在海上弃置的，应当拆除可能造成海洋环境污染损害或者影响海洋资源开发利用的部分，并参照有关海洋倾倒废弃物管理的规定进行。拆除时，应当编制拆除环境保护方案，采取必要的措施，防止对海洋环境造成污染和损害。

（二十一）油气企业应按照企事业单位环境信息公开办法、环境影响评价公众参与办法等有关要求，主动公开油气开采项目环境信息，保障公众的知情权、参与权、表达权和监督权。各级生态环境主管部门应当按要求做好环评审批、监督执法等有关工作的信息公开。

煤层气勘探开发的环评管理可以参照执行。"

《关于做好"三磷"建设项目环境影响评价与排污许可管理工作的通知》（环办环评函〔2019〕65号）

"一、严格环境影响评价，源头防范环境风险

（一）优化产业规划布局，严格项目选址要求。新建、扩建磷化工项目应布设在依法合规设立的化工园区或具有化工定位的产业园区内，所在化工园区或产业园区应依法开展规划环境影响评价工作，并与所在省（区、市）生态保护红线、环境质量底线、资源利用上线和生态环境准入清单成果做好衔接，落实相应管控要求。磷化工建设项目应符合园区规划及规划环评要求。'三磷'建设项目应论证是否符合生态环境准入清单，对不符合的依法不予审批。

'三磷'建设项目选址不得位于饮用水水源保护区、自然保护区、风景名胜区以及国家法律法规明确的其他禁止建设区域。选址应避开岩溶强发育、存在较多落水洞或岩溶漏斗的区域。长江干流及主要支流岸线1公里范围内禁止新建、扩建磷矿、磷化工项目，长江干流3公里范围内、主要支流岸线1公里范围内禁止新建、扩建尾矿库和磷石膏库。

（二）严格总磷排放控制，规范区域削减替代要求。地方生态环境部门应以

环境质量改善为核心，严格总磷等主要污染物区域削减要求。建设项目所在水环境控制单元或断面总磷超标的，实施总磷排放量 2 倍或以上削减替代。所在水环境控制单元或断面总磷达标的，实施总磷排放量等量或以上削减替代。替代量应来源于项目同一水环境控制单元或断面上游拟实施关停、升级改造的工业企业，不得来源于农业源、城镇污水处理厂或已列入流域环境质量改善计划的工业企业。相应的减排措施应确保在项目投产前完成。

地方生态环境部门在审查项目环境影响评价文件时应核实区域削减源，并在审批文件中对出让总量控制指标的排污单位提出明确要求。在项目环评审批后，产生实际排污行为前，排污许可证核发部门应对已取得排污许可证的出让总量控制指标的排污单位依法进行变更，对尚未取得排污许可证的出让总量控制指标的排污单位按削减后要求核发其排污许可证。

（三）严格建设项目环评审批，强化环境管理要求。地方生态环境部门应按照相关环境保护法律法规、标准和技术规范等要求审批'三磷'建设项目环评文件，并在审批过程中对相应环境保护措施提出严格要求。

磷矿建设项目选矿废水、尾矿库尾水应闭路循环，磷肥建设项目废水应收集处理后全部回用，含磷农药建设项目母液应单独处理后资源化利用，黄磷建设项目废水应收集处理后全部回用，磷石膏库渗滤液及含污雨水收集处理后全部回用。重点排污单位废水排放口应安装总磷在线监测设备并与生态环境部门联网。

黄磷建设项目电炉气经净化处理后综合利用，含磷无组织废气应收集处理后达标排放。磷化工建设项目生产废气应加强含磷污染物、氟化物的排放治理。磷矿、磷化工和磷石膏库建设项目应采取有效措施控制储存、装卸、运输及工艺过程等无组织排放。

磷肥建设项目应实行'以用定产'，以磷石膏综合利用量决定湿法磷酸产量。同步落实磷石膏综合利用途径，综合利用不畅的可利用现有磷石膏库堆存，不得新建、扩建磷石膏库（暂存场除外）。磷石膏库、尾矿库、暂存场按第 II 类一般工业固体废物处置要求采取防渗、地下水导排等措施，并建设地下水监测井，开展日常监控，防范地下水环境污染。磷化工建设项目应明确产生固体废物属性及危险废物类别，采取清洁生产措施，减少固体废物、危险废物的产生量和危害性。

改建、扩建项目应对现有工程（包括磷石膏库、尾矿库）进行回顾分析，全面梳理存在的环境影响问题，并提出'以新带老'或整改措施。

（四）开展环评文件批复落实情况检查。地方生态环境部门应加强对'三磷'建设项目环评文件批复落实情况的检查。已经开工在建的，重点检查各项环保要求和措施是否同步实施，是否存在重大变动未重新报批等情况；已经投入生产或者使用的，重点检查各项环保措施是否同步建成投运，区域削减措施是否落实到位，是否按要求开展自主验收等。对未落实环评批复及要求的，责令限期改正并依法依规予以处理处罚。

二、落实排污许可制度，强化事中事后监管

（五）按期完成排污许可证核发，实现排污许可全覆盖。省级生态环境部门应以第二次污染源普查、尾矿库环境基础信息排查摸底、长江'三磷'专项排查整治等成果数据为基础，组织开展'三磷'行业清单梳理，建立应核发排污许可证的企业清单。地方生态环境部门应如期完成磷肥、黄磷行业排污许可证核发，2020年9月底前完成磷矿排污许可证核发；新建、改建、扩建'三磷'建设项目在实际排污之前核发（变更）排污许可证，实现'三磷'行业固定污染源排污许可全覆盖。

长江流域地方生态环境部门对长江'三磷'专项排查整治行动中要求关停取缔的'三磷'企业不予核发排污许可证，已经核发的应依法注销排污许可证；对纳入规范整治且已核发排污许可证的企业，督促其完成整改并执行排污许可证相关要求。

（六）开展排污许可证质量和落实情况检查。各省级生态环境部门应在2020年3月底前完成含磷农药行业排污许可证质量和落实情况检查，2020年9月底前完成磷肥、黄磷和磷矿行业排污许可证质量和落实情况检查，并将检查结果上传至全国排污许可证管理信息平台。排污许可证质量重点检查排污许可管控污染物、污染物许可限值、自行监测等环境管理内容是否符合要求。落实情况重点检查排污单位是否按要求开展自行监测、台账记录是否完整、真实，定期提交执行报告情况。

（七）加大环境综合监管力度，强化监管效能。地方生态环境执法部门应将'三磷'建设项目企业纳入年度执法计划，加大执法检查力度，对发现的未批先建、环保'三同时'不落实、未验先投、无证排污、不按证排污等违法违规行为依法进行处理处罚。

三、落实信息公开要求，主动接受社会监督

（八）强化信息公开，建立共享机制。地方生态环境部门应按照信息公开相关要求，主动公开项目环评文件受理情况、拟作出的审批意见和审批决定，并在全国排污许可证管理信息平台及时公布'三磷'企业排污许可证发放情况，保障公众环境保护知情权、参与权和监督权。

建立完善环评文件审批、排污许可证核发、监督执法等信息共享机制，及时将环评、'三同时'、竣工环保自主验收和排污许可违法违规行为处罚情况等信息纳入全国企业信用信息公示系统，完善失信联合惩戒机制。"

《关于进一步加强煤炭资源开发环境影响评价管理的通知》（环环评〔2020〕63 号）

　　"二、深化'放管服'改革优化项目环评管理

　　（八）符合煤炭矿区总体规划和规划环评的煤炭采选建设项目，应依法编制项目环评文件，在开工建设前取得批复。项目为伴生放射性矿的，还应当根据相关文件要求编制辐射环境影响评价专篇，与环评文件同步编制、一同报批。项目环评文件经批准后，在设计、建设等过程中发现项目的性质、规模、地点、采用的生产工艺或者防治污染、防止生态破坏的措施发生重大变动的，建设单位应当在变动实施前，主动重新报批建设项目的环境影响评价文件。各级生态环境主管部门在审批煤炭采选建设项目环评文件时，不得违规设置或保留水土保持、下级生态环境主管部门预审等前置条件；涉及生态环境敏感区的，在符合法律法规的前提下，主管部门意见不作为环评审批的前置条件。

　　（九）井工开采地表沉陷的生态环境影响预测，应充分考虑自然生态条件、沉陷影响形式和程度等制定生态重建与恢复方案，确保与周边生态环境相协调。露天开采时应优化采排计划，控制外排土场占地面积，在确保安全生产的前提下，尽快实现内排土。针对排土场平台、边坡和采掘场沿帮、最终采掘坑等制定生态重建与恢复方案。制定矸石周转场地、地面建（构）筑物搬迁迹地等的生态重建与恢复方案。建设单位应严格控制采煤活动扰动范围，按照'边开采、边恢复'原则，及时落实各项生态重建与恢复措施，并定期进行效果评估，存在问题的，建设单位应制定科学、可行的整改计划并严格实施。

　　（十）井工开采不得破坏具有供水意义含水层结构、污染地下水水质，保护地下水的供水功能和生态功能，必要时应采取保护性开采技术或其他保护措施减缓对地下水环境的影响。露天开采项目应采取有效措施控制疏干水量、浅层地下水水位降深及对浅层地下水的疏干影响范围，减缓露天开采对浅层地下水环境的影响。污水处理设施等所在区域应采取防渗措施。

　　（十一）鼓励对煤矸石进行井下充填、发电、生产建筑材料、回收矿产品、制取化工产品、筑路、土地复垦等多途径综合利用，因地制宜选择合理的综合利用方式，提高煤矸石综合利用率。技术可行、经济合理的条件下优先采用井下充填技术处置煤矸石，有效控制地面沉陷、损毁耕地，减少煤矸石排放量。煤矸石的处置与综合利用应符合国家及行业相关标准规范要求。禁止建设永久性煤矸石堆放场（库），确需建设临时性堆放场（库）的，其占地规模应当与煤炭生产和洗选加工能力相匹配，原则上占地规模按不超过 3 年储矸量设计，且必须有后续综合利用方案。

提高煤矿瓦斯利用率，控制温室气体排放。高瓦斯、煤与瓦斯突出矿井应配套建设瓦斯抽采与综合利用设施，甲烷体积浓度大于等于8%的抽采瓦斯，在确保安全的前提下，应进行综合利用。鼓励对甲烷体积浓度在2%（含）至8%的抽采瓦斯以及乏风瓦斯，探索开展综合利用。确需排放的，应满足《煤层气（煤矿瓦斯）排放标准（暂行）》要求。

（十二）针对矿井水应当考虑主要污染因子及污染影响特点等，通过优化开采范围和开采方式、采取针对性处理措施等，从源头减少和有效防治高盐、酸性、高氟化物、放射性等矿井水。矿井水应优先用于项目建设及生产，并鼓励多途径利用多余矿井水。可以利用的矿井水未得到合理、充分利用的，不得开采及使用其他地表水和地下水水源作为生产水源，并不得擅自外排。矿井水在充分利用后仍有剩余且确需外排的，经处理后拟外排的，除应符合相关法律法规政策外，其相关水质因子值还应满足或优于受纳水体环境功能区划规定的地表水环境质量对应值，含盐量不得超过1 000毫克/升，且不得影响上下游相关河段水功能需求。安装在线自动监测系统，相关环境数据向社会公开，与相关部门联网，接受监督。依法依规做好关闭矿井封井处置，防治老空水等污染。

（十三）煤炭开采应符合大气污染防治政策。生态保护红线、自然保护地内原则上应依法禁止露天开采，其他生态功能极重要区、生态极敏感区以及国家规定的重要区域等应严格控制露天开采。加强煤炭开采的扬尘污染防治，对露天开采的采掘场、排土场已形成的台阶进行压覆及洒水降尘，对预爆区洒水预湿。煤炭、矸石的储存、装卸、输送以及破碎、筛选等产尘环节，应采取有效措施控制扬尘污染，优先采取封闭措施，厂界无组织排放应符合国家和地方相关标准要求；涉及环境敏感区或区域颗粒物超标的，依法采取封闭措施。煤炭企业应针对煤炭运输的扬尘污染提出封闭运输、车辆清洗等防治要求，减少对道路沿线的影响；相关企业应规划建设铁路专用线、码头等，优先采用铁路、水路等方式运输煤炭。

新建、改扩建煤矿应配套煤炭洗选设施，有效提高煤炭产品质量，强化洗选过程污染治理。煤炭开采使用的非道路移动机械排放废气应符合国家和地方污染物排放标准要求，鼓励使用新能源非道路移动机械。优先采用余热、依托热源、清洁能源等供热措施，减少大气污染物排放；确需建设燃煤锅炉的，应符合国家和地方大气污染防治要求。加强矸石山管理和综合治理，采取有效措施控制扬尘、自燃等。

（十四）煤炭采选企业应当依法申请取得排污许可证或进行排污登记。未取得排污许可证也未进行排污登记的，不得排放污染物。

改建、扩建和技术改造煤炭采选项目还必须采取措施，治理与该项目有关的原有环境污染和生态破坏。

（十五）鼓励相关部门和企业，开展沉陷区生态恢复技术、露天矿排土场和采掘场生态重建与恢复技术、保水采煤技术、高盐矿井水处理与利用技术、煤矸石综合利用技术、低浓度和乏风瓦斯综合利用技术、关闭煤矿瓦斯监测和综合利用技术等研究，促进煤炭采选行业绿色发展。持续创新行业环评管理思路，遵循煤炭资源开发与环境影响特点，探索和推进煤炭开采项目环评管理程序和方式改革。

三、统筹解决好行业突出问题

（十六）对存在'未批先建'等违法行为的，应严格执行《关于进一步加强环境影响评价违法项目责任追究的指导意见》（环办函〔2015〕389 号）的规定，依法实施行政处罚，追究相关人员责任。有下列情形之一的，生态环境主管部门应对违法行为依法从严处理，可以责令恢复原状：

1. 环评文件未经批准或重大变动未经环评审批建设项目已基本建成或投入运行的；

2. 环评文件未经批准或重大变动未经环评审批在生态保护红线、自然保护地、饮用水水源保护区内开工建设的；

3. 环评文件未经批准或重大变动未经环评审批擅自开工建设造成了重大环境污染或严重生态破坏事件的。

（十七）严格落实《关于加强'未批先建'建设项目环境影响评价管理工作的指导意见》（环办环评〔2018〕18 号）要求，存在'未批先建'违法行为的项目，建设单位主动报批环境影响报告书（表）的，有审批权的生态环境主管部门应根据技术评估和审查结论分别作出相应处理：对符合环评审批要求的，依法作出批准决定，并出具审批文件；对存在《建设项目环境保护管理条例》第十一条所列情形之一的，生态环境主管部门依法不予批准该项目环境影响报告书（表），并可以依法责令恢复原状。

存在'未批先建'违法行为的项目，在其环评文件中，应对违法建设过程中造成的环境影响及存在的主要环境问题进行分析，提出具体的整改方案，明确责任人、投资来源和完成时限。

（十八）本通知印发后，因合法生产煤矿生产能力变化导致出现第（五）条第一款规定情形的，负责编制规划的发展改革（能源主管）部门应履行规划和规划环评手续，相关部门和企业应将规划环评结论作为项目环评的重要依据。单个煤矿生产能力较原建设项目环评批复增加 30% 及以上的，应依法重新开展环评；原环评文件设计生产能力增加 30% 以下的，依法开展环境影响后评价，报生态环境主管部门备案。未按上述规定完成环评手续的，煤矿不得按照核定变化后的产能组织生产。各级发展改革（能源主管）部门应在环评手续完成后公告煤矿产能变化情况。

本通知印发前，相关煤矿项目生产能力与环评文件不一致等历史遗留问题，由国家发展改革委、生态环境部和国家能源局等相关部门另行组织研究解决，推进行业健康持续绿色发展。

（十九）地方生态环境主管部门在日常工作中发现的煤炭资源开发相关规划和项目环评违法情况多发且问题突出的，应主动向省级及以上生态环境主管部门报告，收到报告的生态环境主管部门可以采用函告、约谈等措施督促有关地方政府和煤炭企业限期整改，涉及违法的依法查处，整改不到位的纳入生态环境保护督察范畴。

四、依法加强事中事后监管

（二十）各级生态环境主管部门应加强煤炭采选规划、建设、运营环境监督检查，采取'双随机、一公开'方式加强执法，严格依法纠正和查处违法违规行为，对典型案例进行公开曝光。严格落实《关于严惩弄虚作假提高环评质量的意见》（环环评〔2020〕48号），压实主体责任，严厉打击环评弄虚作假行为，加强环评溯源和责任追究。在环评文件复核中，加强生态保护与恢复措施、污染防治措施、煤矸石和瓦斯综合利用措施等技术校核，发现问题依法查处，并督促相关责任方及时整改。

（二十一）建设单位应依法依规开展竣工环境保护验收，按照相关要求编制验收调查报告，并详细记录生态环境保护措施执行情况，生态保护与恢复、污染防治措施及投资情况，项目存在的原有生态环境问题及解决措施，并录入全国建设项目竣工环境保护验收信息平台。编制辐射环境影响评价专篇的项目，相关情况一并纳入验收。

（二十二）建设单位在项目投入生产或运营后，按要求开展环境影响后评价，依法公开并报原环评文件审批部门备案。煤炭采选建设项目环境影响后评价应重点调查评价生态环境和水环境的实际影响与保护措施的有效性，分析验证环境影响预测方法的合理性与参数的准确性，修订预测模型和相关参数，并据此对后续开发的环境影响，提出生态环境保护补救方案和改进措施。建设单位应及时落实好各项补救方案和改进措施，相关情况应纳入生态环境主管部门监管内容。建设单位应做好停止开采区域生态保护和环境污染治理。

（二十三）建设单位应按照标准规范要求开展地下水、生态等环境要素长期跟踪监测，做好井工开采地表沉陷跟踪观测工作；为伴生放射性矿的，应重视对辐射环境质量的监测。对具有供水意义浅层地下水存在影响的还应开展导水裂缝带发育高度监测，如发生导入有供水意义浅层地下水含水层的现象，应及时提出相关补救措施。根据生态变化情况，实施必要的工程优化和生态恢复。

（二十四）建设单位或生产运营单位应按照《企事业单位环境信息公开办法》《环境影响评价公众参与办法》《建设项目环境影响评价信息公开机制方案》《伴生放射性矿开发利用企业环境辐射监测及信息公开办法（试行）》等有关要求，主动公开煤炭采选建设项目环境信息，保障公众的知情权、参与权、表达权和监督权。各级生态环境主管部门应按要求做好环评、监督执法等有关工作的信息公开。"

《关于进一步优化环境影响评价工作的意见》（环环评〔2023〕52号）

"二、加强制度衔接联动

（四）充分发挥生态环境分区管控的指导作用。加快推进生态环境分区管控成果数字化管理，建设完善生态环境分区管控信息平台，强化共享共用，开发环境准入研判、选址选线环境合理性分析等功能，服务规划编制和项目招商引资等科学决策。鼓励开发信息平台的网页端、移动端，面向企业、公众和第三方技术机构共享生态环境分区管控相关成果。

（五）结合生态环境分区管控优化产业园区规划环评。产业园区规划环评应充分利用生态环境分区管控成果，简化与成果中已包含的法律法规、政策及产业发展等相关规划的符合性和协调性分析。充分衔接成果中关于区域、流域、海域重大生态环境问题识别和制约因素分析、资源与环境承载力分析等内容。加强对产业园区环境质量现状和变化趋势、污染物减排潜力和总量控制、环保基础设施、环境风险防范措施等的分析论证。结合规划产业发展任务，进一步明确产业园区生态环境准入和跟踪监测等要求，提出规划优化调整的对策建议。

（六）衔接排污许可探索推进'两证审批合一'。生产工艺相对单一、环境影响较小、建设周期短且按规定应当编制环境影响报告表的农副食品加工业，食品制造业，酒、饮料制造业，纺织服装、服饰业，制鞋业，印刷业，通用设备制造业，专用设备制造业，加油、加气站，汽车、摩托车等修理与维护业，自来水生产和供应业，天然气锅炉等十二类建设项目，在企业自愿的原则下，可探索实施环评与排污许可'两证审批合一'，在项目开工建设前，接续办理环评与排污许可手续。建设过程中发生环评重大变动的，依法重新办理环评和排污许可证；不属于重大变动的，无需重新办理环评，排污前一次性变更排污许可证。

三、深化环评改革试点

（七）按程序实施联动改革。省级生态环境部门应参照我部《关于进一步加强产业园区规划环境影响评价工作的意见》（环环评〔2020〕65号），进一步细化开展规划环评与项目环评联动的产业园区要求。明确纳入试点的产业园区申请、跟踪评估、退出等程序规定，形成园区名录报我部，并向社会公开，不符合要求的不得开展改革试点，评估不合格的退出改革试点。涉重金属重点行业、涉有毒有害污染物排放、涉新污染物排放的项目不得纳入此次改革，不得简化管理要求。

（八）试点推进一批登记表免予办理备案手续。纳入试点的产业园区内应填报环境影响登记表的城市道路，城市管网及管廊，分布式光伏发电，基层医疗卫生服务，城镇排涝河流水闸、排涝泵站等五类建设项目，可免予环评备案管理。生态环境部将及时总结试点经验，并纳入《建设项目环境影响评价分类管理名录》修订。

（九）推广一批报告表'打捆'审批。纳入试点的产业园区内应编制环境影响报告表的纺织服装、服饰业，木材加工和木、竹、藤、棕、草制品业，家具制造业，文教、工美、体育和娱乐用品制造业，塑料制品业，通用设备制造业，专用设备制造业，仪器仪表制造业，金属制品、机械和设备维修业等九类建设项目，以及其他集中搬迁入园报告表项目，可开展同类项目环评'打捆'审批，并明确相应企业的环保责任。纳入试点的产业园区内生产设施和污染防治设施不变，仅原辅料和产品发生变化的生物药品制造及其研发中试建设项目，经有审批权的生态环境部门组织确认污染物排放种类和排放量未超过原环评的，无需重新办理环评。

（十）简化一批报告书（表）内容。已完成环评的产业园区规划和煤炭矿区、港口、航运、水利、水电、轨道交通等专项规划包含的建设项目，在规划期内，项目环评可简化政策规划符合性分析、选址的环境合理性和可行性论证等内容，可直接引用规划环评中符合时效性要求的现状环境监测数据和生态环境调查内容。产业园区内建设项目依托的集中供热、交通运输等基础设施已按园区规划环评要求建设并运行的，项目环评可简化相关依托设施分析内容。已取得入河排污口设置决定书的，对符合环评导则技术要求的有关涉水论证报告内容，项目环评相关内容可通过引用结论等形式予以适当简化。

（十一）试点优化完善一批项目环评总量指标审核管理。充分用好总量指标重点保障政策，纳入经党中央、国务院同意或批准的规划和政策文件的建设项目，地市级行政区域内总量指标不足时，在满足区域环境质量改善要求的基础上，可在省级行政区内统筹调配予以支持，具体办法由省级生态环境部门制定。区分建设项目轻重缓急，优先保障环保指标达到先进水平，且在'十四五'期间可以投产或达产的建设项目。'先立后改'的煤电项目，主要大气污染物总量指标可来源于本行业或非电工业行业可量化的清洁能源替代、落后产能淘汰形成的减排量。纳入试点的产业园区内，氮氧化物、化学需氧量、挥发性有机污染物的单项新增年排放量小于 0.1 吨，氨氮小于 0.01 吨的，项目环评审批中，建设单位免予提交主要污染物总量来源说明，由地方生态环境部门统筹总量指标替代来源，并纳入管理台账。

（十二）继续开展重点领域、重点行业温室气体排放环评试点。深入推进将减污降碳协同纳入生态环境分区管控、产业园区规划环评和重点行业建设项目环评的试点工作，形成一批可复制、可推广的案例。立足于完善现有环评体系，推动形成污染物与温室气体管理统筹融合的环评技术方法和管理制度，衔接现有碳排放管理体系，有效发挥环评制度减污降碳协同增效的源头预防作用。严格落实消耗臭氧层物质和氢氟碳化物管控要求。探索在煤炭开采、油气开采、垃圾填埋和污水处理等行业项目环评中开展甲烷管控研究。

四、牢牢守住生态环保底线

（十三）严守环境准入底线。坚持生态优先、绿色发展总要求，协同推进降碳、减污、扩绿、增长；坚持依法依规审批，不符合法律法规的项目环评一律不予审批；坚持生态环境质量只能向好不能变差的底线，持续改善环境质量，不断提升生态系统的多样性、稳定性、持续性。对'两高一低'项目，要坚决遏制盲目发展，重点关注环境影响分析及污染防治设施、主要污染物区域削减措施有效性，推进减污降碳协同增效，研究推进新污染物环评工作；对承接产业转移项目，要重点关注与承接地环境质量底线和生态环境准入要求等相符性；对'公园'类项目，要防止违规'圈水圈地'，重点关注用水用地的环境合理性，保障流域生态需水；对生态敏感项目，要优先避让环境敏感区，重点关注对生态保护红线、自然保护地、饮用水水源保护区等法定保护区域以及各类环境保护目标的影响分析和对策措施；对社会关注度高的项目，要关注舆情、及时回应，防范化解环境社会风险。

（十四）加强生态影响类建设项目环评管理。对铁路、公路、轨道交通、机场项目，应重点关注环境敏感区的生态环保措施及其落实情况，采取有效噪声振动控制措施，加强噪声污染防治。对水利水电项目，应重点关注生态流量泄放、过鱼、增殖放流、分层取水、栖息地保护、生态修复等措施及其落实情况。对煤炭、黑色金属矿、有色金属矿、化学矿采选类项目，应重点关注土壤和地下水保护措施及其落实情况，煤炭、油气开采类项目还应关注禁采限采、煤矸石、泥浆及污水处置和综合利用、生态修复、甲烷控制及利用、清洁运输等措施及其落实情况。对涉尾矿库项目要强化选址论证，应重点关注防渗、排水（回水）、扬尘对周边及下游土壤、水体、环境敏感区的影响。对涉危险废物项目，应重点关注危险废物产生情况和利用处置情况。对港口码头项目，应重点关注水生生态保护、大气污染防治、环境风险防控等措施及其落实情况，推动清洁集疏运体系建设，减少运输造成的排放污染。

加强生物多样性评价和保护。严格落实《环境影响评价技术导则 生态影响》要求，加强生态本底现状调查，加强对生物多样性的调查监测与影响分析，关注建设项目对生态系统结构和功能完整性、稳定性的影响，针对珍稀、濒危、保护物种和极小种群物种及其栖息地等提出科学有效的保护措施，强化项目施工期和运营期对生态敏感目标的监测。沙化土地范围内的建设项目，环评中应依法纳入有关防沙治沙内容，减缓对沙化土地的影响。鼓励对生物多样性评价方法、保护措施开展探索研究，强化保护成效。

（十五）推进事中事后监管。建立健全环评、排污许可与执法监管联动机制，进一步提高项目环评批复落实的可操作性，探索涵盖污染物排放执行标准、生态环保设施及对策措施、污染物排放量等内容的重点执法清单。夯实属地监管责任，项目环境影响报告书（表）及批复文件提出的生态环保设施和措施落实及运行效果应纳入'双随机、一公开'日常监管执法，加大环评、'三同时'及自主验收监督检查力度，加大'未批先建''未验先投'及不落实环评要求等违法行为查处力度。对省际交界地带的产业园区和钢铁、焦化、火电等项目，严格落实规划环评和项目环评要求，加强源头防控和执法监管。主要污染物区域削减、栖息地保护、生态调度、环保搬迁等对策措施不落实或落实进度缓慢的，依法实施通报、约谈或限批。区域性、行业性问题突出的，规划环评要求落实不力导致区域环境质量下降、生态功能退化的，按有关要求纳入生态环境保护督察。鼓励利用卫星遥感、大数据等先进技术手段开展非现场监管，推动水利水电项目及时将生态流量、分层取水、过鱼等监测数据接入有关信息平台。"

（15）掌握加强高耗能、高排放建设项目严把环境准入关及提升清洁生产和污染防治水平的有关要求

《关于加强高耗能、高排放建设项目生态环境源头防控的指导意见》（环环评〔2021〕45号）

"（三）严把建设项目环境准入关。新建、改建、扩建'两高'项目须符合生态环境保护法律法规和相关法定规划，满足重点污染物排放总量控制、碳排放达峰目标、生态环境准入清单、相关规划环评和相应行业建设项目环境准入条件、环评文件审批原则要求。石化、现代煤化工项目应纳入国家产业规划。新建、扩建石化、化工、焦化、有色金属冶炼、平板玻璃项目应布设在依法合规设立并经规划环评的产业园区。各级生态环境部门和行政审批部门要严格把关，对于不符合相关法律法规的，依法不予审批。"

"（六）提升清洁生产和污染防治水平。新建、扩建'两高'项目应采用先进适用的工艺技术和装备，单位产品物耗、能耗、水耗等达到清洁生产先进水平，依法制定并严格落实防治土壤与地下水污染的措施。国家或地方已出台超低排放要求的'两高'行业建设项目应满足超低排放要求。鼓励使用清洁燃料，重点区域建设项目原则上不新建燃煤自备锅炉。鼓励重点区域高炉-转炉长流程钢铁企业转型为电炉短流程企业。大宗物料优先采用铁路、管道或水路运输，短途接驳优先使用新能源车辆运输。"

（16）了解重点行业建设项目区域削减措施的适用范围以及区域削减方案包括的内容

《关于加强重点行业建设项目区域削减措施监督管理的通知》（环办环评〔2020〕36 号）

"（一）严格区域削减要求。建设项目应满足区域、流域控制单元环境质量改善目标管理要求。所在区域、流域控制单元环境质量未达到国家或者地方环境质量标准的，建设项目应提出有效的区域削减方案，主要污染物实行区域倍量削减，确保项目投产后区域环境质量有改善。所在区域、流域控制单元环境质量达到国家或者地方环境质量标准的，原则上建设项目主要污染物实行区域等量削减，确保项目投产后区域环境质量不恶化。

区域削减方案应符合建设项目环境影响评价管理要求，同时符合国家和地方主要污染物排放总量控制要求。

（二）规范削减措施来源。区域削减措施应明确测算依据、测算方法，确保可落实、可检查、可考核。削减措施原则上应优先来源于纳入排污许可管理的排污单位采取的治理措施（含关停、原料和工艺改造、末端治理等）。

区域削减措施原则上应与建设项目位于同一地级市或市级行政区域内同一流域。地级市行政区域内削减量不足时，可来源于省级行政区域或省级行政区域内的同一流域。"

"本通知适用于生态环境部和省级生态环境主管部门审批的编制环境影响报告书的石化、煤化工、燃煤发电（含热电）、钢铁、有色金属冶炼、制浆造纸行业新增主要污染物排放量的建设项目。市级生态环境主管部门审批的编制环境影响报告书的重点行业建设项目可参照执行。"

（17）了解矿产资源开发利用辐射环境监督管理要求及其环境影响评价专篇的格式与内容要求

《矿产资源开发利用辐射环境监督管理名录》（公告 2020 年第 54 号）

"依照《建设项目环境影响评价分类管理名录》环评类别为环境影响报告书（表）且已纳入《名录》中的矿产资源开发利用建设项目，建设单位应在环境影响报告书（表）中给出原矿、中间产品、尾矿、尾渣或者其他残留物中铀（钍）系单个核素活度浓度是否超过 1 贝可/克（Bq/g）的结论。"

依照《建设项目环境影响评价分类管理名录》环评类别为环境影响报告书（表）且已纳入《名录》，并且原矿、中间产品、尾矿、尾渣或者其他残留物中铀（钍）系单个核素活度浓度超过 1 贝可/克（Bq/g）的矿产资源开发利用建设项目，建设单位应当组织编制辐射环境影响评价专篇，并纳入环境影响报告书（表）同步报批；建设单位在竣工环境保护验收时，应当组织对配套建设的辐射环境保护设施进行验收，组织编制辐射环境保护验收监测报告并纳入验收监测报告。"

《关于发布〈矿产资源开发利用辐射环境影响评价专篇格式与内容（试行）〉的通知》（环办〔2015〕1 号）

"1. 为保护环境，保护公众健康，促进矿产资源开发利用可持续发展，根据《环境保护法》《放射性污染防治法》《环境影响评价法》《建设项目环境保护管理条例》，制定本格式与内容。

2. 本格式与内容规定了矿产资源开发利用辐射环境影响评价专篇的编制格式与基本评价内容，可根据实际情况对评价的内容进行调整。

3. 本格式与内容是指导性文件，在实际编制中可采用不同的格式与内容，但所采用的格式与内容至少具有与本规定相同的评价效果。

4. 辐射环境影响评价专篇应与该项目的环境影响评价文件同步编制、一并申报。"

前言、概述、放射性源项分析、辐射环境质量现状、辐射环境影响分析、辐射环境管理和辐射监测、结论与建议和附件要求在《矿产资源开发利用辐射环境影响评价专篇格式与内容（试行）》中均作出了具体规定。

3. 建设项目环境影响评价文件的审批

（1）熟悉重点行业建设项目环境影响评价文件的审批原则

《关于规范火电等七个行业建设项目环境影响评价文件审批的通知》（环办〔2015〕112 号）

"编制了火电、水电、钢铁、铜铅锌冶炼、石化、制浆造纸、高速公路七个行业建设项目环境影响评价文件的审批原则（试行）。"

《关于印发水泥制造等七个行业建设项目环境影响评价文件审批原则的通知》（环办环评〔2016〕114 号）

"编制了水泥制造、煤炭采选、汽车整车制造、铁路、制药、水利（引调水工程）、航道七个行业建设项目环境影响评价文件审批原则（试行）。"

《关于印发机场、港口、水利（河湖整治与防洪除涝工程）三个行业建设项目环境影响评价文件审批原则的通知》（环办环评〔2018〕2号）

"编制了机场、港口、水利（河湖整治与防洪除涝工程）三个行业建设项目环境影响评价文件审批原则（试行）。"

《关于印发城市轨道交通、水利（灌区工程）两个行业建设项目环境影响评价文件审批原则的通知》（环办环评〔2018〕17号）

"编制了城市轨道交通、水利（灌区工程）两个行业建设项目环境影响评价文件审批原则（试行）。"

《关于印发钢铁/焦化、现代煤化工、石化、火电四个行业建设项目环境影响评价文件审批原则的通知》（环办环评〔2022〕31号）

"编制了钢铁/焦化、现代煤化工、石化、火电等四个行业建设项目环境影响评价文件审批原则，替代《关于规范火电等七个行业建设项目环境影响评价文件审批的通知》（环办〔2015〕112号）和《关于印发〈现代煤化工建设项目环境准入条件（试行）〉的通知》（环办〔2015〕111号）中的'钢铁建设项目环境影响评价文件审批原则（试行）''现代煤化工建设项目环境准入条件（试行）''石化建设项目环境影响评价文件审批原则（试行）''火电建设项目环境影响评价文件审批原则（试行）'。"

《关于印发集成电路制造、锂离子电池及相关电池材料制造、电解铝、水泥制造四个行业建设项目环境影响评价文件审批原则的通知》（环办环评〔2023〕18号）

"编制了集成电路制造、锂离子电池及相关电池材料制造、电解铝、水泥制造等四个行业建设项目环境影响评价文件审批原则，其中新修订的'水泥制造建设项目环境影响评价文件审批原则'替代《关于印发水泥制造等七个行业建设项目环境影响评价文件审批原则的通知》（环办环评〔2016〕114号）中的'水泥制造建设项目环境影响评价文件审批原则（试行）'。"

（2）掌握建设项目环境影响报告书（表）审批应当重点审查的内容

《建设项目环境保护管理条例》

第九条第二款："环境保护行政主管部门审批环境影响报告书、环境影响报告表，应当重点审查建设项目的环境可行性、环境影响分析预测评估的可靠性、环境保护措施的有效性、环境影响评价结论的科学性等，并分别自收到环境影响报告书之日起60日内、收到环境影响报告表之日起30日内，作出审批决定并书面通知建设单位。"

（3）**掌握生态环境主管部门作出不予批准建设项目环境影响报告书（表）决定的情形**

《建设项目环境保护管理条例》

"**第十一条**　建设项目有下列情形之一的，环境保护行政主管部门应当对环境影响报告书、环境影响报告表作出不予批准的决定：

（一）建设项目类型及其选址、布局、规模等不符合环境保护法律法规和相关法定规划；

（二）所在区域环境质量未达到国家或者地方环境质量标准，且建设项目拟采取的措施不能满足区域环境质量改善目标管理要求；

（三）建设项目采取的污染防治措施无法确保污染物排放达到国家和地方排放标准，或者未采取必要措施预防和控制生态破坏；

（四）改建、扩建和技术改造项目，未针对项目原有环境污染和生态破坏提出有效防治措施；

（五）建设项目的环境影响报告书、环境影响报告表的基础资料数据明显不实，内容存在重大缺陷、遗漏，或者环境影响评价结论不明确、不合理。"

（4）**熟悉"未批先建"建设项目环境影响评价管理的有关要求**

《关于加强"未批先建"建设项目环境影响评价管理工作的通知》（环办环评〔2018〕18号）

"一、'未批先建'违法行为是指，建设单位未依法报批建设项目环境影响报告书（表），或者未按照环境影响评价法第二十四条的规定重新报批或者重新审核环境影响报告书（表），擅自开工建设的违法行为，以及建设项目环境影响报告书（表）未经批准或者未经原审批部门重新审核同意，建设单位擅自开工建设的违法行为。

除火电、水电和电网项目外，建设项目开工建设是指，建设项目的永久性工程正式破土开槽开始施工，在此以前的准备工作，如地质勘探、平整场地、拆除旧有建筑物、临时建筑、施工用临时道路、通水、通电等不属于开工建设。

火电项目开工建设是指，主厂房基础垫层浇筑第一方混凝土。电网项目中变电工程和线路工程开工建设是指，主体工程基础开挖和线路基础开挖。水电项目筹建及准备期相关工程按照《关于进一步加强水电建设环境保护工作的通知》（环办〔2012〕4号）执行。

二、各级环境保护部门要按照'属地管理'原则，对'未批先建'建设项目进行拉网式排查并依法予以处罚。

（一）建设项目于2015年1月1日新《中华人民共和国环境保护法》（以下简称《环境保护法》）施行后开工建设，或者2015年1月1日之前已经开工建设且之后仍然进行建设的，应当适用新《环境保护法》第六十一条规定进行处罚。

（二）建设项目于 2016 年 9 月 1 日新《中华人民共和国环境影响评价法》（以下简称《环境影响评价法》）施行后开工建设，或者 2016 年 9 月 1 日之前已经开工建设且之后仍然进行建设的，应当适用新《环境影响评价法》第三十一条的规定进行处罚。

（三）建设单位同时存在违反环境保护设施'三同时'和竣工环保验收制度等违法行为的，应当依法分别予以处罚。

（四）'未批先建'违法行为自建设行为终了之日起二年内未被发现的，依法不予行政处罚。

三、环保部门应当按照本通知第一条、第二条规定对'未批先建'等违法行为作出处罚，建设单位主动报批环境影响报告书（表）的，有审批权的环保部门应当受理，并根据技术评估和审查结论分别作出相应处理：

（一）对符合环境影响评价审批要求的，依法作出批准决定，并出具审批文件。

（二）对存在《建设项目环境保护管理条例》第十一条所列情形之一的，环保部门依法不予批准该项目环境影响报告书（表），并可以依法责令恢复原状。

四、各级环保部门要按照《关于以改善环境质量为核心加强环境影响评价管理的通知》（环环评〔2016〕150 号）要求，在建设项目环境影响报告书（表）审批工作中严格落实项目环评审批与规划环评、现有项目环境管理、区域环境质量联动机制，更好地发挥环评制度从源头防范环境污染和生态破坏的作用，加快改善环境质量，推动高质量发展。

五、各级环保部门要督促'未批先建'建设项目依法履行环境影响评价手续。依法需申请排污许可证的'未批先建'建设项目，应当依据国家有关环保法律法规和《排污许可管理办法（试行）》的规定，在规定时限内完成环评报批手续。通过依法查处'未批先建'违法行为，依法受理和审查'未批先建'建设项目环评手续，将所有建设项目依法纳入环境管理，为实现排污许可证'核发一个行业，清理一个行业，规范一个行业'提供保障。"

《关于建设项目"未批先建"违法行为法律适用问题的意见》（环政法函〔2018〕31 号）

"一、关于'未批先建'违法行为行政处罚的法律适用

（一）相关法律规定

（二）法律适用

关于'未批先建'违法行为的行政处罚，我部 2016 年 1 月 8 日作出的《关于〈环境保护法〉(2014 修订) 第六十一条适用有关问题的复函》（环政法函〔2016〕

6号）已对'新法实施前已经擅自开工建设的项目的法律适用'作出相关解释，现针对实践中遇到的问题，进一步提出补充意见如下：

1. 建设项目于2015年1月1日后开工建设，或者2015年1月1日之前已经开工建设且之后仍然进行建设的，立案查处的环保部门应当适用新环境保护法第六十一条的规定进行处罚，不再依据修正前的环境影响评价法作出'限期补办手续'的行政命令。

2. 建设项目于2016年9月1日后开工建设，或者2016年9月1日之前已经开工建设且之后仍然进行建设的，立案查处的环保部门应当适用新环境影响评价法第三十一条的规定进行处罚，不再依据修正前的环境影响评价法作出'限期补办手续'的行政命令。

二、关于'未批先建'违法行为的行政处罚追溯期限

（一）相关法律规定

行政处罚法第二十九条规定：'违法行为在二年内未被发现的，不再给予行政处罚。法律另有规定的除外。前款规定的期限，从违法行为发生之日起计算；违法行为有连续或者继续状态的，从行为终了之日起计算。'

（二）追溯期限的起算时间

根据上述法律规定，'未批先建'违法行为的行政处罚追溯期限应当自建设行为终了之日起计算。因此，'未批先建'违法行为自建设行为终了之日起二年内未被发现的，环保部门应当遵守行政处罚法第二十九条的规定，不予行政处罚。

（三）违反环保设施'三同时'验收制度的行政处罚

1. 建设单位同时构成'未批先建'和违反环保设施'三同时'验收制度两个违法行为的，应当分别依法作出相应处罚

对建设项目'未批先建'并已建成投入生产或者使用，同时违反环保设施'三同时'验收制度的违法行为应当如何处罚，全国人大常委会法制工作委员会2007年3月21日作出的《关于建设项目环境管理有关法律适用问题的答复意见》（法工委复〔2007〕2号）规定：'关于建设单位未依法报批建设项目环境影响评价文件却已建成建设项目，同时该建设项目需要配套建设的环境保护设施未建成、未经验收或者经验收不合格，主体工程正式投入生产或者使用的，应当分别依照《环境影响评价法》第三十一条、《建设项目环境保护管理条例》第二十八条的规定作出相应处罚。'

据此，建设单位同时构成'未批先建'和违反环保设施'三同时'验收制度两个违法行为的，应当分别依法作出相应处罚。

2. 对违反环保设施'三同时'验收制度的处罚，不受'未批先建'行政处

罚追溯期限的影响

建设项目违反环保设施'三同时'验收制度投入生产或者使用期间，由于违反环保设施'三同时'验收制度的违法行为一直处于连续或者继续状态，因此，即使'未批先建'违法行为已超过二年行政处罚追溯期限，环保部门仍可以对违反环保设施'三同时'验收制度的违法行为依法作出处罚，不受'未批先建'违法行为行政处罚追溯期限的影响。

（四）其他违法行为的行政处罚

建设项目'未批先建'并投入生产或者使用后，有关单位或者个人具有超过污染物排放标准排污，通过暗管、渗井、渗坑、灌注或者篡改、伪造监测数据，或者不正常运行污染防治设施等逃避监管的方式排污等情形之一，分别构成独立违法行为的，环保部门应当对相关违法行为依法予以处罚。

三、关于建设单位可否主动补交环境影响报告书、报告表报送审批

（一）新环境保护法和新环境影响评价法并未禁止建设单位主动补交环境影响报告书、报告表报送审批

对'未批先建'违法行为，2014 年修订的新环境保护法第六十一条增加了处罚条款，该条款与原环境影响评价法（2002 年）第三十一条相比，未规定'责令限期补办手续'的内容；2016 年修正的新环境影响评价法第三十一条，亦删除了原环境影响评价法'限期补办手续'的规定。不再将'限期补办手续'作为行政处罚的前置条件，但并未禁止建设单位主动补交环境影响报告书、报告表报送审批。

（二）建设单位主动补交环境影响报告书、报告表并报送环保部门审查的，有权审批的环保部门应当受理

因'未批先建'违法行为受到环保部门依据新环境保护法和新环境影响评价法作出的处罚，或者'未批先建'违法行为自建设行为终了之日起二年内未被发现而未予行政处罚的，建设单位主动补交环境影响报告书、报告表并报送环保部门审查的，有权审批的环保部门应当受理，并根据不同情形分别作出相应处理：

1. 对符合环境影响评价审批要求的，依法作出批准决定。

2. 对不符合环境影响评价审批要求的，依法不予批准，并可以依法责令恢复原状。

建设单位同时存在违反'三同时'验收制度、超过污染物排放标准排污等违法行为的，应当依法予以处罚。"

4．建设项目环境影响后评价

（1）熟悉环境影响后评价的概念

《中华人民共和国环境影响评价法》

"第二十七条　在项目建设、运行过程中产生不符合经审批的环境影响评价文件的情形的，建设单位应当组织环境影响的后评价，采取改进措施，并报原环境影响评价文件审批部门和建设项目审批部门备案；原环境影响评价文件审批部门也可以责成建设单位进行环境影响的后评价，采取改进措施。"

《建设项目环境影响后评价管理办法（试行）》（环境保护部令　第37号）

"第二条　本办法所称环境影响后评价，是指编制环境影响报告书的建设项目在通过环境保护设施竣工验收且稳定运行一定时期后，对其实际产生的环境影响以及污染防治、生态保护和风险防范措施的有效性进行跟踪监测和验证评价，并提出补救方案或者改进措施，提高环境影响评价有效性的方法与制度。"

（2）掌握建设项目应当开展环境影响后评价的情形

《建设项目环境影响后评价管理办法（试行）》

"第三条　下列建设项目运行过程中产生不符合经审批的环境影响报告书情形的，应当开展环境影响后评价：

（一）水利、水电、采掘、港口、铁路行业中实际环境影响程度和范围较大，且主要环境影响在项目建成运行一定时期后逐步显现的建设项目，以及其他行业中穿越重要生态环境敏感区的建设项目；

（二）冶金、石化和化工行业中有重大环境风险，建设地点敏感，且持续排放重金属或者持久性有机污染物的建设项目；

（三）审批环境影响报告书的环境保护主管部门认为应当开展环境影响后评价的其他建设项目。"

"第十三条　建设项目环境影响报告书经批准后，其性质、规模、地点、工艺或者环境保护措施发生重大变动的，依照《中华人民共和国环境影响评价法》第二十四条的规定执行，不适用本办法。"

（3）掌握建设项目环境影响后评价文件应包括的内容

《建设项目环境影响后评价管理办法（试行）》

"第七条　建设项目环境影响后评价文件应当包括以下内容：

（一）建设项目过程回顾。包括环境影响评价、环境保护措施落实、环境保护设施竣工验收、环境监测情况，以及公众意见收集调查情况等；

（二）建设项目工程评价。包括项目地点、规模、生产工艺或者运行调度方式，环境污染或者生态影响的来源、影响方式、程度和范围等；

（三）区域环境变化评价。包括建设项目周围区域环境敏感目标变化、污染源或者其他影响源变化、环境质量现状和变化趋势分析等；

（四）环境保护措施有效性评估。包括环境影响报告书规定的污染防治、生态保护和风险防范措施是否适用、有效，能否达到国家或者地方相关法律、法规、标准的要求等；

（五）环境影响预测验证。包括主要环境要素的预测影响与实际影响差异，原环境影响报告书内容和结论有无重大漏项或者明显错误，持久性、累积性和不确定性环境影响的表现等；

（六）环境保护补救方案和改进措施；

（七）环境影响后评价结论。"

"第九条　建设单位或者生产经营单位可以对单个建设项目进行环境影响后评价，也可以对在同一行政区域、流域内存在叠加、累积环境影响的多个建设项目开展环境影响后评价。"

（4）了解开展建设项目环境影响后评价的时限要求

《建设项目环境影响后评价管理办法（试行）》

"第八条　建设项目环境影响后评价应当在建设项目正式投入生产或者运营后三至五年内开展。原审批环境影响报告书的环境保护主管部门也可以根据建设项目的环境影响和环境要素变化特征，确定开展环境影响后评价的时限。"

5. 建设项目环境影响报告书（表）编制监督管理

（1）熟悉建设项目环境影响报告书（表）严重质量问题相关法律责任的规定

《中华人民共和国环境影响评价法》

"第三十二条　建设项目环境影响报告书、环境影响报告表存在基础资料明显不实，内容存在重大缺陷、遗漏或者虚假，环境影响评价结论不正确或者不合理等严重质量问题的，由设区的市级以上人民政府生态环境主管部门对建设单位处五十万元以上二百万元以下的罚款，并对建设单位的法定代表人、主要负责人、直接负责的主管人员和其他直接责任人员，处五万元以上二十万元以下的罚款。

接受委托编制建设项目环境影响报告书、环境影响报告表的技术单位违反国家有关环境影响评价标准和技术规范等规定，致使其编制的建设项目环境影响报告书、环境影响报告表存在基础资料明显不实，内容存在重大缺陷、遗漏或者虚假，环境影响评价结论不正确或者不合理等严重质量问题的，由设区的市级以上人民政府生态环境主管部门对技术单位处所收费用三倍以上五倍以下的罚款；情节严重的，禁止从事环境影响报告书、环境影响报告表编制工作；

有违法所得的，没收违法所得。

编制单位有本条第一款、第二款规定的违法行为的，编制主持人和主要编制人员五年内禁止从事环境影响报告书、环境影响报告表编制工作；构成犯罪的，依法追究刑事责任，并终身禁止从事环境影响报告书、环境影响报告表编制工作。"

《建设项目环境影响报告书（表）编制监督管理办法》（生态环境部令　第9号）

"第二十七条　在监督检查过程中发现环境影响报告书（表）存在下列严重质量问题之一的，由市级以上生态环境主管部门依照《中华人民共和国环境影响评价法》第三十二条的规定，对建设单位及其相关人员、技术单位、编制人员予以处罚"

（2）熟悉建设项目环境影响报告书（表）编制主体的有关规定

《建设项目环境影响报告书（表）编制监督管理办法》（生态环境部令　第9号）

"第二条　建设单位可以委托技术单位对其建设项目开展环境影响评价，编制环境影响报告书（表）；建设单位具备环境影响评价技术能力的，可以自行对其建设项目开展环境影响评价，编制环境影响报告书（表）。

技术单位不得与负责审批环境影响报告书（表）的生态环境主管部门或者其他有关审批部门存在任何利益关系。任何单位和个人不得为建设单位指定编制环境影响报告书（表）的技术单位。

本办法所称技术单位，是指具备环境影响评价技术能力、接受委托为建设单位编制环境影响报告书（表）的单位。"

（3）了解编制单位和编制人员信息公开的有关规定

《建设项目环境影响报告书（表）编制监督管理办法》

"第七条　生态环境部负责建设全国统一的环境影响评价信用平台（以下简称信用平台），组织建立编制单位和编制人员诚信档案管理体系。信用平台纳入全国生态环境领域信用信息平台统一管理。

编制单位和编制人员的基础信息等相关信息应当通过信用平台公开。具体办法由生态环境部另行制定。"

（4）熟悉编制单位建立和实施覆盖环境影响评价全过程质量控制制度的有关规定

《建设项目环境影响报告书（表）编制监督管理办法》

"第十三条　编制单位应当建立和实施覆盖环境影响评价全过程的质量控制制度，落实环境影响评价工作程序，并在现场踏勘、现状监测、数据资料收集、环境影响预测等环节以及环境影响报告书（表）编制审核阶段形成可追溯的质量管理机制。有其他单位参与编制或者协作的，编制单位应当对参与编制单位或者协作单位提供的技术报告、数据资料等进行审核。

编制主持人应当全过程组织参与环境影响报告书（表）编制工作，并加强统筹协调。

委托技术单位编制环境影响报告书（表）的建设单位，应当如实提供相关基础资料，落实环境保护投入和资金来源，加强环境影响评价过程管理，并对环境影响报告书（表）的内容和结论进行审核。"

（5）熟悉建设项目环境影响报告书（表）质量问题和严重质量问题的具体情形

《建设项目环境影响报告书（表）编制监督管理办法》

"第二十六条　在监督检查过程中发现环境影响报告书（表）不符合有关环境影响评价法律法规、标准和技术规范等规定、存在下列质量问题之一的，由市级以上生态环境主管部门对建设单位、技术单位和编制人员给予通报批评：

（一）评价因子中遗漏建设项目相关行业污染源源强核算或者污染物排放标准规定的相关污染物的；

（二）降低环境影响评价工作等级，降低环境影响评价标准，或者缩小环境影响评价范围的；

（三）建设项目概况描述不全或者错误的；

（四）环境影响因素分析不全或者错误的；

（五）污染源源强核算内容不全，核算方法或者结果错误的；

（六）环境质量现状数据来源、监测因子、监测频次或者布点等不符合相关规定，或者所引用数据无效的；

（七）遗漏环境保护目标，或者环境保护目标与建设项目位置关系描述不明确或者错误的；

（八）环境影响评价范围内的相关环境要素现状调查与评价、区域污染源调查内容不全或者结果错误的；

（九）环境影响预测与评价方法或者结果错误，或者相关环境要素、环境风险预测与评价内容不全的；

（十）未按相关规定提出环境保护措施，所提环境保护措施或者其可行性论证不符合相关规定的。

有前款规定的情形，致使环境影响评价结论不正确、不合理或者同时有本办法第二十七条规定情形的，依照本办法第二十七条的规定予以处罚。

第二十七条　在监督检查过程中发现环境影响报告书（表）存在下列严重质量问题之一的，由市级以上生态环境主管部门依照《中华人民共和国环境影响评价法》第三十二条的规定，对建设单位及其相关人员、技术单位、编制人员予以处罚：

（一）建设项目概况中的建设地点、主体工程及其生产工艺，或者改扩建和技术改造项目的现有工程基本情况、污染物排放及达标情况等描述不全或者错误的；

（二）遗漏自然保护区、饮用水水源保护区或者以居住、医疗卫生、文化教育为主要功能的区域等环境保护目标的；

（三）未开展环境影响评价范围内的相关环境要素现状调查与评价，或者编造相关内容、结果的；

（四）未开展相关环境要素或者环境风险预测与评价，或者编造相关内容、结果的；

（五）所提环境保护措施无法确保污染物排放达到国家和地方排放标准或者有效预防和控制生态破坏，未针对建设项目可能产生的或者原有环境污染和生态破坏提出有效防治措施的；

（六）建设项目所在区域环境质量未达到国家或者地方环境质量标准，所提环境保护措施不能满足区域环境质量改善目标管理相关要求的；

（七）建设项目类型及其选址、布局、规模等不符合环境保护法律法规和相关法定规划，但给出环境影响可行结论的；

（八）其他基础资料明显不实，内容有重大缺陷、遗漏、虚假，或者环境影响评价结论不正确、不合理的。"

（6）熟悉编制单位和编制人员失信行为的情形

《建设项目环境影响报告书（表）编制监督管理办法》

"第三十二条 信用管理对象的失信行为包括下列情形：

（一）编制单位不符合本办法第九条规定或者编制人员不符合本办法第十条规定的；

（二）未按照本办法及生态环境部相关规定在信用平台提交相关情况信息或者及时变更相关情况信息，或者提交的相关情况信息不真实、不准确、不完整的；

（三）违反本办法规定，由两家以上单位主持编制环境影响报告书（表）或者由两名以上编制人员作为环境影响报告书（表）编制主持人的；

（四）技术单位未按照本办法规定与建设单位签订主持编制环境影响报告书（表）委托合同的；

（五）未按照本办法规定进行环境影响评价质量控制的；

（六）未按照本办法规定在环境影响报告书（表）中附具编制单位和编制人员情况表并盖章或者签字的；

（七）未按照本办法规定将相关资料存档的；

（八）未按照本办法规定接受生态环境主管部门监督检查或者在接受监督

检查时弄虚作假的；

（九）因环境影响报告书（表）存在本办法第二十六条第一款所列问题受到通报批评的；

（十）因环境影响报告书（表）存在本办法第二十六条第二款、第二十七条所列问题受到处罚的。"

（7）了解编制单位和编制人员基本情况信息应当包括的内容

《关于发布〈建设项目环境影响报告书（表）编制监督管理办法〉配套文件的公告》（生态环境部公告　2019 年　第 38 号）附件 2：《建设项目环境影响报告书（表）编制单位和编制人员信息公开管理规定（试行）》

"第三条　编制单位基本情况信息应当包括下列内容：

（一）单位名称、组织形式、法定代表人（负责人）及其身份证件类型和号码、住所、统一社会信用代码；

（二）出资人或者举办单位、业务主管单位、挂靠单位等的名称（姓名）和统一社会信用代码（身份证件类型及号码）；

（三）与《监督管理办法》第九条规定的符合性信息；

（四）单位设立材料。

编制单位在信用平台提交前款所列信息和编制单位承诺书（格式见附 1）后，信用平台建立编制单位诚信档案，向社会公开编制单位的名称、住所、统一社会信用代码等基础信息。

有《监督管理办法》第九条第三款所列不得主持编制环境影响报告书（表）情形的，信用平台不予建立诚信档案。

第四条　编制人员基本情况信息应当包括下列内容：

（一）姓名、身份证件类型及号码；

（二）从业单位名称；

（三）全职情况材料。

编制人员中的编制主持人基本情况信息还应当包括环境影响评价工程师职业资格证书管理号和取得时间。

编制人员应当在从业单位的诚信档案建立后，在信用平台提交本条第一款或者本条前两款所列信息和编制人员承诺书。

编制人员基本情况信息经从业单位在信用平台确认后，信用平台建立编制人员诚信档案，生成编制人员信用编号，向社会公开编制人员的姓名、从业单位、环境影响评价工程师职业资格证书管理号和信用编号等基础信息，并将其归集至从业单位的诚信档案。"

（8）熟悉环境影响报告书（表）基本情况信息应当包括的内容

《建设项目环境影响报告书(表)编制单位和编制人员信息公开管理规定(试行)》

"第五条　环境影响报告书（表）基本情况信息应当包括下列内容：

（一）建设项目名称、建设地点、项目类别；

（二）环境影响评价文件类型；

（三）建设单位信息；

（四）编制单位、编制人员及其编制分工、编制方式等信息。

除涉密项目外，编制单位应当在建设单位报批环境影响报告书（表）前，在信用平台提交前款所列信息和环境影响报告书（表）编制情况承诺书。其中，涉及编制人员的相关信息应当在提交前经本人在信用平台确认。

信用平台生成项目编号以及环境影响报告书（表）的《编制单位和编制人员情况表》，向社会公开环境影响报告书（表）的相关建设项目名称、类别、建设单位以及编制单位、编制人员等基础信息，并将环境影响报告书（表）相关编制信息归集至编制单位和编制人员诚信档案。"

（9）熟悉环评领域典型弄虚作假情形及相关单位和人员责任的内容

《关于严惩弄虚作假提高环评质量的意见》（环环评〔2020〕48号）

"一、环评领域典型弄虚作假情形

（一）环评文件抄袭。主要包括环评文件（指建设项目环境影响报告书、报告表和规划环境影响报告书）中项目建设地点、主体工程及其生产工艺明显不属于本项目的；现有工程基本情况、污染物排放及达标情况明显不属于本项目的；环境现状调查、预测评价结果明显不属于本项目或规划的。

（二）关键内容遗漏。主要包括环评文件隐瞒项目实际开工情况的；遗漏生态保护红线、自然保护区、饮用水水源保护区或者以居住、医疗卫生、文化教育为主要功能的区域等重要环境保护目标的；未开展相关环境要素现状调查与评价、相关环境要素或者环境风险预测与评价的；未提出有效的环境污染和生态破坏防治措施的。

（三）数据结论错误。主要包括环评文件编造、篡改环境现状监测、调查数据或者危险废物鉴别结果的；编造相关环境要素或环境风险等现状调查、预测、评价内容或结果的；降低环评标准，致使环评结论不正确的；建设项目类型及其选址、布局、规模等明显不符合环境保护法律法规，仍给出环境影响可行结论的。

（四）其他造假情形。主要包括建设单位和规划编制机关未组织开展公众参与却凭空编造公众参与内容，或者篡改实际公众参与调查结果的；相关单位故意篡改、隐瞒工程建设内容、规模等，以降低环评文件类型或者评价工作等级的；环评单位、环评文件编制主持人、主要编制人员在环评文件中假冒、伪造他人签字签章的；其他基础资料明显不实，内容、结论有重大虚假的。

二、落实相关单位和人员责任

（五）突出建设单位和规划编制机关主体责任。建设单位应在项目开工前依法依规组织开展环评工作，规划编制机关应在开发建设规划草案报批前组织开展规划环评工作，并对环评文件内容和结论负责。在委托技术单位编制环评文件时，可参考环评信用平台和生态环境部门相关考核结果，选用信用良好、技术能力强的环评单位，并在合同中明确环评文件质量要求。在环评过程中应如实提供相关基础资料，加强组织管理，掌握环评工作进展，并对环评文件的内容和结论进行审核。建设单位、规划编制机关应与环评单位共同研究制定生态环境保护措施，落实环境保护投入和资金来源。对编制环境影响报告书的项目和规划，应按要求开展环评公众参与工作，对公众参与的真实性和结果负责。

（六）强化环评单位和人员直接责任。环评单位对环评文件内容和结论承担相应责任，确保环评文件内容真实、客观、全面和规范。应建立覆盖全过程的质量控制制度，形成可追溯的编制工作完整档案；对有关单位提供的技术报告、数据资料等进行审核；如实向建设单位和规划编制机关反映环评结论。编制主持人应组织现场踏勘，全过程组织参与环评文件编制工作，并加强统筹协调。

（七）明确评估单位和专家技术审查责任。技术评估单位和专家应严格按照程序和规范要求开展技术审查工作，发现环评弄虚作假等严重质量问题后应及时报告，梳理问题线索，分情形提出处理依据和建议。专家在评估评审时应独立、科学、公正地开展工作，专家意见签字存档备查。推动各级生态环境部门评估专家库联通、共享，工作中应科学、合理选取专家，对存在利益关系的专家应当回避。

（八）落实审批和召集审查部门把关责任。相关部门应推进项目环评审批标准化建设，依法召集规划环评审查，规范决策程序。在项目环评受理过程中，应对报批的环评文件进行编制规范性检查。在环评审批和召集审查过程中，应进行编制质量检查，对基础资料明显不实，内容存在重大缺陷、遗漏或者虚假，或者环境影响评价结论不正确、不合理的，不予批准或要求重新审查，并及时移交查处，不得隐瞒、包庇。环评审批和审查管理人员应提升质量意识和业务能力，及时掌握相关政策和要求，依法严格把关。"

（三）建设项目竣工环境保护验收

（1）熟悉建设项目竣工环境保护验收的主要依据

《建设项目竣工环境保护验收暂行办法》（国环规环评〔2017〕4号）

"第三条　建设项目竣工环境保护验收的主要依据包括：

（一）建设项目环境保护相关法律、法规、规章、标准和规范性文件；

（二）建设项目竣工环境保护验收技术规范；

（三）建设项目环境影响报告书（表）及审批部门审批决定。"

（2）熟悉建设单位不得提出建设项目竣工环境保护验收合格的情形

《建设项目竣工环境保护验收暂行办法》

"第八条　建设项目环境保护设施存在下列情形之一的，建设单位不得提出验收合格的意见：

（一）未按环境影响报告书（表）及其审批部门审批决定要求建成环境保护设施，或者环境保护设施不能与主体工程同时投产或者使用的；

（二）污染物排放不符合国家和地方相关标准、环境影响报告书（表）及其审批部门审批决定或者重点污染物排放总量控制指标要求的；

（三）环境影响报告书（表）经批准后，该建设项目的性质、规模、地点、采用的生产工艺或者防治污染、防止生态破坏的措施发生重大变动，建设单位未重新报批环境影响报告书（表）或者环境影响报告书（表）未经批准的；

（四）建设过程中造成重大环境污染未治理完成，或者造成重大生态破坏未恢复的；

（五）纳入排污许可管理的建设项目，无证排污或者不按证排污的；

（六）分期建设、分期投入生产或者使用依法应当分期验收的建设项目，其分期建设、分期投入生产或者使用的环境保护设施防治环境污染和生态破坏的能力不能满足其相应主体工程需要的；

（七）建设单位因该建设项目违反国家和地方环境保护法律法规受到处罚，被责令改正，尚未改正完成的；

（八）验收报告的基础资料数据明显不实，内容存在重大缺项、遗漏，或者验收结论不明确、不合理的；

（九）其他环境保护法律法规规章等规定不得通过环境保护验收的。"

（3）了解竣工环境保护验收信息公开的有关要求

《建设项目竣工环境保护验收暂行办法》

"第十一条　除按照国家需要保密的情形外，建设单位应当通过其网站或其他便于公众知晓的方式，向社会公开下列信息：

（一）建设项目配套建设的环境保护设施竣工后，公开竣工日期；

（二）对建设项目配套建设的环境保护设施进行调试前，公开调试的起止日期；

（三）验收报告编制完成后 5 个工作日内，公开验收报告，公示的期限不得少于 20 个工作日。

建设单位公开上述信息的同时，应当向所在地县级以上环境保护主管部门报送相关信息，并接受监督检查。

第十二条 除需要取得排污许可证的水和大气污染防治设施外，其他环境保护设施的验收期限一般不超过 3 个月；需要对该类环境保护设施进行调试或者整改的，验收期限可以适当延期，但最长不超过 12 个月。

验收期限是指自建设项目环境保护设施竣工之日起至建设单位向社会公开验收报告之日止的时间。

第十三条 验收报告公示期满后 5 个工作日内，建设单位应当登录全国建设项目竣工环境保护验收信息平台，填报建设项目基本信息、环境保护设施验收情况等相关信息，环境保护主管部门对上述信息予以公开。

建设单位应当将验收报告以及其他档案资料存档备查。"

三、环境影响评价相关法律法规

（一）《中华人民共和国大气污染防治法》

（1）了解大气污染防治标准和限期达标规划的有关规定

"第八条 国务院生态环境主管部门或者省、自治区、直辖市人民政府制定大气环境质量标准，应当以保障公众健康和保护生态环境为宗旨，与经济社会发展相适应，做到科学合理。

第九条 国务院生态环境主管部门或者省、自治区、直辖市人民政府制定大气污染物排放标准，应当以大气环境质量标准和国家经济、技术条件为依据。

第十条 制定大气环境质量标准、大气污染物排放标准，应当组织专家进行审查和论证，并征求有关部门、行业协会、企业事业单位和公众等方面的意见。

第十一条 省级以上人民政府生态环境主管部门应当在其网站上公布大气环境质量标准、大气污染物排放标准，供公众免费查阅、下载。

第十二条 大气环境质量标准、大气污染物排放标准的执行情况应当定期进行评估，根据评估结果对标准适时进行修订。

第十三条　制定燃煤、石油焦、生物质燃料、涂料等含挥发性有机物的产品、烟花爆竹以及锅炉等产品的质量标准，应当明确大气环境保护要求。

制定燃油质量标准，应当符合国家大气污染物控制要求，并与国家机动车船、非道路移动机械大气污染物排放标准相互衔接，同步实施。

前款所称非道路移动机械，是指装配有发动机的移动机械和可运输工业设备。

第十四条　未达到国家大气环境质量标准城市的人民政府应当及时编制大气环境质量限期达标规划，采取措施，按照国务院或者省级人民政府规定的期限达到大气环境质量标准。

编制城市大气环境质量限期达标规划，应当征求有关行业协会、企业事业单位、专家和公众等方面的意见。

第十五条　城市大气环境质量限期达标规划应当向社会公开。直辖市和设区的市的大气环境质量限期达标规划应当报国务院生态环境主管部门备案。

第十六条　城市人民政府每年在向本级人民代表大会或者其常务委员会报告环境状况和环境保护目标完成情况时，应当报告大气环境质量限期达标规划执行情况，并向社会公开。

第十七条　城市大气环境质量限期达标规划应当根据大气污染防治的要求和经济、技术条件适时进行评估、修订。"

（2）熟悉大气环境质量监测和污染源监测的有关规定

"第二十三条　国务院生态环境主管部门负责制定大气环境质量和大气污染源的监测和评价规范，组织建设与管理全国大气环境质量和大气污染源监测网，组织开展大气环境质量和大气污染源监测，统一发布全国大气环境质量状况信息。

县级以上地方人民政府生态环境主管部门负责组织建设与管理本行政区域大气环境质量和大气污染源监测网，开展大气环境质量和大气污染源监测，统一发布本行政区域大气环境质量状况信息。

第二十四条　企业事业单位和其他生产经营者应当按照国家有关规定和监测规范，对其排放的工业废气和本法第七十八条规定名录中所列有毒有害大气污染物进行监测，并保存原始监测记录。其中，重点排污单位应当安装、使用大气污染物排放自动监测设备，与生态环境主管部门的监控设备联网，保证监测设备正常运行并依法公开排放信息。监测的具体办法和重点排污单位的条件由国务院生态环境主管部门规定。

重点排污单位名录由设区的市级以上地方人民政府生态环境主管部门按照

国务院生态环境主管部门的规定，根据本行政区域的大气环境承载力、重点大气污染物排放总量控制指标的要求以及排污单位排放大气污染物的种类、数量和浓度等因素，商有关部门确定，并向社会公布。

第二十五条　重点排污单位应当对自动监测数据的真实性和准确性负责。生态环境主管部门发现重点排污单位的大气污染物排放自动监测设备传输数据异常，应当及时进行调查。

第二十六条　禁止侵占、损毁或者擅自移动、改变大气环境质量监测设施和大气污染物排放自动监测设备。"

（3）掌握燃煤和其他能源污染防治的有关规定

"第三十二条　国务院有关部门和地方各级人民政府应当采取措施，调整能源结构，推广清洁能源的生产和使用；优化煤炭使用方式，推广煤炭清洁高效利用，逐步降低煤炭在一次能源消费中的比重，减少煤炭生产、使用、转化过程中的大气污染物排放。

第三十三条　国家推行煤炭洗选加工，降低煤炭的硫分和灰分，限制高硫分、高灰分煤炭的开采。新建煤矿应当同步建设配套的煤炭洗选设施，使煤炭的硫分、灰分含量达到规定标准；已建成的煤矿除所采煤炭属于低硫分、低灰分或者根据已达标排放的燃煤电厂要求不需要洗选的以外，应当限期建成配套的煤炭洗选设施。

禁止开采含放射性和砷等有毒有害物质超过规定标准的煤炭。

第三十四条　国家采取有利于煤炭清洁高效利用的经济、技术政策和措施，鼓励和支持洁净煤技术的开发和推广。

国家鼓励煤矿企业等采用合理、可行的技术措施，对煤层气进行开采利用，对煤矸石进行综合利用。从事煤层气开采利用的，煤层气排放应当符合有关标准规范。

第三十五条　国家禁止进口、销售和燃用不符合质量标准的煤炭，鼓励燃用优质煤炭。

单位存放煤炭、煤矸石、煤渣、煤灰等物料，应当采取防燃措施，防止大气污染。

第三十六条　地方各级人民政府应当采取措施，加强民用散煤的管理，禁止销售不符合民用散煤质量标准的煤炭，鼓励居民燃用优质煤炭和洁净型煤，推广节能环保型炉灶。

第三十七条　石油炼制企业应当按照燃油质量标准生产燃油。

禁止进口、销售和燃用不符合质量标准的石油焦。

第三十八条　城市人民政府可以划定并公布高污染燃料禁燃区，并根据大气环境质量改善要求，逐步扩大高污染燃料禁燃区范围。高污染燃料的目录由国务院生态环境主管部门确定。

在禁燃区内，禁止销售、燃用高污染燃料；禁止新建、扩建燃用高污染燃料的设施，已建成的，应当在城市人民政府规定的期限内改用天然气、页岩气、液化石油气、电或者其他清洁能源。

第三十九条　城市建设应当统筹规划，在燃煤供热地区，推进热电联产和集中供热。在集中供热管网覆盖地区，禁止新建、扩建分散燃煤供热锅炉；已建成的不能达标排放的燃煤供热锅炉，应当在城市人民政府规定的期限内拆除。

第四十条　县级以上人民政府市场监督管理部门应当会同生态环境主管部门对锅炉生产、进口、销售和使用环节执行环境保护标准或者要求的情况进行监督检查；不符合环境保护标准或者要求的，不得生产、进口、销售和使用。

第四十一条　燃煤电厂和其他燃煤单位应当采用清洁生产工艺，配套建设除尘、脱硫、脱硝等装置，或者采取技术改造等其他控制大气污染物排放的措施。

国家鼓励燃煤单位采用先进的除尘、脱硫、脱硝、脱汞等大气污染物协同控制的技术和装置，减少大气污染物的排放。

第四十二条　电力调度应当优先安排清洁能源发电上网。"

（4）掌握工业污染防治的有关规定

"第四十三条　钢铁、建材、有色金属、石油、化工等企业生产过程中排放粉尘、硫化物和氮氧化物的，应当采用清洁生产工艺，配套建设除尘、脱硫、脱硝等装置，或者采取技术改造等其他控制大气污染物排放的措施。

第四十四条　生产、进口、销售和使用含挥发性有机物的原材料和产品的，其挥发性有机物含量应当符合质量标准或者要求。

国家鼓励生产、进口、销售和使用低毒、低挥发性有机溶剂。

第四十五条　产生含挥发性有机物废气的生产和服务活动，应当在密闭空间或者设备中进行，并按照规定安装、使用污染防治设施；无法密闭的，应当采取措施减少废气排放。

第四十六条　工业涂装企业应当使用低挥发性有机物含量的涂料，并建立台账，记录生产原料、辅料的使用量、废弃量、去向以及挥发性有机物含量。台账保存期限不得少于三年。

第四十七条　石油、化工以及其他生产和使用有机溶剂的企业，应当采取措施对管道、设备进行日常维护、维修，减少物料泄漏，对泄漏的物料应当及时收集处理。

储油储气库、加油加气站、原油成品油码头、原油成品油运输船舶和油罐车、气罐车等，应当按照国家有关规定安装油气回收装置并保持正常使用。

第四十八条　钢铁、建材、有色金属、石油、化工、制药、矿产开采等企业，应当加强精细化管理，采取集中收集处理等措施，严格控制粉尘和气态污染物的排放。

工业生产企业应当采取密闭、围挡、遮盖、清扫、洒水等措施，减少内部物料的堆存、传输、装卸等环节产生的粉尘和气态污染物的排放。

第四十九条　工业生产、垃圾填埋或者其他活动产生的可燃性气体应当回收利用，不具备回收利用条件的，应当进行污染防治处理。

可燃性气体回收利用装置不能正常作业的，应当及时修复或者更新。在回收利用装置不能正常作业期间确需排放可燃性气体的，应当将排放的可燃性气体充分燃烧或者采取其他控制大气污染物排放的措施，并向当地生态环境主管部门报告，按照要求限期修复或者更新。"

（5）熟悉扬尘污染防治的有关规定

"第六十八条　地方各级人民政府应当加强对建设施工和运输的管理，保持道路清洁，控制料堆和渣土堆放，扩大绿地、水面、湿地和地面铺装面积，防治扬尘污染。

住房城乡建设、市容环境卫生、交通运输、国土资源等有关部门，应当根据本级人民政府确定的职责，做好扬尘污染防治工作。

第六十九条　建设单位应当将防治扬尘污染的费用列入工程造价，并在施工承包合同中明确施工单位扬尘污染防治责任。施工单位应当制定具体的施工扬尘污染防治实施方案。

从事房屋建筑、市政基础设施建设、河道整治以及建筑物拆除等施工单位，应当向负责监督管理扬尘污染防治的主管部门备案。

施工单位应当在施工工地设置硬质围挡，并采取覆盖、分段作业、择时施工、洒水抑尘、冲洗地面和车辆等有效防尘降尘措施。建筑土方、工程渣土、建筑垃圾应当及时清运；在场地内堆存的，应当采用密闭式防尘网遮盖。工程渣土、建筑垃圾应当进行资源化处理。

施工单位应当在施工工地公示扬尘污染防治措施、负责人、扬尘监督管理主管部门等信息。

暂时不能开工的建设用地，建设单位应当对裸露地面进行覆盖；超过三个月的，应当进行绿化、铺装或者遮盖。

第七十条　运输煤炭、垃圾、渣土、砂石、土方、灰浆等散装、流体物料的车辆应当采取密闭或者其他措施防止物料遗撒造成扬尘污染，并按照规定路线行驶。

装卸物料应当采取密闭或者喷淋等方式防治扬尘污染。

城市人民政府应当加强道路、广场、停车场和其他公共场所的清扫保洁管理，推行清洁动力机械化清扫等低尘作业方式，防治扬尘污染。

第七十一条　市政河道以及河道沿线、公共用地的裸露地面以及其他城镇裸露地面，有关部门应当按照规划组织实施绿化或者透水铺装。

第七十二条　贮存煤炭、煤矸石、煤渣、煤灰、水泥、石灰、石膏、砂土等易产生扬尘的物料应当密闭；不能密闭的，应当设置不低于堆放物高度的严密围挡，并采取有效覆盖措施防治扬尘污染。

码头、矿山、填埋场和消纳场应当实施分区作业，并采取有效措施防治扬尘污染。"

（6）熟悉重污染天气应对的有关规定

"第九十三条　国家建立重污染天气监测预警体系。

国务院生态环境主管部门会同国务院气象主管机构等有关部门、国家大气污染防治重点区域内有关省、自治区、直辖市人民政府，建立重点区域重污染天气监测预警机制，统一预警分级标准。可能发生区域重污染天气的，应当及时向重点区域内有关省、自治区、直辖市人民政府通报。

省、自治区、直辖市、设区的市人民政府生态环境主管部门会同气象主管机构等有关部门建立本行政区域重污染天气监测预警机制。

第九十四条　县级以上地方人民政府应当将重污染天气应对纳入突发事件应急管理体系。

省、自治区、直辖市、设区的市人民政府以及可能发生重污染天气的县级人民政府，应当制定重污染天气应急预案，向上一级人民政府生态环境主管部门备案，并向社会公布。

第九十五条　省、自治区、直辖市、设区的市人民政府生态环境主管部门应当会同气象主管机构建立会商机制，进行大气环境质量预报。可能发生重污染天气的，应当及时向本级人民政府报告。省、自治区、直辖市、设区的市人民政府依据重污染天气预报信息，进行综合研判，确定预警等级并及时发出预警。预警等级根据情况变化及时调整。任何单位和个人不得擅自向社会发布重污染天气预报预警信息。

预警信息发布后，人民政府及其有关部门应当通过电视、广播、网络、短信等途径告知公众采取健康防护措施，指导公众出行和调整其他相关社会活动。

第九十六条　县级以上地方人民政府应当依据重污染天气的预警等级，及时启动应急预案，根据应急需要可以采取责令有关企业停产或者限产、限制部分机动车行驶、禁止燃放烟花爆竹、停止工地土石方作业和建筑物拆除施工、停止露天烧烤、停止幼儿园和学校组织的户外活动、组织开展人工影响天气作业等应急措施。

应急响应结束后，人民政府应当及时开展应急预案实施情况的评估，适时修改完善应急预案。

第九十七条　发生造成大气污染的突发环境事件，人民政府及其有关部门和相关企业事业单位，应当依照《中华人民共和国突发事件应对法》《中华人民共和国环境保护法》的规定，做好应急处置工作。生态环境主管部门应当及时对突发环境事件产生的大气污染物进行监测，并向社会公布监测信息。"

（7）熟悉持久性有机污染物、恶臭气体污染防治的有关规定

"第七十九条　向大气排放持久性有机污染物的企业事业单位和其他生产经营者以及废弃物焚烧设施的运营单位，应当按照国家有关规定，采取有利于减少持久性有机污染物排放的技术方法和工艺，配备有效的净化装置，实现达标排放。

第八十条　企业事业单位和其他生产经营者在生产经营活动中产生恶臭气体的，应当科学选址，设置合理的防护距离，并安装净化装置或者采取其他措施，防止排放恶臭气体。

第八十一条　排放油烟的餐饮服务业经营者应当安装油烟净化设施并保持正常使用，或者采取其他油烟净化措施，使油烟达标排放，并防止对附近居民的正常生活环境造成污染。

禁止在居民住宅楼、未配套设立专用烟道的商住综合楼以及商住综合楼内与居住层相邻的商业楼层内新建、改建、扩建产生油烟、异味、废气的餐饮服务项目。

任何单位和个人不得在当地人民政府禁止的区域内露天烧烤食品或者为露天烧烤食品提供场地。

第八十二条　禁止在人口集中地区和其他依法需要特殊保护的区域内焚烧沥青、油毡、橡胶、塑料、皮革、垃圾以及其他产生有毒有害烟尘和恶臭气体的物质。

禁止生产、销售和燃放不符合质量标准的烟花爆竹。任何单位和个人不得在城市人民政府禁止的时段和区域内燃放烟花爆竹。

第八十三条　国家鼓励和倡导文明、绿色祭祀。

火葬场应当设置除尘等污染防治设施并保持正常使用，防止影响周边环境。

第八十四条　从事服装干洗和机动车维修等服务活动的经营者，应当按照国家有关标准或者要求设置异味和废气处理装置等污染防治设施并保持正常使用，防止影响周边环境。"

（8）熟悉重点区域大气污染联合防治的有关规定

"**第八十六条**　国家建立重点区域大气污染联防联控机制,统筹协调重点区域内大气污染防治工作。国务院生态环境主管部门根据主体功能区划、区域大气环境质量状况和大气污染传输扩散规律,划定国家大气污染防治重点区域,报国务院批准。

重点区域内有关省、自治区、直辖市人民政府应当确定牵头的地方人民政府,定期召开联席会议,按照统一规划、统一标准、统一监测、统一的防治措施的要求,开展大气污染联合防治,落实大气污染防治目标责任。国务院生态环境主管部门应当加强指导、督促。

省、自治区、直辖市可以参照第一款规定划定本行政区域的大气污染防治重点区域。

第八十七条　国务院生态环境主管部门会同国务院有关部门、国家大气污染防治重点区域内有关省、自治区、直辖市人民政府,根据重点区域经济社会发展和大气环境承载力,制定重点区域大气污染联合防治行动计划,明确控制目标,优化区域经济布局,统筹交通管理,发展清洁能源,提出重点防治任务和措施,促进重点区域大气环境质量改善。

第八十八条　国务院经济综合主管部门会同国务院生态环境主管部门,结合国家大气污染防治重点区域产业发展实际和大气环境质量状况,进一步提高环境保护、能耗、安全、质量等要求。

重点区域内有关省、自治区、直辖市人民政府应当实施更严格的机动车大气污染物排放标准,统一在用机动车检验方法和排放限值,并配套供应合格的车用燃油。

第八十九条　编制可能对国家大气污染防治重点区域的大气环境造成严重污染的有关工业园区、开发区、区域产业和发展等规划,应当依法进行环境影响评价。规划编制机关应当与重点区域内有关省、自治区、直辖市人民政府或者有关部门会商。

重点区域内有关省、自治区、直辖市建设可能对相邻省、自治区、直辖市大气环境质量产生重大影响的项目,应当及时通报有关信息,进行会商。

会商意见及其采纳情况作为环境影响评价文件审查或者审批的重要依据。

第九十条　国家大气污染防治重点区域内新建、改建、扩建用煤项目的,应当实行煤炭的等量或者减量替代。

第九十一条　国务院生态环境主管部门应当组织建立国家大气污染防治重点区域的大气环境质量监测、大气污染源监测等相关信息共享机制,利用监测、模拟以及卫星、航测、遥感等新技术分析重点区域内大气污染来源及其变化趋势，并向社会公开。

第九十二条 国务院生态环境主管部门和国家大气污染防治重点区域内有关省、自治区、直辖市人民政府可以组织有关部门开展联合执法、跨区域执法、交叉执法。"

（二）《中华人民共和国水污染防治法》

（1）了解该法的适用范围

"第二条 本法适用于中华人民共和国领域内的江河、湖泊、运河、渠道、水库等地表水体以及地下水体的污染防治。

海洋污染防治适用《中华人民共和国海洋环境保护法》。"

（2）熟悉水污染防治应当坚持的原则和监督管理的有关规定

"第三条 水污染防治应当坚持预防为主、防治结合、综合治理的原则，优先保护饮用水水源，严格控制工业污染、城镇生活污染，防治农业面源污染，积极推进生态治理工程建设，预防、控制和减少水环境污染和生态破坏。

第四条 县级以上人民政府应当将水环境保护工作纳入国民经济和社会发展规划。

地方各级人民政府对本行政区域的水环境质量负责，应当及时采取措施防治水污染。

第五条 省、市、县、乡建立河长制，分级分段组织领导本行政区域内江河、湖泊的水资源保护、水域岸线管理、水污染防治、水环境治理等工作。"

"第九条 县级以上人民政府环境保护主管部门对水污染防治实施统一监督管理。

交通主管部门的海事管理机构对船舶污染水域的防治实施监督管理。

县级以上人民政府水行政、国土资源、卫生、建设、农业、渔业等部门以及重要江河、湖泊的流域水资源保护机构，在各自的职责范围内，对有关水污染防治实施监督管理。"

（3）了解水环境质量标准和水污染物排放标准制定的有关规定

"第十二条 国务院环境保护主管部门制定国家水环境质量标准。

省、自治区、直辖市人民政府可以对国家水环境质量标准中未作规定的项目，制定地方标准，并报国务院环境保护主管部门备案。

第十三条 国务院环境保护主管部门会同国务院水行政主管部门和有关省、自治区、直辖市人民政府，可以根据国家确定的重要江河、湖泊流域水体的使用功能以及有关地区的经济、技术条件，确定该重要江河、湖泊流域的省界水体适用的水环境质量标准，报国务院批准后施行。

第十四条　国务院环境保护主管部门根据国家水环境质量标准和国家经济、技术条件，制定国家水污染物排放标准。

省、自治区、直辖市人民政府对国家水污染物排放标准中未作规定的项目，可以制定地方水污染物排放标准；对国家水污染物排放标准中已作规定的项目，可以制定严于国家水污染物排放标准的地方水污染物排放标准。地方水污染物排放标准须报国务院环境保护主管部门备案。

向已有地方水污染物排放标准的水体排放污染物的，应当执行地方水污染物排放标准。

第十五条　国务院环境保护主管部门和省、自治区、直辖市人民政府，应当根据水污染防治的要求和国家或者地方的经济、技术条件，适时修订水环境质量标准和水污染物排放标准。"

（4）熟悉向水体排放污染物的建设项目和其他水上设施环境影响评价的有关规定

"第十九条　新建、改建、扩建直接或者间接向水体排放污染物的建设项目和其他水上设施，应当依法进行环境影响评价。

建设单位在江河、湖泊新建、改建、扩建排污口的，应当取得水行政主管部门或者流域管理机构同意；涉及通航、渔业水域的，环境保护主管部门在审批环境影响评价文件时，应当征求交通、渔业主管部门的意见。

建设项目的水污染防治设施，应当与主体工程同时设计、同时施工、同时投入使用。水污染防治设施应当符合经批准或者备案的环境影响评价文件的要求。"

（5）掌握国家对重点水污染物排放实施总量控制制度的有关规定

"第二十条　国家对重点水污染物排放实施总量控制制度。

重点水污染物排放总量控制指标，由国务院环境保护主管部门在征求国务院有关部门和各省、自治区、直辖市人民政府意见后，会同国务院经济综合宏观调控部门报国务院批准并下达实施。

省、自治区、直辖市人民政府应当按照国务院的规定削减和控制本行政区域的重点水污染物排放总量。具体办法由国务院环境保护主管部门会同国务院有关部门规定。

省、自治区、直辖市人民政府可以根据本行政区域水环境质量状况和水污染防治工作的需要，对国家重点水污染物之外的其他水污染物排放实行总量控制。

对超过重点水污染物排放总量控制指标或者未完成水环境质量改善目标的地区，省级以上人民政府环境保护主管部门应当会同有关部门约谈该地区人民政府的主要负责人，并暂停审批新增重点水污染物排放总量的建设项目的环境影响评价文件。约谈情况应当向社会公开。"

（6）掌握排污口设置的有关规定

"第二十二条　向水体排放污染物的企业事业单位和其他生产经营者，应当按照法律、行政法规和国务院环境保护主管部门的规定设置排污口；在江河、湖泊设置排污口的，还应当遵守国务院水行政主管部门的规定。"

（7）掌握水污染防治措施的有关规定

"第四章　水污染防治措施

第一节　一般规定

第三十二条　国务院环境保护主管部门应当会同国务院卫生主管部门，根据对公众健康和生态环境的危害和影响程度，公布有毒有害水污染物名录，实行风险管理。

排放前款规定名录中所列有毒有害水污染物的企业事业单位和其他生产经营者，应当对排污口和周边环境进行监测，评估环境风险，排查环境安全隐患，并公开有毒有害水污染物信息，采取有效措施防范环境风险。

第三十三条　禁止向水体排放油类、酸液、碱液或者剧毒废液。

禁止在水体清洗装贮过油类或者有毒污染物的车辆和容器。

第三十四条　禁止向水体排放、倾倒放射性固体废物或者含有高放射性和中放射性物质的废水。

向水体排放含低放射性物质的废水，应当符合国家有关放射性污染防治的规定和标准。

第三十五条　向水体排放含热废水，应当采取措施，保证水体的水温符合水环境质量标准。

第三十六条　含病原体的污水应当经过消毒处理；符合国家有关标准后，方可排放。

第三十七条　禁止向水体排放、倾倒工业废渣、城镇垃圾和其他废弃物。

禁止将含有汞、镉、砷、铬、铅、氰化物、黄磷等的可溶性剧毒废渣向水体排放、倾倒或者直接埋入地下。

存放可溶性剧毒废渣的场所，应当采取防水、防渗漏、防流失的措施。

第三十八条　禁止在江河、湖泊、运河、渠道、水库最高水位线以下的滩地和岸坡堆放、存贮固体废弃物和其他污染物。

第三十九条　禁止利用渗井、渗坑、裂隙、溶洞，私设暗管，篡改、伪造监测数据，或者不正常运行水污染防治设施等逃避监管的方式排放水污染物。

第四十条　化学品生产企业以及工业集聚区、矿山开采区、尾矿库、危险废物处置场、垃圾填埋场等的运营、管理单位，应当采取防渗漏等措施，并建设地下水水质监测井进行监测，防止地下水污染。

加油站等的地下油罐应当使用双层罐或者采取建造防渗池等其他有效措施，并进行防渗漏监测，防止地下水污染。

禁止利用无防渗漏措施的沟渠、坑塘等输送或者存贮含有毒污染物的废水、含病原体的污水和其他废弃物。

第四十一条　多层地下水的含水层水质差异大的，应当分层开采；对已受污染的潜水和承压水，不得混合开采。

第四十二条　兴建地下工程设施或者进行地下勘探、采矿等活动，应当采取防护性措施，防止地下水污染。

报废矿井、钻井或者取水井等，应当实施封井或者回填。

第四十三条　人工回灌补给地下水，不得恶化地下水质。

第二节　工业水污染防治

第四十四条　国务院有关部门和县级以上地方人民政府应当合理规划工业布局，要求造成水污染的企业进行技术改造，采取综合防治措施，提高水的重复利用率，减少废水和污染物排放量。

第四十五条　排放工业废水的企业应当采取有效措施，收集和处理产生的全部废水，防止污染环境。含有毒有害水污染物的工业废水应当分类收集和处理，不得稀释排放。

工业集聚区应当配套建设相应的污水集中处理设施，安装自动监测设备，与环境保护主管部门的监控设备联网，并保证监测设备正常运行。

向污水集中处理设施排放工业废水的，应当按照国家有关规定进行预处理，达到集中处理设施处理工艺要求后方可排放。

第四十六条　国家对严重污染水环境的落后工艺和设备实行淘汰制度。

国务院经济综合宏观调控部门会同国务院有关部门，公布限期禁止采用的严重污染水环境的工艺名录和限期禁止生产、销售、进口、使用的严重污染水环境的设备名录。

生产者、销售者、进口者或者使用者应当在规定的期限内停止生产、销售、进口或者使用列入前款规定的设备名录中的设备。工艺的采用者应当在规定的期限内停止采用列入前款规定的工艺名录中的工艺。

依照本条第二款、第三款规定被淘汰的设备，不得转让给他人使用。

第四十七条　国家禁止新建不符合国家产业政策的小型造纸、制革、印染、染料、炼焦、炼硫、炼砷、炼汞、炼油、电镀、农药、石棉、水泥、玻璃、钢铁、火电以及其他严重污染水环境的生产项目。

第四十八条　企业应当采用原材料利用效率高、污染物排放量少的清洁工艺，并加强管理，减少水污染物的产生。

第三节　城镇水污染防治

第四十九条　城镇污水应当集中处理。

县级以上地方人民政府应当通过财政预算和其他渠道筹集资金，统筹安排建设城镇污水集中处理设施及配套管网，提高本行政区域城镇污水的收集率和处理率。

国务院建设主管部门应当会同国务院经济综合宏观调控、环境保护主管部门，根据城乡规划和水污染防治规划，组织编制全国城镇污水处理设施建设规划。县级以上地方人民政府组织建设、经济综合宏观调控、环境保护、水行政等部门编制本行政区域的城镇污水处理设施建设规划。县级以上地方人民政府建设主管部门应当按照城镇污水处理设施建设规划，组织建设城镇污水集中处理设施及配套管网，并加强对城镇污水集中处理设施运营的监督管理。

城镇污水集中处理设施的运营单位按照国家规定向排污者提供污水处理的有偿服务，收取污水处理费用，保证污水集中处理设施的正常运行。收取的污水处理费用应当用于城镇污水集中处理设施的建设运行和污泥处理处置，不得挪作他用。

城镇污水集中处理设施的污水处理收费、管理以及使用的具体办法，由国务院规定。

第五十条　向城镇污水集中处理设施排放水污染物，应当符合国家或者地方规定的水污染物排放标准。

城镇污水集中处理设施的运营单位，应当对城镇污水集中处理设施的出水水质负责。

环境保护主管部门应当对城镇污水集中处理设施的出水水质和水量进行监督检查。

第五十一条　城镇污水集中处理设施的运营单位或者污泥处理处置单位应当安全处理处置污泥，保证处理处置后的污泥符合国家标准，并对污泥的去向等进行记录。

第四节　农业和农村水污染防治

第五十二条　国家支持农村污水、垃圾处理设施的建设，推进农村污水、垃圾集中处理。

地方各级人民政府应当统筹规划建设农村污水、垃圾处理设施，并保障其正常运行。

第五十三条　制定化肥、农药等产品的质量标准和使用标准，应当适应水环境保护要求。

第五十四条　使用农药,应当符合国家有关农药安全使用的规定和标准。

运输、存贮农药和处置过期失效农药,应当加强管理,防止造成水污染。

第五十五条　县级以上地方人民政府农业主管部门和其他有关部门,应当采取措施,指导农业生产者科学、合理地施用化肥和农药,推广测土配方施肥技术和高效低毒低残留农药,控制化肥和农药的过量使用,防止造成水污染。

第五十六条　国家支持畜禽养殖场、养殖小区建设畜禽粪便、废水的综合利用或者无害化处理设施。

畜禽养殖场、养殖小区应当保证其畜禽粪便、废水的综合利用或者无害化处理设施正常运转,保证污水达标排放,防止污染水环境。

畜禽散养密集区所在地县、乡级人民政府应当组织对畜禽粪便污水进行分户收集、集中处理利用。

第五十七条　从事水产养殖应当保护水域生态环境,科学确定养殖密度,合理投饵和使用药物,防止污染水环境。

第五十八条　农田灌溉用水应当符合相应的水质标准,防止污染土壤、地下水和农产品。

禁止向农田灌溉渠道排放工业废水或者医疗污水。向农田灌溉渠道排放城镇污水以及未综合利用的畜禽养殖废水、农产品加工废水的,应当保证其下游最近的灌溉取水点的水质符合农田灌溉水质标准。

第五节　船舶水污染防治

第五十九条　船舶排放含油污水、生活污水,应当符合船舶污染物排放标准。从事海洋航运的船舶进入内河和港口的,应当遵守内河的船舶污染物排放标准。

船舶的残油、废油应当回收,禁止排入水体。

禁止向水体倾倒船舶垃圾。

船舶装载运输油类或者有毒货物,应当采取防止溢流和渗漏的措施,防止货物落水造成水污染。

进入中华人民共和国内河的国际航线船舶排放压载水的,应当采用压载水处理装置或者采取其他等效措施,对压载水进行灭活等处理。禁止排放不符合规定的船舶压载水。

第六十条　船舶应当按照国家有关规定配置相应的防污设备和器材,并持有合法有效的防止水域环境污染的证书与文书。

船舶进行涉及污染物排放的作业,应当严格遵守操作规程,并在相应的记录簿上如实记载。

第六十一条　港口、码头、装卸站和船舶修造厂所在地市、县级人民政府应当统筹规划建设船舶污染物、废弃物的接收、转运及处理处置设施。

港口、码头、装卸站和船舶修造厂应当备有足够的船舶污染物、废弃物的接收设施。从事船舶污染物、废弃物接收作业，或者从事装载油类、污染危害性货物船舱清洗作业的单位，应当具备与其运营规模相适应的接收处理能力。

第六十二条　船舶及有关作业单位从事有污染风险的作业活动，应当按照有关法律法规和标准，采取有效措施，防止造成水污染。海事管理机构、渔业主管部门应当加强对船舶及有关作业活动的监督管理。

船舶进行散装液体污染危害性货物的过驳作业，应当编制作业方案，采取有效的安全和污染防治措施，并报作业地海事管理机构批准。

禁止采取冲滩方式进行船舶拆解作业。"

（8）掌握饮用水水源和其他特殊水体保护的有关规定

"第五章　饮用水水源和其他特殊水体保护

第六十三条　国家建立饮用水水源保护区制度。饮用水水源保护区分为一级保护区和二级保护区；必要时，可以在饮用水水源保护区外围划定一定的区域作为准保护区。

饮用水水源保护区的划定，由有关市、县人民政府提出划定方案，报省、自治区、直辖市人民政府批准；跨市、县饮用水水源保护区的划定，由有关市、县人民政府协商提出划定方案，报省、自治区、直辖市人民政府批准；协商不成的，由省、自治区、直辖市人民政府环境保护主管部门会同同级水行政、国土资源、卫生、建设等部门提出划定方案，征求同级有关部门的意见后，报省、自治区、直辖市人民政府批准。

跨省、自治区、直辖市的饮用水水源保护区，由有关省、自治区、直辖市人民政府商有关流域管理机构划定；协商不成的，由国务院环境保护主管部门会同同级水行政、国土资源、卫生、建设等部门提出划定方案，征求国务院有关部门的意见后，报国务院批准。

国务院和省、自治区、直辖市人民政府可以根据保护饮用水水源的实际需要，调整饮用水水源保护区的范围，确保饮用水安全。有关地方人民政府应当在饮用水水源保护区的边界设立明确的地理界标和明显的警示标志。

第六十四条　在饮用水水源保护区内，禁止设置排污口。

第六十五条　禁止在饮用水水源一级保护区内新建、改建、扩建与供水设施和保护水源无关的建设项目；已建成的与供水设施和保护水源无关的建设项目，由县级以上人民政府责令拆除或者关闭。

禁止在饮用水水源一级保护区内从事网箱养殖、旅游、游泳、垂钓或者其他可能污染饮用水水体的活动。

第六十六条　禁止在饮用水水源二级保护区内新建、改建、扩建排放污染物的建设项目；已建成的排放污染物的建设项目，由县级以上人民政府责令拆除或者关闭。

在饮用水水源二级保护区内从事网箱养殖、旅游等活动的，应当按照规定采取措施，防止污染饮用水水体。

第六十七条　禁止在饮用水水源准保护区内新建、扩建对水体污染严重的建设项目；改建建设项目，不得增加排污量。

第六十八条　县级以上地方人民政府应当根据保护饮用水水源的实际需要，在准保护区内采取工程措施或者建造湿地、水源涵养林等生态保护措施，防止水污染物直接排入饮用水水体，确保饮用水安全。

第六十九条　县级以上地方人民政府应当组织环境保护等部门，对饮用水水源保护区、地下水型饮用水源的补给区及供水单位周边区域的环境状况和污染风险进行调查评估，筛查可能存在的污染风险因素，并采取相应的风险防范措施。

饮用水水源受到污染可能威胁供水安全的，环境保护主管部门应当责令有关企业事业单位和其他生产经营者采取停止排放水污染物等措施，并通报饮用水供水单位和供水、卫生、水行政等部门；跨行政区域的，还应当通报相关地方人民政府。

第七十条　单一水源供水城市的人民政府应当建设应急水源或者备用水源，有条件的地区可以开展区域联网供水。

县级以上地方人民政府应当合理安排、布局农村饮用水水源，有条件的地区可以采取城镇供水管网延伸或者建设跨村、跨乡镇联片集中供水工程等方式，发展规模集中供水。

第七十一条　饮用水供水单位应当做好取水口和出水口的水质检测工作。发现取水口水质不符合饮用水水源水质标准或者出水口水质不符合饮用水卫生标准的，应当及时采取相应措施，并向所在地市、县级人民政府供水主管部门报告。供水主管部门接到报告后，应当通报环境保护、卫生、水行政等部门。

饮用水供水单位应当对供水水质负责，确保供水设施安全可靠运行，保证供水水质符合国家有关标准。

第七十二条　县级以上地方人民政府应当组织有关部门监测、评估本行政区域内饮用水水源、供水单位供水和用户水龙头出水的水质等饮用水安全状况。

县级以上地方人民政府有关部门应当至少每季度向社会公开一次饮用水安全状况信息。

第七十三条　国务院和省、自治区、直辖市人民政府根据水环境保护的需要，可以规定在饮用水水源保护区内，采取禁止或者限制使用含磷洗涤剂、化肥、农药以及限制种植养殖等措施。

第七十四条　县级以上人民政府可以对风景名胜区水体、重要渔业水体和其他具有特殊经济文化价值的水体划定保护区，并采取措施，保证保护区的水质符合规定用途的水环境质量标准。

第七十五条　在风景名胜区水体、重要渔业水体和其他具有特殊经济文化价值的水体的保护区内，不得新建排污口。在保护区附近新建排污口，应当保证保护区水体不受污染。"

（三）《中华人民共和国海洋环境保护法》

（1）了解海洋环境保护应当坚持的原则

"第三条　海洋环境保护应当坚持保护优先、预防为主、源头防控、陆海统筹、综合治理、公众参与、损害担责的原则。"

（2）熟悉海洋生态保护的有关规定

"第十三条　国家优先将生态功能极重要、生态极敏感脆弱的海域划入生态保护红线，实行严格保护。

开发利用海洋资源或者从事影响海洋环境的建设活动，应当根据国土空间规划科学合理布局，严格遵守国土空间用途管制要求，严守生态保护红线，不得造成海洋生态环境的损害。沿海地方各级人民政府应当根据国土空间规划，保护和科学合理地使用海域。沿海省、自治区、直辖市人民政府应当加强对生态保护红线内人为活动的监督管理，定期评估保护成效。

国务院有关部门、沿海设区的市级以上地方人民政府及其有关部门，对其组织编制的国土空间规划和相关规划，应当依法进行包括海洋环境保护内容在内的环境影响评价。"

"第三章　海洋生态保护

第三十三条　国家加强海洋生态保护，提升海洋生态系统质量和多样性、稳定性、持续性。

国务院和沿海地方各级人民政府应当采取有效措施，重点保护红树林、珊瑚礁、海藻场、海草床、滨海湿地、海岛、海湾、入海河口、重要渔业水域等具有典型性、代表性的海洋生态系统，珍稀濒危海洋生物的天然集中分布区，具有重要经济价值的海洋生物生存区域及有重大科学文化价值的海洋自然遗迹和自然景观。

第三十四条　国务院和沿海省、自治区、直辖市人民政府及其有关部门根据保护海洋的需要，依法将重要的海洋生态系统、珍稀濒危海洋生物的天然集中分布区、海洋自然遗迹和自然景观集中分布区等区域纳入国家公园、自然保护区或者自然公园等自然保护地。

第三十五条　国家建立健全海洋生态保护补偿制度。

国务院和沿海省、自治区、直辖市人民政府应当通过转移支付、产业扶持等方式支持开展海洋生态保护补偿。

沿海地方各级人民政府应当落实海洋生态保护补偿资金，确保其用于海洋生态保护补偿。

第三十六条　国家加强海洋生物多样性保护，健全海洋生物多样性调查、监测、评估和保护体系，维护和修复重要海洋生态廊道，防止对海洋生物多样性的破坏。

开发利用海洋和海岸带资源，应当对重要海洋生态系统、生物物种、生物遗传资源实施有效保护，维护海洋生物多样性。

引进海洋动植物物种，应当进行科学论证，避免对海洋生态系统造成危害。

第三十七条　国家鼓励科学开展水生生物增殖放流，支持科学规划，因地制宜采取投放人工鱼礁和种植海藻场、海草床、珊瑚等措施，恢复海洋生物多样性，修复改善海洋生态。

第三十八条　开发海岛及周围海域的资源，应当采取严格的生态保护措施，不得造成海岛地形、岸滩、植被和海岛周围海域生态环境的损害。

第三十九条　国家严格保护自然岸线，建立健全自然岸线控制制度。沿海省、自治区、直辖市人民政府负责划定严格保护岸线的范围并发布。

沿海地方各级人民政府应当加强海岸线分类保护与利用，保护修复自然岸线，促进人工岸线生态化，维护岸线岸滩稳定平衡，因地制宜、科学合理划定海岸建筑退缩线。

禁止违法占用、损害自然岸线。

第四十条　国务院水行政主管部门确定重要入海河流的生态流量管控指标，应当征求并研究国务院生态环境、自然资源等部门的意见。确定生态流量管控指标，应当进行科学论证，综合考虑水资源条件、气候状况、生态环境保护要求、生活生产用水状况等因素。

入海河口所在地县级以上地方人民政府及其有关部门按照河海联动的要求，制定实施河口生态修复和其他保护措施方案，加强对水、沙、盐、潮滩、生物种群、河口形态的综合监测，采取有效措施防止海水入侵和倒灌，维护河口良好生态功能。

第四十一条　沿海地方各级人民政府应当结合当地自然环境的特点，建设海岸防护设施、沿海防护林、沿海城镇园林和绿地，对海岸侵蚀和海水入侵地区进行综合治理。

禁止毁坏海岸防护设施、沿海防护林、沿海城镇园林和绿地。

第四十二条　对遭到破坏的具有重要生态、经济、社会价值的海洋生态系统，应当进行修复。海洋生态修复应当以改善生境、恢复生物多样性和生态系统基本功能为重点，以自然恢复为主、人工修复为辅，并优先修复具有典型性、代表性的海洋生态系统。

国务院自然资源主管部门负责统筹海洋生态修复，牵头组织编制海洋生态修复规划并实施有关海洋生态修复重大工程。编制海洋生态修复规划，应当进行科学论证评估。

国务院自然资源、生态环境等部门应当按照职责分工开展修复成效监督评估。

第四十三条　国务院自然资源主管部门负责开展全国海洋生态灾害预防、风险评估和隐患排查治理。

沿海县级以上地方人民政府负责其管理海域的海洋生态灾害应对工作，采取必要的灾害预防、处置和灾后恢复措施，防止和减轻灾害影响。

企业事业单位和其他生产经营者应当采取必要应对措施，防止海洋生态灾害扩大。

第四十四条　国家鼓励发展生态渔业，推广多种生态渔业生产方式，改善海洋生态状况，保护海洋环境。

沿海县级以上地方人民政府应当因地制宜编制并组织实施养殖水域滩涂规划，确定可以用于养殖业的水域和滩涂，科学划定海水养殖禁养区、限养区和养殖区，建立禁养区内海水养殖的清理和退出机制。

第四十五条　从事海水养殖活动应当保护海域环境，科学确定养殖规模和养殖密度，合理投饵、投肥，正确使用药物，及时规范收集处理固体废物，防止造成海洋生态环境的损害。

禁止在氮磷浓度严重超标的近岸海域新增或者扩大投饵、投肥海水养殖规模。

向海洋排放养殖尾水污染物等应当符合污染物排放标准。沿海省、自治区、直辖市人民政府应当制定海水养殖污染物排放相关地方标准，加强养殖尾水污染防治的监督管理。

工厂化养殖和设置统一排污口的集中连片养殖的排污单位，应当按照有关规定对养殖尾水自行监测。"

（3）掌握陆源污染物污染防治的有关规定

"第四章　陆源污染物污染防治

第四十六条 向海域排放陆源污染物，应当严格执行国家或者地方规定的标准和有关规定。

第四十七条 入海排污口位置的选择，应当符合国土空间用途管制要求，根据海水动力条件和有关规定，经科学论证后，报设区的市级以上人民政府生态环境主管部门备案。排污口的责任主体应当加强排污口监测，按照规定开展监控和自动监测。

生态环境主管部门应当在完成备案后十五个工作日内将入海排污口设置情况通报自然资源、渔业等部门和海事管理机构、海警机构、军队生态环境保护部门。

沿海县级以上地方人民政府应当根据排污口类别、责任主体，组织有关部门对本行政区域内各类入海排污口进行排查整治和日常监督管理，建立健全近岸水体、入海排污口、排污管线、污染源全链条治理体系。

国务院生态环境主管部门负责制定入海排污口设置和管理的具体办法，制定入海排污口技术规范，组织建设统一的入海排污口信息平台，加强动态更新、信息共享和公开。

第四十八条 禁止在自然保护地、重要渔业水域、海水浴场、生态保护红线区域及其他需要特别保护的区域，新设工业排污口和城镇污水处理厂排污口；法律、行政法规另有规定的除外。

在有条件的地区，应当将排污口深水设置，实行离岸排放。

第四十九条 经开放式沟（渠）向海洋排放污染物的，对开放式沟（渠）按照国家和地方的有关规定、标准实施水环境质量管理。

第五十条 国务院有关部门和县级以上地方人民政府及其有关部门应当依照水污染防治有关法律、行政法规的规定，加强入海河流管理，协同推进入海河流污染防治，使入海河口的水质符合入海河口环境质量相关要求。

入海河流流域省、自治区、直辖市人民政府应当按照国家有关规定，加强入海总氮、总磷排放的管控，制定控制方案并组织实施。

第五十一条 禁止向海域排放油类、酸液、碱液、剧毒废液。

禁止向海域排放污染海洋环境、破坏海洋生态的放射性废水。

严格控制向海域排放含有不易降解的有机物和重金属的废水。

第五十二条 含病原体的医疗污水、生活污水和工业废水应当经过处理，符合国家和地方有关排放标准后，方可排入海域。

第五十三条 含有机物和营养物质的工业废水、生活污水，应当严格控制向海湾、半封闭海及其他自净能力较差的海域排放。

第五十四条 向海域排放含热废水，应当采取有效措施，保证邻近自然保护地、渔业水域的水温符合国家和地方海洋环境质量标准，避免热污染对珍稀濒危海洋生物、海洋水产资源造成危害。

第五十五条　沿海地方各级人民政府应当加强农业面源污染防治。沿海农田、林场施用化学农药，应当执行国家农药安全使用的规定和标准。沿海农田、林场应当合理使用化肥和植物生长调节剂。

第五十六条　在沿海陆域弃置、堆放和处理尾矿、矿渣、煤灰渣、垃圾和其他固体废物的，依照《中华人民共和国固体废物污染环境防治法》的有关规定执行，并采取有效措施防止固体废物进入海洋。

禁止在岸滩弃置、堆放和处理固体废物；法律、行政法规另有规定的除外。

第五十七条　沿海县级以上地方人民政府负责其管理海域的海洋垃圾污染防治，建立海洋垃圾监测、清理制度，统筹规划建设陆域接收、转运、处理海洋垃圾的设施，明确有关部门、乡镇、街道、企业事业单位等的海洋垃圾管控区域，建立海洋垃圾监测、拦截、收集、打捞、运输、处理体系并组织实施，采取有效措施鼓励、支持公众参与上述活动。国务院生态环境、住房和城乡建设、发展改革等部门应当按照职责分工加强海洋垃圾污染防治的监督指导和保障。

第五十八条　禁止经中华人民共和国内水、领海过境转移危险废物。

经中华人民共和国管辖的其他海域转移危险废物的，应当事先取得国务院生态环境主管部门的书面同意。

第五十九条　沿海县级以上地方人民政府应当建设和完善排水管网，根据改善海洋环境质量的需要建设城镇污水处理厂和其他污水处理设施，加强城乡污水处理。

建设污水海洋处置工程，应当符合国家有关规定。

第六十条　国家采取必要措施，防止、减少和控制来自大气层或者通过大气层造成的海洋环境污染损害。"

（4）掌握工程建设项目污染防治的有关规定

"第五章　工程建设项目污染防治

第六十一条　新建、改建、扩建工程建设项目，应当遵守国家有关建设项目环境保护管理的规定，并把污染防治和生态保护所需资金纳入建设项目投资计划。

禁止在依法划定的自然保护地、重要渔业水域及其他需要特别保护的区域，违法建设污染环境、破坏生态的工程建设项目或者从事其他活动。

第六十二条　工程建设项目应当按照国家有关建设项目环境影响评价的规定进行环境影响评价。未依法进行并通过环境影响评价的建设项目，不得开工建设。

环境保护设施应当与主体工程同时设计、同时施工、同时投产使用。环境保护设施应当符合经批准的环境影响评价报告书（表）的要求。建设单位应当依照有关法律法规的规定，对环境保护设施进行验收，编制验收报告，并向社会公开。环境保护设施未经验收或者经验收不合格的，建设项目不得投入生产或者使用。

第六十三条　禁止在沿海陆域新建不符合国家产业政策的化学制浆造纸、化工、印染、制革、电镀、酿造、炼油、岸边冲滩拆船及其他严重污染海洋环境的生产项目。

第六十四条　新建、改建、扩建工程建设项目，应当采取有效措施，保护国家和地方重点保护的野生动植物及其生存环境，保护海洋水产资源，避免或者减轻对海洋生物的影响。

禁止在严格保护岸线范围内开采海砂。依法在其他区域开发利用海砂资源，应当采取严格措施，保护海洋环境。载运海砂资源应当持有合法来源证明；海砂开采者应当为载运海砂的船舶提供合法来源证明。

从岸上打井开采海底矿产资源，应当采取有效措施，防止污染海洋环境。

第六十五条　工程建设项目不得使用含超标准放射性物质或者易溶出有毒有害物质的材料；不得造成领海基点及其周围环境的侵蚀、淤积和损害，不得危及领海基点的稳定。

第六十六条　工程建设项目需要爆破作业时，应当采取有效措施，保护海洋环境。

海洋石油勘探开发及输油过程中，应当采取有效措施，避免溢油事故的发生。

第六十七条　工程建设项目不得违法向海洋排放污染物、废弃物及其他有害物质。

海洋油气钻井平台（船）、生产生活平台、生产储卸装置等海洋油气装备的含油污水和油性混合物，应当经过处理达标后排放；残油、废油应当予以回收，不得排放入海。

钻井所使用的油基泥浆和其他有毒复合泥浆不得排放入海。水基泥浆和无毒复合泥浆及钻屑的排放，应当符合国家有关规定。

第六十八条　海洋油气钻井平台（船）、生产生活平台、生产储卸装置等海洋油气装备及其有关海上设施，不得向海域处置含油的工业固体废物。处置其他固体废物，不得造成海洋环境污染。

第六十九条　海上试油时，应当确保油气充分燃烧，油和油性混合物不得排放入海。

第七十条　勘探开发海洋油气资源，应当按照有关规定编制油气污染应急预案，报国务院生态环境主管部门海域派出机构备案。"

（5）了解废弃物倾倒污染防治的有关规定

"第六章　废弃物倾倒污染防治

第七十一条　任何个人和未经批准的单位，不得向中华人民共和国管辖海域倾倒任何废弃物。

需要倾倒废弃物的，产生废弃物的单位应当向国务院生态环境主管部门海域派出机构提出书面申请，并出具废弃物特性和成分检验报告，取得倾倒许可证后，方可倾倒。

国家鼓励疏浚物等废弃物的综合利用，避免或者减少海洋倾倒。

禁止中华人民共和国境外的废弃物在中华人民共和国管辖海域倾倒。

第七十二条　国务院生态环境主管部门根据废弃物的毒性、有毒物质含量和对海洋环境影响程度，制定海洋倾倒废弃物评价程序和标准。

可以向海洋倾倒的废弃物名录，由国务院生态环境主管部门制定。

第七十三条　国务院生态环境主管部门会同国务院自然资源主管部门编制全国海洋倾倒区规划，并征求国务院交通运输、渔业等部门和海警机构的意见，报国务院批准。

国务院生态环境主管部门根据全国海洋倾倒区规划，按照科学、合理、经济、安全的原则及时选划海洋倾倒区，征求国务院交通运输、渔业等部门和海警机构的意见，并向社会公告。

第七十四条　国务院生态环境主管部门组织开展海洋倾倒区使用状况评估，根据评估结果予以调整、暂停使用或者封闭海洋倾倒区。

海洋倾倒区的调整、暂停使用和封闭情况，应当通报国务院有关部门、海警机构并向社会公布。

第七十五条　获准和实施倾倒废弃物的单位，应当按照许可证注明的期限及条件，到指定的区域进行倾倒。倾倒作业船舶等载运工具应当安装使用符合要求的海洋倾倒在线监控设备，并与国务院生态环境主管部门监管系统联网。

第七十六条　获准和实施倾倒废弃物的单位，应当按照规定向颁发许可证的国务院生态环境主管部门海域派出机构报告倾倒情况。倾倒废弃物的船舶应当向驶出港的海事管理机构、海警机构作出报告。

第七十七条　禁止在海上焚烧废弃物。

禁止在海上处置污染海洋环境、破坏海洋生态的放射性废物或者其他放射性物质。

第七十八条　获准倾倒废弃物的单位委托实施废弃物海洋倾倒作业的，应当对受托单位的主体资格、技术能力和信用状况进行核实，依法签订书面合同，在合同中约定污染防治与生态保护要求，并监督实施。

受托单位实施废弃物海洋倾倒作业，应当依照有关法律法规的规定和合同约定，履行污染防治和生态保护要求。

获准倾倒废弃物的单位违反本条第一款规定的，除依照有关法律法规的规定予以处罚外，还应当与造成环境污染、生态破坏的受托单位承担连带责任。"

（6）了解船舶及有关作业活动污染防治的有关规定

"第七章　船舶及有关作业活动污染防治

第七十九条　在中华人民共和国管辖海域，任何船舶及相关作业不得违法向海洋排放船舶垃圾、生活污水、含油污水、含有毒有害物质污水、废气等污染物，废弃物，压载水和沉积物及其他有害物质。

船舶应当按照国家有关规定采取有效措施，对压载水和沉积物进行处理处置，严格防控引入外来有害生物。

从事船舶污染物、废弃物接收和船舶清舱、洗舱作业活动的，应当具备相应的接收处理能力。

第八十条　船舶应当配备相应的防污设备和器材。

船舶的结构、配备的防污设备和器材应当符合国家防治船舶污染海洋环境的有关规定，并经检验合格。

船舶应当取得并持有防治海洋环境污染的证书与文书，在进行涉及船舶污染物、压载水和沉积物排放及操作时，应当按照有关规定监测、监控，如实记录并保存。

第八十一条　船舶应当遵守海上交通安全法律、法规的规定，防止因碰撞、触礁、搁浅、火灾或者爆炸等引起的海难事故，造成海洋环境的污染。

第八十二条　国家完善并实施船舶油污损害民事赔偿责任制度；按照船舶油污损害赔偿责任由船东和货主共同承担风险的原则，完善并实施船舶油污保险、油污损害赔偿基金制度，具体办法由国务院规定。

第八十三条　载运具有污染危害性货物进出港口的船舶，其承运人、货物所有人或者代理人，应当事先向海事管理机构申报。经批准后，方可进出港口或者装卸作业。

第八十四条　交付船舶载运污染危害性货物的，托运人应当将货物的正式名称、污染危害性以及应当采取的防护措施如实告知承运人。污染危害性货物的单证、包装、标志、数量限制等，应当符合对所交付货物的有关规定。

需要船舶载运污染危害性不明的货物，应当按照有关规定事先进行评估。

装卸油类及有毒有害货物的作业，船岸双方应当遵守安全防污操作规程。

第八十五条　港口、码头、装卸站和船舶修造拆解单位所在地县级以上地方人民政府应当统筹规划建设船舶污染物等的接收、转运、处理处置设施，建立相应的接收、转运、处理处置多部门联合监管制度。

沿海县级以上地方人民政府负责对其管理海域的渔港和渔业船舶停泊点及周边区域污染防治的监督管理，规范生产生活污水和渔业垃圾回收处置，推进污染防治设备建设和环境清理整治。

港口、码头、装卸站和船舶修造拆解单位应当按照有关规定配备足够的用于处理船舶污染物、废弃物的接收设施，使该设施处于良好状态并有效运行。

装卸油类等污染危害性货物的港口、码头、装卸站和船舶应当编制污染应急预案，并配备相应的污染应急设备和器材。

第八十六条　国家海事管理机构组织制定中国籍船舶禁止或者限制安装和使用的有害材料名录。

船舶修造单位或者船舶所有人、经营人或者管理人应当在船上备有有害材料清单，在船舶建造、营运和维修过程中持续更新，并在船舶拆解前提供给从事船舶拆解的单位。

第八十七条　从事船舶拆解的单位，应当采取有效的污染防治措施，在船舶拆解前将船舶污染物减至最小量，对拆解产生的船舶污染物、废弃物和其他有害物质进行安全与环境无害化处置。拆解的船舶部件不得进入水体。

禁止采取冲滩方式进行船舶拆解作业。

第八十八条　国家倡导绿色低碳智能航运，鼓励船舶使用新能源或者清洁能源，淘汰高耗能高排放老旧船舶，减少温室气体和大气污染物的排放。沿海县级以上地方人民政府应当制定港口岸电、船舶受电等设施建设和改造计划，并组织实施。港口岸电设施的供电能力应当与靠港船舶的用电需求相适应。

船舶应当按照国家有关规定采取有效措施提高能效水平。具备岸电使用条件的船舶靠港应当按照国家有关规定使用岸电，但是使用清洁能源的除外。具备岸电供应能力的港口经营人、岸电供电企业应当按照国家有关规定为具备岸电使用条件的船舶提供岸电。

国务院和沿海县级以上地方人民政府对港口岸电设施、船舶受电设施的改造和使用，清洁能源或者新能源动力船舶建造等按照规定给予支持。

第八十九条　船舶及有关作业活动应当遵守有关法律法规和标准，采取有效措施，防止造成海洋环境污染。海事管理机构等应当加强对船舶及有关作业活动的监督管理。

船舶进行散装液体污染危害性货物的过驳作业，应当编制作业方案，采取有效的安全和污染防治措施，并事先按照有关规定报经批准。

第九十条　船舶发生海难事故，造成或者可能造成海洋环境重大污染损害的，国家海事管理机构有权强制采取避免或者减少污染损害的措施。

对在公海上因发生海难事故，造成中华人民共和国管辖海域重大污染损害后果或者具有污染威胁的船舶、海上设施，国家海事管理机构有权采取与实际的或者可能发生的损害相称的必要措施。

第九十一条　所有船舶均有监视海上污染的义务，在发现海上污染事件或者违反本法规定的行为时，应当立即向就近的依照本法规定行使海洋环境监督管理权的部门或者机构报告。

民用航空器发现海上排污或者污染事件，应当及时向就近的民用航空空中交通管制单位报告。接到报告的单位，应当立即向依照本法规定行使海洋环境监督管理权的部门或者机构通报。

第九十二条　国务院交通运输主管部门可以划定船舶污染物排放控制区。进入控制区的船舶应当符合船舶污染物排放相关控制要求。"

（四）《中华人民共和国噪声污染防治法》

（1）了解噪声、噪声污染、噪声排放、噪声敏感建筑物的定义

"第二条　本法所称噪声，是指在工业生产、建筑施工、交通运输和社会生活中产生的干扰周围生活环境的声音。

本法所称噪声污染，是指超过噪声排放标准或者未依法采取防控措施产生噪声，并干扰他人正常生活、工作和学习的现象。"

"第八十八条　本法中下列用语的含义：

（一）噪声排放，是指噪声源向周围生活环境辐射噪声；

（二）夜间，是指晚上十点至次日早晨六点之间的期间，设区的市级以上人民政府可以另行规定本行政区域夜间的起止时间，夜间时段长度为八小时；

（三）噪声敏感建筑物，是指用于居住、科学研究、医疗卫生、文化教育、机关团体办公、社会福利等需要保持安静的建筑物；

（四）交通干线，是指铁路、高速公路、一级公路、二级公路、城市快速路、城市主干路、城市次干路、城市轨道交通线路、内河高等级航道。"

（2）掌握噪声污染防治的原则

"第四条　噪声污染防治应当坚持统筹规划、源头防控、分类管理、社会共治、损害担责的原则。"

（3）掌握规划和建设布局中防止、减轻噪声污染的有关规定

"第十八条　各级人民政府及其有关部门制定、修改国土空间规划和相关规

划，应当依法进行环境影响评价，充分考虑城乡区域开发、改造和建设项目产生的噪声对周围生活环境的影响，统筹规划，合理安排土地用途和建设布局，防止、减轻噪声污染。有关环境影响篇章、说明或者报告书中应当包括噪声污染防治内容。

第十九条　确定建设布局，应当根据国家声环境质量标准和民用建筑隔声设计相关标准，合理划定建筑物与交通干线等的防噪声距离，并提出相应的规划设计要求。"

（4）掌握工业噪声污染防治的有关规定

"第三十四条　本法所称工业噪声，是指在工业生产活动中产生的干扰周围生活环境的声音。

第三十五条　工业企业选址应当符合国土空间规划以及相关规划要求，县级以上地方人民政府应当按照规划要求优化工业企业布局，防止工业噪声污染。

在噪声敏感建筑物集中区域，禁止新建排放噪声的工业企业，改建、扩建工业企业的，应当采取有效措施防止工业噪声污染。

第三十六条　排放工业噪声的企业事业单位和其他生产经营者，应当采取有效措施，减少振动、降低噪声，依法取得排污许可证或者填报排污登记表。

实行排污许可管理的单位，不得无排污许可证排放工业噪声，并应当按照排污许可证的要求进行噪声污染防治。

第三十七条　设区的市级以上地方人民政府生态环境主管部门应当按照国务院生态环境主管部门的规定，根据噪声排放、声环境质量改善要求等情况，制定本行政区域噪声重点排污单位名录，向社会公开并适时更新。

第三十八条　实行排污许可管理的单位应当按照规定，对工业噪声开展自行监测，保存原始监测记录，向社会公开监测结果，对监测数据的真实性和准确性负责。

噪声重点排污单位应当按照国家规定，安装、使用、维护噪声自动监测设备，与生态环境主管部门的监控设备联网。"

（5）熟悉建筑施工噪声污染防治的有关规定

"第三十九条　本法所称建筑施工噪声，是指在建筑施工过程中产生的干扰周围生活环境的声音。

第四十条　建设单位应当按照规定将噪声污染防治费用列入工程造价，在施工合同中明确施工单位的噪声污染防治责任。

施工单位应当按照规定制定噪声污染防治实施方案，采取有效措施，减少振动、降低噪声。建设单位应当监督施工单位落实噪声污染防治实施方案。

第四十一条　在噪声敏感建筑物集中区域施工作业，应当优先使用低噪声施工工艺和设备。

国务院工业和信息化主管部门会同国务院生态环境、住房和城乡建设、市场监督管理等部门，公布低噪声施工设备指导名录并适时更新。

第四十二条　在噪声敏感建筑物集中区域施工作业，建设单位应当按照国家规定，设置噪声自动监测系统，与监督管理部门联网，保存原始监测记录，对监测数据的真实性和准确性负责。

第四十三条　在噪声敏感建筑物集中区域，禁止夜间进行产生噪声的建筑施工作业，但抢修、抢险施工作业，因生产工艺要求或者其他特殊需要必须连续施工作业的除外。

因特殊需要必须连续施工作业的，应当取得地方人民政府住房和城乡建设、生态环境主管部门或者地方人民政府指定的部门的证明，并在施工现场显著位置公示或者以其他方式公告附近居民。"

（6）掌握交通运输噪声污染防治的有关规定

"第四十四条　本法所称交通运输噪声，是指机动车、铁路机车车辆、城市轨道交通车辆、机动船舶、航空器等交通运输工具在运行时产生的干扰周围生活环境的声音。

第四十五条　各级人民政府及其有关部门制定、修改国土空间规划和交通运输等相关规划，应当综合考虑公路、城市道路、铁路、城市轨道交通线路、水路、港口和民用机场及其起降航线对周围声环境的影响。

新建公路、铁路线路选线设计，应当尽量避开噪声敏感建筑物集中区域。

新建民用机场选址与噪声敏感建筑物集中区域的距离应当符合标准要求。

第四十六条　制定交通基础设施工程技术规范，应当明确噪声污染防治要求。

新建、改建、扩建经过噪声敏感建筑物集中区域的高速公路、城市高架、铁路和城市轨道交通线路等的，建设单位应当在可能造成噪声污染的重点路段设置声屏障或者采取其他减少振动、降低噪声的措施，符合有关交通基础设施工程技术规范以及标准要求。

建设单位违反前款规定的，由县级以上人民政府指定的部门责令制定、实施治理方案。

第四十七条　机动车的消声器和喇叭应当符合国家规定。禁止驾驶拆除或者损坏消声器、加装排气管等擅自改装的机动车以轰鸣、疾驶等方式造成噪声污染。

使用机动车音响器材，应当控制音量，防止噪声污染。

机动车应当加强维修和保养，保持性能良好，防止噪声污染。

第四十八条　机动车、铁路机车车辆、城市轨道交通车辆、机动船舶等交通运输工具运行时，应当按照规定使用喇叭等声响装置。

警车、消防救援车、工程救险车、救护车等机动车安装、使用警报器，应当符合国务院公安等部门的规定；非执行紧急任务，不得使用警报器。

第四十九条　地方人民政府生态环境主管部门会同公安机关根据声环境保护的需要，可以划定禁止机动车行驶和使用喇叭等声响装置的路段和时间，向社会公告，并由公安机关交通管理部门依法设置相关标志、标线。

第五十条　在车站、铁路站场、港口等地指挥作业时使用广播喇叭的，应当控制音量，减轻噪声污染。

第五十一条　公路养护管理单位、城市道路养护维修单位应当加强对公路、城市道路的维护和保养，保持减少振动、降低噪声设施正常运行。

城市轨道交通运营单位、铁路运输企业应当加强对城市轨道交通线路和城市轨道交通车辆、铁路线路和铁路机车车辆的维护和保养，保持减少振动、降低噪声设施正常运行，并按照国家规定进行监测，保存原始监测记录，对监测数据的真实性和准确性负责。

第五十二条　民用机场所在地人民政府，应当根据环境影响评价以及监测结果确定的民用航空器噪声对机场周围生活环境产生影响的范围和程度，划定噪声敏感建筑物禁止建设区域和限制建设区域，并实施控制。

在禁止建设区域禁止新建与航空无关的噪声敏感建筑物。

在限制建设区域确需建设噪声敏感建筑物的，建设单位应当对噪声敏感建筑物进行建筑隔声设计，符合民用建筑隔声设计相关标准要求。

第五十三条　民用航空器应当符合国务院民用航空主管部门规定的适航标准中的有关噪声要求。

第五十四条　民用机场管理机构负责机场起降航空器噪声的管理，会同航空运输企业、通用航空企业、空中交通管理部门等单位，采取低噪声飞行程序、起降跑道优化、运行架次和时段控制、高噪声航空器运行限制或者周围噪声敏感建筑物隔声降噪等措施，防止、减轻民用航空器噪声污染。

民用机场管理机构应当按照国家规定，对机场周围民用航空器噪声进行监测，保存原始监测记录，对监测数据的真实性和准确性负责，监测结果定期向民用航空、生态环境主管部门报送。

第五十五条　因公路、城市道路和城市轨道交通运行排放噪声造成严重污染的，设区的市、县级人民政府应当组织有关部门和其他有关单位对噪声污染情况进行调查评估和责任认定，制定噪声污染综合治理方案。

噪声污染责任单位应当按照噪声污染综合治理方案的要求采取管理或者工

程措施，减轻噪声污染。

第五十六条　因铁路运行排放噪声造成严重污染的，铁路运输企业和设区的市、县级人民政府应当对噪声污染情况进行调查，制定噪声污染综合治理方案。

铁路运输企业和设区的市、县级人民政府有关部门和其他有关单位应当按照噪声污染综合治理方案的要求采取有效措施，减轻噪声污染。

第五十七条　因民用航空器起降排放噪声造成严重污染的，民用机场所在地人民政府应当组织有关部门和其他有关单位对噪声污染情况进行调查，综合考虑经济、技术和管理措施，制定噪声污染综合治理方案。

民用机场管理机构、地方各级人民政府和其他有关单位应当按照噪声污染综合治理方案的要求采取有效措施，减轻噪声污染。

第五十八条　制定噪声污染综合治理方案，应当征求有关专家和公众等的意见。"

（7）了解社会生活噪声污染防治的有关规定

"第五十九条　本法所称社会生活噪声，是指人为活动产生的除工业噪声、建筑施工噪声和交通运输噪声之外的干扰周围生活环境的声音。

第六十条　全社会应当增强噪声污染防治意识，自觉减少社会生活噪声排放，积极开展噪声污染防治活动，形成人人有责、人人参与、人人受益的良好噪声污染防治氛围，共同维护生活环境和谐安宁。

第六十一条　文化娱乐、体育、餐饮等场所的经营管理者应当采取有效措施，防止、减轻噪声污染。

第六十二条　使用空调器、冷却塔、水泵、油烟净化器、风机、发电机、变压器、锅炉、装卸设备等可能产生社会生活噪声污染的设备、设施的企业事业单位和其他经营管理者等，应当采取优化布局、集中排放等措施，防止、减轻噪声污染。

第六十三条　禁止在商业经营活动中使用高音广播喇叭或者采用其他持续反复发出高噪声的方法进行广告宣传。

对商业经营活动中产生的其他噪声，经营者应当采取有效措施，防止噪声污染。

第六十四条　禁止在噪声敏感建筑物集中区域使用高音广播喇叭，但紧急情况以及地方人民政府规定的特殊情形除外。

在街道、广场、公园等公共场所组织或者开展娱乐、健身等活动，应当遵守公共场所管理者有关活动区域、时段、音量等规定，采取有效措施，防止噪声污染；不得违反规定使用音响器材产生过大音量。

公共场所管理者应当合理规定娱乐、健身等活动的区域、时段、音量，可以采取设置噪声自动监测和显示设施等措施加强管理。

第六十五条　家庭及其成员应当培养形成减少噪声产生的良好习惯，乘坐公共交通工具、饲养宠物和其他日常活动尽量避免产生噪声对周围人员造成干扰，互谅互让解决噪声纠纷，共同维护声环境质量。

使用家用电器、乐器或者进行其他家庭场所活动，应当控制音量或者采取其他有效措施，防止噪声污染。

第六十六条　对已竣工交付使用的住宅楼、商铺、办公楼等建筑物进行室内装修活动，应当按照规定限定作业时间，采取有效措施，防止、减轻噪声污染。

第六十七条　新建居民住房的房地产开发经营者应当在销售场所公示住房可能受到噪声影响的情况以及采取或者拟采取的防治措施，并纳入买卖合同。

新建居民住房的房地产开发经营者应当在买卖合同中明确住房的共用设施设备位置和建筑隔声情况。

第六十八条　居民住宅区安装电梯、水泵、变压器等共用设施设备的，建设单位应当合理设置，采取减少振动、降低噪声的措施，符合民用建筑隔声设计相关标准要求。

已建成使用的居民住宅区电梯、水泵、变压器等共用设施设备由专业运营单位负责维护管理，符合民用建筑隔声设计相关标准要求。

第六十九条　基层群众性自治组织指导业主委员会、物业服务人、业主通过制定管理规约或者其他形式，约定本物业管理区域噪声污染防治要求，由业主共同遵守。

第七十条　对噪声敏感建筑物集中区域的社会生活噪声扰民行为，基层群众性自治组织、业主委员会、物业服务人应当及时劝阻、调解；劝阻、调解无效的，可以向负有社会生活噪声污染防治监督管理职责的部门或者地方人民政府指定的部门报告或者投诉，接到报告或者投诉的部门应当依法处理。"

（五）《中华人民共和国固体废物污染环境防治法》

（1）了解固体废物、危险废物及固体废物贮存、处置、利用的含义

"第一百二十四条　本法下列用语的含义：

（一）固体废物，是指在生产、生活和其他活动中产生的丧失原有利用价值或者虽未丧失利用价值但被抛弃或者放弃的固态、半固态和置于容器中的气态的物品、物质以及法律、行政法规规定纳入固体废物管理的物品、物质。经无害化加工处理，并且符合强制性国家产品质量标准，不会危害公众健康和生态

安全，或者根据固体废物鉴别标准和鉴别程序认定为不属于固体废物的除外。

（二）工业固体废物，是指在工业生产活动中产生的固体废物。

（三）生活垃圾，是指在日常生活中或者为日常生活提供服务的活动中产生的固体废物，以及法律、行政法规规定视为生活垃圾的固体废物。

（四）建筑垃圾，是指建设单位、施工单位新建、改建、扩建和拆除各类建筑物、构筑物、管网等，以及居民装饰装修房屋过程中产生的弃土、弃料和其他固体废物。

（五）农业固体废物，是指在农业生产活动中产生的固体废物。

（六）危险废物，是指列入国家危险废物名录或者根据国家规定的危险废物鉴别标准和鉴别方法认定的具有危险特性的固体废物。

（七）贮存，是指将固体废物临时置于特定设施或者场所中的活动。

（八）利用，是指从固体废物中提取物质作为原材料或者燃料的活动。

（九）处置，是指将固体废物焚烧和用其他改变固体废物的物理、化学、生物特性的方法，达到减少已产生的固体废物数量、缩小固体废物体积、减少或者消除其危险成分的活动，或者将固体废物终置于符合环境保护规定要求的填埋场的活动。"

（2）熟悉固体废物污染防治原则

"第三条　国家推行绿色发展方式，促进清洁生产和循环经济发展。

国家倡导简约适度、绿色低碳的生活方式，引导公众积极参与固体废物污染环境防治。

第四条　固体废物污染环境防治坚持减量化、资源化和无害化的原则。

任何单位和个人都应当采取措施，减少固体废物的产生量，促进固体废物的综合利用，降低固体废物的危害性。

第五条　固体废物污染环境防治坚持污染担责的原则。

产生、收集、贮存、运输、利用、处置固体废物的单位和个人，应当采取措施，防止或者减少固体废物对环境的污染，对所造成的环境污染依法承担责任。"

（3）熟悉对产生、收集、贮存、运输、利用、处置固体废物的单位和个人的一般规定

"第五条　固体废物污染环境防治坚持污染担责的原则。

产生、收集、贮存、运输、利用、处置固体废物的单位和个人，应当采取措施，防止或者减少固体废物对环境的污染，对所造成的环境污染依法承担责任。"

"第十九条　收集、贮存、运输、利用、处置固体废物的单位和其他生产经

营者，应当加强对相关设施、设备和场所的管理和维护，保证其正常运行和使用。

第二十条　产生、收集、贮存、运输、利用、处置固体废物的单位和其他生产经营者，应当采取防扬散、防流失、防渗漏或者其他防止污染环境的措施，不得擅自倾倒、堆放、丢弃、遗撒固体废物。

禁止任何单位或者个人向江河、湖泊、运河、渠道、水库及其最高水位线以下的滩地和岸坡以及法律法规规定的其他地点倾倒、堆放、贮存固体废物。"

"第二十九条　设区的市级人民政府生态环境主管部门应当会同住房城乡建设、农业农村、卫生健康等主管部门，定期向社会发布固体废物的种类、产生量、处置能力、利用处置状况等信息。

产生、收集、贮存、运输、利用、处置固体废物的单位，应当依法及时公开固体废物污染环境防治信息，主动接受社会监督。

利用、处置固体废物的单位，应当依法向公众开放设施、场所，提高公众环境保护意识和参与程度。"

（4）掌握工业固体废物污染环境防治的有关规定

"第三十二条　国务院生态环境主管部门应当会同国务院发展改革、工业和信息化等主管部门对工业固体废物对公众健康、生态环境的危害和影响程度等作出界定，制定防治工业固体废物污染环境的技术政策，组织推广先进的防治工业固体废物污染环境的生产工艺和设备。

第三十三条　国务院工业和信息化主管部门应当会同国务院有关部门组织研究开发、推广减少工业固体废物产生量和降低工业固体废物危害性的生产工艺和设备，公布限期淘汰产生严重污染环境的工业固体废物的落后生产工艺、设备的名录。

生产者、销售者、进口者、使用者应当在国务院工业和信息化主管部门会同国务院有关部门规定的期限内分别停止生产、销售、进口或者使用列入前款规定名录中的设备。生产工艺的采用者应当在国务院工业和信息化主管部门会同国务院有关部门规定的期限内停止采用列入前款规定名录中的工艺。

列入限期淘汰名录被淘汰的设备，不得转让给他人使用。

第三十四条　国务院工业和信息化主管部门应当会同国务院发展改革、生态环境等主管部门，定期发布工业固体废物综合利用技术、工艺、设备和产品导向目录，组织开展工业固体废物资源综合利用评价，推动工业固体废物综合利用。

第三十五条　县级以上地方人民政府应当制定工业固体废物污染环境防治工作规划，组织建设工业固体废物集中处置等设施，推动工业固体废物污染环境防治工作。

第三十六条　产生工业固体废物的单位应当建立健全工业固体废物产生、收集、贮存、运输、利用、处置全过程的污染环境防治责任制度，建立工业固体废物管理台账，如实记录产生工业固体废物的种类、数量、流向、贮存、利用、处置等信息，实现工业固体废物可追溯、可查询，并采取防治工业固体废物污染环境的措施。

禁止向生活垃圾收集设施中投放工业固体废物。

第三十七条　产生工业固体废物的单位委托他人运输、利用、处置工业固体废物的，应当对受托方的主体资格和技术能力进行核实，依法签订书面合同，在合同中约定污染防治要求。

受托方运输、利用、处置工业固体废物，应当依照有关法律法规的规定和合同约定履行污染防治要求，并将运输、利用、处置情况告知产生工业固体废物的单位。

产生工业固体废物的单位违反本条第一款规定的，除依照有关法律法规的规定予以处罚外，还应当与造成环境污染和生态破坏的受托方承担连带责任。

第三十八条　产生工业固体废物的单位应当依法实施清洁生产审核，合理选择和利用原材料、能源和其他资源，采用先进的生产工艺和设备，减少工业固体废物的产生量，降低工业固体废物的危害性。

第三十九条　产生工业固体废物的单位应当取得排污许可证。排污许可的具体办法和实施步骤由国务院规定。

产生工业固体废物的单位应当向所在地生态环境主管部门提供工业固体废物的种类、数量、流向、贮存、利用、处置等有关资料，以及减少工业固体废物产生、促进综合利用的具体措施，并执行排污许可管理制度的相关规定。

第四十条　产生工业固体废物的单位应当根据经济、技术条件对工业固体废物加以利用；对暂时不利用或者不能利用的，应当按照国务院生态环境等主管部门的规定建设贮存设施、场所，安全分类存放，或者采取无害化处置措施。贮存工业固体废物应当采取符合国家环境保护标准的防护措施。

建设工业固体废物贮存、处置的设施、场所，应当符合国家环境保护标准。

第四十一条　产生工业固体废物的单位终止的，应当在终止前对工业固体废物的贮存、处置的设施、场所采取污染防治措施，并对未处置的工业固体废物作出妥善处置，防止污染环境。

产生工业固体废物的单位发生变更的，变更后的单位应当按照国家有关环境保护的规定对未处置的工业固体废物及其贮存、处置的设施、场所进行安全处置或者采取有效措施保证该设施、场所安全运行。变更前当事人对工业固体废物及其贮存、处置的设施、场所的污染防治责任另有约定的，从其约定；但是，不得免除当事人的污染防治义务。

对 2005 年 4 月 1 日前已经终止的单位未处置的工业固体废物及其贮存、处置的设施、场所进行安全处置的费用，由有关人民政府承担；但是，该单位享有的土地使用权依法转让的，应当由土地使用权受让人承担处置费用。当事人另有约定的，从其约定；但是，不得免除当事人的污染防治义务。

第四十二条　矿山企业应当采取科学的开采方法和选矿工艺，减少尾矿、煤矸石、废石等矿业固体废物的产生量和贮存量。

国家鼓励采取先进工艺对尾矿、煤矸石、废石等矿业固体废物进行综合利用。

尾矿、煤矸石、废石等矿业固体废物贮存设施停止使用后，矿山企业应当按照国家有关环境保护等规定进行封场，防止造成环境污染和生态破坏。"

（5）掌握建设、关闭生活垃圾处理设施、场所的有关规定

"第五十五条　建设生活垃圾处理设施、场所，应当符合国务院生态环境主管部门和国务院住房城乡建设主管部门规定的环境保护和环境卫生标准。

鼓励相邻地区统筹生活垃圾处理设施建设，促进生活垃圾处理设施跨行政区域共建共享。

禁止擅自关闭、闲置或者拆除生活垃圾处理设施、场所；确有必要关闭、闲置或者拆除的，应当经所在地的市、县级人民政府环境卫生主管部门商所在地生态环境主管部门同意后核准，并采取防止污染环境的措施。"

（6）熟悉各类污泥污染环境防治的有关规定

"第七十一条　城镇污水处理设施维护运营单位或者污泥处理单位应当安全处理污泥，保证处理后的污泥符合国家有关标准，对污泥的流向、用途、用量等进行跟踪、记录，并报告城镇排水主管部门、生态环境主管部门。

县级以上人民政府城镇排水主管部门应当将污泥处理设施纳入城镇排水与污水处理规划，推动同步建设污泥处理设施与污水处理设施，鼓励协同处理，污水处理费征收标准和补偿范围应当覆盖污泥处理成本和污水处理设施正常运营成本。

第七十二条　禁止擅自倾倒、堆放、丢弃、遗撒城镇污水处理设施产生的污泥和处理后的污泥。

禁止重金属或者其他有毒有害物质含量超标的污泥进入农用地。

从事水体清淤疏浚应当按照国家有关规定处理清淤疏浚过程中产生的底泥，防止污染环境。"

（7）熟悉危险废物污染环境防治的有关规定

"**第七十四条** 危险废物污染环境的防治，适用本章规定；本章未作规定的，适用本法其他有关规定。

第七十五条 国务院生态环境主管部门应当会同国务院有关部门制定国家危险废物名录，规定统一的危险废物鉴别标准、鉴别方法、识别标志和鉴别单位管理要求。国家危险废物名录应当动态调整。

国务院生态环境主管部门根据危险废物的危害特性和产生数量，科学评估其环境风险，实施分级分类管理，建立信息化监管体系，并通过信息化手段管理、共享危险废物转移数据和信息。

第七十六条 省、自治区、直辖市人民政府应当组织有关部门编制危险废物集中处置设施、场所的建设规划，科学评估危险废物处置需求，合理布局危险废物集中处置设施、场所，确保本行政区域的危险废物得到妥善处置。

编制危险废物集中处置设施、场所的建设规划，应当征求有关行业协会、企业事业单位、专家和公众等方面的意见。

相邻省、自治区、直辖市之间可以开展区域合作，统筹建设区域性危险废物集中处置设施、场所。

第七十七条 对危险废物的容器和包装物以及收集、贮存、运输、利用、处置危险废物的设施、场所，应当按照规定设置危险废物识别标志。

第七十八条 产生危险废物的单位，应当按照国家有关规定制定危险废物管理计划；建立危险废物管理台账，如实记录有关信息，并通过国家危险废物信息管理系统向所在地生态环境主管部门申报危险废物的种类、产生量、流向、贮存、处置等有关资料。

前款所称危险废物管理计划应当包括减少危险废物产生量和降低危险废物危害性的措施以及危险废物贮存、利用、处置措施。危险废物管理计划应当报产生危险废物的单位所在地生态环境主管部门备案。

产生危险废物的单位已经取得排污许可证的，执行排污许可管理制度的规定。

第七十九条 产生危险废物的单位，应当按照国家有关规定和环境保护标准要求贮存、利用、处置危险废物，不得擅自倾倒、堆放。

第八十条 从事收集、贮存、利用、处置危险废物经营活动的单位，应当按照国家有关规定申请取得许可证。许可证的具体管理办法由国务院制定。

禁止无许可证或者未按照许可证规定从事危险废物收集、贮存、利用、处置的经营活动。

禁止将危险废物提供或者委托给无许可证的单位或者其他生产经营者从事

收集、贮存、利用、处置活动。

第八十一条　收集、贮存危险废物，应当按照危险废物特性分类进行。禁止混合收集、贮存、运输、处置性质不相容而未经安全性处置的危险废物。

贮存危险废物应当采取符合国家环境保护标准的防护措施。禁止将危险废物混入非危险废物中贮存。

从事收集、贮存、利用、处置危险废物经营活动的单位，贮存危险废物不得超过一年；确需延长期限的，应当报经颁发许可证的生态环境主管部门批准；法律、行政法规另有规定的除外。

第八十二条　转移危险废物的，应当按照国家有关规定填写、运行危险废物电子或者纸质转移联单。

跨省、自治区、直辖市转移危险废物的，应当向危险废物移出地省、自治区、直辖市人民政府生态环境主管部门申请。移出地省、自治区、直辖市人民政府生态环境主管部门应当及时商经接受地省、自治区、直辖市人民政府生态环境主管部门同意后，在规定期限内批准转移该危险废物，并将批准信息通报相关省、自治区、直辖市人民政府生态环境主管部门和交通运输主管部门。未经批准的，不得转移。

危险废物转移管理应当全程管控、提高效率，具体办法由国务院生态环境主管部门会同国务院交通运输主管部门和公安部门制定。

第八十三条　运输危险废物，应当采取防止污染环境的措施，并遵守国家有关危险货物运输管理的规定。

禁止将危险废物与旅客在同一运输工具上载运。

第八十四条　收集、贮存、运输、利用、处置危险废物的场所、设施、设备和容器、包装物及其他物品转作他用时，应当按照国家有关规定经过消除污染处理，方可使用。

第八十五条　产生、收集、贮存、运输、利用、处置危险废物的单位，应当依法制定意外事故的防范措施和应急预案，并向所在地生态环境主管部门和其他负有固体废物污染环境防治监督管理职责的部门备案；生态环境主管部门和其他负有固体废物污染环境防治监督管理职责的部门应当进行检查。

第八十六条　因发生事故或者其他突发性事件，造成危险废物严重污染环境的单位，应当立即采取有效措施消除或者减轻对环境的污染危害，及时通报可能受到污染危害的单位和居民，并向所在地生态环境主管部门和有关部门报告，接受调查处理。

第八十七条　在发生或者有证据证明可能发生危险废物严重污染环境、威胁居民生命财产安全时，生态环境主管部门或者其他负有固体废物污染环境防治监督管理职责的部门应当立即向本级人民政府和上一级人民政府有关部门报告，由人民政府采取防止或者减轻危害的有效措施。有关人民政府可以根据需要责令停止导致或者可能导致环境污染事故的作业。

第八十八条 重点危险废物集中处置设施、场所退役前，运营单位应当按照国家有关规定对设施、场所采取污染防治措施。退役的费用应当预提，列入投资概算或者生产成本，专门用于重点危险废物集中处置设施、场所的退役。具体提取和管理办法，由国务院财政部门、价格主管部门会同国务院生态环境主管部门规定。

第八十九条 禁止经中华人民共和国过境转移危险废物。

第九十条 医疗废物按照国家危险废物名录管理。县级以上地方人民政府应当加强医疗废物集中处置能力建设。

县级以上人民政府卫生健康、生态环境等主管部门应当在各自职责范围内加强对医疗废物收集、贮存、运输、处置的监督管理，防止危害公众健康、污染环境。

医疗卫生机构应当依法分类收集本单位产生的医疗废物，交由医疗废物集中处置单位处置。医疗废物集中处置单位应当及时收集、运输和处置医疗废物。

医疗卫生机构和医疗废物集中处置单位，应当采取有效措施，防止医疗废物流失、泄漏、渗漏、扩散。

第九十一条 重大传染病疫情等突发事件发生时，县级以上人民政府应当统筹协调医疗废物等危险废物收集、贮存、运输、处置等工作，保障所需的车辆、场地、处置设施和防护物资。卫生健康、生态环境、环境卫生、交通运输等主管部门应当协同配合，依法履行应急处置职责。"

（六）《中华人民共和国土壤污染防治法》

（1）了解土壤污染的含义以及土壤污染防治应当坚持的原则

"第二条 在中华人民共和国领域及管辖的其他海域从事土壤污染防治及相关活动，适用本法。

本法所称土壤污染，是指因人为因素导致某种物质进入陆地表层土壤，引起土壤化学、物理、生物等方面特性的改变，影响土壤功能和有效利用，危害公众健康或者破坏生态环境的现象。

第三条 土壤污染防治应当坚持预防为主、保护优先、分类管理、风险管控、污染担责、公众参与的原则。"

（2）了解地方人民政府生态环境主管部门应当会同自然资源主管部门进行重点监测的建设用地地块的范围

　　　　"第十七条　地方人民政府生态环境主管部门应当会同自然资源主管部门对下列建设用地地块进行重点监测：

　　　　（一）曾用于生产、使用、贮存、回收、处置有毒有害物质的；

　　　　（二）曾用于固体废物堆放、填埋的；

　　　　（三）曾发生过重大、特大污染事故的；

　　　　（四）国务院生态环境、自然资源主管部门规定的其他情形。"

（3）掌握关于建设项目进行环境影响评价和防止土壤污染的有关规定

　　　　"第十八条　各类涉及土地利用的规划和可能造成土壤污染的建设项目，应当依法进行环境影响评价。环境影响评价文件应当包括对土壤可能造成的不良影响及应当采取的相应预防措施等内容。

　　　　第十九条　生产、使用、贮存、运输、回收、处置、排放有毒有害物质的单位和个人，应当采取有效措施，防止有毒有害物质渗漏、流失、扬散，避免土壤受到污染。"

（4）掌握企业事业单位拆除设施、设备或者建筑物、构筑物的有关规定

　　　　"第二十二条　企业事业单位拆除设施、设备或者建筑物、构筑物的，应当采取相应的土壤污染防治措施。

　　　　土壤污染重点监管单位拆除设施、设备或者建筑物、构筑物的，应当制定包括应急措施在内的土壤污染防治工作方案，报地方人民政府生态环境、工业和信息化主管部门备案并实施。"

（5）掌握矿产资源开发区域土壤污染防治监督管理的有关规定

　　　　"第二十三条　各级人民政府生态环境、自然资源主管部门应当依法加强对矿产资源开发区域土壤污染防治的监督管理，按照相关标准和总量控制的要求，严格控制可能造成土壤污染的重点污染物排放。

　　　　尾矿库运营、管理单位应当按照规定，加强尾矿库的安全管理，采取措施防止土壤污染。危库、险库、病库以及其他需要重点监管的尾矿库的运营、管理单位应当按照规定，进行土壤污染状况监测和定期评估。"

（6）熟悉污水集中处理设施、固体废物处置设施防止土壤污染的有关规定

　　　　"第二十五条　建设和运行污水集中处理设施、固体废物处置设施，应当依照法律法规和相关标准的要求，采取措施防止土壤污染。

　　　　地方人民政府生态环境主管部门应当定期对污水集中处理设施、固体废物处置设施周边土壤进行监测；对不符合法律法规和相关标准要求的，应当根据监测结果，要求污水集中处理设施、固体废物处置设施运营单位采取相应改进

措施。

地方各级人民政府应当统筹规划、建设城乡生活污水和生活垃圾处理、处置设施，并保障其正常运行，防止土壤污染。"

（7）熟悉农用地保护的有关规定

"第二十八条　禁止向农用地排放重金属或者其他有毒有害物质含量超标的污水、污泥，以及可能造成土壤污染的清淤底泥、尾矿、矿渣等。

县级以上人民政府有关部门应当加强对畜禽粪便、沼渣、沼液等收集、贮存、利用、处置的监督管理，防止土壤污染。

农田灌溉用水应当符合相应的水质标准，防止土壤、地下水和农产品污染。地方人民政府生态环境主管部门应当会同农业农村、水利主管部门加强对农田灌溉用水水质的管理，对农田灌溉用水水质进行监测和监督检查。

第二十九条　国家鼓励和支持农业生产者采取下列措施：

（一）使用低毒、低残留农药以及先进喷施技术；

（二）使用符合标准的有机肥、高效肥；

（三）采用测土配方施肥技术、生物防治等病虫害绿色防控技术；

（四）使用生物可降解农用薄膜；

（五）综合利用秸秆、移出高富集污染物秸秆；

（六）按照规定对酸性土壤等进行改良。

第三十条　禁止生产、销售、使用国家明令禁止的农业投入品。

农业投入品生产者、销售者和使用者应当及时回收农药、肥料等农业投入品的包装废弃物和农用薄膜，并将农药包装废弃物交由专门的机构或者组织进行无害化处理。具体办法由国务院农业农村主管部门会同国务院生态环境等主管部门制定。

国家采取措施，鼓励、支持单位和个人回收农业投入品包装废弃物和农用薄膜。"

（8）掌握严格执行相关行业企业布局选址的有关规定

"第三十二条　县级以上地方人民政府及其有关部门应当按照土地利用总体规划和城乡规划，严格执行相关行业企业布局选址要求，禁止在居民区和学校、医院、疗养院、养老院等单位周边新建、改建、扩建可能造成土壤污染的建设项目。"

（9）熟悉土壤污染风险管控和修复的内容

"第三十五条　土壤污染风险管控和修复，包括土壤污染状况调查和土壤污染风险评估、风险管控、修复、风险管控效果评估、修复效果评估、后期管理等活动。"

（10）熟悉实施风险管控、修复活动和修复施工单位管理的有关规定

"第三十八条　实施风险管控、修复活动，应当因地制宜、科学合理，提高针对性和有效性。

实施风险管控、修复活动，不得对土壤和周边环境造成新的污染。

第三十九条　实施风险管控、修复活动前，地方人民政府有关部门有权根据实际情况，要求土壤污染责任人、土地使用权人采取移除污染源、防止污染扩散等措施。

第四十条　实施风险管控、修复活动中产生的废水、废气和固体废物，应当按照规定进行处理、处置，并达到相关环境保护标准。

实施风险管控、修复活动中产生的固体废物以及拆除的设施、设备或者建筑物、构筑物属于危险废物的，应当依照法律法规和相关标准的要求进行处置。

修复施工期间，应当设立公告牌，公开相关情况和环境保护措施。

第四十一条　修复施工单位转运污染土壤的，应当制定转运计划，将运输时间、方式、线路和污染土壤数量、去向、最终处置措施等，提前报所在地和接收地生态环境主管部门。

转运的污染土壤属于危险废物的，修复施工单位应当依照法律法规和相关标准的要求进行处置。

第四十二条　实施风险管控效果评估、修复效果评估活动，应当编制效果评估报告。

效果评估报告应当主要包括是否达到土壤污染风险评估报告确定的风险管控、修复目标等内容。

风险管控、修复活动完成后，需要实施后期管理的，土壤污染责任人应当按照要求实施后期管理。

第四十三条　从事土壤污染状况调查和土壤污染风险评估、风险管控、修复、风险管控效果评估、修复效果评估、后期管理等活动的单位，应当具备相应的专业能力。

受委托从事前款活动的单位对其出具的调查报告、风险评估报告、风险管控效果评估报告、修复效果评估报告的真实性、准确性、完整性负责，并按照约定对风险管控、修复、后期管理等活动结果负责。

第四十四条　发生突发事件可能造成土壤污染的，地方人民政府及其有关部门和相关企业事业单位以及其他生产经营者应当立即采取应急措施，防止土壤污染，并依照本法规定做好土壤污染状况监测、调查和土壤污染风险评估、风险管控、修复等工作。"

（11）熟悉土壤污染责任人的义务

"第四十五条　土壤污染责任人负有实施土壤污染风险管控和修复的义务。土壤污染责任人无法认定的，土地使用权人应当实施土壤污染风险管控和修复。

地方人民政府及其有关部门可以根据实际情况组织实施土壤污染风险管控和修复。

国家鼓励和支持有关当事人自愿实施土壤污染风险管控和修复。

第四十六条　因实施或者组织实施土壤污染状况调查和土壤污染风险评估、风险管控、修复、风险管控效果评估、修复效果评估、后期管理等活动所支出的费用，由土壤污染责任人承担。

第四十七条　土壤污染责任人变更的，由变更后承继其债权、债务的单位或者个人履行相关土壤污染风险管控和修复义务并承担相关费用。

第四十八条　土壤污染责任人不明确或者存在争议的，农用地由地方人民政府农业农村、林业草原主管部门会同生态环境、自然资源主管部门认定，建设用地由地方人民政府生态环境主管部门会同自然资源主管部门认定。认定办法由国务院生态环境主管部门会同有关部门制定。"

（12）掌握永久基本农田保护的有关规定

"第五十条　县级以上地方人民政府应当依法将符合条件的优先保护类耕地划为永久基本农田，实行严格保护。

在永久基本农田集中区域，不得新建可能造成土壤污染的建设项目；已经建成的，应当限期关闭拆除。"

（13）掌握有土壤污染风险的建设用地地块变更为住宅、公共管理与公共服务用地的有关规定

"第五十九条　对土壤污染状况普查、详查和监测、现场检查表明有土壤污染风险的建设用地地块，地方人民政府生态环境主管部门应当要求土地使用权人按照规定进行土壤污染状况调查。

用途变更为住宅、公共管理与公共服务用地的，变更前应当按照规定进行土壤污染状况调查。

前两款规定的土壤污染状况调查报告应当报地方人民政府生态环境主管部门，由地方人民政府生态环境主管部门会同自然资源主管部门组织评审。"

（七）《中华人民共和国放射性污染防治法》

（1）了解该法的适用范围

"第二条　本法适用于中华人民共和国领域和管辖的其他海域在核设施选址、建造、运行、退役和核技术、铀（钍）矿、伴生放射性矿开发利用过程中发生的放射性污染的防治活动。"

（2）熟悉核设施选址、建造、营运、退役前进行环境影响评价的有关规定

"第十八条　核设施选址，应当进行科学论证，并按照国家有关规定办理审批手续。在办理核设施选址审批手续前，应当编制环境影响报告书，报国务院环境保护行政主管部门审查批准；未经批准，有关部门不得办理核设施选址批准文件。"

"第二十条　核设施营运单位应当在申请领取核设施建造、运行许可证和办理退役审批手续前编制环境影响报告书，报国务院环境保护行政主管部门审查批准；未经批准，有关部门不得颁发许可证和办理批准文件。"

（3）熟悉开发利用或关闭铀（钍）前进行环境影响评价的有关规定

"第三十四条　开发利用或者关闭铀（钍）矿的单位，应当在申请领取采矿许可证或者办理退役审批手续前编制环境影响报告书，报国务院环境保护行政主管部门审查批准。

开发利用伴生放射性矿的单位，应当在申请领取采矿许可证前编制环境影响报告书，报省级以上人民政府环境保护行政主管部门审查批准。"

（4）了解产生放射性废液的单位排放或处理、贮存放射性废液的有关规定

"第四十二条　产生放射性废液的单位，必须按照国家放射性污染防治标准的要求，对不得向环境排放的放射性废液进行处理或者贮存。

产生放射性废液的单位，向环境排放符合国家放射性污染防治标准的放射性废液，必须采用符合国务院环境保护行政主管部门规定的排放方式。

禁止利用渗井、渗坑、天然裂隙、溶洞或者国家禁止的其他方式排放放射性废液。"

（5）熟悉放射性固体废物的处置方式及编制处置设施选址规划的有关规定

"第四十三条　低、中水平放射性固体废物在符合国家规定的区域实行近地表处置。

高水平放射性固体废物实行集中的深地质处置。

α 放射性固体废物依照前款规定处置。

禁止在内河水域和海洋上处置放射性固体废物。

第四十四条　国务院核设施主管部门会同国务院环境保护行政主管部门根据地质条件和放射性固体废物处置的需要，在环境影响评价的基础上编制放射性固体废物处置场所选址规划，报国务院批准后实施。

有关地方人民政府应当根据放射性固体废物处置场所选址规划，提供放射性固体废物处置场所的建设用地，并采取有效措施支持放射性固体废物的处置。"

（6）了解产生放射性固体废物的单位处理处置放射性固体废物的有关规定

　　"第四十五条　产生放射性固体废物的单位，应当按照国务院环境保护行政主管部门的规定，对其产生的放射性固体废物进行处理后，送交放射性固体废物处置单位处置，并承担处置费用。

　　放射性固体废物处置费用收取和使用管理办法，由国务院财政部门、价格主管部门会同国务院环境保护行政主管部门规定。"

（八）《中华人民共和国清洁生产促进法》

（1）了解新建、改建和扩建项目应当进行环境影响评价的有关规定

　　"第十八条　新建、改建和扩建项目应当进行环境影响评价，对原料使用、资源消耗、资源综合利用以及污染物产生与处置等进行分析论证，优先采用资源利用率高以及污染物产生量少的清洁生产技术、工艺和设备。"

（2）熟悉企业在进行技术改造时应采取的清洁生产措施

　　"第十九条　企业在进行技术改造过程中，应当采取以下清洁生产措施：

　　（一）采用无毒、无害或者低毒、低害的原料，替代毒性大、危害严重的原料；

　　（二）采用资源利用率高、污染物产生量少的工艺和设备，替代资源利用率低、污染物产生量多的工艺和设备；

　　（三）对生产过程中产生的废物、废水和余热等进行综合利用或者循环使用；

　　（四）采用能够达到国家或者地方规定的污染物排放标准和污染物排放总量控制指标的污染防治技术。"

（九）《中华人民共和国水法》

（1）熟悉水资源开发利用中生态环境保护及水生生物保护设施建设的有关规定

　　"第二十条　开发、利用水资源，应当坚持兴利与除害相结合，兼顾上下游、左右岸和有关地区之间的利益，充分发挥水资源的综合效益，并服从防洪的总体安排。

　　第二十一条　开发、利用水资源，应当首先满足城乡居民生活用水，并兼顾农业、工业、生态环境用水以及航运等需要。

　　在干旱和半干旱地区开发、利用水资源，应当充分考虑生态环境用水需要。

　　第二十二条　跨流域调水，应当进行全面规划和科学论证，统筹兼顾调出和调入流域的用水需要，防止对生态环境造成破坏。

　　第二十六条　国家鼓励开发、利用水能资源。在水能丰富的河流，应当有计划地进行多目标梯级开发。

建设水力发电站，应当保护生态环境，兼顾防洪、供水、灌溉、航运、竹木流放和渔业等方面的需要。

第二十七条　国家鼓励开发、利用水运资源。在水生生物洄游通道、通航或者竹木流放的河流上修建永久性拦河闸坝，建设单位应当同时修建过鱼、过船、过木设施，或者经国务院授权的部门批准采取其他补救措施，并妥善安排施工和蓄水期间的水生生物保护、航运和竹木流放，所需费用由建设单位承担。

在不通航的河流或者人工水道上修建闸坝后可以通航的，闸坝建设单位应当同时修建过船设施或者预留过船设施位置。"

（2）熟悉水功能区划及水污染物排放总量控制的有关规定

"第三十二条　国务院水行政主管部门会同国务院环境保护行政主管部门、有关部门和有关省、自治区、直辖市人民政府，按照流域综合规划、水资源保护规划和经济社会发展要求，拟定国家确定的重要江河、湖泊的水功能区划，报国务院批准。跨省、自治区、直辖市的其他江河、湖泊的水功能区划，由有关流域管理机构会同江河、湖泊所在地的省、自治区、直辖市人民政府水行政主管部门、环境保护行政主管部门和其他有关部门拟定，分别经有关省、自治区、直辖市人民政府审查提出意见后，由国务院水行政主管部门会同国务院环境保护行政主管部门审核，报国务院或者其授权的部门批准。

前款规定以外的其他江河、湖泊的水功能区划，由县级以上地方人民政府水行政主管部门会同同级人民政府环境保护行政主管部门和有关部门拟定，报同级人民政府或者其授权的部门批准，并报上一级水行政主管部门和环境保护行政主管部门备案。

县级以上人民政府水行政主管部门或者流域管理机构应当按照水功能区对水质的要求和水体的自然净化能力，核定该水域的纳污能力，向环境保护行政主管部门提出该水域的限制排污总量意见。

县级以上地方人民政府水行政主管部门和流域管理机构应当对水功能区的水质状况进行监测，发现重点污染物排放总量超过控制指标的，或者水功能区的水质未达到水域使用功能对水质的要求的，应当及时报告有关人民政府采取治理措施，并向环境保护行政主管部门通报。"

（3）熟悉建立饮用水水源保护区制度的有关规定

"第三十三条　国家建立饮用水水源保护区制度。省、自治区、直辖市人民政府应当划定饮用水水源保护区，并采取措施，防止水源枯竭和水体污染，保证城乡居民饮用水安全。"

（4）掌握设置、新建、改建或者扩大排污口的有关规定

"第三十四条　禁止在饮用水水源保护区内设置排污口。

在江河、湖泊新建、改建或者扩大排污口，应当经过有管辖权的水行政主管部门或者流域管理机构同意，由环境保护行政主管部门负责对该建设项目的环境影响报告书进行审批。"

（5）熟悉水资源、水域和水工程保护中禁止类和许可类活动的有关规定

"第三十五条 从事工程建设，占用农业灌溉水源、灌排工程设施，或者对原有灌溉用水、供水水源有不利影响的，建设单位应当采取相应的补救措施；造成损失的，依法给予补偿。

第三十六条 在地下水超采地区，县级以上地方人民政府应当采取措施，严格控制开采地下水。在地下水严重超采地区，经省、自治区、直辖市人民政府批准，可以划定地下水禁止开采或者限制开采区。在沿海地区开采地下水，应当经过科学论证，并采取措施，防止地面沉降和海水入侵。

第三十七条 禁止在江河、湖泊、水库、运河、渠道内弃置、堆放阻碍行洪的物体和种植阻碍行洪的林木及高秆作物。

禁止在河道管理范围内建设妨碍行洪的建筑物、构筑物以及从事影响河势稳定、危害河岸堤防安全和其他妨碍河道行洪的活动。

第三十八条 在河道管理范围内建设桥梁、码头和其他拦河、跨河、临河建筑物、构筑物，铺设跨河管道、电缆，应当符合国家规定的防洪标准和其他有关的技术要求，工程建设方案应当依照防洪法的有关规定报经有关水行政主管部门审查同意。

因建设前款工程设施，需要扩建、改建、拆除或者损坏原有水工程设施的，建设单位应当负担扩建、改建的费用和损失补偿。但是，原有工程设施属于违法工程的除外。

第三十九条 国家实行河道采砂许可制度。河道采砂许可制度实施办法，由国务院规定。

在河道管理范围内采砂，影响河势稳定或者危及堤防安全的，有关县级以上人民政府水行政主管部门应当划定禁采区和规定禁采期，并予以公告。

第四十条 禁止围湖造地。已经围垦的，应当按照国家规定的防洪标准有计划地退地还湖。

禁止围垦河道。确需围垦的，应当经过科学论证，经省、自治区、直辖市人民政府水行政主管部门或者国务院水行政主管部门同意后，报本级人民政府批准。

第四十一条 单位和个人有保护水工程的义务，不得侵占、毁坏堤防、护岸、防汛、水文监测、水文地质监测等工程设施。

第四十二条 县级以上地方人民政府应当采取措施，保障本行政区域内水工程，特别是水坝和堤防的安全，限期消除险情。水行政主管部门应当加强对水工程安全的监督管理。

第四十三条　国家对水工程实施保护。国家所有的水工程应当按照国务院的规定划定工程管理和保护范围。

国务院水行政主管部门或者流域管理机构管理的水工程，由主管部门或者流域管理机构商有关省、自治区、直辖市人民政府划定工程管理和保护范围。

前款规定以外的其他水工程，应当按照省、自治区、直辖市人民政府的规定，划定工程保护范围和保护职责。

在水工程保护范围内，禁止从事影响水工程运行和危害水工程安全的爆破、打井、采石、取土等活动。"

（十）《中华人民共和国长江保护法》

（1）了解长江流域社会经济发展和长江保护应当坚持的原则

"第三条　长江流域经济社会发展，应当坚持生态优先、绿色发展，共抓大保护、不搞大开发；长江保护应当坚持统筹协调、科学规划、创新驱动、系统治理。"

（2）熟悉生态环境分区管控方案和生态环境准入清单的有关规定

"第二十二条　长江流域省级人民政府根据本行政区域的生态环境和资源利用状况，制定生态环境分区管控方案和生态环境准入清单，报国务院生态环境主管部门备案后实施。生态环境分区管控方案和生态环境准入清单应当与国土空间规划相衔接。

长江流域产业结构和布局应当与长江流域生态系统和资源环境承载能力相适应。禁止在长江流域重点生态功能区布局对生态系统有严重影响的产业。禁止重污染企业和项目向长江中上游转移。"

（3）熟悉国家加强对长江流域水能资源开发利用管理的有关规定

"第二十三条　国家加强对长江流域水能资源开发利用的管理。因国家发展战略和国计民生需要，在长江流域新建大中型水电工程，应当经科学论证，并报国务院或者国务院授权的部门批准。

对长江流域已建小水电工程，不符合生态保护要求的，县级以上地方人民政府应当组织分类整改或者采取措施逐步退出。"

（4）掌握长江流域长江干流和重要支流源头、河道、湖泊、河湖岸线管理的有关规定

"第二十四条　国家对长江干流和重要支流源头实行严格保护，设立国家公园等自然保护地，保护国家生态安全屏障。

第二十五条　国务院水行政主管部门加强长江流域河道、湖泊保护工作。

长江流域县级以上地方人民政府负责划定河道、湖泊管理范围，并向社会公告，实行严格的河湖保护，禁止非法侵占河湖水域。

第二十六条　国家对长江流域河湖岸线实施特殊管制。国家长江流域协调机制统筹协调国务院自然资源、水行政、生态环境、住房和城乡建设、农业农村、交通运输、林业和草原等部门和长江流域省级人民政府划定河湖岸线保护范围，制定河湖岸线保护规划，严格控制岸线开发建设，促进岸线合理高效利用。

禁止在长江干支流岸线一公里范围内新建、扩建化工园区和化工项目。

禁止在长江干流岸线三公里范围内和重要支流岸线一公里范围内新建、改建、扩建尾矿库；但是以提升安全、生态环境保护水平为目的的改建除外。"

（5）掌握禁止航行区域和限制航行区域及航道整治工程、河道采砂的有关规定

"第二十七条　国务院交通运输主管部门会同国务院自然资源、水行政、生态环境、农业农村、林业和草原主管部门在长江流域水生生物重要栖息地科学划定禁止航行区域和限制航行区域。

禁止船舶在划定的禁止航行区域内航行。因国家发展战略和国计民生需要，在水生生物重要栖息地禁止航行区域内航行的，应当由国务院交通运输主管部门商国务院农业农村主管部门同意，并应当采取必要措施，减少对重要水生生物的干扰。

严格限制在长江流域生态保护红线、自然保护地、水生生物重要栖息地水域实施航道整治工程；确需整治的，应当经科学论证，并依法办理相关手续。

第二十八条　国家建立长江流域河道采砂规划和许可制度。长江流域河道采砂应当依法取得国务院水行政主管部门有关流域管理机构或者县级以上地方人民政府水行政主管部门的许可。

国务院水行政主管部门有关流域管理机构和长江流域县级以上地方人民政府依法划定禁止采砂区和禁止采砂期，严格控制采砂区域、采砂总量和采砂区域内的采砂船舶数量。禁止在长江流域禁止采砂区和禁止采砂期从事采砂活动。

国务院水行政主管部门会同国务院有关部门组织长江流域有关地方人民政府及其有关部门开展长江流域河道非法采砂联合执法工作。"

（6）熟悉对长江流域珍贵、濒危水生野生动植物实行重点保护的有关规定

"第四十二条　国务院农业农村主管部门和长江流域县级以上地方人民政府应当制定长江流域珍贵、濒危水生野生动植物保护计划，对长江流域珍贵、濒危水生野生动植物实行重点保护。

国家鼓励有条件的单位开展对长江流域江豚、白鱀豚、白鲟、中华鲟、长江鲟、鲥、鲋、四川白甲鱼、川陕哲罗鲑、胭脂鱼、鳤、圆口铜鱼、多鳞白甲鱼、华鲮、鲈鲤和葛仙米、弧形藻、眼子菜、水菜花等水生野生动植物生境特征和种群动态的研究，建设人工繁育和科普教育基地，组织开展水生生物救护。

禁止在长江流域开放水域养殖、投放外来物种或者其他非本地物种种质资源。"

（7）熟悉长江流域水污染防治的有关规定

"第四十三条　国务院生态环境主管部门和长江流域地方各级人民政府应当采取有效措施，加大对长江流域的水污染防治、监管力度，预防、控制和减少水环境污染。

第四十四条　国务院生态环境主管部门负责制定长江流域水环境质量标准，对国家水环境质量标准中未作规定的项目可以补充规定；对国家水环境质量标准中已经规定的项目，可以作出更加严格的规定。制定长江流域水环境质量标准应当征求国务院有关部门和有关省级人民政府的意见。长江流域省级人民政府可以制定严于长江流域水环境质量标准的地方水环境质量标准，报国务院生态环境主管部门备案。

第四十五条　长江流域省级人民政府应当对没有国家水污染物排放标准的特色产业、特有污染物，或者国家有明确要求的特定水污染源或者水污染物，补充制定地方水污染物排放标准，报国务院生态环境主管部门备案。

有下列情形之一的，长江流域省级人民政府应当制定严于国家水污染物排放标准的地方水污染物排放标准，报国务院生态环境主管部门备案：

（一）产业密集、水环境问题突出的；

（二）现有水污染物排放标准不能满足所辖长江流域水环境质量要求的；

（三）流域或者区域水环境形势复杂，无法适用统一的水污染物排放标准的。

第四十六条　长江流域省级人民政府制定本行政区域的总磷污染控制方案，并组织实施。对磷矿、磷肥生产集中的长江干支流，有关省级人民政府应当制定更加严格的总磷排放管控要求，有效控制总磷排放总量。

磷矿开采加工、磷肥和含磷农药制造等企业，应当按照排污许可要求，采取有效措施控制总磷排放浓度和排放总量；对排污口和周边环境进行总磷监测，依法公开监测信息。

第四十七条　长江流域县级以上地方人民政府应当统筹长江流域城乡污水集中处理设施及配套管网建设，并保障其正常运行，提高城乡污水收集处理能力。

长江流域县级以上地方人民政府应当组织对本行政区域的江河、湖泊排污口开展排查整治，明确责任主体，实施分类管理。

在长江流域江河、湖泊新设、改设或者扩大排污口，应当按照国家有关规定报经有管辖权的生态环境主管部门或者长江流域生态环境监督管理机构同意。对未达到水质目标的水功能区，除污水集中处理设施排污口外，应当严格控制新设、改设或者扩大排污口。

第四十八条　国家加强长江流域农业面源污染防治。长江流域农业生产应当科学使用农业投入品，减少化肥、农药施用，推广有机肥使用，科学处置农用薄膜、农作物秸秆等农业废弃物。

第四十九条　禁止在长江流域河湖管理范围内倾倒、填埋、堆放、弃置、处理固体废物。长江流域县级以上地方人民政府应当加强对固体废物非法转移和倾倒的联防联控。

第五十条　长江流域县级以上地方人民政府应当组织对沿河湖垃圾填埋场、加油站、矿山、尾矿库、危险废物处置场、化工园区和化工项目等地下水重点污染源及周边地下水环境风险隐患开展调查评估，并采取相应风险防范和整治措施。

第五十一条　国家建立长江流域危险货物运输船舶污染责任保险与财务担保相结合机制。具体办法由国务院交通运输主管部门会同国务院有关部门制定。

禁止在长江流域水上运输剧毒化学品和国家规定禁止通过内河运输的其他危险化学品。长江流域县级以上地方人民政府交通运输主管部门会同本级人民政府有关部门加强对长江流域危险化学品运输的管控。"

（十一）《中华人民共和国黄河保护法》

（1）了解黄河流域生态保护和高质量发展应当坚持的原则

"第三条　黄河流域生态保护和高质量发展，坚持中国共产党的领导，落实重在保护、要在治理的要求，加强污染防治，贯彻生态优先、绿色发展，量水而行、节水为重，因地制宜、分类施策，统筹谋划、协同推进的原则。"

（2）熟悉生态环境分区管控方案和生态环境准入清单的有关规定

"第二十六条　黄河流域省级人民政府根据本行政区域的生态环境和资源利用状况，按照生态保护红线、环境质量底线、资源利用上线的要求，制定生态环境分区管控方案和生态环境准入清单，报国务院生态环境主管部门备案后实施。生态环境分区管控方案和生态环境准入清单应当与国土空间规划相衔接。

禁止在黄河干支流岸线管控范围内新建、扩建化工园区和化工项目。禁止在黄河干流岸线和重要支流岸线的管控范围内新建、改建、扩建尾矿库；但是以提升安全水平、生态环境保护水平为目的的改建除外。

干支流目录、岸线管控范围由国务院水行政、自然资源、生态环境主管部门按照职责分工，会同黄河流域省级人民政府确定并公布。"

（3）熟悉黄河流域水电开发的有关规定

"**第二十七条**　黄河流域水电开发，应当进行科学论证，符合国家发展规划、流域综合规划和生态保护要求。对黄河流域已建小水电工程，不符合生态保护要求的，县级以上地方人民政府应当组织分类整改或者采取措施逐步退出。"

（4）掌握生态保护与修复的有关规定

"**第二十九条**　国家加强黄河流域生态保护与修复，坚持山水林田湖草沙一体化保护与修复，实行自然恢复为主、自然恢复与人工修复相结合的系统治理。

国务院自然资源主管部门应当会同国务院有关部门编制黄河流域国土空间生态修复规划，组织实施重大生态修复工程，统筹推进黄河流域生态保护与修复工作。

第三十条　国家加强对黄河水源涵养区的保护，加大对黄河干流和支流源头、水源涵养区的雪山冰川、高原冻土、高寒草甸、草原、湿地、荒漠、泉域等的保护力度。

禁止在黄河上游约古宗列曲、扎陵湖、鄂陵湖、玛多河湖群等河道、湖泊管理范围内从事采矿、采砂、渔猎等活动，维持河道、湖泊天然状态。

第三十一条　国务院和黄河流域省级人民政府应当依法在重要生态功能区域、生态脆弱区域划定公益林，实施严格管护；需要补充灌溉的，在水资源承载能力范围内合理安排灌溉用水。

国务院林业和草原主管部门应当会同国务院有关部门、黄河流域省级人民政府，加强对黄河流域重要生态功能区域天然林、湿地、草原保护与修复和荒漠化、沙化土地治理工作的指导。

黄河流域县级以上地方人民政府应当采取防护林建设、禁牧封育、锁边防风固沙工程、沙化土地封禁保护、鼠害防治等措施，加强黄河流域重要生态功能区域天然林、湿地、草原保护与修复，开展规模化防沙治沙，科学治理荒漠化、沙化土地，在河套平原区、内蒙古高原湖泊萎缩退化区、黄土高原土地沙化区、汾渭平原区等重点区域实施生态修复工程。

第三十二条　国家加强对黄河流域子午岭—六盘山、秦岭北麓、贺兰山、白于山、陇中等水土流失重点预防区、治理区和渭河、洮河、汾河、伊洛河等重要支流源头区的水土流失防治。水土流失防治应当根据实际情况，科学采取生物措施和工程措施。

禁止在二十五度以上陡坡地开垦种植农作物。黄河流域省级人民政府根据本行政区域的实际情况，可以规定小于二十五度的禁止开垦坡度。禁止开垦的陡坡地范围由所在地县级人民政府划定并公布。

第三十三条　国务院水行政主管部门应当会同国务院有关部门加强黄河流

域砒砂岩区、多沙粗沙区、水蚀风蚀交错区和沙漠入河区等生态脆弱区域保护和治理，开展土壤侵蚀和水土流失状况评估，实施重点防治工程。

黄河流域县级以上地方人民政府应当组织推进小流域综合治理、坡耕地综合整治、黄土高原塬面治理保护、适地植被建设等水土保持重点工程，采取塬面、沟头、沟坡、沟道防护等措施，加强多沙粗沙区治理，开展生态清洁流域建设。

国家支持在黄河流域上中游开展整沟治理。整沟治理应当坚持规划先行、系统修复、整体保护、因地制宜、综合治理、一体推进。

第三十四条　国务院水行政主管部门应当会同国务院有关部门制定淤地坝建设、养护标准或者技术规范，健全淤地坝建设、管理、安全运行制度。

黄河流域县级以上地方人民政府应当因地制宜组织开展淤地坝建设，加快病险淤地坝除险加固和老旧淤地坝提升改造，建设安全监测和预警设施，将淤地坝工程防汛纳入地方防汛责任体系，落实管护责任，提高养护水平，减少下游河道淤积。

禁止损坏、擅自占用淤地坝。

第三十五条　禁止在黄河流域水土流失严重、生态脆弱区域开展可能造成水土流失的生产建设活动。确因国家发展战略和国计民生需要建设的，应当进行科学论证，并依法办理审批手续。

生产建设单位应当依法编制并严格执行经批准的水土保持方案。

从事生产建设活动造成水土流失的，应当按照国家规定的水土流失防治相关标准进行治理。

第三十六条　国务院水行政主管部门应当会同国务院有关部门和山东省人民政府，编制并实施黄河入海河口整治规划，合理布局黄河入海流路，加强河口治理，保障入海河道畅通和河口防洪防凌安全，实施清水沟、刁口河生态补水，维护河口生态功能。

国务院自然资源、林业和草原主管部门应当会同国务院有关部门和山东省人民政府，组织开展黄河三角洲湿地生态保护与修复，有序推进退塘还河、退耕还湿、退田还滩，加强外来入侵物种防治，减少油气开采、围垦养殖、港口航运等活动对河口生态系统的影响。

禁止侵占刁口河等黄河备用入海流路。

第三十七条　国务院水行政主管部门确定黄河干流、重要支流控制断面生态流量和重要湖泊生态水位的管控指标，应当征求并研究国务院生态环境、自然资源等主管部门的意见。黄河流域省级人民政府水行政主管部门确定其他河流生态流量和其他湖泊生态水位的管控指标，应当征求并研究同级人民政府生态环境、自然资源等主管部门的意见，报黄河流域管理机构、黄河流域生态环境监督管理机构备案。确定生态流量和生态水位的管控指标，应当进行科学论证，综合考虑水资源条件、气候状况、生态环境保护要求、生活生产用水状况等因素。

黄河流域管理机构和黄河流域省级人民政府水行政主管部门按照职责分工，组织编制和实施生态流量和生态水位保障实施方案。

黄河干流、重要支流水工程应当将生态用水调度纳入日常运行调度规程。

第三十八条 国家统筹黄河流域自然保护地体系建设。国务院和黄河流域省级人民政府在黄河流域重要典型生态系统的完整分布区、生态环境敏感区以及珍贵濒危野生动植物天然集中分布区和重要栖息地、重要自然遗迹分布区等区域，依法设立国家公园、自然保护区、自然公园等自然保护地。

自然保护地建设、管理涉及河道、湖泊管理范围的，应当统筹考虑河道、湖泊保护需要，满足防洪要求，并保障防洪工程建设和管理活动的开展。

第三十九条 国务院林业和草原、农业农村主管部门应当会同国务院有关部门和黄河流域省级人民政府按照职责分工，对黄河流域数量急剧下降或者极度濒危的野生动植物和受到严重破坏的栖息地、天然集中分布区、破碎化的典型生态系统开展保护与修复，修建迁地保护设施，建立野生动植物遗传资源基因库，进行抢救性修复。

国务院生态环境主管部门和黄河流域县级以上地方人民政府组织开展黄河流域生物多样性保护管理，定期评估生物受威胁状况以及生物多样性恢复成效。

第四十条 国务院农业农村主管部门应当会同国务院有关部门和黄河流域省级人民政府，建立黄河流域水生生物完整性指数评价体系，组织开展黄河流域水生生物完整性评价，并将评价结果作为评估黄河流域生态系统总体状况的重要依据。黄河流域水生生物完整性指数应当与黄河流域水环境质量标准相衔接。

第四十一条 国家保护黄河流域水产种质资源和珍贵濒危物种，支持开展水产种质资源保护区、国家重点保护野生动物人工繁育基地建设。

禁止在黄河流域开放水域养殖、投放外来物种和其他非本地物种种质资源。

第四十二条 国家加强黄河流域水生生物产卵场、索饵场、越冬场、洄游通道等重要栖息地的生态保护与修复。对鱼类等水生生物洄游产生阻隔的涉水工程应当结合实际采取建设过鱼设施、河湖连通、增殖放流、人工繁育等多种措施，满足水生生物的生态需求。

国家实行黄河流域重点水域禁渔期制度，禁渔期内禁止在黄河流域重点水域从事天然渔业资源生产性捕捞，具体办法由国务院农业农村主管部门制定。

黄河流域县级以上地方人民政府应当按照国家有关规定做好禁渔期渔民的生活保障工作。

禁止电鱼、毒鱼、炸鱼等破坏渔业资源和水域生态的捕捞行为。

第四十三条 国务院水行政主管部门应当会同国务院自然资源主管部门组织划定并公布黄河流域地下水超采区。

黄河流域省级人民政府水行政主管部门应当会同本级人民政府有关部门编制本行政区域地下水超采综合治理方案，经省级人民政府批准后，报国务院水行政主管部门备案。

第四十四条 黄河流域县级以上地方人民政府应当组织开展退化农用地生态修复，实施农田综合整治。

黄河流域生产建设活动损毁的土地，由生产建设者负责复垦。因历史原因无法确定土地复垦义务人以及因自然灾害损毁的土地，由黄河流域县级以上地方人民政府负责组织复垦。

黄河流域县级以上地方人民政府应当加强对矿山的监督管理，督促采矿权人履行矿山污染防治和生态修复责任，并因地制宜采取消除地质灾害隐患、土地复垦、恢复植被、防治污染等措施，组织开展历史遗留矿山生态修复工作。"

（5）了解黄河流域高耗水产业准入负面清单和淘汰类高耗水产业目录制度的有关规定

"第五十四条 国家在黄河流域实行高耗水产业准入负面清单和淘汰类高耗水产业目录制度。列入高耗水产业准入负面清单和淘汰类高耗水产业目录的建设项目，取水申请不予批准。高耗水产业准入负面清单和淘汰类高耗水产业目录由国务院发展改革部门会同国务院水行政主管部门制定并发布。

严格限制从黄河流域向外流域扩大供水量，严格限制新增引黄灌溉用水量。因实施国家重大战略确需新增用水量的，应当严格进行水资源论证，并取得黄河流域管理机构批准的取水许可。"

（6）掌握黄河流域污染防治的有关规定

"第七十二条 国家加强黄河流域农业面源污染、工业污染、城乡生活污染等的综合治理、系统治理、源头治理，推进重点河湖环境综合整治。

第七十三条 国务院生态环境主管部门制定黄河流域水环境质量标准，对国家水环境质量标准中未作规定的项目，可以作出补充规定；对国家水环境质量标准中已经规定的项目，可以作出更加严格的规定。制定黄河流域水环境质量标准应当征求国务院有关部门和有关省级人民政府的意见。

黄河流域省级人民政府可以制定严于黄河流域水环境质量标准的地方水环境质量标准，报国务院生态环境主管部门备案。

第七十四条　对没有国家水污染物排放标准的特色产业、特有污染物，以及国家有明确要求的特定水污染源或者水污染物，黄河流域省级人民政府应当补充制定地方水污染物排放标准，报国务院生态环境主管部门备案。

有下列情形之一的，黄河流域省级人民政府应当制定严于国家水污染物排放标准的地方水污染物排放标准，报国务院生态环境主管部门备案：

（一）产业密集、水环境问题突出；

（二）现有水污染物排放标准不能满足黄河流域水环境质量要求；

（三）流域或者区域水环境形势复杂，无法适用统一的水污染物排放标准。

第七十五条　国务院生态环境主管部门根据水环境质量改善目标和水污染防治要求，确定黄河流域各省级行政区域重点水污染物排放总量控制指标。黄河流域水环境质量不达标的水功能区，省级人民政府生态环境主管部门应当实施更加严格的水污染物排放总量削减措施，限期实现水环境质量达标。排放水污染物的企业事业单位应当按照要求，采取水污染物排放总量控制措施。

黄河流域县级以上地方人民政府应当加强和统筹污水、固体废物收集处理处置等环境基础设施建设，保障设施正常运行，因地制宜推进农村厕所改造、生活垃圾处理和污水治理，消除黑臭水体。

第七十六条　在黄河流域河道、湖泊新设、改设或者扩大排污口，应当报经有管辖权的生态环境主管部门或者黄河流域生态环境监督管理机构批准。新设、改设或者扩大可能影响防洪、供水、堤防安全、河势稳定的排污口的，审批时应当征求县级以上地方人民政府水行政主管部门或者黄河流域管理机构的意见。

黄河流域水环境质量不达标的水功能区，除城乡污水集中处理设施等重要民生工程的排污口外，应当严格控制新设、改设或者扩大排污口。

黄河流域县级以上地方人民政府应当对本行政区域河道、湖泊的排污口组织开展排查整治，明确责任主体，实施分类管理。

第七十七条　黄河流域县级以上地方人民政府应当对沿河道、湖泊的垃圾填埋场、加油站、储油库、矿山、尾矿库、危险废物处置场、化工园区和化工项目等地下水重点污染源及周边地下水环境风险隐患组织开展调查评估，采取风险防范和整治措施。

黄河流域设区的市级以上地方人民政府生态环境主管部门商本级人民政府有关部门，制定并发布地下水污染防治重点排污单位名录。地下水污染防治重点排污单位应当依法安装水污染物排放自动监测设备，与生态环境主管部门的监控设备联网，并保证监测设备正常运行。

第七十八条　黄河流域省级人民政府生态环境主管部门应当会同本级人民

政府水行政、自然资源等主管部门，根据本行政区域地下水污染防治需要，划定地下水污染防治重点区，明确环境准入、隐患排查、风险管控等管理要求。

黄河流域县级以上地方人民政府应当加强油气开采区等地下水污染防治监督管理。在黄河流域开发煤层气、致密气等非常规天然气的，应当对其产生的压裂液、采出水进行处理处置，不得污染土壤和地下水。

第七十九条　黄河流域县级以上地方人民政府应当加强黄河流域土壤生态环境保护，防止新增土壤污染，因地制宜分类推进土壤污染风险管控与修复。

黄河流域县级以上地方人民政府应当加强黄河流域固体废物污染环境防治，组织开展固体废物非法转移和倾倒的联防联控。

第八十条　国务院生态环境主管部门应当在黄河流域定期组织开展大气、水体、土壤、生物中有毒有害化学物质调查监测，并会同国务院卫生健康等主管部门开展黄河流域有毒有害化学物质环境风险评估与管控。

国务院生态环境等主管部门和黄河流域县级以上地方人民政府及其有关部门应当加强对持久性有机污染物等新污染物的管控、治理。

第八十一条　黄河流域县级以上地方人民政府及其有关部门应当加强农药、化肥等农业投入品使用总量控制、使用指导和技术服务，推广病虫害绿色防控等先进适用技术，实施灌区农田退水循环利用，加强对农业污染源的监测预警。

黄河流域农业生产经营者应当科学合理使用农药、化肥、兽药等农业投入品，科学处理、处置农业投入品包装废弃物、农用薄膜等农业废弃物，综合利用农作物秸秆，加强畜禽、水产养殖污染防治。"

（十二）《中华人民共和国青藏高原生态保护法》

（1）了解该法所称青藏高原的范围

"第二条　从事或者涉及青藏高原生态保护相关活动，适用本法；本法未作规定的，适用其他有关法律的规定。

本法所称青藏高原，是指西藏自治区、青海省的全部行政区域和新疆维吾尔自治区、四川省、甘肃省、云南省的相关县级行政区域。"

（2）熟悉青藏高原生态保护修复的有关规定

"第十八条　国家加强青藏高原生态保护修复，坚持山水林田湖草沙冰一体化保护修复，实行自然恢复为主、自然恢复与人工修复相结合的系统治理。

第十九条　国务院有关部门和有关地方人民政府加强三江源地区的生态保护修复工作，对依法设立的国家公园进行系统保护和分区分类管理，科学采取禁牧封育等措施，加大退化草原、退化湿地、沙化土地治理和水土流失防治的力度，综合整治重度退化土地；严格禁止破坏生态功能或者不符合差别化管控要求的各类资源开发利用活动。

第二十条　国务院有关部门和青藏高原县级以上地方人民政府应当建立健全青藏高原雪山冰川冻土保护制度，加强对雪山冰川冻土的监测预警和系统保护。

青藏高原省级人民政府应当将大型冰帽冰川、小规模冰川群等划入生态保护红线，对重要雪山冰川实施封禁保护，采取有效措施，严格控制人为扰动。

青藏高原省级人民政府应当划定冻土区保护范围，加强对多年冻土区和中深季节冻土区的保护，严格控制多年冻土区资源开发，严格审批多年冻土区城镇规划和交通、管线、输变电等重大工程项目。

青藏高原省级人民政府应当开展雪山冰川冻土与周边生态系统的协同保护，维持有利于雪山冰川冻土保护的自然生态环境。

第二十一条　国务院有关部门和青藏高原地方各级人民政府建立健全青藏高原江河、湖泊管理和保护制度，完善河湖长制，加大对长江、黄河、澜沧江、雅鲁藏布江、怒江等重点河流和青海湖、扎陵湖、鄂陵湖、色林错、纳木错、羊卓雍错、玛旁雍错等重点湖泊的保护力度。

青藏高原河道、湖泊管理范围由有关县级以上地方人民政府依法科学划定并公布。禁止违法利用、占用青藏高原河道、湖泊水域和岸线。

第二十二条　青藏高原水资源开发利用，应当符合流域综合规划，坚持科学开发、合理利用，统筹各类用水需求，兼顾上下游、干支流、左右岸利益，充分发挥水资源的综合效益，保障用水安全和生态安全。

第二十三条　国家严格保护青藏高原大江大河源头等重要生态区位的天然草原，依法将维护国家生态安全、保障草原畜牧业健康发展发挥最基本、最重要作用的草原划为基本草原。青藏高原县级以上地方人民政府应当加强青藏高原草原保护，对基本草原实施更加严格的保护和管理，确保面积不减少、质量不下降、用途不改变。

国家加强青藏高原高寒草甸、草原生态保护修复。青藏高原县级以上地方人民政府应当优化草原围栏建设，采取有效措施保护草原原生植被，科学推进退化草原生态修复工作，实施黑土滩等退化草原综合治理。

第二十四条　青藏高原县级以上地方人民政府及其有关部门应当统筹协调草原生态保护和畜牧业发展，结合当地实际情况，定期核定草原载畜量，落实草畜平衡，科学划定禁牧区，防止超载过牧。对严重退化、沙化、盐碱化、石漠化的草原和生态脆弱区的草原，实行禁牧、休牧制度。

草原承包经营者应当合理利用草原，不得超过核定的草原载畜量；采取种植和储备饲草饲料、增加饲草饲料供应量、调剂处理牲畜、优化畜群结构等措施，保持草畜平衡。

第二十五条　国家全面加强青藏高原天然林保护，严格限制采伐天然林，加强原生地带性植被保护，优化森林生态系统结构，健全重要流域防护林体系。国务院和青藏高原省级人民政府应当依法在青藏高原重要生态区、生态状况脆弱区划定公益林，实施严格管理。

青藏高原县级以上地方人民政府及其有关部门应当科学实施国土绿化，因地制宜，合理配置乔灌草植被，优先使用乡土树种草种，提升绿化质量，加强有害生物防治和森林草原火灾防范。

第二十六条　国家加强青藏高原湿地保护修复，增强湿地水源涵养、气候调节、生物多样性保护等生态功能，提升湿地固碳能力。

青藏高原县级以上地方人民政府应当加强湿地保护协调工作，采取有效措施，落实湿地面积总量管控目标的要求，优化湿地保护空间布局，强化江河源头、上中游和泥炭沼泽湿地整体保护，对生态功能严重退化的湿地进行综合整治和修复。

禁止在星宿海、扎陵湖、鄂陵湖、若尔盖等泥炭沼泽湿地开采泥炭。禁止开（围）垦、排干自然湿地等破坏湿地及其生态功能的行为。

第二十七条　青藏高原地方各级人民政府及其有关部门应当落实最严格耕地保护制度，采取有效措施提升耕地基础地力，增强耕地生态功能，保护和改善耕地生态环境；鼓励和支持农业生产经营者采取养用结合、盐碱地改良、生态循环、废弃物综合利用等方式，科学利用耕地，推广使用绿色、高效农业生产技术，严格控制化肥、农药施用，科学处置农用薄膜、农作物秸秆等农业废弃物。

第二十八条　国务院林业草原、农业农村主管部门会同国务院有关部门和青藏高原省级人民政府按照职责分工，开展野生动植物物种调查，根据调查情况提出实施保护措施的意见，完善相关名录制度，加强野生动物重要栖息地、迁徙洄游通道和野生植物原生境保护，对野牦牛、藏羚、普氏原羚、雪豹、大熊猫、高黎贡白眉长臂猿、黑颈鹤、川陕哲罗鲑、骨唇黄河鱼、黑斑原鮡、扁吻鱼、尖裸鲤和大花红景天、西藏杓兰、雪兔子等青藏高原珍贵濒危或者特有野生动植物物种实行重点保护。

国家支持开展野生动物救护繁育野化基地以及植物园、高原生物种质资源库建设，加强对青藏高原珍贵濒危或者特有野生动植物物种的救护和迁地保护。

青藏高原县级以上地方人民政府应当组织有关单位和个人积极开展野生动物致害综合防控。对野生动物造成人员伤亡，牲畜、农作物或者其他财产损失的，依法给予补偿。

第二十九条　国家加强青藏高原生物多样性保护，实施生物多样性保护重大工程，防止对生物多样性的破坏。

国务院有关部门和青藏高原地方各级人民政府应当采取有效措施，建立完善生态廊道，提升生态系统完整性和连通性。

第三十条　青藏高原县级以上地方人民政府及其林业草原主管部门，应当采取荒漠化土地封禁保护、植被保护与恢复等措施，加强荒漠生态保护与荒漠化土地综合治理。

第三十一条　青藏高原省级人民政府应当采取封禁抚育、轮封轮牧、移民搬迁等措施，实施高原山地以及农田风沙地带、河岸地带、生态防护带等重点治理工程，提升水土保持功能。

第三十二条　国务院水行政主管部门和青藏高原省级人民政府应当采取有效措施，加强对三江源、祁连山黑河流域、金沙江和岷江上游、雅鲁藏布江以及金沙江、澜沧江、怒江三江并流地区等重要江河源头区和水土流失重点预防区、治理区，人口相对密集高原河谷区的水土流失防治。

禁止在青藏高原水土流失严重、生态脆弱的区域开展可能造成水土流失的生产建设活动。确因国家发展战略和国计民生需要建设的，应当经科学论证，并依法办理审批手续，严格控制扰动范围。

第三十三条　在青藏高原设立探矿权、采矿权应当符合国土空间规划和矿产资源规划要求。依法禁止在长江、黄河、澜沧江、雅鲁藏布江、怒江等江河源头自然保护地内从事不符合生态保护管控要求的采砂、采矿活动。

在青藏高原从事矿产资源勘查、开采活动，探矿权人、采矿权人应当采用先进适用的工艺、设备和产品，选择环保、安全的勘探、开采技术和方法，避免或者减少对矿产资源和生态环境的破坏；禁止使用国家明令淘汰的工艺、设备和产品。在生态环境敏感区从事矿产资源勘查、开采活动，应当符合相关管控要求，采取避让、减缓和及时修复重建等保护措施，防止造成环境污染和生态破坏。

第三十四条　青藏高原县级以上地方人民政府应当因地制宜采取消除地质灾害隐患、土地复垦、恢复植被、防治污染等措施，加快历史遗留矿山生态修复工作，加强对在建和运行中矿山的监督管理，督促采矿权人依法履行矿山污染防治和生态修复责任。

在青藏高原开采矿产资源应当科学编制矿产资源开采方案和矿区生态修复方案。新建矿山应当严格按照绿色矿山建设标准规划设计、建设和运营管理。生产矿山应当实施绿色化升级改造，加强尾矿库运行管理，防范和化解环境和安全风险。"

（3）了解生态风险防控的有关规定

"**第三十五条**　国家建立健全青藏高原生态风险防控体系，采取有效措施提高自然灾害防治、气候变化应对等生态风险防控能力和水平，保障青藏高原生态安全。

第三十六条　国家加强青藏高原自然灾害调查评价和监测预警。

国务院有关部门和青藏高原县级以上地方人民政府及其有关部门应当加强对地震、雪崩、冰崩、山洪、山体崩塌、滑坡、泥石流、冰湖溃决、冻土消融、森林草原火灾、暴雨（雪）、干旱等自然灾害的调查评价和监测预警。

在地质灾害易发区进行工程建设时，应当按照有关规定进行地质灾害危险性评估，及时采取工程治理或者搬迁避让等措施。

第三十七条　国务院有关部门和青藏高原县级以上地方人民政府应当加强自然灾害综合治理，提高地震、山洪、冰湖溃决、地质灾害等自然灾害防御工程标准，建立与青藏高原生态保护相适应的自然灾害防治工程和非工程体系。

交通、水利、电力、市政、边境口岸等基础设施工程建设、运营单位应当依法承担自然灾害防治义务，采取综合治理措施，加强工程建设、运营期间的自然灾害防治，保障人民群众生命财产安全。

第三十八条　重大工程建设可能造成生态和地质环境影响的，建设单位应当根据工程沿线生态和地质环境敏感脆弱区域状况，制定沿线生态和地质环境监测方案，开展生态和地质环境影响的全生命周期监测，包括工程开工前的本底监测、工程建设中的生态和地质环境影响监测、工程运营期的生态和地质环境变化与保护修复跟踪监测。

重大工程建设应当避让野生动物重要栖息地、迁徙洄游通道和国家重点保护野生植物的天然集中分布区；无法避让的，应当采取修建野生动物通道、迁地保护等措施，避免或者减少对自然生态系统与野生动植物的影响。

第三十九条　青藏高原县级以上地方人民政府应当加强对青藏高原种质资源的保护和管理，组织开展种质资源调查与收集，完善相关资源保护设施和数据库。

禁止在青藏高原采集或者采伐国家重点保护的天然种质资源。因科研、有害生物防治、自然灾害防治等需要采集或者采伐的，应当依法取得批准。

第四十条　国务院有关部门和青藏高原省级人民政府按照职责分工，统筹推进区域外来入侵物种防控，实行外来物种引入审批管理，强化入侵物种口岸防控，加强外来入侵物种调查、监测、预警、控制、评估、清除、生态修复等工作。

任何单位和个人未经批准，不得擅自引进、释放或者丢弃外来物种。

第四十一条　国家加强对气候变化及其综合影响的监测，建立气候变化对青藏高原生态系统、气候系统、水资源、珍贵濒危或者特有野生动植物、雪山冰川冻土和自然灾害影响的预测体系，完善生态风险报告和预警机制，强化气候变化对青藏高原影响和高原生态系统演变的评估。

青藏高原省级人民政府应当开展雪山冰川冻土消融退化对区域生态系统影响的监测与风险评估。"

（4）熟悉生态环境分区管控方案和生态环境准入清单的有关规定

"第十四条　青藏高原省级人民政府根据本行政区域的生态环境和资源利用状况，按照生态保护红线、环境质量底线、资源利用上线的要求，从严制定生态环境分区管控方案和生态环境准入清单，报国务院生态环境主管部门备案后实施。生态环境分区管控方案和生态环境准入清单应当与国土空间规划相衔接。"

（十三）《中华人民共和国黑土地保护法》

（1）了解黑土地的含义

"第二条　从事黑土地保护、利用和相关治理、修复等活动，适用本法。本法没有规定的，适用土地管理等有关法律的规定。

本法所称黑土地，是指黑龙江省、吉林省、辽宁省、内蒙古自治区（以下简称四省区）的相关区域范围内具有黑色或者暗黑色腐殖质表土层，性状好、肥力高的耕地。"

（2）掌握建设项目占用黑土地的有关规定

"第二十一条　建设项目不得占用黑土地；确需占用的，应当依法严格审批，并补充数量和质量相当的耕地。

建设项目占用黑土地的，应当按照规定的标准对耕作层的土壤进行剥离。剥离的黑土应当就近用于新开垦耕地和劣质耕地改良、被污染耕地的治理、高标准农田建设、土地复垦等。建设项目主体应当制定剥离黑土的再利用方案，报自然资源主管部门备案。具体办法由四省区人民政府分别制定。"

（十四）《中华人民共和国防沙治沙法》

熟悉沙化土地范围内从事开发建设活动和沙化土地封禁保护区管理的有关规定

"第二十二条　在沙化土地封禁保护区范围内，禁止一切破坏植被的活动。

禁止在沙化土地封禁保护区范围内安置移民。对沙化土地封禁保护区范围内的农牧民，县级以上地方人民政府应当有计划地组织迁出，并妥善安置。沙化土地封禁保护区范围内尚未迁出的农牧民的生产生活，由沙化土地封禁保护区主管部门妥善安排。

未经国务院或者国务院指定的部门同意，不得在沙化土地封禁保护区范围内进行修建铁路、公路等建设活动。"

（十五）《中华人民共和国土地管理法》

（1）了解土地用途管制制度的有关规定

"第四条　国家实行土地用途管制制度。国家编制土地利用总体规划，规定土地用途，将土地分为农用地、建设用地和未利用地。严格限制农用地转为建设用地，控制建设用地总量，对耕地实行特殊保护。

前款所称农用地是指直接用于农业生产的土地，包括耕地、林地、草地、农田水利用地、养殖水面等；建设用地是指建造建筑物、构筑物的土地，包括城乡住宅和公共设施用地、工矿用地、交通水利设施用地、旅游用地、军事设施用地等；未利用地是指农用地和建设用地以外的土地。

使用土地的单位和个人必须严格按照土地利用总体规划确定的用途使用土地。"

（2）熟悉保护耕地的有关规定

"第三十条　国家保护耕地，严格控制耕地转为非耕地。

国家实行占用耕地补偿制度。非农业建设经批准占用耕地的，按照'占多少，垦多少'的原则，由占用耕地的单位负责开垦与所占耕地的数量和质量相当的耕地；没有条件开垦或者开垦的耕地不符合要求的，应当按照省、自治区、直辖市的规定缴纳耕地开垦费，专款用于开垦新的耕地。

省、自治区、直辖市人民政府应当制定开垦耕地计划，监督占用耕地的单位按照计划开垦耕地或者按照计划组织开垦耕地，并进行验收。"

（3）掌握永久基本农田保护制度的有关规定

"第三十三条　国家实行永久基本农田保护制度。下列耕地应当根据土地利用总体规划划为永久基本农田，实行严格保护：

（一）经国务院农业农村主管部门或者县级以上地方人民政府批准确定的粮、棉、油、糖等重要农产品生产基地内的耕地；

（二）有良好的水利与水土保持设施的耕地，正在实施改造计划以及可以改造的中、低产田和已建成的高标准农田；

（三）蔬菜生产基地；

（四）农业科研、教学试验田；

（五）国务院规定应当划为永久基本农田的其他耕地。

各省、自治区、直辖市划定的永久基本农田一般应当占本行政区域内耕地的百分之八十以上，具体比例由国务院根据各省、自治区、直辖市耕地实际情况规定。"

"第三十五条　永久基本农田经依法划定后，任何单位和个人不得擅自占用或者改变其用途。国家能源、交通、水利、军事设施等重点建设项目选址确实难以避让永久基本农田，涉及农用地转用或者土地征收的，必须经国务院批准。

禁止通过擅自调整县级土地利用总体规划、乡（镇）土地利用总体规划等方式规避永久基本农田农用地转用或者土地征收的审批。"

"第三十七条　非农业建设必须节约使用土地，可以利用荒地的，不得占用耕地；可以利用劣地的，不得占用好地。

禁止占用耕地建窑、建坟或者擅自在耕地上建房、挖砂、采石、采矿、取土等。

禁止占用永久基本农田发展林果业和挖塘养鱼。"

（4）掌握非农建设占用土地的有关规定

"第三章　土地利用总体规划

第十五条　各级人民政府应当依据国民经济和社会发展规划、国土整治和资源环境保护的要求、土地供给能力以及各项建设对土地的需求，组织编制土地利用总体规划。

土地利用总体规划的规划期限由国务院规定。

第十六条　下级土地利用总体规划应当依据上一级土地利用总体规划编制。

地方各级人民政府编制的土地利用总体规划中的建设用地总量不得超过上一级土地利用总体规划确定的控制指标，耕地保有量不得低于上一级土地利用总体规划确定的控制指标。

省、自治区、直辖市人民政府编制的土地利用总体规划，应当确保本行政区域内耕地总量不减少。

第十七条　土地利用总体规划按照下列原则编制：

（一）落实国土空间开发保护要求，严格土地用途管制；

（二）严格保护永久基本农田，严格控制非农业建设占用农用地；

（三）提高土地节约集约利用水平；

（四）统筹安排城乡生产、生活、生态用地，满足乡村产业和基础设施用地合理需求，促进城乡融合发展；

（五）保护和改善生态环境，保障土地的可持续利用；

（六）占用耕地与开发复垦耕地数量平衡、质量相当。

第十八条　国家建立国土空间规划体系。编制国土空间规划应当坚持生态优先、绿色、可持续发展，科学有序统筹安排生态、农业、城镇等功能空间，优化国土空间结构和布局，提升国土空间开发、保护的质量和效率。

经依法批准的国土空间规划是各类开发、保护、建设活动的基本依据。已经编制国土空间规划的，不再编制土地利用总体规划和城乡规划。

第十九条　县级土地利用总体规划应当划分土地利用区，明确土地用途。

乡（镇）土地利用总体规划应当划分土地利用区，根据土地使用条件，确定每一块土地的用途，并予以公告。

第二十条　土地利用总体规划实行分级审批。

省、自治区、直辖市的土地利用总体规划，报国务院批准。

省、自治区、直辖市的土地利用总体规划，报国务院批准。

省、自治区人民政府所在地的市、人口在一百万以上的城市以及国务院指定的城市的土地利用总体规划，经省、自治区人民政府审查同意后，报国务院批准。

本条第二款、第三款规定以外的土地利用总体规划，逐级上报省、自治区、直辖市人民政府批准；其中，乡（镇）土地利用总体规划可以由省级人民政府授权的设区的市、自治州人民政府批准。

土地利用总体规划一经批准，必须严格执行。

第二十一条　城市建设用地规模应当符合国家规定的标准，充分利用现有建设用地，不占或者尽量少占农用地。

城市总体规划、村庄和集镇规划，应当与土地利用总体规划相衔接，城市总体规划、村庄和集镇规划中建设用地规模不得超过土地利用总体规划确定的城市和村庄、集镇建设用地规模。

在城市规划区内、村庄和集镇规划区内，城市和村庄、集镇建设用地应当符合城市规划、村庄和集镇规划。"

"第四章　耕地保护

第三十条　国家保护耕地，严格控制耕地转为非耕地。

国家实行占用耕地补偿制度。非农业建设经批准占用耕地的，按照'占多少，垦多少'的原则，由占用耕地的单位负责开垦与所占用耕地的数量和质量相当的耕地；没有条件开垦或者开垦的耕地不符合要求的，应当按照省、自治区、直辖市的规定缴纳耕地开垦费，专款用于开垦新的耕地。

省、自治区、直辖市人民政府应当制定开垦耕地计划，监督占用耕地的单位按照计划开垦耕地或者按照计划组织开垦耕地，并进行验收。"

"第三十三条　国家实行永久基本农田保护制度。下列耕地应当根据土地利用总体规划划为永久基本农田，实行严格保护：

（一）经国务院农业农村主管部门或者县级以上地方人民政府批准确定的粮、棉、油、糖等重要农产品生产基地内的耕地；

（二）有良好的水利与水土保持设施的耕地，正在实施改造计划以及可以改造的中、低产田和已建成的高标准农田；

（三）蔬菜生产基地；

（四）农业科研、教学试验田；

（五）国务院规定应当划为永久基本农田的其他耕地。

各省、自治区、直辖市划定的永久基本农田一般应当占本行政区域内耕地的百分之八十以上，具体比例由国务院根据各省、自治区、直辖市耕地实际情况规定。"

"第三十五条　永久基本农田经依法划定后，任何单位和个人不得擅自占用或者改变其用途。国家能源、交通、水利、军事设施等重点建设项目选址确实难以避让永久基本农田，涉及农用地转用或者土地征收的，必须经国务院批准。

禁止通过擅自调整县级土地利用总体规划、乡（镇）土地利用总体规划等方式规避永久基本农田农用地转用或者土地征收的审批。"

"第三十七条　非农业建设必须节约使用土地，可以利用荒地的，不得占用耕地；可以利用劣地的，不得占用好地。

禁止占用耕地建窑、建坟或者擅自在耕地上建房、挖砂、采石、采矿、取土等。

禁止占用永久基本农田发展林果业和挖塘养鱼。"

"第五章　建设用地

第四十四条　建设占用土地，涉及农用地转为建设用地的，应当办理农用地转用审批手续。

永久基本农田转为建设用地的，由国务院批准。

在土地利用总体规划确定的城市和村庄、集镇建设用地规模范围内，为实施该规划而将永久基本农田以外的农用地转为建设用地的，按土地利用年度计划分批次按照国务院规定由原批准土地利用总体规划的机关或者其授权的机关批准。在已批准的农用地转用范围内，具体建设项目用地可以由市、县人民政府批准。

在土地利用总体规划确定的城市和村庄、集镇建设用地规模范围外，将永久基本农田以外的农用地转为建设用地的，由国务院或者国务院授权的省、自治区、直辖市人民政府批准。

第四十五条　为了公共利益的需要，有下列情形之一，确需征收农民集体所有的土地的，可以依法实施征收：

（一）军事和外交需要用地的；

（二）由政府组织实施的能源、交通、水利、通信、邮政等基础设施建设需要用地的；

（三）由政府组织实施的科技、教育、文化、卫生、体育、生态环境和资源保护、防灾减灾、文物保护、社区综合服务、社会福利、市政公用、优抚安置、英烈保护等公共事业需要用地的；

（四）由政府组织实施的扶贫搬迁、保障性安居工程建设需要用地的；

（五）在土地利用总体规划确定的城镇建设用地范围内，经省级以上人民政府批准由县级以上地方人民政府组织实施的成片开发建设需要用地的；

（六）法律规定为公共利益需要可以征收农民集体所有的土地的其他情形。

前款规定的建设活动，应当符合国民经济和社会发展规划、土地利用总体规划、城乡规划和专项规划；第（四）项、第（五）项规定的建设活动，还应当纳入国民经济和社会发展年度计划；第（五）项规定的成片开发并应当符合国务院自然资源主管部门规定的标准。

第四十六条 征收下列土地的，由国务院批准：

（一）永久基本农田；

（二）永久基本农田以外的耕地超过三十五公顷的；

（三）其他土地超过七十公顷的。

征收前款规定以外的土地的，由省、自治区、直辖市人民政府批准。

征收农用地的，应当依照本法第四十四条的规定先行办理农用地转用审批。其中，经国务院批准农用地转用的，同时办理征地审批手续，不再另行办理征地审批；经省、自治区、直辖市人民政府在征地批准权限内批准农用地转用的，同时办理征地审批手续，不再另行办理征地审批，超过征地批准权限的，应当依照本条第一款的规定另行办理征地审批。

第四十七条 国家征收土地的，依照法定程序批准后，由县级以上地方人民政府予以公告并组织实施。

县级以上地方人民政府拟申请征收土地的，应当开展拟征收土地现状调查和社会稳定风险评估，并将征收范围、土地现状、征收目的、补偿标准、安置方式和社会保障等在拟征收土地所在的乡（镇）和村、村民小组范围内公告至少三十日，听取被征地的农村集体经济组织及其成员、村民委员会和其他利害关系人的意见。

多数被征地的农村集体经济组织成员认为征地补偿安置方案不符合法律、法规规定的，县级以上地方人民政府应当组织召开听证会，并根据法律、法规的规定和听证会情况修改方案。

拟征收土地的所有权人、使用权人应当在公告规定期限内，持不动产权属证明材料办理补偿登记。县级以上地方人民政府应当组织有关部门测算并落实有关费用，保证足额到位，与拟征收土地的所有权人、使用权人就补偿、安置等签订协议；个别确实难以达成协议的，应当在申请征收土地时如实说明。

相关前期工作完成后，县级以上地方人民政府方可申请征收土地。"

"第五十三条　经批准的建设项目需要使用国有建设用地的，建设单位应当持法律、行政法规规定的有关文件，向有批准权的县级以上人民政府自然资源主管部门提出建设用地申请，经自然资源主管部门审查，报本级人民政府批准。

第五十四条　建设单位使用国有土地，应当以出让等有偿使用方式取得；但是，下列建设用地，经县级以上人民政府依法批准，可以以划拨方式取得：

（一）国家机关用地和军事用地；

（二）城市基础设施用地和公益事业用地；

（三）国家重点扶持的能源、交通、水利等基础设施用地；

（四）法律、行政法规规定的其他用地。

第五十五条　以出让等有偿使用方式取得国有土地使用权的建设单位，按照国务院规定的标准和办法，缴纳土地使用权出让金等土地有偿使用费和其他费用后，方可使用土地。"

（十六）《中华人民共和国矿产资源法》

（1）熟悉非经国务院授权的有关主管部门同意不得开采矿产资源的地区

"第二十条　非经国务院授权的有关主管部门同意，不得在下列地区开采矿产资源：

（一）港口、机场、国防工程设施圈定地区以内；

（二）重要工业区、大型水利工程设施、城镇市政工程设施附近一定距离以内；

（三）铁路、重要公路两侧一定距离以内；

（四）重要河流、堤坝两侧一定距离以内；

（五）国家划定的自然保护区、重要风景区，国家重点保护的不能移动的历史文物和名胜古迹所在地；

（六）国家规定不得开采矿产资源的其他地区。"

（2）了解关闭矿山的有关规定

"第二十一条　关闭矿山，必须提出矿山闭坑报告及有关采掘工程、安全隐患、土地复垦利用、环境保护的资料，并按照国家规定报请审查批准。"

（3）掌握矿产资源开采环境保护的有关规定

　　"第三十二条　开采矿产资源，必须遵守有关环境保护的法律规定，防止污染环境。

　　开采矿产资源，应当节约用地。耕地、草原、林地因采矿受到破坏的，矿山企业应当因地制宜地采取复垦利用、植树种草或者其他利用措施。

　　开采矿产资源给他人生产、生活造成损失的，应当负责赔偿，并采取必要的补救措施。

　　第三十三条　在建设铁路、工厂、水库、输油管道、输电线路和各种大型建筑物或者建筑群之前，建设单位必须向所在省、自治区、直辖市地质矿产主管部门了解拟建工程所在地区的矿产资源分布和开采情况。非经国务院授权的部门批准，不得压覆重要矿床。"

（十七）《中华人民共和国森林法》

（1）了解进行勘查、开采矿藏和各项建设工程占用或者征用林地的有关规定

　　"第三十七条　矿藏勘查、开采以及其他各类工程建设，应当不占或者少占林地；确需占用林地的，应当经县级以上人民政府林业主管部门审核同意，依法办理建设用地审批手续。

　　占用林地的单位应当缴纳森林植被恢复费。森林植被恢复费征收使用管理办法由国务院财政部门会同林业主管部门制定。

　　县级以上人民政府林业主管部门应当按照规定安排植树造林，恢复森林植被，植树造林面积不得少于因占用林地而减少的森林植被面积。上级林业主管部门应当定期督促下级林业主管部门组织植树造林、恢复森林植被，并进行检查。"

（2）熟悉禁止毁林开垦、开采等行为的有关规定

　　"第三十九条　禁止毁林开垦、采石、采砂、采土以及其他毁坏林木和林地的行为。

　　禁止向林地排放重金属或者其他有毒有害物质含量超标的污水、污泥，以及可能造成林地污染的清淤底泥、尾矿、矿渣等。

　　禁止在幼林地砍柴、毁苗、放牧。

　　禁止擅自移动或者损坏森林保护标志。"

（3）熟悉采伐森林和林木必须遵守的规定

　　"第五十五条　采伐森林、林木应当遵守下列规定：

　　（一）公益林只能进行抚育、更新和低质低效林改造性质的采伐。但是，因科研或者实验、防治林业有害生物、建设护林防火设施、营造生物防火隔离带、

遭受自然灾害等需要采伐的除外。

（二）商品林应当根据不同情况，采取不同采伐方式，严格控制皆伐面积，伐育同步规划实施。

（三）自然保护区的林木，禁止采伐。但是，因防治林业有害生物、森林防火、维护主要保护对象生存环境、遭受自然灾害等特殊情况必须采伐的和实验区的竹林除外。

省级以上人民政府林业主管部门应当根据前款规定，按照森林分类经营管理、保护优先、注重效率和效益等原则，制定相应的林木采伐技术规程。"

（十八）《中华人民共和国草原法》

熟悉基本草原保护的有关规定

"第四十二条　国家实行基本草原保护制度。下列草原应当划为基本草原，实施严格管理：

（一）重要放牧场；

（二）割草地；

（三）用于畜牧业生产的人工草地、退耕还草地以及改良草地、草种基地；

（四）对调节气候、涵养水源、保持水土、防风固沙具有特殊作用的草原；

（五）作为国家重点保护野生动植物生存环境的草原；

（六）草原科研、教学试验基地；

（七）国务院规定应当划为基本草原的其他草原。

基本草原的保护管理办法，由国务院制定。"

（十九）《中华人民共和国湿地保护法》

（1）了解湿地的含义及湿地保护应当坚持的原则

"第二条　在中华人民共和国领域及管辖的其他海域内从事湿地保护、利用、修复及相关管理活动，适用本法。

本法所称湿地，是指具有显著生态功能的自然或者人工的、常年或者季节性积水地带、水域，包括低潮时水深不超过六米的海域，但是水田以及用于养殖的人工的水域和滩涂除外。国家对湿地实行分级管理及名录制度。

江河、湖泊、海域等的湿地保护、利用及相关管理活动还应当适用《中华人民共和国水法》《中华人民共和国防洪法》《中华人民共和国水污染防治法》《中华人民共和国海洋环境保护法》《中华人民共和国长江保护法》《中华人民共和国渔业法》《中华人民共和国海域使用管理法》等有关法律的规定。

第三条　湿地保护应当坚持保护优先、严格管理、系统治理、科学修复、合理利用的原则，发挥湿地涵养水源、调节气候、改善环境、维护生物多样性等多种生态功能。"

（2）掌握湿地面积总量管控制度和湿地分级管理的规定

"第十三条　国家实行湿地面积总量管控制度，将湿地面积总量管控目标纳入湿地保护目标责任制。

国务院林业草原、自然资源主管部门会同国务院有关部门根据全国湿地资源状况、自然变化情况和湿地面积总量管控要求，确定全国和各省、自治区、直辖市湿地面积总量管控目标，报国务院批准。地方各级人民政府应当采取有效措施，落实湿地面积总量管控目标的要求。

第十四条　国家对湿地实行分级管理，按照生态区位、面积以及维护生态功能、生物多样性的重要程度，将湿地分为重要湿地和一般湿地。重要湿地包括国家重要湿地和省级重要湿地，重要湿地以外的湿地为一般湿地。重要湿地依法划入生态保护红线。

国务院林业草原主管部门会同国务院自然资源、水行政、住房城乡建设、生态环境、农业农村等有关部门发布国家重要湿地名录及范围，并设立保护标志。国际重要湿地应当列入国家重要湿地名录。

省、自治区、直辖市人民政府或者其授权的部门负责发布省级重要湿地名录及范围，并向国务院林业草原主管部门备案。

一般湿地的名录及范围由县级以上地方人民政府或者其授权的部门发布。"

（3）掌握湿地占用管理的有关规定

"第十九条　国家严格控制占用湿地。

禁止占用国家重要湿地，国家重大项目、防灾减灾项目、重要水利及保护设施项目、湿地保护项目等除外。

建设项目选址、选线应当避让湿地，无法避让的应当尽量减少占用，并采取必要措施减轻对湿地生态功能的不利影响。

建设项目规划选址、选线审批或者核准时，涉及国家重要湿地的，应当征求国务院林业草原主管部门的意见；涉及省级重要湿地或者一般湿地的，应当按照管理权限，征求县级以上地方人民政府授权的部门的意见。

第二十条　建设项目确需临时占用湿地的，应当依照《中华人民共和国土地管理法》《中华人民共和国水法》《中华人民共和国森林法》《中华人民共和国草原法》《中华人民共和国海域使用管理法》等有关法律法规的规定办理。临时占用湿地的期限一般不得超过两年，并不得在临时占用的湿地上修建永久性建筑物。

临时占用湿地期满后一年内，用地单位或者个人应当恢复湿地面积和生态条件。

第二十一条　除因防洪、航道、港口或者其他水工程占用河道管理范围及蓄滞洪区内的湿地外，经依法批准占用重要湿地的单位应当根据当地自然条件恢复或者重建与所占用湿地面积和质量相当的湿地；没有条件恢复、重建的，应当缴纳湿地恢复费。缴纳湿地恢复费的，不再缴纳其他相同性质的恢复费用。

湿地恢复费缴纳和使用管理办法由国务院财政部门会同国务院林业草原等有关部门制定。"

（4）掌握湿地保护与利用的有关规定

"第二十三条　国家坚持生态优先、绿色发展，完善湿地保护制度，健全湿地保护政策支持和科技支撑机制，保障湿地生态功能和永续利用，实现生态效益、社会效益、经济效益相统一。

第二十四条　省级以上人民政府及其有关部门根据湿地保护规划和湿地保护需要，依法将湿地纳入国家公园、自然保护区或者自然公园。

第二十五条　地方各级人民政府及其有关部门应当采取措施，预防和控制人为活动对湿地及其生物多样性的不利影响，加强湿地污染防治，减缓人为因素和自然因素导致的湿地退化，维护湿地生态功能稳定。

在湿地范围内从事旅游、种植、畜牧、水产养殖、航运等利用活动，应当避免改变湿地的自然状况，并采取措施减轻对湿地生态功能的不利影响。

县级以上人民政府有关部门在办理环境影响评价、国土空间规划、海域使用、养殖、防洪等相关行政许可时，应当加强对有关湿地利用活动的必要性、合理性以及湿地保护措施等内容的审查。

第二十六条　地方各级人民政府对省级重要湿地和一般湿地利用活动进行分类指导，鼓励单位和个人开展符合湿地保护要求的生态旅游、生态农业、生态教育、自然体验等活动，适度控制种植养殖等湿地利用规模。

地方各级人民政府应当鼓励有关单位优先安排当地居民参与湿地管护。

第二十七条　县级以上地方人民政府应当充分考虑保障重要湿地生态功能的需要，优化重要湿地周边产业布局。

县级以上地方人民政府可以采取定向扶持、产业转移、吸引社会资金、社区共建等方式，推动湿地周边地区绿色发展，促进经济发展与湿地保护相协调。

第二十八条　禁止下列破坏湿地及其生态功能的行为：

（一）开（围）垦、排干自然湿地，永久性截断自然湿地水源；

（二）擅自填埋自然湿地，擅自采砂、采矿、取土；

（三）排放不符合水污染物排放标准的工业废水、生活污水及其他污染湿地的废水、污水，倾倒、堆放、丢弃、遗撒固体废物；

（四）过度放牧或者滥采野生植物，过度捕捞或者灭绝式捕捞，过度施肥、投药、投放饵料等污染湿地的种植养殖行为；

（五）其他破坏湿地及其生态功能的行为。

第二十九条 县级以上人民政府有关部门应当按照职责分工，开展湿地有害生物监测工作，及时采取有效措施预防、控制、消除有害生物对湿地生态系统的危害。

第三十条 县级以上人民政府应当加强对国家重点保护野生动植物集中分布湿地的保护。任何单位和个人不得破坏鸟类和水生生物的生存环境。

禁止在以水鸟为保护对象的自然保护地及其他重要栖息地从事捕鱼、挖捕底栖生物、捡拾鸟蛋、破坏鸟巢等危及水鸟生存、繁衍的活动。开展观鸟、科学研究以及科普活动等应当保持安全距离，避免影响鸟类正常觅食和繁殖。

在重要水生生物产卵场、索饵场、越冬场和洄游通道等重要栖息地应当实施保护措施。经依法批准在洄游通道建闸、筑坝，可能对水生生物洄游产生影响的，建设单位应当建造过鱼设施或者采取其他补救措施。

禁止向湿地引进和放生外来物种，确需引进的应当进行科学评估，并依法取得批准。

第三十一条 国务院水行政主管部门和地方各级人民政府应当加强对河流、湖泊范围内湿地的管理和保护，因地制宜采取水系连通、清淤疏浚、水源涵养与水土保持等治理修复措施，严格控制河流源头和蓄滞洪区、水土流失严重区等区域的湿地开发利用活动，减轻对湿地及其生物多样性的不利影响。

第三十二条 国务院自然资源主管部门和沿海地方各级人民政府应当加强对滨海湿地的管理和保护，严格管控围填滨海湿地。经依法批准的项目，应当同步实施生态保护修复，减轻对滨海湿地生态功能的不利影响。

第三十三条 国务院住房城乡建设主管部门和地方各级人民政府应当加强对城市湿地的管理和保护，采取城市水系治理和生态修复等措施，提升城市湿地生态质量，发挥城市湿地雨洪调蓄、净化水质、休闲游憩、科普教育等功能。

第三十四条 红树林湿地所在地县级以上地方人民政府应当组织编制红树林湿地保护专项规划，采取有效措施保护红树林湿地。

红树林湿地应当列入重要湿地名录；符合国家重要湿地标准的，应当优先列入国家重要湿地名录。

禁止占用红树林湿地。经省级以上人民政府有关部门评估，确因国家重大项目、防灾减灾等需要占用的，应当依照有关法律规定办理，并做好保护和修复工作。相关建设项目改变红树林所在河口水文情势、对红树林生长产生较大影响的，应当采取有效措施减轻不利影响。

禁止在红树林湿地挖塘，禁止采伐、采挖、移植红树林或者过度采摘红树林种子，禁止投放、种植危害红树林生长的物种。因科研、医药或者红树林湿地保护等需要采伐、采挖、移植、采摘的，应当依照有关法律法规办理。

第三十五条　泥炭沼泽湿地所在地县级以上地方人民政府应当制定泥炭沼泽湿地保护专项规划，采取有效措施保护泥炭沼泽湿地。

符合重要湿地标准的泥炭沼泽湿地，应当列入重要湿地名录。

禁止在泥炭沼泽湿地开采泥炭或者擅自开采地下水；禁止将泥炭沼泽湿地蓄水向外排放，因防灾减灾需要的除外。

第三十六条　国家建立湿地生态保护补偿制度。

国务院和省级人民政府应当按照事权划分原则加大对重要湿地保护的财政投入，加大对重要湿地所在地区的财政转移支付力度。

国家鼓励湿地生态保护地区与湿地生态受益地区人民政府通过协商或者市场机制进行地区间生态保护补偿。

因生态保护等公共利益需要，造成湿地所有者或者使用者合法权益受到损害的，县级以上人民政府应当给予补偿。"

（二十）《中华人民共和国野生动物保护法》

（1）了解该法的适用范围

"第二条　在中华人民共和国领域及管辖的其他海域，从事野生动物保护及相关活动，适用本法。

本法规定保护的野生动物，是指珍贵、濒危的陆生、水生野生动物和有重要生态、科学、社会价值的陆生野生动物。

本法规定的野生动物及其制品，是指野生动物的整体（含卵、蛋）、部分及其衍生物。

珍贵、濒危的水生野生动物以外的其他水生野生动物的保护，适用《中华人民共和国渔业法》等有关法律的规定。"

（2）了解野生动物分类分级保护的有关规定

"第十条　国家对野生动物实行分类分级保护。

国家对珍贵、濒危的野生动物实行重点保护。国家重点保护的野生动物分为一级保护野生动物和二级保护野生动物。国家重点保护野生动物名录，由国务院野生动物保护主管部门组织科学论证评估后，报国务院批准公布。

有重要生态、科学、社会价值的陆生野生动物名录，由国务院野生动物保护主管部门征求国务院农业农村、自然资源、科学技术、生态环境、卫生健康等部门意见，组织科学论证评估后制定并公布。

地方重点保护野生动物，是指国家重点保护野生动物以外，由省、自治区、直辖市重点保护的野生动物。地方重点保护野生动物名录，由省、自治区、直辖市人民政府组织科学论证评估，征求国务院野生动物保护主管部门意见后制定、公布。

对本条规定的名录，应当每五年组织科学论证评估，根据论证评估情况进行调整，也可以根据野生动物保护的实际需要及时进行调整。"

（3）熟悉野生动物及其栖息地状况调查、监测和评估的内容

"第十一条　县级以上人民政府野生动物保护主管部门应当加强信息技术应用，定期组织或者委托有关科学研究机构对野生动物及其栖息地状况进行调查、监测和评估，建立健全野生动物及其栖息地档案。

对野生动物及其栖息地状况的调查、监测和评估应当包括下列内容：

（一）野生动物野外分布区域、种群数量及结构；

（二）野生动物栖息地的面积、生态状况；

（三）野生动物及其栖息地的主要威胁因素；

（四）野生动物人工繁育情况等其他需要调查、监测和评估的内容。"

（4）熟悉有关开发利用规划编制和建设项目保护野生动物的有关规定

"第十三条　县级以上人民政府及其有关部门在编制有关开发利用规划时，应当充分考虑野生动物及其栖息地保护的需要，分析、预测和评估规划实施可能对野生动物及其栖息地保护产生的整体影响，避免或者减少规划实施可能造成的不利后果。

禁止在自然保护地建设法律法规规定不得建设的项目。机场、铁路、公路、航道、水利水电、风电、光伏发电、围堰、围填海等建设项目的选址选线，应当避让自然保护地以及其他野生动物重要栖息地、迁徙洄游通道；确实无法避让的，应当采取修建野生动物通道、过鱼设施等措施，消除或者减少对野生动物的不利影响。

建设项目可能对自然保护地以及其他野生动物重要栖息地、迁徙洄游通道产生影响的，环境影响评价文件的审批部门在审批环境影响评价文件时，涉及国家重点保护野生动物的，应当征求国务院野生动物保护主管部门意见；涉及地方重点保护野生动物的，应当征求省、自治区、直辖市人民政府野生动物保护主管部门意见。"

（二十一）《中华人民共和国渔业法》

（1）了解该法的适用范围

"第二条　在中华人民共和国的内水、滩涂、领海、专属经济区以及中华人民共和国管辖的一切其他海域从事养殖和捕捞水生动物、水生植物等渔业生产

活动，都必须遵守本法。"

（2）熟悉渔业资源的增殖和保护的有关规定

"第二十八条　县级以上人民政府渔业行政主管部门应当对其管理的渔业水域统一规划，采取措施，增殖渔业资源。县级以上人民政府渔业行政主管部门可以向受益的单位和个人征收渔业资源增殖保护费，专门用于增殖和保护渔业资源。渔业资源增殖保护费的征收办法由国务院渔业行政主管部门会同财政部门制定，报国务院批准后施行。

第二十九条　国家保护水产种质资源及其生存环境，并在具有较高经济价值和遗传育种价值的水产种质资源的主要生长繁育区域建立水产种质资源保护区。未经国务院渔业行政主管部门批准，任何单位或者个人不得在水产种质资源保护区内从事捕捞活动。

第三十条　禁止使用炸鱼、毒鱼、电鱼等破坏渔业资源的方法进行捕捞。禁止制造、销售、使用禁用的渔具。禁止在禁渔区、禁渔期进行捕捞。禁止使用小于最小网目尺寸的网具进行捕捞。捕捞的渔获物中幼鱼不得超过规定的比例。在禁渔区或者禁渔期内禁止销售非法捕捞的渔获物。

重点保护的渔业资源品种及其可捕捞标准，禁渔区和禁渔期，禁止使用或者限制使用的渔具和捕捞方法，最小网目尺寸以及其他保护渔业资源的措施，由国务院渔业行政主管部门或者省、自治区、直辖市人民政府渔业行政主管部门规定。

第三十一条　禁止捕捞有重要经济价值的水生动物苗种。因养殖或者其他特殊需要，捕捞有重要经济价值的苗种或者禁捕的怀卵亲体的，必须经国务院渔业行政主管部门或者省、自治区、直辖市人民政府渔业行政主管部门批准，在指定的区域和时间内，按照限额捕捞。

在水生动物苗种重点产区引水用水时，应当采取措施，保护苗种。

第三十二条　在鱼、虾、蟹洄游通道建闸、筑坝，对渔业资源有严重影响的，建设单位应当建造过鱼设施或者采取其他补救措施。

第三十三条　用于渔业并兼有调蓄、灌溉等功能的水体，有关主管部门应当确定渔业生产所需的最低水位线。

第三十四条　禁止围湖造田。沿海滩涂未经县级以上人民政府批准，不得围垦；重要的苗种基地和养殖场所不得围垦。

第三十五条　进行水下爆破、勘探、施工作业，对渔业资源有严重影响的，作业单位应当事先同有关县级以上人民政府渔业行政主管部门协商，采取措施，防止或者减少对渔业资源的损害；造成渔业资源损失的，由有关县级以上人民政府责令赔偿。

第三十六条　各级人民政府应当采取措施，保护和改善渔业水域的生态环境，防治污染。

渔业水域生态环境的监督管理和渔业污染事故的调查处理，依照《中华人民共和国海洋环境保护法》和《中华人民共和国水污染防治法》的有关规定执行。

第三十七条　国家对白鳍豚等珍贵、濒危水生野生动物实行重点保护，防止其灭绝。禁止捕杀、伤害国家重点保护的水生野生动物。因科学研究、驯养繁殖、展览或者其他特殊情况，需要捕捞国家重点保护的水生野生动物的，依照《中华人民共和国野生动物保护法》的规定执行。"

（二十二）《中华人民共和国文物保护法》

熟悉涉及不可移动文物的建设项目管理的有关规定

"第十七条　文物保护单位的保护范围内不得进行其他建设工程或者爆破、钻探、挖掘等作业。但是，因特殊情况需要在文物保护单位的保护范围内进行其他建设工程或者爆破、钻探、挖掘等作业的，必须保证文物保护单位的安全，并经核定公布该文物保护单位的人民政府批准，在批准前应当征得上一级人民政府文物行政部门同意；在全国重点文物保护单位的保护范围内进行其他建设工程或者爆破、钻探、挖掘等作业的，必须经省、自治区、直辖市人民政府批准，在批准前应当征得国务院文物行政部门同意。

第十八条　根据保护文物的实际需要，经省、自治区、直辖市人民政府批准，可以在文物保护单位的周围划出一定的建设控制地带，并予以公布。

在文物保护单位的建设控制地带内进行建设工程，不得破坏文物保护单位的历史风貌；工程设计方案应当根据文物保护单位的级别，经相应的文物行政部门同意后，报城乡建设规划部门批准。

第十九条　在文物保护单位的保护范围和建设控制地带内，不得建设污染文物保护单位及其环境的设施，不得进行可能影响文物保护单位安全及其环境的活动。对已有的污染文物保护单位及其环境的设施，应当限期治理。

第二十条　建设工程选址，应当尽可能避开不可移动文物；因特殊情况不能避开的，对文物保护单位应当尽可能实施原址保护。

实施原址保护的，建设单位应当事先确定保护措施，根据文物保护单位的级别报相应的文物行政部门批准；未经批准的，不得开工建设。

无法实施原址保护，必须迁移异地保护或者拆除的，应当报省、自治区、直辖市人民政府批准；迁移或者拆除省级文物保护单位的，批准前须征得国务院文物行政部门同意。全国重点文物保护单位不得拆除；需要迁移的，须由省、自治区、直辖市人民政府报国务院批准。

依照前款规定拆除的国有不可移动文物中具有收藏价值的壁画、雕塑、建筑构件等，由文物行政部门指定的文物收藏单位收藏。

本条规定的原址保护、迁移、拆除所需费用，由建设单位列入建设工程预算。"

（二十三）《中华人民共和国河道管理条例》

（1）熟悉城镇建设和发展不得占用河道滩地的有关规定

"第十六条　城镇建设和发展不得占用河道滩地。城镇规划的临河界限，由河道主管机关会同城镇规划等有关部门确定。沿河城镇在编制和审查城镇规划时，应当事先征求河道主管机关的意见。"

（2）掌握在河道管理范围和堤防安全保护区内进行生产活动或排污的有关规定

"第二十四条　在河道管理范围内，禁止修建围堤、阻水渠道、阻水道路；种植高秆农作物、芦苇、杞柳、荻柴和树木（堤防防护林除外）；设置拦河渔具；弃置矿渣、石渣、煤灰、泥土、垃圾等。

在堤防和护堤地，禁止建房、放牧、开渠、打井、挖窖、葬坟、晒粮、存放物料、开采地下资源、进行考古发掘以及开展集市贸易活动。

第二十五条　在河道管理范围内进行下列活动，必须报经河道主管机关批准；涉及其他部门的，由河道主管机关会同有关部门批准：

（一）采砂、取土、淘金、弃置砂石或者淤泥；

（二）爆破、钻探、挖筑鱼塘；

（三）在河道滩地存放物料、修建厂房或者其他建筑设施；

（四）在河道滩地开采地下资源及进行考古发掘。

第二十六条　根据堤防的重要程度、堤基土质条件等，河道主管机关报经县级以上人民政府批准，可以在河道管理范围的相连地域划定堤防安全保护区。在堤防安全保护区内，禁止进行打井、钻探、爆破、挖筑鱼塘、采石、取土等危害堤防安全的活动。"

"第三十五条　在河道管理范围内，禁止堆放、倾倒、掩埋、排放污染水体的物体。禁止在河道内清洗装贮过油类或者有毒污染物的车辆、容器。

河道主管机关应当开展河道水质监测工作，协同环境保护部门对水污染防治实施监督管理。"

（二十四）《中华人民共和国自然保护区条例》

（1）掌握自然保护区的功能区划分及保护规定

"第十八条　自然保护区可以分为核心区、缓冲区和实验区。

自然保护区内保存完好的天然状态的生态系统以及珍稀、濒危动植物的集中分布地，应当划为核心区，禁止任何单位和个人进入；除依照本条例第二十七条的规定经批准外，也不允许进入从事科学研究活动。

核心区外围可以划定一定面积的缓冲区，只准进入从事科学研究观测活动。

缓冲区外围划为实验区，可以进入从事科学试验、教学实习、参观考察、旅游以及驯化、繁殖珍稀、濒危野生动植物等活动。

原批准建立自然保护区的人民政府认为必要时，可以在自然保护区的外围划定一定面积的外围保护地带。"

（2）掌握自然保护区内禁止行为的有关规定

"第二十六条　禁止在自然保护区内进行砍伐、放牧、狩猎、捕捞、采药、开垦、烧荒、开矿、采石、挖沙等活动；但是，法律、行政法规另有规定的除外。

第二十七条　禁止任何人进入自然保护区的核心区。因科学研究的需要，必须进入核心区从事科学研究观测、调查活动的，应当事先向自然保护区管理机构提交申请和活动计划，并经自然保护区管理机构批准；其中，进入国家级自然保护区核心区的，应当经省、自治区、直辖市人民政府有关自然保护区行政主管部门批准。

自然保护区核心区内原有居民确有必要迁出的，由自然保护区所在地的地方人民政府予以妥善安置。

第二十八条　禁止在自然保护区的缓冲区开展旅游和生产经营活动。因教学科研的目的，需要进入自然保护区的缓冲区从事非破坏性的科学研究、教学实习和标本采集活动的，应当事先向自然保护区管理机构提交申请和活动计划，经自然保护区管理机构批准。

从事前款活动的单位和个人，应当将其活动成果的副本提交自然保护区管理机构。"

"第三十二条　在自然保护区的核心区和缓冲区内，不得建设任何生产设施。在自然保护区的实验区内，不得建设污染环境、破坏资源或者景观的生产设施；建设其他项目，其污染物排放不得超过国家和地方规定的污染物排放标准。在自然保护区的实验区内已经建成的设施，其污染物排放超过国家和地方规定的排放标准的，应当限期治理；造成损害的，必须采取补救措施。

在自然保护区的外围保护地带建设的项目，不得损害自然保护区内的环境质量；已造成损害的，应当限期治理。

限期治理决定由法律、法规规定的机关作出，被限期治理的企业事业单位必须按期完成治理任务。"

（3）掌握内部未分区的自然保护区内部管理的规定

"第三十条　自然保护区的内部未分区的，依照本条例有关核心区和缓冲区的规定管理。"

（二十五）《危险化学品安全管理条例》

（1）熟悉危险化学品的定义

"第三条　本条例所称危险化学品，是指具有毒害、腐蚀、爆炸、燃烧、助燃等性质，对人体、设施、环境具有危害的剧毒化学品和其他化学品。

危险化学品目录，由国务院安全生产监督管理部门会同国务院工业和信息化、公安、环境保护、卫生、质量监督检验检疫、交通运输、铁路、民用航空、农业主管部门，根据化学品危险特性的鉴别和分类标准确定、公布，并适时调整。"

（2）掌握危险化学品生产装置和储存设施与有关场所、设施、区域的距离应当符合国家规定的有关规定

"第十九条　危险化学品生产装置或者储存数量构成重大危险源的危险化学品储存设施（运输工具加油站、加气站除外），与下列场所、设施、区域的距离应当符合国家有关规定：

（一）居住区以及商业中心、公园等人员密集场所；

（二）学校、医院、影剧院、体育场（馆）等公共设施；

（三）饮用水源、水厂以及水源保护区；

（四）车站、码头（依法经许可从事危险化学品装卸作业的除外）、机场以及通信干线、通信枢纽、铁路线路、道路交通干线、水路交通干线、地铁风亭以及地铁站出入口；

（五）基本农田保护区、基本草原、畜禽遗传资源保护区、畜禽规模化养殖场（养殖小区）、渔业水域以及种子、种畜禽、水产苗种生产基地；

（六）河流、湖泊、风景名胜区、自然保护区；

（七）军事禁区、军事管理区；

（八）法律、行政法规规定的其他场所、设施、区域。

已建的危险化学品生产装置或者储存数量构成重大危险源的危险化学品储存设施不符合前款规定的，由所在地设区的市级人民政府安全生产监督管理部门会同有关部门监督其所属单位在规定期限内进行整改；需要转产、停产、搬迁、关闭的，由本级人民政府决定并组织实施。

储存数量构成重大危险源的危险化学品储存设施的选址，应当避开地震活动断层和容易发生洪灾、地质灾害的区域。

本条例所称重大危险源，是指生产、储存、使用或者搬运危险化学品，且危险化学品的数量等于或者超过临界量的单元（包括场所和设施）。"

（二十六）《医疗废物管理条例》

（1）熟悉医疗卫生机构医疗废物管理的有关规定

"第十六条 医疗卫生机构应当及时收集本单位产生的医疗废物，并按照类别分置于防渗漏、防锐器穿透的专用包装物或者密闭的容器内。

医疗废物专用包装物、容器，应当有明显的警示标识和警示说明。

医疗废物专用包装物、容器的标准和警示标识的规定，由国务院卫生行政主管部门和环境保护行政主管部门共同制定。

第十七条 医疗卫生机构应当建立医疗废物的暂时贮存设施、设备，不得露天存放医疗废物；医疗废物暂时贮存的时间不得超过2天。

医疗废物的暂时贮存设施、设备，应当远离医疗区、食品加工区和人员活动区以及生活垃圾存放场所，并设置明显的警示标识和防渗漏、防鼠、防蚊蝇、防蟑螂、防盗以及预防儿童接触等安全措施。

医疗废物的暂时贮存设施、设备应当定期消毒和清洁。

第十八条 医疗卫生机构应当使用防渗漏、防遗撒的专用运送工具，按照本单位确定的内部医疗废物运送时间、路线，将医疗废物收集、运送至暂时贮存地点。

运送工具使用后应当在医疗卫生机构内指定的地点及时消毒和清洁。

第十九条 医疗卫生机构应当根据就近集中处置的原则，及时将医疗废物交由医疗废物集中处置单位处置。

医疗废物中病原体的培养基、标本和菌种、毒种保存液等高危险废物，在交医疗废物集中处置单位处置前应当就地消毒。

第二十条 医疗卫生机构产生的污水、传染病病人或者疑似传染病病人的排泄物，应当按照国家规定严格消毒；达到国家规定的排放标准后，方可排入污水处理系统。

第二十一条 不具备集中处置医疗废物条件的农村，医疗卫生机构应当按照县级人民政府卫生行政主管部门、环境保护行政主管部门的要求，自行就地处置其产生的医疗废物。自行处置医疗废物的，应当符合下列基本要求：

（一）使用后的一次性医疗器具和容易致人损伤的医疗废物，应当消毒并作毁形处理；

（二）能够焚烧的，应当及时焚烧；

（三）不能焚烧的，消毒后集中填埋。"

（2）熟悉医疗废物集中处置单位的贮存、处置设施选址的有关规定

"第二十四条　医疗废物集中处置单位的贮存、处置设施，应当远离居（村）民居住区、水源保护区和交通干道，与工厂、企业等工作场所有适当的安全防护距离，并符合国务院环境保护行政主管部门的规定。"

（二十七）《风景名胜区条例》

熟悉风景名胜区保护的有关规定

"第四章　保护

第二十四条　风景名胜区内的景观和自然环境，应当根据可持续发展的原则，严格保护，不得破坏或者随意改变。

风景名胜区管理机构应当建立健全风景名胜资源保护的各项管理制度。

风景名胜区内的居民和游览者应当保护风景名胜区的景物、水体、林草植被、野生动物和各项设施。

第二十五条　风景名胜区管理机构应当对风景名胜区内的重要景观进行调查、鉴定，并制定相应的保护措施。

第二十六条　在风景名胜区内禁止进行下列活动：

（一）开山、采石、开矿、开荒、修坟立碑等破坏景观、植被和地形地貌的活动；

（二）修建储存爆炸性、易燃性、放射性、毒害性、腐蚀性物品的设施；

（三）在景物或者设施上刻划、涂污；

（四）乱扔垃圾。

第二十七条　禁止违反风景名胜区规划，在风景名胜区内设立各类开发区和在核心景区内建设宾馆、招待所、培训中心、疗养院以及与风景名胜资源保护无关的其他建筑物；已经建设的，应当按照风景名胜区规划，逐步迁出。

第二十八条　在风景名胜区内从事本条例第二十六条、第二十七条禁止范围以外的建设活动，应当经风景名胜区管理机构审核后，依照有关法律、法规的规定办理审批手续。

在国家级风景名胜区内修建缆车、索道等重大建设工程，项目的选址方案应当报国务院建设主管部门核准。

第二十九条　在风景名胜区内进行下列活动，应当经风景名胜区管理机构审核后，依照有关法律、法规的规定报有关主管部门批准：

（一）设置、张贴商业广告；

（二）举办大型游乐等活动；

（三）改变水资源、水环境自然状态的活动；

（四）其他影响生态和景观的活动。

第三十条　风景名胜区内的建设项目应当符合风景名胜区规划，并与景观相协调，不得破坏景观、污染环境、妨碍游览。

在风景名胜区内进行建设活动的，建设单位、施工单位应当制定污染防治和水土保持方案，并采取有效措施，保护好周围景物、水体、林草植被、野生动物资源和地形地貌。

第三十一条　国家建立风景名胜区管理信息系统，对风景名胜区规划实施和资源保护情况进行动态监测。

国家级风景名胜区所在地的风景名胜区管理机构应当每年向国务院建设主管部门报送风景名胜区规划实施和土地、森林等自然资源保护的情况；国务院建设主管部门应将土地、森林等自然资源保护的情况，及时抄送国务院有关部门。"

（二十八）《消耗臭氧层物质管理条例》

（1）了解消耗臭氧层物质的含义及该条例适用范围

"第二条　本条例所称消耗臭氧层物质，是指对臭氧层有破坏作用并列入《中国受控消耗臭氧层物质清单》的化学品。

《中国受控消耗臭氧层物质清单》由国务院环境保护主管部门会同国务院有关部门制定、调整和公布。

第三条　在中华人民共和国境内从事消耗臭氧层物质的生产、销售、使用和进出口等活动，适用本条例。

前款所称生产，是指制造消耗臭氧层物质的活动。前款所称使用，是指利用消耗臭氧层物质进行的生产经营等活动，不包括使用含消耗臭氧层物质的产品的活动。"

（2）熟悉消耗臭氧层物质削减、淘汰的有关规定

"第五条　国家逐步削减并最终淘汰作为制冷剂、发泡剂、灭火剂、溶剂、清洗剂、加工助剂、杀虫剂、气雾剂、膨胀剂等用途的消耗臭氧层物质。

国务院环境保护主管部门会同国务院有关部门拟订《中国逐步淘汰消耗臭氧层物质国家方案》（以下简称国家方案），报国务院批准后实施。"

（3）熟悉消耗臭氧层物质的生产、使用单位防止或者减少消耗臭氧层物质泄漏和排放的有关规定

　　　"第二十条　消耗臭氧层物质的生产、使用单位，应当按照国务院环境保护主管部门的规定采取必要的措施，防止或者减少消耗臭氧层物质的泄漏和排放。

　　　从事含消耗臭氧层物质的制冷设备、制冷系统或者灭火系统的维修、报废处理等经营活动的单位，应当按照国务院环境保护主管部门的规定对消耗臭氧层物质进行回收、循环利用或者交由从事消耗臭氧层物质回收、再生利用、销毁等经营活动的单位进行无害化处置。

　　　从事消耗臭氧层物质回收、再生利用、销毁等经营活动的单位，应当按照国务院环境保护主管部门的规定对消耗臭氧层物质进行无害化处置，不得直接排放。"

（二十九）《土地复垦条例》

（1）熟悉生产建设活动损毁土地复垦的原则

　　　"第三条　生产建设活动损毁的土地，按照'谁损毁，谁复垦'的原则，由生产建设单位或者个人（以下称土地复垦义务人）负责复垦。但是，由于历史原因无法确定土地复垦义务人的生产建设活动损毁的土地（以下称历史遗留损毁土地），由县级以上人民政府负责组织复垦。

　　　自然灾害损毁的土地，由县级以上人民政府负责组织复垦。

　　　第四条　生产建设活动应当节约集约利用土地，不占或者少占耕地；对依法占用的土地应当采取有效措施，减少土地损毁面积，降低土地损毁程度。

　　　土地复垦应当坚持科学规划、因地制宜、综合治理、经济可行、合理利用的原则。复垦的土地应当优先用于农业。"

（2）了解土地复垦义务人负责复垦的损毁土地范围

　　　"第十条　下列损毁土地由土地复垦义务人负责复垦：

　　　（一）露天采矿、烧制砖瓦、挖沙取土等地表挖掘所损毁的土地；

　　　（二）地下采矿等造成地表塌陷的土地；

　　　（三）堆放采矿剥离物、废石、矿渣、粉煤灰等固体废弃物压占的土地；

　　　（四）能源、交通、水利等基础设施建设和其他生产建设活动临时占用所损毁的土地。"

（3）掌握土地复垦义务人应当保护土壤质量与生态环境、避免污染土壤和地下水的有关规定

　　　"第十六条　土地复垦义务人应当建立土地复垦质量控制制度，遵守土地复垦标准和环境保护标准，保护土壤质量与生态环境，避免污染土壤和地下水。

土地复垦义务人应当首先对拟损毁的耕地、林地、牧草地进行表土剥离，剥离的表土用于被损毁土地的复垦。

禁止将重金属污染物或者其他有毒有害物质用作回填或者充填材料。受重金属污染物或者其他有毒有害物质污染的土地复垦后，达不到国家有关标准的，不得用于种植食用农作物。"

（三十）《畜禽规模养殖污染防治条例》

（1）掌握禁止建设畜禽养殖场、养殖小区的区域

"第十一条 禁止在下列区域内建设畜禽养殖场、养殖小区：

（一）饮用水水源保护区，风景名胜区；

（二）自然保护区的核心区和缓冲区；

（三）城镇居民区、文化教育科学研究区等人口集中区域；

（四）法律、法规规定的其他禁止养殖区域。"

（2）熟悉优化项目选址、合理布置养殖场区的有关规定

"第十二条 新建、改建、扩建畜禽养殖场、养殖小区，应当符合畜牧业发展规划、畜禽养殖污染防治规划，满足动物防疫条件，并进行环境影响评价。对环境可能造成重大影响的大型畜禽养殖场、养殖小区，应当编制环境影响报告书；其他畜禽养殖场、养殖小区应当填报环境影响登记表。大型畜禽养殖场、养殖小区的管理目录，由国务院环境保护主管部门商国务院农牧主管部门确定。

环境影响评价的重点应当包括：畜禽养殖产生的废弃物种类和数量，废弃物综合利用和无害化处理方案和措施，废弃物的消纳和处理情况以及向环境直接排放的情况，最终可能对水体、土壤等环境和人体健康产生的影响以及控制和减少影响的方案和措施等。"

《关于做好畜禽规模养殖项目环境影响评价管理工作的通知》（环办环评〔2018〕31号）

"一、优化项目选址，合理布置养殖场区

项目环评应充分论证选址的环境合理性，选址应避开当地划定的禁止养殖区域，并与区域主体功能区规划、环境功能区划、土地利用规划、城乡规划、畜牧业发展规划、畜禽养殖污染防治规划等规划相协调。当地未划定禁止养殖区域的，应避开饮用水水源保护区、风景名胜区、自然保护区的核心区和缓冲区、村镇人口集中区域，以及法律、法规规定的禁止养殖区域。

项目环评应结合环境保护要求优化养殖场区内部布置。畜禽养殖区及畜禽粪污贮存、处理和畜禽尸体无害化处理等产生恶臭影响的设施，应位于养殖场区主导风向的下风向位置，并尽量远离周边环境保护目标。参照《畜禽养殖业

污染防治技术规范》，并根据恶臭污染物无组织排放源强，以及当地的环境及气象等因素，按照《环境影响评价技术导则　大气环境》要求计算大气环境防护距离，作为养殖场选址以及周边规划控制的依据，减轻对周围环境保护目标的不利影响。"

（3）熟悉畜禽粪便、污水综合利用的有关规定

"第十五条　国家鼓励和支持采取粪肥还田、制取沼气、制造有机肥等方法，对畜禽养殖废弃物进行综合利用。

第十六条　国家鼓励和支持采取种植和养殖相结合的方式消纳利用畜禽养殖废弃物，促进畜禽粪便、污水等废弃物就地就近利用。

第十七条　国家鼓励和支持沼气制取、有机肥生产等废弃物综合利用以及沼渣沼液输送和施用、沼气发电等相关配套设施建设。

第十八条　将畜禽粪便、污水、沼渣、沼液等用作肥料的，应当与土地的消纳能力相适应，并采取有效措施，消除可能引起传染病的微生物，防止污染环境和传播疫病。"

（4）熟悉畜禽养殖废弃物处理的有关规定

"第十九条　从事畜禽养殖活动和畜禽养殖废弃物处理活动，应当及时对畜禽粪便、畜禽尸体、污水等进行收集、贮存、清运，防止恶臭和畜禽养殖废弃物渗出、泄漏。

第二十条　向环境排放经过处理的畜禽养殖废弃物，应当符合国家和地方规定的污染物排放标准和总量控制指标。畜禽养殖废弃物未经处理，不得直接向环境排放。

第二十一条　染疫畜禽以及染疫畜禽排泄物、染疫畜禽产品、病死或者死因不明的畜禽尸体等病害畜禽养殖废弃物，应当按照有关法律、法规和国务院农牧主管部门的规定，进行深埋、化制、焚烧等无害化处理，不得随意处置。"

（三十一）《地下水管理条例》

掌握地下水污染防治的有关规定

"第三十九条　国务院生态环境主管部门应当会同国务院水行政、自然资源等主管部门，指导全国地下水污染防治重点区划定工作。省、自治区、直辖市人民政府生态环境主管部门应当会同本级人民政府水行政、自然资源等主管部门，根据本行政区域内地下水污染防治需要，划定地下水污染防治重点区。

第四十条　禁止下列污染或者可能污染地下水的行为：

（一）利用渗井、渗坑、裂隙、溶洞以及私设暗管等逃避监管的方式排放水污染物；

（二）利用岩层孔隙、裂隙、溶洞、废弃矿坑等贮存石化原料及产品、农药、危险废物、城镇污水处理设施产生的污泥和处理后的污泥或者其他有毒有害物质；

（三）利用无防渗漏措施的沟渠、坑塘等输送或者贮存含有毒污染物的废水、含病原体的污水和其他废弃物；

（四）法律、法规禁止的其他污染或者可能污染地下水的行为。

第四十一条　企业事业单位和其他生产经营者应当采取下列措施，防止地下水污染：

（一）兴建地下工程设施或者进行地下勘探、采矿等活动，依法编制的环境影响评价文件中，应当包括地下水污染防治的内容，并采取防护性措施；

（二）化学品生产企业以及工业集聚区、矿山开采区、尾矿库、危险废物处置场、垃圾填埋场等的运营、管理单位，应当采取防渗漏等措施，并建设地下水水质监测井进行监测；

（三）加油站等的地下油罐应当使用双层罐或者采取建造防渗池等其他有效措施，并进行防渗漏监测；

（四）存放可溶性剧毒废渣的场所，应当采取防水、防渗漏、防流失的措施；

（五）法律、法规规定应当采取的其他防止地下水污染的措施。

根据前款第二项规定的企业事业单位和其他生产经营者排放有毒有害物质情况，地方人民政府生态环境主管部门应当按照国务院生态环境主管部门的规定，商有关部门确定并公布地下水污染防治重点排污单位名录。地下水污染防治重点排污单位应当依法安装水污染物排放自动监测设备，与生态环境主管部门的监控设备联网，并保证监测设备正常运行。

第四十二条　在泉域保护范围以及岩溶强发育、存在较多落水洞和岩溶漏斗的区域内，不得新建、改建、扩建可能造成地下水污染的建设项目。

第四十三条　多层含水层开采、回灌地下水应当防止串层污染。

多层地下水的含水层水质差异大的，应当分层开采；对已受污染的潜水和承压水，不得混合开采。

已经造成地下水串层污染的，应当按照封填井技术要求限期回填串层开采井，并对造成的地下水污染进行治理和修复。

人工回灌补给地下水，应当符合相关的水质标准，不得使地下水水质恶化。

第四十四条　农业生产经营者等有关单位和个人应当科学、合理使用农药、肥料等农业投入品，农田灌溉用水应当符合相关水质标准，防止地下水污染。

县级以上地方人民政府及其有关部门应当加强农药、肥料等农业投入品使用指导和技术服务，鼓励和引导农业生产经营者等有关单位和个人合理使用农药、肥料等农业投入品，防止地下水污染。

第四十五条　依照《中华人民共和国土壤污染防治法》的有关规定，安全利用类和严格管控类农用地地块的土壤污染影响或者可能影响地下水安全的，制定防治污染的方案时，应当包括地下水污染防治的内容。

污染物含量超过土壤污染风险管控标准的建设用地地块，编制土壤污染风险评估报告时，应当包括地下水是否受到污染的内容；列入风险管控和修复名录的建设用地地块，采取的风险管控措施中应当包括地下水污染防治的内容。

对需要实施修复的农用地地块，以及列入风险管控和修复名录的建设用地地块，修复方案中应当包括地下水污染防治的内容。"

（三十二）《排污许可管理条例》

（1）掌握申请取得排污许可证排放污染物及排污许可分类管理的有关规定

"第二条　依照法律规定实行排污许可管理的企业事业单位和其他生产经营者（以下称排污单位），应当依照本条例规定申请取得排污许可证；未取得排污许可证的，不得排放污染物。

根据污染物产生量、排放量、对环境的影响程度等因素，对排污单位实行排污许可分类管理：

（一）污染物产生量、排放量或者对环境的影响程度较大的排污单位，实行排污许可重点管理；

（二）污染物产生量、排放量和对环境的影响程度都较小的排污单位，实行排污许可简化管理。

实行排污许可管理的排污单位范围、实施步骤和管理类别名录，由国务院生态环境主管部门拟订并报国务院批准后公布实施。制定实行排污许可管理的排污单位范围、实施步骤和管理类别名录，应当征求有关部门、行业协会、企业事业单位和社会公众等方面的意见。"

（2）了解排污许可证申请的有关规定

"第六条　排污单位应当向其生产经营场所所在地设区的市级以上地方人民政府生态环境主管部门（以下称审批部门）申请取得排污许可证。

排污单位有两个以上生产经营场所排放污染物的，应当按照生产经营场所分别申请取得排污许可证。

第七条　申请取得排污许可证，可以通过全国排污许可证管理信息平台提交排污许可证申请表，也可以通过信函等方式提交。

排污许可证申请表应当包括下列事项：

（一）排污单位名称、住所、法定代表人或者主要负责人、生产经营场所所在地、统一社会信用代码等信息；

（二）建设项目环境影响报告书（表）批准文件或者环境影响登记表备案材料；

（三）按照污染物排放口、主要生产设施或者车间、厂界申请的污染物排放种类、排放浓度和排放量，执行的污染物排放标准和重点污染物排放总量控制指标；

（四）污染防治设施、污染物排放口位置和数量，污染物排放方式、排放去向、自行监测方案等信息；

（五）主要生产设施、主要产品及产能、主要原辅材料、产生和排放污染物环节等信息，及其是否涉及商业秘密等不宜公开情形的情况说明。

第八条　有下列情形之一的，申请取得排污许可证还应当提交相应材料：

（一）属于实行排污许可重点管理的，排污单位在提出申请前已通过全国排污许可证管理信息平台公开单位基本信息、拟申请许可事项的说明材料；

（二）属于城镇和工业污水集中处理设施的，排污单位的纳污范围、管网布置、最终排放去向等说明材料；

（三）属于排放重点污染物的新建、改建、扩建项目以及实施技术改造项目的，排污单位通过污染物排放量削减替代获得重点污染物排放总量控制指标的说明材料。"

（3）熟悉排污管理的有关规定

"第十七条　排污许可证是对排污单位进行生态环境监管的主要依据。

排污单位应当遵守排污许可证规定，按照生态环境管理要求运行和维护污染防治设施，建立环境管理制度，严格控制污染物排放。

第十八条　排污单位应当按照生态环境主管部门的规定建设规范化污染物排放口，并设置标志牌。

污染物排放口位置和数量、污染物排放方式和排放去向应当与排污许可证规定相符。

实施新建、改建、扩建项目和技术改造的排污单位，应当在建设污染防治设施的同时，建设规范化污染物排放口。

第十九条　排污单位应当按照排污许可证规定和有关标准规范，依法开展自行监测，并保存原始监测记录。原始监测记录保存期限不得少于 5 年。

排污单位应当对自行监测数据的真实性、准确性负责，不得篡改、伪造。

第二十条　实行排污许可重点管理的排污单位，应当依法安装、使用、维护污染物排放自动监测设备，并与生态环境主管部门的监控设备联网。

排污单位发现污染物排放自动监测设备传输数据异常的，应当及时报告生态环境主管部门，并进行检查、修复。

第二十一条　排污单位应当建立环境管理台账记录制度，按照排污许可证规定的格式、内容和频次，如实记录主要生产设施、污染防治设施运行情况以及污染物排放浓度、排放量。环境管理台账记录保存期限不得少于5年。

排污单位发现污染物排放超过污染物排放标准等异常情况时，应当立即采取措施消除、减轻危害后果，如实进行环境管理台账记录，并报告生态环境主管部门，说明原因。超过污染物排放标准等异常情况下的污染物排放计入排污单位的污染物排放量。

第二十二条　排污单位应当按照排污许可证规定的内容、频次和时间要求，向审批部门提交排污许可证执行报告，如实报告污染物排放行为、排放浓度、排放量等。

排污许可证有效期内发生停产的，排污单位应当在排污许可证执行报告中如实报告污染物排放变化情况并说明原因。

排污许可证执行报告中报告的污染物排放量可以作为年度生态环境统计、重点污染物排放总量考核、污染源排放清单编制的依据。

第二十三条　排污单位应当按照排污许可证规定，如实在全国排污许可证管理信息平台上公开污染物排放信息。

污染物排放信息应当包括污染物排放种类、排放浓度和排放量，以及污染防治设施的建设运行情况、排污许可证执行报告、自行监测数据等；其中，水污染物排入市政排水管网的，还应当包括污水接入市政排水管网位置、排放方式等信息。

第二十四条　污染物产生量、排放量和对环境的影响程度都很小的企业事业单位和其他生产经营者，应当填报排污登记表，不需要申请取得排污许可证。

需要填报排污登记表的企业事业单位和其他生产经营者范围名录，由国务院生态环境主管部门制定并公布。制定需要填报排污登记表的企业事业单位和其他生产经营者范围名录，应当征求有关部门、行业协会、企业事业单位和社会公众等方面的意见。

需要填报排污登记表的企业事业单位和其他生产经营者，应当在全国排污许可证管理信息平台上填报基本信息、污染物排放去向、执行的污染物排放标准以及采取的污染防治措施等信息；填报的信息发生变动的，应当自发生变动之日起20日内进行变更填报。"

（4）熟悉排污限期整改的有关规定

"第四十六条　本条例施行前已经实际排放污染物的排污单位，不符合本条例规定条件的，应当在国务院生态环境主管部门规定的期限内进行整改，达到本条例规定的条件并申请取得排污许可证；逾期未取得排污许可证的，不得继续排放污染物。整改期限内，生态环境主管部门应当向其下达排污限期整改通知书，明确整改内容、整改期限等要求。"

四、环境政策

（一）《关于深入打好污染防治攻坚战的意见》

（1）熟悉加快推动绿色低碳发展的有关内容

"二、加快推动绿色低碳发展

（四）深入推进碳达峰行动。处理好减污降碳和能源安全、产业链供应链安全、粮食安全、群众正常生活的关系，落实 2030 年应对气候变化国家自主贡献目标，以能源、工业、城乡建设、交通运输等领域和钢铁、有色金属、建材、石化化工等行业为重点，深入开展碳达峰行动。在国家统一规划的前提下，支持有条件的地方和重点行业、重点企业率先达峰。统筹建立二氧化碳排放总量控制制度。建设完善全国碳排放权交易市场，有序扩大覆盖范围，丰富交易品种和交易方式，并纳入全国统一公共资源交易平台。加强甲烷等非二氧化碳温室气体排放管控。制定国家适应气候变化战略 2035。大力推进低碳和适应气候变化试点工作。健全排放源统计调查、核算核查、监管制度，将温室气体管控纳入环评管理。

（五）聚焦国家重大战略打造绿色发展高地。强化京津冀协同发展生态环境联建联防联治，打造雄安新区绿色高质量发展'样板之城'。积极推动长江经济带成为我国生态优先绿色发展主战场，深化长三角地区生态环境共保联治。扎实推动黄河流域生态保护和高质量发展。加快建设美丽粤港澳大湾区。加强海南自由贸易港生态环境保护和建设。

（六）推动能源清洁低碳转型。在保障能源安全的前提下，加快煤炭减量步伐，实施可再生能源替代行动。'十四五'时期，严控煤炭消费增长，非化石能源消费比重提高到 20% 左右，京津冀及周边地区、长三角地区煤炭消费量分别下降 10%、5% 左右，汾渭平原煤炭消费量实现负增长。原则上不再新增自备燃煤机组，支持自备燃煤机组实施清洁能源替代，鼓励自备电厂转为公用电厂。坚持'增气减煤'同步，新增天然气优先保障居民生活和清洁取暖需求。提高电能占终端能源消费比重。重点区域的平原地区散煤基本清零。有序扩大清洁取暖试点城市范围，稳步提升北方地区清洁取暖水平。

（七）坚决遏制高耗能高排放项目盲目发展。严把高耗能高排放项目准入关口，严格落实污染物排放区域削减要求，对不符合规定的项目坚决停批停建。依法依规淘汰落后产能和化解过剩产能。推动高炉-转炉长流程炼钢转型为电炉短流程炼钢。重点区域严禁新增钢铁、焦化、水泥熟料、平板玻璃、电解铝、氧化铝、煤化工产能，合理控制煤制油气产能规模，严控新增炼油产能。

（八）推进清洁生产和能源资源节约高效利用。引导重点行业深入实施清洁生产改造，依法开展自愿性清洁生产评价认证。大力推行绿色制造，构建资源循环利用体系。推动煤炭等化石能源清洁高效利用。加强重点领域节能，提高能源使用效率。实施国家节水行动，强化农业节水增效、工业节水减排、城镇节水降损。推进污水资源化利用和海水淡化规模化利用。

（九）加强生态环境分区管控。衔接国土空间规划分区和用途管制要求，将生态保护红线、环境质量底线、资源利用上线的硬约束落实到环境管控单元，建立差别化的生态环境准入清单，加强'三线一单'成果在政策制定、环境准入、园区管理、执法监管等方面的应用。健全以环评制度为主体的源头预防体系，严格规划环评审查和项目环评准入，开展重大经济技术政策的生态环境影响分析和重大生态环境政策的社会经济影响评估。

（十）加快形成绿色低碳生活方式。把生态文明教育纳入国民教育体系，增强全民节约意识、环保意识、生态意识。因地制宜推行垃圾分类制度，加快快递包装绿色转型，加强塑料污染全链条防治。深入开展绿色生活创建行动。建立绿色消费激励机制，推进绿色产品认证、标识体系建设，营造绿色低碳生活新时尚。"

（2）了解深入打好蓝天保卫战的有关内容

"三、深入打好蓝天保卫战

（十一）着力打好重污染天气消除攻坚战。聚焦秋冬季细颗粒物污染，加大重点区域、重点行业结构调整和污染治理力度。京津冀及周边地区、汾渭平原持续开展秋冬季大气污染综合治理专项行动。东北地区加强秸秆禁烧管控和采暖燃煤污染治理。天山北坡城市群加强兵地协作，钢铁、有色金属、化工等行业参照重点区域执行重污染天气应急减排措施。科学调整大气污染防治重点区域范围，构建省市县三级重污染天气应急预案体系，实施重点行业企业绩效分级管理，依法严厉打击不落实应急减排措施行为。到 2025 年，全国重度及以上污染天数比率控制在 1%以内。

（十二）着力打好臭氧污染防治攻坚战。聚焦夏秋季臭氧污染，大力推进挥发性有机物和氮氧化物协同减排。以石化、化工、涂装、医药、包装印刷、油品储运销等行业领域为重点，安全高效推进挥发性有机物综合治理，实施原辅材料和产品源头替代工程。完善挥发性有机物产品标准体系，建立低挥发性有机物含量产品标识制度。完善挥发性有机物监测技术和排放量计算方法，在相关条件成熟后，研究适时将挥发性有机物纳入环境保护税征收范围。推进钢铁、水泥、焦化行业企业超低排放改造，重点区域钢铁、燃煤机组、燃煤锅炉实现超低排放。开展涉气产业集群排查及分类治理，推进企业升级改造和区域环境综合整治。到 2025 年，挥发性有机物、氮氧化物排放总量比 2020 年分别下降 10%以上，臭氧浓度增长趋势得到有效遏制，实现细颗粒物和臭氧协同控制。

（十三）持续打好柴油货车污染治理攻坚战。深入实施清洁柴油车（机）行动，全国基本淘汰国三及以下排放标准汽车，推动氢燃料电池汽车示范应用，有序推广清洁能源汽车。进一步推进大中城市公共交通、公务用车电动化进程。不断提高船舶靠港岸电使用率。实施更加严格的车用汽油质量标准。加快大宗货物和中长途货物运输'公转铁''公转水'，大力发展公铁、铁水等多式联运。'十四五'时期，铁路货运量占比提高 0.5 个百分点，水路货运量年均增速超过 2%。

（十四）加强大气面源和噪声污染治理。强化施工、道路、堆场、裸露地面等扬尘管控，加强城市保洁和清扫。加大餐饮油烟污染、恶臭异味治理力度。强化秸秆综合利用和禁烧管控。到 2025 年，京津冀及周边地区大型规模化养殖场氨排放总量比 2020 年下降 5%。深化消耗臭氧层物质和氢氟碳化物环境管理。实施噪声污染防治行动，加快解决群众关心的突出噪声问题。到 2025 年，地级及以上城市全面实现功能区声环境质量自动监测，全国声环境功能区夜间达标率达到 85%。"

（3）了解深入打好碧水保卫战的有关内容

"四、深入打好碧水保卫战

（十五）持续打好城市黑臭水体治理攻坚战。统筹好上下游、左右岸、干支流、城市和乡村，系统推进城市黑臭水体治理。加强农业农村和工业企业污染防治，有效控制入河污染物排放。强化溯源整治，杜绝污水直接排入雨水管网。推进城镇污水管网全覆盖，对进水情况出现明显异常的污水处理厂，开展片区管网系统化整治。因地制宜开展水体内源污染治理和生态修复，增强河湖自净功能。充分发挥河长制、湖长制作用，巩固城市黑臭水体治理成效，建立防止返黑返臭的长效机制。2022 年 6 月底前，县级城市政府完成建成区内黑臭水体排查并制定整治方案，统一公布黑臭水体清单及达标期限。到 2025 年，县级城市建成区基本消除黑臭水体，京津冀、长三角、珠三角等区域力争提前 1 年完成。

（十六）持续打好长江保护修复攻坚战。推动长江全流域按单元精细化分区管控。狠抓突出生态环境问题整改，扎实推进城镇污水垃圾处理和工业、农业面源、船舶、尾矿库等污染治理工程。加强渝湘黔交界武陵山区'锰三角'污染综合整治。持续开展工业园区污染治理、'三磷'行业整治等专项行动。推进长江岸线生态修复，巩固小水电清理整改成果。实施好长江流域重点水域十年禁渔，有效恢复长江水生生物多样性。建立健全长江流域水生态环境考核评价制度并抓好组织实施。加强太湖、巢湖、滇池等重要湖泊蓝藻水华防控，开展河湖水生植被恢复、氮磷通量监测等试点。到2025年，长江流域总体水质保持为优，干流水质稳定达到Ⅱ类，重要河湖生态用水得到有效保障，水生态质量明显提升。

（十七）着力打好黄河生态保护治理攻坚战。全面落实以水定城、以水定地、以水定人、以水定产要求，实施深度节水控水行动，严控高耗水行业发展。维护上游水源涵养功能，推动以草定畜、定牧。加强中游水土流失治理，开展汾渭平原、河套灌区等农业面源污染治理。实施黄河三角洲湿地保护修复，强化黄河河口综合治理。加强沿黄河城镇污水处理设施及配套管网建设，开展黄河流域'清废行动'，基本完成尾矿库污染治理。到2025年，黄河干流上中游（花园口以上）水质达到Ⅱ类，干流及主要支流生态流量得到有效保障。

（十八）巩固提升饮用水安全保障水平。加快推进城市水源地规范化建设，加强农村水源地保护。基本完成乡镇级水源保护区划定、立标并开展环境问题排查整治。保障南水北调等重大输水工程水质安全。到2025年，全国县级及以上城市集中式饮用水水源水质达到或优于Ⅲ类比例总体高于93%。

（十九）着力打好重点海域综合治理攻坚战。巩固深化渤海综合治理成果，实施长江口-杭州湾、珠江口邻近海域污染防治行动，'一湾一策'实施重点海湾综合治理。深入推进入海河流断面水质改善、沿岸直排海污染源整治、海水养殖环境治理，加强船舶港口、海洋垃圾等污染防治。推进重点海域生态系统保护修复，加强海洋伏季休渔监管执法。推进海洋环境风险排查整治和应急能力建设。到2025年，重点海域水质优良比例比2020年提升2个百分点左右，省控及以上河流入海断面基本消除劣Ⅴ类，滨海湿地和岸线得到有效保护。

（二十）强化陆域海域污染协同治理。持续开展入河入海排污口'查、测、溯、治'，到2025年，基本完成长江、黄河、渤海及赤水河等长江重要支流排污口整治。完善水污染防治流域协同机制，深化海河、辽河、淮河、松花江、珠江等重点流域综合治理，推进重要湖泊污染防治和生态修复。沿海城市加强固定污染源总氮排放控制和面源污染治理，实施入海河流总氮削减工程。建成一批具有全国示范价值的美丽河湖、美丽海湾。"

（4）了解深入打好净土保卫战的有关内容

"五、深入打好净土保卫战

（二十一）持续打好农业农村污染治理攻坚战。注重统筹规划、有效衔接，因地制宜推进农村厕所革命、生活污水治理、生活垃圾治理，基本消除较大面积的农村黑臭水体，改善农村人居环境。实施化肥农药减量增效行动和农膜回收行动。加强种养结合，整县推进畜禽粪污资源化利用。规范工厂化水产养殖尾水排污口设置，在水产养殖主产区推进养殖尾水治理。到 2025 年，农村生活污水治理率达到 40%，化肥农药利用率达到 43%，全国畜禽粪污综合利用率达到 80%以上。

（二十二）深入推进农用地土壤污染防治和安全利用。实施农用地土壤镉等重金属污染源头防治行动。依法推行农用地分类管理制度，强化受污染耕地安全利用和风险管控，受污染耕地集中的县级行政区开展污染溯源，因地制宜制定实施安全利用方案。在土壤污染面积较大的 100 个县级行政区推进农用地安全利用示范。严格落实粮食收购和销售出库质量安全检验制度和追溯制度。到 2025 年，受污染耕地安全利用率达到 93%左右。

（二十三）有效管控建设用地土壤污染风险。严格建设用地土壤污染风险管控和修复名录内地块的准入管理。未依法完成土壤污染状况调查和风险评估的地块，不得开工建设与风险管控和修复无关的项目。从严管控农药、化工等行业的重度污染地块规划用途，确需开发利用的，鼓励用于拓展生态空间。完成重点地区危险化学品生产企业搬迁改造，推进腾退地块风险管控和修复。

（二十四）稳步推进'无废城市'建设。健全'无废城市'建设相关制度、技术、市场、监管体系，推进城市固体废物精细化管理。'十四五'时期，推进 100 个左右地级及以上城市开展'无废城市'建设，鼓励有条件的省份全域推进'无废城市'建设。

（二十五）加强新污染物治理。制定实施新污染物治理行动方案。针对持久性有机污染物、内分泌干扰物等新污染物，实施调查监测和环境风险评估，建立健全有毒有害化学物质环境风险管理制度，强化源头准入，动态发布重点管控新污染物清单及其禁止、限制、限排等环境风险管控措施。

（二十六）强化地下水污染协同防治。持续开展地下水环境状况调查评估，划定地下水型饮用水水源补给区并强化保护措施，开展地下水污染防治重点区划定及污染风险管控。健全分级分类的地下水环境监测评价体系。实施水土环境风险协同防控。在地表水、地下水交互密切的典型地区开展污染综合防治试点。"

（二）《关于完整准确全面贯彻新发展理念做好碳达峰碳中和工作的意见》

（1）了解指导思想和主要目标

"（一）指导思想。以习近平新时代中国特色社会主义思想为指导，全面贯彻党的十九大和十九届二中、三中、四中、五中全会精神，深入贯彻习近平生态文明思想，立足新发展阶段，贯彻新发展理念，构建新发展格局，坚持系统观念，处理好发展和减排、整体和局部、短期和中长期的关系，把碳达峰、碳中和纳入经济社会发展全局，以经济社会发展全面绿色转型为引领，以能源绿色低碳发展为关键，加快形成节约资源和保护环境的产业结构、生产方式、生活方式、空间格局，坚定不移走生态优先、绿色低碳的高质量发展道路，确保如期实现碳达峰、碳中和。"

"二、主要目标

到2025年，绿色低碳循环发展的经济体系初步形成，重点行业能源利用效率大幅提升。单位国内生产总值能耗比2020年下降13.5%；单位国内生产总值二氧化碳排放比2020年下降18%；非化石能源消费比重达到20%左右；森林覆盖率达到24.1%，森林蓄积量达到180亿立方米，为实现碳达峰、碳中和奠定坚实基础。

到2030年，经济社会发展全面绿色转型取得显著成效，重点耗能行业能源利用效率达到国际先进水平。单位国内生产总值能耗大幅下降；单位国内生产总值二氧化碳排放比2005年下降65%以上；非化石能源消费比重达到25%左右、风电、太阳能发电总装机容量达到12亿千瓦以上；森林覆盖率达到25%左右，森林蓄积量达到190亿立方米，二氧化碳排放量达到峰值并实现稳中有降。

到2060年，绿色低碳循环发展的经济体系和清洁低碳安全高效的能源体系全面建立，能源利用效率达到国际先进水平，非化石能源消费比重达到80%以上，碳中和目标顺利实现，生态文明建设取得丰硕成果，开创人与自然和谐共生新境界。"

（2）了解推进经济社会发展全面绿色转型的有关内容

"三、推进经济社会发展全面绿色转型

（三）强化绿色低碳发展规划引领。将碳达峰、碳中和目标要求全面融入经济社会发展中长期规划，强化国家发展规划、国土空间规划、专项规划、区域规划和地方各级规划的支撑保障。加强各级各类规划间衔接协调，确保各地区各领域落实碳达峰、碳中和的主要目标、发展方向、重大政策、重大工程等协调一致。

（四）优化绿色低碳发展区域布局。持续优化重大基础设施、重大生产力和公共资源布局，构建有利于碳达峰、碳中和的国土空间开发保护新格局。在京津冀协同发展、长江经济带发展、粤港澳大湾区建设、长三角一体化发展、黄河流域生态保护和高质量发展等区域重大战略实施中，强化绿色低碳发展导向和任务要求。

（五）加快形成绿色生产生活方式。大力推动节能减排，全面推进清洁生产，加快发展循环经济，加强资源综合利用，不断提升绿色低碳发展水平。扩大绿色低碳产品供给和消费，倡导绿色低碳生活方式。把绿色低碳发展纳入国民教育体系。开展绿色低碳社会行动示范创建。凝聚全社会共识，加快形成全民参与的良好格局。"

（3）掌握遏制高耗能高排放项目盲目发展的有关内容

"（七）坚决遏制高耗能高排放项目盲目发展。新建、扩建钢铁、水泥、平板玻璃、电解铝等高耗能高排放项目严格落实产能等量或减量置换，出台煤电、石化、煤化工等产能控制政策。未纳入国家有关领域产业规划的，一律不得新建、改（扩）建炼油和新建乙烯、对二甲苯、煤制烯烃项目。合理控制煤制油气产能规模。提升高耗能高排放项目能耗准入标准。加强产能过剩分析预警和窗口指导。"

（4）熟悉控制化石能源消费和发展非石化能源的有关内容

"（十一）严格控制化石能源消费。加快煤炭减量步伐，'十四五'时期严控煤炭消费增长，'十五五'时期逐步减少。石油消费'十五五'时期进入峰值平台期。统筹煤电发展和保供调峰，严控煤电装机规模，加快现役煤电机组节能升级和灵活性改造。逐步减少直至禁止煤炭散烧。加快推进页岩气、煤层气、致密油气等非常规油气资源规模化开发。强化风险管控，确保能源安全稳定供应和平稳过渡。"

（三）《关于进一步加强生物多样性保护的意见》

（1）了解总体目标

"（三）总体目标

到 2025 年，持续推进生物多样性保护优先区域和国家战略区域的本底调查与评估，构建国家生物多样性监测网络和相对稳定的生物多样性保护空间格局，以国家公园为主体的自然保护地占陆域国土面积的 18%左右，森林覆盖率提高到 24.1%，草原综合植被盖度达到 57%左右，湿地保护率达到 55%，自然海岸线保有率不低于 35%，国家重点保护野生动植物物种数保护率达到 77%，92%的陆地生态系统类型得到有效保护，长江水生生物完整性指数有所改善，生物遗传资源收集保藏量保持在世界前列，初步形成生物多样性可持续利用机制，基本建立生物多样性保护相关政策、法规、制度、标准和监测体系。

到2035年，生物多样性保护政策、法规、制度、标准和监测体系全面完善，形成统一有序的全国生物多样性保护空间格局，全国森林、草原、荒漠、河湖、湿地、海洋等自然生态系统状况实现根本好转，森林覆盖率达到26%，草原综合植被盖度达到60%，湿地保护率提高到60%左右，以国家公园为主体的自然保护地占陆域国土面积的18%以上，典型生态系统、国家重点保护野生动植物物种、濒危野生动植物及其栖息地得到全面保护，长江水生生物完整性指数显著改善，生物遗传资源获取与惠益分享、可持续利用机制全面建立，保护生物多样性成为公民自觉行动，形成生物多样性保护推动绿色发展和人与自然和谐共生的良好局面，努力建设美丽中国。"

（2）熟悉持续优化生物多样性保护空间格局的有关内容

"三、持续优化生物多样性保护空间格局

（七）落实就地保护体系。在国土空间规划中统筹划定生态保护红线，优化调整自然保护地，加强对生物多样性保护优先区域的保护监管，明确重点生态功能区生物多样性保护和管控政策。因地制宜科学构建促进物种迁徙和基因交流的生态廊道，着力解决自然景观破碎化、保护区域孤岛化、生态连通性降低等突出问题。合理布局建设物种保护空间体系，重点加强珍稀濒危动植物、旗舰物种和指示物种保护管理，明确重点保护对象及其受威胁程度，对其栖息生境实施不同保护措施。选择重要珍稀濒危物种、极小种群和遗传资源破碎分布点建设保护点。持续推进各级各类自然保护地、城市绿地等保护空间标准化、规范化建设。

（八）推进重要生态系统保护和修复。统筹考虑生态系统完整性、自然地理单元连续性和经济社会发展可持续性，统筹推进山水林田湖草沙冰一体化保护和修复。实施《全国重要生态系统保护和修复重大工程总体规划（2021－2035年）》，科学规范开展重点生态工程建设，加快恢复物种栖息地。加强重点生态功能区、重要自然生态系统、自然遗迹、自然景观及珍稀濒危物种种群、极小种群保护，提升生态系统的稳定性和复原力。

（九）完善生物多样性迁地保护体系。优化建设动植物园、濒危植物扩繁和迁地保护中心、野生动物收容救护中心和保育救助站、种质资源库（场、区、圃）、微生物菌种保藏中心等各级各类抢救性迁地保护设施，填补重要区域和重要物种保护空缺，完善生物资源迁地保存繁育体系。科学构建珍稀濒危动植物、旗舰物种和指示物种的迁地保护群落，对于栖息地环境遭到严重破坏的重点物种，加强其替代生境研究和示范建设，推进特殊物种人工繁育和野化放归工作。

抓好迁地保护种群的档案建设与监测管理。"

（3）了解构建完备的生物多样性保护监测体系的有关内容

"四、构建完备的生物多样性保护监测体系

（十）持续推进生物多样性调查监测。完善生物多样性调查监测技术标准体系，统筹衔接各类资源调查监测工作，全面推进生物多样性保护优先区域和黄河重点生态区、长江重点生态区、京津冀、近岸海域等重点区域生态系统、重点生物物种及重要生物遗传资源调查。充分依托现有各级各类监测站点和监测样地（线），构建生态定位站点等监测网络。建立反映生态环境质量的指示物种清单，开展长期监测，鼓励具备条件的地区开展周期性调查。持续推进农作物和畜禽、水产、林草植物、药用植物、菌种等生物遗传资源和种质资源调查、编目及数据库建设。每5年更新《中国生物多样性红色名录》。

（十一）完善生物多样性保护与监测信息云平台。加大生态系统和重点生物类群监测设备研制和设施建设力度，加快卫星遥感和无人机航空遥感技术应用，探索人工智能应用，推动生物多样性监测现代化。依托国家生态保护红线监管平台，有效衔接国土空间基础信息平台，应用云计算、物联网等信息化手段，充分整合利用各级各类生物物种、遗传资源数据库和信息系统，在保障生物遗传资源信息安全的前提下实现数据共享。研究开发生物多样性预测预警模型，建立预警技术体系和应急响应机制，实现长期动态监控。

（十二）完善生物多样性评估体系。建立健全生物多样性保护恢复成效、生态系统服务功能、物种资源经济价值等评估标准体系。结合全国生态状况调查评估，每5年发布一次生物多样性综合评估报告。开展大型工程建设、资源开发利用、外来物种入侵、生物技术应用、气候变化、环境污染、自然灾害等对生物多样性的影响评价，明确评价方式、内容、程序，提出应对策略。"

（四）《全国主体功能区规划》

（1）了解主体功能区的划分

"第二篇　指导思想与规划目标

第二章　指导思想

第二节　主体功能区划分

根据以上开发定义和开发理念，本规划将我国国土空间分为以下主体功能区：按开发方式，分为优化开发区域、重点开发区域、限制开发区域和禁止开发区域（注：优化开发、重点开发和限制开发区域原则上以县级行政区为单元；禁止开发区域以自然或法定边界为基本单元，分布在其他主体功能区域之中。）；按开发内容，分为城市化地区、农产品主产区和重点生态功能区；按层级，分为国家和省级两个层面。

优化开发区域、重点开发区域、限制开发区域和禁止开发区域，是基于不同区域的资源环境承载能力、现有开发强度和未来发展潜力，以是否适宜或如何进行大规模高强度工业化城镇化开发为基准划分的。

优化开发区域是经济比较发达、人口比较密集、开发强度较高、资源环境问题更加突出，从而应该优化进行工业化城镇化开发的城市化地区。

重点开发区域是有一定经济基础、资源环境承载能力较强、发展潜力较大、集聚人口和经济的条件较好，从而应该重点进行工业化城镇化开发的城市化地区。优化开发和重点开发区域都属于城市化地区，开发内容总体上相同，开发强度和开发方式不同。

限制开发区域分为两类：一类是农产品主产区，即耕地较多、农业发展条件较好，尽管也适宜工业化城镇化开发，但从保障国家农产品安全以及中华民族永续发展的需要出发，必须把增强农业综合生产能力作为发展的首要任务，从而应该限制进行大规模高强度工业化城镇化开发的地区；一类是重点生态功能区，即生态系统脆弱或生态功能重要，资源环境承载能力较低，不具备大规模高强度工业化城镇化开发的条件，必须把增强生态产品生产能力作为首要任务，从而应该限制进行大规模高强度工业化城镇化开发的地区。

禁止开发区域是依法设立的各级各类自然文化资源保护区域，以及其他禁止进行工业化城镇化开发、需要特殊保护的重点生态功能区。国家层面禁止开发区域，包括国家级自然保护区、世界文化自然遗产、国家级风景名胜区、国家森林公园和国家地质公园。省级层面的禁止开发区域，包括省级及以下各级各类自然文化资源保护区域、重要水源地以及其他省级人民政府根据需要确定的禁止开发区域。

各类主体功能区，在全国经济社会发展中具有同等重要的地位，只是主体功能不同，开发方式不同，保护内容不同，发展首要任务不同，国家支持重点不同。对城市化地区主要支持其集聚人口和经济，对农产品主产区主要支持其增强农业综合生产能力，对重点生态功能区主要支持其保护和修复生态环境。"

"第三篇　国家层面主体功能区

国家层面的主体功能区是全国'两横三纵'城市化战略格局、'七区二十三带'农业战略格局、'两屏三带'生态安全战略格局的主要支撑。推进形成主体功能区，必须明确国家层面优化开发、重点开发、限制开发、禁止开发四类主体功能区的功能定位、发展目标、发展方向和开发原则。"

（2）熟悉全国主体功能区规划开发原则中关于保护自然的有关要求

"第二篇　指导思想与规划目标

第三章　开发原则

第二节　保护自然

要按照建设环境友好型社会的要求，根据国土空间的不同特点，以保护自然生态为前提、以水土资源承载能力和环境容量为基础进行有度有序开发，走人与自然和谐的发展道路。

——把保护水面、湿地、林地和草地放到与保护耕地同等重要位置。

——工业化城镇化开发必须建立在对所在区域资源环境承载能力综合评价的基础上，严格控制在水资源承载能力和环境容量允许的范围内。编制区域规划等应事先进行资源环境承载能力综合评价，并把保持一定比例的绿色生态空间作为规划的主要内容。

——在水资源严重短缺、生态脆弱、生态系统重要、环境容量小、地震和地质灾害等自然灾害危险性大的地区，要严格控制工业化城镇化开发，适度控制其他开发活动，缓解开发活动对自然生态的压力。

——严禁各类破坏生态环境的开发活动。能源和矿产资源开发，要尽可能不损害生态环境并应最大限度地修复原有生态环境。

——加强对河流原始生态的保护。实现从事后治理向事前保护转变，实行严格的水资源管理制度，明确水资源开发利用、水功能区限制纳污及用水效率控制指标。在保护河流生态的基础上有序开发水能资源。严格控制地下水超采，加强对超采的治理和对地下水源的涵养与保护。加强水土流失综合治理及预防监督。

——交通、输电等基础设施建设要尽量避免对重要自然景观和生态系统的分割，从严控制穿越禁止开发区域。

——农业开发要充分考虑对自然生态系统的影响，积极发挥农业的生态、景观和间隔功能。严禁有损自然生态系统的开荒以及侵占水面、湿地、林地、草地等农业开发活动。

——在确保省域内耕地和基本农田面积不减少的前提下，继续在适宜的地区实行退耕还林、退牧还草、退田还湖。在农业用水严重超出区域水资源承载能力的地区实行退耕还水。

——生态遭到破坏的地区要尽快偿还生态欠账。生态修复行为要有利于构建生态廊道和生态网络。

——保护天然草地、沼泽地、苇地、滩涂、冻土、冰川及永久积雪等自然空间。"

（3）熟悉国家层面主体功能区中优化开发、重点开发、限制开发区域的功能定位和发展方向

"第三篇　国家层面主体功能区

第五章　优化开发区域

——优化进行工业化城镇化开发的城市化地区

国家优化开发区域（注：提出优化开发区域，既是针对一些人口和经济密集的城市化地区存在过度开发隐患，必然优化发展内涵的迫切要求，更是面对日趋激烈的国际竞争，增强我国国家竞争力的战略需要。）是指具备以下条件的城市化地区：综合实力较强，能够体现国家竞争力；经济规模较大，能支撑并带动全国经济发展；城镇体系比较健全，有条件形成具有全球影响力的特大城市群；内在经济联系紧密，区域一体化基础较好；科学技术创新实力较强，能引领并带动全国自主创新和结构升级。

第一节　功能定位和发展方向

国家优化开发区域的功能定位是：提升国家竞争力的重要区域，带动全国经济社会发展的龙头，全国重要的创新区域，我国在更高层次上参与国际分工及有全球影响力的经济区，全国重要的人口和经济密集区。

国家优化开发区域应率先加快转变经济发展方式，调整优化经济结构，提升参与全球分工与竞争的层次。发展方向和开发原则是：

——优化空间结构。减少工矿建设空间和农村生活空间，适当扩大服务业、交通、城市居住、公共设施空间，扩大绿色生态空间。控制城市蔓延扩张、工业遍地开花和开发区过度分散。

——优化城镇布局。进一步健全城镇体系，促进城市集约紧凑发展，围绕区域中心城市明确各城市的功能定位和产业分工，推进城市间的功能互补和经济联系，提高区域的整体竞争力。

——优化人口分布。合理控制特大城市主城区的人口规模，增强周边地区和其他城市吸纳外来人口的能力，引导人口均衡、集聚分布。

——优化产业结构。推动产业结构向高端、高效、高附加值转变，增强高新技术产业、现代服务业、先进制造业对经济增长的带动作用。发展都市型农业、节水农业和绿色有机农业；积极发展节能、节地、环保的先进制造业，大力发展拥有自主知识产权的高新技术产业，加快发展现代服务业，尽快形成服务经济为主的产业结构。积极发展科技含量和附加值高的海洋产业。

——优化发展方式。率先实现经济发展方式的根本性转变。研究与试验发展经费支出占地区生产总值比重明显高于全国平均水平。大力提高清洁能源比重，壮大循环经济规模，广泛应用低碳技术，大幅度降低二氧化碳排放强度，能源和水资源消耗以及污染物排放等标准达到或接近国际先进水平，全部实现垃圾无害化处理和污水达标排放。加强区域环境监管，建立健全区域污染联防联治机制。

——优化基础设施布局。优化交通、能源、水利、通信、环保、防灾等基础设施的布局和建设，提高基础设施的区域一体化和同城化程度。

——优化生态系统格局。把恢复生态、保护环境作为必须实现的约束性目标。严格控制开发强度，加大生态环境保护投入，加强环境治理和生态修复，净化水系、提高水质，切实严格保护耕地以及水面、湿地、林地、草地和文化自然遗产，保护好城市之间的绿色开敞空间，改善人居环境。

第六章　重点开发区域

——重点进行工业化城镇化开发的城市化地区

国家重点开发区域（注：提出重点开发区域，既是落实区域发展总体战略、拓展经济持续发展空间、促进区域协调发展的需要，也是减轻优化开发区域和限制开发区域人口资源、环境压力的需要。）是指具备以下条件的城市化地区：具备较强的经济基础，具有一定的科技创新能力和较好的发展潜力；城镇体系初步形成，具备经济一体化的条件，中心城市有一定的辐射带动能力，有可能发展成为新的大城市群或区域性城市群；能够带动周边地区发展，且对促进全国区域协调发展意义重大。

第一节　功能定位和发展方向

国家重点开发区域的功能定位是：支撑全国经济增长的重要增长极，落实区域发展总体战略、促进区域协调发展的重要支撑点，全国重要的人口和经济密集区。

重点开发区域应在优化结构、提高效益、降低消耗、保护环境的基础上推动经济可持续发展；推进新型工业化进程，提高自主创新能力，聚集创新要素，增强产业集聚能力，积极承接国际及国内优化开发区域产业转移，形成分工协作的现代产业体系；加快推进城镇化，壮大城市综合实力，改善人居环境，提高集聚人口的能力；发挥区位优势，加快沿边地区对外开放，加强国际通道和口岸建设，形成我国对外开放新的窗口和战略空间。发展方向和开发原则是：

——统筹规划国土空间。适度扩大先进制造业空间，扩大服务业、交通和城市居住等建设空间，减少农村生活空间，扩大绿色生态空间。

——健全城市规模结构。扩大城市规模，尽快形成辐射带动力强的中心城市，发展壮大其他城市，推动形成分工协作、优势互补、集约高效的城市群。

——促进人口加快集聚。完善城市基础设施和公共服务，进一步提高城市的人口承载能力，城市规划和建设应预留吸纳外来人口的空间。

——形成现代产业体系。增强农业发展能力，加强优质粮食生产基地建设，稳定粮食生产能力。发展新兴产业，运用高新技术改造传统产业，全面加快发展服务业，增强产业配套能力，促进产业集群发展。合理开发并有效保护能源和矿产资源，将资源优势转化为经济优势。

——提高发展质量。确保发展质量和效益，工业园区和开发区的规划建设应遵循循环经济的理念，大力提高清洁生产水平，减少主要污染物排放，降低资源消耗和二氧化碳排放强度。

——完善基础设施。统筹规划建设交通、能源、水利、通信、环保、防灾等基础设施，构建完善、高效、区域一体、城乡统筹的基础设施网络。

——保护生态环境。事先做好生态环境、基本农田等保护规划，减少工业化城镇化对生态环境的影响，避免出现土地过多占用、水资源过度开发和生态环境压力过大等问题，努力提高环境质量。

——把握开发时序。区分近期、中期和远期实施有序开发，近期重点建设好国家批准的各类开发区，对目前尚不需要开发的区域，应作为预留发展空间予以保护。

第七章　限制开发区域（农产品主产区）

——限制进行大规模高强度工业化城镇化开发的农产品主产区

国家层面限制开发的农产品主产区是指具备较好的农业生产条件，以提供农产品为主体功能，以提供生态产品、服务产品和工业品为其他功能，需要在国土空间开发中限制进行大规模高强度工业化城镇化开发，以保持并提高农产品生产能力的区域。

第一节　功能定位和发展方向

国家层面农产品主产区的功能定位是：保障农产品供给安全的重要区域，农村居民安居乐业的美好家园，社会主义新农村建设的示范区。

农产品主产区应着力保护耕地，稳定粮食生产，发展现代农业，增强农业综合生产能力，增加农民收入，加快建设社会主义新农村，保障农产品供给，确保国家粮食安全和食物安全。发展方向和开发原则是：

——加强土地整治，搞好规划、统筹安排、连片推进，加快中低产田改造，推进连片标准粮田建设。鼓励农民开展土壤改良。

——加强水利设施建设，加快大中型灌区、排灌泵站配套改造以及水源工程建设。鼓励和支持农民开展小型农田水利设施建设、小流域综合治理。建设节水农业，推广节水灌溉，发展旱作农业。

——优化农业生产布局和品种结构，搞好农业布局规划，科学确定不同区域农业发展重点，形成优势突出和特色鲜明的产业带。

——国家支持农产品主产区加强农产品加工、流通、储运设施建设，引导农产品加工、流通、储运企业向主产区聚集。

——粮食主产区要进一步提高生产能力，主销区和产销平衡区要稳定粮食自给水平。根据粮食产销格局变化，加大对粮食主产区的扶持力度，集中力量建设一批基础条件好、生产水平高、调出量大的粮食生产核心区。在保护生态前提下，开发资源有优势、增产有潜力的粮食生产后备区。

——大力发展油料生产，鼓励发挥优势，发展棉花、糖料生产，着力提高品质和单产。转变养殖业发展方式，推进规模化和标准化，促进畜牧和水产品的稳定增产。

——在复合产业带内，要处理好多种农产品协调发展的关系，根据不同产品的特点和相互影响，合理确定发展方向和发展途径。

——控制农产品主产区开发强度，优化开发方式，发展循环农业，促进农业资源的永续利用。鼓励和支持农产品、畜产品、水产品加工副产物的综合利用。加强农业面源污染防治。

——加强农业基础设施建设，改善农业生产条件。加快农业科技进步和创新，提高农业物质技术装备水平。强化农业防灾减灾能力建设。

——积极推进农业的规模化、产业化，发展农产品深加工，拓展农村就业和增收空间。

——以县城为重点推进城镇建设和非农产业发展，加强县城和乡镇公共服务设施建设，完善小城镇公共服务和居住功能。

——农村居民点以及农村基础设施和公共服务设施的建设，要统筹考虑人口迁移等因素，适度集中、集约布局。

第八章　限制开发区域（重点生态功能区）

——限制进行大规模高强度工业化城镇化开发的重点生态功能区

国家层面限制开发的重点生态功能区是指生态系统十分重要，关系全国或较大范围区域的生态安全，目前生态系统有所退化，需要在国土空间开发中限制进行大规模高强度工业化城镇化开发，以保持并提高生态产品供给能力的区域。

第一节　功能定位和类型

国家重点生态功能区的功能定位是：保障国家生态安全的重要区域，人与自然和谐相处的示范区。

经综合评价，国家重点生态功能区包括大小兴安岭森林生态功能区等 25个地区。总面积约 386 万平方公里，占全国陆地国土面积的 40.2%；2008 年底总人口约 1.1 亿人，占全国总人口的 8.5%。国家重点生态功能区分为水源涵养型、水土保持型、防风固沙型和生物多样性维护型四种类型。

第三节 发展方向

国家重点生态功能区要以保护和修复生态环境、提供生态产品为首要任务，因地制宜地发展不影响主体功能定位的适宜产业，引导超载人口逐步有序转移。

——水源涵养型。推进天然林草保护、退耕还林和围栏封育，治理水土流失，维护或重建湿地、森林、草原等生态系统。严格保护具有水源涵养功能的自然植被，禁止过度放牧、无序采矿、毁林开荒、开垦草原等行为。加强大江大河源头及上游地区的小流域治理和植树造林，减少面源污染。拓宽农民增收渠道，解决农民长远生计，巩固退耕还林、退牧还草成果。

——水土保持型。大力推行节水灌溉和雨水集蓄利用，发展旱作节水农业。限制陡坡垦殖和超载过牧。加强小流域综合治理，实行封山禁牧，恢复退化植被。加强对能源和矿产资源开发及建设项目的监管，加大矿山环境整治修复力度，最大限度地减少人为因素造成新的水土流失。拓宽农民增收渠道，解决农民长远生计，巩固水土流失治理、退耕还林、退牧还草成果。

——防风固沙型。转变畜牧业生产方式，实行禁牧休牧，推行舍饲圈养，以草定畜，严格控制载畜量。加大退耕还林、退牧还草力度，恢复草原植被。加强对内陆河流的规划和管理，保护沙区湿地，禁止发展高耗水工业。对主要沙尘源区、沙尘暴频发区实行封禁管理。

——生物多样性维护型。禁止对野生动植物进行滥捕滥采，保持并恢复野生动植物物种和种群的平衡，实现野生动植物资源的良性循环和永续利用。加强防御外来物种入侵的能力，防止外来有害物种对生态系统的侵害。保护自然生态系统与重要物种栖息地，防止生态建设导致栖息环境的改变。"

（4）熟悉国家层面主体功能区中禁止开发区域和限制开发区域的功能定位和管制原则

"第三篇 国家层面主体功能区

第九章 禁止开发区域

——禁止进行工业化城镇化开发的重点生态功能区

国家禁止开发区域是指有代表性的自然生态系统、珍稀濒危野生动植物物种的天然集中分布地、有特殊价值的自然遗迹所在地和文化遗址等，需要在国土空间开发中禁止进行工业化城镇化开发的重点生态功能区。

第一节 功能定位

国家禁止开发区域的功能定位是：我国保护自然文化资源的重要区域，珍稀动植物基因资源保护地。

根据法律法规和有关方面的规定，国家禁止开发区域共 1 443 处，总面积约 120 万平方公里，占全国陆地国土面积的 12.5%。今后新设立的国家级自然保护区、世界文化自然遗产、国家级风景名胜区、国家森林公园、国家地质公园，自动进入国家禁止开发区域名录。

表 3　国家禁止开发区域基本情况

类型	个数	面积/万 km²	占陆地国土面积比重/%
国家级自然保护区	319	92.85	9.67
世界文化自然遗产	40	3.72	0.39
国家级风景名胜区	208	10.17	1.06
国家森林公园	738	10.07	1.05
国家地质公园	138	8.56	0.89
合计	1 443	120	12.5

注：本表统计结果截至 2010 年 10 月 31 日。总面积中已扣除部分相互重叠的面积。

第二节　管制原则

国家禁止开发区域要依据法律法规规定和相关规划实施强制性保护，严格控制人为因素对自然生态和文化自然遗产原真性、完整性的干扰，严禁不符合主体功能定位的各类开发活动，引导人口逐步有序转移，实现污染物'零排放'，提高环境质量。

一、国家级自然保护区

要依据《中华人民共和国自然保护区条例》、本规划确定的原则和自然保护区规划进行管理。

——按核心区、缓冲区和实验区分类管理。核心区，严禁任何生产建设活动；缓冲区，除必要的科学实验活动外，严禁其他任何生产建设活动；实验区，除必要的科学实验以及符合自然保护区规划的旅游、种植业和畜牧业等活动外，严禁其他生产建设活动。

——按核心区、缓冲区、实验区的顺序，逐步转移自然保护区的人口。绝大多数自然保护区核心区应逐步实现无人居住，缓冲区和实验区也应较大幅度减少人口。

——根据自然保护区的实际情况，实行异地转移和就地转移两种转移方式，一部分人口转移到自然保护区以外，一部分人口就地转为自然保护区管护人员。

——在不影响自然保护区主体功能的前提下，对范围较大、目前核心区人口较多的，可以保持适量的人口规模和适度的农牧业活动，同时通过生活补助等途径，确保人民生活水平稳步提高。

——交通、通信、电网等基础设施要慎重建设，能避则避，必须穿越的，要符合自然保护区规划，并进行保护区影响专题评价。新建公路、铁路和其他基础设施不得穿越自然保护区核心区，尽量避免穿越缓冲区。

二、世界文化自然遗产

要依据《保护世界文化和自然遗产公约》《实施世界遗产公约操作指南》、本规划确定的原则和文化自然遗产规划进行管理。

——加强对遗产原真性的保护，保持遗产在艺术、历史、社会和科学方面的特殊价值。加强对遗产完整性的保护，保持遗产未被人扰动过的原始状态。

三、国家级风景名胜区

要依据《风景名胜区条例》、本规划确定的原则和风景名胜区规划进行管理。

——严格保护风景名胜区内一切景物和自然环境，不得破坏或随意改变。

——严格控制人工景观建设。

——禁止在风景名胜区从事与风景名胜资源无关的生产建设活动。

——建设旅游设施及其他基础设施等必须符合风景名胜区规划，逐步拆除违反规划建设的设施。

——根据资源状况和环境容量对旅游规模进行有效控制，不得对景物、水体、植被及其他野生动植物资源等造成损害。

四、国家森林公园

要依据《中华人民共和国森林法》《中华人民共和国森林法实施条例》《中华人民共和国野生植物保护条例》《森林公园管理办法》、本规划确定的原则和森林公园规划进行管理。

——除必要的保护设施和附属设施外，禁止从事与资源保护无关的任何生产建设活动。

——在森林公园内以及可能对森林公园造成影响的周边地区，禁止进行采石、取土、开矿、放牧以及非抚育和更新性采伐等活动。

——建设旅游设施及其他基础设施等必须符合森林公园规划，逐步拆除违反规划建设的设施。

——根据资源状况和环境容量对旅游规模进行有效控制，不得对森林及其他野生动植物资源等造成损害。

——不得随意占用、征用和转让林地。

五、国家地质公园

要依据《世界地质公园网络工作指南》、本规划确定的原则和地质公园规划进行管理。

——除必要的保护设施和附属设施外，禁止其他生产建设活动。

　　——在地质公园及可能对地质公园造成影响的周边地区，禁止进行采石、取土、开矿、放牧、砍伐以及其他对保护对象有损害的活动。

　　——未经管理机构批准，不得在地质公园范围内采集标本和化石。"

（5）熟悉国家主体功能区环境政策

《关于贯彻实施国家主体功能区环境政策的若干意见》（环发〔2015〕92号）

　　"三、禁止开发区域环境政策

　　按照依法管理、强制保护的原则，执行最严格的生态环境保护措施，保持环境质量的自然本底状况，恢复和维护区域生态系统结构和功能的完整性，保持生态环境质量、生物多样性状况和珍稀物种的自然繁衍，保障未来可持续生存发展空间。

　　（一）优化保护区管理体制机制。将国家级自然保护区的全部、国家级风景名胜区、国家森林公园、国家地质公园、世界文化自然遗产等区域的生态功能极重要区纳入生态保护红线的管控范围，明确其空间分布界线和管控要求。优化自然保护区空间布局，积极推进中东部地区自然保护区建设，将河湖、海洋和草原生态系统及地质遗迹、小种群物种的保护作为新建自然保护区的重点。按照自然地理单元和多物种的栖息地综合保护原则，对已建自然保护区进行整合，通过建立生态廊道，增强自然保护区间的连通性，完善自然保护区建设管理的体制和机制。严格执行饮用水源保护制度，开展饮用水水源地环境风险排查，加强环境应急管理，推进饮用水水源一级保护区内的土地依法征收，依法取缔饮用水水源保护区内排污企业和排污口。引导人口逐步有序转移，按核心区、缓冲区、实验区的顺序，逐步转移自然保护区的人口，实现核心区无人居住，缓冲区和实验区人口大幅度减少。以政府投资为主，推进自然保护区内保护设施的建设，配备充足的人员和装备，加强生态保护技术培训，保障日常保护工作运行的经费。

　　（二）严控各类开发建设活动。不得新建工业企业和矿产开发企业，2020年底前迁出或关闭排放污染物以及有可能对环境安全造成隐患的现有各类企业事业单位和其他生产经营者，并加强相关企业迁出前的环境管理以及迁出后企业原址的风险评估。禁止新建铁路、公路和其他基础设施穿越自然保护区和风景名胜区核心区和缓冲区，尽量避免穿越实验区。严格控制风景名胜区、森林公园、湿地公园内人工景观建设。除文化自然遗产保护、森林草原防火、应急救援外，禁止在自然保护区核心区和缓冲区进行包括旅游、种植和野生动植物繁育在内的开发活动。环境影响评价必须科学预测其对敏感物种和敏感、脆弱生态系统的影响，并以不影响敏感物种生存、繁衍及生态系统的科学文化价值为目标，提出保护和恢复方案。

（三）持续推进生态保护补偿及考核评价制。着眼于激励生态环境保护行为，制定和落实科学的生态补偿制度和专项财政转移支付制度，使保护者得到补偿与激励。着力实施重大生态修复工程建设，加强环境公共服务设施建设。率先探索编制自然资源资产负债表与考评体系。构建生态环境资产核算框架体系，将生态保护补偿机制建设工作纳入地方政府的绩效考核，完善现有政绩考核制度，对领导干部实行自然资源资产离任审计，建立生态环境损害责任终身追究制。

四、重点生态功能区环境政策

按照生态优先、适度发展的原则，着力推进生态保育，增强区域生态服务功能和生态系统的抗干扰能力，夯实生态屏障，坚决遏制生态系统退化的趋势。保持并提高区域的水源涵养、水土保持、防风固沙、生物多样性维护等生态调节功能，保障区域生态系统的完整性和稳定性，土壤环境维持自然本底水平。水源涵养和生物多样性维护型重点生态功能区水质达到地表水、地下水Ⅰ类，空气质量达到一级；水土保持型重点生态功能区的水质达到Ⅱ类，空气质量达到二级；防风固沙型重点生态功能区的水质达到Ⅱ类，空气质量得到改善。

（一）划定并严守生态保护红线。在重点生态功能区、生态环境敏感区和脆弱区等区域划定生态保护红线，实行严格保护，确保生态功能不降低、面积不减少、性质不改变；科学划定森林、草原、湿地、海洋等领域生态保护红线。

（二）实行更加严格的产业准入标准。严格限制区内'两高一资'产业落地，禁止高水资源消耗产业在水源涵养生态功能区布局，限制土地资源高消耗产业在水土保持生态功能区发展，降低防风固沙生态功能区的农牧业开发强度，禁止生物多样性维护生态功能区的大规模水电开发和林纸一体化产业发展。在不损害生态系统功能的前提下，因地制宜地发展旅游、农林牧产品生产和加工、观光休闲农业及风电、太阳能等新能源产业。原则上不再新建各类产业园区，严禁随意扩大现有产业园区范围。以工业为主的产业园区应加快完成园区的循环化改造，鼓励推进低消耗、可循环、少排放的生态型工业区建设，对不符合主体功能定位的现有产业，通过设备折旧补贴、设备贷款担保、迁移补贴、土地置换、关停补偿等手段，实施搬迁或关闭。严格执行排污许可管理制度，从严控制污染物排放总量，将排污许可管理制度允许的排放量作为污染物排放总量的管理依据，实现污染物排放总量持续下降。

（三）持续推进生态建设与生态修复重大工程。实施好生物多样性重大工程、风沙源治理、小流域综合治理、退耕还林还草、退牧还草等生态修复工程。推进国家级自然保护区建设。推进荒漠化、石漠化、水土流失综合治理，扩大森林、草原、湖泊、湿地面积，提高森林覆盖率，水土流失和荒漠化得到有效控制，野生动植物物种得到恢复和增加，保护生物多样性。严禁盲目引入外来物种，严格控制转基因物种环境释放活动。

（四）推进实施生态保护补偿及监测考评机制。逐步加大政府投资对生态环境保护方面的支持力度，重点用于国家重点生态功能区特别是中西部和东北地区国家重点生态功能区的发展。对国家支持的建设项目，适当提高中央政府补助比例。完善生态环境监测体系，实施生态环境质量监测、评价和考核。在生态系统服务功能十分重要的区域优先建立天地一体化的生态环境监管机制。取消重点生态功能区的地区生产总值考核，加强区域生态功能、可持续发展能力的评估与考核，并将结果向社会公布。

（五）切实落实环境分区管治。青藏高原生态屏障区，要重点保护好多样、独特的生态系统，发挥涵养大江大河水源和调节气候的作用。黄土高原-川滇生态屏障区，要重点加强水土流失防治和天然植被保护，发挥保障长江、黄河中下游地区生态安全的作用。东北森林带，要重点保护好森林资源和生物多样性，发挥东北平原生态安全屏障的作用。北方防沙带，要重点加强防护林建设、草原保护和防风固沙，对暂不具备管治条件的沙化土地实行封禁保护，发挥'三北'地区生态安全屏障的作用。南方丘陵山地带，要重点加强植被修复和水土流失防治，发挥华南和西南地区生态安全屏障的作用。

五、农产品主产区环境政策

按照保障基本、安全发展的原则，优先保护耕地土壤环境，保障农产品主产区的环境安全，改善农村人居环境，农村区域达到《环境空气质量标准》（GB 3095—2012）二级标准；主要水产渔业生产区中珍稀水生生物栖息地、鱼虾类产卵场、仔稚幼鱼的索饵场等地表水达到《地表水环境质量标准》II类要求，其他水产渔业生产区达到《地表水环境质量标准》III类要求，并满足《渔业水质标准》，地下水达到《地下水质量标准》相关要求；农田灌溉用水应满足《农田灌溉水质标准》，严格控制重金属类污染物和有毒物质；重点粮食蔬菜产地执行《食用农产品产地环境质量评价标准》和《温室蔬菜产地环境质量评价标准》要求，一般农田土壤达到《土壤环境质量标准》二级标准。

（一）开展农村环境连片综合整治。加大村镇供水和污水、垃圾处理设施建设，并对污泥进行妥善的处理处置，加大乡镇工矿企业污染治理力度，确保农村土壤环境质量安全。积极推进农业清洁生产，加强面源污染控制，研究出台有利于有机肥生产、使用的优惠政策，建立健全农药废弃包装物回收处理体系、废旧地膜回收加工网络。以规模化畜禽养殖为重点，对畜禽养殖废弃物实施综合治理，推广生产有机肥，持续推进污染减排及废弃物综合利用。在农业生产区开展环境健康风险评估和分区，确定区域环境质量对不同农作物的影响，针对可能造成农产品污染的区域，开展生态修复，确保农产品质量。

（二）加强土壤环境治理。对于土壤清洁的农用地，要根据土壤环境保护工作需要，在其周边划出一定范围的防护区域，禁止在防护区域内新建有色金属、皮革制品、石油煤炭、化工医药、铅蓄电池制造、电镀以及其他排放有毒有害污染物的项目，逐步关闭或搬迁防护区域内的已有项目。对中轻度污染农用地，采取严格环境准入、加强污染源监管等措施，加强环境健康风险评估，防止土壤污染加重，相关责任方在土壤环境健康风险评估基础上开展土壤污染管治与修复。对重度污染农用地，严格用途管制，有序开展重度污染耕地种植结构调整，有效控制土壤环境风险。

（三）建立环境质量监测网络与考评机制。推行根据区域环境质量限制的污染物排放总量控制制度。严格控制重金属类污染物和挥发性有机污染物等有毒物质排放，将排污许可管理制度允许排放量作为污染物排放总量管理的依据。规划和项目环评，要强化土壤环境影响评价的内容，严格限制污染型企业进入农产品主产区，严禁有损自然生态系统的开荒以及侵占水面、湿地、林地、草地的农业开发活动。完善农产品产地环境质量评价标准，建立土壤环境质量定期监测和信息发布制度。加强区域农业生产环境安全、可持续发展能力的评估与考核，并将结果向社会公布。

（四）切实落实环境分区管治。东北平原国家农产品主产区强化黑土地水土流失和荒漠化综合管治，开展三江平原、松嫩平原湿地修复。黄淮海平原国家农产品主产区加强统筹地表地下水资源，控制农业面源污染和合理利用秸秆资源，严格控制污灌，防治土壤盐碱化。长江流域国家农产品主产区要加强湿地修复与生物多样性保护，防止土壤贫瘠化，管治土壤污染。对两湖地区、淮河苏北平原等，应在环境健康风险评估的基础上开展农田土壤修复。汾渭平原国家农产品主产区加强土壤侵蚀管治防治水土流失。河套灌区和甘肃新疆国家农产品主产区要合理调配水资源，发展高效节水农业。华南国家农产品主产区，要防治水土流失和土壤肥力下降，管治土壤污染。

六、重点开发区域环境政策

按照强化管治、集约发展的原则，加强环境管理与管治，大幅降低污染物排放强度，改善环境质量。一般城镇和工业区环境空气质量达到《环境空气质量标准》（GB 3095—2012）二级标准。地表水环境达到《地表水环境质量标准》相关要求，集中式生活饮用水地表水源地一级保护区应达到Ⅱ类标准及补充和特定项目要求，集中式生活饮用水地表水源地二级保护区及准保护区应达到Ⅲ类标准及补充和特定项目要求，工业用水应达到Ⅳ类标准，景观用水应达到Ⅴ类标准，纳污水体要求不影响下游水体功能，地下水达到《地下水质量标准》

相关要求。土壤环境达到《土壤环境质量标准》和土壤环境风险评估规范确定的目标要求。

（一）切实加强城市环境管理。推动建立基于环境承载能力的城市环境功能分区管理制度，加强特征污染物控制。划定城市生态保护红线，促进形成有利于污染控制和降低居民健康风险的城市空间格局。保护对区域生态系统服务功能极重要的基础生态用地，将区域开敞空间与城市绿地系统有机结合起来，加强生态用地的连通性。

（二）深化主要污染物排放总量控制和环境影响评价制度。排污许可允许的主要污染物排放量须满足国家主要污染物排放总量削减任务和区域环境质量标准要求。严格依法开展规划环境影响评价，探索建立区域污染物行业排放总量管理模式，在建设项目环评和规划环评中推进人群健康影响评价。制定建设项目分类管理目录，提出鼓励发展的产业目录和产业发展的环保负面清单。

（三）加强环境综合整治。大力实施大气环境综合整治、水环境综合整治、近岸海域环境综合整治、土壤污染管治、重金属污染管治、环境噪声影响严重区管治等环境综合整治工程，严格化学品环境管理，强化城镇污水、垃圾收集与处理设施建设，加强环境管理和监督力度，提高各类治污设施的效率，强化对企业污染物稳定达标排放的监管，开展污染防治对环境、人群健康影响的效果评估。

（四）强化环境风险管理。要建立区域环境风险评估和风险防控制度。区域内以工业为主的开发区，要根据环境风险评估建立风险预警和风险控制机制，制定突发环境事件应急预案，针对高危企业开展环境污染健康影响评估，建设项目和现有企业开展环境风险评估和制定突发环境事件应急预案，强化对其相关工作的监管。对于环境污染问题突出或者居民反映强烈的高环境健康风险的区域开展环境与健康调查，采取有效措施降低环境健康损害风险，确保不发生大规模环境污染损害健康的事件。

（五）切实落实环境分区管治。呼包鄂榆、关中—天水、兰州—西宁、宁夏沿黄、天山北坡等区域要严格限制高耗水行业发展，提高水资源利用效率。成渝、黔中、滇中、藏中南等区域需严控有色金属产业项目审批，积极推动有色金属采治的环境健康风险评估。要重视饮用水安全及水污染产生的环境健康问题和矿产资源开发带来的人群健康风险问题。控制采暖期煤烟型大气污染，加强草原生态系统保护，加强地下水保护，改善天山北坡山地水源涵养功能。成渝、黔中、滇中、藏中南等区域要强化酸雨污染防治，加强流域水土流失和水污染防治，加强石漠化治理、高原湖泊保护、大江大河防护林建设，保护和增强藏中南地区生态系统多样性及适应气候变化能力，优化并合理布局水电开发，开展有色金属采冶的环境健康风险评估。哈长地区要强化对石油等资源开发活动的生态环境监管，提升发展原油、石化产业，强化科技创新、综合服务功能。加强采暖期城市大气污染管治，推进松花江、嫩江流域、辽河流域和近岸海域污染防治，加强采煤沉陷区综合管治和矿山环境修复，强化长白山森林和水源保护，开展松嫩平原湿地修复，防治丘陵黑土地区水土流失，加快封山育林、植树造林和冷水性鱼类资源保护。太原城市群、中原经济区等区域要重视煤化工产业发展造成的土壤环境健康风险，优化发展煤炭、化工产业链，承接环渤海地区产业转移。要有效维护区域环境承载能力，加强区域大气污染管治联防联控，强化水污染管治，加强采煤沉陷区的生态恢复，推进平原地区和沙化地区的土地管治，重视空气污染带来的人群健康风险问题。冀中南地区要严格控制钢铁建材产业，积极稳妥进行产业改造。要加强水环境污染治理，加强南水北调中线引江干支渠、城市河道人工湿地建设，构建由防护林、城市绿地、区域生态水网等构成的生态格局。武汉城市圈、环长株潭城市群、鄱阳湖生态经济区、江淮地区等区域要把区域资源承载能力和生态环境容量作为承接产业转移的重要依据，严格资源节约和环保准入门槛。要加强长江、湘江、汉江、淮河和洞庭湖、巢湖、东湖、梁子湖、磁湖等重点水域的水资源保护和水环境污染防治，加强鄱阳湖生态经济区生态环境保护，加强大别山水土保持和水源涵养功能，重视土壤污染产生的人群健康问题。东陇海地区要优化港口产业集群，积极支持环境友好型企业发展，维护沿海区域环境健康。要加强自然保护区、重要湿地、滩涂以及水源保护区等的保护，加强淮河流域综合管治，加强入海河流小流域综合整治和近岸海域污染防治，实施矿山废弃地环境综合整治与生态修复，构建东部沿海防护林带、北部山区森林、南部平原林网有机融合的生态格局。北部湾地区、海峡西岸经济区要发展高效优质生态农业，转变养殖业发展方式，合理开发北部湾渔业资源，发展农产品精深加工业，深化闽台农业合作，建设特色农产品生产与加工出口示范基地，发展特色优势产业。要加强对自然保护区、生态公益林、水源保护区等的保护，加强防御台风、风暴潮等极端气候事件能力建设，构建以沿海红树林、珊瑚礁、港湾湿地为主体的沿海生态带和海洋特别保护区。

七、优化开发区域环境政策

按照严控污染、优化发展的原则，引导城市集约紧凑、绿色低碳发展，减少工矿建设空间和农村生活空间，扩大服务业、交通、城市居住、公共设施空间，扩大绿色生态空间。一般城镇和工业区环境空气质量达到《环境空气质量标准》（GB 3095—2012）二级标准。地表水环境达到《地表水环境质量标准》相关要求，集中式生活饮用水地表水源地一级保护区应达到Ⅱ类标准及补充和特定项目要求，集中式生活饮用水地表水源地二级保护区及准保护区应达到III类标准及补充和特定项目要求，工业用水应达到IV类标准，景观用水应达到V类标准，纳污水体要求不影响下游水体功能，地下水达到《地下水质量标准》相关要求。土壤环境达到《土壤环境质量标准》和土壤环境风险评估规范确定的目标要求。

（一）加强城市环境质量管理。优化城市生产、生活、生态空间，划定城市生态保护红线和最小生态安全距离，优化提升城市群生态保护空间，促进形成有利于污染控制和降低居民健康风险的城市空间格局。推进城市总体规划环境影响评价和人群健康风险评估，探索环境健康损害赔偿机制。编制实施城市环境总体规划，优化城市功能分区，控制城市蔓延扩张，扩大城市绿色生态空间，加强城市公园绿地、绿道网、绿化隔离带和城际生态廊道建设。

（二）严格污染物排放总量控制制度。有效控制区域性复合型大气污染，现有存量污染源通过结构调整、转型升级或提标改造削减排放量。新、改、扩建项目要按照《建设项目主要污染物排放总量指标审核及管理暂行办法》的要求，严格落实替代削减方案。推行煤炭消费总量控制制度，建立新上项目煤炭消费减量替代和污染物减排'双挂钩'机制。积极推进火电、钢铁、水泥等重点行业大气污染物与温室气体协同控制。建立绩效标杆和领跑者制度。严格执行排污许可管理制度，从严控制污染物排放总量，将排污许可管理制度允许的排放量作为污染物排放总量的管理依据，实现污染物排放总量持续下降。

（三）推行环保负面清单制度。全面深入实施节能减排，化解资源环境瓶颈制约，积极开展适应气候变化工作，提升城市综合适应能力，新建项目清洁生产应达到国际先进水平，新建产业园区应按生态工业园区标准进行规划建设。禁止新建钢铁、水泥熟料、平板玻璃、电解铝、船舶等产能过剩行业新增产能项目。有序发展天然气调峰电站，原则上不再新建天然气发电项目。新建项目禁止配套建设自备燃煤电站，除热电联产外，禁止审批新建燃煤发电项目。现有多台燃煤机组装机容量合计达到30万千瓦以上的，可按照煤炭等量替代的原则建设为大容量燃煤机组。对火电、钢铁、石化、水泥、有色、化工等行业按照相关规定执行污染物特别排放限值，或严于国家标准有关污染物排放限值的地方标准。

（四）加强土壤环境保护工作。严格污染场地开发利用和流转的审批，新增建设用地和现有建设用地改变用途，未按要求开展土壤污染状况调查评估的，有关部门不得办理供地等相关手续；加强未开发利用污染场地的环境管理，开展对周边环境和人体健康的风险评估，定期发布重污染场地环境健康风险评估结果，防范风险。对于污染场地修复后再利用的区域，需要开展常规环境健康综合监测和10年以上的环境健康风险追踪评估。加强城镇辐射环境质量监督管理。

（五）切实落实环境分区管治。京津冀地区要加强生态环境保护，联防联控环境污染，建立一体化的环境准入和退出机制，构建区域生态环境监测网络；强化大气污染治理，确定大气环境质量底线，协同推进碳排放控制，加快推进低碳城镇化；实施清洁水行动，开展饮用水水源地保护，整治环渤海湾环境污染，推进土壤与地下水治理和农村环境改善工程；优化生态安全格局，划定生态保护红线，明确生态廊道，建设坝上高原生态防护区、燕山-太行山生态涵养区、低平原生态修复区和沿海生态防护区等。辽中南地区要加强东部山地水源涵养和饮用水水源地保护，加快采煤沉陷区综合管治及矿山生态修复，加强辽河流域和近海海域污染防治，强化城市煤烟型空气污染管治，构建由长白山余脉、辽河、鸭绿江、滨海湿地和沿海防护林构成的生态廊道。山东半岛地区要划定地下水禁采区和限采区并实施严格保护，强化工业颗粒物和粉尘管治，加快封山育林、提高森林覆盖率，构建片状生态网络和沿海生态廊道。长江三角洲地区要加强饮用水水源地保护，重点保护集中式饮用水水源地水质安全，遏制地下水超采，重点整治长江、太湖、淮河、钱塘江和城市水体污染；健全区域大气污染联防联控机制，改善区域大气环境质量；加强沿江沿海防护林体系建设，增强生态服务功能，保障生态安全。珠江三角洲地区推进二氧化硫、氮氧化物、颗粒物和挥发性有机物等多种污染物协同减排，强化区域大气污染联防联控；加强江河治理和水生态保护的基础设施建设，构建城乡一体的污水和垃圾处理系统；加强饮用水水源地保护和农业面源污染防治，重点防治畜禽、水产养殖污染；加快推进珠江水系、沿海重要绿化带和北部连绵山体为主要框架的区域生态安全体系建设，严格保护红树林湿地生态系统。"

（五）《2030年前碳达峰行动方案》

（1）了解主要目标

"二、主要目标

'十四五'期间，产业结构和能源结构调整优化取得明显进展，重点行业能源利用效率大幅提升，煤炭消费增长得到严格控制，新型电力系统加快构建，绿色低碳技术研发和推广应用取得新进展，绿色生产生活方式得到普遍推行，有利于绿色低碳循环发展的政策体系进一步完善。到2025年，非化石能源消费比重达到20%左右，单位国内生产总值能源消耗比2020年下降13.5%，单位国内生产总值二氧化碳排放比2020年下降18%，为实现碳达峰奠定坚实基础。

'十五五'期间，产业结构调整取得重大进展，清洁低碳安全高效的能源体系初步建立，重点领域低碳发展模式基本形成，重点耗能行业能源利用效率达到国际先进水平，非化石能源消费比重进一步提高，煤炭消费逐步减少，绿色低碳技术取得关键突破，绿色生活方式成为公众自觉选择，绿色低碳循环发展政策体系基本健全。到2030年，非化石能源消费比重达到25%左右，单位国内生产总值二氧化碳排放比2005年下降65%以上，顺利实现2030年前碳达峰目标。"

（2）熟悉能源绿色低碳转型行动的有关内容

"（一）能源绿色低碳转型行动。

能源是经济社会发展的重要物质基础，也是碳排放的最主要来源。要坚持安全降碳，在保障能源安全的前提下，大力实施可再生能源替代，加快构建清洁低碳安全高效的能源体系。

1. 推进煤炭消费替代和转型升级。加快煤炭减量步伐，'十四五'时期严格合理控制煤炭消费增长，'十五五'时期逐步减少。严格控制新增煤电项目，新建机组煤耗标准达到国际先进水平，有序淘汰煤电落后产能，加快现役机组节能升级和灵活性改造，积极推进供热改造，推动煤电向基础保障性和系统调节性电源并重转型。严控跨区外送可再生能源电力配套煤电规模，新建通道可再生能源电量比例原则上不低于50%。推动重点用煤行业减煤限煤。大力推动煤炭清洁利用，合理划定禁止散烧区域，多措并举、积极有序推进散煤替代，逐步减少直至禁止煤炭散烧。

2. 大力发展新能源。全面推进风电、太阳能发电大规模开发和高质量发展，坚持集中式与分布式并举，加快建设风电和光伏发电基地。加快智能光伏产业创新升级和特色应用，创新'光伏+'模式，推进光伏发电多元布局。坚持陆海并重，推动风电协调快速发展，完善海上风电产业链，鼓励建设海上风电基地。积极发展太阳能光热发电，推动建立光热发电与光伏发电、风电互补调节的风光热综合可再生能源发电基地。因地制宜发展生物质发电、生物质能清洁供暖和生物天然气。探索深化地热能以及波浪能、潮流能、温差能等海洋新能源开发利用。进一步完善可再生能源电力消纳保障机制。到2030年，风电、太阳能发电总装机容量达到12亿千瓦以上。

3. 因地制宜开发水电。积极推进水电基地建设，推动金沙江上游、澜沧江上游、雅砻江中游、黄河上游等已纳入规划、符合生态保护要求的水电项目开工建设，推进雅鲁藏布江下游水电开发，推动小水电绿色发展。推动西南地区水电与风电、太阳能发电协同互补。统筹水电开发和生态保护，探索建立水能资源开发生态保护补偿机制。'十四五''十五五'期间分别新增水电装机容量4000万千瓦左右，西南地区以水电为主的可再生能源体系基本建立。

4. 积极安全有序发展核电。合理确定核电站布局和开发时序，在确保安全的前提下有序发展核电，保持平稳建设节奏。积极推动高温气冷堆、快堆、模块化小型堆、海上浮动堆等先进堆型示范工程，开展核能综合利用示范。加大核电标准化、自主化力度，加快关键技术装备攻关，培育高端核电装备制造产业集群。实行最严格的安全标准和最严格的监管，持续提升核安全监管能力。

5. 合理调控油气消费。保持石油消费处于合理区间，逐步调整汽油消费规模，大力推进先进生物液体燃料、可持续航空燃料等替代传统燃油，提升终端燃油产品能效。加快推进页岩气、煤层气、致密油（气）等非常规油气资源规模化开发。有序引导天然气消费，优化利用结构，优先保障民生用气，大力推动天然气与多种能源融合发展，因地制宜建设天然气调峰电站，合理引导工业用气和化工原料用气。支持车船使用液化天然气作为燃料。

6. 加快建设新型电力系统。构建新能源占比逐渐提高的新型电力系统，推动清洁电力资源大范围优化配置。大力提升电力系统综合调节能力，加快灵活调节电源建设，引导自备电厂、传统高载能工业负荷、工商业可中断负荷、电动汽车充电网络、虚拟电厂等参与系统调节，建设坚强智能电网，提升电网安全保障水平。积极发展'新能源+储能'、源网荷储一体化和多能互补，支持分布式新能源合理配置储能系统。制定新一轮抽水蓄能电站中长期发展规划，完善促进抽水蓄能发展的政策机制。加快新型储能示范推广应用。深化电力体制改革，加快构建全国统一电力市场体系。到 2025 年，新型储能装机容量达到3000 万千瓦以上。到 2030 年，抽水蓄能电站装机容量达到 1.2 亿千瓦左右，省级电网基本具备 5% 以上的尖峰负荷响应能力。"

（3）了解实施节能降碳重点工程的有关内容

"2. 实施节能降碳重点工程。实施城市节能降碳工程，开展建筑、交通、照明、供热等基础设施节能升级改造，推进先进绿色建筑技术示范应用，推动城市综合能效提升。实施园区节能降碳工程，以高耗能高排放项目（以下称'两高'项目）集聚度高的园区为重点，推动能源系统优化和梯级利用，打造一批达到国际先进水平的节能低碳园区。实施重点行业节能降碳工程，推动电力、钢铁、有色金属、建材、石化化工等行业开展节能降碳改造，提升能源资源利用效率。实施重大节能降碳技术示范工程，支持已取得突破的绿色低碳关键技术开展产业化示范应用。"

（4）熟悉工业领域碳达峰行动的有关内容

"（三）工业领域碳达峰行动。

工业是产生碳排放的主要领域之一，对全国整体实现碳达峰具有重要影响。工业领域要加快绿色低碳转型和高质量发展，力争率先实现碳达峰。

1．推动工业领域绿色低碳发展。优化产业结构，加快退出落后产能，大力发展战略性新兴产业，加快传统产业绿色低碳改造。促进工业能源消费低碳化，推动化石能源清洁高效利用，提高可再生能源应用比重，加强电力需求侧管理，提升工业电气化水平。深入实施绿色制造工程，大力推行绿色设计，完善绿色制造体系，建设绿色工厂和绿色工业园区。推进工业领域数字化智能化绿色化融合发展，加强重点行业和领域技术改造。

2．推动钢铁行业碳达峰。深化钢铁行业供给侧结构性改革，严格执行产能置换，严禁新增产能，推进存量优化，淘汰落后产能。推进钢铁企业跨地区、跨所有制兼并重组，提高行业集中度。优化生产力布局，以京津冀及周边地区为重点，继续压减钢铁产能。促进钢铁行业结构优化和清洁能源替代，大力推进非高炉炼铁技术示范，提升废钢资源回收利用水平，推行全废钢电炉工艺。推广先进适用技术，深挖节能降碳潜力，鼓励钢化联产，探索开展氢冶金、二氧化碳捕集利用一体化等试点示范，推动低品位余热供暖发展。

3．推动有色金属行业碳达峰。巩固化解电解铝过剩产能成果，严格执行产能置换，严控新增产能。推进清洁能源替代，提高水电、风电、太阳能发电等应用比重。加快再生有色金属产业发展，完善废弃有色金属资源回收、分选和加工网络，提高再生有色金属产量。加快推广应用先进适用绿色低碳技术，提升有色金属生产过程余热回收水平，推动单位产品能耗持续下降。

4．推动建材行业碳达峰。加强产能置换监管，加快低效产能退出，严禁新增水泥熟料、平板玻璃产能，引导建材行业向轻型化、集约化、制品化转型。推动水泥错峰生产常态化，合理缩短水泥熟料装置运转时间。因地制宜利用风能、太阳能等可再生能源，逐步提高电力、天然气应用比重。鼓励建材企业使用粉煤灰、工业废渣、尾矿渣等作为原料或水泥混合材。加快推进绿色建材产品认证和应用推广，加强新型胶凝材料、低碳混凝土、木竹建材等低碳建材产品研发应用。推广节能技术设备，开展能源管理体系建设，实现节能增效。

5．推动石化化工行业碳达峰。优化产能规模和布局，加大落后产能淘汰力度，有效化解结构性过剩矛盾。严格项目准入，合理安排建设时序，严控新增炼油和传统煤化工生产能力，稳妥有序发展现代煤化工。引导企业转变用能方式，鼓励以电力、天然气等替代煤炭。调整原料结构，控制新增原料用煤，拓展富氢原料进口来源，推动石化化工原料轻质化。优化产品结构，促进石化化工与煤炭开采、冶金、建材、化纤等产业协同发展，加强炼厂干气、液化气等副产气体高效利用。鼓励企业节能升级改造，推动能量梯级利用、物料循环利用。到 2025 年，国内原油一次加工能力控制在 10 亿吨以内，主要产品产能利用率提升至 80%以上。

6. 坚决遏制'两高'项目盲目发展。采取强有力措施，对'两高'项目实行清单管理、分类处置、动态监控。全面排查在建项目，对能效水平低于本行业能耗限额准入值的，按有关规定停工整改，推动能效水平应提尽提，力争全面达到国内乃至国际先进水平。科学评估拟建项目，对产能已饱和的行业，按照'减量替代'原则压减产能；对产能尚未饱和的行业，按照国家布局和审批备案等要求，对标国际先进水平提高准入门槛；对能耗量较大的新兴产业，支持引导企业应用绿色低碳技术，提高能效水平。深入挖潜存量项目，加快淘汰落后产能，通过改造升级挖掘节能减排潜力。强化常态化监管，坚决拿下不符合要求的'两高'项目。"

（5）熟悉循环经济助力降碳行动的有关内容

"（六）循环经济助力降碳行动。

抓住资源利用这个源头，大力发展循环经济，全面提高资源利用效率，充分发挥减少资源消耗和降碳的协同作用。

1. 推进产业园区循环化发展。以提升资源产出率和循环利用率为目标，优化园区空间布局，开展园区循环化改造。推动园区企业循环式生产、产业循环式组合，组织企业实施清洁生产改造，促进废物综合利用、能量梯级利用、水资源循环利用，推进工业余压余热、废气废液废渣资源化利用，积极推广集中供气供热。搭建基础设施和公共服务共享平台，加强园区物质流管理。到2030年，省级以上重点产业园区全部实施循环化改造。

2. 加强大宗固废综合利用。提高矿产资源综合开发利用水平和综合利用率，以煤矸石、粉煤灰、尾矿、共伴生矿、冶炼渣、工业副产石膏、建筑垃圾、农作物秸秆等大宗固废为重点，支持大掺量、规模化、高值化利用，鼓励应用于替代原生非金属矿、砂石等资源。在确保安全环保前提下，探索将磷石膏应用于土壤改良、井下充填、路基修筑等。推动建筑垃圾资源化利用，推广废弃路面材料原地再生利用。加快推进秸秆高值化利用，完善收储运体系，严格禁烧管控。加快大宗固废综合利用示范建设。到2025年，大宗固废年利用量达到40亿吨左右；到2030年，年利用量达到45亿吨左右。

3. 健全资源循环利用体系。完善废旧物资回收网络，推行"互联网+"回收模式，实现再生资源应收尽收。加强再生资源综合利用行业规范管理，促进产业集聚发展。高水平建设现代化"城市矿产"基地，推动再生资源规范化、规模化、清洁化利用。推进退役动力电池、光伏组件、风电机组叶片等新兴产业废物循环利用。促进汽车零部件、工程机械、文办设备等再制造产业高质量发展。加强资源再生产品和再制造产品推广应用。到2025年，废钢铁、废铜、废铝、废铅、废锌、废纸、废塑料、废橡胶、废玻璃等9种主要再生资源循环利用量达到 4.5 亿吨，到 2030 年达到 5.1 亿吨。

4. 大力推进生活垃圾减量化资源化。扎实推进生活垃圾分类，加快建立覆盖全社会的生活垃圾收运处置体系，全面实现分类投放、分类收集、分类运输、分类处理。加强塑料污染全链条治理，整治过度包装，推动生活垃圾源头减量。推进生活垃圾焚烧处理，降低填埋比例，探索适合我国厨余垃圾特性的资源化利用技术。推进污水资源化利用。到 2025 年，城市生活垃圾分类体系基本健全，生活垃圾资源化利用比例提升至 60%左右。到 2030 年，城市生活垃圾分类实现全覆盖，生活垃圾资源化利用比例提升至 65%。"

（六）《"十四五"节能减排综合工作方案》

（1）了解总体要求和主要目标

"一、总体要求

以习近平新时代中国特色社会主义思想为指导，全面贯彻党的十九大和十九届历次全会精神，深入贯彻习近平生态文明思想，坚持稳中求进工作总基调，立足新发展阶段，完整、准确、全面贯彻新发展理念，构建新发展格局，推动高质量发展，完善实施能源消费强度和总量双控（以下称能耗双控）、主要污染物排放总量控制制度，组织实施节能减排重点工程，进一步健全节能减排政策机制，推动能源利用效率大幅提高、主要污染物排放总量持续减少，实现节能降碳减污协同增效、生态环境质量持续改善，确保完成'十四五'节能减排目标，为实现碳达峰、碳中和目标奠定坚实基础。

二、主要目标

到 2025 年，全国单位国内生产总值能源消耗比 2020 年下降 13.5%，能源消费总量得到合理控制，化学需氧量、氨氮、氮氧化物、挥发性有机物排放总量比 2020 年分别下降 8%、8%、10%以上、10%以上。节能减排政策机制更加健全，重点行业能源利用效率和主要污染物排放控制水平基本达到国际先进水平，经济社会发展绿色转型取得显著成效。"

（2）熟悉实施重点行业绿色升级工程的有关内容

"（一）重点行业绿色升级工程。以钢铁、有色金属、建材、石化化工等行业为重点，推进节能改造和污染物深度治理。推广高效精馏系统、高温高压干熄焦、富氧强化熔炼等节能技术，鼓励将高炉—转炉长流程炼钢转型为电炉短流程炼钢。推进钢铁、水泥、焦化行业及燃煤锅炉超低排放改造，到 2025 年，完成 5.3 亿吨钢铁产能超低排放改造，大气污染防治重点区域燃煤锅炉全面实现超低排放。加强行业工艺革新，实施涂装类、化工类等产业集群分类治理，开展重点行业清洁生产和工业废水资源化利用改造。推进新型基础设施能效提升，加快绿色数据中心建设。'十四五'时期，规模以上工业单位增加值能耗下降 13.5%，万元工业增加值用水量下降 16%。到 2025 年，通过实施节能降碳行动，钢铁、电解铝、水泥、平板玻璃、炼油、乙烯、合成氨、电石等重点行业产能和数据中心达到能效标杆水平的比例超过 30%。"

（3）熟悉实施园区节能环保提升工程的有关内容

"（二）园区节能环保提升工程。引导工业企业向园区集聚，推动工业园区能源系统整体优化和污染综合整治，鼓励工业企业、园区优先利用可再生能源。以省级以上工业园区为重点，推进供热、供电、污水处理、中水回用等公共基础设施共建共享，对进水浓度异常的污水处理厂开展片区管网系统化整治，加强一般固体废物、危险废物集中贮存和处置，推动挥发性有机物、电镀废水及特征污染物集中治理等'绿岛'项目建设。到 2025 年，建成一批节能环保示范园区。"

（4）熟悉重点区域污染物减排工程的有关内容

"（七）重点区域污染物减排工程。持续推进大气污染防治重点区域秋冬季攻坚行动，加大重点行业结构调整和污染治理力度。以大气污染防治重点区域及珠三角地区、成渝地区等为重点，推进挥发性有机物和氮氧化物协同减排，加强细颗粒物和臭氧协同控制。持续打好长江保护修复攻坚战，扎实推进城镇污水垃圾处理和工业、农业面源、船舶、尾矿库等污染治理工程，到 2025 年，长江流域总体水质保持为优，干流水质稳定达到Ⅱ类。着力打好黄河生态保护治理攻坚战，实施深度节水控水行动，加强重要支流污染治理，开展入河排污口排查整治，到 2025 年，黄河干流上中游（花园口以上）水质达到Ⅱ类。"

（5）熟悉实施煤炭清洁高效利用工程的有关内容

"（八）煤炭清洁高效利用工程。要立足以煤为主的基本国情，坚持先立后破，严格合理控制煤炭消费增长，抓好煤炭清洁高效利用，推进存量煤电机组节煤降耗改造、供热改造、灵活性改造'三改联动'，持续推动煤电机组超低排放改造。稳妥有序推进大气污染防治重点区域燃料类煤气发生炉、燃煤热风炉、加热炉、热处理炉、干燥炉（窑）以及建材行业煤炭减量，实施清洁电力和天然气替代。推广大型燃煤电厂热电联产改造，充分挖掘供热潜力，推动淘汰供热管网覆盖范围内的燃煤锅炉和散煤。加大落后燃煤锅炉和燃煤小热电退出力度，推动以工业余热、电厂余热、清洁能源等替代煤炭供热（蒸汽）。到 2025 年，非化石能源占能源消费总量比重达到 20%左右。'十四五'时期，京津冀及周边地区、长三角地区煤炭消费量分别下降 10%、5%左右，汾渭平原煤炭消费量实现负增长。"

（6）熟悉实施挥发性有机物综合整治工程的有关内容

"（九）挥发性有机物综合整治工程。推进原辅材料和产品源头替代工程，实施全过程污染物治理。以工业涂装、包装印刷等行业为重点，推动使用低挥发性有机物含量的涂料、油墨、胶粘剂、清洗剂。深化石化化工等行业挥发性有机物污染治理，全面提升废气收集率、治理设施同步运行率和去除率。对易挥发有机液体储罐实施改造，对浮顶罐推广采用全接液浮盘和高效双重密封技术，对废水系统高浓度废气实施单独收集处理。加强油船和原油、成品油码头油气回收治理。到 2025 年，溶剂型工业涂料、油墨使用比例分别降低 20 个百分点、10 个百分点，溶剂型胶粘剂使用量降低 20%。"

（7）熟悉实施环境基础设施水平提升工程的有关内容

"（十）环境基础设施水平提升工程。加快构建集污水、垃圾、固体废物、危险废物、医疗废物处理处置设施和监测监管能力于一体的环境基础设施体系，推动形成由城市向建制镇和乡村延伸覆盖的环境基础设施网络。推进城市生活污水管网建设和改造，实施混错接管网改造、老旧破损管网更新修复，加快补齐处理能力缺口，推行污水资源化利用和污泥无害化处置。建设分类投放、分类收集、分类运输、分类处理的生活垃圾处理系统。到 2025 年，新增和改造污水收集管网 8 万公里，新增污水处理能力 2000 万立方米/日，城市污泥无害化处置率达到 90%，城镇生活垃圾焚烧处理能力达到 80 万吨/日左右，城市生活垃圾焚烧处理能力占比 65%左右。"

（七）空气质量持续改善行动计划

（1）了解空气质量改善行动计划的总体要求

"（一）指导思想。以习近平新时代中国特色社会主义思想为指导，全面贯彻党的二十大精神，深入贯彻习近平生态文明思想，落实全国生态环境保护大会部署，坚持稳中求进工作总基调，协同推进降碳、减污、扩绿、增长，以改善空气质量为核心，以减少重污染天气和解决人民群众身边的突出大气环境问题为重点，以降低细颗粒物（$PM_{2.5}$）浓度为主线，大力推动氮氧化物和挥发性有机物（VOCs）减排；开展区域协同治理，突出精准、科学、依法治污，完善大气环境管理体系，提升污染防治能力；远近结合研究谋划大气污染防治路径，扎实推进产业、能源、交通绿色低碳转型，强化面源污染治理，加强源头防控，加快形成绿色低碳生产生活方式，实现环境效益、经济效益和社会效益多赢。

（二）重点区域

京津冀及周边地区。包含北京市，天津市，河北省石家庄、唐山、秦皇岛、邯郸、邢台、保定、沧州、廊坊、衡水市以及雄安新区和辛集、定州市，山东省济南、淄博、枣庄、东营、潍坊、济宁、泰安、日照、临沂、德州、聊城、滨州、菏泽市，河南省郑州、开封、洛阳、平顶山、安阳、鹤壁、新乡、焦作、濮阳、许昌、漯河、三门峡、商丘、周口市以及济源市。

长三角地区。包含上海市，江苏省，浙江省杭州、宁波、嘉兴、湖州、绍兴、舟山市，安徽省合肥、芜湖、蚌埠、淮南、马鞍山、淮北、滁州、阜阳、宿州、六安、亳州市。

汾渭平原。包含山西省太原、阳泉、长治、晋城、晋中、运城、临汾、吕梁市，陕西省西安、铜川、宝鸡、咸阳、渭南市以及杨凌农业高新技术产业示范区、韩城市。

（三）目标指标。到 2025 年，全国地级及以上城市 $PM_{2.5}$ 浓度比 2020 年下降 10%，重度及以上污染天数比率控制在 1%以内；氮氧化物和 VOCs 排放总量比 2020 年分别下降 10%以上。京津冀及周边地区、汾渭平原 $PM_{2.5}$ 浓度分别下降 20%、15%，长三角地区 $PM_{2.5}$ 浓度总体达标，北京市控制在 32 微克/立方米以内。"

（2）掌握优化产业结构，促进产业产品绿色升级的有关内容

"二、优化产业结构，促进产业产品绿色升级

（四）坚决遏制高耗能、高排放、低水平项目盲目上马。新改扩建项目严格落实国家产业规划、产业政策、生态环境分区管控方案、规划环评、项目环评、节能审查、产能置换、重点污染物总量控制、污染物排放区域削减、碳排放达峰目标等相关要求，原则上采用清洁运输方式。涉及产能置换的项目，被置换产能及其配套设施关停后，新建项目方可投产。

严禁新增钢铁产能。推行钢铁、焦化、烧结一体化布局，大幅减少独立焦化、烧结、球团和热轧企业及工序，淘汰落后煤炭洗选产能；有序引导高炉—转炉长流程炼钢转型为电炉短流程炼钢。到 2025 年，短流程炼钢产量占比达 15%。京津冀及周边地区继续实施'以钢定焦'，炼焦产能与长流程炼钢产能比控制在 0.4 左右。

（五）加快退出重点行业落后产能。修订《产业结构调整指导目录》，研究将污染物或温室气体排放明显高出行业平均水平、能效和清洁生产水平低的工艺和装备纳入淘汰类和限制类名单。重点区域进一步提高落后产能能耗、环保、质量、安全、技术等要求，逐步退出限制类涉气行业工艺和装备；逐步淘汰步进式烧结机和球团竖炉以及半封闭式硅锰合金、镍铁、高碳铬铁、高碳锰铁电炉。引导重点区域钢铁、焦化、电解铝等产业有序调整优化。

（六）全面开展传统产业集群升级改造。中小型传统制造企业集中的城市要

制定涉气产业集群发展规划，严格项目审批，严防污染下乡。针对现有产业集群制定专项整治方案，依法淘汰关停一批、搬迁入园一批、就地改造一批、做优做强一批。各地要结合产业集群特点，因地制宜建设集中供热中心、集中喷涂中心、有机溶剂集中回收处置中心、活性炭集中再生中心。

（七）优化含 VOCs 原辅材料和产品结构。严格控制生产和使用高 VOCs 含量涂料、油墨、胶粘剂、清洗剂等建设项目，提高低（无）VOCs 含量产品比重。实施源头替代工程，加大工业涂装、包装印刷和电子行业低（无）VOCs 含量原辅材料替代力度。室外构筑物防护和城市道路交通标志推广使用低（无）VOCs 含量涂料。在生产、销售、进口、使用等环节严格执行 VOCs 含量限值标准。

（八）推动绿色环保产业健康发展。加大政策支持力度，在低（无）VOCs 含量原辅材料生产和使用、VOCs 污染治理、超低排放、环境和大气成分监测等领域支持培育一批龙头企业。多措并举治理环保领域低价低质中标乱象，营造公平竞争环境，推动产业健康有序发展。"

（3）熟悉优化能源结构，加速能源清洁低碳高效发展的有关内容

"三、优化能源结构，加速能源清洁低碳高效发展

（九）大力发展新能源和清洁能源。到 2025 年，非化石能源消费比重达 20% 左右，电能占终端能源消费比重达 30%左右。持续增加天然气生产供应，新增天然气优先保障居民生活和清洁取暖需求。

（十）严格合理控制煤炭消费总量。在保障能源安全供应的前提下，重点区域继续实施煤炭消费总量控制。到 2025 年，京津冀及周边地区、长三角地区煤炭消费量较 2020 年分别下降 10%和 5%左右，汾渭平原煤炭消费量实现负增长，重点削减非电力用煤。重点区域新改扩建用煤项目，依法实行煤炭等量或减量替代，替代方案不完善的不予审批；不得将使用石油焦、焦炭、兰炭等高污染燃料作为煤炭减量替代措施。完善重点区域煤炭消费减量替代管理办法，煤矸石、原料用煤不纳入煤炭消费总量考核。原则上不再新增自备燃煤机组，支持自备燃煤机组实施清洁能源替代。对支撑电力稳定供应、电网安全运行、清洁能源大规模并网消纳的煤电项目及其用煤量应予以合理保障。

（十一）积极开展燃煤锅炉关停整合。各地要将燃煤供热锅炉替代项目纳入城镇供热规划。县级及以上城市建成区原则上不再新建 35 蒸吨/小时及以下燃煤锅炉，重点区域原则上不再新建除集中供暖外的燃煤锅炉。加快热力管网建设，依托电厂、大型工业企业开展远距离供热示范，淘汰管网覆盖范围内的燃煤锅炉和散煤。到 2025 年，$PM_{2.5}$ 未达标城市基本淘汰 10 蒸吨/小时及以下燃煤锅炉；重点区域基本淘汰 35 蒸吨/小时及以下燃煤锅炉及茶水炉、经营性炉

灶、储粮烘干设备、农产品加工等燃煤设施，充分发挥30万千瓦及以上热电联产电厂的供热能力，对其供热半径30公里范围内的燃煤锅炉和落后燃煤小热电机组（含自备电厂）进行关停或整合。

（十二）实施工业炉窑清洁能源替代。有序推进以电代煤，积极稳妥推进以气代煤。重点区域不再新增燃料类煤气发生炉，新改扩建加热炉、热处理炉、干燥炉、熔化炉原则上采用清洁低碳能源；安全稳妥推进使用高污染燃料的工业炉窑改用工业余热、电能、天然气等；燃料类煤气发生炉实行清洁能源替代，或因地制宜采取园区（集群）集中供气、分散使用方式；逐步淘汰固定床间歇式煤气发生炉。

（十三）持续推进北方地区清洁取暖。因地制宜成片推进北方地区清洁取暖，确保群众温暖过冬。加大民用、农用散煤替代力度，重点区域平原地区散煤基本清零，逐步推进山区散煤清洁能源替代。纳入中央财政支持北方地区清洁取暖范围的城市，保质保量完成改造任务，其中'煤改气'要落实气源、以供定改。全面提升建筑能效水平，加快既有农房节能改造。各地依法将整体完成清洁取暖改造的地区划定为高污染燃料禁燃区，防止散煤复烧。对暂未实施清洁取暖的地区，强化商品煤质量监管。"

（4）了解优化交通结构，大力发展绿色运输体系的有关内容

"四、优化交通结构，大力发展绿色运输体系

（十四）持续优化调整货物运输结构。大宗货物中长距离运输优先采用铁路、水路运输，短距离运输优先采用封闭式皮带廊道或新能源车船。探索将清洁运输作为煤矿、钢铁、火电、有色、焦化、煤化工等行业新改扩建项目审核和监管重点。重点区域内直辖市、省会城市采取公铁联运等'外集内配'物流方式。到2025年，铁路、水路货运量比2020年分别增长10%和12%左右；晋陕蒙新煤炭主产区中长距离运输（运距500公里以上）的煤炭和焦炭中，铁路运输比例力争达到90%；重点区域和粤港澳大湾区沿海主要港口铁矿石、焦炭等清洁运输（含新能源车）比例力争达到80%。

加强铁路专用线和联运转运衔接设施建设，最大程度发挥既有线路效能，重要港区在新建集装箱、大宗干散货作业区时，原则上同步规划建设进港铁路；扩大现有作业区铁路运输能力。对重点区域城市铁路场站进行适货化改造。新建及迁建大宗货物年运量150万吨以上的物流园区、工矿企业和储煤基地，原则上接入铁路专用线或管道。强化用地用海、验收投运、运力调配、铁路运价等措施保障。

（十五）加快提升机动车清洁化水平。重点区域公共领域新增或更新公交、出租、城市物流配送、轻型环卫等车辆中，新能源汽车比例不低于80%；加快

淘汰采用稀薄燃烧技术的燃气货车。推动山西省、内蒙古自治区、陕西省打造清洁运输先行引领区，培育一批清洁运输企业。在火电、钢铁、煤炭、焦化、有色、水泥等行业和物流园区推广新能源中重型货车，发展零排放货运车队。力争到 2025 年，重点区域高速服务区快充站覆盖率不低于 80%，其他地区不低于 60%。

强化新生产货车监督抽查，实现系族全覆盖。加强重型货车路检路查和入户检查。全面实施汽车排放检验与维护制度和机动车排放召回制度，强化对年检机构的监管执法。鼓励重点区域城市开展燃油蒸发排放控制检测。

（十六）强化非道路移动源综合治理。加快推进铁路货场、物流园区、港口、机场、工矿企业内部作业车辆和机械新能源更新改造。推动发展新能源和清洁能源船舶，提高岸电使用率。大力推动老旧铁路机车淘汰，鼓励中心城市铁路站场及煤炭、钢铁、冶金等行业推广新能源铁路装备。到 2025 年，基本消除非道路移动机械、船舶及重点区域铁路机车'冒黑烟'现象，基本淘汰第一阶段及以下排放标准的非道路移动机械；年旅客吞吐量 500 万人次以上的机场，桥电使用率达到 95% 以上。

（十七）全面保障成品油质量。加强油品进口、生产、仓储、销售、运输、使用全环节监管，全面清理整顿自建油罐、流动加油车（船）和黑加油站点，坚决打击将非标油品作为发动机燃料销售等行为。提升货车、非道路移动机械、船舶油箱中柴油抽测频次，对发现的线索进行溯源，严厉追究相关生产、销售、运输者主体责任。"

（5）熟悉强化面源污染治理，提升精细化管理水平的有关内容

"五、强化面源污染治理，提升精细化管理水平

（十八）深化扬尘污染综合治理。鼓励经济发达地区 5000 平方米及以上建筑工地安装视频监控并接入当地监管平台；重点区域道路、水务等长距离线性工程实行分段施工。将防治扬尘污染费用纳入工程造价。到 2025 年，装配式建筑占新建建筑面积比例达 30%；地级及以上城市建成区道路机械化清扫率达80% 左右，县城达 70% 左右。对城市公共裸地进行排查建档并采取防尘措施。城市大型煤炭、矿石等干散货码头物料堆场基本完成抑尘设施建设和物料输送系统封闭改造。

（十九）推进矿山生态环境综合整治。新建矿山原则上要同步建设铁路专用线或采用其他清洁运输方式。到 2025 年，京津冀及周边地区原则上不再新建露天矿山（省级矿产资源规划确定的重点开采区或经安全论证不宜采用地下开采方式的除外）。对限期整改仍不达标的矿山，根据安全生产、水土保持、生态环境等要求依法关闭。

（二十）加强秸秆综合利用和禁烧。提高秸秆还田标准化、规范化水平。健全秸秆收储运服务体系，提升产业化能力，提高离田效能。全国秸秆综合利用率稳定在 86% 以上。各地要结合实际对秸秆禁烧范围等作出具体规定，进行精准划分。重点区域禁止露天焚烧秸秆。综合运用卫星遥感、高清视频监控、无人机等手段，提高秸秆焚烧火点监测精准度。完善网格化监管体系，充分发挥基层组织作用，开展秸秆焚烧重点时段专项巡查。"

（6）熟悉强化多污染物减排，切实降低排放强度的有关内容

"六、强化多污染物减排，切实降低排放强度

（二十一）强化 VOCs 全流程、全环节综合治理。鼓励储罐使用低泄漏的呼吸阀、紧急泄压阀，定期开展密封性检测。汽车罐车推广使用密封式快速接头。污水处理场所高浓度有机废气要单独收集处理；含 VOCs 有机废水储罐、装置区集水井（池）有机废气要密闭收集处理。重点区域石化、化工行业集中的城市和重点工业园区，2024 年年底前建立统一的泄漏检测与修复信息管理平台。企业开停工、检维修期间，及时收集处理退料、清洗、吹扫等作业产生的 VOCs 废气。企业不得将火炬燃烧装置作为日常大气污染处理设施。

（二十二）推进重点行业污染深度治理。高质量推进钢铁、水泥、焦化等重点行业及燃煤锅炉超低排放改造。到 2025 年，全国 80% 以上的钢铁产能完成超低排放改造任务；重点区域全部实现钢铁行业超低排放，基本完成燃煤锅炉超低排放改造。

确保工业企业全面稳定达标排放。推进玻璃、石灰、矿棉、有色等行业深度治理。全面开展锅炉和工业炉窑简易低效污染治理设施排查，通过清洁能源替代、升级改造、整合退出等方式实施分类处置。推进燃气锅炉低氮燃烧改造。生物质锅炉采用专用锅炉，配套布袋等高效除尘设施，禁止掺烧煤炭、生活垃圾等其他物料。推进整合小型生物质锅炉，积极引导城市建成区内生物质锅炉（含电力）超低排放改造。强化治污设施运行维护，减少非正常工况排放。重点涉气企业逐步取消烟气和含 VOCs 废气旁路，因安全生产需要无法取消的，安装在线监控系统及备用处置设施。

（二十三）开展餐饮油烟、恶臭异味专项治理。严格居民楼附近餐饮服务单位布局管理。拟开设餐饮服务单位的建筑应设计建设专用烟道。推动有条件的地区实施治理设施第三方运维管理及在线监控。对群众反映强烈的恶臭异味扰民问题加强排查整治，投诉集中的工业园区、重点企业要安装运行在线监测系统。各地要加强部门联动，因地制宜解决人民群众反映集中的油烟及恶臭异味扰民问题。

（二十四）稳步推进大气氨污染防控。开展京津冀及周边地区大气氨排放控

制试点。推广氮肥机械深施和低蛋白日粮技术。研究畜禽养殖场氨气等臭气治理措施，鼓励生猪、鸡等圈舍封闭管理，支持粪污输送、存储及处理设施封闭，加强废气收集和处理。到 2025 年，京津冀及周边地区大型规模化畜禽养殖场大气氨排放总量比 2020 年下降 5%。加强氮肥、纯碱等行业大气氨排放治理；强化工业源烟气脱硫脱硝氨逃逸防控。"

（八）《污染地块土壤环境管理办法（试行）》

（1）了解污染地块土壤治理和修复责任主体确定的有关规定

"第十条　按照'谁污染，谁治理'原则，造成土壤污染的单位或者个人应当承担治理与修复的主体责任。

责任主体发生变更的，由变更后继承其债权、债务的单位或者个人承担相关责任。

责任主体灭失或者责任主体不明确的，由所在地县级人民政府依法承担相关责任。

土地使用权依法转让的，由土地使用权受让人或者双方约定的责任人承担相关责任。

土地使用权终止的，由原土地使用权人对其使用该地块期间所造成的土壤污染承担相关责任。

土壤污染治理与修复实行终身责任制。"

（2）熟悉污染地块土壤环境管理中风险管控的有关规定

"第十八条　污染地块土地使用权人应当根据风险评估结果，并结合污染地块相关开发利用计划，有针对性地实施风险管控。

对暂不开发利用的污染地块，实施以防止污染扩散为目的的风险管控。

对拟开发利用为居住用地和商业、学校、医疗、养老机构等公共设施用地的污染地块，实施以安全利用为目的的风险管控。

第十九条　污染地块土地使用权人应当按照国家有关环境标准和技术规范，编制风险管控方案，及时上传污染地块信息系统，同时抄送所在地县级人民政府，并将方案主要内容通过其网站等便于公众知晓的方式向社会公开。

风险管控方案应当包括管控区域、目标、主要措施、环境监测计划以及应急措施等内容。

第二十条　土地使用权人应当按照风险管控方案要求，采取以下主要措施：

（一）及时移除或者清理污染源；

（二）采取污染隔离、阻断等措施，防止污染扩散；

（三）开展土壤、地表水、地下水、空气环境监测；

（四）发现污染扩散的，及时采取有效补救措施。

第二十一条　因采取风险管控措施不当等原因，造成污染地块周边的土壤、地表水、地下水或者空气污染等突发环境事件的，土地使用权人应当及时采取环境应急措施，并向所在地县级以上环境保护主管部门和其他有关部门报告。

第二十二条　对暂不开发利用的污染地块，由所在地县级环境保护主管部门配合有关部门提出划定管控区域的建议，报同级人民政府批准后设立标识、发布公告，并组织开展土壤、地表水、地下水、空气环境监测。"

（九）《农用地土壤环境管理办法（试行）》

熟悉农用地土壤污染预防的有关规定

"第八条　排放污染物的企业事业单位和其他生产经营者应当采取有效措施，确保废水、废气排放和固体废物处理、处置符合国家有关规定要求，防止对周边农用地土壤造成污染。

从事固体废物和化学品储存、运输、处置的企业，应当采取措施防止固体废物和化学品的泄露、渗漏、遗撒、扬散污染农用地。

第九条　县级以上地方环境保护主管部门应当加强对企业事业单位和其他生产经营者排污行为的监管，将土壤污染防治作为环境执法的重要内容。

设区的市级以上地方环境保护主管部门应当根据本行政区域内工矿企业分布和污染排放情况，确定土壤环境重点监管企业名单，上传农用地环境信息系统，实行动态更新，并向社会公布。

第十条　从事规模化畜禽养殖和农产品加工的单位和个人，应当按照相关规范要求，确定废物无害化处理方式和消纳场地。

县级以上地方环境保护主管部门、农业主管部门应当依据法定职责加强畜禽养殖污染防治工作，指导畜禽养殖废弃物综合利用，防止畜禽养殖活动对农用地土壤环境造成污染。

第十一条　县级以上地方农业主管部门应当加强农用地土壤污染防治知识宣传，提高农业生产者的农用地土壤环境保护意识，引导农业生产者合理使用肥料、农药、兽药、农用薄膜等农业投入品，根据科学的测土配方进行合理施肥，鼓励采取种养结合、轮作等良好农业生产措施。

第十二条　禁止在农用地排放、倾倒、使用污泥、清淤底泥、尾矿（渣）等可能对土壤造成污染的固体废物。

农田灌溉用水应当符合相应的水质标准，防止污染土壤、地下水和农产品。禁止向农田灌溉渠道排放工业废水或者医疗污水。向农田灌溉渠道排放城镇污水以及未综合利用的畜禽养殖废水、农产品加工废水的，应当保证其下游最近的灌溉取水点的水质符合农田灌溉水质标准。"

（十）《工矿用地土壤环境管理办法（试行）》

熟悉工矿用地土壤环境污染重点监管单位污染防控的有关规定

"第三条　土壤环境污染重点监管单位（以下简称重点单位）包括：

（一）有色金属冶炼、石油加工、化工、焦化、电镀、制革等行业中应当纳入排污许可重点管理的企业；

（二）有色金属矿采选、石油开采行业规模以上企业；

（三）其他根据有关规定纳入土壤环境污染重点监管单位名录的企事业单位。

重点单位以外的企事业单位和其他生产经营者生产经营活动涉及有毒有害物质的，其用地土壤和地下水环境保护相关活动及相关环境保护监督管理，可以参照本办法执行。"

"第七条　重点单位新、改、扩建项目，应当在开展建设项目环境影响评价时，按照国家有关技术规范开展工矿用地土壤和地下水环境现状调查，编制调查报告，并按规定上报环境影响评价基础数据库。

重点单位应当将前款规定的调查报告主要内容通过其网站等便于公众知晓的方式向社会公开。

第八条　重点单位新、改、扩建项目用地应当符合国家或者地方有关建设用地土壤污染风险管控标准。

重点单位通过新、改、扩建项目的土壤和地下水环境现状调查，发现项目用地污染物含量超过国家或者地方有关建设用地土壤污染风险管控标准的，土地使用权人或者污染责任人应当参照污染地块土壤环境管理有关规定开展详细调查、风险评估、风险管控、治理与修复等活动。

第九条　重点单位建设涉及有毒有害物质的生产装置、储罐和管道，或者建设污水处理池、应急池等存在土壤污染风险的设施，应当按照国家有关标准和规范的要求，设计、建设和安装有关防腐蚀、防泄漏设施和泄漏监测装置，防止有毒有害物质污染土壤和地下水。

第十条　重点单位现有地下储罐储存有毒有害物质的，应当在本办法公布后一年之内，将地下储罐的信息报所在地设区的市级生态环境主管部门备案。

重点单位新、改、扩建项目地下储罐储存有毒有害物质的，应当在项目投入生产或者使用之前，将地下储罐的信息报所在地设区的市级生态环境主管部门备案。

地下储罐的信息包括地下储罐的使用年限、类型、规格、位置和使用情况等。

第十一条　重点单位应当建立土壤和地下水污染隐患排查治理制度，定期对重点区域、重点设施开展隐患排查。发现污染隐患的，应当制定整改方案，及时采取技术、管理措施消除隐患。隐患排查、治理情况应当如实记录并建立档案。

重点区域包括涉及有毒有害物质的生产区，原材料及固体废物的堆存区、储放区和转运区等；重点设施包括涉及有毒有害物质的地下储罐、地下管线，以及污染治理设施等。

第十二条　重点单位应当按照相关技术规范要求，自行或者委托第三方定期开展土壤和地下水监测，重点监测存在污染隐患的区域和设施周边的土壤、地下水，并按照规定公开相关信息。

第十三条　重点单位在隐患排查、监测等活动中发现工矿用地土壤和地下水存在污染迹象的，应当排查污染源，查明污染原因，采取措施防止新增污染，并参照污染地块土壤环境管理有关规定及时开展土壤和地下水环境调查与风险评估，根据调查与风险评估结果采取风险管控或者治理与修复等措施。

第十四条　重点单位拆除涉及有毒有害物质的生产设施设备、构筑物和污染治理设施的，应当按照有关规定，事先制定企业拆除活动污染防治方案，并在拆除活动前十五个工作日报所在地县级生态环境、工业和信息化主管部门备案。

企业拆除活动污染防治方案应当包括被拆除生产设施设备、构筑物和污染治理设施的基本情况、拆除活动全过程土壤污染防治的技术要求、针对周边环境的污染防治要求等内容。

重点单位拆除活动应当严格按照有关规定实施残留物料和污染物、污染设备和设施的安全处理处置，并做好拆除活动相关记录，防范拆除活动污染土壤和地下水。拆除活动相关记录应当长期保存。

第十五条　重点单位突发环境事件应急预案应当包括防止土壤和地下水污染相关内容。

重点单位突发环境事件造成或者可能造成土壤和地下水污染的，应当采取应急措施避免或者减少土壤和地下水污染；应急处置结束后，应当立即组织开展环境影响和损害评估工作，评估认为需要开展治理与修复的，应当制定并落实污染土壤和地下水治理与修复方案。

第十六条　重点单位终止生产经营活动前，应当参照污染地块土壤环境管理有关规定，开展土壤和地下水环境初步调查，编制调查报告，及时上传全国污染地块土壤环境管理信息系统。

重点单位应当将前款规定的调查报告主要内容通过其网站等便于公众知晓

的方式向社会公开。

土壤和地下水环境初步调查发现该重点单位用地污染物含量超过国家或者地方有关建设用地土壤污染风险管控标准的，应当参照污染地块土壤环境管理有关规定开展详细调查、风险评估、风险管控、治理与修复等活动。"

（十一）《国家危险废物名录》

（1）熟悉列入该名录的危险废物的情形

"第二条　具有下列情形之一的固体废物（包括液态废物），列入本名录：

（一）具有毒性、腐蚀性、易燃性、反应性或者感染性一种或者几种危险特性的；

（二）不排除具有危险特性，可能对生态环境或者人体健康造成有害影响，需要按照危险废物进行管理的。"

（2）熟悉危险废物实行豁免管理的相关规定

"第三条　列入本名录附录《危险废物豁免管理清单》中的危险废物，在所列的豁免环节，且满足相应的豁免条件时，可以按照豁免内容的规定实行豁免管理。"

（3）了解对不明确是否具有危险特性的固体废物的鉴别认定和管理规定

"第六条　对不明确是否具有危险特性的固体废物，应当按照国家规定的危险废物鉴别标准和鉴别方法予以认定。

经鉴别具有危险特性的，属于危险废物，应当根据其主要有害成分和危险特性确定所属废物类别，并按代码'900-000-××'（××为危险废物类别代码）进行归类管理。

经鉴别不具有危险特性的，不属于危险废物。"

（4）了解废物代码的构成

"（三）废物代码，是指危险废物的唯一代码，为8位数字。其中，第1～3位为危险废物产生行业代码（依据《国民经济行业分类（GB/T 4754—2017）》确定），第4～6位为危险废物顺序代码，第7～8位为危险废物类别代码。"

（十二）《危险废物转移管理办法》

（1）了解危险废物转移应当遵循的原则

"第三条　危险废物转移应当遵循就近原则。

跨省、自治区、直辖市转移（以下简称跨省转移）处置危险废物的，应当以转移至相邻或者开展区域合作的省、自治区、直辖市的危险废物处置设施，以及全国统筹布局的危险废物处置设施为主。"

（2）掌握危险废物转移相关方责任的有关规定

"第九条　危险废物移出人、危险废物承运人、危险废物接受人（以下分别简称移出人、承运人和接受人）在危险废物转移过程中应当采取防扬散、防流失、防渗漏或者其他防止污染环境的措施，不得擅自倾倒、堆放、丢弃、遗撒危险废物，并对所造成的环境污染及生态破坏依法承担责任。

移出人、承运人、接受人应当依法制定突发环境事件的防范措施和应急预案，并报有关部门备案；发生危险废物突发环境事件时，应当立即采取有效措施消除或者减轻对环境的污染危害，并按相关规定向事故发生地有关部门报告，接受调查处理。

第十条　移出人应当履行以下义务：

（一）对承运人或者接受人的主体资格和技术能力进行核实，依法签订书面合同，并在合同中约定运输、贮存、利用、处置危险废物的污染防治要求及相关责任；

（二）制定危险废物管理计划，明确拟转移危险废物的种类、重量（数量）和流向等信息；

（三）建立危险废物管理台账，对转移的危险废物进行计量称重，如实记录、妥善保管转移危险废物的种类、重量（数量）和接受人等相关信息；

（四）填写、运行危险废物转移联单，在危险废物转移联单中如实填写移出人、承运人、接受人信息，转移危险废物的种类、重量（数量）、危险特性等信息，以及突发环境事件的防范措施等；

（五）及时核实接受人贮存、利用或者处置相关危险废物情况；

（六）法律法规规定的其他义务。

移出人应当按照国家有关要求开展危险废物鉴别。禁止将危险废物以副产品等名义提供或者委托给无危险废物经营许可证的单位或者其他生产经营者从事收集、贮存、利用、处置活动。

第十一条　承运人应当履行以下义务：

（一）核实危险废物转移联单，没有转移联单的，应当拒绝运输；

（二）填写、运行危险废物转移联单，在危险废物转移联单中如实填写承运人名称、运输工具及其营运证件号，以及运输起点和终点等运输相关信息，并与危险货物运单一并随运输工具携带；

（三）按照危险废物污染环境防治和危险货物运输相关规定运输危险废物，记录运输轨迹，防范危险废物丢失、包装破损、泄漏或者发生突发环境事件；

（四）将运输的危险废物运抵接受人地址，交付给危险废物转移联单上指定的接受人，并将运输情况及时告知移出人；

（五）法律法规规定的其他义务。

第十二条　接受人应当履行以下义务：

（一）核实拟接受的危险废物的种类、重量（数量）、包装、识别标志等相关信息；

（二）填写、运行危险废物转移联单，在危险废物转移联单中如实填写是否接受的意见，以及利用、处置方式和接受量等信息；

（三）按照国家和地方有关规定和标准，对接受的危险废物进行贮存、利用或者处置；

（四）将危险废物接受情况、利用或者处置结果及时告知移出人；

（五）法律法规规定的其他义务。

第十三条　危险废物托运人（以下简称托运人）应当按照国家危险货物相关标准确定危险废物对应危险货物的类别、项别、编号等，并委托具备相应危险货物运输资质的单位承运危险废物，依法签订运输合同。

采用包装方式运输危险废物的，应当妥善包装，并按照国家有关标准在外包装上设置相应的识别标志。

装载危险废物时，托运人应当核实承运人、运输工具及收运人员是否具有相应经营范围的有效危险货物运输许可证件，以及待转移的危险废物识别标志中的相关信息与危险废物转移联单是否相符；不相符的，应当不予装载。装载采用包装方式运输的危险废物的，应当确保将包装完好的危险废物交付承运人。"

（3）熟悉危险废物转移联单运行和管理的有关规定

"第十四条　危险废物转移联单应当根据危险废物管理计划中填报的危险废物转移等备案信息填写、运行。

第十五条　危险废物转移联单实行全国统一编号，编号由十四位阿拉伯数字组成。第一至四位数字为年份代码；第五、六位数字为移出地省级行政区划代码；第七、八位数字为移出地设区的市级行政区划代码；其余六位数字以移出地设区的市级行政区域为单位进行流水编号。

第十六条　移出人每转移一车（船或者其他运输工具）次同类危险废物，应当填写、运行一份危险废物转移联单；每车（船或者其他运输工具）次转移多类危险废物的，可以填写、运行一份危险废物转移联单，也可以每一类危险废物填写、运行一份危险废物转移联单。

使用同一车（船或者其他运输工具）一次为多个移出人转移危险废物的，每个移出人应当分别填写、运行危险废物转移联单。

第十七条　采用联运方式转移危险废物的，前一承运人和后一承运人应当明确运输交接的时间和地点。后一承运人应当核实危险废物转移联单确定的移出人信息、前一承运人信息及危险废物相关信息。

第十八条　接受人应当对运抵的危险废物进行核实验收，并在接受之日起五个工作日内通过信息系统确认接受。

运抵的危险废物的名称、数量、特性、形态、包装方式与危险废物转移联单填写内容不符的，接受人应当及时告知移出人，视情况决定是否接受，同时向接受地生态环境主管部门报告。

第十九条　对不通过车（船或者其他运输工具），且无法按次对危险废物计量的其他方式转移危险废物的，移出人和接受人应当分别配备计量记录设备，将每天危险废物转移的种类、重量（数量）、形态和危险特性等信息纳入相关台账记录，并根据所在地设区的市级以上地方生态环境主管部门的要求填写、运行危险废物转移联单。

第二十条　危险废物电子转移联单数据应当在信息系统中至少保存十年。

因特殊原因无法运行危险废物电子转移联单的，可以先使用纸质转移联单，并于转移活动完成后十个工作日内在信息系统中补录电子转移联单。"

（4）了解危险废物跨省转移管理的有关规定

"第二十一条　跨省转移危险废物的，应当向危险废物移出地省级生态环境主管部门提出申请。移出地省级生态环境主管部门应当商经接受地省级生态环境主管部门同意后，批准转移该危险废物。未经批准的，不得转移。

鼓励开展区域合作的移出地和接受地省级生态环境主管部门按照合作协议简化跨省转移危险废物审批程序。

第二十二条　申请跨省转移危险废物的，移出人应当填写危险废物跨省转移申请表，并提交下列材料：

（一）接受人的危险废物经营许可证复印件；

（二）接受人提供的贮存、利用或者处置危险废物方式的说明；

（三）移出人与接受人签订的委托协议、意向或者合同；

（四）危险废物移出地的地方性法规规定的其他材料。

移出人应当在危险废物跨省转移申请表中提出拟开展危险废物转移活动的时间期限。

省级生态环境主管部门应当向社会公开办理危险废物跨省转移需要的申请材料。

危险废物跨省转移申请表的格式和内容，由生态环境部另行制定。

第二十三条　对于申请材料齐全、符合要求的，受理申请的省级生态环境主管部门应当立即予以受理；申请材料存在可以当场更正的错误的，应当允许申请人当场更正；申请材料不齐全或者不符合要求的，应当当场或者在五个工作日内一次性告知移出人需要补正的全部内容，逾期不告知的，自收到申请材料之日起即为受理。

第二十四条　危险废物移出地省级生态环境主管部门应当自受理申请之日起五个工作日内，根据移出人提交的申请材料和危险废物管理计划等信息，提出初步审核意见。初步审核同意移出的，通过信息系统向危险废物接受地省级生态环境主管部门发出跨省转移商请函；不同意移出的，书面答复移出人，并说明理由。

第二十五条　危险废物接受地省级生态环境主管部门应当自收到移出地省级生态环境主管部门的商请函之日起十个工作日内，出具是否同意接受的意见，并通过信息系统函复移出地省级生态环境主管部门；不同意接受的，应当说明理由。

第二十六条　危险废物移出地省级生态环境主管部门应当自收到接受地省级生态环境主管部门复函之日起五个工作日内作出是否批准转移该危险废物的决定；不同意转移的，应当说明理由。危险废物移出地省级生态环境主管部门应当将批准信息通报移出地省级交通运输主管部门和移入地等相关省级生态环境主管部门和交通运输主管部门。

第二十七条　批准跨省转移危险废物的决定，应当包括批准转移危险废物的名称，类别，废物代码，重量（数量），移出人，接受人，贮存、利用或者处置方式等信息。

批准跨省转移危险废物的决定的有效期为十二个月，但不得超过移出人申请开展危险废物转移活动的时间期限和接受人危险废物经营许可证的剩余有效期限。

跨省转移危险废物的申请经批准后，移出人应当按照批准跨省转移危险废物的决定填写、运行危险废物转移联单，实施危险废物转移活动。移出人可以按照批准跨省转移危险废物的决定在有效期内多次转移危险废物。

第二十八条　发生下列情形之一的，移出人应当重新提出危险废物跨省转移申请：

（一）计划转移的危险废物的种类发生变化或者重量（数量）超过原批准重量（数量）的；

（二）计划转移的危险废物的贮存、利用、处置方式发生变化的；

（三）接受人发生变更或者接受人不再具备拟接受危险废物的贮存、利用或者处置条件的。"

（十三）《尾矿污染环境防治管理办法》

（1）了解该办法的适用范围和尾矿污染防治坚持的原则

"第二条　本办法适用于中华人民共和国境内尾矿的污染环境防治（以下简称污染防治）及其监督管理。

伴生放射性矿开发利用活动中产生的铀（钍）系单个核素活度浓度超过1Bq/g的尾矿，以及铀（钍）矿尾矿的污染防治及其监督管理，适用放射性污染防治有关法律法规的规定，不适用本办法。

第三条　尾矿污染防治坚持预防为主、污染担责的原则。

产生、贮存、运输、综合利用尾矿的单位，以及尾矿库运营、管理单位，应当采取措施，防止或者减少尾矿对环境的污染，对所造成的环境污染依法承担责任。

对产生尾矿的单位和尾矿库运营、管理单位实施控股管理的企业集团，应当加强对其下属企业的监督管理，督促、指导其履行尾矿污染防治主体责任。"

（2）掌握污染防治的有关规定

"第六条　产生尾矿的单位应当建立健全尾矿产生、贮存、运输、综合利用等全过程的污染防治责任制度，确定承担污染防治工作的部门和专职技术人员，明确单位负责人和相关人员的责任。

第七条　产生尾矿的单位和尾矿库运营、管理单位应当建立尾矿环境管理台账。

产生尾矿的单位应当在尾矿环境管理台账中如实记录生产运营中产生尾矿的种类、数量、流向、贮存、综合利用等信息；尾矿库运营、管理单位应当在尾矿环境管理台账中如实记录尾矿库的污染防治设施建设和运行情况、环境监测情况、污染隐患排查治理情况、突发环境事件应急预案及其落实情况等信息。

尾矿环境管理台账保存期限不得少于五年，其中尾矿库运营、管理单位的环境管理台账信息应当永久保存。

产生尾矿的单位和尾矿库运营、管理单位应当于每年1月31日之前通过全国固体废物污染环境防治信息平台填报上一年度产生的相关信息。

第八条　产生尾矿的单位委托他人贮存、运输、综合利用尾矿，或者尾矿库运营、管理单位委托他人运输、综合利用尾矿的，应当对受托方的主体资格和技术能力进行核实，依法签订书面合同，在合同中约定污染防治要求。

第九条　新建、改建、扩建尾矿库的，应当依法进行环境影响评价，并遵守国家有关建设项目环境保护管理的规定，落实尾矿污染防治的措施。

尾矿库选址，应当符合生态环境保护有关法律法规和强制性标准要求。禁止在生态保护红线区域、永久基本农田集中区域、河道湖泊行洪区和其他需要特别保护的区域内建设尾矿库以及其他贮存尾矿的场所。

第十条　新建、改建、扩建尾矿库的，应当根据国家有关规定和尾矿库实际情况，配套建设防渗、渗滤液收集、废水处理、环境监测、环境应急等污染防治设施。

第十一条　尾矿库防渗设施的设计和建设，应当充分考虑地质、水文等条件，并符合相应尾矿属性类别管理要求。

尾矿库配套的渗滤液收集池、回水池、环境应急事故池等设施的防渗要求应当不低于该尾矿库的防渗要求，并设置防漫流设施。

第十二条　新建尾矿库的排尾管道、回水管道应当避免穿越农田、河流、湖泊；确需穿越的，应当建设管沟、套管等设施，防止渗漏造成环境污染。

第十三条　采用传送带方式输送尾矿的，应当采取封闭等措施，防止尾矿流失和扬散。

通过车辆运输尾矿的，应当采取遮盖等措施，防止尾矿遗撒和扬散。

第十四条　依法实行排污许可管理的产生尾矿的单位，应当申请取得排污许可证或者填报排污登记表，按照排污许可管理的规定排放尾矿及污染物，并落实相关环境管理要求。

第十五条　尾矿库运营、管理单位应当采取防扬散、防流失、防渗漏或者其他防止污染环境的措施，加强对尾矿库污染防治设施的管理和维护，保证其正常运行和使用，防止尾矿污染环境。

第十六条　尾矿库运营、管理单位应当采取库面抑尘、边坡绿化等措施防止扬尘污染，美化环境。

第十七条　尾矿水应当优先返回选矿工艺使用；向环境排放的，应当符合国家和地方污染物排放标准，不得与尾矿库外的雨水混合排放，并按照有关规定设置污染物排放口，设立标志，依法安装流量计和视频监控。

污染物排放口的流量计监测记录保存期限不得少于五年，视频监控记录保存期限不得少于三个月。

第十八条　尾矿库运营、管理单位应当按照国家有关标准和规范，建设地下水水质监测井。

尾矿库上游、下游和可能出现污染扩散的尾矿库周边区域，应当设置地下水水质监测井。

第十九条　尾矿库运营、管理单位应当按照国家有关规定开展地下水环境监测以及土壤污染状况监测和评估。

排放尾矿水的，尾矿库运营、管理单位应当在排放期间，每月至少开展一次水污染物排放监测；排放有毒有害水污染物的，还应当每季度对受纳水体等周边环境至少开展一次监测。

尾矿库运营、管理单位应当依法公开污染物排放监测结果等相关信息。

第二十条　尾矿库运营、管理单位应当建立健全尾矿库污染隐患排查治理制度，组织开展尾矿库污染隐患排查治理；发现污染隐患的，应当制定整改方案，及时采取措施消除隐患。

尾矿库运营、管理单位应当于每年汛期前至少开展一次全面的污染隐患排查。

第二十一条　尾矿库运营、管理单位在环境监测等活动中发现尾矿库周边土壤和地下水存在污染物渗漏或者含量升高等污染迹象的，应当及时查明原因，采取措施及时阻止污染物泄漏，并按照国家有关规定开展环境调查与风险评估，根据调查与风险评估结果采取风险管控或者治理修复等措施。

生态环境主管部门在监督检查中发现尾矿库周边土壤和地下水存在污染物渗漏或者含量升高等污染迹象的，应当及时督促尾矿库运营、管理单位采取相应措施。

第二十二条　尾矿库运营、管理单位应当按照国务院生态环境主管部门有关规定，开展尾矿库突发环境事件风险评估，编制、修订、备案尾矿库突发环境事件应急预案，建设并完善环境风险防控与应急设施，储备环境应急物资，定期组织开展尾矿库突发环境事件应急演练。

第二十三条　发生突发环境事件时，尾矿库运营、管理单位应当立即启动尾矿库突发环境事件应急预案，采取应急措施，消除或者减轻事故影响，及时通报可能受到危害的单位和居民，并向本行政区域县级生态环境主管部门报告。

县级以上生态环境主管部门在发现或者得知尾矿库突发环境事件信息后，应当按照有关规定做好应急处置、环境影响和损失调查、评估等工作。

第二十四条　尾矿库运营、管理单位应当在尾矿库封场期间及封场后，采取措施保证渗滤液收集设施、尾矿水排放监测设施继续正常运行，并定期开展水污染物排放监测，确保污染物排放符合国家和地方排放标准。

尾矿库的渗滤液收集设施、尾矿水排放监测设施应当正常运行至尾矿库封场后连续两年内没有渗滤液产生或者产生的渗滤液不经处理即可稳定达标排放。

尾矿库运营、管理单位应当在尾矿库封场后，采取措施保证地下水水质监测井继续正常运行，并按照国家有关规定持续进行地下水水质监测，直到下游地下水水质连续两年不超出上游地下水水质或者所在区域地下水水质本底水平。

第二十五条　开展尾矿充填、回填以及利用尾矿提取有价组分和生产建筑材料等尾矿综合利用单位，应当按照国家有关规定采取相应措施，防止造成二次环境污染。"

（3）了解尾矿、尾矿库、封场的含义

"第三十四条　本办法中下列用语的含义：

（一）尾矿，是指金属非金属矿山开采出的矿石，经选矿厂选出有价值的精矿后产生的固体废物。

（二）尾矿库，是指用以贮存尾矿的场所。

（三）封场，是指尾矿库停止使用后，对尾矿库采取关闭的措施，也称闭库。

（四）尾矿库运营、管理单位，包括尾矿库所属企业和地方人民政府指定的尾矿库管理维护单位。"

（十四）《深入打好重污染天气消除、臭氧污染防治和柴油货车污染治理攻坚战行动方案》

（1）了解重点地区重污染天气消除攻坚行动的有关内容

"一、总体要求

（一）攻坚目标

到 2025 年，基本消除重度及以上污染天气，全国重度及以上污染天数比率控制在 1% 以内，70% 以上的地级及以上城市全面消除重污染天气，各省（区、市）完成国家下达的'十四五'重度及以上污染天气比率控制目标；京津冀及周边地区、汾渭平原、东北地区、天山北坡城市群人为因素导致的重度及以上污染天数减少 30% 以上。

（二）攻坚思路

坚持源头防控、系统治理，以钢铁、焦化、建材、有色、石化、化工、工业涂装等行业和居民取暖、柴油货车、秸秆焚烧等领域为重点，全面提升污染治理水平。坚持突出重点、分区施策，聚焦细颗粒物（$PM_{2.5}$）污染，以秋冬季（10 月—次年 3 月）为重点时段，根据京津冀及周边地区、汾渭平原、东北地区、天山北坡城市群等 区域不同污染特征，提出针对性攻坚措施。坚持科学研判、协同应对，强化重污染天气应对全过程科技支撑，提升空气质量预测预报能力，强化区域协作机制，完善重点行业绩效分级管理体系，精准有效应对重污染天气。

二、大气减污降碳协同增效行动

推动产业结构和布局优化调整。坚决遏制高耗能、高排放、低水平项目盲目发展，严格落实国家产业规划、产业政策、'三线一单'、规划环评，以及产能置换、煤炭消费减量替代、区域污染物削减等要求，坚决叫停不符合要求的高耗能、高排放、低水平项目。依法依规退出重点行业落后产能，修订《产业结构调整指导目录》，将大气污染物排放强度高、治理难度大的工艺和装备纳入淘汰类或限制类名单。推行钢铁、焦化、烧结一体化布局，有序推动长流程炼钢转型为电炉短流程炼钢。持续推动常态化水泥错峰生产。

推动能源绿色低碳转型。大力发展新能源和清洁能源，非化石能源逐步成为能源消费增量主体。严控煤炭消费增长，重点区域继续实施煤炭消费总量控制，推动煤炭清洁高效利用。将确保群众安全过冬、温暖过冬放在首位，宜电则电、宜气则气、宜煤则煤、宜热则热，因地制宜稳妥推进北方地区清洁取暖，有序实施民用和农业散煤替代，在推进过程中要坚持以供定需、以气定改、先立后破、不立不破。着力整合供热资源，加快供热区域热网互联互通，充分释放燃煤电厂、工业余热等供热能力，发展长输供热项目，淘汰管网覆盖范围内的燃煤锅炉和散煤。实施工业炉窑清洁能源替代，大力推进电能替代煤炭，在不影响民生用气稳定、已落实合同气源的前提下，稳妥有序引导以气代煤。

开展传统产业集群升级改造。开展涉气产业集群排查及分类治理，各地要进一步分析产业发展定位，'一群一策'制定整治提升方案，树立行业标杆，从生产工艺、产品质量、产能规模、能耗水平、燃料类型、原辅材料替代、污染治理和区域环境综合整治等方面明确升级改造标准。实施拉单挂账式管理，淘汰关停一批、搬迁入园一批、就地改造一批、做优做强一批，切实提升产业发展质量和环保治理水平。完善动态管理机制，严防'散乱污'企业反弹。

三、京津冀及周边地区、汾渭平原攻坚行动

优化调整产业结构和布局。京津冀及周边地区继续压减钢铁产能，鼓励向环境容量大、资源保障条件好的区域转移。鼓励钢化联产，推动焦化行业转型升级，到2025年，基本完成炭化室高度4.3米焦炉淘汰退出，山西省全面建设国家绿色焦化产业基地。逐步推进步进式烧结机、球团竖炉、独立烧结（球团）和独立热轧等淘汰退出；显著提高电炉短流程炼钢比例。基本完成固定床间歇式煤气发生炉新型煤气化工艺改造，依法依规全面淘汰砖瓦轮窑等落后产能。重点针对耐火材料、石灰、矿物棉、独立轧钢、有色、煤炭采选、化工、包装印刷、彩涂板、人造板等行业，开展传统产业集群升级改造。

加快实施工业污染排放深度治理。2025年底前，高质量完成钢铁行业超低排放改造，全面开展水泥、焦化行业全流程超低排放改造。实施玻璃、煤化工、无机化工、化肥、有色、铸造、石灰、砖瓦等行业深度治理。实施低效治理设施全面提升改造工程，对脱硫、脱硝、除尘等治理设施工艺类型、处理能力、建设运行情况、副产物产生及处置情况等开展排查，重点关注除尘脱硫一体化、简易碱法脱硫、简易氨法脱硫脱硝、湿法脱硝等低效治理技术，对无法稳定达标排放的，通过更换适宜高效治理工艺、提升现有治理设施工程质量、清洁能源替代、依法关停等方式实施分类整治，对人工投加脱硫脱硝剂的简易设施实施自动化改造，取缔直接向烟道内喷洒脱硫脱硝剂等敷衍式治理工艺，2023年底前基本完成。重污染天气重点行业绩效分级A、B级企业及其他有条件的企业安装分布式控制系统（DCS）等，实时记录生产、治理设施运行、污染物排放等关键参数，并妥善保存相关历史数据。

强化分散低效燃煤治理。因地制宜持续稳妥推动清洁取暖改造，有序推进农业种植、养殖、农产品加工等散煤替代，2025年采暖季前，平原地区散煤基本清零。巩固清洁取暖成效，强化服务管理，完善长效机制，防止散煤复烧。基本淘汰35蒸吨/小时及以下的燃煤锅炉。推动陶瓷、玻璃、石灰、耐火材料、有色、无机化工、矿物棉、铸造等行业炉窑实施清洁能源替代。

四、其他区域攻坚行动

东北地区、天山北坡城市群加快推进清洁取暖。因地制宜、稳妥有序推进生活和冬季取暖散煤替代。打造集中供热'一张网'，充分发挥大型煤电机组供热能力，大力推进燃煤锅炉关停整合；对保留的供暖锅炉全面排查，实施'冬病夏治'，确保采暖期稳定达标排放。生物质锅炉采用专用锅炉，配套布袋等高效除尘设施，氮氧化物排放难以达标的应配套脱硝设施，禁止掺烧煤炭、垃圾等其他物料。到2025年，地级及以上城市建成区基本淘汰35蒸吨/小时及以下的燃煤锅炉，城区（含城中村、城乡结合部）、县城及有条件的农村地区，基本实现清洁取暖。

东北地区加快推进秸秆焚烧综合治理。坚持'政府引导、市场运作、疏堵结合、以疏为主'的原则，全面推进秸秆'五化'综合利用，持续提高秸秆综合利用率。深入推进秸秆禁烧管控，充分利用卫星遥感、高清视频监控、无人机等先进技术，强化不利气象条件下的监管执法，对秸秆焚烧问题突出诱发重污染天气的，严肃追责问责。紧盯收工时、上半夜、雨雪前、播种前及采暖季初锅炉集中启炉等重要时间节点，制定专项工作方案，科学有序疏导。

天山北坡城市群强化工业污染综合治理。进一步梳理区域产业发展定位，加快推进产业布局调整，严格高耗能、高排放、低水平项目准入。全面提升电解铝、活性炭、硅冶炼、纯碱、电石、聚氯乙烯、石化等行业污染治理水平，确保企业稳定达标排放。2025年底前，基本完成65蒸吨/小时以上燃煤锅炉超低排放改造，有序推进钢铁、水泥、焦化（含半焦）行业全流程超低排放改造，八一钢铁、昆仑钢铁等企业率先完成全流程超低排放改造。鼓励使用清洁能源或电厂热力、工业余热等替代锅炉、炉窑燃料用煤。引导重点企业在秋冬季安排停产检维修计划。

其他地区加大重污染天气消除攻坚力度。其他地区根据国家下达的'十四五'重污染天气比率控制目标，结合自身产业、能源、运输结构和重污染天气成因，明确重污染天气消除攻坚战任务措施，加大力度持续推进大气污染防治工作，努力消除重污染天气。

五、重污染天气联合应对行动

加强重污染天气应对能力建设。完善'国家—区域—省级—市级'空气质量预报体系，加强各级预报中心建设和空气质量预测预报能力建设，不断提高未来 7～10 天区域污染过程预报准确率，研究提升未来月尺度区域空气质量趋势预测能力。进一步深化重点区域和城市重污染天气来源成因研究。及时开展重污染天气应急响应效果评估，结合重污染成因分析，系统总结监测预报、预警响应、措施落实等各环节执行情况和成效，梳理薄弱环节，不断完善相关工作机制。

完善重污染天气应急预案。优化重污染天气预警启动标准，分区应对分类施策。生态环境部会同有关部门和有关省（区、市）地方人民政府统一调整重点区域预警启动标准，黄色预警以预测日 AQI＞200 或日 AQI＞150 持续 48 小时及以上、橙色预警以日 AQI＞200 持续 48 小时或日 AQI＞150 持续 72 小时及以上、红色预警以日 AQI＞200 持续 72 小时且日 AQI＞300 持续 24 小时及以上为启动条件。其他地区可参照重点区域执行，也可综合考虑空气质量状况、污染特征以及经济社会发展实际，进一步优化调整启动门槛。指导京津冀及周边地区、汾渭平原、东北地区、天山北坡城市群修订重污染应急预案，明确各级政府部门责任分工，鼓励对中、轻度污染和特征污染物开展应对。

强化应急减排措施清单化管理。每年 9 月底前，京津冀及周边地区、汾渭平原、东北地区、天山北坡城市群完成应急减排措施清单制修订工作。持续推进重点行业绩效分级，视情扩大重点行业范围，优化绩效分级指标。工业源应急减排措施应落实到具体生产线、生产环节、生产设施，做到可操作、可监测、可核查，企业作为责任主体，应制定'一厂一策'操作方案并落实到位。对工业余热供暖和协同处置企业，应严格执行按需定产。将特殊时段禁止或限制污染物排放要求依法纳入排污许可证。

深化区域应急联动机制。深化京津冀、汾渭平原联防联控协作机制，推动建立东北地区、天山北坡城市群等区域大气污染联防联控工作机制，东北地区重点加强省际合作与信息交流，天山北坡城市群建立健全兵地生态环境协作与联动机制。强化重污染天气区域应急联动机制，深化区域重污染天气联合应对。

六、强化监管执法攻坚行动

严格日常监管执法。建设区域联合执法信息共享机制，开展跨区域大气污染专项治理和联合执法。在锅炉炉窑综合治理、煤炭质量、柴油车（机）、油品质量、扬尘管控等领域实施多部门联合执法，严厉打击违法排污行为。加强执法监测联动，重点查处无证排污或不按证排污、旁路偷排、未安装或不正常运行治污设施、超标排放、弄虚作假等行为。督促相关问题整改到位，并举一反三加强监管；违法情节严重的，依法严厉查处，典型案例公开曝光。

强化重污染天气应对监管执法。加强重污染天气应急响应期间监管力度，充分运用污染源自动监控、工业用电量、车流量、卫星遥感、热点网格等远程信息化技术手段，强化数据分析技术应用，提升监管效能，督促重污染应急减排责任落实。重污染应急减排措施落实不到位的，对相关企业依法处罚，并按规定下调绩效分级。"

（2）**掌握臭氧污染防治攻坚方案的有关内容**

"一、总体要求

（一）攻坚目标

到 2025 年，细颗粒物（$PM_{2.5}$）和臭氧协同控制取得积极成效，全国臭氧浓度增长趋势得到有效遏制，全国空气质量优良天数比率达到 87.5%，挥发性有机物（VOCs）、氮氧化物排放总量比 2020 年分别下降 10%以上。

（二）攻坚思路

坚持协同减排、源头防控，聚焦臭氧前体物 VOCs 和氮氧化物，加快推进含 VOCs 原辅材料源头替代，实施清洁能源替代，强化石化、化工、工业涂装、包装印刷等重点行业及油品储运销 VOCs 深度治理，加大锅炉、炉窑、移动源氮氧化物减排力度。坚持突出重点、分区施策，以 5—9 月为重点时段，以京津冀及周边地区、长三角地区、汾渭平原为国家臭氧污染防治攻坚的重点地区，珠三角地区、成渝地区、长江中游城市群及其他臭氧超标城市在国家指导下开展攻坚。坚持科学监管、提升能力，强化臭氧污染防治科技支撑，完善臭氧和 VOCs 监测体系，提高治理设施运维管理水平，精准有效开展臭氧污染防治监督帮扶，提升执法监管能力。

二、含 VOCs 原辅材料源头替代行动

加快实施低 VOCs 含量原辅材料替代。各地对溶剂型涂料、油墨、胶粘剂、清洗剂使用企业制定低 VOCs 含量原辅材料替代计划。全面推进汽车整车制造底漆、中涂、色漆使用低 VOCs 含量涂料；在木质家具、汽车零部件、工程机械、钢结构、船舶制造技术成熟的工艺环节，大力推广使用低 VOCs 含量涂料，重点区域、中央企业加大使用比例。在房屋建筑和市政工程中，全面推广使用低 VOCs 含量涂料和胶粘剂；重点区域、珠三角地区除特殊功能要求外的室内地坪施工、室外构筑物防护和城市道路交通标志基本使用低 VOCs 含量涂料。完善 VOCs 产品标准体系，建立低 VOCs 含量产品标识制度。

开展含 VOCs 原辅材料达标情况联合检查。严格执行涂料、油墨、胶粘剂、清洗剂 VOCs 含量限值标准，建立多部门联合执法机制，加强对相关产品生产、销售、使用环节 VOCs 含量限值执行情况的监督检查，臭氧高发季节加大检测频次，曝光不合格产品并追溯其生产、销售、进口、使用企业，依法追究责任。

三、VOCs 污染治理达标行动

开展简易低效 VOCs 治理设施清理整治。各地全面梳理 VOCs 治理设施台账，分析治理技术、处理能力与 VOCs 废气排放特征、组分等匹配性，对采用单一低温等离子、光氧化、光催化以及非水溶性 VOCs 废气采用单一喷淋吸收等治理技术且无法稳定达标的，加快推进升级改造，严把工程质量，确保达标排放。力争 2022 年 12 月底前基本完成，确需一定整改周期的，最迟在相关设备下次停车（工）大修期间完成整治。

强化 VOCs 无组织排放整治。各地全面排查含 VOCs 物料储存、转移和输送、设备与管线组件、敞开液面以及工艺过程等环节无组织排放情况，对达不到相关标准要求的开展整治。石化、现代煤化工、制药、农药行业重点治理储罐配件失效、装载和污水处理密闭收集效果差、装置区废水预处理池和废水储罐废气未收集、LDAR 不符合标准规范等问题；焦化行业重点治理酚氰废水处理未密闭、煤气管线及焦炉等装置泄漏等问题；工业涂装、包装印刷等行业重点治理集气罩收集效果差、含 VOCs 原辅材料和废料储存环节无组织排放等问题。重点区域、珠三角地区无法实现低 VOCs 原辅材料替代的工序，宜在密闭设备、密闭空间作业或安装二次密闭设施。

加强非正常工况废气排放管控。石化、化工企业应提前向当地生态环境部门报告开停车、检维修计划；制定非正常工况 VOCs 管控规程，严格按规程操作。火炬、煤气放散管须安装引燃设施，配套建设燃烧温度监控、废气流量计、助燃气体流量计等，排放废气热值达不到要求时应及时补充助燃气体。

推进涉 VOCs 产业集群治理提升。各地全面排查使用溶剂型涂料、油墨、胶粘剂、清洗剂以及涉及有机化工生产的产业集群，研究制定治理提升计划，统一治理标准和时限。加快建设涉 VOCs '绿岛'项目。同一类别工业涂装企业聚集的园区和集群，推进建设集中涂装中心；吸附剂使用量大的地区，建设吸附剂集中再生中心，同步完善吸附剂规范采购、统一收集、集中再生的管理体系；同类型有机溶剂使用量较大的园区和集群，建设有机溶剂集中回收中心。推进各地建设钣喷共享中心，配套建设适宜高效 VOCs 治理设施，钣喷共享中心辐射服务范围内逐步取消使用溶剂型涂料的钣喷车间。

推进油品 VOCs 综合管控。各地每年至少开展一次储运销环节油气回收系统专项检查工作，确保达标排放；对汽车罐车密封性能定期检测，严厉查处在卸油、发油、运输、停泊过程中破坏汽车罐车密闭性的行为，鼓励地方探索将汽车罐车密封性能年度检测纳入排放定期检验范围。探索实施分区域分时段精准调控汽油（含乙醇汽油）夏季蒸气压指标；在重点区域及珠三角地区，开展车辆燃油蒸发排放控制检测。2024 年 1 月 1 日起，具有万吨级以上油品泊位的码头、现有 8000 总吨及以上的油船按照国家标准开展油气回收治理。

四、氮氧化物污染治理提升行动

实施低效脱硝设施排查整治。各地对采用脱硫脱硝一体化、湿法脱硝、微生物法脱硝等治理工艺的锅炉和炉窑进行排查抽测，督促不能稳定达标的整改，推动达标无望或治理难度大的改用电锅炉或电炉窑。鼓励采用低氮燃烧、选择性催化还原（SCR）、选择性非催化还原（SNCR）、活性焦等成熟技术。

推进重点行业超低排放改造。2025 年底前，重点区域保留的燃煤锅炉（含电力）、其他地区 65 蒸吨/小时以上的燃煤锅炉（含电力）实现超低排放；全国 80%以上的钢铁产能完成超低排放改造，重点区域全面完成；重点区域全面开展水泥、焦化行业超低排放改造。在全流程超低排放改造过程中，改造周期较长的，优先推动氮氧化物超低排放改造；鼓励其他行业探索开展氮氧化物超低排放改造。

实施工业锅炉和炉窑提标改造。生物质锅炉氮氧化物排放浓度无法稳定达标的，加装高效脱硝设施。燃气锅炉实施低氮燃烧改造，对低氮燃烧器、烟气再循环系统、分级燃烧系统、燃料及风量调配系统等关键部件要严把质量关，确保低氮燃烧系统稳定运行，2025 年底前基本完成；推动燃气锅炉取消烟气再循环系统开关阀，确有必要保留的，可通过设置电动阀、气动阀或铅封等方式加强监管。玻璃、铸造、石灰等行业炉窑，依据新制修订的排放标准实施提标改造；鼓励臭氧污染严重地区结合实际制定更为严格的地方排放标准。

五、臭氧精准防控体系构建行动

强化科技支撑。重点区域及珠三角地区、成渝地区、长江中游城市群全面开展臭氧来源解析、生成机理、主要来源和传输规律的研究。开展环海岸线臭氧生成机理和传输规律的研究。珠三角地区开展区域臭氧长期预测及联合应对试点。加快低 VOCs 含量原辅材料研发、生产和应用；加快适用于中小型企业低浓度、大风量废气的高效 VOCs 治理技术，以及低温脱硝、氨逃逸精准调控等技术和装备的研发和推广应用；研究分类型工业炉窑清洁能源替代和末端治理路径。在典型城市实施'一市一策'驻点跟踪研究。

完善监测体系。全国地级及以上城市开展大气环境非甲烷总烃监测，臭氧超标城市开展 VOCs 组分监测；加强光化学物和衍生物的观测能力建设；有条件的地区探索开展垂直方向上的臭氧浓度和气象综合观测；在重点区域增设背景观测站点，建设公路、港口、机场和铁路货场等交通污染监测网络，优化传输通道站点设置；加强涉 VOCs 重点工业园区、产业集群和企业环境 VOCs 监测。

开展夏季臭氧污染区域联防联控。着力提升臭氧污染预报水平，重点区域具备未来 10 天臭氧污染级别预报能力；研究区域统一的臭氧污染预警标准和应对措施。开展生产季节性调控，鼓励引导企业污染天气妥善安排生产计划，在夏季减少开停车、放空、开釜等操作，加强设备维护，鼓励增加泄漏检测与修复频次。鼓励企业和市政工程中涉 VOCs 排放施工实施精细化管理，防腐、防水、防锈等涂装作业及大中型装修、外立面改造、道路划线、沥青铺设等避开易发臭氧污染时段。

六、污染源监管能力提升行动

加强污染源监测监控。VOCs 和氮氧化物排放重点排污单位依法安装自动监测设备，并与生态环境部门联网；督促企业按要求对自动监测设备进行日常巡检和维护保养；自动监测设备数采仪采集现场监测仪器的原始数据包不得经过任何软件或中间件转发，应直接到达核心软件配发的通讯服务器。市、县两级生态环境部门配备便携式 VOCs 检测仪，臭氧污染突出的省级生态环境部门及石化、化工企业集中的市、县级生态环境部门加快配备红外热成像仪。

强化治理设施运维监管。VOCs 收集治理设施应较生产设备'先启后停'。治理设施吸附剂、吸收剂、催化剂等应按设计规范要求定期更换和利用处置。坚决查处脱硝设施擅自停喷氨水、尿素等还原剂的行为；禁止过度喷氨，废气排放口氨逃逸浓度原则上控制在 8 毫克/立方米以下。加强旁路监管，非必要旁路应取缔；确需保留的应急类旁路，企业应向当地生态环境部门报备，在非紧急情况下保持关闭并加强监管。

开展臭氧污染防治精准监督帮扶。指导各地在夏季围绕石化、化工、涂装、医药、包装印刷、钢铁、焦化、建材等重点行业，精准开展臭氧污染防治监督帮扶工作。持续开展'送政策、送技术、送服务'等活动，指导企业优化 VOCs、氮氧化物治理方案，推动各项任务措施取得实效；针对地方和企业反映的技术困难和政策问题，组织开展技术帮扶和政策解读，切实帮助解决工作中的具体困难和实际问题。充分利用热点网格技术进行非现场帮扶，指导地方有序开展热点区域针对性排查。"

（3）了解柴油货车污染治理攻坚行动方案的有关内容

"一、总体要求

（一）攻坚目标

到 2025 年，运输结构、车船结构清洁低碳程度明显提高，燃油质量持续改善，机动车船、工程机械及重点区域铁路内燃机车超标冒黑烟现象基本消除，全国柴油货车排放检测合格率超过 90%，全国柴油货车氮氧化物排放量下降 12%，新能源和国六排放标准货车保有量占比力争超过 40%，铁路货运量占比提升 0.5 个百分点。

（二）攻坚思路

坚持'车、油、路、企'统筹，在保障物流运输通畅前提下，以京津冀及周边地区、长三角地区、汾渭平原相关省（市）以及内蒙古自治区中西部城市为重点，以柴油货车和非道路移动机械为监管重点，聚焦煤炭、焦炭、矿石运输通道以及铁矿石疏港通道，持续深入打好柴油货车污染治理攻坚战。坚持源头防控，加快运输结构调整和车船清洁化推进力度；坚持过程防控，完善设计、生产、销售、使用、检验、维修和报废等全流程管控，突出重点用车企业清洁运输主体责任；坚持协同防控，加强政策系统性、协调性，建立完善信息共享机制，强化部门联合监管和执法。

二、推进'公转铁''公转水'行动

持续提升铁路货运能力。推进西部陆海新通道铁路东、中、西主通道，形成整体运输能力，提升铁路货运效能。强化专业运输通道，形成沿江沿海等重点方向铁水联运通道，提升集装箱运输网络能力，有序发展双层集装箱运输。推进西部地区能源运输通道建设，完善北煤南运、西煤东运铁路煤炭运输体系。推进既有普速铁路通道能力紧张路段扩能提质，有序实施电气化改造，浩吉、唐呼、瓦日、朔黄等铁路线按最大能力保障运输需求。

加快铁路专用线建设。精准补齐工矿企业、港口、物流园区铁路专用线短板、提升'门到门'服务质量。新建及迁建煤炭、矿石、焦炭大宗货物年运量 150 万吨以上的物流园区、工矿企业，原则上要接入铁路专用线或管道。在新建或改扩建集装箱、大宗干散货作业区时，原则上要同步建设进港铁路。重点推进唐山京唐、天津东疆、青岛董家口、宁波舟山北仑和梅山、上海外高桥、苏州太仓、深圳盐田等重要港区进港铁路建设，实现铁路装卸线与码头堆场无缝衔接、能力匹配，建设轨道货运京津冀、轨道货运长三角。到2025年沿海港口重要港区铁路进港率高于 70%。

提高铁路和水路货运量。'十四五'期间，全国铁路货运量增长 10%，水路货运量增长 12%左右。推进多式联运、大宗货物'散改集'，集装箱铁水联运量年均增长 15%以上。京津冀及周边地区、长三角地区、粤港澳大湾区等沿海主要港口利用集疏港铁路、水路、封闭式皮带廊道、新能源汽车运输铁矿石、焦炭大宗货物比例力争达到 80%。晋陕蒙新煤炭主产区出省（区）运距 500 公里以上的煤炭和焦炭铁路运输比例力争达到 90%以上。充分挖掘城市铁路站场和线路资源，创新'外集内配'等生产生活物资公铁联运模式。

三、柴油货车清洁化行动

推动车辆全面达标排放。加强对本地生产货车环保达标监管，核查车辆的车载诊断系统（OBD）、污染控制装置、环保信息随车清单、在线监控等，抽测部分车型的道路实际排放情况，基本实现系族全覆盖。严厉打击污染控制装置造假、屏蔽 OBD 功能、尾气排放不达标、不依法公开环保信息等行为，依法依规暂停或撤销相关企业车辆产品公告、油耗公告和强制性产品认证。督促生产（进口）企业及时实施排放召回。有序推进实施汽车排放检验和维护制度。加强重型货车路检路查，以及集中使用地和停放地的入户检查。

推进传统汽车清洁化。2023 年 7 月 1 日，全国实施轻型车和重型车国 6b 排放标准。严格执行机动车强制报废标准规定，符合强制报废情形的交报废机动车回收企业按规定回收拆解。发展机动车超低排放和近零排放技术体系，集成发动机后处理控制、智能监管等共性技术，实现规模化应用。

加快推动机动车新能源化发展。以公共领域用车为重点推进新能源化，重点区域和国家生态文明试验区新增或更新公交、出租、物流配送、轻型环卫等车辆中新能源汽车比例不低于 80%。推广零排放重型货车，有序开展中重型货车氢燃料等示范和商业化运营，京津冀、长三角、珠三角研究开展零排放货车通道试点。

四、非道路移动源综合治理行动

推进非道路移动机械清洁发展。2022 年 12 月 1 日，实施非道路移动柴油机械第四阶段排放标准。因地制宜加快推进铁路货场、物流园区、港口、机场，以及火电、钢铁、煤炭、焦化、建材、矿山等工矿企业新增或更新的作业车辆和机械新能源化。鼓励新增或更新的 3 吨以下叉车基本实现新能源化。鼓励各地依据排放标准制定老旧非道路移动机械更新淘汰计划，推进淘汰国一及以下排放标准的工程机械（含按非道路排放标准生产的非道路用车），具备条件的可更换国四及以上排放标准的发动机。研究非道路移动机械污染防治管理办法。

强化非道路移动机械排放监管。各地每年对本地非道路移动机械和发动机生产企业进行排放检查，基本实现系族全覆盖。进口非道路移动机械和发动机应达到我国现行新生产设备排放标准。2025 年，各地完成城区工程机械环保编码登记三级联网，做到应登尽登。强化非道路移动机械排放控制区管控，不符合排放要求的机械禁止在控制区内使用，重点区域城市制定年度抽查计划，重点核验信息公开、污染控制装置、编码登记、在线监控联网等，对部分机械进行排放测试，比例不得低于 20%，基本消除工程机械冒黑烟现象。研究实施铁路内燃机车大气污染物排放标准。

推动港口船舶绿色发展。2022 年 7 月 1 日，实施船舶发动机第二阶段排放标准。提高轮渡船、短途旅游船、港作船等使用新能源和清洁能源比例，研究推动长江干线船舶电动化示范。依法淘汰高耗能高排放老旧船舶，鼓励具备条件的可采用对发动机升级改造（包括更换）或加装船舶尾气处理装置等方式进行深度治理。协同推进船舶受电设施和港口岸电设施改造，提高船舶靠港岸电使用率。

五、重点用车企业强化监管行动

推进重点行业企业清洁运输。火电、钢铁、煤炭、焦化、有色等行业大宗货物清洁方式运输比例达到 70% 左右，重点区域达到 80% 左右；重点区域推进建材（含砂石骨料）清洁方式运输。鼓励大型工矿企业开展零排放货物运输车队试点。鼓励工矿企业等用车单位与运输企业（个人）签订合作协议等方式实现清洁运输。企业按照重污染天气重点行业绩效分级技术指南要求，加强运输车辆管控，完善车辆使用记录，实现动态更新。鼓励未列入重点行业绩效分级管控的企业参照开展车辆管理，加大企业自我保障能力。

强化重点工矿企业移动源应急管控。京津冀及周边地区、汾渭平原、东北地区、天山北坡城市群全面制定移动源重污染天气应急管控方案，建立用车大户清单和货车白名单，实现动态管理。重污染天气预警期间，加大部门联合执法检查力度，开展柴油货车、工程机械等专项检查；按照国家相关标准和技术规范要求加强运输车辆、厂内车辆及非道路移动机械应急管控。

六、柴油货车联合执法行动

开展重点区域联合执法。京津冀三省市按照统一标准、统一措施、统一执法原则，依法依规开展移动源监管联防联控、联合执法，对煤炭、矿石、焦炭等大宗货物运输及集疏港货物运输开展联合管控。推进长三角地区集装箱多式联运、移动源联防联控和监管信息共享。山西和陕西等地开展重型货车联合监管行动，重点查处天然气货车超标排放及排放处理装置偷盗、拆除、倒卖问题。京津冀及周边地区、内蒙古自治区中西部城市加强煤炭、焦炭、矿石、砂石骨料等运输的联合管控。珠三角、成渝地区、长江中游城市群等货车保有量大、货运量大的地区加大联合监管力度。

完善部门协同监管模式。完善生态环境部门监测取证、公安交管部门实施处罚、交通运输部门监督维修的联合监管模式，形成部门联合执法常态化路检路查工作机制。对柴油进口、生产、仓储、销售、运输、使用等全环节开展部门联合监管，全面清理整顿无证无照或证照不全的自建油罐、流动加油车（船）和黑加油站点，坚决打击非标油品。燃料生产企业应该按照国家标准规定生产合格的车船燃料。推动相关企业事业单位依法披露环境信息。研究实施降低企业和司机机动车、非道路移动机械防治负担的政策措施。

推进数据信息共享和应用。严格实施汽车排放定期检验信息采集传输技术规范，各地检验信息实现按日上传至国家平台。推动非道路移动机械编码登记信息全国共享，实现一机一档，避免多地重复登记。建设重型柴油车和非道路移动机械远程在线监控平台，探索超标识别、定位、取证和执法的数字化监管模式。研究构建移动源现场快速检测方法、质控体系，提高执法装备标准化、信息化水平，切实提高执法效能。"

（十五）《国务院办公厅关于加强入河入海排污口监督管理工作的实施意见》

（1）熟悉入河入海排污口分类整治的有关内容

"三、实施分类整治

（六）明确排污口分类。根据排污口责任主体所属行业及排放特征，将排污口分为工业排污口、城镇污水处理厂排污口、农业排口、其他排口等四种类型。其中，工业排污口包括工矿企业排污口和雨洪排口、工业及其他各类园区污水处理厂排污口和雨洪排口等；农业排口包括规模化畜禽养殖排污口、规模化水产养殖排污口等；其他排口包括大中型灌区排口、规模以下水产养殖排污口、农村污水处理设施排污口、农村生活污水散排口等。各地可从实际出发细化排污口类型。

（七）明确整治要求。按照'依法取缔一批、清理合并一批、规范整治一批'要求，由地市级人民政府制定实施整治方案，以截污治污为重点开展整治。整治工作应坚持实事求是，稳妥有序推进。对与群众生活密切相关的公共企事业单位、住宅小区等排污口的整治，应做好统筹，避免损害群众切身利益，确保整治工作安全有序；对确有困难、短期内难以完成排污口整治的企事业单位，可合理设置过渡期，指导帮助整治。地市级人民政府建立排污口整治销号制度，通过对排污口进行取缔、合并、规范，最终形成需要保留的排污口清单。取缔、合并的入河排污口可能影响防洪排涝、堤防安全的，要依法依规采取措施消除安全隐患。排查出的入河入海沟渠及其他排口，由属地地市级人民政府结合黑臭水体整治、消除劣Ⅴ类水体、农村环境综合治理及流域（海湾）环境综合治理等统筹开展整治。

（八）依法取缔一批。对违反法律法规规定，在饮用水水源保护区、自然保护地及其他需要特殊保护区域内设置的排污口，由属地县级以上地方人民政府或生态环境部门依法采取责令拆除、责令关闭等措施予以取缔。要妥善处理历史遗留问题，避免'一刀切'，合理制定整治措施，确保相关区域水生态环境安全和供水安全。

（九）清理合并一批。对于城镇污水收集管网覆盖范围内的生活污水散排口，原则上予以清理合并，污水依法规范接入污水收集管网。工业及其他各类园区或各类开发区内企业现有排污口应尽可能清理合并，污水通过截污纳管由园区或开发区污水集中处理设施统一处理。工业及其他各类园区或各类开发区外的工矿企业，原则上一个企业只保留一个工矿企业排污口，对于厂区较大或有多个厂区的，应尽可能清理合并排污口，清理合并后确有必要保留两个及以上工矿企业排污口的，应告知属地地市级生态环境部门。对于集中分布、连片聚集的中小型水产养殖散排口，鼓励各地统一收集处理养殖尾水，设置统一的排污口。

（十）规范整治一批。地市级、县级人民政府按照有利于明晰责任、维护管理、加强监督的要求，开展排污口规范化整治。对存在借道排污等情况的排污口，要组织清理违规接入排污管线的支管、支线，推动一个排污口只对应一个排污单位；对确需多个排污单位共用一个排污口的，要督促各排污单位分清各自责任，并在排污许可证中载明。对存在布局不合理、设施老化破损、排水不畅、检修维护难等问题的排污口和排污管线，应有针对性地采取调整排污口位置和排污管线走向、更新维护设施、设置必要的检查井等措施进行整治。排污口设置应当符合相关规范要求并在明显位置树标立牌，便于现场监测和监督检查。"

（2）熟悉入河入海排污口严格监督管理的有关内容

"四、严格监督管理

（十一）加强规划引领。各级生态环境保护规划、海洋生态环境保护规划、水资源保护规划、江河湖泊水功能区划、近岸海域环境功能区划、养殖水域滩涂规划等规划区划，要充分考虑排污口布局和管控要求，严格落实相关法律法规关于排污口设置的规定。规划环境影响评价要将排污口设置规定落实情况作为重要内容，严格审核把关，从源头防止无序设置。

（十二）严格规范审批。工矿企业、工业及其他各类园区污水处理厂、城镇污水处理厂入河排污口的设置依法依规实行审核制。所有入海排污口的设置实行备案制。对未达到水质目标的水功能区，除城镇污水处理厂入河排污口外，应当严格控制新设、改设或者扩大排污口。环境影响评价文件由国家审批建设项目的入河排污口以及位于省界缓冲区、国际或者国境边界河湖和存在省际争议的入河排污口的设置审核，由生态环境部相关流域（海域）生态环境监督管理局（以下称流域海域局）负责实施，并纳入属地环境监督管理体系；上述范围外的入河排污口设置审核，由属地省级生态环境部门负责确定本行政区域内分级审核权限。可能影响防洪、供水、堤防安全和河势稳定的入河排污口设置审核，应征求有管理权限的流域管理机构或水行政主管部门的意见。排污口审核、备案信息要及时依法向社会公开。

（十三）强化监督管理。地市级、县级人民政府根据排污口类型、责任主体及部门职责等，落实排污口监督管理责任，生态环境部门统一行使排污口污染排放监督管理和行政执法职责，水利等相关部门按职责分工协作。有监督管理权限的部门依法加强日常监督管理。地方生态环境部门应会同相关部门，通过核发排污许可证等措施，依法明确排污口责任主体自行监测、信息公开等要求。按照'双随机、一公开'原则，对工矿企业、工业及其他各类园区污水处理厂、城镇污水处理厂排污口开展监测，水生态环境质量较差的地方应适当加大监测频次。鼓励有条件的地方先行先试，将排查出的农业排口、城镇雨洪排口及其他排口纳入管理，研究符合种植业、养殖业特点的农业面源污染治理模式，探索城市面源污染治理模式。开展城镇雨洪排口旱天污水直排的溯源治理，加大对借道排污等行为的监督管理力度，严禁合并、封堵城镇雨洪排口，防止影响汛期排水防涝安全。流域海域局要加大监督检查力度，发现问题及时通报有关单位。

（十四）严格环境执法。地方生态环境部门要加大排污口环境执法力度，对违反法律法规规定设置排污口或不按规定排污的，依法予以处罚；对私设暗管接入他人排污口等逃避监督管理借道排污的，溯源确定责任主体，依法予以严厉查处。排污口责任主体应当定期巡查维护排污管道，发现他人借道排污等情况的，应立即向属地生态环境部门报告并留存证据。

（十五）建设信息平台。各省（自治区、直辖市）要依托现有生态环境信息平台，建设本行政区域内统一的排污口信息平台，管理排污口排查整治、设置审核备案、日常监督管理等信息，建立动态管理台账。加强与排污许可、环境影响评价审批等信息平台的数据共享，实现互联互通。排污口相关信息及时报送流域海域局并纳入国家生态环境综合管理信息化平台。各地要组织相关部门，建立排污单位、排污通道、排污口、受纳水体等信息资源共享机制，提升信息化管理水平。"

（十六）《生态保护红线生态环境监督办法（试行）》

（1）熟悉生态保护红线保护原则

"第三条　坚持生态优先、统筹兼顾、绿色发展、问题导向、分类监督、公众参与的原则，建立严格的监督体系，实现一条红线守住自然生态安全边界，确保生态保护红线生态功能不降低、面积不减少、性质不改变，提升生态系统质量和稳定性。"

（2）掌握生态保护红线范围内人为活动管理的有关内容

"第七条　生态保护红线内，自然保护地核心保护区原则上禁止人为活动，其他区域严格禁止开发性、生产性建设活动，在符合现行法律法规前提下，除国家重大战略项目外，仅允许对生态功能不造成破坏的有限人为活动。

生态环境部门对生态保护红线内的有限人为活动实行严格的生态环境监督。

第八条　生态环境部制定生态质量监测标准规范，依托生态质量监测网络，组织开展生态保护红线生态质量监测，重点关注人为活动对生态保护红线生态环境的影响。

省级生态环境部门组织开展本行政区生态保护红线生态质量监测，监测结果与国家生态质量监测网络数据共享。"

（十七）《国家公园管理暂行办法》

（1）了解国家公园的定义及建设管理原则

"第三条　本办法所称国家公园，是指由国家批准设立并主导管理，以保护具有国家代表性的自然生态系统为主要目的，实现自然资源科学保护和合理利用的特定陆域或者海域。

第四条　国家公园的建设管理应当坚持保护第一、科学管理、合理利用、多方参与的原则。"

（2）熟悉国家公园保护管理的有关内容

"第十六条　国家公园应当根据功能定位进行合理分区，划为核心保护区和一般控制区，实行分区管控。

国家公园范围内自然生态系统保存完整、代表性强，核心资源集中分布，或者生态脆弱需要休养生息的区域应当划为核心保护区。国家公园核心保护区以外的区域划为一般控制区。

第十七条　国家公园核心保护区原则上禁止人为活动。国家公园管理机构在确保主要保护对象和生态环境不受损害的情况下，可以按照有关法律法规政策，开展或者允许开展下列活动：

（一）管护巡护、调查监测、防灾减灾、应急救援等活动及必要的设施修筑，以及因有害生物防治、外来物种入侵等开展的生态修复、病虫害动植物清理等活动；

（二）暂时不能搬迁的原住居民，可以在不扩大现有规模的前提下，开展生活必要的种植、放牧、采集、捕捞、养殖等生产活动，修缮生产生活设施；

（三）国家特殊战略、国防和军队建设、军事行动等需要修筑设施、开展调查和勘查等相关活动；

（四）国务院批准的其他活动。

第十八条　国家公园一般控制区禁止开发性、生产性建设活动，国家公园管理机构在确保生态功能不造成破坏的情况下，可以按照有关法律法规政策，开展或者允许开展下列有限人为活动：

（一）核心保护区允许开展的活动；

（二）因国家重大能源资源安全需要开展的战略性能源资源勘查，公益性自然资源调查和地质勘查；

（三）自然资源、生态环境监测和执法，包括水文水资源监测及涉水违法事件的查处等，灾害防治和应急抢险活动；

（四）经依法批准进行的非破坏性科学研究观测、标本采集；

（五）经依法批准的考古调查发掘和文物保护活动；

（六）不破坏生态功能的生态旅游和相关的必要公共设施建设；

（七）必须且无法避让、符合县级以上国土空间规划的线性基础设施建设、防洪和供水设施建设与运行维护；

（八）重要生态修复工程，在严格落实草畜平衡制度要求的前提下开展适度放牧，以及在集体和个人所有的人工商品林内开展必要的经营；

（九）法律、行政法规规定的其他活动。

第十九条　国家公园管理机构应当按照依法、自愿、有偿的原则，探索通过租赁、合作、设立保护地役权等方式对国家公园内集体所有土地及其附属资源实施管理，在确保维护产权人权益前提下，探索通过赎买、置换等方式将集体所有商品林或其他集体资产转为全民所有自然资源资产，实现统一保护。

第二十条　国家公园管理机构应当组织对国家公园内自然资源、人文资源和经济社会状况等开展调查监测和统计分析，形成本底资源数据库。

第二十一条　国家林业和草原局（国家公园管理局）会同国务院有关部门建立自然资源统一调查监测评价体系，掌握国家公园内自然资源、生态状况、人类活动等现状及动态变化情况，定期将变化点位推送国家公园管理机构进行核实。

第二十二条　国家公园内退化自然生态系统修复、生态廊道连通、重要栖息地恢复等生态修复活动应当坚持自然恢复为主，确有必要开展人工修复活动的，应当经科学论证。

第二十三条　国家公园管理机构应当建立巡护巡查制度，组织专业巡护队伍，开展日常巡查工作，及时掌握人类活动和资源动态变化情况。

第二十四条　国家公园管理机构应当加强国家公园科研能力建设，组织开展生态保护和修复、文化传承、生态旅游、风险管控和生态监测等科学技术的研究、推广和应用。

第二十五条　国家公园管理机构应当配合所在地县级以上地方人民政府清理规范国家公园区域内不符合管控要求的矿业权、水电开发等项目，落实矛盾冲突处置方案，通过分类处置方式有序退出。

第二十六条　国家公园管理机构应当依法履行森林草原防火、防灾减灾、安全生产责任，建立防灾减灾和应急保障机制，组建专业队伍，制定突发事件应急预案，预防和应对各类自然灾害。

第二十七条　国家公园管理机构应当会同国家公园所在地县级以上地方人民政府防控国家公园内野生动物致害，依法对受法律法规保护的野生动物造成的人员伤亡、农作物或其他财产损失开展野生动物致害补偿。"

第二科目 环境影响评价技术导则与标准

考试目的：通过本科目考试，检验具有一定实践经验的环境影响评价专业技术人员对环境影响评价技术导则与标准了解、熟悉、掌握的程度和在环境影响评价工作中准确应用相关技术导则、正确选择评价标准的能力。

一、《生态环境标准管理办法》

（1）熟悉生态环境标准的分类及含义

第四条 生态环境标准分为国家生态环境标准和地方生态环境标准。

国家生态环境标准包括国家生态环境质量标准、国家生态环境风险管控标准、国家污染物排放标准、国家生态环境监测标准、国家生态环境基础标准和国家生态环境管理技术规范。国家生态环境标准在全国范围或者标准指定区域范围执行。

地方生态环境标准包括地方生态环境质量标准、地方生态环境风险管控标准、地方污染物排放标准和地方其他生态环境标准。地方生态环境标准在发布该标准的省、自治区、直辖市行政区域范围或者标准指定区域范围执行。

有地方生态环境质量标准、地方生态环境风险管控标准和地方污染物排放标准的地区，应当依法优先执行地方标准。

（2）了解生态环境质量标准、生态环境风险管控标准、污染物排放标准应当包括的主要内容

第十三条 生态环境质量标准应当包括下列内容：

（一）功能分类；

（二）控制项目及限值规定；

（三）监测要求；

（四）生态环境质量评价方法；

（五）标准实施与监督等。

第十八条 生态环境风险管控标准应当包括下列内容：

（一）功能分类；

（二）控制项目及风险管控值规定；

（三）监测要求；

（四）风险管控值使用规则；

（五）标准实施与监督等。

第二十三条　污染物排放标准应当包括下列内容：

（一）适用的排放控制对象、排放方式、排放去向等情形；

（二）排放控制项目、指标、限值和监测位置等要求，以及必要的技术和管理措施要求；

（三）适用的监测技术规范、监测分析方法、核算方法及其记录要求；

（四）达标判定要求；

（五）标准实施与监督等。

（3）熟悉污染物排放标准的类型和执行顺序

第二十一条　污染物排放标准包括大气污染物排放标准、水污染物排放标准、固体废物污染控制标准、环境噪声排放控制标准和放射性污染防治标准等。

水和大气污染物排放标准，根据适用对象分为行业型、综合型、通用型、流域（海域）或者区域型污染物排放标准。

行业型污染物排放标准适用于特定行业或者产品污染源的排放控制；综合型污染物排放标准适用于行业型污染物排放标准适用范围以外的其他行业污染源的排放控制；通用型污染物排放标准适用于跨行业通用生产工艺、设备、操作过程或者特定污染物、特定排放方式的排放控制；流域（海域）或者区域型污染物排放标准适用于特定流域（海域）或者区域范围内的污染源排放控制。

第二十四条　污染物排放标准按照下列顺序执行：

（一）地方污染物排放标准优先于国家污染物排放标准；地方污染物排放标准未规定的项目，应当执行国家污染物排放标准的相关规定。

（二）同属国家污染物排放标准的，行业型污染物排放标准优先于综合型和通用型污染物排放标准；行业型或者综合型污染物排放标准未规定的项目，应当执行通用型污染物排放标准的相关规定。

（三）同属地方污染物排放标准的，流域（海域）或者区域型污染物排放标准优先于行业型污染物排放标准，行业型污染物排放标准优先于综合型和通用型污染物排放标准。流域（海域）或者区域型污染物排放标准未规定的项目，应当执行行业型或者综合型污染物排放标准的相关规定；流域（海域）或者区域型、行业型或者综合型污染物排放标准均未规定的项目，应当执行通用型污染物排放标准的相关规定。

二、环境影响评价技术导则

（一）《建设项目环境影响评价技术导则　总纲》（ HJ 2.1—2016 ）

1. 适用范围

熟悉导则的适用范围

本标准规定了建设项目环境影响评价的一般性原则、通用规定、工作程序、工作内容及相关要求。

本标准适用于需编制环境影响报告书和环境影响报告表的建设项目环境影响评价。

2. 术语和定义

（1）熟悉累积影响的定义

累积影响（Cumulative Impact）　指当一种活动的影响与过去、现在及将来可预见活动的影响叠加时，造成环境影响的后果。

（2）熟悉环境保护目标及污染源源强核算的定义

环境保护目标（Environmental Protection Objects）　指环境影响评价范围内的环境敏感区及需要特殊保护的对象。

污染源源强核算（Accounting for Polltion Sources Intensity）　指选用可行的方法确定建设项目单位时间内污染物的产生量或排放量。

3. 总则

（1）了解环境影响评价原则

3.1　环境影响评价原则

突出环境影响评价的源头预防作用，坚持保护和改善环境质量。

a）依法评价

贯彻执行我国环境保护相关法律法规、标准、政策和规划等，优化项目建设，服务环境管理。

b）科学评价

规范环境影响评价方法，科学分析项目建设对环境质量的影响。

c）突出重点

根据建设项目的工程内容及其特点，明确与环境要素间的作用效应关系，根据规划环境影响评价结论和审查意见，充分利用符合时效的数据资料及成果，对建设项目主要环境影响予以重点分析和评价。

（2）了解环境影响评价的工作程序

3.3　环境影响评价工作程序

分析判定建设项目选址选线、规模、性质和工艺路线等与国家和地方有关环境保护法律法规、标准、政策、规范、相关规划、规划环境影响评价结论及审查意见的符合性，并与生态保护红线、环境质量底线、资源利用上线和环境准入负面清单进行对照，作为开展环境影响评价工作的前提和基础。

环境影响评价工作一般分为三个阶段，即调查分析和工作方案制定阶段，分析论证和预测评价阶段，环境影响报告书（表）编制阶段。具体流程见图1。

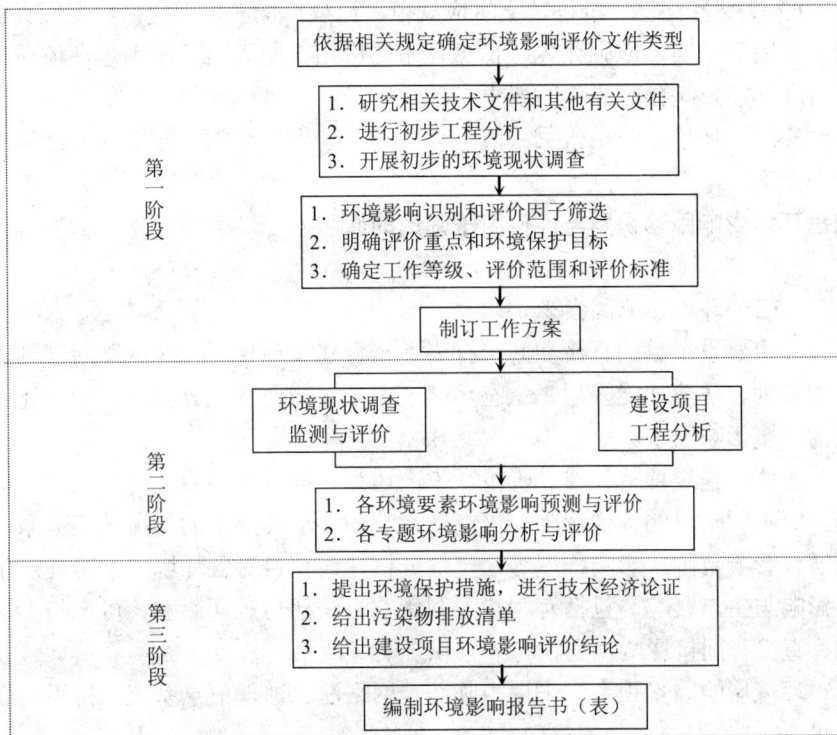

图1　建设项目环境影响评价工作程序

（3）了解环境影响报告书的编制要求

3.4　环境影响报告书（表）编制要求

3.4.1　环境影响报告书编制要求

a）一般包括概述、总则、建设项目工程分析、环境现状调查与评价、环境影响预测与评价、环境保护措施及其可行性论证、环境影响经济损益分析、环境管理与监测计划、环境影响评价结论和附录附件等内容。

概述可简要说明建设项目的特点、环境影响评价的工作过程、分析判定相关情况、关注的主要环境问题及环境影响、环境影响评价的主要结论等。总则应包括编制依据、评价因子与评价标准、评价工作等级和评价范围、相关规划及环境功能区划、主要环境保护目标等。附录和附件应包括项目依据文件、相关技术资料、引用文献等。

b）应概括地反映环境影响评价的全部工作成果，突出重点。工程分析应体现工程特点，环境现状调查应反映环境特征，主要环境问题应阐述清楚，影响预测方法应科学，预测结果应可信，环境保护措施应可行、有效，评价结论应明确。

c）文字应简洁、准确，文本应规范，计量单位应标准化，数据应真实、可信，资料应翔实，应强化先进信息技术的应用，图表信息应满足环境质量现状评价和环境影响预测评价的要求。

3.4.3　环境影响报告书（表）内容涉及国家秘密的，按国家涉密管理有关规定处理。

（4）熟悉环境影响因素识别与评价因子筛选的原则

3.5　环境影响识别与评价因子筛选

3.5.1　环境影响因素识别

列出建设项目的直接和间接行为，结合建设项目所在区域发展规划、环境保护规划、环境功能区划、生态功能区划及环境现状，分析可能受上述行为影响的环境影响因素。

应明确建设项目在建设阶段、生产运行、服务期满后（可根据项目情况选择）等不同阶段的各种行为与可能受影响的环境要素间的作用效应关系、影响性质、影响范围、影响程度等，定性分析建设项目对各环境要素可能产生的污染影响与生态影响，包括有利与不利影响、长期与短期影响、可逆与不可逆影响、直接与间接影响、累积与非累积影响等。

环境影响因素识别可采用矩阵法、网络法、地理信息系统支持下的叠加图法等。

3.5.2　评价因子筛选

根据建设项目的特点、环境影响的主要特征，结合区域环境功能要求、环境保护目标、评价标准和环境制约因素，筛选确定评价因子。

（5）掌握环境影响评价工作等级的划分依据

3.6　环境影响评价等级的划分

按建设项目的特点、所在地区的环境特征、相关法律法规、标准及规划、环境功能区划等划分各环境要素、各专题评价工作等级。具体由环境要素或专题环境影响评价技术导则规定。

（6）**了解建设方案环境比选的原则**

　　3.11　建设方案的环境比选

　　建设项目有多个建设方案、涉及环境敏感区或环境影响显著时，应重点从环境制约因素、环境影响程度等方面进行建设方案环境比选。

4．建设项目工程分析

（1）**熟悉建设项目概况的内容要求**

　　4.1　建设项目概况

　　包括主体工程、辅助工程、公用工程、环保工程、储运工程以及依托工程等。

　　以污染影响为主的建设项目应明确项目组成、建设地点、原辅料、生产工艺、主要生产设备、产品（包括主产品和副产品）方案、平面布置、建设周期、总投资及环境保护投资等。

　　以生态影响为主的建设项目应明确项目组成、建设地点、占地规模、总平面及现场布置、施工方式、施工时序、建设周期和运行方式、总投资及环境保护投资等。

　　改扩建及异地搬迁建设项目还应包括现有工程的基本情况、污染物排放及达标情况、存在的环境保护问题及拟采取的整改方案等内容。

（2）**熟悉污染与生态影响因素分析的内容**

　　4.2　影响因素分析

　　4.2.1　污染影响因素分析

　　遵循清洁生产的理念，从工艺的环境友好性、工艺过程的主要产污节点以及末端治理措施的协同性等方面，选择可能对环境产生较大影响的主要因素进行深入分析。

　　绘制包含产污环节的生产工艺流程图；按照生产、装卸、储存、运输等环节分析包括常规污染物、特征污染物在内的污染物产生、排放情况（包括正常工况和开停工及维修等非正常工况），存在具有致癌、致畸、致突变的物质、持久性有机污染物或重金属的，应明确其来源、转移途径和流向；给出噪声、振动、放射性及电磁辐射等污染的来源、特性及强度等；说明各种源头防控、过程控制、末端治理、回收利用等环境影响减缓措施状况。

　　明确项目消耗的原料、辅料、燃料、水资源等种类、构成和数量，给出主要原辅材料及其他物料的理化性质、毒理特征，产品及中间体的性质、数量等。

对建设阶段和生产运行期间，可能发生突发性事件或事故，引起有毒有害、易燃易爆等物质泄漏，对环境及人身造成影响和损害的建设项目，应开展建设和生产运行过程的风险因素识别。存在较大潜在人群健康风险的建设项目，应开展影响人群健康的潜在环境风险因素识别。

4.2.2　生态影响因素分析

结合建设项目特点和区域环境特征，分析建设项目建设和运行过程（包括施工方式、施工时序、运行方式、调度调节方式等）对生态环境的作用因素与影响源、影响方式、影响范围和影响程度。重点为影响程度大、范围广、历时长或涉及环境敏感区的作用因素和影响源，关注间接性影响、区域性影响、长期性影响以及累积性影响等特有生态影响因素的分析。

（3）**掌握污染源源强核算内容**

4.3　污染源源强核算

4.3.1　根据污染物产生环节（包括生产、装卸、储存、运输）、产生方式和治理措施，核算建设项目有组织与无组织、正常工况与非正常工况下的污染物产生和排放强度，给出污染因子及其产生和排放的方式、浓度、数量等。

4.3.2　对改扩建项目的污染物排放量（包括有组织与无组织、正常工况与非正常工况）的统计，应分别按现有、在建、改扩建项目实施后等几种情形汇总污染物产生量、排放量及其变化量，核算改扩建项目建成后最终的污染物排放量。

4.3.3　污染源源强核算方法由污染源源强核算技术指南具体规定。

5．环境现状调查与评价

了解环境现状调查与评价的基本要求

5.1　基本要求

5.1.1　对与建设项目有密切关系的环境要素应全面、详细调查，给出定量的数据并作出分析或评价。对于自然环境的现状调查，可根据建设项目情况进行必要说明。

5.1.2　充分收集和利用评价范围内各例行监测点、断面或站位的近三年环境监测资料或背景值调查资料，当现有资料不能满足要求时，应进行现场调查和测试，现状监测和观测网点应根据各环境要素环境影响评价技术导则要求布设，兼顾均布性和代表性原则。符合相关规划环境影响评价结论及审查意见的建设项目，可直接引用符合时效的相关规划环境影响评价的环境调查资料及有关结论。

6.环境影响预测与评价

熟悉环境影响预测与评价的基本要求

6.1　基本要求

6.1.1　环境影响预测与评价的时段、内容及方法均应根据工程特点与环境特性、评价工作等级、当地的环境保护要求确定。

6.1.2　预测和评价的因子应包括反映建设项目特点的常规污染因子、特征污染因子和生态因子，以及反映区域环境质量状况的主要污染因子、特殊污染因子和生态因子。

6.1.3　须考虑环境质量背景与环境影响评价范围内在建项目同类污染物环境影响的叠加。

6.1.4　对于环境质量不符合环境功能要求或环境质量改善目标的，应结合区域限期达标规划对环境质量变化进行预测。

7.环境保护措施及其可行性论证

掌握环境保护措施及其可行性论证的要求

7.1　明确提出建设项目建设阶段、生产运行阶段和服务期满后（可根据项目情况选择）拟采取的具体污染防治、生态保护、环境风险防范等环境保护措施；分析论证拟采取措施的技术可行性、经济合理性、长期稳定运行和达标排放的可靠性、满足环境质量改善和排污许可要求的可行性、生态保护和恢复效果的可达性。

各类措施的有效性判定应以同类或相同措施的实际运行效果为依据，没有实际运行经验的，可提供工程化实验数据。

7.2　环境质量不达标的区域，应采取国内外先进可行的环境保护措施，结合区域限期达标规划及实施情况，分析建设项目实施对区域环境质量改善目标的贡献和影响。

7.3　给出各项污染防治、生态保护等环境保护措施和环境风险防范措施的具体内容、责任主体、实施时段，估算环境保护投入，明确资金来源。

7.4　环境保护投入应包括为预防和减缓建设项目不利环境影响而采取的各项环境保护措施和设施的建设费用、运行维护费用，直接为建设项目服务的环境管理与监测费用以及相关科研费用。

8．环境影响经济损益分析

了解环境经济损益分析的要求

以建设项目实施后的环境影响预测与环境质量现状进行比较，从环境影响的正负两方面，以定性与定量相结合的方式，对建设项目的环境影响后果（包括直接和间接影响、不利和有利影响）进行货币化经济损益核算，估算建设项目环境影响的经济价值。

9．环境管理与监测计划

掌握环境管理与监测的要求

9.1　按建设项目建设阶段、生产运行、服务期满后（可根据项目情况选择）等不同阶段，针对不同工况、不同环境影响和环境风险特征，提出具体环境管理要求。

9.2　给出污染物排放清单，明确污染物排放的管理要求。包括工程组成及原辅材料组分要求，建设项目拟采取的环境保护措施及主要运行参数，排放的污染物种类、排放浓度和总量指标，污染物排放的分时段要求，排污口信息，执行的环境标准，环境风险防范措施以及环境监测等。提出应向社会公开的信息内容。

9.3　提出建立日常环境管理制度、组织机构和环境管理台账相关要求，明确各项环境保护设施和措施的建设、运行及维护费用保障计划。

9.4　环境监测计划应包括污染源监测计划和环境质量监测计划，内容包括监测因子、监测网点布设、监测频次、监测数据采集与处理、采样分析方法等，明确自行监测计划内容。

a）污染源监测包括对污染源（包括废气、废水、噪声、固体废物等）以及各类污染治理设施的运转进行定期或不定期监测，明确在线监测设备的布设和监测因子。

b）根据建设项目环境影响特征、影响范围和影响程度，结合环境保护目标分布，制定环境质量定点监测或定期跟踪监测方案。

c）对以生态影响为主的建设项目应提出生态监测方案。

d）对存在较大潜在人群健康风险的建设项目，应提出环境跟踪监测计划。

10．环境影响评价结论

熟悉评价结论应明确的内容

对建设项目的建设概况、环境质量现状、污染物排放情况、主要环境影响、公众意见采纳情况、环境保护措施、环境影响经济损益分析、环境管理与监测计划等内容进行概括总结，结合环境质量目标要求，明确给出建设项目的环境影响可行性结论。

对存在重大环境制约因素、环境影响不可接受或环境风险不可控、环境保护措施经济技术不满足长期稳定达标及生态保护要求、区域环境问题突出且整治计划不落实或不能满足环境质量改善目标的建设项目，应提出环境影响不可行的结论。

（二）《环境影响评价技术导则　大气环境》（HJ 2.2—2018）

1．术语和定义

熟悉环境空气保护目标、大气污染物分类、基本污染物、其他污染物、非正常排放、空气质量模型、短期浓度和长期浓度的定义

3.1　环境空气保护目标　ambient air protection target

指评价范围内按 GB 3095 规定划分为一类区的自然保护区、风景名胜区和其他需要特殊保护的区域，二类区中的居住区、文化区和农村地区中人群较集中的区域。

3.2　大气污染物分类　classification of air pollutants

大气污染源排放的污染物按存在形态分为颗粒态污染物和气态污染物。

按生成机理分为一次污染物和二次污染物。其中由人类或自然活动直接产生，由污染源直接排入环境的污染物称为一次污染物；排入环境中的一次污染物在物理、化学因素的作用下发生变化，或与环境中的其他物质发生反应所形成的新污染物称为二次污染物。

3.3　基本污染物　basic air pollutants

指 GB 3095 中所规定的基本项目污染物。包括二氧化硫（SO_2）、二氧化氮（NO_2）、可吸入颗粒物（PM_{10}）、细颗粒物（$PM_{2.5}$）、一氧化碳（CO）、臭氧（O_3）。

3.4　其他污染物　other air pollutants

指除基本污染物以外的其他项目污染物。

3.5　非正常排放　abnormal emissions

指生产过程中开停车（工、炉）、设备检修、工艺设备运转异常等非正常工况下的污染物排放，以及污染物排放控制措施达不到应有效率等情况下的排放。

3.6　空气质量模型　air quality model

指采用数值方法模拟大气中污染物的物理扩散和化学反应的数学模型，包括高斯扩散模型和区域光化学网格模型。

高斯扩散模型：也叫高斯烟团或烟流模型，简称高斯模型。采用非网格、简化的输送扩散算法，没有复杂化学机理，一般用于模拟一次污染物的输送与扩散，或通过简单的化学反应机理模拟二次污染物。

区域光化学网格模型：简称网格模型。采用包含复杂大气物理（平流、扩散、边界层、云、降水、干沉降等）和大气化学（气、液、气溶胶、非均相）算法以及网格化的输送化学转化模型，一般用于模拟城市和区域尺度的大气污染物输送与化学转化。

3.8   短期浓度 short-term concentration

指某污染物的评价时段小于等于 24 h 的平均质量浓度，包括 1 h 平均质量浓度、8 h 平均质量浓度以及 24 h 平均质量浓度（也称为日平均质量浓度）。

3.9   长期浓度 long-term concentration

指某污染物的评价时段大于等于 1 个月的平均质量浓度，包括月平均质量浓度、季平均质量浓度和年平均质量浓度。

2．总则

（1）掌握大气环境影响评价的工作任务

4.1   工作任务

通过调查、预测等手段，对项目在建设阶段、生产运行和服务期满后（可根据项目情况选择）所排放的大气污染物对环境空气质量影响的程度、范围和频率进行分析、预测和评估，为项目的选址选线、排放方案、大气污染治理设施与预防措施制定、排放量核算，以及其他有关的工程设计、项目实施环境监测等提供科学依据或指导性意见。

（2）熟悉大气环境影响评价的工作程序

4.2.1   第一阶段。主要工作包括研究有关文件，项目污染源调查，环境空气保护目标调查，评价因子筛选与评价标准确定，区域气象与地表特征调查，收集区域地形参数，确定评价等级和评价范围等。

4.2.2   第二阶段。主要工作依据评价等级要求开展，包括与项目评价相关污染源调查与核实，选择适合的预测模型，环境质量现状调查或补充监测，收集建立模型所需气象、地表参数等基础数据，确定预测内容与预测方案，开展大气环境影响预测与评价工作等。

4.2.3   第三阶段。主要工作包括制定环境监测计划，明确大气环境影响评价结论与建议，完成环境影响评价文件的编写等。

4.2.4   大气环境影响评价工作程序见图 1，各工作阶段基本内容与规范见附录 C。

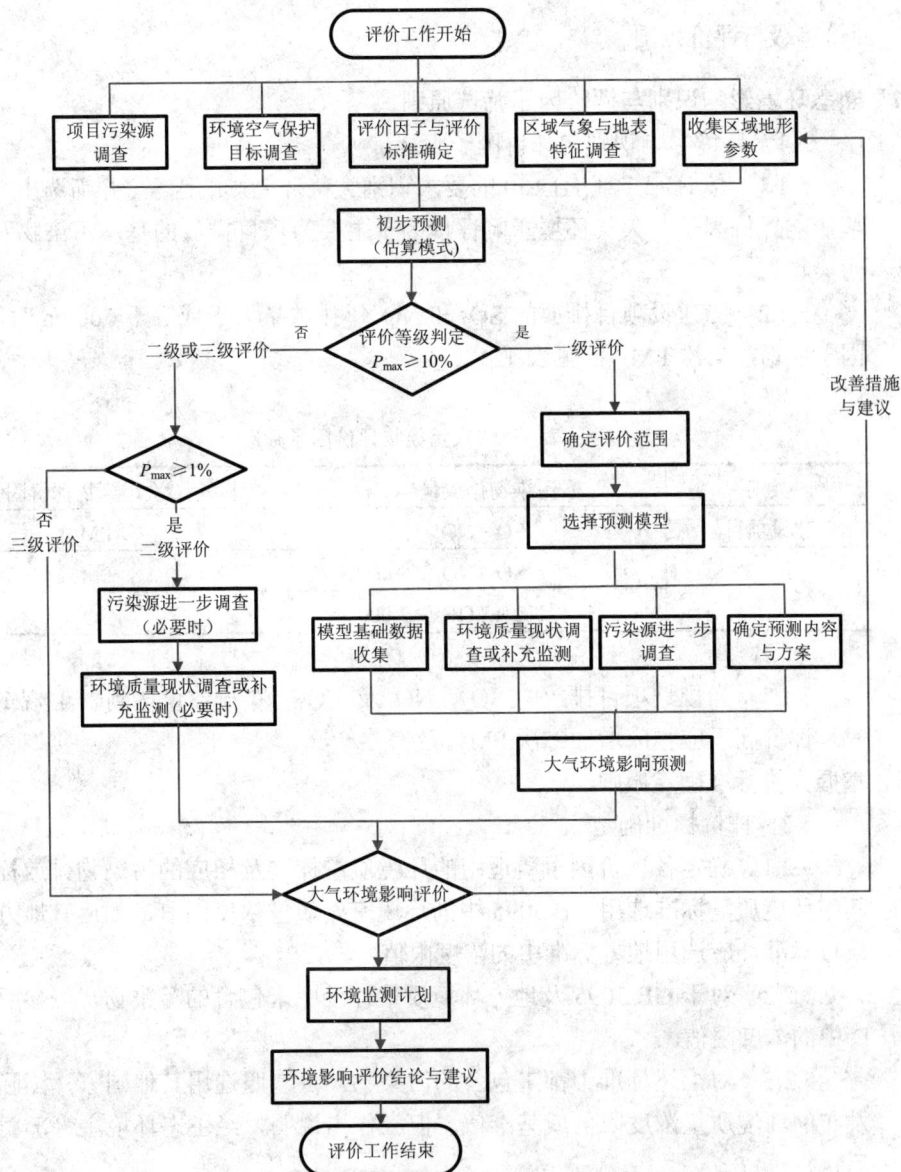

图 1　大气环境影响评价工作程序

（3）熟悉大气环境影响评价各工作阶段基本内容与图表要求

大气环境影响评价各工作阶段基本内容与图表要求见《环境影响评价技术导则　大气环境》（HJ 2.2—2018）附录 C"大气环境影响评价基本内容与图表"。

3．评价等级与评价范围

（1）熟悉环境影响识别与评价因子筛选原则

5.1　环境影响识别与评价因子筛选

5.1.1　按 HJ 2.1 或 HJ 130 的要求识别大气环境影响因素，并筛选出大气环境影响评价因子。大气环境影响评价因子主要为项目排放的基本污染物及其他污染物。

5.1.2　当建设项目排放的 SO_2 和 NO_x 年排放量大于或等于 500 t/a 时，评价因子应增加二次 $PM_{2.5}$，见表 1。

表 1　二次污染物评价因子筛选

类别	污染物排放量/（t/a）	二次污染物评价因子
建设项目	$SO_2+NO_x \geqslant 500$	$PM_{2.5}$
规划项目	$SO_2+NO_x \geqslant 500$	$PM_{2.5}$
	$NO_x+VOCs \geqslant 2\,000$	O_3

5.1.3　当规划项目排放的 SO_2、NO_x 及 VOCs 年排放量达到表 1 规定的量时，评价因子应相应增加二次 $PM_{2.5}$ 及 O_3。

（2）掌握评价标准确定原则

5.2　评价标准确定

5.2.1　确定各评价因子所适用的环境质量标准及相应的污染物排放标准。其中环境质量标准选用 GB 3095 中的环境空气质量浓度限值，如已有地方环境质量标准，应选用地方标准中的浓度限值。

5.2.2　对于 GB 3095 及地方环境质量标准中未包含的污染物，可参照附录 D 中的浓度限值。

5.2.3　对上述标准中都未包含的污染物，可参照选用其他国家、国际组织发布的环境质量浓度限值或基准值，但应作出说明，经生态环境主管部门同意后执行。

（3）掌握评价等级判定方法和相关规定

5.3　评价等级判定

5.3.1　选择项目污染源正常排放的主要污染物及排放参数，采用附录 A 推荐模型中估算模型分别计算项目污染源的最大环境影响，然后按评价工作分级判据进行分级。

5.3.2 评价工作分级方法

5.3.2.1 根据项目污染源初步调查结果，分别计算项目排放主要污染物的最大地面空气质量浓度占标率 P_i（第 i 个污染物，简称"最大浓度占标率"）及第 i 个污染物的地面空气质量浓度达到标准值的10%时所对应的最远距离 $D_{10\%}$。其中 P_i 定义见公式（1）。

$$P_i = \frac{C_i}{C_{0i}} \times 100\% \tag{1}$$

式中：P_i—— 第 i 个污染物的最大地面空气质量浓度占标率，%；

  C_i —— 采用估算模型计算出的第 i 个污染物的最大 1 h 地面空气质量浓度，$\mu g/m^3$；

  C_{0i} —— 第 i 个污染物的环境空气质量浓度标准，$\mu g/m^3$。

一般选用 GB 3095 中 1 h 平均质量浓度的二级浓度限值，如项目位于一类环境空气功能区，应选择相应的一级浓度限值；对该标准中未包含的污染物，使用 5.2 确定的各评价因子 1 h 平均质量浓度限值。对仅有 8 h 平均质量浓度限值、日平均质量浓度限值或年平均质量浓度限值的，可分别按 2 倍、3 倍、6 倍折算为 1 h 平均质量浓度限值。

5.3.2.2 编制环境影响报告书的项目在采用估算模型计算评价等级时，应输入地形参数。

5.3.2.3 评价等级按表 2 的分级判据进行划分。最大地面空气质量浓度占标率 P_i 按公式（1）计算，如污染物数 i 大于1，取 P 值中最大者 P_{max}。

表 2 评价等级判别

评价工作等级	评价工作分级判据
一级评价	$P_{max} \geqslant 10\%$
二级评价	$1\% \leqslant P_{max} < 10\%$
三级评价	$P_{max} < 1\%$

5.3.3 评价等级的判定还应遵守以下规定

5.3.3.1 同一项目有多个污染源（两个及以上，下同）时，则按各污染源分别确定评价等级，并取评价等级最高者作为项目的评价等级。

5.3.3.2 对电力、钢铁、水泥、石化、化工、平板玻璃、有色等高耗能行业的多源项目或以使用高污染燃料为主的多源项目，并且编制环境影响报告书的项目评价等级提高一级。

5.3.3.3 对等级公路、铁路项目，分别按项目沿线主要集中式排放源（如服务区、车站大气污染源）排放的污染物计算其评价等级。

5.3.3.4　对新建包含 1 km 及以上隧道工程的城市快速路、主干路等城市道路项目，按项目隧道主要通风竖井及隧道出口排放的污染物计算其评价等级。

5.3.3.5　对新建、迁建及飞行区扩建的枢纽及干线机场项目，应考虑机场飞机起降及相关辅助设施排放源对周边城市的环境影响，评价等级取一级。

5.3.3.6　确定评价等级同时应说明估算模型计算参数和判定依据，相关内容与格式要求见附录 C 中 C.1。

（4）掌握评价范围的确定原则

5.4　评价范围确定

5.4.1　一级评价项目根据建设项目排放污染物的最远影响距离（$D_{10\%}$）确定大气环境影响评价范围。即以项目厂址为中心区域，自厂界外延 $D_{10\%}$ 的矩形区域作为大气环境影响评价范围。当 $D_{10\%}$ 超过 25 km 时，确定评价范围为边长 50 km 的矩形区域；当 $D_{10\%}$ 小于 2.5 km 时，评价范围边长取 5 km。

5.4.2　二级评价项目大气环境影响评价范围边长取 5 km。

5.4.3　三级评价项目不需设置大气环境影响评价范围。

5.4.4　对于新建、迁建及飞行区扩建的枢纽及干线机场项目，评价范围还应考虑受影响的周边城市，最大取边长 50 km。

5.4.5　规划的大气环境影响评价范围以规划区边界为起点，外延规划项目排放污染物的最远影响距离（$D_{10\%}$）的区域。

（5）了解环境空气保护目标调查内容

5.6　环境空气保护目标调查

5.6.1　调查项目大气环境评价范围内主要环境空气保护目标。在带有地理信息的底图中标注，并列表给出环境空气保护目标内主要保护对象的名称、保护内容、所在大气环境功能区划以及与项目厂址的相对距离、方位、坐标等信息。

5.6.2　环境空气保护目标调查相关内容与格式要求见附录 C 中 C.2。

4．环境空气质量现状调查与评价

（1）掌握不同等级评价项目的环境空气质量现状调查内容

6.1　调查内容和目的

6.1.1　一级评价项目

6.1.1.1　调查项目所在区域环境质量达标情况，作为项目所在区域是否为达标区的判断依据。

6.1.1.2　调查评价范围内有环境质量标准的评价因子的环境质量监测数据

或进行补充监测，用于评价项目所在区域污染物环境质量现状，以及计算环境空气保护目标和网格点的环境质量现状浓度。

6.1.2　二级评价项目

6.1.2.1　调查项目所在区域环境质量达标情况。

6.1.2.2　调查评价范围内有环境质量标准的评价因子的环境质量监测数据或进行补充监测，用于评价项目所在区域污染物环境质量现状。

6.1.3　三级评价项目

只调查项目所在区域环境质量达标情况。

（2）掌握环境空气质量现状数据来源的要求

6.2　数据来源

6.2.1　基本污染物环境质量现状数据

6.2.1.1　项目所在区域达标判定，优先采用国家或地方生态环境主管部门公开发布的评价基准年环境质量公告或环境质量报告中的数据或结论。

6.2.1.2　采用评价范围内国家或地方环境空气质量监测网中评价基准年连续1年的监测数据，或采用生态环境主管部门公开发布的环境空气质量现状数据。

6.2.1.3　评价范围内没有环境空气质量监测网数据或公开发布的环境空气质量现状数据的，可选择符合HJ 664规定，并且与评价范围地理位置邻近，地形、气候条件相近的环境空气质量城市点或区域点监测数据。

6.2.1.4　对于位于环境空气质量一类区的环境空气保护目标或网格点，各污染物环境质量现状浓度可取符合HJ 664规定，并且与评价范围地理位置邻近，地形、气候条件相近的环境空气质量区域点或背景点监测数据。

6.2.2　其他污染物环境质量现状数据

6.2.2.1　优先采用评价范围内国家或地方环境空气质量监测网中评价基准年连续1年的监测数据。

6.2.2.2　评价范围内没有环境空气质量监测网数据或公开发布的环境空气质量现状数据的，可收集评价范围内近3年与项目排放的其他污染物有关的历史监测资料。

6.2.3　在没有以上相关监测数据或监测数据不能满足6.4规定的评价要求时，应按6.3要求进行补充监测。

（3）了解补充监测的要求

6.3　补充监测

6.3.1　监测时段

6.3.1.1　根据监测因子的污染特征，选择污染较重的季节进行现状监测。补充监测应至少取得7 d有效数据。

6.3.1.2　对于部分无法进行连续监测的其他污染物，可监测其一次空气质量浓度，监测时次应满足所用评价标准的取值时间要求。

6.3.2　监测布点以近 20 年统计的当地主导风向为轴向，在厂址及主导风向下风向 5 km 范围内设置 1～2 个监测点。如需在一类区进行补充监测，监测点应设置在不受人为活动影响的区域。

6.3.3　监测方法应选择符合监测因子对应环境质量标准或参考标准所推荐的监测方法，并在评价报告中注明。

6.3.4　监测采样环境空气监测中的采样点、采样环境、采样高度及采样频率，按 HJ 664 及相关评价标准规定的环境监测技术规范执行。

（4）掌握项目所在区域达标判断方法

6.4.1　项目所在区域达标判断

6.4.1.1　城市环境空气质量达标情况评价指标为 SO_2、NO_2、PM_{10}、$PM_{2.5}$、CO 和 O_3，六项污染物全部达标即为城市环境空气质量达标。

6.4.1.2　根据国家或地方生态环境主管部门公开发布的城市环境空气质量达标情况，判断项目所在区域是否属于达标区。如项目评价范围涉及多个行政区（县级或以上，下同），需分别评价各行政区的达标情况，若存在不达标行政区，则判定项目所在评价区域为不达标区。

6.4.1.3　国家或地方生态环境主管部门未发布城市环境空气质量达标情况的，可按照 HJ 663 中各评价项目的年评价指标进行判定。年评价指标中的年均浓度和相应百分位数 24 h 平均或 8 h 平均质量浓度满足 GB 3095 中浓度限值要求的即为达标。

（4）熟悉各污染物的环境质量现状评价内容和要求

6.4.2　各污染物的环境质量现状评价

6.4.2.1　长期监测数据的现状评价内容，按 HJ 663 中的统计方法对各污染物的年评价指标进行环境质量现状评价。对于超标的污染物，计算其超标倍数和超标率。

6.4.2.2　补充监测数据的现状评价内容，分别对各监测点位不同污染物的短期浓度进行环境质量现状评价。对于超标的污染物，计算其超标倍数和超标率。

5．污染源调查

（1）掌握不同等级评价项目污染源调查内容

7.1　调查内容

7.1.1　一级评价项目

7.1.1.1　调查本项目不同排放方案有组织及无组织排放源，对于改建、扩建项目还应调查本项目现有污染源。本项目污染源调查包括正常排放和非正常排放，其中非正常排放调查内容包括非正常工况、频次、持续时间和排放量。

7.1.1.2　调查本项目所有拟被替代的污染源（如有），包括被替代污染源名称、位置、排放污染物及排放量、拟被替代时间等。

7.1.1.3　调查评价范围内与评价项目排放污染物有关的其他在建项目、已批复环境影响评价文件的拟建项目等污染源。

7.1.1.4　对于编制报告书的工业项目，分析调查受本项目物料及产品运输影响新增的交通运输移动源，包括运输方式、新增交通流量、排放污染物及排放量。

7.1.2　二级评价项目，参照 7.1.1.1 和 7.1.1.2 调查本项目现有及新增污染源和拟被替代的污染源。

7.1.3　三级评价项目，只调查本项目新增污染源和拟被替代的污染源。

7.1.4　对于城市快速路、主干路等城市道路的新建项目，需调查道路交通流量及污染物排放量。

7.1.5　对于采用网格模型预测二次污染物的，需结合空气质量模型及评价要求，开展区域现状污染源排放清单调查。

7.1.6　污染源调查内容及格式要求见附录 C 中 C.4。

（2）**熟悉污染源数据来源与要求**

7.2　数据来源与要求

7.2.1　新建项目的污染源调查，依据 HJ 2.1、HJ 130、HJ 942、行业排污许可证申请与核发技术规范及各污染源源强核算技术指南，并结合工程分析从严确定污染物排放量。

7.2.2　评价范围内在建和拟建项目的污染源调查，可使用已批准的环境影响评价文件中的资料；改建、扩建项目现状工程的污染源和评价范围内拟被替代的污染源调查，可根据数据的可获得性，依次优先使用项目监督性监测数据、在线监测数据、年度排污许可执行报告、自主验收报告、排污许可证数据、环评数据或补充污染源监测数据等。污染源监测数据应采用满负荷工况下的监测数据或者换算至满负荷工况下的排放数据。

7.2.3　网格模型模拟所需的区域现状污染源排放清单调查按国家发布的清单编制相关技术规范执行。污染源排放清单数据应采用近 3 年内国家或地方生态环境主管部门发布的包含人为源和天然源在内所有区域污染源清单数据。在国家或地方生态环境主管部门未发布污染源清单之前，可参照污染源清单编制指南自行建立区域污染源清单，并对污染源清单准确性进行验证分析。

6．大气环境影响预测与评价

（1）掌握大气环境影响预测与评价的一般性要求

　　8.1　一般性要求

　　8.1.1　一级评价项目应采用进一步预测模型开展大气环境影响预测与评价。

　　8.1.2　二级评价项目不进行进一步预测与评价，只对污染物排放量进行核算。

　　8.1.3　三级评价项目不进行进一步预测与评价。

（2）掌握大气环境影响预测因子、预测范围的确定原则

　　8.2　预测因子

　　预测因子根据评价因子而定，选取有环境质量标准的评价因子作为预测因子。

　　8.3　预测范围

　　8.3.1　预测范围应覆盖评价范围，并覆盖各污染物短期浓度贡献值占标率大于10%的区域。

　　8.3.2　对于经判定需预测二次污染物的项目，预测范围应覆盖 $PM_{2.5}$ 年平均质量浓度贡献值占标率大于1%的区域。

　　8.3.3　对于评价范围内包含环境空气功能区一类区的，预测范围应覆盖项目对一类区最大环境影响。

　　8.3.4　预测范围一般以项目厂址为中心，东西向为 X 坐标轴、南北向为 Y 坐标轴。

（3）熟悉大气环境影响预测模型选取原则及规定

　　8.5　预测模型

　　8.5.1　预测模型选择原则

　　8.5.1.1　一级评价项目应结合项目环境影响预测范围、预测因子及推荐模型的适用范围等选择空气质量模型。

　　8.5.1.2　各推荐模型适用范围见表3。

表3　推荐模型适用范围

模型名称	适用污染源	适用排放形式	推荐预测范围	模拟污染物			其他特性
				一次污染物	二次 $PM_{2.5}$	O_3	
AERMOD	点源、面源、线源、体源	连续源、间断源	局地尺度（≤50 km）	模型模拟法	系数法	不支持	—
ADMS							
AUSTAL2000	烟塔合一源						
EDMS/AEDT	机场源						

模型 名称	适用 污染源	适用排 放形式	推荐预测 范围	模拟污染物			其他特性
				一次 污染物	二次 PM$_{2.5}$	O$_3$	
CALPUFF	点源、面源、 线源、体源	连续源、 间断源	城市尺度 （50 km 到 几百千米）	模型 模拟法	模型 模拟法	不支持	局地尺度特 殊风场，包括 长期静、小风 和岸边熏烟
区域光化学网 格模型	网格源	连续源、 间断源	区域尺度 （几百千米）	模型 模拟法	模型 模拟法	模型 模拟法	模拟复杂化 学反应

8.5.1.3 当推荐模型适用性不能满足需要时，可选择适用的替代模型。

8.5.2 预测模型选取的其他规定

8.5.2.1 当项目评价基准年内存在风速≤0.5 m/s 的持续时间超过 72 h 或近 20 年统计的全年静风（风速≤0.2 m/s）频率超过 35%时，应采用附录 A 中的 CALPUFF 模型进行进一步模拟。

8.5.2.2 当建设项目处于大型水体（海或湖）岸边 3 km 范围内时，应首先采用附录 A 中估算模型判定是否会发生熏烟现象。如果存在岸边熏烟，并且估算的最大 1 h 平均质量浓度超过环境质量标准，应采用附录 A 中的 CALPUFF 模型进行进一步模拟。

8.5.3 推荐模型使用要求

8.5.3.1 采用附录 A 中的推荐模型时，应按附录 B 要求提供污染源、气象、地形、地表参数等基础数据。

8.5.3.2 环境影响预测模型所需气象、地形、地表参数等基础数据应优先使用国家发布的标准化数据。采用其他数据时，应说明数据来源、有效性及数据预处理方案。

（4）了解大气环境影响预测方法

8.6 预测方法

8.6.1 采用推荐模型预测建设项目或规划项目对预测范围不同时段的大气环境影响。

8.6.2 当建设项目或规划项目排放 SO$_2$、NO$_x$ 及 VOCs 年排放量达到表 1 规定的量时，可按表 4 推荐的方法预测二次污染物。

表 4 二次污染物预测方法

污染物排放量/（t/a）		预测因子	二次污染物预测方法
建设项目	SO$_2$+NO$_x$≥500	PM$_{2.5}$	AERMOD/ADMS（系数法） 或 CALPUFF（模型模拟法）

污染物排放量/（t/a）	预测因子	二次污染物预测方法
规划项目 500≤SO$_2$+NO$_x$<2 000	PM$_{2.5}$	AERMOD/ADMS（系数法）或 CALPUFF（模型模拟法）
SO$_2$+NO$_x$≥2 000	PM$_{2.5}$	网格模型（模型模拟法）
NO$_x$+VOCs≥2 000	O$_3$	网格模型（模型模拟法）

8.6.3 采用 AERMOD、ADMS 等模型模拟 PM$_{2.5}$ 时，需将模型模拟的 PM$_{2.5}$ 一次污染物的质量浓度，同步叠加按 SO$_2$、NO$_2$ 等前体物转化比率估算的二次 PM$_{2.5}$ 质量浓度，得到 PM$_{2.5}$ 的贡献浓度。前体物转化比率可引用科研成果或有关文献，并注意地域的适用性。对于无法取得 SO$_2$、NO$_2$ 等前体物转化比率的，可取 φ_{NO_2} 为 0.58、φ_{NO_2} 为 0.44，按公式（4）计算二次 PM$_{2.5}$ 贡献浓度。

$$C_{二次PM_{2.5}} = \varphi_{SO_2} \times C_{SO_2} + \varphi_{NO_2} \times C_{NO_2} \qquad (4)$$

式中：$C_{二次PM_{2.5}}$——二次 PM$_{2.5}$ 质量浓度，$\mu g/m^3$；

φ_{SO_2}、φ_{NO_2}——SO$_2$、NO$_2$ 浓度换算为 PM$_{2.5}$ 浓度的系数；

C_{SO_2}、C_{NO_2}——SO$_2$、NO$_2$ 的预测质量浓度，$\mu g/m^3$。

8.6.4 采用 CALPUFF 或网格模型预测 PM$_{2.5}$ 时，模拟输出的贡献浓度应包括一次 PM$_{2.5}$ 和二次 PM$_{2.5}$ 质量浓度的叠加结果。

8.6.5 对已采纳规划环评要求的规划所包含的建设项目，当工程建设内容及污染物排放总量均未发生重大变更时，建设项目环境影响预测可引用规划环评的模拟结果。

（5）熟悉达标区和不达标区评价项目的预测与评价内容

8.7 预测与评价内容

8.7.1 达标区的评价项目

8.7.1.1 项目正常排放条件下，预测环境空气保护目标和网格点主要污染物的短期浓度和长期浓度贡献值，评价其最大浓度占标率。

8.7.1.2 项目正常排放条件下，预测评价叠加环境空气质量现状浓度后，环境空气保护目标和网格点主要污染物的保证率日平均质量浓度和年平均质量浓度的达标情况；对于项目排放的主要污染物仅有短期浓度限值的，评价其短期浓度叠加后的达标情况。如果是改建、扩建项目，还应同步减去"以新带老"污染源的环境影响。如果有区域削减项目，应同步减去削减源的环境影响。如果评价范围内还有其他排放同类污染物的在建、拟建项目，还应叠加在建、拟建项目的环境影响。

8.7.1.3 项目非正常排放条件下，预测评价环境空气保护目标和网格点主要污染物的 1 h 最大浓度贡献值及占标率。

8.7.2 不达标区的评价项目

8.7.2.1 项目正常排放条件下，预测环境空气保护目标和网格点主要污染物的短期浓度和长期浓度贡献值，评价其最大浓度占标率。

8.7.2.2 项目正常排放条件下，预测评价叠加大气环境质量限期达标规划（简称"达标规划"）的目标浓度后，环境空气保护目标和网格点主要污染物保证率日平均质量浓度和年平均质量浓度的达标情况；对于项目排放的主要污染物仅有短期浓度限值的，评价其短期浓度叠加后的达标情况。如果是改建、扩建项目，还应同步减去"以新带老"污染源的环境影响。如果有区域达标规划之外的削减项目，应同步减去削减源的环境影响。如果评价范围内还有其他排放同类污染物的在建、拟建项目，还应叠加在建、拟建项目的环境影响。

8.7.2.3 对于无法获得达标规划目标浓度场或区域污染源清单的评价项目，需评价区域环境质量的整体变化情况。

8.7.2.4 项目非正常排放条件下，预测评价环境空气保护目标和网格点主要污染物的 1 h 最大浓度贡献值及占标率。

（6）了解区域规划大气环境预测与评价内容

8.7.3 区域规划

8.7.3.1 预测评价区域规划方案中不同规划年叠加现状浓度后，环境空气保护目标和网格点主要污染物保证率日平均质量浓度和年平均质量浓度的达标情况；对于规划排放的其他污染物仅有短期浓度限值的，评价其叠加现状浓度后短期浓度的达标情况。

8.7.3.2 预测评价区域规划实施后的环境质量变化情况，分析区域规划方案的可行性。

（7）了解不同评价对象或排放方案的预测内容和评价要求

8.7.6 不同评价对象或排放方案对应预测内容和评价要求见表5。

表 5 预测内容和评价要求

评价对象	污染源	污染源排放形式	预测内容	评价内容
达标区评价项目	新增污染源	正常排放	短期浓度 长期浓度	最大浓度占标率
	新增污染源－"以新带老"污染源（如有）－区域削减污染源（如有）＋其他在建、拟建污染源（如有）	正常排放	短期浓度 长期浓度	叠加环境质量现状浓度后的保证率日平均质量浓度和年平均质量浓度的占标率，或短期浓度的达标情况
	新增污染源	非正常排放	1 h 平均质量浓度	最大浓度占标率

评价对象	污染源	污染源排放形式	预测内容	评价内容
不达标区评价项目	新增污染源	正常排放	短期浓度长期浓度	最大浓度占标率
	新增污染源－"以新带老"污染源（如有）－区域削减污染源（如有）＋其他在建、拟建的污染源（如有）	正常排放	短期浓度长期浓度	叠加达标规划目标浓度后的保证率日平均质量浓度和年平均质量浓度的占标率，或短期浓度的达标情况；评价年平均质量浓度变化率
	新增污染源	非正常排放	1 h 平均质量浓度	最大浓度占标率
区域规划	不同规划期/规划方案污染源	正常排放	短期浓度长期浓度	保证率日平均质量浓度和年平均质量浓度的占标率，年平均质量浓度变化率
大气环境防护距离	新增污染源－"以新带老"污染源（如有）＋项目全厂现有污染源	正常排放	短期浓度	大气环境防护距离

（8）熟悉大气环境影响叠加方法

8.8.1　环境影响叠加

8.8.1.1　达标区环境影响叠加

预测评价项目建成后各污染物对预测范围的环境影响，应用本项目的贡献浓度，叠加（减去）区域削减污染源以及其他在建、拟建项目污染源环境影响，并叠加环境质量现状浓度。计算方法见公式（5）。

$$C_{叠加(x,y,t)} = C_{本项目(x,y,t)} - C_{区域削减(x,y,t)} + C_{拟在建(x,y,t)} + C_{现状(x,y,t)} \quad (5)$$

式中：$C_{叠加(x,y,t)}$——在 t 时刻，预测点（x，y）叠加各污染源及现状浓度后的环境质量浓度，$\mu g/m^3$；

$C_{本项目(x,y,t)}$——在 t 时刻，本项目对预测点（x，y）的贡献浓度，$\mu g/m^3$；

$C_{区域削减(x,y,t)}$——在 t 时刻，区域削减污染源对预测点（x，y）的贡献浓度，$\mu g/m^3$；

$C_{现状(x,y,t)}$——在 t 时刻，预测点（x，y）的环境质量现状浓度，$\mu g/m^3$，各预测点环境质量现状浓度按 6.4.3 方法计算；

$C_{拟在建(x,y,t)}$——在 t 时刻，其他在建、拟建项目污染源对预测点（x，y）的贡献浓度，$\mu g/m^3$。

其中本项目预测的贡献浓度除新增污染源环境影响外，还应减去"以新带老"污染源的环境影响，计算方法见公式（6）。

$$C_{本项目(x,y,t)} = C_{新增(x,y,t)} - C_{以新带老(x,y,t)} \quad (6)$$

式中：$C_{新增(x,y,t)}$——在 t 时刻，本项目新增污染源对预测点（x，y）的贡献浓度，μg/m³；

$C_{以新带老(x,y,t)}$——在 t 时刻，"以新带老"污染源对预测点（x，y）的贡献浓度，μg/m³。

8.8.1.2　不达标区环境影响叠加

对于不达标区的环境影响评价，应在各预测点上叠加达标规划中达标年的目标浓度，分析达标规划年的保证率日平均质量浓度和年平均质量浓度的达标情况。叠加方法可以用达标规划方案中的污染源清单参与影响预测，也可直接用达标规划模拟的浓度场进行叠加计算。计算方法见公式（7）。

$$C_{叠加(x,y,t)} = C_{本项目(x,y,t)} - C_{区域削减(x,y,t)} + C_{拟在建(x,y,t)} + C_{规划(x,y,t)} \tag{7}$$

式中：$C_{规划(x,y,t)}$——在 t 时刻，预测点（x，y）的达标规划年目标浓度，μg/m³。

（9）了解保证率日平均质量浓度计算方法

8.8.2　保证率日平均质量浓度

对于保证率日平均质量浓度，首先按 8.8.1.1 或 8.8.1.2 的方法计算叠加后预测点上的日平均质量浓度，然后对该预测点所有日平均质量浓度从小到大进行排序，根据各污染物日平均质量浓度的保证率（p），计算排在 p 百分位数的第 m 个序数，序数 m 对应的日平均质量浓度即为保证率日平均浓度 C_m。其中序数 m 计算方法见公式（8）。

$$m = 1 + (n-1) \times p \tag{8}$$

式中：p——该污染物日平均质量浓度的保证率，按 HJ 663 规定的对应污染物年评价中 24 h 平均百分位数取值，%；

　　n——1 个日历年内单个预测点上的日平均质量浓度的所有数据个数，个；

　　m——百分位数 p 对应的序数（第 m 个），向上取整数。

（10）熟悉区域环境质量变化评价方法

8.8.4　区域环境质量变化评价

当无法获得不达标区规划达标年的区域污染源清单或预测浓度场时，也可评价区域环境质量的整体变化情况。按公式（9）计算实施区域削减方案后预测范围的年平均质量浓度变化率 k。当 $k \leqslant -20\%$ 时，可判定项目建设后区域环境质量得到整体改善。

$$k = \left[\bar{C}_{本项目(a)} - \bar{C}_{区域削减(a)} \right] / \bar{C}_{区域削减(a)} \times 100\% \tag{9}$$

式中：k——预测范围年平均质量浓度变化率，%；

　　$\bar{C}_{本项目(a)}$——本项目对所有网格点的年平均质量浓度贡献值的算术平均值，μg/m³；

$\bar{C}_{区域削减(a)}$——区域削减污染源对所有网格点的年平均质量浓度贡献值的算术平均值，μg/m³。

（11）了解污染控制措施有效性分析与方案比选内容

8.8.6　污染控制措施有效性分析与方案比选

8.8.6.1　达标区建设项目选择大气污染治理设施、预防措施或多方案比选时，应综合考虑成本和治理效果，选择最佳可行技术方案，保证大气污染物能够达标排放，并使环境影响可以接受。

8.8.6.2　不达标区建设项目选择大气污染治理设施、预防措施或多方案比选时，应优先考虑治理效果，结合达标规划和替代源削减方案的实施情况，在只考虑环境因素的前提下选择最优技术方案，保证大气污染物达到最低排放强度和排放浓度，并使环境影响可以接受。

8.8.6.3　污染治理设施及预防措施有效性分析与方案比选内容、结果与格式要求见附录 C 中 C.5.10。

（12）熟悉污染物排放量核算内容和方法

8.8.7　污染物排放量核算

8.8.7.1　污染物排放量核算包括本项目的新增污染源及改建、扩建污染源（如有）。

8.8.7.2　根据最终确定的污染治理设施、预防措施及排污方案，确定本项目所有新增及改建、扩建污染源大气排污节点、排放污染物、污染治理设施与预防措施以及大气排放口基本情况。

8.8.7.3　本项目各排放口排放大气污染物的核算排放浓度、排放速率及污染物年排放量，应为通过环境影响评价，并且环境影响评价结论为可接受时对应的各项排放参数。污染物排放量核算内容与格式要求见附录 C 中 C.6.1、C.6.2。

8.8.7.4　本项目大气污染物年排放量包括项目各有组织排放源和无组织排放源在正常排放条件下的预测排放量之和。污染物年排放量按公式（10）计算，内容与格式要求见附录 C 中 C.6.3。

$$E_{年排放} = \sum_{i=1}^{n}\left(M_{i有组织} \times H_{i有组织}\right)/1000 + \sum_{j=1}^{m}\left(M_{j无组织} \times H_{j无组织}\right)/1000 \quad （10）$$

式中：$E_{年排放}$——项目年排放量，t/a；

$M_{i有组织}$——第 i 个有组织排放源排放速率，kg/h；

$H_{i有组织}$——第 i 个有组织排放源年有效排放小时数，h/a；

$M_{j无组织}$——第 j 个无组织排放源排放速率，kg/h；

$H_{j无组织}$——第 j 个无组织排放源全年有效排放小时数，h/a。

8.8.7.5　本项目各排放口非正常排放量核算，应结合 8.7.1.3 和 8.7.2.4 非正常排放预测结果，优先提出相应的污染控制与减缓措施。当出现 1 h 平均质量浓度贡献值超过环境质量标准时，应提出减少污染排放直至停止生产的相应措施。明确列出发生非正常排放的污染源、非正常排放原因、排放污染物、非正常排放浓度与排放速率、单次持续时间、年发生频次及应对措施等。相关内容与格式要求见附录 C 中 C.6.4。

（13）掌握大气环境影响评价结果表达的图表与内容要求

8.9 评价结果表达

8.9.1 基本信息底图。包含项目所在区域相关地理信息的底图，至少应包括评价范围内的环境功能区划、环境空气保护目标、项目位置、监测点位，以及图例、比例尺、基准年风频玫瑰图等要素。

8.9.2 项目基本信息图。在基本信息底图上标示项目边界、总平面布置、大气排放口位置等信息。

8.9.3 达标评价结果表。列表给出各环境空气保护目标及网格最大浓度点主要污染物现状浓度、贡献浓度、叠加现状浓度后保证率日平均质量浓度和年平均质量浓度、占标率、是否达标等评价结果。

8.9.4 网格浓度分布图。包括叠加现状浓度后主要污染物保证率日平均质量浓度分布图和年平均质量浓度分布图。网格浓度分布图的图例间距一般按相应标准值的 5%～100%进行设置。如果某种污染物环境空气质量超标，还需在评价报告及浓度分布图上标示超标范围与超标面积，以及与环境空气保护目标的相对位置关系等。

8.9.5 大气环境防护区域图。在项目基本信息图上沿出现超标的厂界外延按 8.8.5 确定的大气环境防护距离所包括的范围，作为本项目的大气环境防护区域。大气环境防护区域应包含自厂界起连续的超标范围。

8.9.6 污染治理设施、预防措施及方案比选结果表。列表对比不同污染控制措施及排放方案对环境的影响，评价不同方案的优劣。

8.9.7 污染物排放量核算表。包括有组织及无组织排放量、大气污染物年排放量、非正常排放量等。

8.9.8 一级评价应包括 8.9.1～8.9.7 的内容。二级评价一般应包括 8.9.1、8.9.2 及 8.9.7 的内容。

7．环境监测计划

（1）了解大气环境监测计划的一般性要求

9.1 一般性要求

9.1.1 一级评价项目按 HJ 819 的要求，提出项目在生产运行阶段的污染源监测计划和环境质量监测计划。

9.1.2　二级评价项目按 HJ 819 的要求，提出项目在生产运行阶段的污染源监测计划。

9.1.3　三级评价项目可参照 HJ 819 的要求，并适当简化环境监测计划。

（2）熟悉污染源监测计划的内容

9.2　污染源监测计划

9.2.1　按照 HJ 819、HJ 942、各行业排污单位自行监测技术指南及排污许可证申请与核发技术规范执行。

9.2.2　污染源监测计划应明确监测点位、监测指标、监测频次、执行排放标准。相关格式要求见附录 C 中 C.7。

（3）熟悉环境质量监测计划的内容

9.3　环境质量监测计划

9.3.1　筛选按 5.3.2 要求计算的项目排放污染物 $P_i \geqslant 1\%$ 的其他污染物作为环境质量监测因子。

9.3.2　环境质量监测点位一般在项目厂界或大气环境防护距离（如有）外侧设置 $1 \sim 2$ 个监测点。

9.3.3　各监测因子的环境质量每年至少监测一次，监测时段参照 6.3.1 执行。

9.3.4　新建 10 km 及以上的城市快速路、主干路等城市道路项目，应在道路沿线设置至少 1 个路边交通自动连续监测点，监测项目包括道路交通源排放的基本污染物。

9.3.5　环境质量监测采样方法、监测分析方法、监测质量保证与质量控制等应符合所执行的环境质量标准、HJ 819、HJ 942 的相关要求。

9.3.6　环境空气质量监测计划包括监测点位、监测指标、监测频次、执行环境质量标准等。相关格式要求见附录 C 中 C.7。

8. 大气环境影响评价结论与建议

掌握大气环境影响评价结论与建议的内容与要求

10.1　大气环境影响评价结论

10.1.1　达标区域的建设项目环境影响评价，当同时满足以下条件时，则认为环境影响可以接受。

a）新增污染源正常排放下污染物短期浓度贡献值的最大浓度占标率≤100%；

b）新增污染源正常排放下污染物年均浓度贡献值的最大浓度占标率≤30%（其中一类区≤10%）；

c）项目环境影响符合环境功能区划。叠加现状浓度、区域削减污染源以及在建、拟建项目的环境影响后，主要污染物的保证率日平均质量浓度和年平均质量浓度均符合环境质量标准；对于项目排放的主要污染物仅有短期浓度限值的，叠加后的短期浓度符合环境质量标准。

10.1.2　不达标区域的建设项目环境影响评价，当同时满足以下条件时，则认为环境影响可以接受。

a）达标规划未包含的新增污染源建设项目，需另有替代源的削减方案；

b）新增污染源正常排放下污染物短期浓度贡献值的最大浓度占标率≤100%；

c）新增污染源正常排放下污染物年均浓度贡献值的最大浓度占标率≤30%（其中一类区≤10%）；

d）项目环境影响符合环境功能区划或满足区域环境质量改善目标。现状浓度超标的污染物评价，叠加达标年目标浓度、区域削减污染源以及在建、拟建项目的环境影响后，污染物的保证率日平均质量浓度和年平均质量浓度均符合环境质量标准或满足达标规划确定的区域环境质量改善目标，或按8.8.4计算的预测范围内年平均质量浓度变化率 $k \leqslant -20\%$；对于现状达标的污染物评价，叠加后污染物浓度符合环境质量标准；对于项目排放的主要污染物仅有短期浓度限值的，叠加后的短期浓度符合环境质量标准。

10.1.3　区域规划的环境影响评价，当主要污染物的保证率日平均质量浓度和年平均质量浓度均符合环境质量标准，对于主要污染物仅有短期浓度限值的，叠加后的短期浓度符合环境质量标准时，则认为区域规划环境影响可以接受。

（三）《环境影响评价技术导则　地表水环境》（HJ 2.3—2018）

1．术语和定义

熟悉地表水、水环境保护目标、水污染当量、控制单元、生态流量、安全余量的定义

3.1　地表水 surface water

存在于陆地表面的河流（江河、运河及渠道）、湖泊、水库等地表水体以及入海河口和近岸海域。

3.2　水环境保护目标 water environment protection target

饮用水水源保护区、饮用水取水口，涉水的自然保护区、风景名胜区，重要湿地、重点保护与珍稀水生生物的栖息地、重要水生生物的自然产卵场及索饵场、越冬场和洄游通道，天然渔场等渔业水体，以及水产种质资源保护区等。

3.3　水污染当量 water pollution equivalent

根据污染物或者污染排放活动对地表水环境的有害程度以及处理的技术经济性，衡量不同污染物对地表水环境污染的综合性指标或者计量单位。

3.4　控制单元 control unit

综合考虑水体、汇水范围和控制断面三要素而划定的水环境空间管控单元。

3.5　生态流量 ecological flows

满足河流、湖库生态保护要求、维持生态系统结构和功能所需要的流量（水位）与过程。

3.6　安全余量 margin of safety

考虑污染负荷和受纳水体水环境质量之间关系的不确定因素，为保障受纳水体水环境质量改善目标安全而预留的负荷量。

2. 总则

（1）熟悉地表水环境影响评价的基本任务

4.1　基本任务

在调查和分析评价范围地表水环境质量现状与水环境保护目标的基础上，预测和评价建设项目对地表水环境质量、水环境功能区、水功能区、水环境保护目标及水环境控制单元的影响范围与影响程度，提出相应的环境保护措施和环境管理与监测计划，明确给出地表水环境影响是否可接受的结论。

（2）掌握地表水环境影响评价的基本要求

4.2　基本要求

4.2.1　建设项目的地表水环境影响主要包括水污染影响与水文要素影响。根据其主要影响，建设项目的地表水环境影响评价划分为水污染影响型、水文要素影响型以及两者兼有的复合影响型。

4.2.2　地表水环境影响评价应按本标准规定的评价等级开展相应的评价工作。建设项目评价等级分为三级，分级原则与判据见 5.2。复合影响型建设项目的评价工作，应按类别分别确定评价等级并开展评价工作。

4.2.3　建设项目排放水污染物应符合国家或地方水污染物排放标准要求，同时应满足受纳水体环境质量管理要求，并与排污许可管理制度相关要求衔接。水文要素影响型建设项目，还应满足生态流量的相关要求。

（3）熟悉地表水环境影响评价的工作程序

4.3　工作程序

地表水环境影响评价的工作程序见图 1，一般分为三个阶段。

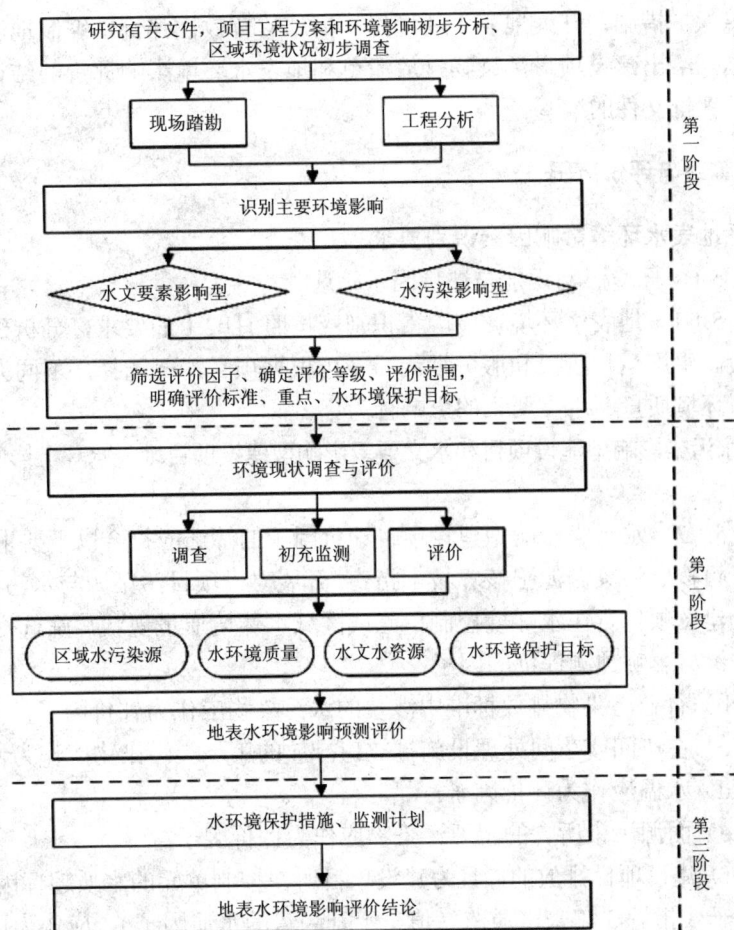

图1　地表水环境影响评价工作程序

　　第一阶段，研究有关文件，进行工程方案和环境影响的初步分析，开展区域环境状况的初步调查，明确水环境功能区或水功能区管理要求，识别主要环境影响，确定评价类别。根据不同评价类别，进一步筛选评价因子，确定评价等级与评价范围，明确评价标准、评价重点和水环境保护目标。

　　第二阶段，根据评价类别、评价等级及评价范围等，开展与地表水环境影响评价相关的污染源、水环境质量现状、水文水资源与水环境保护目标调查与评价，必要时开展补充监测；选择适合的预测模型，开展地表水环境影响预测评价，分析与评价建设项目对地表水环境质量、水文要素及水环境保护目标的影响范围与程度，在此基础上核算建设项目的污染源排放量、生态流量等。

　　第三阶段，根据建设项目地表水环境影响预测与评价的结果，制定地表水环境保护措施，开展地表水环境保护措施的有效性评价，编制地表水环境监测计划，给出建设项目污染物排放清单和地表水环境影响评价的结论，完成环境影响评价文件的编写。

3. 评价等级与评价范围

（1）熟悉地表水环境影响因素识别要求

5.1　环境影响识别与评价因子筛选

5.1.1　地表水环境影响因素识别应按照 HJ 2.1 的要求，分析建设项目建设阶段、生产运行阶段和服务期满后（可根据项目情况选择，下同）各阶段对地表水环境质量、水文要素的影响行为。

（2）熟悉水污染影响型建设项目和水文要素影响型建设项目地表水环境影响评价因子筛选要求

5.1.2　水污染影响型建设项目评价因子的筛选应符合以下要求：

a）按照污染源源强核算技术指南，开展建设项目污染源与水污染因子识别，结合建设项目所在水环境控制单元或区域水环境质量现状，筛选水环境现状调查评价与影响预测评价的因子；

b）行业污染物排放标准中涉及的水污染物应作为评价因子；

c）在车间或车间处理设施排放口排放的第一类污染物应作为评价因子；

d）水温应作为评价因子；

e）面源污染所含的主要污染物应作为评价因子；

f）建设项目排放的，且为建设项目所在控制单元的水质超标因子或潜在污染因子（指近 3 年来水质浓度值呈上升趋势的水质因子），应作为评价因子。

5.1.3　水文要素影响型建设项目评价因子，应根据建设项目对地表水体水文要素影响的特征确定。河流、湖泊及水库主要评价水面面积、水量、水温、径流过程、水位、水深、流速、水面宽、冲淤变化等因子，湖泊和水库需要重点关注湖底水域面积或蓄水量及水力停留时间等因子。感潮河段、入海河口及近岸海域主要评价流量、流向、潮区界、潮流界、纳潮量、水位、流速、水面宽、水深、冲淤变化等因子。

5.1.4　建设项目可能导致受纳水体富营养化的，评价因子还应包括与富营养化有关的因子（如总磷、总氮、叶绿素 a、高锰酸盐指数和透明度等。其中，叶绿素 a 为必须评价的因子）。

（3）掌握建设项目地表水环境影响评价等级确定的依据

5.2　评价等级确定

5.2.1　建设项目地表水环境影响评价等级按照影响类型、排放方式、排放量或影响情况、受纳水体环境质量现状、水环境保护目标等综合确定。

（4）掌握水污染影响型建设项目和水文要素影响型建设项目地表水环境影响评价等级判定依据

5.2.2　水污染影响型建设项目根据废水排放方式和排放量划分评价等级，见表1。

5.2.2.1　直接排放建设项目评价等级分为一级、二级和三级 A，根据废水排放量、水污染物污染当量数确定。

5.2.2.2　间接排放建设项目评价等级为三级 B。

5.2.3　水文要素影响型建设项目评价等级划分根据水温、径流与受影响地表水域等三类水文要素的影响程度进行判定，见表2。

表 1　水污染影响型建设项目评价等级判定

评价等级	判定依据	
	排放方式	废水排放量 Q/（m³/d）；水污染物当量数 W/（量纲一）
一级	直接排放	$Q \geqslant 20\,000$ 或 $W \geqslant 600\,000$
二级	直接排放	其他
三级 A	直接排放	$Q < 200$ 且 $W < 6\,000$
三级 B	间接排放	

注1：水污染物当量数等于该污染物的年排放量除以该污染物的污染当量值（见附录A），计算排放污染物的污染当量数，应区分第一类水污染物和其他类水污染物，统计第一类污染物当量数总和，然后与其他类污染物按照污染物当量数从大到小排序，取最大当量数作为建设项目评价等级确定的依据。

注2：废水排放量按行业排放标准中规定的废水种类统计，没有相关行业排放标准要求的通过工程分析合理确定，应统计含热量大的冷却水的排放量，可不统计间接冷却水、循环水以及其他含污染物极少的清净下水的排放量。

注3：厂区存在堆积物（露天堆放的原料、燃料、废渣等以及垃圾堆放场）、降尘污染的，应将初期雨污水纳入废水排放量，相应的主要污染物纳入水污染当量计算。

注4：建设项目直接排放第一类污染物的，其评价等级为一级；建设项目直接排放的污染物为受纳水体超标因子的，评价等级不低于二级。

注5：直接排放受纳水体影响范围涉及饮用水源保护区、饮用水取水口、重点保护与珍稀水生生物的栖息地、重要水生生物的自然产卵场等保护目标时，评价等级不低于二级。

注6：建设项目向河流、湖库排放温排水引起受纳水体水温变化超过水环境质量标准要求，且评价范围有水温敏感目标时，评价等级为一级。

注7：建设项目利用海水作为调节温度介质，排水量≥500万 m³/d，评价等级为一级；排水量<500万 m³/d，评价等级为二级。

注8：仅涉及清净下水排放的，如其排放水质满足受纳水体水环境质量标准要求的，评价等级为三级 A。

注9：依托现有排放口，且对外环境未新增排放污染物的直接排放建设项目，评价等级参照间接排放，定为三级 B。

注10：建设项目生产工艺中有废水产生，但作为回水利用，不排放到外环境的，按三级 B 评价。

表 2　水文要素影响型建设项目评价等级判定

评价等级	水温	径流		受影响地表水域		
	年径流量与总库容百分比 α/%	兴利库容与年径流量百分比 β/%	取水量占多年平均径流量百分比 γ/%	工程垂直投影面积及外扩范围 A_1/km²；工程扰动水底面积 A_2/km²；过水断面宽度占用比例或占用水域面积比例 R/%		工程垂直投影面积及外扩范围 A_1/km²；工程扰动水底面积 A_2/km²
				河流	湖库	入海河口、近岸海域
一级	$\alpha \leqslant 10$；或稳定分层	$\beta \geqslant 20$；或完全年调节与多年调节	$\gamma \geqslant 30$	$A_1 \geqslant 0.3$；或 $A_2 \geqslant 1.5$；或 $R \geqslant 10$	$A_1 \geqslant 0.3$；或 $A_2 \geqslant 1.5$；或 $R \geqslant 20$	$A_1 \geqslant 0.5$；或 $A_2 \geqslant 3$
二级	$20 > \alpha > 10$；或不稳定分层	$20 > \beta > 2$；或季调节与不完全年调节	$30 > \gamma > 10$	$0.3 > A_1 > 0.05$；或 $1.5 > A_2 > 0.2$；或 $10 > R > 5$	$0.3 > A_1 > 0.05$；或 $1.5 > A_2 > 0.2$；或 $20 > R > 5$	$0.5 > A_1 > 0.15$；或 $3 > A_2 > 0.5$
三级	$\alpha \geqslant 20$；或混合型	$\beta \leqslant 2$；或无调节	$\gamma \leqslant 10$	$A_1 \leqslant 0.05$；或 $A_2 \leqslant 0.2$；或 $R \leqslant 5$	$A_1 \leqslant 0.05$；或 $A_2 \leqslant 0.2$；或 $R \leqslant 5$	$A_1 \leqslant 0.15$；或 $A_2 \leqslant 0.5$

注 1：影响范围涉及饮用水水源保护区、重点保护与珍稀水生生物的栖息地、重要水生生物的自然产卵场、自然保护区等保护目标，评价等级应不低于二级。

注 2：跨流域调水、引水式电站、可能受到河流感潮河段影响，评价等级不低于二级。

注 3：造成入海河口（湾口）宽度束窄（束窄尺度达到原宽度的 5%以上），评价等级应不低于二级。

注 4：对不透水的单方向建筑尺度较长的水工建筑物（如防波堤、导流堤等），其与潮流或水流主流向切线垂直方向投影长度大于 2 km 时，评价等级应不低于二级。

注 5：允许在一类海域建设的项目，评价等级为一级。

注 6：同时存在多个水文要素影响的建设项目，分别判定各水文要素影响评价等级，并取其中最高等级作为水文要素影响型建设项目评价等级。

（5）掌握水污染影响型建设项目和水文要素影响型建设项目地表水环境影响评价范围要求

5.3　评价范围确定

5.3.1　建设项目地表水环境影响评价范围指建设项目整体实施后可能对地表水环境造成的影响范围。

5.3.2　水污染影响型建设项目评价范围，根据评价等级、工程特点、影响方式及程度、地表水环境质量管理要求等确定。

5.3.2.1　一级、二级及三级 A，其评价范围应符合以下要求：

a）应根据主要污染物迁移转化状况，至少需覆盖建设项目污染影响所及水域。

b）受纳水体为河流时，应满足覆盖对照断面、控制断面与消减断面等关心断面的要求。

c）受纳水体为湖泊、水库时，一级评价，评价范围宜不小于以入湖（库）排放口为中心、半径为 5 km 的扇形区域；二级评价，评价范围宜不小于以入湖（库）排放口为中心、半径为 3 km 的扇形区域；三级 A 评价，评价范围宜不小于以入湖（库）排放口为中心、半径为 1 km 的扇形区域。

d）受纳水体为入海河口和近岸海域时，评价范围按照 GB/T 19485 执行。

e）影响范围涉及水环境保护目标的，评价范围至少应扩大到水环境保护目标内受到影响的水域。

f）同一建设项目有两个及两个以上废水排放口，或排入不同地表水体时，按各排放口及所排入地表水体分别确定评价范围；有叠加影响的，叠加影响水域应作为重点评价范围。

5.3.2.2　三级 B，其评价范围应符合以下要求：

a）应满足其依托污水处理设施环境可行性分析的要求；

b）涉及地表水环境风险的，应覆盖环境风险影响范围所及的水环境保护目标水域。

5.3.3　水文要素影响型建设项目评价范围，根据评价等级、水文要素影响类别、影响及恢复程度确定，评价范围应符合以下要求：

a）水温要素影响评价范围为建设项目形成水温分层水域，以及下游未恢复到天然（或建设项目建设前）水温的水域；

b）径流要素影响评价范围为水体天然性状发生变化的水域，以及下游增减水影响水域；

c）地表水域影响评价范围为相对建设项目建设前日均或潮均流速及水深、或高（累积频率 5%）低（累积频率 90%）水位（潮位）变化幅度超过±5%的水域；

d）建设项目影响范围涉及水环境保护目标的，评价范围至少应扩大到水环境保护目标内受影响的水域；

e）存在多类水文要素影响的建设项目，应分别确定各水文要素影响评价范围，取各水文要素评价范围的外包线作为水文要素的评价范围。

5.3.4　评价范围应以平面图的方式表示，并明确起、止位置等控制点坐标。

（6）掌握地表水环境影响评价时期的确定原则

5.4 评价时期确定

5.4.1 建设项目地表水环境影响评价时期根据受影响地表水体类型、评价等级等确定，见表3。

5.4.2 三级 B 评价，可不考虑评价时期。

表3 评价时期确定

受影响地表水体类型	评价等级		水污染影响型（三级 A）/水文要素影响型（三级）
	一级	二级	
河流、湖库	丰水期、平水期、枯水期；至少丰水期和枯水期	丰水期和枯水期；至少枯水期	至少枯水期
入海河口（感潮河段）	河流：丰水期、平水期和枯水期；河口：春季、夏季和秋季；至少丰水期和枯水期，春季和秋季	河流：丰水期和枯水期；河口：春季、秋季 2 个季节；至少枯水期或 1 个季节	至少枯水期或 1 个季节
近岸海域	春季、夏季和秋季；至少春季、秋季 2 个季节	春季或秋季；至少 1 个季节	至少 1 次调查

注1：感潮河段，入海河口，近岸海域在丰、枯水期（或春夏秋冬四季）均应选择大潮期或小潮期中一个潮期开展评价（无特殊要求时，可不考虑一个潮期内高潮期、低潮期的差别）。选择原则为：依据调查监测海域的环境特征，以影响范围较大或影响程度较重为目标，定性判别和选择大潮期或小潮期作为调查潮期。

注2：冰封期较长且作为生活饮用水与食品加工用水的水源或有渔业用水需求的水域，应将冰封期纳入评价时期。

注3：具有季节性排水特点的建设项目，根据建设项目排水期对应的水期或季节确定评价时期。

注4：水文要素影响型建设项目对评价范围内的水生生物生长、繁殖与洄游有明显影响的时期，需将对应的时期作为评价时期。

注5：复合影响型建设项目分别确定评价时期，按照覆盖所有评价时期的原则综合确定。

（7）熟悉水环境保护目标确定的原则和要求

5.5 水环境保护目标确定

5.5.1 依据环境影响因素识别结果，调查评价范围内水环境保护目标，确定主要水环境保护目标。

5.5.2 应在地图中标注各水环境保护目标的地理位置、四至范围，并列表给出水环境保护目标内主要保护对象和保护要求，以及与建设项目占地区域的相对距离、坐标、高差，与排放口的相对距离、坐标等信息，同时说明与建设项目的水力联系。

（8）熟悉建设项目地表水环境影响评价标准的确定

5.6 环境影响评价标准确定

5.6.1 建设项目地表水环境影响评价标准，应根据评价范围内水环境质量管理要求和相关污染物排放标准的规定，确定各评价因子适用的水环境质量标准与相应的污染物排放标准。

5.6.1.1 根据 GB 3097、GB 3838、GB 5084、GB 11607、GB 18421、GB 18668 及相应的地方标准，结合受纳水体水环境功能区或水功能区、近岸海域环境功能区、水环境保护目标、生态流量等水环境质量管理要求，确定地表水环境质量评价标准。

5.6.1.2 根据现行国家和地方排放标准的相关规定，结合项目所属行业、地理位置，确定建设项目污染物排放评价标准。对于间接排放建设项目，若建设项目与污水处理厂在满足排放标准允许范围内，签订了纳管协议和排放浓度限值，并报相关生态环境保护部门备案，可将此浓度限值作为污染物排放评价的依据。

5.6.2 未划定水环境功能区或水功能区、近岸海域环境功能区的水域，或未明确水环境质量标准的评价因子，由地方人民政府生态环境保护主管部门确认应执行的环境质量要求；在国家及地方污染物排放标准中未包括的评价因子，由地方人民政府生态环境保护主管部门确认应执行的污染物排放要求。

4．地表水环境现状调查与评价

（1）了解地表水环境现状调查与评价的总体要求

6.1 总体要求

6.1.1 环境现状调查与评价应按照 HJ 2.1 的要求，遵循问题导向与管理目标导向统筹、流域（区域）与评价水域兼顾、水质水量协调、常规监测数据利用与补充监测互补、水环境现状与变化分析结合的原则。

6.1.2 应满足建立污染源与受纳水体水质响应关系的需求，符合地表水环境影响预测的要求。

6.1.3 工业园区规划环评的地表水环境现状调查与评价可依据本标准执行，流域规划环评参照执行，其他规划环评根据规划特性与地表水环境评价要求，参考执行或选择相应的技术规范。

（2）熟悉地表水环境现状调查范围的确定原则

6.2 调查范围

6.2.1 地表水环境的现状调查范围应覆盖评价范围，应以平面图方式表示，并明确起、止断面的位置及涉及范围。

6.2.2   对于水污染影响型建设项目，除覆盖评价范围外，受纳水体为河流时，在不受回水影响的河段，排放口上游调查范围宜不小于 500 m，受回水影响河段的上游调查范围原则上与下游调查的河段长度相等；受纳水体为湖库时，以排放口为圆心，调查半径在评价范围基础上外延 20%～50%。

6.2.3   对于水文要素影响型建设项目，受影响水体为河流、湖库时，除覆盖评价范围外，一级、二级评价时，还应包括库区及支流回水影响区、坝下至下一个梯级或河口、受水区、退水影响区。

6.2.4   对于水污染影响型建设项目，建设项目排放污染物中包括氮、磷或有毒污染物且受纳水体为湖泊、水库时，一级评价的调查范围应包括整个湖泊、水库，二级、三级 A 评价时，调查范围应包括排放口所在水环境功能区、水功能区或湖（库）湾区。

6.2.5   受纳或受影响水体为入海河口及近岸海域时，调查范围依据 GB/T 19485 要求执行。

（3）熟悉地表水环境现状调查因子与调查时期

6.3   调查因子

地表水环境现状调查因子根据评价范围水环境质量管理要求、建设项目水污染物排放特点与水环境影响预测评价要求等综合分析确定。调查因子应不少于评价因子。

6.4   调查时期

调查时期和评价时期一致。

（4）熟悉地表水环境现状调查内容与调查方法

6.5   调查内容与方法

6.5.1   地表水环境现状调查内容包括建设项目及区域水污染源调查、受纳或受影响水体水环境质量现状调查、区域水资源与开发利用状况、水文情势与相关水文特征值调查，以及水环境保护目标、水环境功能区或水功能区、近岸海域环境功能区及其相关的水环境质量管理要求等调查。涉及涉水工程的，还应调查涉水工程运行规则和调度情况。详细调查内容见附录 B。

6.5.2   调查方法主要采用资料收集、现场监测、无人机或卫星遥感遥测等方法。

（5）熟悉不同评价等级水污染影响型建设项目污染源调查要求

6.6   调查要求

6.6.1   建设项目污染源调查应在工程分析基础上，确定水污染物的排放量及进入受纳水体的污染负荷量。

6.6.2   区域水污染源调查

6.6.2.1　应详细调查与建设项目排放污染物同类的，或有关联关系的已建项目、在建项目、拟建项目（已批复环境影响评价文件，下同）等污染源。

a）一级评价，以收集利用已建项目的排污许可证登记数据、环评及环保验收数据及既有实测数据为主，并辅以现场调查及现场监测；

b）二级评价，主要收集利用已建项目的排污许可证登记数据、环评及环保验收数据及既有实测数据，必要时补充现场监测；

c）水污染影响型三级 A 评价与水文要素影响型三级评价，主要收集利用与建设项目排放口的空间位置和所排污染物的性质关系密切的污染源资料，可不进行现场调查及现场监测；

d）水污染影响型三级 B 评价，可不开展区域污染源调查，主要调查依托污水处理设施的日处理能力、处理工艺、设计进水水质、处理后的废水稳定达标排放情况，同时应调查依托污水处理设施执行的排放标准是否涵盖建设项目排放的有毒有害的特征水污染物。

6.6.2.2　一级、二级评价，建设项目直接导致受纳水体内源污染变化，或存在与建设项目排放污染物同类的且内源污染影响受纳水体水环境质量，应开展内源污染调查，必要时应开展底泥污染补充监测。

6.6.2.3　具有已审批入河排放口的主要污染物种类及其排放浓度和总量数据，以及国家或地方发布的入河排放口数据的，可不对入河排放口汇水区域的污染源开展调查。

6.6.2.4　面污染源调查主要采用收集利用既有数据资料的调查方法，可不进行实测。

6.6.2.5　建设项目的污染物排放指标需要等量替代或减量替代时，还应对替代项目开展污染源调查。

（6）熟悉水环境质量现状调查要求

6.6.3　水环境质量现状调查

6.6.3.1　应根据不同评价等级对应的评价时期要求开展水环境质量现状调查。

6.6.3.2　应优先采用国务院生态环境保护主管部门统一发布的水环境状况信息。

6.6.3.3　当现有资料不能满足要求时，应按照不同等级对应的评价时期要求开展现状监测。

6.6.3.4　水污染影响型建设项目一级、二级评价时，应调查受纳水体近 3 年的水环境质量数据，分析其变化趋势。

（7）熟悉地表水环境现状调查补充监测的要求和内容

6.7　补充监测

6.7.1　补充监测要求

6.7.1.1　应对收集资料进行复核整理，分析资料的可靠性、一致性和代表性，针对资料的不足，制订必要的补充监测方案，确定补充监测时期、内容、范围。

6.7.1.2　需要开展多个断面或点位补充监测的，应在大致相同的时段内开展同步监测。需要同时开展水质与水文补充监测的，应按照水质水量协调统一的要求开展同步监测，测量的时间、频次和断面应保证满足水环境影响预测的要求。

6.7.1.3　应选择符合监测项目对应环境质量标准或参考标准所推荐的监测方法，并在监测报告中注明。水质采样与水质分析应遵循相关的环境监测技术规范。水文调查与水文测量的方法可参照 GB 50179、GB/T 12763、GB/T 14914 的相关规定执行。河流及湖库底泥调查参照 HJ/T 91 执行，入海河口、近岸海域沉积物调查参照 GB 17378、HJ 442 执行。

6.7.2　监测内容

6.7.2.1　应在常规监测断面的基础上，重点针对对照断面、控制断面以及环境保护目标所在水域的监测断面开展水质补充监测。

6.7.2.2　建设项目需要确定生态流量时，应结合主要生态保护对象敏感用水时段进行调查分析，有针对性地开展必要的生态流量与径流过程监测等。

6.7.2.3　当调查的水下地形数据不能满足水环境影响预测要求时，应开展水下地形补充测绘。

（8）掌握地表水环境现状评价内容与要求

6.8　环境现状评价内容与要求

根据建设项目水环境影响特点与水环境质量管理要求，选择以下全部或部分内容开展评价：

a）水环境功能区或水功能区、近岸海域环境功能区水质达标状况。评价建设项目评价范围内水环境功能区或水功能区、近岸海域环境功能区各评价时期的水质状况与变化特征，给出水环境功能区或水功能区、近岸海域环境功能区达标评价结论，明确水环境功能区或水功能区、近岸海域环境功能区水质超标因子、超标程度，分析超标原因。

b）水环境控制单元或断面水质达标状况。评价建设项目所在控制单元或断面各评价时期的水质现状与时空变化特征，评价控制单元或断面的水质达标状况，明确控制单元或断面的水质超标因子、超标程度，分析超标原因。

c）水环境保护目标质量状况。评价涉及水环境保护目标水域各评价时期的水质状况与变化特征，明确水质超标因子、超标程度，分析超标原因。

d）对照断面、控制断面等代表性断面的水质状况。评价对照断面水质状况，分析对照断面水质水量变化特征，给出水环境影响预测的设计水文条件；评价控制断面水质现状、达标状况，分析控制断面来水水质水量状况，识别上游来水不利组合状况，分析不利条件下的水质达标问题。评价其他监测断面的水质状况，根据断面所在水域的水环境保护目标水质要求，评价水质达标状况与超标因子。

e）底泥污染评价。评价底泥污染项目及污染程度，识别超标因子，结合底泥处置排放去向，评价退水水质与超标情况。

f）水资源与开发利用程度及其水文情势评价。根据建设项目水文要素影响特点，评价所在流域（区域）水资源与开发利用程度、生态流量满足程度、水域岸线空间占用状况等。

g）水环境质量回顾评价。结合历史监测数据与国家及地方生态环境保护主管部门公开发布的环境状况信息，评价建设项目所在水环境控制单元或断面、水环境功能区或水功能区、近岸海域环境功能区的水质变化趋势，评价主要超标因子变化状况，分析建设项目所在区域或水域的水质问题，从水污染、水文要素等方面，综合分析水环境质量现状问题的原因，明确与建设项目排污影响的关系。

h）流域（区域）水资源（包括水能资源）与开发利用总体状况、生态流量管理要求与现状满足程度、建设项目占用水域空间的水流状况与河湖演变状况。

i）依托污水处理设施稳定达标排放评价。评价建设项目依托的污水处理设施稳定达标状况，分析建设项目依托污水处理设施环境可行性。

5．地表水环境影响预测

（1）掌握地表水环境影响预测的总体要求

7.1　总体要求

7.1.1　地表水环境影响预测应遵循 HJ 2.1 中规定的原则。

7.1.2　一级、二级、水污染影响型三级 A 与水文要素影响型三级评价应定量预测建设项目水环境影响，水污染影响型三级 B 评价可不进行水环境影响预测。

7.1.3　影响预测应考虑评价范围内已建、在建和拟建项目中，与建设项目排放同类（种）污染物、对相同水文要素产生的叠加影响。

7.1.4　建设项目分期规划实施的，应估算规划水平年进入评价范围的污染负荷，预测分析规划水平年评价范围内地表水环境质量变化趋势。

（2）熟悉地表水环境影响预测因子、预测范围和预测时期

　　7.2　预测因子与预测范围

　　7.2.1　预测因子应根据评价因子确定，重点选择与建设项目水环境影响关系密切的因子。

　　7.2.2　预测范围应覆盖 5.3 规定的评价范围，并根据受影响地表水体水文要素与水质特点合理拓展。

　　7.3　预测时期

　　水环境影响预测的时期应满足不同评价等级的评价时期要求（表3）。水污染影响型建设项目，水体自净能力最不利以及水质状况相对较差的不利时期、水环境现状补充监测时期应作为重点预测时期；水文要素影响型建设项目，以水质状况相对较差或对评价范围内水生生物影响最大的不利时期为重点预测时期。

（3）熟悉地表水环境影响预测情景和预测内容

　　7.4　预测情景

　　7.4.1　根据建设项目特点分别选择建设期、生产运行期和服务期满后三个阶段进行预测。

　　7.4.2　生产运行期应预测正常排放、非正常排放两种工况对水环境的影响，如建设项目具有充足的调节容量，可只预测正常排放对水环境的影响。

　　7.4.3　应对建设项目污染控制和减缓措施方案进行水环境影响模拟预测。

　　7.4.4　对受纳水体环境质量不达标区域，应考虑区（流）域环境质量改善目标要求情景下的模拟预测。

　　7.5　预测内容

　　7.5.1　预测分析内容根据影响类型、预测因子、预测情景、预测范围地表水体类别、所选用的预测模型及评价要求确定。

　　7.5.2　水污染影响型建设项目，主要包括：

　　a）各关心断面（控制断面、取水口、污染源排放核算断面等）水质预测因子的浓度及变化；

　　b）到达水环境保护目标处的污染物浓度；

　　c）各污染物最大影响范围；

　　d）湖泊、水库及半封闭海湾等，还需关注富营养化状况与水华、赤潮等；

　　e）排放口混合区范围。

　　7.5.3　水文要素影响型建设项目，主要包括：

　　a）河流、湖泊及水库的水文情势预测分析主要包括水域形态、径流条件、水力条件以及冲淤变化等内容，具体包括水面面积、水量、水温、径流过程、水位、水深、流速、水面宽、冲淤变化等，湖泊和水库需要重点关注湖库水域

面积或蓄水量及水力停留时间等因子；

b）感潮河段、入海河口及近岸海域水动力条件预测分析主要包括流量、流向、潮区界、潮流界、纳潮量、水位、流速、水面宽、水深、冲淤变化等因子。

（4）熟悉预测模型分类

7.6.1　地表水环境影响预测模型包括数学模型、物理模型。地表水环境影响预测宜选用数学模型。评价等级为一级且有特殊要求时选用物理模型，物理模型应遵循水工模型实验技术规程等要求。

7.6.2　数学模型包括：面源污染负荷估算模型、水动力模型、水质（包括水温及富营养化）模型等，可根据地表水环境影响预测的需要选择。

（5）熟悉河流数学模型和湖库数学模型的适用条件

a）河流数学模型。河流数学模型选择要求见表4。在模拟河流顺直、水流均匀且排污稳定时可以采用解析解模型。

表4　河流数学模型适用条件

模型分类	模型空间分类						模型时间分类	
	零维模型	纵向一维模型	河网模型	平面二维	立面二维	三维模型	稳态	非稳态
适用条件	水域基本均匀混合	沿程横断面均匀混合	多条河道相互连通，使得水流运动和污染物交换相互影响的河网地区	垂向均匀混合	垂向分层特征明显	垂向及平面分布差异明显	水流恒定、排污稳定	水流不恒定，或排污不稳定

b）湖库数学模型。湖库数学模型选择要求见表5。在模拟湖库水域形态规则、水流均匀且排污稳定时可以采用解析解模型。

表5　湖库数学模型适用条件

模型分类	模型空间分类						模型时间分类	
	零维模型	纵向一维模型	平面二维	垂向一维	立面二维	三维模型	稳态	非稳态
适用条件	水流交换作用较充分、污染物质分布基本均匀	污染物在断面上均匀混合的河道型水库	浅水湖库，垂向分层不明显	深水湖库，水平分布差异不明显，存在垂向分层	深水湖库，横向分布差异不明显，存在垂向分层	垂向及平面分布差异明显	流场恒定、源强稳定	流场不恒定或源强不稳定

（6）了解感潮河段、入海河口数学模型的适用条件

c）感潮河段、入海河口数学模型。污染物在断面上均匀混合的感潮河段、入海河口，可采用纵向一维非恒定数学模型，感潮河网区宜采用一维河网数学模型。浅水感潮河段和入海河口宜采用平面二维非恒定数学模型。如感潮河段、入海河口的下边界难以确定，宜采用一维、二维连接数学模型。

（7）熟悉常用数学模型的模型概化要求

7.7.1　当选用解析解方法进行水环境影响预测时，可对预测水域进行合理的概化。

7.7.2　河流水域概化要求：

a）预测河段及代表性断面的宽深比大于等于 20 时，可视为矩形河段；

b）河段弯曲系数大于 1.3 时，可视为弯曲河段，其余可概化为平直河段；

c）对于河流水文特征值、水质急剧变化的河段，应分段概化，并分别进行水环境影响预测；河网应分段概化，分别进行水环境影响预测。

7.7.3　湖库水域概化。根据湖库的入流条件、水力停留时间、水质及水温分布等情况，分别概化为稳定分层型、混合型和不稳定分层型。

7.7.4　受人工控制的河流，根据涉水工程（如水利水电工程）的运行调度方案及蓄水、泄流情况，分别视其为水库或河流进行水环境影响预测。

7.7.5　入海河口、近岸海域概化要求：

a）可将潮区界作为感潮河段的边界；

b）采用解析解方法进行水环境影响预测时，可按潮周平均、高潮平均和低潮平均三种情况，概化为稳态进行预测；

c）预测近岸海域可溶性物质水质分布时，可只考虑潮汐作用；预测密度小于海水的不可溶物质时应考虑潮汐、波浪及风的作用；

d）注入近岸海域的小型河流可视为点源，可忽略其对近岸海域流场的影响。

（8）熟悉地表水环境影响预测的基础数据要求

7.8.1　水文气象、水下地形等基础数据原则上应与工程设计保持一致，采用其他数据时，应说明数据来源、有效性及数据预处理情况。获取的基础数据应能够支持模型参数率定、模型验证的基本需求。

7.8.1.1　水文数据。水文数据应采用水文站点实测数据或根据站点实测数据进行推算，数据精度应与模拟预测结果精度要求匹配。河流、湖库建设项目水文数据时间精度应根据建设项目调控影响的时空特征，分析典型时段的水文情势与过程变化影响，涉及日调度影响的，时间精度宜不小于 1 h。感潮河段、入海河口及近岸海域建设项目应考虑盐度对污染物运移扩散的影响，一级评价时间精度不得低于 1 h。

7.8.1.2　气象数据。气象数据应根据模拟范围内或附近的常规气象监测站点数据进行合理确定。气象数据应采用多年平均气象资料或典型年实测气象资料数据。气象数据指标应包括气温、相对湿度、日照时数、降雨量、云量、风向、风速等。

7.8.1.3 水下地形数据。采用数值解模型时，原则上应采用最新的现有或补充测绘成果，水下地形数据精度原则上应与工程设计保持一致。建设项目实施后可能导致河道地形改变的，如疏浚及堤防建设以及水底泥沙淤积造成的库底、河底高程发生的变化，应考虑地形变化的影响。

7.8.1.4 涉水工程资料。包括预测范围内的已建、在建及拟建涉水工程，其取水量或工程调度情况、运行规则应与国家或地方发布的统计数据、环评及环保验收数据保持一致。

7.8.2 一致性及可靠性分析。对评价范围调查收集的水文资料（流速、流量、水位、蓄水量等）、水质资料、排放口资料（污水排放量与水质浓度）、支流资料（支流水量与水质浓度）、取水口资料（取水量、取水方式、水质数据）、污染源资料（排污量、排污去向与排放方式、污染物种类及排放浓度）等进行数据一致性分析。应明确模型采用基础数据的来源，保证基础数据的可靠性。

7.8.3 建设项目所在水环境控制单元如有国家生态环境保护部门发布的标准化土壤及土地利用数据、地形数据、环境水力学特征参数的，影响预测模拟时应优先使用标准化数据。

（9）熟悉地表水环境影响预测的初始条件要求

7.9 初始条件

7.9.1 初始条件（水文、水质、水温等）设定应满足所选用数学模型的基本要求，需合理确定初始条件，控制预测结果不受初始条件的影响。

7.9.2 当初始条件对计算结果的影响在短时间内无法有效消除时，应延长模拟计算的初始时间，必要时应开展初始条件敏感性分析。

（10）熟悉地表水环境影响预测设计水文条件的确定要求

7.10.1.1 河流、湖库设计水文条件要求：

a）河流不利枯水条件宜采用 90% 保证率最枯月流量或近 10 年最枯月平均流量；流向不定的河网地区和潮汐河段，宜采用 90% 保证率流速为零时的低水位相应水量作为不利枯水水量；湖库不利枯水条件应采用近 10 年最低月平均水位或 90% 保证率最枯月平均水位相应的蓄水量，水库也可采用死库容相应的蓄水量。其他水期的设计水量则应根据水环境影响预测需求确定。

b）受人工调控的河段，可采用最小下泄流量或河道内生态流量作为设计流量。

c）根据设计流量，采用水力学、水文学等方法，确定水位、流速、河宽、水深等其他水力学数据。

7.10.1.2　入海河口、近岸海域设计水文条件要求：

a）感潮河段、入海河口的上游水文边界条件参照 7.10.1.1 的要求确定，下游水位边界的确定，应选择对应时段潮周期作为基本水文条件进行计算，可取用保证率为 10%、50% 和 90% 潮差，或上游计算流量条件下相应的实测潮位过程；

b）近岸海域的潮位边界条件界定，应选择一个潮周期作为基本水文条件，选用历史实测潮位过程或人工构造潮型作为设计水文条件。

7.10.1.3　河流、湖库设计水文条件的计算可按 SL 278 的规定执行。

（11）熟悉地表水环境影响预测污染负荷的确定要求

7.10.2　污染负荷的确定要求

7.10.2.1　根据预测情景，确定各情景下建设项目排放的污染负荷量，应包括建设项目所有排放口（涉及一类污染物的车间或车间处理设施排放口、企业总排口、雨水排放口、温排水排放口等）的污染物源强。

7.10.2.2　应覆盖预测范围内的所有与建设项目排放污染物相关的污染源或污染源负荷占预测范围总污染负荷的比例超过 95%。

7.10.2.3　规划水平年污染源负荷预测要求

a）点源及面源污染源负荷预测要求。应包括已建、在建及拟建项目的污染物排放，综合考虑区域经济社会发展及水污染防治规划、区（流）域环境质量改善目标要求，按照点源、面源分别确定预测范围内的污染源的排放量与入河量。采用面源模型预测规划水平年污染负荷时，面源模型的构建、率定、验证等要求参照 7.11 相关规定执行。

b）内源负荷预测要求。内源负荷估算可采用释放系数法，必要时可采用释放动力学模型方法。内源释放系数可采用静水、动水试验进行测定或者参考类似工程资料确定；水环境影响敏感且资料缺乏区域需开展静水试验、动水试验确定释放系数；类比时需结合施工工艺、沉积物类型、水动力等因素进行修正。

（12）了解地表水环境影响预测模型参数确定与模型验证要求

7.11　参数确定与验证要求

7.11.1　水动力及水质模型参数包括水文及水力学参数、水质（包括水温及富营养化）参数等。其中水文及水力学参数包括流量、流速、坡度、糙率等；水质参数包括污染物综合衰减系数、扩散系数、耗氧系数、复氧系数、蒸发散热系数等。

7.11.2　模型参数确定可采用类比、经验公式、实验室测定、物理模型试验、现场实测及模型率定等，可以采用多类方法比对确定模型参数。当采用数值解模型时，宜采用模型率定法核定模型参数。

7.11.3　在模型参数确定的基础上，通过模型计算结果与实测数据进行比较分析，验证模型的适用性与误差及精度。

7.11.4 选择模型率定法确定模型参数的，模型验证应采用与模型参数率定不同组实测资料数据进行。

7.11.5 应对模型参数确定与模型验证的过程和结果进行分析说明，并以河宽、水深、流速、流量以及主要预测因子的模拟结果作为分析依据，当采用二维或三维模型时，应开展流场分析。模型验证应分析模拟结果与实测结果的拟合情况，阐明模型参数率定取值的合理性。

（13）熟悉地表水环境影响预测点位设置要求

7.12.1 预测点位设置要求

7.12.1.1 应将常规监测点、补充监测点、水环境保护目标、水质水量突变处及控制断面等作为预测重点。

7.12.1.2 当需要预测排放口所在水域形成的混合区范围时，应适当加密预测点位。

（14）熟悉地表水环境影响预测模型预测结果合理性分析

7.12.2 模型结果合理性分析

7.12.2.1 模型计算成果的内容、精度和深度应满足环境影响评价要求。

7.12.2.2 采用数值解模型进行影响预测时，应说明模型时间步长、空间步长设定的合理性，在必要的情况下应对模拟结果开展质量或热量守恒分析。

7.12.2.3 应对模型计算的关键影响区域和重要影响时段的流场、流速分布、水质（水温）等模拟结果进行分析，并给出相关图件。

7.12.2.4 区域水环境影响较大的建设项目，宜采用不同模型进行比对分析。

6．地表水环境影响评价

（1）掌握不同评价等级建设项目的主要评价内容

8.1 评价内容

8.1.1 一级、二级、水污染影响型三级 A 及水文要素影响型三级评价。主要评价内容包括：

a）水污染控制和水环境影响减缓措施有效性评价；

b）水环境影响评价。

8.1.2 水污染影响型三级 B 评价。主要评价内容包括：

a）水污染控制和水环境影响减缓措施有效性评价；

b）依托污水处理设施的环境可行性评价。

（2）掌握地表水环境影响评价要求

8.2 评价要求

8.2.1 水污染控制和水环境影响减缓措施有效性评价应满足以下要求：

a）污染控制措施及各类排放口排放浓度限值等应满足国家和地方相关排放标准及符合有关标准规定的排水协议关于水污染物排放的条款要求；

b）水动力影响、生态流量、水温影响减缓措施应满足水环境保护目标的要求；

c）涉及面源污染的，应满足国家和地方有关面源污染控制治理要求；

d）受纳水体环境质量达标区的建设项目选择废水处理措施或多方案比选时，应满足行业污染防治可行技术指南要求，确保废水稳定达标排放且环境影响可以接受；

e）受纳水体环境质量不达标区的建设项目选择废水处理措施或多方案比选时，应满足区（流）域水环境质量限期达标规划和替代源的削减方案要求、区（流）域环境质量改善目标要求及行业污染防治可行技术指南中最佳可行技术要求，确保废水污染物达到最低排放强度和排放浓度，且环境影响可以接受。

8.2.2　水环境影响评价应满足以下要求：

a）排放口所在水域形成的混合区，应限制在达标控制（考核）断面以外水域，且不得与已有排放口形成的混合区叠加，混合区外水域应满足水环境功能区或水功能区的水质目标要求。

b）水环境功能区或水功能区、近岸海域环境功能区水质达标。说明建设项目对评价范围内的水环境功能区或水功能区、近岸海域环境功能区的水质影响特征，分析水环境功能区或水功能区、近岸海域环境功能区水质变化状况，在考虑叠加影响的情况下，评价建设项目建成以后各预测时期水环境功能区或水功能区、近岸海域环境功能区达标状况。涉及富营养化问题的，还应评价水温、水文要素、营养盐等变化特征与趋势，分析判断富营养化演变趋势。

c）满足水环境保护目标水域水环境质量要求。评价水环境保护目标水域各预测时期的水质（包括水温）变化特征、影响程度与达标状况。

d）水环境控制单元或断面水质达标。说明建设项目污染排放或水文要素变化对所在控制单元各预测时期的水质影响特征，在考虑叠加影响的情况下，分析水环境控制单元或断面的水质变化状况，评价建设项目建成以后水环境控制单元或断面在各预测时期的水质达标状况。

e）满足重点水污染物排放总量控制指标要求，重点行业建设项目，主要污染物排放满足等量或减量替代要求。

f）满足区（流）域水环境质量改善目标要求。

g）水文要素影响型建设项目同时应包括水文情势变化评价、主要水文特征值影响评价、生态流量符合性评价。

h）对于新设或调整入河（湖库、近岸海域）排放口的建设项目，应包括排放口设置的环境合理性评价。

i）满足生态保护红线、水环境质量底线、资源利用上线和环境准入清单管理要求。

8.2.3　依托污水处理设施的环境可行性评价，主要从污水处理设施的日处理能力、处理工艺、设计进水水质、处理后的废水稳定达标排放情况及排放标准是否涵盖建设项目排放的有毒有害的特征水污染物等方面开展评价，满足依托的环境可行性要求。

（3）掌握污染源排放量核算的一般要求

8.3.1　一般要求

8.3.1.1　污染源排放量是新（改、扩）建项目申请污染物排放许可的依据。

8.3.1.2　对改建、扩建项目，除应核算新增源的污染物排放量外，还应核算项目建成后全厂的污染物排放量，污染源排放量为污染物的年排放量。

8.3.1.3　建设项目在批复的区域或水环境控制单元达标方案的许可排放量分配方案中有规定的，按规定执行。

8.3.1.4　污染源排放量核算，应在满足 8.2.2 前提下进行核算。

8.3.1.5　规划环评污染源排放量核算与分配应遵循水陆统筹、河海兼顾、满足"三线一单"（生态保护红线、环境质量底线、资源利用上线、环境准入清单）约束要求的原则，综合考虑水环境质量改善目标要求、水环境功能区或水功能区、近岸海域环境功能区管理要求、经济社会发展、行业排污绩效等因素，确保发展不超载，底线不突破。

（4）熟悉直接排放的建设项目污染源排放量核算要求

8.3.3　直接排放建设项目污染源排放量核算，根据建设项目达标排放的地表水环境影响、污染源源强核算技术指南及排污许可申请与核发技术规范进行核算，并从严要求。

8.3.3.1　直接排放建设项目污染源排放量核算应在满足 8.2.2 的基础上，遵循以下原则要求：

a）污染源排放量的核算水体为有水环境功能要求的水体。

b）建设项目排放的污染物属于现状水质不达标的，包括本项目在内的区（流）域污染源排放量应调减至满足区（流）域水环境质量改善目标要求。

c）当受纳水体为河流时，不受回水影响的河段，建设项目污染源排放量核算断面位于排放口下游，与排放口的距离应小于 2 km；受回水影响的河段，应在排放口的上下游设置建设项目污染源排放量核算断面，与排放口的距离应小于 1 km。建设项目污染源排放量核算断面应根据区间水环境保护目标位置、水环境功能区或水功能区及控制单元断面等情况调整。当排放口污染物进入受纳水体在断面混合不均匀时，应以污染源排放量核算断面污染物最大浓度作为评价依据。

d）当受纳水体为湖库时，建设项目污染源排放量核算点位应布置在以排放口为中心、半径不超过 50 m 的扇形水域内，且扇形面积占湖库面积比例不超过5%，核算点位应不少于 3 个。建设项目污染源排放量核算点应根据区间水环境保护目标位置、水环境功能区或水功能区及控制单元断面等情况调整。

e）遵循地表水环境质量底线要求，主要污染物（化学需氧量、氨氮、总磷、总氮）需预留必要的安全余量。安全余量可按地表水环境质量标准、受纳水体环境敏感性等确定：受纳水体为 GB 3838 Ⅲ类水域，以及涉及水环境保护目标的水域，安全余量按照不低于建设项目污染源排放量核算断面（点位）处环境质量标准的10%确定（安全余量≥环境质量标准×10%）；受纳水体水环境质量标准为 GB 3838 Ⅳ、Ⅴ类水域，安全余量按照不低于建设项目污染源排放量核算断面（点位）环境质量标准的8%确定（安全余量≥环境质量标准×8%）；地方如有更严格的环境管理要求，按地方要求执行。

f）当受纳水体为近岸海域时，参照 GB 18486 执行。

8.3.3.2　按照 8.3.3.1 规定要求预测评价范围的水质状况，如预测的水质因子满足地表水环境质量管理及安全余量要求，污染源排放量即为水污染控制措施有效性评价确定的排污量。如果不满足地表水环境质量管理及安全余量要求，则进一步根据水质目标核算污染源排放量。

（5）熟悉生态流量确定的一般要求

8.4.1　一般要求

8.4.1.1　根据河流和湖库生态环境保护目标的流量（水位）及过程需求确定生态流量（水位）。河流应确定生态流量，湖库应确定生态水位。

8.4.1.2　根据河流、湖库的形态、水文特征及生物重要生境分布，选取代表性的控制断面综合分析评价河流和湖库的生态环境状况、主要生态环境问题等。生态流量控制断面或点位选择应结合重要生境和重要环境保护对象等保护目标的分布、水文站网分布以及重要水利工程位置等统筹考虑。

8.4.1.3　依据评价范围内各水环境保护目标的生态环境需水确定生态流量，生态环境需水的计算方法可参考有关标准规定执行。

（6）熟悉河流、湖库生态流量的计算要求及综合分析与确定要求

8.4.2　河流、湖库生态环境需水计算要求

8.4.2.1　河流生态环境需水

河流生态环境需水包括水生生态需水、水环境需水、湿地需水、景观需水、河口压咸需水等。应根据河流生态环境保护目标要求，选择合适方法计算河流生态环境需水及其过程，符合以下要求：

a）水生生态需水计算中，应采用水力学法、生态水力学法、水文学法等方

法计算水生生态流量。水生生态流量最少采用两种方法计算，基于不同计算方法成果对比分析，合理选择水生生态流量成果；鱼类繁殖期的水生生态需水宜采用生境分析法计算，确定繁殖期所需的水文过程，并取外包线作为计算成果，鱼类繁殖期所需水文过程应与天然水文过程相似。水生生态需水应为水生生态流量与鱼类繁殖期所需水文过程的外包线。

b）水环境需水应根据水环境功能区或水功能区确定控制断面水质目标，结合计算范围内的河段特征和控制断面与概化后污染源的位置关系，采用 7.6 的数学模型方法计算水环境需水。

c）湿地需水应综合考虑湿地水文特征和生态保护目标需水特征，综合不同方法合理确定湿地需水。河岸植被需水量采用单位面积用水量法、潜水蒸发法、间接计算法、彭曼公式法等方法计算；河道内湿地补给水量采用水量平衡法计算。保护目标在繁育生长关键期对水文过程有特殊需求时，应计算湿地关键期需水量及过程。

d）景观需水应综合考虑水文特征和景观保护目标要求，确定景观需水。

e）河口压咸需水应根据调查成果，确定河口类型，可采用附录 E 中的相关数学模型计算河口压咸需水。

f）其他需水应根据评价区域实际情况进行计算，主要包括冲沙需水、河道蒸发和渗漏需水等。对于多泥沙河流，需考虑河流冲沙需水计算。

8.4.2.2　湖库生态环境需水计算要求：

a）湖库生态环境需水包括维持湖库生态水位的生态环境需水及入（出）湖河流生态环境需水。湖库生态环境需水可采用最小值、年内不同时段值和全年值表示。

b）湖库生态环境需水计算中，可采用不同频率最枯月平均值法或近 10 年最枯月平均水位法确定湖库生态环境需水最小值。年内不同时段值应根据湖库生态环境保护目标所对应的生态环境功能，分别计算各项生态环境功能敏感水期要求的需水量。维持湖库形态功能的水量，可采用湖库形态分析法计算。维持生物栖息地功能的需水量，可采用生物空间法计算。

c）入（出）湖库河流的生态环境需水应根据 8.4.2.1 计算确定，计算成果应与湖库生态水位计算成果相协调。

8.4.3　河流、湖库生态流量综合分析与确定

8.4.3.1　河流应根据水生生态需水、水环境需水、湿地需水、景观需水、河口压咸需水和其他需水等计算成果，考虑各项需水的外包关系和叠加关系，综合分析需水目标要求，确定生态流量。湖库应根据湖库生态环境需水确定最低生态水位及不同时段内的水位。

8.4.3.2　应根据国家或地方政府批复的综合规划、水资源规划、水环境保护规划等成果中相关的生态流量控制等要求，综合分析生态流量成果的合理性。

7. 环境保护措施与监测计划

熟悉环境保护措施与监测计划的一般要求和内容

9.1　一般要求

9.1.1　在建设项目污染控制治理措施与废水排放满足排放标准与环境管理要求的基础上，针对建设项目实施可能造成地表水环境不利影响的阶段、范围和程度，提出预防、治理、控制、补偿等环保措施或替代方案等内容，并制订监测计划。

9.1.2　水环境保护对策措施的论证应包括水环境保护措施的内容、规模及工艺、相应投资、实施计划，所采取措施的预期效果、达标可行性、经济技术可行性及可靠性分析等内容。

9.1.3　对水文要素影响型建设项目，应提出减缓水文情势影响，保障生态需水的环保措施。

9.2　水环境保护措施

9.2.1　对建设项目可能产生的水污染物，需通过优化生产工艺和强化水资源的循环利用，提出减少污水产生量与排放量的环保措施，并对污水处理方案进行技术经济及环保论证比选，明确污水处理设施的位置、规模、处理工艺、主要构筑物或设备、处理效率；采取的污水处理方案要实现达标排放，满足总量控制指标要求，并对排放口设置及排放方式进行环保论证。

9.2.2　达标区建设项目选择废水处理措施或多方案比选时，应综合考虑成本和治理效果，选择可行技术方案。

9.2.3　不达标区建设项目选择废水处理措施或多方案比选时，应优先考虑治理效果，结合区（流）域水环境质量改善目标、替代源的削减方案实施情况，确保废水污染物达到最低排放强度和排放浓度。

9.2.4　对水文要素影响型建设项目，应考虑保护水域生境及水生态系统的水文条件以及生态环境用水的基本需求，提出优化运行调度方案或下泄流量及过程，并明确相应的泄放保障措施与监控方案。

9.2.5　对于建设项目引起的水温变化可能对农业、渔业生产或鱼类繁殖与生长等产生不利影响，应提出水温影响减缓措施。对产生低温水影响的建设项目，对其取水与泄水建筑物的工程方案提出环保优化建议，可采取分层取水设施、合理利用水库洪水调度运行方式等。对产生温排水影响的建设项目，可采取优化冷却方式减少排放量，通过余热利用措施降低热污染强度，合理选择温排水口的布置和型式，控制高温区范围等。

9.3 监测计划

9.3.1 按建设项目建设期、生产运行期、服务期满后等不同阶段，针对不同工况、不同地表水环境影响的特点，根据 HJ 819、HJ/T 92、相应的污染源源强核算技术指南和自行监测技术指南，提出水污染源的监测计划，包括监测点位、监测因子、监测频次、监测数据采集与处理、分析方法等。明确自行监测计划内容，提出应向社会公开的信息内容。

9.3.2 提出地表水环境质量监测计划，包括监测断面或点位位置（经纬度）、监测因子、监测频次、监测数据采集与处理、分析方法等。明确自行监测计划内容，提出应向社会公开的信息内容。

9.3.3 监测因子需与评价因子相协调。地表水环境质量监测断面或点位设置需与水环境现状监测、水环境影响预测的断面或点位相协调，并应强化其代表性、合理性。

9.3.4 建设项目排放口应根据污染物排放特点、相关规定设置监测系统，排放口附近有重要水环境功能区或水功能区及特殊用水需求时，应对排放口下游控制断面进行定期监测。

9.3.5 对下泄流量有泄放要求的建设项目，在闸坝下游应设置生态流量监测系统。

8. 地表水环境影响评价结论

掌握水环境影响评价结论的内容与要求

10.1 水环境影响评价结论

10.1.1 根据水污染控制和水环境影响减缓措施有效性评价、地表水环境影响评价的结果，明确给出地表水环境影响是否可接受的结论。

10.1.2 达标区的建设项目环境影响评价，依据 8.2 要求，同时满足水污染控制和水环境影响减缓措施有效性评价、水环境影响评价的情况下，认为地表水环境影响可以接受，否则认为地表水环境影响不可接受。

10.1.3 不达标区的建设项目环境影响评价，依据 8.2 要求，在考虑区（流）域环境质量改善目标要求、削减替代源的基础上，同时满足水污染控制和水环境影响减缓措施有效性评价、水环境影响评价的情况下，认为地表水环境影响可以接受，否则认为地表水环境影响不可接受。

（四）《环境影响评价技术导则　地下水环境》(HJ 610—2016)

1．术语和定义

熟悉地下水、包气带、地下水环境保护目标的定义。

3.1　地下水　groundwater

地面以下饱和含水层中的重力水。

3.3　包气带　vadose zone

地面与地下水面之间与大气相通的，含有气体的地带。"

3.17　地下水环境保护目标　protected target of groundwater environment

潜水含水层和可能受建设项目影响且具有饮用水开发利用价值的含水层，集中式饮用水水源和分散式饮用水水源地，以及《建设项目环境影响评价分类管理名录》中所界定的涉及地下水的环境敏感区。

2．总则

（1）了解地下水环境影响评价的一般性原则和基本任务

4.1　一般性原则

地下水环境影响评价应对建设项目在建设期、运营期和服务期满后对地下水水质可能造成的直接影响进行分析、预测和评估，提出预防或者减轻不良影响的对策和措施，制定地下水环境影响跟踪监测计划，为建设项目地下水环境保护提供科学依据。

根据建设项目对地下水环境影响的程度，结合《建设项目环境影响评价分类管理名录》，将建设项目分为四类，详见附录 A。Ⅰ类、Ⅱ类、Ⅲ类建设项目的地下水环境影响评价应执行本标准，Ⅳ类建设项目不开展地下水环境影响评价。

4.2　评价基本任务

地下水环境影响评价应按本标准划分的评价工作等级开展相应评价工作，基本任务包括：识别地下水环境影响，确定地下水环境影响评价工作等级；开展地下水环境现状调查，完成地下水环境现状监测与评价；预测和评价建设项目对地下水水质可能造成的直接影响，提出有针对性的地下水污染防控措施与对策，制定地下水环境影响跟踪监测计划和应急预案。

（2）熟悉地下水环境影响评价的工作程序和各阶段主要工作内容

4.3　工作程序

地下水环境影响评价工作可划分为准备阶段、现状调查与评价阶段、影响预测与评价阶段和结论阶段。地下水环境影响评价工作程序见图 1。

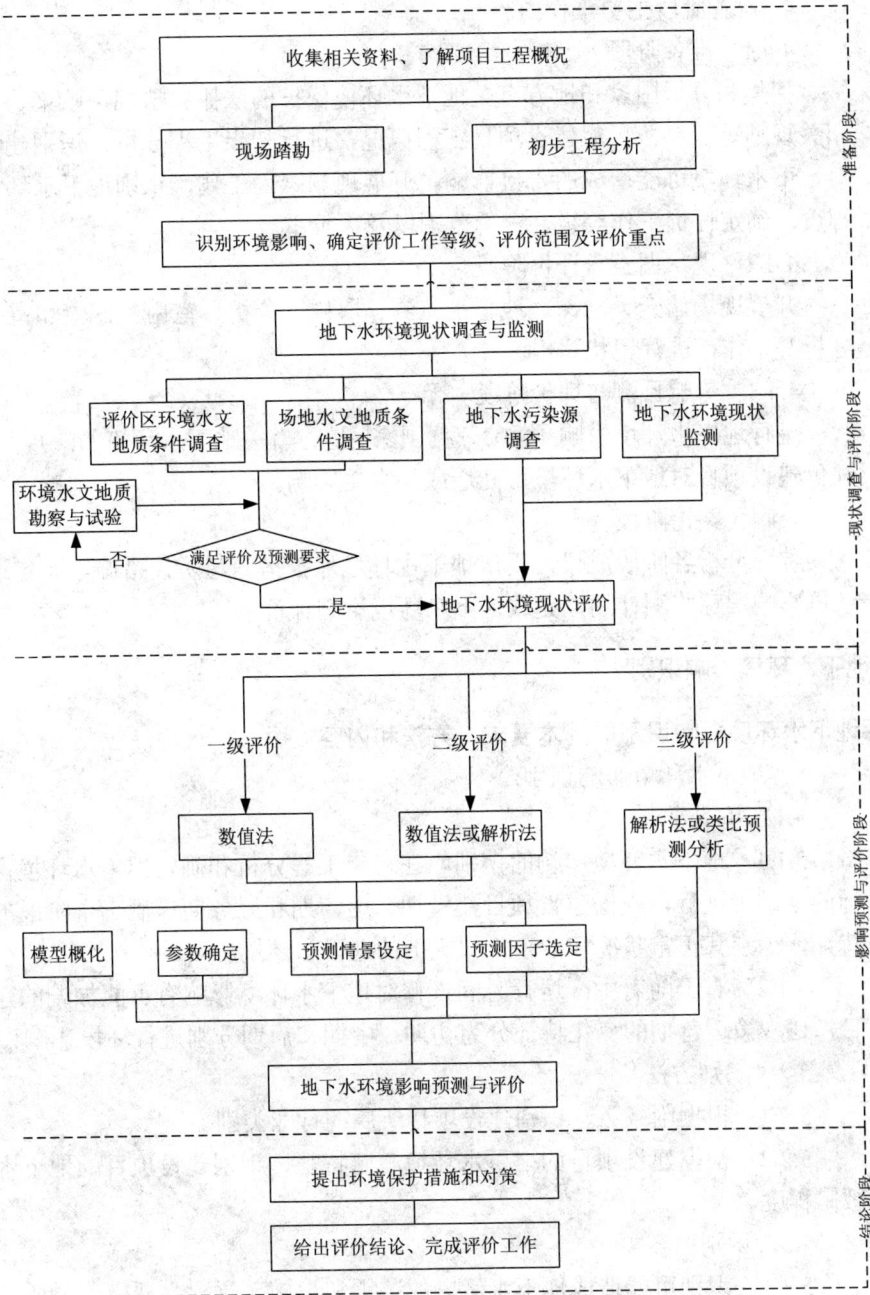

图1 地下水环境影响评价工作程序

4.4　各阶段主要工作内容

4.4.1　准备阶段

搜集和分析国家和地方有关地下水环境保护的法律、法规、政策、标准及相关规划等资料；了解建设项目工程概况，进行初步工程分析，识别建设项目对地下水环境可能造成的直接影响；开展现场踏勘工作，识别地下水环境敏感程度；确定评价工作等级、评价范围以及评价重点。

4.4.2　现状调查与评价阶段

开展现场调查、勘探、地下水监测、取样、分析、室内外试验和室内资料分析等工作，进行现状评价。

4.4.3　影响预测与评价阶段

进行地下水环境影响预测，依据国家、地方有关地下水环境的法规及标准，评价建设项目对地下水环境可能造成的直接影响。

4.4.4　结论阶段

综合分析各阶段成果，提出地下水环境保护措施与防控措施，制定地下水环境影响跟踪监测计划，完成地下水环境影响评价。

3．地下水环境影响识别

熟悉地下水环境影响识别的基本要求、方法和内容

5　地下水环境影响识别

5.1　基本要求

5.1.1　地下水环境影响的识别应在初步工程分析和确定地下水环境保护目标的基础上进行，根据建设项目建设期、运营期和服务期满后三个阶段的工程特征，识别其正常状况和非正常状况下的地下水环境影响。

5.1.2　对于随着生产运行时间推移对地下水环境影响有可能加剧的建设项目，还应按运营期的变化特征分为初期、中期和后期分别进行环境影响识别。

5.2　识别方法

5.2.1　根据附录 A，识别建设项目所属的行业类别。

5.2.2　根据建设项目的地下水环境敏感特征，识别建设项目的地下水环境敏感程度。

5.3　识别内容

5.3.1　识别可能造成地下水污染的装置和设施（位置、规模、材质等）及建设项目在建设期、运营期、服务期满后可能的地下水污染途径。

5.3.2　识别建设项目可能导致地下水污染的特征因子。特征因子应根据建设项目污废水成分（可参照 HJ/T 2.3）、液体物料成分、固废浸出液成分等确定。

4．地下水环境影响评价工作分级

（1）掌握地下水环境敏感程度分级要求

6.2.1　划分依据

6.2.1.1　根据附录 A 确定建设项目所属的地下水环境影响评价项目类别。

6.2.1.2　建设项目的地下水环境敏感程度可分为敏感、较敏感、不敏感三级，分级原则见表 1。

表 1　建设项目的地下水环境敏感程度分级表

敏感程度	地下水环境敏感特征
敏感	集中式饮用水水源（包括已建成的在用、备用、应急水源，在建和规划的饮用水水源）准保护区；除集中式饮用水水源以外的国家或地方政府设定的与地下水环境相关的其他保护区，如热水、矿泉水、温泉等特殊地下水资源保护区
较敏感	集中式饮用水水源（包括已建成的在用、备用、应急水源，在建和规划的饮用水水源）准保护区以外的补给径流区；未划定准保护区的集中式饮用水水源，其保护区以外的补给径流区；分散式饮用水水源地；特殊地下水资源（如热水、矿泉水、温泉等）保护区以外的分布区等其他未列入上述敏感分级的环境敏感区 [a]
不敏感	上述地区之外的其他地区

注：a "环境敏感区"是指《建设项目环境影响评价分类管理名录》中所界定的涉及地下水的环境敏感区。

（2）掌握地下水环境影响评价工作等级划分要求

6.2.2　建设项目评价工作等级

6.2.2.1　建设项目地下水环境影响评价工作等级划分见表 2。

表 2　建设项目评价工作等级分级表

项目类别 环境敏感程度	Ⅰ类项目	Ⅱ类项目	Ⅲ类项目
敏感	一	一	二
较敏感	一	二	三
不敏感	二	三	三

6.2.2.2　对于利用废弃盐岩矿井洞穴或人工专制盐岩洞穴、废弃矿井巷道加水幕系统、人工硬岩洞库加水幕系统、地质条件较好的含水层储油、枯竭的油气层储油等形式的地下储油库，危险废物填埋场应进行一级评价，不按表 2 划分评价工作等级。

6.2.2.3　当同一建设项目涉及两个或两个以上场地时，各场地应分别判定评价工作等级，并按相应等级开展评价工作。

6.2.2.4　线性工程应根据所涉地下水环境敏感程度和主要站场（如输油站、泵站、加油站、机务段、服务站等）位置进行分段判定评价工作等级，并按相应等级分别开展评价工作。

5. 地下水环境影响评价技术要求

（1）掌握地下水环境影响一级和二级评价技术要求

7　地下水环境影响评价技术要求

7.1　原则性要求

地下水环境影响评价应充分利用已有资料和数据，当已有资料和数据不能满足评价工作要求时，应开展相应评价工作等级要求的补充调查，必要时进行勘察试验。

7.2　一级评价要求

7.2.1　详细掌握调查评价区环境水文地质条件，主要包括含（隔）水层结构及其分布特征、地下水补径排条件、地下水流场、地下水动态变化特征、各含水层之间以及地表水与地下水之间的水力联系等，详细掌握调查评价区内地下水开发利用现状与规划。

7.2.2　开展地下水环境现状监测，详细掌握调查评价区地下水环境质量现状和地下水动态监测信息，进行地下水环境现状评价。

7.2.3　基本查清场地环境水文地质条件，有针对性地开展勘察试验，确定场地包气带特征及其防污性能。

7.2.4　采用数值法进行地下水环境影响预测，对于不宜概化为等效多孔介质的地区，可根据自身特点选择适宜的预测方法。

7.2.5　预测评价应结合相应环保措施，针对可能的污染情景，预测污染物运移趋势，评价建设项目对地下水环境保护目标的影响。

7.2.6　根据预测评价结果和场地包气带特征及其防污性能，提出切实可行的地下水环境保护措施与地下水环境影响跟踪监测计划，制定应急预案。

7.3　二级评价要求

7.3.1　基本掌握调查评价区的环境水文地质条件，主要包括含（隔）水层结构及其分布特征、地下水补径排条件、地下水流场等。了解调查评价区地下水开发利用现状与规划。

7.3.2　开展地下水环境现状监测，基本掌握调查评价区地下水环境质量现状，进行地下水环境现状评价。

7.3.3　根据场地环境水文地质条件的掌握情况，有针对性地补充必要的勘察试验。

7.3.4　根据建设项目特征、水文地质条件及资料掌握情况，采用数值法或解析法进行影响预测，评价对地下水环境保护目标的影响。

7.3.5　提出切实可行的环境保护措施与地下水环境影响跟踪监测计划。

（2）熟悉地下水环境影响三级评价和其他技术要求

7.4　三级评价要求

7.4.1　了解调查评价区和场地环境水文地质条件。

7.4.2　基本掌握调查评价区的地下水补径排条件和地下水环境质量现状。

7.4.3　采用解析法或类比分析法进行地下水环境影响分析与评价。

7.4.4　提出切实可行的环境保护措施与地下水环境影响跟踪监测计划。

7.5　其他技术要求

7.5.1　一级评价要求场地环境水文地质资料的调查精度应不低于 1：10 000 比例尺，调查评价区的环境水文地质资料的调查精度应不低于 1：50 000 比例尺。

7.5.2　二级评价环境水文地质资料的调查精度要求能够清晰反映建设项目与环境敏感区、地下水环境保护目标的位置关系，并根据建设项目特点和水文地质条件复杂程度确定调查精度，建议以不低于 1：50 000 比例尺为宜。

6. 地下水环境现状调查与评价

（1）熟悉地下水环境现状调查与评价的原则

8.1　调查与评价原则

8.1.1　地下水环境现状调查与评价工作应遵循资料搜集与现场调查相结合、项目所在场地调查（勘察）与类比考察相结合、现状监测与长期动态资料分析相结合的原则。

8.1.2　地下水环境现状调查与评价工作的深度应满足相应的工作级别要求。当现有资料不能满足要求时，应通过组织现场监测或环境水文地质勘察与试验等方法获取。

8.1.3　对于一、二级评价的改、扩建类建设项目，应开展现有工业场地的包气带污染现状调查。

8.1.4　对于长输油品、化学品管线等线性工程，调查评价工作应重点针对场站、服务站等可能对地下水产生污染的地区开展。

（2）掌握调查范围确定方法、适用条件与要求

8.2　调查评价范围

8.2.1　基本要求

地下水环境现状调查评价范围应包括与建设项目相关的地下水环境保护目标，以能说明地下水环境的现状，反映调查评价区地下水基本流场特征，满足地下水环境影响预测和评价为基本原则。

污染场地修复工程项目的地下水环境影响现状调查参照 HJ 25.1 执行。

8.2.2　调查评价范围确定

8.2.2.1　建设项目（除线性工程外）地下水环境影响现状调查评价范围可采用公式计算法、查表法和自定义法确定。

当建设项目所在地水文地质条件相对简单，且所掌握的资料能够满足公式计算法的要求时，应采用公式计算法确定；当不满足公式计算法的要求时，可采用查表法确定。当计算或查表范围超出所处水文地质单元边界时，应以所处水文地质单元边界为宜。

a）公式计算法

$$L=\alpha \times K \times I \times T/n_e \qquad (1)$$

式中：L —— 下游迁移距离，m；

α —— 变化系数，$\alpha \geqslant 1$，一般取 2；

K —— 渗透系数，m/d，常见渗透系数见附录 B 表 B.1；

I —— 水力坡度，量纲为 1；

T —— 质点迁移天数，取值不小于 5 000 d；

n_e —— 有效孔隙度，量纲为 1。

采用该方法时应包含重要的地下水环境保护目标，所得的调查评价范围如图 2 所示。

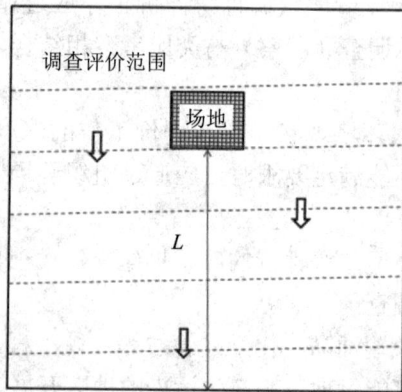

注：虚线表示等水位线；空心箭头表示地下水流向；场地上游距离根据评价需求确定，场地两侧不小于 $L/2$。

图 2　调查评价范围示意图

b）查表法

参照表 3。

表 3　建设项目地下水环境现状调查评价范围参照表

评价等级	调查评价面积/km²	备注
一级	≥20	应包括重要的地下水环境保护目标，必要时适当扩大范围
二级	6～20	
三级	≤6	

c）自定义法

可根据建设项目所在地水文地质条件自行确定，须说明理由。

8.2.2.2　线性工程应以工程边界两侧分别向外延伸 200 m 作为调查评价范围；穿越饮用水源准保护区时，调查评价范围应至少包含水源保护区；线性工程站场的调查评价范围确定参照 8.2.2.1。

（3）**掌握水文地质条件调查的主要内容**

8.3.1　水文地质条件调查

在充分收集资料的基础上，根据建设项目特点和水文地质条件复杂程度，开展调查工作，主要内容包括：

a）气象、水文、土壤和植被状况；

b）地层岩性、地质构造、地貌特征与矿产资源；

c）包气带岩性、结构、厚度、分布及垂向渗透系数等；

d）含水层岩性、分布、结构、厚度、埋藏条件、渗透性、富水程度等；隔水层（弱透水层）的岩性、厚度、渗透性等；

e）地下水类型、地下水补径排条件；

f）地下水水位、水质、水温、地下水化学类型；

g）泉的成因类型，出露位置、形成条件及泉水流量、水质、水温，开发利用情况；

h）集中供水水源地和水源井的分布情况（包括开采层的成井密度、水井结构、深度以及开采历史）；

i）地下水现状监测井的深度、结构以及成井历史、使用功能；

j）地下水环境现状值（或地下水污染对照值）。

场地范围内应重点调查 c）。

（4）**了解地下水污染源调查的内容与要求**

8.3.2　地下水污染源调查

8.3.2.1　调查评价区内具有与建设项目产生或排放同种特征因子的地下水

污染源。

8.3.2.2　对于一级、二级的改、扩建项目，应在可能造成地下水污染的主要装置或设施附近开展包气带污染现状调查，对包气带进行分层取样，一般在0～20 cm埋深范围内取一个样品，其他取样深度应根据污染源特征和包气带岩性、结构特征等确定，并说明理由。样品进行浸溶试验，测试分析浸溶液成分。

（5）掌握地下水环境现状监测点布设原则

8.3.3.3　现状监测点的布设原则

a）地下水环境现状监测点采用控制性布点与功能性布点相结合的布设原则。监测点应主要布设在建设项目场地、周围环境敏感点、地下水污染源以及对于确定边界条件有控制意义的地点。当现有监测点不能满足监测位置和监测深度要求时，应布设新的地下水现状监测井，现状监测井的布设应兼顾地下水环境影响跟踪监测计划。

b）监测层位应包括潜水含水层、可能受建设项目影响且具有饮用水开发利用价值的含水层。

c）一般情况下，地下水水位监测点数以不小于相应评价级别地下水水质监测点数的2倍为宜。

d）地下水水质监测点布设的具体要求：

1）监测点布设应尽可能靠近建设项目场地或主体工程，监测点数应根据评价工作等级和水文地质条件确定。

2）一级评价项目潜水含水层的水质监测点应不少于7个，可能受建设项目影响且具有饮用水开发利用价值的含水层3～5个。原则上建设项目场地上游和两侧的地下水水质监测点均不得少于1个，建设项目场地及其下游影响区的地下水水质监测点不得少于3个。

3）二级评价项目潜水含水层的水质监测点应不少于5个，可能受建设项目影响且具有饮用水开发利用价值的含水层2～4个。原则上建设项目场地上游和两侧的地下水水质监测点均不得少于1个，建设项目场地及其下游影响区的地下水水质监测点不得少于2个。

4）三级评价项目潜水含水层水质监测点应不少于3个，可能受建设项目影响且具有饮用水开发利用价值的含水层1～2个。原则上建设项目场地上游及下游影响区的地下水水质监测点各不得少于1个。

e）管道型岩溶区等水文地质条件复杂的地区，地下水现状监测点应视情况确定，并说明布设理由。

f）在包气带厚度超过100 m的地区或监测井较难布置的基岩山区，当地下水质监测点数无法满足 d）要求时，可视情况调整数量，并说明调整理由。一般情况下，该类地区一级、二级评价项目应至少设置 3 个监测点，三级评价项目可根据需要设置一定数量的监测点。

（6）熟悉地下水水质现状监测因子

8.3.3.5　地下水水质现状监测因子

a）检测分析地下水中 K^+、Na^+、Ca^{2+}、Mg^{2+}、CO_3^{2-}、HCO_3^-、Cl^-、SO_4^{2-} 的浓度；

b）地下水水质现状监测因子原则上应包括两类：

1）基本水质因子以 pH、氨氮、硝酸盐、亚硝酸盐、挥发性酚类、氰化物、砷、汞、铬（六价）、总硬度、铅、氟、镉、铁、锰、溶解性总固体、高锰酸盐指数、硫酸盐、氯化物、总大肠菌群、细菌总数等以及背景值超标的水质因子为基础，可根据区域地下水水质状况、污染源状况适当调整；

2）特征因子根据 5.3.2 的识别结果确定，可根据区域地下水水质状况、污染源状况适当调整。

（7）熟悉不同评价工作等级地下水环境现状监测频率的要求

8.3.3.6　地下水环境现状监测频率要求

a）水位监测频率要求

1）评价工作等级为一级的建设项目，若掌握近 3 年内至少一个连续水文年的枯、平、丰水期地下水水位动态监测资料，评价期内应至少开展一期地下水水位监测；若无上述资料，应依据表 4 开展水位监测；

2）评价工作等级为二级的建设项目，若掌握近 3 年内至少一个连续水文年的枯、丰水期地下水水位动态监测资料，评价期可不再开展地下水水位现状监测；若无上述资料，应依据表 4 开展水位监测；

3）评价工作等级为三级的建设项目，若掌握近 3 年内至少一期的监测资料，评价期内可不再进行地下水水位现状监测；若无上述资料，应依据表 4 开展水位监测；

表 4　环境现状监测频率参照表

分布区 ＼ 频次 ＼ 评价等级	水位监测频率			水质监测频率		
	一级	二级	三级	一级	二级	三级
山前冲（洪）积	枯平丰	枯丰	一期	枯丰	枯	一期
滨海（含填海区）	二期 [a]	一期	一期	一期	一期	一期
其他平原区	枯丰	一期	一期	枯	一期	一期
黄土地区	枯平丰	一期	一期	二期	一期	一期
沙漠地区	枯丰	一期	一期	一期	一期	一期

频次 分布区	评价 等级	水位监测频率			水质监测频率		
		一级	二级	三级	一级	二级	三级
丘陵山区		枯丰	一期	一期	一期	一期	一期
岩溶裂隙		枯丰	一期	一期	枯丰	一期	一期
岩溶管道		二期	一期	一期	二期	一期	一期

a "二期"的间隔有明显水位变化，其变化幅度接近年内变幅。

b）基本水质因子的水质监测频率应参照表4，若掌握近3年至少一期水质监测数据，基本水质因子可在评价期补充开展一期现状监测；特征因子在评价期内应至少开展一期现状监测；

c）在包气带厚度超过100 m的评价区或监测井较难布置的基岩山区，若掌握近3年内至少一期的监测资料，评价期内可不进行地下水水位、水质现状监测；若无上述资料，至少开展一期现状水位、水质监测。

（8）掌握地下水水质现状评价要求

8.4.1　地下水水质现状评价

8.4.1.1　GB/T 14848和有关法规及当地的环保要求是地下水环境现状评价的基本依据。对属于GB/T 14848水质指标的评价因子，应按其规定的水质分类标准值进行评价；对于不属于GB/T 14848水质指标的评价因子，可参照国家（行业、地方）相关标准（如GB 3838、GB 5749、DZ/T 0290等）进行评价。现状监测结果应进行统计分析，给出最大值、最小值、均值、标准差、检出率和超标率等。

8.4.1.2　地下水水质现状评价应采用标准指数法。标准指数＞1，表明该水质因子已超标，标准指数越大，超标越严重。标准指数计算公式分为以下两种情况：

a）对于评价标准为定值的水质因子，其标准指数计算方法见公式（2）：

$$P_i = \frac{C_i}{C_{si}} \qquad (2)$$

式中：P_i——第i个水质因子的标准指数，量纲为1；

　　　C_i——第i个水质因子的监测浓度值，mg/L；

　　　C_{si}——第i个水质因子的标准浓度值，mg/L。

b）对于评价标准为区间值的水质因子（如pH），其标准指数计算方法见公式（3）、公式（4）：

$$P_{pH} = \frac{7.0 - pH}{7.0 - pH_{sd}} \qquad pH \leqslant 7 \text{ 时} \qquad (3)$$

$$P_{pH} = \frac{pH - 7.0}{pH_{su} - 7.0} \qquad pH > 7 \text{ 时} \qquad (4)$$

式中：P_{pH}——pH 的标准指数，量纲为 1；

　　　pH——pH 的监测值；

　　　pH_{su}——标准中 pH 的上限值；

　　　pH_{sd}——标准中 pH 的下限值。

7. 地下水环境影响预测

（1）熟悉地下水环境影响预测的原则与范围

9.1 预测原则

9.1.1 建设项目地下水环境影响预测应遵循 HJ 2.1 中确定的原则。考虑到地下水环境污染的复杂性、隐蔽性和难恢复性，还应遵循保护优先、预防为主的原则，预测应为评价各方案的环境安全和环境保护措施的合理性提供依据。

9.1.2 预测的范围、时段、内容和方法均应根据评价工作等级、工程特征与环境特征，结合当地环境功能和环保要求确定，应预测建设项目对地下水水质产生的直接影响，重点预测对地下水环境保护目标的影响。

9.1.3 在结合地下水污染防控措施的基础上，对工程设计方案或可行性研究报告推荐的选址（选线）方案可能引起的地下水环境影响进行预测。

9.2 预测范围

9.2.1 地下水环境影响预测范围一般与调查评价范围一致。

9.2.2 预测层位应以潜水含水层或污染物直接进入的含水层为主，兼顾与其水力联系密切且具有饮用水开发利用价值的含水层。

9.2.3 当建设项目场地天然包气带垂向渗透系数小于 1.0×10^{-6} cm/s 或厚度超过 100 m 时，预测范围应扩展至包气带。

（2）了解地下水环境影响预测时段的划分及情景设置

9.3 预测时段

地下水环境影响预测时段应选取可能产生地下水污染的关键时段，至少包括污染发生后 100 d、1 000 d，服务年限或者能反映特征因子迁移规律的其他重要的时间节点。

9.4 情景设置

9.4.1 一般情况下，建设项目须对正常状况和非正常状况的情景分别进行预测。

9.4.2 已依据 GB 16889、GB 18597、GB 18598、GB 18599、GB/T 50934 等规范设计地下水污染防渗措施的建设项目，可不进行正常状况情景下的预测。

（3）**熟悉地下水环境影响预测因子的选取要求**

9.5　预测因子

预测因子应包括：

a）根据 5.3.2 识别出的特征因子，按照重金属、持久性有机污染物和其他类别进行分类，并对每一类别中的各项因子采用标准指数法进行排序，分别取标准指数最大的因子作为预测因子；

b）现有工程已经产生的且改、扩建后将继续产生的特征因子，改、扩建后新增加的特征因子；

c）污染场地已查明的主要污染物；

d）国家或地方要求控制的污染物。

（4）**了解地下水环境影响预测源强的确定方法**

9.6　预测源强

地下水环境影响预测源强的确定应充分结合工程分析。

a）正常状况下，预测源强应结合建设项目工程分析和相关设计规范确定，如 GB 50141、GB 50268 等；

b）非正常状况下，预测源强可根据工艺设备或地下水环境保护设施因系统老化或腐蚀程度等设定。

（5）**掌握地下水环境影响预测方法种类及其适用条件和要求**

9.7　预测方法

9.7.1　建设项目地下水环境影响预测方法包括数学模型法和类比分析法。其中，数学模型法包括数值法、解析法等。常用的地下水预测数学模型参见附录 D。

9.7.2　预测方法的选取应根据建设项目工程特征、水文地质条件及资料掌握程度来确定，当数值法不适用时，可用解析法或其他方法预测。一般情况下，一级评价应采用数值法，不宜概化为等效多孔介质的地区除外；二级评价中水文地质条件复杂且适宜采用数值法时，建议优先采用数值法；三级评价可采用解析法或类比分析法。

9.7.3　采用数值法预测前，应先进行参数识别和模型验证。

9.7.4　采用解析模型预测污染物在含水层中的扩散时，一般应满足以下条件：

a）污染物的排放对地下水流场没有明显的影响；

b）评价区内含水层的基本参数（如渗透系数、有效孔隙度等）不变或变化很小。

9.7.5　采用类比分析法时，应给出类比条件。类比分析对象与拟预测对象之间应满足以下要求：

a）二者的环境水文地质条件、水动力场条件相似；

　　b）二者的工程类型、规模及特征因子对地下水环境的影响具有相似性。

　　9.7.6　地下水环境影响预测过程中，对于采用非本导则推荐模式进行预测评价时，需明确所采用模式的适用条件，给出模型中的各参数物理意义及参数取值，并尽可能地采用本导则中的相关模式进行验证。

（6）熟悉地下水环境影响预测模型概化

　　9.8　预测模型概化

　　9.8.1　水文地质条件概化

　　根据调查评价区和场地环境水文地质条件，对边界性质、介质特征、水流特征和补径排等条件进行概化。

　　9.8.2　污染源概化

　　污染源概化包括排放形式与排放规律的概化。根据污染源的具体情况，排放形式可以概化为点源、线源、面源；排放规律可以简化为连续恒定排放或非连续恒定排放以及瞬时排放。

　　9.8.3　水文地质参数初始值的确定

　　预测所需的包气带垂向渗透系数、含水层渗透系数、给水度等参数初始值的获取应以收集评价范围内已有水文地质资料为主，不满足预测要求时需通过现场试验获取。

（7）掌握地下水环境影响的预测内容

　　9.9　预测内容

　　9.9.1　给出特征因子不同时段的影响范围、程度、最大迁移距离。

　　9.9.2　给出预测期内建设项目场地边界或地下水环境保护目标处特征因子随时间的变化规律。

　　9.9.3　当建设项目场地天然包气带垂向渗透系数小于 1.0×10^{-6} cm/s 或厚度超过 100 m 时，须考虑包气带阻滞作用，预测特征因子在包气带中的迁移规律。

　　9.9.4　污染场地修复治理工程项目应给出污染物变化趋势或污染控制的范围。

8．地下水环境影响评价

（1）熟悉地下水环境影响评价的原则与范围

　　10.1　评价原则

　　10.1.1　评价应以地下水环境现状调查和地下水环境影响预测结果为依据，对建设项目各实施阶段（建设期、运营期及服务期满后）不同环节及不同污染防控措施下的地下水环境影响进行评价。

　　10.1.2　地下水环境影响预测未包括环境质量现状值时，应叠加环境质量现状值后再进行评价。

10.1.3　应评价建设项目对地下水水质的直接影响，重点评价建设项目对地下水环境保护目标的影响。

10.2　评价范围

地下水环境影响评价范围一般与调查评价范围一致。

（2）掌握地下水环境影响评价结论的判定要求

10.4　评价结论

评价建设项目对地下水水质影响时，可采用以下判据评价水质能否满足标准的要求。

10.4.1　以下情况应得出可以满足标准要求的结论：

a)建设项目各个不同阶段，除场界内小范围以外地区，均能满足GB/T 14848或国家（行业、地方）相关标准要求的；

b）在建设项目实施的某个阶段，有个别评价因子出现较大范围超标，但采取环保措施后，可满足GB/T 14848或国家（行业、地方）相关标准要求的。

10.4.2　以下情况应得出不能满足标准要求的结论：

a）新建项目排放的主要污染物，改、扩建项目已经排放的及将要排放的主要污染物在评价范围内地下水中已经超标的；

b）环保措施在技术上不可行，或在经济上明显不合理的。

9. 地下水环境保护措施与对策

（1）熟悉地下水环境保护措施与对策的基本要求

11.1　基本要求

11.1.1　地下水环境保护措施与对策应符合《中华人民共和国水污染防治法》和《中华人民共和国环境影响评价法》的相关规定，按照"源头控制、分区防控、污染监控、应急响应"且重点突出饮用水水质安全的原则确定。

11.1.2　地下水环境保护对策措施建议应根据建设项目特点、调查评价区和场地环境水文地质条件，在建设项目可行性研究提出的污染防控对策的基础上，根据环境影响预测与评价结果，提出需要增加或完善的地下水环境保护措施和对策。

11.1.3　改、扩建项目应针对现有工程引起的地下水污染问题，提出"以新带老"措施，有效减轻污染程度或控制污染范围，防止地下水污染加剧。

11.1.4　给出各项地下水环境保护措施与对策的实施效果，初步估算各措施的投资概算，列表给出并分析其技术、经济可行性。

11.1.5　提出合理、可行、操作性强的地下水污染防控的环境管理体系，包括地下水环境跟踪监测方案和定期信息公开等。

（2）掌握建设项目地下水污染防控对策的内容及要求

11.2 建设项目污染防治对策

11.2.1 源头控制措施

主要包括提出各类废物循环利用的具体方案，减少污染物的排放量；提出工艺、管道、设备、污水储存及处理构筑物应采取的污染防控措施，将污染物跑、冒、滴、漏降到最低限度。

11.2.2 分区防控措施

11.2.2.1 结合地下水环境影响评价结果，对工程设计或可行性研究报告提出的地下水污染防控方案提出优化调整建议，给出不同分区的具体防渗技术要求。

一般情况下，应以水平防渗为主，防控措施应满足以下要求：

a）已颁布污染控制标准或防渗技术规范的行业，水平防渗技术要求按照相应标准或规范执行，如 GB 16889、GB 18597、GB 18598、GB 18599、GB/T 50934 等；

b）未颁布相关标准的行业，应根据预测结果和建设项目场地包气带特征及其防污性能，提出防渗技术要求；或根据建设项目场地天然包气带防污性能、污染控制难易程度和污染物特性，参照表 7 提出防渗技术要求。其中污染控制难易程度分级和天然包气带防污性能分级参照表 5 和表 6 进行相关等级的确定。

表 5 污染控制难易程度分级参照表

污染控制难易程度	主要特征
难	对地下水环境有污染的物料或污染物泄漏后，不能及时发现和处理
易	对地下水环境有污染的物料或污染物泄漏后，可及时发现和处理

表 6 天然包气带防污性能分级参照表

分级	包气带岩土的渗透性能
强	$M_b \geq 1.0$ m，$K \leq 1.0 \times 10^{-6}$ cm/s，且分布连续、稳定
中	0.5 m $\leq M_b < 1.0$ m，$K \leq 1.0 \times 10^{-6}$ cm/s，且分布连续、稳定
	$M_b \geq 1.0$ m，1.0×10^{-6} cm/s $< K \leq 1.0 \times 10^{-4}$ cm/s，且分布连续、稳定
弱	岩（土）层不满足上述"强"和"中"条件

注：M_b：岩土层单层厚度；
K：渗透系数。

表7 地下水污染防渗分区参照表

防渗分区	天然包气带防污性能	污染控制难易程度	污染物类型	防渗技术要求
重点防渗区	弱	易—难	重金属、持久性有机污染物	等效黏土防渗层 $M_b \geqslant 6.0$ m，$K \leqslant 1.0 \times 10^{-7}$ cm/s；或参照 GB 18598 执行
	中—强	难		
一般防渗区	中—强	易	重金属、持久性有机污染物	等效黏土防渗层 $M_b \geqslant 1.5$ m，$K \leqslant 1.0 \times 10^{-7}$ cm/s；或参照 GB 16889 执行
	弱	易—难	其他类型	
	中—强	难		
简单防渗区	中—强	易	其他类型	一般地面硬化

11.2.2.2 对难以采取水平防渗的建设项目场地，可采用垂向防渗为主、局部水平防渗为辅的防控措施。

11.2.2.3 根据非正常状况下的预测评价结果，在建设项目服务年限内个别评价因子超标范围超出厂界时，应提出优化总图布置的建议或地基处理方案。

（3）掌握地下水环境监测与管理的内容及要求

11.3 地下水环境监测与管理

11.3.1 建立地下水环境监测管理体系，包括制定地下水环境影响跟踪监测计划、建立地下水环境影响跟踪监测制度、配备先进的监测仪器和设备，以便及时发现问题，采取措施。

11.3.2 跟踪监测计划应根据环境水文地质条件和建设项目特点设置跟踪监测点，跟踪监测点应明确与建设项目的位置关系，给出点位、坐标、井深、井结构、监测层位、监测因子及监测频率等相关参数。

11.3.2.1 跟踪监测点数量要求：

a）一级、二级评价的建设项目，一般不少于 3 个，应至少在建设项目场地及其上、下游各布设 1 个。一级评价的建设项目，应在建设项目总图布置基础之上，结合预测评价结果和应急响应时间要求，在重点污染风险源处增设监测点；

b）三级评价的建设项目，一般不少于 1 个，应至少在建设项目场地下游布置 1 个。

11.3.2.2 明确跟踪监测点的基本功能，如背景值监测点、地下水环境影响跟踪监测点、污染扩散监测点等，必要时，明确跟踪监测点兼具的污染控制功能。

11.3.2.3 根据环境管理对监测工作的需要，提出有关监测机构、人员及装备的建议。

11.3.3 制定地下水环境跟踪监测与信息公开计划

11.3.3.1 落实跟踪监测报告编制的责任主体，明确地下水环境跟踪监测报告的内容，一般应包括：

a）建设项目所在场地及其影响区地下水环境跟踪监测数据，排放污染物的种类、数量、浓度；

b）生产设备、管廊或管线、贮存与运输装置、污染物贮存与处理装置、事故应急装置等设施的运行状况、跑冒滴漏记录、维护记录。

11.3.3.2 信息公开计划应至少包括建设项目特征因子的地下水环境监测值。

10. 地下水环境影响评价结论

熟悉地下水环境影响评价结论的内容

12 地下水环境影响评价结论

12.1 环境水文地质现状

概述调查评价区及场地环境水文地质条件和地下水环境现状。

12.2 地下水环境影响

根据地下水环境影响预测评价结果，给出建设项目对地下水环境和保护目标的直接影响。给出地下水环境影响预测评价结果，明确建设项目对地下水环境和保护目标的直接影响。

12.3 地下水环境污染防控措施

根据地下水环境影响评价结论，提出建设项目地下水污染防控措施的优化调整建议或方案。

12.4 地下水环境影响评价结论

结合环境水文地质条件、地下水环境影响、地下水环境污染防控措施、建设项目总平面布置的合理性等方面进行综合评价，明确给出建设项目地下水环境影响是否可接受的结论。

（五）《海洋工程环境影响评价技术导则》(GB/T 19485—2014)

1. 范围

了解导则的适用范围

1 范围

本标准规定了海洋工程建设项目环境影响评价的工作程序、评价内容、技术方法和报告书（表）编制的要求。

本标准适用于在中华人民共和国内水、领海以及管辖的其他海域内海洋工程建设项目的环境影响评价工作；区域海洋环境影响评价、回顾性海洋环境影响评价和其他涉海建设项目的环境影响评价可参照执行。

2．术语和定义

熟悉海湾、河口、近岸海域、海洋生态环境敏感区、海洋工程、海洋水文动力环境影响、海洋地形地貌与冲淤环境影响的定义

3.1　海湾 bay；gulf

被陆地环绕且面积不小于以口门宽度为直径的半圆面积的海域。

[GB/T18190—2000，定义 2.1.19]

注：本标准中的海湾不含辽东湾、渤海湾、莱州湾、杭州湾和北部湾。

3.2　河口 rivermouth；estuary

具有常年径流入海河流的终端受潮汐和径流共同作用的水域。

注：改写 GB/T18190—2000，定义 2.5.1。

3.3　近岸海域 near shore area

距大陆海岸较近的海域。

注：已公布领海基点的海域指领海外部界限至大陆海岸之间的海域，渤海和北部湾一般指水深 10 m 以浅海域。

3.5　海洋生态环境敏感区 marineeco-environments ensitive area

海洋生态服务功能价值较高，且遭受损害后较难恢复其功能的海域。

注：主要包括自然保护区，珍稀濒危海洋生物的天然集中分布区，海湾、河口海域，领海基点及其周边海域，海岛及其周围海域，重要的海洋生态系统和特殊生境（红树林、珊瑚礁等），重要的渔业水域、海洋自然历史遗迹和自然景观等。

3.6　海洋工程 marine engineering

以开发、利用、保护、恢复海洋资源为目的，工程主体位于海岸线向海一侧的新建、改建、扩建工程。

注：海洋工程主要包括：围填海、海上堤坝工程；人工岛、海上和海底资储藏设施、跨海桥梁、海底隧道工程；海底管道、海底电（光）缆工程；海洋矿产资源勘探开发及其附属工程；海上潮汐电站、波浪电站、温差电站等海洋能源开发利用工程；大型海水养殖场、人工鱼礁工程；盐田、海水淡化等海水综合利用工程；海上娱乐及运动、景观开发工程；其他海洋工程。

3.7　海洋水文动力环境影响 environmental impaction marine hydrodynamics

建设项目（包括新建、扩建、改建工程）对波浪、潮汐、潮流和余流、纳潮和水交换能力、温盐结构等水文动力要素产生的影响。

3.8　海洋地形地貌与冲淤环境影响 environmental impaction marine

geomorphology，erosion and siltation

建设项目（包括新建、扩建、改建工程）对海岸、滩涂、海床和底土等自然地理条件的改变及其产生的环境影响。

3. 总则

（1）熟悉海洋工程环境影响评价内容与范围

4.4 海洋工程环境影响评价内容与范围

4.4.1 评价内容

海洋工程建设项目的环境影响评价内容，依照建设项目的具体类型及其对海洋环境可能产生的影响，按表1确定。

表 1 海洋工程建设项目各单项环境影响评价内容

建设项目类型和内容	环境影响评价内容						
	海水水质环境	海洋沉积物环境	海洋生态和生物资源环境	海洋地形地貌与冲淤环境	海洋水文动力环境	环境风险	其他评价内容
围填海、海上堤坝工程：城镇建设填海、填海形成工程基础、连片的交通能源项目等填海、填海造地、围垦造地、海湾改造、滩涂改造等工程；人工岛、围海、滩涂围隔、海湾围隔等工程；需围填海的码头等工程，挖入式港池、船坞和码头等；海中筑坝、护岸、围堤（堰）、防波（浪）堤、导流堤（坝）、潜堤（坝）、引堤（坝）、促淤冲淤、各类闸门等工程	★	★	★	★	★	★	☆
海上和海底物资储藏设施、跨海桥梁、海底隧道工程：海上桥梁、海底隧道、海上机场与工厂、海上和海底人工构筑物、海上和海底储藏库等工程；原油、天然气（含LNG、LPG）、成品油等物质的仓储、储运和输送等工程；粉煤灰和废弃物储藏、海洋空间资源利用等工程；海洋工程（水工构筑物）和设施的废弃、拆除等	★	★	★	☆a	★	★	☆
海洋矿产资源勘探开发及其附属工程：海洋（海底）矿产资源、海洋油（气）开发及其附属工程，天然气水合物开发、海砂开采、矿盐卤水开发等工程；浅（滨）海水库等工程，浅（滨）海地下水库等工程，海床底温泉开发、海底地下水开发等工程	★	★	★	☆b	☆b	★	☆

建设项目类型和内容	环境影响评价内容						
	海水水质环境	海洋沉积物环境	海洋生态和生物资源环境	海洋地形地貌与冲淤环境	海洋水文动力环境	环境风险	其他评价内容
海上潮汐电站、波浪电站、温差电站等海洋能源开发利用工程；潮汐发电、波浪发电、温差发电、地热发电、海洋生物质能等海洋能源开发利用、输送设施及网络等工程；风力发电、太阳能发电及其输送设施及网络等工程，海洋空间能源（资源）利用等工程	★	★	★	★	★	★	☆
大型海水养殖场、人工鱼礁工程：大型网箱、深水网箱养殖等工程，大型海水养殖类工程，提水养殖等工程，苔筏养殖等工程，各类人工鱼礁工程，围海养殖、底播养殖等工程	★	★	★	☆	★	☆	☆
盐田、海水淡化等海水综合利用工程：海水脱硫，海水降温（温排水）、增温等工程，盐田、矿盐卤水、盐化工等工程，海水淡化工程，生活和工业海水利用工程，海水热泵、海水直接利用等工程，海水综合利用等工程	★	★	★	☆	★	★	☆
海上娱乐及运动、景观开发工程：滨海浴场、滑泥（泥浴）场、海洋地质景观、海洋动植物景观、游艇基地、水上运动基地、海洋（水下）世界、主题公园、航母世界、红树林公园、珊瑚礁公园等工程	★	★	★	☆	★	★	☆
低放射性废液排海、造纸废水排海、大型温排水等工程	★	★	★	★	★	★	☆c
其他海洋工程：工程基础开挖、疏浚、冲（吹）填等工程，海中取土（砂）等工程；水下炸礁（岩），爆破挤淤，海上和海床爆破等工程；污水海洋处置（污水排海）工程等；海上水产品加工等工程	★	★	★	★	☆d	★	☆

注 1：★为必选环境影响评价内容；

注 2：☆为依据建设项目具体情况可选环境影响评价内容；

注 3：其他评价内容中包括放射性、电磁辐射、热污染、大气、噪声、固废、景观、人文遗迹等评价内容。

a 当工程内容包括填海（人工岛等）、海上和海底物资（废弃物）储藏设施等空间资源利用时，应将地形地貌与冲淤境列为必选评价内容；

b 当工程内容为海砂开采、浅（滨）海水库、浅（滨）海地下水库时，应将海洋地形地貌与冲淤环境和海洋水文动力环境列为必选评价内容；

c 当工程内容为低放射性废液排放入海工程时，应将放射性、热污染等列为必选评价内容；

d 当工程内容包括需要填海的码头、挖入式港池（码头）、疏浚、冲（吹）填、海中取土（沙）等影响水文动力环境时，应将水文动力环境列为必选评价内容。

4.4.2　评价范围

海洋工程建设项目依照评价内容和评价等级，按照第 6 章～第 10 章的具体要求确定各单项评价内容的评价范围。建设项目的总评价范围应覆盖各单项评价范围。

（2）掌握评价等级划分、判定和评价标准

4.5.1　评价等级划分

海洋工程环境影响评价等级，依据建设项目的工程特点、工程规模和所在地区的环境特征划分，按表 2 确定。

工程规模低于表 2 中规模下限（即各单项评价内容均低于 3 级评价等级）的海洋工程建设项目，可编制海洋工程环境影响报告表。

工程规模低于表 2 中规模下限，但位于海洋生态环境敏感区的围海、填海、海湾改 造、滩涂改造、盐田、海中筑坝（防波堤、导流堤等）、景观开发、人工鱼礁、排污管道（污水海洋处置）和石油化工等危险物质输送管道工程，应依据工程的特点和所在海域的环境特征，开展专项（题）评价。

4.5.2　评价等级判定

海洋水文动力、海洋水质、海洋沉积物、海洋生态（含生物资源）的各单项环境影响评价等级，依据工程类型、工程规模、工程所在区域的环境特征和海洋生态类型，按表 2 分别判定；建设项目的环境影响评价等级取各单项环境影响评价等级中的最高等级。

同一建设项目由多个工程内容组成时，应按照各个工程内容分别判定各单项的环境影响评价等级，并取所有工程内容各单项环境影响评价等级中的最高级别，作为建设项目的环境影响评价等级。例如，某建设项目由填海、护岸（防波堤）、疏浚、海中取沙（土）、吹填、栈桥等工程内容组成，应按照上述工程内容及其规模，分别判断其海洋水文动力、海洋地形地貌与冲淤、海洋水质、海洋沉积物、海洋生态环境的单项环境影响评价等级，然后取所有评价等级中的最高评价等级，作为建设项目的环境影响评价等级。海洋地形地貌与冲淤环境评价等级按表 3 判定。

海洋工程的环境风险评价等级应符合 HJ/T169 的要求。

4.6　评价标准

海洋工程建设项目应按照 GB 3097、GB 18421、GB 18668、GB 4914、GB 11607、GB 3552—1983、GB 8978—1996 等，结合海洋功能区划的环境质量要求，确定评价标准。

采用的评价标准（环境质量标准）应符合海洋功能区的环境功能（质量目标）要求，且不应损害相邻海域的环境功能（质量目标）。

采用国际标准及其他相关标准时，应明确所采用的标准名称、类别和采用的标准值。采用的评价标准应符合以下要求：

a）当被评价海域中有不同环境质量标准或标准中的某项（某要素）质量指标不一致时，应以要求严格的环境质量标准为准；

b）当被评价海域中环境保护目标较多，且有不同环境质量要求时，应以要求最高的保护目标所需的环境质量标准为准；

c）当被评价海域中依据不同的区划或规划，有不同的环境质量要求时，应当采用符合海洋功能区划和海洋环境保护规划所要求的环境质量标准。

海洋工程建设项目所在海域不具有封闭海域和半封闭海域特征时，采用的评价标准（环境质量标准）应满足评价范围外周边海域的环境质量标准和要求。

（3）熟悉海洋调查和监测资料要求

4.7　海洋调查和监测资料

4.7.1　海洋调查和监测资料的获取原则

海洋工程的环境现状评价和环境影响预测需使用海洋调查和监测资料。海洋调查和监测资料分为现状资料和历史资料。现状资料指：为满足建设项目环境现状和影响评价要求，通过现场调查、监测后获取的资料。历史资料指：在建设项目开展环境影响评价前已经公开发布或被授权使用的调查、监测资料。

用于海洋工程环境影响评价的海洋调查和监测资料获取原则为：以收集历史资料为主，现场补充调查为辅。充分收集建设项目评价范围内及其周边海域有效的、满足时限性要求的历史资料；当历史资料不能满足海洋工程环境影响评价要求时，通过现场调查获取现状资料予以补充。

4.7.2　海洋调查和监测资料的使用要求

用于海洋工程环境现状评价和环境影响预测的海洋调查和监测现状资料和历史资料（含海洋水文动力、海水水质、海洋沉积物、海洋生态、海洋地形地貌与冲淤等的调查、监测资料），应具备公正性、可靠性和有效性。

提供海洋调查和监测资料的机构或单位，应具有出具社会公证数据的资质，应具有海洋调查、监测的资质、技术能力和设备能力。

使用的历史资料应经过数据分析和质量控制，应按照 GB 17378.2、GB/T 12763.7 中数据分析质量控制的方法和要求、调查资料处理的方法和要求，处理后方可使用。

4.7.3　现状资料和历史资料的公正性、可靠性、有效性

用于海洋工程环境影响评价的所有现状资料，均应提供以计量认证形式出具的分析测试报告（即 CMA 字样的分析测试报告）或实验室认可形式出具的分析测试报告（即有 CNAS 字样的分析测试报告）。

用于海洋工程环境影响评价的历史资料，均应注明出处，详细列出被引用历史资料的提供机构或单位名称，提供引用文献的公正性、可靠性和有效性的证明材料，提供引用文献的名称、编制单位、编制时间和引用页数等信息；应给出引用历史资料的调查站位、调查内容、调查项目（要素和因子）、调查时间（季节）、调查频次、调查要素和因子的分析检测方法等基本内容。

4.7.4 历史资料的时限性要求

用于海洋工程建设项目环境影响评价的历史资料，应满足下列时限性要求：

a）海水水质、海洋生态（含生物资源）历史资料应为 3 年以内；

b）沿岸海域以内的海洋沉积物、海洋地形地貌与冲淤、数值模拟用海洋水文动力历史资料应为 5 年以内；

c）沿岸海域以外的海洋沉积物、海洋地形地貌与冲淤、数值模拟用海洋水文动力历史资料应为 10 年以内。

当获取历史资料所依据的环境背景已发生了重大变化，或所采用的分析方法、设备（手段）已被淘汰、替代的，其历史资料不得用于环境现状评价和环境影响预测。

用于环境趋势性变化、年际变化分析的历史资料不受时限性要求的限制。

（4）掌握环境现状调查要求

4.8 环境现状调查

海洋工程环境影响评价的环境现状调查范围应满足反映评价海域环境特征的要求，并应覆盖各单项评价范围。

海洋工程建设项目的环境现状调查站位布设、调查内容（海水水质、海洋沉积物、海洋生物等）、调查项目（要素和因子）、调查时间（季节）、调查频次，应满足环境现状评价的代表性、完整性要求，应满足判定建设项目所处海域环境特征和重点环境问题的要求，应满足建设项目进行环境责任评判的公正性要求，应满足对建设项目实施环境监督管理的要求。

调查站位布设的一般原则是：全面覆盖（范围），均匀布设，重点代表。

海洋工程建设项目的环境现状调查应注重以下内容：

a）应明确阐述环境现状的调查范围、调查内容、调查项目（要素或因子）、调查时段（季节）、调查站位布设、调查频次，并应符第 6 章、第 7 章、第 8 章、第 9 章、第 10 章的要求。调查站位应给出坐标，调查范围和调查站位应图示。

b）应阐明调查要素和因子的分析检测方法、执行的技术标准、分析检测仪器设备、分析检出限等，并应符合本标准的要求。

海水水质、海洋沉积物质量的调查监测方法应符合 GB 17378、GB/T 12763 的要求，海洋生物质量的调查监测方法应符合 HY/T 078 的要求。

当调查和评价范围位于海洋生态敏感区及其附近海域时，海湾生态、河口生态的调查监测内容和方法应分别符合 HY/T 084、HY/T 085 的要求；红树林、珊瑚礁、海草床等重要的海洋生态系统和特殊生境的调查监测内容和方法应分别符合 HY/T 080、HY/T 081、HY/T 082、HY/T 083 的要求。

（5）熟悉环境现状资料要求

4.9　环境现状资料

用于环境影响评价的现状资料应满足下列要求：

a）特大型海洋工程建设项目，须获得海洋水文动力、海水水质、海洋生态（含生物资源）的春、夏、秋、冬四季的现状资料，具体调查站位数量、调查时段等应符合 4.8 的要求；

b）1 级评价等级的建设项目，须获得海洋水文动力、海水水质、海洋生态（含生物资源）两个季节以上的现状资料，调查内容和具体调查时段等应符合第 6 章、第 7 章、第 8 章、第 9 章、第 10 章的要求；

c）2 级评价等级的建设项目，须获得海洋水文动力、海水水质、海洋生态（含生物资源）一个季节以上的现状资料，调查内容和具体调查时段等应符合第 6 章、第 7 章、第 8 章、第 9 章、第 10 章的要求；

d）3 级及其低于 3 级评价等级的建设项目，可收集有效的历史资料。

4. 海洋工程环境影响报告书的编制

（1）了解评价技术方法和路线

5.1.1　评价技术方法与路线

5.1.1.1　评价内容和评价重点

依照建设项目的类型、规模和环境特征，明确建设项目各单项环境影响评价内容。

应全面、准确地分析建设项目施工、运营、废弃等各阶段和环境事故状态下的环境问题（包括污染与非污染环境问题），并分析、筛选出主要环境问题及评价重点。

建设项目其他评价内容（包括放射性、电磁辐射、热污染、大气、噪声、固废、自然保护区、景观、人文遗迹等）的确定，应符合建设项目的特征，符合 HJ/T 2.1、HJ 2.2、HJ/T 2.3、HJ/T 2.4 等技术标准的要求。

5.1.1.2　评价范围

应按照本标准第 6 章、第 7 章、第 8 章、第 9 章、第 10 章的要求，确定建设项目各单项评价内容的评价范围。

建设项目的评价范围应覆盖各单项评价内容的评价范围，评价范围应给出图示，明确评价面积和四至范围（或坐标）。

5.1.1.3 评价等级

建设项目海洋水文动力环境、海洋水质环境、海洋沉积物环境、海洋生态环境和海洋地形地貌与冲淤环境的评价等级应符合本标准的要求；

环境风险评价等级应符合 HJ/T 169—2004 的要求。

5.1.1.4 评价标准

海洋工程建设项目评价标准的界定应符合本标准的要求。"

（2）熟悉工程分析

5.3 工程分析

5.3.1 基础资料和一般要求

海洋工程建设项目的工程分析应以规划报告、工程可行性研究报告（或工程初步设计）、工程专题研究报告等技术文件和资料为基础资料和分析依据。

海洋工程建设项目的工程分析应关注工程建设、运营和废弃过程中，在评价范围内海域和周围海域产生的污染、非污染（包括水文动力、地形地貌与冲淤、生态等）主要环境问题，包括：污染和非污染环节、污染和非污染要素和源强、评价因子的识别、分析评价内容和重点等。

5.3.2 生产工艺和过程分析

应开展详细的生产工艺和过程分析并注重下列内容：

a）详细分析生产工艺过程、产污环节（应附工艺流程图）和产生的污染、非污染（生态）环境影响环节；

b）详细分析建设项目的资源、能源、原辅材料、产品等的运输、储运、预处理等环节的环境影响（包括污染与非污染环境影响）及途径等；

c）详细分析建设项目基础工程建设过程中的产污环节和产生的污染、非污染（生态）环境问题；

d）详细分析建设项目的用水、节水方法和途径；水量来源、用途的详细分析及其水量平衡分析并列表；

e）详细分析建设项目的土石料来源、用途，给出土石料平衡分析并列表；给出反映工程特点的物料来源、用途的详细分析及其平衡分析表；

f）详细分析并阐明建设项目利用海洋完成部分或全部功能的类型和利用方式、范围，分析并阐明建设项目控制或利用海水、海岸线和海床、底土的类型和范围等。

5.3.3 污染环节与环境影响分析

应详细分析工程的污染环节与环境影响，注重下列内容：

a）详细分析建设项目施工、生产运行、废弃等各阶段中的产污环节；

b）详细分析和核算建设期、运营期、废弃期各种污染物的源强、产生量、处理工艺、处理量、排放量、排放去向和排放方式等；

c）详细分析和核算建设期、运营期和废弃期中各种污染物的污染源强；

d）列出建设期、运营期和废弃期的污染要素清单；

e）详细分析各种污染物的治理、回收和利用的流程，分析项目运行与污染物排放间的关系。

污染要素清单内容一般应包括：序号、污染物名称、产污环节、污染物产生量、污染物处理量、污染物处理工艺、污染物排放量、污染物排放源强、污染物排放去向、污染物排放方式和排放地点等内容。

5.3.4　非污染环节与环境影响分析

应详细分析工程的非污染环节和环境影响，注重下列内容：

a）详细分析建设项目各个阶段产生的非污染环境要素和产生环节；

b）详细分析和核算建设期、运营期、废弃期各种非污染影响的产生方式、主要影响要素，分析和明确其主要影响类型、影响方式、影响内容、影响范围和可能产生的后果；

c）详细分析和核算各阶段中各种非污染影响要素的主要控制因子和强度，列出非污染环境影响要素清单。

非污染环境影响要素清单内容一般应包括：序号、非污染要素名称、产生环节、产生方式、主要控制因子和强度、环境影响类型、影响方式、影响内容、影响范围和可能产生的后果等内容。

5.3.5　环境影响要素和评价因子的分析与识别

应明确给出环境影响要素和评价因子的分析与识别的结果，并注重以下内容：

a）阐明建设项目各阶段环境影响要素和评价因子的识别范围、识别内容和筛选方法；

b）阐明项目建设、运营、废弃等各阶段的环境影响要素（包括污染要素和非污染要素）和评价因子的筛选结果；

c）明确项目建设、运营、废弃等各阶段的主要环境影响要素和主要环境影响评价因子；

d）明确各评价因子的评价内容、评价范围和评价要求等内容。

列出环境影响要素和评价因子分析一览表（示例见表4）。

（3）熟悉环境现状评价

5.5　环境现状评价

5.5.1　一般原则

海洋工程建设项目的环境现状评价应在获取准确、有效的现状资料、充分收集有效的历史资料基础上开展，并应满足下列一般原则：

a）环境现状的评价范围、评价内容和评价结果，应满足环境现状评价的代表性、完整性要求，应满足判别建设项目所处环境特征、重点环境问题的要求；

b）环境现状的评价结果应满足全面、客观的基本要求，宜采用表格方式列出各个调查站位、各个采样层次调查（或收集资料）要素的检测值、依据评价标准得出的标准指数值；

c）应分析污染要素（超标要素）的分布和特征；针对特殊测值和现象应给出至因分析；

d）应阐明评价范围内和周边海域的环境现状的分析评价结果；应阐明评价范围内和周边海域的环境敏感区、海洋功能区环境现状的分评价结果；

e）应结合工程所在海域最新的国家、省市和地级市的海洋环境质量公报和其他有公正数据性质的资料，简要阐明建设项目评价范围内和周边海域的水质环境的季节特征、年际和总体变化趋势的分析评价结果。

5.5.2　应关注的问题

海水水质现状的分析与评价中应注重下述要求：

a）同一站位不同采样层次和不同站位同一采样层次的同一要素，不应采用平均值进行分析和评价；

b）水质调查要素在平面域的分析评价中，分析数据宜在调查站位控制的评价范围内向内侧插值；

c）当某一环境要素（因子）超过评价标准时，应继续评价至符合（或劣于）的最大类别标准（例如：某要素超一类水质标准、超二类水质标准、符合三类水质标准）；

海洋生态环境现状的分析评价中应注重下述要求：

——海洋生态要素的现状评价应依据调查特征值，分别给出优势度、物种多样性、均匀度、种类丰度、种类相似性和群落演替等分析评价内容；

——生物量应选择有代表性的调查或监测资料进行分析、评估，不宜采用平均值进行分析。

（4）熟悉环境影响预测与评价

5.6　环境影响预测与评价

环境影响预测与评价应注重以下内容：

a）阐明建设项目各单项评价内容（包括海洋水文动力环境、海洋形地貌与冲淤环境、海水水质环境、海洋沉积物环境、海洋生态和生物资源等）在建设期、运营期等各阶段的环境影响预测与评价的内容、要素、范围、时段及污染要素和非污染要素的特性；

b）应按照建设项目的特征，选择合理、适用的影响预测与评价方法、数值模式或其他技术手段；

c）阐明预测模式的预测准确度（可置信区间与实测数据的检验等），给出的预测准确度应满足主管部门监督管理的需要，满足环境保护指标和工程设计等的要求；

d）应明确阐述建设项目各阶段中污染与非污染预测要素（因子）对环境的影响内容、范围与程度的结论；

e）应注重水文动力环境（河口、海湾等半封闭海域和环境敏感海域应关注水交换能力）、波浪输沙、地形地貌冲淤、污染物迁移扩散、溢油等的预测分析；注重特征影响因子长期累积效应的预测分析；

f）应阐明污染物在预测条件下的超标最大分布范围及面积，即超标因素全覆盖状态下的最大外包络线位置与分布；

g）明确阐述建设项目各阶段中污染与非污染预测要素（因子）可能造成的资源损失量的估算内容和结果；阐明环境损害（价值）的估算内容和结果。

5.6.1　数值预测

当采用数值方法进行预测分析时，应注重下列内容：

a）预测采用的源强应科学、合理，一般宜采用最大源强；

b）预测采用的网格尺度（步长）应满足预测精度的要求；

c）预测主要参数的简化和估值方法等应准确、合理，并应给出依据；

d）预测模式采用的边界条件、初始条件、计算域、计算参数等计算条件的选取应准确、合理，应与建设项目的特征相一致；

e）选取的预测范围、预测因子（要素）、预测时段应适用；

f）应采用合理的检验方法，对预测结果的准确度进行检验；

g）预测结果的准确度应满足分析评价和管理要求。

5.6.2　类比分析

当采用类比方法进行预测分析时，应注重下列内容：

a）客观、准确地分析工程与类比对象之间的工程特征相似性（包括建设项目的性质、建设规模、内容组成、产品结构、工艺路线、生产方法、原料燃料来源与成分、用水量和设备类型等）；

b）客观、准确地分析工程与类比对象之间的污染与非污染特征相似性（包括污染物排放类型、浓度、强度与数量，排放方式与去向，以及污染与非污染方式与途径等）；

c）客观、准确地分析工程与类比对象之间的环境特征相似性（包括气象条件、水动力条件、地貌状况、生态特点、环境功能、区域污染情况等）。

依据上述分析，以安全原则为判别标准，阐述类比分析结果和验证结果。

（5）熟悉环境风险分析与评价

5.7　环境风险分析与评价

有环境风险的建设项目，应进行工程环境风险的分析、预测与评价，并注重以下要求：

a）依照 GB 18218—2000 的要求，进行建设项目环境风险的危险源判定和物质危险性判定；

b）依照 HJ/T 169—2004 的要求，明确建设项目的环境风险评价等级和评价内容；

c）阐明建设项目在施工阶段、生产阶段等各阶段可能产生的环境风险的主要因子（含污染与非污染因子）、影响范围及其可能产生的环境影响、损害和潜在环境影响、损害；

d）详细分析和核算发生环境风险（事故）状况下主要因子的源强、排放量、排放方式和位置等内容。

e）应阐明建设项目环境风险的危害识别与风险分析（潜在危险性）的内容和方法；应阐明各阶段发生环境事故的风险概率（事故频率）；

f）应明确发生各类环境风险时，各种污染物（溢油、化学危险品等）的泄漏规模与源强；应预测或分析污染物的迁移扩散路径与范围；

g）应明确预测污染物的迁移扩散路径与范围采用的方法，阐明预测采用的边界条件、初始条件、计算域、计算参数等计算条件，明确有关参数的估值方法等；

h）应阐明污染物迁移扩散的路径、扫海面积与时空分布特征明确对周边环境敏感点和环境敏感目标的影响与作用；

i）给出的污染物迁移扩散的路径、时空分布特征等应满足分析评价环境风险预案和制定环境风险应急对策措施的要求；

j）阐明环境风险的分析与评价结论。

（6）熟悉环境保护对策措施

5.10 环境保护对策措施

5.10.1 总体要求

海洋工程建设项目的环境保护对策措施，应具有针对性、有效性和技术经济可行性，应满足环境保护目标的环境质量控制要求，应满足环境质量跟踪监测和环境监督管理的要求。

针对建设项目的环境影响（包括污染与非污染环境影响）特点和环境影响分析评价结果，应详细给出建设项目各阶段的环境保护对策及措施，并符合下列要求：

a）根据项目污染与非污染的环境特征，提出项目建设阶段、运营阶段等各阶段的污染与非污染环境保护对策、措施；

b）提出的环境保护对策措施，污染物处置措施，环境保护、恢复、替代或补偿方案等，应具有针对性和有效性；

c）提出的污染防治对策措施等应满足环境质量控制目标和相关环境保护政策的要求；

d）提出的环境保护对策、措施，应具备技术可行性、经济合理性，并可作为环境监督管理的依据。

5.10.2 污染防治对策措施

5.10.2.1 建设阶段的对策措施

建设阶段污染物预防、控制和治理对策措施应考虑以下原则和要求：

a）应明确和给出有效的预防、控制工程产生的悬浮物、污废水、固体废弃物等的对策措施；

b）应明确和提出施工污废水、施工垃圾、生活污水、生活垃圾等污染物的有效处置措施；

c）应依据工程所在海域的环境特征，提出最佳的排污方式、地点和时段的对策措施；

应编制建设项目的施工工艺与主要设施设备控制一览表，阐明监管要求。

5.10.2.2 运营阶段环境保护对策措施

运营阶段水质环境、沉积物环境的环境保护对策措施应考虑以下原则和要求：

a）应针对运营阶段各个产污环节、各类污染物特征，明确和给出有效的污染物处置对策措施；

b）在实行污染物排放总量控制的区域和海域，应明确和给出污染物排放总量控制的要求、总量控制建议值、污染物总量削减对策措施；

c）应依据工程所在海域的环境特征，提出最佳的污染物排放方式、排放位置和排放时段的对策措施；

d）在满足海域环境质量保护目标要求的前提下，应阐明合理的排污混合区位置和范围，明确提出有针对性的防控对策措施；

e）应依据环境风险的预测结果，明确和提出有针对性的、可行的环境风险应急预案和防控对策措施；应编制建设项目的运营期环境保护对策措施一览表，阐明环保控制节点和监管要求。

5.10.3　海洋生态和生物资源保护对策措施

结合工程区域的海洋生态和生物资源特征，根据海洋生态和生物资源现状评价和预测结果，针对海洋生态和生物资源损害的可逆影响、不可逆影响、短期不利影响、长期不利影响、潜在不利影响和复合影响等特征，编制建设项目的生态保护对策措施一览表；针对分析的生物资源损失量和特征，阐明具体修复方案或补偿方案。

5.10.4　环境风险防范对策措施

应结合环境风险分析预测结果，阐明针对建设项目环境风险拟采取的防范对策措施和应急方法，编制环境风险防控对策措施一览表，明确风险应急设施、设备配备的名称、规格、数量等要求。

应阐明建设项目环境风险的应急预案制定和实施的原则、目标、方法和主要内容，包括应急设施和器材、配置地点、机动性、通讯联络、应急组织、应急反应程序等内容。应按照企业自救、属地管理、区域联防的原则，说明本工程风险应急体系与有关各级风险应急体系之间的关系，以及一旦发生环境风险时各级风险应急体系所起作用等内容；应分析拟采取的防范对策措施和应急预案的可行性、有效性。

5.10.5　其他评价内容的环境保护对策措施和建议

海洋工程建设项目涉及到放射性、电磁辐射、热污染、大气、噪声、固废、景观、人文遗迹等内容时，按照 HJ/T 2.1、HJ 2.2、HJ/T 2.3、HJ/T 2.4 等技术标准的要求，提出建设项目在建设阶段、生产阶段的污染与非污染环境保护对策措施和建议。

5.10.6　环境保护设施和对策措施及环保竣工验收一览表

应明确列出工程项目的环境保护设施和对策措施及环保竣工验收一览表，作为建设项目环境保护对策措施的主要内容和环境监督管理的重要依据之一。

这些一览表中应包括环境保护对策措施项目，具体内容（含污染防治的技术指标，技术设备，主要设备的规格、型号、能力，排放量、排放浓度和浓度控制等），规模及数量，预期效果，实施地点及投入使用时间，责任主体及运行机制等必要的内容。一览表的格式和内容可参照表 5 的示例。

（7）了解海洋工程的环境可行性

5.13　海洋工程的环境可行性

5.13.1　总体要求

应设专章分析评价海洋工程建设项目的环境可行性。

应分析、评价工程建设与海洋功能区划和海洋环境保护规划的符合性，与区域和行业规划的符合性，工程建设与国家产业政策、清洁生产政策、节能减排政策、循环经济政策、集约节约用海政策等的符合性，工程选址（选线）合理性，工程平面布置和建设方案的合理性，分析评价工程建设引发的污染、非污染环境影响的可接受性，阐明建设项目的环境可行性分析评价结论。

5.13.2　与海洋功能区划和海洋环境保护规划的符合性

建设项目的选址、类型和规模应符合现行有效的海洋功能区划和海洋环境保护规划的要求。

应给出详细、准确并带有图例的海洋功能区划图、海洋环境保护规划图和相应的海洋功能区登记表等文字说明内容，明确海洋功能和环境质量的要求；阐明建设项目与海洋功能区划和海洋环境保护规划的符合性分析结果。

5.13.3　与区域和行业规划的符合性

建设项目的选址、类型和规模应符合海洋经济发展规划、区域发展规划、城市发展规划、行业发展规划等现行有效的相关规划的内容和要求。应阐明详细、准确并带有图件、图例的相关规划及相应的文字内容；阐明建设项目与区域和行业规划的符合性的符合性分析结果。

5.13.4　工程建设的政策符合性

应分析、评价建设项目采用的技术措施和环境对策与国家产业政策、清洁生产政策、节能减排政策、循环经济政策、集约节约用海政策、环境保护标准等的符合性，给出具体的分析评价结果。

5.13.5　工程选址与布置的合理性

应通过海洋工程建设项目的选址（选线）、工程平面布置方案和建设方案的比选和优化，分析、评价工程选址与布置的合理性。建设项目的选址（选线）、工程平面布置方案和建设方案的比选和优化，应符合4.20的要求。

5.13.6　污染、非污染环境影响的可接受性

应依据环境现状、环境影响预测的结果，分析工程建设产生的污染、非污染环境影响的性质、范围、程度，评估其环境压力和隐患，评价其环境影响的可接受性。

应从建设项目向海域排放的污染物种类、浓度、数量、排放方式、混合区范围，对评价海域和周边海域的海洋环境、海洋生态和生物资源、主要环境保

护目标和环境敏感目标的影响性质、范围、程度，对水动力环境、地形地貌与冲淤环境不可逆影响的范围、程度，产生环境风险或环境隐患的概率、影响性质、范围等方面，详细分析其环境影响的可接受性，明确评价结论。

（8）了解环境管理与环境监测

5.14　环境管理与环境监测

5.14.1　环境保护管理计划

应明确环境保护管理计划的主要内容和要求；

a）阐明建设项目的环境保护管理计划，明确环境管理的内容、任务；

b）明确环境管理机构设置、管理制度、检测设施及人员配置等要求；

c）明确环境监理计划和具体内容、任务等要求；

d）评价建设项目拟采取的环境保护管理计划的可行性和实效性。

5.14.2　环境监测计划

环境监测计划应包括以下主要内容：

a）应依据环境影响评价与预测结果；提出环境监测计划；监测计划应体现区域环境特点和工程特征；

b）应明确环境监测站位、监测项目、监测方法、监测频率等主要内容；

c）应明确监测单位的资质要求和提交有效的计量认证跟踪监测分析测试报告等要求；

d）评价建设项目拟采取的环境监测计划的可行性和实效性。

可按照 HY/T 076、HY/T 077、HY/T 078、HY/T 080、HY/T 081、HY/T 082、HY/T 083、HY/T 084、HY/T 085 中的监测站位、监测项目等的要求制定环境监测计划。

5．海洋水文动力环境影响评价

（1）熟悉海洋水文动力环境影响评价等级的划分及评价范围的确定

6.1.1　评价等级

根据建设项目所在海域的环境特征、工程规模及工程特点，海洋水文动力环境影响评价等级划分为 1 级、2 级和 3 级。

建设项目的海洋水文动力环境影响评价等级依据表 2 的等级判据确定。

6.1.2　调查范围

水文动力环境的调查范围，应符合：

a）调查范围应大于或等于评价范围；调查范围以平面图方式表示，并给出控制点坐标；

b）1 级评价等级的建设项目应进行水文动力环境的现状调查；

c）2级和3级评价等级的建设项目应以收集近5年项目所在海域的历史资料为主，当所收集的资料不能全面地表明评价海域水文动力环境现状时，应进行必要的现场补充调查。

6.1.3　评价范围

1级、2级和3级评价等级建设项目的水文动力环境评价范围，应符合：

a）垂向（垂直于工程所在海域中心的潮流主流向）距离：一般分别不小于5 km、3 km和2 km；

b）纵向（潮流主流向）距离：1级和2级评价项目不小于一个潮周期内水质点可能达到的最大水平距离的两倍，3级评价项目不小于一个潮周期内水质点可能达到的最大水平距离；

c）评价范围以平面图方式表示，并给出控制点坐标。

（2）熟悉海洋水动力环境影响评价的内容和结果要求

6.6　环境影响评价

海洋水文动力环境影响评价的内容和结果应符合以下要求：

a）依据建设项目的工程方案，分析评价各方案导致的评价海域水文环境要素的变化与特征，从环境影响和环境可接受性角度，分析和优选最佳工程方案；

b）综合分析评价工程前后的流场变化、纳潮量变化、水交换能力及物理自净能力变化的环境可接受性；

c）根据建设项目引起的流场、潮位场、波浪场、纳潮量、水交换能力等变化情况，结合泥沙冲淤、污染物浓度场等预测结果，分析评价和阐明项目建设对海洋地形地貌与冲淤、海洋水质、海洋生态等可能产生的环境影响范围、影响程度的定量或定性结论；

d）阐明对环境保护目标、环境敏感目标和周边海域生态环境影响程度的定量或定性结论；

e）明确建设项目对海洋水文动力环境影响的评价结论；

f）明确建设项目的水文动力环境影响是否可接受的结论。

应根据海洋水文动力环境影响评价结果，有针对性地提出减缓水文动力环境影响的对策措施。

若评价结果表明建设项目对海洋水文动力环境产生较大影响和环境不可接受时，应明确环境不可行的分析结论，并提出修改建设方案、总体布置方案或重新选址等建议。

6．海洋地形地貌与冲淤环境影响评价

（1）熟悉海洋地形地貌与冲淤环境影响评价等级的划分及评价范围的确定

7.1.1　评价等级

海洋地形地貌与冲淤环境影响评价等级划分为 1 级、2 级和 3 级。依据表 3 的评价等级判据，确定建设项目的海洋地形地貌与冲淤环境影响评价级别。

7.1.2　调查与评价范围

调查与评价范围应包括工程可能的影响范围，一般应不小于水文动力环境影响评价范围，同时应满足建设项目地貌与冲淤环境特征的要求。

调查与评价范围应以平面图方式表示，并明确控制点坐标。

（2）熟悉海洋地形地貌与冲淤环境影响评价结果要求

7.6　环境影响评价

建设项目海洋地形地貌与冲淤环境影响评价结果应符合以下要求：

a）依据建设项目的工程方案，分析评价各方案导致的评价海域及其周边海域地形地貌与冲淤环境要素的变化与特征，从环境影响和环境可接受性角度，分析和优选最佳工程方案；

b）根据建设项目引起的海岸线、滩涂、海床等工程后的冲刷与淤积变化、蚀淤速率变化、蚀淤特征的时空变化、泥沙运移与变化等预测结果，结合海洋水文动力、污染物浓度场等预测结果，价该工程对海域地形地貌和冲刷或淤积的影响；

c）综合分析评价工程前后的冲刷与淤积变化、蚀淤速率变化、蚀淤特征的时空变化、泥沙运移与变化的环境可接受性；

d）阐明建设项目对海洋地形地貌与冲淤环境影响的评价结论，阐明建设项目是否满足预期的地形地貌与冲淤环境要求的结论，阐明地形地貌与冲淤的环境影响是否可行的结论。

应根据海洋地形地貌与冲淤环境影响评价结果，提出有针对性的地形地貌与冲淤环境的保护对策措施。

若评价结果表明建设项目对海岸、滩涂、海床等的地形地貌和冲淤产生大影响，影响海洋工程的功能且环境不能接受时，应阐明环境不可行的分析结论，并提出修改建设方案、总体布置方案或重新选址等建议。

7．海洋水质环境影响评价

（1）熟悉海洋水质环境影响评价等级的划分及评价范围的确定

8.1.1　评价等级

海洋水质环境影响评价依据建设项目所在海域的环境特征、工程规模及工程特点，划分为 1 级、2 级和 3 级三个等级。建设项目的水质环境影响评价分级原则和判据见表 2。

8.1.2　调查与评价范围

海洋水质环境现状的调查与评价范围，应能覆盖建设项目的环境影响所及区域，并能充分满足水质环境影响评价与预测的要求。

调查与评价范围应以平面图方式表示，并明确控制点坐标。

（2）熟悉海洋水质环境影响评价内容和结果要求

8.6　环境影响评价

建设项目海洋水质环境影响评价的内容和结果应符合以下要求：

a）依据建设项目的工程方案，分析评价各方案导致的评价海域及其周边海域水质环境要素的变化与特征、物理自净能力和环境容量的变化与特征，从水质环境影响和可接受性角度，分析和优选最佳工程方案；

b）根据建设项目引起的水质环境要素、物理自净能力和环境容量的变化与特征等预测结果，说明影响范围、位置和面积，同时说明主要影响因子和超标要素；结合海洋水文动力、地形地貌与冲淤、海洋生态和生物资源等预测结果，评价工程建设对水质环境的影响；

c）阐明评价海域水质环境影响特征的定量或定性结论；

d）明确建设项目是否能满足预期的水质环境质量要求的评价依据和评价结论。

若评价结果表明建设项目对所在评价海域的海水水质、自净能力和环境容量产生较大影响，不能满足评价范围内和周边海域的环境质量要求，或其影响将导致环境难以承受时，应提出修改建设方案、总体布置方案或重新选址等结论和建议。

8．海洋沉积物环境影响评价

（1）熟悉海洋沉积物环境影响评价等级的划分及评价范围的确定

9.1.1　评价等级

海洋沉积物环境影响评价依据建设项目所在海域的环境特征、工程规模及工程特点，划分为 1 级、2 级和 3 级。其分级原则和判据详见表 2。

9.1.2　调查与评价范围

依据建设项目的评价等级确定环境现状调查与评价范围时，应将建设项目可能影响海洋沉积物的区域包括在内，即调查与评价范围应能覆盖受影响区域，并能充分满足环境影响评价和预测的需求；一般情况下应与海洋水质、海洋生态和生物资源的现状调查与评价范围保持一致。

当建设项目所在区域有生态环境敏感区和自然保护区时，调查评价范围应适当扩大，将生态环境敏感区和自然保护区涵盖其中，以满足评价和预测环境敏感区和自然保护区所受影响的需要。

调查与评价范围应以平面图方式表示，并给出控制点坐标。

（2）熟悉海洋水质环境影响评价内容和结果要求

9.6　环境影响评价

建设项目海洋沉积物环境影响评价的内容和结果应符合以下要求：

a）依据建设项目的工程方案，分析评价各方案导致的评价海域及其周边海域沉积物环境要素的变化与特征、污染物长期连续排放对沉积物质量的影响特征，从沉积物环境影响和可接受性角度，分析和优选最佳工程方案；

b）阐述建设项目导致的评价海域和周边海域沉积物环境要素的变化与特征；

c）应根据各评价因子的平面分布特征说明其影响范围、位置、面积和程度，同时说明主要影响因子和超标要素；结合海洋水文动力、地形地貌与冲淤、海洋生态和生物资源等预测结果，评价该工程对沉积物的环境影响；

d）阐明评价海域沉积物环境影响特征的定量或定性结论；

e）阐明建设项目是否能满足预期的沉积物环境质量要求的评价依据和评价结论。

若评价结果表明建设项目对所在评价海域和周边海域的沉积物环境质量产生较影响，或不能满足环境质量要求和海洋功能要求时，应提出修改建设方案、总体布置方案或重新选址等建议。

9．海洋生态环境影响评价

（1）熟悉海洋生态环境影响评价等级的划分及评价范围的确定

10.1.1　评价等级

海洋生态环境（包括海洋生物资源）影响评价依据建设项目所在海域的环境特征、工程规模及特点，划分为1级、2级和3级。评价等级的分级原则和判据详见表2。

10.1.2　调查评价范围

海洋生态和生物资源的调查评价范围，主要依据被评价海域及周边海域的生态完整性确定；调查与评价范围应覆盖可能受到影响的海域。

1 级、2 级和 3 级评价项目，以主要评价因子受影响方向的扩展距离确定调查和评价范围，扩展距离一般不能小于 8～30 km，5～8 km 和 3～5 km。

海洋生物资源的调查评价范围应能够反映建设项目所在海域的资源特征并具有代表性，宜覆盖海洋生态环境的调查评价范围，同时应符合相关技术标准的要求。

调查与评价范围应以平面图方式表示，并给出控制点坐标。

（2）熟悉海洋生态和生物（渔业）资源的环境影响评价内容和结果要求

10.8.3　环境影响评价结果

建设项目海洋生态和生物（渔业）资源的影响评价内容和结果应符合下列要求：

a）应根据海洋生态和生物资源现状评价和分析预测结果，结合海域的生态特征，按照生态环境和资源的可承载能力，分析海洋工程选址和布置的合理性，对建设项目的选址和布置方案开展多方案的比选和优化，保障海洋生态和生物资源的可持续利用；

b）依据建设项目的工程方案，分析评价各方案导致的评价海域及其周边海域海洋生物、生态环境、生物物种多样性、生态群落等指示要素的变化与特征，分析评价生态功能、生态稳定性的变化与特征，分析评价生物资源的变化与特征；从生物生态、生物资源的影响程度和可接受性角度，分析和优选最佳工程方案；

c）阐明生物生境现状、珍稀濒危动植物现状、生态敏感区现状、海洋生物现状评价结果；

d）阐明建设项目导致的评价海域海洋生态和生物资源主要要素的变化与特征评价结果；

e）根据各评价因子的定量或定性结果说明主要影响因子的影响范围、位置和面积；

f）明确建设项目是否满足预期的海洋生态、生物生境质量要求的评价结论；

g）明确建设项目导致的对海洋生态、生境的影响和干扰是否可以承受的评价结论；阐明评价海域的海洋生态是否存在不可承受的损害或潜在损害的明确结果；

h）明确建设项目所在海域生物资源的现状、特征、资源量变化趋势和其他重大问题的评价结论；阐明生物资源损失的量化评价结果；阐明生物资源的抗干扰承受能力的分析结论；

i）阐明建设项目导致的生态生境破坏、珍稀濒危动植物损害、海洋经济生物重要产卵场受损、生物多样性减少、外来生物入侵危害等重大海洋生态问题的评价结论；

　　j）从海洋资源可持续发展角度，明确项目建设是否会产生重大的海洋生态和生物资源损害，阐明评价海域的生态功能、生态稳定性和生物资源干扰承受能力等的变化是否可接受的评价结论。

　　若评价结果表明建设项目对所在评价海域及其周边海域的海洋生态和生物资源产生较大影响，环境不可承受或不能满足环境质量要求时，应提出修改建设方案的规模、总体布置或重新选址等建议。

（六）《环境影响评价技术导则　声环境》（ HJ 2.4—2021 ）

1. 术语和定义

（1）熟悉噪声和声环境保护目标的定义

　　3.1　噪声　noise

　　在工业生产、建筑施工、交通运输和社会生活中所产生的干扰周围生活环境的声音（频率在 20Hz～20kHz 的可听声范围内）。

　　3.7　声环境保护目标　noise protection target

　　依据法律、法规、政策等方式确定的需要保持安静的建筑物及建筑物集中区。

（2）熟悉点声源、线声源、面声源的定义

　　3.4　点声源　point sound source

　　以球面波形式辐射声波的声源，辐射声波的声压幅值与声波传播距离成反比。任何形状的声源，只要声波波长远远大于声源几何尺寸，该声源可视为点声源。

　　3.5　线声源　line sound source

　　以柱面波形式辐射声波的声源，辐射声波的声压幅值与声波传播距离的平方根成反比。

　　3.6　面声源　area sound source

　　以平面波形式辐射声波的声源，辐射声波的声压幅值不随传播距离改变。

（3）掌握背景噪声值、噪声贡献值、噪声预测值的定义

　　3.9　背景噪声值　background noise value

　　评价范围内不含建设项目自身声源影响的声级。

　　3.10　噪声贡献值　noise contribution value

　　由建设项目自身声源在预测点产生的声级。

　　噪声贡献值（L_{eqg}）计算公式为：

$$L_{\text{eqg}} = 10 \lg \left(\frac{1}{T} \sum_i t_i 10^{0.1 L_{\text{A}i}} \right) \qquad （2）$$

式中：T——预测计算的时间段，s；

　　　t_i——i声源在T时段内的运行时间，s；

　　　L_{Ai}——i声源在预测点产生的等效连续A声级，dB。

3.11　噪声预测值　noise prediction value

预测点的贡献值和背景值按能量叠加方法计算得到的声级。

噪声预测值（L_{eq}）计算公式为：

$$L_{eq} = 10\lg\left(10^{0.1L_{eqg}} + 10^{0.1L_{eqb}}\right) \tag{3}$$

式中：L_{eqg}——建设项目声源在预测点产生的噪声贡献值，dB；

　　　L_{eqb}——预测点的背景噪声值，dB。

机场航空器噪声评价时，不叠加其他噪声源产生的噪声影响。

（4）熟悉列车通过时段内等效连续A声级和机场航空器噪声事件中有效感觉噪声级的定义。

3.12　列车通过时段内等效连续A声级　equivalent continuous A-weighted sound pressure level on the pass-by time

预测点的列车通过时段内等效连续A声级（L_{Aeq,T_p}）计算公式为：

$$L_{Aeq,T_p} = 10\lg\left[\frac{1}{t_2 - t_1}\int_{t_1}^{t_2}\frac{p_A^2(t)}{p_0^2}dt\right] \tag{4}$$

式中：L_{Aeq,T_p}——列车通过时段内的等效连续A声级，dB；

　　　T_p——测量经过的时间段，$T_p = t_2 - t_1$，表示始于t_1终于t_2，s；

　　　$p_A(t)$——瞬时A计权声压，Pa；

　　　p_0——基准声压，$p_0 = 20\,\mu Pa$。

3.13　机场航空器噪声事件中有效感觉噪声级　effective perceived noise level in airport aircraft noise events

对某一飞行事件的有效感觉噪声级按下式近似计算：

$$L_{EPN} = L_{Amax} + 10\lg(T_d / 20) + 13 \tag{5}$$

式中：L_{Amax}——一次噪声事件中测量时段内单架航空器通过时的最大A声级，dB；

　　　T_d——在L_{Amax}下10 dB的延续时间，s。

2．总则

（1）熟悉声环境影响评价的基本任务

4.1 基本任务

评价建设项目实施引起的声环境质量的变化情况；提出合理可行的防治对策措施，降低噪声影响；从声环境影响角度评价建设项目实施的可行性；为建设项目优化选址、选线、合理布局以及国土空间规划提供科学依据。

（2）熟悉声环境影响评价类别划分及对固定声源和移动声源的评价要求

4.2 评价类别

4.2.1 按声源种类划分，可分为固定声源和移动声源的环境影响评价。

4.2.2 建设项目同时包含固定声源和移动声源，应分别进行声环境影响评价；同一声环境保护目标既受到固定声源影响，又受到移动声源（机场航空器噪声除外）影响时，应叠加环境影响后进行评价。

（3）掌握声源源强、声环境质量和厂界（场界、边界）噪声的评价量

4.3.1 声源源强

声源源强的评价量为：A 计权声功率级（L_{Aw}）或倍频带声功率级（L_w），必要时应包含声源指向性描述；距离声源 r 处的 A 计权声压级[$L_A(r)$]或倍频带声压级[$L_p(r)$]，必要时应包含声源指向性描述；有效感觉噪声级（L_{EPN}）。

4.3.2 声环境质量

根据 GB 3096，声环境质量评价量为昼间等效 A 声级（L_d）、夜间等效 A 声级（L_n），夜间突发噪声的评价量为最大 A 声级（L_{Amax}）。

根据 GB 9660 和 GB 9661，机场周围区域受飞机通过（起飞、降落、低空飞越）噪声影响的评价量为计权等效连续感觉噪声级（L_{WECPN}）。

4.3.3 厂界、场界、边界噪声

根据 GB 12348 工业企业厂界噪声评价量为昼间等效 A 声级（L_d）、夜间等效 A 声级（L_n），夜间频发、偶发噪声的评价量为最大 A 声级（L_{Amax}）。

根据 GB 12523 建筑施工场界噪声评价量为昼间等效 A 声级（L_d）、夜间等效 A 声级（L_n）、夜间最大 A 声级（L_{Amax}）。

根据 GB 12525 铁路边界噪声评价量为昼间等效 A 声级（L_d）、夜间等效 A 声级（L_n）。

根据 GB 22337 社会生活噪声排放源边界噪声评价量为昼间等效 A 声级（L_d）、夜间等效 A 声级（L_n），非稳态噪声的评价量为最大 A 声级（L_{Amax}）。

（4）熟悉声环境影响评价工作程序和评价水平年要求

4.4　工作程序

声环境影响评价工作程序见图1。

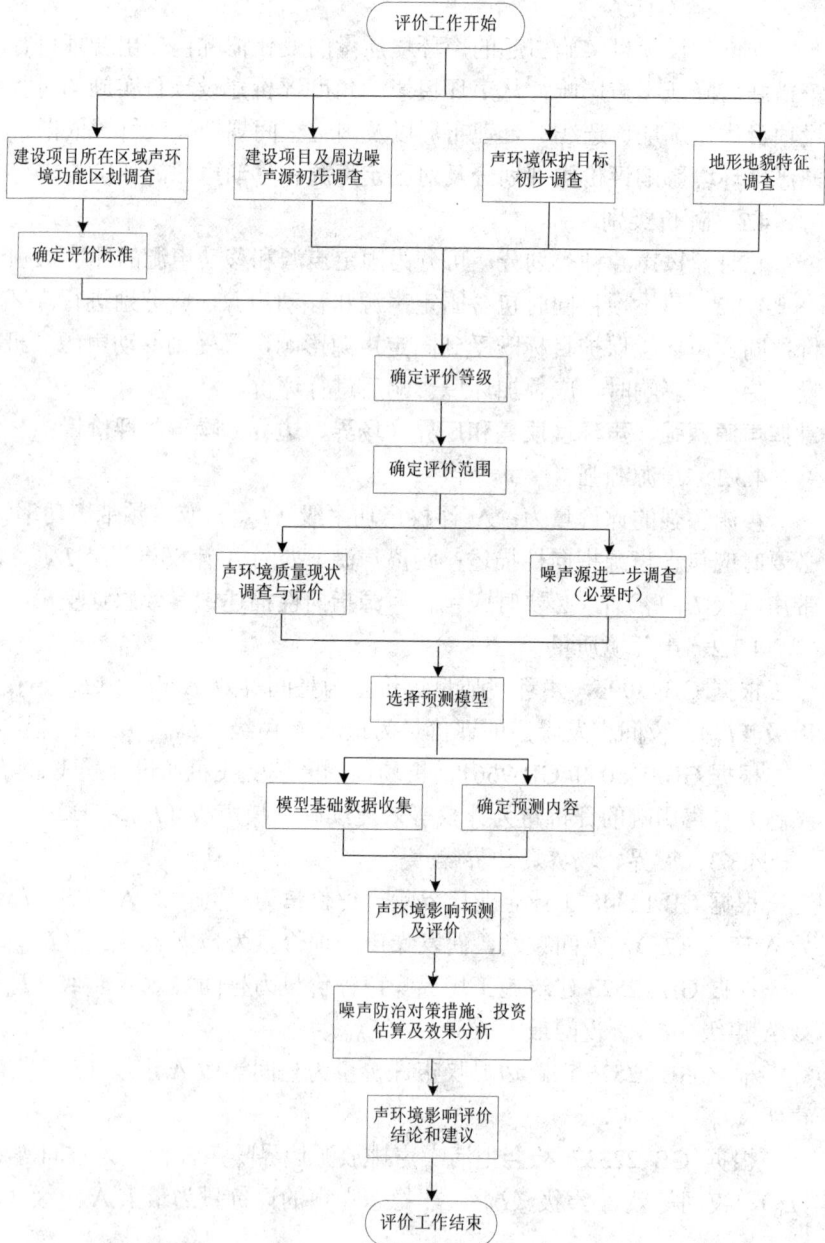

图1　声环境影响评价工作程序

4.5　评价水平年

根据建设项目实施过程中噪声影响特点，可按施工期和运行期分别开展声环境影响评价。运行期声源为固定声源时，将固定声源投产运行年作为评价水平年；运行期声源为移动声源时，将工程预测的代表性水平年作为评价水平年。

3. 评价等级、评价范围及评价标准

（1）掌握声环境影响评价工作等级的判定原则

5.1　评价等级

5.1.1　声环境影响评价工作等级一般分为三级，一级为详细评价，二级为一般性评价，三级为简要评价。

5.1.2　评价范围内有适用于 GB 3096 规定的 0 类声环境功能区域，或建设项目建设前后评价范围内声环境保护目标噪声级增量达 5 dB（A）以上［不含 5 dB（A）］，或受影响人口数量显著增加时，按一级评价。

5.1.3　建设项目所处的声环境功能区为 GB 3096 规定的 1 类、2 类地区，或建设项目建设前后评价范围内声环境保护目标噪声级增量达 3～5 dB（A），或受噪声影响人口数量增加较多时，按二级评价。

5.1.4　建设项目所处的声环境功能区为 GB 3096 规定的 3 类、4 类地区，或建设项目建设前后评价范围内声环境保护目标噪声级增量在 3 dB（A）以下［不含 3 dB（A）］，且受影响人口数量变化不大时，按三级评价。

5.1.5　在确定评价等级时，如果建设项目符合两个等级的划分原则，按较高等级评价。

5.1.6　机场建设项目航空器噪声影响评价等级为一级。

（2）掌握不同类型建设项目声环境影响评价范围的确定原则

5.2　评价范围

5.2.1　对于以固定声源为主的建设项目（如工厂、码头、站场等）：

a）满足一级评价的要求，一般以建设项目边界向外 200 m 为评价范围。

b）二级、三级评价范围可根据建设项目所在区域和相邻区域的声环境功能区类别及声环境保护目标等实际情况适当缩小。

c）如依据建设项目声源计算得到的贡献值到 200 m 处，仍不能满足相应功能区标准值时，应将评价范围扩大到满足标准值的距离。

5.2.2　对于以移动声源为主的建设项目（如公路、城市道路、铁路、城市轨道交通等地面交通）：

a）满足一级评价的要求，一般以线路中心线外两侧 200 m 以内为评价范围。

b）二级、三级评价范围可根据建设项目所在区域和相邻区域的声环境功能

区类别及声环境保护目标等实际情况适当缩小。

c）如依据建设项目声源计算得到的贡献值到 200 m 处，仍不能满足相应功能区标准值时，应将评价范围扩大到满足标准值的距离。

5.2.3　机场项目噪声评价范围按如下方法确定：

a）机场项目按照每条跑道承担飞行量进行评价范围划分：对于单跑道项目，以机场整体的吞吐量及起降架次判定机场噪声评价范围，对于多跑道机场，根据各条跑道分别承担的飞行量情况各自划定机场噪声评价范围并取合集：

1）单跑道机场，机场噪声评价范围应是以机场跑道两端、两侧外扩一定距离形成的矩形范围。

2）对于全部跑道均为平行构型的多跑道机场，机场噪声评价范围应是各条跑道外扩一定距离后的最远范围形成的矩形范围。

3）对于存在交叉构型的多跑道机场，机场噪声评价范围应为平行跑道（组）与交叉跑道的合集范围。

b）对于增加跑道项目或变更跑道位置项目（例如现有跑道变为滑行道或新建一条跑道），在现状机场噪声影响评价和扩建机场噪声影响评价工作中，可分别划定机场噪声评价范围。

c）机场噪声评价范围应不小于计权等效连续感觉噪声级 70 dB 等声级线范围。

d）不同飞行量机场推荐噪声评价范围见表 2。

表 2　机场项目噪声评价范围

机场类别	起降架次 N（单条跑道承担量）	跑道两端推荐评价范围	跑道两侧推荐评价范围
运输机场	$N \geqslant 15$ 万架次/年	两端各 12 km 以上	两侧各 3 km
	10 万架次/年 $\leqslant N <$ 15 万架次/年	两端各 10～12 km	两侧各 2 km
	5 万架次/年 $\leqslant N <$ 10 万架次/年	两端各 8～10 km	两侧各 1.5 km
	3 万架次/年 $\leqslant N <$ 5 万架次/年	两端各 6～8 km	两侧各 1 km
	1 万架次/年 $\leqslant N <$ 3 万架次/年	两端各 3～6 km	两侧各 1 km
	$N <$ 1 万架次/年	两端各 3 km	两侧各 0.5 km
通用机场	无直升飞机	两端各 3 km	两侧各 0.5 km
	有直升飞机	两端各 3 km	两侧各 1 km

（3）熟悉声环境影响评价标准的确定依据

5.3　评价标准

应根据声源的类别和项目所处的声环境功能区类别确定声环境影响评价标

准。没有划分声环境功能区的区域应采用地方生态环境主管部门确定的标准。

4．噪声源调查与分析

（1）熟悉噪声源调查内容、工作深度基本要求

6.1　调查与分析对象

6.1.1　噪声源调查包括拟建项目的主要固定声源和移动声源。给出主要声源的数量、位置和强度，并在标准规范的图中标识固定声源的具体位置或移动声源的路线、跑道等位置。

6.1.2　噪声源调查内容和工作深度应符合环境影响预测模型对噪声源参数的要求。

6.1.3　一、二、三级评价均应调查分析拟建项目的主要噪声源。

（2）熟悉噪声源源强获取方法

6.2　源强获取方法

6.2.1　噪声源源强核算应按照 HJ 884 指南的要求进行，有行业污染源源强核算技术指南的应优先按照指南中规定的方法进行；无行业污染源源强核算技术指南，但行业导则中对源强核算方法有规定的，优先按照行业导则中规定的方法进行。

6.2.2　对于拟建项目噪声源源强，当缺少所需数据时，可通过声源类比测量或引用有效资料、研究成果来确定。采用声源类比测量时应给出类比条件。

6.2.3　噪声源需获取的参数、数据格式和精度应符合环境影响预测模型输入要求。

5．声环境现状调查和评价

（1）掌握不同评价工作等级建设项目声环境现状调查与评价的要求

7.1　一、二级评价

7.1.1　调查评价范围内声环境保护目标的名称、地理位置、行政区划、所在声环境功能区、不同声环境功能区内人口分布情况、与建设项目的空间位置关系、建筑情况等。

7.1.2　评价范围内具有代表性的声环境保护目标的声环境质量现状需要现场监测，其余声环境保护目标的声环境质量现状可通过类比或现场监测结合模型计算给出。

7.1.3　调查评价范围内有明显影响的现状声源的名称、类型、数量、位置、源强等，不同类型声源调查内容可参见附录 D。评价范围内现状声源源强调查应采用现场监测法或收集资料法确定。分析现状声源的构成及其影响，对现状

调查结果进行评价。

7.2　三级评价

7.2.1　调查评价范围内声环境保护目标的名称、地理位置、行政区划、所在声环境功能区、不同声环境功能区内人口分布情况、与建设项目的空间位置关系、建筑情况等。

7.2.2　对评价范围内具有代表性的声环境保护目标的声环境质量现状进行调查，可利用已有的监测资料，无监测资料时可选择有代表性的声环境保护目标进行现场监测，并分析现状声源的构成。

（2）了解声环境质量现状调查方法

7.3　声环境质量现状调查方法

现状调查的方法包括：现场监测法、现场监测结合模型计算法、收集资料法。调查时，应根据评价等级的要求和现状噪声源情况，确定需采用的具体方法。

（3）掌握现场监测法的监测布点原则和监测依据

7.3.1　现场监测法

7.3.1.1　监测布点原则

a）布点应覆盖整个评价范围，包括厂界（场界、边界）和声环境保护目标。当声环境保护目标高于（含）三层建筑时，还应按照噪声垂直分布规律、建设项目与声环境保护目标高差等因素选取有代表性的声环境保护目标的代表性楼层设置测点。

b）评价范围内没有明显的声源时（如工业噪声、交通运输噪声、建设施工噪声、社会生活噪声等），可选择有代表性的区域布设测点。

c）评价范围内有明显声源，并对声环境保护目标的声环境质量有影响时，或建设项目为改、扩建工程，应根据声源种类采取不同的监测布点原则。

1）当声源为固定声源时，现状测点应重点布设在可能同时受到既有声源和建设项目声源影响的声环境保护目标处，以及其他有代表性的声环境保护目标处；为满足预测需要，也可在距离既有声源不同距离处布设衰减测点。

2）当声源为移动声源，且呈现线声源特点时，现状测点位置选取应兼顾声环境保护目标的分布状况、工程特点及线声源噪声影响随距离衰减的特点，布设在具有代表性的声环境保护目标处。为满足预测需要，可在垂直于线声源不同水平距离处布设衰减测点。

3）对于改、扩建机场工程，测点一般布设在主要声环境保护目标处，重点关注航迹下方的声环境保护目标及跑道侧向较近处的声环境保护目标，测点数量可根据机场飞行量及周围声环境保护目标情况确定，现有单条跑道、两条跑道或三条跑道的机场可分别布设 3～9 个、9～14 个或 12～18 个噪声测点，跑道增加或保护目标较多时可进一步增加测点。对于评价范围内少于 3 个声环境保护目标的情况，原则上布点数量不少于 3 个，结合声保护目标位置布点的，应优先选取跑道两端航迹 3 km 以内范围的保护目标位置布点；无法结合保护目标位置布点的，可适当结合航迹下方的导航台站位置进行布点。

　　7.3.1.2　监测依据

　　声环境质量现状监测执行 GB 3096；机场周围飞机噪声测量执行 GB 9661；工业企业厂界环境噪声测量执行 GB 12348；社会生活环境噪声测量执行 GB 22337；建筑施工场界环境噪声测量执行 GB 12523；铁路边界噪声测量执行 GB 12525。

（4）**了解现场监测结合模型计算法获取声环境保护目标处现状噪声值的前提条件**

　　7.3.2　现场监测结合模型计算法

　　当现状噪声声源复杂且声环境保护目标密集，在调查声环境质量现状时，可考虑采用现场监测结合模型计算法。如多种交通并存且周边声环境保护目标分布密集、机场改扩建等情形。

　　利用监测或调查得到的噪声源强及影响声传播的参数，采用各类噪声预测模型进行噪声影响计算，将计算结果和监测结果进行比较验证，计算结果和监测结果在允许误差范围内（≤3 dB）时，可利用模型计算其它声环境保护目标的现状噪声值。

6．声环境影响预测和评价

（1）**熟悉声环境影响预测范围、预测点和评价点的确定原则**

　　8.1　预测范围

　　声环境影响预测范围应与评价范围相同。

　　8.2　预测点和评价点确定原则

　　建设项目评价范围内声环境保护目标和建设项目厂界（场界、边界）应作为预测点和评价点。

（2）**掌握声环境影响预测基础数据规范与要求**

　　8.3　预测基础数据规范与要求

　　8.3.1　声源数据

　　建设项目的声源资料主要包括：声源种类、数量、空间位置、声级、发声持续时间和对声环境保护目标的作用时间等，环境影响评价文件中应标明噪声源数据的来源。工业企业等建设项目声源置于室内时，应给出建筑物门、窗、墙等围护结构的隔声量和室内平均吸声系数等参数。

8.3.2　环境数据

影响声波传播的各类参数应通过资料收集和现场调查取得，各类数据如下：

a）建设项目所处区域的年平均风速和主导风向、年平均气温、年平均相对湿度、大气压强。

b）声源和预测点间的地形、高差。

c）声源和预测点间障碍物（如建筑物、围墙等）的几何参数。

d）声源和预测点间树林、灌木等的分布情况以及地面覆盖情况（如草地、水面、水泥地面、土质地面等）。

（3）熟悉声环境影响预测和评价内容及预测评价结果图表要求

8.5　预测和评价内容

8.5.1　预测建设项目在施工期和运营期所有声环境保护目标处的噪声贡献值和预测值，评价其超标和达标情况。

8.5.2　预测和评价建设项目在施工期和运营期厂界（场界、边界）噪声贡献值，评价其超标和达标情况。

8.5.3　铁路、城市轨道交通、机场等建设项目，还需预测列车通过时段内声环境保护目标处的等效连续 A 声级（$L_{Aeq,\ p}$）、单架航空器通过时在声环境保护目标处的最大 A 声级（L_{Amax}）。

8.5.4　一级评价应绘制运行期代表性评价水平年噪声贡献值等声级线图，二级评价根据需要绘制等声级线图。

8.5.5　对工程设计文件给出的代表性评价水平年噪声级可能发生变化的建设项目，应分别预测。

8.5.6　典型建设项目噪声影响预测要求可参照附录 C。

8.6　预测评价结果图表要求

8.6.1　列表给出建设项目厂界（场界、边界）噪声贡献值和各声环境保护目标处的背景噪声值、噪声贡献值、噪声预测值、超标和达标情况等。分析超标原因，明确引起超标的主要声源。机场项目还应给出评价范围内不同声级范围覆盖下的面积。

8.6.2　判定为一级评价的工业企业建设项目应给出等声级线图；判定为一级评价的地面交通建设项目应结合现有或规划保护目标给出典型路段的噪声贡献值等声级线图；工业企业和地面交通建设项目预测评价结果图制图比例尺一般不应小于工程设计文件对其相关图件要求的比例尺；机场项目应给出飞机噪声等声级线图及超标声环境保护目标与等声级线关系局部放大图，飞机噪声等声级线比例尺应和环境现状评价图一致，局部放大图底图应采用近 3 年内空间分辨率一般不低于 1.5 m 的卫星影像或航拍图，比例尺不应小于 1：5 000。

（4）掌握典型建设项目噪声影响预测要求

工业噪声预测

C.1.1　固定声源分析

a）主要声源的确定

分析建设项目的设备类型、型号、数量，并结合设备和工程厂界（场界、边界）以及声环境保护目标的相对位置确定工程的主要声源。

b）声源的空间分布

依据建设项目平面布置图、设备清单及声源源强等资料，标明主要声源的位置。建立坐标系，确定主要声源的三维坐标。

c）声源的分类：

将主要声源划分为室内声源和室外声源两类。

确定室外声源的源强和运行时间及时间段。当有多个室外声源时，为简化计算，可视情况将数个声源组合为声源组团，然后按等效声源进行计算。

对于室内声源，需分析围护结构的尺寸及使用的建筑材料，确定室内声源的源强和运行时间及时间段。

d）编制主要声源汇总表：

以表格形式给出主要声源的分类、名称、型号、数量、坐标位置等；声功率级或某一距离处的倍频带声压级、A声级。

C.1.2　声波传播途径分析

列表给出主要声源和声环境保护目标的坐标或相互间的距离、高差，分析主要声源和声环境保护目标之间声波的传播途径，给出影响声波传播的地面状况、障碍物、树林等。

C.1.3　预测内容

按不同评价工作等级的基本要求，选择以下工作内容分别进行预测，给出相应的预测结果。

a）厂界（场界、边界）噪声预测

预测厂界（场界、边界）噪声，给出厂界（场界、边界）噪声的最大值及位置。

b）声环境保护目标噪声预测

——预测声环境保护目标处的贡献值、预测值以及预测值与现状噪声值的差值，声环境保护目标所处声环境功能区的声环境质量变化，声环境保护目标所受噪声影响的程度，确定噪声影响的范围，并说明受影响人口分布情况。

——当声环境保护目标高于（含）三层建筑时，还应预测有代表性的不同楼层噪声。

c）绘制等声级线图

绘制等声级线图，说明噪声超标的范围和程度。

d）根据厂界（场界、边界）和声环境保护目标受影响的情况，明确影响厂界（场界、边界）和周围声环境功能区声环境质量的主要声源，分析厂界（场界、边界）和声环境保护目标的超标原因。

C.1.4　预测模型

C.1.4.1　预测模型详见附录 B。

C.1.4.2　工业企业的专用铁路、公路等辅助设施的噪声影响预测，按 B.2、B.3 进行。

公路、城市道路交通运输噪声预测

C.2.1　预测参数

a）工程参数

明确公路（或城市道路）建设项目各路段的工程内容，路面的结构、材料、标高等参数；明确公路（或城市道路）建设项目各路段昼间和夜间各类型车辆的比例、车流量、车速。

b）声源参数

按照附录 B 中大、中、小车型的分类，利用相关模型计算各类型车的声源源强，也可通过类比测量进行修正。

c）声环境保护目标参数

根据现场实际调查，给出公路（或城市道路）建设项目沿线声环境保护目标的分布情况，各声环境保护目标的类型、名称、规模、所在路段、与路面的相对高差、与线路中心线和边界的距离以及建筑物的结构、朝向和层数，保护目标所在路段的桩号（里程）、线路形式、路面坡度等。

C.2.2　声传播途径分析

列表给出声源和预测点之间的距离、高差，分析声源和预测点之间的传播路径，给出影响声波传播的地面状况、障碍物、树林等。

C.2.3　预测内容

预测各预测点的贡献值、预测值、预测值与现状噪声值的差值，预测高层建筑有代表性的不同楼层所受的噪声影响。按贡献值绘制代表性路段的等声级线图，分析声环境保护目标所受噪声影响的程度，确定噪声影响的范围，并说明受影响人口分布情况。给出典型路段满足相应声环境功能区标准要求的距离。

依据评价工作等级要求，给出相应的预测结果。

C.2.4　预测模型

预测模型详见附录 B。

铁路、城市轨道交通噪声预测

C.3.1　预测参数

a）工程参数

明确铁路（或城市轨道交通）建设项目各路段的工程内容，分段给出线路的技术参数，包括线路等级、线路结构、轨道和道床结构等。

b）车辆参数

明确列车类型、牵引类型、运行速度、列车长度（编组情况）、列车轴重、簧下质量（城市轨道交通）、各类型列车昼间和夜间的开行对数等参数。

c）声源源强参数

不同类型（或不同运行状况下）铁路噪声源强，可参照国家相关部门的规定确定，无相关规定的可根据工程特点通过类比监测确定。

d）声环境保护目标参数

根据现场实际调查，给出铁路（或城市轨道交通）建设项目沿线声环境保护目标的分布情况，各声环境保护目标的类型、名称、规模、所在路段、桩号（里程）、与轨面的相对高差及建筑物的结构、朝向和层数等。

C.3.2　声传播途径分析

列表给出声源和预测点间的距离、高差，分析声源和预测点之间的传播路径，给出影响声波传播的地面状况、障碍物、树林、气象条件等。

C.3.3　预测内容

预测内容要求与 C.2.3 相同。

C.3.4　预测模型

预测模型详见附录 B。

机场航空器噪声预测

C.4.1　预测参数

a）工程参数

1）机场跑道参数：跑道的长度、宽度、中心点或中心线端点坐标、坡度、跑道真方位及海拔高度等；对于多跑道机场，还应包括跑道数量、平行跑道间距及跑道端错开距离、非平行跑道的夹角等相对位置关系参数。

2）飞行参数：机场年飞行架次、年运行天数、日平均飞行架次（对于通用机场、部分旅游机场和特殊地区的机场，可能存在年运行天数少于 365 天的情况）；机场不同跑道和不同航向的航空器起降架次，机型比例，昼间、傍晚、夜间的飞行架次比例；飞行程序——起飞、降落、转弯的地面航迹；爬升、下滑的垂直剖面。

b）声源参数

利用国际民航组织和航空器生产厂家提供的资料，获取不同型号发动机航空器的功率–距离–噪声特性曲线，或按国际民航组织规定的监测方法进行实际测量，对于源强缺失需采取替代源强的机型，应说明替代机型选取的依据及可行性。

c）气象参数

机场的年平均风速、年平均温度、年平均湿度、年平均气压。

d）地面参数

分析机场航空器噪声影响范围内的地面状况（坚实地面、疏松地面、混合地面）。

C.4.2　预测的评价量

根据 GB 9660 的规定，预测的评价量为 L_{WECPN}。

C.4.3　预测范围

计权等效连续感觉噪声级（L_{WECPN}）等声级线应包含 70 dB 及以上区域，对于飞行量比较小的机场，预测到 70 dB 无法明显体现噪声影响范围和趋势的项目，应预测至 70 dB 以外范围。

C.4.4　预测内容

给出计权等效连续感觉噪声级（L_{WECPN}）包含 70 dB、75 dB 的不少于 5 条等声级线图（各条等声级线间隔 5 dB 给出）。同时给出评价范围内声环境保护目标的计权等效连续感觉噪声级（L_{WECPN}）。给出高于所执行标准限值不同声级范围内的面积、户数、人口。

C.4.5　预测模型

改扩建项目应进行机场航空器噪声现状监测值和预测模型计算值符合性的验证，给出误差范围，说明现状监测结果和预测模型选取的可靠性。预测模型详见附录 B。

施工场地、调车场、停车场等噪声预测

C.5.1　预测参数

a）工程参数

给出施工场地、调车场、停车场等的范围。

b）声源参数

根据工程特点，确定声源的种类。

1）固定声源

给出主要设备名称、型号、数量、声源源强、运行方式和运行时间。

2）移动声源

给出主要设备型号、数量、声源源强、运行方式、运行时间、移动范围和路径。

C.5.2　声传播途径分析

根据声源种类的不同，分析内容及要求分别执行 C.1.2、C.2.2、C.3.2。

C.5.3　预测内容

a）根据建设项目工程的特点，分别预测固定声源和移动声源对场界（或边界）、声环境保护目标的噪声贡献值，进行叠加后作为最终的噪声贡献值。

b）根据评价工作等级要求，给出相应的预测结果。

C.5.4　预测模型

依据声源的特征，选择相应的预测计算模型，详见附录 B。

7．噪声防治对策措施

（1）熟悉噪声防治措施的一般要求

9.1　噪声防治措施的一般要求

9.1.1　坚持统筹规划、源头防控、分类管理、社会共治、损害担责的原则。加强源头控制，合理规划噪声源与声环境保护目标布局；从噪声源、传播途径、声环境保护目标等方面采取措施；在技术经济可行条件下，优先考虑对噪声源和传播途径采取工程技术措施，实施噪声主动控制。

9.1.2　评价范围内存在声环境保护目标时，工业企业建设项目噪声防治措施应根据建设项目投产后厂界噪声影响最大噪声贡献值以及声环境保护目标超标情况制定。

9.1.3　交通运输类建设项目（如公路、城市道路、铁路、城市轨道交通、机场项目等）的噪声防治措施应针对建设项目代表性评价水平年的噪声影响预测值进行制定。铁路建设项目噪声防治措施还应同时满足铁路边界噪声限值要求。结合工程特点和环境特点，在交通流量较大的情况下，铁路、城市轨道交通、机场等项目，还需考虑单列车通过（L_{Aeq}，T）、单架航空器通过（L_{Amax}）时噪声对声环境保护目标的影响，进一步强化控制要求和防治措施。

9.1.4　当声环境质量现状超标时，属于与本工程有关的噪声问题应一并解决；属于本工程和工程外其他因素综合引起的，应优先采取措施降低本工程自身噪声贡献值，并推动相关部门采取区域综合整治等措施逐步解决相关噪声问题。

9.1.5　当工程评价范围内涉及主要保护对象为野生动物及其栖息地的生态敏感区时，应从优化工程设计和施工方案、采取降噪措施等方面强化控制要求。

（2）熟悉噪声防治途径

9.2　防治途径

9.2.1　规划防治对策

主要指从建设项目的选址（选线）、规划布局、总图布置（跑道方位布设）和设备布局等方面进行调整，提出降低噪声影响的建议。如根据"以人为本"、"闹静分开"和"合理布局"的原则，提出高噪声设备尽可能远离声环境保护目标、优化建设项目选址（选线）、调整规划用地布局等建议。

9.2.2　噪声源控制措施

主要包括：

a）选用低噪声设备、低噪声工艺。

b）采取声学控制措施，如对声源采用吸声、消声、隔声、减振等措施。

c）改进工艺、设施结构和操作方法等。

d）将声源设置于地下、半地下室内。

e）优先选用低噪声车辆、低噪声基础设施、低噪声路面等。

9.2.3　噪声传播途径控制措施

主要包括：

a）设置声屏障等措施，包括直立式、折板式、半封闭、全封闭等类型声屏障。声屏障的具体型式根据声环境保护目标处超标程度、噪声源与声环境保护目标的距离、敏感建筑物高度等因素综合考虑来确定。

b）利用自然地形物（如利用位于声源和声环境保护目标之间的山丘、土坡、地堑、围墙等）降低噪声。

（3）掌握典型建设项目的噪声防治措施

工业噪声防治措施

C.1.5　噪声防治措施

a）应从选址，总图布置，声源，声传播途径及声环境保护目标自身防护等方面分别给出噪声防治的具体方案。主要包括：选址的优化方案及其原因分析，总图布置调整的具体内容及其降噪效果（包括边界和声环境保护目标）；给出各主要声源的降噪措施、效果和投资；

b）设置声屏障和对声环境保护目标进行噪声防护等的措施方案、降噪效果及投资，并进行经济、技术可行性论证；

c）根据噪声影响特点和环境特点，提出规划布局及功能调整建议；

d）提出噪声监测计划、管理措施等对策建议。

公路、城市道路交通运输噪声防治措施

C.2.5　噪声防治措施

a）通过选线方案的声环境影响预测结果比较，分析声环境保护目标受影响的程度，影响规模，提出选线方案推荐建议；

b）根据工程与环境特征，给出局部线路调整、声环境保护目标搬迁、临路

建筑物使用功能变更、改善道路结构和路面材料、设置声屏障和对敏感建筑物进行噪声防护等具体的措施方案及其降噪效果，并进行经济、技术可行性论证；

c）根据噪声影响特点和环境特点，提出城镇规划区路段线路与敏感建筑物之间的规划调整建议；

d）给出车辆行驶规定（限速、禁鸣等）及噪声监测计划等对策建议。

铁路、城市轨道交通噪声防治措施

C.3.5　噪声防治措施

a）通过不同选线方案声环境影响预测结果，分析声环境保护目标受影响的程度，提出优化的选线方案建议；

b）根据工程与环境特征，提出局部线路和站场优化调整建议，明确声环境保护目标搬迁或功能置换措施，从列车、线路（路基或桥梁）、轨道的优选，列车运行方式、运行速度、鸣笛方式的调整，设置声屏障和对敏感建筑物进行噪声防护等方面，给出具体的措施方案及其降噪效果，并进行经济、技术可行性论证；

c）根据噪声影响特点和环境特点，提出城镇规划区段铁路（或城市轨道交通）与敏感建筑物之间的规划调整建议；

d）给出列车行驶规定及噪声监测计划等对策建议。

机场航空器噪声防治措施

C.4.6　噪声防治措施

a）通过不同机场位置、跑道方位、飞行程序方案的声环境影响预测结果，分析声环境保护目标受影响的程度，提出优化的机场位置、跑道方位、飞行程序方案建议；

b）根据工程与环境特征，给出机型优选，昼间、傍晚、夜间飞行架次比例的调整，对敏感建筑物进行噪声防护或使用功能变更、拆迁等具体的措施方案及其降噪效果，并进行经济、技术可行性论证；

c）根据噪声影响特点和环境特点，提出机场噪声影响范围内的规划调整建议；

d）给出机场航空器噪声监测计划等对策建议。

（4）掌握噪声防治措施图表要求

9.4　噪声防治措施图表要求

9.4.1　给出噪声防治措施位置、类型（型式）和规模、关键声学技术指标（包括实施效果）、责任主体、实施保障，并估算噪声防治投资。

9.4.2　结合声环境保护目标与项目关系，给出噪声防治措施的布置平面图、设计图以及型式、位置、范围等。

8. 噪声监测计划

熟悉噪声监测计划相关要求

    10.1 一般性要求

    一级、二级项目评价应根据项目噪声影响特点和声环境保护目标特点，提出项目在生产运行阶段的厂界（场界、边界）噪声监测计划和代表性声环境保护目标监测计划。

    10.2 监测计划可根据噪声源特点、相关环境保护管理要求制定，可以选择自动监测或者人工监测。

    10.3 监测计划中应明确监测点位置、监测因子、执行标准及其限值、监测频次、监测分析方法、质量保证与质量控制、经费估算及来源等。

9. 声环境影响评价结论与建议

了解声环境影响评价结论要求

    11 声环境影响评价结论与建议

    根据噪声预测结果、噪声防治对策和措施可行性及有效性评价，从声环境影响角度给出拟建项目是否可行的明确结论。

10. 建设项目声环境影响评价表格要求

掌握不同类型建设项目噪声源调查、声环境保护目标调查、声环境保护目标噪声预测结果、噪声预测参数清单、噪声防治措施及投资等表格内容。

    12 建设项目声环境影响评价表格要求

    噪声源调查、声环境保护目标调查、声环境保护目标噪声预测结果、噪声预测参数清单、噪声防治措施及投资等表格要求参见附录D。

    声环境影响评价完成后，应对声环境影响评价主要内容与结论进行自查。建设项目声环境影响评价自查表内容与格式见附录E。

    （附录D和附录E的内容较多，请考生看导则原文）

11. 规划环境影响评价中声环境影响评价要求

熟悉规划环境影响评价中声环境影响评价要求

    13 规划环境影响评价中声环境影响评价要求

    13.1 资料分析

    收集规划文本、规划图件和声环境影响评价的相关资料，分析规划方案的主要声源及可能受影响的声环境保护目标集中区域的分布等情况。

    13.2 现状调查、监测与评价

13.2.1 现状调查以收集资料为主，当资料不全时，可视情况进行必要的补充监测。

13.2.2 现状调查的主要内容如下：

a）声环境功能区划调查。调查评价范围内不同区域的声环境功能区划及声环境质量现状。

b）调查规划评价范围内现有主要声源及主要声环境保护目标集中分布区。

c）说明规划及其影响范围内不同区域的土地使用功能和声环境功能区划。

d）利用现状调查资料，进行规划及其影响范围内的声环境现状评价，重点分析评价范围内高速公路、城市道路、城市轨道交通、铁路、机场、大型工矿企业等影响较大的声源对声环境保护目标集中分布区的综合噪声影响情况。

13.3 声环境影响分析

通过规划资料及环境资料的分析，分析规划实施后评价范围内声环境质量的变化趋势。

13.4 噪声控制优化调整建议

规划环评的噪声控制优化调整建议可在"以人为本"、"闹静分开"和"合理布局"的原则指导下，从选址、选线、线路敷设方式、规划用地布局及功能、建设规模、建设时序等方面提出有效、可行的对策和措施。

（七）《环境影响评价技术导则 土壤环境（试行）》（HJ 964—2018）

1．适用范围

熟悉导则的适用范围

本标准规定了土壤环境影响评价的一般性原则、工作程序、内容、方法和要求。

本标准适用于化工、冶金、矿山采掘、农林、水利等可能对土壤环境产生影响的建设项目土壤环境影响评价。

本标准不适用于核与辐射建设项目的土壤环境影响评价。

2．术语和定义

掌握土壤环境、土壤环境生态影响、土壤环境污染影响、土壤环境敏感目标的定义

下列术语和定义适用于本标准。

3.1 土壤环境 soil environment

指受自然或人为因素作用的，由矿物质、有机质、水、空气、生物有机体等组成的陆地表面疏松综合体，包括陆地表层能够生长植物的土壤层和污染物能够影响的松散层等。

3.2　土壤环境生态影响　ecological impact on soil environment

指由于人为因素引起土壤环境特征变化导致其生态功能变化的过程或状态。

3.3　土壤环境污染影响　contaminative impact on soil environment

指因人为因素导致某种物质进入土壤环境，引起土壤物理、化学、生物等方面特性的改变，导致土壤质量恶化的过程或状态。

3.4　土壤环境敏感目标　sensitive target of soil environment

指可能受人为活动影响的、与土壤环境相关的敏感区或对象。

3．总则

（1）了解土壤环境影响评价的一般性原则

4.1　一般性原则

土壤环境影响评价应对建设项目建设期、运营期和服务期满后（可根据项目情况选择）对土壤环境理化特性可能造成的影响进行分析、预测和评估，提出预防或者减轻不良影响的措施和对策，为建设项目土壤环境保护提供科学依据。

（2）熟悉土壤环境影响评价的基本任务

4.2　评价基本任务

4.2.1　按照 HJ 2.1 建设项目污染影响和生态影响的相关要求，根据建设项目对土壤环境可能产生的影响，将土壤环境影响类型划分为生态影响型与污染影响型，其中本导则土壤环境生态影响重点指土壤环境的盐化、酸化、碱化等。

4.2.2　根据行业特征、工艺特点或规模大小等将建设项目类别分为Ⅰ类、Ⅱ类、Ⅲ类、Ⅳ类，见附录 A，其中Ⅳ类建设项目可不开展土壤环境影响评价；自身为敏感目标的建设项目，可根据需要仅对土壤环境现状进行调查。

4.2.3　土壤环境影响评价应按本标准划分的评价工作等级开展工作，识别建设项目土壤环境影响类型、影响途径、影响源及影响因子，确定土壤环境影响评价工作等级；开展土壤环境现状调查，完成土壤环境现状监测与评价；预测与评价建设项目对土壤环境可能造成的影响，提出相应的防控措施与对策。

4.2.4　涉及两个或两个以上场地或地区的建设项目应按 4.2.3 分别开展评价工作。

4.2.5　涉及土壤环境生态影响型与污染影响型两种影响类型的应按 4.2.3 分别开展评价工作。

（3）了解土壤环境影响评价的工作程序

4.3 工作程序

土壤环境影响评价工作可划分为准备阶段、现状调查与评价阶段、预测分析与评价阶段和结论阶段。土壤环境影响评价工作程序见图1。

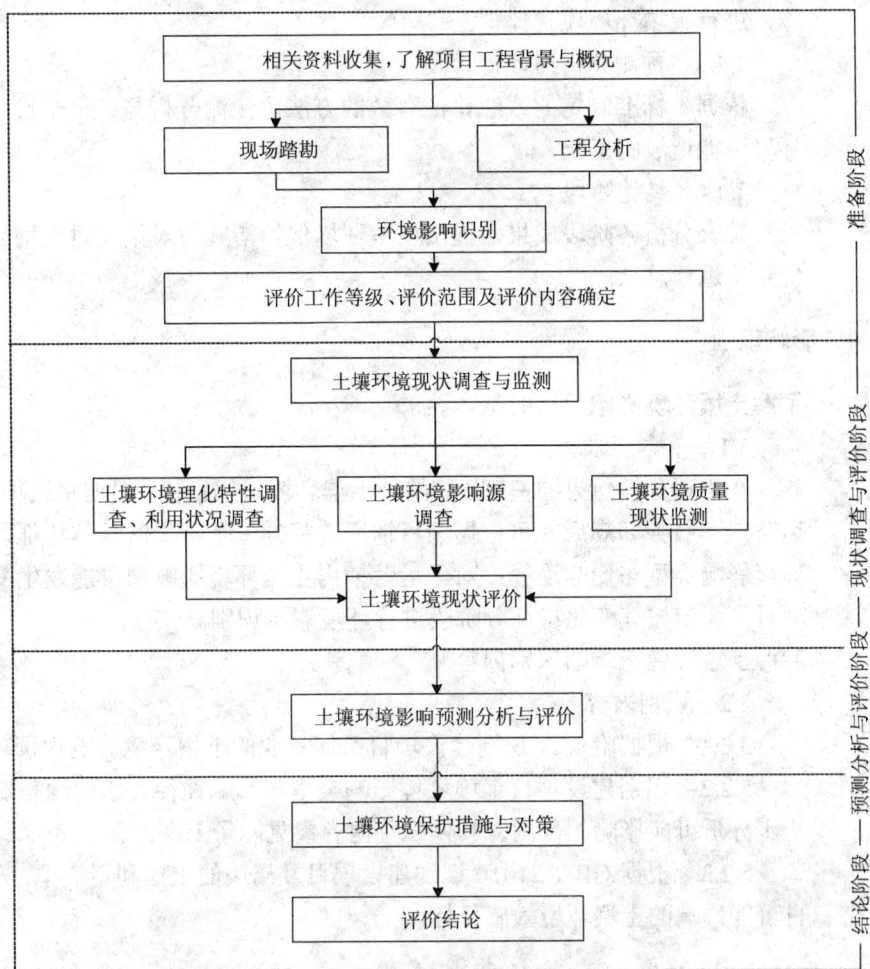

相关资料收集，了解项目工程背景与概况

现场踏勘　　　工程分析

环境影响识别

评价工作等级、评价范围及评价内容确定

（以上为：准备阶段）

土壤环境现状调查与监测

土壤环境理化特性调查、利用状况调查　　　土壤环境影响源调查　　　土壤环境质量现状监测

土壤环境现状评价

（以上为：现状调查与评价阶段）

土壤环境影响预测分析与评价

（预测分析与评价阶段）

土壤环境保护措施与对策

评价结论

（以上为：结论阶段）

图1 土壤环境影响评价工作程序

（4）熟悉土壤环境影响评价各阶段主要工作内容

4.4 各阶段主要工作内容

4.4.1 准备阶段

收集分析国家和地方土壤环境相关的法律、法规、政策、标准及规划等资料；了解建设项目工程概况，结合工程分析，识别建设项目对土壤环境可能造

成的影响类型，分析可能造成土壤环境影响的主要途径；开展现场踏勘工作，识别土壤环境敏感目标；确定评价等级、范围与内容。

4.4.2 现状调查与评价阶段

采用相应标准与方法，开展现场调查、取样、监测和数据分析与处理等工作，进行土壤环境现状评价。

4.4.3 预测分析与评价阶段

依据本标准制定的或经论证有效的方法，预测分析与评价建设项目对土壤环境可能造成的影响。

4.4.4 结论阶段

综合分析各阶段成果，提出土壤环境保护措施与对策，对土壤环境影响评价结论进行总结。

4．影响识别

（1）了解土壤环境影响识别的基本要求

5.1 基本要求

在工程分析结果的基础上，结合土壤环境敏感目标，根据建设项目建设期、运营期和服务期满后（可根据项目情况选择）三个阶段的具体特征，识别土壤环境影响类型与影响途径；对于运营期内土壤环境影响源可能发生变化的建设项目，还应按其变化特征分阶段进行环境影响识别。

（2）掌握土壤环境影响的识别内容

5.2 识别内容

5.2.1 根据附录A识别建设项目所属行业的土壤环境影响评价项目类别。

5.2.2 识别建设项目土壤环境影响类型与影响途径、影响源与影响因子，初步分析可能影响的范围，具体识别内容参见附录B。

5.2.3 根据GB/T 21010识别建设项目及周边的土地利用类型，分析建设项目可能影响的土壤环境敏感目标。

5．评价工作分级

掌握土壤环境影响评价工作的等级划分和划分依据

6.1 等级划分

土壤环境影响评价工作等级划分为一级、二级、三级。

6.2 划分依据

6.2.1 生态影响型

6.2.1.1 建设项目所在地土壤环境敏感程度分为敏感、较敏感、不敏感，

判别依据见表1；同一建设项目涉及两个或两个以上场地或地区，应分别判定
其敏感程度；产生两种或两种以上生态影响后果的，敏感程度按相对最高级别
判定。

表 1　生态影响型敏感程度分级表

敏感程度	判别依据		
	盐化	酸化	碱化
敏感	建设项目所在地干燥度[a]>2.5 且常年地下水位平均埋深<1.5 m 的地势平坦区域；或土壤含盐量>4 g/kg 的区域	pH≤4.5	pH≥9.0
较敏感	建设项目所在地干燥度>2.5 且常年地下水位平均埋深≥1.5 m 的，或 1.8<干燥度≤2.5 且常年地下水位平均埋深<1.8 m 的地势平坦区域；建设项目所在地干燥度>2.5 或常年地下水位平均埋深<1.5 m 的平原区；或 2 g/kg<土壤含盐量≤4 g/kg 的区域	4.5<pH≤5.5	8.5≤pH<9.0
不敏感	其他	5.5<pH<8.5	

注：a 指采用 E601 观测的多年平均水面蒸发量与降水量的比值，即蒸降比值。

6.2.1.2　根据 5.2.1 识别的土壤环境影响评价项目类别与 6.2.1.1 敏感程度分
级结果划分评价工作等级，详见表 2。

表 2　生态影响型评价工作等级划分表

敏感程度	项目类别		
	Ⅰ 类	Ⅱ 类	Ⅲ 类
敏感	一级	二级	三级
较敏感	二级	二级	三级
不敏感	二级	三级	—

注："—"表示可不开展土壤环境影响评价工作。

6.2.2　污染影响型

6.2.2.1　将建设项目占地规模分为大型（≥50 hm²）、中型（5~50 hm²）、
小型（≤5 hm²），建设项目占地主要为永久占地。

6.2.2.2　建设项目所在地周边的土壤环境敏感程度分为敏感、较敏感、不
敏感，判别依据见表 3。

6.2.2.3　根据土壤环境影响评价项目类别、占地规模与敏感程度划分评价
工作等级，详见表 4。

表3 污染影响型敏感程度分级表

敏感程度	判别依据
敏感	建设项目周边存在耕地、园地、牧草地、饮用水水源地或居民区、学校、医院、疗养院、养老院等土壤环境敏感目标的
较敏感	建设项目周边存在其他土壤环境敏感目标的
不敏感	其他情况

表4 污染影响型评价工作等级划分表

敏感程度	占地规模								
	I类			II类			III类		
	大	中	小	大	中	小	大	中	小
敏感	一级	一级	一级	二级	二级	二级	三级	三级	三级
较敏感	一级	一级	二级	二级	二级	三级	三级	三级	—
不敏感	一级	二级	二级	二级	三级	三级	三级	—	—

注："—"表示可不开展土壤环境影响评价工作。

6.2.3　建设项目同时涉及土壤环境生态影响与污染影响时，应分别判定评价工作等级，并按相应等级分别开展评价工作。

6.2.4　当同一建设项目涉及两个或两个以上场地时，各场地应分别判定评价工作等级，并按相应等级分别开展评价工作。

6.2.5　线性工程重点针对主要站场位置（如输油站、泵站、阀室、加油站、维修场所等）参照6.2.2分段判定评价等级，并按相应等级分别开展评价工作。

6. 现状调查与评价

（1）熟悉土壤环境现状调查与评价的基本原则与要求

7.1　基本原则与要求

7.1.1　土壤环境现状调查与评价工作应遵循资料收集与现场调查相结合、资料分析与现状监测相结合的原则。

7.1.2　土壤环境现状调查与评价工作的深度应满足相应的工作级别要求，当现有资料不能满足要求时，应通过组织现场调查、监测等方法获取。

7.1.3　建设项目同时涉及土壤环境生态影响型与污染影响型时，应分别按相应评价工作等级要求开展土壤环境现状调查，可根据建设项目特征适当调整、优化调查内容。

7.1.4　工业园区内的建设项目，应重点在建设项目占地范围内开展现状调查工作，并兼顾其可能影响的园区外围土壤环境敏感目标。

（2）**掌握土壤环境影响现状调查的评价范围**

　　7.2　调查评价范围

　　7.2.1　调查评价范围应包括建设项目可能影响的范围，能满足土壤环境影响预测和评价要求；改、扩建类建设项目的现状调查评价范围还应兼顾现有工程可能影响的范围。

　　7.2.2　建设项目（除线性工程外）土壤环境影响现状调查评价范围可根据建设项目影响类型、污染途径、气象条件、地形地貌、水文地质条件等确定并说明，或参考表5确定。

表5　现状调查范围

评价工作等级	影响类型	调查范围 [a]	
		占地 [b] 范围内	占地范围外
一级	生态影响型	全部	5 km 范围内
	污染影响型		1 km 范围内
二级	生态影响型		2 km 范围内
	污染影响型		0.2 km 范围内
三级	生态影响型		1 km 范围内
	污染影响型		0.05 km 范围内

注：a 涉及大气沉降途径影响的，可根据主导风向下风向的最大落地浓度点适当调整。
　　b 矿山类项目指开采区与各场地的占地；改、扩建类的项目指现有工程与拟建工程的占地。

　　7.2.3　建设项目同时涉及土壤环境生态影响与污染影响时，应各自确定调查评价范围。

　　7.2.4　危险品、化学品或石油等输送管线应以工程边界两侧向外延伸0.2 km 作为调查评价范围。

（3）**了解资料收集的内容与要求**

　　7.3.1　资料收集

　　根据建设项目特点、可能产生的环境影响和当地环境特征，有针对性地收集调查评价范围内的相关资料，主要包括以下内容：

　　a）土地利用现状图、土地利用规划图、土壤类型分布图；

　　b）气象资料、地形地貌特征资料、水文及水文地质资料等；

　　c）土地利用历史情况；

　　d）与建设项目土壤环境影响评价相关的其他资料。

（4）掌握土壤理化特性调查的内容

7.3.2　理化特性调查内容

7.3.2.1　在充分收集资料的基础上，根据土壤环境影响类型、建设项目特征与评价需要，有针对性地选择土壤理化特性调查内容，主要包括土体构型、土壤结构、土壤质地、阳离子交换量、氧化还原电位、饱和导水率、土壤容重、孔隙度等；土壤环境生态影响型建设项目还应调查植被、地下水位埋深、地下水溶解性总固体等，可参照表 C.1 填写。

7.3.2.2　评价工作等级为一级的建设项目应参照表 C.2 填写土壤剖面调查表。

（5）熟悉影响源调查的内容与要求

7.3.3　影响源调查

7.3.3.1　应调查与建设项目产生同种特征因子或造成相同土壤环境影响后果的影响源。

7.3.3.2　改、扩建的污染影响型建设项目，其评价工作等级为一级、二级的，应对现有工程的土壤环境保护措施情况进行调查，并重点调查主要装置或设施附近的土壤污染现状。

（6）了解土壤环境现状监测的基本要求

7.4.1　基本要求

建设项目土壤环境现状监测应根据建设项目的影响类型、影响途径，有针对性地开展监测工作，了解或掌握调查评价范围内土壤环境现状。

（7）掌握土壤环境现状监测的布点原则、现状监测点数量要求、现状监测因子和频次要求

7.4.2　布点原则

7.4.2.1　土壤环境现状监测点布设应根据建设项目土壤环境影响类型、评价工作等级、土地利用类型确定，采用均布性与代表性相结合的原则，充分反映建设项目调查评价范围内的土壤环境现状，可根据实际情况优化调整。

7.4.2.2　调查评价范围内的每种土壤类型应至少设置 1 个表层样监测点，应尽量设置在未受人为污染或相对未受污染的区域。

7.4.2.3　生态影响型建设项目应根据建设项目所在地的地形特征、地面径流方向设置表层样监测点。

7.4.2.4　涉及入渗途径影响的，主要产污装置区应设置柱状样监测点，采样深度需至装置底部与土壤接触面以下，根据可能影响的深度适当调整。

7.4.2.5　涉及大气沉降影响的，应在占地范围外主导风向的上、下风向各设置 1 个表层样监测点，可在最大落地浓度点增设表层样监测点。

7.4.2.6　涉及地面漫流途径影响的，应结合地形地貌，在占地范围外的上、下游各设置 1 个表层样监测点。

7.4.2.7　线性工程应重点在站场位置（如输油站、泵站、阀室、加油站及维修场所等）设置监测点，涉及危险品、化学品或石油等输送管线的应根据评价范围内土壤环境敏感目标或厂区内的平面布局情况确定监测点布设位置。

7.4.2.8　评价工作等级为一级、二级的改、扩建项目，应在现有工程厂界外可能产生影响的土壤环境敏感目标处设置监测点。

7.4.2.9　涉及大气沉降影响的改、扩建项目，可在主导风向下风向适当增加监测点位，以反映降尘对土壤环境的影响。

7.4.2.10　建设项目占地范围及其可能影响区域的土壤环境已存在污染风险的，应结合用地历史资料和现状调查情况，在可能受影响最重的区域布设监测点；取样深度根据其可能影响的情况确定。

7.4.2.11　建设项目现状监测点设置应兼顾土壤环境影响跟踪监测计划。

7.4.3　现状监测点数量要求

7.4.3.1　建设项目各评价工作等级的监测点数不少于表 6 要求。

表 6　现状监测布点类型与数量

评价工作等级		占地范围内	占地范围外
一级	生态影响型	5 个表层样点 [a]	6 个表层样点
	污染影响型	5 个柱状样点 [b]，2 个表层样点	4 个表层样点
二级	生态影响型	3 个表层样点	4 个表层样点
	污染影响型	3 个柱状样点，1 个表层样点	2 个表层样点
三级	生态影响型	1 个表层样点	2 个表层样点
	污染影响型	3 个表层样点	—

注："—"表示无现状监测布点类型与数量的要求。

注：a 表层样应在 0～0.2 m 取样。

　　b 柱状样通常在 0～0.5 m、0.5～1.5 m、1.5～3 m 分别取样，3 m 以下每 3 m 取 1 个样，可根据基础埋深、土体构型适当调整。

7.4.3.2　生态影响型建设项目可优化调整占地范围内、外监测点数量，保持总数不变；占地范围超过 5 000 hm^2 的，每增加 1 000 hm^2 增加 1 个监测点。

7.4.3.3　污染影响型建设项目占地范围超过 100 hm^2 的，每增加 20 hm^2 增加 1 个监测点。

7.4.5　现状监测因子

土壤环境现状监测因子分为基本因子和建设项目的特征因子。

a）基本因子为 GB 15618、GB 36600 中规定的基本项目，分别根据调查评价范围内的土地利用类型选取；

b）特征因子为建设项目产生的特有因子，根据附录 B 确定；既是特征因子又是基本因子的，按特征因子对待；

c）7.4.2.2 与 7.4.2.10 中规定的点位须监测基本因子与特征因子；其他监测点位可仅监测特征因子。

7.4.6　现状监测频次要求

a）基本因子：评价工作等级为一级的建设项目，应至少开展 1 次现状监测；评价工作等级为二级、三级的建设项目，若掌握近 3 年至少 1 次的监测数据，可不再进行现状监测；引用监测数据应满足 7.4.2 和 7.4.3 的相关要求，并说明数据有效性；

b）特征因子：应至少开展 1 次现状监测。

（8）了解土壤环境现状监测取样方法要求

7.4.4　现状监测取样方法

表层样监测点及土壤剖面的土壤监测取样方法一般参照 HJ/T 166 执行，柱状样监测点和污染影响型改、扩建项目的土壤监测取样方法还可参照 HJ 25.1、HJ 25.2 执行。

（9）掌握土壤环境现状评价标准选取要求

7.5.2　评价标准

7.5.2.1　根据调查评价范围内的土地利用类型，分别选取 GB 15618、GB 36600 等标准中的筛选值进行评价，土地利用类型无相应标准的可只给出现状监测值。

7.5.2.2　评价因子在 GB 15618、GB 36600 等标准中未规定的，可参照行业、地方或国外相关标准进行评价，无可参照标准的可只给出现状监测值。

7.5.2.3　土壤盐化、酸化、碱化等的分级标准参见附录 D。

（10）了解土壤环境现状评价方法

7.5.3　评价方法

7.5.3.1　土壤环境质量现状评价应采用标准指数法，并进行统计分析，给出样本数量、最大值、最小值、均值、标准差、检出率和超标率、最大超标倍数等。

7.5.3.2　对照附录 D 给出各监测点位土壤盐化、酸化、碱化的级别，统计样本数量、最大值、最小值和均值，并评价均值对应的级别。

（11）掌握土壤环境现状评价结论的要求

7.5.4　评价结论

7.5.4.1　生态影响型建设项目应给出土壤盐化、酸化、碱化的现状。

7.5.4.2　污染影响型建设项目应给出评价因子是否满足 7.5.2.1 和 7.5.2.2 中

相关标准要求的结论；当评价因子存在超标时，应分析超标原因。

7．预测与评价

（1）熟悉预测与评价的基本原则与要求

8.1　基本原则与要求

8.1.1　根据影响识别结果与评价工作等级，结合当地土地利用规划确定影响预测的范围、时段、内容和方法。

8.1.2　选择适宜的预测方法，预测评价建设项目各实施阶段不同环节与不同环境影响防控措施下的土壤环境影响，给出预测因子的影响范围与程度，明确建设项目对土壤环境的影响结果。

8.1.3　应重点预测评价建设项目对占地范围外土壤环境敏感目标的累积影响，并根据建设项目特征兼顾对占地范围内的影响预测。

8.1.4　土壤环境影响分析可定性或半定量地说明建设项目对土壤环境产生的影响及趋势。

8.1.5　建设项目导致土壤潜育化、沼泽化、潴育化和土地沙漠化等影响的，可根据土壤环境特征，结合建设项目特点，分析土壤环境可能受到影响的范围和程度。

（2）了解预测评价范围、时段、情景设置、预测因子确定的原则

8.2　预测评价范围

一般与现状调查评价范围一致。

8.3　预测评价时段

根据建设项目土壤环境影响识别结果，确定重点预测时段。

8.4　情景设置

在影响识别的基础上，根据建设项目特征设定预测情景。

8.5　预测与评价因子

8.5.1　污染影响型建设项目应根据环境影响识别出的特征因子选取关键预测因子。

8.5.2　可能造成土壤盐化、酸化、碱化影响的建设项目，分别选取土壤盐分含量、pH 值等作为预测因子。

（3）熟悉预测评价标准选取和方法确定要求

8.6　预测评价标准

GB 15618、GB 36600，或附录 D、附录 F 中的表 F.2。

8.7　预测与评价方法

8.7.1　土壤环境影响预测与评价方法应根据建设项目土壤环境影响类型与

评价工作等级确定。

8.7.2 可能引起土壤盐化、酸化、碱化等影响的建设项目，其评价工作等级为一级、二级的，预测方法可参见附录 E、附录 F 或进行类比分析。

8.7.3 污染影响型建设项目，其评价工作等级为一级、二级的，预测方法可参见附录 E 或进行类比分析；占地范围内还应根据土体构型、土壤质地、饱和导水率等分析其可能影响的深度。

8.7.4 评价工作等级为三级的建设项目，可采用定性描述或类比分析法进行预测。

（4）掌握预测评价结论的要求

8.8 预测评价结论

8.8.1 以下情况可得出建设项目土壤环境影响可接受的结论：

a）建设项目各不同阶段，土壤环境敏感目标处且占地范围内各评价因子均满足 8.6 中相关标准要求的；

b）生态影响型建设项目各不同阶段，出现或加重土壤盐化、酸化、碱化等问题，但采取防控措施后，可满足相关标准要求的；

c）污染影响型建设项目各不同阶段，土壤环境敏感目标处或占地范围内有个别点位、层位或评价因子出现超标，但采取必要措施后，可满足 GB 15618、GB 36600 或其他土壤污染防治相关管理规定的。

8.8.2 以下情况不能得出建设项目土壤环境影响可接受的结论：

a）生态影响型建设项目：土壤盐化、酸化、碱化等对预测评价范围内土壤原有生态功能造成重大不可逆影响的；

b）污染影响型建设项目各不同阶段，土壤环境敏感目标处或占地范围内多个点位、层位或评价因子出现超标，采取必要措施后，仍无法满足 GB 15618、GB 36600 或其他土壤污染防治相关管理规定的。

8. 保护措施与对策

（1）熟悉土壤环境保护措施与对策的基本要求

9.1 基本要求

9.1.1 土壤环境保护措施与对策应包括保护的对象、目标，措施的内容、设施的规模及工艺、实施部位和时间、实施的保证措施、预期效果的分析等，在此基础上估算（概算）环境保护投资，并编制环境保护措施布置图。

9.1.2 在建设项目可行性研究提出的影响防控对策基础上，结合建设项目特点、调查评价范围内的土壤环境质量现状，根据环境影响预测与评价结果，提出合理、可行、操作性强的土壤环境影响防控措施。

9.1.3 改、扩建项目应针对现有工程引起的土壤环境影响问题，提出"以新带老"措施，有效减轻影响程度或控制影响范围，防止土壤环境影响加剧。

9.1.4 涉及取土的建设项目，所取土壤应满足占地范围对应的土壤环境相关标准要求，并说明其来源；弃土应按照固体废物相关规定进行处理处置，确保不产生二次污染。

（2）掌握建设项目环境保护措施的内容

9.2 建设项目环境保护措施

9.2.1 土壤环境质量现状保障措施

对于建设项目占地范围内的土壤环境质量存在点位超标的，应依据土壤污染防治相关管理办法、规定和标准，采取有关土壤污染防治措施。

9.2.2 源头控制措施

9.2.2.1 生态影响型建设项目应结合项目的生态影响特征、按照生态系统功能优化的理念、坚持高效适用的原则提出源头防控措施。

9.2.2.2 污染影响型建设项目应针对关键污染源、污染物的迁移途径提出源头控制措施，并与 HJ 2.2、HJ 2.3、HJ 19、HJ 169、HJ 610 等标准要求相协调。

9.2.3 过程防控措施

9.2.3.1 建设项目根据行业特点与占地范围内的土壤特性，按照相关技术要求采取过程阻断、污染物削减和分区防控措施。

9.2.3.2 生态影响型：

a）涉及酸化、碱化影响的可采取相应措施调节土壤 pH 值，以减轻土壤酸化、碱化的程度；

b）涉及盐化影响的，可采取排水排盐或降低地下水位等措施，以减轻土壤盐化的程度。

9.2.3.3 污染影响型：

a）涉及大气沉降影响的，占地范围内应采取绿化措施，以种植具有较强吸附能力的植物为主；

b）涉及地面漫流影响的，应根据建设项目所在地的地形特点优化地面布局，必要时设置地面硬化、围堰或围墙，以防止土壤环境污染；

c）涉及入渗途径影响的，应根据相关标准规范要求，对设备设施采取相应的防渗措施，以防止土壤环境污染。

（3）了解土壤环境跟踪监测的内容

9.3　跟踪监测

9.3.1　土壤环境跟踪监测措施包括制定跟踪监测计划、建立跟踪监测制度，以便及时发现问题，采取措施。

9.3.2　土壤环境跟踪监测计划应明确监测点位、监测指标、监测频次以及执行标准等。

a）监测点位应布设在重点影响区和土壤环境敏感目标附近；

b）监测指标应选择建设项目特征因子；

c）评价工作等级为一级的建设项目一般每3年内开展1次监测工作，二级的每5年内开展1次，三级的必要时可开展跟踪监测；

d）生态影响型建设项目跟踪监测应尽量在农作物收割后开展；

e）执行标准应同7.5.2。

9.3.3　监测计划应包括向社会公开的信息内容。

9. 评价结论

掌握评价结论内容的要求

参照附录G填写土壤环境影响评价自查表，概括建设项目的土壤环境现状、预测评价结果、防控措施及跟踪监测计划等内容，从土壤环境影响的角度，总结项目建设的可行性。

（八）《环境影响评价技术导则　生态影响》（HJ 19—2022）

1. 术语和定义

掌握生态影响、重要物种、生态敏感区、生态保护目标的定义

3.1　生态影响 ecological impact

工程占用、施工活动干扰、环境条件改变、时间或空间累积作用等，直接或间接导致物种、种群、生物群落、生境、生态系统以及自然景观、自然遗迹等发生的变化。生态影响包括直接、间接和累积的影响。

3.2　重要物种 important species

在生态影响评价中需要重点关注、具有较高保护价值或保护要求的物种，包括国家及地方重点保护野生动植物名录所列的物种，《中国生物多样性红色名录》中列为极危（Critically Endangered）、濒危（Endangered）和易危（Vulnerable）的物种，国家和地方政府列入拯救保护的极小种群物种，特有种以及古树名木等。

3.3 生态敏感区 ecological sensitive region

包括法定生态保护区域、重要生境以及其他具有重要生态功能、对保护生物多样性具有重要意义的区域。其中，法定生态保护区域包括：依据法律法规、政策等规范性文件划定或确认的国家公园、自然保护区、自然公园等自然保护地、世界自然遗产、生态保护红线等区域；重要生境包括：重要物种的天然集中分布区、栖息地，重要水生生物的产卵场、索饵场、越冬场和洄游通道，迁徙鸟类的重要繁殖地、停歇地、越冬地以及野生动物迁徙通道等。

3.4 生态保护目标 ecological protection objects

受影响的重要物种、生态敏感区以及其他需要保护的物种、种群、生物群落及生态空间等。

2. 总则

（1）了解生态影响评价的基本任务

4.1 基本任务

在工程分析和生态现状调查的基础上，识别、预测和评价建设项目在施工期、运行期以及服务期满后（可根据项目情况选择）等不同阶段的生态影响，提出预防或者减缓不利影响的对策和措施，制定相应的环境管理和生态监测计划，从生态影响角度明确建设项目是否可行。

（2）熟悉生态影响评价的基本要求

4.2 基本要求

4.2.1 建设项目选址选线应尽量避让各类生态敏感区，符合自然保护地、世界自然遗产、生态保护红线等管理要求以及国土空间规划、生态环境分区管控要求。

4.2.2 建设项目生态影响评价应结合行业特点、工程规模以及对生态保护目标的影响方式，合理确定评价范围，按相应评价等级的技术要求开展现状调查、影响分析及预测工作。

4.2.3 应按照避让、减缓、修复和补偿的次序提出生态保护对策措施，所采取的对策措施应有利于保护生物多样性，维持或修复生态系统功能。

（3）熟悉生态影响评价的工作程序

4.3 工作程序

生态影响评价工作一般分为三个阶段，具体工作程序见图1。

第一阶段，收集、分析建设项目工程技术文件以及所在区域国土空间规划、生态环境分区管控方案、生态敏感区以及生态环境状况等相关数据资料，开展现场踏勘，通过工程分析、筛选评价因子进行生态影响识别，确定生态保护目标，有必要的补充提出比选方案。确定评价等级、评价范围。

第二阶段，在充分的资料收集、现状调查、专家咨询基础上，根据不同评价等级的技术要求开展生态现状评价和影响预测分析。涉及有比选方案的，应对不同方案开展同等深度的生态环境比选论证。

第三阶段，根据生态影响预测和评价结果，确定科学合理、可行的工程方案，提出预防或减缓不利影响的对策和措施，制定相应的环境管理和生态监测计划，明确生态影响评价结论。

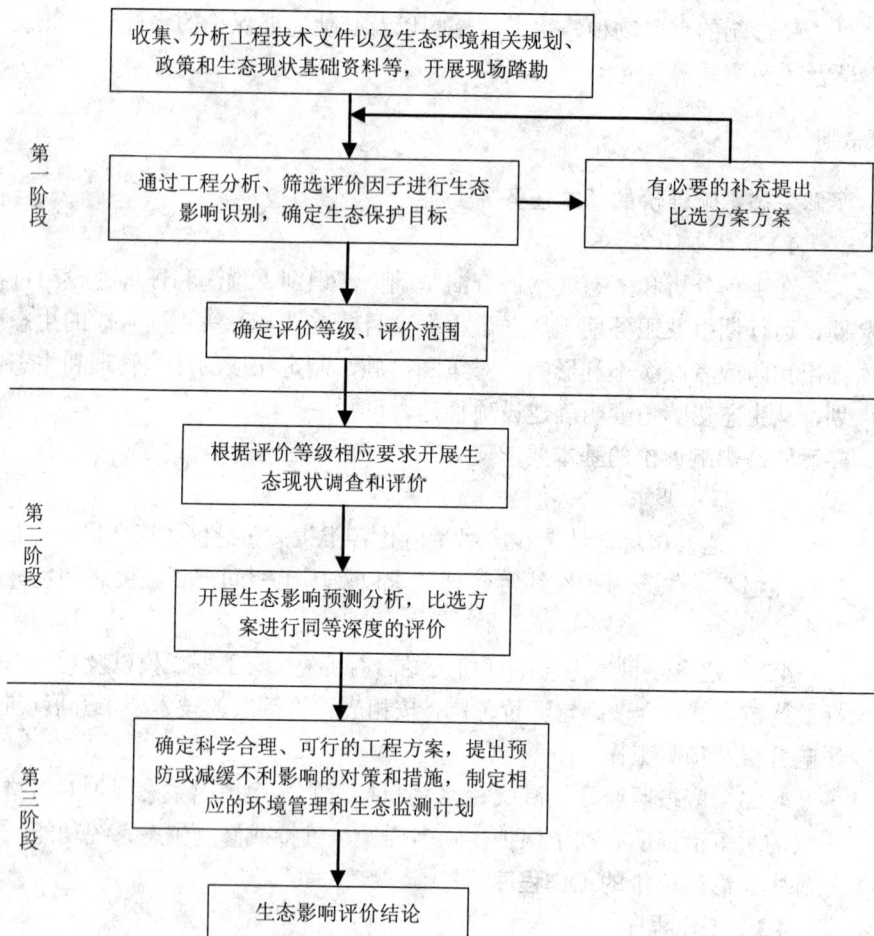

图1　生态影响评价工作程序

3. 生态影响识别

（1）掌握工程分析的内容和要求

5.1　工程分析

5.1.1　按照 HJ 2.1 的要求开展工程分析，主要采用工程设计文件的数据和资料以及类比工程的资料，明确建设项目地理位置、建设规模、总平面及施工布置、施工方式、施工时序、建设周期和运行方式，各种工程行为及其发生的地点、时间、方式和持续时间，以及设计方案中的生态保护措施等。

5.1.2　结合建设项目特点和区域生态环境状况，分析项目在施工期、运行期以及服务期满后（可根据项目情况选择）可能产生生态影响的工程行为及其影响方式，判断生态影响性质和影响程度。重点关注影响强度大、范围广、历时长或涉及重要物种、生态敏感区的工程行为。

5.1.3　工程设计文件中包括工程位置、工程规模、平面布局、工程施工及工程运行等不同比选方案的，应对不同方案进行工程分析。现有方案均占用生态敏感区，或明显可能对生态保护目标产生显著不利影响，还应补充提出基于减缓生态影响考虑的比选方案。

（2）熟悉生态影响评价因子筛选

5.2　评价因子筛选

5.2.1　在工程分析基础上筛选评价因子。生态影响评价因子筛选表参见附录 A。

5.2.2　评价标准可参照国家、行业、地方或国外相关标准，无参照标准的可采用所在地区及相似区域生态背景值或本底值、生态阈值或引用具有时效性的相关权威文献数据等。

4.评价等级和评价范围确定

（1）掌握生态影响评价等级的划分与判定原则

6.1　评价等级判定

6.1.1　依据建设项目影响区域的生态敏感性和影响程度，评价等级划分为一级、二级和三级。

6.1.2　按以下原则确定评价等级：

a）涉及国家公园、自然保护区、世界自然遗产、重要生境时，评价等级为一级；

b）涉及自然公园时，评价等级为二级；

c）涉及生态保护红线时，评价等级不低于二级；

　　d）根据 HJ 2.3 判断属于水文要素影响型且地表水评价等级不低于二级的建设项目，生态影响评价等级不低于二级；

　　e）根据 HJ 610、HJ 964 判断地下水水位或土壤影响范围内分布有天然林、公益林、湿地等生态保护目标的建设项目，生态影响评价等级不低于二级；

　　f）当工程占地规模大于 20 km^2 时（包括永久和临时占用陆域和水域），评价等级不低于二级；改扩建项目的占地范围以新增占地（包括陆域和水域）确定；

　　g）除本条 a）、b）、c）、d）、e）、f）以外的情况，评价等级为三级；

　　h）当评价等级判定同时符合上述多种情况时，应采用其中最高的评价等级。

　　6.1.3　建设项目涉及经论证对保护生物多样性具有重要意义的区域时，可适当上调评价等级。

　　6.1.4　建设项目同时涉及陆生、水生生态影响时，可针对陆生生态、水生生态分别判定评价等级。

　　6.1.5　在矿山开采可能导致矿区土地利用类型明显改变，或拦河闸坝建设可能明显改变水文情势等情况下，评价等级应上调一级。

　　6.1.6　线性工程可分段确定评价等级。线性工程地下穿越或地表跨越生态敏感区，在生态敏感区范围内无永久、临时占地时，评价等级可下调一级。

　　6.1.7　涉海工程评价等级判定参照 GB/T 19485。

　　6.1.8　符合生态环境分区管控要求且位于原厂界（或永久用地）范围内的污染影响类改扩建项目，位于已批准规划环评的产业园区内且符合规划环评要求、不涉及生态敏感区的污染影响类建设项目，可不确定评价等级，直接进行生态影响简单分析。

（2）掌握生态影响评价范围确定原则以及典型项目的生态影响评价范围

　　6.2　评价范围确定

　　6.2.1　生态影响评价应能够充分体现生态完整性和生物多样性保护要求，涵盖评价项目全部活动的直接影响区域和间接影响区域。评价范围应依据评价项目对生态因子的影响方式、影响程度和生态因子之间的相互影响和相互依存关系确定。可综合考虑评价项目与项目区的气候过程、水文过程、生物过程等生物地球化学循环过程的相互作用关系，以评价项目影响区域所涉及的完整气候单元、水文单元、生态单元、地理单元界限为参照边界。

　　6.2.2　涉及占用或穿（跨）越生态敏感区时，应考虑生态敏感区的结构、功能及主要保护对象合理确定评价范围。

　　6.2.3　矿山开采项目评价范围应涵盖开采区及其影响范围、各类场地及运输系统占地以及施工临时占地范围等。

6.2.4　水利水电项目评价范围应涵盖枢纽工程建筑物、水库淹没、移民安置等永久占地、施工临时占地以及库区坝上、坝下地表地下、水文水质影响河段及区域、受水区、退水影响区、输水沿线影响区等。

6.2.5　线性工程穿越生态敏感区时，以线路穿越段向两端外延 1 km、线路中心线向两侧外延 1 km 为参考评价范围，实际确定时应结合生态敏感区主要保护对象的分布、生态学特征、项目的穿越方式、周边地形地貌等适当调整，主要保护对象为野生动物及其栖息地时，应进一步扩大评价范围，涉及迁徙、洄游物种的，其评价范围应涵盖工程影响的迁徙洄游通道范围；穿越非生态敏感区时，以线路中心线向两侧外延 300 m 为参考评价范围。

6.2.6　陆上机场项目以占地边界外延 3～5 km 为参考评价范围，实际确定时应结合机场类型、规模、占地类型、周边地形地貌等适当调整。涉及有净空处理的，应涵盖净空处理区域。航空器爬升或进近航线下方区域内有以鸟类为重点保护对象的自然保护地和鸟类重要生境的，评价范围应涵盖受影响的自然保护地和重要生境范围。

6.2.7　涉海工程的生态影响评价范围参照 GB/T 19485。

6.2.8　污染影响类建设项目评价范围应涵盖直接占用区域以及污染物排放产生的间接生态影响区域。

5．生态现状调查与评价

（1）了解生态现状调查与评价的总体要求

7.1　总体要求

7.1.1　生态现状调查应在充分收集资料的基础上开展现场工作，生态现状调查范围应不小于评价范围。调查方法参见附录 B。

7.1.2　生态现状评价应坚持定性和定量相结合、尽量采用定量方法的原则。评价方法参见附录 C。

7.1.3　生态现状调查及评价工作成果应采用文字、表格和图件相结合的表现形式，参见附录 B 列出调查结果统计表，按照附录 D 制作必要的图件。

（2）熟悉生态现状调查的内容和要求

7.2　生态现状调查内容

7.2.1　陆生生态现状调查内容主要包括：评价范围内的植物区系、植被类型，植物群落结构及演替规律，群落中的关键种、建群种、优势种；动物区系、物种组成及分布特征；生态系统的类型、面积及空间分布；重要物种的分布、生态学特征、种群现状，迁徙物种的主要迁徙路线、迁徙时间，重要生境的分布及现状。

7.2.2　水生生态现状调查内容主要包括：评价范围内的水生生物、水生生境和渔业现状；重要物种的分布、生态学特征、种群现状以及生境状况；鱼类等重要水生动物调查包括种类组成、种群结构、资源时空分布，产卵场、索饵场、越冬场等重要生境的分布、环境条件以及洄游路线、洄游时间等行为习性。

7.2.3　收集生态敏感区的相关规划资料、图件、数据，调查评价范围内生态敏感区主要保护对象、功能区划、保护要求等。

7.2.4　调查区域存在的主要生态问题，如水土流失、沙漠化、石漠化、盐渍化、生物入侵和污染危害等。调查已经存在的对生态保护目标产生不利影响的干扰因素。

7.2.5　对于改扩建、分期实施的建设项目，调查既有工程、前期已实施工程的实际生态影响以及采取的生态保护措施。

7.3　生态现状调查要求

7.3.1　引用的生态现状资料其调查时间宜在 5 年以内，用于回顾性评价或变化趋势分析的资料可不受调查时间限制。

7.3.2　当已有调查资料不能满足评价要求时，应通过现场调查获取现状资料，现场调查遵循全面性、代表性和典型性原则。项目涉及生态敏感区时，应开展专题调查。

7.3.3　工程永久占用或施工临时占用区域应在收集资料基础上开展详细调查，查明占用区域是否分布有重要物种及重要生境。

7.3.4　陆生生态一级、二级评价应结合调查范围、调查对象、地形地貌和实际情况选择合适的调查方法。开展样线、样方调查的，应合理确定样线、样方的数量、长度或面积，涵盖评价范围内不同的植被类型及生境类型，山地区域还应结合海拔段、坡位、坡向进行布设。根据植物群落类型（宜以群系及以下分类单位为调查单元）设置调查样地，一级评价每种群落类型设置的样方数量不少于 5 个，二级评价不少于 3 个，调查时间宜选择植物生长旺盛季节；一级评价每种生境类型设置的野生动物调查样线数量不少于 5 条，二级评价不少于 3 条，除了收集历史资料外，一级评价还应获得近 1～2 个完整年度不同季节的现状资料，二级评价尽量获得野生动物繁殖期、越冬期、迁徙期等关键活动期的现状资料。

7.3.5　水生生态一级、二级评价的调查点位、断面等应涵盖评价范围内的干流、支流、河口、湖库等不同水域类型。一级评价应至少开展丰水期、枯水期（河流、湖库）或春季、秋季（入海河口、海域）两期（季）调查，二级评价至少获得一期（季）调查资料，涉及显著改变水文情势的项目应增加调查强度。鱼类调查时间应包括主要繁殖期，水生生境调查内容应包括水域形态结构、水文情势、水体理化性状和底质等。

7.3.6 三级评价现状调查以收集有效资料为主，可开展必要的遥感调查或现场校核。

7.3.7 生态现状调查中还应充分考虑生物多样性保护的要求。

7.3.8 涉海工程生态现状调查要求参照 GB/T 19485。

（3）掌握不同评价工作等级生态现状评价内容及要求

7.4 生态现状评价内容及要求

7.4.1 一级、二级评价应根据现状调查结果选择以下全部或部分内容开展评价：

a）根据植被和植物群落调查结果，编制植被类型图，统计评价范围内的植被类型及面积，可采用植被覆盖度等指标分析植被现状，图示植被覆盖度空间分布特点；

b）根据土地利用调查结果，编制土地利用现状图，统计评价范围内的土地利用类型及面积；

c）根据物种及生境调查结果，分析评价范围内的物种分布特点、重要物种的种群现状以及生境的质量、连通性、破碎化程度等，编制重要物种、重要生境分布图，迁徙、洄游物种的迁徙、洄游路线图；涉及国家重点保护野生动植物、极危、濒危物种的，可通过模型模拟物种适宜生境分布，图示工程与物种生境分布的空间关系；

d）根据生态系统调查结果，编制生态系统类型分布图，统计评价范围内的生态系统类型及面积；结合区域生态问题调查结果，分析评价范围内的生态系统结构与功能状况以及总体变化趋势；涉及陆地生态系统的，可采用生物量、生产力、生态系统服务功能等指标开展评价；涉及河流、湖泊、湿地生态系统的，可采用生物完整性指数等指标开展评价；

e）涉及生态敏感区的，分析其生态现状、保护现状和存在的问题；明确并图示生态敏感区及其主要保护对象、功能分区与工程的位置关系；

f）可采用物种丰富度、香农-威纳多样性指数、Pielou 均匀度指数、Simpson 优势度指数等对评价范围内的物种多样性进行评价。

7.4.2 三级评价可采用定性描述或面积、比例等定量指标，重点对评价范围内的土地利用现状、植被现状、野生动植物现状等进行分析，编制土地利用现状图、植被类型图、生态保护目标分布图等图件。

7.4.3 对于改扩建、分期实施的建设项目，应对既有工程、前期已实施工程的实际生态影响、已采取的生态保护措施的有效性和存在问题进行评价。

7.4.4 海洋生态现状评价还应符合 GB/T 19485 的要求。

6．生态影响预测与评价

（1）了解生态影响预测与评价的总体要求

8.1　总体要求

8.1.1　生态影响预测与评价内容应与现状评价内容相对应，根据建设项目特点、区域生物多样性保护要求以及生态系统功能等选择评价预测指标。

8.1.2　生态影响预测与评价尽量采用定量方法进行描述和分析，生态影响预测与评价方法参见附录 C。

（2）掌握不同评价工作等级生态影响预测与评价内容及要求

8.2.1　一级、二级评价应根据现状评价内容选择以下全部或部分内容开展预测评价：

a）采用图形叠置法分析工程占用的植被类型、面积及比例；通过引起地表沉陷或改变地表径流、地下水水位、土壤理化性质等方式对植被产生影响的，采用生态机理分析法、类比分析法等方法分析植物群落的物种组成、群落结构等变化情况；

b）结合工程的影响方式预测分析重要物种的分布、种群数量、生境状况等变化情况；分析施工活动和运行产生的噪声、灯光等对重要物种的影响；涉及迁徙、洄游物种的，分析工程施工和运行对迁徙、洄游行为的阻隔影响；涉及国家重点保护野生动植物、极危、濒危物种的，可采用生境评价方法预测分析物种适宜生境的分布及面积变化、生境破碎化程度等，图示建设项目实施后的物种适宜生境分布情况；

c）结合水文情势、水动力和冲淤、水质（包括水温）等影响预测结果，预测分析水生生境质量、连通性以及产卵场、索饵场、越冬场等重要生境的变化情况，图示建设项目实施后的重要水生生境分布情况；结合生境变化预测分析鱼类等重要水生生物的种类组成、种群结构、资源时空分布等变化情况；

d）采用图形叠置法分析工程占用的生态系统类型、面积及比例；结合生物量、生产力、生态系统功能等变化情况预测分析建设项目对生态系统的影响；

e）结合工程施工和运行引入外来物种的主要途径、物种生物学特性以及区域生态环境特点，参考 HJ 624 分析建设项目实施可能导致外来物种造成生态危害的风险；

f）结合物种、生境以及生态系统变化情况，分析建设项目对所在区域生物多样性的影响；分析建设项目通过时间或空间的累积作用方式产生的生态影响，如生境丧失、退化及破碎化、生态系统退化、生物多样性下降等；

g）涉及生态敏感区的，结合主要保护对象开展预测评价；涉及以自然景观、自然遗迹为主要保护对象的生态敏感区时，分析工程施工对景观、遗迹完整性的影响，结合工程建筑物、构筑物或其他设施的布局及设计，分析与景观、遗迹的协调性。

8.2.2　三级评价可采用图形叠置法、生态机理分析法、类比分析法等预测分析工程对土地利用、植被、野生动植物等的影响。

（3）掌握不同行业建设项目生态影响预测与评价的重点

8.2.3　不同行业应结合项目规模、影响方式、影响对象等确定评价重点：

a）矿产资源开发项目应对开采造成的植物群落及植被覆盖度变化、重要物种的活动、分布及重要生境变化以及生态系统结构和功能变化、生物多样性变化等开展重点预测与评价；

b）水利水电项目应对河流、湖泊等水体天然状态改变引起的水生生境变化、鱼类等重要水生生物的分布及种类组成、种群结构变化，水库淹没、工程占地引起的植物群落、重要物种的活动、分布及重要生境变化，调水引起的生物入侵风险，以及生态系统结构和功能变化、生物多样性变化等开展重点预测与评价；

c）公路、铁路、管线等线性工程应对植物群落及植被覆盖度变化、重要物种的活动、分布及重要生境变化、生境连通性及破碎化程度变化、生物多样性变化等开展重点预测与评价；

d）农业、林业、渔业等建设项目应对土地利用类型或功能改变引起的重要物种的活动、分布及重要生境变化、生态系统结构和功能变化、生物多样性变化以及生物入侵风险等开展重点预测与评价；

e）涉海工程海洋生态影响评价应符合 GB/T 19485 的要求，对重要物种的活动、分布及重要生境变化、海洋生物资源变化、生物入侵风险以及典型海洋生态系统的结构和功能变化、生物多样性变化等开展重点预测与评价。

7．生态保护对策措施

（1）掌握生态保护对策措施的总体要求

9.1　总体要求

9.1.1　应针对生态影响的对象、范围、时段、程度，提出避让、减缓、修复、补偿、管理、监测、科研等对策措施，分析措施的技术可行性、经济合理性、运行稳定性、生态保护和修复效果的可达性，选择技术先进、经济合理、便于实施、运行稳定、长期有效的措施，明确措施的内容、设施的规模及工艺、实施位置和时间、责任主体、实施保障、实施效果等，编制生态保护措施平面布置图、生态保护措施设计图，并估算（概算）生态保护投资。

9.1.2　优先采取避让方案，源头防止生态破坏，包括通过选址选线调整或局部方案优化避让生态敏感区，施工作业避让重要物种的繁殖期、越冬期、迁徙洄游期等关键活动期和特别保护期，取消或调整产生显著不利影响的工程内容和施工方式等。优先采用生态友好的工程建设技术、工艺及材料等。

9.1.3　坚持山水林田湖草沙一体化保护和系统治理的思路，提出生态保护对策措施。必要时开展专题研究和设计，确保生态保护措施有效。坚持尊重自然、顺应自然、保护自然的理念，采取自然的恢复措施或绿色修复工艺，避免生态保护措施自身的不利影响。不应采取违背自然规律的措施，切实保护生物多样性。

9.2　生态保护措施

9.2.1　项目施工前应对工程占用区域可利用的表土进行剥离，单独堆存，加强表土堆存防护及管理，确保有效回用。施工过程中，采取绿色施工工艺，减少地表开挖，合理设计高陡边坡支挡、加固措施，减少对脆弱生态的扰动。

9.2.2　项目建设造成地表植被破坏的，应提出生态修复措施，充分考虑自然生态条件，因地制宜，制定生态修复方案，优先使用原生表土和选用乡土物种，防止外来生物入侵，构建与周边生态环境相协调的植物群落，最终形成可自我维持的生态系统。生态修复的目标主要包括：恢复植被和土壤，保证一定的植被覆盖度和土壤肥力；维持物种种类和组成，保护生物多样性；实现生物群落的恢复，提高生态系统的生产力和自我维持力；维持生境的连通性等。生态修复应综合考虑物理（非生物）方法、生物方法和管理措施，结合项目施工工期、扰动范围，有条件的可提出"边施工、边修复"的措施要求。

9.2.3　尽量减少对动植物的伤害和生境占用。项目建设对重点保护野生植物、特有植物、古树名木等造成不利影响的，应提出优化工程布置或设计、就地或迁地保护、加强观测等措施，具备移栽条件、长势较好的尽量全部移栽。项目建设对重点保护野生动物、特有动物及其生境造成不利影响的，应提出优化工程施工方案、运行方式，实施物种救护，划定生境保护区域，开展生境保护和修复，构建活动廊道或建设食源地等措施。采取增殖放流、人工繁育等措施恢复受损的重要生物资源。项目建设产生阻隔影响的，应提出减缓阻隔、恢复生境连通的措施，如野生动物通道、过鱼设施等。项目建设和运行噪声、灯光等对动物造成不利影响的，应提出优化工程施工方案、设计方案或降噪遮光等防护措施。

9.2.4　矿山开采项目还应采取保护性开采技术或其他措施控制沉陷深度和保护地下水的生态功能。水利水电项目还应结合工程实施前后的水文情势变化情况、已批复的所在河流生态流量（水量）管理与调度方案等相关要求，确定合适的生态流量，具备调蓄能力且有生态需求的，应提出生态调度方案。涉及河流、湖泊或海域治理的，应尽量塑造近自然水域形态、底质、亲水岸线，尽量避免采取完全硬化措施。

（2）熟悉生态监测和环境管理要求

9.3　生态监测和环境管理

9.3.1　结合项目规模、生态影响特点及所在区域的生态敏感性，针对性地提出全生命周期、长期跟踪或常规的生态监测计划，提出必要的科技支撑方案。大中型水利水电项目、采掘类项目、新建 100 km 以上的高速公路及铁路项目、大型海上机场项目等应开展全生命周期生态监测；新建 50～100 km 的高速公路及铁路项目、新建码头项目、高等级航道项目、围填海项目以及占用或穿（跨）越生态敏感区的其他项目应开展长期跟踪生态监测（施工期并延续至正式投运后 5～10 年），其他项目可根据情况开展常规生态监测。

9.3.2　生态监测计划应明确监测因子、方法、频次、点位等。开展全生命周期和长期跟踪生态监测的项目，其监测点位以代表性为原则，在生态敏感区可适当增加调查密度、频次。

9.3.3　施工期重点监测施工活动干扰下生态保护目标的受影响状况，如植物群落变化、重要物种的活动、分布变化、生境质量变化等，运行期重点监测对生态保护目标的实际影响、生态保护对策措施的有效性以及生态修复效果等。有条件或有必要的，可开展生物多样性监测。

9.3.4　明确施工期和运行期环境管理原则与技术要求。可提出开展施工期工程环境监理、环境影响后评价等环境管理和技术要求。

8. 生态影响评价结论

熟悉生态影响评价结论的内容

10　生态影响评价结论

对生态现状、生态影响预测与评价结果、生态保护对策措施等内容进行概括总结，从生态影响角度明确建设项目是否可行。

（九）《建设项目环境风险评价技术导则》(HJ 169—2018)

1. 适用范围

掌握导则的适用范围

本标准规定了建设项目环境风险评价的一般性原则、内容、程序和方法。

本标准适用于涉及有毒有害和易燃易爆危险物质生产、使用、储存（包括使用管线输运）的建设项目可能发生的突发性事故（不包括人为破坏及自然灾害引发的事故）的环境风险评价。

本标准不适用于生态风险评价及核与辐射类建设项目的环境风险评价。

对于有特定行业环境风险评价技术规范要求的建设项目，本标准规定的一般性原则适用。

相关规划类环境影响评价中的环境风险评价可参考本标准。

2．术语与定义

熟悉环境风险、环境风险潜势、风险源、危险物质、危险单元、最大可信事故、大气毒性终点浓度的定义

下列术语和定义适用于本标准。

3.1　环境风险 environmental risk

突发性事故对环境造成的危害程度及可能性。

3.2　环境风险潜势 environmental risk potential

对建设项目潜在环境危害程度的概化分析表达，是基于建设项目涉及的物质和工艺系统危险性及其所在地环境敏感程度的综合表征。

3.3　风险源 risk source

存在物质或能量意外释放，并可能产生环境危害的源。

3.4　危险物质 hazardous substance

具有易燃易爆、有毒有害等特性，会对环境造成危害的物质。

3.5　危险单元 hazard unit

由一个或多个风险源构成的具有相对独立功能的单元，事故状况下应可实现与其他功能单元的分割。

3.6　最大可信事故 maximum credible event

是基于经验统计分析，在一定可能性区间内发生的事故中，造成环境危害最严重的事故。

3.7　大气毒性终点浓度 air toxic endpoint

人员短期暴露可能会导致出现健康影响或死亡的大气污染物浓度，用于判断周边环境风险影响程度。

3．总则

（1）了解环境风险评价的一般性原则和工作程序

4.1　一般性原则

环境风险评价应以突发性事故导致的危险物质环境急性损害防控为目标，

对建设项目的环境风险进行分析、预测和评估,提出环境风险预防、控制、减缓措施,明确环境风险监控及应急建议要求,为建设项目环境风险防控提供科学依据。

4.2　评价工作程序

评价工作程序见图1。

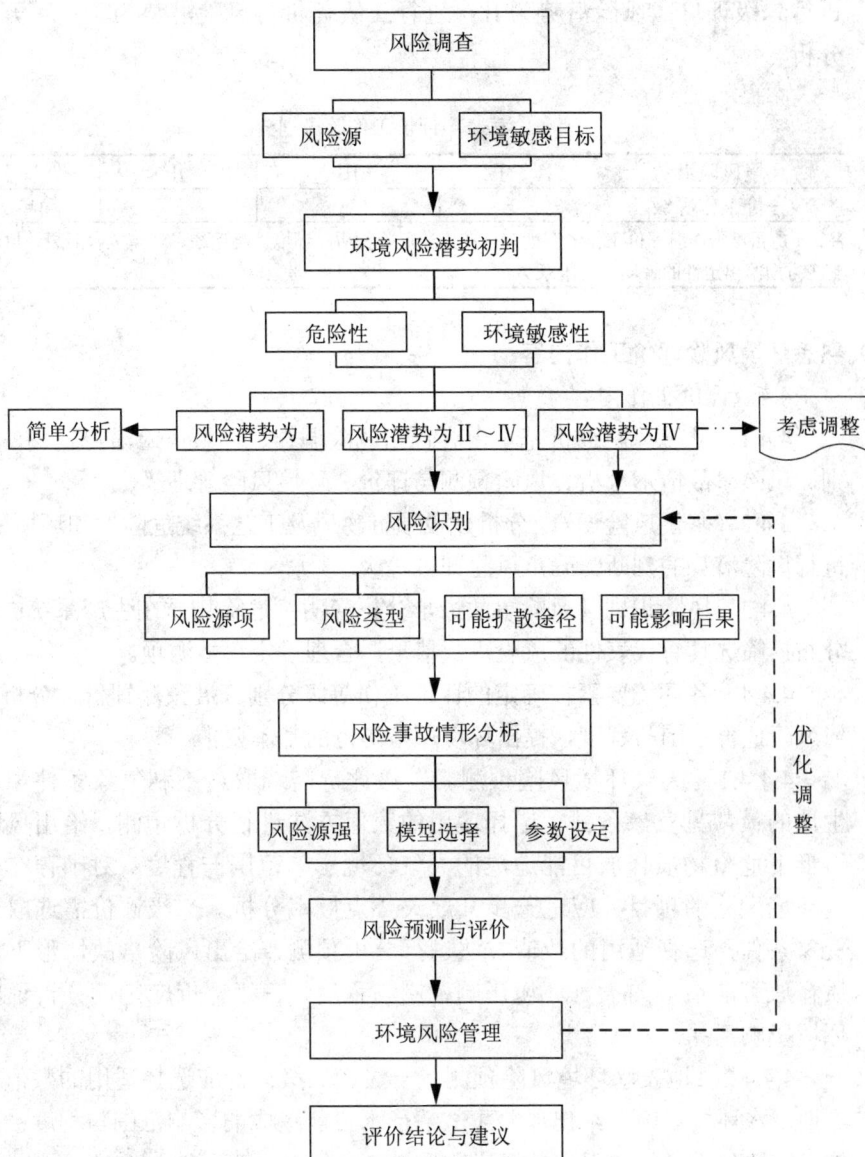

图1　评价工作程序

（2）掌握环境风险评价工作等级划分的原则

4.3　评价工作等级划分

环境风险评价工作等级划分为一级、二级、三级。根据建设项目涉及的物质及工艺系统危险性和所在地的环境敏感性确定环境风险潜势，按照表 1 确定评价工作等级。风险潜势为Ⅳ及以上，进行一级评价；风险潜势为Ⅲ，进行二级评价；风险潜势为Ⅱ，进行三级评价；风险潜势为Ⅰ，可开展简单分析。

表 1　评价工作等级划分

环境风险潜势	Ⅳ、Ⅳ⁺	Ⅲ	Ⅱ	Ⅰ
评价工作等级	一	二	三	简单分析 a

注：a 是相对于详细评价工作内容而言，在描述危险物质、环境影响途径、环境危害后果、风险防范措施等方面给出定性的说明，见附录 A。

（3）熟悉环境风险评价工作内容

4.4　评价工作内容

4.4.1　环境风险评价基本内容包括风险调查、环境风险潜势初判、风险识别、风险事故情形分析、风险预测与评价、环境风险管理等。

4.4.2　基于风险调查，分析建设项目物质及工艺系统危险性和环境敏感性，进行风险潜势的判断，确定风险评价等级。

4.4.3　风险识别及风险事故情形分析应明确危险物质在生产系统中的主要分布，筛选具有代表性的风险事故情形，合理设定事故源项。

4.4.4　各环境要素按确定的评价工作等级分别开展预测评价，分析说明环境风险危害范围与程度，提出环境风险防范的基本要求。

4.4.4.1　大气环境风险预测。一级评价需选取最不利气象条件和事故发生地的最常见气象条件，选择适用的数值方法进行分析预测，给出风险事故情形下危险物质释放可能造成的大气环境影响范围与程度。对于存在极高大气环境风险的项目，应进一步开展关心点概率分析。二级评价需选取最不利气象条件，选择适用的数值方法进行分析预测，给出风险事故情形下危险物质释放可能造成的大气环境影响范围与程度。三级评价应定性分析说明大气环境影响后果。

4.4.4.2　地表水环境风险预测。一级、二级评价应选择适用的数值方法预测地表水环境风险，给出风险事故情形下可能造成的影响范围与程度；三级评价应定性分析说明地表水环境影响后果。

4.4.4.3　地下水环境风险预测。一级评价应优先选择适用的数值方法预测地下水环境风险，给出风险事故情形下可能造成的影响范围与程度；低于一级评价的，风险预测分析与评价要求参照 HJ 610 执行。

　　4.4.5　提出环境风险管理对策，明确环境风险防范措施及突发环境事件应急预案编制要求。

　　4.4.6　综合环境风险评价过程，给出评价结论与建议。

（4）掌握环境风险评价范围的确定原则

　　4.5　评价范围

　　4.5.1　大气环境风险评价范围：一级、二级评价距建设项目边界一般不低于 5 km；三级评价距建设项目边界一般不低于 3 km。油气、化学品输送管线项目一级、二级评价距管道中心线两侧一般均不低于 200 m；三级评价距管道中心线两侧一般均不低于 100 m。当大气毒性终点浓度预测到达距离超出评价范围时，应根据预测到达距离进一步调整评价范围。

　　4.5.2　地表水环境风险评价范围参照 HJ 2.3 确定。

　　4.5.3　地下水环境风险评价范围参照 HJ 610 确定。

　　4.5.4　环境风险评价范围应根据环境敏感目标分布情况、事故后果预测可能对环境产生危害的范围等综合确定。项目周边所在区域，评价范围外存在需要特别关注的环境敏感目标，评价范围需延伸至所关心的目标。

4．风险调查

（1）熟悉建设项目风险源调查的内容

　　5.1　建设项目风险源调查

　　调查建设项目危险物质数量和分布情况、生产工艺特点，收集危险物质安全技术说明书（MSDS）等基础资料。

（2）掌握环境敏感目标调查的要求

　　5.2　环境敏感目标调查

　　根据危险物质可能的影响途径，明确环境敏感目标，给出环境敏感目标区位分布图，列表明确调查对象、属性、相对方位及距离等信息。

5．环境风险潜势初判

（1）掌握环境风险潜势等级划分和确定原则

　　6.1　环境风险潜势划分

　　建设项目环境风险潜势划分为Ⅰ、Ⅱ、Ⅲ、Ⅳ/Ⅳ$^{+}$级。

　　根据建设项目涉及的物质和工艺系统的危险性及其所在地的环境敏感程度，结合事故情形下环境影响途径，对建设项目潜在环境危害程度进行概化分析，按照表2确定环境风险潜势。

表2　建设项目环境风险潜势划分

环境敏感程度（E）	危险物质及工艺系统危险性（P）			
	极高危害 （P1）	高度危害 （P2）	中度危害 （P3）	轻度危害 （P4）
环境高度敏感区（E1）	IV⁺	IV	III	III
环境中度敏感区（E2）	IV	III	III	II
环境低度敏感区（E3）	III	III	II	I

注：IV⁺为极高环境风险。

（2）熟悉危险物质及工艺系统危险性（P）和环境敏感程度（E）的分级确定原则

6.2　P的分级确定

分析建设项目生产、使用、储存过程中涉及的有毒有害、易燃易爆物质，参见附录B确定危险物质的临界量。定量分析危险物质数量与临界量的比值（Q）和所属行业及生产工艺特点（M），按附录C对危险物质及工艺系统危险性（P）等级进行判断。

6.3　E的分级确定

分析危险物质在事故情形下的环境影响途径，如大气、地表水、地下水等，按照附录D对建设项目各要素环境敏感程度（E）等级进行判断。

（3）熟悉建设项目环境风险潜势判断

6.4　建设项目环境风险潜势判断

建设项目环境风险潜势综合等级取各要素等级的相对高值。

6．风险识别

（1）熟悉风险识别的内容

7.1　风险识别内容

7.1.1　物质危险性识别，包括主要原辅材料、燃料、中间产品、副产品、最终产品、污染物、火灾和爆炸伴生/次生物等。

7.1.2　生产系统危险性识别，包括主要生产装置、储运设施、公用工程和辅助生产设施以及环境保护设施等。

7.1.3　危险物质向环境转移的途径识别，包括分析危险物质特性及可能的环境风险类型，识别危险物质影响环境的途径，分析可能影响的环境敏感目标。

（2）了解风险识别的方法和结果

7.2　风险识别方法

7.2.1　资料收集和准备

根据危险物质泄漏、火灾、爆炸等突发性事故可能造成的环境风险类型，收集和准备建设项目工程资料，周边环境资料，国内外同行业、同类型事故统计分析及典型事故案例资料。对已建工程应收集环境管理制度，操作和维护手册，突发环境事件应急预案，应急培训、演练记录，历史突发环境事件及生产安全事故调查资料，设备失效统计数据等。

7.2.2　物质危险性识别

按附录 B 识别出的危险物质，以图表的方式给出其易燃易爆、有毒有害危险特性，明确危险物质的分布。

7.2.3　生产系统危险性识别

7.2.3.1　按工艺流程和平面布置功能区划，结合物质危险性识别，以图表的方式给出危险单元划分结果及单元内危险物质的最大存在量。按生产工艺流程分析危险单元内潜在的风险源。

7.2.3.2　按危险单元分析风险源的危险性、存在条件和转化为事故的触发因素。

7.2.3.3　采用定性或定量分析方法筛选确定重点风险源。

7.2.4　环境风险类型及危害分析

7.2.4.1　环境风险类型包括危险物质泄漏，以及火灾、爆炸等引发的伴生/次生污染物排放。

7.2.4.2　根据物质及生产系统危险性识别结果，分析环境风险类型、危险物质向环境转移的可能途径和影响方式。

7.3　风险识别结果

在风险识别的基础上，图示危险单元分布。给出建设项目环境风险识别汇总，包括危险单元、风险源、主要危险物质、环境风险类型、环境影响途径、可能受影响的环境敏感目标等，说明风险源的主要参数。

7. 风险事故情形分析

（1）熟悉风险事故情形设定内容和原则

8.1　风险事故情形设定

8.1.1　风险事故情形设定内容

在风险识别的基础上，选择对环境影响较大并具有代表性的事故类型，设定风险事故情形。风险事故情形设定内容应包括环境风险类型、风险源、危险单元、危险物质和影响途径等。

8.1.2 风险事故情形设定原则

8.1.2.1 同一种危险物质可能有多种环境风险类型。风险事故情形应包括危险物质泄漏，以及火灾、爆炸等引发的伴生/次生污染物排放情形。对不同环境要素产生影响的风险事故情形，应分别进行设定。

8.1.2.2 对于火灾、爆炸事故，需将事故中未完全燃烧的危险物质在高温下迅速挥发释放至大气，以及燃烧过程中产生的伴生/次生污染物对环境的影响作为风险事故情形设定的内容。

8.1.2.3 设定的风险事故情形发生可能性应处于合理的区间，并与经济技术发展水平相适应。一般而言，发生频率小于 10^{-6}/年的事件是极小概率事件，可作为代表性事故情形中最大可信事故设定的参考。

8.1.2.4 风险事故情形设定的不确定性与筛选。由于事故触发因素具有不确定性，因此事故情形的设定并不能包含全部可能的环境风险，但通过具有代表性的事故情形分析可为风险管理提供科学依据。事故情形的设定应在环境风险识别的基础上筛选，设定的事故情形应具有危险物质、环境危害、影响途径等方面的代表性。

（2）了解源项分析的方法

8.2.1 源项分析方法

源项分析应基于风险事故情形的设定，合理估算源强。泄漏频率可参考附录 E 的推荐方法确定，也可采用事故树、事件树分析法或类比法等确定。

（3）掌握事故源强的确定方法

8.2.2 事故源强的确定

事故源强是为事故后果预测提供分析模拟情形。事故源强设定可采用计算法和经验估算法。计算法适用于以腐蚀或应力作用等引起的泄漏型为主的事故；经验估算法适用于以火灾、爆炸等突发性事故伴生/次生的污染物释放。

8. 风险预测与评价

（1）掌握风险预测的内容

9.1 风险预测

9.1.1 有毒有害物质在大气中的扩散

9.1.1.1 预测模型筛选

a）预测计算时，应区分重质气体与轻质气体排放选择合适的大气风险预测模型。其中重质气体和轻质气体的判断依据可采用附录 G 中 G.2 推荐的理查德森数进行判定；

b）采用附录 G 中的推荐模型进行气体扩散后果预测，模型选择应结合模型的适用范围、参数要求等说明模型选择的依据；

c）选用推荐模型以外的其他技术成熟的大气风险预测模型时，需说明模型选择理由及适用性。

9.1.1.2 预测范围与计算点

a）预测范围即预测物质浓度达到评价标准时的最大影响范围，通常由预测模型计算获取。预测范围一般不超过 10 km；

b）计算点分特殊计算点和一般计算点。特殊计算点指大气环境敏感目标等关心点，一般计算点指下风向不同距离点。一般计算点的设置应具有一定分辨率，距离风险源 500 m 范围内可设置 10～50 m 间距，大于 500 m 范围内可设置 50～100 m 间距。

9.1.1.3 事故源参数

根据大气风险预测模型的需要，调查泄漏设备类型、尺寸、操作参数（压力、温度等），泄漏物质理化特性（摩尔质量、沸点、临界温度、临界压力、比热容比、气体比定压热容、液体比定压热容、液体密度、汽化热等）。

9.1.1.4 气象参数

a）一级评价，需选取最不利气象条件及事故发生地的最常见气象条件分别进行后果预测。其中最不利气象条件取 F 类稳定度，1.5 m/s 风速，温度 25℃，相对湿度 50%；最常见气象条件由当地近 3 年内的至少连续 1 年气象观测资料统计分析得出，包括出现频率最高的稳定度、该稳定度下的平均风速（非静风）、日最高平均气温、年平均湿度。

b）二级评价，需选取最不利气象条件进行后果预测。最不利气象条件取 F 类稳定度，风速 1.5 m/s，温度 25℃，相对湿度 50%。

9.1.1.5 大气毒性终点浓度值选取

大气毒性终点浓度即预测评价标准。大气毒性终点浓度值选取参见附录 H，分为 1 级、2 级。其中 1 级为当大气中危险物质浓度低于该限值时，绝大多数人员暴露 1 h 不会对生命造成威胁，当超过该限值时，有可能对人群造成生命威胁；2 级为当大气中危险物质浓度低于该限值时，暴露 1 h 一般不会对人体造成不可逆的伤害，或出现的症状一般不会损伤该个体采取有效防护措施的能力。

9.1.1.6 预测结果表述

a）给出下风向不同距离处有毒有害物质的最大浓度，以及预测浓度达到不同毒性终点浓度的最大影响范围。

b）给出各关心点的有毒有害物质浓度随时间变化情况，以及关心点的预测浓度超过评价标准时对应的时刻和持续时间。

c）对于存在极高大气环境风险的建设项目，应开展关心点概率分析，即有毒有害气体（物质）剂量负荷对个体的大气伤害概率、关心点处气象条件的频率、事故发生概率的乘积，以反映关心点处人员在无防护措施条件下受到伤害的可能性。有毒有害气体大气伤害概率估算参见附录 I。

9.1.2　有毒有害物质在地表水、地下水环境中的运移扩散

9.1.2.1　有毒有害物质进入水环境的方式

有毒有害物质进入水环境包括事故直接导致和事故处理处置过程间接导致的情况，一般为瞬时排放源和有限时段内排放的源。

9.1.2.2　预测模型

a）地表水

根据风险识别结果，有毒有害物质进入水体的方式、水体类别及特征，以及有毒有害物质的溶解性，选择适用的预测模型。

1）对于油品类泄漏事故，流场计算按 HJ 2.3 中的相关要求，选取适用的预测模型，溢油漂移扩散过程按 GB/T 19485 中的溢油粒子模型进行溢油轨迹预测。

2）其他事故，地表水风险预测模型及参数参照 HJ 2.3。

b）地下水

地下水风险预测模型及参数参照 HJ 610。

9.1.2.3　终点浓度值选取

终点浓度即预测评价标准。终点浓度值根据水体分类及预测点水体功能要求，按照 GB 3838、GB 5749、GB 3097 或 GB/T 14848 选取。对于未列入上述标准，但确需进行分析预测的物质，其终点浓度值选取可参照 HJ 2.3、HJ 610。

对于难以获取终点浓度值的物质，可按质点运移到达判定。

9.1.2.4　预测结果表述

a）地表水

根据风险事故情形对水环境的影响特点，预测结果可采用以下表述方式：

1）给出有毒有害物质进入地表水体最远超标距离及时间。

2）给出有毒有害物质经排放通道到达下游（按水流方向）环境敏感目标处的到达时间、超标时间、超标持续时间及最大浓度，对于在水体中漂移类物质，应给出漂移轨迹。

b）地下水

给出有毒有害物质进入地下水体到达下游厂区边界和环境敏感目标处的到达时间、超标时间、超标持续时间及最大浓度。

（2）**熟悉环境风险评价的内容**

9.2 环境风险评价

结合各要素风险预测，分析说明建设项目环境风险的危害范围与程度。大气环境风险的影响范围和程度由大气毒性终点浓度确定，明确影响范围内的人口分布情况；地表水、地下水对照功能区质量标准浓度（或参考浓度）进行分析，明确对下游环境敏感目标的影响情况。环境风险可采用后果分析、概率分析等方法开展定性或定量评价，以避免急性损害为重点，确定环境风险防范的基本要求。

9. 环境风险管理

（1）**熟悉环境风险管理目标**

10.1 环境风险管理目标

环境风险管理目标是采用最低合理可行原则（as low as reasonable practicable，ALARP）管控环境风险。采取的环境风险防范措施应与社会经济技术发展水平相适应，运用科学的技术手段和管理方法，对环境风险进行有效的预防、监控、响应。

（2）**掌握环境风险防范措施要求**

10.2 环境风险防范措施

10.2.1 大气环境风险防范应结合风险源状况明确环境风险的防范、减缓措施，提出环境风险监控要求，并结合环境风险预测分析结果、区域交通道路和安置场所位置等，提出事故状态下人员的疏散通道及安置等应急建议。

10.2.2 事故废水环境风险防范应明确"单元—厂区—园区/区域"的环境风险防控体系要求，设置事故废水收集（尽可能以非动力自流方式）和应急储存设施，以满足事故状态下收集泄漏物料、污染消防水和污染雨水的需要，明确并图示防止事故废水进入外环境的控制、封堵系统。应急储存设施应根据发生事故的设备容量、事故时消防用水量及可能进入应急储存设施的雨水量等因素综合确定。应急储存设施内的事故废水，应及时进行有效处置，做到回用或达标排放。结合环境风险预测分析结果，提出实施监控和启动相应的园区/区域突发环境事件应急预案的建议要求。

10.2.3 地下水环境风险防范应重点采取源头控制和分区防渗措施，加强地下水环境的监控、预警，提出事故应急减缓措施。

10.2.4 针对主要风险源，提出设立风险监控及应急监测系统，实现事故预警和快速应急监测、跟踪，提出应急物资、人员等的管理要求。

10.2.5 对于改建、扩建和技术改造项目，应分析依托企业现有环境风险防范措施的有效性，提出完善意见和建议。

10.2.6 环境风险防范措施应纳入环保投资和建设项目竣工环境保护验收内容。

10.2.7 考虑事故触发具有不确定性，厂内环境风险防控系统应纳入园区/区域环境风险防控体系，明确风险防控设施、管理的衔接要求。极端事故风险防控及应急处置应结合所在园区/区域环境风险防控体系统筹考虑，按分级响应要求及时启动园区/区域环境风险防范措施，实现厂内与园区/区域环境风险防控设施及管理有效联动，有效防控环境风险。

（3）了解突发环境事件应急预案编制要求

10.3 突发环境事件应急预案编制要求

10.3.1 按照国家、地方和相关部门要求，提出企业突发环境事件应急预案编制或完善的原则要求，包括预案适用范围、环境事件分类与分级、组织机构与职责、监控和预警、应急响应、应急保障、善后处置、预案管理与演练等内容。

10.3.2 明确企业、园区/区域、地方政府环境风险应急体系。企业突发环境事件应急预案应体现分级响应、区域联动的原则，与地方政府突发环境事件应急预案相衔接，明确分级响应程序。

10. 评价结论与建议

掌握评价结论与建议的内容

11.1 项目危险因素

简要说明主要危险物质、危险单元及其分布，明确项目危险因素，提出优化平面布局、调整危险物质存在量及危险性控制的建议。

11.2 环境敏感性及事故环境影响

简要说明项目所在区域环境敏感目标及其特点，根据预测分析结果，明确突发性事故可能造成环境影响的区域和涉及的环境敏感目标，提出保护措施及要求。

11.3 环境风险防范措施和应急预案

结合区域环境条件和园区/区域环境风险防控要求，明确建设项目环境风险防控体系，重点说明防止危险物质进入环境及进入环境后的控制、消减、监测等措施，提出优化调整风险防范措施建议及突发环境事件应急预案原则要求。

11.4 环境风险评价结论与建议

综合环境风险评价专题的工作过程，明确给出建设项目环境风险是否可防控的结论。根据建设项目环境风险可能影响的范围与程度，提出缓解环境风险的建议措施。

对存在较大环境风险的建设项目，需提出环境影响后评价的要求。

（十）《规划环境影响评价技术导则　总纲》（HJ 130—2019）

1. 适用范围

掌握导则的适用范围

本标准规定了开展规划环境影响评价的一般性原则、工作程序、内容、方法和要求。

本标准适用于国务院有关部门、设区的市级以上地方人民政府及其有关部门组织编制的土地利用的有关规划，区域、流域、海域的建设、开发利用规划，以及工业、农业、畜牧业、林业、能源、水利、交通、城市建设、旅游、自然资源开发的有关专项规划的环境影响评价。其他规划的环境影响评价可参照执行。

各综合性规划、专项规划环境影响评价技术导则和技术规范等应根据本标准制（修）订。

2. 术语和定义

掌握环境目标、生态空间、生态保护红线、环境质量底线、资源利用上线、环境敏感区、重点生态功能区、生态系统完整性、环境管控单元、生态环境准入清单、跟踪评价的定义。

3.1　环境目标　environmental goals

指为保护和改善生态环境而设定的、拟在相应规划期限内达到的环境质量、生态功能和其他与生态环境保护相关的目标和要求，是规划编制和实施应满足的生态环境保护总体要求。

3.2　生态空间　ecological space

指具有自然属性、以提供生态服务或生态产品为主体功能的国土空间，包括森林、草原、湿地、河流、湖泊、滩涂、岸线、海洋、荒地、荒漠、戈壁、冰川、高山冻原、无居民海岛等区域，是保障区域生态系统稳定性、完整性，提供生态服务功能的主要区域。

3.3　生态保护红线　ecological conservation redline

指在生态空间范围内具有特殊重要生态功能、必须强制性严格保护的区域，是保障和维护国家生态安全的底线和生命线，通常包括具有重要水源涵养、生物多样性维护、水土保持、防风固沙、海岸生态稳定等功能的生态功能重要区域，以及水土流失、土地沙化、石漠化、盐渍化等生态环境敏感脆弱区域。

3.4　环境质量底线　environmental quality bottom line

指按照水、大气、土壤环境质量不断优化的原则，结合环境质量现状和相关规划、功能区划要求，考虑环境质量改善潜力，确定的分区域分阶段环境质量目标及相应的环境管控、污染物排放控制等要求。

3.5　资源利用上线　resource utilization upper limit line

以保障生态安全和改善环境质量为目的，结合自然资源开发管控，提出的分区域分阶段的资源开发利用总量、强度、效率等管控要求。

3.6　环境敏感区　environmental sensitive area

指依法设立的各级各类保护区域和对规划实施产生的环境影响特别敏感的区域，主要包括生态保护红线范围内或者其外的下列区域：

a）自然保护区、风景名胜区、世界文化和自然遗产地、海洋特别保护区、饮用水水源保护区；

b）永久基本农田、基本草原、森林公园、地质公园、重要湿地、天然林、野生动物重要栖息地、重点保护野生植物生长繁殖地、重要水生生物自然产卵场、索饵场、越冬场和洄游通道、天然渔场、水土流失重点预防区、沙化土地封禁保护区、封闭及半封闭海域；

c）以居住、医疗卫生、文化教育、科研、行政办公等为主要功能的区域，以及文物保护单位。

3.7　重点生态功能区　key ecological function area

指生态系统脆弱或生态功能重要，需要在国土空间开发中限制进行大规模高强度工业化城镇化开发，以保持并提高生态产品供给能力的区域。

3.8　生态系统完整性　ecosystem integrity

指自然生态系统通过其组织、结构、关系等应对外来干扰并维持自身状态稳定性和生产能力的功能水平。

3.9　环境管控单元　environmental control unit

指集成生态保护红线及生态空间、环境质量底线、资源利用上线的管控区域。

3.10　生态环境准入清单　list for eco-environmental permits

指基于环境管控单元，统筹考虑生态保护红线、环境质量底线、资源利用上线的管控要求，以清单形式提出的空间布局、污染物排放、环境风险防控、资源开发利用等方面生态环境准入要求。

3.11　跟踪评价　follow-up evaluation

指规划编制机关在规划的实施过程中，对已经和正在产生的环境影响进行监测、分析和评价的过程，用以检验规划实施的实际环境影响以及不良环境影响减缓措施的有效性，并根据评价结果，提出完善环境管理方案，或者对正在实施的规划方案进行修订。

3. 总则

（1）**熟悉规划环境影响评价的目的**

4.1 评价目的

以改善环境质量和保障生态安全为目标，论证规划方案的生态环境合理性和环境效益，提出规划优化调整建议；明确不良生态环境影响的减缓措施，提出生态环境保护建议和管控要求，为规划决策和规划实施过程中的生态环境管理提供依据。

（2）**熟悉规划环境影响评价的原则**

4.2 评价原则

4.2.1 早期介入、过程互动

评价应在规划编制的早期阶段介入，在规划前期研究和方案编制、论证、审定等关键环节和过程中充分互动，不断优化规划方案，提高环境合理性。

4.2.2 统筹衔接、分类指导

评价工作应突出不同类型、不同层级规划及其环境影响特点，充分衔接"三线一单"成果，分类指导规划所包含建设项目的布局和生态环境准入。

4.2.3 客观评价、结论科学

依据现有知识水平和技术条件对规划实施可能产生的不良环境影响的范围和程度进行客观分析，评价方法应成熟可靠，数据资料应完整可信，结论建议应具体明确且具有可操作性。

（3）**掌握规划环境影响评价范围界定**

4.3 评价范围

4.3.1 按照规划实施的时间维度和可能影响的空间尺度来界定评价范围。

4.3.2 时间维度上，应包括整个规划期，并根据规划方案的内容、年限等选择评价的重点时段。

4.3.3 空间尺度上，应包括规划空间范围以及可能受到规划实施影响的周边区域。周边区域确定应考虑各环境要素评价范围，兼顾区域流域污染物传输扩散特征、生态系统完整性和行政边界。

（4）**熟悉评价流程**

4.4 评价流程

4.4.1 工作流程

规划环境影响评价的一般工作流程见附录A。

4.4.2　技术流程

规划环境影响评价的技术流程见图 1。

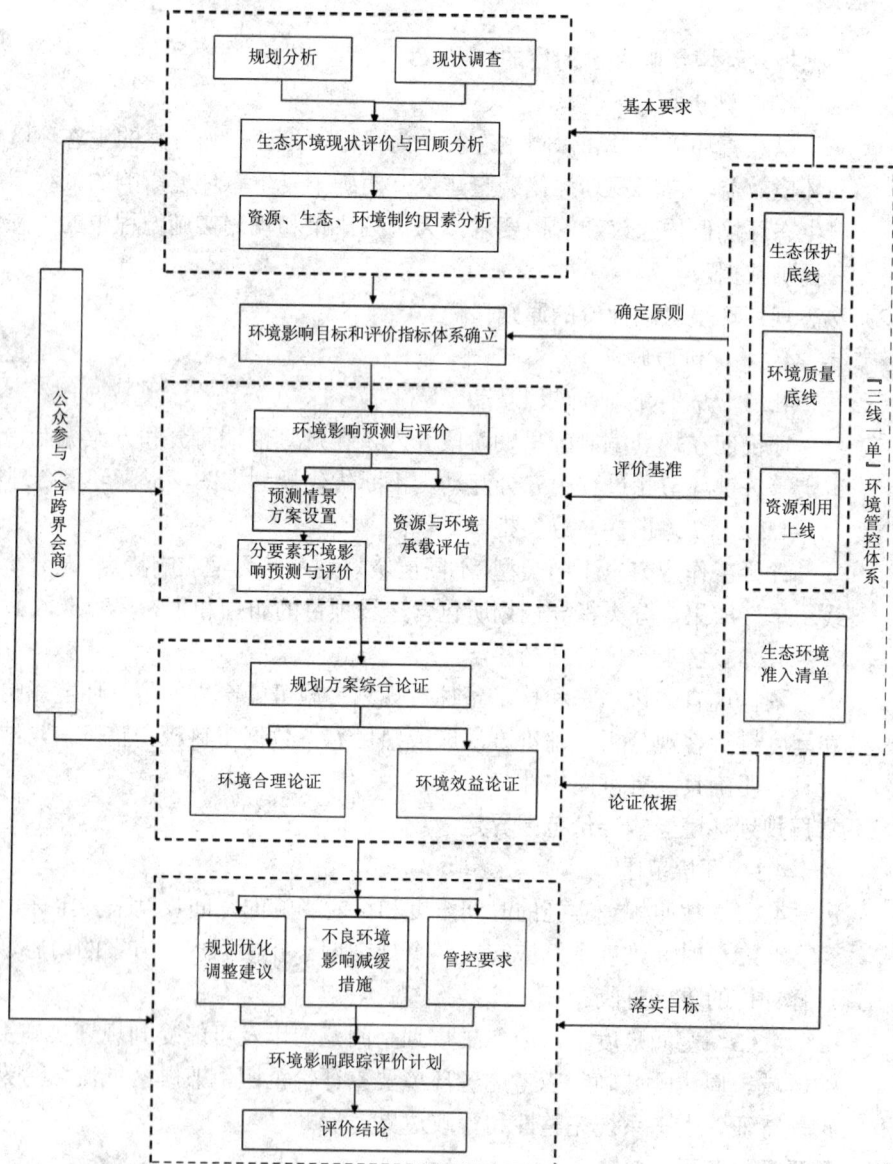

图 1　规划环境影响评价技术流程图

（注：编写规划环境影响篇章或说明的技术流程可参照图 1 执行）

附录 A（规范性附录）　规划环境影响评价一般工作流程

规划环境影响评价应在规划编制的早期阶段介入，并与规划编制、论证及审定等关键环节和过程充分互动，互动内容一般包括：

1．在规划前期阶段，同步开展规划环评工作。通过对规划内容的分析，收集与规划相关的法律法规、环境政策等，收集上层位规划和规划所在区域战略环评及"三线一单"成果，对规划区域及可能受影响的区域进行现场踏勘，收集相关基础数据资料，初步调查环境敏感区情况，识别规划实施的主要环境影响，分析提出规划实施的资源、生态、环境制约因素，反馈给规划编制机关。

2．在规划方案编制阶段，完成现状调查与评价，提出环境影响评价指标体系，分析、预测和评价拟定规划方案实施的资源、生态、环境影响，并将评价结果和结论反馈给规划编制机关，作为方案比选和优化的参考和依据。

3．在规划的审定阶段：

a）进一步论证拟推荐的规划方案的环境合理性，形成必要的优化调整建议，反馈给规划编制机关。针对推荐的规划方案提出不良环境影响减缓措施和环境影响跟踪评价计划，编制环境影响报告书。

b）如果拟选定的规划方案在资源、生态、环境方面难以承载，或者可能造成重大不良生态环境影响且无法提出切实可行的预防或减缓对策和措施，或者根据现有的数据资料和专家知识对可能产生的不良生态环境影响的程度、范围等无法做出科学判断，应向规划编制机关提出对规划方案做出重大修改的建议并说明理由。

4．规划环境影响报告书审查会后，应根据审查小组提出的修改意见和审查意见对报告书进行修改完善。

5．在规划报送审批前，应将环境影响评价文件及其审查意见正式提交给规划编制机关。

（5）熟悉评价方法

4.5　评价方法

规划环境影响评价各工作环节常用方法参见附录 B。开展具体评价工作时可根据需要选用，也可选用其他已广泛应用、可验证的技术方法。

附录 B（资料性附录）　规划环境影响评价方法

规划环境影响评价的常用方法见表 B.1。

表 B.1　规划环境影响评价的常用方法

评价环节	可采用的主要方式和方法
规划分析	核查表、叠图分析、矩阵分析、专家咨询（如智暴法、德尔斐法等）、情景分析、类比分析、系统分析
现状调查 与评价	现状调查：资料收集、现场踏勘、环境监测、生态调查、问卷调查、访谈、座谈会。环境要素的调查方式和监测方法可参考 HJ 2.2、HJ 2.3、HJ 2.4、HJ 19、HJ 610、HJ 623、HJ 964 和有关监测规范执行 现状分析与评价：专家咨询、指数法（单指数、综合指数）、类比分析、叠图分析、生态学分析法（生态系统健康评价法、生物多样性评价法、生态机理分析法、生态系统服务功能评价方法、生态环境敏感性评价方法、景观生态学法等，以下同）、灰色系统分析法
环境影响识别与 评价指标确定	核查表、矩阵分析、网络分析、系统流图、叠图分析、灰色系统分析法、层次分析、情景分析、专家咨询、类比分析、压力-状态-响应分析
规划实施生态环境 压力分析	专家咨询、情景分析、负荷分析（估算单位国内生产总值物耗、能耗和污染物排放量等）、趋势分析、弹性系数法、类比分析、对比分析、供需平衡分析
环境影响 预测与评价	类比分析、对比分析、负荷分析（估算单位国内生产总值物耗、能耗和污染物排放量等）、弹性系数法、趋势分析、系统动力学法、投入产出分析、供需平衡分析、数值模拟、环境经济学分析（影子价格、支付意愿、费用效益分析等）、综合指数法、生态学分析法、灰色系统分析法、叠图分析、情景分析、相关性分析、剂量-反应关系评价 环境要素影响预测与评价的方式和方法可参考 HJ 2.2、HJ 2.3、HJ 2.4、HJ 19、HJ 610、HJ 623、HJ 964 执行
环境风险 评价	灰色系统分析法、模糊数学法、数值模拟、风险概率统计、事件树分析、生态学分析法、类比分析 可参考 HJ 169 执行

4．规划分析

（1）掌握规划分析的基本要求

5.1　基本要求

规划分析包括规划概述和规划协调性分析。规划概述应明确可能对生态环境造成影响的规划内容；规划协调性分析应明确规划与相关法律、法规、政策的相符性，以及规划在空间布局、资源保护与利用、生态环境保护等方面的冲突和矛盾。

（2）掌握规划概述的内容与要求

5.2　规划概述

介绍规划编制背景和定位，结合图、表梳理分析规划的空间范围和布局，规划不同阶段目标、发展规模、布局、结构（包括产业结构、能源结构、资源利用结构等）、建设时序，配套基础设施等可能对生态环境造成影响的规划内容，梳理规划的环境目标、环境污染治理要求、环保基础设施建设、生态保护与建设等方面的内容。如规划方案包含的具体建设项目有明确的规划内容，应说明其建设时段、内容、规模、选址等。

（3）掌握规划协调性分析的内容

5.3　规划协调性分析

5.3.1　筛选出与本规划相关的生态环境保护法律法规、环境经济政策、环境技术政策、资源利用和产业政策，分析本规划与其相关要求的符合性。

5.3.2　分析规划规模、布局、结构等规划内容与上层位规划、区域"三线一单"管控要求、战略或规划环评成果的符合性，识别并明确在空间布局以及资源保护与利用、生态环境保护等方面的冲突和矛盾。

5.3.3　筛选出在评价范围内与本规划同层位的自然资源开发利用或生态环境保护相关规划，分析与同层位规划在关键资源利用和生态环境保护等方面的协调性，明确规划与同层位规划间的冲突和矛盾。

5．现状调查与评价

（1）掌握现状调查的基本要求

6.1　基本要求

开展资源利用和生态环境现状调查、环境影响回顾性分析，明确评价区域资源利用水平和生态功能、环境质量现状、污染物排放状况，分析主要生态环境问题及成因，梳理规划实施的资源、生态、环境制约因素。

（2）熟悉现状调查的内容

6.2　现状调查

6.2.1　调查应包括自然地理状况、环境质量现状、生态状况及生态功能、环境敏感区和重点生态功能区、资源利用现状、社会经济概况、环保基础设施建设及运行情况等内容。实际工作中应根据规划环境影响特点和区域生态环境保护要求，从附录C中选择相应内容开展调查和资料收集，并附相应图件。

6.2.2　现状调查应立足于收集和利用评价范围内已有的常规现状资料，并说明资料来源和有效性。有常规监测资料的区域，资料原则上包括近5年或更长时间段资料，能够说明各项调查内容的现状和变化趋势。对其中的环境监测数据，应给出监测点位名称、监测点位分布图、监测因子、监测时段、监测频次及监测周期等，分析说明监测点位的代表性。

6.2.3　当已有资料不能满足评价要求，或评价范围内有需要特别保护的环境敏感区时，可利用相关研究成果，必要时进行补充调查或监测，补充调查样点或监测点位应具有针对性和代表性。

附录 C（规范性附录） 环境现状调查内容

规划环境影响评价中环境现状调查内容见表 C.1，实际工作中根据规划环境影响特点和区域环境保护要求，从表 C.1 中选择相应内容开展调查和资料收集。

表 C.1 资源、生态、环境现状调查内容

调查要素		主要调查内容
自然地理状况		地形地貌，河流、湖泊（水库）、海湾的水文状况，水文地质状况，气候与气象特征等
环境质量现状	地表水环境	1. 水功能区划、海洋功能区划、近岸海域环境功能区划、保护目标及各功能区水质达标情况； 2. 主要水污染因子和特征污染因子、水环境控制单元主要污染物排放现状、环境质量改善目标要求； 3. 地表水控制断面位置及达标情况、主要水污染源分布和污染贡献率（包括工业、农业、生活污染源和移动源）、单位国内生产总值废水及主要水污染物排放量； 4. 附水功能区划图、控制断面位置图、海洋功能区划图、近岸海域环境功能区划图、水环境控制单元图、主要水污染源排放口分布图和现状监测点位图
	地下水环境	1. 环境水文地质条件，包括含（隔）水层结构及分布特征、地下水补径排条件，地下水流场等； 2. 地下水利用现状，地下水水质达标情况，主要污染因子和特征污染因子； 3. 附环境水文地质相关图件，现状监测点位图
	大气环境	1. 大气环境功能区划、保护目标及各功能区环境空气质量达标情况； 2. 主要大气污染因子和特征污染因子、大气环境控制单元主要污染物排放现状、环境质量改善目标要求； 3. 主要大气污染源分布和污染贡献率（包括工业、农业和生活污染源）、单位国内生产总值主要大气污染物排放量； 4. 附大气环境功能区划图、大气环境管控分区图、重点污染源分布图和现状监测点位图
	声环境	声环境功能区划、保护目标及各功能区声环境质量达标情况，附声环境功能区划图和现状监测点位图
	土壤环境	1. 土壤主要理化特征，主要土壤污染因子和特征污染因子，土壤中污染物含量，土壤污染风险防控区及防控目标，附土壤现状监测点位图； 2. 海洋沉积物质量达标情况

调查要素		主要调查内容
生态状况及生态功能		1. 生态保护红线与管控要求； 2. 生态功能区划、主体功能区划； 3. 生态系统的类型（森林、草原、荒漠、冻原、湿地、水域、海洋、农田、城镇等）及其结构、功能和过程； 4. 植物区系与主要植被类型，珍稀、濒危、特有、狭域野生动植物的种类、分布和生境状况； 5. 主要生态问题的类型、成因、空间分布、发生特点等； 6. 附生态保护红线图、生态空间图、重点生态功能区划图及野生动植物分布图等
环境敏感区和重点生态功能区		1. 环境敏感区的类型、分布、范围、敏感性（或保护级别）、主要保护对象及相关环境保护要求等，与规划布局空间位置关系，附相关图件； 2. 重点生态功能区的类型、分布、范围和生态功能，与规划布局空间位置关系，附相关图件
资源利用现状	土地资源	主要用地类型、面积及其分布，土地资源利用上线及开发利用状况，土地资源重点管控区，附土地利用现状图
	水资源	水资源总量、时空分布，水资源利用上线及开发利用状况和耗用状况（包括地表水和地下水），海水与再生水利用状况，水资源重点管控区，附有关的水系图及水文地质相关图件
	能源	能源利用上线及能源消费总量、能源结构及利用效率
	矿产资源	矿产资源类型与储量、生产和消费总量、资源利用效率等，附矿产资源分布图
	旅游资源	旅游资源和景观资源的地理位置、范围和开发利用状况等，附相关图件
	岸线和滩涂资源	滩涂、岸线资源及其利用状况，附相关图件
	重要生物资源	重要生物资源（如林地资源、草地资源、渔业资源、海洋生物资源）和其他对区域经济社会发展有重要价值的资源地理分布、储量及其开发利用状况，附相关图件
其他	固体废物	固体废物（一般工业固体废物、一般农业固体废物、危险废物、生活垃圾）产生量及单位国内生产总值固体废物产生量，危险废物的产生量、产生源分布等
社会经济概况		评价范围内的人口规模、分布，经济规模与增长率，交通运输结构、空间布局等；重点关注评价区域的产业结构、主导产业及其布局、重大基础设施布局及建设情况等，附相应图件
环保基础设施建设及运行情况		评价范围内的污水处理设施（含管网）规模、分布、处理能力和处理工艺、服务范围；集中供热、供气情况；大气、水、土壤污染综合治理情况；区域噪声污染控制情况；一般工业固体废物与危险废物利用处置方式和利用处置设施情况（包括规模、分布、处理能力、处理工艺、服务范围和服务年限等）；现有生态保护工程及实施效果；环保投诉情况等

（3）熟悉现状评价与回顾性分析的内容

6.3　现状评价与回顾性分析

6.3.1　资源利用现状评价

明确与规划实施相关的自然资源、能源种类，结合区域资源禀赋及其合理利用水平或上线要求，分析区域水资源、土地资源、能源等各类资源利用的现状水平和变化趋势。

6.3.2　环境与生态现状评价

a）结合各类环境功能区划及其目标质量要求，评价区域水、大气、土壤、声等环境要素的质量现状和演变趋势，明确主要和特征污染因子，并分析其主要来源；分析区域环境质量达标情况、主要环境敏感区保护等方面存在的问题及成因，明确需解决的主要环境问题。

b）结合区域生态系统的结构与功能状况，评价生态系统的重要性和敏感性，分析生态状况和演变趋势及驱动因子。当评价区域涉及环境敏感区和重点生态功能区时，应分析其生态现状、保护现状和存在的问题等；当评价区域涉及受保护的关键物种时，应分析该物种种群与重要生境的保护现状和存在问题。明确需解决的主要生态保护和修复问题。

6.3.3　环境影响回顾性分析

结合上一轮规划实施情况或区域发展历程，分析区域生态环境演变趋势和现状生态环境问题与上一轮规划实施或发展历程的关系，调查分析上一轮规划环评及审查意见落实情况和环境保护措施的效果。提出本次评价应重点关注的生态环境问题及解决途径。

（4）熟悉制约因素分析的内容

6.4　制约因素分析

分析评价区域资源利用水平、生态状况、环境质量等现状与区域资源利用上线、生态保护红线、环境质量底线等管控要求间的关系，明确提出规划实施的资源、生态、环境制约因素。

6．环境影响识别与评价指标体系构建

（1）了解环境影响识别与评价指标体系构建的基本要求

7.1　基本要求

识别规划实施可能产生的资源、生态、环境影响，初步判断影响的性质、范围和程度，确定评价重点，明确环境目标，建立评价的指标体系。

（2）熟悉环境影响识别的内容

7.2　环境影响识别

7.2.1　根据规划方案的内容、年限，识别和分析评价期内规划实施对资源、生态、环境造成影响的途径、方式，以及影响的性质、范围和程度。识别规划实施可能产生的主要生态环境影响和风险。

7.2.2　对于可能产生具有易生物蓄积、长期接触对人群和生物产生危害作用的无机和有机污染物、放射性污染物、微生物等的规划，还应识别规划实施产生的污染物与人体接触的途径以及可能造成的人群健康风险。

7.2.3　对资源、生态、环境要素的重大不良影响，可从规划实施是否导致区域环境质量下降和生态功能丧失、资源利用冲突加剧、人居环境明显恶化等三个方面进行分析与判断，具体判断标准详见附录D。

7.2.4　通过环境影响识别，筛选出受规划实施影响显著的资源、生态、环境要素，作为环境影响预测与评价的重点。

附录D（资料性附录）　判识重大不良生态环境影响需考虑的因素

结合以下因素，判断和识别规划实施是否会产生重大不良生态环境影响。

1. 导致区域环境质量、生态功能恶化的重大不良生态环境影响，主要包括规划实施使评价区域的环境质量下降（环境质量降级）或导致生态保护红线、重点生态功能区的组成、结构、功能发生显著不良变化或导致其功能丧失。

2. 导致资源利用、环境保护严重冲突的重大不良生态环境影响，主要包括规划实施与规划范围内或相邻区域内的其他资源开发利用规划和环境保护规划等产生的显著冲突，规划实施可能导致的跨行政区、跨流域以及跨国界的显著不良影响。

3. 导致人居环境发生显著不利变化的重大不良生态环境影响，主要包括规划实施导致具有易生物蓄积、长期接触对人体和生物产生危害作用的无机和有机污染物、放射性污染物、微生物等在水、大气和土壤等人群主要环境暴露介质中污染水平显著增加，农牧渔产品污染风险、人群健康风险显著增加，规划实施导致人居生态环境发生显著不良变化。

（3）掌握环境目标和评价指标的确定原则

7.3　环境目标与评价指标确定

7.3.1　确定环境目标。分析国家和区域可持续发展战略、生态环境保护法规与政策、资源利用法规与政策等的目标及要求，重点依据评价范围涉及的生态环境保护规划、生态建设规划以及其他相关生态环境保护管理规定，结合规划协调性分析结论，衔接区域"三线一单"成果，设定各评价时段有关生态功能保护、环境质量改善、污染防治、资源开发利用等的具体目标及要求。

7.3.2　建立评价指标体系。结合规划实施的资源、生态、环境等制约因素，从环境质量、生态保护、资源利用、污染排放、风险防控、环境管理等方面构建评价指标体系。评价指标应符合评价区域生态环境特征，体现环境质量和生态功能不断改善的要求，体现规划的属性特点及其主要环境影响特征。

7.3.3　确定评价指标值。评价指标应易于统计、比较和量化，指标值符合相关产业政策、生态环境保护政策、相关标准中规定的限值要求，如国内政策、标准中没有相应的规定，也可参考国际标准来确定；对于不易量化的指标可参考相关研究成果或经过专家论证，给出半定量的指标值或定性说明。

7. 环境影响预测与评价

（1）掌握环境影响预测与评价的基本要求

8.1　基本要求

8.1.1　主要针对环境影响识别出的资源、生态、环境要素，开展多情景的影响预测与评价，一般包括预测情景设置、规划实施生态环境压力分析，环境质量、生态功能的影响预测与评价，对环境敏感区和重点生态功能区的影响预测与评价，环境风险预测与评价，资源与环境承载力评估等内容。

8.1.2　环境影响预测与评价应给出规划实施对评价区域资源、生态、环境的影响程度和范围，叠加环境质量、生态功能和资源利用现状，分析规划实施后能否满足环境目标要求，评估区域资源与环境承载能力。

8.1.3　应充分考虑不同层级和属性规划的环境影响特征以及决策需求，采用定性和定量相结合的方式开展评价。对主要环境要素的影响预测和评价可参考相应的环境影响评价技术导则（HJ 2.2、HJ 2.3、HJ 2.4、HJ 19、HJ 169、HJ 610、HJ 623、HJ 964等）来进行。

（2）掌握环境影响预测与评价的内容

8.2　环境影响预测与评价的内容

8.2.1　预测情景设置

应结合规划所依托的资源环境和基础设施建设条件、区域生态功能维护和环境质量改善要求等，从规划规模、布局、结构、建设时序等方面，设置多种情景开展环境影响预测与评价。

8.2.2　规划实施生态环境压力分析

a）依据环境现状评价和回顾性分析结果，考虑技术进步等因素，估算不同情景下水、土地、能源等规划实施支撑性资源的需求量和主要污染物（包括常规污染物和特征污染物）的产生量、排放量。

b）依据生态现状评价和回顾性分析结果，考虑生态系统演变规律及生态保护修复等因素，评估不同情景下主要生态因子（如生物量、植被覆盖度/率、重要生境面积等）的变化量。

8.2.3　影响预测与评价

a）水环境影响预测与评价。预测不同情景下规划实施导致的区域水资源、水文情势、海洋水文动力环境和冲淤环境、地下水补径排状况等的变化，分析主要污染物对地表水和地下水、近岸海域水环境质量的影响，明确影响的范围、程度，评价水环境质量的变化能否满足环境目标要求，绘制必要的预测与评价图件。

b）大气环境影响预测与评价。预测不同情景下规划实施产生的大气污染物对环境空气质量的影响，明确影响范围、程度，评价大气环境质量的变化能否满足环境目标要求，绘制必要的预测与评价图件。

c）土壤环境影响预测与评价。预测不同情景下规划实施的土壤环境风险，评价土壤环境的变化能否满足相应环境管控要求，绘制必要的预测与评价图件。

d）声环境影响预测与评价。预测不同情景下规划实施对声环境质量的影响，明确影响范围、程度，评价声环境质量的变化能否满足相应的功能区目标，绘制必要的预测与评价图件。

e）生态影响预测与评价。预测不同情景下规划实施对生态系统结构、功能的影响范围和程度，评价规划实施对生物多样性和生态系统完整性的影响，绘制必要的预测与评价图件。

f）环境敏感区影响预测与评价。预测不同情景下规划实施对评价范围内生态保护红线、自然保护区等环境敏感区的影响，评价其是否符合相应的保护和管控要求，绘制必要的预测与评价图件。

g）人群健康风险分析。对可能产生具有易生物蓄积、长期接触对人群和生物产生危害作用的无机和有机污染物、放射性污染物、微生物等的规划，根据上述特定污染物的环境影响范围，估算暴露人群数量和暴露水平，开展人群健康风险分析。

h）环境风险预测与评价。对于涉及重大环境风险源的规划，应进行风险源及源强、风险源叠加、风险源与受体响应关系等方面的分析，开展环境风险评价。

8.2.4　资源与环境承载力评估

a）资源与环境承载力分析。分析规划实施支撑性资源（水资源、土地资源、能源等）可利用（配置）上线和规划实施主要环境影响要素（大气、水等）污染物允许排放量，结合现状利用和排放量、区域削减量，分析各评价时段剩余可利用的资源量和剩余污染物允许排放量。

b）资源与环境承载状态评估。根据规划实施新增资源消耗量和污染物排放量，分析规划实施对各评价时段剩余可利用资源量和剩余污染物允许排放量的占用情况，评估资源与环境对规划实施的承载状态。

8. 规划方案综合论证与优化调整建议

（1）掌握规划方案综合论证与优化调整建议的基本要求

9.1 基本要求

以改善环境质量和保障生态安全为核心，综合环境影响预测与评价结果，论证规划目标、规模、布局、结构等规划内容的环境合理性以及评价设定的环境目标的可达性，分析判定规划实施的重大资源、生态、环境制约的程度、范围、方式等，提出规划方案的优化调整建议并推荐环境可行的规划方案。如果规划方案优化调整后资源、生态、环境仍难以承载，不能满足资源利用上线和环境质量底线要求，应提出规划方案的重大调整建议。

（2）熟悉规划方案综合论证的内容

9.2 规划方案综合论证

9.2.1 规划方案的综合论证包括环境合理性论证和环境效益论证两部分内容。前者从规划实施对资源、生态、环境综合影响的角度，论证规划内容的合理性；后者从规划实施对区域经济、社会与环境发挥的作用，以及协调当前利益与长远利益之间关系的角度，论证规划方案的合理性。

9.2.2 规划方案的环境合理性论证

a）基于区域环境保护目标以及"三线一单"要求，结合规划协调性分析结论，论证规划目标与发展定位的环境合理性。

b）基于环境影响预测与评价和资源与环境承载力评估结论，结合资源利用上线和环境质量底线等要求，论证规划规模和建设时序的环境合理性。

c）基于规划布局与生态保护红线、重点生态功能区、其他环境敏感区的空间位置关系和对以上区域的影响预测结果，结合环境风险评价的结论，论证规划布局的环境合理性。

d）基于环境影响预测与评价和资源与环境承载力评估结论，结合区域环境管理和循环经济发展要求，以及规划重点产业的环境准入条件和清洁生产水平，论证规划用地结构、能源结构、产业结构的环境合理性。

e）基于规划实施环境影响预测与评价结果，结合生态环境保护措施的经济技术可行性、有效性，论证环境目标的可达性。

9.2.3 规划方案的环境效益论证

分析规划实施在维护生态功能、改善环境质量、提高资源利用效率、减少温室气体排放、保障人居安全、优化区域空间格局和产业结构等方面的环境效益。

9.2.4　不同类型规划方案综合论证重点

进行综合论证时，应针对不同类型和不同层级规划的环境影响特点，选择论证方向，突出重点。

a）对于资源能源消耗量大、污染物排放量高的行业规划，重点从流域和区域资源利用上线、环境质量底线对规划实施的约束、规划实施可能对环境质量的影响程度、环境风险、人群健康风险等方面，论述规划拟定的发展规模、布局（及选址）和产业结构的环境合理性。

b）对于土地利用的有关规划和区域、流域、海域的建设、开发利用规划，农业、畜牧业、林业、能源、水利、旅游、自然资源开发专项规划，重点从流域或区域生态保护红线、资源利用上线对规划实施的约束，以及规划实施对生态系统及环境敏感区、重点生态功能区结构、功能的影响和生态风险等角度，论述规划方案的环境合理性。

c）对于公路、铁路、城市轨道交通、航运等交通类规划，重点从规划实施对生态系统结构、功能所造成的影响，规划布局与评价区域生态保护红线、重点生态功能区、其他环境敏感区的协调性等方面，论述规划布局（及选线、选址）的环境合理性。

d）对于产业园区等规划，重点从区域资源利用上线、环境质量底线对规划实施的约束、规划及包括的交通运输实施可能对环境质量的影响程度以及环境风险与人群健康风险等方面，综合论述规划规模、布局、结构、建设时序以及规划环境基础设施、重大建设项目的环境合理性。

e）对于城市规划、国民经济与社会发展规划等综合类规划，重点从区域资源利用上线、生态保护红线、环境质量底线对规划实施的约束，城市环境基础设施对规划实施的支撑能力、规划及相关交通运输实施对改善环境质量、优化城市生态格局、提高资源利用效率的作用等方面，综合论述规划方案的环境合理性。

（3）掌握规划方案的优化调整建议的内容

9.3　规划方案的优化调整建议

9.3.1　根据规划方案的环境合理性和环境效益论证结果，对规划内容提出明确的、具有可操作性的优化调整建议，特别是出现以下情形时：

a）规划的主要目标、发展定位不符合上层位主体功能区规划、区域"三线一单"等要求。

b）规划空间布局和包含的具体建设项目选址、选线不符合生态保护红线、重点生态功能区，以及其他环境敏感区的保护要求。

　　c）规划开发活动或包含的具体建设项目不满足区域生态环境准入清单要求、属于国家明令禁止的产业类型或不符合国家产业政策、环境保护政策。

　　d）规划方案中配套的生态保护、污染防治和风险防控措施实施后，区域的资源、生态、环境承载力仍无法支撑规划实施，环境质量无法满足评价目标，或仍可能造成重大的生态破坏和环境污染，或仍存在显著的环境风险。

　　e）规划方案中有依据现有科学水平和技术条件，无法或难以对其产生的不良环境影响的程度或范围作出科学、准确判断的内容。

　　9.3.2　应明确优化调整后的规划布局、规模、结构、建设时序，给出相应的优化调整图、表，说明优化调整后的规划方案具备资源、生态和环境方面的可支撑性。

　　9.3.3　将优化调整后的规划方案，作为评价推荐的规划方案。

（4）了解规划环境影响评价与规划编制互动情况说明的内容

　　9.3.4　说明规划环评与规划编制的互动过程、互动内容和各时段向规划编制机关反馈的建议及其被采纳情况等互动结果。

9．环境影响减缓对策与措施

掌握规划环境影响减缓对策和措施的本要求和内容

　　10.1　规划的环境影响减缓对策和措施是针对评价推荐的规划方案实施后可能产生的不良环境影响，在充分评估规划方案中已明确的环境污染防治、生态保护、资源能源增效等相关措施的基础上，提出的环境保护方案和管控要求。

　　10.2　环境影响减缓对策和措施应具有针对性和可操作性，能够指导规划实施中的生态环境保护工作，有效预防重大不良生态环境影响的产生，并促进环境目标在相应的规划期限内可以实现。

　　10.3　环境影响减缓对策和措施一般包括生态环境保护方案和管控要求。主要内容包括：

　　a）提出现有生态环境问题解决方案，规划区域整体性污染治理、生态修复与建设、生态补偿等环境保护方案，以及与周边区域开展联防联控等预防和减缓环境影响的对策措施。

　　b）提出规划区域资源能源可持续开发利用、环境质量改善等目标、指标性管控要求。

　　c）对于产业园区等规划，从空间布局约束、污染物排放管控、环境风险防控、资源开发利用等方面，以清单方式列出生态环境准入要求，成果形式见附录 E。

附录 E（规范性附录）　环境管控要求和生态环境准入清单包含内容

环境影响减缓对策和措施中环境管控要求和生态环境准入清单包含的内容
见表 E.1。

表 E.1　生态环境准入清单包含内容

清单类型	准入内容
空间布局约束	1. 针对生态保护红线，明确不符合生态功能定位的各类禁止开发活动； 2. 针对生态保护红线外的生态空间，明确应避免损害其生态服务功能和生态产品质量的开发建设活动； 3. 针对大气、水等重点管控单元，开发建设活动避免降低管控单元环境质量，避免环境风险，管控单元外新建、改扩建污染型项目，需划定缓冲区域
污染物排放管控	1. 如果区域环境质量不达标，现有污染源提出削减计划，严格控制新增污染物排放的开发建设活动，新建、改扩建项目应提出更加严格的污染物排放控制要求；如果区域未完成环境质量改善目标，禁止新增重点污染物排放的建设项目； 2. 如果区域环境质量达标，新建、改扩建项目保证区域环境质量维持基本稳定
环境风险防控	针对涉及易导致环境风险的有毒有害和易燃易爆物质的生产、使用、排放、贮运等新建、改扩建项目，提出禁止准入要求或限制性准入条件以及环境风险防控措施
资源开发利用要求	1. 执行区域已确定的土地、水、能源等主要资源能源可开发利用总量； 2. 针对新建、改扩建项目，明确单位面积产值、单位产值水耗、用水效率、单位产值能耗等限制性准入要求； 3. 对于取水总量已超过控制指标的地区，提出禁止高耗水产业准入的要求；对于地下水禁止开采区或者限制开采区，提出禁止新增、限制地下水开发的准入要求； 4. 针对高污染燃料禁燃区，禁止新建、改扩建采用高污染燃料的项目和设施

10．规划所包含建设项目的环评要求

掌握规划所包含建设项目的环评要求。

11　规划所包含建设项目环评要求

11.1　如规划方案中包含具体的建设项目，应针对建设项目所属行业特点及其环境影响特征，提出建设项目环境影响评价的重点内容和基本要求，并依据规划环评的主要评价结论提出建设项目的生态环境准入要求（包括选址或选线、规模、资源利用效率、污染物排放管控、环境风险防控和生态保护要求等）、污染防治措施建设要求等。

11.2　对符合规划环评环境管控要求和生态环境准入清单的具体建设项目，应将规划环评结论作为重要依据，其环评文件中选址选线、规模分析内容可适当简化。当规划环评资源、环境现状调查与评价结果仍具有时效性时，规划所包含的建设项目环评文件中现状调查与评价内容可适当简化。

11．环境影响跟踪评价计划

熟悉环境影响跟踪评价计划的内容。

12　环境影响跟踪评价计划

12.1　结合规划实施的主要生态环境影响，拟定跟踪评价计划，监测和调查规划实施对区域环境质量、生态功能、资源利用等的实际影响，以及不良生态环境影响减缓措施的有效性。

12.2　跟踪评价取得的数据、资料和结果应能够说明规划实施带来的生态环境质量实际变化，反映规划优化调整建议、环境管控要求和生态环境准入清单等对策措施的执行效果，并为后续规划实施、调整、修编，完善生态环境管理方案和加强相关建设项目环境管理等提供依据。

12.3　跟踪评价计划应包括工作目的、监测方案、调查方法、评价重点、执行单位、实施安排等内容。主要包括：

a）明确需重点调查、监测、评价的资源生态环境要素，提出具体监测计划及评价指标，以及相应的监测点位、频次、周期等。

b）提出调查和分析规划优化调整建议、环境影响减缓措施、环境管控要求和生态环境准入清单落实情况和执行效果的具体内容和要求，明确分析和评价不良生态环境影响预防和减缓措施有效性的监测要求和评价准则。

c）提出规划实施对区域环境质量、生态功能、资源利用等的阶段性综合影响，环境影响减缓措施和环境管控要求的执行效果，后续规划实施调整建议等跟踪评价结论的内容和要求。

12．公众参与和会商意见处理

掌握公众参与和会商意见处理的内容。

　　13　公众参与和会商意见处理

　　收集整理公众意见和会商意见，对于已采纳的，应在环境影响评价文件中明确说明修改的具体内容；对于未采纳的，应说明理由。

13．评价结论

掌握评价结论中应明确的内容。

　　14　评价结论

　　14.1　评价结论是对全部评价工作内容和成果的归纳总结，应文字简洁、观点鲜明、逻辑清晰、结论明确。

　　14.2　在评价结论中应明确以下内容：

　　a）区域生态保护红线、环境质量底线、资源利用上线，区域环境质量现状和演变趋势，资源利用现状和演变趋势，生态状况和演变趋势，区域主要生态环境问题、资源利用和保护问题及成因，规划实施的资源、生态、环境制约因素。

　　b）规划实施对生态、环境影响的程度和范围，区域水、土地、能源等各类资源要素和大气、水等环境要素对规划实施的承载能力，规划实施可能产生的环境风险，规划实施环境目标可达性分析结论。

　　c）规划的协调性分析结论，规划方案的环境合理性和环境效益论证结论，规划优化调整建议等。

　　d）减缓不良环境影响的生态环境保护方案和管控要求。

　　e）规划包含的具体建设项目环境影响评价的重点内容和简化建议等。

　　f）规划实施环境影响跟踪评价计划的主要内容和要求。

　　g）公众意见、会商意见的回复和采纳情况。

14．环境影响评价文件的编制要求

（1）熟悉规划环境影响报告书应包括的主要内容

　　15.2　环境影响报告书应包括的主要内容

　　a）总则。概述任务由来，明确评价依据、评价目的与原则、评价范围、评价重点、执行的环境标准、评价流程等。

　　b）规划分析。介绍规划不同阶段目标、发展规模、布局、结构、建设时序，以及规划包含的具体建设项目的建设计划等可能对生态环境造成影响的规划内容；给出规划与法规政策、上层位规划、区域"三线一单"管控要求、同层位规划在环境目标、生态保护、资源利用等方面的符合性和协调性分析结论，重点明确规划之间的冲突与矛盾。

c）现状调查与评价。通过调查评价区域资源利用状况、环境质量现状、生态状况及生态功能等，说明评价区域内的环境敏感区、重点生态功能区的分布情况及其保护要求，分析区域水资源、土地资源、能源等各类自然资源现状利用水平和变化趋势，评价区域环境质量达标情况和演变趋势，区域生态系统结构与功能状况和演变趋势，明确区域主要生态环境问题、资源利用和保护问题及成因。对已开发区域进行环境影响回顾性分析，说明区域生态环境问题与上一轮规划实施的关系。明确提出规划实施的资源、生态、环境制约因素。

d）环境影响识别与评价指标体系构建。识别规划实施可能影响的资源、生态、环境要素及其范围和程度，确定不同规划时段的环境目标，建立评价指标体系，给出评价指标值。

e）环境影响预测与评价。设置多种预测情景，估算不同情景下规划实施对各类支撑性资源的需求量和主要污染物的产生量、排放量，以及主要生态因子的变化量。预测与评价不同情景下规划实施对生态系统结构和功能、环境质量、环境敏感区的影响范围与程度，明确规划实施后能否满足环境目标的要求。根据不同类型规划及其环境影响特点，开展人群健康风险分析、环境风险预测与评价。评价区域资源与环境对规划实施的承载能力。

f）规划方案综合论证和优化调整建议。根据规划环境目标可达性论证规划的目标、规模、布局、结构等规划内容的环境合理性，以及规划实施的环境效益。介绍规划环评与规划编制互动情况。明确规划方案的优化调整建议，并给出调整后的规划布局、结构、规模、建设时序。

g）环境影响减缓对策和措施。给出减缓不良生态环境影响的环境保护方案和管控要求。

h）如规划方案中包含具体的建设项目，应给出重大建设项目环境影响评价的重点内容要求和简化建议。

i）环境影响跟踪评价计划。说明拟定的跟踪监测与评价计划。

j）说明公众意见、会商意见回复和采纳情况。

k）评价结论。归纳总结评价工作成果，明确规划方案的环境合理性，以及优化调整建议和调整后的规划方案。

（2）熟悉规划环境影响报告书中图件的要求

15.3　环境影响报告书中图件的要求

a）规划环境影响评价文件中图件一般包括规划概述相关图件，环境现状和区域规划相关图件，现状评价、环境影响评价、规划优化调整、环境管控、跟踪评价计划等成果图件。

b）成果图件应包含地理信息、数据信息，依法需要保密的除外。

c）报告书应包含的成果图件及格式、内容要求见附录 F。实际工作中应根据规划环境影响特点和区域环境保护要求，选取提交附录 F 中相应图件。

附录 F（规范性附录）　环境影响报告书中图件要求

F.1　工作基础底图要求

采用法定基础地理信息数据作为工作基础底图，精度与规划尺度和精度相匹配。底图要素包括行政区划、地形地貌、河流水系、道路交通、城区与乡村居民点、土地利用与土地覆盖等。

数据规格为：平面基准采用 2000 国家大地坐标系（CGCS2000），高程基准采用 1985 国家高程基准；深度基准采用理论深度基准面；投影方式一般采用高斯-克吕格投影，分带方式采用 3°分带或 6°分带，坐标单位为"米"，保留 2 位小数，涉及跨带的研究范围，应采用同一投影带。

工作基础底图数据的平面与高程精度应不低于所采用的数据源精度。依据影像补充采集或修正的数据采集精度应控制在 5 个像素以内。

F.2　基础图件要求

环境影响评价文件中包含的基础图件主要包括规划数据图件、环境现状和区域规划数据图件，图件具体要求见表 F.1。

表 F.1　基础图件要求

图件名称		图件和属性数据要求	图件类型
规划数据	规划范围图	规划范围（面积）	面状矢量图
	规划布局图	规划空间布局，各分区范围（面积）；规划不同时期线路走向（针对轨道交通等线性规划）	面状矢量图或线状矢量图
	规划区土地利用规划图	规划范围内各地块规划用地类型（用地类型名称、面积）	面状矢量图
环境现状和区域规划数据	生态保护红线分布图	评价范围内各生态保护红线区范围（红线区名称、面积）	面状矢量图
	环境管控单元图	评价范围内大气、水、土壤等环境管控单元图（管控单元名称、面积）	面状矢量图
	全国/省级主体功能区规划图	评价范围内全国/省级主体功能区范围（主体功能区类型名称）	

图件名称	图件和属性数据要求	图件类型
全国/省级生态功能区划图	评价范围内全国/省级生态功能区范围（生态功能区类型名称）	
城市大气环境功能区划图	评价范围内大气环境功能区范围（功能区类型和保护目标）	
城市声环境功能区划图	评价范围内声环境功能区范围（功能区类型和保护目标）	
城市水环境功能区划图	评价范围内水环境功能区范围（功能区类型和保护目标）	
土地利用现状和规划图	规划所在市（县）土地利用现状和规划（用地类型）	
城市总体规划图	规划所在市（县）城市总体规划（各功能分区名称）	
环境质量（水、大气、噪声、土壤）点位图	评价范围内环境质量（水、大气、噪声、土壤）监测点位置（监测点经纬度、监测时间、监测数据、达标情况）	
主要污染源（水、大气、土壤）分布图	评价范围内水、大气、土壤主要污染源位置（污染物种类、排放量、达标情况）	
其他环境敏感区分布图	评价范围内自然保护区、风景名胜区、森林公园等除生态保护红线外其他环境敏感区范围（名称、级别、面积、主要保护对象和保护要求）	
珍稀、濒危野生动植物分布图	评价范围内珍稀、濒危野生动植物分布位置（名称、保护级别）	

（环境现状和区域规划数据）

F.3　评价图件要求

环境影响评价文件中包含的评价图件主要包括现状评价成果图件、环境影响评价成果图件、规划优化调整成果图件、环境管控成果图件和跟踪评价计划成果图件，图件具体要求见表 F.2。成果数据应与工作基础底图采用统一的地理信息数据格式，按要素类型可将相关数据按不同图层存储。

表 F.2　评价图件要求

图件名称	图件和属性数据要求	图件类型
规划布局与生态保护红线区位置关系图	规划功能分区或具体建设项目与生态保护红线区位置关系（最小直线距离或重叠范围和面积）	
规划布局与除生态保护红线外其他环境敏感区位置关系图	规划功能分区或具体建设项目与除生态保护红线外其他环境敏感区位置关系（最小直线距离或重叠范围和面积）	

（现状评价成果）

图件名称		图件和属性数据要求	图件类型
现状评价成果	规划区与全国/省级主体功能区叠图	规划区所处主体功能区位置（功能区名称）	
	规划区与全国/省级生态功能区叠图	规划区所处生态功能区位置（功能区名称）	
	环境质量评价结果图	评价范围内各环境功能区达标情况	
	生态系统演变评价结果图	评价范围内生态系统演变情况，如土地利用变化情况、水土流失变化情况等（评价时段、变化范围和面积等）	
	环境质量变化评价结果图	评价范围内环境质量变化情况（评价时段、各环境功能区环境质量变好或恶化）	
环境影响评价成果	水环境影响评价结果图	规划实施后水环境影响范围和程度（各规划期水环境影响范围、面积或长度，规划实施后各环境功能区达标情况）	
	大气环境影响评价结果图	规划实施后大气环境影响范围和程度（各规划期大气环境影响范围、面积，规划实施后各环境功能区达标情况）	
	土壤环境影响评价结果图	规划实施后土壤环境影响范围和程度（各规划期土壤环境影响范围、面积）	
	噪声环境影响评价结果图	规划实施后噪声环境影响范围和程度（各规划期噪声环境影响范围、面积，规划实施后各环境功能区达标情况）	
规划优化调整成果	规划布局优化调整成果图	规划布局调整前后对比（边界变化情况、面积变化情况）	面状矢量图
	规划规模优化调整成果图	规划规模调整前后对比（各规划期规模变化情况，对应规划内容建设时序调整情况）	面状矢量图
环境管控成果	环境管控成果图	规划范围内环境管控单元划分结果（各管控单元空间范围、面积、管控要求、生态环境准入清单）	面状矢量图
跟踪评价计划成果	监测点位布局图	跟踪监测方案提出的大气、水、土壤、生态等跟踪监测点位分布情况（位置、监测频率、监测内容）	点状矢量图

（3）熟悉规划环境影响篇章（或说明）应包括的主要内容

15.4 规划环境影响篇章（或说明）应包括的主要内容

a）环境影响分析依据。重点明确与规划相关的法律法规、政策、规划和环境目标、标准。

b）现状调查与评价。通过调查评价区域资源利用状况、环境质量现状、生态状况及生态功能等，分析区域水资源、土地资源、能源等各类资源现状利用水平，评价区域环境质量达标情况和演变趋势，区域生态系统结构与功能状况和演变趋势等，明确区域主要生态环境问题、资源利用和保护问题及成因。明确提出规划实施的资源、生态、环境制约因素。

c）环境影响预测与评价。分析规划与相关法律法规、政策、上层位规划和同层位规划在环境目标、生态保护、资源利用等方面的符合性和协调性。预测与评价规划实施对生态系统结构和功能、环境质量、环境敏感区的影响范围与程度。根据规划类型及其环境影响特点，开展环境风险预测与评价。评价区域资源与环境对规划实施的承载能力，以及环境目标的可达性。给出规划方案的环境合理性论证结果。

d）环境影响减缓措施。给出减缓不良生态环境影响的环境保护方案和环境管控要求。针对主要环境影响提出跟踪监测和评价计划。

e）根据评价需要，在篇章（或说明）中附必要的图、表。

（十一）《规划环境影响评价技术导则　产业园区》（HJ 131—2021）

1. 适用范围

掌握导则的适用范围

1　适用范围

本标准规定了产业园区规划环境影响评价的基本任务、重点内容、工作程序、主要方法和要求。

本标准适用于国务院及省、自治区、直辖市人民政府批准设立的各类产业园区规划环境影响评价，其他类型园区可参照执行。

2. 术语和定义

掌握产业园区的定义

产业园区 industrial park

指经各级人民政府依法批准设立，具有统一管理机构及产业集群特征的特定规划区域。主要目的是引导产业集中布局、集聚发展，优化配置各种生产要素，并配套建设公共基础设施。

注：除以上术语和定义外，HJ 130 中术语和定义同样适用于本标准。

3. 总则

（1）掌握评价范围的确定原则

　　4.1　评价范围

　　4.1.1　时间维度上，应包括产业园区整个规划期，并将规划近期作为评价的重点时段。

　　4.1.2　空间尺度上，基于产业园区规划范围，结合规划实施对各生态环境要素可能影响的产业园区外周边地区及环境敏感区，统筹确定评价空间范围。

（2）掌握评价的总体原则

　　4.2　评价总体原则

　　突出规划环境影响评价源头预防作用，优化完善产业园区规划方案，强化产业园区污染防治，改善区域生态环境质量。

　　a）全程互动

　　评价在规划编制早期介入并全程互动，确定公众参与及会商对象，吸纳各方意见，优化规划。

　　b）统筹协调

　　协调好产业发展与区域、产业园区环境保护关系，统筹产业园区减污降碳协同共治、资源集约节约及循环化利用、能源智慧高效利用、环境风险防控等重大事项，引导产业园区生态化、低碳化、绿色化发展。

　　c）协同联动

　　衔接区域生态环境分区管控成果，细化产业园区环境准入，指导建设项目环境准入及其环境影响评价内容简化，实现区域、产业园区、建设项目环境影响评价的系统衔接和协同管理。

　　d）突出重点

　　立足规划方案重点和特点以及区域资源生态环境特征，充分利用区域空间生态环境评价的数据资料及成果，对规划实施的主要影响进行分析评价，并重点关注制约区域生态环境改善的主要环境影响因子和重大环境风险因子。

（3）掌握评价的基本任务

　　4.3　评价基本任务

　　4.3.1　开展产业园区发展情况与区域生态环境现状调查、生态环境影响回顾性评价，规划实施主要生态、环境、资源制约因素分析。

　　4.3.2　识别规划实施主要生态环境影响和风险因子，分析规划实施生态环境压力、污染物减排和节能降碳潜力，预测与评价规划实施环境影响和潜在风险，分析资源与环境承载状态。

4.3.3　论证规划产业定位、发展规模、产业结构、布局、建设时序及环境基础设施等的环境合理性，并提出优化调整建议，说明优化调整的依据和潜在效果或效益。

4.3.4　提出既有环境问题及不良环境影响的减缓对策、措施，明确规划实施环境影响跟踪监测与评价要求、规划所含建设项目的环境影响评价重点，制定或完善产业园区环境准入及产业园区环境管理要求，形成评价结论与建议。

（4）熟悉评价技术流程

4.4　评价技术流程

产业园区规划环境影响评价的技术流程见 HJ 131—2021 中的图 1。

（考生可去查阅该导则原文中的"图 1"）

4．规划分析

（1）掌握规划概述的内容

5.1　规划概述

5.1.1　规划总体安排

说明产业园区规划目标和定位、规划范围和时限、发展规模、发展时序、用地（用海）布局、功能分区、能源和资源利用结构等。

5.1.2　产业发展

说明产业园区产业发展定位、产业结构，重点介绍规划主导产业及其规模、布局、建设时序等，规划所包含具体建设项目的性质、内容、规模、选址、项目组成和产能等。

5.1.3　基础设施建设

重点介绍产业园区规划建设或依托的污水集中处理、固体废物（含危险废物）集中处置、中水回用、集中供热（供冷）、余热利用、集中供气（含蒸汽）、供水、供能（含清洁低碳能源供应）等设施，以及道路交通、管廊、管网等配套和辅助条件。

5.1.4　生态环境保护

重点介绍产业园区环境保护总体目标、主要指标、环境污染防治措施、生态环境保护与建设方案、环境管理及环境风险防控要求、应急保障方案或措施等。

（2）掌握规划协调性分析的内容和要求

5.2　规划协调性分析

5.2.1　与上位和同层位规划的协调性分析

分析产业园区规划与上位和同层位生态环境保护法律、法规、政策及国土空间规划、产业发展规划等相关规划的符合性和协调性，明确在空间布局、资源保护与利用、生态保护、污染防治、节能降碳、风险防控要求等方面的不协调或潜在冲突。

5.2.2　与"三线一单"的符合性

重点关注规划与区域生态保护红线、环境质量底线、资源利用上线和生态环境准入清单要求的符合性，对不符合"三线一单"要求的，提出明确的规划调整建议。

5. 现状调查与评价

（1）掌握现状调查的内容

6　现状调查与评价

6.1　产业园区开发与保护现状调查

6.1.1　产业园区开发现状

调查产业园区三产规模和结构、工业规模和结构、主要产业及其产能规模、人口规模及其分布等。

6.1.2　环境基础设施现状

调查产业园区已建或依托环境基础设施概况，包括设计规模、设施布局、服务范围、处理工艺、处理能力、实际运行效果和达标排放水平等，其中污水处理设施还应调查配套管网、排污口设置、污染雨水收集与处理情况。

6.1.3　环境管理现状

调查产业园区规划环境影响评价执行情况，重点企业环境影响评价、竣工验收、排污许可证管理等开展情况；产业园区主要污染物及碳减排情况，主要污染行业、重点企业污染防治情况；产业园区环境监管、监测能力现状，环保督察发现的问题（或环境投诉）及其整改情况。

6.2　资源能源开发利用现状调查

6.2.1　调查、分析产业园区、主要产业及重点企业资源能源使用需求、利用效率和综合利用现状及变化；产业园区能源结构调整、能源利用总量及能耗强度控制情况，涉煤项目煤炭消费减量替代方案落实情况；分析产业园区资源能源集约、节约利用与资源能源利用上线或同类型产业园区、相关政策要求的差距，以及进一步提高的潜力。

6.2.2　以电力、钢铁、建材、有色、石化和化工等重点碳排放行业为主导产业的产业园区，应调查碳排放控制水平与行业碳达峰要求的差距和降碳潜力。

6.3　生态环境现状调查与评价

6.3.1　调查评价范围内区域生态保护红线、生态空间及环境敏感区的分布、范围及其管控要求，明确与产业园区的空间位置关系；调查土地利用现状变化，产业（生产）、居住（生活）、生态用地的冲突。

6.3.2　调查评价范围主要污染源类型和分布、污染物排放特征和水平、排污去向或委托处置等情况，确定主要污染行业、污染源和污染物。

6.3.3　调查评价区域水环境（地表水、地下水、近岸海域）、大气环境、声环境、土壤环境及底泥（沉积物）等质量状况，调查因子包括常规、特征污染因子；分析评价范围环境质量变化的时空特征及影响因素，说明环境质量超标的位置、时段、因子及成因。

6.4　环境风险与管理现状调查

6.4.1　调查产业园区涉及的有毒有害物质及危险化学品、重点环境风险源清单，确定重点关注的环境风险物质、环境风险受体及其分布。

6.4.2　调查产业园区环境风险防控联动状况，分析产业园区环境风险防控水平与环境安全保障要求的差距。

（2）掌握现状问题和制约因素分析要求

6.5　现状问题和制约因素分析

根据现状调查结果，对照"三线一单"等环境管理要求，分析产业园区产业发展和生态环境现状问题及成因，提出产业园区发展及规划实施需重点关注的资源、生态、环境等方面的制约因素，明确新一轮规划实施需优先解决的涉及生态环境质量改善、环境风险防控、资源能源高效利用等方面的问题。

6. 环境影响识别与评价指标体系构建

（1）熟悉环境影响识别的内容

7.1　环境影响识别

识别土地开发、功能布局、产业发展、资源和能源利用、大宗物质运输及基础设施运行等规划实施全过程的影响。分析不同规划时段的规划开发活动对资源和环境要素、人群健康等的影响途径与方式，及影响效应、影响性质、影响范围、影响程度等；筛选出受规划实施影响显著的生态、环境、资源要素和敏感受体，辨识潜在重大环境风险因子和制约区域生态环境质量改善的污染因子，确定环境影响预测与评价的重点。

（2）熟悉环境风险因子辨识要求

7.2　环境风险因子辨识

对涉及易燃易爆、有毒有害危险物质生产、使用、贮存等的产业园区，识别规划实施可能产生的危险物质、风险源和主要风险受体，辨识主要环境风险类型和因子，明确环境风险的主要扩散介质和途径。

（3）掌握环境目标与评价指标体系构建的原则

7.3　环境目标与评价指标体系构建

衔接区域生态保护红线、环境质量底线、资源利用上线管控目标，考虑区域和行业碳达峰要求，从生态保护、环境质量、风险防控、碳减排及资源利用、污染集中治理等方面建立环境目标和评价指标体系，明确基准年及不同评价时段的环境目标值、评价指标值、确定依据，以及主要风险受体的可接受环境风险水平值。

7．环境影响预测与评价

（1）掌握环境影响预测与评价的基本要求；

8.1　基本要求

8.1.1　环境影响预测与评价基本要求、方法可参照执行 HJ 130、HJ 2.2、HJ 2.3、HJ 2.4、HJ 19、HJ 169、HJ 610、HJ 964、HJ 1111，并根据规划实施生态环境影响特征、当地环境保护要求等确定预测与评价内容和方法。

8.1.2　明确不同评价时段区域生态环境、环境质量变化趋势及资源、环境承载状态，分析说明规划实施后产业园区能否满足已确定的环境目标要求。

8.1.3　对于环境质量不满足环境功能要求或环境质量改善目标的，应分析产业园区污染物减排潜力，明确削减措施、削减来源及主要污染物新增量、减排量，结合区域限期达标规划等对区域环境质量变化进行预测、分析。

（2）掌握规划实施生态环境压力分析的内容

8.2　规划实施生态环境压力分析

8.2.1　结合主要污染物排放强度及污染控制水平、碳排放特征、产业园区污染集中处理、资源能源集约利用水平，设置不同情景方案，评估产业园区水资源、土地资源、能源等需求量、主要污染物排放量及碳排放水平。

8.2.2　重点关注有潜在显著环境影响或风险的特征污染物、新污染物和持久性污染物、汞等公约管控的物质排放特征，分析主要污染源空间分布、排放方式、排放强度、污染控制水平及排放量。

（3）掌握环境要素影响预测与评价的内容

8.3　环境要素影响预测与评价

8.3.1　地表水环境影响预测与评价

分析产业园区污水产生、收集与处理、尾水回用情况，预测、评价尾水排放等对受纳水体（地表水、近岸海域）环境质量的影响；结合所依托的区域污水集中处理设施规模、接纳能力、处理工艺、纳管水质要求、配套污水管网建设等，分析论证产业园区污水集中收集、处理的环境可行性。

8.3.2　地下水环境影响预测与评价

结合产业园区水文地质特征和包气带防护性能，分析、识别规划主要污染产业、污水或危险废物等集中处理设施建设等，可能污染地下水的主要污染物、污染途径及污染物在含水层中的运移、吸附与解析过程，综合评价产业及基础设施布局的环境合理性；涉及重金属及有毒有害物质排放或位于地下水环境敏感区的产业园区，可采用定量预测方法，分区评价污水排放、有毒有害物质泄漏或污水（渗滤液）渗漏等对地下水环境及环境敏感区的影响程度、影响范围和风险可控性。

8.3.3　大气环境影响预测与评价

预测评价规划产业发展、物流交通及集中供热、固体废物焚烧、废气集中处理中心等设施建设对评价范围环境空气质量的影响。考虑区域大气污染物传输特征，分析产业园区规划实施对区域大气环境质量的总体影响。

8.3.4　声环境影响预测分析

预测规划实施后交通物流方式、主要道路车流量等的变化，分析规划实施后集中居住区等声环境敏感区环境质量达标情况。

8.3.5　固废处理处置及影响分析

预测、分析规划实施可能产生的固体废物（尤其是危险废物）种类、数量、处理处置方式、综合利用途径及可能产生的间接环境影响；纳入区域固体废物管理处置体系的产业园区，从接纳能力、处理类型、处理工艺、服务年限、污染物达标排放等方面，分析依托既有处理处置设施的技术经济和环境可行性。

8.3.6　土壤环境影响预测与评价

对涉及重金属及有毒有害物质排放的产业园区，分析规划实施可能对土壤环境造成显著影响的重金属和有毒有害物质。根据污染物排放特征及其在土壤环境的输移、转化过程，分析主要受影响的地块，以及土壤环境污染变化潜势。

8.3.7　生态环境影响预测与评价

分析土地利用类型改变等对生态保护红线、重点生态功能区、环境敏感区的影响，重点关注污染物排放等对重要生态系统功能及重要物种栖息地质量的影响。涉海的产业园区还应分析围填海的生态环境影响。

8.3.8　环境风险预测与评价

8.3.8.1　预测评价各类突发性环境事件对人群聚集区等重要环境敏感区的风险影响范围、可接受程度等后果；涉及大规模危险化学品输运的产业园区，应分析危险化学品输送、转运、贮存的环境风险。

8.3.8.2　对可能产生易生物蓄积、长期接触对人群和生物产生危害作用的无机和有机污染物、放射性污染物等的产业园区，根据产业园区特征污染物环境影响预测结果，分析暴露的途径、方式及可能产生的人群健康风险。

（4）**熟悉累积环境影响预测与分析的内容**

8.4　累积环境影响预测与分析

分析规划实施可能产生的累积性生态环境影响因子、累积方式和途径，重点关注污染物通过大气—土壤—地下水等环境介质跨相输送、迁移和累积过程，预测、分析环境影响的时空累积效应，给出累积环境影响的范围和程度。

（5）**熟悉资源与环境承载状态评估的内容**

8.5　资源与环境承载状态评估

8.5.1　分析产业园区资源（水资源、能源等）利用、污染物（水污染物、大气污染物等）及碳排放对区域或相关环境管控单元资源能源利用上线及污染物允许排放总量、碳排放总量的占用情况，评估区域资源、能源及环境对规划实施的承载状态。

8.5.2　产业园区所在区域环境质量超标的，以环境质量改善为目标，结合产业园区污染物减排方案，提出产业园区存量源污染物削减量和规划新增源污染物控制量。资源消耗超过相应总量或强度上线的产业园区，分析提出资源集约和综合利用途径及方案，以不突破上线为原则明确产业园区资源利用总量控制要求。碳排放总量超过区域碳排放控制目标的产业园区，应明确产业园区降碳途径和实现碳减排的具体措施。

8. 规划方案综合论证和优化调整建议

（1）**熟悉规划方案环境合理性论证的内容要求**

9.1　规划方案环境合理性论证

9.1.1　基于区域生态保护红线、环境质量底线、资源利用上线管控目标，结合规划协调性分析结论，论证产业园区规划目标与发展定位环境合理性。

9.1.2　基于产业园区环境管控分区及要求，结合规划实施对生态保护红线、重点生态功能区、其他环境敏感区的影响预测及环境风险评价结果，论证产业园区布局、重大建设项目选址的环境合理性。

9.1.3　基于产业园区污染物排放管控、环境风险防控、资源能源开发利用管控，结合环境影响预测与评价结果，以及产业园区低碳化、生态化发展要求，论证产业园区规划规模（产业规模、用地规模等）、结构（产业结构、能源结构等）、运输方式的环境合理性。

9.1.4　基于产业园区基础设施环境影响分析，论证产业园区污水集中处理、固体废物（含危险废物）分类集中安全处置、集中供热、VOCs 等废气集中处理中心等设施选址、规模、建设时序、排放口（排污口）设置等的环境合理性。

9.1.6　规划方案目标可达性分析和环境效益分析要求执行 HJ 130。

（2）掌握特殊类型产业园区规划方案综合论证的重点内容

9.1.5 特殊类型产业园区规划方案综合论证重点包括：

a）化工及石化园区重点从环境风险防控要求约束，规划实施可能产生的环境风险、环境质量影响等方面，论证园区选址、产业定位、高风险产业及下游产业链发展规模、园区内部功能分区和用地布局、污水及危险废物等集中处理处置设施、环境风险防范设施等建设的环境合理性。

b）涉及重金属污染物、无机和有机污染物、放射性污染物等特殊污染物排放的产业园区，重点从园区污染物排放管控、建设用地污染风险管控约束，规划实施可能产生的环境影响、人群健康风险、底泥（沉积物）和土壤环境等累积性影响方面，论证园区产业定位和产业结构、主要规划产业规模和布局、污染集中处理设施建设方案的环境合理性。

c）以电力、钢铁、建材、有色、石化和化工等重点碳排放行业为主导产业的园区，重点从资源能源利用管控约束，与区域、行业的碳达峰和碳减排要求的符合性，资源与环境承载状态等方面，论证园区产业定位、产业结构、能源结构、重点涉碳排放产业规模的环境合理性。

（3）掌握规划方案优化调整建议的内容要求

9.2 规划优化调整建议

9.2.1 规划实施后无法达到环境目标、满足区域碳达峰要求，或与国土空间规划功能分区等冲突，应提出产业园区总体发展目标、功能定位的优化调整建议。

9.2.2 规划布局与区域生态保护红线、产业园区空间布局管控要求不符，或对生态保护红线及产业园区内、外环境敏感区等产生重大不良生态环境影响，或产业布局及重大建设项目选址等产生的环境风险不可接受，应对产业园区布局、重大建设项目选址等提出优化调整建议。

9.2.3 规划产业发展可能造成重大生态破坏、环境污染、环境风险、人群健康影响或资源、生态、环境无法承载，或超标产业园区考虑区域污染防治和产业园区污染物削减后仍无法满足环境质量改善目标要求，或污染物排放、资源开发、能源利用、碳排放不符合产业园区污染物排放管控、环境风险防控、资源能源开发利用等管控要求，应对产业规模、产业结构、能源结构等提出优化调整建议。

9.2.4 基础设施规划实施后，可能产生重大不良环境影响，或无法满足规划实施需求、难以有效实现产业园区污染集中治理的，应提出选址、规模、建设时序及处理工艺、排污口设置、提标改造、中水回用及配套管网建设等优化调整建议，或区域环境基础设施共建共享的建议。

9.2.5 明确优化调整后的规划布局、规模、结构、建设时序等，并给出优化调整的图、表。

　　9.2.6　将优化调整后的规划方案作为推荐方案。

（4）了解规划环境影响评价与规划编制互动情况说明的内容

　　9.3　规划环境影响评价与规划编制互动情况说明

　　说明产业园区规划环境影响评价与规划编制的互动过程、互动内容，各时段向规划编制机关反馈的建议及采纳情况等。

9. 不良环境影响减缓对策措施与协同降碳建议

（1）熟悉资源节约利用与碳减排的内容

　　10.1　资源节约与碳减排

　　10.1.1　资源节约利用

　　从完善产业园区能源梯级高效利用、非常规水资源（如矿井水、中水、微咸水、海水淡化水）利用、固体废物综合利用、土地节约集约利用等方面，提出产业循环式组合、园区循环化发展的优化建议。

　　10.1.2　碳减排

　　提出产业园区碳减排的主要途径和主要措施建议，包括涉碳排放产业规模、结构调整、原料替代，能源利用效率提升，绿色清洁能源利用，废物的节能与低碳化处置等。

（2）掌握产业园区环境风险防范对策要求

　　10.2　产业园区环境风险防范对策

　　10.2.1　针对潜在的环境风险，提出相关产业发展的约束性要求。

　　10.2.2　对可能产生显著人群健康影响的产业园区，提出减缓人群健康风险的对策、措施。

　　10.2.3　从环境风险预警体系建设、重大风险源在线监控、危险化学品运输风险防控、突发性环境风险事故应急响应、完善环境风险应急预案、环境应急保障体系建设等方面，提出完善企业、园区、区域环境风险防控体系的对策，以及产业园区与区域风险防控体系的衔接机制。

（3）掌握生态环境保护与污染防治对策和措施要求

　　10.3　生态环境保护与污染防治对策和措施

　　10.3.1　提出园区落实区域环境质量改善及污染防控方案的主要措施和要求，包括改善大气环境质量、提升水环境质量、分类防治土壤环境污染、完善固体废物收集和贮存及利用处置等。

　　10.3.2　针对产业园区既有环境问题和规划实施可能产生的主要环境影响，提出减缓对策和措施。

　　10.3.3　生态环境较敏感或生态功能显著退化的产业园区，应提出生态功能修复和生物多样性保护的对策和措施，包括生态修复、生态廊道构建、生态敏感区保护及绿化隔离带或防护林等缓冲带建设等。

10. 环境影响跟踪评价与规划所含建设项目环境影响评价要求

（1）**熟悉环境影响跟踪评价计划的内容**

　　11.1　环境影响跟踪评价计划

　　11.1.1　拟定跟踪评价计划，对产业园区规划实施全过程已产生的资源利用、环境质量、生态功能影响进行跟踪监测，对规划实施提出环境管理要求，并为后续产业园区跟踪环境影响评价提供依据。跟踪评价计划基本要求参照执行 HJ 130。

　　11.1.2　产业园区跟踪监测方案是跟踪评价计划的重要内容，包括跟踪监测的环境要素、生态指标、监测因子、监测点位（断面）、监测频次、监测采样与分析方法、执行标准等。

　　a）监测点位（断面）布设应考虑环境敏感区、产业集中单元、现状环境问题突出的单元、产业园区优先保护区、重点控制断面，区域水环境、土壤环境、大气环境重点管控单元等。

　　b）监测环境要素应包括大气环境、水环境、声环境、土壤环境、生态环境、底泥（沉积物）等，必要时还应考虑可能受影响的产业园区及周边易感人群。

　　c）监测因子或指标应包括常规污染因子、特征污染因子、现状超标因子、生态状况指标，以及特定条件下的人群健康状况指标等。

（2）**掌握规划所含建设项目的环境影响评价要求**

　　11.2　规划所含建设项目环境影响评价要求

　　11.2.1　分行业提出规划所含建设项目环境影响评价重点内容和基本要求。

　　11.2.2　对符合产业园区环境准入的建设项目，提出简化入园建设项目环境影响评价的建议。

　　a）对不涉及特定保护区域、环境敏感区，且满足重点管控区域准入要求的建设项目，可提出简化选址环境可行性和政策符合性分析，生态环境调查直接引用规划环境影响评价结论的建议。

　　b）对区域环境质量满足考核要求且持续改善、不新增特征污染物排放的建设项目，可提出直接引用符合时效的产业园区环境质量现状和固定、移动污染源调查结论，简化现状调查与评价内容的建议。

　　c）对依托产业园区供热、清洁低碳能源供应、VOCs 等废气集中处理、污水集中处理、固体废物集中处置等公用设施的建设项目，可提出正常工况下的环境影响直接引用规划环境影响评价结论的建议。

11. 产业园区环境管理与环境准入

（1）熟悉产业园区环境管理方案

12.1 产业园区环境管理方案

12.1.1 以改善产业园区生态环境质量为核心，提出产业园区环境管理目标、重点、对象和指标，完善产业园区环境管理方案。

12.1.2 以提高产业园区环境管理能力和水平为目标，提出加强污染源及风险源监管、污染物在线监测、环保及节能设施建设、环境风险防控及应急体系建设、环境监管能力建设等方面的措施和建议，强化产业园区环境管理措施。

（2）掌握产业园区环境准入要求的内容

12.2 产业园区环境准入

12.2.1 产业园区环境管控分区细化

12.2.1.1 产业园区与区域优先保护单元重叠地块，产业园区内其他具有重要生态功能的河流水系、湿地、潮间带、山体、绿地等及评价确定需保护的其他环境敏感区，划为保护区域。

12.2.1.2 保护区域外结合产业园区功能分区，划为不同的重点管控区域。

12.2.2 分区环境管控要求

12.2.2.1 落实国家和地方的法律、法规、政策及区域生态环境准入清单，结合现状调查、影响预测评价结果，细化分区环境准入要求。

12.2.2.2 保护区域环境准入应包括以下要求：列出保护区域禁止或限制布局的规划用地类型、规划行业类型等，对不符合管控要求的现有开发建设活动提出整改或退出要求。

12.2.2.3 重点管控区域环境准入应包括以下要求：

a）空间布局约束要求。对既有环境问题突出、土壤重金属超标、污染企业退出的遗留污染棕地、弱包气带防护性能区等地块，提出禁止和限制准入的产业类型及严格的开发利用环境准入条件；针对环境风险防范区、环境污染显著且短时间内治理困难的地块等，提出限制、禁止布局的用地类型或布局的建议。

b）污染物排放管控要求。包括产业园区、主要污染行业的主要常规、特征污染物允许排放量及存量源削减量和新增源控制量、主要污染物（包括常规和特征污染物）及碳排放强度准入要求，现有源提标升级改造、倍量削减（等量替代）等污染物减排要求，主要污染行业预处理、深度治理等要求。

c）环境风险防控要求。涉及易燃易爆、有毒有害危险物质，特别是优先控制化学品生产、使用、贮存的产业园区，应提出重点环境风险源监管，禁止或限制的危险物质类型及危险物质在线量，危险废物全过程环境监管，高风险产业发展规模控制等；建设用地土壤污染风险防控或污染土壤修复等管控要求。

d）资源开发利用管控要求。包括水资源、土地资源、能源利用效率等准入要求。节能、能源利用（方式）及绿色能源利用，涉煤项目煤炭减量替代要求；涉及高污染燃料禁燃区的产业园区应提出禁止、限制准入的燃料及高污染燃料设施类型、规模及能源结构调整等要求。水资源超载产业园区应提出禁止、限制准入的高耗水行业类型、工序类型及中水回用要求。

12. 公众参与和会商意见处理

掌握公众参与和会商意见处理的工作要求

公众参与和会商意见处理参照执行 HJ 130。

（考生可查阅《规划环境影响评价技术导则　总纲》）

13. 评价结论

掌握评价结论的内容要求

14.1　产业园区生态环境现状与存在问题

结合产业园区发展情况和生态环境调查，明确产业园区污染治理、风险防控、环境管理、重要资源开发利用状况及其与环境管理目标和相关政策要求的差距。给出产业园区环境质量现状和历史演变趋势，环境质量超标的位置、时段、因子及成因。指出产业园区发展在生态环境质量改善、环境风险防控、资源能源高效利用等方面，存在的主要生态环境问题和环境风险隐患。

14.2　规划生态环境影响特征与预测评价结论

明确规划实施产生的显著生态环境影响，以及对重要环境敏感区的影响方式、途径和程度。明确规划实施的环境风险因素和受体特征，以及环境风险类型、暴露途径、水平和后果。明确规划实施对区域生态环境的整体影响和累积效应，以及对实现产业园区环境目标的综合影响。

14.3　资源环境压力与承载状态评估结论

结合评价时段内产业园区水资源、土地资源、能源等需求量及潜在的碳排放水平，明确规划实施带来的新增资源、能源消耗量和主要污染物、碳排放负荷。指出不同评价时段产业园区主要污染物削减措施、削减来源及减排潜力，以及主要资源、污染物现状量、减排量（节减量）、新增量，明确规划实施的资源环境承载状态。

14.4　规划实施制约因素与优化调整建议

明确产业园区规划与上位和同层位法律、法规、政策及“三线一单”和相关规划存在的不协调、不符合或潜在冲突，从加强生态环境保护角度给出相应解决对策。结合环境影响预测分析评价结果，明确规划实施的主要资源、环境、生态制约因素，指出与产业园区环境目标和要求不相符的规划内容，并提出具体、可行的优化调整建议。说明规划环境影响评价与规划编制互动过程，编制机关采纳规划环境影响评价建议优化规划方案的主要内容。

14.5 规划实施生态环境保护目标和要求

从生态保护、环境质量、风险防控、碳减排及资源利用、污染集中治理等方面，明确规划实施的生态环境保护目标、指标和要求，以及产业园区资源节约利用、碳减排的主要优化建议。针对产业园区现状生态环境问题和不同评价时段主要生态环境影响，提出不良环境影响减缓对策、环境风险防控要求、环境污染防治措施，以及产业园区生态保护和治理措施。

14.6 产业园区环境管理改进对策和建议

明确产业园区环境管理现状问题和短板，及与规划期环境目标和要求的差距，给出提高产业园区环境监管水平和执行能力的对策建议。明确产业园区环境管控分区，给出具体的分区环境准入要求。明确产业园区环境影响跟踪监测和评价的总体要求和执行要点，规划所含建设项目环评的重点内容、基本要求及简化建议。

14. 环境影响评价文件的编制要求

（1）熟悉产业园区规划环境影响报告书应包括的主要内容

参照执行 HJ 130 要求，并可根据产业园区实际，对报告书章节设置、主要内容及图件进行适当增减。

（考生可查阅《规划环境影响评价技术导则 总纲》）

（2）熟悉产业园区规划环境影响报告书中图件的要求

参照执行 HJ 130 要求，并可根据产业园区实际，对报告书章节设置、主要内容及图件进行适当增减。

（考生可查阅《规划环境影响评价技术导则 总纲》）

（十二）《规划环境影响评价技术导则 流域综合规划》（ HJ 1218—2021 ）

1. 适用范围

掌握导则的适用范围

1 适用范围

本标准规定了流域综合规划环境影响评价的评价原则、工作程序、重点内容、主要方法和要求。

本标准适用于国务院有关部门、流域管理机构、设区的市级以上地方人民政府及其有关部门组织编制的流域综合规划（含修订）的环境影响评价。流域专业规划或专项规划可参照本标准执行。

2. 术语和定义

熟悉流域、流域综合规划、流域生态系统服务功能、重要生境、生态流量的定义

　　3.1　流域 basin

地表水或地下水的分水线所包围的汇水或集水区域。

　　3.2　流域综合规划 comprehensive river basin planning

统筹研究一个流域范围内与水相关的各项开发、治理、保护与管理任务的水利规划。

　　3.3　流域生态系统服务功能 river basin ecosystem service functions

流域生态系统形成和所维持的人类赖以生存和发展的环境条件与效用，通常包括水源涵养、水土保持、生物多样性保护、防风固沙、洪水调蓄、产品提供等。

　　3.4　重要生境 important habitat

重要生物物种或群落赖以生存和繁衍的法定保护或具有特殊意义的生态空间，通常包括各类自然保护地、重点保护物种栖息地以及重要水生生物的产卵场、索饵场、越冬场及洄游通道等。

　　3.5　生态流量 ecological water flow

为了维系河流、湖泊等水生态系统的结构和功能，需要保留在河湖内满足生态用水需求的流量（水量、水位）及其过程。

3. 总则

（1）了解评价的目的

　　4.1　评价目的

　　以改善水生态环境质量、维护生态安全为目标，以落实碳达峰碳中和目标和加强生物多样性保护为导向，论证规划方案的环境合理性和社会环境效益，统筹流域治理、开发、利用和保护的关系，提出优化调整建议、不良生态环境影响的减缓措施及生态环境保护对策，推动流域绿色高质量发展，为规划综合决策和实施提供依据。

（2）熟悉评价的原则

　　4.2　评价原则

　　4.2.1　全程参与、充分互动

　　评价应及早介入规划编制工作，并与规划前期研究和方案编制、论证、审定等关键环节和过程充分互动，吸纳各方意见，优化规划方案。

4.2.2　严守红线、强化管控

评价应充分衔接已发布实施的"三线一单"成果，严守生态保护红线、环境质量底线和资源利用上线要求，结合评价结果进一步提出流域环境保护要求及细化重点区域生态环境管控要求的建议，指导流域专业规划或专项规划、支流下层位规划或建设项目环境准入，实现流域规划、建设项目环境影响评价的系统衔接和协同管理。

4.2.3　统筹衔接、突出重点

评价应科学统筹水陆、江湖、河海，以及流域上下游、左右岸、干支流生态环境保护和绿色发展，系统考虑流域开发、治理、利用、保护和管理任务与流域内各生态环境要素的关系，重点关注规划实施对流域生态系统整体性、累积性影响。

4.2.4　协调一致、科学系统

评价内容和深度应与规划的层级、详尽程度协调一致，与规划涉及流域和区域的环境管理要求相适应，并依据不同层级规划的决策需求，提出相应的宏观决策建议以及具体的生态环境管理要求，加强流域整体性保护。

（3）掌握评价范围及评价时段

4.3　评价范围及评价时段

4.3.1　评价范围应覆盖规划空间范围及可能受到规划实施影响的区域，统筹兼顾流域上下游、干支流、左右岸、河（湖）滨带、地表和地下集水区、调入区和调出区及江河湖海交汇区。

4.3.2　评价时段与流域综合规划的规划时段一致，必要时可根据规划实施可能产生的累积性生态环境影响适当扩展，并根据规划方案的生态环境影响特征确定评价的重点时段。

（4）熟悉评价技术流程

4.4　评价技术流程

流域综合规划环境影响评价的技术流程见 HJ 1218—2021 中的图 1。

4．规划分析

（1）了解规划概述的基本内容

5.1　规划概述

介绍规划沿革及编制背景，结合图、表梳理分析规划的时限、范围、定位、目标、控制性指标，以及水资源开发利用与保护、防洪、治涝、灌溉、城乡供水、水力发电、航运等各专业规划或专项规划的布局、任务、规模、建设方式、时序安排等，梳理规划近远期实施意见。对于规划涉及的重大工程（如大型水库和控制性工程、水力发电工程、跨流域调水工程、大型灌区和重要灌区工程、航运枢纽工程等），说明其性质、任务、规模等基本情况。

（2）了解规划协调性分析的内容

5.2   规划协调性分析

分析规划方案与相关法律、法规、政策及上层位规划、同层位规划、功能区划、"三线一单"等的符合性和协调性，明确在空间布局、资源保护与利用、生态环境保护、污染防治、风险防范要求等方面的冲突和矛盾。阐述综合规划与各专业规划或专项规划之间在目标、任务、规模等方面的冲突和矛盾。

5. 现状调查与评价

（1）掌握现状调查与评价的基本要求

6.1   基本要求

6.1.1   根据规划环境影响特点和流域生态环境保护要求，调查流域自然和社会环境概况，重点对干支流重要河段、主要控制断面及相关区域开展调查，系统梳理流域开发、利用和保护现状，重点评价流域水文水资源、水环境和生态环境等现状及变化趋势。对已开发河段或流域的环境影响进行回顾性评价，明确流域生态功能、环境质量现状和资源利用水平，分析主要生态环境问题及成因，明确规划实施的资源、生态、环境制约因素。

6.1.2   现状调查应充分收集和利用已有成果，并说明资料来源和有效性。现状调查与评价基本要求、方法参照 HJ 130、HJ 2.3、HJ 19、HJ/T 88、HJ 192、HJ 610、HJ 623、HJ 1172、SL/T 793 执行。

（2）熟悉现状评价与回顾性分析的基本内容

6.2   现状评价与回顾性分析

6.2.1   水文水资源现状调查与评价

调查流域水资源总量、时空分布、开发利用和保护管理现状及变化趋势，主要控制断面的水文特征和生态流量保障程度等，明确流域开发利用导致的水文情势变化及相应的流域生态环境问题。

6.2.2   水环境现状调查与评价

调查流域水环境质量目标、现状及变化趋势，分析主要集中式饮用水水源地水质达标情况和重要湖库富营养化状况，明确流域主要水环境问题及成因。水污染严重的流域应关注污染源和沉积物状况，涉及水温改变的河流应调查水库及河流水温沿程变化，与地下水水力联系密切且生态环境敏感、脆弱的区域还应调查水文地质条件、地表与地下水补径排关系、地下水水位水质、环境地质问题等。

6.2.3　生态现状调查与评价

明确流域范围内的生态保护红线、环境敏感区和重要生境的分布、范围、保护要求及其与治理开发利用河段、主要控制断面的位置关系，调查流域内水生、陆生生物的种类、组成和分布，重点调查珍稀、濒危、特有野生动植物、水生生物和保护鱼类的资源分布、生态习性、重要生境及其保护现状等。评价流域生态系统结构与功能状况、生物多样性现状及空间分布，分析流域生态状况和变化趋势及成因，明确流域主要生态环境问题。

6.2.4　环境影响回顾性评价

梳理流域开发、利用和保护历程或上一轮规划的实施情况，调查上一轮规划环境影响评价及其审查意见的落实情况及效果，分析流域生态环境演变趋势和现状生态环境问题与流域开发、治理和保护的关系，提出需重点关注的生态环境问题及其解决途径。

（3）熟悉制约因素分析内容

6.3　制约因素分析

根据现状调查与评价结果，对照生态保护红线、环境质量底线、资源利用上线管控目标，明确提出规划实施的资源、生态、环境制约因素。

6. 环境影响识别与评价指标体系构建

（1）熟悉环境影响识别的内容

7.1　环境影响识别

识别水资源开发利用与保护、防洪、治涝、灌溉、城乡供水、水力发电、航运等专业规划或专项规划实施对水文水资源、水环境、生态环境等的影响途径、方式，以及影响性质、范围和程度，重点判识可能造成的累积性、整体性等重大不良生态环境影响和生态风险，明确受规划实施影响显著的资源、生态、环境要素。

（2）熟悉生态环境保护定位的内容

7.2　生态环境保护定位

以维护生态安全、改善生态环境为目标，根据流域和区域可持续发展战略、生态环境保护与资源利用相关法律法规、政策和规划，充分衔接生态保护红线、环境质量底线、资源利用上线管控目标，明确流域生态环境保护定位。

（3）了解环境目标与评价指标体系构建的确定原则

7.3　环境目标与评价指标体系构建

根据流域生态环境保护定位，综合考虑流域水文水资源、水环境、生态环境等方面的关键因子、主要影响和突出问题，从生态安全维护、环境质量改善、资源高效利用等方面建立环境目标和评价指标体系，明确基准年及不同评价时段的环境目标值、评价指标值及确定依据。评价指标参见附录 A。

（4）熟悉流域综合规划环境影响评价指标

HJ 1218—2021 附录 A（资料性附录）　流域综合规划环境影响评价指标

根据流域主要生态环境保护定位，针对规划的主要生态环境影响特征，从资源高效利用、环境质量改善、生态安全维护等方面，筛选适宜的指标并形成评价指标体系。可供选择的评价指标详见该导则表 A.1。评价过程中可根据流域开发利用特点与环境影响特征适当删减或增补评价指标。

7. 环境影响预测与评价

（1）掌握环境影响预测与评价的基本要求

8.1　基本要求

8.1.1　根据规划期内新建的控制性工程以及已建、在建工程的不同调度运行工况、阶段，从规划规模、布局、建设时序等方面，开展多种情景（或运行工况）规划环境影响预测与评价。

8.1.2　影响预测与评价应立足于利用已有成果，并说明资料来源和有效性。根据流域规划影响特征及生态环境保护定位确定评价重点内容，基本要求、方法参照 HJ 130、HJ 2.3、HJ 19、HJ/T 88、HJ 610、HJ 623、HJ 627、HJ 1172、SL/T 278、SL/T 793 执行。

（2）熟悉环境影响预测与评价的内容

8.2　影响预测与评价

8.2.1　水文水资源影响预测与评价

分析规划所包含的各专业规划或专项规划、重大工程实施对流域水资源开发利用强度和效率、水资源量及时空分配、主要控制断面水文情势的累积、整体影响。依据河流、湖库生态环境保护目标的流量（水位）及过程需求，分析规划确定的控制断面生态流量的保障程度。

8.2.2　水环境影响预测与评价

结合水文情势变化，评价规划实施对流域水环境的累积、整体影响，明确主要控制断面水环境质量的变化能否满足环境目标要求，分析主要水环境问题的变化趋势。与地下水水力联系密切且生态环境敏感、脆弱的区域应分析补径排关系及水位变化对地下水水质的影响。

8.2.3　生态影响预测与评价

预测流域水文水资源变化对陆生和水生生态系统结构、功能的累积、整体影响，评价规划实施对生物多样性和生态系统完整性的影响，重点分析对珍稀濒危特有野生动植物、水生生物和重要经济价值鱼类的重要生境及河（湖）滨带、江河湖海交汇区的影响，评价规划实施是否符合生态保护红线、环境敏感区和重要生境的保护和管控要求，明确主要生态问题的变化趋势。

8.2.4　生态风险评价

分析规划实施可能带来的主要生态风险，明确生态风险特征、潜在生态损失或其他风险后果，以及主要受体或敏感目标的风险可接受性，关注气候变化背景下流域面临的潜在风险及规划提出的应对和适应气候变化对策措施的环境可行性。

8.3　资源环境承载状况评估

在充分利用已有成果评价资源环境承载力的基础上，分析规划实施后重要河段水资源量与用水量、控制断面水环境质量的变化，围绕设定的规划开发情景评估流域水资源、水环境、生态环境对规划实施的承载状态及其变化趋势。

8.　规划方案环境合理性论证和优化调整建议

（1）掌握规划方案环境合理性论证的内容

9.1　规划方案环境合理性论证

9.1.1　根据流域生态环境保护定位、环境目标及"三线一单"目标要求，结合规划协调性分析结果，论证规划定位和规划环境目标的环境合理性。

9.1.2　根据环境管控分区及要求，结合规划实施对生态保护红线、环境敏感区和重要生境的影响预测及生态风险评价结果，论证规划任务和布局、重大工程选址，规划划定的优先保护、重点保护、治理修复的水陆域及禁止、限制开发的河段或岸线的环境合理性。

9.1.3　根据环境影响预测评价和资源环境承载状态评估结果，结合水生态环境质量改善目标要求，论证规划开发利用规模和重大工程规模的环境合理性。

9.1.4　根据规划实施对生态环境的影响程度、范围和累积后果，结合生态环境影响减缓措施的潜在效果等，论证规划时序安排和建设方式的环境合理性。

9.1.5　规划目标可达性分析按 HJ 130 执行。规划方案的环境效益从维护生态安全、改善生态环境质量、推动社会经济绿色低碳发展等方面开展论证。

（2）掌握规划优化调整建议的内容

9.2　规划优化调整建议

9.2.1　说明规划环境影响评价与规划编制的互动过程和内容，特别是向规划编制机关反馈的意见建议及其采纳情况，明确已被采纳的建议，给出规划需进一步优化调整的建议及其论证依据。

9.2.2　规划方案与流域生态环境保护定位、上层位规划、"三线一单"目标要求等存在明显冲突，或者即便在采取可行的预防和减缓措施情况下仍难以满足生态环境目标及要求，应提出对规划方案作重大调整的结论和建议。

9.2.3　规划布局方案与生态保护红线、环境敏感区和重要生境的保护要求不符，或对生态保护红线、环境敏感区和重要生境、流域重要生态功能产生重大不良影响，或规划任务及布局、重大工程等产生的生态风险不可接受，应针对规划任务、布局和重大工程选址等提出优化调整建议。

9.2.4　规划开发方案可能造成显著生态破坏、环境污染、生态风险或人群健康影响，或规划方案中的生态保护和污染防治措施实施后仍无法满足环境质量改善目标或污染防治要求，应针对规划开发利用规模、重大工程规模等提出优化调整建议。

9.2.5　针对经评价得出的关键要素、突出问题、主要影响、重大风险等，从促进流域环境质量改善、加强生态功能保障、推动绿色低碳发展角度，进一步梳理并以图、表形式提出规划方案的优化调整建议。将优化调整后的规划方案作为环境比选的推荐方案。

9. 环境影响减缓对策和措施

（1）熟悉流域生态环境管控的内容

10.1　流域生态环境管控

衔接"三线一单"、国土空间规划等相关规划，结合流域资源、生态、环境制约因素，明确需优先保护、重点保护、治理修复的水陆域及禁止、限制开发的河段或岸线，围绕开发建设任务提出流域环境保护要求及细化重点区域生态环境管控要求的建议。对流域内具有生态保护价值的其他支流，根据具体开发利用和保护情况，还应提出生态环境保护和修复要求。

（2）熟悉生态环境保护与污染防治对策和措施的要求

10.2.1　从生态风险防范、流域环境管理、生态环境监测、水资源管理等方面提出预防措施。

10.2.2　从生态调度和监控机制、控制断面生态流量保障、物种及其生境保护、重要水源地保护、自然保护地与重要湿地保护、自然河段保留、流域水污染防治、沙化石漠化和水土流失治理等方面提出减缓措施。

10.2.3　从替代生境构建与保护、流域水系连通修复、岸线和河（湖）滨带修复、重点库区消落区和重点湖泊生态环境修复、退化林草和受损湿地修复、重要栖息地修复等方面提出修复补救措施，必要时提出流域生态补偿措施。对流域现存的生态环境问题，提出解决方案或后续管理要求。

10.　环境影响跟踪评价计划与规划和建设项目环境影响评价要求

（1）了解环境影响跟踪评价计划的内容

11.1　环境影响跟踪评价计划

11.1.1　结合规划实施的主要生态环境影响，拟定跟踪评价计划，监测和调查规划实施对流域环境质量、生态功能、生物多样性、生物资源、资源利用等的实际影响，以及不良生态环境影响减缓措施的有效性。

11.1.2　跟踪评价计划应包括工作目的、监测方案、调查方法、评价重点、实施安排等内容。主要包括：

a）以图、表形式给出需重点监测和评价的资源生态环境要素、重要河段、控制断面、具体监测项目及评价指标，以及相应的监测点位、频次。

b）提出分析规划优化调整建议、环境影响减缓对策和措施等落实情况和执行效果的具体内容和要求，明确分析和评价不良生态环境影响预防和减缓措施有效性的监测要求和评价准则。

c）针对规划实施对流域生态环境的阶段性综合影响，环境影响减缓措施的执行效果以及后续规划实施调整建议等，明确跟踪评价的内容和要求。

（2）熟悉规划和建设项目环境影响评价要求

11.2　规划和建设项目环境影响评价要求

对流域专业规划或专项规划、支流下层位规划或规划所包含的重大工程提出指导性意见，明确环境影响评价需重点分析、可适当简化的内容。简化要求参照 HJ 130 执行。

11.　公众参与和会商意见

熟悉公众参与和会商意见处理的基本要求和工作内容

12.1　基本要求

公众参与和会商意见参照 HJ 130 执行，需要保密的规划应按照相关保密规定执行。

12.2　公众参与和会商意见处理

12.2.1　重点调查、收集和分析受规划实施影响较大的公众、团队、有关政府机构、专业人士等的意见和建议，并对评价工作考虑和采用相关意见和建议的情况作出说明。

12.2.2　会商意见应明确说明流域开发利用现状、规划实施可能产生的环境影响和潜在的生态风险，提出优化调整规划方案及完善环境影响减缓对策措施的建议。

12. 评价结论

掌握评价结论中应明确给出的内容

13 评价结论

评价结论基本要求、内容参照 HJ 130 执行，评价结论应明确以下内容：

a）流域生态环境保护定位和环境目标。

b）流域环境质量、资源利用现状和变化趋势，流域存在的主要生态环境问题，规划实施的资源、生态、环境制约因素。

c）规划实施对生态、环境的主要影响及潜在的生态风险，资源环境对规划实施的承载能力及其变化趋势，规划实施环境目标可达性分析结论。

d）规划协调性分析结论，规划方案的环境合理性和社会环境效益。

e）规划定位、任务、布局、规模、建设方式、时序安排、重大工程等规划优化调整建议。

f）流域环境管控要求，预防、减缓和修复补偿等对策措施。

g）对专业规划或专项规划、支流下层位规划及规划所包含建设项目的环境影响评价要求。

h）环境影响跟踪评价计划的主要内容和要求。

i）公众意见、会商意见的回复和采纳情况。

13. 环境影响评价文件的编制要求

熟悉规划环境影响报告书应包括的内容和图件要求

14 环境影响评价文件的编制要求

规划环境影响评价文件编制要求按 HJ 130 执行，报告书中应包含的成果图件及格式、内容要求见该导则附录 B。

HJ 1218—2021 附录 B（规范性附录） 环境影响报告书中图件要求

B.1 工作基础底图要求

工作基础底图要求参照 HJ 130 执行。

基础图件精度与规划尺度和精度相匹配，比例尺至少与流域综合规划的比例尺保持一致；评价图件可以结合成果表达的精度要求，在更大的比例尺的底图上描绘，但坐标系和行政区划需要与底图保持一致。

B.2 图件要求

实际工作中根据规划环境影响特点和流域生态环境保护要求，从表 B.1 中选择相应图件提交。

表 B.1　图件要求

类别		图件名称
基础图件	规划数据	规划范围图、规划空间布局图、各专业规划或专项规划布局图、规划包含重大工程/具体建设项目分布图
	环境现状和区域规划数据	已建/在建重大工程位置图、重要河段/控制断面与环境质量点位图、流域水系分布图、土地利用现状图、生态保护红线和生态空间分布图、环境敏感区分布图、重要生境分布图、珍稀/濒危野生生物分布图、流域植被分布图、水生生物栖息地（含产卵场、索饵场、越冬场和洄游通道）分布图、水文地质图
评价图件	现状评价成果	规划布局与生态保护红线（环境敏感区、重要生境、相关规划）空间位置关系图、流域（水系、河段）环境状况现状图、生态系统演变评价结果图、环境质量变化评价结果图
	环境影响评价成果	各评价时段、各环境要素环境影响预测结果图
	规划优化调整成果	规划优化调整成果图
	环境管控成果	优先保护/重点保护/治理修复水陆域范围图、禁止/限制开发河段/岸线图、重要生态环境影响减缓对策措施实施范围图、流域生态环境管控成果图
	跟踪评价计划成果	监测点位布局图
	其他图件	需要说明的其他图件等

三、环境质量标准

（一）环境空气质量标准（GB 3095—2012）

（1）掌握环境空气功能区的分类

4.1　环境空气功能区分类

一类区为自然保护区、风景名胜区和其他需要特殊保护的地区。

二类区为居住区、商业交通居民混合区、文化区、工业区和农村地区。

（2）掌握环境空气功能区质量要求

4.2　环境空气功能区质量要求

一类区适用一级浓度限值，二类区适用二级浓度限值。一、二类环境功能区质量要求见表 1 和表 2。

表 1　环境空气污染物基本项目浓度限值

污染物项目	平均时间	浓度限值		单位
		一级	二级	
SO₂	年平均	20	60	μg/m³
	24 小时平均	50	150	
	1 小时平均	150	500	
NO₂	年平均	40	40	μg/m³
	24 小时平均	80	80	
	1 小时平均	200	200	
CO	24 小时平均	4	4	mg/m³
	1 小时平均	10	10	
O₃	24 小时平均	100	160	μg/m³
	1 小时平均	160	200	
PM₁₀	24 小时平均	40	70	
	1 小时平均	50	150	
PM₂.₅	24 小时平均	15	35	
	1 小时平均	35	75	

表 2　环境空气污染物其他项目浓度限值

污染物项目	平均时间	浓度限值		单位
		一级	二级	
TSP	年平均	80	200	μg/m³
	24 小时平均	120	300	
NOₓ	年平均	50	50	
	24 小时平均	100	100	
	1 小时平均	250	250	
Pb	年平均	0.5	0.5	μg/m³
	季平均	1	1	
BaP	年平均	0.001	0.001	
	24 小时平均	0.002 5	0.002 5	

（3）了解污染物的监测分析方法

5.3 分析方法

应按表 3 的要求，采用相应的方法分析各项污染物的浓度。

表 3 各项污染物分析方法

污染物项	手工分析方法		自动分析方法
	分析方法	标准编号	
SO_2	环境空气 二氧化硫的测定 甲醛吸收-副玫瑰苯胺分光光度法	HJ 482	紫外荧光法、差分吸收光谱分析法
	环境空气 二氧化硫的测定 四氯汞盐吸收-副玫瑰苯胺分光光度法	HJ 483	
NO_2	环境空气 氮氧化物（一氧化氮和二氧化氮）的测定 盐酸萘乙二胺分光光度法	HJ 479	化学发光法、差分吸收光谱分析法
CO	空气质量 一氧化碳的测定 非分散红外法	GB 9801	气体滤波相关红外吸收法、非分散红外吸收法
O_3	环境空气 臭氧的测定 靛蓝二磺酸钠分光光度法	HJ 504	紫外荧光法、差分吸收光谱分析法
	环境空气 臭氧的测定 紫外光度法	HJ 590	
PM_{10}	环境空气 PM_{10} 和 $PM_{2.5}$ 的测定 重量法	HJ 618	微量振荡天平法、β射线法
$PM_{2.5}$	环境空气 PM_{10} 和 $PM_{2.5}$ 的测定 重量法	HJ 618	微量振荡天平法、β射线法
TSP	环境空气 总悬浮颗粒物的测定 重量法	GB/T 15432	—
NO_x	环境空气 氮氧化物（一氧化氮和二氧化氮）的测定 盐酸萘乙二胺分光光度法	HJ 479	化学发光法、差分吸收光谱分析法
Pb	环境空气 铅的测定 石墨炉原子吸收分光光度法（暂行）	HJ 539	—
	环境空气 铅的测定 火焰原子吸收分光光度法	GB/T 15264	—
BaP	空气质量 飘尘中苯并[a]芘的测定 乙酰化滤纸层析荧光分光光度法	GB 8971	—
	空气质量 苯并[a]芘的测定 高效液相色谱法	GB/T 15439	—

（4）熟悉数据统计的有效性规定

6.4 任何情况下，有效的污染物浓度数据均应符合表 4 中的最低要求，否则应视为无效数据。

表 4　污染物浓度数据有效性的最低要求

污染物项目	平均时间	数据有效性规定
SO_2、NO_2、PM_{10}、$PM_{2.5}$、NO_x	年平均	每年至少有 324 个日平均浓度值
		每月至少有 27 个日平均浓度值（二月至少有 25 个日平均浓度值）
SO_2、NO_2、CO、PM_{10}、$PM_{2.5}$、NO_x	24 h 平均	每日至少有 20 个 h 平均浓度值
O_3	8 h 平均	每 8 h 至少有 6 h 平均浓度值
SO_2、NO_2、CO、O_3、NO_x	1 h 平均	每小时至少有 45 min 的采样时间
TSP、BaP、Pb	年平均	每年至少有分布均匀的 60 个日平均浓度值
		每月至少有分布均匀的 5 个日平均浓度值
Pb	季平均	每季至少有分布均匀的 15 个日平均浓度值
		每月至少有分布均匀的 5 个日平均浓度值
TSP、BaP、Pb	24 h 平均	每月应有 24 h 的采样时间

（5）了解《环境空气质量标准》（GB 3095—2012）修改单的内容

3.14　"标准状态 standard state 指温度为 273 K，压力为 101.325 kPa 时的状态。本标准中的污染物浓度均为标准状态下的浓度"修改为："参比状态 reference state 指大气温度为 298.15 K，大气压力为 1 013.25 hPa 时的状态。本标准中的二氧化硫、二氧化氮、一氧化碳、臭氧、氮氧化物等气态污染物浓度为参比状态下的浓度。颗粒物（粒径小于等于 10 μm）、颗粒物（粒径小于等于 2.5 μm）、总悬浮颗粒物及其组分铅、苯并[a]芘等浓度为监测时大气温度和压力下的浓度"。

（二）《地表水环境质量标准》（GB 3838—2002）

（1）熟悉标准的适用范围

1.2　本标准适用于中华人民共和国领域内江河、湖泊、运河、渠道、水库等具有使用功能的地表水水域。具有特定功能的水域，执行相应的专业用水水质标准。

集中式生活饮用水地表水源地补充项目和特定项目适用于集中式生活饮用水地表水源地一级保护区和二级保护区。

与近海水域相连的地表水河口水域根据水环境功能按本标准相应类别标准值进行管理，近海水功能区水域根据使用功能按《海水水质标准》相应类别标准值进行管理。

批准划定的单一渔业水域按《渔业水质标准》进行管理；处理后的城市污水及与城市污水水质相近的工业废水用于农田灌溉用水的水质按《农田灌溉水质标准》进行管理。

（2）掌握水域功能和标准的分类

依据地表水水域环境功能和保护目标，按功能高低依次划分为五类：

Ⅰ类 主要适用于源头水、国家自然保护区；

Ⅱ类 主要适用于集中式生活饮用水地表水源地一级保护区、珍稀水生生物栖息地、鱼虾类产卵场、仔稚幼鱼的索饵场等；

Ⅲ类 主要适用于集中式生活饮用水地表水源地二级保护区、鱼虾类越冬场、洄游通道、水产养殖区等渔业水域及游泳区；

Ⅳ类 主要适用于一般工业用水区及人体非直接接触的娱乐用水区；

Ⅴ类 主要适用于农业用水区及一般景观要求水域。

对应地表水上述五类水域功能，将地表水环境质量标准基本项目标准值分为五类，不同功能类别分别执行相应类别的标准值。水域功能类别高的标准值严于水域功能类别低的标准值。同一水域兼有多类使用功能的，执行最高功能类别对应的标准值。

（3）熟悉标准项目划分与水质评价的原则

5.1 地表水环境质量评价应根据应实现的水域功能类别，选取相应类别标准，进行单因子评价，评价结果应说明水质达标情况，超标的应说明超标项目和超标倍数。

5.2 丰、平、枯水期特征明显的水域，应分水期进行水质评价。

5.3 集中式生活饮用水地表水源地水质评价的项目应包括表1中的基本项目、表2中的补充项目以及由县级以上人民政府生态环境主管部门从表3中选择确定的特定项目。

（4）了解地表水环境质量标准基本项目中水温、pH、溶解氧、高锰酸盐指数、化学需氧量、五日生化需氧量、氨氮、总氮、总磷项目的标准限值和监测分析方法

表1 地表水环境质量标准基本项目标准限值　　　　单位：mg/L

序号	项目	标准值 分类				
		Ⅰ	Ⅱ	Ⅲ	Ⅳ	Ⅴ
1	水温	人为造成的环境水温变化应限制在： 周平均最大温升≤1℃ 周平均最大温降≤2℃				
2	pH	6～9				

序号	标准值 项目		分类				
			I	II	III	IV	V
3	溶解氧	≤	饱和率90%（或7.5）	6	5	3	2
4	高锰酸盐指数	≤	2	4	6	10	15
5	化学需氧量（COD）	≤	15	15	20	30	40
6	五日生化需氧量（BOD_5）	≤	3	3	4	6	10
7	氨氮（NH_3-N）	≤	0.15	0.5	1.0	1.5	2.0
8	总磷（以P计）	≤	0.02（湖、库0.01）	0.1（湖、库0.025）	0.2（湖、库0.05）	0.3（湖、库0.1）	0.4（湖、库0.2）
9	总氮（湖、库，以N计）	≤	0.2	0.5	1.0	1.5	2.0

表4　地表水环境质量标准基本项目（部分）分析方法

序号	基本项目	分析方法	测定下限/（mg/L）	方法来源
1	水温	温度计法		GB 13195—91
2	pH	玻璃电极法		GB 6920—86
3	溶解氧	碘量法	0.2	GB 7489—87
		电化学探头法		HJ 506—2009
4	高锰酸盐指数		0.5	GB 11892—89
5	化学需氧量	重铬酸盐法	10	GB 11914—89
6	五日生化需氧量	稀释与接种法	2	GB 7488—87
7	氨氮	纳氏试剂比色法	0.05	GB 7479—87
		水杨酸分光光度法	0.01	GB 7481—87
8	总磷	钼酸铵分光光度法	0.01	GB 11893—89
9	总氮	过硫酸钾氧化紫外分光光度法	0.05	GB 11894—89

（三）《地下水质量标准》（GB/T 14848—2017）

（1）了解标准的适用范围

1　范围

该标准规定了地下水质量分类、指标及限值、地下水质量调查与监测、地下水质量评价等内容。

标准适用于地下水质量调查、监测、评价与管理。

（2）掌握地下水质量分类和指标分类

4　地下水质量分类及指标

4.1　地下水质量分类

依据我国地下水质量状况和人体健康风险，参照生活饮用水、工业、农业等用水质量要求，依据各组分含量高低（pH除外）分为五类。

Ⅰ类：地下水化学组分含量低，适用于各种用途；

Ⅱ类：地下水化学组分含量较低，适用于各种用途；

Ⅲ类：地下水化学组分含量中等，以 GB 5749—2006《生活饮用水卫生标准》为依据，主要适用于集中式生活饮用水水源及工农业用水；

Ⅳ类：地下水化学组分含量较高，以农业和工业用水质量要求以及一定水平的人体健康风险为依据，适用于农业和部分工业用水，适当处理后可作生活饮用水；

Ⅴ类：地下水化学组分含量高，不宜作为生活饮用水水源，其他用水可根据使用目的选用。

4.2　地下水质量分类指标

地下水质量指标分为常规指标和非常规指标。常规指标有39项，包括感官性状及一般化学指标（20项）、微生物指标（2项）、毒理学指标（15项）、放射性指标（2项）。非常规指标54项，全部为毒理学指标。详见表1。

表1　地下水质量指标

常规指标		非常规指标	
感官性状及一般化学指标	色、嗅和味、浑浊度、肉眼可见物、pH、总硬度、溶解性总固体、硫酸盐、氯化物、铁、锰、铜、锌、铝、挥发性酚类、阴离子表面活性剂、耗氧量（COD_{Mn}）、氨氮、硫化物、钠	毒理学指标	铍、硼、锑、钡、镍、钴、钼、银、铊、二氯甲烷、1,2-二氯乙烷、1,1,1-三氯乙烷、1,1,2-三氯乙烷、1,2-二氯丙烷、三溴甲烷、氯乙烯、1,1-二氯乙烯、1,2-二氯乙烯、三氯乙烯、四氯乙烯、氯苯、邻二氯苯、对二氯苯、三氯苯、乙苯、二甲苯、苯乙烯、2,4-二硝基甲苯、2,6-二硝基甲苯、萘、蒽、荧蒽、苯并[b]荧蒽、苯并[a]芘、多氯联苯、邻苯二甲酸二（2-乙基己基）酯、2,4,6-三氯酚、五氯酚、六六六、γ-六六六（林丹）、滴滴涕、六氯苯、七氯、2,4-滴、克百威、涕灭威、敌敌畏、甲基对硫磷、马拉硫磷、乐果、毒死蜱、百菌清、莠去津、草甘膦
微生物指标	总大肠菌群、菌落总数		
毒理学指标	亚硝酸盐、硝酸盐、氰化物、氟化物、碘化物、汞、砷、硒、镉、铬（六价）、铅、三氯甲烷、四氯化碳、苯、甲苯		
放射性指标	总α放射性、总β放射性		

（3）**熟悉地下水质量调查与监测的要求**

5.1　地下水质量应定期监测。潜水监测频率应不少于每年两次（丰水期和枯水期各 1 次），承压水监测频率可以根据质量变化情况确定，宜每年 1 次。

5.2　依据地下水质量的动态变化，应定期开展区域性地下水质量调查评价。

5.3　地下水质量调查与监测指标以常规指标为主，为便于水化学分析结果的审核，应补充钾、钙、镁、重碳酸根、碳酸根、游离二氧化碳指标；不同地区可在常规指标的基础上，根据当地实际情况补充选定非常规指标进行调查与监测。

5.4　地下水样品的采集、保存和送检应符合相关要求，采用适用的分析方法。

5.5　地下水质量检测方法的选择参见附录 B，使用前应按照 GB/T 27025—2008 中 5.4 的要求，进行有效确认和验证。

（4）**熟悉地下水质量评价要求**

6.1　地下水质量评价应以地下水质量检测资料为基础。

6.2　地下水质量单指标评价，按指标值所在的限值范围确定地下水质量类别，指标限值相同时，从优不从劣。示例：挥发性酚类Ⅰ、Ⅱ类限值均为 0.001 mg/L，若质量分析结果为 0.001 mg/L 时，应定为Ⅰ类，不定为Ⅱ类。

6.3　地下水质量综合评价，按单指标评价结果最差的类别确定，并指出最差类别的指标。

示例：某地下水样氯化物含量 400 mg/L，四氯乙烯含量 350 μg/L，这两个指标属Ⅴ类，其余指标均低于Ⅴ类，则该地下水质量综合类别定为Ⅴ类，Ⅴ类指标为氯离子和四氯乙烯。

（四）《海水水质标准》（ GB 3097—1997 ）

（1）**掌握海水水质的分类**

3.1　海水水质分类

按照海域的不同使用功能和保护目标，海水水质分为四类：

第一类　适用于海洋渔业水域，海上自然保护区和珍稀濒危海洋生物保护区。

第二类　适用于水产养殖区，海水浴场，人体直接接触海水的海上运动或娱乐区，以及与人类食用直接有关的工业用水区。

第三类　适用于一般工业用水区，滨海风景旅游区。

第四类　适用于海洋港口水域，海洋开发作业区。

（2）**熟悉混合区的规定**

5　混合区的规定

污水集中排放形成的混合区，不得影响邻近功能区的水质和鱼类洄游通道。

（五）《声环境质量标准》（GB 3096—2008）

（1）掌握标准的适用范围

1　适用范围

本标准规定了五类声环境功能区的环境噪声限值及测量方法。

本标准适用于声环境质量评价与管理。

机场周围区域受飞机通过（起飞、降落、低空飞越）噪声的影响，不适用于本标准。

（2）掌握声环境功能区分类

4　声环境功能区分类

按区域的使用功能特点和环境质量要求，声环境功能区分为以下五种类型：

0 类声环境功能区：指康复疗养区等特别需要安静的区域。

1 类声环境功能区：指以居民住宅、医疗卫生、文化教育、科研设计、行政办公为主要功能，需要保持安静的区域。

2 类声环境功能区：指以商业金融、集市贸易为主要功能，或者居住、商业、工业混杂，需要维护住宅安静的区域。

3 类声环境功能区：指以工业生产、仓储物流为主要功能，需要防止工业噪声对周围环境产生严重影响的区域。

4 类声环境功能区：指交通干线两侧一定距离之内，需要防止交通噪声对周围环境产生严重影响的区域，包括 4a 类和 4b 类两种类型。4a 类为高速公路、一级公路、二级公路、城市快速路、城市主干路、城市次干路、城市轨道交通（地面段）、内河航道两侧区域；4b 类为铁路干线两侧区域。

（3）熟悉各类声环境功能区环境噪声限值及相关规定

5　环境噪声限值

5.1　各类声环境功能区适用表 1 规定的环境噪声等效声级限值。

5.2　表 1 中 4b 类声环境功能区环境噪声限值，适用于 2011 年 1 月 1 日起环境影响评价文件通过审批的新建铁路（含新开廊道的增建铁路）干线建设项目两侧区域。

表 1　环境噪声限值　　　　　单位：dB（A）

时段 声环境功能区类别	昼间	夜间
0 类	50	40
1 类	55	45

时段 声环境功能区类别		昼间	夜间
2 类		60	50
3 类		65	55
4 类	4a 类	70	55
	4b 类	70	60

5.3　在下列情况下，铁路干线两侧区域不通过列车时的环境背景噪声限值，按昼间 70 dB（A）、夜间 55 dB（A）执行。

a）穿越城区的既有铁路干线。

b）对穿越城区的既有铁路干线进行改建、扩建的铁路建设项目。

既有铁路是指 2010 年 12 月 31 日前已建成运营的铁路或环境影响评价文件已通过审批的铁路建设项目。

5.4　各类声环境功能区夜间突发噪声，其最大声级超过环境噪声限值的幅度不得高于 15 dB（A）。

（4）了解环境噪声监测的类型与方法

6.4　监测类型与方法

根据监测对象和目的，环境噪声监测分为声环境功能区监测和噪声敏感建筑物监测两种类型，分别采用附录 B 和附录 C 规定的监测方法。

（关于附录 B 和附录 C，请考虑学习本标准原文）

（5）熟悉声环境功能区的划分要求

7　声环境功能区的划分要求

7.1　城市声环境功能区的划分

城市区域应按照 GB/T 15190 的规定划分声环境功能区，分别执行本标准规定的 0、1、2、3、4 类声环境功能区环境噪声限值。

7.2　乡村声环境功能的确定

乡村区域一般不划分声环境功能区，根据环境管理的需要，县级以上人民政府生态环境主管部门可按以下要求确定乡村区域适用的声环境质量要求：

a）位于乡村的康复疗养区执行 0 类声环境功能区要求；

b）村庄原则上执行 1 类声环境功能区要求，工业活动较多的村庄以及有交通干线经过的村庄（指执行 4 类声环境功能区要求以外的地区）可局部或全部执行 2 类声环境功能区要求；

c）集镇执行 2 类声环境功能区要求；

d）独立于村庄、集镇之外的工业、仓储集中区执行 3 类声环境功能区要求；

e）位于交通干线两侧一定距离（参考 GB/T 15190 第 8.3 条规定）内的噪声敏感建筑物执行 4 类声环境功能区要求。

（六）《城市区域环境振动标准》（GB 10070—88）

（1）熟悉城市各类区域振动标准值。

3.1.1　城市各类区域铅垂向 Z 振级标准值列于下表。

城市各类区域铅垂向 Z 振级标准值　　　　　单位：dB

适用地带范围	昼间	夜间
特殊住宅区	65	65
居民区、文教区	70	67
混合区、商业中心区	75	72
工业集中区	75	72
交通干线道路两侧	75	72
铁路干线两侧	80	80

3.1.2　本标准值适用于连续发生的稳态振动、冲击振动和无规则振动。

3.1.3　每日发生几次的冲击振动，其最大值昼间不允许超过标准值 10 dB，夜间不超过 3 dB。

（2）熟悉适用地带范围的划定。

3.2　适用地带范围的划定

3.2.1　"特殊住宅区"是指特别需要安宁的住宅区。

3.2.2　"居民、文教区"是指纯居民和文教、机关区。

3.2.3　"混合区"是指一般商业与居民混合区；工业、商业、少量交通与居民混合区。

3.2.4　"商业中心区"是指商业集中的繁华地区。

3.2.5　"工业集中区"是指在一个城市或区域内规划明确确定的工业区。

3.2.6　"交通干线道路两侧"是指车流量每小时 100 辆以上的道路两侧。

3.2.7　"铁路干线两侧"是指距每日车流量不少于 20 列的铁道外轨 30 m 外两侧的住宅区。

3.2.8　本标准适用的地带范围，由地方人民政府划定。

3.3　本标准昼间、夜间的时间由当地人民政府按当地习惯和季节变化划定。

（七）《土壤环境质量　农用地土壤污染风险管控标准》（试行）（GB 15618—2018）

（1）熟悉农用地土壤污染风险筛选值的定义、污染物项目及使用

3.4　农用地土壤污染风险筛选值 risk screening values for soil contamination of agricultural land

指农用地土壤中污染物含量等于或者低于该值的，对农产品质量安全、农作物生长或土壤生态环境的风险低，一般情况下可以忽略；超过该值的，对农产品质量安全、农作物生长或土壤生态环境可能存在风险，应当加强土壤环境监测和农产品协同监测，原则上应当采取安全利用措施。

4　农用地土壤污染风险筛选值

4.1　基本项目

农用地土壤污染风险筛选值的基本项目为必测项目，包括镉、汞、砷、铅、铬、铜、镍、锌，风险筛选值见表1。

表1　农用地土壤污染风险筛选值（基本项目）　　　　单位：mg/kg

序号	污染物项目 ab		风险筛选值			
			pH≤5.5	5.5＜pH≤6.5	6.5＜pH≤7.5	pH＞7.5
1	镉	水田	0.3	0.4	0.6	0.8
		其他	0.3	0.3	0.3	0.6
2	汞	水田	0.5	0.5	0.6	1.0
		其他	1.3	1.8	2.4	3.4
3	砷	水田	30	30	25	20
		其他	40	40	30	25
4	铅	水田	80	100	140	240
		其他	70	90	120	170
5	铬	水田	250	250	300	350
		其他	150	150	200	250
6	铜	果园	150	150	200	200
		其他	50	50	100	100
7	镍		60	70	100	190
8	锌		200	200	250	300

注：a 重金属和类金属砷均按元素总量计。
b 对于水旱轮作地，采用其中较严格的风险筛选值。

4.2　其他项目

4.2.1　农用地土壤污染风险筛选值的其他项目为选测项目，包括六六六、滴滴涕和苯并[a]芘，风险筛选值见表2。

表2 农用地土壤污染风险筛选值（其他项目） 单位：mg/kg

序号	污染物项目	风险筛选值
1	六六六总量[a]	0.10
2	滴滴涕总量[b]	0.10
3	苯并[a]芘	0.55

注：a 六六六总量为α-六六六、β-六六六、γ-六六六、δ-六六六四种异构体的含量总和。
b 滴滴涕总量为p，p'-滴滴伊、p，p'-滴滴滴、o，p'-滴滴涕、p，p'-滴滴涕四种衍生物的含量总和。

4.2.2 其他项目由地方环境保护主管部门根据本地区土壤污染特点和环境管理需求进行选择。

6 农用地土壤污染风险筛选值和管制值的使用

6.1 当土壤中污染物含量等于或者低于表1和表2规定的风险筛选值时，农用地土壤污染风险低，一般情况下可以忽略；高于表1和表2规定的风险筛选值时，可能存在农用地土壤污染风险，应加强土壤环境监测和农产品协同监测。

6.2 当土壤中镉、汞、砷、铅、铬的含量高于表1规定的风险筛选值、等于或者低于表3规定的风险管制值时，可能存在食用农产品不符合质量安全标准等土壤污染风险，原则上应当采取农艺调控、替代种植等安全利用措施。

6.3 当土壤中镉、汞、砷、铅、铬的含量高于表3规定的风险管制值时，食用农产品不符合质量安全标准等农用地土壤污染风险高，且难以通过安全利用措施降低食用农产品不符合质量安全标准等农用地土壤污染风险，原则上应当采取禁止种植食用农产品、退耕还林等严格管控措施。

6.4 土壤环境质量类别划分应以本标准为基础，结合食用农产品协同监测结果，依据相关技术规定进行划定。

（2）熟悉农用地土壤污染风险管制值的定义、污染物项目及使用

3.5 农用地土壤污染风险管制值 risk intervention values for soil contamination of agricultural land

指农用地土壤中污染物含量超过该值的，食用农产品不符合质量安全标准等农用地土壤污染风险高，原则上应当采取严格管控措施。

5 农用地土壤污染风险管制值

农用地土壤污染风险管制值项目包括镉、汞、砷、铅、铬，风险管制值见表3。

表3　农用地土壤污染风险管制值　　　　　单位：mg/kg

序号	污染物项目	风险管制值			
		pH≤5.5	5.5<pH≤6.5	6.5<pH≤7.5	pH>7.5
1	镉	1.5	2.0	3.0	4.0
2	汞	2.0	2.5	4.0	6.0
3	砷	200	150	120	100
4	铅	400	500	700	1 000
5	铬	800	850	1 000	1 300

农用地土壤污染风险管制值的使用同农用地土壤风险筛选值，见上文中"6"。

（八）《土壤环境质量　建设用地土壤污染风险管控标准（试行）》（GB 36600—2018）

（1）熟悉建设用地的定义及其分类

3.1　建设用地　development land

指建造建筑物、构筑物的土地，包括城乡住宅和公共设施用地、工矿用地、交通水利设施用地、旅游用地、军事设施用地等。

4　建设用地分类

4.1　建设用地中，城市建设用地根据保护对象暴露情况的不同，可划分为以下两类。

4.1.1　第一类用地：包括 GB 50137 规定的城市建设用地中的居住用地（R），公共管理与公共服务用地中的中小学用地（A33）、医疗卫生用地（A5）和社会福利设施用地（A6），以及公园绿地（G1）中的社区公园或儿童公园用地等。

4.1.2　第二类用地：包括 GB 50137 规定的城市建设用地中的工业用地（M），物流仓储用地（W），商业服务业设施用地（B），道路与交通设施用地（S），公用设施用地（U），公共管理与公共服务用地（A）（A33、A5、A6 除外），以及绿地与广场用地（G）（G1 中的社区公园或儿童公园用地除外）等。

4.2　建设用地中，其他建设用地可参照 4.1 划分类别。

（2）熟悉建设用地土壤污染风险筛选值的定义、污染物项目确定及使用

3.4　建设用地土壤污染风险筛选值　risk screening values for soil contamination of development land

指在特定土地利用方式下，建设用地土壤中污染物含量等于或者低于该值的，对人体健康的风险可以忽略；超过该值的，对人体健康可能存在风险，应当开展进一步的详细调查和风险评估，确定具体污染范围和风险水平。

表1　建设用地土壤污染风险筛选值和管制值（基本项目）　　单位：mg/kg

序号	污染物项目	CAS 编号	筛选值		管制值	
			第一类用地	第二类用地	第一类用地	第二类用地
重金属和无机物						
1	砷	7440-38-2	20[a]	60[a]	120	140
2	镉	7440-43-9	20	65	47	172
3	铬（六价）	18540-29-9	3.0	5.7	30	78
4	铜	7440-50-8	2 000	18 000	8 000	36 000
5	铅	7439-92-1	400	800	800	2 500
6	汞	7439-97-6	8	38	33	82
7	镍	7440-02-0	150	900	600	2 000
挥发性有机物						
8	四氯化碳	56-23-5	0.9	2.8	9	36
9	氯仿	67-66-3	0.3	0.9	5	10
10	氯甲烷	74-87-3	12	37	21	120
11	1,1-二氯乙烷	75-34-3	3	9	20	100
12	1,2-二氯乙烷	107-06-2	0.52	5	6	21
13	1,1-二氯乙烯	75-35-4	12	66	40	200
14	顺-1,2-二氯乙烯	156-59-2	66	596	200	2 000
15	反-1,2-二氯乙烯	156-60-5	10	54	31	163
16	二氯甲烷	75-09-2	94	616	300	2 000
17	1,2-二氯丙烷	78-87-5	1	5	5	47
18	1,1,1,2-四氯乙烷	630-20-6	2.6	10	26	100
19	1,1,2,2-四氯乙烷	79-34-5	1.6	6.8	14	50
20	四氯乙烯	127-18-4	11	53	34	183
21	1,1,1-三氯乙烷	71-55-6	701	840	840	840
22	1,1,2-三氯乙烷	79-00-5	0.6	2.8	5	15
23	三氯乙烯	79-01-6	0.7	2.8	7	20
24	1,2,3-三氯丙烷	96-18-4	0.05	0.5	0.5	5
25	氯乙烯	75-01-4	0.12	0.43	1.2	4.3
26	苯	71-43-2	1	4	10	40
27	氯苯	108-90-7	68	270	200	1 000
28	1,2-二氯苯	95-50-1	560	560	560	560
29	1,4-二氯苯	106-46-7	5.6	20	56	200
30	乙苯	100-41-4	7.2	28	72	280

序号	污染物项目	CAS 编号	筛选值		管制值	
			第一类用地	第二类用地	第一类用地	第二类用地
31	苯乙烯	100-42-5	1 290	1 290	1 290	1 290
32	甲苯	108-88-3	1 200	1 200	1 200	1 200
33	间二甲苯+对二甲苯	108-38-3, 106-42-3	163	570	500	570
34	邻二甲苯	95-47-6	222	640	640	640
半挥发性有机物						
35	硝基苯	98-95-3	34	76	190	760
36	苯胺	62-53-3	92	260	211	663
37	2-氯酚	95-57-8	250	2 256	500	4 500
38	苯并[a]蒽	56-55-3	5.5	15	55	151
39	苯并[a]芘	50-32-8	0.55	1.5	5.5	15
40	苯并[b]荧蒽	205-99-2	5.5	15	55	151
41	苯并[k]荧蒽	207-08-9	55	151	550	1 500
42	䓛	218-01-9	490	1 293	4 900	12 900
43	二苯并[a,h]蒽	53-70-3	0.55	1.5	5.5	15
44	茚并[1,2,3-cd]芘	193-39-5	5.5	15	55	151
45	萘	91-20-3	25	70	255	700

注：a 具体地块土壤中污染物检测含量超过筛选值，但等于或者低于土壤环境背景值（见3.6）水平的，不纳入污染地块管理。土壤环境背景值可参见附录A。

表2　建设用地土壤污染风险筛选值和管制值（其他项目）　　单位：mg/kg

序号	污染物项目	CAS 编号	筛选值		管制值	
			第一类用地	第二类用地	第一类用地	第二类用地
重金属和无机物						
1	锑	7440-36-0	20	180	40	360
2	铍	7440-41-7	15	29	98	290
3	钴	7440-48-4	20[a]	70[a]	190	350
4	甲基汞	22967-92-6	5.0	45	10	120
5	钒	7440-62-2	165[a]	752	330	1 500
6	氰化物	57-12-5	22	135	44	270
挥发性有机物						
7	一溴二氯甲烷	75-27-4	0.29	1.2	2.9	12
8	溴仿	75-25-2	32	103	320	1 030
9	二溴氯甲烷	124-48-1	9.3	33	93	330

序号	污染物项目	CAS 编号	筛选值		管制值	
			第一类用地	第二类用地	第一类用地	第二类用地
10	1,2-二溴乙烷	106-93-4	0.07	0.24	0.7	2.4
	半挥发性有机物					
11	六氯环戊二烯	77-47-4	1.1	5.2	2.3	10
12	2,4-二硝基甲苯	121-14-2	1.8	5.2	18	52
13	2,4-二氯酚	120-83-2	117	843	234	1 690
14	2,4,6-三氯酚	88-06-2	39	137	78	560
15	2,4-二硝基酚	51-28-5	78	562	156	1 130
16	五氯酚	87-86-5	1.1	2.7	12	27
17	邻苯二甲酸二（2-乙基己基）酯	117-81-7	42	121	420	1 210
18	邻苯二甲酸丁基苄酯	85-68-7	312	900	3 120	9 000
19	邻苯二甲酸二正辛酯	117-84-0	390	2812	800	5 700
20	3,3′-二氯联苯胺	91-94-1	1.3	3.6	13	36
	有机农药类					
21	阿特拉津	1912-24-9	2.6	7.4	26	74
22	氯丹[b]	12789-03-6	2.0	6.2	20	62
23	p,p'-滴滴滴	72-54-8	2.5	7.1	25	71
24	p,p'-滴滴伊	72-55-9	2.0	7.0	20	70
25	滴滴涕[c]	50-29-3	2.0	6.7	21	67
26	敌敌畏	62-73-7	1.8	5.0	18	50
27	乐果	60-51-5	86	619	170	1 240
28	硫丹[d]	115-29-7	234	1 687	470	3 400
29	七氯	76-44-8	0.13	0.37	1.3	3.7
30	α-六六六	319-84-6	0.09	0.3	0.9	3
31	β-六六六	319-85-7	0.32	0.92	3.2	9.2
32	γ-六六六	58-89-9	0.62	1.9	6.2	19
33	六氯苯	118-74-1	0.33	1	3.3	10
34	灭蚁灵	2385-85-5	0.03	0.09	0.3	0.9
	多氯联苯、多溴联苯和二噁英类					
35	多氯联苯（总量）[e]	—	0.14	0.38	1.4	3.8
36	3,3′,4,4′,5-五氯联苯（PCB126）	57465-28-8	4×10^{-5}	1×10^{-4}	4×10^{-4}	1×10^{-3}
37	3,3′,4,4′,5,5′-六氯联苯（PCB169）	32774-16-6	1×10^{-4}	4×10^{-4}	1×10^{-3}	4×10^{-3}
38	二噁英类（总毒性当量）	—	1×10^{-5}	4×10^{-5}	1×10^{-4}	4×10^{-4}

序号	污染物项目	CAS编号	筛选值		管制值	
			第一类用地	第二类用地	第一类用地	第二类用地
39	多溴联苯（总量）	—	0.02	0.06	0.2	0.6
石油烃类						
40	石油烃（C$_{10}$-C$_{40}$）		826	4 500	5 000	9 000

注：a 具体地块土壤中污染物检测含量超过筛选值，但等于或者低于土壤环境背景值（见3.6）水平的，不纳入污染地块管理。土壤环境背景值可参见附录A。

　　b 氯丹为α-氯丹、γ-氯丹两种物质含量总和。

　　c 滴滴涕为o，p'-滴滴涕、p，p'-滴滴涕两种物质含量总和。

　　d 硫丹为α-硫丹、β-硫丹两种物质含量总和。

　　e 多氯联苯（总量）为PCB77、PCB81、PCB105、PCB114、PCB118、PCB123、PCB126、PCB156、PCB157、PCB167、PCB169、PCB189 十二种物质含量总和。

5.3　建设用地土壤污染风险筛选值和管制值的使用

　　5.3.1　建设用地规划用途为第一类用地的，适用表1和表2中第一类用地的筛选值和管制值；规划用途为第二类用地的，适用表1和表2中第二类用地的筛选值和管制值。规划用途不明确的，适用表1和表2中第一类用地的筛选值和管制值。

　　5.3.2　建设用地土壤中污染物含量等于或者低于风险筛选值的，建设用地土壤污染风险一般情况下可以忽略。

　　5.3.3　通过初步调查确定建设用地土壤中污染物含量高于风险筛选值，应当依据HJ 25.1、HJ 25.2等标准及相关技术要求，开展详细调查。

　　5.3.4　通过详细调查确定建设用地土壤中污染物含量等于或者低于风险管制值，应当依据HJ 25.3等标准及相关技术要求，开展风险评估，确定风险水平，判断是否需要采取风险管控或修复措施。

　　5.3.5　通过详细调查确定建设用地土壤中污染物含量高于风险管制值，对人体健康通常存在不可接受风险，应当采取风险管控或修复措施。

　　5.3.6　建设用地若需采取修复措施，其修复目标应当依据 HJ 25.3、HJ 25.4等标准及相关技术要求确定，且应当低于风险管制值。

　　5.3.7　表1和表2中未列入的污染物项目，可依据HJ 25.3等标准及相关技术要求开展风险评估，推导特定污染物的土壤污染风险筛选值。

（3）熟悉建设用地土壤污染风险管制值的定义及使用

　　3.5　建设用地土壤污染风险管制值　risk intervention values for soil contamination of development land

　　指在特定土地利用方式下，建设用地土壤中污染物含量超过该值的，对人体健康通常存在不可接受风险，应当采取风险管控或修复措施。

建设用地土壤污染风险管制值的污染物项目确定及使用见（八）（2）中建设用地土壤污染风险筛选值的污染物项目确定及使用。

（九）《电磁环境控制限值》（GB 8702—2014）

（1）熟悉标准的适用范围

1 适用范围

本标准规定了电磁环境中控制公众曝露的电场、磁场、电磁场（1 Hz～300 GHz）的场量限值、评价方法和相关设施（设备）的豁免范围。

本标准适用于电磁环境中控制公众曝露的评价和管理。

本标准不适用于控制以治疗或诊断为目的所致病人或陪护人员曝露的评价与管理；不适用于控制无线通信终端、家用电器等对使用者曝露的评价与管理；也不能作为对产生电场、磁场、电磁场设施（设备）的产品质量要求。

（2）掌握控制限值的要求

4.1 公众曝露控制限值

为控制电场、磁场、电磁场所致公众曝露，环境中电场、磁场、电磁场场量参数的方均根值应满足表1要求。

表 1　公众曝露控制限值

频率范围	电场强度 $E/$（V/m）	磁场强度 $H/$（A/m）	磁感应强度 $B/$（μT）	等效平面波功率密度/S_{eq}（W/m^2）
1 Hz～8 Hz	8 000	$32\,000/f^2$	$40\,000/f^2$	—
8 Hz～25 Hz	8 000	$4\,000/f$	$5\,000/f$	—
0.025 kHz～1.2 kHz	$200/f$	$4/f$	$5/f$	—
1.2 kHz～2.9 kHz	$200/f$	3.3	4.1	—
2.9 kHz～57 kHz	70	$10/f$	$12/f$	—
57 kHz～100 kHz	$4\,000/f$	$10/f$	$12/f$	—
0.1 MHz～3 MHz	40	0.1	0.12	4
3 MHz～30 MHz	67	$0.17/f^{1/2}$	$0.21/f^{1/2}$	$12/f$
30 MHz～3 000 MHz	12	0.032	0.04	0.4
3 000 MHz～15 000 MHz	$0.22\,f^{1/2}$	$0.000\,59\,f^{1/2}$	$0.000\,74\,f^{1/2}$	$f/7\,500$
15 GHz～300 GHz	27	0.073	0.092	2

注 1：频率 f 的单位为所在行中第一栏的单位。电场强度限值与频率变化关系见图1，磁感应强度限值与频率变化关系见图 2。

注 2：0.1 MHz～300 GHz 频率，场量参数是任意连续 6 分钟内的方均根值。

注 3：100 kHz 以下频率，需同时限制电场强度和磁感应强度；100 kHz 以上频率，在远场区，可以只限制电场强度或磁场强度，或等效平面波功率密度，在近场区，需同时限制电场强度和磁场强度。

注 4：架空输电线路线下的耕地、园地、牧草地、畜禽饲养地、养殖水面、道路等场所，其频率 50 Hz 的电场强度控制限值为 10 kV/m，且应给出警示和防护指示标志。

对于脉冲电磁波，除满足上述要求外，其功率密度的瞬时峰值不得超过表1中所列限值的1 000倍或场强的瞬时峰值不得超过表1中所列限值的32倍。

（3）熟悉不同频段评价公式的应用

4.2 评价方法

当公众曝露在多个频率的电场、磁场、电磁场中时，应综合考虑多个频率的电场、磁场、电磁场致曝露，以满足以下要求。

在1 Hz～100 kHz，应满足以下关系式：

$$\sum_{i=1\,Hz}^{100\,kHz} \frac{E_i}{E_{L,i}} \leqslant 1 \tag{1}$$

和

$$\sum_{i=1\,Hz}^{100\,kHz} \frac{B_i}{B_{L,i}} \leqslant 1 \tag{2}$$

式中：E_i——频率i的电场强度；

$E_{L,i}$——表1中频率i的电场强度限值；

B_i——频率i的磁感应强度；

$B_{L,i}$——表1中频率i的磁感应强度限值。

在0.1 MHz～300 GHz，应满足关系式：

$$\sum_{j=0.1\,MHz}^{300\,GHz} \frac{E_j^{\,2}}{E_{L,j}^{\,2}} \leqslant 1 \tag{3}$$

和

$$\sum_{j=0.1\,MHz}^{300\,GHz} \frac{B_j^{\,2}}{B_{L,j}^{\,2}} \leqslant 1 \tag{4}$$

式中：E_j——频率j的电场强度；

$E_{L,j}$——表1中频率j的电场强度限值；

B_j——频率j的磁感应强度；

$B_{L,j}$——表1中频率j的磁感应强度限值。

（4）了解电磁辐射环境管理豁免范围

5 豁免范围

从电磁环境保护管理角度，下列产生电场、磁场、电磁场的设施（设备）可免于管理：

——100 kV以下电压等级的交流输变电设施。

——向没有屏蔽空间发射0.1 MHz～300 GHz电磁场的，其等效辐射功率小于表 2 所列数值的设施（设备）。

表 2　可豁免设施（设备）的等效辐射功率

频率范围/MHz	等效辐射功率/W
0.1～3	300
>3～300 000	100

四、污染物排放标准

（一）《大气污染物综合排放标准》（GB 16297—1996）

（1）掌握标准的适用范围

1.2　适用范围

1.2.1　在我国现有的国家大气污染物排放标准体系中，按照综合性排放标准与行业性排放标准不交叉执行的原则，锅炉执行 GB 13271—2001《锅炉大气污染物排放标准》、工业炉窑执行 GB 9078—1996《工业炉窑大气污染物排放标准》、火电厂执行 GB 13223—2011《火电厂大气污染物排放标准》、炼焦炉执行 GB 16171—1996《炼焦炉大气污染物排放标准》、水泥厂执行 GB 4915—2013《水泥厂大气污染物排放标准》、恶臭物质排放执行 GB 14554—93《恶臭污染物排放标准》、汽车排放执行 GB 14761.1～14761.7—93《汽车大气污染物排放标准》、摩托车排气执行 GB 14621—93《摩托车排气污染物排放标准》，其他大气污染物排放均执行本标准。

1.2.2　本标准实施后再行发布的行业性国家大气污染物排放标准，按其适用范围规定的污染源不再执行本标准。

1.2.3　本标准适用于现有污染源大气污染物排放管理，以及建设项目的环境影响评价、设计、环境保护设施竣工验收及其投产后的大气污染物排放管理。

（2）掌握标准的指标体系

本标准设置下列三项指标：

4.1　通过排气筒排放废气的最高允许排放浓度。

4.2　通过排气筒排放的废气，按排气筒高度规定的最高允许排放速率，任何一个排气筒必须同时遵守上述两项指标，超过其中任何一项均为超标排放。

4.3　以无组织方式排放的废气，规定无组织排放的监控点及相应的监控浓度限值。

（3）掌握排放速率标准分级

5 排放速率标准分级

本标准规定的最高允许排放速率，现有污染源分为一、二、三级，新污染源分为二、三级。按污染源所在的环境空气质量功能区类别，执行相应级别的排放速率标准，即：

位于一类区的污染源执行一级标准（一类区禁止新、扩建污染源，一类区现有污染源改建时执行现有污染源的一级标准）；

位于二类区的污染源执行二级标准；

位于三类区的污染源执行三级标准。

（4）熟悉排气筒高度及排放速率的有关规定

7.1 排气筒高度除须遵守表列排放速率标准值外，还应高出周围 200 m 半径范围的建筑 5 m 以上，不能达到该要求的排气筒，应按其高度对应的表列排放速率标准值严格 50%执行。

7.2 两个排放相同污染物（不论其是否由同一生产工艺过程产生）的排气筒，若其距离小于其几何高度之和，应合并视为一根等效排气筒。若有三根以上的近距排气筒，且排放同一种污染物时，应以前两根的等效排气筒，依次与第三、四根排气筒取等效值。等效排气筒的有关参数计算方法见附录 A。

7.3 若某排气筒的高度处于本标准列出的两个值之间，其执行的最高允许排放速率以内插法计算，内插法的计算式见本标准附录 B；当某排气筒的高度大于或小于本标准列出的最大或最小值时，以外推法计算其最高允许排放速率，外推法计算式见本标准附录 B。

7.4 新污染源的排气筒一般不应低于 15 m。若新污染源的排气筒必须低于 15 m 时，其排放速率标准值按 7.3 的外推计算结果再严格 50% 执行。

（5）熟悉监测的采样时间与频次要求

8.2 采样时间和频次

本标准规定的三项指标，均指任何 1 h 平均值不得超过的限值，故在采样时应做到：

8.2.1 排气筒中废气的采样

以连续 1 h 的采样获取平均值；

或在 1 h 内，以等时间间隔采集 4 个样品，并计平均值。

8.2.2 无组织排放监控点的采样

无组织排放监控点和参照点监测的采样，一般采用连续 1 h 采样计平均值；

若浓度偏低，需要时可适当延长采样时间；

若分析方法灵敏度高，仅需用短时间采集样品时，应实行等时间间隔采样，采集 4 个样品计平均值。

8.2.3　特殊情况下的采样时间和频次

若某排气筒的排放为间断性排放，排放时间小于 1 h，应在排放时段内实行连续采样，或在排放时段内以等时间间隔采集 2～4 个样品，并计平均值；

若某排气筒的排放为间断性排放，排放时间大于 1 h，则应在排放时段内按8.2.1 的要求采样；

当进行污染事故排放监测时，按需要设置的采样时间和采样频次，不受上述要求限制；

建设项目环境保护设施竣工验收监测的采样时间和频次，按国家环境保护总局制定的建设项目环境保护设施竣工验收监测办法执行。

（二）《污水综合排放标准》(GB 8978—1996)

（1）掌握标准的适用范围

1.2　适用范围

本标准适用于现有单位水污染物的排放管理，以及建设项目的环境影响评价、建设项目环境保护设施设计、竣工验收及其投产后的排放管理。

按照国家综合排放标准与国家行业排放标准不交叉执行的原则，造纸工业执行《造纸工业水污染物排放标准》（GB 3544—92），船舶执行《船舶污染物排放标准》（GB 3552—83），船舶工业执行《船舶工业污染物排放标准》（GB 4286—84），海洋石油开发工业执行《海洋石油开发工业含油污水排放标准》（GB 4914—85），纺织染整工业执行《纺织染整工业水污染物排放标准》（GB 4287—92），肉类加工工业执行《肉类加工工业水污染物排放标准》（GB 13457—92），合成氨工业执行《合成氨工业水污染物排放标准》（GB 13458—92），钢铁工业执行《钢铁工业水污染物排放标准》（GB 13456—92），航天推进剂使用执行《航天推进剂水污染物排放标准》（GB 14374—93），兵器工业执行《兵器工业水污染物排放标准》（GB 14470.1～14470.3—93 和 GB 4274～4279—84），磷肥工业执行《磷肥工业水污染物排放标准》（GB 15580—95），烧碱、聚氯乙烯工业执行《烧碱、聚氯乙烯工业水污染物排放标准》（GB 15581—95），其他水污染物排放均执行本标准。（注：上述标准中部分有新标准的执行新标准）

1.3　本标准颁布后，新增加国家行业水污染物排放标准的行业，按其适用范围执行相应的国家水污染物行业标准，不再执行本标准。

（2）**掌握污水综合排放标准的分级**

4.1　标准分级

4.1.1　排入 GB 3838 Ⅲ类水域（划定的保护区和游泳区除外）和排入 GB 3097 中二类海域的污水，执行一级标准。

4.1.2　排入 GB 3838 中Ⅳ、Ⅴ类水域和排入 GB 3097 中三类海域的污水，执行二级标准。

4.1.3　排入设置二级污水处理厂的城镇排水系统的污水，执行三级标准。

4.1.4　排入未设置二级污水处理厂的城镇排水系统的污水，必须根据排水系统出水受纳水域的功能要求，分别执行 4.1.1 和 4.1.2 的规定。

4.1.5　GB 3838 中Ⅰ、Ⅱ类水域和Ⅲ类水域中划定的保护区，GB 3097 中一类海域，禁止新建排污口，现有排污口应按水体功能要求，实行污染物总量控制，以保证受纳水体水质符合规定用途的水质标准。

（3）**掌握污染物按性质及控制方式进行的分类**

4.2.1　本标准将排放的污染物按其性质及控制方式分为两类。

4.2.1.1　第一类污染物，不分行业和污水排放方式，也不分受纳水体的功能类别，一律在车间或车间处理设施排放口采样，其最高允许排放浓度必须达到本标准要求（采矿行业的尾矿坝出水口不得视为车间排放口）。

4.2.1.2　第二类污染物，在排污单位排放口采样，其最高允许排放浓度必须达到本标准要求。

（4）**熟悉第一类污染物的种类**

表 1 列出本标准中规定的第一类污染物最高允许排放浓度限值。不论是 1997 年 12 月 31 日之前的建设单位，还是 1998 年 1 月 1 日之后的建设单位，均执行该表中的限值。

表 1　第一类污染物最高允许排放浓度　　　　　　单位：mg/L

序号	污染物	最高允许排放浓度
1	总汞	0.05
2	烷基汞	不得检出
3	总镉	0.1
4	总铬	1.5
5	六价铬	0.5
6	总砷	0.5
7	总铅	1.0
8	总镍	1.0
9	苯并[a]芘	0.000 03
10	总铍	0.005

序号	污染物	最高允许排放浓度
11	总银	0.5
12	总 α 放射性	1 Bq/L
13	总 β 放射性	10 Bq/L

（5）熟悉监测的采样频率要求

工业污水按生产周期确定监测频率。生产周期在 8 h 以内的，每 2 h 采样一次；生产周期大于 8 h 的，每 4 h 采样一次。24 h 不少于 2 次。最高允许排放浓度按日均值计算。

（三）《工业企业厂界环境噪声排放标准》（ GB 12348—2008 ）

（1）熟悉标准的适用范围

本标准规定了工业企业和固定设备厂界环境噪声排放限值及其测量方法。

本标准适用于工业企业噪声排放的管理、评价及控制。机关、事业单位、团体等对外环境排放噪声的单位也按本标准执行。

（2）熟悉环境噪声排放限值的有关规定

4.1　厂界环境噪声排放限值

4.1.1　工业企业厂界环境噪声不得超过表 1 规定的排放限值。

4.1.2　夜间频发噪声的最大声级超过限值的幅度不得高于 10 dB（A）。

4.1.3　夜间偶发噪声的最大声级超过限值的幅度不得高于 15 dB（A）。

4.1.4　工业企业若位于未划分声环境功能区的区域，当厂界外有噪声敏感建筑物时，由当地县级以上人民政府参照 GB 3096 和 GB/T 15190 的规定确定厂界外区域的声环境质量要求，并执行相应的厂界环境噪声排放限值。

表 1　工业企业厂界环境噪声排放限值　　　　单位：dB（A）

厂界外声环境功能区类别	时段	
	昼间	夜间
0	50	40
1	55	45
2	60	50
3	65	55
4	70	55

4.1.5　当厂界与噪声敏感建筑物距离小于 1 m 时，厂界环境噪声应在噪声敏感建筑物的室内测量，并将表 1 中相应的限值减 10 dB（A）作为评价依据。

（3）熟悉测点位置、测量时段、测量结果修正的有关规定

5.2　测量条件

5.2.1　气象条件：测量应在无雨雪、无雷电天气，风速为 5 m/s 以下时进行。不得不在特殊气象条件下测量时，应采取必要措施保证测量准确性，同时注明当时采取的措施及气象情况。

5.2.2　测量工况：测量应在被测声源正常工作时间进行，同时注明当时的工况。

5.3　测点位置

5.3.1　测点布设

根据工业企业声源、周围噪声敏感建筑物的布局以及毗邻的区域类别，在工业企业厂界布设多个测点，其中包括距噪声敏感建筑物较近以及受被测声源影响大的位置。

5.3.2　测点位置一般规定

一般情况下，测点选在工业企业厂界外 1 m、高度 1.2 m 以上、距任一反射面距离不小于 1 m 的位置。

5.3.3　测点位置其他规定

5.3.3.1　当厂界有围墙且周围有受影响的噪声敏感建筑物时，测点应选在厂界外 1 m、高于围墙 0.5 m 以上的位置。

5.3.3.2　当厂界无法测量到声源的实际排放状况时（如声源位于高空、厂界设有声屏障等），应按 5.3.2 设置测点，同时在受影响的噪声敏感建筑物户外 1 m 处另设测点。

5.3.3.3　室内噪声测量时，室内测量点位设在距任一反射面至少 0.5 m 以上、距地面 1.2 m 高度处，在受噪声影响方向的窗户开启状态下测量。

5.3.3.4　固定设备结构传声至噪声敏感建筑物室内，在噪声敏感建筑物室内测量时，测点应距任一反射面至少 0.5 m 以上、距地面 1.2 m、距外窗 1 m 以上，窗户关闭状态下测量。被测房间内的其他可能干扰测量的声源（如电视机、空调机、排气扇以及镇流器较响的日光灯、运转时出声的时钟等）应关闭。

5.4　测量时段

5.4.1　分别在昼间、夜间两个时段测量。夜间有频发、偶发噪声影响时同时测量最大声级。

5.4.2　被测声源是稳态噪声，采用 1min 的等效声级。

5.4.3　被测声源是非稳态噪声，测量被测声源有代表性时段的等效声级，必要时测量被测声源整个正常工作时段的等效声级。

5.5　背景噪声测量

5.5.1　测量环境：不受被测声源影响且其他声环境与测量被测声源时保持

一致。

5.5.2　测量时段：与被测声源测量的时间长度相同。

5.6　测量记录

噪声测量时需做测量记录。记录内容应主要包括：被测量单位名称、地址、厂界所处声环境功能区类别、测量时气象条件、测量仪器、校准仪器、测点位置、测量时间、测量时段、仪器校准值（测前、测后）、主要声源、测量工况、示意图（厂界、声源、噪声敏感建筑物、测点等位置）、噪声测量值、背景值、测量人员、校对人、审核人等相关信息。

5.7　测量结果修正

5.7.1　噪声测量值与背景噪声值相差大于 10 dB（A）时，噪声测量值不做修正。

5.7.2　噪声测量值与背景噪声值相差在 3～10 dB（A）时，噪声测量值与背景噪声值的差值取整后，按表 4 进行修正。

表 4　测量结果修正表　　　　　　　　　单位：dB（A）

差值	3	4～5	6～10
修正值	−3	−2	−1

5.7.3　噪声测量值与背景噪声值相差小于 3 dB（A）时，应采取措施降低背景噪声后，视情况按 5.7.1 或 5.7.2 执行；仍无法满足前两款要求的，应按环境噪声监测技术规范的有关规定执行。

（4）了解噪声测量结果评价的有关规定

6．测量结果评价

6.1　各个测点的测量结果应单独评价。同一测点每天的测量结果按昼间、夜间进行评价。

6.2　最大声级 L_{max} 直接评价。

（四）《建筑施工场界环境噪声排放标准》（ GB 12523—2011 ）

（1）熟悉标准的适用范围

本标准适用于周围有噪声敏感建筑物的建筑施工噪声排放的管理、评价及控制。市政、通信、交通、水利等其他类型的施工噪声排放可参照本标准执行。

本标准不适用于抢修、抢险施工过程中产生噪声的排放监管。

（2）掌握环境噪声排放限值的有关规定

4　环境噪声排放限值

4.1　建筑施工过程中场界环境噪声不得超过表1规定的排放限值。

表1　建筑施工场界环境噪声排放限值　　　单位：dB（A）

昼间	夜间
70	55

4.2　夜间噪声最大声级超过限值的幅度不得高于15 dB（A）。

4.3　当场界距噪声敏感建筑物较近，其室外不满足测量条件时，可在噪声敏感建筑物室内测量，并将表1中相应的限值减10 dB（A）作为评价依据。

（3）熟悉测点位置、测量时段、测量结果修正的有关规定

5.2　测量气象条件

测量应在无雨雪、无雷电天气，风速为5 m/s以下时进行。

5.3　测点位置

5.3.1　测点布设

根据施工场地周围噪声敏感建筑物位置和声源位置的布局，测点应设在对噪声敏感建筑物影响较大、距离较近的位置。

5.3.2　测点位置一般规定

一般情况测试设在建筑施工场界外1 m，高度1.2 m以上的位置。

5.3.3　测点位置其他规定

5.3.3.1　当场界有围墙且周围有噪声敏感建筑物时，测点应设在场界外1 m，高于围墙0.5 m以上的位置，且位于施工噪声影响的声照射区域。

5.3.3.2　当场界无法测量到声源的实际排放时，如：声源位于高空、场界有声屏障、噪声敏感建筑物高于场界围墙等情况，测点可设在噪声敏感建筑物户外1 m的位置。

5.3.3.3　在噪声敏感建筑物室内测量时，测点设在室内中央、距室内任一反射面0.5 m以上、距地面1.2 m高度以上，在受噪声影响方向的窗户开启状态下测量。

5.4　测量时段

施工期间，测量连续20 min的等效声级，夜间同时测量最大声级。

5.5　背景噪声测量

5.5.1　测量环境：不受被测声源影响且其他声环境与测量被测声源时保持一致。

5.5.2　测量时段：稳态噪声测量1 min的等效声级，非稳态噪声测量20 min

的等效声级。

5.7　测量结果修正

5.7.1　背景噪声值比噪声测量值低 10 dB（A）以上时，噪声测量值不做修正。

5.7.2　噪声测量值与背景噪声值相差在 3～10 dB（A）时，噪声测量值与背景噪声值的差值修约后，按表 2 进行修正。

表 2　测量结果修正表

单位：dB（A）

差值	3	4～5	6～10
修正值	−3	−2	−1

5.7.3　噪声测量值与背景噪声值相差小于 3 dB（A）时，应采取措施降低背景噪声后，视情况按 5.7.1 或 5.7.2 执行；仍无法满足前两款要求的，应按环境噪声监测技术规范的有关规定执行。

（4）了解噪声测量结果评价的有关规定

6　测量结果评价

6.1　各个测点的测量结果应单独评价。

6.2　最大声级 L_{Amax} 直接评价。

（五）《社会生活环境噪声排放标准》(GB 22337—2008)

（1）熟悉标准的适用范围

本标准规定了营业性文化娱乐场所和商业经营活动中可能产生环境噪声污染的设备、设施边界噪声排放限值和测量方法。

本标准适用于对营业性文化娱乐场所、商业经营活动中使用的向环境排放噪声的设备、设施的管理、评价与控制。

（2）熟悉环境噪声排放限值的有关规定

4　环境噪声排放限值

4.1　边界噪声排放限值

4.1.1　社会生活噪声排放源边界噪声不得超过表 1 规定的排放限值。

表 1　社会生活噪声排放源边界噪声排放限值

单位：dB（A）

边界外声环境功能区类别	时段	
	昼间	夜间
0 类	50	40
1 类	55	45
2 类	60	50
3 类	65	55
4 类	70	55

4.1.2 在社会生活噪声排放源边界处无法进行噪声测量或测量的结果不能如实反映其对噪声敏感建筑物的影响程度的情况下，噪声测量应在可能受影响的敏感建筑物窗外1m处进行。

4.1.3 当社会生活噪声排放源边界与噪声敏感建筑物距离小于1m时，应在噪声敏感建筑物的室内测量，并将表1中相应的限值减10dB（A）作为评价依据。

4.2 结构传播固定设备室内噪声排放限值

4.2.1 在社会生活噪声排放源位于噪声敏感建筑物内情况下，噪声通过建筑物结构传播至噪声敏感建筑物室内时，噪声敏感建筑物室内等效声级不得超过表2和表3规定的限值。

表2 结构传播固定设备室内噪声排放限值（等效声级） 单位：dB（A）

噪声敏感建筑物声环境所处功能区类别 \ 房间类型 / 时段	A类房间		B类房间	
	昼间	夜间	昼间	夜间
0类	40	30	40	30
1类	40	30	45	35
2、3、4类	45	35	50	40

说明：A类房间是指以睡眠为主要目的，需要保证夜间安静的房间，包括住宅卧室、医院病房、宾馆客房等。

B类房间是指主要在昼间使用，需要保证思考与精神集中、正常讲话不被干扰的房间，包括学校教室、会议室、办公室、住宅中卧室以外的其他房间等。

表3 结构传播固定设备室内噪声排放限值（倍频带声压级）（略）

4.2.2 对于在噪声测量期间发生非稳态噪声（如电梯噪声等）的情况，最大声级超过限值的幅度不得高于10dB（A）。

（3）熟悉测点位置、测量时段、测量结果修正的有关规定

5.2 测量条件

5.2.1 气象条件：测量应在无雨雪、无雷电天气，风速为5m/s以下时进行。不得不在特殊气象条件下测量时，应采取必要措施保证测量准确性，同时注明当时采取的措施及气象情况。

5.2.2 测量工况：测量应在被测声源正常工作时间进行，同时注明当时的工况。

5.3 测点位置

5.3.1 测点布设

根据社会生活噪声排放源、周围噪声敏感建筑物的布局以及毗邻的区域类别，在社会生活噪声排放源边界布设多个测点，其中包括距噪声敏感建筑物较近以及受被测声源影响大的位置。

5.3.2　测点位置一般规定

一般情况下，测点选在社会生活噪声排放源边界外 1 m、高度 1.2 m 以上、距任一反射面距离不小于 1 m 的位置。

5.3.3　测点位置其他规定

5.3.3.1　当边界有围墙且周围有受影响的噪声敏感建筑物时，测点应选在边界外 1 m、高于围墙 0.5 m 以上的位置。

5.3.3.2　当边界无法测量到声源的实际排放状况时（如声源位于高空、边界设有声屏障等），应按 5.3.2 设置测点，同时在受影响的噪声敏感建筑物户外 1 m 处另设测点。

5.3.3.3　室内噪声测量时，室内测量点位设在距任一反射面至少 0.5 m 以上、距地面 1.2 m 高度处，在受噪声影响方向的窗户开启状态下测量。

5.3.3.4　社会生活噪声排放源的固定设备结构传声至噪声敏感建筑物室内，在噪声敏感建筑物室内测量时，测点应距任一反射面至少 0.5 m 以上、距地面 1.2 m、距外窗 1 m 以上，窗户关闭状态下测量。被测房间内的其他可能干扰测量的声源（如电视机、空调机、排气扇以及镇流器较响的日光灯、运转时出声的时钟等）应关闭。

5.4　测量时段

5.4.1　分别在昼间、夜间两个时段测量。夜间有频发、偶发噪声影响时同时测量最大声级。

5.4.2　被测声源是稳态噪声，采用 1 min 的等效声级。

5.4.3　被测声源是非稳态噪声，测量被测声源有代表性时段的等效声级，必要时测量被测声源整个正常工作时段的等效声级。

5.5　背景噪声测量

5.5.1　测量环境：不受被测声源影响且其他声环境与测量被测声源时保持一致。

5.5.2　测量时段：与被测声源测量的时间长度相同。

5.6　测量记录

噪声测量时需做测量记录。记录内容应主要包括：被测量单位名称、地址、边界所处声环境功能区类别、测量时气象条件、测量仪器、校准仪器、测点位置、测量时间、测量时段、仪器校准值（测前、测后）、主要声源、测量工况、示意图（边界、声源、噪声敏感建筑物、测点等位置）、噪声测量值、背景值、测量人员、校对人、审核人等相关信息。

5.7　测量结果修正

5.7.1　噪声测量值与背景噪声值相差大于 10 dB（A）时，噪声测量值不做修正。

5.7.2　噪声测量值与背景噪声值相差在 3～10 dB（A）时，噪声测量值与背景噪声值的差值取整后，按表 4 进行修正。

表 4　测量结果修正表

单位：dB（A）

差值	3	4～5	6～10
修正值	−3	−2	−1

5.7.3　噪声测量值与背景噪声值相差小于 3 dB（A）时，应采取措施降低背景噪声后，视情况按 5.7.1 或 5.7.2 执行；仍无法满足前二款要求的，应按环境噪声监测技术规范的有关规定执行。

（4）了解噪声测量结果评价的有关规定

6　测量结果评价

6.1　各个测点的测量结果应单独评价。同一测点每天的测量结果按昼间、夜间进行评价。

6.2　最大声级 L_{max} 直接评价。

（六）《恶臭污染物排放标准》（ GB 14554—93 ）

（1）熟悉标准的主题内容与适用范围

1.1　主题内容

本标准分年限规定了八种恶臭污染物的一次最大排放限值、复合恶臭物质的臭气浓度限值及无组织排放源的厂界浓度限值。

1.2　适用范围

本标准适用于全国所有向大气排放恶臭气体单位及垃圾堆放场的排放管理以及建设项目的环境影响评价、设计、竣工验收及其建成后的排放管理。

（2）熟悉恶臭厂界标准值的分级

4.1　标准分级

本标准恶臭污染物厂界标准值分三级。

4.1.1　排入 GB 3095 中一类区的执行一级标准，一类区中不得建新的排污单位。

4.1.2　排入 GB 3095 中二类区的执行二级标准。

4.1.3　排入 GB 3095 中三类区的执行三级标准。

（3）熟悉标准实施的有关规定

　　5　标准的实施

　　5.1　排污单位排放（包括泄漏和无组织排放）的恶臭污染物，在排污单位边界上规定监测点（无其他干扰因素）的一次最大监测值（包括臭气浓度）都必须低于或等于恶臭污染物厂界标准值。

　　5.2　排污单位经烟、气排气筒（高度在 15 m 以上）排放的恶臭污染物的排放量和臭气浓度都必须低于或等于恶臭污染物排放标准。

　　5.3　排污单位经排水排出并散发的恶臭污染物和臭气浓度必须低于或等于恶臭污染物厂界标准值。

（4）了解监测的有关规定

　　6　监测

　　6.1　有组织排放源监测

　　6.1.1　排气筒的最低高度不得低于 15 m。

　　6.1.2　凡在表 2 所列两种高度之间的排气筒，采用四舍五入方法计算其排气筒的高度。表 2 中所列的排气筒高度系指从地面（零地面）起至排气口的垂直高度。

　　6.1.3　采样点：有组织排放源的监测采样点应为臭气进入大气的排气口，也可以在水平排气道和排气筒下部采样监测，测得臭气浓度或进行换算求得实际排放量。经过治理的污染源监测点设在治理装置的排气口，并应设置永久性标志。

　　6.1.4　有组织排放源采样频率应按生产周期确定监测频率，生产周期在 8 h 以内的，每 2 h 采集一次，生产周期大于 8 h 的，每 4 h 采集一次，取其最大测定值。

　　6.2　无组织排放源监测

　　6.2.1　采样点

　　厂界的监测采样点，设置在工厂厂界的下风向侧，或有臭气方位的边界线上。

　　6.2.2　采样频率

　　连续排放源相隔 2 h 采一次，共采集 4 次，取其最大测定值。

　　间歇排放源选择在气味最大时间内采样，样品采集次数不少于 3 次，取其最大测定值。

　　6.3　水域监测

　　水域（包括海洋、河流、湖泊、排水沟、渠）的监测，应以岸边为厂界边界线，其采样点设置、采样频率与无组织排放源监测相同。

（七）《挥发性有机物无组织排放控制标准》（GB 37822—2019）

（1）掌握标准的适用范围

本标准规定了 VOCs 物料储存无组织排放控制要求、VOCs 物料转移和输送无组织排放控制要求、工艺过程 VOCs 无组织排放控制要求、设备与管线组件 VOCs 泄漏控制要求、敞开液面 VOCs 无组织排放控制要求，以及 VOCs 无组织排放废气收集处理系统要求、企业厂区内及周边污染监控要求。

本标准适用于涉及 VOCs 无组织排放的现有企业或生产设施的 VOCs 无组织排放管理，以及涉及 VOCs 无组织排放的建设项目的环境影响评价、环境保护设施设计、竣工环境保护验收、排污许可证核发及其投产后的 VOCs 无组织排放管理。

国家发布的行业污染物排放标准中对 VOCs 无组织排放控制已作规定的，按行业污染物排放标准执行。

因安全因素或特殊工艺要求不能满足本标准规定的 VOCs 无组织排放控制要求，可采取其他等效污染控制措施，并向当地生态环境主管部门报告或依据排污许可证相关要求执行。

（2）掌握挥发性有机物、总挥发性有机物、非甲烷总烃、无组织排放、密闭、密闭空间、VOCs 物料、泄漏检测值的定义

3.1   挥发性有机物 volatile organic compounds（VOCs）

参与大气光化学反应的有机化合物，或者根据有关规定确定的有机化合物。

在表征 VOCs 总体排放情况时，根据行业特征和环境管理要求，可采用总挥发性有机物（以 TVOC 表示）、非甲烷总烃（以 NMHC 表示）作为污染物控制项目。

3.2   总挥发性有机物 total volatile organic compounds（TVOC）

采用规定的监测方法，对废气中的单项 VOCs 物质进行测量，加和得到 VOCs 物质的总量，以单项 VOCs 物质的质量浓度之和计。实际工作中，应按预期分析结果，对占总量 90%以上的单项 VOCs 物质进行测量，加和得出。

3.3   非甲烷总烃 non-methane hydrocarbons（NMHC）

采用规定的监测方法，氢火焰离子化检测器有响应的除甲烷外的气态有机化合物的总和，以碳的质量浓度计。

3.4   无组织排放 fugitive emission

大气污染物不经过排气筒的无规则排放，包括开放式作业场所逸散，以及通过缝隙、通风口、敞开门窗和类似开口（孔）的排放等。

3.5 密闭 closed/close

污染物质不与环境空气接触，或通过密封材料、密封设备与环境空气隔离的状态或作业方式。

3.6 密闭空间 closed space

利用完整的围护结构将污染物质、作业场所等与周围空间阻隔所形成的封闭区域或封闭式建筑物。该封闭区域或封闭式建筑物除人员、车辆、设备、物料进出时，以及依法设立的排气筒、通风口外，门窗及其他开口（孔）部位应随时保持关闭状态。

3.7 VOCs 物料 VOCs-containing materials

本标准是指 VOCs 质量占比大于等于 10%的物料，以及有机聚合物材料。

本标准中的含 VOCs 原辅材料、含 VOCs 产品、含 VOCs 废料（渣、液）等术语的含义与 VOCs 物料相同。

3.8 挥发性有机液体 volatile organic liquid

任何能向大气释放 VOCs 的符合下列条件之一的有机液体：

（1）真实蒸气压大于等于 0.3 kPa 的单一组分有机液体；

（2）混合物中，真实蒸气压大于等于 0.3 kPa 的组分总质量占比大于等于 20%的有机液体。

3.9 真实蒸气压 true vapor pressure

有机液体工作（储存）温度下的饱和蒸气压（绝对压力），或者有机混合物液体气化率为零时的蒸气压，又称泡点蒸气压，可根据 GB/T 8017 等相应测定方法换算得到。

注：在常温下工作（储存）的有机液体，其工作（储存）温度按常年的月平均气温最大值计算。

3.10 浸液式密封 liquid-mounted seal

浮顶的边缘密封浸入储存物料液面的密封形式，又称液体镶嵌式密封。

3.11 机械式鞋形密封 mechanical shoe seal

通过弹簧或配重杠杆使金属薄板垂直紧抵于储罐罐壁上的密封形式。

3.12 双重密封 double seals

浮顶边缘与储罐内壁间设置两层密封的密封形式，又称双封式密封。下层密封称为一次密封，上层密封称为二次密封。

3.13 气相平衡系统 vapor balancing system

在装载设施与储罐之间或储罐与储罐之间设置的气体连通与平衡系统。

3.14 泄漏检测值 leakage detection value

采用规定的监测方法，检测仪器探测到的设备与管线组件泄漏点的 VOCs

浓度扣除环境本底值后的净值，以碳的摩尔分数表示。

（3）熟悉 VOCs 物料储存无组织排放、VOCs 转移和输送无组织排放、工艺过程 VOCs 无组织排放、设备与管线组件 VOCs 泄漏和敞开液面 VOCs 无组织排放的控制要求

5   VOCs 物料储存无组织排放控制要求

5.1   基本要求

5.1.1   VOCs 物料应储存于密闭的容器、包装袋、储罐、储库、料仓中。

5.1.2   盛装 VOCs 物料的容器或包装袋应存放于室内，或存放于设置有雨棚、遮阳和防渗设施的专用场地。盛装 VOCs 物料的容器或包装袋在非取用状态时应加盖、封口，保持密闭。

5.1.3   VOCs 物料储罐应密封良好，其中挥发性有机液体储罐应符合 5.2 条规定。

5.1.4   VOCs 物料储库、料仓应满足 3.6 条对密闭空间的要求。

5.2   挥发性有机液体储罐

5.2.1   储罐控制要求

5.2.1.1   储存真实蒸气压≥76.6 kPa 且储罐容积≥75 m³ 的挥发性有机液体储罐，应采用低压罐、压力罐或其他等效措施。

5.2.1.2   储存真实蒸气压≥27.6 kPa 但＜76.6 kPa 且储罐容积≥75 m³ 的挥发性有机液体储罐，应符合下列规定之一：

a）采用浮顶罐。对于内浮顶罐，浮顶与罐壁之间应采用浸液式密封、机械式鞋形密封等高效密封方式；对于外浮顶罐，浮顶与罐壁之间应采用双重密封，且一次密封应采用浸液式密封、机械式鞋形密封等高效密封方式。

b）采用固定顶罐，排放的废气应收集处理并满足相关行业排放标准的要求（无行业排放标准的应满足 GB 16297 的要求），或者处理效率不低于 80%。

c）采用气相平衡系统。

d）采取其他等效措施。

5.2.2   储罐特别控制要求

5.2.2.1   储存真实蒸气压≥76.6 kPa 的挥发性有机液体储罐，应采用低压罐、压力罐或其他等效措施。

5.2.2.2   储存真实蒸气压≥27.6 kPa 但＜76.6 kPa 且储罐容积≥75 m³ 的挥发性有机液体储罐，以及储存真实蒸气压≥5.2 kPa 但＜27.6 kPa 且储罐容积≥150 m³ 的挥发性有机液体储罐，应符合下列规定之一：

a）采用浮顶罐。对于内浮顶罐，浮顶与罐壁之间应采用浸液式密封、机械式鞋形密封等高效密封方式；对于外浮顶罐，浮顶与罐壁之间应采用双重密封，且一次密封应采用浸液式密封、机械式鞋形密封等高效密封方式。

b）采用固定顶罐，排放的废气应收集处理并满足相关行业排放标准的要求（无行业排放标准的应满足 GB 16297 的要求），或者处理效率不低于 90%。

c）采用气相平衡系统。

d）采取其他等效措施。

5.2.3　储罐运行维护要求

5.2.3.1　浮顶罐

a）浮顶罐罐体应保持完好，不应有孔洞、缝隙。浮顶边缘密封不应有破损。

b）储罐附件开口（孔），除采样、计量、例行检查、维护和其他正常活动外，应密闭。

c）支柱、导向装置等储罐附件穿过浮顶时，应采取密封措施。

d）除储罐排空作业外，浮顶应始终漂浮于储存物料的表面。

e）自动通气阀在浮顶处于漂浮状态时应关闭且密封良好，仅在浮顶处于支撑状态时开启。

f）边缘呼吸阀在浮顶处于漂浮状态时应密封良好，并定期检查定压是否符合设定要求。

g）除自动通气阀、边缘呼吸阀外，浮顶的外边缘板及所有通过浮顶的开孔接管均应浸入液面下。

5.2.3.2　固定顶罐

a）固定顶罐罐体应保持完好，不应有孔洞、缝隙。

b）储罐附件开口（孔），除采样、计量、例行检查、维护和其他正常活动外，应密闭。

c）定期检查呼吸阀的定压是否符合设定要求。

5.2.3.3　维护与记录挥发性有机液体储罐若不符合 5.2.3.1 条或 5.2.3.2 条规定，应记录并在 90 d 内修复或排空储罐停止使用。如延迟修复或排空储罐，应将相关方案报生态环境主管部门确定。

6　VOCs 物料转移和输送无组织排放控制要求

6.1　基本要求

6.1.1　液态 VOCs 物料应采用密闭管道输送。采用非管道输送方式转移液态 VOCs 物料时，应采用密闭容器、罐车。

6.1.2　粉状、粒状 VOCs 物料应采用气力输送设备、管状带式输送机、螺旋输送机等密闭输送方式，或者采用密闭的包装袋、容器或罐车进行物料转移。

6.1.3　对挥发性有机液体进行装载时，应符合 6.2 条规定。

6.2 挥发性有机液体装载

6.2.1 装载方式挥发性有机液体应采用底部装载方式；若采用顶部浸没式装载，出料管口距离槽（罐）底部高度应小于 200 mm。

6.2.2 装载控制要求装载物料真实蒸气压≥27.6 kPa 且单一装载设施的年装载量≥500 m³ 的，装载过程应符合下列规定之一：

a）排放的废气应收集处理并满足相关行业排放标准的要求（无行业排放标准的应满足 GB 16297 的要求），或者处理效率不低于 80%；

b）排放的废气连接至气相平衡系统。

6.2.3 装载特别控制要求装载物料真实蒸气压≥27.6 kPa 且单一装载设施的年装载量≥500 m³，以及装载物料真实蒸气压≥5.2 kPa 但＜27.6 kPa 且单一装载设施的年装载量≥2 500 m³ 的，装载过程应符合下列规定之一：

a）排放的废气应收集处理并满足相关行业排放标准的要求（无行业排放标准的应满足 GB 16297 的要求），或者处理效率不低于 90%；

b）排放的废气连接至气相平衡系统。

7 工艺过程 VOCs 无组织排放控制要求

7.1 涉 VOCs 物料的化工生产过程

7.1.1 物料投加和卸放

a）液态 VOCs 物料应采用密闭管道输送方式或采用高位槽（罐）、桶泵等给料方式密闭投加。无法密闭投加的，应在密闭空间内操作，或进行局部气体收集，废气应排至 VOCs 废气收集处理系统。

b）粉状、粒状 VOCs 物料应采用气力输送方式或采用密闭固体投料器等给料方式密闭投加。无法密闭投加的，应在密闭空间内操作，或进行局部气体收集，废气应排至除尘设施、VOCs 废气收集处理系统。

c）VOCs 物料卸（出、放）料过程应密闭，卸料废气应排至 VOCs 废气收集处理系统；无法密闭的，应采取局部气体收集措施，废气应排至 VOCs 废气收集处理系统。

7.1.2 化学反应

a）反应设备进料置换废气、挥发排气、反应尾气等应排至 VOCs 废气收集处理系统。

b）在反应期间，反应设备的进料口、出料口、检修口、搅拌口、观察孔等开口（孔）在不操作时应保持密闭。

7.1.3 分离精制

a）离心、过滤单元操作应采用密闭式离心机、压滤机等设备，离心、过滤废气应排至 VOCs 废气收集处理系统。未采用密闭设备的，应在密闭空间内操作，或进行局部气体收集，废气应排至 VOCs 废气收集处理系统。

b）干燥单元操作应采用密闭干燥设备，干燥废气应排至 VOCs 废气收集处理系统。未采用密闭设备的，应在密闭空间内操作，或进行局部气体收集，废气应排至 VOCs 废气收集处理系统。

c）吸收、洗涤、蒸馏/精馏、萃取、结晶等单元操作排放的废气，冷凝单元操作排放的不凝尾气，吸附单元操作的脱附尾气等应排至 VOCs 废气收集处理系统。

d）分离精制后的 VOCs 母液应密闭收集，母液储槽（罐）产生的废气应排至 VOCs 废气收集处理系统。

7.1.4 真空系统真空系统应采用干式真空泵，真空排气应排至 VOCs 废气收集处理系统。若使用液环（水环）真空泵、水（水蒸气）喷射真空泵等，工作介质的循环槽（罐）应密闭，真空排气、循环槽（罐）排气应排至 VOCs 废气收集处理系统。

7.1.5 配料加工和含 VOCs 产品的包装 VOCs 物料混合、搅拌、研磨、造粒、切片、压块等配料加工过程，以及含 VOCs 产品的包装（灌装、分装）过程应采用密闭设备或在密闭空间内操作，废气应排至 VOCs 废气收集处理系统；无法密闭的，应采取局部气体收集措施，废气应排至 VOCs 废气收集处理系统。

7.2 含 VOCs 产品的使用过程

7.2.1 VOCs 质量占比大于等于 10%的含 VOCs 产品，其使用过程应采用密闭设备或在密闭空间内操作，废气应排至 VOCs 废气收集处理系统；无法密闭的，应采取局部气体收集措施，废气应排至 VOCs 废气收集处理系统。含 VOCs 产品的使用过程包括但不限于以下作业：

a）调配（混合、搅拌等）；

b）涂装（喷涂、浸涂、淋涂、辊涂、刷涂、涂布等）；

c）印刷（平版、凸版、凹版、孔版等）；

d）粘结（涂胶、热压、复合、贴合等）；

e）印染（染色、印花、定型等）；

f）干燥（烘干、风干、晾干等）；

g）清洗（浸洗、喷洗、淋洗、冲洗、擦洗等）。

7.2.2 有机聚合物产品用于制品生产的过程，在混合/混炼、塑炼/塑化/熔化、加工成型（挤出、注射、压制、压延、发泡、纺丝等）等作业中应采用密闭设备或在密闭空间内操作，废气应排至 VOCs 废气收集处理系统；无法密闭的，应采取局部气体收集措施，废气应排至 VOCs 废气收集处理系统。

7.3　其他要求

7.3.1　企业应建立台账，记录含 VOCs 原辅材料和含 VOCs 产品的名称、使用量、回收量、废弃量、去向以及 VOCs 含量等信息。台账保存期限不少于 3 年。

7.3.2　通风生产设备、操作工位、车间厂房等应在符合安全生产、职业卫生相关规定的前提下，根据行业作业规程与标准、工业建筑及洁净厂房通风设计规范等的要求，采用合理的通风量。

7.3.3　载有 VOCs 物料的设备及其管道在开停工（车）、检维修和清洗时，应在退料阶段将残存物料退净，并用密闭容器盛装，退料过程废气应排至 VOCs 废气收集处理系统；清洗及吹扫过程排气应排至 VOCs 废气收集处理系统。

7.3.4　工艺过程产生的含 VOCs 废料（渣、液）应按照第 5 章、第 6 章的要求进行储存、转移和输送。盛装过 VOCs 物料的废包装容器应加盖密闭。

8　设备与管线组件 VOCs 泄漏控制要求

8.1　管控范围企业中载有气态 VOCs 物料、液态 VOCs 物料的设备与管线组件的密封点≥2 000 个，应开展泄漏检测与修复工作。设备与管线组件包括：

a）泵；

b）压缩机；

c）搅拌器（机）；

d）阀门；

e）开口阀或开口管线；

f）法兰及其他连接件；

g）泄压设备；

h）取样连接系统；

i）其他密封设备。

8.2　泄漏认定出现下列情况之一，则认定发生了泄漏：

a）密封点存在渗液、滴液等可见的泄漏现象；

b）设备与管线组件密封点的 VOCs 泄漏检测值超过表 1 规定的泄漏认定浓度。

表 1　设备与管线组件密封点的 VOCs 泄漏认定浓度

单位：µmol/mol

适用对象		泄漏认定浓度	重点地区泄漏认定浓度
气态 VOCs 物料		5 000	2 000
液态 VOCs 物料	挥发性有机液体	5 000	2 000
	其他	2 000	500

8.3　泄漏检测

8.3.1　企业应按下列频次对设备与管线组件的密封点进行 VOCs 泄漏检测：

a）对设备与管线组件的密封点每周进行目视观察，检查其密封处是否出现可见泄漏现象。

b）泵、压缩机、搅拌器（机）、阀门、开口阀或开口管线、泄压设备、取样连接系统至少每 6 个月检测一次。

c）法兰及其他连接件、其他密封设备至少每 12 个月检测一次。

d）对于直接排放的泄压设备，在非泄压状态下进行泄漏检测。直接排放的泄压设备泄压后，应在泄压之日起 5 个工作日之内，对泄压设备进行泄漏检测。

e）设备与管线组件初次启用或检维修后，应在 90 d 内进行泄漏检测。

8.3.2　设备与管线组件符合下列条件之一，可免予泄漏检测：

a）正常工作状态，系统处于负压状态；

b）采用屏蔽泵、磁力泵、隔膜泵、波纹管泵、密封隔离液所受压力高于工艺压力的双端面机械密封泵或具有同等效能的泵；

c）采用屏蔽压缩机、磁力压缩机、隔膜压缩机、密封隔离液所受压力高于工艺压力的双端面机械密封压缩机或具有同等效能的压缩机；

d）采用屏蔽搅拌机、磁力搅拌机、密封隔离液所受压力高于工艺压力的双端面机械密封搅拌机或具有同等效能的搅拌机；

e）采用屏蔽阀、隔膜阀、波纹管阀或具有同等效能的阀，以及上游配有爆破片的泄压阀；

f）配备密封失效检测和报警系统的设备与管线组件；

g）浸入式（半浸入式）泵等因浸入或埋于地下以及管道保温等原因无法测量的设备与管线组件；

h）安装了 VOCs 废气收集处理系统，可捕集、输送泄漏的 VOCs 至处理设施；

i）采取了其他等效措施。

8.4　泄漏源修复

8.4.1　当检测到泄漏时，对泄漏源应予以标识并及时修复。发现泄漏之日起 5 d 内应进行首次修复，除 8.4.2 条规定外，应在发现泄漏之日起 15 d 内完成修复。

8.4.2　符合下列条件之一的设备与管线组件可延迟修复。企业应将延迟修复方案报生态环境主管部门备案，并于下次停车（工）检修期间完成修复。

a）装置停车（工）条件下才能修复；

b）立即修复存在安全风险；

c）其他特殊情况。

8.5　记录要求泄漏检测应建立台账，记录检测时间、检测仪器读数、修复时间、采取的修复措施、修复后检测仪器读数等。台账保存期限不少于 3 年。

8.6　其他要求

8.6.1　在工艺和安全许可的条件下，泄压设备泄放的气体应接入 VOCs 废气收集处理系统。

8.6.2　开口阀或开口管线应满足下列要求：

a）配备合适尺寸的盲法兰、盖子、塞子或二次阀；

b）采用二次阀，应在关闭二次阀之前关闭管线上游的阀门。

8.6.3　气态 VOCs 物料和挥发性有机液体取样连接系统应符合下列规定之一：

a）采用在线取样分析系统；

b）采用密闭回路式取样连接系统；

c）取样连接系统接入 VOCs 废气收集处理系统；

d）采用密闭容器盛装，并记录样品回收量。

9　敞开液面 VOCs 无组织排放控制要求

9.1　废水液面控制要求

9.1.1　废水集输系统对于工艺过程排放的含 VOCs 废水，集输系统应符合下列规定之一：

a）采用密闭管道输送，接入口和排出口采取与环境空气隔离的措施；

b）采用沟渠输送，若敞开液面上方 100 mm 处 VOCs 检测浓度≥200 μmol/mol，应加盖密闭，接入口和排出口采取与环境空气隔离的措施。

9.1.2　废水储存、处理设施含 VOCs 废水储存和处理设施敞开液面上方 100 mm 处 VOCs 检测浓度≥200 μmol/mol，应符合下列规定之一：

a）采用浮动顶盖；

b）采用固定顶盖，收集废气至 VOCs 废气收集处理系统；

c）其他等效措施。

9.2　废水液面特别控制要求

9.2.1　废水集输系统对于工艺过程排放的含 VOCs 废水，集输系统应符合下列规定之一：

a）采用密闭管道输送，接入口和排出口采取与环境空气隔离的措施；

b）采用沟渠输送，若敞开液面上方 100 mm 处 VOCs 检测浓度≥100 μmol/mol，应加盖密闭，接入口和排出口采取与环境空气隔离的措施。

9.2.2　废水储存、处理设施含 VOCs 废水储存和处理设施敞开液面上方

100 mm 处 VOCs 检测浓度≥100 μmol/mol，应符合下列规定之一：

　　a）采用浮动顶盖；

　　b）采用固定顶盖，收集废气至 VOCs 废气收集处理系统；

　　c）其他等效措施。

　　9.3　循环冷却水系统要求对开式循环冷却水系统，每 6 个月对流经换热器进口和出口的循环冷却水中的总有机碳（TOC）浓度进行检测，若出口浓度大于进口浓度 10%，则认定发生了泄漏，应按照 8.4 条、8.5 条规定进行泄漏源修复与记录。

（4）熟悉 VOCs 无组织排放废气收集处理系统要求

　　10　VOCs 无组织排放废气收集处理系统要求

　　10.1　基本要求

　　10.1.1　针对 VOCs 无组织排放设置的废气收集处理系统应满足本章要求。

　　10.1.2　VOCs 废气收集处理系统应与生产工艺设备同步运行。VOCs 废气收集处理系统发生故障或检修时，对应的生产工艺设备应停止运行，待检修完毕后同步投入使用；生产工艺设备不能停止运行或不能及时停止运行的，应设置废气应急处理设施或采取其他替代措施。

　　10.2　废气收集系统要求

　　10.2.1　企业应考虑生产工艺、操作方式、废气性质、处理方法等因素，对 VOCs 废气进行分类收集。

　　10.2.2　废气收集系统排风罩（集气罩）的设置应符合 GB/T 16758 的规定。采用外部排风罩的，应按 GB/T 16758、AQ/T 4274—2016 规定的方法测量控制风速，测量点应选取在距排风罩开口面最远处的 VOCs 无组织排放位置，控制风速不应低于 0.3 m/s（行业相关规范有具体规定的，按相关规定执行）。

　　10.2.3　废气收集系统的输送管道应密闭。废气收集系统应在负压下运行，若处于正压状态，应对输送管道组件的密封点进行泄漏检测，泄漏检测值不应超过 500 μmol/mol，亦不应有感官可察觉泄漏。泄漏检测频次、修复与记录的要求按照第 8 章规定执行。

　　10.3　VOCs 排放控制要求

　　10.3.1　VOCs 废气收集处理系统污染物排放应符合 GB 16297 或相关行业排放标准的规定。

　　10.3.2　收集的废气中 NMHC 初始排放速率≥3 kg/h 时，应配置 VOCs 处理设施，处理效率不应低于 80%；对于重点地区，收集的废气中 NMHC 初始排放速率≥2 kg/h 时，应配置 VOCs 处理设施，处理效率不应低于 80%；采用的原辅材料符合国家有关低 VOCs 含量产品规定的除外。

10.3.3　进入 VOCs 燃烧（焚烧、氧化）装置的废气需要补充空气进行燃烧、氧化反应的，排气筒中实测大气污染物排放浓度，应按式（1）换算为基准含氧量为 3%的大气污染物基准排放浓度。利用锅炉、工业炉窑、固废焚烧炉焚烧处理有机废气的，烟气基准含氧量按其排放标准规定执行。

$$\rho_{基} = \frac{21 - O_{基}}{21 - O_{实}} \times \rho_{实} \tag{1}$$

式中：$\rho_{基}$——大气污染物基准排放质量浓度，mg/m^3；

　　　$\rho_{实}$——实测大气污染物排放质量浓度，mg/m^3；

　　　$O_{基}$——干烟气基准含氧量，%；

　　　$O_{实}$——实测的干烟气含氧量，%。

进入 VOCs 燃烧（焚烧、氧化）装置中废气含氧量可满足自身燃烧、氧化反应需要，不需另外补充空气的（燃烧器需要补充空气助燃的除外），以实测质量浓度作为达标判定依据，但装置出口烟气含氧量不得高于装置进口废气含氧量。

吸附、吸收、冷凝、生物、膜分离等其他 VOCs 处理设施，以实测质量浓度作为达标判定依据，不得稀释排放。

10.3.4　排气筒高度不低于 15 m（因安全考虑或有特殊工艺要求的除外），具体高度以及与周围建筑物的相对高度关系应根据环境影响评价文件确定。

10.3.5　当执行不同排放控制要求的废气合并排气筒排放时，应在废气混合前进行监测，并执行相应的排放控制要求；若可选择的监控位置只能对混合后的废气进行监测，则应按各排放控制要求中最严格的规定执行。

10.4　记录要求

企业应建立台账，记录废气收集系统、VOCs 处理设施的主要运行和维护信息，如运行时间、废气处理量、操作温度、停留时间、吸附剂再生/更换周期和更换量、催化剂更换周期和更换量、吸收液 pH 值等关键运行参数。台账保存期限不少于 3 年。

（5）了解企业厂区内 VOCs 无组织排放监控要求

11.1　企业边界及周边 VOCs 监控要求执行 GB 16297 或相关行业排放标准的规定。

11.2　地方生态环境主管部门可根据当地环境保护需要，对厂区内 VOCs 无组织排放状况进行监控，具体实施方式由各地自行确定。厂区内 VOCs 无组织排放监控要求参见附录 A（略）。

（6）了解污染物监测、标准实施与监督的有关规定

12　污染物监测要求

12.1　企业应按照有关法律、《环境监测管理办法》和 HJ 819 等规定，建立企业监测制度，制订监测方案，对污染物排放状况及其对周边环境质量的影响开展自行监测，保存原始监测记录，并公布监测结果。

12.2　新建企业和现有企业安装污染物排放自动监控设备的要求，按有关法律和《污染源自动监控管理办法》等规定执行。

12.3　对于挥发性有机液体储罐、挥发性有机液体装载设施以及废气收集处理系统的 VOCs 排放，监测采样和测定方法按 GB/T 16157、HJ/T 397、HJ 732 以及 HJ 38、HJ 1012、HJ 1013 的规定执行。对于储罐呼吸排气等排放强度周期性波动的污染源，污染物排放监测时段应涵盖其排放强度大的时段。

12.4　对于设备与管线组件泄漏、敞开液面逸散的 VOCs 排放，监测采样和测定方法按 HJ 733 的规定执行，采用氢火焰离子化检测仪（以甲烷或丙烷为校准气体）。对于循环冷却水中总有机碳（TOC），测定方法按 HJ 501 的规定执行。

12.5　企业边界及周边 VOCs 监测按 HJ/T 55 的规定执行。

13　实施与监督

13.1　本标准由县级以上人民政府生态环境主管部门负责监督实施。

13.2　企业是实施排放标准的责任主体，应采取必要措施，达到本标准规定的污染物排放控制要求。

13.3　企业未遵守本标准规定的措施性控制要求，属于违法行为，依照法律法规等有关规定予以处理。

13.4　对于设备与管线组件 VOCs 泄漏控制，如发现下列情况之一，属于违法行为，依照法律法规等有关规定予以处理：

a）企业密封点数量超过 2 000 个（含），但未开展泄漏检测与修复工作的；

b）未按规定的频次、时间进行泄漏检测与修复的；

c）现场随机抽查，在检测不超过 100 个密封点的情况下，发现有 2 个以上（不含）不在修复期内的密封点出现可见泄漏现象或超过泄漏认定浓度的。

（八）《锅炉大气污染物排放标准》（GB 13271—2014）

（1）掌握标准的适用范围

1　适用范围

本标准规定了锅炉烟气中颗粒物、二氧化硫、氮氧化物、汞及其化合物的最高允许排放浓度限值和烟气黑度限值。

本标准适用于以燃煤、燃油和燃气为燃料的单台出力 65 t/h 及以下蒸汽锅炉、各种容量的热水锅炉及有机热载体锅炉；各种容量的层燃炉、抛煤机炉。

使用型煤、水煤浆、煤矸石、石油焦、油页岩、生物质成型燃料等的锅炉，参照本标准中燃煤锅炉排放控制要求执行。

本标准不适用于以生活垃圾、危险废物为燃料的锅炉。

本标准适用于在用锅炉的大气污染物排放管理，以及锅炉建设项目环境影响评价、环境保护设施设计、竣工环境保护验收及其投产后的大气污染物排放管理。

本标准适用于法律允许的污染物排放行为；新设立污染源的选址和特殊保护区域内现有污染源的管理，按照《中华人民共和国大气污染防治法》《中华人民共和国水污染防治法》《中华人民共和国海洋环境保护法》《中华人民共和国固体废物污染环境防治法》《中华人民共和国放射性污染防治法》《中华人民共和国环境影响评价法》等法律、法规、规章的相关规定执行。

（2）**熟悉锅炉大气污染物排放控制要求**

4　大气污染物排放控制要求

4.1　10 t/h 以上在用蒸汽锅炉和 7 MW 以上在用热水锅炉 2015 年 9 月 30 日前执行 GB 13271—2001 中规定的排放限值，10 t/h 及以下在用蒸汽锅炉和 7 MW 及以下在用热水锅炉 2016 年 6 月 30 日前执行 GB 13271—2001 中规定的排放限值。

4.2　10 t/h 以上在用蒸汽锅炉和 7 MW 以上在用热水锅炉自 2015 年 10 月 1 日起执行表 1 规定的大气污染物排放限值，10 t/h 及以下在用蒸汽锅炉和 7 MW 及以下在用热水锅炉自 2016 年 7 月 1 日起执行表 1 规定的大气污染物排放限值。

表 1　在用锅炉大气污染物排放浓度限值　　　　　　　单位：mg/m³

污染物项目	限值			污染物排放监控位置
	燃煤锅炉	燃油锅炉	燃气锅炉	
颗粒物	80	60	30	烟囱或烟道
二氧化硫	400 550[1]	300	100	烟囱或烟道
氮氧化物	400	400	400	烟囱或烟道
汞及其化合物	0.05	—	—	烟囱或烟道
烟气黑度（林格曼黑度，级）	≤1			烟囱排放口

注：（1）位于广西壮族自治区、重庆市、四川省和贵州省的燃煤锅炉执行该限值。

4.3 自 2014 年 7 月 1 日起，新建锅炉执行表 2 规定的大气污染物排放限值。

表 2 新建锅炉大气污染物排放浓度限值 单位：mg/m³

污染物项目	限值			污染物排放监控位置
	燃煤锅炉	燃油锅炉	燃气锅炉	
颗粒物	50	30	20	烟囱或烟道
二氧化硫	300	200	50	
氮氧化物	300	250	200	
汞及其化合物	0.05	—	—	
烟气黑度（林格曼黑度，级）	≤1			烟囱排放口

4.4 重点地区锅炉执行表 3 规定的大气污染物特别排放限值。执行大气污染物特别排放限值的地域范围、时间，由国务院环境保护主管部门或省级人民政府规定。

表 3 大气污染物特别排放限值 单位：mg/m³

污染物项目	限值			污染物排放监控位置
	燃煤锅炉	燃油锅炉	燃气锅炉	
颗粒物	30	30	20	烟囱或烟道
二氧化硫	200	100	50	
氮氧化物	200	200	150	
汞及其化合物	0.05	—	—	
烟气黑度（林格曼黑度，级）	≤1			烟囱排放口

4.5 每个新建燃煤锅炉房只能设一根烟囱，烟囱高度应根据锅炉房装机总容量，按表 4 规定执行，燃油、燃气锅炉烟囱不低于 8 m，锅炉烟囱的具体高度按批复的环境影响评价文件确定。新建锅炉房的烟囱周围半径 200 m 距离内有建筑物时，其烟囱应高出最高建筑物 3 m 以上。

表 4　燃煤锅炉房烟囱最低允许高度

锅炉房装机总容量	MW	<0.7	0.7～<1.4	1.4～<2.8	2.8～<7	7～<14	≥14
	t/h	<1	1～<2	2～<4	4～<10	10～<20	≥20
烟囱最低允许高度	m	20	25	30	35	40	45

4.6　不同时段建设的锅炉，若采用混合方式排放烟气，且选择的监控位置只能监测混合烟气中的大气污染物浓度，应执行各个时段限值中最严格的排放限值。

（3）熟悉锅炉安装污染物排放自动监控设备的有关规定

5.1.4　20 t/h 及以上蒸汽锅炉和 14 MW 及以上热水锅炉应安装污染物排放自动监控设备，与环保部门的监控中心联网，并保证设备正常运行，按有关法律和《污染源自动监控管理办法》的规定执行。

（4）了解基准含氧量的规定和排放浓度折算要求

5.2　大气污染物基准含氧量排放浓度折算方法

实测的锅炉颗粒物、二氧化硫、氮氧化物、汞及其化合物的排放浓度，应执行 GB 5468 或 GB/T 16157 规定，按公式（1）折算为基准氧含量排放浓度。各类燃烧设备的基准氧含量按表 6 的规定执行。

表 6　基准含氧量

锅炉类型	基准含盐量（O₂）/%
燃煤锅炉	9
燃油、燃气锅炉	3.5

$$\rho = \rho' \times \frac{21 - \varphi(O_2)}{21 - \varphi'(O_2)} \tag{1}$$

式中，ρ——大气污染物基准氧含量排放浓度，mg/m^3；

ρ'——实测的大气污染物排放浓度，mg/m^3；

$\varphi(O_2)$——实测的氧含量；

$\varphi'(O_2)$——基准氧含量。

（九）《固体废物鉴别标准　通则》（GB 34330—2017）

（1）熟悉标准的适用范围

　　1　适用范围

　　本标准规定了依据产生来源的固体废物鉴别准则、在利用和处置过程中的固体废物鉴别准则、不作为固体废物管理的物质、不作为液态废物管理的物质以及监督管理要求。

　　该标准不适用于放射性废物的鉴别；不适用于固体废物的分类；也不适用于有专用固体废物鉴别标准的物质的固体废物鉴别。

（2）了解依据产生来源的固体废物鉴别

　　4　依据产生来源的固体废物鉴别

　　下列物质属于固体废物（章节 6 包括的物质除外）。

　　4.1　丧失原有使用价值的物质，包括以下种类：

　　a）在生产过程中产生的因为不符合国家、地方制定或行业通行的产品标准（规范），或者因为质量原因，不能在市场出售、流通或者不能按照原用途使用的物质，如不合格品、残次品、废品等。但符合国家、地方制定或行业通行的产品标准中等外品级的物质以及在生产企业内进行返工（返修）的物质除外；

　　b）超过质量保证期，而不能在市场出售、流通或者不能按照原用途使用的物质；

　　c）因为沾染、掺入、混杂无用或有害物质使其质量无法满足使用要求，而不能在市场出售、流通或者不能按照原用途使用的物质；

　　d）在消费或使用过程中产生的，因为使用寿命到期而不能继续按照原用途使用的物质；

　　e）执法机关查处没收的需报废、销毁等无害化处理的物质，包括（但不限于）假冒伪劣产品、侵犯知识产权产品、毒品等禁用品；

　　f）以处置废物为目的生产的，不存在市场需求或不能在市场上出售、流通的物质；

　　g）因为自然灾害、不可抗力因素和人为灾难因素造成损坏而无法继续按照原用途使用的物质；

　　h）因丧失原有功能而无法继续使用的物质；

　　i）由于其他原因而不能在市场出售、流通或者不能按照原用途使用的物质。

　　4.2　生产过程中产生的副产物，包括以下种类：

　　a）产品加工和制造过程中产生的下脚料、边角料、残余物质等；

　　b）在物质提取、提纯、电解、电积、净化、改性、表面处理以及其他处理过程中产生的残余物质；

c）在物质合成、裂解、分馏、蒸馏、溶解、沉淀以及其他过程中产生的残余物质；

d）金属矿、非金属矿和煤炭开采、选矿过程中产生的废石、尾矿、煤矸石等；

e）石油、天然气、地热开采过程中产生的钻井泥浆、废压裂液、油泥或油泥砂、油脚和油田溅溢物等；

f）火力发电厂锅炉、其他工业和民用锅炉、工业窑炉等热能或燃烧设施中，燃料燃烧产生的燃煤炉渣等残余物质；

g）在设施设备维护和检修过程中，从炉窑、反应釜、反应槽、管道、容器以及其他设施设备中清理出的残余物质和损毁物质；

h）在物质破碎、粉碎、筛分、碾磨、切割、包装等加工处理过程中产生的不能直接作为产品或原材料或作为现场返料的回收粉尘、粉末；

i）在建筑、工程等施工和作业过程中产生的报废料、残余物质等建筑废物；

j）畜禽和水产养殖过程中产生的动物粪便、病害动物尸体等；

k）农业生产过程中产生的作物秸秆、植物枝叶等农业废物；

l）教学、科研、生产、医疗等实验过程中，产生的动物尸体等实验室废弃物质；

m）其他生产过程中产生的副产物。

4.3　环境治理和污染控制过程中产生的物质，包括以下种类：

a）烟气和废气净化、除尘处理过程中收集的烟尘、粉尘，包括粉煤灰；

b）烟气脱硫产生的脱硫石膏和烟气脱硝产生的废脱硝催化剂；

c）煤气净化产生的煤焦油；

d）烟气净化过程中产生的副产硫酸或盐酸；

e）水净化和废水处理产生的污泥及其他废弃物质；

f）废水或废液（包括固体废物填埋场产生的渗滤液）处理产生的浓缩液；

g）化粪池污泥、厕所粪便；

h）固体废物焚烧炉产生的飞灰、底渣等灰渣；

i）堆肥生产过程中产生的残余物质；

j）绿化和园林管理中清理产生的植物枝叶；

k）河道、沟渠、湖泊、航道、浴场等水体环境中清理出的漂浮物和疏浚污泥；

l）烟气、臭气和废水净化过程中产生的废活性炭、过滤器滤膜等过滤介质；

m）在污染地块修复、处理过程中，采用填埋、焚烧、水泥窑协同处置、或者生产砖、瓦、筑路材料等其他建筑材料的方式处置或利用的污染土壤；

　　n）在其他环境治理和污染修复过程中产生的各类物质。

　　4.4　其他：

　　a）法律禁止使用的物质；

　　b）国务院环境保护行政主管部门认定为固体废物的物质。

（3）了解利用和处置过程中的固体废物鉴别

　　5　利用和处置过程中的固体废物鉴别

　　5.1　在任何条件下，固体废物按照以下任何一种方式利用或处置时，仍然作为固体废物管理（但包含在6.2条中的除外）：

　　a）以土壤改良、地块改造、地块修复和其他土地利用方式直接施用于土地或生产施用于土地的物质（包括堆肥），以及生产筑路材料；

　　b）焚烧处置（包括获取热能的焚烧和垃圾衍生燃料的焚烧），或用于生产燃料，或包含于燃料中；

　　c）填埋处置；

　　d）倾倒、堆置；

　　e）国务院环境保护行政主管部门认定的其他处置方式。

　　5.2　利用固体废物生产的产物同时满足下述条件的，不作为固体废物管理，按照相应的产品管理（按照前款进行利用或处置的除外）：

　　a）符合国家、地方制定或行业通行的被替代原料生产的产品质量标准；

　　b）符合相关国家污染物排放（控制）标准或技术规范要求，包括该产物生产过程中排放到环境中的有害物质限值和该产物中有害物质的含量限值；

　　当没有国家污染控制标准或技术规范时，该产物中所含有害成分含量不高于利用被替代原料生产的产品中的有害成分含量，并且在该产物生产过程中，排放到环境中的有害物质浓度不高于利用所替代原料生产产品过程中排放到环境中的有害物质浓度，当没有被替代原料时，不考虑该条件；

　　c）有稳定、合理的市场需求。

（4）熟悉不作为固体废物管理的物质

　　6　不作为固体废物管理的物质

　　6.1　以下物质不作为固体废物管理

　　a）任何不需要修复和加工即可用于其原始用途的物质，或者在产生点经过修复和加工后满足国家、地方制定或行业通行的产品质量标准并且用于其原始用途的物质；

　　b）不经过贮存或堆积过程，而在现场直接返回到原生产过程或返回其产生过程的物质；

c）修复后作为土壤用途使用的污染土壤；

d）供实验室化验分析用或科学研究用固体废物样品。

6.2　按照以下方式进行处置后的物质，不作为固体废物管理：

a）金属矿、非金属矿和煤炭采选过程中直接留在或返回到采空区的符合 GB 18599 中第Ⅰ类一般工业固体废物要求的采矿废石、尾矿和煤矸石。但是带入除采矿废石、尾矿和煤矸石以外的其他污染物质的除外；

b）工程施工中产生的按照法规要求或国家标准要求就地处置的物质。

6.3　国务院环境保护行政主管部门认定不作为固体废物管理的物质。

（5）熟悉不作为液体废物管理的物质

7　不作为液态废物管理的物质

7.1　满足相关法规和排放标准要求可排入环境水体或者市政污水管网和处理设施的废水、污水；

7.2　经过物理处理、化学处理、物理化学处理和生物处理等废水处理工艺处理后，可以满足向环境水体或市政污水管网和处理设施排放的相关法规和排放标准要求的废水、污水；

7.3　废酸、废碱中和处理后产生的满足前述要求的废水。

（十）《生活垃圾填埋场污染控制标准》（GB 16889—2008）

（1）熟悉标准的适用范围

1　适用范围

本标准规定了生活垃圾填埋场选址、设计与施工、填埋废物的入场条件、运行、封场、后期维护与管理的污染控制和监测等方面的要求。

本标准适用于生活垃圾填埋场建设、运行和封场后的维护与管理过程中的污染控制和监督管理。本标准的部分规定也适用于与生活垃圾填埋场配套建设的生活垃圾转运站的建设、运行。

本标准只适用于法律允许的污染物排放行为；新设立污染源的选址和特殊保护区域内现有污染源的管理，按照《中华人民共和国大气污染防治法》《中华人民共和国水污染防治法》《中华人民共和国海洋环境保护法》《中华人民共和国固体废物污染环境防治法》《中华人民共和国放射性污染防治法》《中华人民共和国环境影响评价法》等法律、法规、规章的相关规定执行。

（2）熟悉生活垃圾填埋场的选址要求

4　选址要求

4.1　生活垃圾填埋场的选址应符合区域性环境规划、环境卫生设施建设规划和当地的城市规划。

4.2　生活垃圾填埋场场址不应选在城市工农业发展规划区、农业保护区、自然保护区、风景名胜区、文物（考古）保护区、生活饮用水水源保护区、供水远景规划区、矿产资源储备区、军事要地、国家保密地区和其他需要特别保护的区域内。

4.3　生活垃圾填埋场选址的标高应位于重现期不小于 50 年一遇的洪水位之上，并建设在长远规划中的水库等人工蓄水设施的淹没区和保护区之外。

拟建有可靠防洪设施的山谷型填埋场，并经过环境影响评价证明洪水对生活垃圾填埋场的环境风险在可接受范围内，前款规定的选址标准可以适当降低。

4.4　生活垃圾填埋场场址的选择应避开下列区域：破坏性地震及活动构造区；活动中的坍塌、滑坡和隆起地带；活动中的断裂带；石灰岩溶洞发育带；废弃矿区的活动塌陷区；活动沙丘区；海啸及涌浪影响区；湿地；尚未稳定的冲积扇及冲沟地区；泥炭以及其他可能危及填埋场安全的区域。

4.5　生活垃圾填埋场场址的位置及与周围人群的距离应依据环境影响评价结论确定，并经地方环境保护行政主管部门批准。

在对生活垃圾填埋场场址进行环境影响评价时，应考虑生活垃圾填埋场产生的渗滤液、大气污染物（含恶臭物质）、滋养动物（蚊、蝇、鸟类等）等因素，根据其所在地区的环境功能区类别，综合评价其对周围环境、居住人群的身体健康、日常生活和生产活动的影响，确定生活垃圾填埋场与常住居民居住场所、地表水域、高速公路、交通主干道（国道或省道）、铁路、飞机场、军事基地等敏感对象之间合理的位置关系以及合理的防护距离。环境影响评价的结论可作为规划控制的依据。

（3）熟悉填埋废物的入场要求

6　填埋废物的入场要求

6.1　下列废物可以直接进入生活垃圾填埋场填埋处置：

（1）由环境卫生机构收集或者自行收集的混合生活垃圾，以及企事业单位产生的办公废物。

（2）生活垃圾焚烧炉渣（不包括焚烧飞灰）。

（3）生活垃圾堆肥处理产生的固态残余物。

（4）服装加工、食品加工以及其他城市生活服务行业产生的性质与生活垃圾相近的一般工业固体废物。

6.2　《医疗废物分类目录》中的感染性废物经过下列方式处理后，可以进入生活垃圾填埋场填埋处置。

（1）按照 HJ/T 228 要求进行破碎毁形和化学消毒处理，并满足消毒效果检验指标；

（2）按照 HJ/T 229 要求进行破碎毁形和微波消毒处理，并满足消毒效果检验指标；

（3）按照 HJ/T 276 要求进行破碎毁形和高温蒸汽处理，并满足处理效果检验指标；

（4）医疗废物焚烧处置后的残渣的入场标准按照第 6.3 条执行。

6.3　生活垃圾焚烧飞灰和医疗废物焚烧残渣（包括飞灰、底渣）经处理后满足下列条件，可以进入生活垃圾填埋场填埋处置。

（1）含水率小于 30%；

（2）二噁英含量低于 3 μg/kg；

（3）按照 HJ/T 300 制备的浸出液中危害成分浓度低于表 1 规定的限值。

表 1　浸出液污染物浓度限值

序号	污染物项目	浓度限值/（mg/L）
1	汞	0.05
2	铜	40
3	锌	100
4	铅	0.25
5	镉	0.15
6	铍	0.02
7	钡	25
8	镍	0.5
9	砷	0.3
10	总铬	4.5
11	六价铬	1.5
12	硒	0.1

6.4　一般工业固体废物经处理后，按照 HJ/T 300 制备的浸出液中危害成分浓度低于表 1 规定的限值，可以进入生活垃圾填埋场填埋处置。

6.5　经处理后满足第 6.3 条要求的生活垃圾焚烧飞灰和医疗废物焚烧残渣（包括飞灰、底渣）和满足第 6.4 条要求的一般工业固体废物在生活垃圾填埋场中应单独分区填埋。

6.6　厌氧产沼等生物处理后的固态残余物、粪便经处理后的固态残余物和生活污水处理厂污泥经处理后含水率小于 60%，可以进入生活垃圾填埋场填埋处置。

6.7　处理后分别满足第 6.2、6.3、6.4 和 6.6 条要求的废物应由地方环境保护行政主管部门认可的监测部门检测、经地方环境保护行政主管部门批准后，方可进入生活垃圾填埋场。

6.8 下列废物不得在生活垃圾填埋场中填埋处置。

（1）除符合第 6.3 条规定的生活垃圾焚烧飞灰以外的危险废物。

（2）未经处理的餐饮废物。

（3）未经处理的粪便。

（4）禽畜养殖废物。

（5）电子废物及其处理处置残余物。

（6）除本填埋场产生的渗滤液之外的任何液态废物和废水。

国家环境保护标准另有规定的除外。

（4）熟悉生活垃圾填埋场污染物排放控制要求

9 污染物排放控制要求

9.1 水污染物排放控制要求

9.1.1 生活垃圾填埋场应设置污水处理装置，生活垃圾渗滤液（含调节池废水）等污水经处理并符合本标准规定的污染物排放控制要求后，可直接排放。

9.1.2 现有和新建生活垃圾填埋场自 2008 年 7 月 1 日起执行表 2 规定的水污染物排放浓度限值。

9.1.3 2011 年 7 月 1 日前，现有生活垃圾填埋场无法满足表 2 规定的水污染物排放浓度限值要求的，满足以下条件时可将生活垃圾渗滤液送往城市二级污水处理厂进行处理。

（1）生活垃圾渗滤液在填埋场经过处理后，总汞、总镉、总铬、六价铬、总砷、总铅等污染物浓度达到表 2 规定浓度限值。

（2）城市二级污水处理厂每日处理生活垃圾渗滤液总量不超过污水处理量的 0.5%，并不超过城市二级污水处理厂额定的污水处理能力。

（3）生活垃圾渗滤液应均匀注入城市二级污水处理厂。

（4）不影响城市二级污水处理厂的污水处理效果。

2011 年 7 月 1 日起，现有全部生活垃圾填埋场应自行处理生活垃圾渗滤液并执行表 2 规定的水污染排放浓度限值。

表2 现有和新建生活垃圾填埋场水污染物排放浓度限值

序号	控制污染物	排放浓度限值	污染物排放监控位置
1	色度（稀释倍数）	40	常规污水处理设施排放口
2	化学需氧量（COD_{Cr}）/（mg/L）	100	
3	生化需氧量（BOD_5）/（mg/L）	30	
4	悬浮物/（mg/L）	30	

序号	控制污染物	排放浓度限值	污染物排放监控位置
5	总氮/（mg/L）	40	
6	氨氮/（mg/L）	25	
7	总磷/（mg/L）	3	
8	粪大肠菌群数/（个/L）	10 000	
9	总汞/（mg/L）	0.001	
10	总镉/（mg/L）	0.01	
11	总铬/（mg/L）	0.1	
12	六价铬/（mg/L）	0.05	
13	总砷/（mg/L）	0.1	
14	总铅/（mg/L）	0.1	

9.1.4　根据环境保护工作的要求，在国土开发密度已经较高、环境承载能力开始减弱，或环境容量较小、生态环境脆弱，容易发生严重环境污染问题而需要采取特别保护措施的地区，应严格控制生活垃圾填埋场的污染物排放行为，在上述地区的现有和新建生活垃圾填埋场自2008年7月1日起执行表3规定的水污染物特别排放限值。

表3　现有和新建生活垃圾填埋场水污染物特别排放限值

序号	控制污染物	排放浓度限值	污染物排放监控位置
1	色度（稀释倍数）	30	
2	化学需氧量（COD$_{Cr}$）/（mg/L）	60	
3	生化需氧量（BOD$_5$）/（mg/L）	20	
4	悬浮物/（mg/L）	30	
5	总氮/（mg/L）	20	常规污水处理设施排放口
6	氨氮/（mg/L）	8	
7	总磷/（mg/L）	1.5	
8	粪大肠菌群数/（个/L）	1 000	
9	总汞/（mg/L）	0.001	
10	总镉/（mg/L）	0.01	
11	总铬/（mg/L）	0.1	
12	六价铬/（mg/L）	0.05	常规污水处理设施排放口
13	总砷/（mg/L）	0.1	
14	总铅/（mg/L）	0.1	

9.2　甲烷排放控制要求

9.2.1　填埋工作面上2 m以下高度范围内甲烷的体积百分比应不大于0.1%。

9.2.2　生活垃圾填埋场应采取甲烷减排措施；当通过导气管道直接排放填

埋气体时，导气管排放口的甲烷的体积百分比不大于 5%。

9.3　生活垃圾填埋场在运行中应采取必要的措施防止恶臭物质的扩散。在生活垃圾填埋场周围环境敏感点方位的场界的恶臭污染物浓度应符合 GB 14554 的规定。

9.4　生活垃圾转运站产生的渗滤液经收集后，可采用密闭运输送到城市污水处理厂处理、排入城市排水管道进入城市污水处理厂处理或者自行处理等方式。排入设置城市污水处理厂的排水管网的，应在转运站内对渗滤液进行处理，总汞、总镉、总铬、六价铬、总砷、总铅等污染物浓度限值达到表 2 规定浓度限值，其他水污染物排放控制要求由企业与城镇污水处理厂根据其污水处理能力商定或执行相关标准。排入环境水体或排入未设置污水处理厂的排水管网的，应在转运站内对渗滤液进行处理并达到表 2 规定的浓度限值。

（5）了解生活垃圾填埋场环境和污染物监测要求

10　环境和污染物监测要求

10.1　水污染物排放监测基本要求

10.1.1　生活垃圾填埋场的水污染物排放口须按照《排污口规范化整治技术要求》（试行）建设，设置符合 GB/T 15562.1 要求的污水排放口标志。

10.1.2　新建生活垃圾填埋场应按照《污染源自动监控管理办法》的规定，安装污染物排放自动监控设备，与环保部门的监控中心联网，并保证设备正常运行。各地现有生活垃圾填埋场安装污染物排放自动监控设备的要求由省级环境保护行政主管部门规定。

10.1.3　地方环境保护行政主管部门对生活垃圾填埋场污染物排放情况进行监督性监测的频次、采样时间等要求，按国家有关污染源监测技术规范的规定执行。

10.2　地下水水质监测基本要求

10.2.1　地下水水质监测井的布置

应根据场地水文地质条件，以及时反映地下水水质变化为原则，布设地下水监测系统。

（1）本底井，一眼，设在填埋场地下水流向上游 30～50 m 处；

（2）排水井，一眼，设在填埋场地下水主管出口处；

（3）污染扩散井，两眼，分别设在垂直填埋场地下水走向的两侧各 30～50 m 处；

（4）污染监视井，两眼，分别设在填埋场地下水流向下游 30 m、50 m 处。大型填埋场可以在上述要求基础上适当增加监测井的数量。

10.2.2　在生活垃圾填埋场投入使用之前应监测地下水本底水平；在生活

垃圾填埋场投入使用之时即对地下水进行持续监测，直至封场后填埋场产生的渗滤液中水污染物质量浓度连续两年低于表 2 中的限值时为止。

10.2.3　地下水监测指标为 pH、总硬度、溶解性总固体、高锰酸盐指数、氨氮、硝酸盐、亚硝酸盐、硫酸盐、氯化物、挥发性酚类、氰化物、砷、汞、六价铬、铅、氟、镉、铁、锰、铜、锌、粪大肠菌群，不同质量类型地下水的质量标准执行 GB/T 14848 中的规定。

10.2.4　生活垃圾填埋场管理机构对排水井的水质监测频率应不少于每周一次，对污染扩散井和污染监视井的水质监测频率应不少于每 2 周一次，对本底井的水质监测频率应不少于每个月一次。

10.2.5　地方环境保护行政主管部门应对地下水水质进行监督性监测，频率应不少于每 3 个月一次。

10.3　生活垃圾填埋场管理机构应每 6 个月进行一次防渗衬层完整性的监测。

10.4　甲烷监测基本要求

10.4.1　生活垃圾填埋场管理机构应每天进行一次填埋场区和填埋气体排放口的甲烷体积分数监测。

10.4.2　地方环境保护行政主管部门应每 3 个月对填埋区和填埋气体排放口的甲烷体积分数进行一次监督性监测。

10.4.3　对甲烷体积分数的每日监测可采用符合 GB 13486 要求或者具有相同效果的便携式甲烷测定器进行测定。对甲烷体积分数的监督性监测应按照 HJ/T 38 中甲烷的测定方法进行测定。

10.5　生活垃圾填埋场管理机构和地方环境保护行政主管部门均应对封场后的生活垃圾填埋场的污染物质量浓度进行测定。化学需氧量、生化需氧量、悬浮物、总氮、氨氮等指标每 3 个月测定一次，其他指标每年测定一次。

10.6　恶臭污染物监测基本要求

10.6.1　生活垃圾填埋场管理机构应根据具体情况适时进行场界恶臭污染物监测。

10.6.2　地方环境保护行政主管部门应每 3 个月对场界恶臭污染物进行一次监督性监测。

10.6.3　恶臭污染物监测应按照 GB/T 14675 和 GB/T 14678 规定的方法进行测定。

10.7　污染物质量浓度测定方法采用表 4 所列的方法标准，地下水质量检测方法采用 GB 5750—2006 中的检测方法。

表4 污染物质量浓度测定方法标准

序号	污染物项目	方法标准名称	方法标准编号
1	色度（稀释倍数）	水质 色度的测定	GB 11903—1989
2	化学需氧量（CODcr）	水质 化学需氧量的测定 快速消解分光光度法	HJ/T 399—2007
3	生化需氧量（BOD5）	水质 生化需氧量的测定 微生物传感器快速测定法	HJ/T 86—2002
4	悬浮物	水质 悬浮物的测定 重量法	GB/T 11901—1989
5	总氮	水质 总氮的测定 气相分子吸收光谱法	HJ/T 199—2005
6	氨氮	水质 氨氮的测定 气相分子吸收光谱法	HJ/T 195—2005
7	总磷	水质 总磷的测定 钼酸铵分光光度法	GB/T 11893—1989
8	粪大肠菌群数	水质 粪大肠菌群的测定 多管发酵法和滤膜法（试行）	HJ/T 347—2007
9	总汞	水质 总汞的测定 冷原子吸收分光光度法	GB/T 7468—1987
		水质 总汞的测定 高锰酸钾-过硫酸钾消解法 双硫腙分光光度法	GB/T 7469—1987
		水质 汞的测定 冷原子荧光法（试行）	HJ/T 341—2007
10	总镉	水质 镉的测定 双硫腙分光光度法	GB/T 7471—1987
11	总铬	水质 总铬的测定	GB/T 7466—1987
12	六价铬	水质 六价铬的测定 二苯碳酰二肼分光光度法	GB/T 7467—1987
13	总砷	水质 总砷的测定 二乙基二硫代氨基甲酸银分光光度法	GB/T 7485—1987
14	总铅	水质 铅的测定 双硫腙分光光度法	GB/T 7470—1987
15	甲烷	固定污染源排气中非甲烷总烃的测定 气相色谱法	HJ/T 38—1999
16	恶臭	空气质量 恶臭的测定 三点式比较臭袋法	GB/T 14675—1993
17	硫化氢、甲硫醇、甲硫醚和二甲二硫	空气质量 硫化氢、甲硫醇、甲硫醚和二甲二硫的测定 气相色谱法	GB/T 14678—1993

10.8 生活垃圾填埋场应按照有关法律和《环境监测管理办法》的规定，对排污状况进行监测，并保存原始监测记录。

（十一）《生活垃圾焚烧污染控制标准》(GB 18485—2014)

（1）熟悉标准的适用范围

1　适用范围

本标准规定了生活垃圾焚烧厂的选址要求、工艺要求、入炉废物要求、运行要求、排放控制要求、监测要求、实施与监督等内容。

本标准适用于生活垃圾焚烧厂的设计、环境影响评价、竣工验收以及运行过程中的污染控制及监督管理。

掺加生活垃圾质量超过入炉（窑）物料总质量 30%的工业窑炉以及生活污水处理设施产生的污泥、一般工业固体废物的专用焚烧炉的污染控制参照本标准执行。

本标准适用于法律允许的污染物排放行为；新设立污染源的选址和特殊保护区域内现有污染源的管理，按照《中华人民共和国大气污染防治法》《中华人民共和国水污染防治法》《中华人民共和国海洋环境保护法》《中华人民共和国固体废物污染环境防治法》《中华人民共和国放射性污染防治法》《中华人民共和国环境影响评价法》《中华人民共和国城乡规划法》和《中华人民共和国土地管理法》等法律、法规、规章的相关规定执行。

（2）熟悉生活垃圾焚烧厂的选址要求

4　选址要求

4.1　生活垃圾焚烧厂的选址应符合当地的城乡总体规划、环境保护规划和环境卫生专项规划，并符合当地的大气污染防治、水资源保护、自然生态保护等要求。

4.2　应依据环境影响评价结论确定生活垃圾焚烧厂厂址的位置及其与周围人群的距离。经具有审批权的环境保护行政主管部门批准后，这一距离可作为规划控制的依据。

4.3　在对生活垃圾焚烧厂厂址进行环境影响评价时，应重点考虑生活垃圾焚烧厂内各设施可能产生的有害物质泄漏、大气污染物（含恶臭物质）的产生与扩散以及可能的事故风险等因素，根据其所在地区的环境功能区类别，综合评价其对周围环境、居住人群的身体健康、日常生活和生产活动的影响，确定生活垃圾焚烧厂与常住居民居住场所、农用地、地表水体以及其他敏感对象之间合理的位置关系。

（3）熟悉生活垃圾焚烧厂的入炉废物要求

6　入炉废物要求

6.1　下列废物可以直接进入生活垃圾焚烧炉进行焚烧处置：

——由环境卫生机构收集或者生活垃圾产生单位自行收集的混合生活垃圾；

——由环境卫生机构收集的服装加工、食品加工以及其他为城市生活服务的行业产生的性质与生活垃圾相近的一般工业固体废物；

——生活垃圾堆肥处理过程中筛分工序产生的筛上物，以及其他生化处理过程中产生的固态残余组分；

——按照 HJ/T 228、HJ/T 229、HJ/T 276 要求进行破碎毁形和消毒处理并满足消毒效果检验指标的《医疗废物分类目录》中的感染性废物。

6.2 在不影响生活垃圾焚烧炉污染物排放达标和焚烧炉正常运行的前提下，生活污水处理设施产生的污泥和一般工业固体废物可以进入生活垃圾焚烧炉进行焚烧处置，焚烧炉排放烟气中污染物浓度执行表 4 规定的限值。

6.3 下列废物不得在生活垃圾焚烧炉中进行焚烧处置：

——危险废物，本标准 6.1 条规定的除外；

——电子废物及其处理处置残余物。

国家环境保护行政主管部门另有规定的除外。

（4）熟悉生活垃圾焚烧厂的排放控制要求

8 排放控制要求

8.1 2015 年 12 月 31 日前，现有生活垃圾焚烧炉排放烟气中污染物浓度执行 GB 18485—2001 中规定的限值。

8.2 自 2016 年 1 月 1 日起，现有生活垃圾焚烧炉排放烟气中污染物浓度执行表 4 规定的限值。

8.3 自 2014 年 7 月 1 日起，新建生活垃圾焚烧炉排放烟气中污染物浓度执行表 4 规定的限值。

表 4 生活垃圾焚烧炉排放烟气中污染物限值

序号	污染物项目	限值	取值时间
1	颗粒物/（mg/m³）	30	1 h 均值
		20	24 h 均值
2	氮氧化物（NO_x）/（mg/m³）	300	1 h 均值
		250	24 h 均值
3	二氧化硫（SO_2）/（mg/m³）	100	1 h 均值
		80	24 h 均值
4	氯化氢（HCl）/（mg/m³）	60	1 h 均值
		50	24 h 均值
5	汞及其化合物（以 Hg 计）/（mg/m³）	0.05	测定均值
6	镉、铊及其化合物（以 Cd +Tl 计）/（mg/m³）	0.1	测定均值

序号	污染物项目	限值	取值时间
7	锑、砷、铅、铬、钴、铜、锰、镍及其化合物（以 Sb+As+Pb+Cr+Co+Cu+Mn+Ni 计）/（mg/m³）	1.0	测定均值
8	二噁英类/（ng TEQ/m³）	0.1	测定均值
9	一氧化碳（CO）/（mg/m³）	100	1 h 均值
		80	24 h 均值

8.4　生活污水处理设施产生的污泥、一般工业固体废物的专用焚烧炉排放烟气中二噁英类污染物浓度执行表 5 中规定的限值。

表 5　生活污水处理设施产生的污泥、一般工业固体废物专用焚烧炉
排放烟气中二噁英类限值

焚烧处理能力/（t/d）	二噁英类排放限值/（ngTEQ/m³）	取值时间
>100	0.1	测定均值
50～100	0.5	测定均值
<50	1.0	测定均值

8.5　在本标准 7.1、7.2、7.3 和 7.4 条规定的时间内，所获得的监测数据不作为评价是否达到本标准排放限值的依据，但在这些时间内颗粒物浓度的 1 小时均值不得大于 150 mg/m³。

8.6　生活垃圾焚烧飞灰与焚烧炉渣应分别收集、贮存、运输和处置。生活垃圾焚烧飞灰应按危险废物进行管理，如进入生活垃圾填埋场处置，应满足 GB 16889 的要求；如进入水泥窑处置，应满足 GB 30485 的要求。

8.7　生活垃圾渗滤液和车辆清洗废水应收集并在生活垃圾焚烧厂内处理或送至生活垃圾填埋场渗滤液处理设施处理，处理后满足 GB 16889 表 2 的要求（如厂址在符合 GB 16889 中第 9.1.4 条要求的地区，应满足 GB 16889 表 3 的要求）后，可直接排放。

若通过污水管网或采用密闭输送方式送至采用二级处理方式的城市污水处理厂处理，应满足以下条件：

（1）在生活垃圾焚烧厂内处理后，总汞、总镉、总铬、六价铬、总砷、总铅等污染物浓度达到 GB 16889 表 2 规定的浓度限值要求；

（2）城市二级污水处理厂每日处理生活垃圾渗滤液和车辆清洗废水总量不超过污水处理量的 0.5%；

（3）城市二级污水处理厂应设置生活垃圾渗滤液和车辆清洗废水专用调节池，将其均匀注入生化处理单元；

（4）不影响城市二级污水处理厂的污水处理效果。

（5）了解生活垃圾焚烧厂的监测要求

9 监测要求

9.1 生活垃圾焚烧厂运行企业应按照有关法律和《环境监测管理办法》等规定，建立企业监测制度，制定监测方案，并向当地环境保护行政主管部门和行业主管部门本备案。对污染物排放状况及其对周边环境质量的影响开展自行监测，保存原始监测记录，并公布监测结果。

9.2 生活垃圾焚烧厂运行企业应按照环境监测管理规定和技术规范的要求，设计、建设、维护永久采样口、采样测试平台和排污口标志。

9.3 对生活垃圾焚烧厂运行企业排放废气的采样，应根据监测污染物的种类，在规定的污染物排放监控位置进行；有废气处理设施的，应在该设施后检测。排气筒中大气污染物的监测采样按 GB/T 16157、HJ/T 397 或 HJ/T 75 的规定进行。

9.4 生活垃圾焚烧厂运行企业对烟气中重金属类污染物和焚烧炉渣热灼减率的监测应每月至少开展 1 次；对烟气中二噁英类的监测应每年至少开展 1 次，其采样要求按 HJ 77.2 的有关规定执行，其浓度为连续 3 次测定值的算术平均值。对其他大气污染物排放情况监测的频次、采样时间等要求，按有关环境监测管理规定和技术规范的要求执行。

9.5 环境保护行政主管部门应采用随机方式对生活垃圾焚烧厂进行日常监督性监测，对焚烧炉渣热灼减率与烟气中颗粒物、二氧化硫、氮氧化物、氯化氢、重金属类污染物和一氧化碳的监测应每季度至少开展 1 次，对烟气中二噁英类的监测应每年至少开展 1 次。

9.6 焚烧炉大气污染物浓度监测时的测定方法采用表 6 所列的方法标准。

表 6 污染物浓度测定方法

序号	污染物项目	方法标准名称	标准编号
1	颗粒物	固定污染源排气中颗粒物测定与气态污染物采样方法	GB/T 16157
2	二氧化硫（SO_2）	固定污染源排气中二氧化硫的测定 碘量法	HJ/T 56
		固定污染源排气中二氧化硫的测定 定电位电解法	HJ/T 57
		固定污染源废气 二氧化硫的测定 非分散红外吸收法	HJ 629

序号	污染物项目	方法标准名称	标准编号
3	氮氧化物（NO$_x$）	固定污染源排气中氮氧化物的测定　紫外分光光度法	HJ/T 42
		固定污染源排气中氮氧化物的测定　盐酸萘乙二胺分光光度法	HJ/T 43
		固定污染源废气　氮氧化物的测定　定电位电解法	HJ 693
4	氯化氢（HCl）	固定污染源排气中氯化氢的测定　硫氰酸汞分光光度法	HJ/T 27
		固定污染源排气　氯化氢的测定　硝酸银容量法（暂行）	HJ 548
		环境空气和废气　氯化氢的测定　离子色谱法（暂行）	HJ 549
5	汞	固定污染源废气　汞的测定　冷原子吸收分光光度法（暂行）	HJ 543
6	镉、铊、砷、铅、铬、锰、镍、锡、锑、铜、钴	空气和废气　颗粒物中铅等金属元素的测定　电感耦合等离子体质谱法	HJ 657
7	二噁英类	环境空气和废气　二噁英类的测定　同位素稀释高分辨气相色谱-高分辨质谱法	HJ 77.2
8	一氧化碳（CO）	固定污染源排气中一氧化碳的测定　非色散红外吸收法	HJ/T 44

9.7　生活垃圾焚烧厂应设置焚烧炉运行工况在线监测装置，监测结果应采用电子显示板进行公示并与当地环境保护行政主管部门和行业行政主管部门监控中心联网。焚烧炉运行工况在线监测指标应至少包括烟气中一氧化碳浓度和炉膛内焚烧温度。

9.8　生活垃圾焚烧厂烟气在线监测装置安装要求应按《污染源自动监控管理办法》等规定执行并定期进行校对。在线监测结果应采用电子显示板进行公示并与当地环保行政主管部门和行业行政主管部门监控中心联网。烟气在线监测指标应至少包括烟气中一氧化碳、颗粒物、二氧化硫、氮氧化物和氯化氢。

（十二）《危险废物贮存污染控制标准》（GB 18597—2023）

（1）熟悉标准的适用范围

1　适用范围

本标准规定了危险废物贮存污染控制的总体要求、贮存设施选址和污染控制要求、容器和包装物污染控制要求、贮存过程污染控制要求，以及污染物排放、环境监测、环境应急、实施与监督等环境管理要求。

本标准适用于产生、收集、贮存、利用、处置危险废物的单位新建、改建、扩建的危险废物贮存设施选址、建设和运行的污染控制和环境管理，也适用于现有危险废物贮存设施运行过程的污染控制和环境管理。

历史堆存危险废物清理过程中的暂时堆放不适用标准。

国家其他固体废物污染控制标准中针对特定危险废物贮存另有规定的，执行相关规定。

（2）熟悉危险废物贮存设施的选址要求

5　贮存设施选址要求

5.1　贮存设施选址应满足生态环境保护法律法规、规划和"三线一单"生态环境分区管控的要求，建设项目应依法进行环境影响评价。

5.2　集中贮存设施不应选在生态保护红线区域、永久基本农田和其他需要特别保护的区域内，不应建在溶洞区或易遭受洪水、滑坡、泥石流、潮汐等严重自然灾害影响的地区。

5.3　贮存设施不应选在江河、湖泊、运河、渠道、水库及其最高水位线以下的滩地和岸坡，以及法律法规规定禁止贮存危险废物的其他地点。

5.4　贮存设施场址的位置以及其与周围环境敏感目标的距离应依据环境影响评价文件确定。

（3）了解危险废物贮存设施污染控制要求

6　贮存设施污染控制要求

6.1　一般规定

6.1.1　贮存设施应根据危险废物的形态、物理化学性质、包装形式和污染物迁移途径，采取必要的防风、防晒、防雨、防漏、防渗、防腐以及其他环境污染防治措施，不应露天堆放危险废物。

6.1.2　贮存设施应根据危险废物的类别、数量、形态、物理化学性质和污染防治等要求设置必要的贮存分区，避免不相容的危险废物接触、混合。

6.1.3　贮存设施或贮存分区内地面、墙面裙脚、堵截泄漏的围堰、接触危险废物的隔板和墙体等应采用坚固的材料建造，表面无裂缝。

6.1.4　贮存设施地面与裙脚应采取表面防渗措施；表面防渗材料应与所接触的物料或污染物相容，可采用抗渗混凝土、高密度聚乙烯膜、钠基膨润土防水毯或其他防渗性能等效的材料。贮存的危险废物直接接触地面的，还应进行基础防渗，防渗层为至少 1 m 厚黏土层（渗透系数不大于 10^{-7} cm/s），或至少 2 mm 厚高密度聚乙烯膜等人工防渗材料（渗透系数不大于 10^{-10} cm/s），或其他防渗性能等效的材料。

6.1.5 同一贮存设施宜采用相同的防渗、防腐工艺（包括防渗、防腐结构或材料），防渗、防腐材料应覆盖所有可能与废物及其渗滤液、渗漏液等接触的构筑物表面；采用不同防渗、防腐工艺应分别建设贮存分区。

6.1.6 贮存设施应采取技术和管理措施防止无关人员进入。

6.2 贮存库

6.2.1 贮存库内不同贮存分区之间应采取隔离措施。隔离措施可根据危险废物特性采用过道、隔板或隔墙等方式。

6.2.2 在贮存库内或通过贮存分区方式贮存液态危险废物的，应具有液体泄漏堵截设施，堵截设施最小容积不应低于对应贮存区域最大液态废物容器容积或液态废物总储量 1/10（二者取较大者）；用于贮存可能产生渗滤液的危险废物的贮存库或贮存分区应设计渗滤液收集设施，收集设施容积应满足渗滤液的收集要求。

6.2.3 贮存易产生粉尘、VOCs、酸雾、有毒有害大气污染物和刺激性气味气体的危险废物贮存库，应设置气体收集装置和气体净化设施；气体净化设施的排气筒高度应符合 GB 16297 要求。

6.3 贮存场

6.3.1 贮存场应设置径流疏导系统，保证能防止当地重现期不小于 25 年的暴雨流入贮存区域，并采取措施防止雨水冲淋危险废物，避免增加渗滤液量。

6.3.2 贮存场可整体或分区设计液体导流和收集设施，收集设施容积应保证在最不利条件下可以容纳对应贮存区域产生的渗滤液、废水等液态物质。

6.3.3 贮存场应采取防止危险废物扬散、流失的措施。

6.4 贮存池

6.4.1 贮存池防渗层应覆盖整个池体，并应按照 6.1.4 的要求进行基础防渗。

6.4.2 贮存池应采取措施防止雨水、地面径流等进入，保证能防止当地重现期不小于 25 年的暴雨流入贮存池内。

6.4.3 贮存池应采取措施减少大气污染物的无组织排放。

6.5 贮存罐区

6.5.1 贮存罐区罐体应设置在围堰内，围堰的防渗、防腐性能应满足 6.1.4、6.1.5 的要求。

6.5.2 贮存罐区围堰容积应至少满足其内容最大贮存罐发生意外泄漏时所需要的危险废物收集容积要求。

6.5.3 贮存罐区围堰内收集的废液、废水和初期雨水应及时处理，不应直接排放。

（4）了解容器和包装物污染控制要求

7 容器和包装物污染控制要求

7.1 容器和包装物材质、内衬应与盛装的危险废物相容。

7.2 针对不同类别、形态、物理化学性质的危险废物，其容器和包装物应满足相应的防渗、防漏、防腐和强度等要求。

7.3 硬质容器和包装物及其支持结构堆叠码放时不应有明显变形，无破损泄漏。

7.4 柔性容器和包装物堆叠码放时应封口严密，无破损泄漏。

7.5 使用容器盛装液态、半固态危险废物时，容器内部应留有适当的空间，以适应因温度变化等可能引发的收缩和膨胀，防止其导致容器渗漏或永久变形。

7.6 容器和包装物外表面应保持清洁。

（5）了解贮存过程污染控制要求

8 贮存过程污染控制要求

8.1 一般规定

8.1.1 在常温常压下不易水解、不易挥发的固态危险物可分类堆放贮存，其他固态危险废物应装入容器或包装物内贮存。

8.1.2 液态危险废物应装入容器内贮存，或直接采用贮存池、贮存罐区贮存。

8.1.3 半固态危险废物应装入容器或包装袋内贮存，或直接采用贮存池贮存。

8.1.4 具有热塑性的危险废物应装入容器或包装袋内进行贮存。

8.1.5 易产生粉尘、VOCs、酸雾、有毒有害大气污染物和刺激性气味气体的危险废物应装入闭口容器或包装物内贮存。

8.1.6 危险废物贮存过程中易产生粉尘等无组织排放的，应采取抑尘等有效措施。

8.2 贮存设施运行环境管理要求

8.2.1 危险废物存入贮存设施前应对危险废物类别和特性与危险废物标签等危险废物识别标志的一致性进行核验，不一致的或类别、特性不明的不应存入。

8.2.2 应定期检查危险废物的贮存状况，及时清理贮存设施地面，更换破损泄漏的危险废物贮存容器和包装物，保证堆存危险废物的防雨、防风、防扬尘设施功能完好。

8.2.3 作业设备及车辆等结束作业离开贮存设施时，应对其残留的危险废物进行清理，清理的废物或清洗废水应收集处理。

8.2.4　贮存设施运行期间，应按国家有关标准和规定建立危险废物管理台账并保存。

8.2.5　贮存设施所有者或运营者应建立贮存设施环境管理制度、管理人员岗位职责制度、设施运行操作制度、人员岗位培训制度等。

8.2.6　贮存设施所有者或运营者应依据国家土壤和地下水污染防治的有关规定，结合贮存设施特点建立土壤和地下水污染隐患排查制度，并定期开展隐患排查；发现隐患应及时采取措施消除隐患，并建立档案。

8.2.7　贮存设施所有者或运营者应建立贮存设施全部档案，包括设计、施工、验收、运行、监测和环境应急等，应按国家有关档案管理的法律法规进行整理和归档。

8.3　贮存点环境管理要求

8.3.1　贮存点应具有固定的区域边界，并应采取与其他区域进行隔离的措施。

8.3.2　贮存点应采取防风、防雨、防晒和防止危险废物流失、扬散等措施。

8.3.3　贮存点贮存的危险废物应置于容器或包装物中，不应直接散堆。

8.3.4　贮存点应根据危险废物的形态、物理化学性质、包装形式等，采取防渗、防漏等污染防治措施或采用具有相应功能的装置。

8.3.5　贮存点应及时清运贮存的危险废物，实时贮存量不应超过 3 吨。

（4）熟悉污染物排放控制要求

9　污染物排放控制要求

9.1　贮存设施产生的废水（包括贮存设施、作业设备、车辆等清洗废水，贮存罐区积存雨水，贮存事故废水等）应进行收集处理，废水排放应符合 GB 8978 规定的要求。

9.2　贮存设施产生的废气（含无组织废气）的排放应符合 GB 16297 和 GB 37822 规定的要求。

9.3　贮存设施产生的恶臭气体的排放应符合 GB 14554 规定的要求。

9.4　贮存设施内产生以及清理的固体废物应按固体废物分类管理要求妥善处理。

9.5　贮存设施排放的环境噪声应符合 GB 12348 规定的要求。

（十三）《危险废物填埋污染控制标准》（GB 18598—2019）

（1）熟悉标准的适用范围

本标准规定了危险废物填埋的入场条件，填埋场的选址、设计、施工、运行、封场及监测的环境保护要求。

本标准适用于新建危险废物填埋场的建设、运行、封场及封场后环境管理过程的污染控制。现有危险废物填埋场的入场要求、运行要求、污染物排放要求、封场及封场后环境管理要求、监测要求按照本标准执行。本标准适用于生态环境主管部门对危险废物填埋场环境污染防治的监督管理。

本标准不适用于放射性废物的处置及突发事故产生危险废物的临时处置。

（2）熟悉填埋场的场址选择要求

4　填埋场场址选择要求

4.1　填埋场选址应符合环境保护法律法规及相关法定规划要求。

4.2　填埋场场址的位置及与周围人群的距离应依据环境影响评价结论确定。

在对危险废物填埋场场址进行环境影响评价时，应重点考虑危险废物填埋场渗滤液可能产生的风险、填埋场结构及防渗层长期安全性及其由此造成的渗漏风险等因素，根据其所在地区的环境功能区类别，结合该地区的长期发展规划和填埋场设计寿命期，重点评价其对周围地下水环境、居住人群的身体健康、日常生活和生产活动的长期影响，确定其与常住居民居住场所、农用地、地表水体以及其他敏感对象之间合理的位置关系。

4.3　填埋场场址不应选在国务院和国务院有关主管部门及省、自治区、直辖市人民政府划定的生态保护红线区域、永久基本农田和其他需要特别保护的区域内。

4.4　填埋场场址不得选在以下区域：破坏性地震及活动构造区，海啸及涌浪影响区；湿地；地应力高度集中，地面抬升或沉降速率快的地区；石灰溶洞发育带；废弃矿区、塌陷区；崩塌、岩堆、滑坡区；山洪、泥石流影响地区；活动沙丘区；尚未稳定的冲积扇、冲沟地区及其他可能危及填埋场安全的区域。

4.5　填埋场选址的标高应位于重现期不小于 100 年一遇的洪水位之上，并在长远规划中的水库等人工蓄水设施淹没和保护区之外。

4.6　填埋场场址地质条件应符合下列要求，刚性填埋场除外：

a）场区的区域稳定性和岩土体稳定性良好，渗透性低，没有泉水出露；

b）填埋场防渗结构底部应与地下水有记录以来的最高水位保持 3 m 以上的距离。

4.7　填埋场场址不应选在高压缩性淤泥、泥炭及软土区域，刚性填埋场选址除外。

4.8　填埋场场址天然基础层的饱和渗透系数不应大于 1.0×10^{-5} cm/s，且其厚度不应小于 2 m，刚性填埋场除外。

4.9　填埋场场址不能满足 4.6、4.7 及 4.8 的要求时，必须按照刚性填埋场要求建设。

（3）了解填埋场设计、施工要求

5.1 填埋场应包括以下设施：接收与贮存设施、分析与鉴别系统、预处理设施、填埋处置设施（其中包括：防渗系统、渗滤液收集和导排系统、填埋气体控制设施）、环境监测系统（其中包括人工合成材料衬层渗漏检测、地下水监测、稳定性监测和大气与地表水等的环境检测）、封场覆盖系统（填埋封场阶段）、应急设施及其他公用工程和配套设施。同时，应根据具体情况选择设置渗滤液和废水处理系统、地下水导排系统。

5.2 填埋场应建设封闭性的围墙或栅栏等隔离设施，专人管理的大门，安全防护和监控设施，并且在入口处标识填埋场的主要建设内容和环境管理制度。

5.3 填埋场处置不相容的废物应设置不同的填埋区，分区设计要有利于以后可能的废物回取操作。

5.4 柔性填埋场应设置渗滤液收集和导排系统，包括渗滤液导排层、导排管道和集水井。渗滤液导排层的坡度不宜小于 2%。渗滤液导排系统的导排效果要保证人工衬层之上的渗滤液深度不大于 30 cm，并应满足下列条件：

a）渗滤液导排层采用石料时应采用卵石，初始渗透系数应不小于 0.1 cm/s，碳酸钙含量应不大于 5%；

b）渗滤液导排层与填埋废物之间应设置反滤层，防止导排层淤堵；

c）渗滤液导排管出口应设置端头井等反冲洗装置，定期冲洗管道，维持管道通畅；

d）渗滤液收集与导排设施应分区设置。

5.5 柔性填埋场应采用双人工复合衬层作为防渗层。双人工复合衬层中的人工合成材料采用高密度聚乙烯膜时应满足 CJ/T 234 规定的技术指标要求，并且厚度不小于 2.0 mm。双人工复合衬层中的黏土衬层应满足下列条件：

a）主衬层应具有厚度不小于 0.3 m，且其被压实、人工改性等措施后的饱和渗透系数小于 1.0×10^{-7} cm/s 的黏土衬层；

b）次衬层应具有厚度不小于 0.5 m，且其被压实、人工改性等措施后的饱和渗透系数小于 1.0×10^{-7} cm/s 的黏土衬层。

5.6 黏土衬层施工过程应充分考虑压实度与含水率对其饱和渗透系数的影响，并满足下列条件：

a）每平方米黏土层高度差不得大于 2 cm；

b）黏土的细粒含量（粒径小于 0.075 mm）应大于 20%，塑性指数应大于 10%，不应含有粒径大于 5 mm 的尖锐颗粒物；

c）黏土衬层的施工不应对渗滤液收集和导排系统、人工合成材料衬层、渗漏检测层造成破坏。

5.7 柔性填埋场应设置两层人工复合衬层之间的渗漏检测层，它包括双人工复合衬层之间的导排介质、集排水管道和集水井，并应分区设置。检测层渗透系数应大于 0.1 cm/s。

5.8 刚性填埋场设计应符合以下规定：

a）刚性填埋场钢筋混凝土的设计应符合 GB 50010 的相关规定，防水等级应符合 GB 50108 一级防水标准；

b）钢筋混凝土与废物接触的面上应覆有防渗、防腐材料；

c）钢筋混凝土抗压强度不低于 25 N/mm^2，厚度不小于 35 cm；

d）应设计成若干独立对称的填埋单元，每个填埋单元面积不得超过 50 m^2 且容积不得超过 250 m^3；

e）填埋结构应设置雨棚，杜绝雨水进入；

f）在人工目视条件下能观察到填埋单元的破损和渗漏情况，并能及时进行修补。

5.9 填埋场应合理设置集排气系统。

5.10 高密度聚乙烯防渗膜在铺设过程中要对膜下介质进行目视检测，确保平整性，确保没有遗留尖锐物质与材料。对高密度聚乙烯防渗膜进行目视检测，确保没有质量瑕疵。高密度聚乙烯防渗膜焊接过程中，应满足 CJJ 113 相关技术要求。在填埋区施工完毕后，需要对高密度聚乙烯防渗膜进行完整性检测。

5.11 填埋场施工方案中应包括施工质量保证和施工质量控制内容，明确环保条款和责任，作为项目竣工环境保护验收的依据，同时可作为填埋场建设环境监理的主要内容。

5.12 填埋场施工完毕后应向当地生态环境主管部门提交施工报告、全套竣工图，所有材料的现场和试验室检测报告，采用高密度聚乙烯膜作为人工合成材料衬层的填埋场还应提交防渗层完整性检测报告。

（4）熟悉填埋废物的入场要求

6 填埋废物的入场要求

6.1 下列废物不得填埋：

a）医疗废物；

b）与衬层具有不相容性反应的废物；

c）液态废物。

6.2 除 6.1 所列废物，满足下列条件或经预处理满足下列条件的废物，可进入柔性填埋场：

a）根据 HJ/T 299 制备的浸出液中有害成分浓度不超过表 1 中允许填埋控制限值的废物；

b）根据 GB/T 15555.12 测得浸出液 pH 为 7.0～12.0 的废物；

c）含水率低于 60%的废物；

d）水溶性盐总量小于 10%的废物，测定方法按照 NY/T 1121.16 执行，待国家发布固体废物中水溶性盐总量的测定方法后执行新的监测方法标准；

e）有机质含量小于 5%的废物，测定方法按照 HJ 761 执行；

f）不再具有反应性、易燃性的废物。

6.3　除 6.1 所列废物，不具有反应性、易燃性或经预处理不再具有反应性、易燃性的废物，可进入刚性填埋场。

6.4　砷含量大于 5%的废物，应进入刚性填埋场处置，测定方法按照表 1 执行。

表 1　危险废物允许填埋的控制限值

序号	项目	稳定化控制限值/（mg/L）	检测方法
1	烷基汞	不得检出	GB/T 14204
2	汞（以总汞计）	0.12	GB/T 15555.1、HJ 702
3	铅（以总铅计）	1.2	HJ 766、HJ 781、HJ 786、HJ 787
4	镉（以总镉计）	0.6	HJ 766、HJ 781、HJ 786、HJ 787
5	总铬	15	GB/T 15555.5、HJ 749、HJ 750
6	六价铬	6	GB/T 15555.4、GB/T 15555.7、HJ 687
7	铜（以总铜计）	120	HJ 751、HJ 752、HJ 766、HJ 781
8	锌（以总锌计）	120	HJ 766、HJ 781、HJ 786
9	铍（以总铍计）	0.2	HJ 752、HJ 766、HJ 781
10	钡（以总钡计）	85	HJ 766、HJ 767、HJ 781
11	镍（以总镍计）	2	GB/T 15555.10、HJ 751、HJ 752、HJ 766、HJ 781
12	砷（以总砷计）	1.2	GB/T 15555.3、HJ 702、HJ 766
13	无机氟化物（不包括氟化钙）	120	GB/T 15555.11、HJ 999
14	氰化物(以 CN⁻计)	6	暂时按照 GB 5085.3 附录 G 方法执行，待国家固体废物氰化物监测方法标准发布实施后，应采用国家监测方法标准

（5）熟悉填埋场污染物排放控制要求

8　填埋场污染物排放控制要求

8.1　废水污染物排放控制要求

8.1.1　填埋场产生的渗滤液（调节池废水）等污水必须经过处理，并符合本标准规定的污染物排放控制要求后方可排放，禁止渗滤液回灌。

8.1.2　2020 年 8 月 31 日前,现有危险废物填埋场废水进行处理,达到 GB 8978

中第一类污染物最高允许排放浓度标准要求及第二类污染物最高允许排放浓度标准要求后方可排放。第二类污染物排放控制项目包括：pH、悬浮物（SS）、五日生化需氧量（BOD_5）、化学需氧量（COD_{Cr}）、氨氮（$NH_3\text{-}N$）、磷酸盐（以 P 计）。

8.1.3　自 2020 年 9 月 1 日起，现有危险废物填埋场废水污染物排放执行表 2 规定的限值。

表 2　危险废物填埋场废水污染物排放限值　单位：mg/L，pH 除外

序号	污染物项目	直接排放	间接排放 [a]	污染物排放监控位置
1	pH	6～9	6～9	
2	五日生化需氧量（BOD_5）	4	50	
3	化学需氧量（COD_{Cr}）	20	200	
4	总有机碳（TOC）	8	30	
5	悬浮物（SS）	10	100	
6	氨氮	1	30	危险废物填埋场废水总排放口
7	总氮	1	50	
8	总铜	0.5	0.5	
9	总锌	1	1	
10	总钡	1	1	
11	氰化物（以 CN^- 计）	0.2	0.2	
12	总磷（TP，以 P 计）	0.3	3	
13	氟化物（以 F^- 计）	1	1	
14	总汞	0.001		
15	烷基汞	不得检出		
16	总砷	0.05		渗滤液调节池废水排放口
17	总镉	0.01		
18	总铬	0.1		
19	六价铬	0.05		
20	总铅	0.05		
21	总铍	0.002		渗滤液调节池废水排放口
22	总镍	0.05		
23	总银	0.5		
24	苯并[a]芘	0.000 03		

注：a 工业园区和危险废物集中处置设施内的危险废物填埋场向污水处理系统排放废水时执行间接排放限值。

8.2　填埋场有组织气体和无组织气体排放应满足 GB 16297 和 GB 37822 的规定。监测因子由企业根据填埋废物特性从上述两个标准的污染物控制项目中提出，并征得当地生态环境主管部门同意。

8.3　危险废物填埋场不应对地下水造成污染。地下水监测因子和地下水监测层位由企业根据填埋废物特性和填埋场所处区域水文地质条件提出，必须具有代表性且能表示废物特性的参数，并征得当地生态环境主管部门同意。常规测定项目包括：浑浊度、pH、溶解性总固体、氯化物、硝酸盐（以 N 计）、亚硝酸盐（以 N 计）。填埋场地下水质量评价按照 GB/T 14848 执行。

（十四）《危险废物焚烧污染控制标准》（GB 18484—2020）

（1）熟悉标准的适用范围

本标准规定了危险废物焚烧设施的选址、运行、监测和废物贮存、配伍及焚烧处置过程的生态环境保护要求，以及实施与监督等内容。

本标准适用于现有危险废物焚烧设施（不包含专用多氯联苯废物和医疗废物焚烧设施）的污染控制和环境管理，以及新建危险废物焚烧设施建设项目的环境影响评价、危险废物焚烧设施的设计与施工、竣工验收、排污许可管理及建成后运行过程中的污染控制和环境管理。

已发布专项国家污染控制标准或者环境保护标准的专用危险废物焚烧设施执行其专项标准。

危险废物熔融、热解、气化等高温热处理设施的污染物排放限值，若无专项国家污染控制标准或者环境保护标准的，可参照本标准执行。

本标准不适用于利用锅炉和工业炉窑协同处置危险废物。

（2）熟悉危险废物焚烧设施的选址要求

4.1　危险废物焚烧设施选址应符合生态环境保护法律法规及相关法定规划要求，并综合考虑设施服务区域、交通运输、地质环境等基本要素，确保设施处于长期相对稳定的环境。鼓励危险废物焚烧设施入驻循环经济园区等市政设施的集中区域，在此区域内各设施功能布局可依据环境影响评价文件进行调整。

4.2　焚烧设施选址不应位于国务院和国务院有关主管部门及省、自治区、直辖市人民政府划定的生态保护红线区域、永久基本农田集中区域和其他需要特别保护的区域内。

4.3　焚烧设施厂址应与敏感目标之间设置一定的防护距离，防护距离应根据厂址条件、焚烧处置技术工艺、污染物排放特征及其扩散因素等综合确定，并应满足环境影响评价文件及审批意见要求。

（3）了解危险废物焚烧设施的污染控制技术要求

5.1　贮存

5.1.1　贮存设施应符合 GB 18597 中规定的要求。

5.1.2　贮存设施应设置焚烧残余物暂存设施和分区。

5.2　配伍

5.2.1　入炉危险废物应符合焚烧炉的设计要求。具有易爆性的危险废物禁止进行焚烧处置。

5.2.2　危险废物入炉前应根据焚烧炉的性能要求对危险废物进行配伍，以使其热值、主要有害组分含量、可燃氯含量、重金属含量、可燃硫含量、水分和灰分符合焚烧处置设施的设计要求，应保证入炉废物理化性质稳定。

5.2.3　预处理和配伍车间污染控制措施应符合 GB 18597 中规定的要求，产生的废气应收集并导入废气处理装置，产生的废水应收集并导入废水处理装置。

5.3　焚烧

5.3.1　一般规定

5.3.1.1　焚烧设施应采取负压设计或其他技术措施，防止运行过程中有害气体逸出。

5.3.1.2　焚烧设施应配置具有自动联机、停机功能的进料装置，烟气净化装置，以及集成烟气在线自动监测、运行工况在线监测等功能的运行监控装置。

5.3.1.3　焚烧设施竣工环境保护验收前，应进行技术性能测试，测试方法按照 HJ 561 执行，性能测试合格后方可通过验收。

5.3.2　进料装置

5.3.2.1　进料装置应保证进料通畅、均匀，并采取防堵塞和清堵塞设计。

5.3.2.2　液态废物进料装置应单独设置，并应具备过滤功能和流量调节功能，选用材质应具有耐腐蚀性。

5.3.2.3　进料口应采取气密性和防回火设计。

5.3.3　焚烧炉

5.3.3.1　危险废物焚烧炉的技术性能指标应符合表 1（略）的要求。

5.3.3.2　焚烧炉应配置辅助燃烧器，在启、停炉时以及炉膛内温度低于表 1（略）要求时使用，并应保证焚烧炉的运行工况符合表 1（略）要求。

5.3.4　烟气净化装置

5.3.4.1　焚烧烟气净化装置至少应具备除尘、脱硫、脱硝、脱酸、去除二噁英类及重金属类污染物的功能。

5.3.4.2　每台焚烧炉宜单独设置烟气净化装置。

5.3.5　排气筒

5.3.5.1 排气筒高度不得低于表 2 规定的高度，具体高度及设置应根据环境影响评价文件及其审批意见确定，并应按 GB/T 16157 设置永久性采样孔。

表 2 焚烧炉排气筒高度

焚烧处理能力/（kg/h）	排气筒最低允许高度/m
≤300	25
300～2 000	35
2 000～2 500	45
≥2 500	50

5.3.5.2 排气筒周围 200 米半径距离内存在建筑物时，排气筒高度应至少高出这一区域内最高建筑物 5 米以上。

5.3.5.3 如有多个排气源，可集中到一个排气筒排放或采用多筒集合式排放，并在集中或合并前的各分管上设置采样孔。

（4）熟悉危险废物焚烧设施的排放控制要求

6.1 自本标准实施之日起，新建焚烧设施污染控制执行本标准规定的要求；现有焚烧设施，除烟气污染物以外的其他大气污染物以及水污染物和噪声污染物控制等，执行本标准 6.4、6.5、6.6 和 6.7 相关要求。

6.2 现有焚烧设施烟气污染物排放，2021 年 12 月 31 日前执行 GB 18484—2001 表 3 规定的限值要求，自 2022 年 1 月 1 日起应执行本标准表 3 规定的限值要求。

6.3 除 6.2 条规定的条件外，焚烧设施烟气污染物排放应符合表 3 的规定。

6.4 除危险废物焚烧炉外的其他生产设施及厂界的大气污染物排放应符合 GB 16297 和 GB 14554 的相关规定。属于 GB 37822 定义的 VOCs 物料的危险废物，其贮存、运输、预处理等环节的挥发性有机物无组织排放控制应符合 GB 37822 的相关规定。

6.5 焚烧设施产生的焚烧残余物及其他固体废物，应根据《国家危险废物名录》和国家规定的危险废物鉴别标准等进行属性判定。属于危险废物的，其贮存和利用处置应符合国家和地方危险废物有关规定。

6.6 焚烧设施产生的废水排放应符合 GB 8978 的要求。

6.7 厂界噪声应符合 GB 12348 的控制要求。

（5）了解标准实施与监督的有关规定

9.1 本标准由县级以上生态环境主管部门负责监督实施。

9.2 除无法抗拒的灾害和其他应急情况下，危险废物焚烧设施均应遵守本标准的污染控制要求，并采取必要措施保证污染防治设施正常运行。

9.3　各级生态环境主管部门在对危险废物焚烧设施进行监督性检查时，对于水污染物，可以现场即时采样或监测的结果，作为判定排污行为是否符合排放标准以及实施相关生态环境保护管理措施的依据；对于大气污染物，可以采用手工监测并按照监测规范要求测得的任意 1 小时平均浓度值，作为判定排污行为是否符合排放标准以及实施相关生态环境保护管理措施的依据。

9.4　除 7.2.4 规定的条件外，CEMS 日均值数据可作为判定排污行为是否符合排放标准的依据；炉膛内热电偶测量温度未达到 7.2.5 要求，且一个自然日内累计超过 5 次的，参照《生活垃圾焚烧发电厂自动监测数据应用管理规定》等相关规定判定为"未按照国家有关规定采取有利于减少持久性有机污染物排放措施"，并依照相关法律法规予以处理。

（十五）《一般工业固体废物贮存和填埋污染控制标准》(GB 18599—2020)

（1）熟悉标准的适用范围

本标准规定了一般工业固体废物贮存场、填埋场的选址、建设、运行、封场、土地复垦等过程的环境保护要求，以及替代贮存、填埋处置的一般工业固体废物充填及回填利用环境保护要求，以及监测要求和实施与监督等内容。

本标准适用于新建、改建、扩建的一般工业固体废物贮存场和填埋场的选址、建设、运行、封场、土地复垦的污染控制和环境管理，现有一般工业固体废物贮存场和填埋场的运行、封场、土地复垦的污染控制和环境管理，以及替代贮存、填埋处置的一般工业固体废物充填及回填利用的污染控制及环境管理。

针对特定一般工业固体废物贮存和填埋发布的专用国家环境保护标准的，其贮存、填埋过程执行专用环境保护标准。

采用库房、包装工具（罐、桶、包装袋等）贮存一般工业固体废物过程的污染控制，不适用本标准，其贮存过程应满足相应防渗漏、防雨淋、防扬尘等环境保护要求。

（2）熟悉一般工业固体废物分类及贮存场、填埋场的类型

第 Ⅰ 类一般工业固体废物 class Ⅰ non-hazardous industrial solid waste

按照 HJ 557 规定方法获得的浸出液中任何一种特征污染物浓度均未超过 GB 8978 最高允许排放浓度（第二类污染物最高允许排放浓度按照一级标准执行），且 pH 在 6~9 的一般工业固体废物。

第 Ⅱ 类一般工业固体废物 class Ⅱ non-hazardous industrial solid waste

按照HJ 557规定方法获得的浸出液中有一种或一种以上的特征污染物浓度

超过 GB 8978 最高允许排放浓度（第二类污染物最高允许排放浓度按照一级标准执行），或 pH 值在 6～9 之外的一般工业固体废物。

Ⅰ类场 class Ⅰ　non-hazardous industrial solid waste storage and landfill facility

可接受本标准 6.1 条规定的各类一般工业固体废物并符合本标准相关污染控制技术要求规定的一般工业固体废物贮存场及填埋场。

Ⅱ类场 classⅡ　non-hazardous industrial solid waste storage and landfill facility

可接受本标准 6.2 条、6.3 条规定的各类一般工业固体废物并符合本标准相关污染控制技术要求规定的一般工业固体废物贮存场及填埋场。

（3）熟悉贮存场和填埋场选址要求

4.1　一般工业固体废物贮存场、填埋场的选址应符合环境保护法律法规及相关法定规划要求。

4.2　贮存场、填埋场的位置与周围居民区的距离应依据环境影响评价文件及审批意见确定。

4.3　贮存场、填埋场不得选在生态保护红线区域、永久基本农田集中区域和其他需要特别保护的区域内。

4.4　贮存场、填埋场应避开活动断层、溶洞区、天然滑坡或泥石流影响区以及湿地等区域。

4.5　贮存场、填埋场不得选在江河、湖泊、运河、渠道、水库最高水位线以下的滩地和岸坡，以及国家和地方长远规划中的水库等人工蓄水设施的淹没区和保护区之内。

4.6　上述选址规定不适用于一般工业固体废物的充填和回填。

（4）了解贮存场和填埋场技术要求

5.1　一般规定

5.1.1　根据建设、运行、封场等污染控制技术要求不同，贮存场、填埋场分为Ⅰ类场和Ⅱ类场。

5.1.2　贮存场、填埋场的防洪标准应按重现期不小于 50 年一遇的洪水位设计，国家已有标准提出更高要求的除外。

5.1.3　贮存场和填埋场一般应包括以下单元：

a）防渗系统、渗滤液收集和导排系统；

b）雨污分流系统；

c）分析化验与环境监测系统；

d）公用工程和配套设施；

e）地下水导排系统和废水处理系统（根据具体情况选择设置）。

5.1.4　贮存场及填埋场施工方案中应包括施工质量保证和施工质量控制内

容，明确环保条款和责任，作为项目竣工环境保护验收的依据，同时可作为建设环境监理的主要内容。

5.1.5　贮存场及填埋场在施工完毕后应保存施工报告、全套竣工图、所有材料的现场及实验室检测报告。采用高密度聚乙烯膜作为人工合成材料衬层的贮存场及填埋场还应提交人工防渗衬层完整性检测报告。上述材料连同施工质量保证书作为竣工环境保护验收的依据。

5.1.6　贮存场及填埋场渗滤液收集池的防渗要求应不低于对应贮存场、填埋场的防渗要求。

5.1.7　贮存场除应符合本标准规定污染控制技术要求之外，其设计、施工、运行、封场等还应符合相关行政法规规定、国家及行业标准要求。

5.1.8　食品制造业、纺织服装和服饰业、造纸和纸制品业、农副食品加工业等为日常生活提供服务的活动中产生的与生活垃圾性质相近的一般工业固体废物，以及有机质含量超过 5%的一般工业固体废物（煤矸石除外），其直接贮存、填埋处置应符合 GB 16889 要求。

5.2　Ⅰ类场技术要求

5.2.1　当天然基础层饱和渗透系数不大于 $1.0×10^{-5}$ cm/s，且厚度不小于 0.75 m 时，可以采用天然基础层作为防渗衬层。

5.2.2　当天然基础层不能满足 5.2.1 条防渗要求时，可采用改性压实粘土类衬层或具有同等以上隔水效力的其他材料防渗衬层，其防渗性能应至少相当于渗透系数为 $1.0×10^{-5}$ cm/s 且厚度为 0.75 m 的天然基础层。

5.3　Ⅱ类场技术要求

5.3.1　Ⅱ类场应采用单人工复合衬层作为防渗衬层，并符合以下技术要求：

a）人工合成材料应采用高密度聚乙烯膜，厚度不小于 1.5 mm，并满足 GB/T 17643 规定的技术指标要求。采用其他人工合成材料的，其防渗性能至少相当于 1.5 mm 高密度聚乙烯膜的防渗性能。

b）粘土衬层厚度应不小于 0.75 m，且经压实、人工改性等措施处理后的饱和渗透系数不应大于 $1.0×10^{-7}$ cm/s。使用其他粘土类防渗衬层材料时，应具有同等以上隔水效力。

5.3.2　Ⅱ类场基础层表面应与地下水年最高水位保持 1.5 m 以上的距离。当场区基础层表面与地下水年最高水位距离不足 1.5 m 时，应建设地下水导排系统。地下水导排系统应确保Ⅱ类场运行期地下水水位维持在基础层表面 1.5 m 以下。

（5）熟悉一般工业固体废物入场要求

6.1　进入Ⅰ类场的一般工业固体废物应同时满足以下要求：

　　a）第Ⅰ类一般工业固体废物（包括第Ⅱ类一般工业固体废物经处理后属于第Ⅰ类一般工业固体废物的）；

　　b）有机质含量小于 2%（煤矸石除外），测定方法按照 HJ 761 进行；

　　c）水溶性盐总量小于 2%，测定方法按照 NY/T 1121.16 进行。

　　6.2　进入Ⅱ类场的一般工业固体废物应同时满足以下要求：

　　a）有机质含量小于 5%（煤矸石除外），测定方法按照 HJ 761 进行；

　　b）水溶性盐总量小于 5%，测定方法按照 NY/T 1121.16 进行。

　　6.3　5.1.8 条所规定的一般工业固体废物经处理并满足 6.2 条要求后仅可进入Ⅱ类场贮存、填埋。

　　6.4　不相容的一般工业固体废物应设置不同的分区进行贮存和填埋作业。

　　6.5　危险废物和生活垃圾不得进入一般工业固体废物贮存场及填埋场。国家及地方有关法律法规、标准另有规定的除外。

第三科目　环境影响评价技术方法

考试目的: 通过本科目考试，检验具有一定实践经验的环境影响评价专业技术人员对从事环境影响评价所必需的技术方法了解、熟悉、掌握的程度和在环境影响评价工作中正确把握、运用相关技术方法的能力。

一、影响因素识别、评价因子筛选和工程分析

1. 熟悉环境影响因素识别矩阵的构建方法和评价因子筛选方法

根据《建设项目环境影响评价技术导则　总纲》（HJ 2.1—2016）：

3.5.1　环境影响因素识别

列出建设项目的直接和间接行为，结合建设项目所在区域发展规划、环境保护规划、环境功能区划、生态功能区划及环境现状，分析可能受上述行为影响的环境影响因素。

应明确建设项目在建设阶段、生产运行、服务期满后（可根据项目情况选择）等不同阶段的各种行为与可能受影响的环境要素间的作用效应关系、影响性质、影响范围、影响程度等，定性分析建设项目对各环境要素可能产生的污染影响与生态影响，包括有利与不利影响、长期与短期影响、可逆与不可逆影响、直接与间接影响、累积与非累积影响等。

环境影响因素识别可采用矩阵法、网络法、地理信息系统支持下的叠加图法等。

矩阵法是由清单法发展而来的，不仅具有影响识别功能，还有影响综合分析评价功能。它将清单中所列内容系统加以排列，把拟建项目的各项"活动"和受影响的环境要素组成一个矩阵，在拟建项目的各项"活动"和环境影响之间建立起直接的因果关系，以定性或半定量的方式说明拟建项目的环境影响。该类方法又分为相关矩阵法、迭代矩阵法和表格矩阵法。

3.5.2　评价因子筛选

根据建设项目的特点、环境影响的主要特征，结合区域环境功能要求、环境保护目标、评价标准和环境制约因素，筛选确定评价因子。

大气环境影响评价因子的筛选方法筛选原则：选择该项目等标排放量 P_i 较大的污染物为主要污染因子；考虑在评价区内已造成严重污染的污染物；列入国家主要污染物总量控制指标的污染物。

水环境影响评价因子的筛选方法筛选原则：根据对拟建项目废水排放的特点和水质现状调查的结果，选择其中主要的污染物，对地表水超标及环境危害较大或特征污染物，国家和地方要求控制的污染物作为评价因子。

固体废物环境影响评价因子的筛选方法一般选取一般工业固废和危废，反映建设项目特征的固体废物。

噪声环境影响评价因子的筛选方法声环境评价因子一般选取等效 A 声级。

2．了解规划分析的叠图分析、矩阵分析、专家咨询、类比分析、系统分析等方法的运用

根据《规划环境影响评价技术导则　总纲》（HJ 130—2019）：

5　规划分析

5.1　基本要求

规划分析包括规划概述和规划协调性分析。规划概述应明确可能对生态环境造成影响的规划内容；规划协调性分析应明确规划与相关法律、法规、政策的相符性，以及规划在空间布局、资源保护与利用、生态环境保护等方面的冲突和矛盾。

表 B.1　规划环境影响评价的常用方法

评价环节	可采用的主要方式和方法
规划分析	核查表、叠图分析、矩阵分析、专家咨询（如智暴法、德尔斐法等）、情景分析、类比分析、系统分析

3．熟悉污染影响型项目按照生产、装卸、储存、运输、公用工程及辅助设施等进行产污环节分析的方法

根据《建设项目环境影响评价技术导则　总纲》（HJ 2.1—2016），遵循清洁生产的理念，从工艺的环境友好性、工艺过程的主要产污节点以及末端治理措施的协同性等方面，选择可能对环境产生较大影响的主要因素进行深入分析。

绘制包含产污环节的生产工艺流程图；按照生产、装卸、储存、运输等环节分析包括常规污染物、特征污染物在内的污染物产生、排放情况（包括正常工况和开停工及维修等非正常工况），存在具有致癌、致畸、致突变的物质、持久性有机污染物或重金属的，应明确其来源、转移途径和流向；给出噪声、振动、放射性及电磁辐射等污染的来源、特性及强度等；说明各种源头防控、过程控制、末端治理、回收利用等环境影响减缓措施状况。

明确项目消耗的原料、辅料、燃料、水资源等种类、构成和数量，给出主要原辅材料及其他物料的理化性质、毒理特征，产品及中间体的性质、数量等。

对建设阶段和生产运行期间，可能发生突发性事件或事故，引起有毒有害、易燃易爆等物质泄漏，对环境及人身造成影响和损害的建设项目，应开展建设和生产运行过程的风险因素识别。存在较大潜在人群健康风险的建设项目，应开展影响人群健康的潜在环境风险因素识别。

根据《污染源源强核算技术指南　准则》（HJ 884—2018），结合工艺流程，识别产生废气、废水、噪声、振动、固体废物等的污染源，确定污染源类型和数量，针对每个污染源识别所有规定的污染物及其治理措施。

4. 掌握污染源源强核算中的物料衡算法、类比法、实测法、产污系数法、排污系数法、实验法

根据《污染源源强核算技术指南　准则》（HJ 884—2018）：

物料衡算法指根据质量守恒定律，利用物料数量或元素数量在输入端与输出端之间的平衡关系，计算确定污染物单位时间产生量或排放量的方法。

类比法指对比分析在原辅料及燃料成分、产品、工艺、规模、污染控制措施、管理水平等方面具有相同或类似特征的污染源，利用其相关资料，确定污染物浓度、废气量、废水量等相关参数进而核算污染物单位时间产生量或排放量，或者直接确定污染物单位时间产生量或排放量的方法。

实测法指通过现场测定得到的污染物产生或排放相关数据，进而核算出污染物单位时间产生量或排放量的方法，包括自动监测实测法和手工监测实测法。

产污系数法指根据不同的原辅料及燃料、产品、工艺、规模，选取相关行业污染源源强核算技术指南给定的产污系数，依据单位时间产品产量计算出污染物产生量，并结合所采用治理措施情况，核算污染物单位时间排放量的方法。

排污系数法指根据不同的原辅料及燃料、产品、工艺、规模和治理措施，选取相关行业污染源源强核算技术指南给定的排污系数，结合单位时间产品产量直接计算确定污染物单位时间排放量的方法。

实验法指模拟实验确定相关参数，核算污染物单位时间产生量或排放量的

方法。

5. 熟悉改扩建项目现有工程污染物排放量核算及统计要求

说明与建设项目的依托关系。

根据《建设项目环境影响评价技术导则　总纲》（HJ 2.1—2016），改扩建及异地搬迁建设项目还应包括现有工程的基本情况、污染物排放及达标情况、存在的环境保护问题及拟采取的整改方案等内容。对改扩建项目的污染物排放量（包括有组织与无组织、正常工况与非正常工况）的统计，应分别按现有、在建、改扩建项目实施后等几种情形汇总污染物产生量、排放量及其变化量，核算改扩建项目建成后最终的污染物排放量。

算清新老污染源"三本账"：技改扩建前污染物排放量、技改扩建项目污染物排放量、技改扩建完成后（包括"以新带老"削减量）污染物排放量。

技改扩建完成后排放量=技改扩建前排放量-"以新带老"削减量+
技改扩建项目排放量

技改扩建项目污染物排放量统计表：类别、污染物、现有工程排放量、拟建项目排放量、"以新带老"削减量、技改工程完成后总排放量、增减量变化。根据《污染源源强核算技术指南　准则》（HJ 884—2018）：

6.4　核算方法的确定

污染源源强核算可采用实测法、物料衡算法、产污系数法、排污系数法、类比法、实验法等方法。

行业指南应分别明确各核算方法的适用对象、计算公式、参数意义以及核算要求。

行业指南应针对不同污染源类型、污染物特性，区分新（改、扩）建工程污染源和现有工程污染源，分别确定污染源源强核算方法，并给出核算方法的优先级别。

核算方法优先级别的确定应遵循简便高效、科学准确、统一规范的原则。新（改、扩）建工程污染源源强的核算，应依据污染源和污染物特性确定核算方法的优先级别，不断提高产污系数法、排污系数法的适用性和准确性。现有工程污染源源强的核算应优先采用实测法，各行业指南也可根据行业特点确定其他核算方法：采用实测法核算时，对于排污单位自行监测技术指南及排污许可证等要求采用自动监测的污染因子，仅可采用有效的自动监测数据进行核算；对于排污单位自行监测技术指南及排污许可证等未要求采用自动监测的污染因子，核算源强时优先采用自动监测数据，其次采用手工监测数据。行业指南应明确产污系数和排污系数的选取原则。

实测法的数据应满足 GB 10071、GB/T 16157、HJ 630、HJ 75、HJ 76、HJ/T 91、HJ/T 35S、HJ/T 356、HJ/T 373、HJ/T 397 等监测规范的要求。

行业指南应明确核算方法相关参数的获取途径，规定重要参数的数值，并细化相关系数、参数所对应的生产工艺、装置以及污染防治措施，明确相关系数、参数所代表的水平。

6. 熟悉工艺流程、物料平衡及水平衡图表的制作方法；

根据《建设项目环境影响评价技术导则　总纲》(HJ 2.1—2016)，绘制包含产污环节的生产工艺流程图。

①工艺流程应在设计单位或建设单位的可研或设计文件基础上，根据工艺过程的描述及同类项目生产的实际状况进行绘制。

②环境影响评价工艺流程图有别于工程设计工艺流程图，更关心的是工艺过程中产生污染物的具体部位、污染物的种类和数量。

③绘制污染工艺流程应包括涉及产生污染物的装置和工艺过程，不产生污染物过程和装置可以简化，有化学反应发生的工序要列出主要化学反应和副反应式。

④在总平面布置图上标出污染源的准确位置，以便为其他专题评价提供可靠的污染源资料。

⑤具有行业污染源强指南，可以参考与其相符并包含产污环节的生产工艺流程图。

在环境影响评价进行工程分析时，必须根据不同行业的具体特点，选择若干有代表性的物料，主要是针对有毒有害的物料进行物料衡算。

物料平衡是根据生产工艺过程涉及的物料输入和产品输出建立的物料衡算平衡，以图示表示，将生产进入物料数量或单位时间流量写在该图中，同时将产品同样写入即可。

水是工业生产中的原料和载体，在任一用水单元内都存在水量的平衡关系，也同样可以依据质量守恒定律，进行质量平衡计算，这就是水平衡。

找准各环节用水关系就能做好水平衡图，水平衡式为

$$Q+A=H+P+L$$

式中，Q 为取水量，包括生产回用水和生活用水；A 为物料带入水量；C 为重复用水量，指项目内部循环使用和循序使用的总水量；H 是耗水量，是整个项目消耗掉的新鲜水量总和。

①取水量：工业用水的取水量是指取自地表水、地下水、自来水、海水、城市污水及其他水源的总水量。对于建设项目工业取水量包括生产用水和生活

用水，生产用水又包括间接冷却水、工艺用水和锅炉给水。工业取水量=间接冷却水量+工艺用水量+锅炉给水量+生活用水量。②重复用水量：指生产厂（建设项目）内部循环使用和循序使用的总水量。③耗水量：指整个工程项目消耗的新鲜水量总和。

根据《工业用水分类及定义》（CJ 19—87），工业用水量和排水量的关系见图1-1。

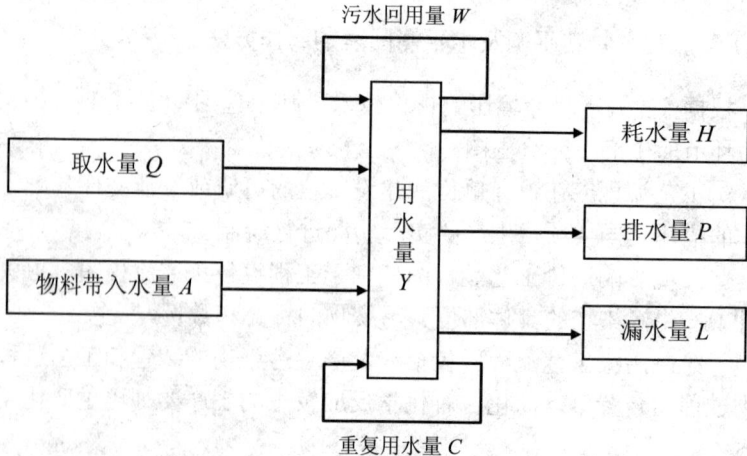

图 1-1　工业用水量和排水量的关系

7. 熟悉清洁生产指标分类分级和主要指标的计算

根据《清洁生产标准　制订技术导则》（HJ/T 425—2008），从污染预防思想出发，考虑产品的生命周期，原则上将清洁生产指标分为六个大类，即：生产工艺与装备要求、资源能源利用指标、产品指标、污染物产生指标（末端处理前）、废物回收利用指标和环境管理要求。各行业可根据实际情况予以必要调整。

生产工艺与装备要求。该类指标为定性指标。应通过调查国内外同行业的先进生产工艺与装备水平，在满足国家产业政策要求的基础上，采用资源消耗低、污染排放少的清洁生产工艺、装备和制造技术。要具体提出符合清洁生产思想的先进生产工艺、装备和制造技术。具体指标可包括装备要求、生产规模、工艺方案、主要设备参数、自动化控制水平等。因行业性质不同根据具体情况可作适当调整。

资源能源利用指标。该类指标为定量指标。可选择行业最常用的经济技术指标。原辅材料应得到充分利用，并在生产过程中不对生态环境产生大的影响；原辅材料应是无毒或低毒的，进入环境后对人体健康和环境质量无负面影响或影响轻微。具体指标可包括原辅料的选择、单位产品原辅材料的消耗、单位产品取水量、水的重复利用率、水的循环利用率、单位产品耗电量、单位产品耗蒸汽量、综合能耗等，因行业性质不同根据具体情况可作适当调整。其中，综合能耗是生产工艺消耗的各种能源包括一次能源和二次能源折算为标准煤之和与产品总量之比。各种能源折合标煤系数可结合行业能源消耗种类，参照国家统计局当年发布的《中国能源统计年鉴》确定。

产品指标。该类指标为定量指标。具体指标可包括产品一次合格率，以及产品（特别是有毒有害主、副产品）贮存、包装、装卸、运输、使用和废弃过程中的清洁生产要求等。

污染物产生指标（末端处理前）。该类指标为定量指标。主要根据总量控制要求，给出单位产品的污染物产生指标，主要包括废水、废气和固体废物三类污染物。结合行业污染物产生的特点，应重点关注二氧化硫、氮氧化物、烟尘、工业粉尘、化学需氧量、氨氮、总磷、重金属、工业固体废物、持久性有机污染物和行业特征污染物。

废物回收利用指标。该类指标为定量指标。为了避免废物流失到环境中造成环境污染和对人体健康造成危害，应对其合理有效的综合利用和处置进行规定。对生产过程中产生的废水、废气、固体废物，应在经济技术可行的条件下，积极拓展综合利用途径，提高废物回收利用率。具体指标可包括工业废水重复利用率、工艺气体重复利用率、固体废物回用率以及本企业不能回收利用的废物但可作为其他企业的原辅材料的利用率等。因行业性质不同根据具体情况可作适当调整。

环境管理要求。该类指标为定性指标。企业的环境管理水平与清洁生产水平密切相关。应围绕企业管理环节中对环境影响较大的各个方面，根据行业特点提出规范和改进环境管理的具体要求。具体可包括环境法律法规标准指标、环境审核指标、生产过程环境管理指标、固体废物处理处置指标、相关方环境管理指标等。因行业性质不同根据具体情况可作适当调整，各项环境管理指标应侧重本行业的环境薄弱环节、特征污染物或环境风险的问题。

根据当前的行业技术、装备水平和管理水平，原则将各项指标分为三个等级：一级为国际清洁生产先进水平；二级为国内清洁生产先进水平；三级为国内清洁生产基本水平。对于我国特有的行业，三个等级可定义如下：一级为国内清洁生产领先水平；二级为国内清洁生产先进水平；三级为国内清洁生产基本水平。标准指标值的确定，应建立在实际数据和科学分析的基础上。通过资料收集、现场调查、现场清洁生产审核、现场实测、发放调查表、文献检索、专家咨询等方法，获取国内和国际企业的实际数据。

8. 了解建设项目碳排放量核算方法

根据《关于开展重点行业建设项目碳排放环境影响评价试点的通知》（环办环评函〔2021〕346号）附件2　重点行业建设项目碳排放环境影响评价试点技术指南（试行）：

3.1　碳排放（Carbon emission）

指建设项目在生产运行阶段煤炭、石油、天然气等化石燃料（包括自产和外购）燃烧活动和工业生产过程等活动产生的二氧化碳排放，以及因使用外购的电力和热力等所导致的二氧化碳排放。

3.2　碳排放量（Carbon emission amount）

指建设项目在生产运行阶段煤炭、石油、天然气等化石燃料（包括自产和外购）燃烧活动和工业生产过程等活动，以及因使用外购的电力和热力等所导致的二氧化碳排放量，包括　建设项目正常和非正常工况，以及有组织和无组织的二氧化碳排放量，计量单位为"吨/年"。

3.3　碳排放绩效（Carbon emission efficiency）

指建设项目在生产运行阶段单位原料、产品（或主产品）或工业产值碳排放量。

5.2.2　二氧化碳源强核算

根据二氧化碳产生环节、产生方式和治理措施，可参照 GB/T 32150、GB/T 32151.1、GB/T 32151.4、GB/T 32151.5、GB/T 32151.7、GB/T 32151.8、GB/T 32151.10、发改办气候〔2014〕2920 号文和发改办气候〔2015〕1722 号文中二氧化碳排放量核算方法，亦可参照附录2中的方法，开展钢铁、水泥和煤制合成气建设项目工艺过程生产运行阶段二氧化碳产生和排放量的核算。各地方还可结合行业特点，不断完善重点行业建设项目二氧化碳源强核算方法。此外，鼓励有条件的建设项目核算非正常工况及无组织二氧化碳产生和排放量。在附录3中给出二氧化碳排放的方式、数量等排放情况。

改扩建及异地搬迁建设项目还应包括现有项目的二氧化碳产生量、排放量和碳减排潜力分析等内容。对改扩建项目的碳排放量的核算，应分别按现有、在建、改扩建项目实施后等几种情形汇总二氧化碳产生量、排放量及其变化量，核算改扩建项目建成后最终碳排放量，鼓励有条件的改扩建及异地搬迁建设项目核算非正常工况及无组织二氧化碳产生和排放量。

5.2.3　产能置换和区域削减项目二氧化碳排放变化量核算

对于涉及产能置换、区域削减的建设项目，还应核算被置换项目及污染物减排量出让方碳排放量变化情况。

9. 熟悉生态影响因素的分析方法。

根据《环境影响评价技术导则　生态影响》（HJ 19—2022）:

3.1　生态影响　ecological impact

工程占用、施工活动干扰、环境条件改变、时间或空间累积作用等，直接或间接导致物种、种群、生物群落、生境、生态系统以及自然景观、自然遗迹等发生的变化。生态影响包括直接、间接和累积的影响。

5.2　评价因子筛选

5.2.1　在工程分析基础上筛选评价因子。生态影响评价因子筛选表参见附录 A。

5.2.2　评价标准可参照国家、行业、地方或国外相关标准，无参照标准的可采用所在地区及相似区域生态背景值或本底值、生态阈值或引用具有时效性的相关权威文献数据等。

附录 C（资料性附录）　生态现状及影响评价方法

C.1　列表清单法

列表清单法是一种定性分析方法。该方法的特点是简单明了、针对性强。

a）方法

将拟实施的开发建设活动的影响因素与可能受影响的环境因子分别列在同一张表格的行与列内。逐点进行分析，并逐条阐明影响的性质、强度等。由此分析开发建设活动的生态影响。

b）应用

1）进行开发建设活动对生态因子的影响分析；

2）进行生态保护措施的筛选；

3）进行物种或栖息地重要性或优先度比选。

C.2　图形叠置法

图形叠置法是把两个以上的生态信息叠合到一张图上，构成复合图，用以表示生态变化的方向和程度。该方法的特点是直观、形象，简单明了。

图形叠置法有两种基本制作手段：指标法和 3S 叠图法。

a）指标法

1）确定评价范围；

2）开展生态调查，收集评价范围及周边地区自然环境、动植物等信息；

3）识别影响并筛选评价因子，包括识别和分析主要生态问题；

4）建立表征评价因子特性的指标体系，通过定性分析或定量方法对指标赋值或分级，依据指标值进行区域划分；

　　5）将上述区划信息绘制在生态图上。

　b）3S 叠图法

　　1）选用符合要求的工作底图，底图范围应大于评价范围；

　　2）在底图上描绘主要生态因子信息，如植被覆盖、动植物分布、河流水系、土地利用、生态敏感区等；

　　3）进行影响识别与筛选评价因子；

　　4）运用 3S 技术，分析影响性质、方式和程度；

　　5）将影响因子图和底图叠加，得到生态影响评价图。

C.3　生态机理分析法

生态机理分析法是根据建设项目的特点和受影响物种的生物学特征，依照生态学原理分析、预测建设项目生态影响的方法。生态机理分析法的工作步骤如下：

　a）调查环境背景现状，收集工程组成、建设、运行等有关资料；

　b）调查植物和动物分布，动物栖息地和迁徙、洄游路线；

　c）根据调查结果分别对植物或动物种群、群落和生态系统进行分析，描述其分布特点、结构特征和演化特征；

　d）识别有无珍稀濒危物种、特有种等需要特别保护的物种；

　e）预测项目建成后该地区动物、植物生长环境的变化；

　f）根据项目建成后的环境变化，对照无开发项目条件下动物、植物或生态系统演替或变化趋势，预测建设项目对个体、种群和群落的影响，并预测生态系统演替方向。

评价过程中可根据实际情况进行相应的生物模拟试验，如环境条件、生物习性模拟试验、生物毒理学试验、实地种植或放养试验等；或进行数学模拟，如种群增长模型的应用。

该方法需要与生物学、地理学、水文学、数学及其他多学科合作评价，才能得出较为客观的结果。

C.4　指数法与综合指数法

指数法是利用同度量因素的相对值来表明因素变化状况的方法。指数法的难点在于需要建立表征生态环境质量的标准体系并进行赋权和准确定量。综合指数法是从确定同度量因素出发，把不能直接对比的事物变成能够同度量的方法。

　a）单因子指数法

选定合适的评价标准，可进行生态因子现状或预测评价。例如，以同类型立地条件的森林植被覆盖率为标准，可评价项目建设区的植被覆盖现状情况；

以评价区现状植被盖度为标准，可评价项目建成后植被盖度的变化率。

b）综合指数法

1）分析各生态因子的性质及变化规律；

2）建立表征各生态因子特性的指标体系；

3）确定评价标准；

4）建立评价函数曲线，将生态因子的现状值（开发建设活动前）与预测值（开发建设活动后）转换为统一的无量纲的生态环境质量指标，用 1～0 表示优劣（"1" 表示最佳的、顶极的、原始或人类干预甚少的生态状况，"0" 表示最差的、极度破坏的、几乎无生物性的生态状况），计算开发建设活动前后各因子质量的变化值；

5）根据各因子的相对重要性赋予权重；

6）将各因子的变化值综合，提出综合影响评价值。

$$\Delta E = \sum (E_{hi} - E_{qi}) \times W_i \qquad （C.1）$$

式中：ΔE——开发建设活动前后生态质量变化值；

　　　E_{hi}——开发建设活动后 i 因子的质量指标；

　　　E_{qi}——开发建设活动前 i 因子的质量指标；

　　　W_i——i 因子的权值。

c）指数法应用

1）可用于生态因子单因子质量评价；

2）可用于生态多因子综合质量评价；

3）可用于生态系统功能评价。

d）说明

建立评价函数曲线需要根据标准规定的指标值确定曲线的上、下限。对于大气、水环境等已有明确质量标准的因子，可直接采用不同级别的标准值作为上、下限；对于无明确标准的生态因子，可根据评价目的、评价要求和环境特点等选择相应的指标值，再确定上、下限。

C.5　类比分析法

类比分析法是一种比较常用的定性和半定量评价方法，一般有生态整体类比、生态因子类比和生态问题类比等。

a）方法

根据已有的建设项目的生态影响，分析或预测拟建项目可能产生的影响。选择好类比对象（类比项目）是进行类比分析或预测评价的基础，也是该方法成败的关键。

　　类比对象的选择条件是：工程性质、工艺和规模与拟建项目基本相当，生态因子（地理、地质、气候、生物因素等）相似，项目建成已有一定时间，所产生的影响已基本全部显现。

　　类比对象确定后，需选择和确定类比因子及指标，并对类比对象开展调查与评价，再分析拟建项目与类比对象的差异。根据类比对象与拟建项目的比较，做出类比分析结论。

　　b）应用

　　1）进行生态影响识别（包括评价因子筛选）；

　　2）以原始生态系统作为参照，可评价目标生态系统的质量；

　　3）进行生态影响的定性分析与评价；

　　4）进行某一个或几个生态因子的影响评价；

　　5）预测生态问题的发生与发展趋势及其危害；

　　6）确定环保目标和寻求最有效、可行的生态保护措施。

C.6　系统分析法

系统分析法是指把要解决的问题作为一个系统，对系统要素进行综合分析，找出解决问题的可行方案的咨询方法。具体步骤包括：限定问题、确定目标、调查研究、收集数据、提出备选方案和评价标准、备选方案评估和提出最可行方案。

系统分析法因其能妥善解决一些多目标动态性问题，目前已广泛应用于各行各业，尤其在进行区域开发或解决优化方案选择问题时，系统分析法显示出其他方法所不能达到的效果。

在生态系统质量评价中使用系统分析的具体方法有专家咨询法、层次分析法、模糊综合评判法、综合排序法、系统动力学法、灰色关联法等方法。

C.7　生物多样性评价方法

生物多样性是生物（动物、植物、微生物）与环境形成的生态复合体以及与此相关的各种生态过程的总和，包括生态系统、物种和基因三个层次。

生态系统多样性指生态系统的多样化程度，包括生态系统的类型、结构、组成、功能和生态过程的多样性等。物种多样性指物种水平的多样化程度，包括物种丰富度和物种多度。基因多样性（或遗传多样性）指一个物种的基因组成中遗传特征的多样性，包括种内不同种群之间或同一种群内不同个体的遗传变异性。

物种多样性常用的评价指标包括物种丰富度、香农-威纳多样性指数、Pielou均匀度指数、Simpson 优势度指数等。

物种丰富度（species richness）：调查区域内物种种数之和。

香农-威纳多样性指数（Shannon-Wiener diversity index）计算公式为：

$$H = -\sum_{i=1}^{s} P_i \ln(P_i) \qquad (C.2)$$

式中：H——香农-威纳多样性指数；

　　　S——调查区域内物种种类总数；

　　　P_i——调查区域内属于第 i 种的个体比例，如总个体数为 N，第 i 种个体
　　　　　　数为 n_i，则 $P_i=n_i/N$。

Pielou 均匀度指数是反映调查区域各物种个体数目分配均匀程度的指数，计算公式为：

$$J = (-\sum_{i=1}^{s} P_i \ln P_i) / \ln S \qquad (C.3)$$

式中：J——Pielou 均匀度指数；

　　　S——调查区域内物种种类总数；

　　　P_i——调查区域内属于第 i 种的个体比例。

Simpson 优势度指数与均匀度指数相对应，计算公式为：

$$D = 1 - \sum_{i=1}^{s} P_i^2 \qquad (C.4)$$

式中：D——Simpson 优势度指数；

　　　S——调查区域内物种种类总数；

　　　P_i——调查区域内属于第 i 种的个体比例。

C.8　生态系统评价方法

C.8.1　植被覆盖度

植被覆盖度可用于定量分析评价范围内的植被现状。

基于遥感估算植被覆盖度可根据区域特点和数据基础采用不同的方法，如植被指数法、回归模型、机器学习法等。

植被指数法主要是通过对各像元中植被类型及分布特征的分析，建立植被指数与植被覆盖度的转换关系。采用归一化植被指数（NDVI）估算植被覆盖度的方法如下：

$$FVC = (NDVI - NDVI_s) / (NDVI_v - NDVI_s) \qquad (C.5)$$

式中：FVC——所计算像元的植被覆盖度；

　　　NDVI——所计算像元的 NDVI 值；

　　　$NDVI_v$——纯植物像元的 NDVI 值；

　　　$NDVI_s$——完全无植被覆盖像元的 NDVI 值。

C.8.2 生物量

生物量是指一定地段面积内某个时期生存着的活有机体的重量。不同生态系统的生物量测定方法不同，可采用实测与估算相结合的方法。

地上生物量估算可采用植被指数法、异速生长方程法等方法进行计算。基于植被指数的生物量统计法是通过实地测量的生物量数据和遥感植被指数建立统计模型，在遥感数据的基础上反演得到评价区域的生物量。

C.8.3 生产力

生产力是生态系统的生物生产能力，反映生产有机质或积累能量的速率。群落（或生态系统）初级生产力是单位面积、单位时间群落（或生态系统）中植物利用太阳能固定的能量或生产的有机质的量。净初级生产力（NPP）是从固定的总能量和产生的有机质总量中减去植物呼吸所消耗的量，直接反映了植被群落在自然环境条件下的生产能力，表征陆地生态系统的质量状况。

NPP 可利用统计模型（如 Miami 模型）、过程模型（如 BIOME-BGC 模型、BEPS 模型）和光能利用率模型（如 CASA 模型）进行计算。根据区域植被特点和数据基础确定具体方法。

通过 CASA 模型计算净初级生产力的公式如下：

$$\mathrm{NPP}(x,t) = \mathrm{APAR}(x,t) \times \varepsilon(x,t) \tag{C.6}$$

式中：NPP——净初级生产力；

APAR——植被所吸收的光合有效辐射；

ε ——光能转化率；

t ——时间；

x ——空间位置。

C.8.4 生物完整性指数

生物完整性指数（Index of Biotic Integrity，IBI）已被广泛应用于河流、湖泊、沼泽、海岸滩涂、水库等生态系统健康状况评价，指示生物类群也由最初的鱼类扩展到底栖动物、着生藻类、维管植物、两栖动物和鸟类等。生物完整性指数评价的工作步骤如下：

a）结合工程影响特点和所在区域水生态系统特征，选择指示物种；

b）根据指示物种种群特征，在指标库中确定指示物种状况参数指标；

c）选择参考点（未开发建设、未受干扰的点或受干扰极小的点）和干扰点（已开发建设、受干扰的点），采集参数指标数据，通过对参数指标值的分布范围分析、判别能力分析（敏感性分析）和相关关系分析，建立评价指标体系；

d）确定每种参数指标值以及生物完整性指数的计算方法，分别计算参考点和干扰点的指数值；

e）建立生物完整性指数的评分标准；

f）评价项目建设前所在区域水生态系统状况，预测分析项目建设后水生态系统变化情况。

C.8.5　生态系统功能评价

陆域生态系统服务功能评价方法可参考 HJ 1173，根据生态系统类型选择适用指标。

C.9　景观生态学评价方法

景观生态学主要研究宏观尺度上景观类型的空间格局和生态过程的相互作用及其动态变化特征。景观格局是指大小和形状不一的景观斑块在空间上的排列，是各种生态过程在不同尺度上综合作用的结果。景观格局变化对生物多样性产生直接而强烈影响，其主要原因是生境丧失和破碎化。

景观变化的分析方法主要有三种：定性描述法、景观生态图叠置法和景观动态的定量化分析法。目前较常用的方法是景观动态的定量化分析法，主要是对收集的景观数据进行解译或数字化处理，建立景观类型图，通过计算景观格局指数或建立动态模型对景观面积变化和景观类型转化等进行分析，揭示景观的空间配置以及格局动态变化趋势。

景观指数是能够反映景观格局特征的定量化指标，分为三个级别，代表三种不同的应用尺度，即斑块级别指数、斑块类型级别指数和景观级别指数，可根据需要选取相应的指标，采用 FRAGSTATS 等景观格局分析软件进行计算分析。涉及显著改变土地利用类型的矿山开采、大规模的农林业开发以及大中型水利水电建设项目等可采用该方法对景观格局的现状及变化进行评价，公路、铁路等线性工程造成的生境破碎化等累积生态影响也可采用该方法进行评价。常用的景观指数及其含义见表 C.1。

表 C.1　常用的景观指数及其含义

名称	含义
斑块类型面积（CA） Class area	斑块类型面积是度量其他指标的基础，其值的大小影响以此斑块类型作为生境的物种数量及丰度
斑块所占景观面积比例（PLAND） Percent of landscape	某一斑块类型占整个景观面积的百分比，是确定优势景观元素重要依据，也是决定景观中优势种和数量等生态系统指标的重要因素
最大斑块指数（LPI） Largest patch index	某一斑块类型中最大斑块占整个景观的百分比，用于确定景观中的优势斑块，可间接反映景观变化受人类活动的干扰程度

名称	含义
香农多样性指数（SHDI） Shannon's diversity index	反映景观类型的多样性和异质性，对景观中各斑块类型非均衡分布状况较敏感，值增大表明斑块类型增加或各斑块类型呈均衡趋势分布
蔓延度指数（CONTAG） Contagion index	高蔓延度值表明景观中的某种优势斑块类型形成了良好的连接性，反之则表明景观具有多种要素的密集格局，破碎化程度较高
散布与并列指数（IJI） Interspersion juxtaposition index	反映斑块类型的隔离分布情况，值越小表明斑块与相同类型斑块相邻越多，而与其他类型斑块相邻的越少
聚集度指数（AI） Aggregation index	基于栅格数量测度景观或者某种斑块类型的聚集程度

C.10 生境评价方法

物种分布模型（species distribution models，SDMs）是基于物种分布信息和对应的环境变量数据对物种潜在分布区进行预测的模型，广泛应用于濒危物种保护、保护区规划、入侵物种控制及气候变化对生物分布区影响预测等领域。目前已发展了多种多样的预测模型，每种模型因其原理、算法不同而各有优势和局限，预测表现也存在差异。其中，基于最大熵理论建立的最大熵模型（maximum entropy model，MaxEnt），可以在分布点相对较少的情况下获得较好的预测结果，是目前使用频率最多的物种分布模型之一。基于 MaxEnt 模型开展生境评价的工作步骤如下：

a）通过近年文献记录、现场调查收集物种分布点数据，并进行数据筛选；将分布点的经纬度数据在 Excel 表格中汇总，统一为十进制度的格式，保存用于 MaxEnt 模型计算；

b）选取环境变量数据以表现栖息生境的生物气候特征、地形特征、植被特征和人为影响程度，在 ArcGIS 软件中将环境变量统一边界和坐标系，并重采样为同一分辨率；

c）使用 MaxEnt 软件建立物种分布模型，以受试者工作特征曲线下面积（area under the receiving operator curve，AUC）评价模型优劣；采用刀切法（Jackknife test）检验各个环境变量的相对贡献。根据模型标准及图层栅格出现概率重分类，确定生境适宜性分级指数范围；

d）将结果文件导入 ArcGIS，获得物种适宜生境分布图，叠加建设项目，分析对物种分布的影响。

C.11 海洋生物资源影响评价方法

海洋生物资源影响评价技术方法参见 GB/T 19485 的相关要求。

简化知识点：

C.1 列表清单法

C.2 图形叠置法

图形叠置法有两种基本制作手段：指标法和 3S 叠图法。

C.3 生态机理分析法

C.4 指数法与综合指数法

a）单因子指数法

b）综合指数法

C.5 类比分析法

C.6 系统分析法

在生态系统质量评价中使用系统分析的具体方法有专家咨询法、层次分析法、模糊综合评判法、综合排序法、系统动力学、灰色关联等方法。

C.7 生物多样性评价方法

C.8 生态系统评价方法

C.9 景观生态学评价方法

景观变化的分析方法主要有三种：定性描述法、景观生态图叠置法和景观动态的定量化分析法。

C.10 生境评价方法

C.11 海洋生物资源影响评价方法

二、环境现状调查与评价

（一）环境空气质量现状调查与评价

1. 熟悉环境空气质量现状统计图表制作及评价方法；

根据《环境影响评价技术导则 大气环境》（HJ 2.2—2018）：

6.4 评价内容与方法

6.4.1 项目所在区域达标判断

6.4.1.1 城市环境空气质量达标情况评价指标为 SO_2、NO_2、PM_{10}、$PM_{2.5}$、CO 和 O_3，六项污染物全部达标即为城市环境空气质量达标。

6.4.1.2　根据国家或地方生态环境主管部门公开发布的城市环境空气质量达标情况，判断项目所在区域是否属于达标区。如项目评价范围涉及多个行政区（县级或以上，下同），需分别评价各行政区的达标情况，若存在不达标行政区，则判定项目所在评价区域为不达标区。

6.4.1.3　国家或地方生态环境主管部门未发布城市环境空气质量达标情况的，可按照 HJ 663 中各评价项目的年评价指标进行判定。年评价指标中的年均浓度和相应百分位数 24 h 平均或 8 h 平均质量浓度满足 GB 3095 中浓度限值要求的即为达标。

6.4.2　各污染物的环境质量现状评价

6.4.2.1　长期监测数据的现状评价内容，按 HJ 663 中的统计方法对各污染物的年评价指标进行环境质量现状评价。对于超标的污染物，计算其超标倍数和超标率。

6.4.2.2　补充监测数据的现状评价内容，分别对各监测点位不同污染物的短期浓度进行环境质量现状评价。对于超标的污染物，计算其超标倍数和超标率。

6.4.3　环境空气保护目标及网格点环境质量现状浓度

6.4.3.1　对采用多个长期监测点位数据进行现状评价的，取各污染物相同时刻各监测点位的浓度平均值，作为评价范围内环境空气保护目标及网格点环境质量现状浓度，计算方法见式（2）。

$$C_{现状(x,y,t)} = \frac{1}{n} \sum_{j=1}^{n} C_{现状(j,t)} \tag{2}$$

式中：$C_{现状(x,y,t)}$ —— 环境空气保护目标及网格点（x，y）在 t 时刻环境质量现状浓度，$\mu g/m^3$；

　　　　$C_{现状(j,t)}$ —— 第 j 个监测点位在 t 时刻环境质量现状浓度（包括短期浓度和长期浓度），$\mu g/m^3$；

　　　　n —— 长期监测点位数。

对采用补充监测数据进行现状评价的，取各污染物不同评价时段监测浓度的最大值作为评价范围内环境空气保护目标及网格点环境质量现状浓度。对于有多个监测点位数据的，先计算相同时刻各监测点位平均值，再取各监测时段平均值中的最大值。计算方法见式（3）。

$$C_{现状(x,y)} = \max \left[\frac{1}{n} \sum_{j=1}^{n} C_{监测(j,t)} \right] \tag{3}$$

式中：$C_{现状(x,y)}$ —— 环境空气保护目标及网格点（x，y）环境质量现状浓度，

　　　　μg/m³;

　　$C_{监测(j,t)}$——第 j 个监测点位在 t 时刻环境质量现状浓度（包括 1 h 平均、8 h 平均或日平均质量浓度），μg/m³;

　　n——现状补充监测点位数。

6.4.4　环境空气质量现状评价内容与格式要求见附录 C 中 C.3。

C.3　环境空气质量现状

C.3.1　空气质量达标区判定

包括各评价因子的浓度、标准及达标判定结果等，内容要求参见表 C.5。

表 C.5　区域空气质量现状评价表

污染物	年评价指标	现状浓度/（μg/m³）	标准值/（μg/m³）	占标率/%	达标情况
	年平均质量浓度				
	百分位数日平均或 8 h 平均质量浓度				

C.3.2　基本污染物环境质量现状

包括监测点位、污染物、评价标准、现状浓度及达标判定等，内容要求见表 C.6。

表 C.6　基本污染物环境质量现状

点位名称	监测点坐标/m		污染物	年评价指标	评价标准/（μg/m³）	现状浓度/（μg/m³）	最大浓度占标率/%	超标频率/%	达标情况
	X	Y							

C.3.3　其他污染物环境质量现状包括其他污染物的监测点位、监测因子、监测时段及监测结果等内容，参见表 C.7～表 C.8。

表 C.7　其他污染物补充监测点位基本信息

监测点名称	监测点坐标/m		监测因子	监测时段	相对厂址方位	相对厂界距离/m
	X	Y				

表 C.8　其他污染物环境质量现状（监测结果）表

监测点位	监测点坐标/m		污染物	平均时间	评价标准/（μg/m³）	监测浓度范围/（μg/m³）	最大浓度占标率/%	超标率/%	达标情况
	X	Y							

C.3.4　监测点位图

在基础底图上叠加环境质量现状监测点位分布，并明确标示国家监测站点、地方监测站点和现状补充监测点的位置。

2．掌握污染源数据调查要求与技术方法；

根据《环境影响评价技术导则　大气环境》（HJ 2.2—2018）：

7.2　数据来源与要求

7.2.1　新建项目的污染源调查，依据 HJ 2.1、HJ 130、HJ 942、行业排污许可证申请与核发技术规范及各污染源源强核算技术指南，并结合工程分析从严确定污染物排放量。

7.2.2　评价范围内在建和拟建项目的污染源调查，可使用已批准的环境影响评价文件中的资料；改建扩建项目现状工程的污染源和评价范围内拟被替代的污染源调查，可根据数据的可获得性，依次优先使用项目监督性监测数据、在线监测数据、年度排污许可执行报告、自主验收报告、排污许可证数据、环评数据或补充污染源监测数据等。污染源监测数据应采用满负荷工况下的监测数据或者换算至满负荷工况下的排放数据。

7.2.3　网格模型模拟所需的区域现状污染源排放清单调查按国家发布的清单编制相关技术规范执行。污染源排放清单数据应采用近 3 年内国家或地方生态环境主管部门发布的包含人为源和天然源在内所有区域污染源清单数据。在国家或地方生态环境主管部门未发布污染源清单之前，可参照污染源清单编制指南自行建立区域污染源清单，并对污染源清单准确性进行验证分析。

C.4　污染源调查

按点源、面源、体源、线源、火炬源、烟塔合一排放源、机场源等不同污染源排放形式，分别给出污染源参数。

对于网格污染源，按照源清单要求给出污染源参数，并说明数据来源。当污染源排放为周期性变化时，还需给出周期性变化排放系数。

C.4.1　点源调查内容

a）排气筒底部中心坐标（坐标可采用 UTM 坐标或经纬度，下同），以及排气筒底部的海拔高度（m）。

b）排气筒几何高度（m）及排气筒出口内径（m）。

c）烟气流速（m/s）。

d）排气筒出口处烟气温度（℃）。

e）各主要污染物排放速率（kg/h），排放工况（正常排放和非正常排放，下同），年排放小时数（h）。

f）点源（包括正常排放和非正常排放）参数调查清单参见表 C.9。

表 C.9　点源参数表

编号	名称	排气筒底部中心坐标/m		排气筒底部海拔高度/m	排气筒高度/m	排气筒出口内径/m	烟气流速/（m/s）	烟气温度/℃	年排放小时数/h	排放工况	污染物排放速率/（kg/h）		
		X	Y								污染物1	污染物2	…

C.4.2　面源调查内容

a）面源坐标，其中：

矩形面源：初始点坐标，面源的长度（m），面源的宽度（m），与正北方向逆时针的夹角，见图 C.1；

多边形面源：多边形面源的顶点数或边数（3～20）以及各顶点坐标，见图 C.2：

近圆形面源：中心点坐标，近圆形半径（m），近圆形顶点数或边数，见图 C.3：

b）面源的海拔高度和有效排放高度（m）。

c）各主要污染物排放速率（kg/h），排放工况，年排放小时数（h）。

d）各类面源参数调查清单表参见表 C.10～表 C.12。

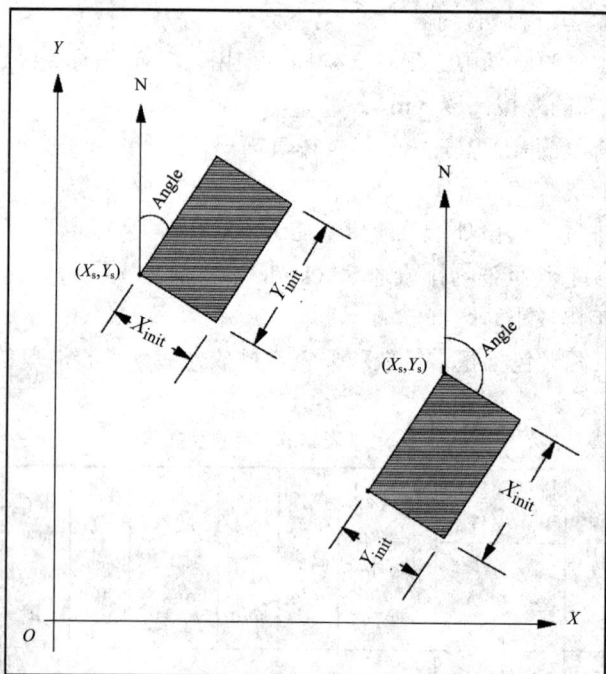

注：$(X_s,\ Y_s)$ 为面源的起始点坐标；Angle 为面源 Y 方向的边长与正北方向的夹角（逆时针方向）；X_{init} 为面源 X 方向的边长、Y_{init} 为面源 Y 方向的边长

图 C.1　矩形面源示意图

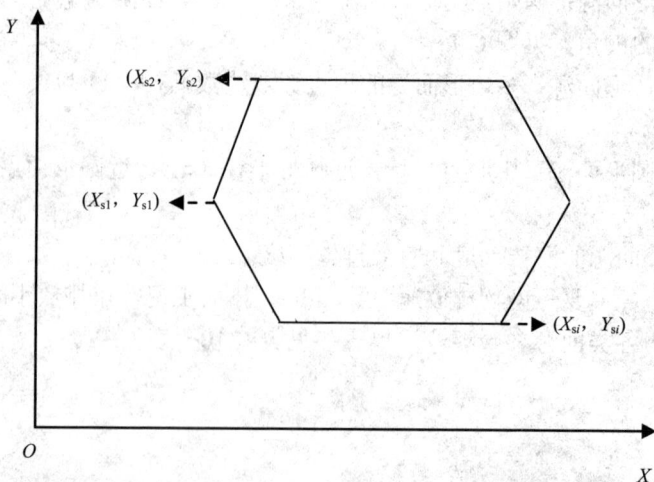

注：$(X_{s1},\ Y_{s1})$、$(X_{s2},\ Y_{s2})$、$(X_{si},\ Y_{si})$ 为多边形面源顶点坐标

图 C.2　多边形面源示意图

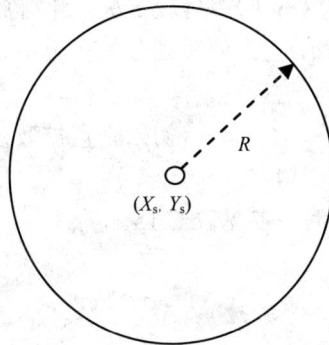

注：(X_s，Y_s）为圆弧弧心坐标；R 为圆弧半径

图 C.3 近圆形面源示意图

表 C.10 矩形面源参数表

编号	名称	面源起点坐标/m		面源海拔高度/m	面源长度/m	面源宽度/m	与正北向夹角/（°）	面源有效排放高度/m	年排放小时数/h	排放工况	污染物排放速率/（kg/h）		
		X	Y								污染物 1	污染物 2	……

表 C.11 多边形面源参数表

编号	名称	面源各顶点坐标/m		面源海拔高度/m	面源有效排放高度/m	年排放小时数/h	排放工况	污染物排放速率/（kg/h）		
		X	Y					污染物 1	污染物 2	……

表 C.12（近）圆形面源参数表

编号	名称	面源中心点坐标/m		面源海拔高度/m	面源半径/m	顶点数或边数（可选）	面源有效排放高度/m	年排放小时数/h	排放工况	污染物排放速率/（kg/h）		
		X	Y							污染物 1	污染物 2	……

C.4.3 体源调查内容

a）体源中心点坐标，以及体源所在位置的海拔高度（m）。

b）体源有效高度（m）。

c）体源排放速率（kg/h），排放工况，年排放小时数（h）。

d）体源的边长（m）（把体源划分为多个正方形的边长，见图 C.4、图 C.5 中的 W）。

e）初始横向扩散参数（m），初始垂直扩散参数（m），体源初始扩散参数的估算见表 C.13、表 C.14。

f）体源参数调查清单参见表 C.15。

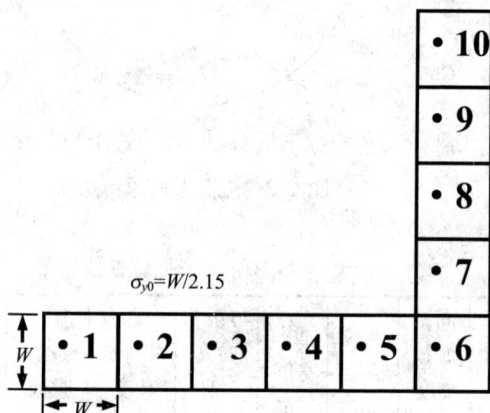

注：W 为单个体源的边长

图 C.4　连续划分的体源

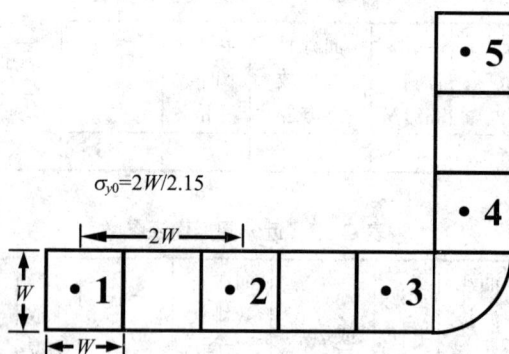

注：W 为单个体源的边长

图 C.5　间隔划分的体源

表 C.13 体源初始横向扩散参数的估算

源类型	初始横向扩散参数
单个源	σ_{y0}=边长/4.3
连续划分的体源（见图 C.4）	σ_{y0}=边长/2.15
间隔划分的体源（见图 C.5）	σ_{y0}=两个相邻间隔中心点的距离/2.15

表 C.14 体源初始垂直扩散参数的估算

源位置		初始垂直扩散参数
源基底处地形高度 $H_0\approx0$		σ_{z0}=源的高度/2.15
源基底处地形高度 $H_0>0$	在建筑物上，或邻近建筑物	σ_{z0}=建筑物高度/2.15
	不在建筑物上，或不邻近建筑物	σ_{z0}=源的高度/4.3

表 C.15 体源参数表

编号	名称	体源中心点坐标/m		体源海拔高度/m	体源边长/m	体源有效高度/m	年排放小时数/h	排放工况	初始扩散参数/m		污染物排放速率/（kg/h）		
		X	Y						横向	垂直	污染物1	污染物2	……

C.4.4 线源调查内容

a）线源几何尺寸（分段坐标），线源宽度（m），距地面高度（m），有效排放高度（m），街道街谷高度（可选）（m）。

b）各种车型的污染物排放速率[kg/（km·h）]。

c）平均车速（km/h），各时段车流量（辆/h）、车型比例。

d）线源参数调查清单参见表 C.16。

表 C.16 线源参数表

编号	名称	各段顶点坐标/m		线源宽度/m	线源海拔高度/m	有效排放高度/m	街道街谷高度/m	污染物排放速率/[kg/（km·h）]		
		X	Y					污染物1	污染物2	……

C.4.5 火炬源调查内容

a）火炬底部中心坐标，以及火炬底部的海拔高度（m）。

b）火炬等效内径 D（m）。

$$D = 9.88 \times 10^{-4} \times \sqrt{\text{HR} \times (1 - \text{HL})}$$

式中：HR——总热释放速率，cal/s；

　　　　HL——辐射热损失比例，一般取 0.55。

c）火炬的等效高度 h_{eff}（m）：

$$h_{\text{eff}} = H_{\text{s}} + 4.56 \times 10^{-3} \times \text{HR}^{0.478}$$

式中：H_{s}——火炬高度，m。

d）火炬等效烟气排放速度（m/s），默认设置为 20 m/s。

e）排气筒出口处的烟气温度（℃），默认设置为 1 000 ℃。

f）火炬源排放速率（kg/h），排放工况，年排放小时数（h）。

g）火炬源参数调查清单参见表 C.17。

表 C.17　火炬源参数表

编号	名称	坐标/m		底部海拔高度/m	火炬等效高度/m	等效出口内径/m	烟气温度/℃	等效烟气流速/(m/s)	年排放小时数/h	排放工况	燃烧物质及热释放速率			污染物排放速率/(kg/h)		
		X	Y								燃烧物质	燃烧速率/(kg/h)	总热释放速率/(cal/s)	污染物1	污染物2	……

C.4.6　烟塔合一排放源调查内容

a）冷却塔底部中心坐标，以及排气筒底部的海拔高度（m）。

b）冷却塔高度（m）及冷却塔出口内径（m）。

c）冷却塔出口烟气流速（m/s）。

d）冷却塔出口烟气温度（℃）。

e）烟气中液态水含量（kg/kg）。

f）烟气相对湿度（%）。

g）各主要污染物排放速率（kg/h），排放工况，年排放小时数（h）。

h）冷却塔排放源参数调查清单参见表 C.18。

表 C.18　烟塔合一排放源参数表

编号	名称	坐标/m		底部海拔高度/m	冷却塔高度/m	冷却塔出口内径/m	烟气流速/(m/s)	烟气温度/℃	烟气液态含水量/(kg/kg)	烟气相对湿度/%	年排放小时数/h	排放工况	污染物排放速率/(kg/h)		
		X	Y										污染物1	污染物2	……

C.4.7　城市道路源调查内容

调查内容包括不同路段交通流量及污染物排放量，见表 C.19。

表 C.19　城市道路交通流量及污染物排放量

路段名称	典型时段	平均车流量/（辆/h）			污染物排放速率/［kg/（km·h）］			
		大型车	中型车	小型车	NO$_x$	CO	THC	其他污染物
	近期							
	中期							
	远期							

C.4.8　机场源调查内容

a）不同飞行阶段的跑道面源排放参数，包括：飞行阶段，面源起点坐标，有效排放高度（m），面源宽度（m），面源长度（m），与正北向夹角（°），污染物排放速率［kg/（m^2·h）］。调查清单见表 C.20。

表 C.20　机场跑道排放源参数表

不同飞行阶段	跑道面源起点坐标/m		有效排放高度/m	面源宽度/m	面源长度/m	与正北向夹角/（°）	污染物排放速率/［kg/（km·h）］		
	X	Y					污染物1	污染物2	……

b）机场其他排放源调查内容参考 C.4.1～C.4.4 中要求。

C.4.9　周期性排放系数

常见污染源周期性排放系数见表 C.21。

表 C.21　污染源周期性排放系数表

季节	春	夏	秋	冬							
排放系数											
月份	1	2	3	4	5	6	7	8	9	10	11	12
排放系数											
星期	日	一	二	三	四	五	六				
排放系数											
小时	1	2	3	4	5	6	7	8	9	10	11	12
排放系数											
小时	13	14	15	16	17	18	19	20	21	22	23	24
排放系数											

C.4.10　非正常排放调查内容

非正常排放调查内容见表 C.22。

表 C.22　非正常排放参数表

非正常排放源	非正常排放原因	污染物	非正常排放速率/（kg/h）	单次持续时间/h	年发生频次/次

C.4.11　拟被替代源调查内容

a）拟被替代源基本情况表见表 C.23.

b）拟被替代源基本参数调查内容参考 C.4.1～C.4.8 中要求。

表 C.23　拟被替代源基本情况表

被替代污染源	坐标/m		年排放时间/h	污染物年排放量/（t/a）			拟被替代时间
	X	Y		污染物 1	污染物 2	……	

3．熟悉环境空气质量现状补充监测要求

补充监测：

①监测时段。根据监测因子的污染特征，选择污染较重的季节进行现状监测。补充监测原则上应取得 7 d 有效数据。对于部分无法进行连续监测的其他污染物，可监测其一次空气质量浓度，监测时次应满足所用评价标准的取值时间要求。对于只有一次浓度标准的监测因子，可参照一日四次采样频次。

②监测布点。以近 20 年统计的当地主导风向为轴向，在厂址及主导风向下风向 5 km 范围内，设置 1～2 个监测点。如需在一类区进行补充监测，监测点应设置在不受人为活动影响的区域。环境空气质量监测点位置的周边环境应符合相关环境监测技术规范的规定。

4．了解环境空气补充监测采样、样品保存、运输的技术要求及数据统计方法

根据《环境影响评价技术导则　大气环境》（HJ 2.2—2018）：

6.3.4　监测采样

环境空气监测中的采样点、采样环境、采样高度及采样频率，按 HJ 664 及相关评价标准规定的环境监测技术规范执行。

根据《环境空气质量手工监测技术规范》（HJ 194—2017）及《环境空气质量手工监测技术规范》（HJ 194—2017）修改单：

6　样品采集、运输和保存

6.1　溶液吸收采样法

6.1.1　适用项目

溶液吸收采样法适用于二氧化硫、二氧化氮、氮氧化物、臭氧等气态污染物的样品采集。

6.1.2　采样系统

采样系统主要由采样管路、采样器、吸收装置等部分组成。采样器各组成部分的技术要求见 HJ/T 375 和 HJ/T 376。常见的吸收装置主要有气泡吸收管（瓶）、多孔玻板吸收管（瓶）和冲击式吸收管（瓶）等，结构如图 1（略）所示，吸收装置技术要求按相关监测方法标准规定执行。溶液吸收法的采样管路可用不锈钢、玻璃和聚四氟乙烯等材质，采集氧化性和酸性气体应避免使用金属材质采样管。

6.1.3　采样前准备

6.1.3.1　检查采样管路是否洁净，如不洁净应进行清洗或更换。

6.1.3.2　选择合适的吸收管（瓶），装入相应的吸收液，具体要求见相关监

测方法标准规定。吸收管（瓶）阻力测定及吸收效率测试见附录 A 和附录 B。

6.1.3.3 进行气密性检查：将吸收管（瓶）及必要的前处理装置正确连接到气体采样管路打开仪器，调节流量至规定值，封闭吸收管（瓶）进气口，吸收管（瓶）内不应冒气泡，采样仪器的流量计不应有流量显示，或者按照 HJ/T 375 中相关要求执行。

6.1.3.4 采样前、后用经检定合格的标准流量计校验采样系统的流量，流量误差应小于 5%，采样流量校准见附录 C。观察恒流装置、仪器温控装置、采样器压力传感器、计时器是否正常。

6.1.4 采样

6.1.4.1 到达采样现场，观测并记录气象参数和天气状况。

6.1.4.2 正确连接采样系统，做好样品标识。注意吸收管（瓶）的进气方向不要接反，防止倒吸。采样过程中有避光、温度控制等要求的项目应按照相关监测方法标准的要求执行。

6.1.4.3 设置采样时间，调节流量至规定值，采集样品。

6.1.4.4 采样过程中，采样人员应观察采样流量的波动和吸收液的变化，出现异常时要及时停止采样，查找原因。

6.1.4.5 采样过程中应及时记录采样起止时间、流量，以及气温、气压等参数，记录内容应完整、规范。采样记录的内容及格式参见附录 D。

6.1.5 样品运输和保存

6.1.5.1 样品采集完成后，应将样品密封后放入样品箱，样品箱再次密封后尽快送至实验室分析，并做好样品交接记录。

6.1.5.2 应防止样品在运输过程中受到撞击或剧烈振动而损坏。

6.1.5.3 样品运输及保存中应避免阳光直射。需要低温保存的样品，在运输过程中应采取相应的冷藏措施，防止样品变质。

6.1.5.4 样品到达实验室应及时交接，尽快分析。如不能及时测定，应按各项目的监测方法标准要求妥善保存，并在样品有效期内完成分析。

6.2 吸附管采样法

6.2.1 适用项目

吸附管采样法适用于汞、挥发性有机物等气态污染物的样品采集。

6.2.2 采样系统

采样系统主要由采样管路、采样器、吸附管等部分组成。吸附管为装有各类吸附剂的普通玻璃管、石英管或不锈钢管等，吸附剂的类型、粒径、填装方式、填装量及吸附管规格需符合相关监测方法标准要求。常见的固体吸附剂有活性炭、硅胶和有机高分子等吸附材料。

6.2.3　采样前准备

6.2.3.1　检查所选采样设备是否运行正常

6.2.3.2　按监测方法标准要求准备好相应的吸附管，密封两端。

6.2.3.3　吸附管在使用前应按比例抽取一定数量进行空白和吸附/解吸（脱附）效率测试，结果应符合各项目监测方法标准要求：新购和采集高浓度样品后的热脱附管在使用前需进行老化。

6.2.3.4　气密性检查时，选取与采样相同规格的吸附管，按采样要求正确连接到采样仪器上，打开采样泵，堵住吸附管进气端，流量计流量应归零，否则应对采样系统进行漏气检查。

6.2.3.5　采样前、后用经检定合格的标准流量计校验采样系统的流量，流量误差应小于 5%，采样流量校准见附录 C。

6.2.4　采样

6.2.4.1　到达采样现场，观测并记录气象参数和天气状况。

6.2.4.2　正确连接采样系统，做好样品标识。注意吸附管的进气方向不可接反，分段填充的吸附管 2/3 填充物段为进气端。吸附管进气端朝向应符合监测方法标准的规定，垂直放置并进行固定。

6.2.4.3　设置采样时间，调节流量至规定要求，采集样品。采样过程中，对吸收温度有控制要求的，需采取相应措施。

6.2.4.4　采样过程中应及时记录采样起止时间、流量，以及气温、气压等参数，记录内容应完整、规范。采样记录的内容及格式参见附录 D。

6.2.5　样品运输和保存

参见 6.1.5，其他要求按各项目监测方法标准执行。

6.3　滤膜采样法

6.3.1　适用项目

滤膜采样法适用于总悬浮颗粒物、可吸入颗粒物、细颗粒物等大气颗粒物的质量浓度监测及成分分析，以及颗粒物中重金属、苯并[a]芘、氯化物（小时和日均浓度）等污染物的样品采集。

6.3.2　采样系统

采样系统由颗粒物切割器、滤膜夹、流量测量及控制部件、采样泵、温湿度传感器、压力传感器和微处理器等组成。

总悬浮颗粒物采样系统性能和技术指标应满足 HJ/T 374 的规定，可吸入颗粒物和细颗粒物采样器性能和技术指标应符合 HJ 93 的规定。

6.3.3　采样前准备

6.3.3.1　清洗颗粒物切割器，采用软性材料进行擦拭。采样期间如遇特殊天气，如扬沙、沙尘暴天气或重度及以上污染过程时应及时清洗。采样时长超过 7 d 时，也需定期清洗。

6.3.3.2　如果切割器对大颗粒物有去除要求（如需涂抹凡士林或硅脂），采样人员应严格按照仪器说明书执行。

6.3.3.3　使用经检定合格的温度计对采样器的温度测量示值进行检查，当误差超过+2℃时，应对采样器进行温度校准。

6.3.3.4　使用经检定合格的气压计对采样器压力传感器进行检查，当误差超过+1 kPa 时，应对采样器进行压力校准。

6.3.3.5　使用经检定合格的标准流量计对采样器流量进行检查，当流量示值误差超过采样流量 2%时，应对采样器进行流量校准。

6.3.3.6　进行采样系统气密性检查。

6.3.3.7　如果所使用仪器的说明书中对环境温度、气压、采样流量等校准方法和顺序有特别要求时，需按照仪器说明进行校准。

6.3.3.8　采样滤膜的材质、本底、均匀性、稳定性需符合所采项目监测方法标准要求。如有前处理需要，则根据监测方法标准要求对采样滤膜进行相应的前处理。使用前检查滤膜边缘是否平滑，薄厚是否均匀，且无毛刺、无污染、无碎屑、无针孔、无折痕、无损坏。

6.3.3.9　采样前应确保滤膜夹无污染、无损坏。

6.3.3.10　滤膜平衡及称重记录表、标准膜称重记录表参见 HJ 656 表 D.2、表 D.3。

6.3.3.11　采样前、后用经检定合格的标准流量计校验采样系统的流量，流量误差应小于 5%。

6.3.4　采样

6.3.4.1　到达采样现场后，观测并记录气象参数和天气状况。

6.3.4.2　正确连接好采样系统，核查滤膜编号，用镊子将采样滤膜平放在滤膜支撑网上并压紧，滤膜毛面或编号标识面朝进气方向，将滤膜夹正确放入采样器中；设置采样开始时间、结束时间等参数，启动采样器进行采样。

6.3.4.3　采样结束后，取下滤膜夹，用镊子轻轻夹住滤膜边缘，取下样品滤膜（如条件允许应尽量在室内完成装膜、取膜操作），并检查滤膜是否有破裂或滤膜上尘积面的边缘轮廓是否清晰、完整，否则该样品作废，需重新采样。整膜分析时样品滤膜可平放或向里均匀对折，放入已编号的滤膜盒（袋）中密封；非整膜分析时样品滤膜不可对折，需平放在滤膜盒中。记录采样起止时间、采样流量，以及气温、气压等参数。采样记录的内容及格式参见附录 D。

6.3.5　样品运输和保存

6.3.5.1　样品采集后，立即装盒（袋）密封，尽快送至实验室分析，并做好交接记录。

6.3.5.2　样品运输过程中，应避免剧烈振动。对于需平放的滤膜，保持滤膜采集面向上。

6.3.5.3　需要低温保存的样品，在运输过程中应有相应的保存措施以防样品损失。

6.3.5.4　样品到达实验室应及时交接，尽快分析。如不能及时称重及分析，应将样品放在 4℃条件下冷藏保存，并在监测方法标准要求的时间内完成称量和分析；对分析有机成分的滤膜，采集后应按照监测方法标准要求进行保存至样品处理前，为防止有机物的损失，不宜进行称量。

6.4　滤膜-吸附剂联用采样法

6.4.1　适用项目

滤膜-吸附剂联用采样法适用于多环芳烃类等半挥发性有机物的样品采集。

6.4.2　采样系统

在 6.3.2 的基础上，增加气态污染物捕集装置，主要包括装填吸附剂的采样筒、采样筒架及密封圈等。

采样系统性能和技术指标应符合 HJ 691 的规定。

6.4.3　采样前准备

6.4.3.1　吸附剂的材质、本底、均匀性、稳定性、采样效率等需符合相应项目的监测方法标准要求，必要时按监测方法标准要求进行前处理。

6.4.3.2　采样筒的准备见 HJ 691，采样筒架及密封圈应确保无污染、无损坏。

6.4.3.3　按监测方法标准要求将吸附剂放于采样筒内，采样筒用洁净的铝包裹备用。

6.4.3.4　滤膜使用前应根据监测方法的要求进行高温灼烧等前处理，其他要求参见 6.3.3。

6.4.4　采样

6.4.4.1　根据仪器说明书把采样筒放入采样器的采样筒架内，确保密封圈安装正确。

6.4.4.2　采样结束后，将采样筒从采样筒架内取出，用洁净的铝箔包裹好，放入样品保存筒中，密封，贴上标签。

6.4.4.3　其他要求参见 6.3.4 及 HJ 691。

6.4.5　样品运输和保存

参见 6.2.5 和 6.3.5。

6.5　直接采样法

6.5.1　适用项目

直接采样法适用于一氧化碳、挥发性有机物、总烃等污染物的样品采集，常用于空气中被测组分浓度较高或所用分析方法灵敏度较高的情况。根据气态污染物的理化特性及分析方法的检出限，选择相应的采样装置，一般采用真空（瓶）、气袋、注射器等。

6.5.2　真空罐（瓶）

6.5.2.1　采样系统

真空罐一般由内表面经过惰性处理的金属材料制作，真空瓶一般由硬质玻璃制作，通常配有进气阀门和真空压力表，可重复使用。

6.5.2.2　采样前准备

采样前，真空罐（瓶）应先清洗或加热清洗 3～5 次，再抽真空，真空度应符合相关监测方法标准的要求。每批次真空罐（瓶）应进行空白测定。采样所用的辅助物品也应经过清洗，密封带到现场，或者事先在洁净的环境中安装好，封好进气口带到现场。其他具体技术操作参见 HJ 759、GB/T 14675。

6.5.2.3　采样

用真空罐（瓶）采集空气样品可分为瞬时采样和恒流采样两种方式。瞬时采样时在罐进气口处加过滤器，恒流采样时在罐进气口安装限流阀和过滤器。

真空罐采样参见 HJ 759，真空瓶采样参见 GB/T 14675。

6.5.2.4　样品运输和保存

样品运输和保存参见 HJ 759、GB/T 14675。

6.5.3　气袋

6.5.3.1　采样系统

气袋适用于采集化学性质稳定、不与气袋起化学反应的低沸点气态污染物。气袋常用的材质有聚四氟乙烯、聚乙烯、聚氯乙烯和金属衬里（铝箔）等。根据监测方法标准要求和目标污染物性质等选择合适的气袋。

气袋采样方式可分真空负压法和正压注入法。真空负压法采样系统由进气管、气袋、真空箱、阀门和抽气泵等部分组成；正压注入法用双联球、注射器、正压泵等器具通过连接管将样品气体直接注入气袋中。

6.5.3.2　采样前准备

采样前气袋应清洗干净，确保无残留气体干扰。采样前应检查气袋是否密封良好是否有破裂损坏等情况，并进行气密性检查，确保采样系统不漏气。

6.5.3.3　采样

用现场空气清洗气袋 3~5 次后再正式采样，采样后迅速将进气口密封，做好标识，并记录采样时间、地点、气温、气压等参数。

6.5.3.4　样品运输和保存

采样后气袋应迅速放入运输箱内，防止阳光直射，并采取措施避免气袋破损；当环境温差较大时，应采取保温措施；样品存放时间不宜过长，应在最短的时间内送至实验室分析。

6.5.4　注射器

6.5.4.1　采样系统

注射器通常由玻璃、塑料等材质制成，采样前根据方法要求选择。一般用 50 mL 或 100 mL 带有惰性密封头的注射器。

6.5.4.2　采样前准备

将注射器按监测方法标准要求进行洗涤、干燥等处理后密封备用。采样前，所用注射器要通过气密性和空白检查，并保证内部无残留气体。

6.5.4.3　采样

采样时，移去注射器的密封头，抽吸现场空气 3~5 次，然后抽取一定体积的气样，密封后将注射器进口朝下、垂直放置，使注射器的内压略大于大气压。做好样品标识，记录采样时间、地点、气温、气压等参数。

6.5.4.4　样品运输和保存

采样后注射器应迅速放入运输箱内，并保持垂直状态运送；玻璃注射器应小心轻放，防止损坏；样品保温并避光保存，采样后尽快分析，在监测方法标准规定的时限内测定完毕。

6.6　被动采样法

6.6.1　适用项目

被动采样法适用于硫酸盐化速率、氟化物（长期）、降尘等污染物的样品采集。

6.6.2　硫酸盐化速率

将用碳酸钾溶液浸渍过的玻璃纤维滤膜（碱片）暴露于环境空气中，环境空气中的二氧化硫、硫化氢、硫酸雾等与浸渍在滤膜上的碳酸钾发生反应，生成硫酸盐而被固定的采样方法。

6.6.2.1　采样装置

采样装置由采样滤膜和采样架组成，采样架由塑料皿、塑料垫圈及塑料皿支架构成，如图 4（略）所示。

塑料皿，高 10 mm，内径 72 mm；

塑料垫圈，厚 1～2 mm，内径 50 mm，外径 72 mm：

塑料皿支架，由两块聚氯乙烯硬塑料板（120 mm×120 mm）成 90°角焊接，下面再焊接一个高为 30 mm、内径为 78～80 mm 的聚氯乙烯短管，在其管壁上互成 120°处，钻三个螺栓眼，距支架面 15 mm，用三个螺栓固定塑料皿。

6.6.2.2 和 6.6.2.3（略）。

6.6.3　氟化物

空气中长期平均污染水平的氟化物的采样按 HJ 481 的相关要求进行。

6.6.4　降尘采样

降尘的采样按 GB/T 15265 的相关要求进行，

6.7　采样点气象参数观测

在采样过程中，应观测采样点环境温度和气压，有条件时可观测相对湿度、风向和风速等气象参数：

温度观测，所用温度计温度测量范围一般为（−40～55）℃，精度为±0.5℃。

6.8～7（略）。

8　数据处理

8.1　有效数字及数值修约

有效数字及数值修约相关要求按照 GB/T 8170、HJ 663 和监测项目的监测方法标准要求执行。

8.2　异常值的判断和处理

异常值的判断和处理按照 GB/T 4883 的要求执行。当出现异常值时，应查找原因，原因不明的异常值不应随意剔除。

8.3　数据校核及审核

数据校核及审核参见 HJ 630 的相关技术要求。

知识点，不同的采样方法适用项目，样品运输与保存要求，数据处理。

5. 了解环境空气保护目标和网格点环境质量现状浓度计算方法

环境空气保护目标：指评价范围内按 GB 3095 规定划分为一类区的自然保护区风景名胜区及其他需要特殊保护的区域，二类区中的居住区、文化区和农村地区中人群较集中的区域。

根据《环境影响评价技术导则　大气环境》（HJ 2.2－2018）：

6.4.3.2　对采用补充监测数据进行现状评价的，取各污染物不同评价时段监测浓度的最大值，作为评价范围内环境空气保护目标及网格点环境质量现状浓度。对于有多个监测点位数据的，先计算相同时刻各监测点位平均值，再取各监测时段平均值中的最大值。计算方法见公式（3）。

$$\rho_{现状(x,y)} = \text{Max}\left[\frac{1}{n}\sum_{j=1}^{n}\rho_{监测(j,t)}\right] \qquad (1)$$

式中：$\rho_{现状(x,y)}$——环境空气保护目标及网格点(x,y)环境质量现状浓度，$\mu g/m^3$；

$\quad\quad\rho_{监测(j,t)}$——第j个监测点位在t时刻环境质量现状浓度（包括 1 h 平均、8 h 平均或日平均质量浓度），$\mu g/m^3$；

$\quad\quad n$——现状补充监测点位数。

6. 熟悉环境空气保护目标调查表的用法

环境空气保护目标调查：调查项目大气环境评价范围内主要环境空气保护目标。在带有地理信息的底图中标注，并列表给出环境空气保护目标内主要保护对象的名称、保护内容、所在大气环境功能区划以及与项目厂址的相对距离、方位、坐标等信息。

环境空气保护目标调查相关内容与格式要求见表 C.4。

表 C.4　环境空气保护目标

名称	坐标/m		保护对象	保护内容	环境功能区	相对厂址方位	相对厂界距离/m
	X	Y					

（二）地表水环境现状调查与评价

1. 熟悉建设项目地表水环境质量现状、保护目标、水资源开发利用状况、水文情势现状调查的技术要求

根据《环境影响评价技术导则　地表水环境》（HJ 2.3—2018）：

6　环境现状调查与评价

6.1　总体要求

6.1.1　环境现状调查与评价应按照 HJ 2.1 的要求，遵循问题导向与管理目标导向统筹、流域（区域）与评价水域兼顾、水质水量协调、常规监测数据利用与补充监测互补、水环境现状与变化分析结合的原则。

6.1.2　应满足建立污染源与受纳水体水质响应关系的需求，符合地表水环境影响预测的要求。

6.1.3　工业园区规划环评的地表水环境现状调查与评价可依据本标准执

行，流域规划环评参照执行，其他规划环评根据规划特性与地表水环境评价要求，参考执行或选择相应的技术规范。

6.2　调查范围

6.2.1　地表水环境的现状调查范围应覆盖评价范围，应以平面图方式表示，并明确起、止断面的位置及涉及范围。

6.2.2　对于水污染影响型建设项目，除覆盖评价范围外，受纳水体为河流时，在不受回水影响的河段，排放口上游调查范围宜不小于 500 m，受回水影响河段的上游调查范围原则上与下游调查的河段长度相等；受纳水体为湖库时，以排放口为圆心，调查半径在评价范围基础上外延 20%～50%。

6.2.3　对于水文要素影响型建设项目，受影响水体为河流、湖库时，除覆盖评价范围外，一级、二级评价时，还应包括库区及支流回水影响区、坝下至下一个梯级或河口、受水区、退水影响区。

6.2.4　对于水污染影响型建设项目，建设项目排放污染物中包括氮、磷或有毒污染物且受纳水体为湖泊、水库时，一级评价的调查范围应包括整个湖泊、水库，二级、三级 A 评价时，调查范围应包括排放口所在水环境功能区、水功能区或湖（库）湾区。

6.2.5　受纳或受影响水体为入海河口及近岸海域时，调查范围依据 GB/T 19485 要求执行。

6.3　调查因子

地表水环境现状调查因子根据评价范围水环境质量管理要求、建设项目水污染物排放特点与水环境影响预测评价要求等综合分析确定。调查因子应不少于评价因子。

6.4　调查时期

调查时期和评价时期一致。

6.5　调查内容与方法

6.5.1　地表水环境现状调查内容包括建设项目及区域水污染源调查、受纳或受影响水体水环境质量现状调查、区域水资源与开发利用状况、水文情势与相关水文特征值调查，以及水环境保护目标、水环境功能区或水功能区、近岸海域环境功能区及其相关的水环境质量管理要求等调查。涉及涉水工程的，还应调查涉水工程运行规则和调度情况。详细调查内容见附录 B。

6.5.2　调查方法主要采用资料收集、现场监测、无人机或卫星遥感遥测等方法。

6.6　调查要求

6.6.1　建设项目污染源调查应在工程分析基础上，确定水污染物的排放量及进入受纳水体的污染负荷量。

6.6.2 区城水污染源调查

6.6.2.1 应详细调查与建设项目排放污染物同类的，或有关联关系的已建项目、在建项目、拟建项目（已批复环境影响评价文件，下同）等污染源。

a）一级评价，以收集利用排污许可证登记数据、环评及环保验收数据及既有实测数据为主，并辅以现场调查及现场监测；

b）二级评价，主要收集利用排污许可证登记数据、环评及环保验收数据及既有实测数据，必要时补充现场监测；

c）水污染影响型三级 A 评价与水文要素影响型三级评价，主要收集利用与建设项目排放口的空间位置和所排污染物的性质关系密切的污染源资料，可不进行现场调查及现场监测；

d）水污染影响型三级 B 评价，可不开展区域污染源调查，主要调查依托污水处理设施的日处理能力、处理工艺、设计进水水质、处理后的废水稳定达标排放情况，同时应调查依托污水处理设施执行的排放标准是否涵盖建设项目排放的有毒有害的特征水污染物。

6.6.2.2 一级、二级评价，建设项目直接导致受纳水体内源污染变化，或存在与建设项目排放污染物同类的且内源污染影响受纳水体水环境质量，应开展内源污染调查，必要时应开展底泥污染补充监测。

6.6.2.3 具有已审批入河排放口的主要污染物种类及其排放浓度和总量数据，以及国家或地方发布的入河排放口数据的，可不对入河排放口汇水区域的污染源开展调查。

6.6.2.4 面污染源调查主要采用收集利用既有数据资料的调查方法，可不进行实测。

6.6.2.5 建设项目的污染物排放指标需要等量替代或减量替代时，还应对替代项目开展污染源调查。

6.6.3 水环境质量现状调查

6.6.3.1 应根据不同评价等级对应的评价时期要求开展水环境质量现状调查。

6.6.3.2 应优先采用国务院生态环境主管部门统一发布的水环境状况信息。

6.6.3.3 当现有资料不能满足要求时，应按照不同等级对应的评价时期要求开展现状监测。

6.6.3.4 水污染影响型建设项目一级、二级评价时，应调查受纳水体近 3 年的水环境质量数据，分析其变化趋势。

6.6.4 水环境保护目标调查。应主要采用国家及地方人民政府颁布的各相关名录中的统计资料。

6.6.5　水资源与开发利用状况调查。水文要素影响型建设项目一级、二级评价时，应开展建设项目所在流域、区域的水资源与开发利用状况调查。

6.6.6　水文情势调查

6.6.6.1　应尽量收集临近水文站既有水文年鉴资料和其他相关的有效水文观测资料。当上述资料不足时，应进行现场水文调查与水文测量，水文调查与水文测量宜与水质调查同步进行。

6.6.6.2　水文调查与水文测量宜在枯水期进行。必要时，可根据水环境影响预测需要、生态环境保护要求，在其他时期（丰水期、平水期、冰封期等）进行。

6.6.6.3　水文测量的内容应满足拟采用的水环境影响预测模型对水文参数的要求。在采用水环境数学模型时，应根据所选用的预测模型需输入的水文特征值及环境水力学参数决定水文测量内容；在采用物理模型法模拟水环境影响时，水文测量应提供模型制作及模型试验所需的水文特征值及环境水力学参数。

6.6.6.4　水污染影响型建设项目开展与水质调查同步进行的水文测量，原则上可只在一个时期（水期）内进行。在水文测量的时间、频次和断面与水质调查不完全相同时，应保证满足水环境影响预测所需的水文特征值及环境水力学参数的要求。

具体参考附录 B

B.3　水文情势调查

水文情势调查内容见表 B.1。

表 B.1　水文情势调查内容表

水体类型	水污染影响型	水文要素影响型
河流	水文年及水期划分、不利水文条件及特征水文参数、水动力学参数等	水文系列及其特征参数；水文件及水期的划分；河流物理形态参数；河流水沙参数、丰枯水期水流及水位变化特征等
湖库	湖库物理形态参数；水库调节性能与运行调度方式；水文年及水期划分；不利水文条件及特征水文参数；出入湖（库）水量过程；湖流动力学参数；水温分层结构等	
入海河口（感潮河段）	潮汐特征、感潮河段的范围、潮区界与潮流界的划分；潮位及潮流；不利水文条件组合及特征水文参数；水流分层特征等	
近岸海域	水温、盐度、泥沙、潮位、流向、流速、水深等，潮汐性质及类型，潮流、余流性质及类型，海岸线、海床、滩涂、海岸蚀淤变化趋势等	

B.4 水资源开发利用状况调查

B.4.1 水资源现状调查水资源总量、水资源可利用量、水资源时空分布特征、人类活动对水资源量的影响等。主要涉水工程概况调查，包括数量、等级、位置、规模，主要开发任务、开发方式、运行调度及其对水文情势、水环境的影响。应涵盖大型、中型、小型等各类涉水工程，绘制涉水工程分布示意图。

B.4.2 水资源利用状况

调查城市、工业、农业、渔业、水产养殖业、水域景观等各类用水现状与规划（包括用水时间、取水地点、取用水量等），各类用水的供需关系（包括水权等）、水质要求和渔业、水产养殖业等所需的水面面积。

2. 熟悉建设项目地表水环境污染源调查的要求和方法

根据《环境影响评价技术导则 地表水环境》（HJ 2.3—2018）：

B.1 建设项目污染源

根据建设项目工程分析、污染源源强核算技术指南，结合排污许可技术规范等相关要求，分析确定建设项目所有排放口（包括涉及一类污染物的车间或车间处理设施排放口、企业总排口、雨水排放口、清净下水排放口、温排水排放口等）的污染物源强，明确排放口的相对位置并附图件、地理位置（经纬度）、排放规律等。改建、扩建项目还应调查现有企业所有废水排放口。

B.2 区域水污染源调查

B.2.1 点污染源调查内容，主要包括：

a）基本信息。主要包括污染源名称、排污许可证编号等。

b）排放特点。主要包括排放形式，分散排放或集中排放，连续排放或间歇排放；排放口的平面位置（附污染源平面位置图）及排放方向；排放口在断面上的位置。

c）排污数据。主要包括污水排放量、排放浓度、主要污染物等数据。

d）用排水状况。主要调查取水量、用水量、循环水量、重复利用率、排水总量等。

e）污水处理状况。主要调查各排污单位生产工艺流程中的产污环节、污水处理工艺、处理效率、处理水量、中水回用量、再生水量、污水处理设施的运转情况等。

f）根据评价等级及评价工作需要，选择上述全部或部分内容进行调查。

B.2.2 面污染源调查内容，按照农村生活污染源、农田污染源、分散式畜禽养殖污染源、城镇地面径流污染源、堆积物污染源、大气沉降源等分类，采用源强系数法、面源模型法等方法，估算面源源强、流失量与入河量等。主要包括：

　　a）农村生活污染源：调查人口数量、人均用水量指标、供水方式、污水排放方式、去向和排污负荷量等。

　　b）农田污染源：调查农药和化肥的施用种类、施用量、流失量及入河系数、去向及受纳水体等情况（包括水土流失、农药和化肥流失强度、流失面积、土壤养分含量等调查分析）。

　　c）畜禽养殖污染源：调查畜禽养殖的种类、数量、养殖方式、粪便污水收集与处置情况、主要污染物浓度、污水排放方式和排污负荷量、去向及受纳水体等。畜禽粪便污水作为肥水进行农田利用的，需考虑畜禽粪便污水土地承载力。

　　d）城镇地面径流污染源：调查城镇土地利用类型及面积、地面径流收集方式与处理情况、主要污染物浓度、排放方式和排污负荷量、去向及受纳水体等。

　　e）堆积物污染源：调查矿山、冶金、火电、建材、化工等单位的原料、燃料、废料、固体废物（包括生活垃圾）的堆放位置、堆放面积、堆放形式及防护情况、污水收集与处置情况、主要污染物和特征污染物浓度、污水排放方式和排污负荷量、去向及受纳水体等。

　　f）大气沉降源：调查区域大气沉降（湿沉降、干沉降）的类型、污染物种类、污染物沉降负荷量等。

　　B.2.3　内源污染。底泥物理指标包括力学性质、质地、含水率、粒径等；化学指标包括水域超标因子、与本建设项目排放污染物相关的因子。

3. 熟悉地表水环境现状调查补充监测断面、点位、时间、频次的要求和确定方法

　　应对收集资料进行复核整理，分析资料的可靠性、一致性和代表性，针对资料的不足，制订必要的补充监测方案，确定补充监测的时期、内容、范围。

　　需要开展多个断面或点位补充监测的，应在大致相同的时段内开展同步监测。需要同时开展水质与水文补充监测的，应按照水质水量协调统一的要求开展同步监测，测量的时间、频次和断面应保证满足水环境影响预测的要求。

　　应选择符合监测项目对应环境质量标准或参考标准所推荐的监测方法，并在监测报告中注明。水质采样与水质分析应遵循相关的环境监测技术规范。水文调查与水文测量的方法可参照 GB 50179、GB/T 12763、GB/T 14914 的相关规定执行。河流及湖库底泥调查参照 HJ/T 91 执行，入海河口、近岸海域沉积物调查参照 GB 17378、HJ 442 执行。

　　监测内容：

　　应在常规监测断面的基础上，重点针对对照断面、控制断面以及环境保护

目标所在水域的监测断面开展水质补充监测。

当调查的水下地形数据不能满足水环境影响预测要求时，应开展水下地形补充测绘。

底泥污染调查与评价的监测点位布设应能够反映底泥污染物空间分布特征的要求，根据底泥分布区域、分布深度、扰动区域、扰动深度、扰动时间等设置。

监测布点与采样频次要求见《环境影响评价技术导则　地表水环境》（HJ 2.3—2018）附录 C。

C.1　河流监测断面设置

C.1.1　水质监测断面布设

应布设对照断面、控制断面。水污染影响型建设项目在拟建排放口上游应布置对照断面（宜在 500 m 以内），根据受纳水域水环境质量控制管理要求设定控制断面。控制断面可结合水环境功能区或水功能区、水环境控制单元区划情况，直接采用国家及地方确定的水质控制断面。评价范围内不同水质类别区、水环境功能区或水功能区、水环境敏感区及需要进行水质预测的水域，应布设水质监测断面。评价范围以外的调查或预测范围，可以根据预测工作需要增设相应的水质监测断面。

C.1.2　水质取样断面上取样垂线的布设

按照 HJ/T 91 的规定执行。

C.1.3　采样频次

每个水期可监测一次，每次同步连续调查取样 3～4 d，每个水质取样点每天至少取一组水样，在水质变化较大时，每间隔一定时间取样一次。水温观测频次，应每间隔 6 h 观测一次水温，统计计算日平均水温。

C.2　湖库监测点位设置与采样频次

C.2.1　水质取样垂线的布设

C.2.1.1　对于水污染影响型建设项目，水质取样垂线的设置可采用以排放口为中心、沿放射线布设或网格布设的方法，按照下列原则及方法设置：一级评价在评价范围内布设的水质取样垂线数宜不少于 20 条；二级评价在评价范围内布设的水质取样垂线数宜不少于 16 条。评价范围内不同水质类别区、水环境功能区或水功能区、水环境敏感区、排放口和需要进行水质预测的水域，应布设取样垂线。

C.2.1.2　对于水文要素影响型建设项目，在取水口、主要入湖（库）断面、坝前、湖（库）中心水域、不同水质类别区、水环境敏感区和需要进行水质预测的水域，应布设取样垂线。对于复合影响型建设项目，应兼顾进行取样垂线的布设。

C.2.2　水质取样垂线上取样点的布设

按照 HJ/T 91 的规定执行。

C.2.3　采样频次

每个水期可监测一次，每次同步连续取样 2～4 d，每个水质取样点每天至少取一组水样，但在水质变化较大时，每间隔一定时间取样一次。溶解氧和水温监测频次，每间隔 6 h 取样监测一次，在调查取样期内适当监测藻类。

C.3　入海河口、近岸海域监测点位设置与采样频次

C.3.1　水质取样断面和取样垂线的设置

一级评价可布设 5～7 个取样断面；二级评价可布设 3～5 个取样断面。

C.3.2　水质取样点的布设

根据垂向水质分布特点，参照 GB/T 12763 和 HJ 442 执行。排放口位于感潮河段内的，其上游设置的水质取样断面，应根据实际情况参照河流决定，其下游断面的布设与近岸海域相同。

C.3.3　采样频次

原则上一个水期在一个潮周期内采集水样，明确所采样品所处潮时，必要时对潮周日内的高潮和低潮采样。当上、下层水质变幅较大时，应分层取样。入海河口上游水质取样频次参照感潮段相关要求执行，下游水质取样频次参照近岸海域相关要求执行。对于近岸海域，一个水期宜在半个太阴月内的大潮期或小潮期分别采样，明确所采样品所处潮时；对所有选取的水质监测因子，在同一潮次取样。

4. 了解地表水环境现状调查补充监测采样、样品保存、运输等技术要求

根据《地表水环境质量监测技术规范》（HJ 91.2—2022 部分代替 HJ/T 91—2002）：

4.2.4　样品采集

4.2.4.1　采样位置

采样时应保证采样点位置准确，必要时使用定位仪定位，并拍摄水体现场情况，做好记录。不能抵达指定采样位置时，应记录现场情况和调整后的实际采样位置。

4.2.4.2　采样方式和技术要求

各种采样方式的技术要求如下：

a）船只采样：按采样时间及风浪等级选择适当吨位的船只；采样船应位于采样点下游，逆流采集水样，避免搅动底部沉积物造成水样污染。采样人员应在船只前部采集水样，尽量使采样器远离船体。若船上不具备静置条件，返回

岸上后应立即静置；

b）桥上采样：采样人员应能准确控制采样点位置，且能满足现场项目测定要求；

c）涉水采样：较浅的河流或靠近岸边水浅的采样点可涉水采样；采样人员应站在采样点下游，逆流采集水样，避免搅动底部沉积物导致水样污染；

d）其他采样方式：可使用无人机、无人船或在闸坝等水利设施上采集水样，但要保证采样点的准确性；

e）一般情况下，允许采集岸边水样，确因特殊情况，需要在岸边采集水样时，应记录现场情况；

f）在监测断面目视范围内无水或仅有不连贯的积水时，可不采集水样，应记录现场情况；

g）结冰期、封冻期、解冻期采样时应在确保安全条件下，于河流主流上选择破冰点，破冰后水流有明显上涌，可采集水样；

h）尽量选择在连续两天无降雨之后采样。若计划采样期间遇连续降雨，在确保安全的条件下，原则上避开明显有雨水汇入的区域，在水质充分混匀的区域或者汇入点上游区域采集水样，应记录现场情况；

i）潮汐河流或受盐度影响的地表水，若中下层水样的盐度大于 2‰，可只采集表层水样，但应记录中下层水样的盐度值；

j）河流汇入河（湖）的河口断面出现倒流现象时，应采集水样并记录流向。

4.2.4.3 采样量

最少采样量应符合标准分析方法或 HJ 493 的规定。

4.2.4.4 采样方法

采样方法按照以下要求执行：

a）在同一监测断面分层采样时，应自上而下进行，避免不同层次水体混扰；

b）除标准分析方法有特殊要求的监测项目外，采样器、静置容器和样品瓶在使用前应先用水样分别荡洗 2～3 次；

c）采样时不可搅动水底的沉积物。除标准分析方法有特殊要求的监测项目外，采集的水样倒入静置容器中，保证足够用量，自然静置 30 min。自然静置时，使用防尘盖遮挡，避免灰尘污染；

d）使用虹吸装置取上层不含沉降性固体的水样，移入样品瓶，虹吸装置进水尖嘴应保持插至水样表层 50 mm 以下位置。

4.2.4.5 特殊样品

特殊样品的采集按照以下要求执行：

a）石油类、五日生化需氧量、溶解氧、硫化物、悬浮物、粪大肠菌群、叶绿素 a 等或标准分析方法有特殊要求的项目要单独采样；

b）采集石油类样品，采样前应先破坏可能存在的油膜，使用专用的石油类采样器，在水面下至 30 cm 水深采集柱状水样。保证水样采集在水面下进行，不得采入水面可能存在的油膜或水底的沉积物。采样量应满足标准分析方法的要求，且样品瓶不能用采集的水样荡洗；

c）采集溶解氧、五日生化需氧量、硫化物和有机物等项目水样时，水样应注满样品瓶，液面之上不留空间，使用标准分析方法规定的专用保存容器；

d）采集的水样含有明显藻类时，可将水样全部通过孔径为 63 μm 的过滤筛后，倒入静置容器中，保证足够需用量后，自然静置 30 min，使用虹吸管取上层水样，移入样品瓶，立即加入保存剂；

e）采集溶解态金属水样时，现场使用孔径为 0.45 μm 的滤膜过滤后，分装入样品瓶，立即加入保存剂；

f）采集总磷水样时，自然静置 30 min 后仍存在大量可沉降性固体的水样，应在现场重新采集水样，根据原水浊度测定结果选择延长静置时间或离心的方式进行处理。具体方法见附录 A。

4.2.4.6　水样保存

采集的水样按监测项目标准分析方法规定添加适量保存剂，标准分析方法中没有规定的，按 HJ 493 规定执行。添加保存剂的过程中，所用器具不可混用，避免交叉污染。

4.2.4.7　采样结束前核查

采样结束前，应核对采样计划、记录与水样，如有错误或遗漏，应立即重新采样或补采。

4.2.4.8　现场监测项目

可现场测定的项目（pH 值、溶解氧、水温、电导率、透明度、浊度等）优先选用现场测定方法，并尽量原位监测。

4.2.5　水样运输与交接

4.2.5.1　水样运输前，应将样品瓶的外（内）盖盖紧，需要冷藏保存的样品应按照标准分析方法要求保存，并在运输过程中确保冷藏效果。

4.2.5.2　装箱时应用减震材料分隔固定，以防破损。

4.2.5.3　水样采集后宜尽快送往实验室。根据采样点的地理位置和各监测项目标准分析方法允许的保存时间，规划采样送样时间，选用适当的运输方式，以防延误。

4.2.5.4　样品运输过程中应采取措施避免沾污、损失和丢失。

4.2.5.5　水样交付实验室时，应清点样品，核查样品的有效性并填写交接记录表。

4.2.5.6　采样记录、样品标签及其包装应完整。若发现样品异常或处于损坏状态，应如实记录，并尽快采取相关处理措施，必要时重新采样。

5. 掌握地表水环境质量现状、控制断面、水环境功能区或水功能区水质达标状况评价方法

根据《环境影响评价技术导则　地表水环境》（HJ 2.3—2018）：

6.9　评价方法

6.9.1　水环境功能区或水功能区、近岸海域环境功能区及水环境控制单元或断面水质达标状况评价方法，参考国家或地方政府相关部门制定的水环境质量评价技术规范、水体达标方案编制指南、水功能区水质达标评价技术规范等。

6.9.2　监测断面或点位水环境质量现状评价方法。采用水质指数法评价，评价方法见附录 D。

6.9.3　底泥污染状况评价方法。采用单项污染指数法评价，评价方法见附录 D。

附录 D（规范性附录）　水环境质量评价方法

D.1　水质指数法

D.1.1　一般性水质因子（随着浓度增加而水质变差的水质因子）的指数计算公式：

$$S_{i,j} = C_{i,j} / C_{si} \qquad\qquad (D.1)$$

式中：$S_{i,j}$——评价因子 i 的水质指数，大于 1 表明该水质因子超标；

　　　$C_{i,j}$——评价因子 i 在 j 点的实测统计代表值，mg/L；

　　　C_{si}——评价因子 i 的水质评价标准限值，mg/L。

D.1.2　溶解氧（DO）的标准指数计算公式：

$$S_{DO,j} = DO_s / DO_j \qquad\qquad DO_j \leqslant DO_f \qquad (D.2)$$

$$S_{DO,j} = \frac{|DO_f - DO_j|}{DO_f - DO_s} \qquad DO_j > DO_f \qquad (D.3)$$

式中：$S_{DO,j}$——溶解氧的标准指数，大于 1 表明该水质因子超标；

　　　DO_j——溶解氧在 j 点的实测统计代表值，mg/L；

　　　DO_s——溶解氧的水质评价标准限值，mg/L；

　　　DO_f——饱和溶解氧浓度，mg/L，对于河流，$DO_f = 468 / (31.6 + T)$；

　　　　　　　对于盐度比较高的湖泊、水库及入海河口、近岸海域，

　　　　　　　$DO_f = (491 - 2.65S) / (33.5 + T)$；

S —— 实用盐度符号，量纲一；

T —— 水温，℃。

D.1.3　pH值的指数计算公式：

$$S_{\mathrm{pH},j} = \frac{7.0 - \mathrm{pH}_j}{7.0 - \mathrm{pH}_{\mathrm{sd}}} \qquad \mathrm{pH}_j \leqslant 7.0 \qquad （D.4）$$

$$S_{\mathrm{pH},j} = \frac{\mathrm{pH}_j - 7.0}{\mathrm{pH}_{\mathrm{su}} - 7.0} \qquad \mathrm{pH}_j > 7.0 \qquad （D.5）$$

式中：$S_{\mathrm{pH},j}$ —— pH的指数，大于1表明该水质因子超标；

pH_j —— pH实测统计代表值；

$\mathrm{pH}_{\mathrm{sd}}$ —— 评价标准中pH的下限值；

$\mathrm{pH}_{\mathrm{su}}$ —— 评价标准中pH的上限值。

D.2　底泥污染指数法

D.2.1　底泥污染指数计算公式：

$$P_{i,j} = C_{i,j} / C_{si} \qquad （D.6）$$

式中：$P_{i,j}$ —— 底泥污染因子i的单项污染指数，大于1表明该污染因子超标；

$C_{i,j}$ —— 调查点位污染因子i的实测值，mg/L；

C_{si} —— 污染因子i的评价标准值或参考值，mg/L。

D.2.2　底泥污染评价标准值或参考值

可以根据土壤环境质量标准或所在水域底泥的背景值，确定底泥污染评价标准值或参考值。

6. 掌握地表水环境水质状况、功能区达标状况、底泥（底质）污染状况、水资源与开发利用状况、生态流量满足程度等方面的评价要求

根据《环境影响评价技术导则　地表水环境》（HJ 2.3—2018）：

6.8　环境现状评价内容与要求

根据建设项目水环境影响特点与水环境质量管理要求，选择以下全部或部分内容开展评价：

a）水环境功能区或水功能区、近岸海域环境功能区水质达标状况。评价建设项目评价范围内水环境功能区或水功能区、近岸海域环境功能区各评价时期的水质状况与变化特征，给出水环境功能区或水功能区、近岸海域环境功能区达标评价结论，明确水环境功能区或水功能区、近岸海域环境功能区水质超标因子、超标程度，分析超标原因。

b）水环境控制单元或断面水质达标状况。评价建设项目所在控制单元或断

面各评价时期的水质现状与时空变化特征，评价控制单元或断面的水质达标状况，明确控制单元或断面的水质超标因子、超标程度，分析超标原因。

c）水环境保护目标质量状况。评价涉及水环境保护目标水域各评价时期的水质状况与变化特征，明确水质超标因子、超标程度，分析超标原因。

d）对照断面、控制断面等代表性断面的水质状况。评价对照断面水质状况，分析对照断面水质水量变化特征，给出水环境影响预测的设计水文条件；评价控制断面水质现状、达标状况，分析控制断面来水水质水量状况，识别上游来水不利组合状况，分析不利条件下的水质达标问题。评价其他监测断面的水质状况，根据断面所在水域的水环境保护目标水质要求，评价水质达标状况与超标因子。

e）底泥污染评价。评价底泥污染项目及污染程度，识别超标因子，结合底泥处置排放去向，评价退水水质与超标情况。

f）水资源与开发利用程度及其水文情势评价。根据建设项目水文要素影响特点，评价所在流域（区域）水资源与开发利用程度、生态流量满足程度、水域岸线空间占用状况等。

g）水环境质量回顾评价。结合历史监测数据与国家及地方生态环境主管部门公开发布的环境状况信息，评价建设项目所在水环境控制单元或断面、水环境功能区或水功能区、近岸海域环境功能区的水质变化趋势，评价主要超标因子变化状况，分析建设项目所在区域或水域的水质问题，从水污染、水文要素等方面，综合分析水环境质量现状问题的原因，明确与建设项目排污影响的关系。

h）流域（区域）水资源（包括水能资源）与开发利用总体状况、生态流量管理要求与现状满足程度、建设项目占用水域空间的水流状况与河湖演变状况。

i）依托污水处理设施稳定达标排放评价。评价建设项目依托的污水处理设施稳定达标状况，分析建设项目依托污水处理设施环境可行性。

8.4　生态流量确定

8.4.1　一般要求

8.4.1.1　根据河流、湖库生态环境保护目标的流量（水位）及过程需求确定生态流量（水位）。河流应确定生态流量，湖库应确定生态水位。

8.4.1.2　根据河流和湖库的形态、水文特征及生物重要生境分布，选取代表性的控制断面综合分析评价河流和湖库的生态环境状况、主要生态环境问题等。生态流量控制断面或点位选择应结合重要生境和重要环境保护对象等保护目标的分布、水文站网分布以及重要水利工程位置等统筹考虑。

8.4.1.3　依据评价范围内各水环境保护目标的生态环境需水确定生态流量，生态环境需水的计算方法可参考有关标准规定执行。

8.4.2　河流、湖库生态环境需水计算要求

8.4.2.1　河流生态环境需水

河流生态环境需水包括水生生态需水、水环境需水、湿地需水、景观需水、河口压咸需水等。应根据河流生态环境保护目标要求，选择合适方法计算河流生态环境需水及其过程，符合以下要求：

a）水生生态需水计算中，应采用水力学法、生态水力学法、水文学法等方法计算水生生态流量。水生生态流量最少采用两种方法计算，基于不同计算方法成果对比分析，合理选择水生生态流量成果；鱼类繁殖期的水生生态需水宜采用生境分析法计算，确定繁殖期所需的水文过程，并取外包线作为计算成果，鱼类繁殖期所需水文过程应与天然水文过程相似。水生生态需水应为水生生态流量与鱼类繁殖期所需水文过程的外包线。

b）水环境需水应根据水环境功能区或水功能区确定控制断面水质目标，结合计算范围内的河段特征和控制断面与概化后污染源的位置关系，采用 7.6 的数学模型方法计算水环境需水。

c）湿地需水应综合考虑湿地水文特征和生态保护目标需水特征，综合不同方法合理确定湿地需水。河岸植被需水量采用单位面积用水量法、潜水蒸发法、间接计算法、彭曼公式法等方法计算；河道内湿地补给水量采用水量平衡法计算。保护目标在繁育生长关键期对水文过程有特殊需求时，应计算湿地关键期需水量及过程。

d）景观需水应综合考虑水文特征和景观保护目标要求，确定景观需水。

e）河口压咸需水应根据调查成果，确定河口类型，可采用附录 E 中的相关数学模型计算河口压咸需水。

f）其他需水应根据评价区域实际情况进行计算，主要包括冲沙需水、河道蒸发和渗漏水等。对于多泥沙河流，需考虑河流冲沙需水计算。

8.4.2.2　湖库生态环境需水计算要求：

a）湖库生态环境需水包括维持湖库生态水位的生态环境需水及入（出）湖河流生态环境需水。湖库生态环境需水可采用最小值、年内不同时段值和全年值表示。

b）湖库生态环境需水计算中，可采用不同频率最枯月平均值法或近 10 年最枯月平均水位法确定湖库生态环境需水最小值。年内不同时段值应根据湖库生态环境保护目标所对应的生态环境功能，分别计算各项生态环境功能敏感水期要求的需水量。维持湖库形态功能的水量，可采用湖库形态分析法计算。维

持生物栖息地功能的需水量，可采用生物空间法计算。

c）入（出）湖库河流的生态环境需水应根据 8.4.2.1 计算确定，计算成果应与湖库生态水位计算成果相协调。

8.4.3 河流、湖库生态流量综合分析与确定

8.4.3.1 河流应根据水生生态需水、水环境需水、湿地水、景观需水、河口压成需水和其他需水等计算成果，考虑各项需水的外包关系和叠加关系，综合分析需水目标要求，确定生态流量。湖库应根据湖库生态环境需水确定最低生态水位及不同时段内的水位。

8.4.3.2 应根据国家或地方政府批复的综合规划、水资源规划、水环境保护规划等成果中相关的生态流量控制等要求，综合分析生态流量成果的合理性。

（三）地下水环境现状调查与评价

1. 掌握地下水调查评价范围、目标含水层确定的技术要求

根据《环境影响评价技术导则 地下水环境》（HJ 610—2016）：

8.2 调查评价范围

8.2.1 基本要求

地下水环境现状调查评价范围应包括与建设项目相关的地下水环境保护目标，以能说明地下水环境的现状，反映调查评价区地下水基本流场特征，满足地下水环境影响预测和评价为基本原则。

污染场地修复工程项目的地下水环境影响现状调查参照 HJ 25.1 执行。

8.2.2 调查评价范围确定

8.2.2.1 建设项目（除线性工程外）地下水环境影响现状调查评价范围可采用公式计算法、查表法和自定义法确定。

当建设项目所在地水文地质条件相对简单，且所掌握的资料能够满足公式计算法的要求时，应采用公式计算法确定；当不满足公式计算法的要求时，可采用查表法确定。当计算或查表范围超出所处水文地质单元边界时，应以所处水文地质单元边界为宜。

a）公式计算法

$$L=a \cdot K \cdot I \cdot T/n_e$$

式中：L —— 下游迁移距离，m；

　　　a —— 变化系数，$a \geq 1$，一般取 2；

　　　K —— 渗透系数，m/d，常见渗透系数见附录 B 表 B.1；

　　　I —— 水力坡度，量纲为 1；

T —— 质点迁移天数，取值不小于 5 000 d；

n_e —— 有效孔隙度，量纲为 1。

采用该方法时应包含重要的地下水环境保护目标，所得的调查评价范围如图 2 所示。

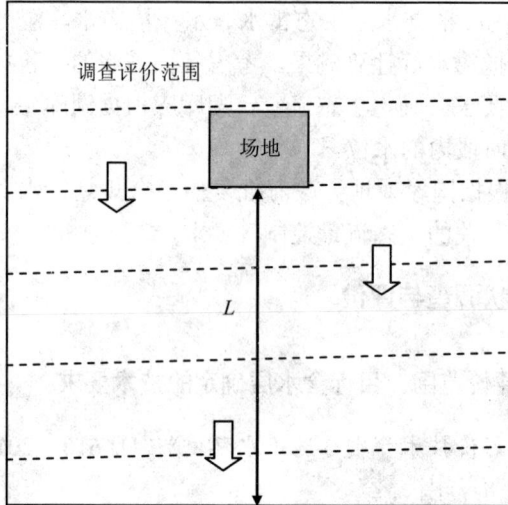

注：虚线表示等水位线；空心箭头表示地下水流向；场地上游距离根据评价需求确定，场地两侧不小于 $L/2$。

图 2　调查评价范围示意图

b）查表法

参照表 3。

表 3　地下水环境现状调查评价范围参照表

评价工作等级	调查评价面积/km^2	备注
一级	≥20	应包括重要的地下水环境保护目标，必要时适当扩大范围
二级	6～20	
三级	≤6	

c）自定义法

可根据建设项目所在地水文地质条件自行确定，须说明理由。

8.2.2.2　线性工程应以工程边界两侧分别向外延伸 200 m 作为调查评价范围；穿越饮用水源准保护区时，调查评价范围应至少包含水源保护区；线性工程站场的调查评价范围确定参照 8.2.2.1。

3.17　地下水环境保护目标　protected target of groundwater environment

潜水含水层和可能受建设项目影响且具有饮用水开发利用价值的含水层，集中式饮用水水源和分散式饮用水水源地，以及《建设项目环境影响评价分类管理名录》中所界定的涉及地下水的环境敏感区。

根据《地下水污染防治重点区划定技术指南（试行）》

1.4　术语与定义

下列术语与定义适用于本指南。

地下水污染防治重点区：基于地下水资源保护、污染防治等管理需要，确定的应当加强地下水污染防治的区域，包括保护类区域和管控类区域。

保护类区域：为防止地下水型饮用水水源污染、保障水源水质，要求加以特殊保护的一定范围的区域，包括地下水型饮用水水源一级保护区、二级保护区、准保护区、补给区，以及矿泉水、名泉等特殊地下水资源保护区域。

管控类区域：除保护类区域外，基于地下水富水性、质量现状和脆弱性综合分析需加强地下水污染防治的重点区域。根据污染源荷载程度，进一步分为一级管控区和二级管控区。

一级管控区：管控类区域内，地下水污染源荷载高，措施以控制风险、削减存量为主的区域。

二级管控区：管控类区域内，地下水污染源荷载中等或低，措施以预防污染、防止新增为主的区域。

地下水型饮用水水源补给区：开采条件下，地下水型饮用水水源开采井所能捕获的地下水的径向区域。

根据导则术语，可以将地下水环境敏感保护目标（目标含水层）分解，如下。

a）潜水含水层和可能受建设项目影响且具有饮用水开发利用价值的含水层；

b）集中式饮用水水源按《饮用水水源保护区划分技术规范》（HJ 338—2018）划定范围；

c）分散式饮用水水源地参照《饮用水水源保护区划分技术规范》（HJ 338—2018）公式法划定范围。

4.5.2.1　单井保护区经验值法

依据含水层介质类型，以单井井口为中心，依据经验值确定保护区半径的划分方法。不同含水层介质的各缓保护区半径如表 1 所示。

表 1　中小型潜水型水源保护区范围的经验值

介质类型	一级保护区半径 R/m	二级保护区半径 R/m
细砂	30	300
中砂	50	500
粗砂	100	1 000
砾石	200	2 000
卵石	500	5 000

注：二级保护区是以一级保护区边界为起点。

该方法适用于地质条件单一的中小型潜水型水源地，水文地质资料缺乏地区，应通过开展水文地质资料调查和收集获取介质类型。

4.5.2.2　单井保护区经验公式法

依据水文地质条件，选择合理的水文地质参数，采用经验公式计算确定单井各级保护区半径的方法。该方法适用于中小型孔隙水潜水型或孔隙水承压型水源地。不同介质类型的渗透系数和松散岩石给水度经验值可参考 HJ 610。

保护区半径计算的经验公式：

$$R = \alpha \times K \times I \times T / n \tag{3}$$

式中：R —— 保护区半径，m；

a —— 安全系数，一般取 150%（为了安全起见，在理论计算的基础上加上一定量，以防未来用水量的增加以及干旱期影响造成半径的扩大）；

K —— 含水层渗透系数，m/d；

I —— 水力坡度（为漏斗范围内的水力平均坡度），无量纲；

T —— 污染物水平迁移时间，d；

n —— 有效孔隙度，无量纲，采用水井所在区域代表性的 n 值。

7.2　孔隙水饮用水水源保护区

7.2.1　孔陈水潜水型水源保护区的划分方法

潜水型饮用水水源地应分别划分一级、二级和准保护区。

7.2.1.1　中小型水源保护区划分

7.2.1.1.1　一级保护区

以开采井为中心，按公式（3）计算的结果为半径的圆形区域。公式中，一级保护区 T 取 100 d。资料不足情况下，以开采井为中心，按表 1 所列的经验值 R 为半径的圆形区域。

7.2.1.12　二级保护区

以开采井为中心，按公式（3）计算的结果为半径的圆形区域。公式中，二级保护区 T 取 1 000 d。资料不足情况下，以开采井为中心，按表 1 所列的经验值 R 为半径的形区域。

d)《建设项目环境影响评价分类管理名录》中所界定的涉及地下水的环境敏感区；

饮用水水源保护区：除集中式饮用水水源以外的国家或地方政府设定的与地下水环境相关的其他保护区，如热水、矿泉水、温泉等特殊地下水资源保护区。

特别要指出的是，如果涉及到集中式饮用水源，还需给出集中式饮用水源地发展历史及现状，水源保护区划分范围，保护现状等。根据统计结果，给出敏感保护目标位置图。

e)《地下水污染防治重点区划定技术指南（试行）》增设的补给区，即地下水型饮用水水源补给区：开采条件下，地下水型饮用水水源开采井所能捕获的地下水的径向区域。

2．了解地下水环境回顾性分析的内容及要求

（1）应梳理对地下水法规政策规划要求的变化

地下水管理条例、《地下水污染防治重点区划定技术指南（试行）》、《地下水环境状况调查评价工作指南》、地下水环境监测技术规范（HJ 164—2020 代替 HJ/T 164—2004）

（2）按要求开展地下水环境监测

11.3　地下水环境监测与管理

11.3.1　建立地下水环境监测管理体系，包括制定地下水环境影响跟踪监测计划、建立地下水环境影响跟踪监测制度、配备先进的监测仪器和设备，以便及时发现问题，采取措施。

11.3.2　跟踪监测计划应根据环境水文地质条件和建设项目特点设置跟踪监测点，跟踪监测点应明确与建设项目的位置关系，给出点位、坐标、井深、井结构、监测层位、监测因子及监测频率等相关参数。

11.3.2.1　跟踪监测点数量要求：

a）一级、二级评价的建设项目，一般不少于 3 个，应至少在建设项目场地及其上、下游各布设 1 个。一级评价的建设项目，应在建设项目总图布置基础之上，结合预测评价结果和应急响应时间要求，在重点污染风险源处增设监测点；

　　b）三级评价的建设项目，一般不少于 1 个，应至少在建设项目场地下游布置 1 个。

　　11.3.2.2　明确跟踪监测点的基本功能，如背景值监测点、地下水环境影响跟踪监测点、污染扩散监测点等，必要时，明确跟踪监测点兼具的污染控制功能。

3. 熟悉地下水监测点位（断面）布设、样品采集与测定的方法

　　根据《环境影响评价技术导则　地下水环境》（HJ 610—2016）：

　　8.3.3　地下水环境现状监测

　　8.3.3.1　建设项目地下水环境现状监测应通过对地下水水质、水位的监测，掌握或了解调查评价区地下水水质现状及地下水流场，为地下水环境现状评价提供基础资料。

　　8.3.3.2　污染场地修复工程项目的地下水环境现状监测参照 HJ 25.2 执行。

　　8.3.3.3　现状监测点的布设原则

　　a）地下水环境现状监测点采用控制性布点与功能性布点相结合的布设原则。监测点应主要布设在建设项目场地、周围环境敏感点、地下水污染源以及对于确定边界条件有控制意义的地点。当现有监测点不能满足监测位置和监测深度要求时，应布设新的地下水现状监测井，现状监测井的布设应兼顾地下水环境影响跟踪监测计划；

　　b）监测层位应包括潜水含水层、可能受建设项目影响且具有饮用水开发利用价值的含水层；

　　c）一般情况下，地下水水位监测点数以不小于相应评价级别地下水水质监测点数的 2 倍为宜；

　　d）地下水水质监测点布设的具体要求：

　　1）监测点布设应尽可能靠近建设项目场地或主体工程，监测点数应根据评价工作等级和水文地质条件确定；

　　2）一级评价项目潜水含水层的水质监测点应不少于 7 个，可能受建设项目影响且具有饮用水开发利用价值的含水层 3～5 个。原则上建设项目场地上游和两侧的地下水水质监测点均不得少于 1 个，建设项目场地及其下游影响区的地下水水质监测点不得少于 3 个；

　　3）二级评价项目潜水含水层的水质监测点应不少于 5 个，可能受建设项目影响且具有饮用水开发利用价值的含水层 2～4 个。原则上建设项目场地上游和两侧的地下水水质监测点均不得少于 1 个，建设项目场地及其下游影响区的地下水水质监测点不得少于 2 个；

　　4）三级评价项目潜水含水层水质监测点应不少于 3 个，可能受建设项目影

响且具有饮用水开发利用价值的含水层 1～2 个。原则上建设项目场地上游及下游影响区的地下水水质监测点各不得少于 1 个；

e）管道型岩溶区等水文地质条件复杂的地区，地下水现状监测点应视情况确定，并说明布设理由；

f）在包气带厚度超过 100 m 的地区或监测井较难布置的基岩山区，当地下水质监测点数无法满足 d）要求时，可视情况调整数量，并说明调整理由。一般情况下，该类地区一级、二级评价项目应至少设置 3 个监测点，三级评价项目可根据需要设置一定数量的监测点。

8.3.3.4　地下水水质现状监测取样要求

a）应根据特征因子在地下水中的迁移特性选取适当的取样方法；

b）一般情况下，只取一个水质样品，取样点深度宜在地下水位以下 1.0 m 左右；

c）建设项目为改、扩建项目，且特征因子为 DNAPLs（重质非水相液体）时，应至少在含水层底部取一个样品。

8.3.3.5　地下水水质现状监测因子

a）检测分析地下水中 K^+、Na^+、Ca^{2+}、Mg^{2+}、CO_3^{2-}、HCO_3^-、Cl^-、SO_4^{2-} 的浓度；

b）地下水水质现状监测因子原则上应包括两类：

1）基本水质因子以 pH、氨氮、硝酸盐、亚硝酸盐、挥发性酚类、氰化物、砷、汞、铬（六价）、总硬度、铅、氟、镉、铁、锰、溶解性总固体、高锰酸盐指数、硫酸盐、氯化物、总大肠菌群、细菌总数等以及背景值超标的水质因子为基础，可根据区域地下水水质状况、污染源状况适当调整；

2）特征因子根据 5.3.2 的识别结果确定，可根据区域地下水水质状况、污染源状况适当调整。

8.3.3.7　地下水样品采集与现场测定

a）地下水样品应采用自动式采样泵或人工活塞闭合式与敞口式定深采样器进行采集；

b）样品采集前，应先测量井孔地下水水位（或地下水位埋深）并做好记录，然后采用潜水泵或离心泵对采样井（孔）进行全井孔清洗，抽的水量不得小于 3 倍的井筒水（量）体积；

c）地下水水质样品的管理、分析化验和质量控制按照 HJ/T 164 执行。pH、Eh、DO、水温等不稳定项目应在现场测定。

4．了解地下水采样基本流程和样品采集、保存、运输的要求

根据《地下水环境监测技术规范》（HJ 164—2020）：

6.3.1　基本流程

地下水样品采集的基本流程见图1。

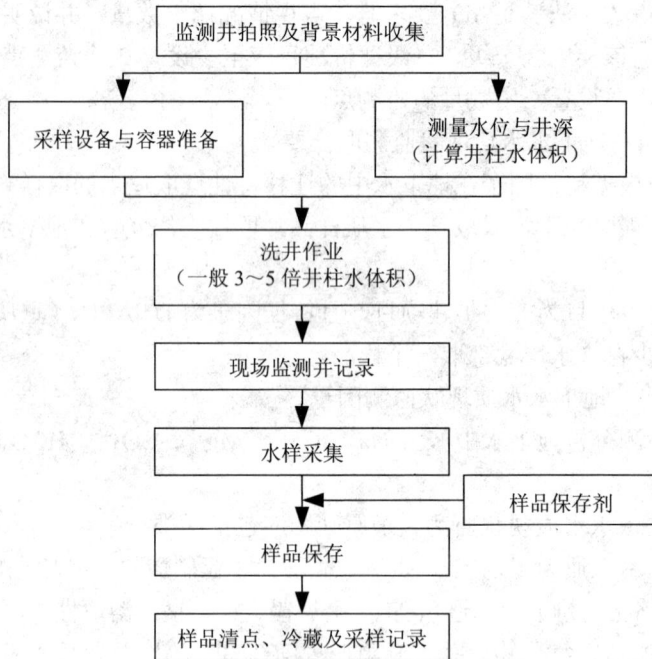

图1　地下水采样基本流程图

6.3.2　地下水水位、井水深度测量

a）地下水水质监测通常在采样前应先测地下水水位（埋深水位）和井水深度。

b）地下水水位测量主要测量静水位埋藏深度和高程，高程测量参照 SL 58 相关要求执行；

c）手工法测水位时，用布卷尺、钢卷尺、测绳等测具测量井口固定点至地下水水面垂直距离，当连续两次静水位测量数值之差在±1 cm/10 m 以内时，测量合格，否则需要重新测量；

d）有条件的地区，可采用自记水位仪、电测水位仪或地下水多参数自动监测仪进行水位测量；

e）水位测量结果以 m 为单位，记至小数点后两位；

f）每次测量水位时，应记录监测井是否曾抽过水，以及是否受到附近井的抽水影响。

6.3.3　洗井

采样前需先洗井，洗井应满足 HJ 25.2、HJ 1019 的相关要求。在现场使用便携式水质测定仪对出水进行测定，浊度小于或等于 10 NTU 时或者当浊度连续三次测定的变化在 ±10% 以内、电导率连续三次测定的变化在 ±10% 以内、pH 连续三次测定的变化在 ±0.1 以内；或洗井抽出水量在井内水体积的 3～5 倍时，可结束洗井。

6.3.4　采样方法

地下水采样方法参见附录 C。已有管路监测井采样法适用于地面已连接了提水管路的监测井的采样，普通监测井采样法适用于常规监测井的采样，深层/大口径监测微洗井法适用于深层地下水的采样。若无同类型仪器设备，可采用经国家或国际标准认定的等效仪器设备。在采样过程中可根据实际情况选取推荐的采样方法，也可以根据实地情况采用其他能满足质量控制要求的采样方法。

6.3.5　样品采集

样品采集一般按照挥发性有机物（VOCs）、半挥发性有机物（SVOCs）、稳定有机物及微生物样品、重金属和普通无机物的顺序采集。采集 VOCs 水样时执行 HJ 1019 相关要求，采集 SVOCs 水样时出水口流速要控制在 0.2～0.5 L/min，其他监测项目样品采集时应控制出水口流速低于 1 L/min，如果样品在采集过程中水质易发生较大变化时，可适当加大采样流速。

a）地下水样品一般要采集清澈的水样。如水样浑浊时应进一步洗井，保证监测井出水水清砂净；

b）采样时，除有特殊要求的项目外，要先用采集的水样荡洗采样器与水样容器 2～3 次。采集 VOCs 水样时必须注满容器，上部不留空间，具体参照 HJ 1019 相关要求；测定硫化物、石油类、细菌类和放射性等项目的水样应分别单独采样。各监测项目所需水样采集量参见附录 D，附录 D 中采样量已考虑重复分析和质量控制的需要，并留有余地；

c）采集水样后，立即将水样容器瓶盖紧、密封，贴好标签，标签可根据具体情况进行设计，一般包括采样日期和时间、样品编号、监测项目等；

d）采样结束前，应核对采样计划、采样记录与水样，如有错误或漏采，应立即重采或补采。

6.3.6　采样设备清洗程序常用的现场采样设备和取样装置清洗方法和程序如下：

a）用刷子刷洗、空气鼓风、湿鼓风、高压水或低压水冲洗等方法去除黏附较多的污物；

b）用肥皂水等不含磷洗涤剂洗掉可见颗粒物和残余的油类物质；

c）用水流或高压水冲洗去除残余的洗涤剂；

d）用蒸馏水或去离子水冲洗；

e）当采集的样品中含有金属类污染物时，应用10%硝酸冲洗，然后用蒸馏水或去离子水冲洗；

f）当采集含有有机污染物水样时，应用有机溶剂进行清洗，常用的有机溶剂有丙酮、己烷等；

g）用空气吹干后，用塑料薄膜或铝箔包好设备。

6.3.7　其他要求

6.3.7.1　采样过程中采样人员不应有影响采样质量的行为，如使用化妆品，在采样、样品分装及密封现场吸烟等。监测用车停放应尽量远离监测点，一般停放在监测点（井）下风向50 m以外。

6.3.7.2　地下水水样容器和污染源水样容器应分架存放，不得混用。地下水水样容器应按监测井号和测定项目，分类编号、固定专用。

6.3.7.3　注意防止采样过程中的交叉污染，在采集不同监测点（井）水样时需清洗采样设备。

6.3.7.4　同一监测点（井）应有两人以上进行采样，注意采样安全，采样过程要相互监护，防止意外事故的发生。

6.3.7.5　在加油站、石化储罐等安全防护等级较高的区域采集水样时，要注意现场安全防护。

6.3.7.6　对封闭的生产井可在抽水时从泵房出水管放水阀处采样，采样前应将抽水管中存水放净。

6.3.7.7　对于自喷的泉水，可在涌口处出水水流的中心采样；采集不自喷泉水时，将停滞在抽水管的水汲出，新水更替之后，再进行采样。

6.3.7.8　洗井及设备清洗废水应使用固定容器进行收集，不应任意排放。

6.5　采样记录要求

地下水采样记录包括采样现场描述和现场测定项目记录两部分，可按附录E.1的格式设计统一的采样记录表。每个采样人员应认真填写地下水采样记录，字迹应端正、清晰，各栏内容填写齐全。

7　样品保存与运输、交接与贮存

7.1　样品保存与运输

7.1.1　样品采集后应尽快运送实验室分析，并根据监测目的、监测项目和监测方法的要求，按附录D的要求在样品中加入保存剂。

7.1.2　样品运输过程中应避免日光照射，并置于 4℃冷藏箱中保存，气温异常偏高或偏低时还应采取适当保温措施。

7.1.3　水样装箱前应将水样容器内外盖盖紧，对装有水样的玻璃磨口瓶应用聚乙烯薄膜覆盖瓶口并用细绳将瓶塞与瓶颈系紧。

7.1.4　同一采样点的样品瓶尽量装在同一箱内，与采样记录或样品交接单逐件核对，检查所采水样是否已全部装箱。

7.1.5　装箱时应用泡沫塑料或波纹纸板垫底和间隔防震。

7.1.6　运输时应有押运人员，防止样品损坏或受沾污。

7.2　样品交接与贮存

7.2.1　样品送达实验室后，由样品管理员接收。

7.2.2　样品管理员对样品进行符合性检查，包括：样品包装、标识及外观是否完好；对照采样记录单检查样品名称、采样地点、样品数量、形态等是否一致；核对保存剂加入情况；样品是否冷藏，冷藏温度是否满足要求；样品是否有损坏或污染。

7.2.3　当样品有异常，或对样品是否适合测试有疑问时，样品管理员应及时向送样人员或采样人员询问，样品管理员应记录有关说明及处理意见，当明确样品有损坏或污染时须重新采样。

7.2.4　样品管理员确定样品符合样品交接条件后，进行样品登记，并由双方签字，样品交接登记表参见附录 E 表 E.2。

7.2.5　样品管理员负责保持样品贮存间清洁、通风、无腐蚀的环境，并对贮存环境条件加以维持和监控。

7.2.6　样品贮存间应有冷藏、防水、防盗和门禁措施，以保证样品的安全性。

7.2.7　样品流转过程中，除样品唯一性标识需转移和样品测试状态需标识外，任何人、任何时候都不得随意更改样品唯一性编号。分析原始记录应记录样品唯一性编号。

7.2.8　在实验室测试过程中由测试人员及时做好分样、移样的样品标识转移，并根据测试状态及时作好相应的标记。

7.2.9　地下水样品变化快、时效性强，监测后的样品均留样保存意义不大，但对于测试结果异常样品、应急监测和仲裁监测样品，应按样品保存条件要求保留适当时间。留样样品应有留样标识。

5．掌握地下水水位、水质现状及动态监测与评价的基本要求

根据《环境影响评价技术导则　地下水环境》（HJ 610—2016）：

8.4　地下水环境现状评价

8.4.1　地下水水质现状评价

8.4.1.1　GB/T 14848 和有关法规及当地的环保要求是地下水环境现状评价的基本依据。对属于 GB/T 14848 水质指标的评价因子，应按其规定的水质分类标准值进行评价；对于不属于 GB/T 14848 水质指标的评价因子，可参照国家（行业、地方）相关标准（如 GB 3838、GB 5749、DZ/T 0290 等）进行评价。现状监测结果应进行统计分析，给出最大值、最小值、均值、标准差、检出率和超标率等。

8.4.1.2　地下水水质现状评价应采用标准指数法。标准指数＞1，表明该水质因子已超标，标准指数越大，超标越严重。标准指数计算公式分为以下两种情况：

a）对于评价标准为定值的水质因子，其标准指数计算方法见公式（2）：

$$P_i = \frac{C_i}{C_{si}} \tag{2}$$

式中：P_i —— 第 i 个水质因子的标准指数，量纲为 1；

C_i —— 第 i 个水质因子的监测浓度值，mg/L；

C_{si} —— 第 i 个水质因子的标准浓度值，mg/L。

b）对于评价标准为区间值的水质因子（如 pH），其标准指数计算方法见公式（3）、公式（4）：

$$P_{pH} = \frac{7.0 - pH}{7.0 - pH_{sd}} \quad pH \leqslant 7 \text{ 时} \tag{3}$$

$$P_{pH} = \frac{pH - 7.0}{pH_{su} - 7.0} \quad pH > 7 \text{ 时} \tag{4}$$

式中：P_{pH} —— pH 的标准指数，量纲为 1；

pH —— pH 的监测值；

pH_{su} —— 标准中 pH 的上限值。

pH_{sd} —— 标准中 pH 的下限值。

6．熟悉主要水文地质参数实验的技术方法

（1）抽水试验

目的是确定含水层的导水系数、渗透系数、给水度、影响半径等水文地质

参数，也可以通过抽水试验查明某些水文地质条件，如地表水与地下水之间及含水层之间的水力联系，以及边界性质和强径流带位置等。根据要解决的问题，可以进行不同规模和方式的抽水试验。单孔抽水试验只用一个井抽水，不另设置观测孔，取得的数据精度较差；多孔抽水试验是用一个主孔抽水，同时配置若干个监测水位变化的观测孔，以取得比较准确的水文地质参数；群井开采试验是在某一范围内用大量生产井同时长期抽水，以查明群井采水量与区域水位下降的关系，求得可靠的水文地质参数。为确定水文地质参数而进行的抽水试验，有稳定流抽水和非稳定流抽水两类。前者要求试验结束以前抽水流量及抽水影响范围内的地下水位达到稳定不变。后者则只要求抽水流量保持定值而水位不一定达到稳定，或保持一定的水位降深而允许流量变化。具体的试验方法可参见 GB 50027。

（2）注水试验

目的与抽水试验相同。当钻孔中地下水位埋藏很深或试验层透水不含水时，可用注水试验代替抽水试验，近似地测定该岩层的渗透系数。在研究地下水人工补给或废水地下处置时，常需进行钻孔注水试验。注水试验时可向井内定流量注水，抬高井中水位，待水位稳定并延续到一定时间后，可停止注水，观测恢复水位。由于注水试验常常是在不具备抽水试验条件下进行的，故注水井在钻进结束后，一般都难以进行洗井（孔内无水或未准备洗井设备）。因此，用注水试验方法求得的岩层渗透系数往往比抽水试验求得的值小得多。

（3）渗水试验

目的是测定包气带渗透性能及防污性能。渗水试验是一种在野外现场测定包气带土层垂向渗透系数的简易方法，在研究大气降水、灌溉水、渠水等对地下水的补给时，常需要进行此种试验。试验时在试验层中开挖一个截面积为 $0.3 \sim 0.5 \ \text{m}^2$ 的方形或圆形试坑，不断将水注入坑中，并使坑底的水层厚度保持一定（一般为 10 cm 厚），当单位时间注入水量（即包气带岩层的渗透流量）保持稳定时，可根据达西渗透定律计算出包气带土层的渗透系数。

（4）浸溶试验

目的是查明固体废弃物受雨水淋滤或在水中浸泡时，其中的有害成分转移到水中，对水体环境直接形成的污染或通过地层渗漏对地下水造成的间接影响。有关固体废弃物的采样、处理和分析方法，可参照执行关于固体废弃物的国家环境保护标准或技术文件。

（四）土壤环境现状调查与评价

1. 了解土壤环境影响评价项目类别划分和识别

根据《环境影响评价技术导则　土壤环境（试行）》（HJ 964—2018），根据行业特征、工艺特点或规模大小等将建设项目类别分为Ⅰ类、Ⅱ类、Ⅲ类、Ⅳ类，见附录 A，其中Ⅳ类建设项目可不开展土壤环境影响评价；自身为敏感目标的建设项目，可根据需要仅对土壤环境现状进行调查。

土壤环境影响评价应按本标准划分的评价工作等级开展工作，识别建设项目土壤环境影响类型、影响途径、影响源及影响因子，确定土壤环境影响评价工作等级；开展土壤环境现状调查，完成土壤环境现状监测与评价；预测与评价建设项目对土壤环境可能造成的影响，提出相应的防控措施与对策。

涉及两个或两个以上场地或地区的建设项目应分别开展评价工作。

涉及土壤环境生态影响型与污染影响型两种影响类型的应分别开展评价工作。

（1）影响识别基本要求：

在工程分析结果的基础上，结合土壤环境敏感目标，根据建设项目建设期、运营期和服务期满后（可根据项目情况选择）三个阶段的具体特征，识别土壤环境影响类型与影响途径；对于运营期内土壤环境影响源可能发生变化的建设项目，还应按其变化特征分阶段进行环境影响识别。

（2）影响识别内容：

根据附录 A 识别建设项目所属行业的土壤环境影响评价项目类别。

识别建设项目土壤环境影响类型与影响途径、影响源与影响因子，初步分析可能影响的范围，具体识别内容参见附录 B。

根据 GB/T 21010 识别建设项目及周边的土地利用类型，分析建设项目可能影响的土壤环境敏感目标。

2. 熟悉土壤环境现状调查的主要内容和方法

依据《环境影响评价技术导则　土壤环境（试行）》（HJ 964—2018），调查工作时应在充分收集相关资料的基础上进行。

（1）资料收集。

收集建设项目所在区的气象、地形地貌特征、水文及水文地质、土地利用现状、土地利用规划、土壤类型分布、土地利用历史情况等资料，以及与建设项目土壤环境影响评价其他相关的资料。

（2）遥感图像应用。

①区域调查宜选用 TM/ETM 等卫星遥感图像，用于区分地貌类型、地质构造、水体、地下水溢出带、土地利用变化等。

②重点区调查宜选用彩色红外片、紫外或红外扫描航空遥感片和 TM/SPOT 等卫星遥感图像，主要用于识别点、线、面污染源，如管线泄漏污染调查、城市垃圾和工业固体废物的堆放及规模、城市建设发展变化和工业布局等的调查。

（3）走访调查。

采用走访、座谈、问卷调查等多种方式，重点了解土地利用历史情况、周边污染状况和污染事件。

（4）地面调查。

通过现场踏勘观察调查点及周边的土地利用现状、植被或作物的生长状况、周边影响源分布情况、是否存在污染状况或存在污染有关的现象，拍摄典型照片。

（5）剖面调查。

开展剖面调查时，应根据调查点及其周边的地形地貌特征、剖面实施的便利性等因素，留取剖面照片；改扩建的建设项目应当充分分析污染最重的区域，结合场地实际情况，配合水文地质调查，开展必要的土壤剖面钻探调查。

①钻探。在重点调查区配合钻探取样划分地层，查明土体构型，为取得有关参数提供依据，如水样和/或岩（土）样采取、试验等。

②物探。物探工作重点布置在地面调查难以判断而又需要解决问题的地段，或者基本确定土壤已受污染的地段。主要物探技术方法有：地质雷达法、高密度电法和电磁法。

（6）土壤气、土壤水监测等其他技术在调查中的应用。

3. 熟悉土壤环境监测点位布设、样品采集方法与现状测定的有关要求

根据《环境影响评价技术导则　土壤环境（试行）》（HJ 964—2018）：

7.4　现状监测

7.4.1　基本要求

建设项目土壤环境现状监测应根据建设项目的影响类型、影响途径，有针对性地开展监测工作，了解或掌据调查评价范围内土壤环境现状。

7.4.2　布点原则

7.4.2.1　土壤环境现状监测点布设应根据建设项目土壤环境影响类型、评价工作等级、土地利用类型确定，采用均布性与代表性相结合的原则，充分反映建设项目调查评价范围内的土壤环境现状，可根据实际情况优化调整。

7.4.2.2　调查评价范围内的每种土壤类型应至少设置 1 个表层样监测点，

应尽量设置在未受人为污染或相对未受污染的区域。

7.4.2.3　生态影响型建设项目应根据建设项目所在地的地形特征、地面径流方向设置表层样监测点

7.4.2.4　涉及入渗途径影响的，主要产污装置区应设置柱状样监测点，采样深度需至装置底部与土壤接触面以下，根据可能影响的深度适当调整。

7.4.2.5　涉及大气沉降影响的，应在占地范围外主导风向的上、下风向各设置 1 个表层样监测点，可在最大落地浓度点增设表层样监测点。

7.4.2.6　涉及地面漫流途径影响的，应结合地形地貌，在占地范围外的上、下游各设置 1 个表层样监测点。

7.4.2.7　线性工程应重点在站场位置（如输油站、泵站、阀室、加油站及维修场所等）设置监测点，涉及危险品、化学品或石油等输送管线的应根据评价范围内土壤环境敏感目标或厂区内的平面布局情况确定监测点布设位置。

7.4.2.8　评价工作等级为一级、二级的改、扩建项目，应在现有工程厂界外可能产生影响的土壤环境敏感目标处设置监测点。

7.4.2.9　涉及大气沉降影响的改、扩建项目，可在主导风向下风向适当增加监测点位，以反映降尘对土壤环境的影响。

7.4.2.10　建设项目占地范围及其可能影响区域的土壤环境已存在污染风险的，应结合用地历史资料和现状调查情况，在可能受影响最重的区域布设监测点；取样深度根据其可能影响的情况确定。

7.4.2.11　建设项目现状监测点设置应兼原土壤环境影响跟踪监测计划。

7.4.3　现状监测点数量要求

7.4.3.1　建设项目各评价工作等级的监测点数不少于表 6 要求。

表 6　现状监测布点类型与数量

评价工作等级		占地范围内	占地范围外
一级	生态影响型	5 个表层样点 [a]	6 个表层样点
	污染影响型	5 个柱状样点 [b]，2 个表层样点	4 个表层样点
二级	生态影响型	3 个表层样点	4 个表层样点
	污染影响型	3 个柱状样点，1 个表层样点	2 个表层样点
三级	生态影响型	1 个表层样点	2 个表层样点
	污染影响型	3 个表层样点	—

注："—"表示无现状监测布点类型与数量的要求。

[a] 表层样应在 0～0.2 m 取样。

[b] 柱状样通常在 0～0.5 m、0.5～1.5 m、1.5～3 m 分别取样，3 m 以下每 3 m 取 1 个样，可根据基础埋深、土体构型适当调整。

7.4.3.2 生态影响型建设项目可优化调整占地范围内、外监测点数量，保持总数不变；占地范围超过 5 000 hm² 的，每增加 1 000 hm² 增加 1 个监测点。

7.4.3.3 污染影响型建设项目占地范围超过 100 hm² 的，每增加 20 hm² 增加 1 个监测点。

7.4.4 现状监测取样方法

表层样监测点及土壤剖面的土壤监测取样方法一般参照 HJ/T 166 执行，柱状样监测点和污染影响型改、扩建项目的土壤监测取样方法还可参照 HJ 25.1、HJ 25.2 执行。

7.4.5 现状监测因子

土壤环境现状监测因子分为基本因子和建设项目的特征因子。

a) 基本因子为 GB 15618、GB 36600 中规定的基本项目，分别根据调查评价范围内的土地利用类型选取；

b) 特征因子为建设项目产生的特有因子，根据附录 B 确定；既是特征因子又是基本因子的，按特征因子对待；

c) 7.4.2.2 与 7.4.2.10 中规定的点位须监测基本因子与特征因子；其他监测点位可仅监测特征因子。

根据《土壤环境监测技术规范》（HJ/T 166—2004）：

10 土壤分析测定

10.1 测定项目：分常规项目、特定项目和选测项目，见"4.5 监测项目与监测频次"。

10.2 样品处理：土壤与污染物种类繁多，不同的污染物在不同土壤中的样品处理方法及测定方法各异。同时要根据不同的监测要求和监测目的，选定样品处理方法。

仲裁监测必须选定《土壤环境质量标准》中选配的分析方法中规定的样品处理方法，其他类型的监测优先使用国家土壤测定标准，如果《土壤环境质量标准》中没有的项目或国家土壤测定方法标准暂缺项目则可使用等效测定方法中的样品处理方法。样品处理方法见"10.3 分析方法"，按选用的分析方法中规定进行样品处理。

由于土壤组成的复杂性和土壤物理化学性状（pH、E_h 等）差异，造成重金属及其他污染物在土壤环境中形态的复杂和多样性。金属不同形态，其生理活性和毒性均有差异，其中以有效态和交换态的活性、毒性最大，残留态的活性、毒性最小，而其他结合态的活性、毒性居中。部分形态分析的样品处理方法见附录 D。

一般区域背景值调查和《土壤环境质量标准》中重金属测定的是土壤中的

重金属全量（除特殊说明，如六价铬），其测定土壤中金属全量的方法见相应的分析方法，其等效方法也可参见附录 D。测定土壤中有机物的样品处理方法见相应分析方法，原则性的处理方法参见附录 D。

10.3　分析方法

10.3.1　第一方法：标准方法（即仲裁方法），按土壤环境质量标准中选配的分析方法（表10-1）。

10.3.2　第二方法：由权威部门规定或推荐的方法。

10.3.3　第三方法：根据各地实情，自选等效方法，但应作标准样品验证或比对实验，其检出限、准确度、精密度不低于相应的通用方法要求水平或待测物准确定量的要求。

4．了解土壤酸化、盐化、碱化的分级方法

我国尚无专门的土壤盐化、酸化、碱化分级标准，为此，土壤导则根据相应研究和应用成果，采用专家评判的方式，制定匹配土壤环境影响评价需要的分级标准（表6、表7）。盐化分级方法引自业内权威专著《中国盐渍土》，土壤碱化和酸化分级标准参考了《中国土壤》有关内容，考虑土壤含盐量超过 1～2 g/kg、pH 小于 4.5 和大于 8.5 时作物生长受到抑制、养分供给受限、土壤质量恶化。同时，根据实际应用的情况，在《中国土壤》酸化分级基础上对酸化和碱化标准进行了细化，在实际工作中，可根据建设项目所在地的区域自然背景状况适当调整。

表6　土壤盐化分级标准

分级	土壤含盐量（SSC）/（g/kg）	
	滨海、半湿润和半干旱地区	干旱、半荒漠和荒漠地区
未盐化	SSC＜1	SSC＜2
轻度盐化	1≤SSC＜2	2≤SSC＜3
中度盐化	2≤SSC＜4	3≤SSC＜5
重度盐化	4≤SSC＜6	5≤SSC＜10
极重度盐化	SSC≥6	SSC≥10

注：根据区域自然背景状况适当调整。

表7　土壤酸化、碱化分级标准

土壤 pH	土壤酸化、碱化强度
pH＜3.5	极重度酸化
3.5≤pH＜4.0	重度酸化

土壤 pH	土壤酸化、碱化强度
4.0≤pH＜4.5	中度酸化
4.5≤pH＜5.5	轻度酸化
5.5≤pH＜8.5	无酸化或碱化
8.5≤pH＜9.0	轻度碱化
9.0≤pH＜9.5	中度碱化
9.5≤pH＜10.0	重度碱化
pH≥10.0	极重度碱化

注：土壤酸化、碱化强度指受人为影响后呈现的土壤 pH，可根据区域自然背景状况适当调整。

5. 熟悉土壤环境现状评价方法

根据《环境影响评价技术导则　土壤环境（试行）》（HJ 964—2018）

7.5.2　评价标准

7.5.2.1　根据调查评价范围内的土地利用类型，分别选取 GB 15618、GB 36600 等标准中的筛选值进行评价，土地利用类型无相应标准的可只给出现状监测值。

7.5.2.2　评价因子在 GB 15618、GB 36600 等标准中未规定的，可参照行业、地方或国外相关标准进行评价，无可参照标准的可只给出现状监测值。

7.5.2.3　土壤盐化、酸化、碱化等的分级标准参见附录 D。

7.5.3　评价方法：

7.5.3.1　土壤环境质量现状评价应采用标准指数法，并进行统计分析，给出样本数量、最大值、最小值、均值、标准差、检出率和超标率、最大超标倍数等。

7.5.3.2　对照附录 D 给出各监测点位土壤盐化、酸化、碱化的级别，统计样本数量、最大值、最小值和均值，并评价均值对应的级别。

（五）声环境现状调查与评价

1. 熟悉工业和交通运输建设项目噪声源强的确定及表达方法

噪声源强是指噪声污染源的强度，即反映噪声辐射强度和特征的指标，通常用辐射噪声的声功率级或确定环境条件下、确定距离的声压级（均含频谱）以及指向性等特征来表示。

根据《环境影响评价技术导则　声环境》（HJ 2.4—2021）：

4.3.1　声源源强　声源源强的评价量为：A 计权声功率级（L_{Aw}）或倍频带声功率级（L_w），必要时应包含声源指向性描述；距离声源 r 处的 A 计权声

压级 $[L_{A(r)}]$ 或倍频带声压级 $[L_{p(r)}]$，必要时应包含声源指向性描述；有效感觉噪声级（L_{EPN}）。

6.2　源强获取方法

6.2.1　噪声源源强核算应按照 HJ 884 的要求进行，有行业污染源源强核算技术指南的应优先按照指南中规定的方法进行；无行业污染源源强核算技术指南，但行业导则中对源强核算方法有规定的，优先按照行业导则中规定的方法进行。

6.2.2　对于拟建项目噪声源源强，当缺少所需数据时，可通过声源类比测量或引用有效资料、研究成果来确定。采用声源类比测量时应给出类比条件。

6.2.3　噪声源需获取的参数、数据格式和精度应符合环境影响预测模型输入要求。

C.1　工业噪声预测及防治措施

C.1.1　固定声源分析

a）主要声源的确定

分析建设项目的设备类型、型号、数量，并结合设备和工程厂界（场界、边界）以及声环境保护目标的相对位置确定工程的主要声源。

b）声源的空间分布

依据建设项目平面布置图、设备清单及声源源强等资料，标明主要声源的位置。建立坐标系，确定主要声源的三维坐标。

c）声源的分类

将主要声源划分为室内声源和室外声源两类。

确定室外声源的源强和运行时间及时间段。当有多个室外声源时，为简化计算，可视情况将数个声源组合为声源组团，然后按等效声源进行计算。

对于室内声源，需分析围护结构的尺寸及使用的建筑材料，确定室内声源的源强和运行时间及时间段。

d）编制主要声源汇总表

以表格形式给出主要声源的分类、名称、型号、数量、坐标位置等；声功率级或某一距离处的倍频带声压级、A 声级。

4.3.4　列车通过噪声、飞机航空器通过噪声

铁路、城市轨道交通单列车通过时噪声影响评价量为通过时段内等效连续 A 声级（$L_{Aeq, Tp}$），单架航空器通过时噪声影响评价量为最大 A 声级（L_{Amax}）。

C.2　公路、城市道路交通运输噪声预测及防治措施

C.2.1　预测参数

a）工程参数

明确公路（或城市道路）建设项目各路段的工程内容，路面的结构、材料、标高等参数；明确公路（或城市道路）建设项目各路段昼间和夜间各类型车辆的比例、车流量、车速。

b）声源参数

按照附录 B 中大、中、小车型的分类，利用相关模型计算各类型车的声源源强，也可通过类比测量进行修正。

D.1　噪声源调查表

表 D.1　工业企业噪声源强调查清单（室外声源）

序号	声源名称	型号	空间相对位置/m			声源源强（任选一种）		声源控制措施	运行时段
			X	Y	Z	（声压级/距声源距离）/（dB（A）/m）	声功率级/dB（A）		
1	1#设备	×××							

表 D.2　工业企业噪声源强调查清单（室内声源）

序号	建筑物名称	声源名称	型号	声源源强（任选一种）		声源控制措施	空间相对位置/m			距室内边界距离/m	室内边界声级/dB（A）	运行时段	建筑物插入损失/dB（A）	建筑物外噪声	
				（声压级/距声源距离）/（dB（A）/m）	声功率级/dB（A）		X	Y	Z					声压级/dB（A）	建筑物外距离
1	1#车间	1#设备	×××												

表 D.3　公路/城市道路噪声源强调查清单

路段	时期	车流量/（辆/h）								车速/（km/h）						源强/dB					
		小型车		中型车		大型车		合计		小型车		中型车		大型车		小型车		中型车		大型车	
		昼间	夜间	昼间	夜间	昼间	夜间	昼间	夜间	昼间	夜间	昼间	夜间	昼间	夜间	昼间	夜间	昼间	夜间	昼间	夜间
	近期																				
	中期																				
	远期																				

表 D.4　铁路/城市轨道交通噪声源强调查清单

	车速	线路形式 （桥梁/路堤/路堑）	无砟/有 砟轨道	有缝/无 缝	防撞墙/挡板结构 高出轨面高度	噪声源 强值
车型 1						
车型 2						
……						

表 D.5　铁路/城市轨道交通车流量/车型清单

设计年度	区段	昼夜车流量比	列车对数/（对/日）		
			车型 1	车型 2	……
近期	区段 1				
	区段 2				
	……				
远期	区段 1				
	区段 2				
	……				
……	区段 1				
	区段 2				
	……				

表 D.6　机场航空器噪声源调查清单

分类	航空器 型号	发动机			机型噪声适航阶段 代号[①]
		类型	型号	数量	
A	机型 1				
	机型 2				
	…				
B	机型 1				
	机型 2				
	…				
C	机型 1				
	机型 2				
	…				
D	机型 1				
	机型 2				
	…				
E	机型 1				
	机型 2				
	…				

分类	航空器型号	发动机			机型噪声适航阶段代号^①
		类型	型号	数量	
F	机型 1				
	机型 2				
	...				

注：①按照中国民用航空局《航空器型号和适航合格审定噪声规定》（CCAR-36-R1）航空器噪声适航要求，给出项目设计机型的噪声适航阶段代号。

2. 了解声环境现状调查中现场监测方法的应用

根据《环境影响评价技术导则　声环境》（HJ 2.4—2021）：

7.3　声环境质量现状调查方法

现状调查方法包括：现场监测法、现场监测结合模型计算法、收集资料法。调查时，应根据评价等级的要求和现状噪声源情况，确定需采用的具体方法。

7.3.1　现场监测法

7.3.1.1　监测布点原则

a）布点应覆盖整个评价范围，包括厂界（场界、边界）和声环境保护目标。当声环境保护目标高于（含）三层建筑时，还应按照噪声垂直分布规律、建设项目与声环境保护目标高差等因素选取有代表性的声环境保护目标的代表性楼层设置测点；

b）评价范围内没有明显的声源时（如工业噪声、交通运输噪声、建设施工噪声、社会生活噪声等），可选择有代表性的区域布设测点；

c）评价范围内有明显声源，并对声环境保护目标的声环境质量有影响时，或建设项目为改、扩建工程，应根据声源种类采取不同的监测布点原则：

1）当声源为固定声源时，现状测点应重点布设在可能同时受到既有声源和建设项目声源影响的声环境保护目标处，以及其他有代表性的声环境保护目标处；为满足预测需要，也可在距离既有声源不同距离处布设衰减测点；

2）当声源为移动声源，且呈现线声源特点时，现状测点位置选取应兼顾声环境保护目标的分布状况、工程特点及线声源噪声影响随距离衰减的特点，布设在具有代表性的声环境保护目标处。为满足预测需要，可在垂直于线声源不同水平距离处布设衰减测点；

3）对于改、扩建机场工程，测点一般布设在主要声环境保护目标处，重点关注航迹下方的声环境保护目标及跑道侧向较近处的声环境保护目标，测点数量可根据机场飞行量及周围声环境保护目标情况确定，现有单条跑道、两条跑道或三条跑道的机场可分别布设 3～9 个、9～14 个或 12～18 个噪声测点，跑道增加或保护目标较多时可进一步增加测点。对于评价范围内少于 3 个声环境保护目标的情况，原则上布点数量不少于 3 个，结合声保护目标位置布点的，应优先选取跑道两端航迹 3 km 以内范围的保护目标位置布点；无法结合保护目标位置布点的，可适当结合航迹下方的导航台站位置进行布点。

　　7.3.1.2　监测依据　声环境质量现状监测执行 GB 3096；机场周围飞机噪声测量执行 GB 9661；工业企业厂界环境噪声测量执行 GB 12348；社会生活环境噪声测量执行 GB 22337；建筑施工场界环境噪声测量执行 GB 12523；铁路边界噪声测量执行 GB 12525。

3．熟悉声环境现状评价中现场监测结合模型计算法的应用

　　现场监测结合模型计算法：

　　当现状噪声声源复杂且声环境保护目标密集，在调查声环境质量现状时，可考虑采用现场监测结合模型计算法。如多种交通并存且周边声环境保护目标分布密集、机场改扩建等情形。

　　利用监测或调查得到的噪声源强及影响声传播的参数，采用各类噪声预测模型进行噪声影响计算，将计算结果和监测结果进行比较验证，计算结果和监测结果在允许误差范围内（≤3 dB）时，可利用模型计算其他声环境保护目标的现状噪声值。

4．掌握声环境现状评价图、表要求

　　根据《环境影响评价技术导则　声环境》（HJ 2.4—2021）：

　　7.5.1　现状评价图

　　一般应包括评价范围内的声环境功能区划图，声环境保护目标分布图，工矿企业厂区（声源位置）平面布置图，城市道路、公路、铁路、城市轨道交通等的线路走向图，机场总平面图及飞行程序图，现状监测布点图，声环境保护目标与项目关系图等；图中应标明图例、比例尺、方向标等，制图比例尺一般不应小于工程设计文件对其相关图件要求的比例尺；线性工程声环境保护目标与项目关系图比例尺应不小于 1∶5 000，机场项目声环境保护目标与项目关系图底图应采用近 3 年内空间分辨率不低于 5 m 的卫星影像或航拍图，声环境保护目标与项目关系图不应小于 1∶10 000。

　　7.5.2　声环境保护目标调查表

　　列表给出评价范围内声环境保护目标的名称、户数、建筑物层数和建筑物数量，并明确声环境保护目标与建设项目的空间位置关系等。

7.5.3　声环境现状评价结果表

列表给出厂界（场界、边界）、各声环境保护目标现状值及超标和达标情况分析，给出不同声环境功能区或声级范围（机场航空器噪声）内的超标户数。

（六）生态现状调查与评价

1．熟悉陆生生态中两栖动物、爬行动物和陆生维管植物的现状调查方法

（1）生态现状调查的要求

根据《环境影响评价技术导则　生态影响》（HJ 19—2022）：

7.3　生态现状调查要求

7.3.1　引用的生态现状资料其调查时间宜在 5 年以内，用于回顾性评价或变化趋势分析的资料可不受调查时间限制。

7.3.2　当已有调查资料不能满足评价要求时，应通过现场调查获取现状资料，现场调查遵循全面性、代表性和典型性原则。项目涉及生态敏感区时，应开展专调查。

7.3.3　工程永久占用或施工临时占用区域应在收集资料基础上开展详细调查，查明占用区域是否分布有重要物种及重要生境。

7.3.4　陆生生态一级、二级评价应结合调查范围、调查对象、地形地貌和实际情况选择合适的调查方法。开展样线、样方调查的，应合理确定样线、样方的数量、长度或面积，涵盖评价范围内不同的植被类型及生境类型，山地区域还应结合海拔段、坡位、坡向进行布设。根据植物群落类型（宜以群系及以下分类单位为调查单元）设置调查样地，一级评价每种群落类型设置的样方数量不少于 5 个，二级评价不少于 3 个，调查时间宜选择植物生长旺盛季节：一级评价每种生境类型设置的野生动物调查样线数量不少于 5 条，二级评价不少于 3 条，除了收集历史资料外，一级评价还应获得近 1～2 个完整年度不同季节的现状资料，二级评价尽量获得野生动物繁殖期、越冬期、迁徙期等关键活动期的现状资料。

7.3.5　水生生态一级、二级评价的调查点位、断面等应涵盖评价范围内的干流、支流、河口、湖库等不同水域类型。一级评价应至少开展丰水期、枯水期（河流、湖库）或春季、秋季（入海河口、海域）两期（季）调查，二级评价至少获得一期（季）调查资料，涉及显著改变水文情势的项目应增加调查强度。鱼类调查时间应包括主要繁殖期，水生生境调查内容应包括水域形态结构、水文情势、水体理化性状和底质等。

7.3.6　三级评价现状调查以收集有效资料为主，可开展必要的遥感调查或现场校核。

7.3.7　生态现状调查中还应充分考虑生物多样性保护的要求。

7.3.8　涉海工程生态现状调查要求参照 GB/T 19485。

（2）陆生野生动植物的现状调查方法

根据《生物多样性观测技术导则　陆生哺乳动物》（HJ 710.3—2014）、《生物多样性观测技术导则　爬行动物》（HJ 710.5—2014）、《生物多样性观测技术导则　两栖动物》（HJ 710.6—2014）：

样线法：指观测者在观测样地内沿选定的一条路线记录一定空间范围内出现的物种相关信息的方法。

样点法：指以某一地点为中心，观测一定半径或区域内的动物。

样方法：指观测者在设定的样方中计数见到的动物实体或活动痕迹的观测方法。

标记重捕法：指观测者在一个边界明确的区域内，捕捉一定数量的动物个体进行标记，标记完后及时放回，经过一个适当时期（标记个体与未标记个体充分混合分布）后，再进行重捕并计算其种群数量的方法。

红外相机自动拍摄法：指观测者利用红外感应自动照相机，自动记录在其感应范围内活动的动物影像的观测方法。可观测其分布和活动节律，也可结合相关模型估测种群密度。

安置红外相机前，应充分掌握拟观测物种的基本习性、活动区域和日常活动路线。尽量将相机安置在目标动物经常出没的通道上或其活动痕迹密集处。水源附近往往是动物活动频繁的区域，其他如盐井（天然或人工）、取食点（特殊食物资源，如坚果或浆果）、动物（尿液）标记处、求偶场、倒木、林间道路等也是动物经常活动的地点，应优先考虑。

栅栏陷阱法：栅栏陷阱法由栅栏和陷阱两部分组成。栅栏可使用动物不能攀越或跳过的、具有一定高度的塑料篷布、塑料板、铁皮等材料搭建，设置成直线或折角状。在栅栏底缘的内侧或（和）外侧，沿栅栏挖埋一个或多个陷阱捕获器，陷阱捕获器可以是塑料桶或金属罐。该法适用于泥土基质的生境且攀爬能力较弱的物种的观测。

根据《生物多样性观测技术导则　陆生维管植物》（HJ 710.1—2014）：

3.1　维管植物

指具有维管组织的植物，包括蕨类植物、裸子植物和被子植物。

5.3.2　观测样地面积与样方数量

5.3.2.1　森林

观测样地的面积以≥1 hm^2（100 m×100 m）为宜，本标准"面积"均指"垂直投影面积"。

5.3.2.2　灌丛

观测样地一般不少于 5 个 10 m×10 m 的样方，对大型或稀疏灌丛，样方面积扩大到 20 m×20 m 或更大。

5.3.2.3　草地

观测样地一般不少于 5 个 1 m×1 m 的样方，样方之间的间隔不小于 250 m，若观测区域草地群落分布呈斑块状、较为稀疏或草木植物高大，应将样方扩大至 2 m×2 m。

5.4.2　森林植物观测方法

5.4.2.1　对胸径（DBH）≥1 cm 乔木、灌木植物的观测（略）

5.4.2.2　对胸径（DBH）<1 cm 乔木、灌木植物的观测（略）

5.4.3　灌木植物观测方法（略）

5.4.4　草地植物观测方法（略）

2.了解水生生态中内陆水域鱼类和淡水浮游生物的现状调查方法

水生生态中内陆水域鱼类现状调查方法见《生物多样性观测技术导则　内陆水域鱼类》（HJ 710.7—2014）：

表 1　内陆水域鱼类观测内容和指标

观测内容		观测指标	主要观测方法
鱼类早期资源调查		繁殖群体组成	鱼类早期资源调查
		产卵规模	鱼类早期资源调查
		产卵习性	鱼类早期资源调查
		产卵场的分布和规模	鱼类早期资源调查
鱼类物种资源调查	鱼类物种多样性	种类组成和分布	渔获物调查
		鱼类生物量	声呐水声学调查、标记重捕法
	鱼类群落结构	优势物种，不同种类的重量和尾数频数分布	渔获物调查、声呐水声学调查
	鱼类个体生物学及种群结构	食物饱满度、性腺发育等个体生物学特征，年龄组成、性比、体长和体重的频数分布、种群数量、生物量等	渔获物调查、标记重捕法
	鱼类种群遗传结构	变异位点、单倍型数、单倍型多样性、核苷酸多样性、等位基因数、观测杂合度、期望杂合度、近交系数、遗传分化指数等	遗传结构分析
	栖息地调查	水体（包括产卵场）的长、宽、深、底质类型、流（容）量、水位、流速、水温、透明度、pH 值等理化因子，污染状况（污染源、污染程度）及水利工程建设、渔业等人类活动状况	资料调查和现场测量，按 SL 58 和 SL 219 的规定执行

河流渔业资源调查方法具体见《淡水渔业资源调查规范　河流》（SC/T 9429—2019）。

水库渔业资源调查按《水库渔业资源调查规范》（SL 167—2014）执行。

水生维管植物调查方法见《生物多样性观测技术导则　水生维管植物》（HJ 710.12—2016）。

表 1　水生维管植物观测内容与指标

观测内容	观测指标		观测方法
生境特征	地理位置（经纬度）		直接测量法
	生境类型		资料查阅和野外调查
	土壤、气候、水文等基础资料		资料查阅和野外调查
	海拔、水深、水体透明度、pH、水体温度 [a]、水流速度 [a]、水文状况（枯水期、丰水期）、水体盐度、污染情况（有无污染源）		直接测量法
	人为干扰活动的类型和强度 [b]		资料查阅和野外调查
种类及其数量特征	种类组成		样方法
	多盖度等级		样方法或目测法
	频度		样方法和样点截取法
	绝对活力		样方法和样点截取法
	盖度指数		样方法和样点截取法
	重要值		样方法
	生物量		遥感或收获法
	优势种		样方法
	伴生种		样方法
	珍稀、濒危物种		样方法
	外来入侵物种		样方法
群落特征	α多样性指数	丰富度指数	样方法
		香农-维纳（Shannon-Wiener）指数（H'）	
		辛普森（Simpson）多样性指数（D）	
		皮洛（Pielou）均匀度指数（J）	
	β多样性指数	Sørensen 指数（C_s）	样方法
		科迪（Cody）指数（β_c）	

[a] 可根据具体观测目标和实际情况进行适当调整；
[b] 见附录 F。

3. 熟悉生态现状调查的结果统计格式要求

根据《环境影响评价技术导则 生态影响》（HJ 19—2022）附录 B：

B.10.1 植物群落调查

表 B.1 植物群落调查结果统计表

植被型组	植被型	植被亚型	群系	分布区域	工程占用情况	
					占用面积/hm²	占用比例/%
Ⅰ.××	一、××	（一）××	1. ××群系			
			2. ××群系			
			……			
		（二）××	1. ××群系			
			2. ××群系			
			……			
		……	……			
	二、××	（一）××	1. ××群系			
			……			
	……	……	……			
Ⅱ.××	一、××	（一）××	1. ××群系			
			……			
	二、××	（一）××	1. ××群系			
	……	……	……			
	……	……	……			

B.10.2 重要物种调查

表 B.2 重要野生植物调查结果统计表

序号	物种名称（中文名/拉丁名）	保护级别	濒危等级	特有种（是/否）	极小种群野生植物（是/否）	分布区域	资料来源	工程占用情况（是/否）

注1：保护级别根据国家及地方正式发布的重点保护野生植物名录确定。

注2：濒危等级、特有种根据《中国生物多样性红色名录》确定。

注3：资料来源包括环评现场调查、文献记录、历史调查资料及科考报告等。

注4：涉及占用的应说明具体工程内容和占用情况（如株数等），不直接占用的应说明与工程的位置关系。

表 B.3　　重要野生动物调查结果统计表

序号	物种名称(中文名/拉丁名)	保护级别	濒危等级	特有种（是/否）	分布区域	资料来源	工程占用情况（是/否）

注 1：保护级别根据国家及地方正式发布的重点保护野生动物名录确定。

注 2：濒危等级、特有种根据《中国生物多样性红色名录》确定。

注 3：分布区域应说明物种分布情况以及生境类型。

注 4：资料来源包括环评现场调查、文献记录、历史调查资料及科考报告等。

注 5：说明工程占用生境情况。涉及占用的应说明具体工程内容和占用面积，不直接占用的应说明生境分布与工程的位置关系。

表 B.4　　古树名木调查结果统计表

序号	树种名称（中文名/拉丁名）	生长状况	树龄	经纬度和海拔	工程占用情况（是/否）

注：涉及占用的应说明具体工程内容和占用情况，不直接占用的应说明与工程的位置关系。

4．了解遥感调查法及景观生态学评价方法

（1）遥感（RS）

遥感是指通过任何不接触被观测物体的手段来获取信息的过程和方法，包括航天遥感、航空遥感、船载遥感、雷达以及照相机摄制的图像。景观生态学的迅速发展，得益于遥感技术的发展及其应用。遥感为景观生态学研究和应用提供的信息包括：地形、地貌、地面水体、植被类型及其分布、土地利用类型及其面积、生物量分布、土壤类型及其水体特征、群落蒸腾量、叶面积指数及叶绿素含量等。最常用的卫星遥感资源是美国陆地资源卫星 TM 影像，包括 7 个波段，每个波段的信息反映了不同的生态学特点。

利用计算机进行景观遥感分类，一般可以分为五个步骤：数据收集和预处理、选择训练样区与 GPS 定位、遥感影像分类、分类结果的后处理、分类精度评价。

（2）景观生态学法

景观生态学法是通过研究某一区域、一定时段内的生态系统类群的格局、特点、综合资源状况等自然规律，以及人为干预下的演替趋势，揭示人类活动在改变生物与环境方面的作用的方法。景观生态学对生态质量状况的评判是通过两个方面进行的，一是空间结构分析，二是功能与稳定性分析。景观生态学认为，景观的结构与功能是相当匹配的，且增加景观异质性和共生性也是生态

学和社会学整体论的基本原则。

空间结构分析基于景观是高于生态系统的自然系统，是一个清晰的和可度量的单位。景观由斑块、基质和廊道组成，其中基质是景观的背景地块，是景观中一种可以控制环境质量的组分。因此，基质的判定是空间结构分析的重要内容。判定基质有三个标准，即相对面积大、连通程度高、有动态控制功能。基质的判定多借用传统生态学中计算植被重要值的方法。决定某一斑块类型在景观中的优势，也称优势度值（D_o）。优势度值由密度（R_d）、频率（R_f）和景观比例（L_p）三个参数计算得出。其数学表达式如下：

$$R_d＝（斑块\ i\ 的数目/斑块总数）×100\% \tag{12}$$

$$R_f＝（斑块\ i\ 出现的样方数/总样方数）×100\% \tag{13}$$

$$L_p＝（斑块\ i\ 的面积/样方总面积）×100\% \tag{14}$$

$$D_o＝0.5×\left[0.5×（R_d＋R_f）＋L_p\right]×100\% \tag{15}$$

上述分析同时反映自然组分在区域生态系统中的数量和分布，因此能较准确地表示生态系统的整体性。

景观的功能和稳定性分析包括如下四个方面内容：

（1）生物恢复力分析：分析景观基本元素的再生能力或高亚稳定性元素能否占主导地位。

（2）异质性分析：基质为绿地时，由于异质化程度高的基质很容易维护它的基质地位，从而达到增强景观稳定性的作用。

（3）种群源的持久性和可达性分析：分析动、植物物种能否持久保持能量流、养分流，分析物种流可否顺利地从一种景观元素迁移到另一种元素，从而增强共生性。

（4）景观组织的开放性分析：分析景观组织与周边生境的交流渠道是否畅通。开放性强的景观组织可以增强抵抗力和恢复力。景观生态学方法既可以用于生态现状评价，也可以用于生境变化预测，目前是国内外生态影响评价学术领域中较先进的方法。

景观生态学法主要是针对具有区域性质的大型项目，如大型水利工程；线性项目，如铁路、输油、输气管道等，重点研究的是项目对区域景观的切割作用带来的影响。

生境评价方法见《环境影响评价技术导则　生态影响》（HJ 19—2022）附录：

C.10　生境评价方法

物种分布模型（species distribution models，SDMs）是基于物种分布信息和对应的环境变量数据对物种潜在分布区进行预测的模型，广泛应用于濒危物种保护、保护区规划、入侵物种控制及气候变化对生物分布区影响预测等领域。

目前已发展了多种多样的预测模型，每种模型因其原理、算法不同而各有优势和局限，预测表现也存在差异。其中，基于最大熵理论建立的最大熵模型（maximum entropy model，MaxEnt），可以在分布点相对较少的情况下获得较好的预测结果，是目前使用频率最多的物种分布模型之一。基于 MaxEnt 模型开展生境评价的工作步骤如下：

a）通过近年文献记录、现场调查收集物种分布点数据，并进行数据选；将分布点的经纬度数据在 Excel 表格中汇总，统一为十进制度的格式，保存用于 MaxEnt 模型计算；

b）选取环境变量数据以表现栖息生境的生物气候特征、地形特征、植被特征和人为影响程度，在 ArcGIS 软件中将环境变量统一边界和坐标系，并重采样为同一分辨率；

c）使用 MaxEnt 软件建立物种分布模型，以受试者工作特征曲线下面积（area under the receiving operator curve，AUC）评价模型优劣；采用刀切法（Jackknift test）检验各个环境变量的相对贡献。根据模型标准及图层栅格出现概率重分类，确定生境适宜性分级指数范围；

d）将结果文件导入 ArcGIS，获得物种适宜生境分布图，叠加建设项目，分析对物种分布的影响。

三、环境影响预测与评价

（一）大气环境影响预测与评价

1. 熟悉环境空气质量模型的适用性和适用情况

根据《环境影响评价技术导则　大气环境》（HJ 2.2—2018）：

导则推荐的模型包括估算模型 AERSCREEN，进一步预测模型 AERMOD、ADMS、AUSTAL2000、EDMS/AEDT、CALPUFF 以及 CMAQ 等光化学网格模型。一级评价项目应结合项目环境影响预测范围、预测因子及推荐模型的适用范围等选择进一步预测空气质量模型。

表 A.1 推荐模型适用情况（节选）

模型名称	适用性	适用污染源	适用排放形式	推荐预测范围	适用污染物
AERSCREEN	用于评价等级及评价范围判定	点源（含火炬源）、面源（矩形或圆形）、体源	连续源	局地尺度（≤50 km）	一次污染物、二次 $PM_{2.5}$（系数法）
AERMOD	用于进一步预测	点源（含火炬源）、面源、线源、体源	连续源、间断源		
ADMS		点源、面源、线源、体源、网格源			
AUSTAL2000		烟塔合一源			
EDMS/AEDT		机场源			
CALPUFF		点源、面源、线源、体源		城市尺度（50 km 到几百千米）	一次污染物和二次 $PM_{2.5}$
光化学网格模型（CMAQ 或类似模型）		网格源	连续源、间断源	区域尺度（几百千米）	一次污染物和二次 $PM_{2.5}$、O_3

①模型选取需考虑模拟范围。模型按模拟尺度可分为三类，即局地尺度（50 km 以下）、城市尺度（几十到几百千米）、区域尺度（几百千米以上）模型。在模拟局地 尺度环境空气质量影响时，一般选用本导则推荐的估算模型、AERMOD、ADMS、AUSTAL2000 等模型；在模拟城市尺度环境空气质量影响时，一般选用本导则推荐的 CALPUFF 模型；在模拟区域尺度空气质量影响，或需考虑对二次 $PM_{2.5}$ 及 O_3 有显著影响的排放源时，一般选用本导则推荐的包含有复杂物理、化学过程的区域光化学网格模型。

②模型选取需考虑所模拟污染源的排放形式。AERMOD、ADMS 及 CALPUFF 等模型可直接模拟点源、面源、线源、体源，AUSTAL2000 可模拟烟塔合一源，EDMS/AEDT 可模拟机场源，对于光化学网格模型，还需要使用网格化污染源清单作为污染源输入。

③模型选取需考虑评价项目和所模拟污染物的性质。污染物从性质上可分为颗粒态污染物和气态污染物，也可分为一次污染物和二次污染物。当模拟 SO_2、NO_2 等一次污染物时，可依据预测范围选用适合尺度的模型。当模拟二次 $PM_{2.5}$ 时，可采用系数法进行估算，或选用包括物理过程和化学反应机理模块的城市尺度模型。对于规划项目需模拟二次 $PM_{2.5}$ 和 O_3 时，也可选用区域光化学

网格模型。

④特殊气象条件。

岸边熏烟。当在近岸内陆上建设高烟囱时，需要考虑岸边熏烟问题。由于水陆地表的辐射差异，水陆交界地带的大气由地面不稳定层结过渡到稳定层结，当聚集在大气稳定层内污染物遇到不稳定层结时将发生熏烟现象，在某固定区域将形成地面的高浓度。在缺少边界层气象数据或边界层气象数据的精确度和详细程度不能反映真实情况时，可选用大气导则推荐的估算模型获得近似的模拟浓度，或者选用 CALPUFF 模型。

长期静、小风。长期静、小风的气象条件是指静风和小风持续时间达几个小时到几天，在这种气象条件下，空气污染扩散（尤其是来自低矮排放源），可能会形成相对高的地面浓度。CALPUFF 模型对静风湍流速度做了处理，当模拟城市尺度以内的长期静、小风时的环境空气质量时，可选用大气导则推荐的 CALPUFF 模型。

2. 熟悉估算模型在评价等级判定中的应用

根据《环境影响评价技术导则　大气环境》（HJ 2.2—2018）：

5.3　评价等级判定

5.3.1　选择项目污染源正常排放的主要污染物及排放参数，采用附录 A 推荐模型中估算模型分别计算项目污染源的最大环境影响，然后按评价工作分级判据进行分级。

5.3.2　评价工作分级方法

5.3.2.1　根据项目污染源初步调查结果，分别计算项目排放主要污染物的最大地面空气质量浓度占标率 P_i（第 i 个污染物，简称"最大浓度占标率"），及第 i 个污染物的地面空气质量浓度达到标准值的 10%时所对应的最远距离 $D_{10\%}$。其中只定义见公式（1）。

$$P_i = \frac{C_i}{C_{0i}} \tag{1}$$

式中：P_i —— 第 i 个污染物的最大地面空气质量浓度占标率，%；

C_i —— 采用估算模型计算出的第 i 个污染物的最大 1 h 地面空气质量浓度，$\mu g/m^3$；

C_{0i} —— 第 i 个污染物的环境空气质量标准，$\mu g/m^3$。一般选用 GB 3095 中 1 h 平均质量浓度的二级浓度限值，如项目位于一类环境空气功能区，应选择相应的一级浓度限值；对该标准中未包含的污染物，使用 5.2 确定的各评价因子 1 h 平均质量浓度限值。对仅有 8 h

平均质量浓度限值、日平均质量浓度限值或年平均质量浓度限值的,可分别按 2 倍、3 倍、6 倍折算为 1 h 平均质量浓度限值。

导则推荐的模型包括估算模型 AERSCREEN。

表 A.1　推荐模型适用情况表

模型名称	适用性	适用污染源	适用排放形式	推荐预测范围	适用污染物	输出结果	其他特性
AERSCREEN	用于评价等级及评价范围判定	点源(含火距离)、面源(矩形或圆形)、体源	连续源	局地尺度(≤50 km)	一次污染物、二次PM$_{2.5}$(系数法)	短期浓度最大值及对应距离	可以模拟熏烟和建筑物下洗

3. 熟悉使用估算模型和 AERMOD、ADMS、CALPUFF 模型的参数要求

（1）污染源参数

使用 AERMOD、ADMS 或 CALPUFF 模式系统所需的污染源参数一般应包括正常排放和非正常排放下的排放强度及对应的污染源参数。对于源强排放有周期性变化的,还需根据模型模拟需要输入污染源周期性排放系数。对应须输入污染源按点源、面源、体源、线源、火炬源等不同污染源排放形式,分别给出相应的污染源参数,具体调查内容和格式要求见导则附录 C 污染源调查部分。

点源清单包括排气筒底部中心坐标（坐标可采用 UTM 坐标或经纬度,下同）,以及排气筒底部的海拔高度（m）;排气筒几何高度（m）及排气筒出口内径（m）;烟气出口速度（m/s）;排气筒出口处烟气温度（K）;各主要污染物正常排放量（g/s）,排放工况,年排放小时数（h）;毒性较大物质的非正常排放量（g/s）,排放工况,年排放小时数（h）等。

面源清单按矩形面源、多边形面源和近圆形面源进行分类,其内容包括面源起始点坐标、面源所在位置的海拔高度（m）、面源初始排放高度（m）、各主要污染物正常排放量 [g/（s·m^2）]、排放工况、年排放小时数（h）。面源坐标、所在区域海拔高度（m）、面源长度（m）、宽度（m）、排放高度（m）、排放速率 [g/（s·m^2）] 等;

体源清单包括体源中心点坐标,以及体源所在位置的海拔高度（m）,体源高度（m）,体源排放速率（g/s）,排放工况,年排放小时数（h）,体源的边长（m）,初始横向扩散参数（m）,初始垂直扩散参数（m）等。

（2）气象参数

不同模式系统所需要的气象参数要求不同。

对于 AERMOD 和 ADMS 模型：地面气象数据选择距离项目最近或气象特征基本一致的气象站的逐时地面气象数据，要素至少包括风速、风向、总云量和干球温度。根据预测精度要求及预测因子特征，可选择观测资料包括：湿球温度、露点温度、相对湿度、降水量、降水类型、海平面气压、地面气压、云底高度、水平能见度等。其中对观测站点缺失的气象要素，可采用经验证的模拟数据或采用观测数据进行插值得到。

高空气象数据选择模型所需观测或模拟的气象数据，要素至少包括一天早晚两次不同等压面上的气压、离地高度和干球温度等，其中离地高度 3 000 m 以内的有效数据层数应不少于 10 层。

对于 CALPUFF 模型：地面气象资料应尽量获取预测范围内所有地面气象站的逐时地面气象数据，要素至少包括风速、风向、干球温度、地面气压、相对湿度、云量、云底高度。若预测范围内地面观测站少于 3 个，可采用预测范围外的地面观测站进行补充，或采用中尺度气象模拟数据。

高空气象资料应获取最少 3 个站点的测量或模拟气象数据，要素至少包括一天早晚两次不同等压面上的气压、离地高度、干球温度、风向及风速，其中离地高度 3 000 m 以内的有效数据层数应不少于 10 层。

4. 了解使用 AUSTAL2000、EDMS/AEDT 模型的参数要求

（1）污染源参数

AUSTAL2000 用来计算烟塔合一项目环境影响，所需污染源参数主要包括：冷却塔底部中心坐标，以及排气筒底部的海拔高度（m）、冷却塔高度（m）及冷却塔出口内径（m）、冷却塔出口烟气流速（m/s）、冷却塔出口烟气温度（℃）、烟气中液态水含量（kg/kg）、烟气相对湿度（%）、各主要污染物排放速率（kg/h）、排放工况，年排放小时数（h）。

EDMS/AEDT 用来计算机场项目大气环境影响，所需污染源参数主要包括不同飞行阶段的跑道面源排放参数，即：飞行阶段，面源起点坐标，有效排放高度（m），面源宽度（m），面源长度（m），与正北向夹角（°），污染物排放速率 $[kg/（m^2 \cdot h）]$。

光化学网格模型所需污染源包括人为源和天然源两种形式。其中人为源按空间几何形状分为点源（含火炬源）、面源和线源。道路移动源可以按线源或面源形式模拟，非道路移动源可按面源形式模拟。点源清单应包括烟囱坐标、地形高程、排放口几何高度、出口内径、烟气量、烟气温度等参数。面源应按行

政区域提供或按经纬度网格提供。

（2）气象数据

AUSTAL2000 所需地面气象数据选择距离项目最近或气象特征基本一致的气象站的逐时地面气象数据，要素至少包括风向、风速、干球温度、相对湿度，以及采用测量或模拟气象资料计算得到的稳定度。

EDMS/AEDT 所需气象数据与 AERMOD 相同。

光化学网格模型的气象场数据可由 WRF 或其他区域尺度气象模型提供。气象场应至少涵盖评价基准年 1 月、4 月、7 月、10 月。

5.掌握确定大气环境防护距离的原则和方法

对于项目厂界浓度满足大气污染物厂界浓度限值，但厂界外大气污染物短期贡献浓度超过环境质量浓度限值的，可以自厂界向外设置一定范围的大气环境防护区域，以确保大气环境防护区域外的污染物贡献浓度满足环境质量标准。

对于项目厂界浓度超过大气污染物厂界浓度限值的，应要求削减排放源强或调整工程布局，待满足厂界浓度限值后，再核算大气环境防护距离。

大气环境防护距离内不应有长期居住的人群。

需核算大气环境防护距离时，应采用进一步预测模型模拟评价基准年内，项目所有污染源（改建、扩建项目应包括全厂现有污染源）对厂界外主要污染物的短期贡献浓度分布。厂界外预测网格分辨率不应超过 50 m。

以自厂界起至环境质量短期浓度超标区域的最远垂直距离作为大气环境防护距离。在项目基本信息图上沿出现超标的厂界外延大气环境防护距离所包括的范围，作为本项目的大气环境防护区域。

6.掌握特殊气象条件下适用空气质量模型的判定方法：

根据《环境影响评价技术导则 大气环境》（HJ 2.2－2018）：

A.1.4 按适用特殊气象条件

岸边熏烟。当在近岸内陆上建设高烟囱时，需要考虑岸边熏烟问题。由于水陆地表的辐射差异，水陆交界地带的大气由地面不稳定层结过渡到稳定层结，当聚集在大气稳定层内污染物遇到不稳定层结时将发生熏烟现象，在某固定区域将形成地面的高浓度。在缺少边界层气象数据或边界层气象数据的精确度和详细程度不能反映真实情况时，可选用大气导则推荐的估算模型获得近似的模拟浓度，或者选用 CALPUFF 模型。

长期静、小风。长期静、小风的气象条件是指静风和小风持续时间达几个小时到几天，在这种气象条件下，空气污染扩散（尤其是来自低矮排放源），可能会形成相对高的地面浓度。CALPUFF 模型对静风湍流速度做了处理，当模拟城市尺度以内的长期静、小风时的环境空气质量时，可选用大气导则推荐的 CALPUFF 模型。

7. 了解气象资料的选用要求和统计方法

根据《环境影响评价技术导则　大气环境》（HJ 2.2—2018）：

B.3　气象数据

B.3.1　估算模型 AERSCREEN

模型所需最高和最低环境温度，一般需选取评价区域近 20 年以上资料统计结果。最小风速可取 0.5 m/s，风速计高度取 10 m。

B.3.2　AERMOD 和 ADMS

地面气象数据选择距离项目最近或气象特征基本一致的气象站的逐时地面气象数据，要素至少包括风速、风向、总云量和干球温度。根据预测精度要求及预测因子特征，可选择观测资料包括：湿球温度、露点温度、相对湿度、降水量、降水类型、海平面气压、地面气压、云底高度、水平能见度等。其中对观测站点缺失的气象要素，可采用经验证的模拟数据或采用观测数据进行插值得到。

高空气象数据选择模型所需观测或模拟的气象数据，要素至少包括一天早晚两次不同等压面上的气压、离地高度和干球温度等，其中离地高度 3 000 m 以内的有效数据层数应不少于 10 层。

B.3.3　AUSTAL2000

地面气象数据选择距离项目最近或气象特征基本一致的气象站的逐时地面气象数据，要素至少包括风向、风速、干球温度、相对湿度，以及采用测量或模拟气象资料计算得到的稳定度。

B.3.4　CALPUFF

地面气象资料应尽量获取预测范围内所有地面气象站的逐时地面气象数据，要素至少包括风速、风向、干球温度、地面气压、相对湿度、云量、云底高度。若预测范围内地面观测站少于 3 个，可采用预测范围外的地面观测站进行补充，或采用中尺度气象模拟数据。

高空气象资料应获取最少 3 个站点的测量或模拟气象数据，要素至少包括一天早晚两次不同等压面上的气压、离地高度、干球温度、风向及风速，其中离地高度 3 000 m 以内的有效数据层数应不少于 10 层。

B.3.5　光化学网格模型

光化学网格模型的气象场数据可由 WRF 或其他区域尺度气象模型提供。

气象场应至少涵盖评价基准年 1 月、4 月、7 月、10 月。气象模型的模拟区域范围应略大于光化学网格模型的模拟区域，气象数据网格分辨率、时间分辨率与光化学网格模型的设定相匹配。在气象模型的物理参数化方案选择时应注意和光化学网格模型所选参数化方案的兼容性。非在线的 WRF 等气象模型计算的气象数据提供给光化学网格模型应用时，需要经过相应的数据前处理，处理的过程包括光化学网格模拟区域截取、垂直差值、变量选择和计算、数据时间处理以及数据格式转换等。

C.5.2 气象数据

包括观测气象数据或模拟高空气象数据来源及数据基本信息，基本内容见表 C.24～表 C.25。

表 C.24 观测气象数据信息

气象站名称	气象站编号	气象站等级	气象站坐标/m		相对距离/m	海拔高度/m	数据年份	气象要素
			X	Y				

表 C.25 模拟气象数据信息

模拟点坐标/m		相对距离/m	数据年份	模拟气象要素	模拟方式
X	Y				

（二）地表水环境影响预测与评价

1. 熟悉地表水环境影响预测中预测因子、范围、时期、情景、内容确定的技术要求

根据《环境影响评价技术导则 地表水环境》（HJ 2.3—2018）：

7.1 总体要求

7.1.1 地表水环境影响预测应遵循 HJ 2.1 中规定的原则。

7.1.2 一级、二级、水污染影响型三级 A 与水文要素影响型三级评价应定量预测建设项目水环境影响，水污染影响型三级 B 评价可不进行水环境影响预测。

7.1.3 影响预测应考虑评价范围内已建、在建和拟建项目中，与建设项目排放同类（种）污染物、对相同水文要素产生的叠加影响。

7.1.4 建设项目分期规划实施的，应估算规划水平年进入评价范围的污染

负荷，预测分析规划水平年评价范围内地表水环境质量变化趋势。

7.2　预测因子与预测范围

7.2.1　预测因子应根据评价因子确定，重点选择与建设项目水环境影响关系密切的因子。

7.2.2　预测范围应覆盖 5.3 规定的评价范围，并根据受影响地表水体水文要素与水质特点合理拓展。

7.3　预测时期

水环境影响预测的时期应满足不同评价等级的评价时期要求（见表3）。水污染影响型建设项目，水体自净能力最不利以及水质状况相对较差的不利时期、水环境现状补充监测时期应作为重点预测时期；水文要素影响型建设项目，以水质状况相对较差或对评价范围内水生生物影响最大的不利时期为重点预测时期。

7.4　预测情景

7.4.1　根据建设项目特点分别选择建设期、生产运行期和服务期满后三个阶段进行预测。

7.4.2　生产运行期应预测正常排放、非正常排放两种工况对水环境的影响，如建设项目具有充足的调节容量，可只预测正常排放对水环境的影响。

7.4.3　应对建设项目污染控制和减缓措施方案进行水环境影响模拟预测。

7.4.4　对受纳水体环境质量不达标区域，应考虑区（流）域环境质量改善目标要求情景下的模拟预测。

7.5　预测内容

7.5.1　预测分析内容根据影响类型、预测因子、预测情景、预测范围地表水体类别、所选用的预测模型及评价要求确定。

7.5.2　水污染影响型建设项目，主要包括：

a）各关心断面（控制断面、取水口、污染源排放核算断面等）水质预测因子的浓度及变化；

b）到达水环境保护目标处的污染物浓度；

c）各污染物最大影响范围；

d）湖泊、水库及半封闭海湾等，还需关注富营养化状况与水华、赤潮等；

e）排放口混合区范围。

7.5.3　水文要素影响型建设项目，主要包括：

a）河流、湖泊及水库的水文情势预测分析主要包括水域形态、径流条件、水力条件以及冲淤变化等内容，具体包括水面面积、水量、水温、径流过程、水位、水深、流速、水面宽、冲淤变化等，湖泊和水库需要重点关注湖库水域面积、蓄水量及水力停留时间等因子；

b）感潮河段、入海河口及近岸海域水动力条件预测分析主要包括流量、流向、潮区界、潮流界、纳潮量、水位、流速、水面宽、水深、冲淤变化等因子。

2. 掌握地表水环境影响预测模型适用条件并正确选择适当的预测模型

根据《环境影响评价技术导则　地表水环境》（HJ 2.3—2018）：

7.6　预测模型

7.6.1　地表水环境影响预测模型包括数学模型、物理模型。地表水环境影响预测宜选用数学模型。评价等级为一级且有特殊要求时选用物理模型，物理模型应遵循水工模型实验技术规程等要求。

7.6.2　数学模型包括：面源污染负荷估算模型、水动力模型、水质（包括水温及富营养化）模型等，可根据地表水环境影响预测的需要选择。

7.6.3　模型选择

7.6.3.1　面源污染负荷估算模型。根据污染源类型分别选择适用的污染源负荷估算或模拟方法，预测污染源排放量与入河量。面源污染负荷预测可根据评价要求与数据条件，采用源强系数法、水文分析法以及面源模型法等，有条件的地方可以综合采用多种方法进行比对分析确定，各方法适用条件如下：

a）源强系数法。当评价区域有可采用的源强产生、流失及入河系数等面源污染负荷估算参数时，可采用源强系数法。

b）水文分析法。当评价区域具备一定数量的同步水质水量监测资料时，可基于基流分割确定暴雨径流污染物浓度、基流污染物浓度，采用通量法估算面源的负荷量。

c）面源模型法。面源模型选择应结合污染特点、模型适用条件、基础资料等综合确定。

7.6.3.2　水动力模型及水质模型。按照时间分为稳态模型与非稳态模型，按照空间分为零维、一维（包括纵向一维及垂向一维，纵向一维包括河网模型）、二维（包括平面二维及立面二维）以及三维模型，按照是否需要采用数值离散方法分为解析解模型与数值解模型。水动力模型及水质模型的选取根据建设项目的污染源特性、受纳水体类型、水力学特征、水环境特点及评价等级等要求，选取适宜的预测模型。各地表水体适用的数学模型选择要求如下：

a）河流数学模型。河流数学模型选择要求见表4。在模拟河流顺直、水流均匀且排污稳定时可以采用解析解模型。

表4　河流数学模型适用条件

模型分类	模型空间分类						模型时间分类	
	零维模型	纵向一维模型	河网模型	平面二维	立面二维	三维模型	稳态	非稳态
适用条件	水域基本均匀混合	沿程横断面均匀混合	多条河道相互连通，使得水流运动和污染物交换相互影响的河网地区	垂向均匀混合	垂向分层特征明显	垂向及平面分布差异明显	水流恒定、排污稳定	水流不恒定，或排污不稳定

　　b）湖库数学模型。湖库数学模型选择要求见表5。在模拟湖库水域形态规则、水流均匀且排污稳定时可以采用解析解模型。

表5　湖库数学模型适用条件

模型分类	模型空间分类						模型时间分类	
	零维模型	纵向一维模型	平面二维	垂向一维	立面二维	三维模型	稳态	非稳态
适用条件	水流交换作用较充分、污染物质分布基本均匀	污染物在断面上均匀混合的河道型水库	浅水湖库，垂向分层不明显	深水湖库，水平分布差异不明显，存在垂向分层	深水湖库，横向分布差异不明显，存在垂向分层	垂向及平面分布差异明显	流场恒定、源强稳定	流场不恒定或源强不稳定

　　c）感潮河段、入海河口数学模型。污染物在断面上均匀混合的感潮河段、入海河口，可采用纵向一维非恒定数学模型，感潮河网区宜采用一维河网数学模型。浅水感潮河段和入海河口宜采用平面二维非恒定数学模型。如感潮河段、入海河口的下边界难以确定，宜采用一维、二维连接数学模型。

　　d）近岸海域数学模型。近岸海域宜采用平面二维非恒定模型。如果评价海域的水流和水质分布在垂向上存在较大的差异（如排放口附近水域），宜采用三维数学模型。

　　7.6.4　常用数学模型推荐。河流、湖库、感潮河段、入海河口和近岸海域常用数学模型见附录E，入海河口及近岸海域特殊预测数学模型见附录F。

　　7.6.5　地表水环境影响预测模型，应优先选用国家生态环境主管部门发布的推荐模型。

3. 掌握河流稳态数学模型（一维、二维）参数与解析方法应用

水质模型参数：

在利用水质模型进行水质预测时，需要根据建模、验模的工作程序确定水质模型参数的数值。水文及水力学参数包括流量、流速、坡度、糙率等；水质参数包括污染物综合衰减系数、扩散系数、耗氧系数、复氧系数、蒸发散热系数等。模型参数确定可采用类比、经验公式、实验室测定、物理模型试验、现场实测及模型率定等，可以采用多类方法比对确定模型参数。当采用数值解模型时，宜采用模型率定法核定模型参数。对于稳态模型，需要确定预测计算的水动力、水质边界条件；对于动态模型或模拟瞬时排放、有限时段排放等，还需要确定初始条件。

一般在河流水文调查与水文测量时会对模型需要的基础资料和参数予以考虑。河流水文调查与水文测量的内容包括：水文系列及其特征参数；水文年及水期的划分；河流物理形态参数；河流水沙参数、丰枯水期水流及水位变化特征等。河网地区应调查各河段流向、流速、流量关系，了解流向、流速、流量的变化特点。具体调查内容应根据评价等级及河流规模按照《环境影响评价技术导则 地表水环境》（HJ 2.3—2018）中"7 地表水环境影响预测"的需要决定。

具体应用的技术要求参照《环境影响评价技术导则 地表水环境》（HJ 2.3—2018）：

E.3.2 解析方法

E.3.2.1 连续稳定排放

根据河流纵向一维水质模型方程的简化、分类判别条件（即 O'Connor 数 α 和贝克来数 Pe 的临界值），选择相应的解析解公式。

$$\alpha = \frac{kE_x}{u^2} \qquad\qquad (E.12)$$

$$Pe = \frac{uB}{E_x} \qquad\qquad (E.13)$$

当 $\alpha \leqslant 0.027$、$Pe \geqslant 1$ 时，适用对流降解模型：

$$C = C_0 \exp\left(-\frac{kx}{u}\right) \qquad x \geqslant 0 \qquad (E.14)$$

当 $\alpha \leqslant 0.027$、$Pe < 1$ 时，适用对流扩散降解简化模型：

$$C = C_0 \exp\left(\frac{ux}{E_x}\right) \qquad x < 0 \qquad (E.15)$$

$$C = C_0 \exp\left(-\frac{kx}{u}\right) \qquad x \geqslant 0 \qquad (E.16)$$

$$C_0 = (C_p Q_p + C_h Q_h) / (Q_p + Q_h) \qquad (E.17)$$

当 $0.027 < \alpha \leqslant 380$ 时，适用对流扩散降解模型：

$$C(x) = C_0 \exp\left[\frac{ux}{2E_x}(1 + \sqrt{1+4\alpha})\right] \qquad x < 0 \qquad (E.18)$$

$$C(x) = C_0 \exp\left[\frac{ux}{2E_x}(1 - \sqrt{1+4\alpha})\right] \qquad x \geqslant 0 \qquad (E.19)$$

$$C_0 = (C_p Q_p + C_h Q_h) / \left[(Q_p + Q_h)\sqrt{1+4\alpha}\right] \qquad (E.20)$$

当 $\alpha > 380$ 时，适用扩散降解模型：

$$C = C_0 \exp\left(x\sqrt{\frac{k}{E_x}}\right) \qquad x < 0 \qquad (E.21)$$

$$C = C_0 \exp\left(-x\sqrt{\frac{k}{E_x}}\right) \qquad x \geqslant 0 \qquad (E.22)$$

$$C_0 = (C_p Q_p + C_h Q_h) / (2A\sqrt{kE_x}) \qquad (E.23)$$

式中：α —— O'Connor 数，量纲一，表征物质离散降解通量与移流通量比值；

Pe —— 贝克来数，量纲一，表征物质移流通量与离散通量比值；

C_0 —— 河流排放口初始断面混合浓度，mg/L；

x —— 河流沿程坐标，m，$x=0$ 指排放口处，$x>0$ 指排放口下游段，$x<0$ 指排放口上游段；

其他符号说明同式（E.1）、式（E.2）、式（E.3）、式（E.9）、式（E.11）。

E.3.2.2　瞬时排放

瞬时排放源河流一维对流扩散方程的浓度分布公式为：

$$C(x,t) = \frac{M}{A\sqrt{4\pi E_x t}} \exp(-kt) \exp\left[-\frac{(x-ut)^2}{4E_x t}\right] \qquad (E.24)$$

在 t 时刻、距离污染源下游 $x = ut$ 处的污染物浓度峰值为：

$$C_{\max}(x) = \frac{M}{A\sqrt{4\pi E_x x / u}} \exp(-kx / u) \tag{E.25}$$

式中：$C(x,t)$——在距离排放口 x 处，t 时刻的污染物浓度，mg/L；

　　　　x——离排放口距离，m；

　　　　T——排放发生后的扩散历时，s；

　　　　M——污染物的瞬时排放总质量，g；

其他符号说明同式（E.1）、式（E.4）、式（E.9）、式（E.11）。

E.3.2.3　有限时段排放

有限时段排放源河流一维对流扩散方程的浓度分布，在排放持续期间（$0 < t_j \leq t_0$），公式为：

$$C(x,t_j) = \frac{\Delta t}{A\sqrt{4\pi E_x}} \sum_{i=1}^{j} \frac{W_i}{\sqrt{t_j - t_{i-0.5}}} \exp\left[-k(t_j - t_{i-0.5})\right] \exp\left\{-\frac{\left[x - u(t_j - t_{i-0.5})\right]^2}{4E_x(t_j - t_{i-0.5})}\right\} \tag{E.26}$$

在排放停止后（$t_j > t_0$），公式为：

$$C(x,t_j) = \frac{\Delta t}{A\sqrt{4\pi E_x}} \sum_{i=1}^{n} \frac{W_i}{\sqrt{t_j - t_{i-0.5}}} \exp\left[-k(t_j - t_{i-0.5})\right] \exp\left\{-\frac{\left[x - u(t_j - t_{i-0.5})\right]^2}{4E_x(t_j - t_{i-0.5})}\right\} \tag{E.27}$$

式中：$C(x,t_j)$——在距离排放口 x 处，t_j 时刻的污染物浓度，mg/L；

　　　　t_0——污染源的排放持续时间，s；

　　　　Δt——计算时间步长，s；

　　　　n——计算分段数，$n = t_0/\Delta t$；

　　　　$t_{i-0.5}$——污染源排放的时间变量，$t_{i-0.5} = (i-0.5)\Delta t < t_0$，s；

　　　　i——最大为 n 的自然数；

　　　　j——自然数；

　　　　W_i——t_{i-1} 到 t_i 时间段内，单位时间污染物的排放质量，g/s；

其他符号说明同式（E.1）、式（E.4）、式（E.9）、式（E.11）、式（E.25）。

E.6　平面二维数学模型

适用于模拟预测物质在宽浅水体（大河、湖库、入海河口及近岸海域）中，在垂向均匀混合的状况。

E.6.2 解析方法

E.6.2.1 连续稳定排放

不考虑岸边反射影响的宽浅型平直恒定均匀河流，岸边点源稳定排放，浓度分布公式为：

$$C(x,y) = C_h + \frac{m}{h\sqrt{\pi E_y u x}} \exp\left(-\frac{u y^2}{4 E_y x}\right) \exp\left(-k\frac{x}{u}\right) \qquad (E.35)$$

式中：$C(x,y)$ —— 纵向距离 x、横向距离 y 点的污染物浓度，mg/L；

　　　m —— 污染物排放速率，g/s；

其他符号说明同式（E.1）、式（E.2）、式（E.4）、式（E.9）、式（E.30）。

当 $k=0$ 时，由式（E.36）得到污染混合区外边界等浓度线方程为：

$$y = b_s \sqrt{-\mathrm{e}\frac{x}{L_s}\ln\left(\frac{x}{L_s}\right)} \qquad (E.36)$$

其中：$L_s = \dfrac{1}{\pi u E_y}\left(\dfrac{m}{h C_a}\right)^2$ —— 污染混合区纵向最大长度；

　　　$b_s = \sqrt{\dfrac{2 E_y L_s}{\mathrm{e}u}}$ —— 污染混合区横向最大宽度；

　　　$X_c = \dfrac{L_s}{\mathrm{e}}$ —— 污染混合区最大宽度对应的纵坐标，e 为数学常数，取值 2.718。

式中：C_a —— 允许升高浓度，$C_a = C_s - C_h$，mg/L；

　　　C_s —— 水功能区所执行的污染物浓度标准限值，mg/L。

考虑岸边反射影响的宽浅型平直恒定均匀河流，岸边点源稳定排放，浓度分布公式为：

$$C(x,y) = C_h + \frac{m}{h\sqrt{\pi E_y u x}} \exp\left(-k\frac{x}{u}\right) \sum_{n=-1}^{1} \exp\left[-\frac{u(y-2nB)^2}{4 E_y x}\right] \qquad (E.37)$$

宽浅型平直恒定均匀河流，离岸点源排放，浓度分布公式为：

$$C(x,y) = C_h +$$

$$\frac{m}{h\sqrt{4\pi E_y ux}}\exp\left(-k\frac{x}{u}\right)\sum_{n=-1}^{1}\left\{\exp\left[-\frac{u(y-2nB)^2}{4E_y x}\right] + \exp\left[-\frac{u(y-2nB+2a)^2}{4E_y x}\right]\right\}$$

（E.38）

E.6.2.2 瞬时排放

不考虑岸边反射影响的宽浅型平直恒定均匀河流，岸边点源排放，浓度分布公式为：

$$C(x,y,t) = C_h + \frac{M}{2\pi ht\sqrt{E_x E_y}}\exp\left[-\frac{(x-ut)^2}{4E_x t} - \frac{y^2}{4E_y t}\right]\exp(-kt) \quad （E.39）$$

考虑岸边反射影响的宽浅型平直恒定均匀河流，岸边点源排放，浓度分布公式为：

$$C(x,y,t) = C_h + \frac{M}{2\pi ht\sqrt{E_x E_y}}\exp\left[-\frac{(x-ut)^2}{4E_x t} - kt\right]\sum_{n=-1}^{1}\exp\left[-\frac{(y-2nB)^2}{4E_y t}\right] （E.40）$$

宽浅型平直恒定均匀河流，离岸点源排放，浓度分布公式为：

$$C(x,y,t) = C_h + \frac{M}{4\pi ht\sqrt{E_x E_y}}\exp\left[-\frac{(x-ut)^2}{4E_x t} - kt\right]\sum_{n=-1}^{1}\left\{\begin{array}{l}\exp\left[-\dfrac{(y-2nB)^2}{4E_y t}\right] \\ +\exp\left[-\dfrac{(y-2nB+2a)^2}{4E_y t}\right]\end{array}\right\}$$

（E.41）

4．熟悉地表水环境影响预测基础数据选取的技术要求

根据《环境影响评价技术导则 地表水环境》（HJ 2.3—2018）：

7.8 基础数据要求

7.8.1 水文气象、水下地形等基础数据原则上应与工程设计保持一致，采用其他数据时，应说明数据来源、有效性及数据预处理情况。获取的基础数据应能够支持模型参数率定、模型验证的基本需求。

7.8.1.1 水文数据。水文数据应采用水文站点实测数据或根据站点实测数据进行推算，数据精度应与模拟预测结果精度要求匹配。河流、湖库建设项目水文数据时间精度应根据建设项目调控影响的时空特征，分析典型时段的水文情势与过程变化影响，涉及日调度影响的，时间精度宜不小于 1 h。感潮河段、

入海河口及近岸海域建设项目应考虑盐度对污染物运移扩散的影响，一级评价时间精度不得低于1 h。

7.8.1.2　气象数据。气象数据应根据模拟范围内或附近的常规气象监测站点数据进行合理确定。气象数据应采用多年平均气象资料或典型年实测气象资料数据。气象数据指标应包括气温、相对湿度、日照时数、降雨量、云量、风向、风速等。

7.8.1.3　水下地形数据。采用数值解模型时，原则上应采用最新的现有或补充测绘成果，水下地形数据精度原则上应与工程设计保持一致。建设项目实施后可能导致河道地形改变的，如疏浚及堤防建设以及水底泥沙淤积造成的库底、河底高程发生的变化，应考虑地形变化的影响。

7.8.1.4　涉水工程资料。包括预测范围内的已建、在建及拟建涉水工程，其取水量或工程调度情况、运行规则应与国家或地方发布的统计数据、环评及环保验收数据保持一致。

7.8.2　一致性及可靠性分析。对评价范围调查收集的水文资料（流速、流量、水位、蓄水量等）、水质资料、排放口资料（污水排放量与水质浓度）、支流资料（支流水量与水质浓度）、取水口资料（取水量、取水方式、水质数据）、污染源资料（排污量、排污去向与排放方式、污染物种类及排放浓度）等进行数据一致性分析。应明确模型采用基础数据的来源，保证基础数据的可靠性。

7.8.3　建设项目所在水环境控制单元如有国家生态环境主管部门发布的标准化土壤及土地利用数据、地形数据、环境水力学特征参数的，影响预测模拟时应优先使用标准化数据。

5. 熟悉地表水环境影响预测边界条件的确定方法

根据《环境影响评价技术导则　地表水环境》（HJ 2.3—2018）：

7.10　边界条件

7.10.1　设计水文条件确定要求

7.10.1.1　河流、湖库设计水文条件要求：

a）河流不利枯水条件宜采用90%保证率最枯月流量或近10年最枯月平均流量；流向不定的河网地区和潮汐河段，宜采用90%保证率流速为零时的低水位相应水量作为不利枯水水量；湖库不利枯水条件应采用近10年最低月平均水位或90%保证率最枯月平均水位相应的蓄水量，水库也可采用死库容相应的蓄水量。其他水期的设计水量则应根据水环境影响预测需求确定。

b）受人工调控的河段，可采用最小下泄流量或河道内生态流量作为设计流量。

c）根据设计流量，采用水力学、水文学等方法，确定水位、流速、河宽、水深等其他水力学数据。

7.10.1.2　入海河口、近岸海域设计水文条件要求：

a）感潮河段、入海河口的上游水文边界条件参照7.10.1.1的要求确定，下游水位边界的确定，应选择对应时段潮周期作为基本水文条件进行计算，可取用保证率为10%、50%和90%潮差，或上游计算流量条件下相应的实测潮位过程；

b）近岸海域的湖位边界条件界定，应选择一个潮周期作为基本水文条件，选用历史实测潮位过程或人工构造潮型作为设计水文条件。

7.10.1.3　河流、湖库设计水文条件的计算可按SL 278的规定执行。

7.10.2　污染负荷的确定要求

7.10.2.1　根据预测情景，确定各情景下建设项目排放的污染负荷量，应包括建设项目所有排放口（涉及一类污染物的车间或车间处理设施排放口、企业总排口、雨水排放口、温排水排放口等）的污染物源强。

7.10.2.2　应覆盖预测范围内的所有与建设项目排放污染物相关的污染源或污染源负荷占预测范围总污染负荷的比例超过95%。

7.10.2.3　规划水平年污染源负荷预测要求：

a）点源及面源污染源负荷预测要求。应包括已建、在建及拟建项目的污染物排放，综合考虑区域经济社会发展及水污染防治规划、区（流）域环境质量改善目标要求，按照点源、面源分别确定预测范围内的污染源的排放量与入河量。采用面源模型预测规划水平年污染负荷时，面源模型的构建、率定、验证等要求参照7.11相关规定执行。

b）内源负荷预测要求。内源负荷估算可采用释放系数法，必要时可采用释放动力学模型方法。内源释放系数可采用静水、动水试验进行测定或者参考类似工程资料确定；水环境影响敏感且资料缺乏区域需开展静水试验、动水试验确定释放系数；类比时需结合施工工艺、沉积物类型、水动力等因素进行修正。

6. 了解地表水环境影响预测模型参数确定与验证、预测点位设置、结果合理性分析的要求

根据《环境影响评价技术导则　地表水环境》（HJ 2.3—2018）：

7.11　参数确定与验证要求

7.11.1　水动力及水质模型参数包括水文及水力学参数、水质（包括水温及富营养化）参数等。其中水文及水力学参数包括流量、流速、坡度、糙率等；水质参数包括污染物综合衰减系数、扩散系数、耗氧系数、复氧系数、蒸发散

热系数等。

7.11.2　模型参数确定可采用类比、经验公式、实验室测定、物理模型试验、现场实测及模型率定等，可以采用多类方法比对确定模型参数。当采用数值解模型时，宜采用模型率定法核定模型参数。

7.11.3　在模型参数确定的基础上，通过模型计算结果与实测数据进行比较分析，验证模型的适用性与误差及精度。

7.11.4　选择模型率定法确定模型参数的，模型验证应采用与模型参数率定不同组实测资料数据进行。

7.11.5　应对模型参数确定与模型验证的过程和结果进行分析说明，并以河宽、水深、流速、流量以及主要预测因子的模拟结果作为分析依据，当采用二维或三维模型时，应开展流场分析。模型验证应分析模拟结果与实测结果的拟合情况，阐明模型参数率定取值的合理性。

7.12　预测点位设置及结果合理性分析要求

7.12.1　预测点位设置要求

7.12.1.1　应将常规监测点、补充监测点、水环境保护目标、水质水量突变处及控制断面等作为预测重点。

7.12.1.2　当需要预测排放口所在水域形成的混合区范围时，应适当加密预测点位。

7.12.2　模型结果合理性分析

7.12.2.1　模型计算成果的内容、精度和深度应满足环境影响评价要求。

7.12.2.2　采用数值解模型进行影响预测时，应说明模型时间步长、空间步长设定的合理性，在必要的情况下应对模拟结果开展质量或热量守恒分析。

7.12.2.3　应对模型计算的关键影响区域和重要影响时段的流场、流速分布、水质（水温）等模拟结果进行分析，并给出相关图件。

7.12.2.4　区域水环境影响较大的建设项目，宜采用不同模型进行比对分析。

7. 熟悉地表水环境影响中水文情势、水质状况、水环境功能区或水功能区、控制单元或断面水质达标状况、总量控制、排污口设置、分区管控"三线一单"等方面的评价要求

根据《环境影响评价技术导则　地表水环境》（HJ 2.3—2018）：

8.2.2　水环境影响评价应满足以下要求：

a）排放口所在水域形成的混合区，应限制在达标控制（考核）断面以外水域，不得与已有排放口形成的混合区叠加，混合区外水域应满足水环境功能区或水功能区的水质目标要求。

b）水环境功能区或水功能区、近岸海域环境功能区水质达标。说明建设项目对评价范围内的水环境功能区或水功能区、近岸海域环境功能区的水质影响特征，分析水环境功能区或水功能区、近岸海域环境功能区水质变化状况，在考虑叠加影响的情况下，评价建设项目建成以后各预测时期水环境功能区或水功能区、近岸海域环境功能区达标状况。涉及富营养化问题的，还应评价水温、水文要素、营养盐等变化特征与趋势，分析判断富营养化演变趋势。

c）满足水环境保护目标水域水环境质量要求。评价水环境保护目标水域各预测时期的水质（包括水温）变化特征、影响程度与达标状况。

d）水环境控制单元或断面水质达标。说明建设项目污染排放或水文要素变化对所在控制单元各预测时期的水质影响特征，在考虑叠加影响的情况下，分析水环境控制单元或断面的水质变化状况，评价建设项目建成以后水环境控制单元或断面在各预测时期的水质达标状况。

e）满足重点水污染物排放总量控制指标要求，重点行业建设项目，主要污染物排放满足等量或减量替代要求。

f）满足区（流）域水环境质量改善目标要求。

g）水文要素影响型建设项目同时应包括水文情势变化评价、主要水文特征值影响评价、生态流量符合性评价。

h）对于新设或调整入河（湖库、近岸海域）排放口的建设项目，应包括排放口设置的环境合理性评价。

i）满足"三线一单"（生态保护红线、水环境质量底线、资源利用上线和环境准入清单）管理要求。

8.2.3　依托污水处理设施的环境可行性评价，主要从污水处理设施的日处理能力、处理工艺、设计进水水质、处理后的废水稳定达标排放情况及排放标准是否涵盖建设项目排放的有毒有害的特征水污染物等方面开展评价，满足依托的环境可行性要求。

8. 熟悉排放口污染源排放量核算技术要求和一般流程

根据《环境影响评价技术导则　地表水环境》（HJ 2.3—2018）：

8.3　污染源排放量核算

8.3.1　一般要求

8.3.1.1　污染源排放量是新（改、扩）建项目申请污染物排放许可的依据。

8.3.1.2　对改建、扩建项目，除应核算新增源的污染物排放量外，还应核算项目建成后全厂的污染物排放量，污染源排放量为污染物的年排放量。

8.3.1.3　建设项目在批复的区域或水环境控制单元达标方案的许可排放量

分配方案中有规定的，按规定执行。

8.3.1.4　污染源排放量核算，应在满足 8.2.2 前提下进行核算。

8.3.1.5　规划环评污染源排放量核算与分配应遵循水陆统筹、河海兼顾、满足"三线一单"约束要求的原则，综合考虑水环境质量改善目标求、水环境功能区或水功能区、近岸海域环境功能区管理要求、经济社会发展、行业排污绩效等因素，确保发展不超载，底线不突破。

8.3.2　间接排放建设项目污染源排放量核算根据依托污水处理设施的控制要求核算确定。

8.3.3　直接排放建设项目污染源排放量核算，根据建设项目达标排放的地表水环境影响、污染源源强核算技术指南及排污许可申请与核发技术规范进行核算，并从严要求。

8.3.3.1　直接排放建设项目污染源排放量核算应在满足 8.2.2 的基础上，遵循以下原则要求：

a）污染源排放量的核算水体为有水环境功能要求的水体。

b）建设项目排放的污染物属于现状水质不达标的，包括本项目在内的区（流）域污染源排放量应调减至满足区（流）城水环境质量改善目标要求。

c）当受纳水体为河流时，不受回水影响的河段，建设项目污染源排放量核算断面位于排放口下游，与排放口的距离应小于 2 km；受回水影响的河段，应在排放口的上下游设置建设项目污染源排放量核算断面，与排放口的距离应小于 1 km。建设项目污染源排放量核算断面应根据区间水环境保护目标位置、水环境功能区或水功能区及控制单元断面等情况调整。当排放口污染物进入受纳水体在断面混合不均匀时，应以污染源排放量核算断面污染物最大浓度作为评价依据。

d）当受纳水体为湖库时，建设项目污染源排放量核算点位应布置在以排放口为中心、半径不超过 50 m 的扇形水域内，且扇形面积占湖库面积比例不超过 5%，核算点位应不少于 3 个。建设项目污染源排放量核算点应根据区间水环境保护目标位置、水环境功能区或水功能区及控制单元断面等情况调整。

e）遵循地表水环境质量底线要求，主要污染物（化学需氧量、氨氮、总磷、总氮）需预留必要的安全余量。安全余量可按地表水环境质量标准、受纳水体环境敏感性等确定：受纳水体为 GB 3838 Ⅲ类水域，以及涉及水环境保护目标的水域，安全余量按照不低于建设项目污染源排放量核算断面（点位）处环境质量标准的 10%确定（安全余量≥环境质量标准×10%）；受纳水体水环境质量标准为 GB 3838 Ⅳ、Ⅴ类水域，安全余量按照不低于建设项目污染源排放量核算断面（点位）环境质量标准的 8%确定（安全余量≥环境质量标准×8%）；地方如有更严格的环境管理要求，按地方要求执行。

f）当受纳水体为近岸海域时，参照 GB 18486 执行。

8.3.3.2　按照 8.3.3.1 规定要求预测评价范围的水质状况，如预测的水质因子满足地表水环境质量管理及安全余量要求，污染源排放量即为水污染控制措施有效性评价确定的排污量。如果不满足地表水环境质量管理及安全余量要求，则进一步根据水质目标核算污染源排放量。

9. 熟悉污染源排放量核算中核算断面、安全余量确定的技术方法

根据《地表水环境质量监测技术规范》（HJ 91.2—2022 部分代替 HJ/T 91—2002）：

4.1.2　设置方法

4.1.2.1　河流监测断面

4.1.2.1.1　背景断面

原则上设置在水系源头，未受或很少受人类活动影响，远离城市居民区、工业区、农药化肥施用区及主要交通路线。如果拟定断面处于地球化学异常区，应在地球化学异常区上、下游分别设置；如果水土流失情况较严重，应设置在水土流失区上游。

4.1.2.1.2　对照断面

应设置在河流流经本区域大型污染源之前，便于了解该水体在大型污染源汇入之前的水质状况，避开废水、污水流入或回流处。

4.1.2.1.3　控制断面

应设置在排污区（口）下游，污水与地表水基本混匀处。控制断面的数量、控制断面与排污区（口）的距离可根据以下因素决定：主要污染区数量及其间距、各污染源实际情况、主要污染物迁移转化规律和其他水文特征等。此外，还应考虑对纳污量的控制程度，即各控制断面控制的纳污量应不小于该河段总纳污量的 80%。如果某河段的各控制断面均有至少 5 年的监测资料，可根据现有资料优化断面，确定控制断面的位置和数量。

4.1.2.1.4　河口断面

应设置在地貌上具备明显河流特征处，宜靠近河口，原则上在最后一个排污区（口）的下游，能反映河流汇入海洋、湖泊或其他河流之前的水质状况。

4.1.2.1.5　入境断面

应设置在水系进入本区域且尚未受到本区域污染源影响处，宜靠近水系入境处。

4.1.2.1.6　出境断面

应设置在本区域最后一个污水排放口下游，污水与河水已基本匀，宜靠近

水系出境处。

4.1.2.1.7　交界断面

在国界、省界、市界、县界共有河段内可设置对照断面、控制断面或消减断面。

4.1.2.1.8　潮汐河流监测断面

潮汐河流监测断面的设置按照以下要求执行：

a）潮汐河流监测断面的设置原则与其他河流相同。设有防潮桥闸的潮汐河流，根据需要在桥闸上游设置断面；

b）根据潮汐河流水文特征，潮汐河流的对照断面一般设在潮区界以上。若潮区界在该城市管辖区域之外，则在城市河段上游设置 1 个对照断面；

c）潮汐河流监测断面应设置在水面退平时可采集到地表水（盐度小于 2‰）样品处，当河流水量减少，长期在水面退平时不能到采集地表水（盐度小于 2‰）样品时应调整断面。

根据《环境影响评价技术导则　地表水》（HJ 2.3－2018）：

e）遵循地表水环境质量底线要求，主要污染物（化学需氧量、氨氮、总磷、总氮）需预留必要的安全余量。安全余量可按地表水环境质量标准、受纳水体环境敏感性等确定：受纳水体为 GB 3838 类水域，以及涉及水环境保护目标的水域，安全余量按照不低于建设项目污染源排放量核算断面（点位）处环境质量标准的 10%确定（安全余量≥环境质量标准×10%）；受纳水体水环境质量标准为 GB 3838 Ⅳ、Ⅴ类水域，安全余量按照不低于建设项目污染源排放量核算断面（点位）环境质量标准的 8%确定（安全余量≥环境质量标准×8%）；地方如有更严格的环境管理要求，按地方要求执行。

f）当受纳水体为近岸海域时，参照 GB 18486 执行。

8.3.3.2　按照 8.3.3.1 规定要求预测评价范围的水质状况，如预测的水质因子满足地表水环境质量管理及安全余量要求，污染源排放量即为水污染控制措施有效性评价确定的排污量。如果不满足地表水环境质量管理及安全余量要求，则进一步根据水质目标核算污染源排放量。

10. 熟悉生态流量确定的技术要求和一般流程

根据《环境影响评价技术导则　地表水环境》（HJ 2.3－2018）：

8.4　生态流量确定

8.4.1　一般要求

8.4.1.1　根据河流、湖库生态环境保护目标的流量（水位）及过程需求确定生态流量（水位）。河流应确定生态流量，湖库应确定生态水位。

8.4.1.2　根据河流和湖库的形态、水文特征及生物重要生境分布，选取代表性的控制断面综合分析评价河流和湖库的生态环境状况、主要生态环境问题等。生态流量控制断面或点位选择应结合重要生境和重要环境保护对象等保护目标的分布、水文站网分布以及重要水利工程位置等统筹考虑。

8.4.1.3　依据评价范围内各水环境保护目标的生态环境需水确定生态流量，生态环境需水的计算方法可参考有关标准规定执行。

8.4.2　河流、湖库生态环境需水计算要求

8.4.2.1　河流生态环境需水

河流生态环境需水包括水生生态需水、水环境需水、湿地需水、景观需水、河口压咸需水等。应根据河流生态环境保护目标要求，选择合适方法计算河流生态环境需水及其过程，符合以下要求：

a）水生生态需水计算中，应采用水力学法、生态水力学法、水文学法等方法计算水生生态流量。水生生态流量最少采用两种方法计算，基于不同计算方法成果对比分析，合理选择水生生态流量成果；鱼类繁殖期的水生生态需水宜采用生境分析法计算，确定繁殖期所需的水文过程，并取外包线作为计算成果，鱼类繁殖期所需水文过程应与天然水文过程相似。水生生态需水应为水生生态流量与鱼类繁殖期所需水文过程的外包线。

b）水环境需水应根据水环境功能区或水功能区确定控制断面水质目标，结合计算范围内的河段特征和控制断面与概化后污染源的位置关系，采用 7.6 的数学模型方法计算水环境需水。

c）湿地需水应综合考虑湿地水文特征和生态保护目标需水特征，综合不同方法合理确定湿地需水。河岸植被需水量采用单位面积用水量法、潜水蒸发法、间接计算法、彭曼公式法等方法计算；河道内湿地补给水量采用水量平衡法计算。保护目标在繁育生长关键期对水文过程有特殊需求时，应计算湿地关键期需水量及过程。

d）景观需水应综合考虑水文特征和景观保护目标要求，确定观需水。

e）河口压咸需水应根据调查成果，确定河口类型，可采用附录 E 中的相关数学模型计算河口压咸需水。

f）其他需水应根据评价区域实际情况进行计算，主要包括冲沙需水、河道蒸发和渗漏需水等。对于多泥沙河流，需考虑河流冲沙需水计算。

8.4.2.2　湖库生态环境需水计算要求：

a）湖库生态环境需水包括维持湖库生态水位的生态环境需水及入（出）湖河流生态环境需水。湖库生态环境需水可采用最小值、年内不同时段值和全年值表示。

b）湖库生态环境需水计算中，可采用不同频率最枯月平均值法或近 10 年最枯月平均水位法确定湖库生态环境需水最小值。年内不同时段值应根据湖库生态环境保护目标所对应的生态环境功能，分别计算各项生态环境功能敏感水期要求的需水量。维持湖库形态功能的水量，可采用湖库形态分析法计算。维持生物栖息地功能的需水量，可采用生物空间法计算。

c）入（出）湖库河流的生态环境需水应根据 8.4.2.1 计算确定，计算成果应与湖库生态水位计算成果相协调。

8.4.3　河流、湖库生态流量综合分析与确定

8.4.3.1　河流应根据水生生态需水、水环境需水、湿地需水、景观需水、河口压咸需水和其他需水等计算成果，考虑各项需水的外包关系和叠加关系，综合分析需水目标要求，确定生态流量。湖库应根据湖库生态环境需水确定最低生态水位及不同时段内的水位。

8.4.3.2　应根据国家或地方政府批复的综合规划、水资源规划、水环境保护规划等成果中相关的生态流量控制等要求，综合分析生态流量成果的合理性。

（三）地下水环境影响预测与评价

1. 掌握水文地质参数经验值表中给出的岩性与渗透性、给水度关系

依据《环境影响评价技术导则　地下水环境》（HJ 610—2016）附录 B，水文地质参数经验值表如下：

表B1　渗透系数经验值表

岩性名称	主要颗粒粒径/mm	渗透系数/（m/d）	渗透系数/（cm/s）
轻亚黏土		0.05～0.1	$5.79 \times 10^{-5} \sim 1.16 \times 10^{-4}$
亚黏土		0.1～0.25	$1.16 \times 10^{-4} \sim 2.89 \times 10^{-4}$
黄土		0.25～0.5	$2.89 \times 10^{-4} \sim 5.79 \times 10^{-4}$
粉土质砂		0.5～1.0	$5.79 \times 10^{-4} \sim 1.16 \times 10^{-3}$
粉砂	0.05～0.1	1.0～1.5	$1.16 \times 10^{-3} \sim 1.74 \times 10^{-3}$
细砂	0.1～0.25	5.0～10	$5.79 \times 10^{-3} \sim 1.16 \times 10^{-2}$
中砂	0.25～0.5	10.0～25	$1.16 \times 10^{-2} \sim 2.89 \times 10^{-2}$
粗砂	0.5～1.0	25～50	$2.89 \times 10^{-2} \sim 5.78 \times 10^{-2}$
砾砂	1.0～2.0	50～100	$5.78 \times 10^{-2} \sim 1.16 \times 10^{-1}$
圆砾	75～150	75～150	$8.68 \times 10^{-2} \sim 1.74 \times 10^{-1}$
卵石	100～200	100～200	$1.16 \times 10^{-1} \sim 2.31 \times 10^{-1}$
块石	200～500	200～500	$2.31 \times 10^{-1} \sim 5.79 \times 10^{-1}$
漂石	500～1 000	500～1 000	$5.79 \times 10^{-1} \sim 1.16 \times 10^{0}$

表 B.2 松散岩石给水度参考值

岩石名称	给水度变化区间	平均给水度
砾砂	0.20～0.35	0.25
粗砂	0.20～0.35	0.27
中砂	0.15～0.32	0.26
细砂	0.10～0.28	0.21
粉砂	0.05～0.19	0.18
亚黏土	0.03～0.12	0.07
黏土	0.00～0.05	0.02

2．掌握水文地质条件概化、污染源概化及边界条件的确定方法

（1）水文地质条件概化

根据调查评价区和场地环境水文地质条件，对边界性质、介质特征、水流特征和补径排等条件进行概化。

（2）污染源概化

污染源概化包括排放形式与排放规律的概化。根据污染源的具体情况，排放形式可以概化为点源、线源、面源；排放规律可以概化为连续恒定排放或非连续恒定排放以及瞬时排放。

（3）水文地质参数初始值的确定

包气带垂向渗透系数、含水层渗透系数、给水度等预测所需参数初始值的获取应以收集评价范围内已有水文地质资料为主，不满足预测要求时需通过现场试验获取。

3．掌握水文地质参数的确定方法

根据《环境影响评价技术导则 地下水环境》（HJ 610—2016）：

9.8.3 水文地质参数初始值的确定

包气带垂向渗透系数、含水层渗透系数、给水度等预测所需参数初始值的获取应以收集评价范围内已有水文地质资料为主，不满足预测要求时需通过现场试验获取。

附录 C 环境水文地质试验方法简介

C.1 抽水试验

抽水试验：目的是确定含水层的导水系数、渗透系数、给水度、影响半径等水文地质参数，也可以通过抽水试验查明某些水文地质条件，如地表水与地下水之间及含水层之间的水力联系，以及边界性质和强径流带位置等。

根据要解决的问题，可以进行不同规模和方式的抽水试验。单孔抽水试验只用一个井抽水，不另设置观测孔，取得的数据精度较差；多孔抽水试验是用一个主孔抽水，同时配置若干个监测水位变化的观测孔，以取得比较准确的水文地质参数；群井开采试验是在某一范围内用大量生产井同时长期抽水，以查明群井采水量与区域水位下降的关系，求得可靠的水文地质参数。

为确定水文地质参数而进行的抽水试验，有稳定流抽水和非稳定流抽水两类。前者要求试验结束以前抽水流量及抽水影响范围内的地下水位达到稳定不变。后者则只要求抽水流量保持定值而水位不一定达到稳定，或保持一定的水位降深而允许流量变化。具体的试验方法可参见 GB 50027。

C.2　注水试验

注水试验：目的与抽水试验相同。当钻孔中地下水位埋藏很深或试验层透水不含水时，可用注水试验代替抽水试验，近似地测定该岩层的渗透系数。在研究地下水人工补给或废水地下处置时，常需进行钻孔注水试验。注水试验时可向井内定流量注水，抬高井中水位，待水位稳定并延续到一定时间后，可停止注水，观测恢复水位。

由于注水试验常常是在不具备抽水试验条件下进行的，故注水井在钻进结束后，一般都难以进行洗井（孔内无水或未准备洗井设备）。因此，用注水试验方法求得的岩层渗透系数往往比抽水试验求得的值小得多。

C.3　渗水试验

渗水试验：目的是测定包气带渗透性能及防污性能。渗水试验是一种在野外现场测定包气带土层垂向渗透系数的简易方法，在研究大气降水、灌溉水、渠水等对地下水的补给时，常需要进行此种试验。

试验时在试验层中开挖一个截面积为 $0.3 \sim 0.5 \ \mathrm{m}^2$ 的方形或圆形试坑，不断将水注入坑中，并使坑底的水层厚度保持一定（一般为 10 cm 厚），当单位时间注入水量（即包气带岩层的渗透流量）保持稳定时，可根据达西渗透定律计算出包气带土层的渗透系数。

C.4　浸溶试验

浸溶试验：目的是为了查明固体废弃物受雨水淋滤或在水中浸泡时，其中的有害成分转移到水中，对水体环境直接形成的污染或通过地层渗漏对地下水造成的间接影响。

有关固体废弃物的采样、处理和分析方法，可参照执行关于固体废弃物的国家环境保护标准或技术文件。

C.5　土柱淋滤试验

土柱淋滤试验：目的是模拟污水的渗入过程，研究污染物在包气带中的吸附、转化、自净机制，确定包气带的防护能力，为评价污水渗漏对地下水水质的影响提供依据。

试验土柱应在评价场地有代表性的包气带地层中采取。通过滤出水水质的测试，分析淋滤试验过程中污染物的迁移、累积等引起地下水水质变化的环境化学效应的机理。

试剂的选取或配制，宜采取评价工程排放的污水做试剂。对于取不到污水的拟建项目，可取生产工艺相同的同类工程污水替代，也可按设计提供的污水成分和浓度配制试剂。如果试验目的是确定污水排放控制要求，需要配制几种浓度的试剂分别进行试验。

4. 了解常用的地下水预测数学模型的参数要求

一般来说，地下水模型需要的第一部分数据，是确定研究区水文地质和水文地球化学条件的各种参数。这些参数构成水流和迁移模型的输入数据，包括：含水层几何性质的参数，如模型边界的位置、含水层和隔水层的厚度以及现有污染范围；常规物理及化学参数，如渗透系数、孔隙度以及化学反应速率常数；与外部应力有关的各种参数，如污染源的变化状况、补给和排泄的分布状况，或是注水和抽水量。

常用的水文地质参数：

①孔隙度（n）：多孔体中所有孔隙的体积与总体积之比。

②有效孔隙度（n_e）：由于并非所有孔隙都相互连通，把连通的孔隙体积与总体积之比称为有效孔隙度。

③渗透系数（K）：又称水力传导系数，是表征岩石透水性的定量指标。渗透系数愈大，岩石的透水能力愈强。单位为 m/d 或 cm/s。

④给水度：一定体积的饱水多孔介质在重力作用下释放出的水体积与多孔介质体积之比。

⑤贮水系数：也称释水系数，是指承压含水层测压水位下降（或上升）一个单位深度，单位水平面积含水层释出（或储存）的水的体积。

⑥贮水率：表示当含水层水头变化一个单位时，从单位体积含水层中，应水体积膨胀（或压缩）以及介质骨架的压缩（或伸长）而释放（或贮存）的弹性水量，用 μ_s 表示，它是描述地下水三维非稳定流或剖面二维流中的水文地质参数。

⑦水动力弥散系数（D）：是表征在一定流速下，多孔介质对某种污染物质弥散能力的参数，它在宏观上反映了多孔介质中地下水流动过程和空隙结构特征对溶质运移过程的影响。一般地说，水动力弥散系数包括机械弥散系数与分

子扩散系数。

⑧降水入渗补给系数（α）：指降水渗入量与降水总量的比值。

5. 了解大气—土壤—地下水等环境介质跨相输送、迁移和累积过程，预测、分析环境影响的时空累积效应评价方法

未有标准答案。

污染物在环境中主要迁移转化方式

迁移方式：机械迁移（水、气、重力）；物理化学迁移（最重要的形式）；生物迁移（吸收、代谢、生长、死亡等）。

物理化学迁移是污染物在环境中最基本的迁移过程。污染物以简单的离子或可溶性分子的形势发生溶解-沉淀、吸附解吸附。同时还会发生降解等作用。例如吸附过程。

生物性迁移是污染物通过生物体的吸附、吸收、代谢、死亡等过程而发生的迁移。包括：生物浓缩、生物累积、生物放大。例如污染场地上的植物重金属累积。

转化途径（转化形式有物理、化学、生物转化）在大气中，以光化学氧化、催化氧化反应为主；在水体中，氧化还原作用，配合作用，生物降解作用；在土壤中，生物降解为主。

根据《环境影响评价技术导则　土壤环境（试行）》（HJ 964—2018），土壤与空气、地表水、地下水、生态等环境要素联系紧密，其环境影响具有隐蔽性、滞缓性、累积性、难恢复性等特点，在其中附录 E 方法一给出通过大气沉降进入土壤输入量，输出量主要是淋溶量或径流排泄；方法二给出某污染物点源入渗土壤环境影响写的计算。为保护地下水还需按《建设用地土壤污染风险评估技术导则》（HJ 25.3—2019）计算保护地下水的土壤风险控制值。

附录 E（资料性附录）　土壤环境影响预测方法

E.1　方法一

E.1.1　适用范围

本方法适用于某种物质可概化为以面源形式进入土壤环境的影响预测，包括大气沉降、地面漫流以及盐、酸、碱类等物质进入土壤环境引起的土壤盐化、酸化、碱化等。

E.1.2　一般方法和步骤

a）可通过工程分析计算土壤中某种物质的输入量；涉及大气沉降影响的，可参照 HJ 2.2 相关技术方法给出。

b）土壤中某种物质的输出量主要包括淋溶或径流排出、土壤缓冲消耗两部

分；植物吸收量通常较小，不予考虑；涉及大气沉降影响的，可不考虑输出量。

c）分析比较输入量和输出量，计算土壤中某种物质的增量。

d）将土壤中某种物质的增量与土壤现状值进行叠加后，进行土壤环境影响预测。

E.1.3 预测方法

a）单位质量土壤中某种物质的增量可用式（E.1）计算：

$$\Delta S = n(I_S - L_S - R_S)/(\rho_b \times A \times D) \tag{E.1}$$

式中：ΔS ——单位质量表层土壤中某种物质的增量，g/kg；

表层土壤中游离酸或游离碱浓度增量，mmol/kg；

I_S —— 预测评价范围内单位年份表层土壤中某种物质的输入量，g；

预测评价范围内单位年份表层土壤中游离酸、游离碱输入量，mmol；

L_S —— 预测评价范围内单位年份表层土壤中某种物质经淋溶排出的量，g；

预测评价范围内单位年份表层土壤中经淋溶排出的游离酸、游离碱的量，mmol；

R_S —— 预测评价范围内单位年份表层土壤中某种物质经径流排出的量，g；

预测评价范围内单位年份表层土壤中经径流排出的游离酸、游离碱的量，mmol；

ρ_b ——表层土壤容重，kg/m³；

A——预测评价范围，m²；

D——表层土壤深度，一般取 0.2 m，可根据实际情况适当调整；

n——持续年份，a。

b）单位质量土壤中某种物质的预测值可根据其增量叠加现状值进行计算，如式（E.2）所示。

$$S = S_b + \Delta S \tag{E.2}$$

式中：S_b——单位质量土壤中某种物质的现状值，g/kg；

S——单位质量土壤中某种物质的预测值，g/kg。

c）酸性物质或碱性物质排放后表层土壤 pH 预测值，可根据表层土壤游离酸或游离碱浓度的增量进行计算，如式（E.3）所示。

$$pH = pH_b \pm \Delta S/BC_{pH} \tag{E.3}$$

式中：pH_b——土壤 pH 现状值；

BC_{pH}——缓冲容量，mmol/（kg·pH）；

pH——土壤 pH 预测值。

d）缓冲容量（BC$_{pH}$）测定方法：采集项目区土壤样品，样品加入不同量游离酸或游离碱后分别进行 pH 值测定，绘制不同浓度游离酸或游离碱和 pH 值之间的曲线，曲线斜率即为缓冲容量。

根据《建设用地土壤污染风险评估技术导则》（HJ 25.3—2019）：

4.5 土壤和地下水风险控制值的计算

在风险表征的基础上，判断计算得到的风险值是否超过可接受风险水平。如地块风险评估结果未超过可接受风险水平，则结束风险评估工作；如地块风险评估结果超过可接受风险水平，则计算土壤、地下水中关注污染物的风险控制值；如调查结果表明，土壤中关注污染物可迁移进入地下水，则计算保护地下水的土壤风险控制值；根据计算结果，提出关注污染物的土壤和地下水风险控制值。

9 计算风险控制值的技术要求

9.1 可接受致癌风险和危害商

本标准计算基于致癌效应的土壤和地下水风险控制值时，采用的单一污染物可接受致癌风险为 10^{-6}；计算基于非致癌效应的土壤和地下水风险控制值时，采用的单一污染物可接受危害商为 1。

9.2 计算地块土壤和地下水风险控制值

9.2.3 保护地下水的土壤风险控制值

地块地下水作为饮用水源时，应计算保护地下水的土壤风险控制值。单一污染物土壤风险控制值，依据 GB/T 14848 中保护地下水的土壤风险控制值的推荐模型计算，见附录 E 公式（E.15）。

E.3 保护地下水的土壤风险控制值

E3.1 保护地下水的土壤风险控制值可采用公式（E.15）计算：

$$CVS_{pgw} = \frac{MCL_{gw}}{LF_{sgw}} \qquad （E.15）$$

式中：CVS_{pgw} —— 保护地下水的土壤风险控制值，mg/kg；

MCL_{gw} —— 地下水中污染物的最大浓度限值，mg/L；取值参照 GB/T 14848；

LF_{sgw} —— 土壤中污染物进入地下水的淋溶因子，kg/L；根据附录 F 公式（F.30）计算。

6．掌握地下水环境影响评价的预测情景设计方法

根据《环境影响评价技术导则 地下水环境》（HJ 610—2016）：

9.4 情景设置

9.4.1 一般情况下，建设项目须对正常状况和非正常状况的情景分别进行预测。

9.4.2 已依据 GB 16889、GB 18597、GB 18598、GB 18599、GB/T 50934 等规范设计地下水污染防渗措施的建设项目，可不进行正常状况情景下的预测。

7．熟悉各类情景下环境影响预测与评价方法

根据《环境影响评价技术导则 地下水环境》（HJ 610—2016）：

9.5 预测因子

预测因子应包括：

a）根据 5.3.2 识别出的特征因子，按照重金属、持久性有机污染物和其他类别进行分类，并对每一类别中的各项因子采用标准指数法进行排序，分别取标准指数最大的因子作为预测因子：

b）现有工程已经产生的且改、扩建后将继续产生的特征因子，改、扩建后新增加的特征因子；

c）污染场地已查明的主要污染物，按照 a）簖选预测因子：

d）国家或地方要求控制的污染物。

9.6 预测源强

地下水环境影响预测源强的确定应充分结合工程分析。

a）正常状况下，预测源强应结合建设项目工程分析和相关设计规范确定，如 GB 50141、GB 50268 等：

b）非正常状况下，预测源强可根据地下水环境保护设施或工艺设备的系统老化或腐蚀程度等设定。

9.7 预测方法

9.7.1 建设项目地下水环境影响预测方法包括数学模型法和类比分析法。其中，数学模型法包括数值法、解析法等。常用的地下水预测数学模型参见附录 D。

9.7.2 预测方法的选取应根据建设项目工程特征、水文地质条件及资料掌握程度来确定，当数值法不适用时，可用解析法或其他方法预测。一般情况下，一级评价应采用数值法，不宜枢化为等效多孔介质的地区除外：二级评价中水文地质条件复杂且适宜采用数值法时，建议优先采用数值法：三级评价可采用

解析法或类比分析法。

9.7.3 采用数值法预测前，应先进行参数识别和模型验证。

9.7.4 采用解析模型预测污染物在含水层中的扩散时，一般应满足以下条件：

a）污染物的排放对地下水流场没有明显的影响；

b）调查评价区内含水层的基本参数（如渗透系数、有效孔隙度等）不变或变化很小。

9.7.5 采用类比分析法时，应给出类比条件。类比分析对象与拟预测对象之间应满足以下要求：

a）二者的环境水文地质条件、水动力场条件相似；

b）二者的工程类型、规模及特征因子对地下水环境的影响具有相似性。

9.7.6 地下水环境影响预测过程中，对于采用非本导则推荐模式进行预测评价时，需明确所采用模式的适用条件，给出模型中的各参数物理意义及参数取值，并尽可能地采用本导则中的相关模式进行验证。

8. 了解地下水环境风险预测与评价方法

根据《建设项目环境风险评价技术导则》（HJ 169—2018）：

8.2 源项分析

8.2.1 源项分析方法

源项分析应基于风险事故情形的设定，合理估算源强。泄漏频率可参考附录 E 的推荐方法确定，也可采用事故树、事件树分析法或类比法等确定。

8.2.2 事故源强的确定

事故源强是为事故后果预测提供分析模拟情形。事故源强设定可采用计算法和经验估算法。计算法适用于以腐蚀或应力作用等引起的泄型为主的事故；经验估算法适用于以火灾、爆炸等突发性事故伴生/次生的污染物释放。

8.2.2.1 物质泄漏量的计算

液体、气体和两相流泄漏速率的计算参见附录 F 推荐的方法

泄漏时间应结合建设项目探测和隔离系统的设计原则确定。一般情况下，设置紧急隔离系统的单元，泄漏时间可设定为 10 min；未设置紧急隔离系统的单元，泄时间可设定为 30 min。

泄漏液体的蒸发速率计算可采用附录 F 推荐的方法。蒸发时间应结合物质特性、气象条件、工况等综合考虑，一般情况下，可按 15～30 min 计；泄漏物质形成的液池面积以不超过泄漏单元的围堰（或堤）内面积计。

8.2.2.2 经验法估算物质释放量

火灾、爆炸事故在高温下迅速挥发释放至大气的未完全燃烧危险物质，以及在燃烧过程中产生的伴生/次生污染物,可参照附录 F 采用经验法估算释放量。

8.2.2.3 其他估算方法

a）装卸事故，泄漏量按装卸物质流速和管径及失控时间计算，失控时间一般可按 5~30 min 计。

b）油气长输管线泄漏事故，按管道截面 100%断裂估算泄漏量，应考虑截断阀启动前、后的泄漏量。截断阀启动前，泄漏量按实际工况确定；截断阀启动后，漏量以管道泄压至与环境压力平衡所需要时间计。

c）水体污染事故源强应结合污染物释放量、消防用水量及雨水量等因素综合确定。

8.2.2.4 源强参数确定

根据风险事故情形确定事故源参数（如泄漏点高度、温度、压力、泄液体蒸发面积等）、释放/泄漏速率、释放/泄漏时间、释放/泄量、泄液体蒸发量等，给出源强汇总。

地下水风险预测模型及参数参照 HJ 610。给出有毒有害物质进入地下水体到达下游厂区边界和环境敏感目标处的到达时间、超标时间、超标持续时间及最大浓度。

（四）土壤环境影响预测与评价

1. 熟悉土壤环境影响类型及影响途径

按照 HJ 2.1 建设项目污染影响和生态影响的相关要求，根据建设项目对土壤环境可能产生的影响，将土壤环境影响类型划分为生态影响型与污染影响型，其中本导则土壤环境生态影响重点指土壤环境的盐化、酸化、碱化等。

根据行业特征、工艺特点或规模大小等将建设项目类别分为Ⅰ类、Ⅱ类、Ⅲ类、Ⅳ类，见附录 A，其中Ⅳ类建设项目可不开展土壤环境影响评价；自身为敏感目标的建设项目，可根据需要仅对土壤环境现状进行调查。

土壤环境污染影响型的建设项目影响途径主要包括大气沉降、地面漫流、垂直入渗等。

（1）大气沉降

大气沉降主要是指建设项目施工及运营过程中，无组织或有组织向大气环境排放污染物，并通过一定的途径将污染物沉降至地面，从而对土壤环境造成影响的过程。大气沉降是重金属与有机物污染土壤环境的重要途径之一。

能源、运输、冶金和建筑材料生产产生的气体和粉尘中含有大量的重金属及有机物，除汞以外，其他重金属基本上是以气溶胶的形态进入大气，并经过干沉降、湿沉降进入土壤。存在于煤和石油中的一些微量元素，如 Cd、Zn、As 和 Cu 等经工业燃烧，以飘尘、灰、颗粒物或气体形式释放。此外，一些金属如硒、铅、钼等，被加入燃料或润滑剂中以改善其性质，都是加剧土壤重金属污染的因素。

经大气沉降进入土壤的重金属及有机物污染，与重工业发达程度、城市的人口密度、土地利用率、交通发达程度有直接关系，距城市越近污染的程度就越重，污染强弱顺序为：城市—郊区—农村。大气沉降类水平影响范围视污染物随大气扩散、沉降的范围而定，垂向上为污染物的累积过程，在不受外力因素影响条件下污染深度较浅，因此大气沉降大多仅对表层土壤环境造成影响。

（2）地面漫流

地面漫流重点考虑由于建设项目所在地的坡度较大，建设项目产生的废水随地面径流而流动，导致废水对厂界外土壤环境造成的大面积污染，例如矿山、独立渣场等建设项目。这一类建设项目污染土壤环境的面积较大，但一般影响的深度相对入渗途径来说较浅，除了地势最低洼处，大多仅对表层土壤环境造成影响。矿山、库、坝、渣场等建设项目极易通过地面漫流污染土壤环境，可将建设项目所在地的下游区域以及距离建设项目较近的沟渠、河流、湖、库之间区域作为土壤环境影响重点关注区域。

（3）垂直入渗

垂直入渗主要是指厂区各类原料及产污设施、装置，在"跑、冒、滴、漏"过程中或防渗设施老化破损情况下，经泄漏点对土壤环境产生影响的过程。垂直入渗影响途径普遍存在于大多数产污企业中，污染物的影响主要表现在垂向上污染物的扩散，水平方向上的扩散趋势甚微，而垂向上污染物的污染深度与污染物性质、包气带渗透性能、地下水的水位埋深等因素密切相关。

（4）其他

其他类影响主要指项目建设或运营过程中，由于非以上三种途径对土壤环境造成影响的过程。如车辆运输过程中的遗撒、风险事故爆炸过程中导致的原料或污染物的不均匀散落等过程。该类污染过程主要表现为污染源呈点源分布且位置随机，污染物落地后与表层土壤混合，在不受外力条件影响下影响范围不大，垂向扩散深度不深。

2. 掌握土壤环境影响评价的预测情景设计方法

根据《环境影响评价技术导则 土壤环境》(HJ 964—2018):

8.4 情景设置

在影响识别的基础上,根据建设项目特征设定预测情景。

8.5 预测与评价因子

8.5.1 污染影响型建设项目应根据环境影响识别出的特征因子选取关键预测因子。

8.5.2 可能造成土壤盐化、酸化、碱化影响的建设项目,分别选取土壤盐分含量、pH 值等作为预测因子。

8.6 预测评价标准

GB 15618、GB 36600,或附录 D、附录 F 中的表 F2。

3. 熟悉不同工况情景下土壤环境影响预测与评价方法

根据《环境影响评价技术导则 土壤环境》(HJ 964—2018):

8.7 预测与评价方法

8.7.1 土壤环境影响预测与评价方法应根据建设项目土壤环境影响类型与评价工作等级确定。

8.7.2 可能引起土壤盐化、酸化、碱化等影响的建设项目,其评价工作等级为一级、二级的,预测方法可参见附录 E、附录 F 或进行类比分析。

8.7.3 污染影响型建设项目,其评价工作等级为一级、二级的,预测方法可参见附录 E 或进行类比分析;占地范围内还应根据土体构型、土壤质地、饱和导水率等分析其可能影响的深度。

8.7.4 评价工作等级为三级的建设项目,可采用定性描述或类比分析法进行预测。

附录 E(资料性附录) 土壤环境影响预测方法

E.1 方法一

E.1.1 适用范围

本方法适用于某种物质可概化为以面源形式进入土壤环境的影响预测,包括大气沉降、地面漫流以及盐、酸、碱类等物质进入土壤环境引起的土壤盐化、酸化、碱化等。

E.1.2 一般方法和步骤

a)可通过工程分析计算土壤中某种物质的输入量;涉及大气沉降影响的,

可参照 HJ 2.2 相关技术方法给出。

b）土壤中某种物质的输出量主要包括淋溶或径流排出、土壤缓冲消耗两部分；植物吸收量通常较小，不予考虑；涉及大气沉降影响的，可不考虑输出量。

c）分析比较输入量和输出量，计算土壤中某种物质的增量。

d）将土壤中某种物质的增量与土壤现状值进行叠加后，进行土壤环境影响预测。

E.1.3 预测方法

a）单位质量土壤中某种物质的增量可用式（E.1）计算：

$$\Delta S = n(I_S - L_S - R_S)/(\rho_b \times A \times D) \tag{E.1}$$

式中：ΔS——单位质量表层土壤中某种物质的增量，g/kg；

表层土壤中游离酸或游离碱浓度增量，mmol/kg；

I_S—— 预测评价范围内单位年份表层土壤中某种物质的输入量，g；

预测评价范围内单位年份表层土壤中游离酸、游离碱输入量，mmol；

L_S—— 预测评价范围内单位年份表层土壤中某种物质经淋溶排出的量，g；

预测评价范围内单位年份表层土壤中经淋溶排出的游离酸、游离碱的量，mmol；

R_S—— 预测评价范围内单位年份表层土壤中某种物质经径流排出的量，g；

预测评价范围内单位年份表层土壤中经径流排出的游离酸、游离碱的量，mmol；

ρ_b——表层土壤容重，kg/m³；

A——预测评价范围，m²；

D——表层土壤深度，一般取 0.2 m，可根据实际情况适当调整；

n——持续年份，a。

b）单位质量土壤中某种物质的预测值可根据其增量叠加现状值进行计算，如式（E.2）所示。

$$S = S_b + \Delta S \tag{E.2}$$

式中：S_b——单位质量土壤中某种物质的现状值，g/kg；

S——单位质量土壤中某种物质的预测值，g/kg。

c）酸性物质或碱性物质排放后表层土壤 pH 预测值，可根据表层土壤游离酸或游离碱浓度的增量进行计算，如式（E.3）所示。

$$pH = pH_b \pm \Delta S/BC_{pH} \tag{E.3}$$

式中：pH_b——土壤 pH 现状值；

BC_{pH}——缓冲容量，mmol/（kg·pH）；

pH——土壤 pH 预测值。

d）缓冲容量（BC_{pH}）测定方法：采集项目区土壤样品，样品加入不同量游离酸或游离碱后分别进行 pH 值测定，绘制不同浓度游离酸或游离碱和 pH 值之间的曲线，曲线斜率即为缓冲容量。

E.2 方法二

E.2.1 适用范围

本方法适用于某种污染物以点源形式垂直进入土壤环境的影响预测，重点预测污染物可能影响到的深度。

E.2.2 一维非饱和溶质运移模型预测方法

a）一维非饱和溶质垂向运移控制方程：

$$\frac{\partial(\theta c)}{\partial t} = \frac{\partial}{\partial z}\left(\theta D \frac{\partial c}{\partial z}\right) - \frac{\partial}{\partial z}(qc) \tag{E.4}$$

式中：c —— 污染物介质中的浓度，mg/L；

D —— 弥散系数，m^2/d；

q —— 渗流速率，m/d；

z —— 沿 z 轴的距离，m；

t —— 时间变量，d；

θ —— 土壤含水率，%。

b）初始条件

$$c(z, t) = 0 \quad t=0, \ L \leq z < 0 \tag{E.5}$$

c）边界条件

第一类 Dirichlet 边界条件，其中 E.6 适用于连续点源情景，E.7 适用于非连续点源情景。

$$c(z, t) = c_0 \quad t>0, \ z=0 \tag{E.6}$$

$$c(z,t) = \begin{cases} c_0 & 0<t \leq t_0 \\ 0 & 0>t \end{cases} \tag{E.7}$$

第二类 Neumann 零梯度边界。

$$-\theta D \frac{\partial c}{\partial z} = 0 \quad t>0, \ z=L \tag{E.8}$$

4．了解土壤环境风险途径及预测与评价方法

导则未做规范，急性事故环境风险参考对地下水环境风险途径及预测

与评价方法。对于慢性，可参考《建设用地土壤污染风险评估技术导则》（HJ 25.3—2019）。

5. 了解土壤盐化综合评分预测方法

依据《环境影响评价技术导则　土壤环境（试行）》（HJ 964—2018）附录F，土壤盐化综合评分预测方法如下：

F.1　土壤盐化综合评分法

根据表 F.1 选取各项影响因素的分值与权重，采用公式（F.1）计算土壤盐化综合评分值（Sa），对照表 F.2 得出土壤盐化综合评分预测结果。

$$Sa = \sum_{i=1}^{n} Wx_i \times Ix_i \tag{F.1}$$

式中：n —— 影响因素指标数目；

$\quad\quad Ix_i$ —— 影响因素 i 指标评分；

$\quad\quad Wx_i$ —— 影响因素 i 指标权重。

F.2　土壤盐化影响因素赋值表

表 F.1　土壤盐化影响因素赋值表

影响因素	分值				权重
	0 分	2 分	4 分	6 分	
地下水位埋深（GWD）/m	GWD≥2.5	1.5≤GWD<2.5	1.0≤GWD<1.5	GWD<1.0	0.35
干燥度（蒸降比值）（EPR）	EPR<1.2	1.2≤EPR<2.5	2.5≤EPR<6	EPR≥6	0.25
土壤本底含盐量（SSC）/（g/kg）	SSC<1	1≤SSC<2	2≤SSC<4	SSC≥4	0.15
地下水溶解性总固体（TDS）/（g/L）	TDS<1	1≤TDS<2	2≤TDS<5	TDS≥5	0.15
土壤质地	黏土	砂土	壤土	砂壤、粉土、砂粉土	0.10

F.3　土壤盐化预测表

表 F.2　土壤盐化预测表

土壤盐化综合评分值（Sa）	$Sa<1$	$1≤Sa<2$	$2≤Sa<3$	$3≤Sa<4.5$	$Sa≥4.5$
土壤盐化综合评分预测结果	未盐化	轻度盐化	中度盐化	重度盐化	极重度盐化

（五）声环境影响预测与评价

1. 掌握噪声背景值、贡献值、预测值的相关计算方法：

根据《环境影响评价技术导则　声环境》（HJ 2.4—2021）：

（1）背景值为不含建设项目自身声源影响的环境声级（一般以现状监测值为衡量）。

（2）噪声贡献值　noise contribution value

由建设项目自身声源在预测点产生的声级。

噪声贡献值（L_{eqg}）计算公式为：

$$L_{eqg} = 10\lg\left(\frac{1}{T}\sum_i t_i 10^{0.1L_{Ai}}\right) \qquad (2)$$

式中：T——预测计算的时间段，s；

$\quad t_i$——i 声源在 T 时段内的运行时间，s；

$\quad L_{Ai}$——i 声源在预测点产生的等效连续 A 声级，dB。

（3）噪声预测值　noise prediction value

预测点的贡献值和背景值按能量叠加方法计算得到的声级。

噪声预测值（L_{eq}）计算公式为：

$$L_{eq} = 10\lg\left(10^{0.1L_{eqg}} + 10^{0.1L_{eqb}}\right) \qquad (3)$$

式中：L_{eqg}——建设项目声源在预测点产生的噪声贡献值，dB；

$\quad L_{eqb}$——预测点的背景噪声值，dB。

机场航空器噪声评价时，不叠加其他噪声源产生的噪声影响。

2. 掌握点声源噪声影响计算基本公式及关键参数含义

根据《环境影响评价技术导则　声环境》（HJ 2.4—2021）：

点声源（point sound source）：以球面波形式辐射声波的声源，辐射声波的声压幅值与声波传播距离成反比。任何形状的声源，只要声波波长远远大于声源几何尺寸，该声源可视为点声源。

A.2　基本公式

户外声传播衰减包括几何发散（A_{div}）、大气吸收（A_{atm}）、地面效应（A_{gr}）、障碍物屏蔽（A_{bar}）、其他多方面效应（A_{misc}）引起的衰减。

a）在环境影响评价中，应根据声源声功率级或参考位置处的声压级、户外声传播衰减，计算预测点的声级，分别按式（A.1）或式（A.2）计算。

$$L_{\text{p}}(r) = L_{\text{w}} + D_{\text{C}} - (A_{\text{div}} + A_{\text{atm}} + A_{\text{gr}} + A_{\text{bar}} + A_{\text{misc}}) \tag{A.1}$$

式中：$L_{\text{p}}(r)$ —— 预测点处声压级，dB；

      L_{w} —— 由点声源产生的声功率级（A 计权或倍频带），dB；

      D_{C} —— 指向性校正，它描述点声源的等效连续声压级与产生声功率级

            L_{w} 的全向点声源在规定方向的声级的偏差程度，dB；

      A_{div} —— 几何发散引起的衰减，dB；

      A_{atm} —— 大气吸收引起的衰减，dB；

      A_{gr} —— 地面效应引起的衰减，dB；

      A_{bar} —— 障碍物屏蔽引起的衰减，dB；

      A_{misc} —— 其他多方面效应引起的衰减，dB。

$$L_{\text{p}}(r) = L_{\text{p}}(r_0) + D_{\text{C}} - (A_{\text{div}} + A_{\text{atm}} + A_{\text{gr}} + A_{\text{bar}} + A_{\text{misc}}) \tag{A.2}$$

式中：$L_{\text{p}}(r_0)$ —— 参考位置 r_0 处的声压级，dB。

    b）预测点的 A 声级 $L_{\text{A}}(r)$ 可按式（A.3）计算，即将 8 个倍频带声压级合成，计算出预测点的 A 声级 $[L_{\text{A}}(r)]$。

$$L_{\text{A}}(r) = 10 \lg \left\{ \sum_{i=1}^{8} 10^{0.1\left[L_{pi}(r) - \Delta L_i\right]} \right\} \tag{A.3}$$

式中：$L_{\text{A}}(r)$ —— 距声源 r 处的 A 声级，dB（A）；

      $L_{pi}(r)$ —— 预测点（r）处，第 i 倍频带声压级，dB；

      ΔL_i —— 第 i 倍频带的 A 计权网络修正值，dB。

    c）在只考虑几何发散衰减时，可按式（A.4）计算。

$$L_{\text{A}}(r) = L_{\text{A}}(r_0) - A_{\text{div}} \tag{A.4}$$

3. 掌握点声源户外声传播几何发散衰减公式的用法

根据 HJ 2.4—2021 "附录 A 户外声传播的衰减"：

    a）无指向性点声源几何发散衰减

    无指向性点声源几何发散衰减的基本公式是：

$$L_{\text{P}}(r) = L_{\text{P}}(r_0) - 20 \lg (r/r_0) \tag{A.5}$$

当 $r_2 = 2r_1$ 时，$\Delta L = -6$ dB，即点声源声传播距离增加 1 倍，衰减值是 6 dB。

    如果已知点声源的倍频带声功率级或 A 声功率级（L_{AW}），且声源处于自由声场，则式（A.5）等效为式（A.7）或式（A.8）：

$$L_{\text{P}}(r) = L_{\text{W}} - 20 \lg r - 11 \tag{A.7}$$

$$L_{\text{A}}(r) = L_{\text{AW}} - 20 \lg r - 11 \tag{A.8}$$

如果声源处于半自由声场，则公式（A.5）等效为式（A.9）或式（A.10）：

$$L_\mathrm{P}(r) = L_\mathrm{W} - 20\lg r - 8 \tag{A.9}$$

$$L_\mathrm{A}(r) = L_\mathrm{AW} - 20\lg r - 8 \tag{A.10}$$

b）指向性点声源几何发散衰减

声源在自由空间中辐射声波时，其强度分布的一个主要特性是指向性。例如，喇叭发声，其喇叭正前方声音大，而侧面或背面就小。

对于自由空间的点声源，其在某一 θ 方向上距离 r 处的倍频带声压级 $[L_\mathrm{P}(r)_\theta]$：

$$L_\mathrm{P}(r)_\theta = L_\mathrm{W} - 20\lg(r) + D_{I\theta} - 11 \tag{A.11}$$

式中：$D_{I\theta}$—— θ 方向上的指向性指数，$D_{I\theta}=10\lg R_\theta$，其中，$R_\theta$ 为指向性因素，$R_\theta=I_\theta/I$，其中，I 为所有方向上的平均声强（W/m²），I_θ 为某一 θ 方向上的声强，W/m²。

按式（A.5）计算具有指向性点声源几何发散衰减时，式（A.5）中的 $L_\mathrm{P}(r)$ 与 $L_\mathrm{P}(r_0)$ 必须是在同一方向上的倍频带声压级。

4. 熟悉线声源、面声源户外声传播几何发散衰减公式的用法

根据 HJ 2.4—2021 "附录 A 户外声传播的衰减"：

A.3.1.2 线声源的几何发散衰减

a）无限长线声源

无限长线声源几何发散衰减的基本公式是：

$$L_\mathrm{P}(r) = L_\mathrm{P}(r_0) - 10\lg(r/r_0) \tag{A.12}$$

当 $r_2=2r_1$ 时，$\Delta L=-3$ dB，即无限长线声源声传播距离增加 1 倍，衰减值是 3 dB。

$$A_\mathrm{div} = 10\lg(r/r_0) \tag{A.13}$$

式中：A_div—— 几何发散引起的衰减，dB；

r—— 预测点距声源的距离；

r_0—— 参考位置距志源的距离。

b）有限长线声源

设线声源长度为 l_0，单位长度线声源辐射的倍频带声功率级为 L_W。在线声源垂直平分线上距声源 r 处的声压级为：

$$L_P(r) = L_W + 10\lg\left[\frac{1}{r}\mathrm{arctg}(\frac{l_0}{2r})\right] - 8 \tag{A.14}$$

或

$$L_P(r) = L_P(r_0) + 10\lg\left[\dfrac{\dfrac{1}{r}\mathrm{arctg}(\dfrac{l_0}{2r})}{\dfrac{1}{r_0}\mathrm{arctg}(\dfrac{l_0}{2r_0})}\right] \tag{A.15}$$

当 $r>l_0$ 且 $r_0>l_0$ 时，式（A.15）近似简化为：

$$L_P（r）=L_P（r_0）-20\lg（r/r_0） \tag{A.16}$$

即在有限长线声源的远场，有限长线声源可当作点声源处理。

当 $r<l_0/3$ 且 $r_0<l_0/3$ 时，式（A.15）可近似简化为：

$$L_P（r）=L_P（r_0）-10\lg（r/r_0） \tag{A.17}$$

即在近场区，有限长线声源可当作无限长线声源处理。

当 $l_0/3<r<l_0$，且 $l_0/3<r_0<l_0$ 时，可以作近似计算：

$$L_P（r）=L_P（r_0）-15\lg（r/r_0） \tag{A.18}$$

A.3.1.3　面声源的几何发散衰减

一个大型机器设备的振动表面，车间透声的墙壁，均可以认为是面声源。如果已知面声源单位面积的声功率为 W，各面积元噪声的位相是随机的，面声源可看作由无数点声源连续分布组合而成，其合成声级可按能量叠加法求出。

图 A.3 给出了长方形面声源中心轴线上的声衰减曲线。当预测点和面声源中心距离 r 处于以下条件时，可按下述方法近似计算：$r<a/\pi$ 时，几乎不衰减（$A_{div}\approx0$）；当 $a/\pi<r<b/\pi$，距离加倍衰减 3 dB 左右，类似线声源衰减特性 $[A_{div}\approx10\lg（r/r_0）]$；当 $r>b/\pi$ 时，距离加倍衰减趋近于 6 dB，类似点声源衰减特性 $[A_{div}\approx20\lg（r/r_0）]$。其中面声源的 $b>a$。图 A.3 中虚线为实际衰减量。

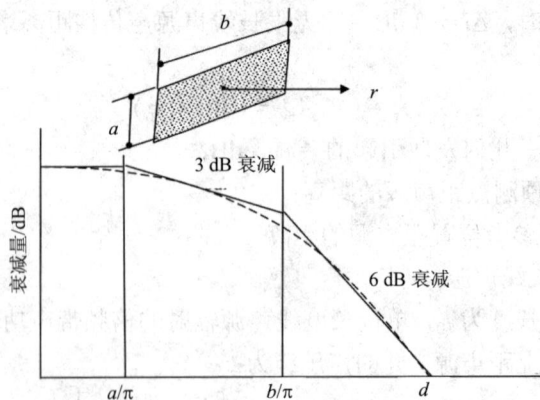

图 3　长方形面声源中心轴线上的衰减特性

5. 熟悉室内声源衰减计算及等效室外声源声功率级计算方法

根据 HJ 2.4—2021 "附录 B　典型行业噪声预测模型"：

　　B.1.3　室内声源等效室外声源声功率级计算方法

　　如图 B.1 所示，声源位于室内，室内声源可采用等效室外声源声功率级法进行计算。设靠近开口处（或窗户）室内、室外某倍频带的声压级或 A 声级分别为 L_{p1} 和 L_{p2}。若声源所在室内声场为近似扩散声场，则室外的倍频带声压级可按式（B.1）近似求出：

$$L_{p2}=L_{p1}-（TL+6）\qquad\text{（B.1）}$$

式中：TL —— 隔墙（或窗户）倍频带的隔声量，dB。

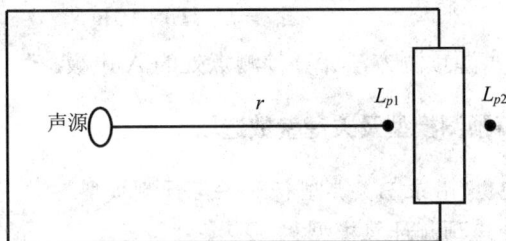

图 B.1　室内声源等效为室外声源图例

　　也可按式（B.2）计算某一室内声源靠近围护结构处产生的倍频带声压级：

$$L_{p1} = L_w + 10\lg\left(\frac{Q}{4\pi r^2}+\frac{4}{R}\right)\qquad\text{（B.2）}$$

式中：Q —— 指向性因数，通常对无指向性声源，当声源放在房间中心时，$Q=1$；当放在一面墙的中心时，$Q=2$；当放在两面墙夹角处时，$Q=4$；当放在三面墙夹角处时，$Q=8$。

　　　　R —— 房间常数；$R = S\alpha/(1-\alpha)$，S 为房间内表面面积，m^2；α 为平均吸声系数。

　　　　r —— 声源到靠近围护结构某点处的距离，m。

　　然后按式（B.3）计算出所有室内声源在围护结构处产生的 i 倍频带叠加声压级：

$$L_{p1i}(T) = 10\lg\left(\sum_{j=1}^{N}10^{0.1L_{p1ij}}\right)\qquad\text{（B.3）}$$

式中：$L_{p1i}(T)$ —— 靠近围护结构处室内 N 个声源 i 倍频带的叠加声压级，dB；

L_{p1ij} —— 室内 j 声源 i 倍频带的声压级，dB；

N —— 室内声源总数。

在室内近似为扩散声场时，按式（B.4）计算出靠近室外围护结构处的声压级：

$$L_{p2i}(T) = L_{p1i}(T) - (TL_i + 6) \tag{B.4}$$

式中：$L_{p2i}(T)$ —— 靠近围护结构处室外 N 个声源 i 倍频带的叠加声压级，dB；

　　　TL_i —— 围护结构 i 倍频带的隔声量，dB。

然后按式（B.5）将室外声源的声压级和透过面积换算成等效的室外声源，计算出中心位置位于透声面积（S）处的等效声源的倍频带声功率级。

$$L_w = L_{p2}(T) + 10\lg S \tag{B.5}$$

然后按室外声源预测方法计算预测点处的 A 声级。

6. 熟悉典型行业噪声预测模型及关键参数选取

根据 HJ 2.4—2021 "附录 B　典型行业噪声预测模型"：

B.1　工业噪声预测计算模型

B.1.1　声源描述

声环境影响预测，一般采用声源的倍频带声功率级、A 声功率级或靠近声源某一位置的倍频带声压级、A 声级来预测计算距声源不同距离的声级。工业声源有室外和室内两种声源，应分别计算。

B.1.2　室外声源在预测点产生的声级计算模型

室外声源在预测点产生的声级计算模型见附录 A。

B.1.3　室内声源等效室外声源声功率级计算方法（见前文）

B.1.4　靠近声源处的预测点噪声预测模型

如预测点在靠近声源处，但不能满足点声源条件时，需按线声源或面声源模型计算。

B.1.5　工业企业噪声计算

设第 i 个室外声源在预测点产生的 A 声级为 L_{Ai}，在 T 时间内该声源工作时间为 t_i；第 j 个等效室外声源在预测点产生的 A 声级为 L_{Aj}，在 T 时间内该声源工作时间为 t_j，则拟建工程声源对预测点产生的贡献值（L_{eqg}）为：

$$L_{eqg} = 10\lg\left[\frac{1}{T}\left(\sum_{i=1}^{N} t_i 10^{0.1L_{Ai}} + \sum_{j=1}^{M} t_j 10^{0.1L_{Aj}}\right)\right] \tag{B.6}$$

式中：T —— 用于计算等效声级的时间，s；

　　N —— 室外声源个数；

　　t_i —— 在 T 时间内 i 声源工作时间，s；

　　M —— 等效室外声源个数；

　　t_j —— 在 T 时间内 j 声源工作时间，s。

B.1.6　预测值计算

按本标准正文式（3）计算。

B.2　公路（道路）交通运输噪声预测模型

B.2.1　公路（道路）交通运输噪声预测基本模型

B.2.1.1　车型分类及交通量折算

车型分类方法按照 JTG B01 中有关车型划分的标准进行，交通量换算根据工程设计文件提供的小客车标准车型，按照不同折算系数分别折算成大、中、小型车，见表 B.1。

表 B.1　车型分类表

车型	汽车代表车型	车辆折算系数	车型划分标准
小	小客车	1.0	座位≤19 座的客车和载质量≤2 t 货车
中	中型车	1.5	座位＞19 座的客车和 2 t＜载质量≤7 t 货车
大	大型车	2.5	7 t＜载质量≤20 t 货车
	汽车列车	4.0	载质量＞20 t 的货车

B.2.1.2　基本预测模型

a）第 i 类车等效声级的预测模型

$$L_{eq}(h)_i = \left(\overline{L_{0E}}\right)_i + 10\lg\left(\frac{N_i}{V_i T}\right) + \Delta L_{距离} + 10\lg\left(\frac{\psi_1 + \psi_2}{\pi}\right) + \Delta L - 16 \qquad （B.7）$$

式中：$L_{eq}(h)_i$ —— 第 i 类车的小时等效声级，dB（A）；

　　　　$\left(\overline{L_{0E}}\right)_i$ —— 第 i 类车速度为 V_i，km/h，水平距离为 7.5 m 处的能量平均

　　　　　　　　A 声级，dB；

　　N_i —— 昼间，夜间通过某个预测点的第 i 类车平均小时车流量，辆/h；

　　V_i —— 第 i 类车的平均车速，km/h；

　　T —— 计算等效声级的时间，1 h；

　　$\Delta L_{距离}$ —— 距离衰减量，dB（A），小时车流量大于等于 300 辆/h：$\Delta L_{距离}=$
　　　　　　　　$10\lg(7.5/r)$，小时车流量小于 300 辆/h：$\Delta L_{距离}=15\lg(7.5/r)$；

r —— 从车道中心线到预测点的距离，m，式（B.7）适用于 $r>7.5$ m 的预测点的噪声预测；

ψ_1、ψ_2 —— 预测点到有限长路段两端的张角，弧度，如图 B.2 所示；

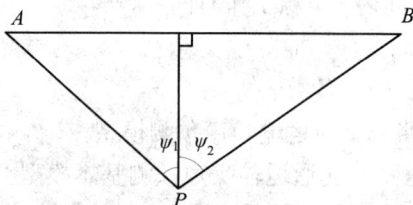

图 B.2　有限路段的修正函数，$A\sim B$ 为路段，P 为预测点

ΔL —— 由其他因素引起的修正量，dB（A），可按下式计算：

$$\Delta L = \Delta L_1 - \Delta L_2 + \Delta L_3 \tag{B.8}$$

$$\Delta L_1 = \Delta L_{坡度} + \Delta L_{路面} \tag{B.9}$$

$$\Delta L_2 = A_{atm} + A_{gr} + A_{bar} + A_{misc} \tag{B.10}$$

式中：ΔL_1 —— 线路因素引起的修正量，dB（A）；

$\Delta L_{坡度}$ —— 公路纵坡修正量，dB（A）；

$\Delta L_{路面}$ —— 公路路面引起的修正量，dB（A）；

ΔL_2 —— 声波传播途径中引起的衰减量，dB（A）；

ΔL_3 —— 由反射等引起的修正量，dB（A）。

b）总车流等效声级为

$$L_{eq}(T) = 10 \lg \left[10^{0.1 L_{eq}(h)大} + 10^{0.1 L_{eq}(h)中} + 10^{0.1 L_{eq}(h)小} \right] \tag{B.11}$$

式中：$L_{eq}(T)$ —— 总车流等效声级，dB（A）；

$L_{eq}(h)大$、$L_{eq}(h)中$、$L_{eq}(h)小$ —— 大、中、小型车的小时等效声级，dB（A）。

如某个预测点受多条线路交通噪声影响（如高架桥周边预测点受桥上和桥下多条车道的影响，路边高层建筑预测点受地面多条车道的影响），应分别计算每条道路对该预测点的声级后，经叠加后得到贡献值。

B.2.2　修正量和衰减量的计算

B.2.2.1　线路因素引起的修正量（ΔL_1）

a）纵坡修正量（$\Delta L_{坡度}$）

公路纵坡修正量（$\Delta L_{坡度}$）可按下式计算：

$$\Delta L_{坡度} = \begin{cases} 98 \times \beta, & 大型车 \\ 73 \times \beta, & 中型车 \\ 50 \times \beta, & 小型车 \end{cases} \tag{B.12}$$

式中：β —— 公路纵坡坡度，%。

b）路面修正量（$\Delta L_{路面}$）

不同路面的噪声修正量见表 B.2。

表 B.2　常见路面噪声修正量

路面类型	不同行驶速度修正量/（km/h）		
	30	40	≥50
沥青混凝土/dB（A）	0	0	0
水泥混凝土/dB（A）	1.0	1.5	2.0

B.2.2.2　声波传播途径中引起的衰减量（ΔL_2）

A_{bar}、A_{atm}、A_{gr}、A_{misc} 衰减项计算按附录 A.3 相关模型计算。

B.2.2.3　两侧建筑物的反射声修正量（ΔL_3）

公路（道路）两侧建筑物反射影响因素的修正。当线路两侧建筑物间距小于总计算高度 30% 时，其反射声修正量为：

两侧建筑物是反射面时：

$$\Delta L_3 = 4H_b / w \leqslant 3.2 \, \text{dB} \tag{B.13}$$

两侧建筑物是一般吸收性表面时：

$$\Delta L_3 = 2H_b / w \leqslant 1.6 \, \text{dB} \tag{B.14}$$

两侧建筑物为全吸收性表面时：

$$\Delta L_3 \approx 0 \tag{B.15}$$

式中：w —— 线路两侧建筑物反射面的间距，m；

H_b —— 建筑物的平均高度，取线路两侧较低一侧高度平均值代入计算，m。

B.3　铁路、城市轨道交通噪声预测模型

铁路和城市轨道交通噪声预测方法应根据工程和噪声源的特点确定。预测方法可采用模型预测法、比例预测法、类比预测法、模型试验预测法等。目前以采用模型预测法和比例预测法两种方法为主。采用类比预测法时，应注意类比对象的可类比性，并作必要的可类比性说明。采用模型试验预测法时，应对方法的合理性和可靠性作必要的说明。以下主要给出模型预测法和比例预测法的使用要求和计算方法。

　　模型预测法主要依据声学理论计算方法和经验公式预测噪声。B.3.1和B.3.2给出了铁路和城市轨道交通噪声模型预测法。

　　比例预测法是一种适用于铁路、城市轨道交通改扩建项目的噪声预测方法。该方法以评价对象现场实测噪声数据为基础，根据工程前后声源变化和不相干声源声能叠加理论开展噪声预测。采用比例预测法的前提是工程实施前后声环境保护目标噪声测量环境未发生改变，因此，采用比例预测法仅需确定实测对象和预测对象之间噪声辐射能量的比例关系，预测结果相对于一般类比法更加可靠，预测时尽量优先采用。B.3.3将具体介绍比例预测法。

B.3.1　铁路（时速低于200 km/h）、城市轨道交通噪声预测模型

　　预测点列车运行噪声等效声级基本预测计算式：

$$L_{\text{Aeq},p} = 10\lg\left\{\frac{1}{T}\left[\sum_i n_i t_{\text{eq},i} 10^{0.1(L_{p0,\text{t},i}+C_{\text{t},i})} + \sum_i t_{\text{f},i} 10^{0.1(L_{p0,\text{f},i}+C_{\text{f},i})}\right]\right\} \tag{B.16}$$

式中：T——规定的评价时间，s；

　　　　n_i——T 时间内通过的第 i 类列车列数；

　　　　$t_{\text{eq},i}$——第 i 类列车通过的等效时间，s；

　　　　$L_{p0,\text{t},i}$——规定的第 i 类列车参考点位置噪声辐射源强，可为 A 计权声压级或频带声压级，dB；

　　　　$C_{\text{t},i}$——第 i 类列车的噪声修正项，可为 A 计权声压级或频带声压级修正项，dB；

　　　　$t_{\text{f},i}$——固定声源的作用时间，s；

　　　　$L_{p0,\text{f},i}$——固定声源的噪声辐射源强，可为 A 计权声压级或频带声压级，dB；

　　　　$C_{\text{f},i}$——固定声源的噪声修正项，可为 A 计权声压级或频带声压级修正项，dB。

　　列车运行噪声的作用时间采用列车通过的等效时间 t_{eq}，其近似值按式（B.17）计算。

$$t_{\text{eq},i} = \frac{l}{v}\left(1 + 0.8\frac{d}{l}\right) \tag{B.17}$$

式中：l——列车长度，m；

　　　　v——列车运行速度，m/s；

　　　　d——预测点到线路中心线的水平距离，m。

　　列车通过等效时间 $t_{\text{eq},i}$ 的精确计算，可按式（B.18）计算。

$$t_{eq,i} = \frac{l_i}{v_i} \cdot \frac{\pi}{2\arctan\left(\dfrac{l_i}{2d}\right) + \dfrac{4dl_i}{4d^2 + l_i^2}} \tag{B.18}$$

式中：l_i —— 第 i 类列车的列车长度，m；

　　　v_i —— 第 i 类列车的列车运行速度，m/s；

　　　d —— 预测点到线路的距离，m。

列车运行噪声的修正项 $C_{t,i}$，按式（B.19）计算。

$$C_{t,i} = C_{t,v,i} + C_{t,\theta} + C_{t,t} - A_{t,div} - A_{atm} - A_{gr} - A_{bar} - A_{hous} + C_{hous} + C_w \tag{B.19}$$

式中：$C_{t,v,i}$ —— 列车运行噪声速度修正，计算方法可参照式（B.21）、式（B.22）

　　　　　　　以及式（B.23），dB；

　　　$C_{t,\theta}$ —— 列车运行噪声垂向指向性修正，dB；

　　　$C_{t,t}$ —— 线路和轨道结构对噪声影响的修正，可按类比试验数据、标准方

　　　　　　　法或相关资料确定，部分条件下修正方法参照表 B.4，dB；

　　　$A_{t,div}$ —— 列车运行噪声几何发散损失，dB；

　　　A_{atm} —— 列车运行噪声的大气吸收，计算方法参照 A.3.2，dB；

　　　A_{gr} —— 地面效应引起的列车运行噪声衰减，计算方法参照 A.3.3，dB；

　　　A_{bar} —— 声屏障对列车运行噪声的插入损失，dB；

　　　A_{hous} —— 建筑群引起的列车运行噪声衰减，计算方法参照 A.3.5.2，dB；

　　　C_{hous} —— 两侧建筑物引起的反射修正，计算方法参照表 A.1，dB；

　　　C_w —— 频率计权修正，dB。

固定声源在传播过程中的衰减修正项 $C_{f,i}$，按式（B.20）计算。

$$C_{f,i} = C_{f,\theta} - A_{div} - A_{atm} - A_{gr} - A_{bar} - A_{hous} \tag{B.20}$$

式中：$C_{f,\theta}$ —— 固定声源垂向指向性修正，dB。

a）速度修正（$C_{t,v}$）

铁路（时速低于 200 km/h）、城市轨道交通（地铁、轻轨、跨座式单轨、有轨电车等）运行噪声速度修正按表 B.3 中式 B.21～式 B.23 计算，中低速磁浮运行噪声速度修正按式（B.21）计算。

表 B.3　速度修正

分类	列车速度	线路类型	修正公式	编号
地铁、轻轨、跨座式单轨、 有轨电车、普通铁路	<35 km/h	高架线及 地面线	$C_{t,v} = 10\lg\left(\dfrac{v}{v_0}\right)$	(B.21)
中低速磁浮	—			

分类	列车速度	线路类型	修正公式	编号
地铁、轻轨、跨座式单轨、有轨电车、普通铁路	35 km/h≤v≤160 km/h	高架线	$C_{t,v} = 20\lg\left(\dfrac{v}{v_0}\right)$	(B.22)
高速铁路（时速低于 200 km/h）	60 km/h≤v<200 km/h			
地铁、轻轨、跨座式单轨、有轨电车、普通铁路	35 km/h≤v≤160 km/h	地面线	$C_{t,v} = 30\lg\left(\dfrac{v}{v_0}\right)$	(B.23)
高速铁路（时速低于 200 km/h）	60 km/h≤v<200 km/h			

式中：v_0——噪声源强的参考速度，km/h，该速度应在预测点设计速度的 75%～125% 范围内；

　　　v——列车通过预测点的运行速度，km/h。

b）垂向指向性修正

1）列车运行噪声垂向指向性修正（$C_{t,\theta}$）

地面线或高架线无挡板结构时（θ 是以高于轨面以上 0.5 m，即声源位置，为水平基准）：

$$C_{t,\theta} = \begin{cases} -2.5 & \theta > 50° \\ -0.0165\left(\theta - 21.5°\right)^{1.5} & 21.5° \leq \theta \leq 50° \\ -0.02\left(21.5° - \theta\right)^{1.5} & -10° \leq \theta \leq 21.5° \\ -3.5 & \theta < -10° \end{cases} \quad （B.24）$$

高架线两侧轨面以上有挡板结构或 U 形梁腹板等遮挡时：

$$C_{t,\theta} = \begin{cases} -2.5 & \theta > 50° \\ -0.0165\left(\theta - 31°\right)^{1.5} & 31° \leq \theta \leq 50° \\ -0.035\left(31° - \theta\right)^{1.5} & -10° \leq \theta \leq 31° \\ -6.2 & \theta < -10° \end{cases} \quad （B.25）$$

跨座式单轨辐射噪声垂向分布以轨面为界分为上下两层，预测时轨面以上和轨面以下区域分别采用不同的噪声源强值，可不再进行垂向指向性修正。中低速磁浮交通不考虑垂向指向性修正。

2）固定声源垂向指向性修正（$C_{f,\theta}$）

铁路固定声源垂向指向性修正，应参考有关资料或通过类比声源测量获取。

由于机车风笛鸣笛每次作用时间较短，可按固定点声源简化处理。机车风笛按高、低音混装配置，其指向性函数如式（B.26）所示。式中，$0° \leq \theta \leq 180°$（当 $\theta > 180°$ 时，式中 θ 应为 $360-\theta$）。

$$C_{\mathrm{f},\theta} = \begin{cases} 3.5 \times 10^{-4}(\theta - 100)^2 - 3.5 & f = 250 \ \mathrm{Hz} \\ 1.7 \times 10^{-4}(\theta - 110)^2 - 2 & f = 500 \ \mathrm{Hz} \\ 5.2 \times 10^{-4}(\theta - 120)^2 - 7.5 & f = 1\ 000 \ \mathrm{Hz} \\ 6.8 \times 10^{-4}(\theta - 130)^2 - 11.5 & f = 2\ 000 \ \mathrm{Hz} \\ 9.3 \times 10^{-4}(\theta - 140)^2 - 18.3 & f = 4\ 000 \ \mathrm{Hz} \\ 9.5 \times 10^{-4}(\theta - 150)^2 - 21.5 & f = 8\ 000 \ \mathrm{Hz} \end{cases} \qquad (\mathrm{B.26})$$

式中：θ—— 风笛到预测点方向与风笛正轴向的夹角，如图 B.3 所示，（°）。

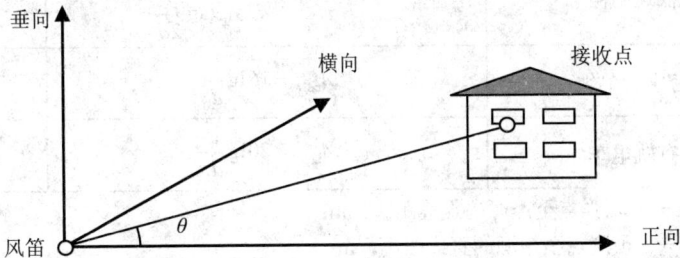

图 B.3　风笛指向性夹角 θ

c）线路和轨道结构修正（$C_{\mathrm{t},t}$）

铁路（时速低于 200 km/h）、高速铁路轮轨区域以及地铁和轻轨（旋转电机）线路和轨道条件噪声修正应按照类比试验数据、标准方法或相关资料计算，部分条件下修正可参照表 B.4。

表 B.4　不同线路和轨道条件噪声修正值

线路类型		噪声修正值/dB（A）
线路平面圆曲线半径（R）	$R < 300$ m	+8
	300 m $\leqslant R \leqslant$ 500 m	+3
	$R > 500$ m	+0
有缝线路		+3
道岔和交叉线路		+4
坡道（上坡，坡度>6‰）		+2
有砟轨道		−3

d）列车运行噪声几何发散衰减（$A_{\mathrm{t,div}}$）

不同类型铁路及城市轨道交通线路运行噪声几何发散衰减应按照表 B.5 中

式 B.27～式 B.30 分别计算。

表 B.5　噪声几何发散衰减

列车类型	修正公式	编号
铁路（速度＜200 km/h）、地铁和轻轨（旋转电机）	$A_{t,div}=10\lg\dfrac{\dfrac{4l}{4d_0^2+l^2}+\dfrac{1}{d_0}\arctan\left(\dfrac{l}{2d_0}\right)}{\dfrac{4l}{4d^2+l^2}+\dfrac{1}{d}\arctan\left(\dfrac{l}{2d}\right)}$	（B.27）
地铁和轻轨（直线电机）、中低速磁浮	$A_{t,div}=10\lg\dfrac{d\arctan\dfrac{l}{2d_0}}{d_0\arctan\dfrac{l}{2d}}$	（B.28）
跨座式单轨	$A_{t,div}=16\lg\dfrac{d}{d_0}$	（B.29）
有轨电车	$A_{t,div}=20\lg\dfrac{d}{d_0}$	（B.30）

式中：d_0——源强点至声源的直线距离，m；
　　　d——预测点至声源的直线距离，m；
　　　l——列车长度，m。

e）声屏障插入损失（A_{bar}）

铁路（时速低于 200 km/h）及城市轨道交通列车运行噪声可视为移动线声源，根据 HJ/T 90 中规定的计算方法，对于声源和声屏障假定为无限长时，声屏障顶端绕射衰减按式（A.24）计算，当声屏障为有限长时，应根据 HJ/T 90 中规定的计算方法进行修正。实际应用时，应考虑声源与声屏障之间至少 1 次反射声影响，如图 B.4 所示，首先根据 HJ/T 90 规定的方法计算声源 S_0 通过声屏障后的顶端绕射衰减，然后按照相同方法计算声源与声屏障之间反射声等效声源 S_1 通过声屏障后的顶端绕射声衰减，同时考虑顶端绕射和声屏障反射的影响，A_{bar} 可按式（B.31）计算。

此外，在计算铁路（时速低于 200 km/h）和城市轨道交通列车运行噪声时，当声源与受声点之间受其他遮挡物影响（如桥面、路基等），声源传播无法满足直达声传播条件，计算受声点处未安装声屏障时的声压级应按式（A.24）计算遮挡物的附加衰减量。

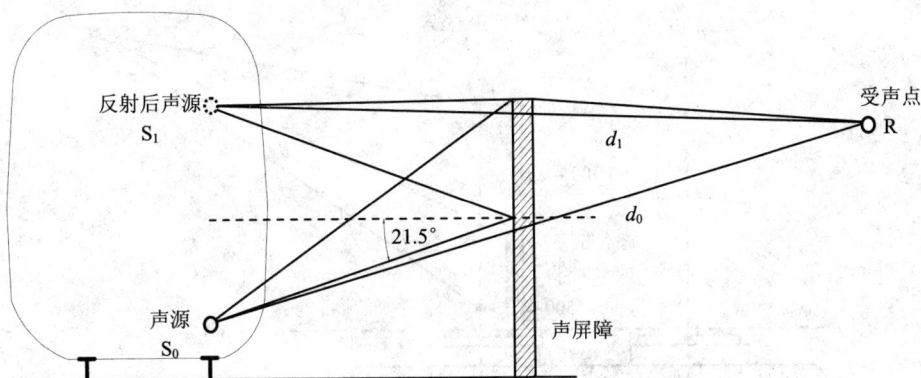

图 B.4　声屏障声传播路径

$$A_{\text{bar}} = L_{r0} - L_r = -10\lg\left\{10^{-0.14A'_{b0}} + 10^{0.1\left[10\lg(1-\text{NRC})-10\lg\frac{d_1}{d_0}-A'_{b1}\right]}\right\} \qquad （\text{B.31}）$$

式中：A_{bar} —— 声屏障插入损失，dB；

　　　L_{r0} —— 未安装声屏障时，受声点处声压级，dB；

　　　L_r —— 安装声屏障后，受声点处声压级，dB；

　　　NRC —— 声屏障的降噪系数；

　　　A'_{b0} —— 安装声屏障后，受声点处声源顶端绕射衰减，可参照式（A.24）
　　　　　　 计算，dB；

　　　A'_{b1} —— 安装声屏障后，受声点处一次反射后等效声源位置的顶端绕射
　　　　　　 衰减，可参照式（A.24）计算，dB，当受声点位于一次反射后
　　　　　　 等效声源位置与声屏障的声亮区时，A'_{b1} 可取为 5；

　　　d_0 —— 受声点至声源 S_0 直线距离，m；

　　　d_1 —— 受声点至一次反射后等效声源位置 S_1 直线距离，m。

B.3.2　铁路（时速为 200 km/h 及以上、350 km/h 及以下）噪声预测模型

铁路（时速为 200 km/h 及以上、350 km/h 及以下）列车运行噪声预测时，
需采用多声源等效模型，源强应采用声功率级表示，等效模型可将集电系统噪
声视为轨面以上 5.3 m 高的移动偶极子声源，车辆上部空气动力噪声视为轨面
以上 2.5 m 高无指向性的有限长不相干线声源，以轮轨噪声为主的车辆下部噪
声视为轨面以上 0.5 m 高有限长不相干偶极子线声源。见图 B.5。

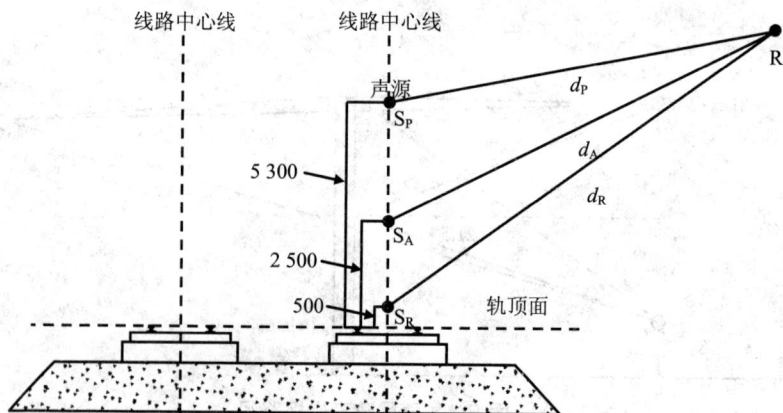

图 B.5　铁路（时速为 200 km/h 及以上、350 km/h 及以下）噪声预测声源模型

预测点列车运行噪声等效 A 声级基本预测计算式：

$$L_{\mathrm{Aeq},p} = 10 \lg \left\{ \frac{1}{T} \left[\sum_i n_i t_{\mathrm{eq},i} 10^{0.1(L_{p,i})} \right] \right\} \tag{B.32}$$

$$L_{p,i} = 10 \lg \left[10^{0.1(L_{w\mathrm{P},i}+C_{\mathrm{P},i})} + 10^{0.1(L_{w\mathrm{A},i}+C_{\mathrm{A},i})} + 10^{0.1(L_{w\mathrm{R},i}+C_{\mathrm{R},i})} \right] \tag{B.33}$$

$$C_{\mathrm{P},i} = C_{v\mathrm{P},i} - A_{\mathrm{bar},\mathrm{P},i} - A_{\mathrm{div},\mathrm{P},i} - A_{\mathrm{atm}} - A_{\mathrm{hous}} \tag{B.34}$$

$$C_{\mathrm{A},i} = C_{v\mathrm{A},i} - A_{\mathrm{bar},\mathrm{A},i} - A_{\mathrm{div},\mathrm{A},i} - A_{\mathrm{atm}} - A_{\mathrm{hous}} \tag{B.35}$$

$$C_{\mathrm{R},i} = C_{v\mathrm{R},i} + C_{t,\mathrm{R}} + C_{t,\theta,\mathrm{R}} - A_{\mathrm{bar},\mathrm{R},i} - A_{\mathrm{div},\mathrm{R},i} - A_{\mathrm{atm}} - A_{\mathrm{hous}} \tag{B.36}$$

式中：$L_{\mathrm{Aeq},p}$ —— 预测点列车运行噪声等效 A 声级，dB；

T —— 规定的评价时间，s；

n_i —— T 时间内通过的第 i 类列车列数；

$t_{\mathrm{eq},i}$ —— 第 i 类列车通过的等效时间，s；

$L_{p,i}$ —— 第 i 类列车通过时段预测点处等效连续 A 声级，dB；

$L_{w\mathrm{P},i}$ —— 第 i 类列车集电系统声功率级，dB；

$C_{\mathrm{P},i}$ —— 第 i 类列车集电系统噪声修正及传播衰减量，dB；

$C_{v\mathrm{P},i}$ —— 第 i 类列车集电系统噪声速度修正，dB；

$A_{\mathrm{bar},\mathrm{P},i}$ —— 第 i 类列车集电系统声屏障衰减，dB；

$A_{\mathrm{div},\mathrm{P},i}$ —— 第 i 类列车集电系统噪声距离修正，dB；

$L_{w\mathrm{A},i}$ —— 第 i 类列车单位长度线声源声功率级（车体区域），dB；

$C_{\mathrm{A},i}$ —— 第 i 类列车车体区域噪声修正及传播衰减量，dB；

$C_{vA,i}$ —— 第 i 类列车车体区域噪声速度修正，dB；

$A_{bar,A,i}$ —— 第 i 类列车车体区域声屏障衰减，dB；

$A_{div,A,i}$ —— 第 i 类列车车体区域噪声距离修正，dB；

$L_{wR,i}$ —— 第 i 类列车单位长度线声源声功率级（轮轨区域），dB；

$C_{R,i}$ —— 第 i 类列车轮轨区域噪声修正及传播衰减量，dB；

$C_{vR,i}$ —— 第 i 类列车轮轨区域噪声速度修正，dB；

$C_{t,R}$ —— 线路和轨道结构修正，dB；

$C_{t,\theta,R}$ —— 轮轨区域噪声源垂向指向性修正，dB；

$A_{bar,R,i}$ —— 第 i 类列车轮轨区域声屏障修正，dB；

$A_{div,R,i}$ —— 第 i 类列车轮轨区域噪声距离修正，dB；

A_{atm} —— 大气吸收引起的噪声衰减，dB，计算方法参照 A.3.2；

A_{hous} —— 建筑群引起的噪声衰减，dB，计算方法参照 A.3.5.2。

a）声源声功率级。

铁路噪声源声功率级可以通过现场测试、声压级理论计算以及查阅资料等方式获取。通过声压级理论计算声功率级的方法可参照表 B.6 中式（B.37）～式（B.39），其中声压级可通过已有资料或类比测量获得。类比测量声压级时下列条件应相同或相近：车辆类型、车辆轴重、簧下质量、列车速度、有砟/无砟轨道、有缝/无缝线路、线路坡度、钢轨类型、扣件类型、路基类型或桥梁梁型及结构等。

表 B.6　铁路（时速为 200 km/h 及以上、350 km/h 及以下）噪声源声功率计算

声源	修正公式	编号
集电系统	$L_{wP,i} = L_{p,i} - 10\lg\left(14.056\dfrac{C_{PS}}{v} + 0.033C_{AS} + 0.022C_{RS}\right) + 10\lg C_{PS} + 26$	(B.37)
车体区域（单位长度线声源）	$L_{wA,i} = L_{p,i} - 10\lg\left(14.056\dfrac{C_{PS}}{v} + 0.033C_{AS} + 0.022C_{RS}\right) + 10\lg C_{AS} + 2.9$	(B.38)
轮轨区域（单位长度线声源）	$L_{wR,i} = L_{p,i} - 10\lg\left(14.056\dfrac{C_{PS}}{v} + 0.033C_{AS} + 0.022C_{RS}\right) + 10\lg C_{RS} + 2.9$	(B.39)

式中：$L_{p,i}$ —— 距近侧线路中心线 25 m、轨面以上 3.5 m 处列车通过时段等效连续 A 声级，dB（A）；

v —— $L_{p,i}$ 对应的列车运行速度，km/h；

C_{PS} —— 集电系统噪声源声功率计算参数，见表 B.7；

C_{AS} —— 车体区域噪声源声功率计算参数，见表 B.7；

C_{RS} —— 轮轨区域噪声源声功率计算参数，见表 B.7。

表 B.7　铁路（时速为 200 km/h 及以上、350 km/h 及以下）噪声源声功率计算参数

轨道类型	列车速度/（km/h）	C_{RS}	C_{AS}	C_{PS}
无砟轨道-桥梁	200~300	$\dfrac{0.86\left(\frac{v}{250}\right)^{2.5}}{0.86\left(\frac{v}{250}\right)^{2.5}+0.1\left(\frac{v}{250}\right)^{4.5}+0.04\left(\frac{v}{250}\right)^{6}}$	$\dfrac{0.1\left(\frac{v}{250}\right)^{4.5}}{0.86\left(\frac{v}{250}\right)^{2.5}+0.1\left(\frac{v}{250}\right)^{4.5}+0.04\left(\frac{v}{250}\right)^{6}}$	$\dfrac{0.04\left(\frac{v}{250}\right)^{6}}{0.86\left(\frac{v}{250}\right)^{2.5}+0.1\left(\frac{v}{250}\right)^{4.5}+0.04\left(\frac{v}{250}\right)^{6}}$
	>300	$\dfrac{1.36\left(\frac{v}{300}\right)^{4}}{1.36\left(\frac{v}{300}\right)^{4}+0.1\left(\frac{v}{250}\right)^{4.5}+0.04\left(\frac{v}{250}\right)^{6}}$	$\dfrac{0.1\left(\frac{v}{250}\right)^{4.5}}{1.36\left(\frac{v}{300}\right)^{4}+0.1\left(\frac{v}{250}\right)^{4.5}+0.04\left(\frac{v}{250}\right)^{6}}$	$\dfrac{0.04\left(\frac{v}{250}\right)^{6}}{1.36\left(\frac{v}{300}\right)^{4}+0.1\left(\frac{v}{250}\right)^{4.5}+0.04\left(\frac{v}{250}\right)^{6}}$
无砟轨道-路基	200~300	$\dfrac{0.78\left(\frac{v}{250}\right)^{2.5}}{0.78\left(\frac{v}{250}\right)^{2.5}+0.16\left(\frac{v}{250}\right)^{4.5}+0.06\left(\frac{v}{250}\right)^{6}}$	$\dfrac{0.16\left(\frac{v}{250}\right)^{4.5}}{0.78\left(\frac{v}{250}\right)^{2.5}+0.16\left(\frac{v}{250}\right)^{4.5}+0.06\left(\frac{v}{250}\right)^{6}}$	$\dfrac{0.06\left(\frac{v}{250}\right)^{6}}{0.78\left(\frac{v}{250}\right)^{2.5}+0.16\left(\frac{v}{250}\right)^{4.5}+0.06\left(\frac{v}{250}\right)^{6}}$
	>300	$\dfrac{1.23\left(\frac{v}{300}\right)^{4}}{1.23\left(\frac{v}{300}\right)^{4}+0.16\left(\frac{v}{250}\right)^{4.5}+0.06\left(\frac{v}{250}\right)^{6}}$	$\dfrac{0.16\left(\frac{v}{250}\right)^{4.5}}{1.23\left(\frac{v}{300}\right)^{4}+0.16\left(\frac{v}{250}\right)^{4.5}+0.06\left(\frac{v}{250}\right)^{6}}$	$\dfrac{0.06\left(\frac{v}{250}\right)^{6}}{1.23\left(\frac{v}{300}\right)^{4}+0.16\left(\frac{v}{250}\right)^{4.5}+0.06\left(\frac{v}{250}\right)^{6}}$
有砟轨道	200~300	$\dfrac{0.69\left(\frac{v}{250}\right)^{2.5}}{0.69\left(\frac{v}{250}\right)^{2.5}+0.17\left(\frac{v}{250}\right)^{4.5}+0.14\left(\frac{v}{250}\right)^{6}}$	$\dfrac{0.17\left(\frac{v}{250}\right)^{4.5}}{0.69\left(\frac{v}{250}\right)^{2.5}+0.17\left(\frac{v}{250}\right)^{4.5}+0.14\left(\frac{v}{250}\right)^{6}}$	$\dfrac{0.14\left(\frac{v}{250}\right)^{6}}{0.69\left(\frac{v}{250}\right)^{2.5}+0.17\left(\frac{v}{250}\right)^{4.5}+0.14\left(\frac{v}{250}\right)^{6}}$
	>300	$\dfrac{1.09\left(\frac{v}{300}\right)^{4}}{1.09\left(\frac{v}{300}\right)^{4}+0.17\left(\frac{v}{250}\right)^{4.5}+0.14\left(\frac{v}{250}\right)^{6}}$	$\dfrac{0.17\left(\frac{v}{250}\right)^{4.5}}{1.09\left(\frac{v}{300}\right)^{4}+0.17\left(\frac{v}{250}\right)^{4.5}+0.14\left(\frac{v}{250}\right)^{6}}$	$\dfrac{0.14\left(\frac{v}{250}\right)^{6}}{1.09\left(\frac{v}{300}\right)^{4}+0.17\left(\frac{v}{250}\right)^{4.5}+0.14\left(\frac{v}{250}\right)^{6}}$

b）声源距离修正

集电系统噪声距离修正 $A_{\text{div,P}}$ 按式（B.40）进行计算。

$$A_{\text{div,P}} = 10\ \lg(v) - 10\lg\left[\frac{1}{d}\arctan\frac{l-l_1}{d} + \frac{(l-l_1)}{d^2+(l-l_1)^2} + \frac{1}{d}\arctan\frac{l_1}{d} + \frac{l_1}{d^2+l_1^2}\right] + 5.4$$

（B.40）

式中：v —— 列车运行速度，km/h；

$\quad\quad d$ —— 受声点至声源的直线距离，m；

$\quad\quad l$ —— 列车长度，m；

$\quad\quad l_1$ —— 列车车头距集电系统的距离，m。

车体区域噪声距离修正 $A_{\text{div,A}}$ 按式（B.41）进行计算。

$$A_{\text{div,A}} = -10\ \lg\left(\frac{1}{d}\arctan\frac{l}{2d}\right) + 5$$

（B.41）

轮轨区域噪声距离修正 $A_{\text{div,R}}$ 按式（B.42）进行计算。

$$A_{\text{div,R}} = -10 \lg\left[\frac{4l}{4d^2+l^2} + \frac{1}{d}\arctan\left(\frac{l}{2d}\right)\right] + 8 \qquad (\text{B.42})$$

c）声源垂向指向性

高速铁路轮轨区域噪声源需考虑垂向指向性，按式（B.43）进行计算，车体区域和集电系统可不考虑。

$$C_{\text{t},\theta,\text{R}} = C_{\text{t},\theta} - C_{\text{t,ref}} \qquad (\text{B.43})$$

式中：$C_{\text{t},\theta}$ —— 按式（B.24）计算的垂向指向性修正量。

　　　　$C_{\text{t,ref}}$ —— 采用表 B.6 获取噪声源声功率时，对应距线路中心线 25 m、轨面以上 3.5 m 处垂向指向性修正量，按式（B.24）计算。当直接采用噪声源声功率级进行计算时，$C_{\text{t,ref}}$ 为 1.5。

d）速度修正（C_v）

列车速度修正按表 B.8 中式（B.44）～式（B.46）进行计算。

表 B.8　铁路（时速为 200 km/h 及以上、350 km/h 及以下）列车速度修正

声源	修正公式		编号
集电系统	$C_{v\text{P}} = 60 \lg\left(\dfrac{v}{v_0}\right)$		（B.44）
车体区域	$C_{v\text{A}} = 45 \lg\left(\dfrac{v}{v_0}\right)$		（B.45）
轮轨区域	$200 \text{ km/h} \leqslant v \leqslant 300 \text{ km/h}$	$C_{v\text{R}} = 25\lg\left(\dfrac{v}{v_0}\right)$	（B.46）
	$v > 300 \text{ km/h}$	$C_{v\text{R}} = 40 \lg\left(\dfrac{v}{v_0}\right)$	

式中：v_0 —— 噪声源强的参考速度，km/h；

　　　　v —— 列车通过预测点的运行速度，km/h。

e）声屏障插入损失计算

声屏障声传播路径如图 B.6 所示，按照集电系统、车体区域、轮轨区域分别计算声屏障插入损失。当声源与受声点之间受其他遮挡物影响（如桥面、路基等），声源传播无法满足直达声传播条件，计算受声点处未安装声屏障时的声

压级应按式（A.24）计算遮挡物的附加衰减量。

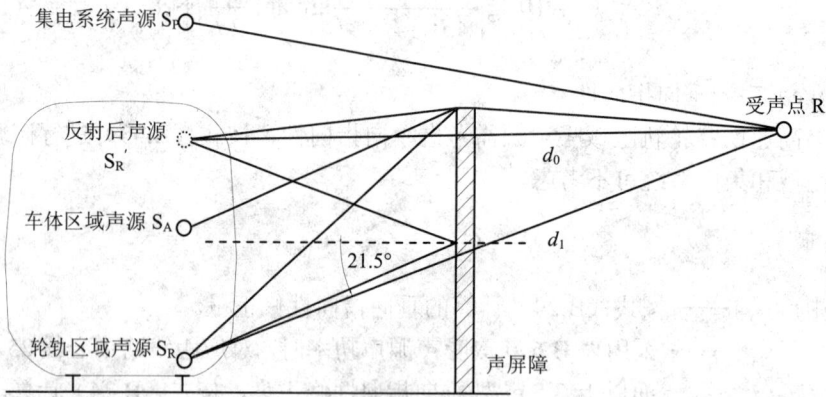

图 B.6　铁路（时速为 200 km/h 及以上、350 km/h 及以下）声屏障声传播途径

集电系统噪声屏障衰减 $A_{bar,P}$ 可采用点声源通过声屏障顶端绕射衰减方法，按式（A.22）计算；车体区域噪声屏障衰减 $A_{bar,A}$ 可采用 HJ/T 90 中规定的计算方法，按式（A.24）计算；轮轨区域噪声屏障衰减 $A_{bar,R}$ 可与铁路（时速低于 200 km/h）及城市轨道交通声屏障顶端绕射计算方法一致，按式（B.31）计算。

B.3.3　比例预测法

a）比例预测法适用范围

比例预测法可应用于既有铁路改、扩建项目中以列车运行噪声为主的线路，其工程实施前后线路位置应基本维持原有状况不变，评价范围内建筑物分布状况应保持不变。对于新建项目和铁路编组场、机务段、折返段、车辆段等既有站、场、段、所的改扩建项目，不适合采用比例预测法。

b）计算方法

比例预测法预测等效声级的计算方法如式（B.47）、式（B.48）所示：

$$L_{Aeq,p} = 10 \ \lg \sum_i 10^{0.1 L_{AE,p,i}} - 10 \ \lg T \tag{B.47}$$

其中，

$$L_{AE,p,i} = 10 \ \lg \left(\frac{n_{p,i}}{n_{n,i}} \sum_j 10^{0.1 L_{AE,n,j}} \right) + k_{v,i} \lg \frac{v_{p,i}}{v_{n,i}} + C_t + C_{s,i} \tag{B.48}$$

式中：$L_{Aeq,p}$ ——预测点列车运行噪声等效 A 声级，dB；

$L_{AE,p,i}$ ——预测的第 i 类列车总暴露声级，dB；

T —— 评价时间，s；

$L_{AE,n,j}$ —— 第 j 列列车通过时的暴露声级，dB；

$n_{n,i}$ —— 第 i 类列车工程实施前 T 时间内通过的总编组数；

$n_{p,i}$ —— 第 i 类列车工程实施后 T 时间内通过的总编组数；

$k_{v,i}$ —— 第 i 类列车速度变化引起声级的修正系数，可参照表 B.3 中的相应公式计算；

$v_{n,i}$ —— 第 i 类列车工程实施前的运行速度，km/h；

$v_{p,i}$ —— 第 i 类列车工程实施后的运行速度，km/h；

C_t —— 线路结构变化引起的声级修正量，dB；

$C_{s,i}$ —— 第 i 类列车源强变化引起的声级修正量，dB。

测量过程中，当接收点同时受铁路噪声和其他噪声影响时，应进行背景噪声的修正。背景噪声在此时是指铁路噪声不作用时的其他噪声。例如，线路距接收点较远，其辐射到接收点的噪声可忽略不计时的其他噪声总和，可视为该点的背景噪声。背景噪声小于铁路噪声测量值 10 dB 及以上时，不做修正；小于 3～10 dB 时，应按式（B.49）进行修正；小于 3 dB 以下时测量数据无效，应重新测量。

$$L_{AE,c} = 10 \ \lg\left(10^{0.1L_{AE,m}} - 10^{0.1L_{AE,b}}\right) \tag{B.49}$$

式中：$L_{AE,c}$ —— 每列列车修正后的不含背景噪声的暴露声级（即 $L_{AE,n,j}$），dB；

$L_{AE,m}$ —— 每列列车现场实测的含背景噪声的暴露声级，dB；

$L_{AE,b}$ —— 每列列车的背景噪声的暴露声级，dB。

背景噪声需对应测量每一通过列车的暴露声级。$L_{AE,b}$ 测量时间与相应接收点处所测的每一通过列车暴露声级 $L_{AE,m}$ 的测量时间长度相等。

c）预测步骤

比例预测法可按以下步骤进行：

第 1 步：首先确认是否适合采用比例预测法。

第 2 步：确定噪声监测断面，布设测点。

第 3 步：在每一测量断面实施噪声同步监测。测量每一通过列车的含背景噪声的暴露声级 $L_{AE,m}$、背景噪声 $L_{AE,b}$、测量持续时间，并测量和记录列车通过速度、节数、列车类型及有关的线路情况。

第 4 步：进行背景噪声修正计算，确定每列车的 $L_{AE,c}$（即 $L_{AE,n,j}$）。

第 5 步：确定工程实施前、后各类列车的运行速度。工程前的列车运行速度可按第 3 步中实测速度，以每类列车的速度平均值作为该类型列车的计算速度，即 $v_{n,i}$。参考表 B.3 开展类比试验，确定每类列车速度变化引起声级的修正

系数 $k_{v,i}$。

第 6 步：根据工程实施前、后的线路结构，参考相关标准、资料或开展类比试验，确定线路结构变化引起的声级修正量 C_t。

第 7 步：根据工程实施前、后各种类型列车的变化，参考相关标准、资料，或根据类比试验，确定每类列车源强变化引起的声级修正量 $C_{s,i}$。

第 8 步：根据第 3 步现场记录的列车通过编组数，确定工程前第 i 类列车 T 时间内通过的总编组数 $n_{n,i}$。根据工程设计资料，确定工程后第 i 类列车 T 时间内通过的总节数 $n_{p,i}$。

第 9 步：计算每类列车在 T 时间内预测的总暴露声级 $L_{AE,p,i}$。

第 10 步：计算每一接收点处的等效声级 $L_{Aeq,p}$，作为该点的预测结果。

B.4　机场航空器噪声预测模型

B.4.1　预测的量

依据 GB 9660 机场周围噪声的预测评价量应为计权等效连续感觉噪声级（L_{WECPN}）。

B.4.2　单架航空器噪声有效感觉噪声级（L_{EPN}）

机场航空器噪声可用噪声距离特性曲线或噪声－功率－距离数据表达，预测时一般利用国际民航组织、其他有关组织或航空器生产厂提供的数据，在必要情况下应按有关规定进行实测。鉴于机场航空器噪声资料是在一定的飞行速度和设定功率下获取的，当实际预测情况和资料获取时的条件不一致，使用时应做必要修正。

单架航空器的有效感觉噪声级（L_{EPN}）按以下公式计算：

$$L_{EPN} = L(F,d) + \Delta V - \Lambda(\beta,l,\varphi) - A_{atm} + \Delta L \qquad (B.50)$$

式中：L_{EPN} —— 单架航空器的有效感觉噪声级，dB；

$\quad L(F,d)$ —— 发动机的推力 F 和地面计算点与航迹的最短距离 d 在已知的机场航空器噪声基本数据上进行插值获得的声级。L_F 由推力修正计算得到，L_d 根据"各种机型噪声-距离关系式及其飞行剖面""斜线距离计算模型"确定。

$\quad \Delta V$ —— 速度修正因子。

$\quad \Lambda(\beta,l,\varphi)$ —— 侧向衰减因子。

$\quad A_{atm}$ —— 大气吸收引起的衰减。

$\quad \Delta L$ —— 航空器起跑点后面的预测点声级的修正。

B.4.2.1 推力修正

航空器的声级和推力呈线性关系,可依据下式内插计算出不同推力情况下的机场航空器噪声级:

$$L_F = L_{F_i} + \left(L_{F_{i+1}} - L_{F_i} \right)\left(F - F_i \right) / \left(F_{i+1} - F_i \right) \tag{B.51}$$

式中:F_i、F_{i+1}——测定机场航空器噪声时设定的推力,kN;

L_{F_i}、$L_{F_{i+1}}$——航空器设定推力为 F_i、F_{i+1} 时同一地点测得的声级,dB;

F——介于 F_i、F_{i+1} 之间的推力,kN;

L_F——内插得到的推力为 F 时同一地点声级,dB。

B.4.2.2 飞行剖面的确定

在进行噪声预测时,首先应确定单架航空器的飞行剖面。典型的飞行剖面示意见图 B.7。

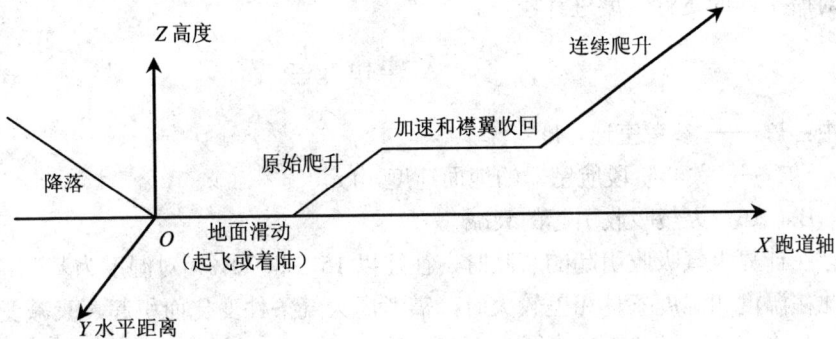

图 B.7 典型飞行剖面

B.4.2.3 斜距确定

从网格预测点到飞行航线的垂直距离可由下式计算:

$$R = \sqrt{L^2 + \left(h\cos r \right)^2} \tag{B.52}$$

式中:R——预测点到飞行航线的垂直距离,m;

L——预测点到地面航迹的垂直距离,m;

h——飞行高度,m;

r——航空器的爬升角,(°)。

各种符号的具体意义见图 B.8。

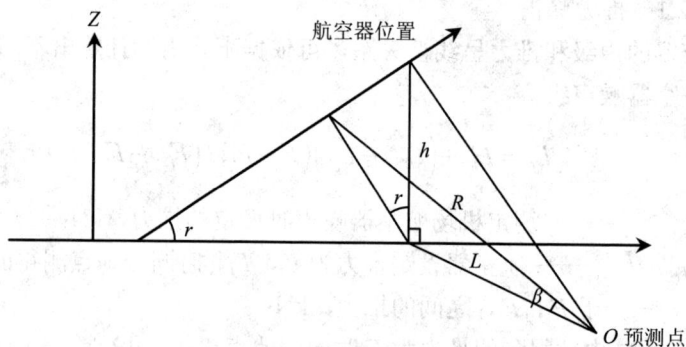

图 B.8　各种符号的意义

B.4.2.4　速度修正

一般提供的机场航空器噪声以速度 160 kn（节）为基础，在计算声级时，应对航空器的飞行速度进行校正。

$$\Delta V = 10 \ \lg \frac{V_r}{V} \tag{B.53}$$

式中：V_r——参考空速，kn；

V——关心阶段航空器的地面速度，kn。

B.4.2.5　大气吸收引起的衰减

在计算大气吸收引起的衰减时，往往以 15℃和 70%相对湿度为基础条件。因此在温度和湿度条件相差较大时，需考虑大气条件变化而引起声衰减变化修正，其修正见附录 A.3.2。

B.4.2.6　侧向衰减

声波在传递过程中，由地面影响所引起的侧向衰减可按下式计算：

a）侧向距离（ℓ）≤914 m 时，侧向衰减可按下式计算：

$$\Lambda\left(\beta,\ell,\varphi\right) = -\left[E_{\text{Eng}}\left(\varphi\right) - \frac{G\left(\ell\right)A_{\text{Grd+Rs}}\left(\beta\right)}{10.68}\right] \tag{B.54}$$

式中：$\Lambda\left(\beta,\ell,\varphi\right)$——侧向衰减，dB；

$E_{\text{Eng}}\left(\varphi\right)$——发动机位置修正；

$G\left(\ell\right)$——地表面吸声修正；

$A_{\text{Grd+Rs}}\left(\beta\right)$——声波的折射和散射修正；

俯角（φ）、仰角（β）、侧向距离（ℓ）含义见图 B.9。

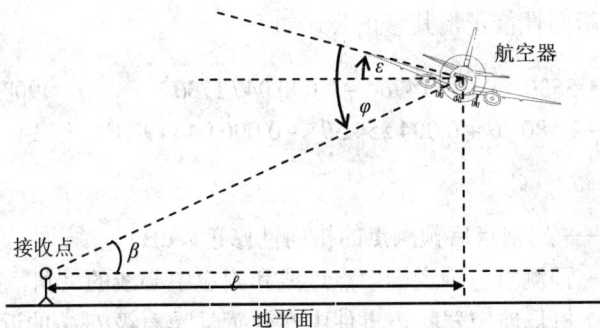

图 B.9 角度和侧向距离

$E_{\text{Eng}}(\varphi)$ 的计算公式如下：

喷气发动机安装在机身上的航空器，并俯角满足 $-180° \leqslant \varphi \leqslant 180°$ 时：

$$E_{\text{Eng}}(\varphi) = 10\ \lg\left(0.122\,5\cos^2\varphi + \sin^2\varphi\right)^{0.329} \qquad (\text{B.55})$$

喷气式发动机安装在机翼上的航空器，并俯角满足 $0° \leqslant \varphi \leqslant 180°$ 时：

$$E_{\text{Eng}}(\varphi) = 10\ \lg\left[\frac{\left(0.003\,9\cos^2\varphi + \sin^2\varphi\right)^{0.062}}{0.878\,6\sin^2 2\varphi + \cos^2 2\varphi}\right] \qquad (\text{B.56})$$

对于螺旋桨航空器，并在所有 φ 值条件下时：

$$E_{\text{Eng}}(\varphi) = 0 \qquad (\text{B.57})$$

$G(\ell)$ 的计算公式如下：

$$G(\ell) = 11.83\left(1 - e^{-2.74\times10^{-3}\ell}\right) \qquad (\text{B.58})$$

$A_{\text{Grd}+\text{Rs}}(\beta)$ 的计算公式如下：

$$A_{\text{Grd}+\text{Rs}}(\beta) = \begin{cases} 1.137 - 0.022\,9\beta + 9.72\exp(-0.142\beta) & 0° \leqslant \beta \leqslant 50° \\ 0 & 50° < \beta \leqslant 90° \end{cases}$$

$$(\text{B.59})$$

b）侧向距离（ℓ）＞914 m 时，侧向衰减可按下式计算：：

$$\Lambda(\beta,\ell,\varphi) = E_{\text{Eng}}(\varphi) - A_{\text{Grd}+\text{Rs}}(\beta) \qquad (\text{B.60})$$

B.4.2.7 航空器起跑点后面的预测点声级的修正

由于机场航空器噪声具有一定的指向性，因此，航空器起跑点后面的预测点声级应作指向性修正，其修正公式如下：

$$\Delta L = \begin{cases} 51.44 - 1.553\theta + 0.015\,147\theta^2 - 0.000\,047\,173\theta^3 & 90° \leqslant \theta \leqslant 148.4° \\ 339.18 - 2.580\,2\theta + 0.004\,554\,5\theta^2 - 0.000\,044\,193\theta^3 & 148.4° < \theta \leqslant 180° \end{cases}$$

（B.61）

式中：ΔL —— 起跑点后预测点的指向性修正，dB；

θ —— 预测点与跑道端中点连线和跑道中心线的夹角，（°）。

B.4.2.8　机场航空器噪声事件中有效感觉噪声级 L_{EPN} 的近似表达

对某一飞行事件的有效感觉噪声级按下式近似计算：

$$L_{EPN} = L_{A\max} + 10\lg(T_d / 20) + 13$$

（B.62）

式中：L_{EPN} —— 某一飞行事件的有效感觉噪声级，dB；

$L_{A\max}$ —— 一次噪声事件中测量时段内单架航空器通过时的最大 A 声级，dB；

T_d —— 在 $L_{A\max}$ 下 10 dB 的延续时间，s。

B.4.3　航空器水平发散的计算

航空器飞行时并不能完全按规定的航迹飞行，国际民航组织通报（ICAO circular）205-AN/86（1988）提出在无实际测量数据时，离场航路的水平发散可按如下考虑：

航线转弯角度小于 45° 时：

$$S(x) = \begin{cases} 0.055x - 0.150 & 5\,\text{km} < x < 30\,\text{km} \\ 1.5 & x \geqslant 30\,\text{km} \end{cases}$$

（B.63）

航线转弯角度大于 45° 时：

$$S(x) = \begin{cases} 0.128x - 0.42 & 5\,\text{km} < x < 15\,\text{km} \\ 1.5 & x \geqslant 15\,\text{km} \end{cases}$$

（B.64）

式中：$S(x)$ —— 标准偏差，km；

x —— 从滑行开始点算的距离，km。

在起飞点 $\left[S(x) = 0 \right]$ 和 5 km 之间可用线性内插决定 $S(x)$。降落时，在 6 km 内的发散可以忽略。

作为近似可按高斯分布来统计航空器的空间分布，沿着航迹两侧不同发散航迹航空器飞行的比例见表 B.9。

表 B.9　航线两侧不同发散航迹航空器飞行的比例

次航迹数	次航迹位置	次航迹运行架次比例/%
7	−2.14S	3
5	−1.43S	11
3	−0.71S	22
1	0	28
2	0.71S	22
4	1.43S	11
6	2.14S	3

关键参数选取，根据 HJ 2.4—2021 "附录 C　典型建设项目噪声影响预测及防治对策措施"：

C.2　公路、城市道路交通运输噪声预测及防治措施

C.2.1　预测参数

a）工程参数

明确公路（或城市道路）建设项目各路段的工程内容，路面的结构、材料、标高等参数；明确公路（或城市道路）建设项目各路段昼间和夜间各类型车辆的比例、车流量、车速。

b）声源参数

按照附录 B 中大、中、小车型的分类，利用相关模型计算各类型车的声源源强，也可通过类比测量进行修正。

c）声环境保护目标参数

根据现场实际调查，给出公路（或城市道路）建设项目沿线声环境保护目标的分布情况，各声环境保护目标的类型、名称、规模、所在路段、与路面的相对高差、与线路中心线和边界的距离以及建筑物的结构、朝向和层数，保护目标所在路段的桩号（里程）、线路形式、路面坡度等。

C.3　铁路、城市轨道交通噪声预测及防治措施

C.3.1　预测参数

a）工程参数

明确铁路（或城市轨道交通）建设项目各路段的工程内容，分段给出线路的技术参数，包括线路等级、线路结构、轨道和道床结构等。

b）车辆参数

明确列车类型、牵引类型、运行速度、列车长度（编组情况）、列车轴重、簧下质量（城市轨道交通）、各类型列车昼间和夜间的开行对数等参数。

c）声源源强参数

不同类型（或不同运行状况下）铁路噪声源强，可参照国家相关部门的规定确定，无相关规定的可根据工程特点通过类比监测确定。

d）声环境保护目标参数

根据现场实际调查，给出铁路（或城市轨道交通）建设项目沿线声环境保护目标的分布情况，各声环境保护目标的类型、名称、规模、所在路段、桩号（里程）、与轨面的相对高差及建筑物的结构、朝向和层数等。

C.4　机场航空器噪声预测及防治措施

C.4.1　预测参数

a）工程参数

1）机场跑道参数：跑道的长度、宽度、中心点或中心线端点坐标、坡度、跑道真方位及海拔高度等；对于多跑道机场，还应包括跑道数量、平行跑道间距及跑道端错开距离、非平行跑道的夹角等相对位置关系参数。

2）飞行参数：机场年飞行架次、年运行天数、日平均飞行架次（对于通用机场、部分旅游机场和特殊地区的机场，可能存在年运行天数少于 365 天的情况）；机场不同跑道和不同航向的航空器起降架次，机型比例，昼间、傍晚、夜间的飞行架次比例；飞行程序——起飞、降落、转弯的地面航迹；爬升、下滑的垂直剖面。

b）声源参数

利用国际民航组织和航空器生产厂家提供的资料，获取不同型号发动机航空器的功率-距离-噪声特性曲线，或按国际民航组织规定的监测方法进行实际测量，对于源强缺失需采取替代源强的机型，应说明替代机型选取的依据及可行性。

c）气象参数

机场的年平均风速、年平均温度、年平均湿度、年平均气压。

d）地面参数

分析机场航空器噪声影响范围内的地面状况（坚实地面、疏松地面、混合地面）。

7．了解实际声源等效为点声源的条件

实际声源近似为点声源的条件：

（1）对于单一声源，如声源中心到预测点之间的距离超过声源最大几何尺寸 2 倍时，该声源可近似为点声源。

（2）由众多声源组成的广义噪声源，如道路、铁路交通或工业区，可通过

分区用位于中心位置的等效点声源近似。某一分区等效为点声源的条件：

①分区内声源有大致相同的强度和离地面的高度，到预测点有相同的传播条件。

②等效点声源到预测点的距离（d）应大于声源最大尺寸（H_{max}）2 倍（d大于 $2H_{max}$），如距离较小（ds $2H_{max}$），总声源必须进一步划分为更小的区。等效点声源的声功率级等于分区内各声源声功率级的能量和。实际上任何线声源和面声源均可采用分区的方法简化为点声源，然后通过每一个点声源在预测点产生的声级的叠加，获得线声源或面声源对于预测点的影响。

8. 了解户外声传播其他衰减公式参数的选取及用法

根据 HJ 2.4—2021 "附录 A 户外声传播的衰减"：

A.3.2 大气吸收引起的衰减（A_{atm}）

大气吸收引起的衰减按式（A.19）计算：

$$A_{atm} = \frac{\alpha(r - r_0)}{1\,000} \tag{A.19}$$

式中：A_{atm} —— 大气吸收引起的衰减，dB；

α —— 与温度、湿度和声波频率有关的大气吸收衰减系数，预测计算中一般根据建设项目所处区域常年平均气温和湿度选择相应的大气吸收衰减系数（表 A.2）；

r —— 预测点距声源的距离；

r_0 —— 参考位置距声源的距离。

A.3.3 地面效应引起的衰减（A_{gr}）

地面类型可分为：

a）坚实地面，包括铺筑过的路面、水面、冰面以及夯实地面；

b）疏松地面，包括被草或其他植物覆盖的地面，以及农田等适合于植物生长的地面；

c）混合地面，由坚实地面和疏松地面组成。

声波掠过疏松地面，或大部分为疏松地面的混合地面，在预测点仅计算 A声级前提下，地面效应引起的倍频带衰减可用式（A.20）计算。

$$A_{gr} = 4.8 - \left(\frac{2h_m}{r}\right)\left[17 + \frac{300}{r}\right] \tag{A.20}$$

式中：A_{gr} —— 地面效应引起的衰减，dB；

r——预测点距声源的距离，m；

h_m——传播路径的平均离地高度，m；可按图 A.4 进行计算，$h_m=F/r$，F 为面积（m²）；若 A_{gr} 计算出负值，则 A_{gr} 可用"0"代替。

其他情况可参照 GB/T 17247.2 进行计算。

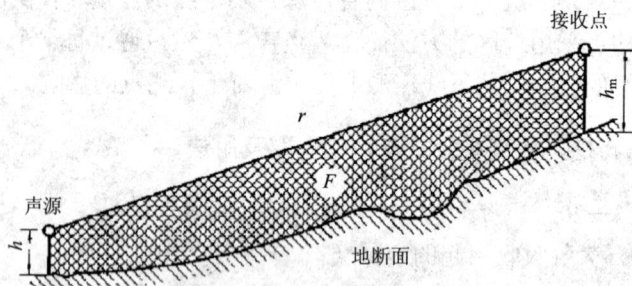

图 A.4　估计平均高度 h_m 的方法

A.3.4　障碍物屏蔽引起的衰减（A_{bar}）

位于声源和预测点之间的实体障碍物，如围墙、建筑物、土坡或地堑等起声屏障作用，从而引起声能量的较大衰减。在环境影响评价中，可将各种形式的屏障简化为具有一定高度的薄屏障。

如图 A.5 所示，S、O、P 三点在同一平面内且垂直于地面。

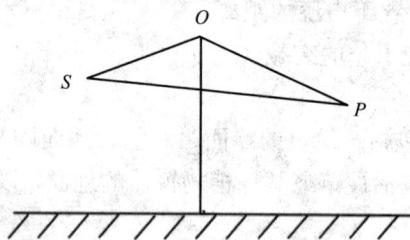

图 A.5　无限长声屏障示意图

定义 $\delta = SO+OP-SP$ 为声程差，$N=2\delta/\lambda$ 为菲涅尔数，其中 λ 为声波波长。

在噪声预测中，声屏障插入损失的计算方法应需要根据实际情况作简化处理。

屏障衰减 A_{bar} 在单绕射（即薄屏障）情况，衰减最大取 20 dB；在双绕射（即厚屏障）情况，衰减最大取 25 dB。

A.3.4.1 有限长薄屏障在点声源声场中引起的衰减

a）首先计算图 A.6 所示 3 个传播途径的声程差 δ_1、δ_2、δ_3 和相应的菲涅尔数 N_1、N_2、N_3。

b）声屏障引起的衰减按式（A.21）计算：

$$A_{\text{bar}} = -10\lg\left[\frac{1}{3+20N_1}+\frac{1}{3+20N_2}+\frac{1}{3+20N_3}\right] \qquad (A.21)$$

式中：A_{bar} —— 障碍物屏蔽引起的衰减，dB；

N_1、N_2、N_3 —— 图 A.6 所示三个传播途径的声程差 δ_1、δ_2、δ_3 相应的菲涅尔数。

当屏障很长（作无限长处理）时，仅可考虑顶端绕射衰减，按式（A.22）进行计算。

$$A_{\text{bar}} = -10\lg\left[\frac{1}{3+20N_1}\right] \qquad (A.22)$$

式中：N_1 —— 顶端绕射的声程差 δ_1 相应的菲涅尔数。

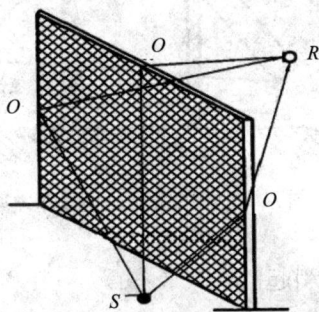

图 A.6 有限长声屏障传播路径

A.3.4.2 双绕射计算

对于图 A.7 所示的双绕射情景，可由式（A.23）计算绕射声与直达声之间的声程差 δ：

$$\delta = \left[(d_{\text{ss}}+d_{\text{sr}}+e)^2+a^2\right]^{\frac{1}{2}}-d \qquad (A.23)$$

式中：δ —— 声程差，m；

a —— 声源和接收点之间的距离在平行于屏障上边界的投影长度，m；

d_{ss} —— 声源到第一绕射边的距离，m；

d_{sr} —— 第二绕射边到接收点的距离，m；

e —— 在双绕射情况下两个绕射边界之间的距离，m；

d —— 声源到接收点的直线距离，m。

计算屏障衰减后，不再考虑地面效应衰减。

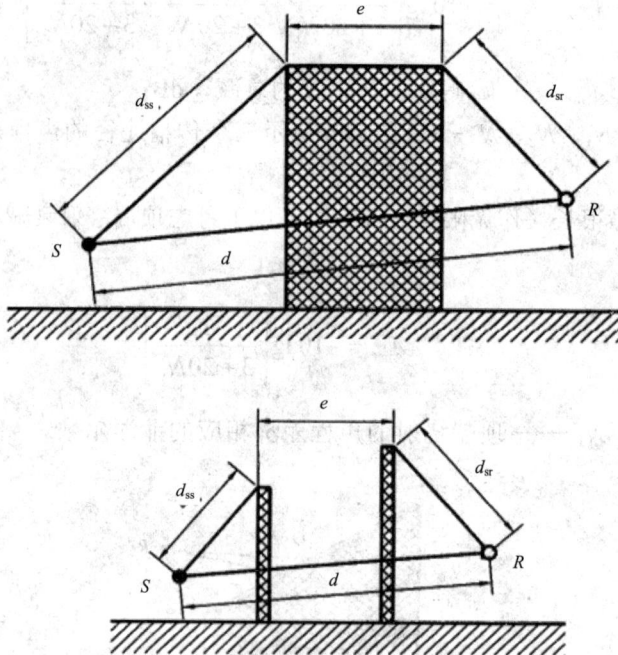

图 A.7　利用建筑、土堤作为厚屏障

A.3.5.1　绿化林带引起的衰减（A_{fol}）

绿化林带的附加衰减与树种、林带结构和密度等因素有关。在声源附近的绿化林带，或在预测点附近的绿化林带，或两者均有的情况都可以使声波衰减，见图 A.9。

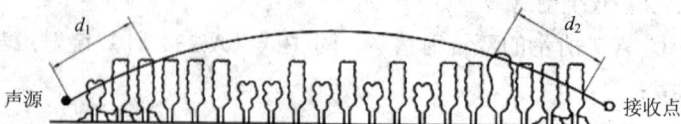

图 A.9　通过树和灌木时的噪声衰减

通过树叶传播造成的噪声衰减随通过树叶传播距离 d_f 的增长而增加，其中 $d_f=d_1+d_2$，为了计算 d_1 和 d_2，可假设弯曲路径的半径为 5 km。

表 A.3 中的第一行给出了通过总长度为 10～20 m 的乔灌结合郁闭度较高的林带时，由林带引起的衰减；第二行为通过总长度 20～200 m 林带时的衰减系数；当通过林带的路径长度大于 200 m 时，可使用 200 m 的衰减值。

表 A.3　倍频带噪声通过林带传播时产生的衰减

项目	传播距离 d_f/m	倍频带中心频率/Hz							
		63	125	250	500	1 000	2 000	4 000	8 000
衰减/dB	$10 \leqslant d_f < 20$	0	0	1	1	1	1	2	3
衰减系数/（dB/m）	$20 \leqslant d_f < 200$	0.02	0.03	0.04	0.05	0.06	0.08	0.09	0.12

其他多方面原因引起的衰减。

其他衰减包括通过工业场所的衰减，通过房屋群的衰减等。在声环境影响评价中，一般情况下，不考虑自然条件（如风、温度梯度、雾）变化引起的附加修正。

工业场所的衰减、房屋群的衰减等可参照 GB/T 17247.2 进行计算。

9. 了解等声级线图的含义

以声源为中心，划等角度线，然后在每条线上测试噪声等值的距离；按比例将这些点标在图上，将这些点连接起来就是噪声等值线图。

等值线图又称等量线图，是以相等数值点的连线表示连续分布且逐渐变化的数量特征的一种图型，是用数值相等各点联成的曲线（即等值线）在平面上的投影来表示被摄物体的外形和大小的图。

根据声导则，对于 L_{eq}，是用预测值画的。对于 L_{WECPN}，是用贡献值画的。

（六）生态影响预测与评价

1. 掌握生态影响评价图件编制规范要求

根据《环境影响评价技术导则　生态影响》（HJ 19—2022）"附录 D　生态影响评价图件规范与要求"：

生态影响评价图件是指以图形、图像的形式，对生态影响评价有关空间内容的描述、表达或定量分析。生态影响评价图件是生态影响评价报告的必要组成内容，是评价的主要依据和成果的重要表现形式，是指导生态保护措施设计的重要依据。

D.1　数据来源与要求

生态影响评价图件的基础数据来源包括已有图件资料、采样、实验、地面勘测和遥感信息等。图件基础数据应满足生态影响评价的时效性要求，选择与评价基准时段相匹配的数据源。当图件主题内容无显著变化时，制图数据源的时效性要求可在无显著变化期内适当放宽，但必须经过现场勘验校核。

D.2　制图与成图精度要求

生态影响评价制图应采用标准地形图作为工作底图，精度不低于工程设计的制图精度，比例尺一般在 1∶50 000 以上。调查样方、样线、点位、断面等布设图、生态监测布点图、生态保护措施平面布置图、生态保护措施设计图等应结合实际情况选择适宜的比例尺，一般为 1∶10 000～1∶2 000。当工作底图的精度不满足评价要求时，应开展针对性的测绘工作。

生态影响评价成图应能准确、清晰地反映评价主题内容，满足生态影响判别和生态保护措施的实施。当成图范围过大时，可采用点线面相结合的方式，分幅成图；涉及生态敏感区时，应分幅单独成图。

图件内容要求见表 D.1。

表 D.1　图件内容要求

图件名称	图件内容要求
项目地理位置图	项目位于区域或流域的相对位置
地表水系图	项目涉及的地表水系分布情况，标明干流及主要支流
项目总平面布置图及施工总布置图	各工程内容的平面布置及施工布置情况
线性工程平纵断面图	线路走向、工程形式等
土地利用现状图	评价范围内的土地利用类型及分布情况，采用 GB/T 21010 土地利用分类体系，以二级类型作为基础制图单位
植被类型图	评价范围内的植被类型及分布情况，以植物群落调查成果作为基础制图单位。植被遥感制图应结合工作底图精度选择适宜分辨率的遥感数据，必要时应采用高分辨率遥感数据。山地植被还应完成典型剖面植被示意图
植被覆盖度空间分布图	评价范围内的植被状况，基于遥感数据并采用归一化植被指数（NDVI）估算得到的植被覆盖度空间分布情况
生态系统类型图	评价范围内的生态系统类型分布情况，采用 HJ 1166 生态系统分类体系，以Ⅱ级类型作为基础制图单位

图件名称	图件内容要求
生态保护目标空间分布图	项目与生态保护目标的空间位置关系。针对重要物种、生态敏感区等不同的生态保护目标应分别成图，生态敏感区分布图应在行政主管部门公布的功能分区图上叠加工程要素，当不同生态敏感区重叠时，应通过不同边界线型加以区分
物种迁徙、洄游路线图	物种迁徙、洄游的路线、方向以及时间
物种适宜生境分布图	通过模型预测得到的物种分布图，以不同色彩表示不同适宜性等级的生境空间分布范围
调查样方、样线、点位、断面等布设图	调查样方、样线、点位、断面等布设位置，在不同海拔高度布设的样方、样线等，应说明其海拔高度
生态监测布点图	生态监测点位布置情况
生态保护措施平面布置图	主要生态保护措施的空间位置
生态保护措施设计图	典型生态保护措施的设计方案及主要设计参数等信息

D.3　图件编制规范要求

生态影响评价图件应符合专题地图制图的规范要求，图面内容包括主图以及图名、图例、比例尺、方向标、注记、制图数据源（调查数据、实验数据、遥感信息数据、预测数据或其他）、成图时间等辅助要素。图式应符合 GB/T 20257。图面配置应在科学性、美观性、清晰性等方面相互协调。良好的图面配置总体效果包括：符号及图形的清晰与易读；整体图面的视觉对比度强；图形突出于背景；图形的视觉平衡效果好；图面设计的层次结构合理。

2. 掌握生态机理分析法、图形叠置法和类比分析法

根据 HJ 19—2022 "附录 C　生态现状及影响评价方法"：

C.2　图形叠置法

图形叠置法是把两个以上的生态信息叠合到一张图上，构成复合图，用以表示生态变化的方向和程度。该方法的特点是直观、形象，简单明了。

图形叠置法有两种基本制作手段：指标法和 3S 叠图法。

a）指标法

1）确定评价范围；

2）开展生态调查，收集评价范围及周边地区自然环境、动植物等信息；

3）识别影响并筛选评价因子，包括识别和分析主要生态问题；

4）建立表征评价因子特性的指标体系，通过定性分析或定量方法对指标赋值或分级，依据指标值进行区域划分；

5）将上述区划信息绘制在生态图上。

b）3S 叠图法

1）选用符合要求的工作底图，底图范围应大于评价范围；

2）在底图上描绘主要生态因子信息，如植被覆盖、动植物分布、河流水系、土地利用、生态敏感区等；

3）进行影响识别与筛选评价因子；

4）运用 3S 技术，分析影响性质、方式和程度；

5）将影响因子图和底图叠加，得到生态影响评价图。

C.3　生态机理分析法

生态机理分析法是根据建设项目的特点和受影响物种的生物学特征，依照生态学原理分析、预测建设项目生态影响的方法。生态机理分析法的工作步骤如下：

a）调查环境背景现状，收集工程组成、建设、运行等有关资料；

b）调查植物和动物分布，动物栖息地和迁徙、洄游路线；

c）根据调查结果分别对植物或动物种群、群落和生态系统进行分析，描述其分布特点、结构特征和演化特征；

d）识别有无珍稀濒危物种、特有种等需要特别保护的物种；

e）预测项目建成后该地区动物、植物生长环境的变化；

f）根据项目建成后的环境变化，对照无开发项目条件下动物、植物或生态系统演替或变化趋势，预测建设项目对个体、种群和群落的影响，并预测生态系统演替方向。

评价过程中可根据实际情况进行相应的生物模拟试验，如环境条件、生物习性模拟试验、生物毒理学试验、实地种植或放养试验等；或进行数学模拟，如种群增长模型的应用。

该方法需要与生物学、地理学、水文学、数学及其他多学科合作评价，才能得出较为客观的结果。

C.5　类比分析法

类比分析法是一种比较常用的定性和半定量评价方法，一般有生态整体类比、生态因子类比和生态问题类比等。

a）方法

根据已有的建设项目的生态影响，分析或预测拟建项目可能产生的影响。选择好类比对象（类比项目）是进行类比分析或预测评价的基础，也是该方法成败的关键。

类比对象的选择条件是：工程性质、工艺和规模与拟建项目基本相当，生态因子（地理、地质、气候、生物因素等）相似，项目建成已有一定时间，所产生的影响已基本全部显现。

类比对象确定后，需选择和确定类比因子及指标，并对类比对象开展调查与评价，再分析拟建项目与类比对象的差异。根据类比对象与拟建项目的比较，做出类比分析结论。

b）应用

1）进行生态影响识别（包括评价因子筛选）；

2）以原始生态系统作为参照，可评价目标生态系统的质量；

3）进行生态影响的定性分析与评价；

4）进行某一个或几个生态因子的影响评价；

5）预测生态问题的发生与发展趋势及其危害；

6）确定环保目标和寻求最有效、可行的生态保护措施。

3. 了解生物多样性评价方法、生态系统评价方法

根据 HJ 19—2022 "附录 C 生态现状及影响评价方法"：

C.7 生物多样性评价方法

生物多样性是生物（动物、植物、微生物）与环境形成的生态复合体以及与此相关的各种生态过程的总和，包括生态系统、物种和基因三个层次。

生态系统多样性指生态系统的多样化程度，包括生态系统的类型、结构、组成、功能和生态过程的多样性等。物种多样性指物种水平的多样化程度，包括物种丰富度和物种多度。基因多样性（或遗传多样性）指一个物种的基因组成中遗传特征的多样性，包括种内不同种群之间或同一种群内不同个体的遗传变异性。

物种多样性常用的评价指标包括物种丰富度、香农-威纳多样性指数、Pielou均匀度指数、Simpson 优势度指数等。

物种丰富度（species richness）：调查区域内物种种数之和。

香农-威纳多样性指数（Shannon-Wiener diversity index）计算公式为：

$$H = -\sum_{i=1}^{s} P_i \ln(P_i) \tag{C.2}$$

式中：H——香农-威纳多样性指数；

S——调查区域内物种种类总数；

P_i——调查区域内属于第 i 种的个体比例，如总个体数为 N，第 i 种个体数为 n_i，则 $P_i = n_i/N$。

Pielou 均匀度指数是反映调查区域各物种个体数目分配均匀程度的指数，计算公式为：

$$J = (-\sum_{i=1}^{s} P_i \ln P_i) / \ln S \qquad （C.3）$$

式中：J——Pielou 均匀度指数；

　　　S——调查区域内物种种类总数；

　　　P_i——调查区域内属于第 i 种的个体比例。

Simpson 优势度指数与均匀度指数相对应，计算公式为：

$$D = 1 - \sum_{i=1}^{s} P_i^2 \qquad （C.4）$$

式中：D——Simpson 优势度指数；

　　　S——调查区域内物种种类总数；

　　　P_i——调查区域内属于第 i 种的个体比例。

C.8　生态系统评价方法

C.8.1　植被覆盖度

植被覆盖度可用于定量分析评价范围内的植被现状。

基于遥感估算植被覆盖度可根据区域特点和数据基础采用不同的方法，如植被指数法、回归模型、机器学习法等。

植被指数法主要是通过对各像元中植被类型及分布特征的分析，建立植被指数与植被覆盖度的转换关系。采用归一化植被指数（NDVI）估算植被覆盖度的方法如下：

$$FVC = (NDVI - NDVI_s) / (NDVI_v - NDVI_s) \qquad （C.5）$$

式中：FVC——所计算像元的植被覆盖度；

　　　NDVI——所计算像元的 NDVI 值；

　　　$NDVI_v$——纯植物像元的 NDVI 值；

　　　$NDVI_s$——完全无植被覆盖像元的 NDVI 值。

D.8.2　生物量

生物量是指一定地段面积内某个时期生存着的活有机体的质量。不同生态系统的生物量测定方法不同，可采用实测与估算相结合的方法。

地上生物量估算可采用植被指数法、异速生长方程法等方法进行计算。基于植被指数的生物量统计法是通过实地测量的生物量数据和遥感植被指数建立统计模型，在遥感数据的基础上反演得到评价区域的生物量。

D.8.3 生产力

生产力是生态系统的生物生产能力，反映生产有机质或积累能量的速率。群落（或生态系统）初级生产力是单位面积、单位时间群落（或生态系统）中植物利用太阳能固定的能量或生产的有机质的量。净初级生产力（NPP）是从固定的总能量和产生的有机质总量中减去植物呼吸所消耗的量，直接反映了植被群落在自然环境条件下的生产能力，表征陆地生态系统的质量状况。

NPP 可利用统计模型（如 Miami 模型）、过程模型（如 BIOME-BGC 模型、BEPS 模型）和光能利用率模型（如 CASA 模型）进行计算。根据区域植被特点和数据基础确定具体方法。

通过 CASA 模型计算净初级生产力的公式如下：

$$NPP(x,t) = APAR(x,t) \times \varepsilon(x,t) \tag{D.6}$$

式中：NPP —— 净初级生产力；

APAR —— 植被所吸收的光合有效辐射；

ε —— 光能转化率；

t —— 时间；

x —— 空间位置。

C.8.4 生物完整性指数

生物完整性指数（Index of Biotic Integrity，IBI）已被广泛应用于河流、湖泊、沼泽、海岸滩涂、水库等生态系统健康状况评价，指示生物类群也由最初的鱼类扩展到底栖动物、着生藻类、维管植物、两栖动物和鸟类等。生物完整性指数评价的工作步骤如下：

a）结合工程影响特点和所在区域水生态系统特征，选择指示物种；

b）根据指示物种种群特征，在指标库中确定指示物种状况参数指标；

c）选择参考点（未开发建设、未受干扰的点或受干扰极小的点）和干扰点（已开发建设、受干扰的点），采集参数指标数据，通过对参数指标值的分布范围分析、判别能力分析（敏感性分析）和相关关系分析，建立评价指标体系；

d）确定每种参数指标值以及生物完整性指数的计算方法，分别计算参考点和干扰点的指数值；

e）建立生物完整性指数的评分标准；

f）评价项目建设前所在区域水生态系统状况，预测分析项目建设后水生态系统变化情况。

D.8.5 生态系统功能评价

陆域生态系统服务功能评价方法可参考 HJ 1173，根据生态系统类型选择适用指标。

四、环境保护措施

（一）大气污染治理措施

1. 掌握大气污染治理措施与排放控制的总体要求

大气污染治理设施与预防措施必须保证污染源排放以及控制措施均符合排放标准的有关规定。

根据《大气污染治理工程技术导则》（HJ 2000—2010）：

污染气体的排放：

①污染气体通过净化设备处理达标后由排气筒排入大气。

②排气筒高度应按《大气污染物综合排放标准》（GB 16297）和行业、地方排放标准的规定确定。

③应根据使用条件、功能要求、排气筒高度、材料供应及施工条件等因素，确定采用砖排气筒、钢筋混凝土排气筒或钢排气筒。

④排气筒的出口直径应根据出口流速确定，流速宜取 15 m/s 左右。当采用钢管烟囱且高度较高时或烟气量较大时，可适当提高出口流速至 20~25 m/s。

⑤应当根据批准的环境影响评价文件的要求在排气筒上建设、安装自动监控设备及其配套设施或预留连续监测装置安装位置。排气筒或烟道应按 GB/T 16157 设置永久性采样孔，必要时设置测试平台。

⑥排放有腐蚀性的气体时，排气筒应采用防腐设计。

⑦大型除尘系统排气筒底部应设置比烟道底部低 0.5~1.0 m 的积灰坑，并应设置清灰孔，多雨地区大型除尘系统排气筒应考虑排水设施。

⑧非防雷保护范围的排气筒，应装设避雷设施。

⑨对于可能影响航空器飞行安全的烟囱，应按 GB 50051 设置航空障碍灯和标志。

排放控制要求主要包括：污染物项目、控制指标、排放限值，监控位置、基准氧含量、单位产品基准排气量、执行时间等，也可包括规定实施标准的技术和管理措施。

2．掌握污染气体收集的一般要求

根据 HJ 2000—2010，污染气体的收集一般要求如下：

①对产生逸散粉尘或有害气体的设备，宜采取密闭、隔离和负压操作措施。

②污染气体应尽可能利用生产设备本身的集气系统进行收集，逸散的污染气体采用集气（尘）罩收集。

③当不能或不便采用密闭罩时，可根据工艺操作要求和技术经济条件选择适宜的其他敞开式集气（尘）罩。集气（尘）罩应尽可能包围或靠近污染源，将污染物限制在较小空间内，减少吸气范围，便于捕集和控制污染物。

④集气（尘）罩的吸气方向应尽可能与污染气流运动方向一致，利用污染气流的动能，避免或减弱集气（尘）罩周围紊流、横向气流等对抽吸气气流的干扰与影响。

⑤吸气点的排风量应按防止粉尘或有害气体扩散到周围环境空间为原则确定。

3．熟悉除尘、吸收、吸附、燃烧等典型治理工艺及其一般规定

根据 HJ 2000—2010，上述工艺及其一般要求如下：

（1）除尘处理工艺的一般规定

①除尘工艺应根据生产工艺合理配置，控制和减少无组织排放，设备或除尘系统排放至大气的气体应符合《大气污染物综合排放标准》（GB 16297）和行业、地方排放标准及总量控制的限值。

②对除尘器收集的粉尘或排出的污水，根据生产条件、除尘器类型、粉尘的回收价值、粉尘的特性和便于维护管理等因素，按照国家、行业、地方相关标准以及《工业企业设计卫生标准》（GBZ 1）的要求，采取妥善的回收和处理措施。

③除尘器宜布置在除尘工艺的负压段上。当布置在正压段时，电除尘器应采用热风清扫，袋式除尘器应保证清灰压力大于系统操作压力，配套风机应考虑防磨措施。

④除尘工艺的场地标高、场地排水和防洪等均应符合《工业企业总平面设计规范》（GB 50187）的规定。

（2）气态污染物吸收工艺的一般规定

①吸收法净化气态污染物是利用气体混合物中各组分在一定液体中溶解度的不同而分离气体混合物的方法。主要适用于吸收效率和速率较高的有毒有害气体的净化。

②吸收系统应包括集气罩、废气预处理、吸收液（浆液）制备和供应系统、吸收装置、控制系统、副产物的处置与利用装置、风机、排气筒、管道等。

③吸收工艺的选择应考虑：废气流量、浓度、温度、压力、组分、性质、吸收剂性质、再生、吸收装置特性以及经济性因素等。

④高温气体应采取降温措施；对于含尘气体，需回收副产品时应进行预除尘。

⑤吸收工艺的主体装置和管道系统，应根据处理介质的性质选择适宜的防腐材料和防腐措施，必要时应采取防冻、防火和防爆措施。

（3）气态污染物吸附工艺的一般规定

①吸附法净化气态污染物是利用固体吸附剂对气体混合物中各组分吸附选择性的不同而分离气体混合物的方法，主要适用于低浓度有毒有害气体净化。

②吸附工艺分为变温吸附和变压吸附，《大气污染治理工程技术导则》（HJ 2000）中的吸附指变温吸附。

③吸附系统包括集气罩、废气预处理、吸附装置、脱附（回收）系统、控制系统、副产物的处置与利用装置、风机、排气筒和管道等。

（4）气态污染物燃烧工艺的一般规定

①气态污染物催化燃烧工艺的一般规定

a）催化燃烧法净化气态污染物是利用固体催化剂在较低温度下将废气中的污染物通过氧化作用转化为二氧化碳和水等化合物的方法。

b）催化燃烧系统应由气体收集装置、催化燃烧装置、管道、风机、排气筒和控制系统等组成。

c）催化燃烧装置宜用于由连续、稳定的生产工艺产生的固定源气态及气溶胶态有机化合物的净化。

②气态污染物热力燃烧工艺的一般规定

a）热力燃烧法（包括蓄热燃烧法）净化气态污染物是利用辅助燃料燃烧产生的热能、废气本身的燃烧热能、或者利用蓄热装置所贮存的反应热能，将废气加热到着火温度，进行氧化（燃烧）反应。

b）热力燃烧系统包括过滤器、燃烧器、点火设备、燃烧室、蓄热室、热交换器、风机、管道（包括燃料输送管道）、排气筒、自控装置及切换阀门、阻火防爆装置、安全联锁装置等。

c）热力燃烧工艺适用于处理连续、稳定生产工艺产生的有机废气。

d）热力燃烧工艺应保证足够的辅助燃料和电力供应。

4. 熟悉二氧化硫、氮氧化物、颗粒物等治理技术及选用原则

根据 HJ 2000—2010，二氧化硫治理工艺及选用原则如下：

①二氧化硫治理工艺划分为湿法、干法和半干法，常用工艺包括石灰石/石灰-石膏法、烟气循环流化床法、氨法、镁法、海水法、吸附法、炉内喷钙法、旋转喷雾法、有机胺法、氧化锌法和亚硫酸钠法等。

②二氧化硫治理应执行国家或地方相关的技术政策和排放标准，满足总量控制的要求。

③燃煤电厂烟气脱硫应符合以下规定：

a）采用石灰石/石灰-石膏法工艺时应符合《火电厂烟气脱硫工程技术规范 石灰石/石灰-石膏法》（HJ 179）的规定；

b）采用烟气循环流化床工艺时应符合《火电厂烟气脱硫工程技术规范 烟气循环流化床法》（HJ 178）的规定；

c）燃用高硫燃料的锅炉，当周围 80 km 内有可靠的氨源时，经过技术经济和安全比较后，宜使用氨法工艺，并对副产物进行深加工利用；

d）燃用低硫燃料的海边电厂，经过技术经济比较和海洋环保论证，可使用海水法脱硫或以海水为工艺水的钙法脱硫。

④工业锅炉/炉窑应因地制宜、因物制宜、因炉制宜选择适宜的脱硫工艺，采用湿法脱硫工艺应符合 HJ/T 288、HJ/T 319 和 HJ 462 的规定。

⑤钢铁行业根据烟气流量和二氧化硫体积分数，结合吸收剂的供应情况，宜选用半干法、氨法、石灰石/石灰-石膏法脱硫工艺。

⑥有色冶金工业中硫化矿冶炼烟气中二氧化硫体积分数大于 3.5% 时，应以生产硫酸为主。烟气制造硫酸后，其尾气二氧化硫体积分数仍不能达标时，应经脱硫或其他方法处理达标后排放。

更多详细内容请见《工业锅炉污染防治可行技术指南》（HJ 1178—2021）、《工业锅炉烟气治理工程技术规范》（HJ 462—2021）、《火电厂污染防治可行技术指南》（HJ 2301—2017）。

氮氧化物控制措施及选用原则如下：

①控制燃烧产生的氮氧化物（NO_x）应优先采用低氮燃烧技术。当不能满足环保要求时，应增设选择性催化还原（SCR）、选择性非催化还原（SNCR）等烟气脱硝装置。

②燃煤电厂燃用烟煤、褐煤时，宜采用低氮燃烧技术；燃用贫煤、无烟煤以及环境敏感地区不能达到环保要求时，应增设烟气脱硝系统。

③采用 SCR 脱硝装置时，应优先采用高尘布置方案。

④选择烟气脱硝方式时，应考虑对锅炉的影响。

更多详细内容请见《工业锅炉污染防治可行技术指南》（HJ 1178—2021）、《工业锅炉烟气治理工程技术规范》（HJ 462—2021）、《火电厂污染防治可行技术指南》（HJ 2301—2017）。

从废气中将颗粒物分离出来并加以捕集、回收的过程称为除尘，实现上述过程的设备装置称为除尘器。

治理烟尘的方法和设备很多，各具不同的性能和特点，必须依据废气排放特点、烟尘本身的特性、要达到的除尘要求等，结合除尘方法和设备的特点进行选择。目前，颗粒污染物控制采用的除尘装置主要有机械式除尘器、过滤式除尘器、电除尘器等。其中机械式除尘器包括重力沉降室、惯性除尘器、旋风除尘器和声波除尘器。

主要依据行业烟气污染物治理技术规范，行业污染防治可行技术指南，其他更多内容见《工业锅炉污染防治可行技术指南》（HJ 1178—2021），《工业锅炉烟气治理工程技术规范》（HJ 462—2021）、《火电厂污染防治可行技术指南》（HJ 2301—2017）、《燃煤电厂超低排放烟气治理工程技术规范》（HJ 2053—2018）、《钢铁企业超低排放改造技术指南》。

5. 熟悉挥发性有机物、恶臭、有机卤化物气体的治理技术及其选用原则

根据 HJ 2000—2010，上述污染物的基本处理技术及其选用原则如下：

（1）挥发性有机化合物（VOCs）

挥发性有机化合物废气主要包括低沸点的烃类、卤代烃类、醇类、酮类、醛类、醚类、酸类和胺类等。

①挥发性有机化合物的基本处理技术。

a）回收类方法：主要有吸附法、吸收法、冷凝法和膜分离法等。

b）消除类方法：主要有燃烧法、生物法、低温等离子体法和催化氧化法等。

②挥发性有机物处理技术的选用原则。

a）吸附法适用于低浓度挥发性有机化合物废气的有效分离与去除，是一种广泛应用的化工工艺单元，由于每单元吸附容量有限，宜与其他方法联合使用。

b）吸收法宜用于废气流量较大、浓度较高、温度较低和压力较高的挥发性有机化合物废气的处理。工艺流程简单，可用于喷漆、绝缘材料、粘接、金属清洗和化工等行业应用。

c）冷凝法宜用于高浓度的挥发性有机化合物废气回收和处理，属高效处理工艺，宜作为降低废气有机负荷的前处理方法，与吸附法、燃烧法等其他方法联合使用，回收有价值的产品。

d）膜分离法宜用于较高浓度挥发性有机化合物废气的分离与回收，属高效处理工艺，选择该方法时，应考虑预处理成本、膜元件造价、寿命、堵塞等因素。

（2）恶臭

①恶臭气体的种类：含硫的化合物，如硫化氢、二氧化硫等；含氮的化合物，如胺、氨等；卤素及衍生物，如卤代烃等；氧的有机物，如醇、酚、醛、酮、酸、酯等；烃类，如烷烃、烯烃、炔烃以及芳香烃等。

②恶臭气体的基本处理技术。

a）物理学方法：主要有水洗法、物理吸附法、稀释法和掩蔽法。

b）化学方法：主要有药液吸收法、化学吸附法和燃烧法。

c）生物学方法：主要有生物过滤法、生物吸收法和生物滴滤法。

③恶臭气体处理技术的选用原则。

a）当难以用单一方法处理以达到恶臭气体排放标准时，宜采用联合脱臭法。

b）物理类的处理方法宜作为化学或生物处理的预处理，在达到排放标准要求的前提下也可作为唯一的处理工艺。

c）化学吸收类处理方法宜用于处理大气量、高浓度和中浓度的恶臭气体。

d）化学吸附类的处理方法宜用于处理低浓度、多组分的恶臭气体。

e）化学燃烧类的处理方法宜用于处理连续排气、高浓度的可燃性恶臭气体，净化效率高，处理费用高。

f）化学氧化类的处理方法宜用于处理高浓度和中浓度的恶臭气体，净化效率高，处理费用高。

g）生物类处理方法宜用于气体浓度波动不大、浓度较低或复杂组分的恶臭气体处理，净化效率较高。

（3）卤化物气体

在大气污染治理方面，卤化物主要包括无机卤化物气体和有机卤化物气体。有机卤化物（卤代烃类）气体属挥发性有机化合物为重点关注的气态污染物质。有机卤化物气体治理技术参照 VOCs、恶臭的要求。重点控制的无机卤化物气体包括：氟化氢、氯气、溴化氢和氯化氢（盐酸酸雾）等。

①卤化物气体的基本处理技术。

a）物理化学类方法：固相（干法）吸附法、液相（湿法）吸收法和化学氧化脱卤法。

b）生物学方法：生物过滤法、生物吸收法和生物滴滤法。

②卤化物气体处理技术的选用原则。

a）在对无机卤化物废气处理时，应首先考虑其回收利用价值。

b）吸收和吸附等物理化学方法在资源回收利用和卤化物深度处理上工艺技术相对成熟，优先使用物理化学类方法处理卤化物气体。

c）吸收法治理含氯或氯化氢（盐酸酸雾）废气时，宜采用碱液吸收法。

d）垃圾焚烧尾气中的含氯废气宜采用碱液或碳酸钠溶液吸收处理。

e）吸收法治理含氟废气，吸收剂宜采用水、碱液或硅酸钠。

f）电解铝行业治理含氟废气宜采用氧化铝粉吸附法。

根据《蓄热燃烧法工业有机废气治理工程技术规范》（HJ 1093—2020）：

3.3　蓄热燃烧装置　regenerative thermal oxidizer（RTO）

指将工业有机废气进行燃烧净化处理，并利用蓄热体对待处理废气进行换热升温、对净化后排气进行换热降温的装置。蓄热燃烧装置通常由换向设备、蓄热室、燃烧室和控制系统等组成。

4.3　进入蓄热燃烧装置的有机物浓度应低于其爆炸极限下限的 25%。

4.4　当有机物浓度不足以支持自持燃烧时，宜适当浓缩后再进入蓄热燃烧装置。

4.5　对于含有混合有机物的废气，其控制浓度 P 应低于最易爆组分或混合气体爆炸极限下限最低值的 25%，即 $P < \min(P_e, P_m) \times 25\%$，$P_e$ 为最易爆组分爆炸极限下限（%），P_m 为混合气体爆炸极限下限。

4.6　易反应、易聚合的有机物不宜采用蓄热燃烧法处理。

4.7　含卤素的废气不宜采用蓄热燃烧法处理。

4.8　进入蓄热燃烧装置的废气中颗粒物浓度应低于 5 mg/m³，含有焦油、漆雾等黏性物质时应从严控制。

4.9　进入蓄热燃烧装置的废气流量、温度、压力和污染物浓度不宜出现较大波动。

6.1　一般规定

6.1.1　治理工程的处理能力应根据 VOCs 处理量确定，设计风量应按照最大废气排放量的 105% 以上进行设计。

6.1.2　两室蓄热燃烧装置的净化效率不宜低于 95%，多室或旋转式蓄热燃烧装置的净化效率不宜低于 98%。

6.1.3　蓄热燃烧装置的热回收效率一般不宜低于 90%。

6.1.4　排气筒的设计应符合 GB 50051 和环境影响评价文件及批复意见的相关规定和要求。

6.1.5　治理工程应有故障自动报警和保护装置，并符合安全生产、事故防范的相关规定。

6.2　工艺流程的选择

6.2.1　应根据废气来源、组分、性质（温度、湿度、压力）、流量、爆炸极限等因素，综合分析后选择工艺流程。

6.2.2　蓄热燃烧工艺可以分为固定式蓄热燃烧工艺和旋转式蓄热燃烧工艺。

6.2.3　当选择两室蓄热燃烧工艺时，宜增设换向阀、吹扫装置或采取其他措施对换向阀切换过程中产生的有机废气进行收集后处理。

6.2.4　治理工程占地面积受限时，可选择旋转式蓄热燃烧工艺。

根据《油气回收处理设施技术标准》（GB/T 50759—2022）：

2.0.1　易挥发性可燃液体物料　volatile and flammable liquid

储存或装载过程中相应温度下的真实蒸汽压大于 7.9 kPa（A）的可燃液体物料。

2.0.2　油气　vapour

易挥发性可燃液体物料在储存或装载过程中产生的挥发性有机气体及其与其他气体的混合气的总称。

2.0.3　油气浓度　vapour concentration

挥发性有机物气体占油气总体积的百分比。

2.0.4　油气回收处理设施　vapour recovery and treatment facilities

油气收集系统、油气回收装置、油气处理装置及其配套的公用工程系统的总称。

2.0.5　油气收集系统　vapour collection system

易挥发性可燃液体物料在储存或装载过程中，油气通过储罐顶部或装载系统的密闭气相管道及其他工艺设备进行集中收集的系统。储罐的油气收集系统又分为直接连通和单罐单控两种方式。

2.0.6　油气回收装置　vapour recovery unit

用吸附法、吸收法、冷凝法、膜分离法或其组合等物理方法对油气进行回收的装置。

2.0.7　油气处理装置　vapour treatment unit

用燃烧法、氧化法、等离子体法等化学方法对油气进行处理的装置。

3　基本规定

3.0.1　油气回收处理设施的规模应根据所回收处理的油气性质、油气浓度、操作条件和排气量等综合确定。

3.0.2　易挥发性可燃液体物料装载系统应设置油气回收处理设施。

3.0.3　易挥发性可燃液体物料的内浮顶、拱顶和低压储罐应设置油气回收处理设施；当储罐采取控制减排措施后，排放的油气浓度满足排放限值和控制指标要求时，可不设油气回收处理设施。

3.0.4　苯、甲苯、二甲苯的储存及装载系统应设置油气回收处理设施。

3.0.5　储存或装载系统排放油气的浓度大于 30 g/m³ 时，宜设置油气回收装置；当油气浓度小于或等于＞30 g/m³ 或油气难以回收时，宜设置油气处理装置。

3.0.6　尾气排放中的有机气体含量应满足国家相关污染物控制指标的要求。

3.0.7　油气回收装置和油气处理装置前宜设分液罐。

3.0.8　可能出现爆炸性气体时，油气增压设备应采取防止内部产生火花和火焰传播的措施。

3.0.9　阻火器的形式应根据油气组成及其安装位置等综合确定，设计流量下的压降不宜大于 0.3 kPa。

3.0.10　油气回收处理设施的油气管道管径应根据水力计算确定。

3.0.11　油气管道的设计压力不应低于 1.0 MPa，真空管道的设计压力应为 0.1 MPa 外压。油气管道和真空管道系统的公称压力不应低于 1.6 MPa。

3.0.15　油气回收装置和油气处理装置的尾气排放管道及其附件的设置应符合下列规定：

1　石油库工程中，尾气管排放口的高度应满足现行国家标准《储油库大气污染物排放标准》（GB 20950）的规定；

2　石油化工企业、煤化工企业中，尾气管排放口应高出地面 15 m 以上；

3　尾气排放管道应设置采样口和阻火设施；

4　尾气排放管口应高出 10 m 范围内的平台或建筑物顶 3.5 m 以上。

其他具体内容见标准。

6. 了解先进污染防治技术、污染防治可行技术、烟气治理工程技术

先进污染防治技术见生态环境部《国家先进污染防治技术目录》（大气污染防治领域、VOCs 防治领域）。

污染防治可行技术见行业污染防治可行技术指南，如《工业锅炉污染防治可行技术指南》（HJ 1178—2021）、《火电厂污染防治可行技术指南》（HJ 2301—2017）、《钢铁企业超低排放改造技术指南》。

烟气污染物治理技术见行业烟气治理工程技术规范，如《工业锅炉烟气治理工程技术规范》（HJ 462—2021）、《燃煤电厂超低排放烟气治理工程技术规范》

（HJ 2053—2018）。

7. 了解含重金属污染物废气的基本处理技术

根据 HJ 2000—2010，大气中应重点控制的重金属污染物有：汞、铅、砷、镉、铬及其化合物。

①重金属废气的基本处理方法包括：过滤法、吸收法、吸附法、冷凝法和燃烧法。

②考虑重金属不能被降解的特性，大气污染物中重金属的治理应重点关注：

a）物理形态：应从气态转化为液态或固态，达到重金属污染物从气相中脱离的目的。

b）化学形态：应控制重金属元素价态朝利于稳定化、固定化和降低生物毒性的方向进行。

c）二次污染应按照相关标准要求处理重金属废气治理中使用过的洗脱剂、吸附剂和吸收液，避免二次污染。

③汞及其化合物废气一般处理方法是：吸收法、吸附法、冷凝法和燃烧法。

a）冷凝法宜用于净化回收高浓度的汞蒸气，可采取常压和加压两种方式，常作为吸收法和吸附法净化汞蒸气的前处理。

b）充氯活性炭吸附法宜用于含汞废气处理。

c）燃烧法宜用于燃煤电厂含汞烟气的处理。

④铅及其化合物废气宜用吸收法处理。

⑤砷、镉、铬及其化合物废气通常采用吸收法和过滤法处理。

（二）地表水环境保护措施

1. 熟悉水环境保护措施论证包括的主要内容和流程

根据《环境影响评价技术导则　地表水环境》（HJ 2.3—2018）：

8.2.1　水污染控制和水环境影响减缓措施有效性评价应满足以下要求：

a）污染控制措施及各类排放口排放浓度限值等应满足国家和地方相关排放标准及符合有关标准规定的排水协议关于水污染物排放的条款要求；

b）水动力影响、生态流量、水温影响减缓措施应满足水环境保护目标的要求；

c）涉及面源污染的，应满足国家和地方有关面源污染控制治理要求；

d）受纳水体环境质量达标区的建设项目选择废水处理措施或多方案比选时，应满足行业污染防治可行技术指南要求，确保废水稳定达标排放且环境影响可以接受；

e）受纳水体环境质量不达标区的建设项目选择废水处理措施或多方案比选时，应满足区（流）域水环境质量限期达标规划和替代的削减方案要求、区（流）域环境质量改善目标要求及行业污染防治可行技术指南中最佳可行技术要求，确保废水污染物达到最低排放强度和排放浓度，环境影响可以接受。

2. 了解污（废）水收集系统的一般要求

根据《水污染治理工程技术导则》（HJ 2015—2012）：

6　污（废）水收集系统

6.1　排水体制（分流制或合流制）的选择应根据城镇（区域）的总体规划，结合地形、水文、气候、基础设施现状、污水处理程度、回用需求、当地经济水平等因素综合考虑。

6.2　新建的城镇宜采用分流制，采用分流制的区域宜对初期雨水进行截流、调蓄和处理。在降雨量很少的城镇，可根据实际情况采用合流制，合流制排水系统应设置污水截流设施，以消除污水和初期雨水对水体的污染；截流倍数的选取应符合 GB 50014 的规定。

6.3　在缺水地区宜对雨水进行收集、处理和综合利用。

6.4　对不能纳入城镇污水收集系统的居住区、旅游风景点、度假村、疗养院、机场、铁路车站、经济开发小区等分散的人群聚居地排放的污水和独立工矿区的工业废水，应进行就地处理后回用或达标排放。

6.5　城镇污水收集系统的选择和设计应满足 GB 50014 的规定。

6.6　工业废水应按分质、分类、清浊分流的原则进行收集，并应建立应急收集系统。

3. 熟悉主要水污染处理方案的工艺、设备、效率、适用情景和效果

废水处理工艺主要分为：物理处理、自然生物处理、好氧生物处理、厌氧生物处理、化学处理、物理化学处理、厌氧和好氧技术的联合运用等。

物理处理：利用物理作用分离和去除污水中污染物质的方法，也叫机械处理。主要包括：格栅和筛网、沉砂池、沉淀池；隔油和破乳，浮上法等。

自然生物处理：稳定塘、生态系统塘、土地处理法。

好氧生物处理：生物膜法和活性污泥法。生物膜法主要有：生物滤池、生物转盘、生物接触氧化法、生物流化床等。序批式活性污泥法（SBR）、氧化沟、吸附-生物降解工艺（AB 法）等工艺均是在传统活性污泥法工艺基础上进行改良发展的。

　　厌氧生物处理：厌氧生物滤池、厌氧接触法、上流式厌氧污泥床反应器（UASB）、分段消化法等。

　　化学处理：混凝法、中和法、化学沉淀法和氧化还原法等。

　　物理化学处理：吸附法、离子交换法、萃取法、膜分离法等。

　　厌氧和好氧技术的联合运用：厌氧-好氧法（A/O 法）、厌氧-缺氧-好氧法（A/A/O 法）等。

城镇生活污水处理厂工艺流程（城市污水处理方法）

1. 污水处理程度

　　按照处理程度，污水处理可以分为一级、二级、三级处理。一级和二级处理法，是城镇污水经常采用的处理方法，所以又叫常规处理法。

　　一级处理主要是去除污水中呈悬浮状态的固体污染物质，一级处理是二级处理的预处理。

　　二级处理主要是去除污水中呈胶体和溶解状态的有机污染物质。通常采用生物法作为主体工艺，主要包括生物膜法和活性污泥法。

　　三级处理是在一级和二级处理的基础上，进一步去除难降解的有机物、氮和磷等导致水体富营养化的可溶性无机物、有毒有害有机化合物的处理过程。三级处理主要有混凝沉淀法、过滤法、活性炭吸附法、臭氧氧化、离子交换法等。

2. 污水处理排放和利用

　　污水经过净化处理后，有两种出路：①排放水体，作为水体的补给水；②回用。

　　污水经过处理后能够回用是较好的出路，通过污水回用，可以节能人类社会对新鲜水资源的需求，缓解水资源供需矛盾，还可以缓解人类生产、生活对水资源的影响。目前的回用途径包括：①农牧渔业用水；②城市杂用水；③工业用水；④环境用水；⑤补充水源水等。

3. 污水处理主要工艺

　　污水处理技术按照原理可以分为物理处理法、化学处理法和生物化学处理法三类。

　　生物化学处理法：利用微生物的代谢作用，使污水中呈溶解、胶体状态的有机污染物转化为稳定无害物质，主要包括利用好氧微生物的好氧法和利用厌氧微生物的厌氧法。好氧法广泛用于处理城镇低浓度污水，厌氧法多用于处理高浓度有机废水和污水处理过程中产生的污泥。按照微生物在反应器生长方式的不同，污水生物处理反应器可以分为悬浮生长反应器和附着生长反应器。前者处理污水的生物悬浮在水中，形成活性污泥絮凝体，该种处理方式称为活性污泥法；后者处理污水的微生物固定某种介质或者滤料的表面上，形成生物膜，该种处理方式称为生物膜法。

目前，城镇污水处理厂的生物处理单元主要由活性污泥法或者生物膜法组成。活性污泥法主要有普通活性污泥法及其变型工艺、氧化沟工艺、SBS 工艺等组成。生物膜法主要包括生物滤池工艺、生物转盘工艺、生物接触氧化工艺、生物流化床工艺等。

4. 掌握常用的好氧法、厌氧法生物处理工艺的适用条件；

根据《水污染治理工程技术导则》（HJ 2015—2012）：

（1）好氧法生物处理工艺的适用条件

①好氧生物处理宜用于进水 $BOD_5/COD \geqslant 0.3$ 的城镇污水、生活污水、易生物降解工业废水。

②传统活性污泥法适用于以去除污水中碳源有机物为主要目标，无氮、磷去除要求的情况。

③氧化沟不宜用于寒冷地区。

④序批式活性污泥法（SBR）适用于建设规模为Ⅲ类（≥10 万 t/d、<20 万 t/d）、Ⅳ类（≥5 万 t/d、<10 万 t/d）、Ⅴ类（≥1 万 t/d、<5 万 t/d）的污水处理厂和中型、小型废水处理站，适合于间歇排放工业废水的处理。

⑤生物接触氧化适用于低浓度的生活污水和具有可生化性的工业废水处理，生物接触氧化池应根据进水水质和处理程度确定采用一段式或多段式。

⑥生物滤池适用于低浓度的生活污水和具有可生化性的工业废水处理。

⑦曝气生物滤池适用于深度处理或生活污水的二级处理。

（2）厌氧法生物处理工艺的适用条件

①厌氧生物处理宜用于高浓度、难生物降解有机废水和污泥等的处理。

②升流式厌氧污泥床（UASB）适用于高浓度有机废水。

③厌氧滤池适用于处理溶解性有机废水。容积负荷宜在 3～15 kgCOD/（m³·d），低温（15～25℃）时宜采用低负荷，高温（50～55℃）时宜采用高负荷。

④厌氧流化床适用于各种浓度有机废水的处理。厌氧流化床中应考虑设置固液分离装置。

5. 了解膜分离、离子交换处理工艺技术要求

膜分离：微滤适用于去除粒径为 0.1～10 μm 的悬浮物、颗粒物、纤维和细菌；超滤适用于去除分子量在 10^3～10^6 Da 的胶体和大分子物质；纳滤适用于分

离分子量在 200～1 000 Da、分子尺寸在 1～2 nm 的溶解性物质、二价及高价盐等；反渗透适用于去除水中全部溶质，宜用于脱盐及去除微量残留有机物。

根据《水污染治理工程技术导则》（HJ 2015—2012）：

7.3.11 膜分离

7.3.11.1 一般规定

7.3.11.1.1 采用膜分离法时，应对废水进行预处理。

7.3.11.1.2 膜分离过程的性能参数主要包括截留率、膜通量、衰减系数、清洗频率和清洗恢复效率等。

7.3.11.1.3 采用膜分离法时应考虑膜清洗、废液和浓液的处理及回收，并应考虑废弃膜组件的出路及二次污染。

7.3.11.1.4 膜分离工艺设计应考虑进水流速、操作压力、温度、进水水质、膜通量和回收率等影响因素。

7.3.11.1.5 选用膜分离工艺时应进行经济技术比较，具体应符合 HJ/T 270、HJ/T 271、CJ/T 169、HY/T 112、HY/T 113 和 HY/T 114 的规定。

7.3.11.1.6 膜分离工艺设计参数应参考同类工程实例确定或由试验确定。

还可参见《膜分离法污水处理工程技术规范》（HJ 579—2010）。

根据《水污染治理工程技术导则》（HJ 2015—2012）：

7.3.14 离子交换

7.3.14.1 离子交换适用于原水脱盐净化，回收工业废水中有价金属离子、阴离子化工原料等。

7.3.14.2 常用的离子交换剂包括磺化煤和离子交换树脂。

7.3.14.3 去除水中吸附交换能力较强的阳离子可选用弱酸型树脂；去除水中吸附交换能力较弱的阳离子可选用强酸型树脂；进水中有机物含量较多时，宜选用抗氧化性好，机械强度较高的大孔型树脂。

7.3.14.4 处理工业废水时，离子交换系统前宜设预处理装置，进水水温、pH 值、悬浮物、油类、有机物含量、高价离子含量、氧化剂含量等应通过试验确定。

7.3.14.5 离子交换系统的设计参数包括工作交换容量、运行流速、再生剂品种、再生剂耗量等。

7.3.14.6 离子交换系统的选用应根据进水水质、处理水量及出水水质要求等进行技术经济比较后确定。用于除盐的离子交换系统设计应符合 GBJ 109 的规定。

还可参见《离子交换技术处理重金属废水技术规范》（HG/T 5169—2017）。

6. 熟悉污水处理厂（站）的污泥处理与处置的一般规定

根据《水污染治理工程技术导则》（HJ 2015—2012）：

7.7.1.1　水污染治理工程产生的污泥应根据工程规模、地区环境条件和经济条件进行减量化、稳定化、无害化和资源化处理与处置。

7.7.1.2　污泥处理工艺的选择应考虑污泥性质与数量、技术条件、运行管理费用、环境保护要求及有关法律法规、农业发展情况、当地气候条件和污泥最终处置的方式等因素。

7.7.1.3　污泥处理构筑物和设备的设置应符合 GB 50014 的规定。

7.7.1.4　污泥经过处理后，应符合 CJ 3025 的规定。

7.7.1.5　应依据危险废物的名录及相关鉴别标准，对工业废水处理所产生的污泥进行鉴别，属危险废物的工业废水污泥，应按 GB 18484、GB 18597、GB 18598 的要求处理与处置。

7. 熟悉污水处理厂（站）恶臭污染治理的一般规定和常用除臭技术工艺

根据《水污染治理工程技术导则》（HJ 2015—2012）：

（1）恶臭污染治理的一般规定

①恶臭污染治理应在进行多方案的技术经济比较后确定，应优先考虑生物除臭方法。

②无须经常人工维护的设施，如沉砂池、初沉池和污泥浓缩池等，宜采用固定式的封闭措施控制臭气；需经常维护和保养的设施，如格栅间、泵房的集水井和污水处理厂的污泥脱水机房等，宜采用局部活动式或简易式的臭气隔离措施控制臭气。

（2）常用除臭技术工艺

①生物滤池除臭。

②化学氧化除臭。

③洗涤吸收除臭。

④活性炭吸附及再生除臭。

8. 熟悉缓解地表水环境影响的主要生态保护措施

根据《水污染治理工程技术导则》（HJ 2015—2012）》：

7.5.3　人工湿地

7.5.3.1　人工湿地适用于水源保护、景观用水、河湖水环境综合治理、生活污水处理的后续除磷脱氮、农村生活污水生态处理等。

7.5.3.2 人工湿地可选用表面流湿地、潜流湿地、垂直流湿地及其组合

7.5.3.3 人工湿地宜由配水系统、集水系统、防渗层、基质层、湿地植物组成。

7.5.3.4 人工湿地应选择净化和耐污能力强、有较强抗逆性、年生长周期长、生长速度快而稳定、易于管理且具有一定综合利用价值的植物，宜优选当地植物。

7.5.3.5 人工湿地基质层（填料）应根据所处理水的水质要求，选择砾石、炉渣、沸石、钢渣、石英砂等。

7.5.3.6 人工湿地防渗层应根据当地情况选用粘土、高分子材料或湿地底部的沉积污泥层。

7.5.3.7 人工湿地的设计应符合 HJ 2005 和相关工艺类工程技术规范的规定。

《人工湿地水质净化技术指南》（环办水体函〔2021〕173 号）：

1.4 术语和定义

人工湿地：指模拟自然湿地的结构和功能，人为地将低污染水投配到由填料（含土壤）与水生植物、动物和微生物构成的独特生态系统中，通过物理、化学和生物等协同作用使水质得以改善的工程。或利用河滩地、洼地和绿化用地等，通过优化集布水等强化措施改造的近自然系统，实现水质净化功能提升和生态提质。

人工湿地按照填料和水的位置关系，分为表面流人工湿地和潜流人工湿地，潜流人工湿地按照水流方向，分为水平潜流人工湿地和垂直潜流人工湿地。

表面流人工湿地：指水面在土壤表面以上，水从进水端流向出水端的人工湿地。

潜流人工湿地：指水面在填料表面以下，水从进水端水平或垂直流向出水端的人工湿地。

水平潜流人工湿地：指水面在填料表面以下，水从进水端水平流向出水端的人工湿地。

垂直潜流人工湿地：指水垂直流过填料层的人工湿地。按水流方向不同，又可分为下行垂直流人工湿地和上行垂直流人工湿地。

1.5 基本原则

a）准确定位。人工湿地水质净化工程只承担达标排放的污水处理厂出水等

低污染水的水质改善任务，不应作为直接处理生产生活污水的治污设施。

b）生态优先。人工湿地水质净化工程应当优先利用自然或近自然的生态方式，通过湿地生态系统中物理、化学、生物等协同作用提升水的生态品质，不宜采用投加药剂等强化措施净化水质。应当坚持选择本土物种，避免外来物种入侵。

c）因地制宜。根据当地气温、降雨、地形地貌、土地资源等实际情况选择人工湿地水质净化工程的场址、布局、工艺、参数、植被等。鼓励利用坑塘、洼地、荒地等便于利用的土地和城镇绿化带、边角地等开展人工湿地建设。

d）绩效明确。作为污染治理设施，人工湿地水质净化工程应当加强进出水监管，明确污染物削减要求。坚持建管并重，健全运行维护机制，保障运行维护经费，实现长效运行。

a）如下两类区域，原则上不宜建设人工湿地工程，确有需求时，应充分考虑冬季低温气候条件，需设置必要的保温措施：1）年均温度0℃以下时长6个月的区域，例如黑龙江的大兴安岭地区（加格达奇区）、西藏的山南市（泽当街道）、那曲市；2）年均温度0℃以下时长5个月的区域，例如黑龙江的哈尔滨市、齐齐哈尔市、大庆市、黑河市、伊春市、佳木斯市、鸡西市、鹤岗市、牡丹江市、双鸭山市、七台河市，吉林的长春市、吉林市、辽源市、白山市、松原市、白城市、延吉市，辽宁的铁岭市，内蒙古的呼伦贝尔市（海拉尔区）、乌兰察布市（集宁区）、锡林郭勒盟（锡林浩特市），青海的海北州、果洛州、玉树州，西藏的阿里地区（噶尔县）。b）部分城市的部分区域可能属于其他气候分区，可根据实际情况自行判断。

2.1.2 进出水水质

2.1.2.1 进水水质

为保证人工湿地水质净化功能和可持续运行，人工湿地进水水质需考虑水生态环境目标要求、当地水污染物排放标准、社会经济情况、用户需求、湿地处理能力等因素综合确定。当处理对象为集中式污水处理厂出水时，进水应达到当地水污染物排放标准。当处理对象为河湖水、农田退水时，进水应优于当地水污染物排放标准。

2.1.2.2 出水水质

人工湿地出水水质原则上应达到受纳水体水生态环境保护目标要求。当有再生水回用需求时，出水水质需满足再生水回用用途要求，详见表2。

表2　人工湿地出水回用相关水质标准

回用用途	标准
生活杂用水（冲厕、绿化、洗车、扫除）	《城市污水再生利用　城市杂用水水质》（GB/T 18920）
景观娱乐用水	《城市污水再生利用　景观环境用水水质》（GB/T 18921）
生态补水	根据受纳水体水（环境）功能区划，达到《地表水环境质量标准》（GB 3838）相应水质类别
工业回用水	《城市污水再生利用　工业用水水质》（GB/T 19923）
农田灌溉水	《农田灌溉水质标准》（GB 5084）

（三）地下水环境保护措施

1. 熟悉源头控制、分区防控措施的要求

根据《环境影响评价技术导则　地下水环境》（HJ 610—2016）：

11.2.1　源头控制措施

主要包括提出各类废物循环利用的具体方案，减少污染物的排放量；提出工艺、管道、设备、污水储存及处理构筑物应采取的污染防控措施，将污染物跑、冒、滴、漏降到最低限度。

11.2.2　分区防控措施

11.2.2.1　结合地下水环境影响评价结果，对工程设计或可行性研究报告提出的地下水污染防控方案提出优化调整建议，给出不同分区的具体防渗技术要求。

一般情况下，应以水平防渗为主，防控措施应满足以下要求：

a）已颁布污染控制标准或防渗技术规范的行业，水平防渗技术要求按照相应标准或规范执行，如 GB 16889、GB 18597、GB 18598、GB 18599、GB/T 50934 等。

b）未颁布相关标准的行业，根据预测结果和场地包气带特征及其防污性能，提出防渗技术要求；或根据建设项目场地天然包气带防污性能、污染控制难易程度和污染物特性，参照表7提出防渗技术要求。其中污染控制难易程度分级和天然包气带防污性能分级分别参照表5（略）和表6（略）进行相关等级的确定。

11.2.2.2　对难以采取水平防渗的场地，可采用垂向防渗为主、局部水平防渗为辅的防控措施。

垂向防渗是利用场区底部的天然相对不透水层作为底部隔水层，在场区四

周或地下水下游设置垂向防渗帷幕，垂向防渗帷幕底部深入天然相对不透水层一定深度，阻断场地内填埋污染物与周边土壤和地下水的水力联系，使场区形成一个相对封闭的单元。

垂向防渗的设计与其施工工艺水平是紧密相关的，应根据工程的水文地质条件、污染物特性、地形及稳定性情况，结合防渗帷幕需要达到的渗透系数、深度和刚度，选择与之相适应的阻控类型。

垂向防渗一般根据污染特性、范围、水文地质条件及地形地貌，设置在地下水下游或污染场地周围，阻止污染物向外界迁移。对于已有重点污染源的垂向防渗主要应用于：①由于地形条件限制，无法进行地面防渗的；②由于已有装置的限制而无法开展地面防渗的；③已有大量固废堆存（贮存/填埋）而无法开展地面防渗的；④地下水污染范围已超出厂（场）界的，且需切断污染向厂（场）界外传输途径的。

2．了解企业工业布局/规划布局与空间水文地质条件关联关系

理解对分区防渗划定原则，是将企业装置污染控制难易程度分区叠加所在区域的天然包气带防污性能（见表 5-1）以及污染物的危害程度，得到地下水污染防渗分区。

根据《地下水污染源防渗技术指南（试行）》：

5.2.2　防渗工程设计要求

（2）装置及设施发生污染物泄漏后是否容易及时发现和处理，将典型污染源装置单元、区域分为污染难控制区、污染易控制区，典型污染源污染控制难易程度分级表见附录 C。将污染控制难易程度分区叠加所在区域的天然包气带防污性能（见表 5-1）以及污染物的危害程度，得到地下水污染防渗分区，即重点防渗区、一般防渗区、简单防渗区，地下水污染防渗分区等级划分方法及相应的防渗性能要求参照表见表 5-2。重点防渗区防渗层的防渗性能应不低于 6.0 m 厚、渗透系数不高于 1.0×10^{-7} cm/s 的等效黏土防渗层，或参照 GB 18598 执行；一般防渗区防渗层 的防渗性能应不低于 1.5 m 厚、渗透系数不高于 1.0×10^{-7} cm/s 的等效黏土防渗层，或参照 GB 16889 执行。

11.2.1　源头控制措施主要包括提出各类废物循环利用的具体方案，减少污染物的排放量；提出工艺、管道、设备、污水储存及处理构筑物应采取的污染防控措施，将污染物跑、冒、滴、漏降到最低限度。

表 5-1　天然包气带防污性能分级参照表

天然包气带防污性能	包气带岩土的渗透性能
强	$M_b \geq 1.0$ m，$K \leq 1.0 \times 10^{-6}$ cm/s，且分布连续、稳定
中	0.5 m $\leq M_b < 1.0$ m，$K \leq 1.0 \times 10^{-6}$ cm/s，且分布连续、稳定 $M_b \geq 1.0$ m，1.0×10^{-6} cm/s $< K \leq 1.0 \times 10^{-4}$ cm/s，且分布连续、稳定
弱	岩（土）层不满足上述"强"和"中"条件

注：1. 参照 HJ 610；
　　2. M_b：岩土层单层厚度；K：渗透系数。

表 5-2　地下水污染防渗分区参照表

防渗分区	天然包气带防污性能	污染控制难易程度	污染物类型	防渗技术要求
重点防渗区	弱	易—难	有毒有害污染物	等效黏土防渗层 $M_b \geq 6.0$ m，$K \leq 1.0 \times 10^{-7}$ cm/s；或参照 GB 18598 执行
	中—强	难		
一般防渗区	中—强	易	有毒有害污染物	等效黏土防渗层 $M_b \geq 1.5$ m，$K \leq 1.0 \times 10^{-7}$ cm/s；或参照 GB 16889 执行
	弱	易—难	其他类型	
	中—强	难		
简单防渗区	中—强	易	其他类型	一般地面硬化

注：1. 参照 HJ 610。

附录 C（资料性附录）　典型污染源污染控制难易程度分级表

C.1　典型行业工业企业污染控制难易程度分级

C.1.1　精炼石油产品制造业污染控制难易程度分级

根据精炼石油产品制造业的装置单元、区域特点将相应的装置单元、区域划分为污染难控制区和污染易控制区，部分装置单元分区情况见下表，其他可能造成地下水污染的装置单元按照实际情况确定污染控制难易程度。

表 C.1　精炼石油产品制造业污染控制难易程度分级表

序号	装置（单元、设施）名称	区域及部位	污染控制难易程度	备注
1	主体装置工程区			
1.1	各种污水井及污水池	检查井、水封井、检漏井及污水池底板及壁板	●	针对可敞开
1.2	污水预处理	污水预处理池的底板及壁板	●	
1.3	储焦池	储焦池的底板及壁板	●	
1.4	液硫池	液硫池的底板及壁板	◎	需要考虑防腐

序号	装置（单元、设施）名称	区域及部位	污染控制难易程度	备注
1.5	污水沟	机泵边沟、压缩机的油站、水站边沟和污水明沟的底板及壁板	◎	
1.6	地面	主体装置区的地面	◎	
2	储运工程区			
2.1	油品储罐区			
2.1.1	原料油、轻质油品、液体化工品等储罐区	环墙式和防坡式罐基础	●	
		承台式罐基础	◎	
2.2	油泵及油品计量站	油泵及油品计量站界区内的地面	◎	
2.3	油品装卸车			
2.3.1	铁路、汽车装卸车	装卸车栈台界区内的地面	◎	
2.3.2	油气回收设施	油气回收设施界区内的地面	◎	
2.3.3	铁路槽车洗罐站	洗罐站界区内的地面	◎	
2.4	地下罐	地下凝液罐、污油罐、废溶剂罐等基础的底板及壁板	●	
2.5	埋地管道	污水、污油、溶剂等埋地管道	●	
2.6	系统管廊	系统管廊集中阀门区的地面	◎	
3	公用工程区			
3.1	动力站			
3.1.1	湿法除灰工艺的储灰池、冲灰沟	储灰池的底板及壁板，冲灰沟的底板及壁板	●	
3.1.2	锅炉事故油池	事故油池的底板及壁板	●	
3.1.3	排污池、地坑	排污池及地坑的底板及壁板	●	
3.2	事故油池	事故油池的底板及壁板	●	
3.3	化学水处理站			
3.3.1	酸碱罐区	环墙式和护坡式罐基础	●	
		承台式罐基础	◎	
		酸碱罐至围堰之间的地面及围堰	◎	
3.3.2	酸碱中和池及排水沟	酸碱中和池的底板及壁板，排水沟的底板及壁板	●	需要防腐处理
3.3.3	水处理厂房	水处理厂房内的地面	◎	需要防腐处理
3.4	循环水场			
3.4.1	排污水池	排污水池的底板及壁板	●	
3.4.2	事故水池	事故水池的底板及壁板	◎	

序号	装置（单元、设施）名称	区域及部位	污染控制难易程度	备注
3.5	污水处理场			
3.5.1	埋地污水管道	埋地污水管道	●	非达标污水
3.5.2	污水、污油、污泥池、污水井	调节池、均质池、隔油池、气浮池、生化池、污油池、油泥池、浮渣池和污泥池的底板及壁板；检查井、水封井和检漏井的底板及壁板	●	需要考虑防腐
3.5.3	其他水池	其他水池的底板及壁板	◎	
3.5.4	污泥储存池	污泥储存池的底板及壁板	●	需要考虑防腐
3.5.5	污泥脱水		●	需要考虑防腐
3.5.6	污泥焚烧	污泥焚烧界区内的地面	◎	
4	辅助工程区			
4.1	散装且溶于水的原料及产品仓库	仓库内的地面	◎	必要时考虑防腐
4.2	液体化学品库	化学品库的室内地面	◎	必要时考虑防腐

注：1. ◎表示污染易控制区，●表示污染难控制区。
　　2. 原料油、轻质油品、液体化工品等储罐区不包括储存液硫、沥青、重质渣油的罐和液化烃油罐。

（四）土壤环境保护措施

1. 熟悉土壤污染源头控制措施一般要求

根据《环境影响评价技术导则　土壤环境（试行）》（HJ 964—2018）：

9.2.2.1　生态影响型建设项目应结合项目的生态影响特征、按照生态系统功能优化的理念、坚持高效适用的原则提出源头防控措施。

9.2.2.2　污染影响型建设项目应针对关键污染源、污染物的迁移途径提出源头控制措施，并与 HJ 2.2、HJ 2.3、HJ 19、HJ 169、HJ 610 等标准要求相协调。

2. 熟悉常用的土壤污染过程防控措施

根据《环境影响评价技术导则　土壤环境（试行）》（HJ 964—2018）：

9.2.3.1　建设项目根据行业特点与占地范围内的土壤特性，按照相关技术要求采取过程阻断、污染物削减和分区防控措施。

a）涉及大气沉降影响的，占地范围内应采取绿化措施，以种植具有较强吸附能力的植物为主；

b）涉及地面漫流影响的，应根据建设项目所在地的地形特点优化地面布局，必要时设置地面硬化、围堰或围墙，以防止土壤环境污染；

c）涉及入渗途径影响的，应根据相关标准规范要求，对设备设施采取相应的防渗措施，以防止土壤环境污染。

3. 了解常用土壤污染修复技术方法的工艺路线及适用范围

土壤污染修复的技术方法概况来说可分为物理、化学、生物及联合修复等，各方法均有相应的优势和适用范围，在处理污染土壤时应当根据实际情况选择适宜的处理方式以达到预期的处理效果。

（1）物理方法

①电修复法是将电极插入到受污染的地下水或土壤区域，在直流电的作用下形成直流电场，土壤中的离子和颗粒物质会沿着电场方向发生定向的电渗析、电泳运动以及电迁移，使土壤空隙中的荷电离子或粒子发生迁移运动。该方法与传统的土壤修复技术相比具有经济效益高、不破坏现场生态环境以及接触毒物少的优点，适用于治理渗透系数低的密质土壤。

②热解析法主要用于修复有机物，它是通过加热升温土壤，收集挥发性污染物进行集中处理。该方法需要消耗大量的能力并且容易破坏土壤中的有机质和结构水，同时还会向空气挥发有害蒸汽，因而易造成二次污染。

③土壤气相抽提法是一种原位修复技术，主要是去除石油污染土壤中挥发性或半挥发性的石油组分，具有可操作性强、处理污染物的范围宽、可由标准设备操作、不破坏土壤结构及可回收利用废物等优点。

④CSP 法是用煤和焦炭等含碳的物料当作吸附物，在 90℃和强烈搅拌下通过煤表面强力吸附烃基污染物，然后用重选或浮选法将干净的土壤和吸附有烃基化合物的煤分开。

（2）化学方法

化学修复是通过土壤中的吸附、溶解、氧化还原、拮抗、络合螯合或沉淀作用，以降低土壤中污染物的迁移性或生物有效性。常用方法有以下 4 种：

①固化：为控制污染物在土壤中的迁移，将含有重金属的污染土壤与固化剂按一定比例进行混合，熟化后形成渗透性较低的固体混合物，从而隔离污染土壤与外界环境的联系，将污染物固封在固化物中，一般适用于面积小但污染严重的土壤。

②稳定化：一般是通过在土壤中加入化学物质改变重金属的不易溶解、迁

移能力小、毒性小的形态或价态，该方法操作比较复杂，但可灵活处理不同类型的污染物。

③萃取法：根据相似相溶原理，使用有机溶剂萃取受油类污染的土壤中的有机相，回收油用于回炼，分离的溶剂可循环使用，该方法仅适用于受油污浓度较高的土壤。

④淋洗法：将受到污染的土壤经过清水淋洗液或含有化学助剂的水溶液淋洗出污染物。

（3）生物方法

在土壤中有毒有害物质浓度减少到一定程度的基础上，可利用生物生命代谢活动使污染的土壤恢复到健康状态，主要包括以下三类：

①微生物修复：微生物修复的实质是生物降解或者生物转化，即微生物对有机污染物的分解作用或者对无机污染物的钝化作用。利用微生物修复技术既可治理农药、除草剂、石油、多环芳烃等有机物污染的环境，又可治理重金属等无机物污染的环境；既可使用土著微生物进行自然生物修复，又可通过补充营养盐、电子受体及添加人工培养菌或基因工程菌进行人工生物修复；既可进行原位修复，也可进行异位修复。该技术具有成本低、操作简单、无二次污染、处理效果好且能大面积推广应用等优点。

目前，普遍认为微生物修复是最具发展潜力的土壤污染修复技术，但也存在富集重金属的微生物细胞难以从土壤中分离、与修复现场土著菌株竞争等不利因素。

②植物修复：根据植物对土壤中污染物的提取、稳定、降解和挥发等的机理和作用，修复被污染的土壤，主要包括以下4种：

a）植物提取主要是靠植物吸收土壤中的污染物，将污染物运输并储存在植物体的地上部分，再通过收割植物而达到去除土壤中污染物的目的，该方法相对成熟，应用广泛。

b）植物稳定是指植物通过某种生化过程使污染基质中污染物的流动性降低，生物可利用性下降，该方法仅为暂时污染物固定，存在重新激活恢复毒性的风险。

c）植物降解是通过植物根系分泌物与根际微生物联合作用而达到降解污染物的生物化学过程，该方法通常配合微生物修复技术使用。

d）植物挥发是土壤中的污染物在植物根系分泌的特殊物质的作用下转化为挥发态，或植物将土壤中的污染物吸收到体内再转换为气态物质释放到大气中的过程，但这种将污染物转移到大气中的方法存在不确定的环境风险。

③动物修复：主要是通过土壤动物群来修复受污染的土壤，包括吸收、转

化、分解等直接作用和改善土壤理化性质的间接作用。

（4）联合修复方法

联合以上两种或两种以上的方法对土壤中的污染物进行去除，该方法需要进行相应方法适用性的匹配，以达到最佳的修复效果。

（五）噪声与振动防治措施

1. 掌握典型建设项目噪声与振动控制的防治措施

根据《环境影响评价技术导则　声环境》（HJ 2.4—2021）"附录 C（资料性附录）典型建设项目噪声影响预测及防治对策措施"：

C.1　工业噪声预测及防治措施

C.1.5　噪声防治措施

a）应从选址、总图布置、声源、声传播途径及声环境保护目标自身防护等方面分别给出噪声防治的具体方案。主要包括：选址的优化方案及其原因分析，总图布置调整的具体内容及其降噪效果（包括边界和声环境保护目标）；给出各主要声源的降噪措施、效果和投资。

b）设置声屏障和对声环境保护目标进行噪声防护等的措施方案、降噪效果及投资，并进行经济、技术可行性论证。

c）根据噪声影响特点和环境特点，提出规划布局及功能调整建议。

d）提出噪声监测计划、管理措施等对策建议。

C.2　公路、城市道路交通运输噪声预测及防治措施

C.2.5　噪声防治措施

a）通过选线方案的声环境影响预测结果比较，分析声环境保护目标受影响的程度，影响规模，提出选线方案推荐建议；

b）根据工程与环境特征，给出局部线路调整、声环境保护目标搬迁、临路建筑物使用功能变更、改善道路结构和路面材料、设置声屏障和对敏感建筑物进行噪声防护等具体的措施方案及其降噪效果，并进行经济、技术可行性论证；

c）根据噪声影响特点和环境特点，提出城镇规划区路段线路与敏感建筑物之间的规划调整建议；

d）给出车辆行驶规定（限速、禁鸣等）及噪声监测计划等对策建议。

C.3　铁路、城市轨道交通噪声预测及防治措施

C.3.5　噪声防治措施

a）通过不同选线方案声环境影响预测结果，分析声环境保护目标受影响的程度，提出优化的选线方案建议；

b）根据工程与环境特征，提出局部线路和站场优化调整建议，明确声环境保护目标搬迁或功能置换措施，从列车、线路（路基或桥梁）、轨道的优选，列车运行方式、运行速度、鸣笛方式的调整，设置声屏障和对敏感建筑物进行噪声防护等方面，给出具体的措施方案及其降噪效果，并进行经济、技术可行性论证；

c）根据噪声影响特点和环境特点，提出城镇规划区段铁路（或城市轨道交通）与敏感建筑物之间的规划调整建议；

d）给出列车行驶规定及噪声监测计划等对策建议。

C.4　机场航空器噪声预测及防治措施

C.4.6　噪声防治措施

a）通过不同机场位置、跑道方位、飞行程序方案的声环境影响预测结果，分析声环境保护目标受影响的程度，提出优化的机场位置、跑道方位、飞行程序方案建议；

b）根据工程与环境特征，给出机型优选，昼间、傍晚、夜间飞行架次比例的调整，对敏感建筑物进行噪声防护或使用功能变更、拆迁等具体的措施方案及其降噪效果，并进行经济、技术可行性论证；

c）根据噪声影响特点和环境特点，提出机场噪声影响范围内的规划调整建议；

d）给出机场航空器噪声监测计划等对策建议。

2. 掌握隔声、吸声、消声、隔振工程措施实施的一般规定

根据《环境噪声与振动控制工程技术导则》（HJ 2034—2013）：

7　常用工程措施

7.1　隔声

7.1.1　一般规定

7.1.1.1　应根据污染源的性质、传播形式及其与环境敏感点的位置关系，采用不同的隔声处理方案。

7.1.1.2　对固定声源进行隔声处理时，宜尽可能靠近噪声源设置隔声措施，如各种设备隔声罩、风机隔声箱，以及空压机和柴油发电机的隔声机房等建筑隔声结构。隔声设施应充分密闭，避免缝隙孔洞造成的漏声（特别是低频漏声）；其内壁应采用足够量的吸声处理。

7.1.1.3　对敏感点采取隔声防护措施时，宜采用隔声间（室）的结构形式，例如隔声值班室、隔声观察窗等；对临街居民建筑可安装隔声窗或通风隔声窗。

7.1.1.4　对噪声传播途径进行隔声处理时，可采用具有一定高度的隔声墙

或隔声屏障（如利用路堑、土堤、房屋建筑等）；必要时应同时采用上述几种结构相结合的形式。

7.1.1.5　室内的噪声源和受声点大多受到混响反射影响，隔声设计应注意区分自由场（直达声）与混响场（反射声）的不同作用。

7.2　吸声

7.2.1　一般规定

7.2.1.1　在环境噪声控制工程中吸声技术主要用于减少噪声反射，具体包括：

a）在一些大型的公共建筑中，例如机场候机大厅、车站候车室、码头候船室、展览大厅、歌舞厅、餐厅、大堂等场所，在顶棚或侧墙布置吸声材料可使环境变得舒适、安静；

b）对于有回声、声聚焦、颤动回声等声学缺陷的房间，利用吸声处理（或合理设置扩散体）可消除声学缺陷；

c）对于大型工业高噪声生产车间以及高噪声动力站房，例如空压机房、风机房、冷冻机房、水泵房、锅炉房、真空泵房等，在顶棚或侧墙安装吸声材料或吸声结构，可降低室内混响噪声能量密度，同时减少对外环境的影响；

d）对于轻薄板墙隔声构件，在其夹层中填充吸声材料，可显著提高隔声效果；

e）对于各类机器设备的隔声罩、隔声室、集控室、值班室、隔声屏障等，可在内壁安装吸声材料提高其降噪效果。

7.2.1.2　吸声技术主要适用于降低因室内表面反射而产生的混响噪声，其降噪量一般不超过 10 dB；故在声源附近、以降低直达声为主的噪声控制工程不宜单纯采用吸声处理的方法。

7.2.1.3　采用吸声降噪时应考虑房间原有的吸声情况。若原有房间未做吸声处理，混响反射较严重，其吸声降噪效果明显；反之则较差。对于常规车间厂房，吸声降噪效果为 3～5 dB；对混响严重的车间厂房，吸声降噪效果为 6～9 dB；对几何形状特殊（有声聚焦、颤动回声等声缺陷）、混响极为严重的车间厂房，吸声降噪效果有可能达到 10～12 dB。

7.2.1.4　吸声降噪效果不随吸声处理面积的增加而线性增加，吸声设计应根据降噪量需求，优化确定合理的吸声处理面积和布置方式。

7.2.1.5　应针对噪声源的频谱特性来选用吸声材料和吸声结构。吸声材料和吸声结构的吸声特性应与噪声源的频率特性相对应。

7.3　消声

7.3.1　一般规定

7.3.1.1 消声器设计或选用应满足以下要求：

a）应根据噪声源的特点，在所需要消声的频率范围内有足够大的消声量；

b）消声器的附加阻力损失必须控制在设备运行的允许范围内；

c）良好的消声器结构应是设计科学、小型高效、造型美观、坚固耐用、维护方便、使用寿命长；

d）对于降噪要求较高的管道系统，应通过合理控制管道和消声器截面尺寸及介质流速，使流体再生噪声得到合理控制。

7.3.1.2 消声器的设计或选用流程如下：

a）调查确定空气动力性噪声的源强，可由测量、估算或查找资料的方法确定。

b）确定达标限值（声压级和各倍频带的允许声压级），可由有关的法规标准或用户的要求确定。

c）由上述已知条件计算出所需 A 声级及各频带（如中心频率为 63～8 000 Hz 的 8 个倍频带）的消声量（插入损失）。

d）根据噪声源频率特性和所需消声量、空气动力性能要求以及有无防潮、耐高温等特殊使用要求，确定消声器的类型；对于通风空调消声系统设计，除考虑声源噪声以及消声器的消声量外，还应计算管道系统各部件产生的阻力损失和气流再生噪声；当阻力损失过大或气流再生噪声对环境的影响超过噪声限值时，应结合通风空调系统总体布局，优化调整气流速度及消声器结构。

e）根据噪声源特点、传播噪声的途径和辐射方向选定消声器的最佳布设位置，还应充分关注现场空间对消声器外形尺寸的限制；在空气动力学和现场空间允许的条件下，一般应使首节消声装置尽可能接近噪声源；末端消声器出口应避免指向噪声敏感方位或紧邻较大的障碍物。

f）在尽可能降低消声器成本的同时，应确保消声器的强度、内外部质量和使用寿命。

7.4 隔振

7.4.1 一般规定

7.4.1.1 隔振设计既适用于防护机器设备振动或冲击对操作者、其他设备或周围环境的有害影响，也适用于防止外界振动对敏感目标的干扰。当机器设备产生的振动可以引起固体声传导并引发结构噪声时，也应进行隔振降噪处理。

7.4.1.2 若布局条件允许时，应使对隔振要求较高的敏感点或精密设备尽可能远离振动较强的机器设备或其他振动源（如铁路、公路干线）。

7.4.1.3 隔振装置及支承结构型式，应根据机器设备的类型、振动强弱、扰动频率、安装和检修形式等特点，以及建筑、环境和操作者对噪声与振动的要求等因素统筹确定。

3．了解噪声与振动控制措施防治效果的评价方法

根据《环境噪声与振动控制工程技术导则》（HJ 2034—2013）

8.3　降噪水平检测

8.3.1　一般规定

8.3.1.1　工程验收前应检测降噪减振设备和元件的降噪技术参数是否达到设计要求。

8.3.1.2　噪声与振动控制工程的性能通常可以采用插入损失、传递损失或声压级降低量来检测。

8.3.1.3　设计者或购买者和供货商应明确性能检测的评价量和指标，并应达成一致。

8.3.2　隔声

8.3.2.1　隔声构件和隔声设备的评价应符合如下要求：

a）隔声构件（包括隔声门、隔声窗等）采用 100～3 150 Hz 的倍频带或 1/3 倍频带传递损失来评价，单一数值评价量采用计权隔声量和使用场所的噪声频谱对应的频谱修正量联合评价；

b）隔声设备（包括隔声罩、隔声间、隔声屏等）采用倍频带或 1/3 倍频带插入损失测量。单一数值评价量采用使用场所的噪声频谱对应的 A 计权插入损失。

8.3.2.2　隔声构件和隔声设备的测量应符合如下要求：

a）隔声构件（包括隔声门、隔声窗等）应按照 GB/T 19889.3、GB/T 19889.4、GB/T 19889.5、GB/T 19889.8、GB/T 19889.10、GB/T 19889.14 进行测量；

b）隔声罩应按照 GB/T 18699.1、GB/T 18699.2 进行测量；

c）隔声间应按照 GB/T 19885 进行测量；

d）隔声屏应按照 GB/T 19513、GB/T 19887 进行测量。

8.3.3　吸声

8.3.3.1　吸声材料和吸声元件的评价应符合如下要求：

a）吸声材料和普通使用的吸声结构采用倍频带或 1/3 倍频带吸声系数评价。单一数值评价量采用降噪系数 NRC（即 250、500、1 000、2 000 Hz 倍频带吸声系数的平均值）进行评价。

b）悬挂的空间吸声体采用单只吸声体的吸声量为基准进行评价。

8.3.3.2　吸声材料和吸声元件的评价量应按照 GB 18696.1、GB 18696.2、GB/T 20247、GB/T 16731 进行测量。

8.3.3.3　吸声材料和常规吸声结构的吸声性能测试通常采用混响室法，也经常采用阻抗管法或驻波管法进行样品的快捷测量分析，但应注意区分有效频率范围并予以注明。对悬挂的空间吸声体或座椅等声学构件的吸声量测量则应采用混响室法。

8.3.4　消声

8.3.4.1　消声器的评价应符合如下要求：

a）消声器的声学评价采用下列评价量：

1）插入损失 Di；

2）插入声压级差 Dip；

3）传声损失 Dt。

b）消声器的空气动力性能评价通常采用压力损失 Pt。

8.3.4.2　消声器的测试评价应按照 GB/T 25516（ISO 7235）和 GB/T 19512 进行测量。

8.3.4.3　消声器的测量应符合下列要求：

a）设计者或购买者和供货商应明确测量和验收的评价量和指标，并应达成一致协议；

b）消声器的声学评价量至少应包括倍频带或 1/3 倍频带插入损失、传递损失，也可以给出消声器适用声源的 A 计权插入损失、传递损失；

c）倍频带或 1/3 倍频带插入损失、传递损失宜采用实验室测量方法。A 计权插入损失、传递损失宜采用现场测量方法。

8.3.5　隔振

8.3.5.1　环境振动的评价量包括：振动的位移、振动速度和加速度。

8.3.5.2　城市区域环境振动的标准评价量为 Z 振级（铅垂向 Z 计权加速度级）。

8.3.5.3　进行环境振动测量时，测点应置于建筑物室外 0.5 m 以内振动敏感处。对于地铁沿线隧道垂直上方至外轨中心线两侧 10 m 以内的建筑，应增设室内测点并置于建筑物室内地面中央，传感器应平稳地放在平坦、坚实的地面上。具体方法参照 GB/T 10071 的相关规定。

8.3.5.4　隔振效果的评价，应采用隔振与非隔振状态下相同基础参考点或类比参考点之间的差值；具体检测方法，应是比较未采取隔振措施前与采取隔振措施后的相同基础参考点（或类比参考点）之间的振动差值，而不应比较采取隔振措施后的振源设备基点至基础参考点之间（即隔振装置两端）的振动差值。

（六）生态保护对策措施

1. 掌握生态保护对策措施中避让措施的具体应用

根据《环境影响评价技术导则　生态环境》（HJ 19—2022）：

4.2　基本要求

4.2.1　建设项目选址选线应尽量避让各类生态敏感区，符合自然保护地、世界自然遗产、生态保护红 线等管理要求以及国土空间规划、生态环境分区管控要求。

9.1.2　优先采取避让方案，源头防止生态破坏，包括通过选址选线调整或局部方案优化避让生态敏感区，施工作业避让重要物种的繁殖期、越冬期、迁徙洄游期等关键活动期和特别保护期，取消或调整产生显著不利影响的工程内容和施工方式等。优先采用生态友好的工程建设技术、工艺及材料等。

2. 熟悉不同阶段、不同项目类型和不同生态影响的生态保护措施

根据《环境影响评价技术导则　生态环境》（HJ 19—2022）：

9.1　总体要求

9.1.1　应针对生态影响的对象、范围、时段、程度，提出避让、减缓、修复、补偿、管理、监测、科研等对策措施，分析措施的技术可行性、经济合理性、运行稳定性、生态保护和修复效果的可达性，选择技术先进、经济合理、便于实施、运行稳定、长期有效的措施，明确措施的内容、设施的规模及工艺、实施位置和时间、责任主体、实施保障、实施效果等，编制生态保护措施平面布置图、生态保护措施设 计图，并估算（概算）生态保护投资。

9.1.2　优先采取避让方案，源头防止生态破坏，包括通过选址选线调整或局部方案优化避让生态敏感区，施工作业避让重要物种的繁殖期、越冬期、迁徙洄游期等关键活动期和特别保护期，取消或调整产生显著不利影响的工程内容和施工方式等。优先采用生态友好的工程建设技术、工艺及材料等。

9.1.3　坚持山水林田湖草沙一体化保护和系统治理的思路，提出生态保护对策措施。必要时开展专题研究和设计，确保生态保护措施有效。坚持尊重自然、顺应自然、保护自然的理念，采取自然的恢复措施或绿色修复工艺，避免生态保护措施自身的不利影响。不应采取违背自然规律的措施，切实保护生物多样性。

9.2　生态保护措施

9.2.1　项目施工前应对工程占用区域可利用的表土进行剥离，单独堆存，加强表土堆存防护及管理，确保有效回用。施工过程中，采取绿色施工工艺，减少地表开挖，合理设计高陡边坡支挡、加固措施，减少对脆弱生态的扰动。

9.2.2　项目建设造成地表植被破坏的，应提出生态修复措施，充分考虑自然生态条件，因地制宜，制定生态修复方案，优先使用原生表土和选用乡土物种，防止外来生物入侵，构建与周边生态环境相协调的植物群落，最终形成可自我维持的生态系统。生态修复的目标主要包括：恢复植被和土壤，保证一定的植被覆盖度和土壤肥力；维持物种种类和组成，保护生物多样性；实现生物群落的恢复，提高生态系统的生产力和自我维持力；维持生境的连通性等。生态修复应综合考虑物理（非生物）方法、生物方法和管理措施，结合项目施工工期、扰动范围，有条件的可提出"边施工、边修复"的措施要求。

9.2.3　尽量减少对动植物的伤害和生境占用。项目建设对重点保护野生植物、特有植物、古树名木等造成不利影响的，应提出优化工程布置或设计、就地或迁地保护、加强观测等措施，具备移栽条件、长势较好的尽量全部移栽。项目建设对重点保护野生动物、特有动物及其生境造成不利影响的，应提出优化工程施工方案、运行方式，实施物种救护，划定生境保护区域，开展生境保护和修复，构建活动廊道或建设食源地等措施。采取增殖放流、人工繁育等措施恢复受损的重要生物资源。项目建设产生阻隔影响的，应提出减缓阻隔、恢复生境连通的措施，如野生动物通道、过鱼设施等。项目建设和运行噪声、灯光等对动物造成不利影响的，应提出优化工程施工方案、设计方案或降噪遮光等防护措施。

9.2.4　矿山开采项目还应采取保护性开采技术或其他措施控制沉陷深度和保护地下水的生态功能。水利水电项目还应结合工程实施前后的水文情势变化情况、已批复的所在河流生态流量（水量）管理与调度方案等相关要求，确定合适的生态流量，具备调蓄能力且有生态需求的，应提出生态调度方案。涉及河流、湖泊或海域治理的，应尽量塑造近自然水域形态、底质、亲水岸线，尽量避免采取完全硬化措施。

根据总纲征求意见稿：

7　生态环境保护措施及其有效性论证

7.1　明确提出建设项目建设阶段、生产运行阶段和服务期满后（可根据项目情况选择）拟采取的具体污染防治、生态保护与修复、环境风险防范等生态环境保护措施。改扩建及异地搬迁（不含原址工程内容的除外）建设项目，其生态环境保护措施还应包括与项目有关的现有环境问题治理措施。

b）生态保护对策措施包括避让、防范（或预防）、减缓、修复、补偿、管理、监测、科研等，生态保护措施有效性，包括技术可行性、经济合理性、运行稳定性、生态保护和修复效果的可达性。生态保护措施可依据生态环境保护技术规范、推荐技术、典型案例等提出，无推荐技术的以同类或相同措施的实际运行效果为依据，没有实际运行经验的，可提供工程化实验数据，运行条件和参数需具有可比性；采取以自然恢复为主的适宜措施或绿色修复工艺，切实保护生物多样性，防范外来生物入侵等生态风险。跟踪和动态评估生态保护对策措施效果，必要时进行适应性改造。

（七）固体废物处理处置

1. 熟悉固体废物处理处置常用的技术方法

（1）固体废物处置常用方法

1）预处理方法

城市固体废物的种类复杂，大小、形状、状态、性质千差万别，一般需要进行预处理。常用的预处理技术有 3 种：

①压实。用物理的手段提高固体废物的聚集程度，减少其容积，以便于运输和后续处理，主要设备为压实机。

②破碎。用机械方法破坏固体废物内部的聚合力，减少颗粒尺寸，为后续处理提供合适的固相粒度。

③分选。根据固体废物不同的物质性质，在进行最终处理之前，分离出有价值的和有害的成分，实现"废物利用"。

2）生物处理方法

生物处理是通过微生物的作用，使固体废物中可降解有机物转化为稳定产物的处理技术。生物处理分为好氧堆肥和厌氧消化。好氧堆肥是在充分供氧的条件下，利用好氧微生物分解固体废物中有机物质的过程，产生的堆肥是优质的土壤改良剂和农肥。厌氧消化是在无氧或缺氧条件下，利用厌氧微生物的作用使废物中可生物降解的有机物转化为甲烷、二氧化碳和稳定物质的生物化学过程。

3）卫生填埋方法

区别于传统的填埋法，卫生填埋法采用严格的污染控制措施，使整个填埋过程的污染和危害减少到最低限度，在填埋场的设计、施工、运行时最关键的问题是控制含大量有机酸、氨氮和重金属等污染物的渗滤液随意流出，应做到统一收集后集中处理。

4）一般物化处理方法

工业生产产生的某些含油、含酸、含碱或含重金属的废液，均不宜直接焚烧或填埋，要通过简单的物理化学处理。经处理后水溶液可以再回收利用，有机溶剂可以做焚烧的辅助燃料，浓缩物或沉淀物则可送去填埋或焚烧。因此，物理化学方法也是综合利用或预处理过程。

5）安全填埋方法

安全填埋是一种把危险废物放置或贮存在环境中，使其与环境隔绝的处置方法，也是对其在经过各种方式的处理之后所采取的最终处置措施。目的是割断废物和环境的联系，使其不再对环境和人体健康造成危害。

一个完整的安全填埋场应包括废物接收与贮存系统、分析监测系统、预处理系统、防渗系统、渗滤液集排水系统、雨水及地下水集排水系统、渗滤液处理系统、渗滤液监测系统、管理系统和公用工程等。

6）焚烧处理方法

焚烧法是一种高温热处理技术，即以一定的过剩空气量与被处理的有机废物在焚烧炉内进行氧化分解反应，废物中的有毒有害物质在高温中被氧化、热解而被破坏。焚烧处置的特点是可以实现无害化、减量化、资源化。焚烧的主要目的是尽可能焚毁废物，使被焚烧的物质无害化并使其最大限度地减容，尽量减少新的污染物质的产生，避免造成二次污染。焚烧不但可以处置城市垃圾和一般工业废物，而且可以用于处置危险废物。

7）热解法

区别于焚烧，热解技术是在氧分压较低的条件下，利用热能将大分子量的有机物裂解为分子量相对较小的易于处理的化合物或燃料气体、油和炭黑等有机物质。热解处理适用于具有一定热值的有机固体废物。热解应考虑的主要影响因素有热解废物的组分、粒度及均匀性、含水率、反应温度及加热速率等。高温热解温度应在 1 000℃以上，主要热解产物应为燃气。中温热解温度应在600～700℃，主要热解产物应为类重油物质。低温热解温度应在 600℃以下，主要热解产物应为炭黑。热解产物经净化后进行分馏可获得燃油、燃气等产品。

根据 2020 年 4 月修订后的《固体废物污染环境防治法》及《危险废物填埋污染控制标准》（GB 18598—2019）、《危险废物焚烧污染控制标准》（GB 18484—2020）、《一般工业固体废物贮存和填埋污染控制标准》（GB 18599—2020）、《生活垃圾焚烧污染控制标准》（GB 18485—2014）、《生活垃圾填埋场污染控制标准》（GB 16889—2008）、《国家先进污染防治技术目录（固体废物处理处置领域）》（2017 年）、2020 年《国家先进污染防治技术目录（固体废物和土壤污染防治领域）》等还有新固废分类的系统处置方法。

（2）固体废物的处理

固体废物的处理通常是指物理、化学、生物、物化及生化方法把固体废物转化为适于运输、贮存、利用或处置的过程，固体废弃物处理的目标是无害化、减量化、资源化。一般防治固体废物污染方法首先是要控制其产生量。例如，逐步改革城市燃料结构（包括民用工业）控制工厂原料的消耗，定额提高产品的使用寿命，提高废品的回收率等。其次是开展综合利用，把固体废物作为资源和能源对待，实在不能利用的则经压缩和无毒处理后成为终态固体废物，然后再填埋和沉海。

（3）固体废物的处理方法

固体废物处理目前采用的主要方法包括压实、破碎、分选、固化、焚烧、生物处理等。

1）压实技术

压实是一种通过对废物实行减容化，降低运输成本、延长填埋场寿命的预处理技术。压实是一种普遍采用的固体废物预处理方法。如汽车、易拉罐、塑料瓶等通常首先采用压实处理。适于压实减少体积处理的固体废弃物还有垃圾、松散废物、纸带、纸箱及某些纤维制品等。对于那些可能使压实设备损坏的废弃物不宜采用压实处理，某些可能引起操作问题的废弃物，如焦油、污泥或液体物料，一般也不宜作压实处理。

2）破碎技术

为了使进入焚烧炉、填埋场、堆肥系统等废弃物的外形尺寸减小，预先必须对固体废弃物进行破碎处理。经过破碎处理的废物，由于消除了大的空隙，不仅使尺寸大小均匀，而且质地也均匀，在填埋过程中更容易压实。固体废弃物的破碎方法很多，主要有冲击破碎、剪切破碎、挤压破碎、摩擦破碎等，此外还有专用的低温破碎和湿式破碎等。

3）分选技术

固体废物分选是实现固体废物资源化、减量化的重要手段，通过分选将有用的充分选出来加以利用，将有害的充分分离出来；另一种是将不同粒度级别的废弃物加以分离。

分选的基本原理是利用物料的某些性质方面的差异，将其分选开。例如利用废弃物中的磁性和非磁性差别进行分离；利用粒径尺寸差别进行分离；利用比重差别进行分离等。根据不同性质，可以设计制造各种机械对固体废弃物进行分选。分选包括手工捡选、筛选、重力分选、磁力分选、涡电流分选、光学分选等。

4）固化处理技术

固化技术是通过向废物中添加固化基材，使有害固体废物固定或包容在惰性固化基材中的一种无害化处理过程。所用的固化产物应具有良好的抗渗透性，良好的机械特性，以及抗浸出性、抗干—湿、抗冻—融特性。这样的固化产物可直接在安全土地填埋场处置，也可用做建筑的基础材料或道路的路基材料。固化处理根据固化基材的不同可以分为水泥固化、沥青固化、玻璃固化、自胶质固化等。

5）焚烧和热解技术

焚烧法是固体废物高温分解和深度氧化的综合处理过程。好处是把大量有害的废料分解而变成无害的物质。由于固体废弃物中可燃物的比例逐渐增加，采用焚烧方法处理固体废弃物，利用其热能已成为必然的发展趋势。以此种方法处理固体废物，占地少，处理量大，在保护环境、提供能源等方面可取得良好的效果。

热解是将有机物在无氧或缺氧条件下高温（500~1 000℃）加热，使之分解为气、液、固三类产物。于焚烧法相比，热解法则是更有前途的处理方法。它的显著优点是基建投资少。

6）生物处理技术

生物处理技术是利用微生物对有机固体废物的分解作用使其无害化。种种技术可以使有机固体废物转化为能源、食品、饲料和肥料，还可以用来从废品和废渣中提取金属，是固体废物资源化的有效的技术方法。目前应用比较广泛的有：堆肥化、沼气化、废纤维素糖化、废纤维饲料化、生物浸出等。

（4）终极固体废物

对于因技术原因或其他原因还无法利用或处理的固态废物，是终态固体废物。终态固体废物的处置，是控制固体废物污染的末端环节，是解决固体废物的归宿问题。处置的目的和技术要求是，使固体废物在环境中最大限度地与生物圈隔离，避免或减少其中的污染组成对环境的污染与危害。终态固体废物可分为海洋处置和陆地处置两大类。

1）海洋处置

海洋处置主要分为海洋倾倒与远洋焚烧两种方法。

海洋倾倒是将固体废物直接投入海洋的一种处置方法。它的根据是海洋是一个庞大的废弃物接受体，对污染物质能有极大地稀释能力。进行海洋倾倒时，首先要根据有关法律规定，选择处置场地，然后再根据处置区的海洋学特性、海洋保护水质标准、处置废物的种类及倾倒方式进行技术可行性研究和经济分析，最后按照设计的倾倒方案进行投弃。

远洋焚烧，是利用焚烧船将固体废物进行船上焚烧的处置方法。废物焚烧后产生的废气通过净化装置与冷凝器，冷凝液排入海中，气体排入大气，残渣倾入海洋。这种技术适于处置易燃性废物，如含氯的有机废弃物。

2）陆地处置

陆地处置的方法有多种，包括土地填埋、土地耕作、深井灌注等。

土地填埋是从传统的堆放和填地处置发展起来的一项处置技术，它是目前处置固体废物的主要方法。按法律可分为卫生填埋和安全填埋。卫生填埋是处置一般固体废弃物使之不会对公众健康及安全造成危害的一种处置方法，主要用来处置城市垃圾。

安全填埋法是卫生填埋方法的进一步改进，对场地的建造技术要求更为严格。对土地填埋场必须设置人造成或天然衬里；最下层的土地填埋物要位于地下水位之上；要采取适当的措施控制和引出地表水；要配备浸出液收集、处理及监测系统，采用覆盖材料或衬里控制可能产生的气体，以防止气体释出；要记录所处置的废物的来源、性质和数量，把不相容的废物分开处置。

2. 了解固体废物焚烧处理的一般规定，工艺流程、常用焚烧炉型及其适用范围

生活垃圾焚烧厂设计和建设应满足《生活垃圾焚烧处理工程技术规范》（CJJ 90—2009）、《生活垃圾焚烧处理工程项目建设标准》（建标 142—2010）、《关于进一步加强生物质发电项目环境影响评价管理工作的通知》（环发〔2008〕82号）和《生活垃圾焚烧污染控制标准》（GB 18485—2014）及修改单、《生活垃圾焚烧飞灰污染控制技术规范（试行）》（HJ 1134—2020）等相关标准、规范性文件以及各地地方标准的要求。焚烧炉的选型应执行《生活垃圾焚烧炉及余热锅炉》（GB/T 18750—2022）。

危险废物集中焚烧处置工程设计和建设应满足《危险废物集中焚烧处置工程建设技术规范》（HJ/T 176—2005）和《危险废物焚烧污染控制标准》（GB 18484—2020）等相关标准的要求。特殊危险废物（多氯联苯、爆炸性、放射性废物等）专用焚烧处置工程可参照本技术规范的有关规定。医疗废物焚烧处置工程，应同时满足本技术规范和《医疗废物处理处置污染控制标准》（GB 39707—2020）、《医疗废物集中焚烧处置工程建设技术规范》（HJ/T 177—2005）的有关规定。

3．了解热焚烧和催化焚烧烟气中的酸性气体、烟尘、重金属、二噁英等污染物控制的一般规定与监控要求

根据《生活垃圾焚烧污染控制标准》（GB 18485—2014）：

5.4 每台生活垃圾焚烧炉必须单独设置烟气净化系统并安装烟气在线监测装置，处理后的烟气应采用独立的排气筒排放；多台生活垃圾焚烧炉的排气筒可采用多筒集束式排放。

9.4 生活垃圾焚烧厂运行企业对烟气中重金属类污染物和焚烧炉渣热灼减率的监测应每月至少开展 1 次；对烟气中二噁英类的监测应每年至少开展 1 次，其采样要求按 HJ 77.2 的有关规定执行，其浓度为连续 3 次测定值的算术平均值。对其他大气污染物排放情况监测的频次、采样时间等要求，按有关环境监测管理规定和技术规范的要求执行。

9.5 环境保护行政主管部门应采用随机方式对生活垃圾焚烧厂进行日常监督性监测，对焚烧炉渣热灼减率与烟气中颗粒物、二氧化硫、氮氧化物、氯化氢、重金属类污染物和一氧化碳的监测应每季度至少开展 1 次，对烟气中二噁英类的监测应每年至少开展 1 次。

9.7 生活垃圾焚烧厂应设置焚烧炉运行工况在线监测装置，监测结果应采用电子显示板进行公示并与当地环境保护行政主管部门和行业行政主管部门监控中心联网。焚烧炉运行工况在线监测指标应至少包括烟气中一氧化碳浓度和炉膛内焚烧温度。

根据《生活垃圾焚烧污染控制标准》（GB 18485—2014）修改单：

3.15 "测定均值 average value 取样期以等时间间隔（最少 30 min，最多 8 h）至少采集 3 个样品测试值的平均值；二噁英类的采样时间间隔为最少 6 h，最多 8 h。"修改为"测定均值 average value 在一定时间内采集的一定数量样品中污染物浓度测试值的算术平均值。对于二噁英类的监测，应在 6~12 个小时内完成不少于 3 个样品的采集；对于重金属类污染物的监测，应在 0.5~8 个小时内完成不少于 3 个样品的采集。"

9.3 "对生活垃圾焚烧厂运行企业排放废气的采样，应根据监测污染物的种类，在规定的污染物排放监控位置进行；有废气处理设施的，应在该设施后检测。排气筒中大气污染物的监测采样按 GB/T 16157、HJ/T 397 或 HJ/T 75 的规定进行。"修改为"对生活垃圾焚烧厂运行企业排放废气的采样，应根据监测污染物的种类，在规定的污染物排放监控位置进行。烟气中二噁英类监测的采

样按 HJ 77.2、HJ 916 的有关规定执行；其他污染物监测的采样按 GB/T 16157、HJ/T 397、HJ 75 的有关规定执行。"

9.4 "生活垃圾焚烧厂运行企业对烟气中重金属类污染物浓度和焚烧炉渣热灼减率的监测应每月至少开展 1 次；对烟气中二噁英类浓度的监测应每年至少开展 1 次，其采样要求按 HJ 77.2 的有关规定执行，其浓度为连续 3 次测定值的算术平均值。对其他大气污染物排放情况监测的频次、采样时间等要求，按有关环境监测管理规定和技术规范的要求执行。"修改为"生活垃圾焚烧厂运行企业对焚烧炉渣热灼减率的监测应每周至少开展 1 次；对烟气中重金属类污染物的监测应每月至少开展 1 次；对烟气中二噁英类的监测应每年至少开展 1 次。对其他大气污染物排放情况监测的频次、采样时间等要求，应按照有关环境监测管理规定和技术规范的要求执行。"

根据《危险废物焚烧污染控制标准》（GB 18484—2020）：

5.3.4　烟气净化装置

5.3.4.1　焚烧烟气净化装置至少应具备除尘、脱硫、脱硝、脱酸、去除二噁英类及重金属类污染物的功能。

8.2　大气污染物监测

8.2.1　应根据监测大气污染物的种类，在规定的污染物排放监控位置进行采样；有废气处理设施的，应在该设施后检测。排气筒中大气污染物的监测采样应按 GB/T 16157、HJ 916、HJ/T 397、HJ/T 365 或 HJ 75 的规定进行。

8.2.2　对大气污染物中重金属类污染物的监测应每月至少 1 次；对大气污染物中二噁英类的监测应 每年至少 2 次，浓度为连续 3 次测定值的算术平均值。

8.2.4　焚烧单位应对焚烧烟气中主要污染物浓度进行在线自动监测，烟气在线自动监测指标应为 1 小时均值及日均值，且应至少包括氯化氢、二氧化硫、氮氧化物、颗粒物、一氧化碳和烟气含氧量等。在线自动监测数据的采集和传输应符合 HJ 75 和 HJ 212 的要求。

4. 熟悉固体废物填埋工艺、填埋场入场要求、防渗，渗滤液、填埋气体的收集与处理要求

城市生活垃圾卫生填埋处理工程的规划、设计应符合下述文件、规范的相关要求：《关于印发〈城镇生活垃圾分类和处理设施补短板强弱项实施方案〉的通知》（发改环资〔2020〕1257 号）、《国家发展改革委　住房城乡建设部关于印发〈"十四五"城镇生活垃圾分类和处理设施发展规划〉的通知》（发改环资〔2021〕642 号）。

其填埋工艺、填埋场入场要求、防渗以及渗滤液、填埋气体的收集与处理要求应严格满足《生活垃圾填埋场污染控制标准》（GB 16889—2008）、《生活垃圾卫生填埋处理技术规范》（GB 50869—2013）、《生活垃圾卫生填埋场防渗系统工程技术标准》（GB/T 51403—2021）、《生活垃圾渗沥液处理技术规范》（CJJ 150—2022）、《生活垃圾填埋场填埋气体收集处理及利用工程技术规范》（CJJ 133—2009）、《生活垃圾卫生填埋处理工程项目建设标准》（建标 124—2009）的相关要求。

危险废物安全填埋处置工程的规划、设计、施工及验收和运行管理应根据《危险废物污染防治技术政策》（环发〔2001〕199 号）和各地"十四五"危险废物污染防治规划实施全过程管理，其填埋工艺、填埋场入场要求、防渗以及渗滤液、填埋气体的收集与处理要求严格满足《危险废物填埋污染控制标准》（GB 18598—2019）和《危险废物安全填埋处置工程建设技术要求》（环发〔2004〕75 号）等相关部门规章、标准、规范性文件及各地地方标准[如广西壮族自治区发布的《危险废物安全填埋处置工程技术规范》（DB45/T 1877—2018）]的相关要求，防止危险废物填埋处置对环境造成污染。

一般工业废物填埋处置工程的规划、设计、施工及验收和运行管理应根据《一般工业固体废物贮存和填埋污染控制标准》（GB 18599—2020）实施全过程管理，包括填埋工艺、填埋场入场要求、防渗以及渗滤液、填埋气体的收集与处理要求。由于一般工业固体废物来源广泛、性质各异，在实际工作中还应考虑相关部门规章、标准、规范性文件及各地地方标准的要求，如：

《工业固体废物资源综合利用评价管理暂行办法》和《国家工业固体废物资源综合利用产品目录》（工业和信息化部公告　2018 年第 26 号）；

《农用污泥污染物控制标准》（GB 4284—2018）；

《工业固体废物综合利用先进适用技术目录（第一批）》（工业和信息化部公告　2013 年第 18 号）；

《国家安全监管总局　国家发展改革委　工业和信息化部　国土资源部　环境保护部关于进一步加强尾矿库监督管理工作的指导意见》（安监总管一〔2012〕32 号）；

《关于印发〈城镇污水处理厂污泥处理处置技术指南（试行）〉的通知》（建科〔2011〕34 号）；

《金属尾矿综合利用先进适用技术目录》（工联节〔2011〕第 139 号）；

《关于发布〈城镇污水处理厂污泥处理处置污染防治最佳可行技术指南（试行）〉的公告》（环境保护部公告　2010 年第 26 号）；

《城镇污水处理厂污泥处理技术规程》（CJJ 131—2009）；

《关于发布〈城镇污水处理厂污泥处理处置及污染防治技术政策（试行）

的通知》（建城〔2009〕23 号）；

《尾矿库环境风险评估技术导则（试行）》（HJ 740—2015）；

《关于印发〈加强长江经济带尾矿库污染防治实施方案〉的通知》（环办固体〔2021〕4 号）；

《固体矿产尾矿分类》（DZ/T 0371—2021）。

五、环境管理与监测

1. 熟悉环境监测计划包含的主要内容

根据《建设项目环境影响评价技术导则　总纲》（HJ 2.1—2016）：

9.4　环境监测计划应包括污染源监测计划和环境质量监测计划，内容包括监测因子、监测 网点布设、监测频次、监测数据采集与处理、采样分析方法等，明确自行监测计划内容。

a）污染源监测包括对污染源（包括废气、废水、噪声、固体废物等）以及各类污染治理设施的运转进行定期或不定期监测，明确在线监测设备的布设和监测因子。

b）根据建设项目环境影响特征、影响范围和影响程度，结合环境保护目标分布，制定环境质量定点监测或定期跟踪监测方案。

c）对以生态影响为主的建设项目应提出生态监测方案。

d）对存在较大潜在人群健康风险的建设项目，应提出环境跟踪监测计划。

根据总纲征求意见稿：

9.2.1　生态环境监测计划包括污染物排放监测、周边环境质量影响监测、生态监测等。

9.2.2　生态环境监测计划制定

a）污染物排放监测、周边环境质量影响监测应结合项目规模、污染影响特点、周边环境敏感目标及所在区域的环境敏感性，根据要素导则相关要求有针对性的提出，同时考虑符合排污单位自行监测技术指南及行业排污许可管理要求制定。监测时段包括施工期和生产运行期；监测内容包括监测因子、监测网点布设、监测频次、监测数据采集与处理、采样分析方法等；监测因子应符合自行监测指南要求，包括标准中的有毒有害污染物，并根据生产过程的原辅用料、生产工艺、中间及最终产品、排入外环境的污染物进行补充；监测网点布设应兼顾环境保护目标分布。

　　b）生态监测计划，应结合项目规模、生态影响特点及所在区域的生态敏感性和生态功能重要性，根据要素导则相关要求有针对性的提出。生态监测时段包括施工期和运行期、服务期满后（可根据项目情况选择）；生态监测内容包括监测因子、方法、频次、点位等；监测点位应具有代表性，在生态敏感区可适当增加监测密度、频次。生态监测重点关注施工期生态保护目标的受影响状况、运行期对生态保护目标的实际影响、生态保护对策措施的有效性以及生态修复效果等。根据行业特点及项目影响程度开展生物多样性监测。

　　c）对存在较大潜在不合理环境与健康风险的建设项目，应根据人群暴露途径提出人群健康跟踪监测等生态环境监测计划。

2. 熟悉环境监测计划点位布置的技术要求

　　根据《排污单位自行监测技术指南　总则》（HJ 819—2017）：

　　5.2　废气排放监测

　　5.2.1　有组织排放监测

　　5.2.1.1　确定主要污染源和主要排放口

　　符合以下条件的废气污染源为主要污染源：

　　a）单台出力 14 MW 或 20 t/h 及以上的各种燃料的锅炉和燃气轮机组；

　　b）重点行业的工业炉窑（水泥窑、炼焦炉、熔炼炉、焚烧炉、熔化炉、铁矿烧结炉、加热炉、热处理炉、石灰窑等）；

　　c）化工类生产工序的反应设备（化学反应器/塔、蒸馏/蒸发/萃取设备等）；

　　d）其他与上述所列相当的污染源。

　　符合以下条件的废气排放口为主要排放口：

　　a）主要污染源的废气排放口；

　　b）排污许可证申请与核发技术规范确定的主要排放口；

　　c）对于多个污染源共用一个排放口的，凡涉主要污染源的排放口均为主要排放口。

　　5.2.1.2　监测点位

　　a）外排口监测点位：点位设置应满足 GB/T 16157、HJ 75 等技术规范的要求。净烟气与原烟气混合排放的，应在排气筒，或烟气汇合后的混合烟道上设置监测点位；净烟气直接排放的，应在净烟气烟道上设置监测点位，有旁路的旁路烟道也应设置监测点位。

　　b）内部监测点位设置：当污染物排放标准中有污染物处理效果要求时，应在进入相应 污染物处理设施单元的进出口设置监测点位。当环境管理文件有要求，或排污单位认为有必要的，可设置开展相应监测内容的内部监测点位。

5.2.2　无组织排放监测

5.2.2.1　监测点位

存在废气无组织排放源的，应设置无组织排放监测点位，具体要求按相关污染物排放标准及 HJ/T 55、HJ 733 等执行。

5.3　废水排放监测

5.3.1　监测点位

5.3.1.1　外排口监测点位

在污染物排放标准规定的监控位置设置监测点位。

5.3.1.2　内部监测点位

按本标准 5.2.1.2 2）执行。

5.4　厂界环境噪声监测

5.4.1　监测点位

5.4.1.1　厂界环境噪声的监测点位置具体要求按 GB 12348 执行。

5.4.1.2　噪声布点应遵循以下原则：

a）根据厂内主要噪声源距厂界位置布点；

b）根据厂界周围敏感目标布点；

c）"厂中厂"是否需要监测根据内部和外围排污单位协商确定；

d）面临海洋、大江、大河的厂界原则上不布点；

e）厂界紧邻交通干线不布点；

f）厂界紧邻另一排污单位的，在临近另一排污单位侧是否布点由排污单位协商确定。

5.4.2　监测频次

厂界环境噪声每季度至少开展一次监测，夜间生产的要监测夜间噪声。

5.5　周边环境质量影响监测

5.5.1　监测点位

排污单位厂界周边的土壤、地表水、地下水、大气等环境质量影响监测点位参照排污单位环境影响评价文件及其批复及其他环境管理要求设置。如环境影响评价文件及其批复及其他文件中均未作出要求，排污单位需要开展周边环境质量影响监测的，环境质量影响监测点位设置的原则和方法参照 HJ 2.1、HJ 2.2、HJ/T 2.3、HJ 2.4、HJ 610 等规定。各类环境影响监测点位设置按照 HJ/T 91、HJ/T 164、HJ 442、HJ/T 194、HJ/T 166 等执行。

5.5.2　监测指标

周边环境质量影响监测点位监测指标参照排污单位环境影响评价文件及其批复等管理文件的要求执行，或根据排放的污染物对环境的影响确定。

3. 了解排污单位自行监测方案制定的技术要求

根据《排污单位自行监测技术指南　总则》（HJ 819—2017）：

　　5　监测方案制定

　　5.1　监测内容

　　5.1.1　污染物排放监测

　　包括废气污染物（以有组织或无组织形式排入环境）、废水污染物（直接排入环境或排入公共污水处理系统）及噪声污染等。

　　5.1.2　周边环境质量影响监测

　　污染物排放标准、环境影响评价文件及其批复或其他环境管理有明确要求的，排污单位应按照要求对其周边相应的空气、地表水、地下水、土壤等环境质量开展监测；其他排污单位根据实际情况确定是否开展周边环境质量影响监测。

　　5.1.3　关键工艺参数监测

　　在某些情况下，可以通过对与污染物产生和排放密切相关的关键工艺参数进行测试以补 充污染物排放监测。

　　5.1.4　污染治理设施处理效果监测

　　若污染物排放标准等环境管理文件对污染治理设施有特别要求的，或排污单位认为有必要的，应对污染治理设施处理效果进行监测。

　　具体要求见 HJ 819。

4. 熟悉固定污染源烟气（SO_2/NO_x/颗粒物）排放连续监测系统技术要求

根据《固定污染源烟气（SO_2、NO_x、颗粒物）排放连续监测系统技术要求及检测方法》（HJ 76—2017）：

　　5　技术要求

　　5.1　外观要求

　　5.1.1　CEMS 应具有产品铭牌，铭牌上应标有仪器名称、型号、生产单位、出厂编号、制造日期等信息。

　　5.1.2　CEMS 仪器表面应完好无损，无明显缺陷，各零、部件连接可靠，各操作键、按钮使用灵活、定位准确。

　　5.1.3　CEMS 主机面板显示清晰，涂色牢固，字符、标识易于识别，不应有影响读数的缺陷。

　　5.1.4　CEMS 外壳或外罩应耐腐蚀、密封性能良好、防尘、防雨。

5.2　工作条件

CEMS 在以下条件中应能正常工作：

a）室内环境温度：15～35℃；室外环境温度−20～50℃；

b）相对湿度：≤85%；

c）大气压：80～106 kPa；

d）供电电压：AC（220±22）V，（50±1）Hz。

注：低温、低压等特殊环境条件下，仪器设备的配置应满足当地环境条件的使用要求。

5.3　安全要求

5.3.1　绝缘电阻

在环境温度为 15～35℃，相对湿度≤85%条件下，系统电源端子对地或机壳的绝缘电阻不小于 20 MΩ。

5.3.2　绝缘强度

在环境温度为 15～35℃，相对湿度≤85%条件下，系统在 1 500 V（有效值）、50 Hz 正孩波实验电压下持续 1 min，不应出现击穿或飞弧现象，

5.3.3　系统应具有漏电保护装置，具备良好的接地措施，防止雷击等对系统造成损坏。

5.4　功能要求

5.4.1　样品采集和传输装置要求

5.4.1.1　样品采集装置应具备加热、保温和反吹净化功能。其加热温度一般在 120℃以上，且应高于烟气露点温度 10℃以上，其实际温度值应能够在机柜或系统软件中显示查询。

5.4.1.2　样品采集装置的材质应选用耐高温、防腐蚀和不吸附、不与气态污染物发生反应的材料，应不影响待测污染物的正常测量。

5.4.1.3　气态污染物样品采集装置应具备颗粒物过滤功能。其采样设备的前端或后端应具备便于更换或清洗的颗粒物过滤器，过滤器滤料的材质应不吸附和不与气态污染物发生反应，过滤器应至少能过滤 5～10 μm 粒径以上的颗粒物。

5.4.1.4　样品传输管线应长度适中。当使用伴热管线时应具备稳定、均匀加热和保温的功能；其设置加热温度一般在 120℃以上，且应高于烟气露点温度 10℃以上，其实际温度值应能够在机柜或系统软件中显示查询。

5.4.1.5　样品传输管线内包覆的气体传输管应至少为两根，一根用于样品气体的采集传输，另一根用于标准气体的全系统校准；CEMS 样品采集和传输装置应具备完成 CEMS 全系统校准的功能要求。

5.4.1.6　样品传输管线应使用不吸附和不与气态污染物发生反应的材料，

其技术指标应符合附录 E 中表 E.1 的技术要求。

5.4.1.7　采样泵应具备克服烟道负压的足够抽气能力，并且保障采样流量准确可靠、相对稳定。

5.4.1.8　采用抽取测量方式的颗粒物 CEMS，其抽取采样装置应具备自动跟踪烟气流速变化调节采样流量的等速跟踪采样功能，等速跟踪吸引误差应不超过±8%。

5.4.2　预处理设备要求

5.4.2.1　CEMS 预处理设备及其部件应方便清理和更换。

5.4.2.2　CEMS 除湿设备的设置温度应保持在 4℃左右（设备出口烟气露点温度应≤4℃），正常波动在±2℃以内，其实际温度数值应能够在机柜或系统软件中显示查询。

5.4.2.3　预处理设备的材质应使用不吸附和不与气态污染物发生反应的材料，其技术指标应符合附录 E 中表 E.2 的技术要求。

5.4.2.4　除湿设备除湿过程产生的冷凝液应采用自动方式通过冷凝液收集和排放装置及时、顺畅排出。

5.4.2.5　为防止颗粒物污染气态污染物分析仪，在气体样品进入分析仪之前可设置精细过滤器；过滤器滤料应使用不吸附和不与气态污染物发生反应的疏水材料，过滤器应至少能过滤 0.5～2 μm 粒径以上的颗粒物。

5.4.3　辅助设备要求

5.4.3.1　CEMS 排气管路应规范敷设，不应随意放置，防止排放尾气污染周围环境。

5.4.3.2　当室外环境温度低于 0℃时，CEMS 尾气排放管应配套加热或伴热装置，确保排放尾气中的水分不冷凝或结冰，造成尾气排放管堵塞和排气不畅。

5.4.3.3　CEMS 应配备定期反吹装置，用以定期对样品采集装置等其他测量部件进行反吹，避免出现由于颗粒物等累积造成的堵塞状况。

5.4.3.4　CEMS 应具有防止外部光学镜头和插入烟囱或烟道内的反射或测量光学镜头被烟气污染的净化系统（即气幕保护系统；净化系统应能克服烟气压力，保持光学镜头的清洁；净化系统使用的净化气体应经过适当预处理确保其不影响测量结果。

5.4.3.5　具备除湿冷凝设备的 CEMS，其除湿过程产生的冷凝液应通过冷凝液排放装置及时、顺畅排出。

5.4.3.6　具备稀释采样系统的 CEMS，其稀释零空气必须配备完备的气体预处理系统，主要包括气体的过滤、除水、除油、除烃以及除二氧化硫和氮氧化物等环节。

5.4.3.7　CEMS 机柜内部气体管路以及电路、数据传输线路等应规范敷设，同类管路应尽可能集中汇总设置；不同类型的管路或不同作用、方向的管路应采用明确标识加以区分：各种走线应安全合理，便于查找维护维修。

5.4.3.8　CEMS 机柜内应具备良好的散热装置，确保机柜内的温度符合仪器正常工作温度：应配备照明设备，便于日常维护和检查。

5.4.4　校准功能要求

5.4.4.1　CEMS 应能用手动和（或）自动方式进行零点和量程校准。

5.4.4.2　采用抽取测量方式的气态污染物 CEMS，应具备固定的和便于操作的标准气体全系统校准功能；即能够完成从样品采集和传输装置、预处理设备和分析仪器的全系统校准。

5.4.4.3　采用直接测量方式的气态污染物 CEMS，应具备稳定可靠和便于操作的标准气体流动等效校准功能；即能够通过内置或外置的校准池，完成对系统的等效校准。等效校准原理和校准计算过程参见附录 F。

5.4.5　数据采集和传输设备要求

5.4.5.1　应显示和记录超出其零点以下和量程以上至少 10%的数据值。当测量结果超过零点以下和量程以上 10%时，数据记录存储其最小或最大值。

5.4.5.2　应具备显示、设置系统时间和时间标签功能，数据为设置时段的平均值。

5.4.5.3　能够显示实时数据，具备查询历史数据的功能，并能以报表或报告形式输出，相关日报表、月报表和年报表的格式要求见附录 A。

5.4.5.4　具备数字信号输出功能。

5.4.5.5　具有中文数据采集、记录、处理和控制软件。数据采集记录处理要求见附录 B.

5.4.5.6　仪器掉电后，能自动保存数据；恢复供电后系统可自动启动，恢复运行状态并正常开始工作。

5. 熟悉废气、废水污染源调查采样、样品保存、运输与在线监测数据处理利用方法要求

根据《排污单位自行监测技术指南　总则》（HJ 819—2017）：

5.2.1　有组织排放监测

5.2.1.5　监测技术

监测技术包括手工监测、自动监测两种，排污单位可根据监测成本、监测指标以及监测频次等内容，合理选择适当的监测技术。对于相关管理规定要求采用自动监测的指标，应采用自动监测技术；对于监测频次高、自动监测技术

成熟的监测指标，应优先选用自动监测技术；其他监测指标，可选用手工监测技术。

5.2.1.6 采样方法

废气手工采样方法的选择参照相关污染物排放标准及 GB/T 16157、HJ/T 397 等执行。废气自动监测参照 HJ/T 75、HJ/T 76 执行。

5.2.2 无组织排放监测

5.2.2.5 采样方法

参照相关污染物排放标准及 HJ/T 55、HJ 733 执行。

5.3 废水排放监测

5.3.5 采样方法

废水手工采样方法的选择参照相关污染物排放标准及 HJ/T 91、HJ/T 92、HJ 493、HJ 494、HJ 495 等执行，根据监测指标的特点确定采样方法为混合采样方法或瞬时采样的方法，单次监测采样频次按相关污染物排放标准和 HJ/T 91 执行。污水自动监测采样方法参照 HJ/T 353、HJ/T 354、HJ/T 355、HJ/T 356 执行。

废气样品的保存、运输参考《环境空气质量手工监测技术规范》（HJ/T 194）。见"考试大纲"第四科目 环境现状调查及评价题（4）了解环境空气补充监测采样、样品保存、运输的技术要求及数据统计方法；

水质采样：样品的保存按《水质采样 样品的保存和管理技术规定》（HJ 493）。

在线监测数据处理利用方法要求见《固定污染源烟气（SO_2、NO_x、颗粒物）排放连续监测技术规范》（HJ 75—2017）：

12 固定污染源烟气排放连续监测系统数据审核和处理

12.1 CEMS 数据审核

12.1.1 固定污染源生产状况下，经验收合格的 CEMS 正常运行时段为 CEMS 数据有效时间段。CEMS 非正常运行时段（如 CEMS 故障期间、维修期间、超本标准 11.2 期限未校准时段、失控时段以及有计划的维护保养、校准等时段）均为 CEMS 数据无效时间段。

12.1.2 污染源计划停运一个季度以内的，不得停运 CEMS，日常巡检和维护要求仍按本标准第 10、11 章执行：计划停运超过一个季度的，可停运 CEMS，但应报当地环保部门备案。污染源启运前，应提前启运 CEMS 系统，并进行校准，在污染源启运后的两周内进行校验，满足本标准表 4 技术指标要求的，视为启运期间自动监测数据有效。

12.1.3 排污单位应在每个季度前五个工作日对上个季度的 CEMS 数据进

行审核，确认上季度所有分钟、小时数据均按照附录 H 的要求正确标记，计算本季度的污染源 CEMS 有效数据捕集率。上传至监控平台的污染源 CEMS 季度有效数据捕集率应达到 75%。

注：季度有效数据捕集率（%）=（季度小时数–数据无效时段小时数–污染源停运时段小时数）/（季度小时数–污染源停运时段小时数）。

12.2 CEMS 数据无效时间段数据处理

12.2.1 CEMS 故障期间、维修时段数据按照本标准 12.2.2 处理，超期未校准、失控时段数据按照本标准 12.2.3 处理，有计划（质量保证/质量控制）的维护保养、校准等时段数据按照本标准 12.2.4 处理。

12.2.2 CEMS 因发生故障需停机进行维修时，其维修期间的数据替代按本标准 12.2.4 处理；亦可以用参比方法监测的数据替代，频次不低于一天一次，直至 CEMS 技术指标调试到符合本标准 9.3.7 和 9.3.8 时为止。如使用参比方法监测的数据替代，则监测过程应按照 GB/T 16157 和 HJ/T 397 要求进行，替代数据包括污染物浓度、烟气参数和污染物排放量。

12.2.3 CEMS 系统数据失控时段污染物排放量按照表 5 进行修约，污染物浓度和烟气参数不修约。CEMS 系统超期未校准的时段视为数据失控时段，污染物排放量按照表 5 进行修约，污染物浓度和烟气参数不修约。

表 5 失控时段的数据处理方法

季度有效数据捕集率α	连续失控小时数 N/h	修约参数	选取值
α≥90%	N≤24	二氧化硫、氮氧化物、颗粒物的排放量	上次校准前 180 个有效小时排放量最大值
	N>24		上次校准前 720 个有效小时排放量最大值
75%≤α<90%	—		上次校准前 2 160 个有效小时排放量最大值

12.2.4 CEMS 系统有计划（质量保证/质量控制）的维护保养、校准及其他异常导致的数据无效时段，该时段污染物排放量按照表 6 处理，污染物浓度和烟气参数不修约。

表 6 维护期间和其他异常导致的数据无效时段的处理方法

季度有效数据捕集率α	连续无效小时数 N/h	修约参数	选取值
α≥90%	N≤24	二氧化硫、氮氧化物、颗粒物的排放量	失效前 180 个有效小时排放量最大值
	N>24		失效前 720 个有效小时排放量最大值
75%≤α<90%	—		失效前 2 160 个有效小时排放量最大值

12.3 数据记录与报表

12.3.1 记录

按本标准附录 D 的表格形式记录监测结果。

12.3.2 报表

按本标准附录 D（表 D.9、表 D.10、表 D.11、表 D.12）的表格形式定期将 CEMS 监测数据上报，报表中应给出最大值、最小值、平均值、排放累计量以及参与统计的样本数。

6. 熟悉不同类型生态监测计划的适用情况及技术要求

根据《环境影响评价技术导则 生态影响》（HJ 19—2022）：

知识点：生态监测计划类型：全生命周期、长期跟踪或常规的生态监测计划。

9.3 生态监测和环境管理

9.3.1 结合项目规模、生态影响特点及所在区域的生态敏感性，针对性地提出全生命周期、长期跟踪或常规的生态监测计划，提出必要的科技支撑方案。大中型水利水电项目、采掘类项目、新建 100 km 以上的高速公路及铁路项目、大型海上机场项目等应开展全生命周期生态监测；新建 50～100 km 的高速公路及铁路项目、新建码头项目、高等级航道项目、围填海项目以及占用或穿（跨）越生态敏感区的其他项目应开展长期跟踪生态监测（施工期并延续至正式投运后 5～10 年），其他项目可根据情况开展常规生态监测。

9.3.2 生态监测计划应明确监测因子、方法、频次、点位等。开展全生命周期和长期跟踪生态监测的项目，其监测点位以代表性为原则，在生态敏感区可适当增生物多样性监测。

根据总纲征求意见稿：

b）生态监测计划，应结合项目规模、生态影响特点及所在区域的生态敏感性和生态功能重要性，根据要素导则相关要求有针对性的提出。生态监测时段包括施工期和运行期、服务期满后（可根据项目情况选择）；生态监测内容包括监测因子、方法、频次、点位等；监测点位应具有代表性，在生态敏感区可适当增加监测密度、频次。生态监测重点关注施工期生态保护目标的受影响状况、运行期对生态保护目标的实际影响、生态保护对策措施的有效性以及生态修复效果等。根据行业特点及项目影响程度开展生物多样性监测。

六、环境风险分析

1.熟悉建设项目生产系统危险性识别

根据《建设项目环境风险评价技术导则》（HJ 169—2018）：

7.1.2　生产系统危险性识别，包括主要生产装置、储运设施、公用工程和辅助生产设施，以及环境保护设施等。

7.2　风险识别方法

7.2.3　生产系统危险性识别

7.2.3.1　按工艺流程和平面布置功能区划，结合物质危险性识别，以图表的方式给出危险单元划分结果及单元内危险物质的最大存在量。按生产工艺流程分析危险单元内潜在的风险源。

7.2.3.2　按危险单元分析风险源的危险性、存在条件和转化为事故的触发因素。

7.2.3.3　采用定性或定量分析方法筛选确定重点风险源。

2.掌握风险事故情形的设定内容及源强估算方法

根据《建设项目环境风险评价技术导则》（HJ 169—2018）：

8.1.1　风险事故情形设定内容

在风险识别的基础上，选择对环境影响较大并具有代表性的事故类型，设定风险事故情形。风险事故情形设定内容应包括环境风险类型、风险源、危险单元、危险物质和影响途径等。

8.1.2　风险事故情形设定原则

8.1.2.1　同一种危险物质可能有多种环境风险类型。风险事故情形应包括危险物质泄漏，以及火灾、爆炸等引发的伴生/次生污染物排放情形。对不同环境要素产生影响的风险事故情形，应分别进行设定。

8.1.2.2　对于火灾、爆炸事故，需将事故中未完全燃烧的危险物质在高温下迅速挥发释放至大气，以及燃烧过程中产生的伴生/次生污染物对环境的影响作为风险事故情形设定的内容。

8.1.2.3　设定的风险事故情形发生可能性应处于合理的区间，并与经济技术发展水平相适应。一般而言，发生频率小于 10^{-6}/年的事件是极小概率事件，可作为代表性事故情形中最大可信事故设定的参考。

8.1.2.4　风险事故情形设定的不确定性与筛选。由于事故触发因素具有不确定性，因此事故情形的设定并不能包含全部可能的环境风险，但通过具有代表性的事故情形分析可为风险管理提供科学依据。事故情形的设定应在环境风险识别的基础上筛选，设定的事故情形应具有危险物质、环境危害、影响途径等方面的代表性。

事故源强设定可采用计算法和经验估算法。计算法适用于以腐蚀或应力作用等引起的泄漏型为主的事故；经验估算法适用于以火灾、爆炸等突发性事故伴生/次生的污染物释放。

8.2.2.1　物质泄漏量的计算

液体、气体和两相流泄漏速率的计算参见附录 F 推荐的方法。

泄漏时间应结合建设项目探测和隔离系统的设计原则确定。一般情况下，设置紧急隔离系统的单元，泄漏时间可设定为 10 min；未设置紧急隔离系统的单元，泄漏时间可设定为 30 min。

泄漏液体的蒸发速率计算可采用 HJ 169 附录 F 推荐的方法。蒸发时间应结合物质特性、气象条件、工况等综合考虑，一般情况下，可按 15～30 min 计；泄漏物质形成的液池面积以不超过泄漏单元的围堰（或堤）内面积计。

8.2.2.2　经验法估算物质释放量

火灾、爆炸事故在高温下迅速挥发释放至大气的未完全燃烧危险物质，以及在燃烧过程中产生的伴生/次生污染物，可参照附录 F 采用经验法估算释放量。

8.2.2.3　其他估算方法

a）装卸事故，泄漏量按装卸物质流速和管径及失控时间计算，失控时间一般可按 5～30 min 计。

b）油气长输管线泄漏事故，按管道截面 100%断裂估算泄漏量，应考虑截断阀启动前、后的泄漏量。截断阀启动前，泄漏量按实际工况确定；截断阀启动后，泄漏量以管道泄压至与环境压力平衡所需要时间计。

c）水体污染事故源强应结合污染物释放量、消防用水量及雨水量等因素综合确定。

8.2.2.4　源强参数确定

根据风险事故情形确定事故源参数（如泄漏点高度、温度、压力、泄漏液体蒸发面积等）、释放/泄漏速率、释放/泄漏时间、释放/泄漏量、泄漏液体蒸发量等，给出源强汇总。

3. 了解环境风险类型及环境危害分析

根据《建设项目环境风险评价技术导则》（ HJ 169—2018 ）：

　　7.2.4　环境风险类型及危害分析

　　7.2.4.1　环境风险类型包括危险物质泄漏，以及火灾、爆炸等引发的伴生/次生污染物排放。

　　7.2.4.2　根据物质及生产系统危险性识别结果，分析环境风险类型、危险物质向环境转移的可能途径和影响方式。

4. 熟悉事故消防水环境风险防控体系要求

　　事故废水环境风险防范措施

　　明确"单元—厂区—园区/区域"的环境风险防控体系要求，设置事故废水收集（尽可能以非动力自流方式）和应急储存设施，以满足事故状态下收集泄漏物料、污染消防水和污染雨水的需要，明确并图示防止事故废水进入外环境的控制、封堵系统。

　　应急储存设施应根据发生事故的设备容量、事故时消防用水量及可能进入应急储存设施的雨水量等因素综合确定。应急储存设施内的事故废水，应及时进行有效处置，做到回用或达标排放。结合环境风险预测分析结果，提出实施监控和启动相应的园区/区域突发环境事件应急预案的建议要求。

第四科目　环境影响评价案例分析

考试目的：通过本科目考试，检验具有一定实践经验的环境影响评价专业技术人员运用环境影响评价相关法律法规、技术导则与标准、技术方法开展环境影响评价工作和解决实际问题的能力。

考试内容

一、相关法律法规、政策及规划的符合性分析

（1）建设项目与相关法律法规的符合性分析；

（2）建设项目与环境政策的符合性分析；

（3）建设项目与主体功能区规划、环境保护规划和环境功能区划的符合性分析；

（4）建设项目与规划环境影响评价文件及其审查意见的符合性分析。

二、项目分析

（1）分析建设项目施工期和运营期环境影响的因素和途径，识别产污环节、污染因子和污染物特性，核算物耗、水耗、能耗和主要污染物源强；

（2）分析计算改扩建及异地搬迁工程污染物排放量变化；

（3）评价污染物达标排放情况；

（4）分析固体废物处理处置合理性。

三、环境现状调查与评价

（1）判定评价范围内环境敏感区；

（2）制定环境现状调查与监测方案；

（3）分析环境现状调查资料、监测数据的代表性和有效性；

（4）评价环境质量现状。

四、环境影响识别、预测与评价

（1）识别环境影响因素与筛选评价因子；

（2）选用评价标准；

（3）确定评价工作等级和评价范围；

（4）确定环境要素评价专题的主要内容；

（5）选择、运用预测模式与评价方法；

（6）预测和评价环境影响（含非正常工况）。

五、环境风险评价

（1）识别重点危险源并描述可能发生的环境风险事故；

（2）提出减缓和消除事故环境影响的措施。

六、环境保护措施分析

（1）分析污染控制措施的技术经济可行性；

（2）分析生态影响防护、恢复与补偿措施的技术经济可行性；

（3）制订环境管理与监测计划。

七、环境可行性分析

（1）分析不同工程方案（选址、规模、工艺等）环境比选的合理性；

（2）论证建设项目环境可行性分析的完整性；

（3）判断环境影响评价结论的正确性。

八、规划环境影响评价

（1）分析规划的协调性；

（2）判断规划实施后影响环境的主要因素及可能产生的主要环境问题；

（3）分析环境影响减缓措施的合理性和有效性；

（4）综合论证规划方案的环境合理性并提出规划方案的优化调整建议；

（5）结合规划环境影响评价工作成果提出对规划所包含的建设项目环境影响评价的指导意见。

一、化工、石化项目

1　主要相关产业政策、行业环评技术导则及常用标准

1.1《中共中央　国务院关于深入打好污染防治攻坚战的意见》，2021 年 11 月

2 日

1.2《中共中央 国务院关于完整准确全面贯彻新发展理念做好碳达峰碳中和工作的意见》，2021 年 9 月 22 日

1.3《2030 年前碳达峰行动方案》（国发〔2021〕23 号）

1.4《"十四五"节能减排综合工作方案》（国发〔2021〕33 号）

1.5 工业和信息化部 国家发展和改革委员会 科学技术部 生态环境部 应急管理部 国家能源局《关于"十四五"推动石化化工行业高质量发展的指导意见》（工信部联原〔2022〕34 号）

1.6《关于印发〈现代煤化工建设项目环境准入条件（试行）〉的通知》（环办〔2015〕111 号）

1.7《关于加强规划环境影响评价与建设项目环境影响评价联动工作的意见》（环发〔2015〕178 号）

1.8《关于印发钢铁/焦化、现代煤化工、石化、火电四个行业建设项目环境影响评价文件审批原则的通知》（环办环评〔2022〕31 号）—《石化建设项目环境影响评价文件审批原则》

1.9《关于印发水泥制造等七个行业建设项目环境影响评价文件审批原则的通知》（环办环评〔2016〕114 号）—《制药建设项目环境影响评价文件审批原则（试行）》

1.10《关于印发〈建设项目环境影响评价信息公开机制方案〉的通知》（环发〔2015〕162 号）

1.11《关于进一步加强涉及自然保护区开发建设活动监督管理的通知》（环发〔2015〕57 号）

1.12《关于发布〈石油炼制工业污染物排放标准〉等六项国家污染物排放标准的公告》（环境保护部公告 2015 年 第 27 号）

1.13《国务院关于印发水污染防治行动计划的通知》（国发〔2015〕17 号）

1.14《国务院关于印发大气污染防治行动计划》

1.15《国务院关于印发空气质量持续改善行动计划的通知》（国发〔2023〕24 号）

1.16 《国务院关于印发土壤污染防治行动计划》

1.17《建设项目环境保护管理条例》（国务院令 第 682 号）

1.18《建设项目环境影响评价分类管理名录（2021 年版）》（生态环境部令 第 16 号）

1.19《关于发布〈石油炼制工业废水治理工程技术规范〉等两项国家环境保护标准的公告》（公告 2014 年 第 84 号）

1.20《烧碱、聚氯乙烯工业废水处理工程技术规范》（HJ 2051—2016）

1.21《关于发布〈重点行业二噁英污染防治技术政策〉等 5 份指导性文件的公告（重点行业二噁英、合成氨、砷、铬盐工业、汞）》（公告　2015 年　第 90 号）

1.22《国家发展改革委关于规范煤制天然气产业发展有关事项的通知》（发改能源〔2010〕1205 号）

1.23《国家发展改革委关于规范煤化工产业有序发展的通知》（发改产业〔2011〕635 号）

1.24《关于进一步加强和改善电石行业管理工作的通知》（工信厅产业〔2011〕45 号）

1.25《关于印发〈电石法聚氯乙烯行业汞污染综合防治方案〉的通知》（工信部节〔2010〕261 号）

1.26《关于进一步加强规划环境影响评价工作的通知》（环发〔2011〕99 号）

1.27《国家发改委关于进一步巩固电石、铁合金、焦炭行业清理整顿成果　规范其健康发展的有关意见的通知》（发改产业〔2004〕2930 号）

1.28《国家发改委关于炼油、乙烯工业有序健康发展的紧急通知》（发改工业〔2005〕2617 号）

1.29《国家发展改革委关于加强焦化生产企业行业准入管理工作的通知》（2005 年）

1.30《关于加强环境影响评价管理防范环境风险的通知》（环发〔2005〕152 号）

1.31《关于继续做好电石、焦化行业准入管理工作的通知》（发改办产业〔2007〕1647 号）

1.32《电石行业准入条件（2007 年修订）》（发改委公告　2007 年　第 70 号）

1.33《纯碱行业准入条件》（工产业〔2010〕第 99 号）

1.34《农药产业政策》（工联产业政策〔2010〕第 1 号）

1.35《轮胎产业政策》（工产业政策〔2010〕第 2 号）

1.36《黄磷行业准入条件》（产业〔2008〕第 17 号）

1.37《焦化行业准入条件（2014 年修订）》（工业和信息化部　公告 2014 年　第 14 号）

1.38《氯碱（烧碱、聚氯乙烯）行业准入条件》（发改委公告　2007 年　第 74 号）

1.39《制定地方大气污染物排放标准的技术原则与方法》（GB/T 3840—91）

1.40《建设项目环境影响评价技术导则　总纲》（HJ 2.1—2016）

1.41《环境影响评价技术导则　石油化工建设项目》（HJ/T 89—2003）

1.42《环境影响评价技术导则　农药建设项目》（HJ 582—2010）

1.43《环境影响评价技术导则　制药建设项目》（HJ 611—2011）

1.44《环境影响评价技术导则　地下水环境》（HJ 610—2016）

1.45《建设项目环境风险评价技术导则》（HJ 169—2018）

1.46《环境影响评价技术导则 土壤环境（试行）》（HJ 964—2018）

1.47《炼焦炉大气污染物排放标准》（GB 16171—1996）

1.48《挥发性有机物无组织排放控制标准》（GB 37822—2019）

1.49《清洁生产标准 基本化学原料制造业（环氧乙烷乙二醇）》（HJ/T 190—2006）

1.50《清洁生产标准 氮肥制造业》（HJ/T 188—2006）

1.51《清洁生产标准 石油炼制业》（HJ/T 125—2003）

1.52《清洁生产标准 纯碱行业》（HJ 474—2009）

1.53《清洁生产标准 氯碱工业（烧碱）》（HJ 475—2009）

1.54《清洁生产标准 氯碱工业（聚氯乙烯）》（HJ 476—2009）

1.55《清洁生产标准 石油炼制业（沥青）》（HJ 443—2008）

1.56《化工建设项目环境保护设计规范》（GB 50483—2009）

1.57《合成氨工业水污染物排放标准》（GB 13458—2013）

1.58《挥发性有机物（VOCs）污染防治措施政策》（环境保护部公告 2013 年 第 31 号）

1.59《石化行业挥发性有机物综合整治方案》（环发〔2014〕177 号）

1.60《排污许可证申请与核发技术规范 石化工业》（HJ 853—2017）

1.61《排污许可证申请与核发技术规范 炼焦化学工业》（HJ 854—2017）

1.62《排污许可证申请与核发技术规范 农药制造工业》（HJ 862—2017）

1.63《排污许可证申请与核发技术规范 无机化学工业》（HJ 1035—2019）

1.64《排污许可申请证与核发技术规范 印刷工业》（HJ 1066—2019）

1.65《炼焦化学工业污染防治可行技术指南》（HJ 2306—2018）

1.66《温室气体排放核算核算与报告要求 第 10 部分 化工生产企业》（GB/T 32151.10—2015）

1.67《关于做好 2023—2025 年部分重点行业企业温室气体排放报告与核查工作的通知》（环办气候函〔2021〕130 号）

2 工程概况与工程分析要点

工程概况是工程分析的基础，但绝不是环境影响评价所称的"工程分析"的实质内容。环境影响评价所称的工程分析的重点是环境影响因素的分析，包括环境影响源识别（污染源、环境风险源和生态影响源）和源强的核算，这才是工程分析的实质。因此，切不可将工程概况与工程分析弄混了。对化工、石化建设项目而言，由于其突出表现为污染源和环境风险源，因此，污染因素和环境风险因素的分析是重点。同时，也有必要对可研或初步设计中提出的环保措施可行性进行分析，必要时应对厂址选择、总图布置提出意见。在全面识别环境影响源的基础上，再核算其主要污染物排放强度（如排放速率、排放浓度。在考试中经常会出现让考生计算排放浓度或排放速率的计算题，或将计算结果与排放标准对比，判定达标情况等），以便于影响预测与评价。但新建项目也要进行生态影响因素的分析。

2.1　工程概况

作为以污染影响为主的建设项目，化工、石化类建设项目的工程概况应包括主体工程、辅助工程、公用工程、环保工程、储运工程以及依托工程等。应明确项目组成、建设地点、原辅料、生产工艺、主要生产设备、产品（包括主产品和副产品）方案、平面布置、建设周期、总投资及环境保护投资等。在评价中应明确工程名称、建设性质、地点、规模、项目组成表（该"表"中就应包括主体工程、辅助工程、公用工程、环保工程、配套工程和厂外依托等），依托设施应说明与本工程的同步性或分析可依托性、产品方案及运输方式、建设投资等。附区域地理位置图和总平面布置图。

案例分析考试中常会在题干中给出工程的基本内容或一定的项目组成、规模等，供考生了解项目情况，答题时应主要根据题干内容进行分析。如题干中有明显的主要工程内容或工艺环节遗漏，答题时需要给出遗漏的工程内容（往往以"还需要给出工程的哪些内容"的类似情势提出要求），考查考生对工程或工艺是否了解。

2.2　生产装置、工艺路线

实际工作中往往会要求详细说明项目主要原料、辅助材料、燃料、水资源等的种类、来源、规格、消耗量（包括单耗、总耗指标）。给出主要的原料、辅料和燃料中有毒有害物质的含量。给出清晰的生产装置及配套设施的主要工艺流程图，给出主、副化学反应式，说明生产工艺方法、操作控制条件、主要物料的走向，根据标注产污节点的污染源流程图及相对应的表，说明每套生产装置的产污过程、排放点位置、污染物成分、数量、浓度、去向。重点应说明项目涉及的优先控制污染物、"三致"物质和持久性有机污染物的产生、去向等。重点关注污染物无组织排放量、确定依据及合理性。罐区应包括各种原料、成品、半成品的储罐，各种水处理装置等，还有原料、产品的运输（装卸站台、码头、罐车、船等）。同时要考虑非主体工程的污染源。案例考试时，往往通过原辅材料、工艺装置或工艺流程，让考生识别废气、废水、固体废物（特别是危险废物，多年来一直是考试的重点之一）等主要污染物种类，识别风险源（与危险废物结合）。对此，化工、石化类项目则需在化工学科基础上，通过工程可行性研究或设计报告了解化学反应和工艺过程，从参与化学反应的原辅材料和产品情况识别产生的"三废"情况。作为工程分析的主要方面，近年来，此类问题出题考查的频率较高。

2.3 污染源及环保措施分析

污染源分析应以物料平衡、水平衡、燃料平衡、蒸气平衡以及特征元素平衡等工程分析内容为基础，同时要考虑正常工况及非正常工况。根据工艺流程，识别污染源及其产生与排放的污染物，重要的是确定所排放污染物的强度（即源强，大气污染物包括排放速率与浓度，废水则主要是排放浓度）、主要污染源或产污环节（如废气产污环节）、污染物类型（如废水类型）或种类、排放形式、"三废"污染治理措施等，特别是废气无组织排放环节及治理技术措施、噪声治理措施、危险废物等的处理处置措施、企业环境管理与监测要求等。生态环境部颁布的各行业"排污许可证申请与核发技术规范""污染防治可行技术指南"应予以关注。

（1）大气污染源应明确有组织排放源的分布和排放参数、无组织排放源强、非正常排放的发生条件和持续时间；其中特征污染物是需要重点关注的，也是多年来考试的重点，一般要求指明产生于工艺流程的环节、污染物种类或根据题干信息计算排放强度（有组织排放一般要求计算浓度和速率，无组织排放一般要求计算厂界浓度并确定大气环境防护距离）。

（2）水污染源应明确污水种类与分类收集处理方案、废水的重复利用率、正常工况下的排污源强及排放参数，非正常排放的发生条件、位置、强度和持续时间，水中优先控制污染物的产生和排放源强；废水污染物中重金属等一类污染物是要特别关注的，一类污染物就是各行业废水的特征污染物，往往是考试的重点，一般要求给出产生于工艺流程的环节、污染物种类或根据题干信息计算排放浓度。

（3）固体废物应明确一般工业固体废物和危险废物的种类、性质、组分、容积和含水率等。危险废物既是环境影响评价实际工作中关注的重点，也是考试中的重点，考试中工程分析方面通常要求指出危险废物产生的工艺环节（根据题干所给的工艺流程图确定）、危险废物种类或产生量。

（4）改扩建及异地搬迁建设项目还应包括现有工程的基本情况、污染物排放及达标情况、存在的环境保护问题及拟采取的整改方案等内容。即改扩建项目要明确改扩建前后污染物排放的变化情况，明确增减量（核算"三本帐"）。这是一个重要考点，考生必须高度重视。

（5）对建设项目已包含的环保措施，应遵循技术先进性、可靠性、经济合理性、可操作性的原则，一般从工艺方案、设备、构筑物、处理效果以及投资、技术经济指标等方面予以分析论证。改扩建项目如与现有工程有依托关系，应分析依托的可行性，明确现有工程是否存在环保问题，提出明确的"以新带老"措施。对于改扩建项目，识别、分析现有工程存在的环境问题并提出解决方案，即以新带（代）老，这在环境保护法律法规及相关技术导则中均有明确要求。在考试中往往要求根据题干信息要求指出现有工程是否存在环境问题，以及针对存在的环境问题要求给出相应的污染治理措施或设施等。

（6）清洁生产贯穿工程分析全过程。有清洁生产报告的，可引用其结论；无清洁生产报告的，则以有关行业先进技术、工艺、设备、原材料和污染防治措施为基础，从产品生命周期全过程考虑，分析与国家和行业颁布的产业政策、清洁生产标准和环保政策的一致性：国家已颁布清洁生产指标的行业，按已颁布的清洁生产指标进行评估；未颁布清洁生产指标的行业，参照行业同类产品、相同规模、相同工艺和先进工艺的清洁生产指标进行清洁生产分析。

（7）工程分析应给出污染物排放清单（在考试中，往往要求根据给出的工艺流程图，判定某一"节点"排放污染物种类）。包括常规污染物和特征污染物（重点是特征污染物）。

（8）环境风险是化工石化类项目关注的重中之"重"。应根据建设项目涉及的物质及工艺系统危险性和所在地的环境敏感性确定环境风险潜势，按照《建设项目环境风险评价技术导则》（HJ 169—2018）确定评价等级和范围，进行风险调查、环境风险潜势初判、风险识别、风险事故情形分析、风险预测与评价、配备环境风险应急物资、提出环境风险应急对策、监测与管理要求等。在考试中，化工石化类案例往往会要求识别危险单元、危险物质、判定环境风险评价等级与范围、判定风险潜势与风险事故类型、风险危害，针对风险问题提出工程技术措施或管理对策、措施等。

2.4　总图布置分析

除了分析总图布置的工艺与生产合理性，还需分析其环境的合理性。

3　主要环境影响及污染防治措施

3.1　主要污染因子

3.1.1　施工期同一般建设项目，根据施工特点重点对施工期产生的废气、废水、固体废物、噪声等进行系统的分析。大型项目，特别是新建项目，由于其占地面积较大，存在改变土地利用类型、破坏植被等生态影响问题，还需要考虑对区域生态的影响。

3.1.2　运行期

3.1.2.1　废水污染因子应包括装置生产废水、清净下水、非正常工况排水、事故排水、前期雨水，一般污染因子包括石油类、COD、BOD_5、氨氮、pH、悬浮物、特征因子（苯系物、硫化物、氰化物、挥发酚等）。需要考生充分了解这些因子，根据考试题干信息确定对应工艺环节的污染物种类。

3.1.2.2　废气污染因子应包括有组织排放、无组织排放及非正常工况和事故排放量，一般污染因子包括 SO_2、NO_x、烟尘、粉尘、烃类，特征污染物如苯系物、烃类等 VOCs 类、CO、氨、氟、氯、H_2S、硫醇、硫醚（恶臭）。除常规因子需要充分了解以外,考试中往往出题频率较高的为特征污染物,考生应结合题干信息或提供的工艺流程图,指明其产生的环节,计算排放强度(速率和浓度)或提出治理措施等。

3.1.2.3　固废污染因子应根据工程分析,按一般工业固废、危险固废、生活垃圾分别考虑。特征重要的是危险废物,一定要结合题干信息或提供的工艺流程,能够识别危险废物产生的环节、危险废物种类,并能提出处理处置措施,其中重要措施就是厂内贮存或暂存须采取严格的"三防"措施,或及时委托有相应资质的危险废物处理机构处理。

3.1.2.4　化工、石化类建设项目一般应考虑大气环境风险、地表水环境风险和地下水环境风险,按照《建设项目环境风险评价技术导则》(HJ 169—2018)确定的环境风险评价等级与范围,进行预测评价与分析。

3.1.2.5　生产设备运行噪声。与生态影响评价的情势基本类似,噪声和生态影响通常不是此类项目的重点,在历年环评案例分析考试中,此类案例中少有噪声和生态影响方面的考试内容。但不等于此类项目没有噪声影响和生态影响,需要根据实际情况考虑。

3.2　主要污染防治措施

3.2.1　废水采取分类收集、分质处理措施。化工、石化行业生产废水一般成分复杂、可生化性差、处理难度大,需采取专门的治理措施,通常采用多种方法组合成的处理工艺系统。首先应采取清洁生产工艺,对废水分类进行预处理(一级处理),然后采用二级生化处理。其中化工废水预处理方法包括化学法(中和、絮凝沉淀、催化氧化、电解)、物理化学法(汽提、吹脱、蒸发、精馏),石化废水预处理工艺包括隔油、浮选、破乳(老三套);后续处理工艺根据具体情况定,一般有好氧、厌氧及 SBR 等处理工艺。如考虑废水回用,则须进行三级深度处理(化学氧化、活性炭吸附、砂滤、超滤、反渗透等)。污水处理站一般均应设置调节池和事故废水池,以防止废水冲击负荷对污水生化处理的影响。生产废水、清净下水排放口设置在线检测系统。考试中一定要注意的是,不同性质或类型的废水应分别进行预处理,如果题干中采取的是"混合处理"则是值得关注的环境问题。另外,从节水原则考虑,水资源应充分利用,切实提高废水处理后的回用率,对能够综合利用或回用的却不利用的水资源,也是需要解决的环境问题。

3.2.2　废气治理和控制的主要措施。特征污染物一般采用吸收法、吸附法、冷凝法、催化法、燃烧法;对具有回收价值的废气专门处理,如采用克劳斯炉回收硫黄;工艺有机废气送加热炉燃烧,热能回收利用;恶臭则采用控制无组织废气排放进行防治;石化行业的非正常排放废气则采用火炬燃烧排放;其余废气经高空或火炬燃烧排放。

3.2.3 化工石化行业废渣一般属危险废物，除根据性质考虑综合利用以外，必须建符合环保要求的安全处置设施（必须满足危险废物暂存或处理处置标准的要求，且为竣工环保验收的重要内容），或交付有资质单位安全处置。

3.2.4 明确提出建设项目在建设阶段、运行阶段拟采取的具体污染防治和环境风险防范措施。所采取的环保措施应有利于改善区域环境质量，对环境质量不达标的区域，应采取国内外先进可行的环境保护措施，结合区域限期达标规划及实施情况，分析建设项目实施对区域环境质量改善目标的贡献和影响。

3.2.5 给出各项污染防治、环境风险防范措施的具体内容、责任主体、实施时段、估算环保投入，明确资金来源。

3.2.6 明确环境保护投入。包括为预防和减缓不利影响而采取的各项环境保护措施和设施的建设费用、运行维护费用，直接为建设项目服务的环境管理与监测费用以及相关的科研费用。

4 环境管理与监测计划

加强环境管理与监测是法律法规要求建设项目做好环境保护工作的重要内容，是企业的法定职责。通过有效的环境管理与监测，使项目防治污染设施的建设和运行得以落实，可以长期监控环保设施的运行和污染物排放情况，通过监测可以了解和掌握建设项目排污特征，研究污染发展趋势，是开展科学技术研究和综合开发的基础，是建设项目依法公开环境信息的基础和数据来源。大多数化工、石化类项目，特别是大型化工石化项目，由于其特性，均为"重点污染源"，应当按照国家有关规定和监测规范安装使用监测设备（自动监测设施或设备应与当地生态环境主管部门联网），保证监测设备正常运行，保存原始监测记录。

环境影响评价文件提出的日常环境管理制度要求，应明确各项环境保护设施的建设、运行及维护保障计划。环境监测计划应包括污染源监测计划和环境质量监测计划。在环评报告书中有"环境管理与监测计划"专章，评价单位会根据项目情况及其污染源、污染物排放情况提出具体的监测计划，包括监测点位、监测频次、监测指标等。而且实施情况是竣工环保验收的重要依据。

关于环境监测，在考试中一般考查环境质量现状监测方面内容的出题频率较高，包括水环境监测断面布设或点位设置、环境空气监测布点，监测指标或因子等，主要考查对相关导则中关于监测的技术要求的熟悉程度。对建设项目施工期或营运期的监测，则主要针对污染源或受影响对象考虑，与环评工作的"环境现状监测"有所不同。

5　应注意的问题

5.1　化工、石化类项目，工艺复杂，污染物种类多，但涉及的某一行业某一工艺的主要污染物及治理措施，对于已颁布"排污许可证申请与核发技术规范""污染防治可行技术指南"的行业，则主要污染物和治理措施均可从中获得。相关规范和指南对了解各行业情况、识别污染源、主要产污环节、污染物类型和主要污染物、污染防治措施、环境管理和监测要求等具有重要的指导作用，也是考试的重要参考材料。

5.2　注意建设项目与国家产业政策、所在地的总体发展规划等各级各类规划的符合性，明确项目是否按照要求进入石化化工工业园（区），明确项目建设与行业发展规划、区域发展规划、石化化工工业园（区）规划等规划环评及其审查意见的符合性；厂址的选择应符合城市规划布局和功能区划的要求，同时注意工艺路线能否满足清洁生产的要求。

5.3　此类项目环境风险评价是重点。《环境影响评价工程师职业资格考试大纲》"环境风险评价"要求"（1）识别重点危险源并描述可能发生的环境风险事故；（2）提出减缓和消除事故环境影响的措施"是历年案例分析考试中的高频点。考生需按照《建设项目环境风险评价技术导则》（HJ 169—2018）进行环境风险识别、风险潜势初判，考虑大气、地表水和地下水环境风险。关注原料、辅料、中间产品或半成品、成品的性质，明确其毒性，结合生产装置操作参数，严格遵守有关危险化学品管理的规定，注意其环境风险：建设项目环境风险评价应包括原料输运、贮存、实用、生产、处置等在内的全过程的环境风险识别，对潜在的风险途径分析完整，进行风险防范措施分析论证，建立分级风险防范体系，编制完善的应急预案并实现与石化化工工业园（区）以及地方政府应急预案的联动（定期进行环境风险应急演练，不断完善预案）。关注环境风险的控制与预防、风险的应对与处置。高度关注原料输运、使用、贮存全过程的事故环境风险问题，充分重视环境风险评价相关内容，提出切实有效的预案及应急措施。

5.4　注意特征污染物评价标准的选择、执行问题；尤其是外资项目，国内无相应排放标准时应参照项目输出国或发达国家现行标准执行，应由地市级环保局提出，经省级环保局批准后采用，报环保部备案。

5.5　工程分析要清晰，物料平衡、给排水平衡、污水水质水量平衡合理，如有特征污染物，应另行做其平衡图、表。还应关注非正常工况排污分析和大气环境影响预测；对于改扩建项目必须算清新老污染源"三本账"。

5.6　关注无组织排放，特别是恶臭气体的排放，最主要的排放源为罐区、装罐车（船）站台（码头）。重点关注石化化工项目防护距离的设置，应根据有关防护距离设置的标准、导则、规范等分别计算、确定防护距离，对不同生产装置依据上述计算结果绘制包路线图；根据环函〔2009〕224 号从严原则，按包络线最大边界范围确定项目的防护距离。对项目防护距离内的环境敏感目标应制订相应的搬迁安置方案，落实资金来源、明确责任主体。

5.7　化工项目属于典型的以水污染为主的建设项目，要关注化工项目废水的处理与达标排放，以及废水处理方案的分析比选；对废水采用生物法进行处理的，应对废水及主要废水污染物进行可生化性分析，论述去除率的可靠性。

5.8　关注噪声污染，特别是非正常工况时的大量放空和大修期间的吹扫放空更易激化厂群矛盾，应要求按有关规定采取消声、降噪措施，尽量避免夜间、长时间放空吹扫作业。

5.9　固体废物处理处置也是此类项目环境影响评价的重点。危险废物必须实施"全过程管理"。首先应对不同类型的固体废物分类，分别提出处理处置措施。应关注固废综合利用中的污染物转移，保证接收方有防治污染的技术与措施，最好立足于在企业内无害化处理。重点关注危险废物的产生、处理与处置，由厂家回收利用的，应与回收厂家签订协议；作为副产品外售处理的，应严格执行转移联单制度；委托其他单位进行处置的，应明确接收单位的处理资质以及处理能力，并附接收协议。

5.10　排污清单，应明确 SO$_2$、氮氧化物、COD、氨氮、VOCs 等主要污染物的排放情况；从削减措施的可靠性、行业和区域总量控制、与减排任务的关系等角度分析指标来源的合理性。

5.11　根据现状调查与评价结果，明确项目所在区域环境特征，识别评价范围内的环境保护目标（根据 HJ 2.1—2016 的要求，附图列表说明评价范围内各环境要素涉及的环境敏感区、需要特殊保护对象的名称、功能、与建设项目的位置关系以及环境保护要求等），预测分析、评价对环境保护目标的影响性质与程度。

5.12　应关注环境保护措施可行性论证。根据 HJ 2.1—2016，应分析论证拟采取的具体的污染防治、环境风险防范等措施的技术可行性、经济合理性、长期稳定运行和达标排放的可靠性、满足环境质量改善和排污许可要求的可行性。各类措施的有效性判定应以同类或相同措施的实际运行效果为依据（如类比已运行的同类或相同措施），没有实际运行经验的，可提供工程化实验数据。考试中一般要求针对某种污染物提出消减措施或污染控制措施，或针对不利环境影响，或针对受不利影响的保护目标（保护对象），提出有针对性的环境保护措施，且一般以要求提出工程措施为主。

5.13　此类建设项目要求"入园进区"（工业园区、产业聚集区），园区规划环评结论及审查意见是该类项目环评工作的重要依据。与规划环评结论，特别是审查意见要求的符合性分析，是其建设项目环评的重要内容，否则，建设项目将不能审批。这也案例考试中需要注意的问题（如果题干中提到这方面的内容，则建设项目的环保措施需符合规划环评及审查意见要求，不符合就需要补充、完善）。

5.14　生态环境部发布了《关于印发钢铁/焦化、现代煤化工、石化、火电四个行业建设项目环境影响评价文件审批原则的通知》（环办环评〔2022〕31号）—《石化建设项目环境影响评价文件审批原则》。这些审批原则有助于考生了解这些行业环境影响评价的要点和实际工作，并有助于案例分析考试答题。因此，考生一定要认真学习这些审批原则。

5.15　紧跟形势要求。如国家"十四五"相关规划、新修订或颁布的法律法规及产业政策、生态环境等相关部门的规范性文件等。特别是有关碳达峰、碳中和、节能降碳、节能减排、绿色发展等一系列规范性文件的发布，包括工业和信息化部、国家发展和改革委员会、科学技术部、生态环境部、应急管理部、国家能源局2022年3月28日联合发布的《关于"十四五"推动石化化工行业高质量发展的指导意见》等。该文件是针对石化化工行业切实贯彻执行党中央和国务院关于节能减排降碳的具体指导意见，提出的"有序推动石化化工行业重点领域节能降碳，提高行业能效水平。提升中低品位热能利用水平，推动用能设施电气化改造，合理引导燃料'以气代煤'，适度增加富氢原料比重。鼓励石化化工企业因地制宜、合理有序开发利用'绿氢'，推进炼化、煤化工与'绿电''绿氢'等产业耦合示范，利用炼化、煤化工装置所排二氧化碳纯度高、捕集成本低等特点，开展二氧化碳规模化捕集、封存、驱油和制化学品等示范。加快原油直接裂解制乙烯、合成气一步法制烯烃、智能连续化微反应制备化工产品等节能降碳技术开发应用""滚动开展绿色工艺、绿色产品、绿色工厂、绿色供应链和绿色园区认定，构建全生命周期绿色制造体系。鼓励企业采用清洁生产技术装备改造提升，从源头促进工业废物'减量化'。推进全过程挥发性有机物污染治理，加大含盐、高氨氮等废水治理力度，推进氨碱法生产纯碱废渣、废液的环保整治，提升废催化剂、废酸、废盐等危险废物利用处置能力，推进（聚）氯乙烯生产无汞化。积极发展生物化工，鼓励基于生物资源，发展生物质利用、生物炼制所需酶种，推广新型生物菌种；强化生物基大宗化学品与现有化工材料产业链衔接，开发生态环境友好的生物基材料，实现对传统石油基产品的部分替代。加强有毒有害化学物质绿色替代品研发应用，防控新污染物环境风险""推动石化化工与建材、冶金、节能环保等行业耦合发展，提高磷石膏、钛石膏、氟石膏、脱硫石膏等工业副产石膏、电石渣、碱渣、粉煤灰等固废综合利用水平。鼓励企业加强磷钾伴生资源、工业废盐、矿山尾矿以及黄磷尾气、电石炉气、炼厂平衡尾气等资源化利用和无害化处置。有序发展和科学推广生物可降解塑料，推动废塑料、废弃橡胶等废旧化工材料再生和循环利用"。在石化化工行业领域具有重要指导作用。

二、冶金机电项目

1 主要相关产业政策、行业环评技术导则及常用标准

1.1《中共中央　国务院关于深入打好污染防治攻坚战的意见》（2021 年 11 月 2 日）

1.2《中共中央　国务院关于完整准确全面贯彻新发展理念做好碳达峰碳中和工作的意见》（2021 年 9 月 22 日）

1.3《2030 年前碳达峰行动方案》（国发〔2021〕23 号）

1.4《"十四五"节能减排综合工作方案》（国发〔2021〕33 号）

1.5《关于规范火电等七个行业建设项目环境影响评价文件审批的通知》（环办〔2015〕112 号）—《铜铅锌冶炼建设项目环境影响评价文件审批原则（试行）》

1.6《产业结构调整指导目录（2024 年本）》（国家发改委　第 7 号令）

1.7《外商投资产业指导目录（2011 年修订）》（国家发改委　商务部令　第 12 号）

1.8《装备制造业调整和振兴规划》（2009 年）

1.9《汽车产品回收利用技术政策》（国家发改委公告　2006 年　第 9 号）

1.10《国家发展改革委关于汽车工业结构调整意见的通知》（发改工业〔2006〕2882 号）

1.11《汽车产业发展政策》（发改委令　2009 年　第 8 号）

1.12《工业和信息化部关于加强汽车生产企业投资项目备案管理的通知》（工信部装〔2009〕93 号）

1.13《新能源汽车生产企业及产品准入管理规则》（工产业〔2009〕第 44 号）

1.14《国务院关于印发节能与新能源汽车产业发展规划（2012—2020 年）的通知》（国发〔2012〕22 号）

1.15《当前优先发展的高技术产业化重点领域指南（2011 年度）》（国家发展改革委、科学技术部、工业和信息化部、商务部、知识产权局联合发布，2011 年　第 10 号）

1.16《国务院关于加快培育和发展战略性新兴产业的决定》（国发〔2010〕32 号）

1.17《多晶硅行业准入条件》（工联电子〔2010〕137 号）

1.18《国务院关于印发进一步鼓励软件产业和集成电路产业发展若干政策的通知》（国发〔2011〕4 号）

1.19《国务院办公厅转发环境保护部等部门关于加强重金属污染防治工作指导

意见的通知》（国办发〔2009〕61号）

1.20《消耗臭氧层物质管理条例》（国务院令 2010年 第573号）

1.21《关于发布〈中国受控消耗臭氧层物质清单〉的公告》（环境保护部、国家发展和改革委员会、工业和信息化部公告 2010年 第72号）

1.22《废弃家用电器与电子产品污染防治技术政策》（环发〔2006〕115号）

1.23《电子废物污染环境防治管理办法》（国家环境保护总局令 2007年 第40号）

1.24《废弃电器电子产品回收处理管理条例》（国务院令 2009年 第551号）

1.25《关于加强废弃电子电气设备环境管理的公告》（环发〔2003〕143号）

1.26《汽车制造厂卫生防护距离标准》（GB 18075—2000）

1.27《内燃机厂卫生防护距离标准》（GB 18074—2000）

1.28《汽车涂料中有害物质限量》（GB 24409—2009）

1.29《以噪声污染为主的工业企业卫生防护距离标准》（GB 18083—2000）

1.30《城市区域环境振动标准》（GB 10070—88）

1.31《城市机动车排放空气污染测算方法》（HJ/T 180—2005）

1.32《车用压燃式发动机排气污染物排放限值及测量方法》（GB 17691—2005）

1.33《电镀污染物排放标准》（GB 21900—2008）

1.34《船舶工业污染物排放标准》（GB 4286—84）

1.35《清洁生产标准 印制电路板制造业》（HJ 450—2008）

1.36《清洁生产标准 铅蓄电池工业》（HJ 447—2008）

1.37《清洁生产标准 彩色显像（示）管生产》（HJ/T 360—2007）

1.38《清洁生产标准 电镀行业》（HJ/T 314—2006）、《关于公布〈清洁生产标准 电镀行业〉（HJ/T 314—2006)修改方案的公告》（环保部公告 2008年 第59号）

1.39《清洁生产标准 汽车制造业（涂装）》（HJ/T 293—2006）

1.40《电镀废水治理工程技术规范》（HJ 2002—2010）

1.41《含油污水处理工程技术规范》（HJ 580—2010）

1.42《膜分离法污水处理工程技术规范》（HJ 579—2010）

1.43《废弃电器电子产品处理污染控制技术规范》（HJ 527—2010）

1.44《机械行业清洁生产评价指标体系（试行）》

1.45《机械工业环境保护设计规范》（JBJ 16—2000）

1.46《电池工业污染物排放标准》（GB 30484—2013）

1.47《城市车辆用柴油发动机排气污染物排放限值及测量方法（WHTC工况法）》（HJ 689—2014）。

1.48《轻型汽车污染物排放限值及测量方法（中国第五阶段）》（GB 18352.5—2013）

1.49《电池工业污染物排放标准》（GB 30484—2013）

1.50《电子玻璃工业大气污染物排放标准》（GB 29495—2013）

1.51《土壤环境质量　农用地土壤污染风险管控标准（试行）》（GB 15618—2018）

1.52《土壤环境质量　建设用地土壤污染风险管控标准（试行）》（GB 36600—2018）

1.53《排污许可证申请与核发技术规范　电镀工业》（HJ 855—2017）

1.54《排污许可证申请与核发技术规范　汽车制造》（HJ 971—2018）

1.55《排污许可证申请与核发技术规范　电池工业》（HJ 967—2018）

1.56《排污许可证申请与核发技术规范　电子工业》（HJ 1031—2019）

1.57《温室气体排放核算与报告要求　第 3 部分　镁冶炼企业》（GB/T 32151.3—2015）

1.58《温室气体排放核算与报告要求　第 4 部分　铝冶炼企业》（GB/T 32151.4—2015）

1.59《温室气体排放核算与报告要求　第 5 部分　钢铁生产企业》（GB/T 32151.5—2015）

1.60《温室气体排放核算与报告要求　第 7 部分　平板玻璃生产企业》（GB/T 32151.7—2015）

1.61《温室气体排放核算与报告要求　第 8 部分　水泥生产企业》（GB/T 32151.8—2015）

1.62《温室气体排放核算与报告要求　第 9 部分　陶瓷生产企业》（GB/T 32151.9—2015）

1.63《关于加强涉重金属行业污染防控的意见》（环土壤〔2018〕22 号）

1.64《关于进一步加强重金属污染防控的意见》（环固体〔2022〕17 号）

1.64 各行业污染防治可行技术指南

2　工程概况与工程分析要点

2.1　工程概述

工程名称、建设性质（新建、改扩建、技术改造等）、地点、规模、项目组成（包括主体工程、辅助工程、公用工程、环保工程等）、产品方案、建设投资、职工人数、工作制度、生产天数等。在案例考试时，工程概况一般在题干中均会有所交代，应按照题干交代的工程情况进行分析（除非问题中提出除题干给出的工程内容之外，还需要说明哪些工程组成或内容，否则不必考虑过多的相关工程。其他行业案例分析考试也是如此）。如考试中要求"工程分析还需要了解哪些工程建设内容""除题干信息外，还需要调查哪些工程信息""为评价……，还需进一步了解哪些工程信息"等，均是要求考生在做环评工作时，应对所评价的建设项目的工程情况有清晰的了解，这是确保工程分析正确或不发生遗漏的前提条件。

2.2　生产工艺分析

实际工作中往往要求根据具体行业特点，详细说明原料来源、生产工艺方法、操作控制条件，物料平衡、水平衡和重要的元素平衡。根据采取工艺的不同，用标注产污节点的生产工艺流程图及相对应的表来说明产污过程，排放点位置，污染物成分、数量、浓度、去向。对使用的辅料（如使用的化学品等）要说明物化性质和毒理性质，同时要考虑非主体工程的污染源和无组织排放，全方位分析工艺过程中的污染物产生、治理、排放情况。要考虑有组织排放、无组织排放及事故排放量。在案例考试中，一般会给出整个项目中的某一工段的工艺流程，根据该段工艺流程进行环境影响源的识别与分析。

清洁生产贯穿工程分析全过程。从生产工艺与装备要求、资源能源利用指标、产品指标、污染物产生指标（末端处理前）、废物回收利用指标和环境管理要求等方面进行清洁生产分析，并通过与清洁生产标准对照、与同类企业先进指标对比，说明拟建项目的清洁生产水平。建设项目污染物达标排放、低排放或低于特别排放限值、零排放是清洁生产的基本要求之一。

2.3　污染源及环保措施分析

主要污染源或产污环节（如废气产污环节）、污染物类型（如废水类型）或种类、排放形式、"三废"污染治理措施等，特别是废气无组织排放环节及治理技术措施等，均可从行业"排污许可证申请与核发技术规范"中获得。此类项目的"三废"（废气、废水、固体废物）及噪声与振动均很明显，特别是冶炼项目，重金属往往是其特征污染物，需要特别关注。生态环境部颁布的各行业"排污许可证申请与核发技术规范""污染防治可行技术指南"应予以关注，充分了解此类项目。

实际工作中要求依据工艺流程，结合行业特点，识别项目的主要污染源，核算其所排放污染物的源强，给出各类污染源不同污染物有针对性的、可行的污染防治措施、设施，应按工序、工艺流程、主要设备列出详细名录，表述其功能特性，包括措施名称、主要内容、治理效果及分项投资估算。在案例分析考试中，则往往根据题干给出的项目组成或工艺流程，识别污染环节或污染源及产生或排放的主要污染物。环评工作重点关注的是"排放"。考试中要求识别污染物或根据题干信息核算排放强度（废气的排放浓度和速率、日排放量或年排放量，废水的排放浓度、日排放量或年排放量，或要求确定评价因子等），也会在考试问题中要求针对污染物提出相应的环保措施（如"3.2"中的主要措施）、完善题干给出的环保措施或分析题干给出的环保措施是否可行等情形。

2.4　给出污染物排放清单，包括常规污染物和特征污染物，冶金机电类项中某些工艺环节往往涉及重金属，废水、废气中的重金属是其特征污染物。考试中往往会要求考生给出主要污染物种类（也就是"3.1"所列出的主要污染因子），这是工程分析中常考的内容。对于废水中的污染物，尤其是重金属等一类污染物（一类污染物由于其污染特性——毒害性、难降解性、累积性及生物放大作用等，备受社会关注，是环评实际工作中特别重视的污染物种类，也是在环评师资格考试中出现频率较高的方面），考生应充分了解，并根据案例中提供的信息或某段工艺流程能够判断其产生的工艺环节及种类，并能够依据题干信息，计算某一污染物的排放浓度或一定时间段的排放量。同样，对废气污染因子，考生也需要充分了解，并能够根据题干信息和提供的某段工艺流程判断这些污染因子的产生环节和种类，计算出某种污染物的排放强度（速率、浓度）或一定时段的排放量。

2.5　总图布置合理性分析

绘制清晰的总平面布置图，图上应给出烟囱、排气筒、废水处理站、排水口、固废处置场（库）等位置，并以厂内各系统间影响、对外部环境的影响，以及外环境对厂区的影响等方面分析平面布置和厂址的合理性。

3　主要环境影响及防治措施

3.1　主要污染因子

3.1.1　废水污染因子：电子行业废水中可能含有铅、锡、砷、银、铬、铜、氟化物、磷酸盐等有毒有害物质；电镀车间、涂装车间、酸洗车间、铅蓄电池厂、电炭厂、电缆厂、电工仪器厂等废水可能含重金属离子（如铬、银、锌、镉、铁、铝、铜、镍）和 CN^-、F^-、油等。

3.1.2　废气污染因子：一般包括 SO_2、NO_x、烟尘、粉尘、有机物等。电镀车间、酸洗车间、涂装车间、铅蓄电池厂、绝缘材料厂、油料加工车间含酸雾（包括盐酸、硫酸、铬酸、氰化氢、氮氧化物等）、油雾、漆雾等；绝缘材料厂、电缆厂、电机厂、涂装车间含有机气体（如苯类、酚类、醇类等）；焊接车间含焊药烟尘、金属氧化物；电子行业有酸性气体、碱性气体、有机废气、焊锡烟气等。

3.1.3　固体废物：按一般工业固废、危险废物、生活垃圾分别考虑。重点关注危险废物。考试中往往要求根据工艺流程图，指出固体废物种类或要求提出处理处置措施，或针对题干给出的处理处置措施分析其是否符合环境保护要求。因此，考生既要对一些行业的主要危险废物产生工艺或环节有所了解，也应对《国家危险废物名录》有充分的了解。

3.1.4　噪声及振动：除生产设备运行噪声以外，机械行业最突出的特点就是存在工艺噪声，如热加工中的锻造、轧制，冷加工中的铣、刨、磨、钻等；有振动产生是机械行业的又一特性，如锻锤、落锤、压力机、冲床、造型机、气体压缩机、各类风动工具以及机动车辆。考生应根据题干信息，能够识别出噪声源和振动源，并根据提供的源强数据，计算振动影响范围或厂界噪声是否达标；根据环境功能区划确定评价范围内的保护目标（对象）所执行的环境质量标准，评价是否造成保护目标超标。

3.2　主要污染防治措施

主要污染防治可行技术与措施，均可从各行业的"排污许可证申请与核发技术规范""污染防治可行技术指南"中获得。从相关行业规范和指南中可以充分了解企业主要生产设施、生产工艺、污染源或产污环节，排放废气、废水主要污染物及治理措施，以及产生的噪声治理、固体废物等的处理处置措施，企业环境管理与监测要求等。生态环境部颁布的各行业"排污许可证申请与核发技术规范""污染防治可行技术指南"应予以关注。

3.2.1　废气。首先从源头控制，选用无毒无害或低毒低害的原料，选用低硫燃料，污染物治理则根据排污特点采取除尘、集中湿式洗涤净化等措施。燃煤锅炉烟气一般要安装脱硫除尘设施或根据当地管理要求采取脱硝设施。喷涂废气要针对废气主要成分采取经济技术可行的防治措施。

3.2.2　废水。首先考虑除油、沉淀、冷却处理后的综合利用，再根据需要采取中和、二级、三级处理后达标排放。含有第一类污染物的废水（如含铬电镀废水）要在车间处理达标（安装监测设施或设备自动监测，监测是否达标，也可以采取手工采样监测）。

3.2.3　设备噪声要考虑设备选型、厂区平面布局、减振、隔声等措施；生产工艺噪声要考虑消声、隔声、吸声和平面布局。

3.2.4　工业废物分类处理，必须考虑综合利用。废有机溶剂、含铬污泥等危险废物必须送有资质安全处理危险废物的单位统一处理，厂内贮存方式要符合危险废物贮存标准的相关规定。

3.2.5　电子信息产品要注重清洁生产分析，在设计时，要采用无毒无害或低毒低害、易于降解、便于回收利用的方案；在生产或制造过程中，有毒有害物质或元素的控制应当符合国家标准或行业标准，采用资源利用率高、易回收处理、有利于环保的材料、技术和工艺。

3.2.6　明确提出建设项目在建设阶段、运行阶段拟采取的具体污染防治和环境风险防范措施；环境质量不达标的区域，应采取国内外先进可行的环境保护措施，结合区域限期达标规划及实施情况，分析建设项目实施对区域环境质量改善目标的贡献和影响。

3.2.7　给出各项污染防治、环境风险防范措施的具体内容、责任主体、实施时段、估算环保投入，明确资金来源。

3.2.8　明确环境保护投入。包括为预防和减缓不利影响而采取的各项环境保护措施和设施的建设费用、运行维护费用，直接为建设项目服务的环境管理与监测费用以及相关的科研费用。

4　环境管理与监测计划

环境管理与监测是法定要求。与前面的"化工、石化项目"一样，冶金机电类项目也需要加强环境管理与监测。根据 HJ 2.1—2016，环境影响评价需提出严格、具体的环境管理要求，并制订明确的监测计划。需要注意的是，冶金机电类项目产排的废水、废气往往涉及持久性有机物、重金属等难降解、难处理的特征污染物，加强管理与监测也是十分必要的。特别是废水中的重金属等第一类污染物需要在车间或车间污水处理设施排放口监测、达标。

5　应注意的问题

5.1　注意具体项目与产业政策的符合性及相关规划的兼容性，注意选址、布局与当地城市规划、环境功能区划的符合性，对于改扩建项目要进行原料结构调整与产品结构优化升级的可行性分析，计算污染物排放"三本账"，做到"增产不增污"或"区域总量平衡"，必要时提出区域污染削减方案。考生要关注行业清洁生产分析。

5.2　废水中含有第一类污染物是机电行业污染的突出特点，因此要在车间排污口达标排放（意味着车间排放口应规范化，监测取样应在车间排放口，或在车间排放口安装在线自动监测设备等），考生对《污水综合排放标准》（GB 8978—1996）中表 1 所列的 13 种第一类污染物应牢记。排水系统要采取清污分流、雨污分流，分别治理。在制订环境和污染源监测方案时，要注意监测点位的位置和监测项目相对应。

5.3　噪声和振动是机械行业的重要污染因素，要结合声环境评价导则进行预测、分析和评价，并采取相应的防治措施。

5.4　在不同的项目和工艺中，废气中的特征污染物可能有酸雾、油雾、漆雾、苯系物、酚类、醇类、金属氧化物。应采用清洁原料和清洁生产工艺。对废气无组织排放，应给出大气环境防护距离。考生对特征污染物需特别注意，考试中应根据题干信息或所给出的生产工艺能够识别特征污染物的产生环节，指出特征污染物种类，或计算其排放强度（速率、浓度或排放量）。其中，关于废气排气筒高度的有关规定考生必须牢记（排气筒高度必须高出周围半径 200 m 范围最高建筑物 5 m，否则，污染物排放速率的排放标准须严格 50%），另外，还有关于等效排气筒的计算问题、当排气筒高度处于《大气污染物综合排放标准》（GB 16297—1996）列出的两个值之间以内插法计算最高允许排放速率、当排气筒的高度大于或小于该标准列出的最大或最小值时，以外推法计算其最高允许排放速率的规定，新污染源排气筒一般不应低于 15 m，若必须低于 15 m，其排放速率按外推法计算结果再严格 50%。这些特别规定均应牢记。

5.5　此类项目应根据工程及其原辅助材料使用情况与工艺流程，特别关注重金属污染及其总量控制问题。根据《关于进一步加强重金属污染防控的意见》（环固体〔2022〕17 号）重点重金属污染物主要指铅、汞、镉、铬、砷、铊、锑，实施污染物排放量总量控制的重金属主要是铅、汞、镉、铬、砷。重点行业包括重有色金属矿采选业（铜、铅锌、镍钴、锡、锑和汞矿采选）、重有色金属冶炼业（铜、铅锌、镍钴、锡、锑和汞冶炼）、铅蓄电池制造业、电镀行业、化学原料及化学制品制造业[电石法（聚）氯乙烯制造、铬盐制造、以工业固体废物为原料的锌无机化合物工业]。重点区域主要聚焦重金属污染物排放量大、环境质量和环境风险问题较突出的区域。

5.6　按照《建设项目环境风险评价技术导则》（HJ 169—2018）进行环境风险识别、风险潜势初判，考虑大气、地表水和地下水环境风险。分析要考虑运输过程的事故风险、生产工艺设备的事故风险、污染处理设施的事故风险等，并提出详细的应急措施及实施计划。注意原料运输、使用、贮存全过程的事故环境风险。危险废物的安全处置必须贯彻"全过程管理"的原则。

5.7　项目涉及"三致物"、持久性有机物、重金属（这 3 类污染因子，考生应牢记），应进行累积环境影响和人群健康风险评价。

5.8　根据现状调查与评价结果，明确项目所在区域环境特征，识别评价范围内的环境保护目标（根据 HJ 2.1—2016 的要求，附图列表说明评价范围内各环境要素涉及的环境敏感区、需要特殊保护对象的名称、功能、与建设项目的位置关系以及环境保护要求等），预测分析、评价对环境保护目标的影响性质与程度。

5.9　应关注环境保护措施可行性论证。根据 HJ 2.1—2016，应分析论证拟采取的具体的污染防治、环境风险防范等措施的技术可行性、经济合理性、长期稳定运行和达标排放的可靠性、满足环境质量改善和排污许可要求的可行性。各类措施的有效性判定应以同类或相同措施的实际运行效果为依据（如类比已运行的同类或相同措施），没有实际运行经验的，可提供工程化实验数据。

5.10　与其有关的规划（行业规划、产业规划、园区规划）环评结论及审查意见是此类建设项目进行环境影响评价的重要依据。

三、火电项目

1　主要相关产业政策、行业环评技术导则及常用标准

1.1《中共中央　国务院关于深入打好污染防治攻坚战的意见》（2021 年 11 月 2 日）

1.2《中共中央　国务院关于完整准确全面贯彻新发展理念做好碳达峰碳中和工作的意见》（2021 年 9 月 22 日）

1.3《2030 年前碳达峰行动方案》（国发〔2021〕23 号）

1.4《"十四五"节能减排综合工作方案》（国发〔2021〕33 号）

1.5《关于规范火电等七个行业建设项目环境影响评价文件审批的通知》（环办〔2015〕112 号）

1.6《产业结构调整指导目录（2024 年本）》（发改委令　2023 年　第 7 号）

1.7《热电联产和煤矸石综合利用发电项目建设管理暂行规定》（发改能源〔2007〕141 号）

1.8《国务院关于加强环境保护重点工作的意见》（国发〔2011〕35 号）

1.9《火电厂氮氧化物防治技术政策》（环发〔2010〕10 号）

1.10《燃煤电厂污染防治最佳可行技术指南（试行）》（环发〔2010〕23 号）

1.11《粉煤灰综合利用管理办法》（发改委令　2013 年　第 19 号）

1.12《关于开展燃煤电厂综合升级改造工作的通知》（发改厅〔2012〕1662 号）

1.13《关于印发〈燃煤发电机组环保电价及环保设施运行监管办法〉的通知》（国家发展改革委　环境保护部 2014 年 3 月 28 日）

1.14《国务院关于印发大气污染防治行动计划的通知》（国发〔2013〕37 号）

1.15《关于落实大气污染防治行动计划严格环境影响评价准入的通知》（2014 年）

1.16《关于印发钢铁/焦化、现代煤化工、石化、火电四个行业建设项目环境影响评价文件审批原则的通知》（环办环评〔2022〕31 号）—《火电建设项目环境影响评价文件审批原则》

1.17《关于印发〈全面实施燃煤电厂超低排放和节能改造工作方案〉的通知》（环发〔2015〕164 号）

1.18《环境保护综合名录（2021 年版）》（生态环境部印发）

1.19《一般工业固体废物贮存、处置场污染控制标准》（GB 18599—2001）及修改单

1.20《用于水泥和混凝土中的粉煤灰》（GB/T 1596—2005）

1.21《火电厂大气污染物排放标准》（GB 13223—2011）

1.22《火电厂污染防治技术政策》（环保部公告 2017 年 第 1 号）

1.23《污染源源强核算技术指南 火电》（HJ 888—2018）

1.24《环境影响评价技术导则 大气环境》（HJ 2.2—2018）

1.25《火电行业排污许可证申请与核发技术规范》

1.26《火电厂污染防治可行技术指南》（HJ 2301—2017）

1.27《关于"十四五"大宗固体废弃物综合利用的指导意见》（发改环资〔2021〕381 号）

1.28《温室气体排放核算与报告要求 第 1 部分 发电企业》（GB/T 32151.1—2015）

2 工程概况与工程分析要点

2.1 工程概况

工程概况包括厂址选择的依据、现有电厂概况、本期工程基本情况〔厂址所在行政区、厂址地理位置概要、灰场概况、占地概要、设备概况（锅炉容量及台数、汽轮机功率及台数、发电机功率及台数），明确主体工程、配套工程、公用与辅助工程、环保工程等〕、燃料、供水水源（供水水源合理性及其保障性分析是工程分析的重要内容，这在发改能源〔2004〕864 号文中对火电厂的供水水源就有明确要求）、灰渣特性、工程环保措施等。

2.1.1 对以城市中水为主要水源的电厂，需补充说明城市污水处理厂与拟建厂址的距离、方位，污水处理厂的设计规模、运行时间（或项目审批情况、建设进展情况）、实际处理水量、中水深度处理的投资单位、深度处理方案等及与中水输送有关的工程分析内容。

2.1.2 对以矿井疏干水为主要水源的电厂，需补充说明提供疏干水的矿井与拟建厂址的距离、方位，矿井的设计规模、运行时间、可提供的疏干水量、疏干水深度处理的投资单位、深度处理方案等及与疏干水输送有关的工程分析内容。

2.1.3 对热电联产项目，应将其纳入经批准的城市供热规划及热电联产规划。应有落实的热负荷，并按热电联产项目的热用户特性，分析工业热负荷和采暖热负荷（供热对象）的落实情况。分析与热电项目配套建设的管网布设、建设计划和环评情况，替代小锅炉的分布、吨位、污染防治措施和污染物排放情况等。

2.1.4 施工计划，包括建设期内容及进度、施工方法及规模等。

2.1.5 其他与电厂相关的开发计划，如集中供热计划、灰渣综合利用计划、地区其他相关计划等。

2.2 工程分析

2.2.1 火电建设项目是营运期以大气污染为主的典型项目，往往作为大气污染模型的验证类项目，是考查考生对大气导则模型等掌握情况的最适当案例。工程分析主要考虑燃煤产生的大气污染物（SO_2、NO_x、烟尘、汞及其化合物）及其强度（浓度），同时兼顾堆煤场、灰场的无组织排放。

2.2.2 废水应明确所产生的废水类型及其主要污染因子（如脱硫废水及其主要污染因子 pH、SS、COD、重金属等，含煤废水及其主要污染因子 SS，化学水和含油废水及主要污染因子 pH、油类等，此外，还有生活污水和厂区雨水）。

2.2.3 固体废物主要有灰（粉煤灰）、渣、脱硫石膏。若灰渣未能综合利用，则灰渣场从选址、运输、堆存、闭场的全过程环境影响均需进行分析。

2.2.4 噪声源主要是电厂的设备运行噪声，主要有锅炉排汽、冷却塔、引风机、送风机、发电机、汽轮机、汽机房和泵房噪声。

2.2.5 清洁生产分析贯穿工程分析全过程，包括发电标煤耗 [t/（kW·h）]、污染物排放指标 [t/（kW·h）]、水耗指标 [t/（GW·s）]、废水重复利用率、固体废物综合利用率、热电联产项目的热效率及热电比等。

2.2.6 可以参照《火电行业排污许可证申请与核发技术规范》来识别、判断污染源及主要污染物，并按《污染源源强核算指南 火电》（HJ 888—2018）核算火电项目污染源源强。

2.2.7 给出污染物排放清单。该清单将是核算火电厂污染物排放总量控制指标，也是申请和核发排污许可证的重要依据。

3 主要环境影响及防治措施

3.1 主要污染因子

燃煤烟气、煤场及灰场扬尘、废水 [温排水，一般废水排放（包括酸碱废水、含油废水、输煤系统冲洗水、锅炉酸洗废水、冷却塔排污水）、生活污水、厂区雨水、灰水]、固体废物、噪声、灰场生态影响等。

3.2 防治措施

3.2.1 运行期污染防治对策

针对烟气污染、废污水污染、噪声污染、固体废物、贮煤场、灰渣场制定相应的防治对策，同时要考虑对陆生生物、水生生物、自然景观及其他需保护对象的保护对策。

通常采用燃用低硫煤、脱硫装置、高效除尘装置，采用低氮燃烧技术及烟气脱氮装置、高烟囱排放、防风抑尘网或封闭型煤场、烟气连续监测系统、烟气汞的协同控制等措施控制大气污染。《火电厂污染防治可行技术指南》（HJ 2301—2017）提出了具体的、有针对性的污染防治技术，可作为火电厂建设项目环境影响评价中可选择的可行的污染防治技术，也可作为火电厂案例分析考试中，针对某些污染物应采取措施相关问题的作答依据。

废水分类治理，一水多用，除直流冷却机组以外，二次循环冷却机组应力争正常运行条件下废污水不外排；若有煤码头，则输煤系统或煤码头冲洗废水需沉淀，配备煤泥处理设备处理。

灰场采取防渗、喷水抑尘、渣场底部设盲沟排雨水、经常洒水碾压、部分达到标高或封场后应覆土植草、植树。

粉煤灰和石膏综合利用，热电联产机组的粉煤灰和石膏综合利用率应达到100%，仅设立储灰容量不大于半年的事故备用灰场。灰场需有运营期和封场后的防治措施。根据《关于"十四五"大宗固体废弃物综合利用的指导意见》（发改环资〔2021〕381号），持续提高煤矸石和粉煤灰综合利用水平，推进煤矸石和粉煤灰在工程建设、塌陷区治理、矿井充填以及盐碱地、沙漠化土地生态修复等领域的利用，有序引导利用煤矸石、粉煤灰生产新型墙体材料、装饰装修材料等绿色建材，在风险可控前提下深入推动农业领域应用和有价组分提取，加强大掺量和高附加值产品应用推广。鼓励绿色建筑使用以煤矸石、粉煤灰、工业副产石膏、建筑垃圾等大宗固体废物为原料的新型墙体材料、装饰装修材料。结合乡村建设行动，引导在乡村公共基础设施建设中使用新型墙体材料。

3.2.2　建设期污染防治对策

根据建设期工程特点，分析生产线占地、灰场占地影响（农业生态、植被），施工扬尘、施工废水、施工噪声、工程弃土和生活垃圾等对环境的影响以及水土流失等，并制定相应的污染防治对策。

3.2.3　环境质量不达标的区域，应采取国内外先进可行的环境保护措施，结合区域限期达标规划及实施情况，分析建设项目实施对区域环境质量改善目标的贡献和影响。

3.2.4　给出各项污染防治、环境风险防范措施的具体内容、责任主体、实施时段、估算环保投入，明确资金来源。

3.2.5　明确环境保护投入。包括为预防和减缓不利影响而采取的各项环境保护措施和设施的建设费用、运行维护费用，直接为建设项目服务的环境管理与监测费用以及相关的科研费用。

4　应注意的问题

4.1　具体项目与相关法律法规、地区规划、产业政策的符合性。生态环境部发布了《关于印发钢铁/焦化、现代煤化工、石化、火电四个行业建设项目环境影响评价文件审批原则的通知》（环办环评〔2022〕31 号）—《火电建设项目环境影响评价文件审批原则》。这些审批原则有助于考生了解这些行业环境影响评价的要点和实际工作，有助于案例分析考试答题。因此，考生一定要认真学习这些审批原则。

4.2　对厂址、灰渣场、运输线路的环境保护对象的调查必须全面和翔实。

4.3　选址论证：厂址选择是否符合国家对于纯凝机组或热电联产机组选址的政策；厂址及灰场、管线选址、选线是否符合国家环境保护相关法规；选址是否符合国土空间规划、城市总体规划、土地利用规划等相关规划；主要的环境保护目标（包括生态保护目标）对选址是否存在明显的制约因素；工程占地是否合理，占地是否取得了规划、国土等相关部门的文件。

4.4　工程分析须清楚。对照编制规范中规定的图表形式进行工程分析，说明生产装置的产污过程，排放点位置，污染物成分、数量、浓度和去向。同时对辅助工程中对环境有较大影响的工序进行说明。

4.5　燃料成分及燃烧工艺、设备。关注燃料的落实情况、燃料的含硫量、含灰量、挥发分、含汞量及燃烧工艺、设备特性以便分析烟气控制措施的达标性；关注灰成分分析中的比电阻以便进行电除尘适宜性的分析，关注三氧化硫含量以便分析灰渣的综合利用特性。关注水资源利用的合理性及工业节水问题；关注水源的落实情况。

4.6　电厂环境影响评价的重点通常是环境空气影响、水环境影响、声环境影响，尤其是对敏感点、敏感区域的影响；重点分析和评价如何满足环境功能要求；在沿海等水域附近建厂，应特别注意温排水对水生生态的影响。

4.7　电厂冷却塔或直接空冷风机的噪声污染控制及厂界达标排放是噪声评价的重点和难点，应针对不同声源特点，从总平面布置及声源控制方面，进行多方案的噪声预测及达标分析论证。

4.8　根据国家和地方有关规定，建设项目处于重点地区大气污染物应执行特别排放限值，这涉及执行标准是否正确的问题，需要特别注意；重点地区须充分论证火电实现"超净排放"或"超低排放"的可行性，还应加强对煤场和灰场的扬尘控制，防止造成大气污染。

4.9　对厂址及灰场均应进行地下水的污染分析和影响评价，制订地下水污染控制措施及监测计划。

4.10　关注环境风险，包括脱硝还原剂（液氨）事故泄漏、油罐区事故溢油的环境风险分析评价，制定环境风险防范措施及预案。

4.11　重视污染物排放总量控制排放分析，注意国家在该阶段规定的总量控制因子的变化及总量控制政策，落实总量指标来源；若是新扩改项目，应列专节对现有污染源进行评价，做好"以新带老"及"三本账"统计工作。

4.12　根据现状调查与评价结果，明确项目所在区域环境特征，识别评价范围内的环境保护目标，根据总纲（HJ 2.1—2016）的要求，附图列表说明评价范围内各环境要素涉及的环境敏感区、需要特殊保护对象的名称、功能、与建设项目的位置关系以及环境保护要求等，预测分析、评价对环境保护目标的影响性质与程度。

4.13　应关注环境保护措施可行性论证。根据 HJ 2.1—2016，应分析论证拟采取的具体的污染防治、环境风险防范等措施的技术可行性、经济合理性、长期稳定运行和达标排放的可靠性、满足环境质量改善和排污许可要求的可行性。各类措施的有效性判定应以同类或相同措施的实际运行效果为依据（如类比已运行的同类或相同措施）。

4.14　加强项目建设阶段、生产运行阶段的环境管理与监测。根据 HJ 2.1—2016，环境影响评价需提出严格、具体的环境管理要求，并制订明确的监测计划。

4.15　与其有关的规划（能源规划、供热规划、行业规划、产业规划、区域污染减排规划）环评结论及审查意见是此类建设项目进行环境影响评价的重要依据。

4.16　火电行业是 CO_2 温室气体减排的主要领域。环评中应核算 CO_2 排放量，提出节能减排降碳措施或方案，并考虑碳捕集与封存措施等。

四、危险废物处置项目

1　主要相关产业政策、行业环评技术导则及常用标准

1.1《中华人民共和国固体废物污染环境防治法》（中华人民共和国主席令　第五十八号）

1.2《危险废物转移管理办法》（生态环境部部令 23 号）

1.3《国家危险废物名录（2021 年版）》（生态环境部部令　第 15 号）

1.4《危险废物和医疗废物处置设施建设项目环境影响评价技术原则》（试行）

1.5《危险废物安全填埋处置工程建设技术要求》（环发〔2004〕75 号）

1.6《医疗废物集中处置技术规范》（试行）

1.7《全国危险废物和医疗废物处置设施建设规划》

1.8《关于发布〈危险废物污染防治技术政策〉的通知》（环发〔2001〕199 号）

1.9《危险废物填埋污染控制标准》（GB 18598—2019）

1.10《危险废物贮存污染控制标准》（GB 18597—2023）

1.11《危险废物焚烧污染控制标准》（GB 18484—2001）

1.12《危险废物集中焚烧处置工程建设技术规范》及修改方案（HJ/T 176—2005）

1.13《医疗废物集中焚烧处置工程建设技术规范》（HJ/T 177—2005）

1.14《固体废物鉴别导则》（试行）（国家环保总局公告 2006年 11号）

1.15《危险废物鉴别标准》（GB 5085.1～GB 5085.6—2007）

1.16《危险废物鉴别标准 通则》（GB 5085.7—2019）

1.17《危险废物鉴别技术规范》（HJ 298—2019）

1.18《危险废物（含医疗废物）焚烧处置设施二噁英排放监测技术规范》（HJ/T 365—2007）

1.19《危险废物集中焚烧处置设施运行监督管理技术规范（试行）》（HJ 515—2009）

1.20《医疗废物集中焚烧处置设施运行监督管理技术规范（试行）》（HJ 516—2009）

1.21《危险废物收集 贮存 运输技术规范》（HJ 2025—2012）

1.22《关于发布〈一般工业固体废物贮存、处置场污染控制标准〉（GB 18599—2001）等3项国家污染物控制标准修改单的公告》（环保部公告 2013年 第36号）

1.23《关于发布〈重点行业二噁英污染防治技术政策〉等5份指导性文件的公告》（公告2015年 第90号）

1.24《水泥窑协同处置固体废物污染控制标准》（GB 30485—2013）

1.25《水泥窑协同处置固体废物环境保护技术规范》（HJ 662—2013）

1.26《关于加强规划环境影响评价与建设项目环境影响评价联动工作的意见》（环发〔2015〕178号）

1.27《关于印发〈建设项目环境影响评价信息公开机制方案〉的通知》（环发〔2015〕162号）

1.28《关于进一步加强涉及自然保护区开发建设活动监督管理的通知》（环发〔2015〕57号）

1.29《国务院关于印发水污染防治行动计划的通知》（国发〔2015〕17号）

1.30《环境影响评价技术导则 地下水环境》（HJ 610—2016）

1.31《环境影响评价技术导则 大气环境》（HJ 2.2—2018）

1.32《环境影响评价技术导则 地表水环境》（HJ 2.3—2018）

1.33《建设项目环境风险评价技术导则》（HJ 169—2018）

1.34《建设项目危险废物环境影响评价指南》

1.35《排污许可证申请与核发技术规范 工业固体废物和危险废物治理》（HJ 1033—2019）

1.36《排污许可证申请与核发技术规范 危险废物焚烧》（HJ 1038—2019）

1.37《地下水管理条例》（中华人民共和国国务院令 第748号）

2 工程概况与工程分析要点

2.1 项目概况

项目名称、地点及建设性质、建设规模、占地面积、厂区平面布置（附图）、区域地理位置图；项目组成，包括主体工程、辅助工程、公用工程、配套项目和环保工程、主要工艺，原辅材料和能源消耗，职工人数，总投资；项目服务范围：危险废物的收集、中转、贮存以及运输方式与路线等。此类项目由于其处理对象为有污染危害的固体废物或危险废物，从选址、建设、运行、监测、后评价等全过程均有严格的标准要求。这在各类"废物"污染控制标准中均有规定。在案例分析考试中，一般题干给出工程总体建设内容与组成，据此提出需要考生解答的问题。危险废物识别、处理处置是案例分析科目考试的高频点，不仅可以单独出题作为一个案例来考试，而且在各类案例中均可以在设问的小题中要求解答。

2.2 工程分析

2.2.1 建设期

对建设期产生的噪声、扬尘、弃石、弃土、植被破坏等进行分析，并提出相应的环境保护和生态保护措施，其环境影响与环保措施多为一般建设项目共同具有的影响或普遍采取的环保措施。

2.2.2 营运期

营运期是工程分析的重点时期。根据建设内容及其运行方式，评价需识别"3.1"所给出的产生"源"，并核算其排放量，对主要污染物，特别是特征污染物需要充分、全面识别（考试中出现的频率很高）。应采用图表结合的方式给出污染流程，包括工艺流程、排污点分布、污染物浓度和排放速率。分析正常工况和非正常工况下污染物有组织和无组织排放的种类、数量、浓度，说明拟采取的回收、利用、治理措施及其效果。详细说明跟踪监测（生产过程与环境）、控制及风险应急系统的情况。

2.2.3 服务期满后

危险废物由于其特性决定，服务期满（封场）工作也是特别重要的，必须制定严格的封场方案。在环评实际工作中要求给出处置设施服务期满后防止污染和恢复生态的方案，制订长期的、完善的监测与管理体系、制度。

2.3 清洁生产贯穿工程分析全过程。

2.4 明确污染物排放清单。

3 主要环境影响及防治措施

3.1 主要污染因子

由于危险废物处理处置涉及的污染因子多而复杂，一般根据所采用的处置工艺，选择以下全部或部分内容进行污染物统计。

3.1.1　焚烧烟气污染物包括：烟尘、SO_2、NO_x、CO、HCl、HF、汞、镉、砷、镍、铅、铬、锡、锑、铜、锰及其化合物，二噁英类及恶臭物质等。考生应能够根据题干信息，识别这些污染因子的产生环节、判定种类，计算排放强度（浓度、速率）或排放量。

3.1.2　废水污染源应按生产废水、生活污水、初期雨水、设备及地面冲洗水、临时贮存场所内渗滤液及排水、循环冷却排污水等分别统计，污染因子包括：pH、COD、BOD_5、NH_3-N、总余氯、总磷、氟化物、挥发酚、氰化物、石油类、重金属、苯系物、粪大肠菌群数等。

3.1.3　固体废物应包括焚烧残渣、飞灰、经尾气净化装置产生的固态物质和污水处理站污泥等，分析产生量和主要有害成分。

3.1.4　设备噪声

3.2　主要污染防治措施

应符合法律法规要求，全过程控制原则、清洁生产原则、总量控制原则，满足功能区和人群健康要求。

3.2.1　废气控制措施

首先在焚烧系统设计上对外排气体有毒有害组分、粉尘、恶臭等进行控制，如控制炉温、停留时间等，同时设烟气净化设施，对酸性气体、重金属、二噁英类等污染物进行净化。

3.2.2　废水污染控制措施

对排水系统提出清污分流、分质处理方案，明确分级控制水质指标，论证废水处理流程的科学性和运行达标的可靠性，同时考虑废水管道和废水贮存、处理设施防渗漏、废水排放口设置的合理性。

3.2.3　明确提出建设项目在建设阶段、运行阶段、服务期满拟采取的具体污染防治和环境风险防范措施。

3.2.4　给出各项污染防治、环境风险防范措施的具体内容、责任主体、实施时段、估算环保投入，明确资金来源。

3.2.5　明确环境保护投入。包括为预防和减缓不利影响而采取的各项环境保护措施和设施的建设费用、运行维护费用，直接为建设项目服务的环境管理与监测费用以及相关的科研费用。

3.2.3　固体废物控制措施

按危险废物和医疗废物焚烧处置产生的固体废物（残渣、飞灰、经尾气净化装置产生的固态物质和污水处理站污泥等）的类别，分别进行安全处置。

4 应注意的问题

4.1 危险废物是生态环境保护关注的重点，修订后的《中华人民共和国固体废物污染防治法》（中华人民共和国主席令第四十三号）和《国家危险废物名录（2021年版）》（部令 第 15 号）颁布实施后，有关危险废物的管理要求更为严格。关于固体废物（危险废物、生活垃圾等一般固体废物）的环境保护标准较多，特别是危险废物。在案例分析考试中，无论是单独以固废处理处置作为案例分析考题，还是在其他案例中以要求解答小问题的形式出的考题，固体废物（特别是危险废物）均是出题的主要内容，是高频考点。考试内容一般以考查考生对相关标准的了解情况为主，所以考生一定要对固体废物（尤其是危险废物）的有关标准充分了解，熟悉标准是答好此类考题的重要前提条件。

4.2 选址的环境合理性是此类项目环境影响评价的重要内容，也曾在案例分析考试中多次出现（多方案比选、论证选址是否符合"标准"要求等）。实际工作中一般应设专题对场址进行充分比选论证和环境合理性分析，除考虑环境的基本条件外，还需考虑公众的心理影响和社会的整体利益，配合业主切实做好公众参与的调查和分析工作。

4.3 危险废物安全处置设施的环境影响评价必须贯彻"全过程管理"的原则，包括收集、临时贮存、中转、运输、处置，以及工程建设期、营运期和服务期满后的环境问题。搞清进场废物来源、种类、特性，对于评价处置规模、选址和工艺的可行性至关重要；必须全过程监控，按相关规范提出切实可行的环境管理方案及监测计划。考生要认真学习《建设项目危险废物环境影响评价指南》。

4.4 除专门实施危险废物处理处置建设项目以外，很多涉及危险废物的建设项目均需要建设危险废物贮存设施（即通常所说的"危废暂存间"或"危废暂存库"）。关于危废暂存间（库），必须遵守《危险废物贮存污染控制标准》（GB 18597—2023），切实做好"三防"措施，对于挥发性较强的危险废物还需考虑设置排风系统及废气处理装置（如活性炭吸附装置）。鉴于其涉及面广，也是环评考试的高频点，考生必须认真学习该标准。

4.5 关注焚烧废气对环境空气的污染预测评价，将烟气排放对大气环境的影响作为评价重点，对烟气净化系统的配置和净化效果进行论述；按正常和非正常排放情况计算有害气体排放对环境空气的影响，确定相应的大气环境防护距离，制定相关的事故防范措施。

4.6 注重环境保护措施分析的全面性，应考虑施工期、营运期和服务期满后对生态的恢复，大气污染防治措施，污水防治，噪声、固体废物的污染防治进行全面的论述。

4.7　必须设"环境风险评价"专题，包括运输过程中产生的事故风险、焚烧废气净化系统故障导致的事故风险等，提出详细的应急措施及实施计划。

4.8　鉴于该类建设项目存在具有"三致物"（致癌、致畸、致突变）、持久性有机物、重金属，应通过工程分析明确其来源（产生源）、转移途径和流向，应识别影响人群健康的潜在环境风险因素，研究人体健康风险评价。

4.9　根据现状调查与评价结果，明确项目所在区域环境特征，识别评价范围内的环境保护目标（根据 HJ 2.1—2016 的要求，附图列表说明评价范围内各环境要素涉及的环境敏感区、需要特殊保护对象的名称、功能、与建设项目的位置关系以及环境保护要求等），预测分析、评价对环境保护目标的影响性质与程度。

4.10　应关注环境保护措施可行性论证。根据 HJ 2.1—2016，应分析论证拟采取的具体的污染防治、环境风险防范等措施的技术可行性、经济合理性、长期稳定运行和达标排放的可靠性、满足环境质量改善和排污许可要求的可行性。各类措施的有效性判定应以同类或相同措施的实际运行效果为依据（如类比已运行的同类或相同措施）。

4.11　加强项目建设阶段、生产运行阶段、服务期满（如填埋场）的环境管理与监测。根据 HJ 2.1—2016，环境影响评价需提出严格、具体的环境管理要求，并制订明确的监测计划。另外，根据《国家危险废物名录》，对某些危险废物在管理中的豁免环节应有充分的了解。需要注意的是，豁免只是针对某个管理环节的豁免（如运输环节、综合利用环节、混入生活垃圾中的含油危险废物），而不是对该危险废物不予管理或将其排除在危险废物之外。

4.12　与其有关的规划（城镇总体规划、园区规划等）环评结论及审查意见是此类建设项目进行环境影响评价的重要依据。

4.13　此类项目环境影响评价类别划分将其归为"社会区域类"，既是治理污染的环保工程，同时也会产排污染物，如处理处置不当，也会产生环境污染和生态破坏。因此，是社会区域类项目中环境影响比较突出，社会关注度比较高的一类建设项目。此类项目环境影响综合性很强，废水（特别是渗滤液）、废气成分特殊，对地表水、地下水、环境空气、生态环境、声环境均有影响，而且也是有环境风险的。在案例分析考试中出现的频率也比较高，广大考生应特别关注。由于环境管理标准比较全面，管理严格，须严格按标准的要求进行评价。因此，考生须认真学习固体废物污染控制等有关"标准"、规范、指南等。

五、油气输送管道工程

1　主要相关法律法规、产业政策、行业环评技术导则及常用标准

1.1《中华人民共和国湿地保护法》（2021 年 12 月 24 日）

1.2《中华人民共和国森林法》（1998 年 4 月 29 日）

1.3《中华人民共和国防沙治沙法》（2002 年 1 月 1 日）

1.4《中华人民共和国突发事件应对法》（2007 年 11 月 1 日）

1.5《中华人民共和国野生动物保护法》（2023 年 5 月 1 日实施）

1.6《中华人民共和国农业法》（2013 年 1 月 1 日）

1.7《中华人民共和国草原法》（2013 年 6 月 29 日）

1.8《中华人民共和国石油天然气管道保护法》（2010 年 10 月 1 日）

1.9《中华人民共和国水土保持法》（2011 年 3 月 1 日）

1.10《中华人民共和国文物保护法》（2013 年 6 月 29 日）

1.11《中华人民共和国渔业法》（2013 年 12 月 28 日）

1.12《中华人民共和国防洪法》（2015 年 4 月 24 日）

1.13《中华人民共和国陆生野生动物保护实施条例》（1992 年 3 月 1 日）

1.14《中华人民共和国自然保护区条例》（1994 年 10 月 9 日，2017 年修订）

1.15《中华人民共和国野生植物保护条例》（1997 年 1 月 1 日）

1.16《中华人民共和国基本农田保护条例》（1999 年 1 月 1 日）

1.17《中华人民共和国水土保持法实施条例》（2011 年 1 月 8 日）

1.18《中华人民共和国森林法实施条例》（2011 年 1 月 8 日）

1.19《土地复垦条例》（2011 年 2 月 22 日）

1.20《中华人民共和国文物保护法实施条例》（2013 年 12 月 7 日）

1.21《中华人民共和国水生动植物自然保护区管理办法》（2014 年 4 月 25 日）

1.22《国务院关于印发全国生态环境建设规划的通知》（国发〔1998〕36 号）

1.23《国务院关于印发全国生态环境保护纲要的通知》（国发〔2000〕38 号）

1.24《国务院办公厅关于进一步加强自然保护区管理工作的通知》（国办发〔1998〕111 号）

1.25《关于加强湿地保护管理的通知》（国办发〔2004〕50 号）

1.26《关于做好自然保护区管理有关工作的通知》（国办发〔2010〕63 号）

1.27《国家突发环境事件应急预案》（国办函〔2014〕119 号）

1.28《国家环境保护总局关于涉及自然保护区的开发建设项目环境管理工作有关问题的通知》（环发〔1999〕177 号）

1.29《关于加强自然保护区管理有关问题的通知》（环办〔2004〕101 号）

1.30《国家重点生态功能保护区规划纲要》（环发〔2007〕165 号）

1.31《全国生态功能区划》（环境保护部　中国科学院　公告 2008 年　第 35 号）

1.32《全国生态脆弱区保护规划纲要》（环发〔2008〕92 号）

1.33《饮用水水源保护区污染防治管理规定》（2010 年 12 月 22 日）

1.34《关于印发石油化工企业环境应急预案编制指南的通知》（环办〔2010〕10 号）

1.35《关于印发环境保护部突发环境事件信息报告情况通报办法（试行）的通知》（环办〔2010〕141 号）

1.36《关于进一步加强环境影响评价管理防范环境风险的通知》（环发〔2012〕77 号）

1.37《关于切实加强风险防范严格环境影响评价管理的通知》（环发〔2012〕98 号）

1.38《涉及国家级自然保护区建设项目生态影响专题报告编制指南（试行）》（环办函〔2014〕1419 号）

1.39《关于印发企业事业单位突发环境事件应急预案备案管理办法（试行）的通知》（环发〔2015〕4 号）

1.40《关于进一步加强涉及自然保护区开发建设活动监督管理的通知》（环发〔2015〕57 号）

1.41《建设项目环境风险评价技术导则》（HJ 169—2018）

1.42《环境影响评价技术导则　生态影响》（HJ 19—2022）

1.43《环境影响评价技术导则　石油化工建设项目》（HJ/T 89—2003）

1.44《国家重点保护野生动物名录》

1.45《国家重点保护野生植物名录》

1.46《国家危险废物名录（2021 年版）》（部令　第 15 号）

1.47《产业结构调整指导目录（2024 年本）》（发改委〔2023〕第 7 号）

1.48《挥发性有机物（VOCs）污染防治技术政策》（公告 2013 年第 31 号）

1.49《环境空气质量标准》（GB 3095—2012）

1.50《地表水环境质量标准》（GB 3838—2002）

1.51《地下水质量标准》（GB/T 14848—2017）

1.52《声环境质量标准》（GB 3096—2008）

1.53《大气污染物综合排放标准》（GB 16297—1996）

1.54《污水综合排放标准》（GB 8978—1996）

1.55《工业企业厂界环境噪声排放标准》（GB 12348—2008）

1.56《建筑施工场界环境噪声排放标准》（GB 12523—2011）

1.57《储油库大气污染物排放标准》（GB 20950—2007）

2　工程概况与工程分析要点

2.1　建设项目工程概况及重点工程

2.1.1　工程概况

工程概况包括建设工程项目名称、建设性质、地理位置（地点）、主要控制点、工程规模、管道路由、项目组成（包括主体工程、辅助工程、站场工程、环保工程等）、输送工艺、建设投资及环境保护投资等。

工程规模包括管道总长度（干线、支线）、管径、管道厚度、设计压力、设计输送量、设计年输送天数、管道类型、输送介质组成、供应方案和主要技术经济指标等。

主体工程包括线路工程及其附属工程；其中线路工程包括一般地段和穿跨越工程，附属工程包括管道防腐、阴极保护、管道标志桩、水工保护、水土保持、截断阀室、分输阀室、施工道路、伴行道路等。

站场工程包括土建、工艺安装、通信、自动化仪表、供电、给排水、供热与通风、消防等工程；环保工程包括生活污水排水系统和处理系统。

2.1.2　路由方案

宏观路由根据沿线的行政区划、水文、地形、地质、地震等自然条件和交通、电力、水利、工矿企业、城市建设等现状与发展规划，综合分析、合理选择管道的走向。

局部路由应重点关注国家公园、自然保护区、世界自然遗产地、重要生境、自然公园、生态保护红线、风景名胜区、饮用水水源保护区、集中居民区等环境敏感区，如涉及上述环境敏感区，应做环境比选方案，尽量避开；经比选论证确实无法避让的，应在相关法律法规允许的范围内，选择对环境敏感区影响最小、线路最短的路由通过，或能够避免、减轻不利环境影响的施工方案，如定向钻。对此，《环境影响评价技术导则　生态影响》（HJ 19—2022）提出了避让、减缓、修复、补偿的"八字"方针，应在线路选择上，优先考虑"避让"措施。

2.1.3　站场工程

站场工程包括各站场名称、位置、占地情况及各站址间里程。输气管道工程主要包括首站、分输清管站、分输站和末站；输油管道工程主要包括首站、中间加热站、中间分输热泵站和末站。

工艺站场选址应满足线路路由的要求，不得设置在国家公园、自然保护区、世界自然遗产地、重要生境、自然公园、生态保护红线、水源保护区、风景名胜区等敏感区域内。经比选确实无法避让的，应提出严格的环保措施，如合理布局，严格控制在永久征地范围内施工，尽可能减少占地面积。

2.1.4　管道施工方案

管道敷设有开挖埋地、穿越、跨越和地面敷设等方式，一般以开挖沟埋方式敷设为主。遇到深而窄的冲沟或河谷采取跨越方式敷设；遇到高陡坡或地形起伏大的山岭时采取隧道（钻爆或盾构）方式敷设；遇到河流采取开挖、定向钻、隧道（钻爆或盾构）等穿越方式敷设或采取跨越方式敷设；遇到高速公路、铁路采取顶管、箱涵或定向钻方式穿越。

2.1.5　工程占地

工程占地包括永久占地和临时占地类型及数量。重点关注临时占地情况，包括管道敷设占地、施工作业带、施工便道、综合施工场地（如定向钻施工场地）、弃渣场（主要是山区石方段、隧道弃渣）等。

2.2　环境敏感目标分布

确定工程与环境敏感目标（国家公园、自然保护区、世界自然遗产地、重要生境、风景名胜区、饮用水源保护区、自然公园、生态保护红线、重要生态功能保护区、耕地（永久基本农田）、草原（基本草原）、集中居民区、学校、医院等）的位置关系。

2.3　工程环境影响源项分析

工程分析应包括施工期和运营期。油气管道工程是以生态影响和环境风险为主的建设项目，管道工程生态影响主要发生在施工期，运营期是环境风险容易发生的时段。管线路由和工艺、站场选址的环境合理性分析是工程分析的重要内容之一。

2.3.1　施工期环境影响源

管道工程施工期主要是污染影响和生态影响。生态破坏是施工期的主要环境影响，包括施工作业带的清理、管沟开挖、运输道路修建、施工场地及施工营地等永久占地和临时占地。特别关注涉及敏感保护目标段的线路走向及施工方式。另外，还有施工产生扬尘、车辆尾气及施工废水、施工垃圾等产生的影响。

施工期工程分析对象应包括施工作业带清理（表土保存和回填）、施工便道、管沟开挖和回填、管道穿越（定向钻和隧道）工程、管道防腐和铺设工程、站场建设和监控工程。

重点明确管道防腐、管道铺设、穿越方式、站场建设工程的主要内容和影响源、影响方式，对于重大穿越工程（如穿越大型河流）和处于环境敏感区的工程（如国家公园、自然保护区、自然遗产地、重要生境、自然公园、生态保护红线、饮用水源保护区等），应重点分析其施工方案和相应的环保措施。

施工期工程分析时，应注意管道不同的穿越方式可造成不同影响：

（1）大开挖方式：管沟回填后多余的土方一般就地平整，一般不产生弃方问题。

（2）悬架（桁架）穿越方式：不产生弃方和直接环境影响，但存在空间、视觉干扰问题。

（3）定向钻穿越方式：存在施工期泥浆处理处置问题。

（4）隧道穿越方式：除隧道工程弃渣外，还可能对隧道区域的地下水和坡面植被产生影响；若有施工爆破则产生噪声、振动影响，甚至造成局部地质灾害。

2.3.2　项目运行期污染源强

重点关注工程的环境风险问题，以及站场设备产生的废气和无组织排放的气体、废水、清管废渣等。工程分析应重点关注增压站的噪声源强、清管站的废水废渣源强、分输站超压放空的噪声源和排空废气源、站场的生活废水和生活垃圾以及相应环保措施。风险事故应根据输送物品的理化性质和危害性或毒性，依据 HJ 169—2018 估算事故源强。

3　主要环境影响及防治措施

3.1　生态影响

施工期：管道工程对生态的影响主要集中在施工期。包括施工作业带清理、管沟开挖对地表植被的破坏，地表结构破坏导致的水土流失增加，占地对生产和土壤肥力的影响；河流开挖对河流水体的影响，进而影响水生生物，如弃土不当还会堵塞河道；隧道施工对地下水及隧道上部植被的影响，弃土（渣）对环境的影响；尤其应关注对环境敏感区（自然保护区、风景名胜区、饮用水水源保护区、生态功能保护区等）的影响及对项目沿线受保护动植物的影响。施工期的生态影响是此类项目环境影响的主要方面，也是环境影响评价工作的重点。应根据沿线环境特征，尤其是涉及生态红线时，应根据其施工方式，有针对性地分析其环境影响。施工期生态影响是此类项目在案例分析考试应关注的重点。

营运期：主要是各类临时占地的生态恢复与整治方案及保障措施，包括施工作业带、施工场地和施工营地，以及站场内外的绿化方案。

减缓措施：选择环境合理的路由方案，避让自然保护区等环境敏感区；优化施工方案，减缓环境影响，如穿越环境敏感水体，应采用不涉水的定向钻或隧道方式；开挖沟埋方式敷设应注意减小施工扰动面积，包括施工带宽度（"控制施工作业带宽度"是减缓此类项目生态影响的主要措施，是除"避让"措施以外，重要的减缓不利生态影响的措施之一）、施工营地面积、施工道路长度和宽度，最大限度地减少对土壤和植被的扰动；开挖土应采取分层开挖、分层堆放、分层（反序）回填措施，有利于植被的恢复，根据《中华人民共和国石油天然气管道保护法》，生态恢复时管线两侧 5 m 范围内不应种植乔木等深根系的植物，实际生态恢复中应优选择当地植物种（土著种），避免引进外来物种；大开挖穿越河流，应选择在枯水期，妥善清理弃渣，及时恢复河道原貌；对定向钻施工产生的废弃泥浆应设沉淀回收设施；对隧道产生的弃渣应设规范的弃渣场。将避让、减缓不利生态影响的措施具体说明，是此类项目在案例考试中"环保措施（生态保护）"出题率较高的考点之一。

3.2 环境空气

施工期：管道开挖表土裸露，产生扬尘；施工机械作业和车辆运输等产生的粉尘的影响；管道焊接也会产生少量焊接烟尘。

营运期：站场生产生活用锅炉产生的废气；清管作业产生的废气；事故状态下的放空废气。

防治措施：站场生活用能采用清洁能源；清管作业尽量采用密闭工艺；事故放空采用火炬燃烧。

3.3 水环境

施工期：大开挖穿越河流会影响水质，应选择在枯水期，并做好导流明渠；施工人员生活污水和含油施工废水应达标处理后外排；如穿越环境敏感水体，应采用不涉水的定向钻或隧道方式。

营运期：主要为清管废水、站场冲洗污水和生活污水。应尽量接入城镇污水处理厂，如不具备条件应设置污水处理设施。

3.4 环境风险

油气管道输送的介质属易燃易爆物品，管道输送具有一定的压力，沿线还有不良地质地段，并且管道要穿越一些大、中型河流，易受到洪水、地震等自然因素的威胁，再加上人为破坏等因素的作用，工程存在一定的事故风险性。环境风险是该类项目环境影响评价的重点，也是考试的主要方面，实际工作中应根据 HJ 169—2018 设专题进行环境风险评价。营运期的环境风险识别、环境风险评价等级与范围、风险潜势判定，环境风险分析、预测与评价、应急措施及应急管理等，是此类项目案例考试的高频点，考生应特别关注，并认真学习 HJ 169—2018。

3.5 给出各项污染防治、环境风险防范措施的具体内容、责任主体、实施时段、估算环保投入，明确资金来源。

3.6 明确环境保护投入。包括为预防和减缓不利影响而采取的各项环境保护措施和设施的建设费用、运行维护费用，直接为建设项目服务的环境管理与监测费用以及相关的科研费用。

4 应注意的问题

4.1 根据 HJ 19—2022，线性工程可分段确定生态影响评价等级。线性工程地下穿越或地表跨越生态敏感区，在生态敏感区范围内无永久、临时占地时，评价等级可下调一级。线性工程穿越生态敏感区时，以线路穿越段向两端外延 1 km、线路中心线向两侧外延 1 km 为参考评价范围，实际确定时应结合生态敏感区主要保护对象的分布、生态学特征、项目的穿越方式、周边地形地貌等适当调整，主要保护对象为野生动物及其栖息地时，应进一步扩大评价范围，涉及迁徙、洄游物种的，其评价范围应涵盖工程影响的迁徙洄游通道范围；穿越非生态敏感区时，以线路中心线向两侧外延 300 m 为参考评价范围。

4.2 选址选线、施工期的生态影响和运行期的环境风险是此类项目环境影响评价关注的重点。选址选线关键是能否避让生态红线等环境敏感区域，施工期生态影响重点于在严格控制施工作业带的宽度，还有穿越河流、山体采取的措施或穿越无法避让的生态敏感区采取的"无害化"措施；环境风险评价则依据 HJ 169—2018 进行风险判断、等级与范围的确定、预测分析等。

4.3 项目选线选址和建设方案的环境合理性和可行性。如何绕避生态红线是此类项目环境影响评价的重要内容。需要考虑多方案比较，或采取特殊工艺、技术，避免或减缓对生态红线的影响。如局部选线涉及自然保护区、风景名胜区、饮用水源保护区、集中居民区等环境敏感区，则应专题调查、论证，给出避绕方案，并进行环境比选，明确项目建设是否会对环境敏感区产生显著影响。

4.4 根据项目所经区域的环境特征合理选择环境影响小的施工方案，减缓环境影响，如穿越环境敏感水体，则应采用不涉水的定向钻或隧道方式。

4.5 根据工程实际影响范围和导则规定确定工作等级和评价范围，重点考虑生态、水环境和环境风险等要素。

4.6 选用的评价技术方法和预测模式要符合相应专题工作深度的要求，并能明确给出评价结果的表达内容（文字、图或表格）。

4.7 必须根据 HJ 169—2018 进行环境风险分析评价。分析产生环境风险的原因、风险概率及事故后果，有针对性地提出环境风险防范措施和事故应急计划。必须编制环境风险应急预案，并在当地相关部门备案。定期进行环境风险应急演练，不断完善预案。

4.8 根据 HJ 19—2022，公路、铁路、管线等线性工程应对植物群落及植被覆盖度变化、重要物种的活动、分布及重要生境变化、生境连通性及破碎化程度变化、生物多样性变化等开展重点预测与评价。注意预测对生态系统组成及服务功能变化趋势的影响。根据现状调查与评价结果，明确项目所在区域环境特征，识别评价范围内的环境保护目标（根据 HJ 2.1—2016 的要求，附图列表说明评价范围内各环境要素涉及的环境敏感区、需要特殊保护对象的名称、功能、与建设项目的位置关系以及环境保护要求等），重点预测分析、评价项目建设和运行对环境保护目标的影响性质与程度。

4.9　应关注环境保护措施可行性论证。根据 HJ 2.1—2016，应分析论证拟采取的具体的污染防治、环境风险防范等措施的技术可行性、经济合理性、长期稳定运行和达标排放的可靠性、满足环境质量改善和排污许可要求的可行性。各类措施的有效性判定应以同类或相同措施的实际运行效果为依据（如类比已运行的同类或相同措施）。

4.10　加强项目建设阶段、生产运行阶段的环境管理与监测。根据 HJ 2.1—2016，环境影响评价需提出严格、具体的环境管理要求，并制订明确的监测计划（生态监测、环境风险应急监测）。

六、公路、铁路（含轻轨）项目

1　主要相关产业政策、行业环评技术导则及常用标准

1.1《关于加强公路规划和建设环境影响评价工作的通知》（环发〔2007〕184 号）

1.2《关于涉及自然保护区的开发建设项目环境管理工作有关问题的通知》（环发〔1999〕177 号）

1.3《全国生态环境保护纲要》（国发〔2000〕38 号）

1.4《全国生态脆弱区保护规划纲要》（环发〔2008〕92 号）

1.5《关于印发〈全国生态功能区划（修编版）〉的公告》（公告 2015 年 第 61 号）

1.6《国家重点生态功能保护区规划纲要》（环发〔2007〕165 号）

1.7《关于进一步加强自然保护区建设和管理工作的通知》（环发〔2002〕163 号）

1.8《涉及国家级自然保护区建设项目生态影响专题报告编制指南（试行）》（环办函〔2014〕1419 号）

1.9《交通建设项目环境保护管理办法》（交通部令 2003 年 第 5 号）

1.10《关于公路、铁路（含轻轨）等建设项目环境影响评价中环境噪声有关问题的通知》（环发〔2003〕94 号）

1.11《关于加强城市快速轨道交通建设管理的通知》（国办发〔2003〕81 号）

1.12《关于加强资源开发生态环境保护监管工作的意见》（环发〔2004〕24 号）

1.13《关于规范公路建设项目环境影响评价技术导则发布形式的函》（环办函〔2006〕445号）

1.14《公路建设项目环境影响评价规范（试行）》（JTJ 005—96）

1.15《公路环境保护设计规范》（JTG B04—2010）

1.16《铁路工程环境保护设计规范》（TB 10501—98）

1.17《环境影响评价技术导则　城市轨道交通》（HJ 453—2018）

1.18《城市区域环境振动标准》（GB 10070—88）

1.19《声环境功能区划分技术规范》（GB/T 15190—2014）

1.20《环境影响评价技术导则　生态影响》（HJ 19—2022）

1.21《环境影响评价技术导则　声环境》（HJ 2.4—2021）

1.22《辐射环境保护管理导则　电磁辐射环境影响评价方法与标准》（HJ/T 10.3—1996）

1.23《地面交通噪声污染防治技术政策》（环发〔2010〕7号）

1.24《关于加强环境噪声污染防治工作改善城乡声环境质量的指导意见》（环发〔2010〕144号）

1.25《关于规范火电等七个行业建设项目环境影响评价文件审批的通知》（环办〔2015〕112号）—《高速公路建设项目环境影响评价文件审批原则（试行）》

1.26《关于印发水泥制造等七个行业建设项目环境影响评价文件审批原则的通知》（环办环评〔2016〕114号）—《铁路建设项目环境影响评价文件审批原则（试行）》

1.27《关于加强规划环境影响评价与建设项目环境影响评价联动工作的意见》（环发〔2015〕178号）

1.28《关于印发〈建设项目环境影响评价信息公开机制方案〉的通知》（环发〔2015〕162号）

1.29《关于进一步加强涉及自然保护区开发建设活动监督管理的通知》（环发〔2015〕57号）

1.30《国务院关于印发水污染防治行动计划的通知》（国发〔2015〕17号）

1.31《环境影响评价技术导则　地下水环境》（HJ 610—2016）

2　工程概况与工程分析要点

2.1　建设项目的基本情况的全面介绍：地理位置、路线方案起讫点名称及主要控制点、建设规模、技术标准、预测交通量、工程内容（技术指标与技术工程数量、筑路材料与消耗量、路基工程、路面工程、桥梁涵洞、交叉工程、沿线设施等，轨道交通项目要考虑区间断面形式、车速、车流量、列车编组情况、牵引供电方式等）、建设进度计划、占地面积、总投资额。

2.2   重点工程的详细描述：如重点工程（如桥梁、涵洞、隧道、高架线、过渡段、站场等）名称、规模、分布，永久占地和临时占地类型及数量，临时占地应包括取土场、弃土场、综合施工场地（可能包括拌和场和料场）、施工便道、工程涉及的拆迁情况等。另外，涉及穿跨越法定保护的环境敏感区或重要生态功能区的路段，应作为"重点工程"做出说明或交代

2.3   施工场地、料场占地和分布；取、弃土场设置，取、弃土量及平衡；施工方式。

2.4   服务区、车站设置情况（规模）。

2.5   拆迁安置及环境敏感点分布，包括砍伐树林种类与数量。

2.6   根据以上要求对路线比选方案进行描述，重点考虑工程路线是否涉及敏感区及少占用耕地的方案比选。

2.7   工程分析应包括施工期和运营期，按环境生态、声环境、水环境、环境空气、固体废物等要素识别影响源和影响方式，并估算影响源强。此类项目工程分析的重点是生态影响和噪声影响，铁路项目还需要关注振动的影响。因此，从工程分析、现状调查与评价、影响预测与分析、环保措施等方面应充分考虑生态影响与噪声影响（铁路及轨道交通还需要考虑振动影响）。此类项目的案例考虑也往往是围绕生态和噪声提出问题要求解答。

（1）工程分析的重点是选址选线和移民安置，详细说明工程与各类保护区、区域路网规划、各类建设规划和环境敏感区的相对位置关系及可能存在的影响。

（2）施工期是公路、铁路工程产生生态破坏和水土流失的主要环节，应重点考虑工程用地、桥隧工程和辅助工程（施工期临时工程）所带来的环境影响和生态破坏。在工程用地分析中说明临时租地和永久征地的类型、数量，特别是占用基本农田的位置和数量；桥隧工程要说明位置、规模、施工方式和施工时间计划；辅助工程包括进场道路、施工便道、施工营地、作业场地、各类料场和废弃渣料场等，应说明其位置、临时用地类型和面积及恢复方案，不要忽略表土保存和利用问题。

施工期要注意主体工程行为带来的环境问题。如路基开挖工程涉及弃土或利用和运输问题、路基填筑需要借方和运输、隧道开挖涉及弃方和爆破、桥梁基础施工底泥清淤弃渣等。此类项目土石方工程是环境影响评价中需要关注的主要工程，包括高填路段需要的填方，深挖路段产生的弃方，应首先考虑"移挖作填"（将挖方路段挖出的土石方用于填方路段所需要填方），以及工程需要设置的取土场、弃土（渣）场的环境影响。

（3）运营期主要考虑交通噪声、管理服务区"三废"、线性工程阻隔和景观等方面的影响，同时根据沿线区域环境特点和可能运输货物的种类，识别运输过程中可

能产生的环境污染和风险事故。

3 主要环境影响及防治措施

3.1 生态环境

公路、铁路项目与油气管线、输水管线等均属于线性工程，生态影响是此类项目的主要影响之一。应在做好生态环境现状调查与评价的基础上，明确工程沿线生态功能区划与规划，详细调查特殊生态敏感区和重要生态敏感区。应特别关注对项目建设沿线受保护野生动植物的影响，对地表植被的破坏和深挖高填所引起的水土流失；对营运期产生的线形廊道的阻隔影响、干扰影响；施工期和营运期污水排放对沿线水环境的影响。

施工期：生态影响问题，取土、弃渣问题，施工扬尘、施工人员生活污水、施工场地生产废水的影响分析及措施、隧道施工的影响（地下水及山顶生态）。

营运期：公路服务区生活污水的排放对敏感生态保护目标的影响，如占用基本农田、湿地、天然森林或生态公益林和自然保护区等，造成不可逆或不可恢复的损害。铁路车站建设是其重点工程，其环境影响除占地对土地利用和生态的影响外，废水、废气的集中排放，以及人员活动与车辆噪声影响也是需要考虑的。

对受保护两栖类、爬行类和哺乳动物迁徙的阻隔影响是公路、铁路项目生态影响评价的重点内容之一，也是此类项目在考试时的主要考点。针对不利生态影响应提出相关保护措施，涉及特殊生态敏感区时需首先考虑避让措施，进行多方案比选，提出改变选线、改进工程设计或施工计划。对两栖类、爬行类和哺乳类野生动物迁徙造成阻隔影响时，应合理设置野生动物通道，在环境影响评价实际工作中可设置专题进行分析评价和论证。考生应认真学习并充分了解野生动物通道设置的相关规定、不同类型野生动物通道设置技术要求等。

关于生态保护措施，在《环境影响评价技术导则 生态影响》（HJ 19—2022）中有很明确的、具体的要求，考生应认真学习该导则。

3.2 环境空气质量

施工期：主要分析物料贮存和运输道路、拌和场等产生的粉尘、沥青烟的影响，提出合理选址和管理方案。

营运期：针对敏感点的 NO_x 影响，提出影响减缓措施。

3.3 环境噪声与振动

施工期分析施工机械设备噪声和振动对环境敏感区域的影响，对沿线筛选的敏感点或敏感区域提出污染防治措施。营运期根据线路技术参数、噪声、振动源强类比条件和线路与环境敏感目标的关系确定影响预测模式，并根据轨道和建筑类型、隧道结构修正预测结果，针对环境敏感点，逐点评价噪声和振动影响并提出防治措施。

3.4　电磁影响

分析固定污染源（变电所）和流动污染源（列车运行时产生的电磁辐射）电场强度、磁场强度的达标情况和对广播、电视信号的干扰情况。

3.5　环境风险分析（包括污染风险和生态风险）

公路运输的环境风险，主要根据运输涉及的环境风险物质来考虑。按风险源分析、风险预测、风险后果和风险防范、应急措施进行风险分析。在报告中提出如何调整和完善建设项目设计和线位方案，必须把不利的环境影响降到最低程度，并应在实施计划和设计中提出消除、减缓或改善环境质量的要求。

3.2.4　明确提出建设项目在建设阶段、运行阶段拟采取的具体污染防治（噪声与振动为主）和环境风险防范措施。

3.2.5　给出各项污染防治、环境风险防范措施的具体内容、责任主体、实施时段、估算环保投入，明确资金来源。

3.2.6　明确环境保护投入。包括为预防和减缓不利影响而采取的各项环境保护措施和设施的建设费用、运行维护费用，直接为建设项目服务的环境管理与监测费用以及相关的科研费用。

4　应注意的问题

4.1　公路、铁路建设项目与前面的油气输送管道项目均为线性工程，重点考虑生态、噪声、振动和水等要素。但油气输送管道项目为地下埋设，而公路、铁路则为地上建设，所以它们各有特点。同样，此类建设项目选址选线和建设方案的环境合理性和可行性分析、论证，也是环境影响评价的重要工作，当然也是考生应该关注的。其中，避让环境敏感区或生态红线等是选址首先应考虑的环境问题。即涉及环境敏感区或生态红线的，应首先考虑避让措施，确实无法避让的，应充分论证（包括多方案比较论证）之后，提出严格的环境保护措施，将对敏感保护目标的不利影响降至最小或不造成影响。

4.2　此类项目根据工程实际影响范围和导则规定确定工作等级和评价范围，可分段确定生态影响评价等级。线性工程地下穿越或地表跨越生态敏感区，在生态敏感区范围内无永久、临时占地时，评价等级可下调一级。线性工程穿越生态敏感区时，以线路穿越段向两端外延 1 km、线路中心线向两侧外延 1 km 为参考评价范围，实际确定时应结合生态敏感区主要保护对象的分布、生态学特征、项目的穿越方式、周边地形地貌等适当调整，主要保护对象为野生动物及其栖息地时，应进一步扩大评价范围，涉及迁徙、洄游物种的，其评价范围应涵盖工程影响的迁徙洄游通道范围；穿越非生态敏感区时，以线路中心线向两侧外延 300 m 为参考评价范围。

4.3　选用的评价技术方法和预测模式要符合相应专题工作深度的要求，并能明确给出评价结果的表达内容（文字、图或表格）。

4.4　根据《环境影响评价技术导则　生态影响》（HJ 19—2022）和工程特点确定环境敏感目标，明确是否经过国家公园、自然保护区、世界自然遗产地、重要生境、自然公园、生态保护红线和风景名胜区或对其产生影响、是否影响饮用水源保护区或取水口、是否会造成重大生态分割（如动物阻隔）或对重要生态功能区有严重影响、是否会使沿线区域环境问题加剧或恶化等。

4.5　环境监测方案的可行性要考虑施工期和营运期全过程，环境监测布点、频次及时间要符合规范要求。

4.6　必须进行环境风险分析评价（含生态风险、事故风险等），分析产生环境风险的原因及风险概率，针对环境敏感目标做环境风险评价，提出有针对性的环境风险防范措施和事故应急计划。

4.7　根据 HJ 19—2022，公路、铁路、管线等线性工程应对植物群落及植被覆盖度变化、重要物种的活动、分布及重要生境变化、生境连通性及破碎化程度变化、生物多样性变化等开展重点预测与评价。注意预测对生态系统组成和服务功能变化趋势的影响。根据现状调查与评价结果，明确项目所在区域环境特征，识别评价范围内的环境保护目标（根据 HJ 2.1—2016 的要求，附图列表说明评价范围内各环境要素涉及的环境敏感区、需要特殊保护对象的名称、功能、与建设项目的位置关系以及环境保护要求等），重点预测分析、评价项目建设和运行对环境保护目标的影响性质与程度。

4.8　应关注环境保护措施可行性论证。根据 HJ 2.1—2016，应分析论证拟采取的具体的污染防治、环境风险防范等措施的技术可行性、经济合理性、长期稳定运行和达标排放的可靠性、满足环境质量改善和排污许可要求的可行性。各类措施的有效性判定应以同类或相同措施的实际运行效果为依据（如类比已运行的同类或相同措施）。

4.8　公路、铁路建设项目对野生动物通行产生阻隔影响的，应提出减缓阻隔、恢复生境连通的措施，如设置野生动物通道等。分别针对不同种类的野生动物（两栖类、爬行类、哺乳类）造成通行阻隔影响而设置适应其生态特性的通道，是此类建设项目十分重要生态保护措施，是考生必须掌握的措施之一。

4.9　严格控制施工作业带宽度也是此类线性工程施工期减少或减轻不利生态影响的重要措施。

4.10　加强项目建设阶段、生产运行阶段的环境管理与监测。根据 HJ 2.1—2016，环境影响评价需提出严格、具体的环境管理要求，并制订明确的监测计划（如噪声与振动监测、生态监测等）。

4.11　与其有关的规划（交通规划、路网规划、城镇规划）环评结论及审查意见是此类建设项目进行环境影响评价的重要依据。

七、石油天然气开采项目

1 主要相关产业政策、行业环评技术导则及常用标准及规范

1.1《产业结构调整指导目录（2024 年本）》（发改委令〔2023〕第 7 号）

1.2《环境影响评价技术导则 陆地石油天然气开发建设项目》（HJ 349—2023）

1.3《环境影响评价技术导则 地下水环境》（HJ 610—2016）

1.4《环境影响评价技术导则 土壤环境》（HJ 964—2018）

1.5《煤层气（煤矿瓦斯）排放标准（暂行）》（GB 21522—2008）

1.6《海洋石油勘探开发污染物排放浓度限值》（GB 4914—2008）

1.7《碎屑岩油藏注水水质推荐指标及分析方法》（SY/T 5329—2012）

1.8《天然气净化厂环境保护推荐作法》（SY/T 6672—2003）

1.9《海上油（气）田开发工程环境保护设计规范》（SY/T 10047—2003）

1.10《陆上石油天然气生产环境保护推荐作法》（SY/T 6628—2005）

1.11《陆上钻井作业环境保护推荐作法》（SY/T 6629—2006）

1.12《开发建设项目水土保持技术规范》（GB 50433—2008）

1.13《关于废弃钻井液管理有关问题的复函》（环办函〔2009〕1097 号）

1.14《废矿物油回收利用污染控制技术规范》（HJ 607—2011，2011 年 7 月 1 日实施）

1.15《石油和天然气开采行业清洁生产评价指标体系》（国家发改委公告 2009 年 第 3 号）

1.16《石油天然气开采业污染防治技术政策》（环境保护部公告 2012 年 第 18 号）

1.17《关于进一步加强石油天然气行业环境影响评价管理的通知》（环办环评函〔2019〕910 号）

1.18《危险废物收集 贮存 运输技术规范》（HJ 2025—2012）

1.19《采油废水治理工程技术规范》（HJ 2041—2014）

2 工程概况与工程分析

2.1 工程概况

工程概况应根据项目组成明确工程内容，包含钻前工程、钻井工程、储层改造

工程、油气集输工程和油气处理工程等的一项或多项。

说明项目名称、建设单位、建设性质、建设地点、产能规模、产品、建设周期等内容。说明油气田范围、勘探开发概况、地质构造、区带或层系、储层特征、油气藏流体性质、油气资源类型和开发进程等内容。

项目组成应说明建设项目的主要建设内容、总体布局和主要生产设备等，包括主体工程、环保工程、公辅工程等。涉及天然气净化厂、油气处理厂等油气处理工程可单独说明其主体工程、环保工程、公辅工程等。

a）主体工程包括钻前工程、钻井工程、储层改造工程和油气集输工程。钻前工程应说明井场平整、基础建设等情况；钻井工程应说明钻井数量、井型、井深、井身结构、钻井液体系（钻井液主要成分和筛分、配置等循环利用设施建设情况）和钻井周期等情况；储层改造工程应说明储层改造工艺、射孔工艺、压裂方案、酸化方案、压裂设备配置和酸化设备配置等情况；油气集输工程应说明油气集输管道的长度、设计压力、管径、材质和敷设方式等情况，站场工程的类型、设计规模、数量等，储罐的数量、储存物质、类型、直径和高度等情况。

b）环保工程包括污（废）水处理工程、废气处理工程、噪声防治工程、固体废物收集及处理处置工程。若环保工程依托其他建设项目污染防治措施的，还应对依托工程的情况进行说明。

c）公辅工程包括供排水系统、道路工程、自控工程、供热系统和供电系统等。

d）天然气净化厂、油气处理厂等油气处理工程的主体工程包括脱硫单元、脱水单元、酸气处理单元等；环保工程包括防渗工程、事故水池、污（废）水处理系统、废气处理系统、噪声防治措施和危险废物储存场所等；公辅工程包括放空系统、供水系统、排水系统、供热系统、燃料气系统和循环水系统等。

工程概况应简要描述并附图说明油气开采、油气集输、油气处理等地面工程空间布局情况，介绍油气井站、集气站、计量站、计转站、联合站、油气处理厂和天然气净化厂等主要工艺站场的平面布置。给出工程总体平面图、主体工程（井位）平面布置图、重要工程平面布置图和土石方、水平衡图等。关注油气开采方式、油气集输方式、油气处理工艺。水的回用（回注地层、作为热采锅炉原料水、作为生态或绿化用水等）状况。

联合站作为重点工程，其组成及布局应交代清楚。

生产工艺应按照施工期、运营期和退役期分别介绍工艺流程，绘制主要工艺流程图。列表给出施工期和运营期的主要设施、设备，说明原辅材料（主要是钻井液、压裂液、天然气水合物抑制剂等）用量及资源、能源消耗情况等。明确项目钻井液、压裂液等原辅材料中重金属、持久性有机污染物等有毒有害物质的相关信息（尤其是有关人类健康和环境安全的信息），涉及商业秘密、技术秘密等情形的除外。

施工期包括钻前、钻井、储层改造、井下作业、地面井场建设、站场建设、管线敷设、道路建设及油气处理工程建设等；

运营期包括油气开采、集输、处理及不定期进行井下作业（洗井、清蜡、清砂、修井、侧钻、酸化、压裂等）等；

退役期包括封井、地面设备设施拆除、场地清理和修复等。

滚动开发区块建设项目还应说明区块内现有工程的基本情况、污染物排放及达标情况。区块项目建设内容包括区块内拟建的新井、加密井、调整井、站场、设备、管道和电缆及其更换工程、弃置工程、配套工程等。

a）简要说明现有工程的主要内容。包括区块内井场、油气处理工程等主体工程建设情况，供排水系统、供热系统、供电系统等公用工程建设情况，集输管线、储罐、运输与装载系统、内部道路等辅助工程建设情况，污（废）水处理工程、废气处理工程、噪声防治工程、固体废物收集处理处置工程、环境风险防控等环保工程建设情况。现有工程中有已经退役设施的，说明退役情况。

b）说明现有工程的环境影响评价及竣工环境保护验收、排污许可等环保手续的履行情况和相关要求的落实情况。

c）说明污染防治设施运行和排放情况。可利用现有工程的自行监测数据以及地下水、土壤和生态等长期跟踪监测数据、排污许可执行报告等资料。有退役工程的项目还应说明退役井规范封井及生态修复措施落实情况。

2.2　工程分析

此类工程是以深井钻采为主地下作业和地上设施建设兼顾的建设项目，其采出物（油气水等多种物质的混合物）在地上的处理也是较为复杂和庞大的工程。工程具有较大的区块及滚动开发特性，有分散或集中钻采的"井场"，有规模不同的联合站等地面工程，有配套建设的运输道路、集输管线或外运道路、管线。在实际工作中应根据建设单位或设计单位给定的工程内容确定评价的工程范围。在环评师职业资格考试中，应根据题干提供的工程信息及问题来解答考题。工程分析涉及施工期（建设阶段）、运营期（生产运行阶段）和退役期（服务期满）三个时段，各时段影响源和主要影响对象存在一定差异。根据《环境影响评价技术导则　陆地石油天然气开发建设项目》（HJ 349—2023），处于施工期、运营期的设施，评价中重点关注其生态环境影响预测及生态环境保护措施；处于退役期的设施，评价中重点关注已造成的生态环境影响和生态环境保护措施，以及弃置措施的环境可行性。但是要注意，工程分析的核心或实质是识别环境影响源（污染源、生态影响源、环境风险源），核算污染物排放强度（即源强）。油气田开发建设项目，既有生态影响，也有污染影响，而且还存在环境风险。环境影响识别的重点如下：

A．按工程因素。

（1）钻前工程、钻井工程、储层改造工程和油气集输工程等应重点识别施工期的环境影响，油气处理工程等应重点识别运营期的环境影响。

（2）钻前工程和油气集输工程应重点识别生态影响；钻井工程和储层改造工程应重点识别地表水、地下水、土壤、噪声、固体废物等环境影响；

（3）油气处理工程应重点识别大气、地表水、地下水、土壤等环境影响和环境风险。

B．按环境要素。

（1）生态影响评价重点为钻前工程、油气集输工程、油气处理工程等施工期地表扰动、植被破坏和施工噪声等对生态保护目标的影响，以及钻井工程、油气处理工程等运营期噪声、污（废）水等污染物排放对生态保护目标的影响。

（2）地下水环境影响评价重点为钻井工程、油气处理工程等工程套管破损、防渗措施失效导致的渗漏以及废水回注等对地下水的影响。

（3）地表水环境影响评价重点为施工期钻井废水、井下作业废液、压裂返排液、酸化废液，以及运营期采出水、井下作业废液、油气处理废水、循环冷却设施排水、锅炉排污水、化学水制取排污水、地面与设备冲洗水、生活污水等污（废）水排放对地表水环境的影响。对于集输工程大开挖穿越地表水水域功能Ⅲ类及以上水体的，还应重点分析施工过程对地表水环境的影响。

（4）大气环境影响评价重点为施工期扬尘、测试放喷废气、发电机废气等废气，以及运营期站场、油气处理工程等有组织和无组织废气对大气环境的影响。

（5）声环境影响评价重点为施工期钻井工程噪声、压裂工程噪声，以及运营期各类站场设备噪声、放空噪声等对声环境的影响。若开采区域路网规模大、线路长，并穿越集中居民区、学校等声环境保护目标，还应考虑道路噪声对声环境保护目标的影响。

（6）土壤环境影响评价重点为钻井工程、油气处理工程等可能对土壤环境的影响。

（7）环境风险评价重点为石油、天然气等危险物质泄漏，以及火灾、爆炸、井喷等安全生产风险事故引发的伴生/次生污染物对生态环境的影响。

（8）明确各类固体废物的产生环节、主要成分、有害成分、形态及其产生、利用和处置量，按照《国家危险废物名录》进行判定。对于经判定属于危险废物的，以表格的形式列明危险废物的名称、数量、类别、形态、危险特性等内容。对不明确是否具有危险特性的，应提出在固体废物产生后按照 GB 5085、HJ 298 等规定鉴别危险特性的要求。

C．按工程阶段。

（1）施工期。工程分析以探井作业、选址选线、钻井工艺、井组布设等作为重点。井场、站场、管线和道路布设的选择要尽量避开环境敏感区域，应采用定向井或丛式井等先进钻井及布局，其目的均是从源头上避免或减少对环境敏感区域的影响；而探井作业是勘察设计期主要影响源，勘探期钻井防渗和探井科学封堵有利于防止地下水串层，保护地下水。地表土建工程的生态保护应重点关注水土保持、表层保存和回填利用、植被恢复等措施；对钻井工程更应注意钻井泥浆的处理处置、落地油处理处置、钻井套管防渗等措施的有效性，避免土壤、地表水和地下水受到污染。施工期工程分析的重点：分析钻井废水、压裂返排液、酸化废液等废水，测试放喷废气、发电机废气、钻井及储层改造过程非甲烷总烃等废气，钻井固废，钻机噪声、发电机组噪声、压裂噪声及测试放喷噪声等的产生及排放情况；

（2）运营期。以污染影响和事故风险分析和识别为主。按环境要素进行分析，重点分析含油废水、废弃泥浆、落地油、油泥的产生点，说明其产生量、处理处置方式和排放量、排放去向。对滚动开发项目，应按"以新带老"要求，分析原有污染源并估算源强。风险事故应考虑到钻井套管破裂、井场和站场漏油（气）、油气罐破损和油气管线破损等而产生泄漏、爆炸和火灾情形。运营期工程分析的重点：应分析采出水、井下作业废液、油气处理废水、循环冷却设施排水、锅炉排污水、化学水制取排污水、地面与设备冲洗水、生活污水等污（废）水，场站有组织和无组织废气（重点关注硫化氢、挥发性有机物等），油气集输及处理工程产生的油泥砂等固体废物，地面集输及油气处理工程调压阀、汇气装置、增压泵、压缩机等设备噪声及放空噪声等的产生及排放情况；联合站是运营期污染及环境风险的重点工程，其污染源、环境风险源分析是工程分析的重点。

（3）退役期。主要考虑封井作业。退役期工程分析的重点：应分析废弃管道和设备的清洗废水，废弃管道和设备、建筑垃圾、清罐底泥等固体废物的产生及排放情况。

D. 清洁生产应贯穿工程分析的全过程。

E. 给出污染物排放清单（根据油气开发污染物产生环节、产生方式和治理措施，核算建设项目正常工况与非正常工况的污染物产生和排放的强度，给出包含污染因子及其产生和排放的方式、浓度、数量，以及拟采取的生态环境保护措施及主要运行参数等的清单）。另外，按照国家和地方相关政策，开展温室气体排放评价，应包括二氧化碳、甲烷等。地层天然气中硫化氢含量大于 1 500 mg/m³（1 000 ppm）的建设项目还应给出硫平衡图等。

3　主要环境影响及防治措施

3.1　主要环境影响

3.1.1　环境影响因素。主要包括生态影响、污染物排放对环境的影响，以及对资源的影响。

3.1.2　生态影响。主要体现在勘探、钻井作业和地面工程建设阶段，对土壤的扰动、对地表植被的破坏，以及对野生动植物生境的影响。

3.1.3　主要污染源（污染物）。一般包括废弃钻井泥浆、含油污泥、采油（气）废水、炉窑和锅炉燃料燃烧烟气及无组织逸散烃类废气。

3.1.4　可能受到影响的环境要素。包括地表水、地下水、声和生态（土壤和植被、动植物生境等）。

3.1.5　资源影响。一般主要表现为对水资源的耗用和对土地资源的占用。

3.1.6　环境风险因素：

（1）钻井及井下作业过程中发生井喷，可能出现油气（包括高含硫气田中的 H_2S）泄漏、火灾爆炸，对环境空气、水环境及生态造成危害。

（2）油气管道因腐蚀穿孔、人为破坏、洪水冲蚀等可能出现破裂，发生油气泄漏并引发火灾爆炸，对环境空气、水环境及生态造成危害。

（3）工艺站场（油气处理设施和储罐等）有油气泄漏及火灾爆炸的可能性，造成环境污染。

（4）在有危害的地质构造（如断层、断裂、坍塌、地面沉陷等）区域，油气田工程设施（包括油气井、注水井、工艺站场和油气管道等）有可能出现油气泄漏、火灾爆炸，造成环境污染。

3.2　主要环保措施

3.2.1　涉及环境敏感区或环境影响显著的新建项目、新增用地的滚动开发区块项目，应重点从环境制约因素、环境影响程度等方面进行选址、工艺等建设方案环境比选，从环境保护角度明确推荐方案。新建油气集输工程应从穿（跨）越位置、穿越方式、施工场地设置等方面进行比选论证。

新开发区块项目、新增用地的滚动开发区块项目、新建油气集输工程的项目应避绕 HJ 19—2022 规定生态敏感区中的法定禁止开发区域。

3.2.2　环境保护措施包括油气田建设期、运行期和退役期的环境保护措施，应当遵循"污染防治与生态保护并重"原则，并推行清洁生产。对于现有油气田，应当分析现存环境问题，提出"以新带老"环境保护措施。

3.2.3　建设期环境保护措施。

（1）钻井作业与地面工程建设的生态保护措施。根据 HJ 19—2022，按照避让、减缓、修复、补偿的次序，针对不同情况采取相应的生态保护措施。首先井场选择及钻井作业应避让生态敏感区，从节约土地的要求，一般应尽可能减少占地面积，同时减少对植被的破坏。

（2）钻井废水、生活污水、废弃钻井泥浆、落地原油的污染防治措施。根据《关于进一步加强石油天然气行业环境影响评价管理的通知》（环办环评函〔2019〕910号），压裂返排液、油基泥浆的有效处理处置是油气田开发需考虑的主要环保措施。需要关注难以利用的油气开采废水的管理原则，以及回注的水质、目的层的相关规定，论证回注的环境可行性，并采取切实可行的地下水污染防治和监控措施。但不得回注与油气开采无关的废水，也不得造成地下水污染。油气开采会产生大量废弃油基泥浆、含油钻屑等危险废物，企业应自建含油污泥集中式处理和综合利用设施，提高废弃油基泥浆和含油钻屑及其处理产物的综合利用率。

（3）地下水污染防治措施。

（4）井喷泄漏油气等的环境风险防范措施，提出突发环境事件应急预案编制要求。

3.2.4　营运期环境保护措施。

（1）采油（气）废水、生活污水、含油污泥、锅炉和工业炉窑燃料燃烧烟气、无组织逸散烃类废气的污染防治措施。

（2）防止钻井、油气井油气泄漏、污水回注、落地油等污染地下水的措施。

（3）油气井和地面工程设施油气泄漏、火灾爆炸次生/伴生污染物（包括二氧化硫、一氧化碳、污染消防水等）等的环境风险防范措施，提出突发环境事件应急预案编制要求。

3.2.5　退役期环境保护措施。

（1）防止废弃油气井油气泄漏的措施。

（2）生态恢复与补偿措施。

3.2.6　清洁生产措施。

（1）使用环境友好的工艺、设备和材料。如使用先进的钻机，配套完善的固控设备，提高钻井液循环利用率和重复利用率，实现废弃钻井泥浆减量；使用可生物降解或毒性小的油田化学剂（钻井液材料等）。

（2）废物控制及资源化。如尽量使原油和作业废液不落地，对落地废物进行回收合理利用或无害化处置；根据采油工艺及地层条件，对采油废水进行充分回用（回注地层、作为热采锅炉原料水等），以节约水资源；采用先进的清罐技术和设备，实现清罐废水与废渣减量；开展二氧化碳地下埋存及为提高油气采收率进行资源化利用（如二氧化碳驱采）；实现整体开发，完善油气集输流程，减少伴生气放空；采取原油稳定与轻烃回收措施，充分回收伴生气，并加以合理利用。

（3）减少占地。通过合理规划与布局、开展绿色作业、先进的钻井（如水平井和丛式井）方式、严格限制施工作业范围，最大限度地减少地面工程永久占地和施工作业临时占地面积，以减轻对土壤和植被等生态环境要素的影响。

3.2.7　各阶段环保措施应具体。环境质量（如地表水、地下水、环境空气等）

不达标的区域，应采取国内外先进可行的环境保护措施，结合区域限期达标规划及实施情况，分析建设项目实施对区域环境质量改善目标的贡献和影响。

3.2.8 给出各项污染防治、环境风险防范措施的具体内容、责任主体、实施时段、估算环保投入，明确资金来源。

3.2.9 明确环境保护投入。包括为预防和减缓不利影响而采取的各项环境保护措施和设施的建设费用、运行维护费用，直接为建设项目服务的环境管理与监测费用以及相关的科研费用。

4 应注意的问题

4.1 根据《环境影响评价技术导则 陆地石油天然气开发建设项目》（HJ 349—2023），通过工程分析，识别并确定各单项工程施工期和营运期的评价因子，具体见HJ 349—2023 的"附录 B"（注意，这个"附录 B"是考试大纲规定的案例分析科目"识别环境影响因素与筛选评价因子"，而且是考试的高频点，应特别注意）。

4.2 关于评价等级和评价范围，应根据 HJ 349—2023 的"7 评价等级和评价范围"针对不同的工程内容、是否涉及环境敏感区，结合各环境要素导则，具体确定（这也是考试大纲案例分析科目"确定评价工作等级和评价范围"的要求）。

4.3 关于环境现状调查与评价，考生应认真学习 HJ 349—2023 的"8 环境现状调查与评价"，尤其是该导则指出的"重点"内容。

4.4 对于区块开发项目，应突出整体性评价。结合滚动性、区域性的资源开发特点，强化油气开采区块整体评价，并深化对区域生态环境影响分析和评价，提出更加切实可行的生态环境保护措施。强调全过程、全行业、全领域管理。覆盖规划—勘探—施工—运营—退役全过程，注意油气开采的环境影响特征，突出重点工艺过程和重点环境要素管控。

4.5 石油天然气开采涉及范围广，在考虑区域性的环境影响时，应当分析项目与相关城乡总体规划、土地利用规划、水资源利用规划、环境保护规划、环境功能区划、生态功能区划等的符合性。与其有关的规划（区域规划、油田开发总体规划）环评结论及审查意见是此类建设项目进行环境影响评价的重要依据。根据 HJ 349—2023，建设项目所在区域有规划和规划环境影响评价的，应做好建设项目与规划环境影响评价衔接。根据规划环境影响评价和建设项目环境影响评价联动有关要求，分析建设项目在规模、选址、工艺、清洁生产、生态环保措施等方面与规划、规划环评相关要求的相符性，说明规划环境影响评价要求和审查意见的落实情况。概述规划环境影响评价文件及其审查意见中有关建设项目环境影响评价简化的要求，说明建设项目环境影响评价简化情况。

4.6 石油天然气开采的环境影响因素，既包括污染物排放对环境的影响，又包括生态影响，在环境保护措施方面，应当遵循"污染防治和生态保护并重"原则，同时还必须环境风险防范。

4.7 油气田具有滚动开发、建设期与营运期相伴且历时较长的特点，应当注重生产发展与环境保护措施在规模和建设时序上的匹配和适应，合理规定环境保护措施，以发展、长效的眼光，滚动投入，对施工期、营运期和服务期满三个阶段进行全过程环境监控，实时达到保护环境的目标。

4.8 石油天然气开采既有地下活动（勘探、钻井、井下作业、采油气、废水回注等），也有地上活动（勘探、钻井、地面工程建设、采油气、油气集输、油气处理等），环境影响评价应当兼顾地上与地下活动的环境影响，加强生态环境影响评价和地下水环境影响评价。对此，HJ 349—2023 的"9 环境影响预测与评价"指明了重点关注和评价的内容，考生需认真学习。

4.9 按照有关法律法规要求，对涉及饮用水水源保护区、自然保护区、风景名胜区、生态敏感与脆弱区等环境敏感区的建设项目，应当加强对保护目标的影响评价，提出项目选址可行性结论。

4.10 石油天然气开采具有一定的环境风险，包括油气泄漏（特别是高含硫气田开发）、火灾爆炸次生/伴生污染物等，应当注重环境风险评价。

4.11 对于现有油气田，应当分析现存环境问题，提出"以新带老"环境保护措施。这是改扩建项目必须考虑的事项。

4.12 油（气）田开发涉及范围大，多为区块滚动式开发，应关注对区域生态系统组成和服务功能变化趋势的影响。根据现状调查与评价结果，明确项目所在区域环境特征，识别评价范围内的环境保护目标（根据 HJ 2.1—2016 的要求，附图列表说明评价范围内各环境要素涉及的环境敏感区、需要特殊保护对象的名称、功能、与建设项目的位置关系以及环境保护要求等），重点预测分析、评价对环境保护目标的影响性质与程度。

4.13 应关注环境保护措施可行性论证。根据 HJ 2.1—2016，应分析论证拟采取的具体的污染防治、环境风险防范等措施的技术可行性、经济合理性、长期稳定运行和达标排放的可靠性、满足环境质量改善和排污许可要求的可行性。各类措施的有效性判定应以同类或相同措施的实际运行效果为依据（如类比已运行的同类或相同措施）。具体陆地石油天然气开发坑项目的环保措施要求，请掌握 HJ 349—2023 的"10 环境保护措施"有关要求。

4.14 加强项目建设阶段、生产运行阶段的环境管理与监测。根据 HJ 2.1—2016，环境影响评价需提出严格、具体的环境管理要求，并制订明确的监测计划（污染源监测、环境质量监测、生态监测、跟踪监测）。同时 HJ 349—2023 的"12 环境管理与监测计划"也对陆地石油天然气开发建设项目的环境管理和监测计划提出了明确的要求。

八、煤炭开采项目

1　主要相关产业政策、行业环评技术导则及常用标准

1.1　法律法规

1.1.1《中华人民共和国环境保护法》（2014 年 4 月 24 日修订）

1.1.2《中华人民共和国环境影响评价法》（2016 年 7 月修订）

1.1.3《中华人民共和国大气污染防治法》（2015 年 8 月 29 日修订）

1.1.4《中华人民共和国水污染防治法》（2017 年 6 月 27 日修订）

1.1.5《中华人民共和国固体废物污染环境防治法》（2015 年 4 月 24 日修订）

1.1.6《中华人民共和国噪声污染防治法》（2021 年 12 月 24 日修订）

1.1.7《中华人民共和国清洁生产促进法》（2012 年 2 月 29 日修订）

1.1.8《中华人民共和国土地管理法》（2004 年 8 月 28 日修订）

1.1.9《中华人民共和国水土保持法》（2010 年 12 月 25 日修订）

1.1.10《中华人民共和国矿产资源法》（2009 年 8 月 27 日修订）

1.1.11《中华人民共和国煤炭法》（2013 年 6 月 29 日修订）

1.1.12《中华人民共和国循环经济促进法》（2008 年 8 月 29 日颁布）

1.1.13《中华人民共和国湿地保护法》（2021 年 12 月 24 日颁布）

1.2　行政法规与条例

1.2.1《地下水管理条例》（国务院令　第 748 号）

1.2.2《基本农田保护条例》（国务院令〔2017〕588 号）

1.2.3《中华人民共和国土地管理法实施条例》（2014 年 7 月 29 日修订）

1.2.4《中华人民共和国水土保持法实施条例》（2011 年 1 月 8 日修订）

1.2.5《土地复垦条例》（2011 年 2 月 22 日颁布）

1.2.6《建设项目环境保护管理条例》（国务院令〔2017〕682 号）

1.3　规范性文件与部门规章

1.3.1《中共中央　国务院关于深入打好污染防治攻坚战的意见》（2021 年 11 月 2 日）

1.3.2《中共中央　国务院关于完整准确全面贯彻新发展理念做好碳达峰碳中和工作的意见》（2021 年 9 月 22 日）

1.3.3《2030 年前碳达峰行动方案》（国发〔2021〕23 号）（2021 年 10 月 24 日）

1.3.4《"十四五"节能减排综合工作方案》（国发〔2021〕33 号）（2021 年 12 月

28 日）

    1.3.5《国务院关于落实科学发展观加强环境保护的决定》（国发〔2005〕39 号）

    1.3.6《国务院关于印发全国主体功能区规划的通知》（国发〔2010〕46 号）

    1.3.7《国务院关于加强环境保护重点工作的意见》（国发〔2011〕35 号）

    1.3.8《全国生态环境保护纲要》（国发〔2000〕38 号）

    1.3.9《国务院关于促进煤炭工业健康发展的若干意见》（国发〔2005〕18 号）

    1.3.10《关于进一步加强生态保护工作的意见》（环发〔2007〕37 号）

    1.3.11《关于印发〈全国生态脆弱区保护规划纲要〉的通知》（环发〔2008〕92 号）

    1.3.12《产业结构调整指导目录（2011 年本）》2013 年修正版（发改委令〔2013〕第 21 号）

    1.3.13《关于加强煤炭建设项目管理的通知》（发改能源〔2006〕1039 号）

    1.3.14《国务院关于全面整顿和规范矿产资源开发秩序的通知》（国发〔2005〕28 号）

    1.3.15《关于加强资源开发生态环境保护监管工作的意见》（环发〔2004〕24 号）

    1.3.16《关于加强环境影响评价管理防范环境风险的通知》（环发〔2005〕152 号）

    1.3.17《关于加强工业节水工作的意见》（国经贸资源〔2000〕1015 号）

    1.3.18《国家发展改革委关于印发〈煤矿瓦斯治理与利用总体方案〉的通知》（发改能源〔2005〕1137 号）

    1.3.19《关于印发〈煤矿瓦斯治理与利用实施意见〉的通知》（发改能源〔2005〕1119 号）

    1.3.20《矿山生态环境保护与污染防治技术政策》（环发〔2005〕109 号）

    1.3.21《国家鼓励发展的资源节约综合利用和环境保护技术》（发展改革委、科技部、环保总局公告 2005 年 第 65 号）

    1.3.22《国家发展改革委关于加强煤炭基本建设项目管理有关问题的通知》（发改能源〔2005〕2605 号，2013 修改本）

    1.3.23《国家发展改革委关于大型煤炭基地建设规划的批复》（发改能源〔2006〕352 号）

    1.3.24《关于印发〈加快煤炭行业结构调整、应对产能过剩的指导意见〉的通知》（发改运行〔2006〕593 号）

    1.3.25《国务院办公厅关于加快煤层气（煤矿瓦斯）抽采利用的若干意见》（国办发〔2006〕47 号）

    1.3.26《国务院办公厅转发安全监管总局等部门关于进一步做好煤矿整顿关闭工

作意见的通知》（国办发〔2006〕82号）

1.3.27《国务院办公厅转发国土资源部等部门对矿产资源开发进行整合意见的通知》（国办发〔2006〕108号）

1.3.28《关于加强煤炭矿区总体规划和煤矿建设项目环境影响评价工作的通知》（环办〔2006〕129号）

1.3.29《关于印发煤炭工业节能减排工作意见的通知》（发改能源〔2007〕1456号）

1.3.30《关于利用煤层气（煤矿瓦斯）发电工作实施意见的通知》（发改能源〔2007〕721号）

1.3.31《煤炭产业政策》（国家发展和改革委员会，2007.11）

1.3.32《关于印发〈国家核准煤炭规划矿区目录（2007年本）〉的通知》（发改能源〔2007〕3271号）

1.3.33《生产煤矿回采率管理暂行规定》（发改委令2012年第17号）

1.3.34《矿井水利用发展规划》（发改环资〔2013〕118号）

1.3.35《国务院办公厅关于进一步加快煤层气（煤矿瓦斯）抽采利用的意见》（国办发〔2013〕93号）

1.3.36《国家能源局 环境保护部 工业和信息化部关于促进煤炭安全绿色开发和清洁高效利用的意见》（国能煤炭〔2014〕571号）

1.3.37《国务院关于印发〈水污染防治行动计划〉的通知》（国发〔2015〕17号）

1.3.38《关于进一步加强环境影响评价管理防范环境风险的通知》（环发〔2012〕77号，2012年7月）

1.3.39《关于切实加强风险防范严格环境影响评价管理的通知》（环发〔2012〕98号，2012年8月）

1.3.40《关于印发〈建设项目环境影响评价政府信息公开指南（试行）〉的通知》（环办〔2013〕103号，2014年1月1日施行）

1.3.41《关于煤炭行业化解过剩产能实现脱困发展的意见》（国发〔2016〕7号）

1.3.42《关于印发水泥制造等七个行业建设项目环境影响评价文件审批原则的通知》（环办环评〔2016〕114号）——《煤炭采选建设项目环境影响评价文件审批原则（试行）》

1.3.43《防治尾矿污染环境管理规定》（国家环境保护局令　第11号）

1.3.44《关于加快推进露天矿山综合整治工作实施意见的函》（自然资源部办公厅 生态环境部办公厅，自然资办函〔2019〕819号）

1.3.45《关于进一步加强煤炭资源开发环境影响评价管理的通知》（环环评〔2020〕63号）

1.4　标准及技术规范

1.4.1《煤炭工业污染物排放标准》（GB 20426—2006）

1.4.2《煤层气（煤矿瓦斯）排放标准（暂行）》（GB 21522—2008）

1.4.3《清洁生产标准　煤炭采选业》（HJ 446—2008）

1.4.4《环境影响评价技术导则　生态影响》（HJ 19—2022）

1.4.5《环境影响评价技术导则　煤炭采选工程》（HJ 619—2011）

1.4.6《环境影响评价技术导则　地下水环境》（HJ 610—2016）

1.4.7《建筑物、水体、铁路及主要井巷煤柱留设与压煤开采规程》（2000 年 6 月）

1.4.8《开发建设项目水土保持技术规范》（GB 50433—2008）

1.4.9《开发建设项目水土流失防治标准》（GB 50434—2008）

1.4.10《土壤环境质量　农用地土壤污染风险管控标准（试行）》（GB 15618—2018）

1.4.11《土壤环境质量　建设用地土壤污染风险管控标准（试行）》（GB 36600—2018）

1.4.12《煤炭工业环境保护设计规范》（GB 50821—2012）

1.4.13《土地复垦技术标准（试行）》（2009 年 8 月）

1.4.14《煤矿防治水规定》（国家安全生产监督管理总局令第 28 号，2009 年 12 月 1 日施行）

1.4.15《关于推进大气污染联防联控工作改善区域空气质量的指导意见》（国办发〔2010〕33 号）

1.4.16《关于印发〈突发环境事件应急预案管理暂行办法〉的通知》（环发〔2010〕113 号，2010 年 9 月 28 日施行）

1.4.17《矿山生态环境保护与恢复治理技术规范（试行）》（HJ 651—2013）

1.4.18《矿山生态环境保护与恢复治理方案（规划）编制规范（试行）》（HJ 652—2013）

1.4.19《煤矸石综合利用管理办法》（国家发展和改革委员会、环境保护部等十部委局令 2014 年第 18 号，2015 年 3 月 1 日施行）

1.4.20《煤炭工业矿井设计规范》（GB 50215—2005）

1.4.21《煤矿井下消防、洒水设计规范》（GB 50383—2006）

1.4.22《关于"十四五"大宗固体废弃物综合利用的指导意见》（发改环资〔2021〕381 号）

1.4.23《温室气体排放核算与报告要求　第 11 部分　煤炭生产企业》（GB/T 32151.11—2018）

2　工程概况与工程分析要点

2.1　项目基本情况

项目所在矿区规划及规划环评基本情况；项目及周围地区环境保护目标分布情况。

井田（矿田）资源情况：面积、储量、煤层、煤质（硫、重金属、砷磷等有害元素含量）、瓦斯。

工程概况：煤炭井工或露天开采的开拓方式、开采方法；煤炭地面加工工艺、运输及产品用户；工业场地、风井场地、排矸场、场外道路平面布置情况、占地面积及类型；水、电、热等公用工程情况；环境保护工程情况；工作制度、劳动定员、施工工艺及年限；项目总投资及环保投资。

2.2　工程分析

生态方面，施工期主要根据煤矿地面设施总平面布置、主要工程施工工艺、施工工序、公用工程建设情况进行识别和分析；营运期主要根据煤炭开拓方式、开采方法，以及项目和周边地区生态保护目标的分布情况分析生态影响。

废水方面，主要根据矿井水抽放及处理利用情况，生活污水、生产废水水量平衡、处理利用及排放情况来识别和分析废水排放，核算排放强度。施工期的废水则根据可行性研究报告或初步设计报告设计的施工方案、施工布局情况等核算施工废水和施工人员生活污水的排放量，并明确主要污染因子。

废气方面，根据锅炉（热风炉）燃煤煤质及烟气（污染物）产生、处理及排放情况，识别和分析废气排放，核算排放强度。施工期废气则根据所采用的施工设施或设备采用的燃料、产生或排放的废气种类等，核算其排放强度。

噪声方面，说明项目主要噪声源的数量、位置及源强。

固体废物，分施工期和营运期，全面识别固体废物的类型、产生环节，并核算不同类型固体废物的产生量。

清洁生产贯穿工程分析全过程。

给出污染物排放清单。

3　主要环境影响及防治措施

3.1　生态影响

3.1.1　影响分析

根据煤矿地面设施总平面布置、主要工程施工工艺、施工工序、公用工程建设情况，重点分析煤矿建设期对生态环境的影响。

由于煤炭资源赋存条件及开拓、开采方式的不同，采煤对生态影响的表现形式也有所不同。生态影响评价涉及的共性问题主要有：项目永久占地（含工业场地、排矸场、排土场等）、地表沉陷（露天矿挖损）对地形地貌、土地利用和农（林、草）生态系统的影响；地表沉陷变形（露天矿挖损）对地表水体（系）、水利设施的影响与破坏程度；地表沉陷变形（露天矿挖损）对村庄民宅、地面重要建（构）筑物、基础设施的影响与破坏程度；煤炭开采前后生态变化趋势分析。根据煤炭开拓方式、开采方法和采取的主要环境保护措施，以及项目和周边地区环境保护目标的分布情况，分析工程营运期的生态环境影响及主要生态恢复措施，并分析其有效性。

3.1.2   生态恢复与补偿措施

3.1.2.1   根据生态环境影响定量或定性分析结果，说明不同类型土地受地表沉陷影响的形式、面积，提出相应的生态影响预防、修复或补偿措施方案，制订矿区生态综合整治规划及生态环境管理监控计划。

3.1.2.2   根据采煤沉陷（露天矿挖损）对村庄建筑物的影响预测结果，提出建筑物的修复和村庄搬迁方案与费用安排，并对迁入地的环境承载力进行简要分析。

3.1.2.3   给出具体的生态恢复措施（包括工程措施和生物措施）的资金概算，明确生态补偿资金的来源和运作机制。

3.2   地下水环境影响

地下水的环境影响是煤炭开采项目中最重要的内容之一。从区域水文地质（岩性、地下水补、径、排）条件、地质构造、采煤导水裂缝带发育高度等角度，类比开采区已有煤矿采煤后对地下水的影响，结合评价项目的实际地质条件，评价地下水的环境影响。

对煤层含水层顶板或底板较为敏感的，可采取划定禁采区的办法减缓其影响，对井田（矿田）采区或开采巷道毗邻导水断层和河流的，要按设计规范留设足够宽度的防水煤岩柱，确保采煤不对这些敏感地段产生明显的影响。煤矿投产后，应加强煤矿周围地下水监测，发现影响居民生产和生活时，采取具体的补救措施，如打深井、由煤矿工业场地直接供水或利用周边没被利用的泉水、敷设引水管或修渠解决居民生活用水，将经费纳入运营期成本。

3.3   地表水环境影响

根据煤矿污废水产生、处理利用及排放情况，结合纳污河流的水环境功能，分析煤矿污废水排放对地表水的环境影响。煤矿生产过程中要抽排矿井水，根据国家有关环保政策要求，矿井水必须综合利用，并达到相应综合利用率的要求。矿井水的综合利用一般经处理后用于选煤厂补水、地面消防、绿化和井下消防用水、巷道洒水、井下黄泥灌浆用水等；矿区应建设矿井水处理站，矿井水的处理通常采用混凝沉淀等方法，遇铁、锰含量高的酸性矿井水，需增加除铁、锰设施；生产中污废水包括生活污水和选煤废水，生活污水应建设生活污水处理站，经处理后可用于地面绿化、补充选煤车间用水等，选煤水一般采用浓缩机处理，实现闭路循环，不外排。若污水向地表水体排放，选用合适的预测模式预测其排放的环境影响，据此调整环保措施。

3.4 固体废物环境影响

煤矸石是煤炭采选的主要固体废物，是煤炭采掘行业环境影响评价最受关注的内容之一。很多省（区、市）颁布了"固体废物管理条例"，均对煤矸石综合利用和处理处置做了相关规定，认真学习相关条例对做好煤炭采选项目环境影响评价是较强的指导意义的。按照《煤矸厂综合利用管理办法（2014 年修订版）》，煤炭开发项目（包括选煤厂项目）的项目核准申请报告中资源开发及综合利用分析篇章中须包括煤矸石综合利用和治理方案，明确煤矸石综合利用途径和处置方式。对未提供煤矸石综合利用方案的煤炭开发项目，有关主管部门不得予以核准。煤矸石综合利用方案中涉及煤矸石产生单位自行建设的工程，要与煤矿（选煤厂）工程同时设计、同时施工、同时投产使用；涉及为其他单位提供煤矸石的工程，煤矸石利用单位应当具备符合国家产业政策和环境保护要求的生产与处置能力。

新建（改扩建）煤矿及选煤厂应节约土地、防止环境污染，禁止建设永久性煤矸石堆放场（库）。确需建设临时性堆放场（库）的，其占地规模应当与煤炭生产和洗选加工能力相匹配，原则上占地规模按不超过 3 年储矸量设计，且必须有后续综合利用方案。煤矸石临时性堆放场（库）选址、设计、建设及运行管理应当符合《一般工业固体废物贮存、处置场污染控制标准》《煤炭工程项目建设用地指标》等相关要求。

《关于"十四五"大宗固体废弃物综合利用的指导意见》（发改环资〔2021〕381号）提出，大力发展绿色矿业，推广应用矸石不出井模式，鼓励采矿企业利用尾矿、共伴生矿填充采空区、治理塌陷区，推动实现尾矿就地消纳。持续提高煤矸石和粉煤灰综合利用水平，推进煤矸石和粉煤灰在工程建设、塌陷区治理、矿井充填以及盐碱地、沙漠化土地生态修复等领域的利用，有序引导利用煤矸石、粉煤灰生产新型墙体材料、装饰装修材料等绿色建材，在风险可控前提下深入推动农业领域应用和有价组分提取，加强大掺量和高附加值产品应用推广。鼓励绿色建筑使用以煤矸石、粉煤灰、工业副产石膏、建筑垃圾等大宗固废为原料的新型墙体材料、装饰装修材料。

3.5 环境空气影响

根据工业场地锅炉（热风炉）的型号、数量及所采取的消烟除尘脱硫措施、排气筒的高度，分析烟尘、二氧化硫等污染物是否达标排放；针对煤炭在储存、装卸、运输等环节存在的扬尘污染，提出有针对性的防治措施。

3.6　声环境影响

结合项目区主要噪声敏感目标的分布情况，根据工程分析确定的噪声源及源强，按相应的预测评价方法进行厂界、铁路专用线、运输道路两侧噪声的环境影响预测评价；对厂界等噪声超标的区域应给出噪声防护距离要求。

3.7　明确提出建设项目在建设阶段、运行阶段、服务期满拟采取的具体污染防治和环境风险防范措施；环境质量（如地表水、地下水、环境空气）不达标的区域，应采取国内外先进可行的环境保护措施，结合区域限期达标规划及实施情况，分析建设项目实施对区域环境质量改善目标的贡献和影响。

3.8　给出各项污染防治、环境风险防范措施的具体内容、责任主体、实施时段、估算环保投入，明确资金来源。

3.9　明确环境保护投入。包括为预防和减缓不利影响而采取的各项环境保护措施和设施的建设费用、运行维护费用，直接为建设项目服务的环境管理与监测费用以及相关的科研费用。

4　应注意的问题

4.1　有关煤炭开采和利用的产业政策更新较快，环评时应注意依据的时效性问题。

4.2　根据 HJ 19—2022，生态影响评价等级的确定应考虑上提一级的情况（导致土地利用类型明显改变）；根据 HJ 610、HJ 964 判断地下水水位或土壤影响范围内分布有天然林、公益林、湿地等生态保护目标的建设项目，生态影响评价等级不低于二级。矿山开采项目生态影响评价范围应涵盖开采区及其影响范围、各类场地及运输系统占地以及施工临时占地范围等。生态影响预测评价应通过对开采造成的植物群落及植被覆盖度变化、重要物种的活动、分布及重要生境变化以及生态系统结构和功能变化、生物多样性变化等开展重点预测与评价。

4.3　根据《关于进一步加强煤炭资源开发环境影响评价管理的通知》（环环评〔2020〕63 号），经批准的煤炭矿区总体规划，是煤矿项目核准、建设、生产的基本依据。未依法进行环评的煤炭矿区总体规划，不得组织实施；对不符合煤炭矿区总体规划要求的项目，发展改革（能源主管）部门不予核准。生态环境主管部门应将与矿区总体规划及其环评的符合性作为规划所包含项目环评文件审批的重要依据，对不符合要求的，不予审批其项目环评文件。对符合规划环评结论和审查意见的建设项目，其建设项目环评文件可依据规划环评审查意见对区域环境质量现状、规划协调性分析等内容适当简化。

4.4　井工开采地表沉陷的生态环境影响预测，应充分考虑自然生态条件、沉陷影响形式和程度等制定生态重建与恢复方案，确保与周边生态环境相协调。露天开采时应优化采排计划，控制外排土场占地面积，在确保安全生产的前提下，尽快实现内排土。针对排土场平台、边坡和采掘场沿帮、最终采掘坑等制定生态重建与恢复方案。制定矸石周转场地、地面建（构）筑物搬迁迹地等的生态重建与恢复方案。建设单位应严格控制采煤活动扰动范围，按照"边开采、边恢复"原则，及时落实各项生态重建与恢复措施，并定期进行效果评估，存在问题的，建设单位应制定科学、可行的整改计划并严格实施。

4.5　井工开采不得破坏具有供水意义含水层结构、污染地下水水质，保护地下水的供水功能和生态功能，必要时应采取保护性开采技术或其他保护措施减缓对地下水环境的影响。露天开采项目应采取有效措施控制疏干水量、浅层地下水水位降深及对浅层地下水的疏干影响范围，减缓露天开采对浅层地下水环境的影响。污水处理设施等所在区域应采取防渗措施。

4.6　鼓励对煤矸石进行井下充填、发电、生产建筑材料、回收矿产品、制取化工产品、筑路、土地复垦等多途径综合利用，因地制宜选择合理的综合利用方式，提高煤矸石综合利用率。技术可行、经济合理的条件下优先采用井下充填技术处置煤矸石，有效控制地面沉陷、损毁耕地，减少煤矸石排放量。煤矸石的处置与综合利用应符合国家及行业相关标准规范要求。禁止建设永久性煤矸石堆放场（库），确需建设临时性堆放场（库）的，其占地规模应当与煤炭生产和洗选加工能力相匹配，原则上占地规模按不超过 3 年储矸量设计，且必须有后续综合利用方案。

4.7　提高煤矿瓦斯利用率，控制温室气体排放。高瓦斯、煤与瓦斯突出矿井应配套建设瓦斯抽采与综合利用设施，甲烷体积浓度大于等于 8% 的抽采瓦斯，在确保安全的前提下，应进行综合利用。鼓励对甲烷体积浓度在 2%（含）至 8% 的抽采瓦斯以及乏风瓦斯，探索开展综合利用。确需排放的，应满足《煤层气（煤矿瓦斯）排放标准（暂行）》要求。

4.8　针对矿井水应当考虑主要污染因子及污染影响特点等，通过优化开采范围和开采方式、采取针对性处理措施等，从源头减少和有效防治高盐、酸性、高氟化物、放射性等矿井水。矿井水应优先用于项目建设及生产，并鼓励多途径利用多余矿井水。可以利用的矿井水未得到合理、充分利用的，不得开采及使用其他地表水和地下水水源作为生产水源，并不得擅自外排。矿井水在充分利用后仍有剩余且确需外排的，经处理后拟外排的，除应符合相关法律法规政策外，其相关水质因子值还应满足或优于受纳水体环境功能区划规定的地表水环境质量对应值，含盐量不得超过 1 000 mg/L，且不得影响上下游相关河段水功能需求。安装在线自动监测系统，相关环境数据向社会公开，与相关部门联网，接受监督。依法依规做好关闭矿井封井处置，防治老空水等污染。

4.9　煤炭开采应符合大气污染防治政策。生态保护红线、自然保护地内原则上应依法禁止露天开采，其他生态功能极重要区、生态极敏感区以及国家规定的重要区域等应严格控制露天开采。加强煤炭开采的扬尘污染防治，对露天开采的采掘场、排土场已形成的台阶进行压覆及洒水降尘，对预爆区洒水预湿。煤炭、矸石的储存、装卸、输送以及破碎、筛选等产尘环节，应采取有效措施控制扬尘污染，优先采取封闭措施，厂界无组织排放应符合国家和地方相关标准要求；涉及环境敏感区或区域颗粒物超标的，依法采取封闭措施。煤炭企业应针对煤炭运输的扬尘污染提出封闭运输、车辆清洗等防治要求，减少对道路沿线的影响；相关企业应规划建设铁路专用线、码头等，优先采用铁路、水路等方式运输煤炭。

4.10　新建、改扩建煤矿应配套煤炭洗选设施，有效提高煤炭产品质量，强化洗选过程污染治理。煤炭开采使用的非道路移动机械排放废气应符合国家和地方污染物排放标准要求，鼓励使用新能源非道路移动机械。优先采用余热、依托热源、清洁能源等供热措施，减少大气污染物排放；确需建设燃煤锅炉的，应符合国家和地方大气污染防治要求。加强矸石山管理和综合治理，采取有效措施控制扬尘、自燃等。

4.11　煤炭采选企业应当依法申请取得排污许可证或进行排污登记。未取得排污许可证也未进行排污登记的，不得排放污染物。

4.12　改建、扩建和技术改造煤炭采选项目还必须采取措施，治理与该项目有关的原有环境污染和生态破坏。

4.13　鼓励相关部门和企业，开展沉陷区生态恢复技术、露天矿排土场和采掘场生态重建与恢复技术、保水采煤技术、高盐矿井水处理与利用技术、煤矸石综合利用技术、低浓度和乏风瓦斯综合利用技术、关闭煤矿瓦斯监测和综合利用技术等研究，促进煤炭采选行业绿色发展。持续创新行业环评管理思路，遵循煤炭资源开发与环境影响特点，探索和推进煤炭开采项目环评管理程序和方式改革。

4.14　根据 HJ 19—2022，矿山开采项目应采取保护性开采技术或其他措施控制沉陷深度和保护地下水的生态功能。煤炭开采项目关注的重点为生态（除了对植被的影响，还含沉陷、移民安置等内容）和地下水环境影响，矿井水、煤矸石和瓦斯的综合利用。

4.15　进行地表沉陷的预测，首先应选择合适的预测模式，确立模型参数，并做好模型修正，优先采用同地区已采矿井的岩移观测数据；地下水的环境影响分析要注意当地已采煤区类比资料的使用问题，结合采煤地区其他矿井开采后的影响进行合理分析评价，并提出可行的保护措施。

4.16　生态评价应关注生态补偿机制的建立及可行性问题。

4.17　煤炭开采以生态影响为主，应关注对区域生态系统组成及服务功能变化趋势的影响。根据现状调查与评价结果，明确项目所在区域环境特征，识别评价范围内的环境保护目标（根据 HJ 2.1—2016 的要求，附图列表说明评价范围内各环境要素涉及的环境敏感区、需要特殊保护对象的名称、功能、与建设项目的位置关系以及环境保护要求等），重点预测分析、评价建设阶段和生产运行对环境保护目标的影响性质与程度。

4.18 应关注环境保护措施可行性论证。根据 HJ 2.1—2016，应分析论证拟采取的具体的污染防治、环境风险防范等措施的技术可行性、经济合理性、长期稳定运行和达标排放的可靠性、满足环境质量改善和排污许可要求的可行性。各类措施的有效性判定应以同类或相同措施的实际运行效果为依据（如类比已运行的同类或相同措施）。

4.18 加强项目建设阶段、生产运行阶段的环境管理与监测。根据 HJ 2.1—2016，环境影响评价需提出严格、具体的环境管理要求，并制订明确的监测计划，包括污染源监测、环境质量监测（主要针对受项目影响的保护目标的环境质量监测）、生态调查或监测、地表移动或塌陷监测等。

九、水利水电项目

1 主要相关产业政策、行业环评技术导则及常用标准

1.1《水电水利建设项目河道生态用水、低温水和过鱼设施环境影响评价技术指南（试行）》（国家环保总局，2006 年）

1.2《关于有序开发小水电切实保护生态环境的通知》（环发〔2006〕93 号）

1.3《环境影响评价技术导则 水利水电工程》（HJ/T 88—2003）

1.4《水利水电工程环境影响—医学评价技术规范》（GB/T 16124—1995）

1.5《水电水利工程环境保护设计规程》（DL/T 5402—2007）

1.6《水利水电工程水文计算规范》（SL 278—2002）

1.7《水域纳污能力计算规程》（SL 348—2006）

1.8《水利水电工程环境保护概估算编制规程》（SL 359—2006）

1.9《地表水资源质量评价技术规程》（SL 395—2007）

1.10《关于加快水利改革发展的决定》（中发〔2011〕1 号）

1.11《关于进一步加强水电建设环境保护工作的通知》（环办〔2012〕4 号）

1.12《关于深化落实水电开发生态环境保护措施的通知》（环发〔2014〕65 号）

1.13《水污染防治行动计划》（国发〔2015〕17 号）

1.14《关于规范火电等七个行业建设项目环境影响评价文件审批的通知》（环办

〔2015〕112 号）—《水电建设项目环境影响评价文件审批原则（试行）》

1.15《关于印发水泥制造等七个行业建设项目环境影响评价文件审批原则的通知》（环办环评〔2016〕114 号）—《水利建设项目（引调水工程）环境影响评价文件审批原则（试行）》

1.16《环境影响评价技术导则　地表水环境》（HJ 2.3—2018）

2　工程概况与工程分析要点

2.1　工程概况

说明流域（河段）规划概况、本工程地理位置、工程任务、规模与工程运行方式、工程总布置与主要建筑物（主体工程、施工辅助工程）、工程施工布置及进度、水库淹没及工程占地与移民安置规划概况（包括库区防护工程）、工程投资估算。涉及公路或铁路改建、通信设施或是输电线路设施等专业项目复建的，需说明与建设项目的相关关系，受影响的专业项目的概况、服务对象及重要程度等。

由于水利水电工程分类不同（如引水式电站、河床式电站、航电枢纽工程、水利工程、跨流域调水工程等），其工程概况说明的侧重点也有所不同。

大型水电工程的组成比较复杂，而且工程建设期长、涉及面广泛，其中包含的一些专题属于"规划"性质，如移民安置、企业迁建等。因此，水电工程建设项目工程组成及其相关配套、辅助等内容必须明确。

列入分析的重点工程：大坝、施工作业场、各种料场、对外交通、施工道路、弃渣区、生活区、淹没区、库区清理、移民安置区、迁建工程等。

2.2　工程分析

一般应按施工期（大型工程还应考虑"三通一平"期）、蓄水期（分期蓄水应考虑不同蓄水期）、运行期分别进行识别和分析，并尽量给出定量化数据。

2.2.1　施工期

施工期工程分析，应在掌握施工内容、施工量、施工时序和施工方案的基础上，识别可能引发的环境问题。

水环境影响源：砂石骨料废水、混凝土拌和与养护废水、施工机械与车辆冲洗与维修保养废水、生活污水。

大气污染源：爆破、砂石骨料加工、运输、燃油机械。

声污染源：爆破、砂石骨料加工、运输、振动机械。

固体废物：工程弃土弃渣、生活垃圾。

生态影响源：施工占地和土石方开挖对农业生态、林业生态的影响；产生的弃渣可能造成水土流失。

2.2.2　蓄水期

主要是库区清理，不仅涉及破坏植被、农田、城镇、企业等淹没损失，还涉及固体废物的处理处置问题；更重要的是蓄水阶段还需要考虑生态流量下泄问题。这也是一些水电项目需单独进行蓄水阶段验收的原因之一。

2.2.3　运行期

运营期的影响源应包括水库淹没高程及范围、淹没区地表附属物名录和数量、耕地和植被类型与面积、机组发电用水及梯级开发联合调配方案、枢纽建筑布置等方面。

运营期生态影响识别时应注意，水库、电站运行方式不同，运营期生态影响也有差异。

对于引水式电站，厂址间段会出现不同程度的脱水河段，其水生生态、用水设施和景观影响较大。

对于日调节水电站，下泄流量、下游河段河水流速和水位在日内变化较大，对下游河道的航运和用水设施影响明显。

对于年调节电站，水库水温分层相对稳定，下泄河水温度相对较低，对下游水生生物和农灌作物影响较大。

对于抽水蓄能电站，上库区域易对区域景观、旅游资源等造成影响。

水利水电工程分析中，一般设专节分析工程的相关符合性或环境合理性。主要内容包括流域规划及规划环境影响评价结论及审查意见的符合性分析；工程与其他相关规划（水功能区划、防洪规划、水资源利用规划、环境保护规划、生态保护规划、水土保持规划及区域旅游规划等）的符合性分析；工程选址的环境合理性分析、工程总体布置的环境合理性分析、工程设计方案的环保合理性分析（主要包括施工组织及工区布置的合理性分析、工程移民安置及占地补偿方案的合理性分析、专业项目复建方案的合理性分析、工程渣场及料场的选址合理性分析等）。

3　主要环境影响及防治措施

工程主要的环境影响，按照环境要素分别为：水文情势与水环境的影响；生态环境影响，包括陆生生态影响、水生生态影响（重点是鱼类影响，特别是洄游性鱼类，以及鱼类"三场"）、农业生态影响等；大气环境影响；声环境影响等。其中水文情势、水环境的影响、生态影响主要是运行期的影响；大气和声环境影响主要是施工期的影响。大型水电站根据管理需要，可考虑"三通一平"的专项环境影响评价。

3.1　施工期

施工期主要环境影响包括永久占地和临时占地产生的生态影响，"三废"排放对水环境（施工期以水污染影响为主）、环境空气、生态影响，以及施工噪声的影响，移民安置、工程复建的环境影响。

一般按常规项目施工期采取相应措施，包括施工废水处理、施工人员生活污水的处理、施工扬尘等废气治理、噪声控制、水土保持及生态保护措施、固体废物处理处置、人群健康保护、景观与文物保护等方面的措施。

3.2　运行期

运行期间的主要影响实质上是由两个方面引起的，一方面是大坝的阻隔影响问题；另一方面是水文情势变化导致的影响问题。水文情势的变化也是由大坝阻隔而产生的。因此，主要是大坝造成的阻隔影响、水库蓄水及淹没影响、不同运行调度对水文情势及水生生态的影响。

运行期间地表水环境水文要素影响预测：

①河流、湖泊及水库的水文情势预测分析主要包括水域形态、径流条件、水力条件以及冲淤变化等内容，具体包括水面面积、水量、水温、径流过程、水位、水深、流速、水面宽、冲淤变化等，湖泊和水库需要重点关注湖库水域面积或蓄水量及水力停留时间等因子。

②工程涉及感潮河段、入海河口及近岸海域的，水动力条件预测分析主要包括流量、流向、潮区界、潮流界、纳潮量、水位、流速、水面宽、水深、冲淤变化等因子。

主要环境保护措施应关注水环境保护（水资源利用及合理开发）、水土保持（土壤环境保护主要采取浆砌片石、砌块石、设置临时拦挡及排水设施等工程措施以及复耕、覆土造地、绿化等生态措施）、施工迹地全面的植被恢复及河库中鱼类等水生生物的保护，重点是坝下河段下泄生态流量（保证减水河段水生生物的生存）措施的保障，或鱼类增殖放流站建设。

关于水电建设项目的生态环境保护措施，在《关于深化落实水电开发生态环境保护措施的通知》（环发〔2014〕65 号）中均有明确的、具体的要求。

3.3　明确提出建设项目在建设阶段、运行阶段拟采取的具体环保措施；环境质量（如地表水环境，水污染与水体富营养化）不达标的区域，应采取国内外先进可行的环境保护措施，结合区域限期达标规划及实施情况，分析建设项目实施对区域环境质量改善目标的贡献和影响。

3.4　给出各项环保措施的具体内容、责任主体、实施时段、估算环保投入，明确资金来源。

3.5　明确环境保护投入。包括为预防和减缓不利影响而采取的各项环境保护措施和设施的建设费用、运行维护费用，直接为建设项目服务的环境管理与监测费用以及相关的科研费用。

4　应注意的问题

4.1　根据 HJ 19—2022，陆生生态影响和水生生态影响应分别确定评价等级。对于水生生态影响评价等级，根据 HJ 2.3 判断属于水文要素影响型且地表水评价等级不低于二级的建设项目，生态影响评价等级不低于二级；拦河闸坝建设可能明显改变水文情势等情况下，评价等级应上调一级；根据 HJ 610、HJ 964 判断地下水水位或土壤影响范围内分布有天然林、公益林、湿地等生态保护目标的建设项目，生态影响评价等级不低于二级。水利水电项目评价范围应涵盖枢纽工程建筑物、水库淹没、移民安置等永久占地、施工临时占地以及库区坝上、坝下地表地下、水文水质影响河段及区域、受水区、退水影响区、输水沿线影响区等。

4.2　根据 HJ 19—2022，水生生态现状调查，水生生态一级、二级评价的调查点位、断面等应涵盖评价范围内的干流、支流、河口、湖库等不同水域类型。一级评价应至少开展丰水期、枯水期（河流、湖库）或春季、秋季（入海河口、海域）两期（季）调查，二级评价至少获得一期（季）调查资料，涉及显著改变水文情势的项目应增加调查强度。鱼类调查时间应包括主要繁殖期，水生生境调查内容应包括水域形态结构、水文情势、水体理化性状和底质等。

4.3　水利水电工程环境影响重点关注生态影响（含水土流失问题）和水环境影响评价，特别是水文情势的变化及由此导致的生态影响。尽管施工期存在一定的污染影响，但水利水电工程是典型的在施工期和营运期均以生态影响为主的建设项目（施工期存在的环境污染影响也不容忽视，包括施工废水、生活污水、施工扬尘等废气，施工噪声甚至爆破噪声、固体废物及生活垃圾等），既有陆生生态影响，又有水生生态影响，是案例分析考试中出题频率最高的。

4.4　鉴于水利水电工程多数建于山区，陆生生态影响应关注森林植被影响及可能对重要物种的影响。包括运输道路及库区淹没对森林生态系统切割（森林生境切割）与阻隔导致的野生动物通行、物种交流影响。

4.5　对土地资源的影响，特别是农业占地和占用基本农田问题。

4.6　取土场、弃渣场等非永久占地的复垦与生态恢复（植被重建）。

4.7　根据 HJ 19—2022，水利水电项目应对河流、湖泊等水体天然状态改变引起的水生生境变化、鱼类等重要水生生物的分布及种类组成、种群结构变化，水库淹没、工程占地引起的植物群落、重要物种的活动、分布及重要生境变化，调水引起的生物入侵风险，以及生态系统结构和功能变化、生物多样性变化等开展重点预测与评价；应结合水文情势、水动力和冲淤、水质（包括水温）等影响预测结果，预测分析水生生境质量、连通性以及产卵场、索饵场、越冬场等重要生境的变化情况，图示建设项目实施后的重要水生生境分布情况；结合生境变化预测分析鱼类等重要水生生物的种类组成、种群结构、资源时空分布等变化情况。河流水文情势变化及建筑物阻隔对水生生态的影响，主要是运行调度水文情势的变化产生的不利影响及大坝的阻隔对库区和下游河道水生生物，主要为浮游生物、底栖生物和鱼类、鱼类"三场"的影响，特别是大坝对洄游性鱼类造成的阻隔影响。环评关注的主要因素或指标有：水文情势，水温变化（特别是低温水及其产生的环境影响），鱼类产卵与卵孵化、洄游通道、越冬场及其他栖息地等。

4.8　噪声敏感点的监测、影响评价及保护措施。

4.9　水环境尤其是水源的保护问题。若项目涉及饮用水源地或建成后库区作为饮用水源地，则需要按照饮用水源地的保护要求，依法依规实施保护措施。

4.10　水资源配置及所产生的生态影响。

4.11　大坝建设对河流廊道的生态功能的影响。

4.12　文物古迹的保护措施。

4.13　大型水利水电项目，特别是梯级开发项目，应关注对区域生态系统组成和服务功能变化趋势的影响。根据现状调查与评价结果，明确项目所在区域环境特征，识别评价范围内的环境保护目标（根据 HJ 2.1—2016 的要求，附图列表说明评价范围内各环境要素涉及的环境敏感区、需要特殊保护对象的名称、功能、与建设项目的位置关系以及环境保护要求等），重点预测分析、评价建设阶段和运行对环境保护目标的影响性质与程度。

4.12　应关注环境保护措施可行性论证。根据 HJ 2.1—2016，应分析论证拟采取的具体的污染防治、环境风险防范等措施的技术可行性、经济合理性、长期稳定运行和达标排放的可靠性、满足环境质量改善和排污许可要求的可行性。各类措施的有效性判定应以同类或相同措施的实际运行效果为依据（如类比已运行的同类或相同措施），没有实际运行经验的，可提供工程化实验数据。

4.13　生态流量的保障、某些工程低温水的控制、鱼类增殖放流站的建设、鱼类洄游通道的建设等是水利水电工程水生生态保护的关键性问题。多年来这些问题在环评工程师职业资格考试中反复出现，应予高度重视。

4.14　加强项目建设阶段、生产运行阶段的环境管理与监测。根据 HJ 2.1—2016，环境影响评价需提出严格、具体的环境管理要求，并制订明确的监测计划（如生态流量在线监测、陆生生态与水生生态监测）。

4.15　与其有关的规划（流域综合规划、流域梯级开发规划、能源规划、水利规划）环评结论及审查意见是此类建设项目进行环境影响评价的重要依据。

十、钢铁项目

1　主要相关产业政策、行业环评技术导则及常用标准

1.1《中共中央　国务院关于深入打好污染防治攻坚战的意见》（2021 年 11 月 2 日）

1.2《中共中央　国务院关于完整准确全面贯彻新发展理念做好碳达峰碳中和工作的意见》（2021 年 9 月 22 日）

1.3《2030 年前碳达峰行动方案》（国发〔2021〕23 号）

1.4《"十四五"节能减排综合工作方案》（国发〔2021〕33 号）

1.5《产业结构调整指导目录（2019 年本）》（发改委令〔2019〕第 29 号）

1.6《部分工业行业淘汰落后生产工艺装备和产品指导目录（2010 年本）》（工产业〔2010〕第 122 号）

1.7《外商投资产业指导目录（2011 年修订）》（国家发改委　商务部令　第 12 号）

1.8《国务院批转发展改革委等部门〈关于抑制部分行业产能过剩和重复建设引导产业健康发展若干意见〉的通知》（国发〔2009〕38 号）

1.9《铁合金行业准入条件（2008 年修订）》（发改委公告　2008 年　第 13 号）

1.10《电解金属锰行业准入条件（2008 年修订）》（发改委公告　2008 年　第 13 号）

1.11《关于钢铁工业控制总量淘汰落后加快结构调整的通知》（发改工业〔2006〕1084 号）

1.12《关于推进铁合金行业加快结构调整的通知》（2006 年）

1.13《关于加快推进产能过剩行业结构调整的通知》（国发〔2006〕11 号）

1.14《国家发展改革委关于加强铁合金生产企业行业准入管理工作的通知》（发改产业〔2005〕1214 号）

1.15《钢铁产业发展政策》（发改委令〔2005〕第 35 号）

1.16《钢铁产业"十四五"发展规划》（2020 年）

1.17《国务院办公厅转发发展改革委等部门关于制止钢铁电解铝水泥行业盲目投资若干意见的通知》（国办发〔2003〕103 号）

1.18《国家发展和改革委员会关于进一步巩固电石、铁合金、焦炭行业清理整顿成果规范其健康发展的有关意见的通知》（发改产业〔2004〕2930 号）

1.19《国务院关于印发钢铁产业调整和振兴规划的通知》（国发〔2009〕6 号）

1.20《国务院关于进一步加强淘汰落后产能工作的通知》（国发〔2010〕7 号）

1.21《国务院办公厅关于进一步加大节能减排力度加快钢铁工业结构调整的若干意见》（国办发〔2010〕34 号）

1.22《关于贯彻落实抑制部分行业产能过剩和重复建设引导产业健康发展的通知》（环发〔2009〕127 号）

1.23《焦化行业准入条件（2008 年修订）》（工信部公告产业〔2008〕第 15 号）

1.24《钢铁工业水污染物排放标准》（GB 13456—92）

1.25《工业炉窑大气污染物排放标准》（GB 9078—1996）

1.26《钒工业污染物排放标准》（GB 26452—2011）

1.27《炼铁厂卫生防护距离标准》（GB 11660—89）

1.28《焦化厂卫生防护距离标准》（GB 11661—89）

1.29《烧结厂卫生防护距离标准》（GB 11662—89）

1.30《石灰厂卫生防护距离标准》（GB 18076—2000）

1.31《清洁生产标准　钢铁行业（铁合金）》（HJ 470—2009）

1.32《清洁生产标准　钢铁行业（炼钢）》（HJ/T 428—2008）

1.33《清洁生产标准　钢铁行业（高炉炼铁）》（HJ/T 427—2008）

1.34《清洁生产标准　钢铁行业（烧结）》（HJ/T 426—2008）

1.35《清洁生产标准　钢铁行业》（HJ/T 189—2006）

1.36《清洁生产标准　钢铁行业（中厚板轧钢）》（HJ/T 318—2006）

1.37《清洁生产标准　炼焦行业》（HJ/T 126—2003）

1.38《电解锰行业污染防治技术政策》（2010 年）

1.39《钢铁工业除尘工程技术规范》（HJ 435—2008）

1.40《保护农作物的大气污染物最高允许浓度》（GB 9137—88）

1.41《钢铁工业环境保护设计规范》（GB 50406—2007）

1.42《钢铁工业资源综合利用设计规范》（GB 50405—2007）

1.43《钢铁工业发展循环经济环境保护导则》（HJ 465—2009）

1.44《焦化废水治理工程技术规范》（HJ 2022—2012）

1.45《钢铁工业废水治理及回用工程技术规范》（HJ 2019—2012）

1.46《关于发布〈铁矿采选工业污染物排放标准〉等 8 项国家污染物排放标准的公告》（环境保护部公告　2012 年　第 43 号）

1.47《钢铁行业规范条件（2012 年修订）》（中华人民共和国工业和信息化部公告　2012 年　第 35 号）

1.48《大气污染防治行动计划》（国发〔2013〕37 号）

1.49《环境影响评价技术导则　钢铁建设项目》（HJ 708—2014）

1.50《水污染防治行动计划》（国发〔2015〕17 号）

1.51《关于印发钢铁/焦化、现代煤化工、石化、火电四个行业建设项目环境影响评价文件审批原则的通知》（环办环评〔2022〕31 号）—《钢铁建设项目环境影响评价文件审批原则》

1.52《污染源源强核算指南　钢铁工业》（HJ 885—2018）

1.53《土壤环境质量　农用地土壤污染风险管控标准（试行）》（GB 15618—2018）

1.54《土壤环境质量　建设用地土壤污染风险管控标准（试行）》（GB 36600—2018）

1.55《排污许可证申请与核发技术规范　钢铁工业》（HJ 846—2017）

1.56《温室气体排放核算与报告要求 第 5 部分 钢铁生产企业》（GB/T 32151.8—2015）

1.57 钢铁工业一系列生产工艺的污染防治可行技术指南

2　工程概况与工程分析要点

2.1　工程概述

说明工程项目名称、项目组成、建设规模、产品方案及建设地点等基本情况。项目组成应包括主体工程、辅助工程、储运工程、公用工程、环保工程等主要工程内容。改扩建项目还应给出现有工程项目组成，并说明与原有工程的依托关系。

2.2　工艺流程、排污节点和污染物

2.2.1　工艺流程要全面，对主体生产设施应按工艺流程作出完整、清晰、无遗漏的叙述，并附带有污染物排放节点的工艺流程图。考试中限于篇幅及时间等，案例一般只选取一个车间或一段工艺、一段流程。

2.2.2　污染物来源及流向要清晰，对使用的各类原料、主要辅助材料、燃料中所含的有毒有害物质的品种、数量予以核定，应对某些特定物质做物料平衡，如硫平衡、氟平衡、煤气平衡等。考试中往往是针对给出某一平衡，通过平衡计算，核算某一种或某几种污染物的排放量（如 2.4 和 2.8 所述）。

2.3　工程给水方案、排水方案及排水口设施等介绍齐全，给水排水平衡应绘制包括废水回用的分水质给排水平衡图和表。

2.4　根据工艺流程、排污节点详细列出各类污染物的名录，计算出其排放强度（浓度、速率、排放总量），表明污染物流向。同时明确无组织排放量。

2.5　工程设计拟采用的各类污染物的防治措施、设施，应按工艺流程、工序、主要设备开列详细名录，表述其功能特性，包括措施名称、主要内容、效果及分项投资估算。

2.6　改、扩建工程应增加"以新带老"相关内容。

2.7　清洁生产分析贯穿工程分析全过程，从生产工艺与装备要求、资源能源利用指标、产品指标、污染物产生指标（末端处理前）、废物回收利用指标和环境管理要求等方面进行清洁生产分析。并通过与清洁生产指标对照、与同类先进指标对比，明确给出拟建项目的清洁生产水平。

2.8　按《污染源源强核算指南　钢铁工业》（HJ 885—2018）核算钢铁项目染源源源强。

2.9　给出污染物排放清单。

3　主要环境影响及防治措施

3.1　主要污染因子

要全面考虑工艺过程（分总体工程工艺流程和主要工段工艺流程分别说明）中的污染源，如烧结、焦化、炼铁、炼钢、轧钢等，分类说明其污染因子。

3.1.1　废气及主要污染物：各类原料、辅助材料、固体燃料储运、加工（破碎、筛分）等过程逸散的工业粉尘；各类工业炉窑生产性粉尘和烟气所含烟尘、SO_2、NO_x、CO；炼焦工序产生的 BaP、H_2S、NH_3、苯系物；炼钢工序产生的氟化物；轧钢工序产生的油雾，酸洗工艺产生的酸雾、碱雾等。在考试时，考生应根据题干信息或提供的工艺流程图，能够判定产污环节及主要污染物。

3.1.2　废水类型及主要污染物：直接冷却、除尘废水（含 SS）；焦炉煤气净化废水，即酚氰废水（含酚、CN^-、S^{2-}、COD、NH_3-N、BaP、油类）；冷轧废水（含酸、碱、油类和乳化液）以及含铬、镍等重金属的各类废水。同样，在考试时应能够根据题干信息或工艺流程，判定废水种类及主要污染物，特别是一类污染物或特征污染物。

3.1.3　固体废物：炼铁高炉渣、钢渣、焦炉煤气净化过程产生的焦油渣、沥青渣、洗油再生渣、脱硫废液、生化污泥；轧钢工序产生的氧化铁皮、废酸液、废乳化液、废铬酸液；废水处理产生的废油和污泥等。特别重要的是能够识别危险废物的产生环节，确定危险废物种类，提出处理处置措施。

3.1.4　各类生产设备的运行噪声。

3.2　主要污染防治措施

3.2.1　废气，首先控制物质和能源的消耗量，同时选用有毒有害物质（如硫、氟、砷）含量低的原料、辅料和燃料；采用有效的控制（治理）措施，首选高效、节能的干法除尘（电除尘、袋式除尘）和高效洗涤设施；采用可燃气体回收利用及尾气自动点燃设施；完善收尘系统，减少粉尘的二次污染；焦炉煤气中 H_2S 经脱硫后回用，烧结烟气中 SO_2 经脱硫后排放。

3.2.2　废水，首先要选用无水或少水、无污染或少污染的新工艺、新技术、新设备，尽可能减少或不排放废水，如干法除尘代替湿法除尘；通过除油、沉淀、过滤、冷却等水处理单元的各种组合式处理，实施水的循环利用，对循环水泵采取软化、稳定、杀（灭）菌等措施；同时严格供水管理，采取分级使用、串级使用、一水多用等措施，减少新水补充与废水量。对于焦化酚氰废水采取厌氧、好氧生化处理，混凝沉淀和过滤等措施，显著降低污染物含量。

3.2.3　固体废物，首先要严格区分危险废物、一般工业固废和其他废物，然后分别按相应"标准"要求处置。危险废物的堆存，必须采取严格的"三防"措施等，杜绝二次污染；若外运，必须要由有资质的单位接运和处置。其他各类固体废物，应根据其特性、成分尽量综合利用。对设备运行噪声要考虑采取设备选型、厂区平面布局、减振、隔声等措施。

3.2.4　噪声，要尽可能选用低噪声的设备，并采取减振、吸声、消声、隔声等措施，降低噪声对环境的影响。

3.2.5　明确提出建设项目在建设阶段、运行阶段拟采取的具体污染防治和环境风险防范措施；环境质量不达标的区域，应采取国内外先进可行的环境保护措施，结合区域限期达标规划及实施情况，分析建设项目实施对区域环境质量改善目标的贡献和影响。

3.2.6　给出各项污染防治、环境风险防范措施的具体内容、责任主体、实施时段、估算环保投入，明确资金来源。

3.2.7　明确环境保护投入。包括为预防和减缓不利影响而采取的各项环境保护措施和设施的建设费用、运行维护费用，直接为建设项目服务的环境管理与监测费用以及相关的科研费用。

4　应注意的问题

4.1　注意产业政策的符合性、规划选址的符合性和与城市规划的协调性。生态环境《关于印发钢铁/焦化、现代煤化工、石化、火电四个行业建设项目环境影响评价文件审批原则的通知》（环办环评〔2022〕31号）—《钢铁建设项目环境影响评价文件审批原则》，是十分重要的规范性文件。考生必须认真学习这些审批原则。

4.2　关注行业清洁生产及循环经济分析。关注能源、资源消耗利用水平，特别关注水资源利用及节水问题，大型项目要考虑对地区生态的影响。

4.3　工程分析关注金属平衡、能源平衡、水平衡、蒸汽平衡、煤气平衡、硫平衡、原料中某些重金属的平衡等。

4.4　注意特征污染物对环境的影响，如氟、砷等有害物质对人群和农作物的影响，明确大气环境防护距离，必要时提出优化厂区平面布局的建议。

4.5　环保措施分析时，应做好先进性、可靠性、合理性分析，并用实际运行的例子加以分析说明，同时应给出清晰的包括全部污染防治措施、排放浓度和速率的一览表。考生应充分熟悉"3"中的废气、废水、固体废物等主要污染防治措施，并能够在考试中根据题干信息及要求解答的措施问题给出相应的答案。

4.6　应按环境风险评价导则 HJ 169—2018 的要求进行环境风险评价，弄清风险源、提出防范措施和应急预案。

4.7　根据现状调查与评价结果，明确项目所在区域环境特征，识别评价范围内的环境保护目标（根据 HJ 2.1—2016 的要求，附图列表说明评价范围内各环境要素涉及的环境敏感区、需要特殊保护对象的名称、功能、与建设项目的位置关系以及环境保护要求等），预测分析、评价对环境保护目标的影响性质与程度。

4.8　应关注环境保护措施可行性论证。根据 HJ 2.1—2016，应分析论证拟采取的具体的污染防治、环境风险防范等措施的技术可行性、经济合理性、长期稳定运行和达标排放的可靠性、满足环境质量改善和排污许可要求的可行性。各类措施的有效性判定应以同类或相同措施的实际运行效果为依据（如类比已运行的同类或相同措施）。

4.9　加强项目建设阶段、生产运行阶段的环境管理与监测。根据 HJ 2.1—2016，环境影响评价需提出严格、具体的环境管理要求，并制订明确的监测计划。

4.10　与其有关的规划（行业规划、产业规划、园区规划）环评结论及审查意见是此类建设项目进行环境影响评价的重要依据。

4.11　钢铁冶炼企业是节能减排降碳的重点行业。考生需要在学习国家有关节能减排降碳相关政策的同时，结合钢铁冶炼建设项目的环境影响特点，充分熟悉此类行业节能减排降碳的要求。这也是当前此类行业环境保护的重点工作，当然也会在案例分析考试中被作为重要考点的，如要求根据政策、法规或题干提供的信息给出节能减排降碳的途径或措施等。

十一、水泥项目

1　主要相关产业政策、行业环评技术导则及常用标准

1.1《中共中央　国务院关于深入打好污染防治攻坚战的意见》（2021 年 11 月 2 日）

1.2《中共中央　国务院关于完整准确全面贯彻新发展理念做好碳达峰碳中和工作的意见》（2021 年 9 月 22 日）

1.3《2030 年前碳达峰行动方案》（国发〔2021〕23 号）（2021 年 10 月 24 日）

1.4《"十四五"节能减排综合工作方案》（国发〔2021〕33 号）（2021 年 12 月 28 日）

1.5《国务院批转发展改革委等部门〈关于抑制部分行业产能过剩和重复建设引导产业健康发展若干意见〉的通知》（国发〔2009〕38 号）

1.6《产业结构调整指导目录（2019 年本）》（发改委令〔2019〕第 29 号）

1.7《国家发展和改革委员会关于鼓励利用电石渣生产水泥有关问题的通知》（发改办环资〔2008〕981 号）

1.8《水泥行业准入条件（2014 年本）》

1.9《水泥工业大气污染物排放标准》（GB 4915—2013）

1.10《水泥工厂设计规范》（GB 50295—2008）

1.11《水泥生产防尘技术规程》（GB/T 16911—2008）

1.12《水泥工业环境保护设计规定》（JCJ 11—97）

1.13《水泥厂卫生防护距离标准》（GB 18068—2000）

1.14《清洁生产标准　水泥工业》（HJ 467—2009）

1.15《爆破安全规程》（GB 6722—2003）

1.16《大气污染防治行动计划》（国发〔2013〕37 号）

1.17《水污染防治行动计划》（国发〔2015〕17 号）

1.18《关于印发水泥制造等七个行业建设项目环境影响评价文件审批原则的通知》（环办环评〔2016〕114 号）—《水泥建设项目环境影响评价文件审批原则（试行）》

1.19《污染源源强核算技术指南　水泥工业》（HJ 886—2018）

1.20《排污许可证申请与核发技术规范 水泥工业》（HJ 847—2017）

1.21 温室气体排放核算与报告要求 第 8 部分 水泥生产企业》（GB/T 32151.8—2015）

1.22《水泥制造建设项目环境影响评价文件审批原则》（2024 年版）

2　工程概况与工程分析要点

2.1　工程概述

工程概述包括建设项目名称、建设地点、建设性质、建设规模、工程投资、项目组成（包括主体工程、辅助工程、公用工程、配套工程、环保工程）、产品方案、主要设备装置、经济技术指标及厂区平面布置等。改扩建及技改项目还应说明原有工程概况及新项目与之的依托关系。

2.2 工艺流程、排污节点和污染物

2.2.1 明确原料、燃料的种类、用量、来源、化学组成、储运方式、物料投入及产出情况等。

2.2.2 说明项目采用的生产工艺方法，给出带污染物排放节点的工艺流程图。考试时一般要求考生根据题干信息或给出的工艺流程图，识别产污环节，并能够判定主要污染物种类。

2.2.3 根据工艺流程、排污节点，详细列出污染源汇总表，包括污染源的名称、除尘设施类别、排气筒高度和内径、排气风量、排放浓度、排放方式、吨产品污染物排放量等。对于颗粒物应给出各排尘点颗粒物的密度及粒径；列出非正常工况下相应污染物的排放情况（如窑尾电除尘器特定工况下的非正常排放）。说明物料堆场、原料及产品输送过程中无组织排放情况（无组织排放点面积、源强、高度、防护措施等）。

2.2.4 按主要工艺流程、工序详细说明工程设计拟采用的各类污染物防治措施，包括措施名称、主要内容、预期效果及投资等。

2.2.5 关注清洁生产分析。清洁生产分析贯穿工程分析全过程，从生产工艺与装备要求、资源能源利用指标、产品指标、污染物产生指标（末端处理前）、废物回收利用指标和环境管理要求等方面论述项目清洁生产水平。

2.2.6 按《污染源源强核算指南　水泥工业》（HJ 886—2018）核算水泥项目污染源源强。这是工程分析的核心或实质性内容。

2.2.7 给出污染物排放清单。改扩建工程还需要核算现有工程污染物排放量，并结合拟建工程给出"三本账"。

2.2.8 总图布置分析，应着重考虑水泥窑废气排放和强噪声设备噪声对敏感目标的影响。

3 主要环境影响及防治措施

3.1 主要污染因子

熟料煅烧废气（SO_2、NO_x）、颗粒物、废水（冷却水、生活污水）、噪声（设备噪声和运输交通噪声）、固体废物（生活垃圾）。

配套建设或依托的石灰石矿山应根据矿山及所在地环境特征进行以生态和地下水为主的环境影响评价。属于矿山开采项目，一般单独评价。考试时既可以结合水泥案例，也可以单独出案例题。

3.2 主要污染防治措施

3.2.1 废气：颗粒物根据不同工序特点，一般选用布袋和静电除尘器。SO_2 防治首先应从原料上加以控制，选用含硫低的原、燃料；由于新型干法水泥生产工艺

本身有较高的脱硫效率，一般不需要单独设置脱硫装置。NO_x 防治可从改进窑头主燃烧器和分解炉系统设备，优化熟料煅烧氛围，增设废气末端治理脱销装置等方面考虑。

3.2.2　废水：冷却水的回用及生活污水治理后达标排放。

3.2.3　噪声：主要考虑厂区合理布局，设备选型，设备隔声、消声、减震等。

3.2.4　固体废物：各除尘器收集后颗粒物应全部回用于生产，生活垃圾按相关规范分类收集后可由当地环卫部门及时清运。

3.2.5　对于环境质量不达标的区域，应采取国内外先进可行的环境保护措施，结合区域限期达标规划及实施情况，分析建设项目实施对区域环境质量改善目标的贡献和影响。

3.2.6　给出各项污染防治、环境风险防范措施的具体内容、责任主体、实施时段、估算环保投入，明确资金来源。

3.2.7　明确环境保护投入。包括为预防和减缓不利影响而采取的各项环境保护措施和设施的建设费用、运行维护费用，直接为建设项目服务的环境管理与监测费用以及相关的科研费用。

4　应注意的问题

4.1　注意产业政策的符合性、规划选址的符合性和与城市规划的协调性。2023年12月5日，生态环境部发布了《关于印发集成电路制造、锂离子电池及相关电池材料制造、电解铝、水泥制造四个行业建设项目环境影响评价文件审批原则的通知》（环办环评〔2023〕18号），其中新修订的"水泥制造建设项目环境影响评价文件审批原则"替代《关于印发水泥制造等七个行业建设项目环境影响评价文件审批原则的通知》（环办环评〔2016〕114号）中的"水泥制造建设项目环境影响评价文件审批原则（试行）"。需要特别强调的是这些"审批原则"具有十分重要作用和意义，当然也十分有助于环评工程师考试的案例分析。考生必须认真学习（包括生态环境部此前发布的系列建设项目环评审批原则，都是十分重要的）。

4.2　特别关注厂址的选择。从原料与资源（水、电）保障、交通运输便利性、大气环境防护距离和安全防护距离要求、周围敏感目标的分布、与当地的总体规划和土地利用规划的符合性、环境容量等方面论述选址可行性。

4.3　环境影响分析应包括大气污染物非正常排放出现的原因、频率，对环境的影响程度和持续时间及相应的解决方案。

4.4　考虑物料及产品运输路线的合理性，对沿线环境敏感点噪声和扬尘的影响及控制措施论述。

4.5　如果原料中含有氟（如萤石、泥岩黏土质等），应考虑氟化物对环境的影响及相应的防治措施。

　　4.6　对于配套有水泥矿山开采的项目，需重点关注矿山开采过程中的环境问题，如爆炸产生的废气、爆破震动、噪声，矿坑水的水质污染，废矿石的处置方式及处置场选址的合理性，以及开采过程中的生态影响（植被破坏、水土流失、景观影响等）和地下水影响。

　　4.7　对于改扩建或技术改造项目，应本着"多还旧账，不欠新账"的原则，明确拟建工程与现有工程的依托关系和现有工程存在的环境问题，提出"以新带老"的环保措施，分析拟建工程实施后的环境效益。

　　4.8　根据现状调查与评价结果，明确项目所在区域环境特征，识别评价范围内的环境保护目标（根据 HJ 2.1—2016 的要求，附图列表说明评价范围内各环境要素涉及的环境敏感区、需要特殊保护对象的名称、功能、与建设项目的位置关系以及环境保护要求等），预测分析、评价对环境保护目标的影响性质与程度。

　　4.9　应关注环境保护措施可行性论证。根据 HJ 2.1—2016，应分析论证拟采取的具体的污染防治、环境风险防范等措施的技术可行性、经济合理性、长期稳定运行和达标排放的可靠性、满足环境质量改善和排污许可要求的可行性。各类措施的有效性判定应以同类或相同措施的实际运行效果为依据（如类比已运行的同类或相同措施）。

　　4.10　加强项目建设阶段、生产运行阶段、服务期满（如矿山部分）的环境管理与监测。根据 HJ 2.1—2016，环境影响评价需提出严格、具体的环境管理要求，并制订明确的监测计划。

　　4.11　与其有关的规划（行业规划、产业规划、园区规划）环评结论及审查意见是此类建设项目进行环境影响评价的重要依据。

　　4.12　水泥制造建材类项目也是节能减排降碳的重点行业。考生需要在学习国家有关节能减排降碳相关政策的同时，结合此类建设项目的环境影响特点，充分熟悉此类行业节能排减降碳的要求。这也是当前此类行业环境保护的重点工作，当然也会在案例分析考试中被作为重要考点的。

十二、港口项目

1　主要相关产业政策、行业环评技术导则及常用标准

　　1.1《中华人民共和国港口法》（2004 年 1 月 1 日实施）

　　1.2《中华人民共和国海洋环境保护法》（1999 年 12 月 25 日修订颁布，2000 年

4 月 1 日实施）

    1.3《中华人民共和国海域使用管理法》（2002 年 1 月 1 日实施）

    1.4《中华人民共和国海洋倾废管理条例》（1985 年 4 月 1 日实施）

    1.5《中华人民共和国海洋倾废管理条例实施办法》（1990 年）

    1.6《中华人民共和国防治海岸工程建设项目污染损害海洋环境管理条例》（国务院令第 507 号，2008 年）

    1.7《中华人民共和国河道管理条例》（1988 年）

    1.8《交通建设项目环境保护管理办法》（交通部令 2003 年 第 5 号）

    1.9《全国内河航道与港口布局规划》（2007 年）

    1.10《全国沿海港口布局规划》（2006 年）

    1.11《港口建设项目环境影响评价规范》（JTS 105-1—2011）

    1.12《海洋监测规范》（GB 17378.1～GB 17378.7—2007）

    1.13《海洋调查规范》（GB 12763.1～GB 12763.11—2007）

    1.14《船舶污染物排放标准》（GB 3552—83）

    1.15《港口工程环境保护设计规范》（JTS 149-1—2007）

    1.16《MARPOL73/78 公约》附则Ⅰ～Ⅵ

    1.17《关于加强规划环境影响评价与建设项目环境影响评价联动工作的意见》（环发〔2015〕178 号）

    1.18《关于印发〈建设项目环境影响评价信息公开机制方案〉的通知》（环发〔2015〕162 号）

    1.19《关于进一步加强涉及自然保护区开发建设活动监督管理的通知》（环发〔2015〕57 号）

    1.20《国务院关于印发〈水污染防治行动计划〉的通知》（国发〔2015〕17 号）

    1.21《中华人民共和国防治船舶污染内河水域环境管理规定》（交通运输部令 2015 年 第 25 号）

    1.22《关于修改〈中华人民共和国船舶污染海洋环境应急防备和应急处置管理规定〉的决定》（中华人民共和国交通运输部令 2015 年 第 6 号）

    1.23《关于印发水泥制造等七个行业建设项目环境影响评价文件审批原则的通知》（环办环评〔2016〕114 号）—《航道建设项目环境影响评价文件审批原则（试行）》

2　工程概况与工程分析要点

    2.1　建设项目的基本情况的全面介绍：工程范围、建设规模及主要技术经济指标、总图布置、水工结构、配套工程、装卸工艺、主要施工方法、土石方平衡分析，如港区是分期建设，后期建设项目还应回顾前期建设工程情况，即应增加港区开发建设回顾性分析。

2.2　全过程分析

工程分析应分施工期和运营期，按水环境（或海洋环境）、环境生态、环境空气、声环境和固体废物等环境要素识别影响源和影响方式，并估算影响源强。另外，工程分析的应将码头选址和航路选线的环境合理性作为重要内容。

（1）施工期是航运码头工程产生生态破坏和环境污染的主要环节，重点考虑填充造陆工程、航道疏浚工程、护岸工程和码头施工对水域环境和生态系统的影响，说明施工工艺和施工布置方案的合理性，从施工全过程识别和估算影响源。

（2）运营期主要考虑陆域生活污水、运营过程中产生的含油污水、船舶污染物和码头、航道的风险事故。海运船舶污染物（船舶生活污水、含油污水、压载水、垃圾等）的处理处置有相应的法律规定。同时，应特别注意从装卸货物的理化性质及装卸工艺分析，识别可能产生的环境污染和风险事故。

2.3　污染源及环保措施分析

确定噪声（施工机械、车辆）、污水（港口、陆域）、粉尘、废气、固体废物（抛泥）等主要污染源、污染物源强及排放方式。

港口噪声源于施工期机械噪声（打桩机、挖掘机、搅拌机、船舶、自卸卡车等）；以及营运期装船机、堆料机、取料机、皮带机、翻车机和疏港车流量的交通噪声。宜采用类比实测资料确定。

污水一般包括生活污水（陆域生活污水量和船舶生活污水）、散装有毒液体卸船码头接收的船舶洗舱水和船舱残留物、煤炭和矿石码头冲洗水等。

环境空气影响源于施工期陆域回填、施工粉尘；运营期：①尘污染（煤、矿石、杂货等）堆场表面的起尘，卸车、运送、装船等过程的起尘；②锅炉大气污染物（北方取暖）锅炉烟气、SO_2、NO_2；③到港船舶废气（SO_2、NO_x）。

港口船舶固体废物和陆域固体废物发生量宜采用统计分析法确定。

港口建设生态影响涉及陆生生态和海洋（河流）生态两大类型。陆生影响与一般交通站场类似，对海洋、河流、湖泊的生态影响是重点。建设期生态影响包括因水下开挖（挖砂）、吹填造陆、填埋，对水生生态造成破坏、污染；产生悬浮物、油污和重金属，对生物造成毒害；直接破坏、掩埋底栖生物生境等。营运期航道维护中日常疏浚，破坏、污染水生生态。

2.4　总图布置合理性分析

2.5　根据环境特点对选址比选方案进行描述，重点考虑是否涉及敏感区及减缓环境影响的方案比选。

3 主要环境影响及防治措施

3.1 生态影响

根据环境现状评价结论、环境功能规划、岸线规划及水环境评价等，分析生态影响。水域生态评价分别对底栖生物、游泳生物、浮游生物进行，侧重珍稀动植物（保护生物）及水产养殖、渔业捕捞、产卵场调查，识别生长区、洄游路线，说明岸线侵蚀、水域冲刷与淤积情况；分析防波堤、引堤、护岸、码头等水工建筑物对水动力条件的改变，抛泥区生态影响问题。陆域生态评价阐述敏感目标的生态影响，如用地类型（基本农田、湿地、天然森林和自然保护区等）；（受保护的）动植物状况、对水土保持的影响适用于在近岸进行开山填海造陆的港口建设项目。应提出相关防治和保护措施，必要时改变选址、改进工程设计或施工计划，提出减缓影响生态敏感区域的措施（人工放流等）；水土保持防护工程的建议；场区环境绿化方案、备选植物的建议。

3.2 水环境影响

水环境影响包括水文情势影响和水质影响。水文情势影响应描述工程建设前后水文情势的变化情况。水质影响包括污染源评价、水质质量评价、底质评价。明确施工期和营运期污水达标排放情况（种类、数量、浓度、排放去向等），给出预测因子的空间浓度分布图，确定影响范围和程度；定量分析敏感目标和保护目标的影响程度。当运载疏浚物的船舶选择的航线两侧无环境保护目标，或疏浚物在划定的抛泥区内抛弃时，可简化水环境影响分析。根据影响结论，应提出现场施工人员生活污水的简易处理方案、施工船舶舱底油污水处理方案、疏浚和陆域形成产生的悬浮物对保护目标的影响防治方案等相关防治和保护措施及改进建议。

3.3 环境空气影响

港口工程的大气污染物包括气态和颗粒物两类，污染距离较近，范围较小，且多数港口周围地形平坦。按照《环境影响评价技术导则 大气环境》和评价等级进行大气环境影响预测。针对污染物排放对敏感点和敏感区域的影响，提出影响减缓措施。

3.4 声环境影响

应分析噪声源的特征和变化规律，包括：① 对港内声学环境的影响：码头独立单机和移动范围较小的装卸机械的噪声；码头固定式连续输送机械噪声。② 对港外声学环境的影响：疏港公路和铁路噪声。确定评价区内的敏感目标及港界处的声级、超标状况，提出相应的污染防治措施。

3.5 固体废物影响

考虑船舶垃圾污染、陆域固体废物污染，对固体废物根据分类处置，提出施工建筑垃圾处置建议；营运期船舶垃圾、陆域生产废物、生活垃圾处置建议，明确去向。

3.6   环境风险分析（包括污染风险和生态风险）

要考虑石油码头、液化气码头、散装有毒液体化学品码头、危险品集装箱码头及有毒固体化学品码头的事故风险，按风险源分析、风险预测、风险后果和风险防范应急措施进行风险分析。重点分析对饮用水源地和特殊、重要生态敏感区的影响。在报告中提出如何调整和完善建设项目设计和应急方案，必须把不利的环境影响降到最低程度，并应在实施计划和设计中提出消除、减缓或改善环境质量的要求。

3.7   明确提出建设项目在建设阶段、运行阶段拟采取的具体污染防治、生态保护和环境风险防范措施；环境质量（海洋环境）不达标的区域，应采取国内外先进可行的环境保护措施，结合区域限期达标规划及实施情况，分析建设项目实施对区域环境质量改善目标的贡献和影响。

3.8   给出各项污染防治、生态保护和环境风险防范措施的具体内容、责任主体、实施时段、估算环保投入，明确资金来源。

3.9   明确环境保护投入。包括为预防和减缓不利影响而采取的各项环境保护措施和设施的建设费用、运行维护费用，直接为建设项目服务的环境管理与监测费用以及相关的科研费用。

4   应注意的问题

4.1   项目选址和建设方案的环境合理性和可行性：要符合环境保护产业政策；要符合港区总体规划、岸线规划、城市规划，污染物的分析和治理要与港区规划统一考虑。环境保护部发布的《关于印发水泥制造等七个行业建设项目环境影响评价文件审批原则的通知》（环办环评〔2016〕114 号）——《航道建设项目环境影响评价文件审批原则（试行）》，十分有利于考生了解港口、码头、航道建设项目环境影响评价的要点，考生应认真学习。

4.2   根据不同港口的工程性质和规模进行清晰的工程分析；正确制定评价类别和评价等级、范围，重点考虑生态、水和声专题。

4.3   根据相关技术导则和港口环境影响特征确定环境敏感目标，调查评价范围内的特殊生态敏感区和重要生态敏感区，明确选址区内的生态功能区划与规划。

4.4   工程对水生生物的调查和影响分析要规范，生物损失要考虑施工期和运营期，补偿措施要有针对性（当地适宜种类）。

4.5   环境监测方案的可行性要考虑施工期和运行期全过程，环境监测布点、频次及时间要符合规范要求。

4.6   必须进行环境风险分析评价（含生态风险、事故风险等），分析产生环境风险的原因及风险概率，针对环境敏感目标做环境风险评价，提出有针对性的环境风险防范措施和事故应急计划。

4.7　MARPOL73/78 公约附则Ⅰ～Ⅵ在中国均已生效，环评中注意 6 个附则的规定（包括附则Ⅰ：防止油污规则；附则Ⅱ：控制散装有毒液体物质污染规则；附则Ⅲ：防止海运包装或集装箱，可移动罐柜或公路铁路槽罐车装运有害物质污染规则；附则Ⅳ：防止船舶生活污水污染规则；附则Ⅴ：防止船舶垃圾污染规则；附则Ⅵ：防止船舶产生空气污染规则）。

4.8　此类项目往往既涉及陆生生态，又涉及海洋或海岸带生态，应关注对区域不同类型生态系统的组成和服务功能变化趋势的影响。根据现状调查与评价结果，明确项目所在区域环境特征，识别评价范围内的环境保护目标（根据 HJ 2.1—2016 的要求，附图列表说明评价范围内各环境要素涉及的环境敏感区、需要特殊保护对象的名称、功能、与建设项目的位置关系以及环境保护要求等），重点预测分析、评价对环境保护目标的影响性质与程度。

4.9　应关注环境保护措施可行性论证。根据 HJ 2.1—2016，应分析论证拟采取的具体的污染防治、环境风险防范等措施的技术可行性、经济合理性、长期稳定运行和达标排放的可靠性、满足环境质量改善和排污许可要求的可行性。各类措施的有效性判定应以同类或相同措施的实际运行效果为依据（如类比已运行的同类或相同措施）。

4.10　加强项目建设阶段、生产运行阶段的环境管理与监测。根据 HJ 2.1—2016，环境影响评价需提出严格、具体的环境管理要求，并制订明确的监测计划（如海洋或海岸环境与生态的监测）。

4.11　与其有关的规划（港口总体规划、岸线规划）环评结论及审查意见是此类建设项目进行环境影响评价的重要依据。

十三、制浆造纸项目

1　主要相关产业政策、行业环评技术导则及常用标准

1.1《造纸产业发展政策》（发改委公告　2007 年　第 71 号）

1.2《外商投资产业指导目录（2016 年修订）》

1.3《产业结构调整指导目录（2019 年本）》（发改委令〔2019〕第 29 号）

1.4《制浆造纸工业水污染物排放标准》（GB 3544—2008）

1.5《草浆造纸工业废水污染防治技术政策》（环发〔1999〕273 号）

1.6《清洁生产标准　造纸工业（漂白碱法蔗渣浆生产工艺）》（HJ/T 317—2006）

1.7《清洁生产标准　造纸工业（漂白化学烧碱法麦草浆生产工艺）》（HJ/T 339—2007）

1.8《清洁生产标准　造纸工业（硫酸盐化学木浆生产工艺）》（HJ/T 340—2007）

1.9《清洁生产标准　造纸工业（废纸制浆）》（HJ 468—2009）

1.10《建设项目竣工环境保护验收技术规范—造纸工业》（HJ 408—2021）

1.11《制浆造纸废水治理工程技术规范》（HJ 2011—2012）

1.12《关于规范火电等七个行业建设项目环境影响评价文件审批的通知》（环办〔2015〕112 号）—《制浆造纸建设项目环境影响评价文件审批原则（试行）》

1.13《环境保护综合名录（2017 年版）》（环境保护部发布）

1.14《污染源源强核算技术指南　制浆造纸》（HJ 887—2018）

1.15《排污许可证申请与核发技术规范水泥工业》（HJ 847—2017）

1.16《制浆造纸工业污染防治可行技术指南》（HJ 2302—2018）

2　工程概况与工程分析要点

2.1　工程概况

工程名称、建设性质（新建、改扩建、技术改造）、地点、规模、项目组成（包括主体工程、辅助工程、公用工程、环保工程等）、产品方案、建设投资及环境保护投资（环境保护投资应给出投资明细）、职工人数、工作制度、生产天数等，如涉及原料林基地、固废填埋场建设等，应介绍相关情况。

2.2　生产装置、工艺路线

实际环评工作中需详细说明原料来源、生产工艺方法、操作控制条件，分析物料平衡、水平衡、汽电平衡。根据采取工艺的不同，应标注产污节点的污染源流程图及相对应的表来说明产污过程、排放点位置、污染物成分、排放强度（如废气排放速率、浓度）、去向。对使用的辅料（如使用的化学品等）进行说明，明确其物化性质、贮存、运输、使用情况，同时要考虑非主体工程的污染源。考试时一般会在题干中简要说明一个生产车间或其中一段工艺的流程图以介绍生产方式。

根据 HJ 2.1—2016，清洁生产贯穿工程分析全过程。有清洁生产报告的，可引用其结论；无清洁生产报告的，则从生产工艺与装备要求、资源能源利用指标、产品指标、污染物产生指标（末端处理前）、废物回收利用指标和环境管理要求等方面进行清洁生产分析，在工程分析中明确给出清洁生产结论。

2.3　污染源及环保措施分析

污染源源强，是指污染源排放的污染物的强度（如废气排放的浓度、速率；废水的排放浓度、噪声强度、单位时间固体废物的产生量等），源强核算可采用类比法、实测法、产污系数和台账法、物为衡算法等。具体按照《污染源源强核算指南　制浆造纸》（HJ 887—2018）核算。

采用类比调查（类比调查应以已投产的同类产品企业的实测数据为依据）与物料平衡分析相结合的方法，对生产各单元逐一核算污染源强（包括无组织排放及非正常工况排放），特别注意工艺过程与污水处理厂恶臭源强的估算，以及 AOX、二噁英产生量的核算。按污染物产生量、削减量、排放量给出项目污染源强汇总表。做好给排水平衡，计算水的重复利用率，提出降低新鲜水消耗的途径和措施。工程建设内容如包括自备热电厂，则须做好全厂热电平衡，给出自备热电站热电比、总热效率，按国家有关规定论证其建设的合理性。

工程分析应给出污染物排放清单。除常规污染物外，应特别关注特征污染物（如 TRS、恶臭、AOX、二噁英等）。

2.4　总图布置分析

分析总图布置的工艺与生产合理性外，还需分析其环境的合理性。

3　主要环境影响及防治措施

3.1　主要污染因子

3.1.1　施工期

其环境影响与一般建设项目施工期环境影响基本相似。但对于大型项目，特别是涉及原料林基地的项目，还需要考虑对区域生态的影响。一般情况下，原料林基地建设项目需单独编制以生态影响为主的专题报告。

3.1.2　运行期

3.1.2.1　废水污染因子：应包括装置生产废水（蒸煮黑液、筛选废水、漂白废水、纸机废水、锅炉排水、污冷凝水等）、事故排水量（非正常工况排水量）、前期雨水，一般污染因子包括 COD、BOD_5、SS、氨氮、总氮、总磷、pH、特征因子（如恶臭、AOX、二噁英等）。

3.1.2.2　废气污染因子：应包括配套电站锅炉废气、碱回收炉废气、石灰窑废气和漂白塔尾气等，考虑有组织排放、无组织排放及事故排放量。一般污染因子包括 SO_2、NO_x、烟尘、粉尘，特征污染物如 TRS、恶臭等。

3.1.2.3　固废污染因子：根据工程分析，按一般工业固废、危险固废、生活垃圾分别考虑。

3.1.2.4　生产设备运行噪声

3.2　主要污染防治措施

3.2.1　关于污染防治措施，一方面在工程分析中就需对项目可行性研究报告或设计报告提出的环保措施进行分析，之后随着环境影响评价的深入，应根据评价结果，提出更具体、更先进、更适用、更有效的环保措施，从而进一步减少污染物排放量，减轻不利环境影响。也就是说，项目可行性研究报告或设计提出的环保措施有些可能是适用、有效的，但也有些可能是不够先进、不适用或效果较差的，这就需要通过环境影响评价来进一步完善。

3.2.2 废气治理和控制的主要措施：一般锅炉烟气安装脱硫、脱硝、除尘设施；石灰窑废气、碱回收炉废气、漂白塔尾气根据不同情况进行相关治理；恶臭则采用控制原辅材料和工艺的方法进行防治。

3.2.3 造纸行业生产废水处理难度大（尤其是制浆废水），首先应采取清洁生产工艺，对废水进行分类、分段治理后，将可回收利用的进行综合利用。其中废水经预处理后可采用二级生化加深度处理，深度处理工艺根据具体情况而定。

3.2.4 造纸过程产生的废渣要分类贮存和处置，其中一般工业固废和危险固废应进行分类处理，同时必须建设符合环保要求的安全处置设施，或交有资质单位安全处置。

3.2.5 明确提出建设项目在建设阶段、运行阶段拟采取的具体污染防治、生态保护（如林基地）和环境风险防范措施；环境质量（如地表水）不达标的区域，应采取国内外先进可行的环境保护措施，结合区域限期达标规划及实施情况，分析建设项目实施对区域环境质量改善目标的贡献和影响。

3.2.6 给出各项污染防治、生态保护和环境风险防范措施的具体内容、责任主体、实施时段、估算环保投入，明确资金来源。

3.2.7 明确环境保护投入。包括为预防和减缓不利影响而采取的各项环境保护措施和设施的建设费用、运行维护费用，直接为建设项目服务的环境管理与监测费用以及相关的科研费用。

4 应注意的问题

4.1 注意具体项目与产业政策、行业技术规范的符合性，与造纸工业相关发展规划的符合性，特别关注环境制约因素，如项目原料林资源、水资源供给可靠性，同时要注意废水排放对地表水、地下水的影响。对于林纸一体化项目或规划，要从资源环境承载力出发论证产业发展规模、布局、选址的环境合理性，并根据当地土地、经济等资源所能承载的原料林基地规模来确定制浆能力，原料林基地主要是生态影响与生态风险，以及水环境影响问题。

4.2 造纸工业产生的主要污染物是废水，同时也会产生大量的废气和废渣。此类项目工程分析的重点是污染源分析、污染物排放强度分析（特别是水污染源和大气污染源，及其污染物产生与排放强度的分析是工程分析的重点）、清洁生产分析、环保措施分析（主要是针对建设项目可行性研究报告或设计报告提出的环保措施）。

必要时应对厂址选择、总图布置提出意见或建议。

4.3　注意项目选址、布局与当地城市规划的符合性，对于改扩建项目要进行造纸行业原料结构调整与产品结构优化升级分析，做到"增产不增污"，努力实现"增产减污"，必要时提出区域污染削减方案。

4.4　对于不同制浆工艺产生的特征污染物（如 AOX、二噁英、恶臭）应采用清洁生产工艺从源头控制。废水和废气中的特征污染物要牢记。

4.4　污染治理措施需要多方案比选与技术经济论证，注重废水、废气治理措施达标排放与控制污染物排放许可证指标的可行性和经济的合理性，同时要进行排污口位置选址及排污方式论证。

4.5　对废水处理设施中产生的恶臭无组织排放的单元，应采取有效的减缓措施。并给出合理的大气环境防护距离。

4.6　环境风险评价重点对生产过程和危险化学品储运、使用、处置等过程中产生事故的环境风险进行分析，如对二氧化氯、液氯等危险化学品的储运、使用过程中的环境风险予以充分分析论证。

4.7　涉及造纸林基地建设的项目，其生态环境影响评价章节应有针对性地提出生态影响的具体防治对策与减缓、恢复及补偿措施。

4.8　根据现状调查与评价结果，明确项目所在区域环境特征，识别评价范围内的环境保护目标（根据 HJ 2.1—2016 的要求，附图列表说明评价范围内各环境要素涉及的环境敏感区、需要特殊保护对象的名称、功能、与建设项目的位置关系以及环境保护要求等），预测分析、评价对环境保护目标（如具有重要水环境功能的河流、湖库、饮用水源保护区等）的影响性质与程度。

4.9　应关注环境保护措施可行性论证。根据 HJ 2.1—2016，应分析论证拟采取的具体的污染防治、环境风险防范等措施的技术可行性、经济合理性、长期稳定运行和达标排放的可靠性、满足环境质量改善和排污许可要求的可行性。各类措施的有效性判定应以同类或相同措施的实际运行效果为依据（如类比已运行的同类或相同措施）。

4.10　加强项目建设阶段、生产运行阶段的环境管理与监测。根据 HJ 2.1—2016，环境影响评价需提出严格、具体的环境管理要求，并制订明确的监测计划。

4.11　与其有关的行业规划或产业规划、园区规划环评结论及审查意见，应作为项目环评的重要依据。

4.12　制浆造纸行业是典型的以污染影响为主要建设项目，尤其表现为废水、废气和固体废物的影响及污染。考试中通常以污染源及污染物的识别（尤其是特征污染物），污染物排放强度的计算、评价标准的应用、污染物排放对环境的影响预测（废水或经过处理后的废水排放对受纳水体的影响，废气或经过处理后废气排放的影响）、固体废物处理处置等为主，当然更为重要的是环境保护措施的可行性与有效性分析、论证。

十四、规划环评

1　主要规章、产业政策及环评技术导则

　　1.1《中华人民共和国国民经济和社会发展第十四个五年规划和 2035 年远景目标纲要》（2021 年 3 月 12 日）

　　1.2《中共中央　国务院关于完整准确全面贯彻新发展理念做好碳达峰碳中和工作的意见》（2021 年 9 月 22 日）

　　1.3《2030 年前碳达峰行动方案》（国发〔2021〕23 号）

　　1.4《"十四五"节能减排综合工作方案》（国发〔2021〕33 号）

　　1.5《关于进一步加强产业园区规划环境影响评价工作的意见》（环环评〔2020〕65 号）

　　1.6《中共中央 国务院关于建立国土空间规划体系并监督实施的若干意见》（中发〔2019〕18 号）

　　1.7《国务院关于实行最严格水资源管理制度的意见》（国发〔2012〕3 号）

　　1.8《国务院关于印发全国现代农业发展规划（2011—2015 年）的通知》（国发〔2012〕4 号）

　　1.9《国务院批转住房城乡建设部等部门关于进一步加强城市生活垃圾处理工作意见的通知》（国发〔2011〕9 号）

　　1.10《国务院关于加强环境保护重点工作的意见》（国发〔2011〕35 号）

　　1.11《国务院关于进一步加强淘汰落后产能工作的通知》（国发〔2010〕7 号）

　　1.12《国务院关于中西部地区承接产业转移的指导意见》（国发〔2010〕28 号）

　　1.13《国务院关于印发全国主体功能区规划的通知》（国发〔2010〕46 号）

　　1.14《国务院批转发展改革委等部门关于抑制部分行业产能过剩和重复建设引导产业健康发展若干意见的通知》（国发〔2009〕38 号）

　　1.15《国务院关于加快发展旅游业的意见》（国发〔2009〕41 号）

　　1.16《国务院办公厅转发环境保护部等部门关于推进大气污染联防联控工作改善区域空气质量指导意见的通知》（国办发〔2010〕33 号）

　　1.17《国务院办公厅关于进一步加大节能减排力度加快钢铁工业结构调整的若干意见》（国办发〔2010〕34 号）

1.18《关于进一步加强规划环境影响评价工作的通知》(环发〔2011〕99号)

1.19《关于学习贯彻〈规划环境影响评价条例〉加强规划环境影响评价工作的通知》(环发〔2009〕96号)

1.20《关于加强煤炭矿区总体规划和煤矿建设项目环境影响评价工作的通知》(环办〔2006〕129号)

1.21《中国开发区审核公告目录》(2006年版)

1.22《关于加强环境影响评价管理防范环境风险的通知》(环发〔2005〕152号)

1.23《饮用水源保护区污染防治管理规定》(〔89〕环管字第201号)

1.24《近岸海域环境功能区管理办法》(国家环境保护总局令 第8号)

1.25《规划环境影响评价技术导则 总纲》(HJ 130—2019)

1.26《规划环境影响评价技术导则 产业园区》(HJ131—2021)

1.27《规划环境影响评价技术导则 流域综合规划》(HJ 1218—2021)

1.28《环境影响评价技术导则 地下水环境》(HJ 610—2016)

1.29《关于开展各类开发区清理整改前期工作的通知》(发改外资〔2012〕4035号)

1.30《国家发展改革委、财政部关于推进园区循环化改造的意见》(发改环资〔2012〕765号)

1.31《关于发布〈综合类生态工业园区标准》(HJ 274—2009)修改方案的公告》

1.32《关于加强规划环境影响评价与建设项目环境影响评价联动工作的意见》(环发〔2015〕178号)

1.33《环境保护公众参与办法》(环境保护部令 第35号)

1.34《关于进一步加强涉及自然保护区开发建设活动监督管理的通知》(环发〔2015〕57号)

1.35《国务院关于印发水污染防治行动计划的通知》(国发〔2015〕17号)

1.36《关于开展规划环境影响评价会商的指导意见（试行）》(环发〔2015〕179号)

1.37《关于发布国家环保标准〈国家生态工业示范园区标准》的公告》(公告2015年 第91号)

1.38《关于印发〈国家生态工业示范园区管理办法》的通知》(环发〔2015〕167号)

1.39《关于做好矿产资源规划环境影响评价工作的通知》(环发〔2015〕158号)

1.40《关于印发〈全国生态功能区划（修编版）》的公告》(公告 2015年 第61号)

1.41《关于规划环境影响评价加强空间管制、总量管控和环境准入的指导意见

（试行）》（环办环评〔2016〕14 号）

1.42《关于以改善环境质量为核心加强环境影响评价管理的通知》（环环评〔2016〕150 号）

1.43《关于加强资源环境生态红线管控的指导意见》（发改环资〔2016〕1162 号）

1.44《中共中央　国务院关于深入打好污染防治攻坚战的意见》

1.45《关于规范区域建设用海规划环境影响评价工作的意见》（国海发〔2011〕45 号）

1.46《关于进一步加强公路水路交通运输规划环境影响评价工作的通知》（环发〔2012〕49 号）

1.47《关于进一步加强水利规划环境影响评价工作的通知》（环发〔2014〕43 号）

1.48《关于做好煤电基地规划环境影响评价工作的通知》（环办〔2014〕60 号）

1.49《关于贯彻实施国家主体功能区环境政策的若干意见》（环发〔2015〕92 号）

1.50《规划环境影响跟踪评价技术指南》（生态环境部，2019 年 3 月）

1.51《资源环境承载能力和国土空间开发适宜性评价技术指南（试行）》（自然资源部国土空间规划局，2019 年 6 月）

1.52《关于做好国土空间总体规划环境影响评价的通知》（环办环评〔2023〕34 号）及《市级国土空间总体规划环境影响评价技术要点（试行)》。

2　规划方案分析要点

2.1　规划概述和规划分析

2.1.1　概述规划编制的背景和定位，梳理并详细说明规划的空间范围和空间布局，规划定位、规划的目标、发展规模、规划分区与组成、结构（包括产业结构、能源结构、土地利用空间结构等）、规划实施时序，资源能源利用等可能对环境造成重大不良影响的主要规划内容。介绍规划实施的配套设施（包括主要环境保护措施）以及生态环境保护等内容。如规划包含重大建设项目的，应列出近期项目清单，明确其建设性质、内容、规模、地点等。其中，规划的范围、布局等应给出相应的图、表。

2.1.2　对于已有实质性开发建设活动的流域、区域，应结合规划区域发展的历史或上一轮规划的实施情况，增加有关开发现状的回顾。如产业园区规划，应包括：开发过程回顾，区内现有产业结构，重点项目布局、建设、运行状况，资源、能源利用状况等，主要污染物排放和总量控制状况，环境基础设施建设情况，区域生态系统的演变和环境质量的变化情况，明确区域存在的主要环境问题等。

2.2　规划方案分析

2.2.1　规划方案分析

2.2.1.1　分析规划与相关环境保护法律法规、环境经济与技术政策和产业政策的符合性。

2.2.1.2　相关规划之间的关系问题。主要分析与上层位规划的符合性，与同层位规划的协调性，对下层位规划的指导性。

2.2.1.3　分析规划目标、布局、规模等各规划要素与所在区域上层位规划（或要求）的符合性，主要包括分析规划要素与主体功能区要求的符合性，与所在区域土地利用规划、城乡规划、资源利用规划的符合性等。根据 HJ 130—2019，规划的协调性分析是规划分析的重要内容，如果本次环境影响评价的规划与相关法律法规及已批复的上层位法定规划不相符或与已批复的同层位法定规划不协调，则需要对规划方案进行优化调整。通过优化调整，充分发挥规划环评在优化产业结构、能源结构、运输机构和用地结构方面的作用。

2.2.1.4　分析规划的规模、布局、结构、规划实施时序等与所在区域同层位相关规划在环境目标、资源利用、环境容量与承载力等方面的一致性和协调性。叠图分析（给出相应图件）规划布局与区域生态功能区划、环境功能区划和环境敏感区之间的关系。

2.2.1.5　对于产业园区，应分析规划内部各功能区（产业链之间、绿地、配套环保设施等）的规模、布局、结构、建设时序等与规划发展目标、定位的协调性。对于流域规划，应分析各梯级电站或其他水利工程之间的开发时序、规模等的协调性。

2.2.1.6　分析规划内部的协调性。如产业园区应包括总体布局、产业结构与产业布局；流域规划则应包括各河流建设项目的类型、梯级布设、规模等。

2.2.1.7　综合环境协调性分析结果，提出与环保法规、要求相符合的规划调整方案作为备选方案。对规划进行环境影响评价，就是从决策源头重视环境保护，从更高的层次上、更大的尺度上、宏观整体上考虑其可能造成的不利环境影响，其中十分重要的作用就是从环境保护角度进一步优化规划、调整，以避免或减轻规划实施对环境造成的不利影响，实现节水节能节地、绿色生产、清洁生产、循环经济。当然这个优化、调整是要有充分的依据和科学的评价成果来支撑。

2.2.1.8　规划的不同情景方案分析。根据 HJ 130—2019，规划环评应提出不同的情景方案进行分析，这是修订后的 HJ 130—2019 的重要内容。目的是通过多种情景的比较分析、论证，从而选择区域、流域或海域整体环境影响小或可接受的、对人体健康无不利影响、社会经济环境协调发展的最优规划方案。

2.2.2　不同情景规划方案分析

2.2.2.1　分析规划的自然、社会、经济等基础条件，特别是环境状况，结合规划区域社会经济发展拟达到的目标与前景，充分考虑改善环境质量和维护生态安全的重要性，设定不同的规划情景方案。

2.2.2.2　对于产业园区应根据规划的发展目标、规模、产业结构、建设时序等，分析预测开发区域在不同发展情景下的开发强度，包括对关键性资源的需求量和污染物来源、种类和数量，对区域生态环境的影响方式和影响强度；对流域规划，则需要根据建设项目类型、梯级分布、规模等，对重要鱼类等水生生物及其生境、河流生态系统服务功能等的影响予以特别关注。

其中，对于产业园区分析的污染物应包含以下三类污染物（或污染因子）：

① 国家和地方政府规定的重点控制污染物；

② 规划中确定的主导产业或重点行业的特征污染物；

③ 规划区域环境介质中最为敏感的污染因子。

2.2.2.3　考虑到规划方案往往分不同的实施时段（近期、中期、远期），因此，规划环境影响预测评价一般以近期规划为主，可选择与规划方案性质、发展目标等相近的国内外同类型规划类比给出。对于已形成主导产业和行业的规划，可采用规划区域现状回顾中的资料，按产业类别分别选择区域内典型项目的资源、能源消耗量和主要污染物排放量，同时考虑科技进步和能源替代等因素，给出规划的开发强度数据。

3　环境影响识别与评价指标体系构建

3.1　重点从规划的目标、结构、布局、规模、建设时序及重大规划项目的实施方案等方面，全面识别各规划要素造成的资源消耗（或占用）及环境影响的性质、范围和程度（实质上属于"规划分析"，类似于建设项目的工程分析的环境影响因素识别）。以图、表等形式，建立规划要素与资源、环境要素之间的动态响应关系。从中筛选出受规划影响大、范围广的资源、环境要素，作为分析、预测与评价的重点内容。

3.2　依据环境保护政策、法规和标准中规定的限值要求，对规划应实现的环境目标（包括环境质量，生态保护要求，资源可持续利用、环境经济等指标）进行量化，构建完整的评价指标体系。如国内政策、法规和标准中没有的指标值也可参考国际标准限值；对于不易量化的指标可给出半定量的指标值或定性说明。根据所构建的评价指标体系，尽可能定量评价使规划实施的环境影响或成为检验规划环境影响的全面性、针对性、实用性、针对性的指标，并且发挥规划环评对建设项目的指导和约束作用。因此，规划环评应对建立的评价指标体系中有关环境目标（重点是规划实施的环境保护工作要实现的目标指标）进行可达性分析。

4 环境影响预测与评价

4.1　预测不同规划情景下对水环境、大气环境、海洋环境、土壤环境、声环境的影响，明确影响的性质、程度与范围，评价规划实施后区域环境质量能否满足相应功能区的要求。

4.2　预测不同规划情景下对区域生物多样性、生态环境功能和景观生态的影响，明确规划实施对生态系统结构、功能及景观格局等所造成的影响性质与程度，评价规划的生态适宜性。

4.3　预测不同规划情景下对自然保护区、饮用水源保护区、风景名胜区、基本农田保护区、学校、医院等环境敏感区和重点环境保护目标的影响，评价其是否符合相应的保护要求。

4.4　对可能产生重大环境风险源的规划，应开展事故性环境风险分析；对于某些有可能产生难降解、易生物蓄积、长期接触对人体和生物产生危害作用的化学物质、重金属污染物、持久性有机污染物、致病菌和病毒的规划，应开展人群健康风险分析；对于生态较为脆弱或具有重要生态功能价值的区域，应分析规划实施的生态风险。

4.5　评估资源环境承载能力的现状利用水平，在充分考虑累积环境影响的情况下，动态分析不同规划时段可供规划实施利用的资源承载能力、环境容量以及总量控制指标，重点判定区域资源环境对规划实施的支撑能力。

5 规划方案综合论证

5.1　重点从区域资源环境对规划实施的支撑能力、清洁生产与循环经济水平、人群健康与环境风险等方面，综合论述规划选址及各规划要素的环境合理性。

5.2　综合性论证的主要内容和方法如下：

（1）基于区域发展与环境保护的综合要求，结合规划协调性分析结论，论证规划目标与发展定位的合理性。

（2）基于资源、环境承载力评价的结论，主要结合区域节能减排和总量控制要求，论证规划规模的环境合理性。

（3）基于规划与生态、环境功能区划以及环境敏感目标的空间分布，结合环境风险评价的结论，论证规划布局的环境合理性。

（4）基于区域环境管理和循环经济发展要求，以及清洁生产水平的评价结果，主要结合规划重点产业的环境准入条件，论证规划产业结构的环境合理性。

（5）基于规划实施环境影响评价结果，主要结合环境保护措施的经济技术可行性，论证环境保护目标与评价指标的可达性。

5.3　根据区域功能区划、环境区划、生态红线或已有相关上层位规划，分析、论证与"两管一准"（即空间管制、总量管控、环境准入）、"三线一单"（即生态保护红线、环境质量底线、资源利用上线和生态环境准入清单）的符合性。

5.4　根据规划方案的环境合理性综合论证结果，对规划要素提出全面、具体、可操作的，资源、环境承载力可以支撑的优化调整建议，并将调整后的规划方案作为评价推荐的规划方案。

6　环境影响减缓措施

6.1　落实"三线一单"和"两管一准"（即空间管制、总量管控、环境准入）的要求，提出具体的控制指标与落实方案。根据 HJ 130—2019，"三线一单"是规划环评的核心内容，规划实施必须符合"三线"要求，并给出环境准入负面清单。

6.2　对规划方案中配套建设的环境污染防治和生态保护措施进行评估后，针对环境影响评价推荐的规划方案实施后所产生的不良环境影响，提出政策、管理或者技术等方面的减缓对策和措施。

6.3　依据规划环评的主要评价结论，对规划的主导产业和行业提出相应的环境准入（包括选址或选线要求、清洁生产水平、节能减排和总量控制要求等）、污染防治措施建设和环境管理等要求。

6.4　规划环境影响评价的重要作用就是对具体建设项目的指导和约束作用，即指导性是规划环境影响评价的根本属性，通过规划环评以约束建设项目在符合国家和地方环境保护要求下建设和运行，以实现改善区域环境质量为核心，维护生态安全的目的，如产业园区规划方案中包含重大建设项目，还应针对建设项目所属行业特点及其环境影响特征，提出重大建设项目环评的重点内容和基本要求。同时，在充分考虑规划编制时设定的某些资源环境基础条件随区域发展发生变化的基础上，提出建设项目环境影响评价的具体简化建议。实现规划及规划环境影响评价与建设项目环境影响评价的联动，规划环境影响评价及审查意见要求，特别是专门针对该行业或该建设项目的要求，则该行业或该建设项目应遵照执行。

7　评价中应注意的问题

7.1　注意环境影响评价内容的全面性和整体性，不但要评价规划实施对自然环境的影响，而且要评价对区域社会经济、人体健康的影响。注重从较高的层次上分析和解决开发区域的宏观问题。

7.2　对于产业园区，应注意规划和进区项目定位与产业政策、清洁生产要求等的符合性，特别应注意分析与所在区域节能减排各项要求的一致性和协调性。

7.3　注意构建的评价指标体系不但要与规划应实现的环境目标相统一，而且各项指标应尽可能量化，能够用来评价规划的环境可行性。

7.4　注意分析、预测与评估不同的规划情景对规划区域生态系统、环境质量的影响，特别是对环境敏感区和重点环境保护目标的影响；对于产业园区规划中包含特殊行业的，还应特别注意可能存在的环境风险、人群健康风险、生态风险。为决策提供可选择的规划方案；对于流域规划，则需对生态流量、重要水产种质资源及其产卵场、索饵场、越冬场、洄游性鱼类的洄游通道等予以特别关注，并提出保障生态流量、维护水产种质资源、保障洄游通道的可行措施。

7.5　注意公众参与方案应符合有关要求，对于已采纳的，应在环评文件中明确说明规划方案修改（或调整）的具体内容；对于不采纳的，应说明理由。注重规划环评的会商要求。

7.6　注意综合各种资源与环境要素的影响预测和分析、评价的结果，对规划的环境合理性以及环境目标的可达性进行论证，进而提出规划方案的优化调整建议和评价推荐的规划方案。

7.7　规划环评应从宏观上、整体上，有针对性地提出避免或能够有效减缓规划方案实施所产生的不良环境影响的政策、管理或者技术等方面的对策和措施，并对规划的主导产业和行业提出环境准入要求。

7.8　规划环境影响评价结论及生态环境部门出具的审查意见，是对规划及规划所包含的建设项目实施的刚性约束。建设项目在进行环境影响评价时须充分考虑规划环评的要求，通过规划环境影响评价，从更高层次和宏观尺度，对规划提出优化调整意见和建议，尤其是对规划所包含的建设项目提出环境保护要求或规定，以使建设项目在实际落实时减轻（减缓）或避免对环境保护目标的不利影响，改善环境质量、维护生态环境安全等。因此，建设项目环境影响评价应遵循并落实规划环评的结论和审查意见的要求（但不是一成不变，机械地、全盘照搬规划环评报告的意见或建议。如果建设项目在实际建设过程中采取了更有利于环境保护、更能进一步改善环境质量的方案或措施，当然是可行的。2018年案例分析考试题中的"南方某城市轨道交通"建设项目是否落实规划环评审查意见的考题即是此例）。在考试中应注意题干给定的信息，关注题干中有关规划环评的要求。

7.9　生态环境部已颁布《规划环境影响评价技术导则　总纲》《规划环境影响评价技术导则　产业园区》《规划环境影响评价技术导则　流域综合规划》，考生在认真学习有关规划环境影响评价的法律法规和规范性文件的基础上，还应认真学习这3个技术导则。

十五、竣工环境保护验收

自2022年始，考试大纲无竣工环保验收的案例分析要求。虽然这项工作的责任主体是建设单位，而且是由建设单位组织实施的，但这项工作仍然十分重要，考生了解竣工环保验收工作，不仅有利于竣工环保验收调查或监测的实际工作，对解答建设项目环境影响评价案例分析考题也是有帮助的。因此，本书保留这部分内容，供各位在实际工作中应用参考。

1 主要法律依据及常用标准

1.1《建设项目环境保护管理条例》（国务院令　第682号）

1.2《关于印发环评管理中部分行业建设项目重大变动清单的通知》（环办〔2015〕52号）

1.3 《关于印发建设项目竣工环境保护验收现场检查及审查要点的通知》（环办〔2015〕113号）

1.4《关于做好燃煤发电机组脱硫、脱硝、除尘设施先期验收有关工作的通知》（环办〔2014〕50号）

1.5《关于印发〈环境保护部建设项目"三同时"监督检查和竣工环保验收管理规程（试行）〉的通知》（环发〔2009〕150号）

1.6《关于建设项目环境保护设施竣工验收监测管理的有关问题的通知》（环发〔2000〕38号）

1.7《建设项目竣工环境保护验收管理办法》（国家环保总局令〔2001〕第13号）

1.8《建设项目竣工环境保护验收暂行办法》（环境保护部，2017年）

1.9《建设项目竣工环境保护验收技术指南　污染影响类》（生态环境部公告2018年　第9号）

1.10《建设项目环境保护设施竣工验收监测技术要求（试行）》（环发〔2000〕38号）

1.11《污染源监测管理办法》（环发〔1999〕246号）

1.12《建设项目竣工环境保护验收技术规范　电解铝》（HJ 254—2021）

1.13《建设项目竣工环境保护验收技术规范　火力发电厂》（HJ/T 255—2006）

1.14《建设项目竣工环境保护验收技术规范　水泥制造》（HJ 256—2021）

1.15《建设项目竣工环境保护验收技术规范　生态影响类》（HJ/T 394—2007）

1.16《建设项目竣工环境保护验收技术规范　城市轨道交通》（HJ/T 403—2007）

　　1.17《建设项目竣工环境保护验收技术规范　黑色金属冶炼及压延加工》（HJ/T 404—2007）

　　1.18《建设项目竣工环境保护验收技术规范　石油炼制》（HJ 405—2021）

　　1.19《建设项目竣工环境保护验收技术规范　乙烯工程》（HJ 406—2021）

　　1.20《建设项目竣工环境保护验收技术规范　汽车制造》（HJ 407—2021）

　　1.21《建设项目竣工环境保护验收技术规范　造纸工业》（HJ 408—2021）

　　1.22《建设项目竣工环境保护验收技术规范　港口》（HJ 436—2008）

　　1.23《建设项目竣工环境保护验收技术规范　水利水电》（HJ 464—2009）

　　1.24《建设项目竣工环境保护验收技术规范　公路》（HJ 552—2010）

　　1.25《建设项目竣工环境保护验收技术规范　石油天然气开采》（HJ 612—2010）

　　1.26《储油库、加油站大气污染治理项目验收检测技术规范》（HJ/T 431—2008）

　　1.27《关于加强〈全国危险废物和医疗废物处置设施建设规划〉项目竣工验收工作的通知》（环发〔2009〕22 号）

　　1.28《建设项目竣工环境保护验收技术规范　煤炭采选》（HJ 672—2013）

　　1.29《建设项目竣工环境保护验收技术规范　输变电工程》（HJ 705—2014）

　　1.30《建设项目竣工环境保护验收技术规范　纺织染整》（HJ 709—2014）

　　1.31《水电等 9 个行业建设项目竣工环境保护验收现场检查与审查要点》见《关于印发建设项目竣工环境保护验收现场检查及审查要点的通知》（环办〔2015〕113 号）

2　确定竣工环境保护验收范围

　　根据《建设项目环境保护管理条例》，取消环境保护部门对竣工验收的行政许可，建设单位是竣工环境保护验收的责任主体。该条例突出强调了对建设项目"环境保护设施"的验收。建设项目需要向生态环境主管部门报备验收报告（包括验收调查（监测）报告、验收意见、其他需要说明的事项三个部分），验收调查（监测）报告是"验收报告"的一部分。

　　对于以污染影响为主的建设项目，竣工环境保护验收以监测为主，编制的是竣工环境保护验收监测报告；对于以生态影响为主的建设项目，编制的是竣工环境保护验收调查报告。但是，验收调查也有需要监测的内容，如废水、废气、噪声、土壤、振动、放射性等；验收监测也常常需要调查，如工程调查、环境保护目标的调查、生态影响的调查等。因此，这个"调查"与"监测"之间的关系是十分密切的，不能割裂开。

　　验收监测（调查）范围包括地理范围和监测（调查）内容的工作范围。

　　地理范围为依据环境影响评价文件所确定的评价范围和工程对环境的实际影响

范围；监测（调查）内容的工作范围为《建设项目竣工环境保护验收管理办法》第四条规定的范围和按照环境影响评价文件、批复文件的有关要求确定的验收内容。

根据《建设项目竣工环境保护验收管理办法》第四条规定，建设项目竣工环境保护验收范围包括：

（1）与建设项目有关的各项环境保护设施，包括为防治污染和保护环境所建成或配备的工程、设备、装置和监测手段，各项生态保护设施。

（2）环境影响报告书（表）或者环境影响登记表和有关项目设计文件规定应采取的其他各项环境保护措施。

验收监测（调查）的范围除包含上述内容以外，应能涵盖拟验收项目的所有工程区域、污染源及其影响区域。如附近有需要保护的特殊敏感区域，则调查范围应适当扩大。如项目建设过程中线路摆动、设计变更、建设内容发生变化或环境影响评价未能反映实际环境影响，还应根据实际情况重新确定调查的范围。

3　竣工环境保护验收标准确定的基本原则

竣工环境保护验收监测标准的选择和确定应符合《建设项目环境保护设施竣工验收监测技术要求（试行）》中的相关规定，采用标准包括评价标准和测试方法标准两个部分，评价标准又分为验收监测执行标准和验收监测参照标准。竣工环境保护验收调查标准的选择和确定应符合《建设项目竣工环境保护验收技术规范　生态影响类》（HJ/T 394—2007）中的相关规定。

由于建设项目污染防治设施与生态保护措施的设计指标是按照评价阶段生态环境主管部门确认的环境标准设计的，因此验收阶段应当按照评价阶段的环境标准进行验收，并应注意以下情况：

（1）环评阶段的标准已修订或废止，现行标准为新的或修订后的标准。验收阶段仍应按原标准验收，同时应采用新标准对其进行校核。对符合原标准要求，但不能满足新标准要求的，可视为符合验收条件，但应提出进一步的改进要求，作为工程环境保护验收后需继续完成的工作。

（2）评价阶段未确定评价标准。验收阶段应根据环境的实际功能要求或污染物的排放去向，用现行的环境标准进行验收。对污染物排放标准中未列入的项目，可以采用设计指标或设施的设计参数作为验收依据。

4　竣工环境保护验收监测布点原则及点位布设

验收监测取样或布点应重点关注能够判断建设项目排放的污染物是否达标，即侧重点应该放在排污口（废气、废水）。安装有环境保护设施或设备，而且环境管理对环保设施的污染物去除率有要求的，应该在污染物进出环保设施的出入口取样或布设监测点位，以测试环保设施或设备的效率。

验收监测原则上应符合《建设项目竣工环境保护验收技术指南　污染影响类》（生态环境部公告　2018　第9号）、《建设项目环境保护设施竣工验收监测技术要求（试行）》及相关验收技术规范中的相关规定，主要应遵循以下原则：监测点位首先应考虑重要的环境敏感目标及已采取的污染防治设施与措施，以及实际采样时的可行性和方便性；在总体和宏观上须能反映工程所在区域的环境质量状况；具体位置须能反映所在区域环境和具体工程项目的污染特征；尽可能以最少的断面获取足够的、有代表性的环境信息等。环境质量监测应突出对受影响对象的监测，验收监测点位原则上尽可能应与环境影响评价阶段的监测点位相同，但如果环境影响评价阶段未进行监测或工程变动导致环境影响发生变化，可根据验收工程的实际实际情况，适当增减或调整监测点位。

监测布点、取样是验收的重要技术要求，在近几年的考试中，均以不同的形式来考查，既有针对地表水、环境空气、声环境等的受影响区域或环境保护目标所在区域环境质量监测，也有针对建设项目排放废水、废气中污染物的监测、厂（场）界噪声监测，或针对固体废物，或危险废物鉴别，或其危险性的取样技术等监测。当然，也有较多的验收调查（尤其是生态影响）方面的内容在案例分析中以不同的形式对考生进行考查。

5　竣工环境保护验收工作重点及内容

建设项目竣工环境保护验收，重点是在环境影响报告书或报告表中提出的，特别是生态环境主管部门在环评批复文件中要求的环境保护措施或要求安装的环保设施或设备落实情况与效果的验收。这是竣工环保验收的实质性工作。应根据建设项目本身的污染特征、环境影响、项目所在区域的环境特征，结合项目环境影响评价的结论、批复及当地生态环境行政主管部门对其污染物排放、敏感区域保护、总量控制、清洁生产等要求来确定。不同行业、不同类型建设项目的竣工环境保护验收监测与调查的重点有较大差异。竣工环境保护验收具体工作内容要符合《建设项目环境保护设施竣工验收监测技术要求（试行）》、竣工环境保护验收相关技术规范、环保相关规章制度的规定。

6　竣工环境保护验收结论及补救措施建议分析

竣工环境保护验收监测（调查）结论应根据环境保护设施与措施的落实情况及实际环境影响的分析结果，给出各环境要素的综合调查结果及建设项目竣工环保验收意见；对于目前遗留的主要问题，提出明确的补救措施。

竣工环境保护验收意见应综合考虑环境影响评价文件和审批文件的有关要求及

环境保护措施的实际落实情况提出。可分为以下两类：

（1）建议通过竣工环保验收。工程基本落实了设计、环境影响评价及其审批文件和其他一些环境保护要求，在工程建设期间和试运行期间未造成重大环境影响，建议通过竣工环保验收。

（2）工程存在环境影响问题，需采取补救措施后通过竣工环境保护验收。工程在建设期间和试运行期间未能落实工程设计、环境影响评价及其审批文件和其他一些环境保护要求，或虽基本落实了环境保护要求，但在建设期间和试运行期间造成较大或重大的环境影响尚未得到妥善解决，需完善相应环保措施、进行必要的核查、并在满足相关环保要求后，再进行竣工环保验收。

补救措施主要针对建设项目在落实环境影响评价文件及审批文件有关要求方面以及防治污染和生态破坏方面的不足之处，有针对性地提出具体的建议与意见。补救措施应具体、可操作，并需对所提出的补救措施进行归纳总结，列表逐项给出所需要的投资估算。较大或重大的环境影响尚未得到妥善解决，需完善相应环保措施、进行必要的核查、并在满足相关环保要求后，再进行竣工环保验收。

7　需要特别注意的问题

根据《建设项目竣工环境保护验收暂行办法》，建设项目如果存在下列情形之一，建设单位不得提出验收合格意见：

（1）未按环境影响报告书（表）及其审批部门审批决定要求建成环境保护设施，或者环境保护设施不能与主体工程同时投产或者使用的；

（2）污染物排放不符合国家和地方相关标准、环境影响报告书（表）及其审批部门审批决定或者重点污染物排矿 总量控制指标要求的；

（3）环境影响报告书（表）经批注后，该建设项目的性质、规模、地点、采用的生产工艺或者防治污染、防止生态破坏的措施发生重大变动，建设单位未重要报批环境影响报告书（表）或者环境影响报告书（表）未经批准的；

（4）建设过程中造成重大环境污染未治理完成，或者造成重大生态破坏未恢复的；

（5）纳入排污许可管理的建设项目，无证排污或者不按证排污的；

（6）分期建设、分期投入生产或者使用依法应当分期验收的建设项目，其分期建设、分期投入生产或者使用的环境保护设施防治污染和生态破坏的能力不能满足其相应的主体工程需要的；

（7）建设单位因建设项目违反国家和地方环境保护法律法规受到处罚，被责令改正，尚未改正完成的；

（8）验收报告的基础资料数据明显不实，内容存在重大缺项、遗漏，或者验收结论不明确、不合理的；

（9）其他环境保护法律法规规章等规定不得通过环境保护验收的。

考生在考试中需根据题干信息判断建设项目是否存在这些问题，有则提出整改意见或要求，也可以据此判断竣工环保验收的主要内容或重点。此外，建设单位竣工环保验收需要公开的信息与时限，有关环境要素的验收期限等，均应按照《建设项目竣工环境保护验收暂行办法》执行。